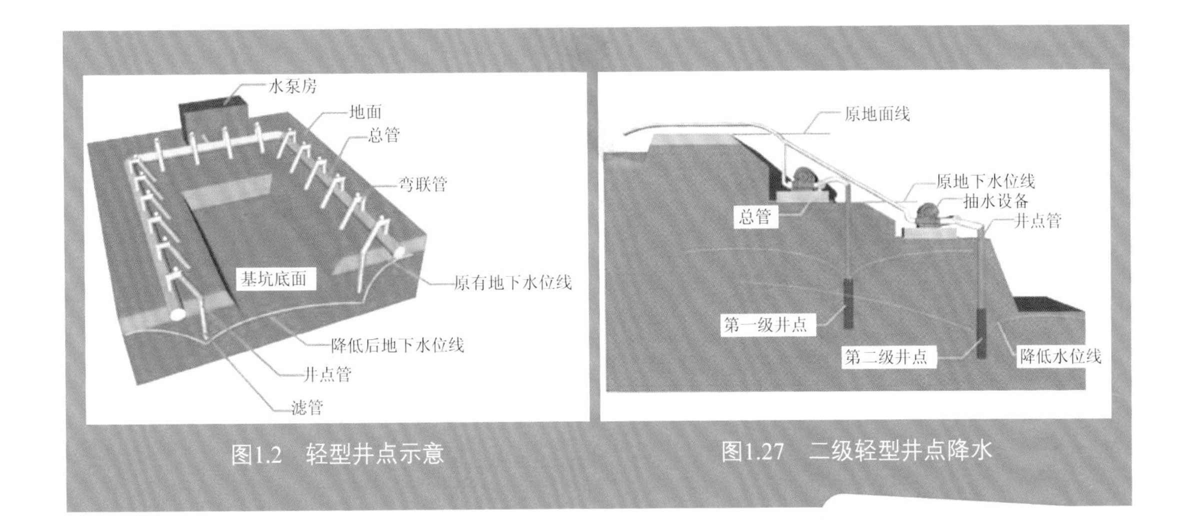

图1.2　轻型井点示意

图1.27　二级轻型井点降水

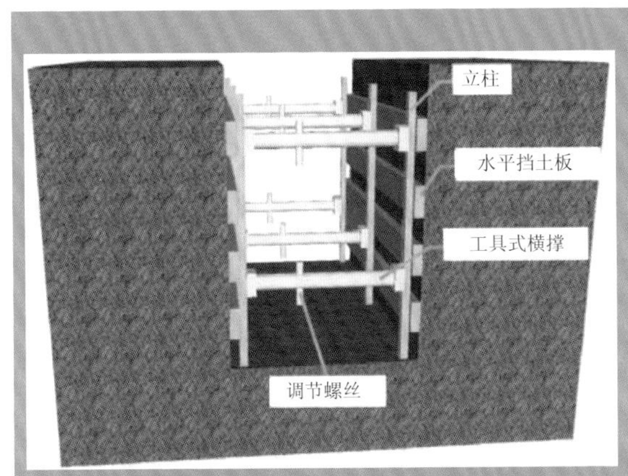

图1.32　横撑式技撑

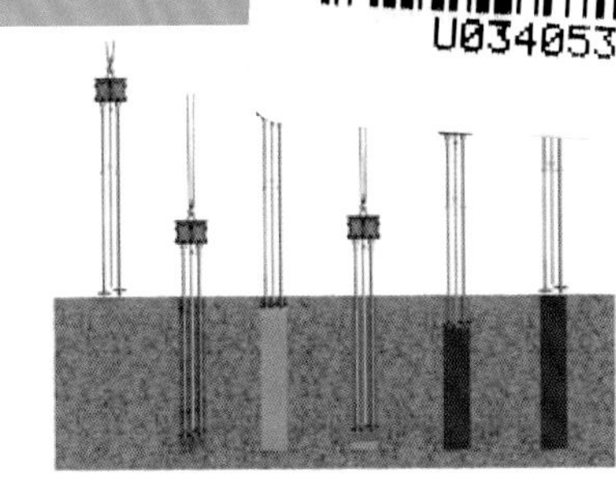

1)定位；2)预埋下沉；3)提升喷浆搅拌；4)重复下沉搅拌；
5)重复提升搅拌；6)成桩结束

图1.35　“一次喷浆、二次搅拌”施工流程

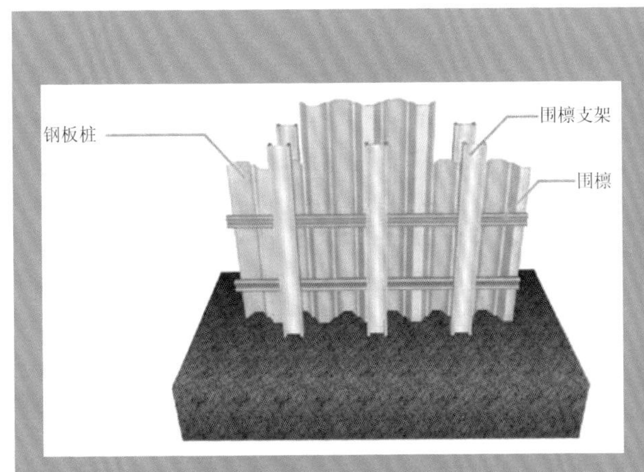

图1.36　分段复打法

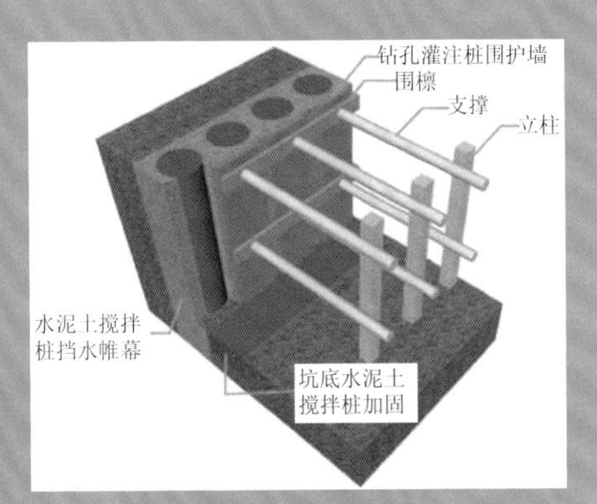

图1.37　钻孔灌注桩排围护墙

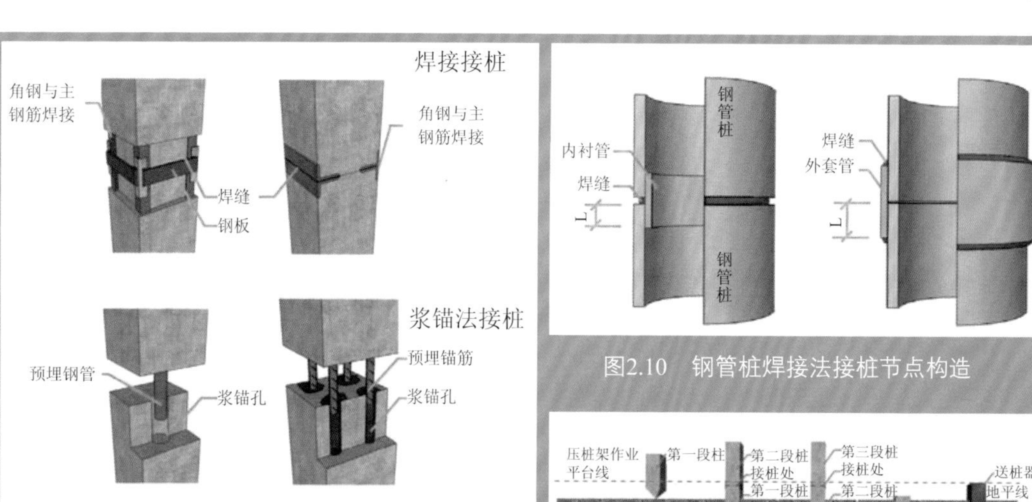

图2.10　钢管桩焊接法接桩节点构造

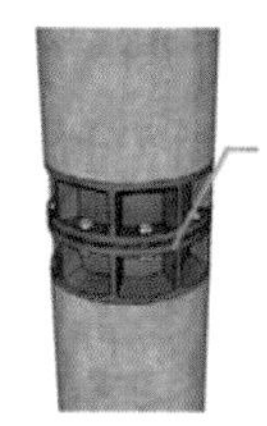

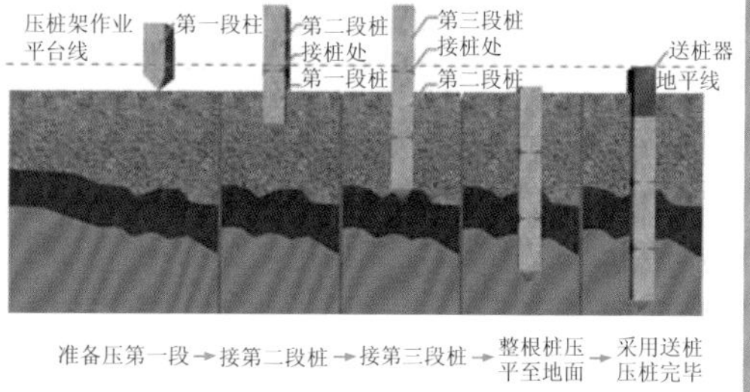

图2.9　混凝土预制桩接节点构造

图2.11　静力压桩的施工工艺

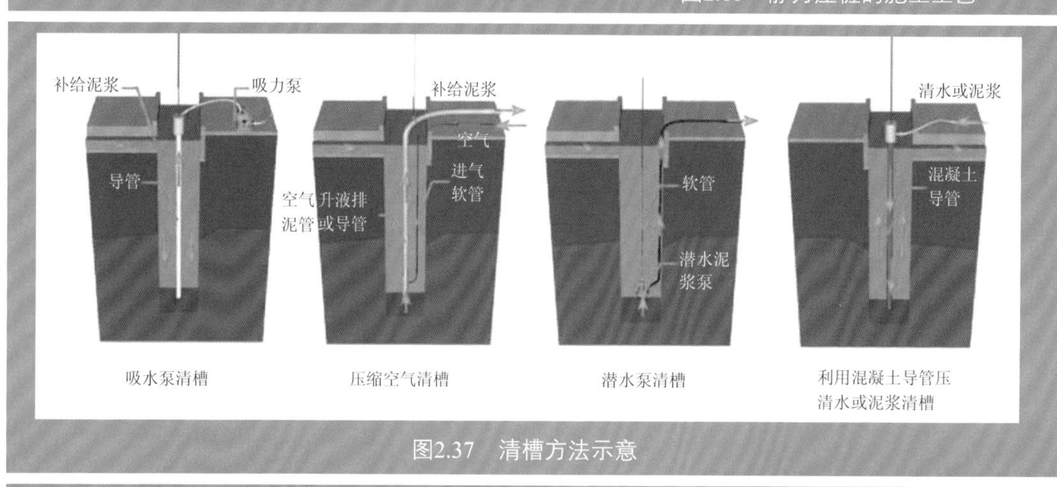

图2.37　清槽方法示意

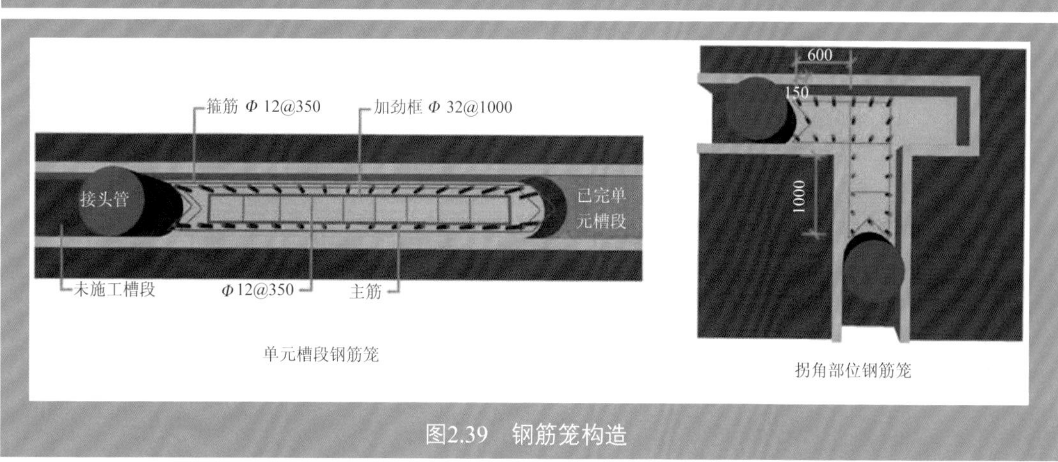

图2.39　钢筋笼构造

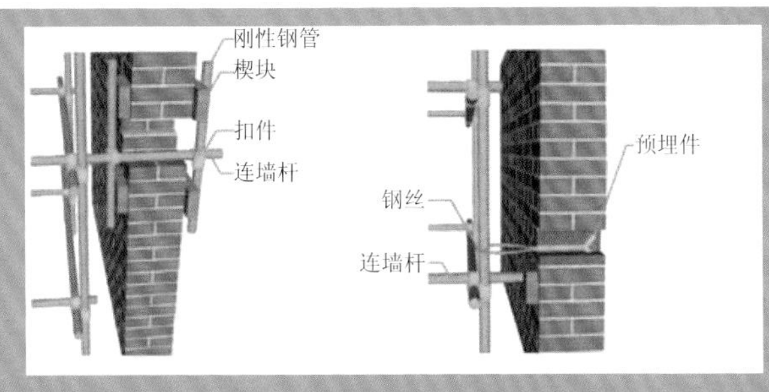

图3.7　连墙件

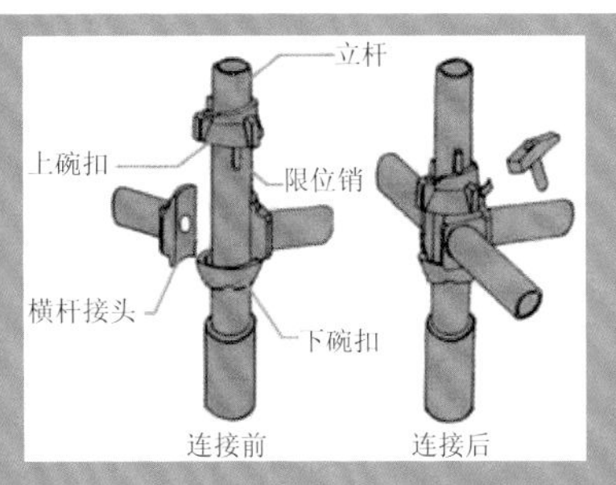

图3.8　碗扣接头构造

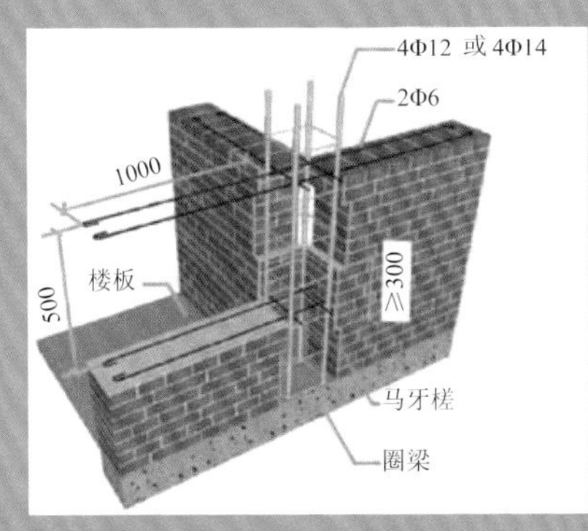

图3.22　马差槎及拉结筋布置

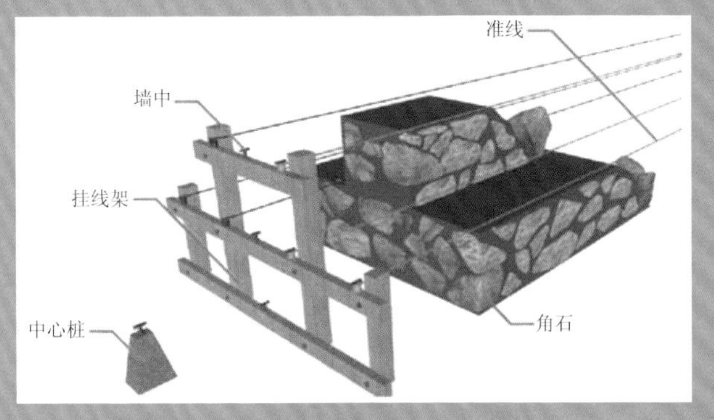

图3.23　砌筑毛石基础的拉线方法

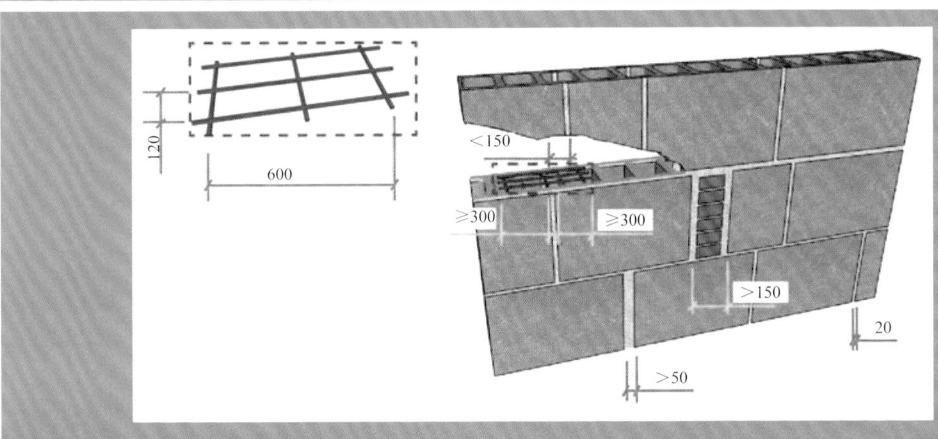

图3.28　砌块排列

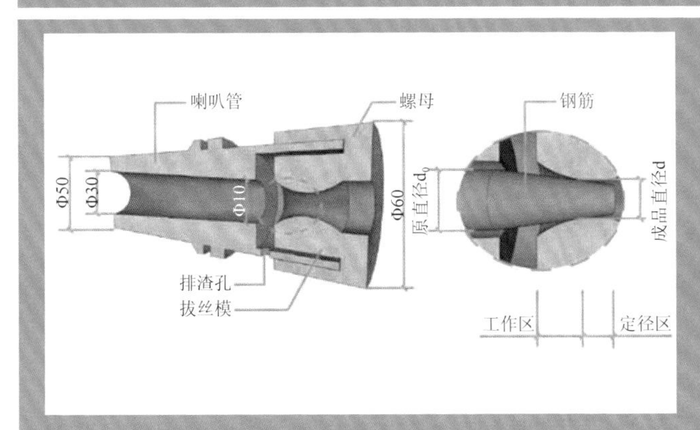

图4.12　拔丝模构造与做法

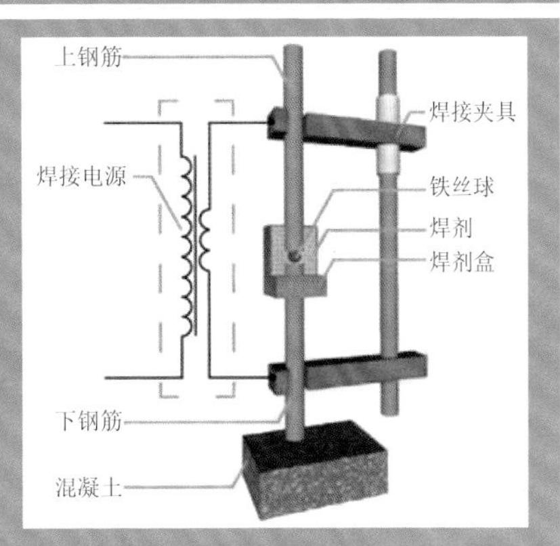

图4.14　电渣压力焊焊接原理示意

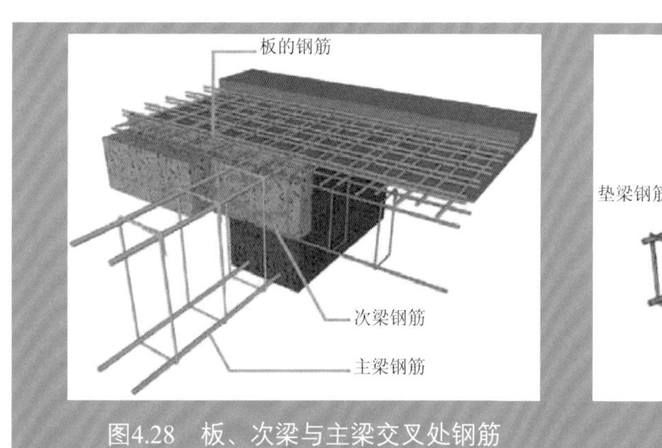

图4.28　板、次梁与主梁交叉处钢筋

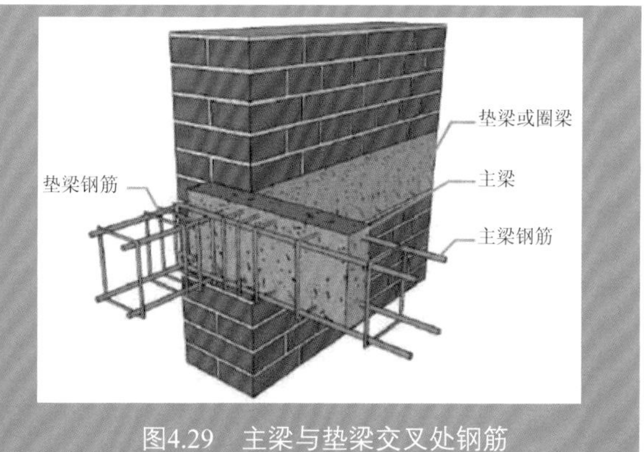

图4.29　主梁与垫梁交叉处钢筋

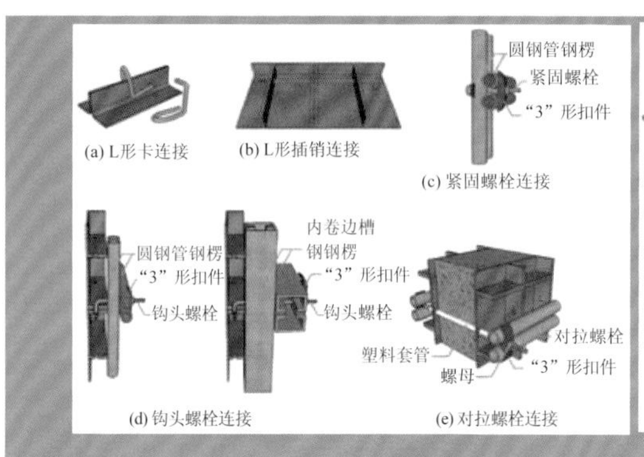

图4.33　钢模板连接件

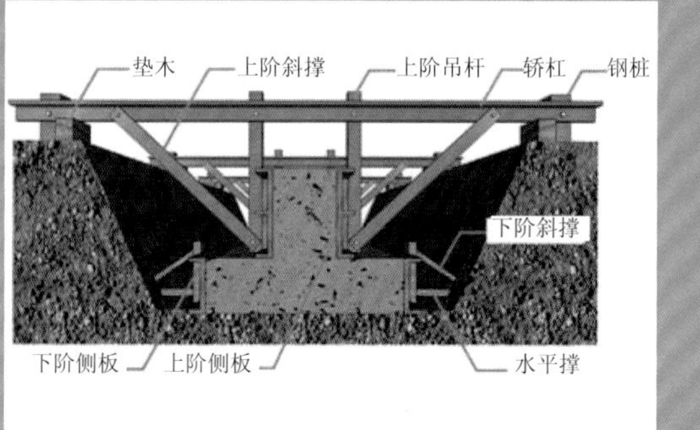

图4.34　条形基础模板

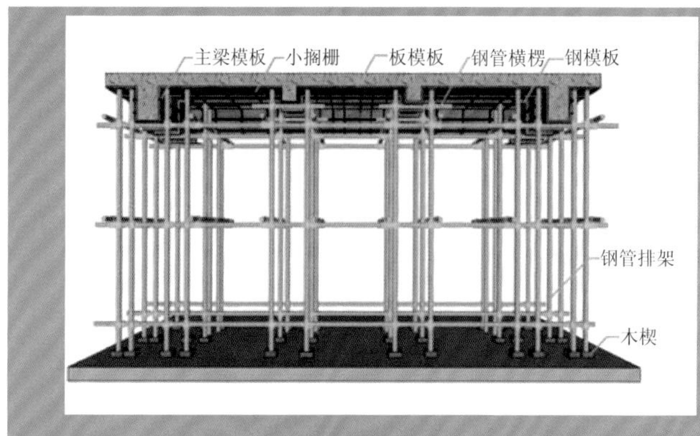

图4.37　梁、楼板模板

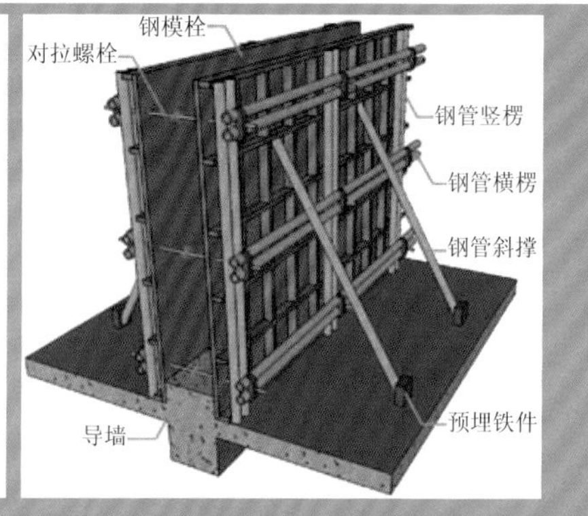

图4.38　钢模板墙模

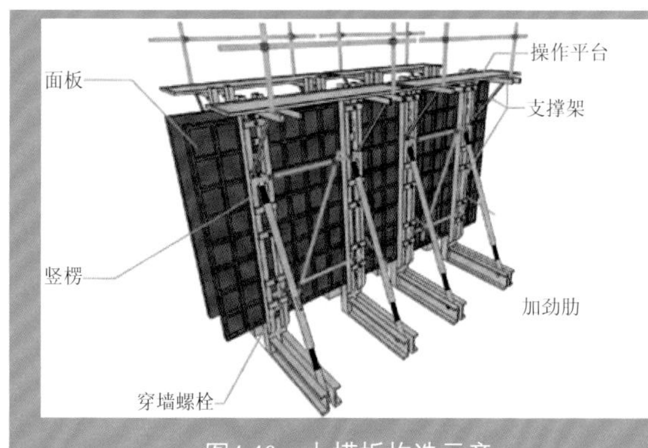

图4.40　大模板构造示意

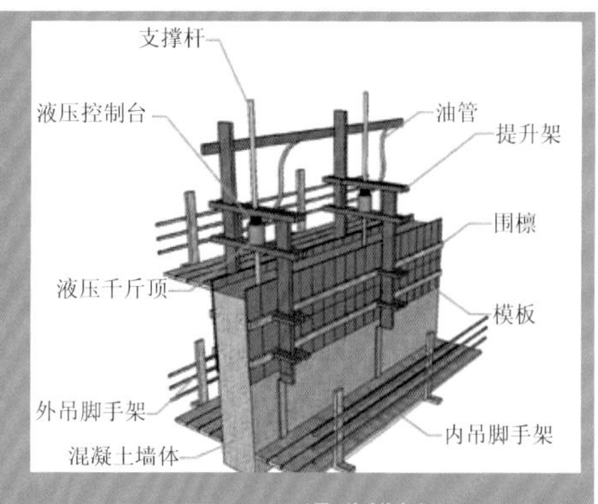

图4.42　滑升模板

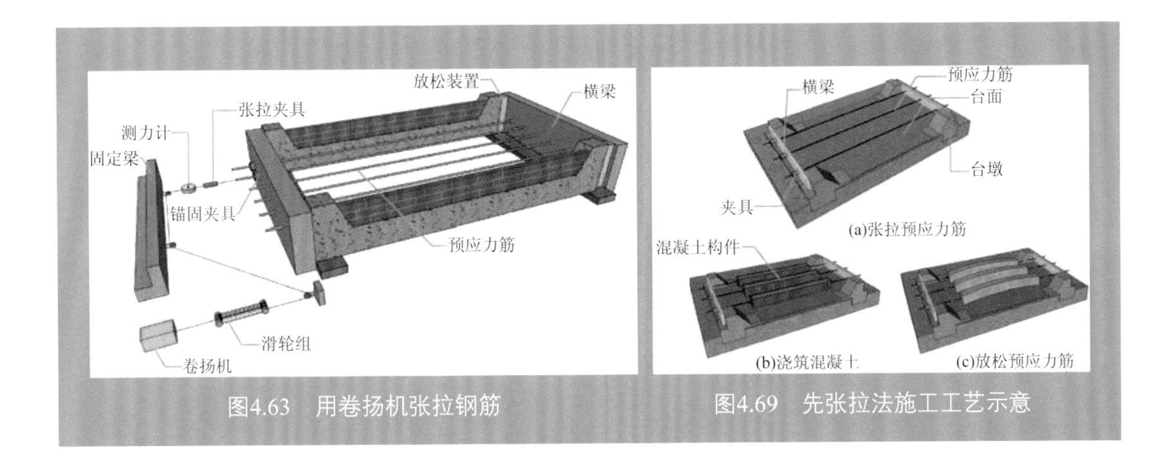

图4.63　用卷扬机张拉钢筋

图4.69　先张拉法施工工艺示意

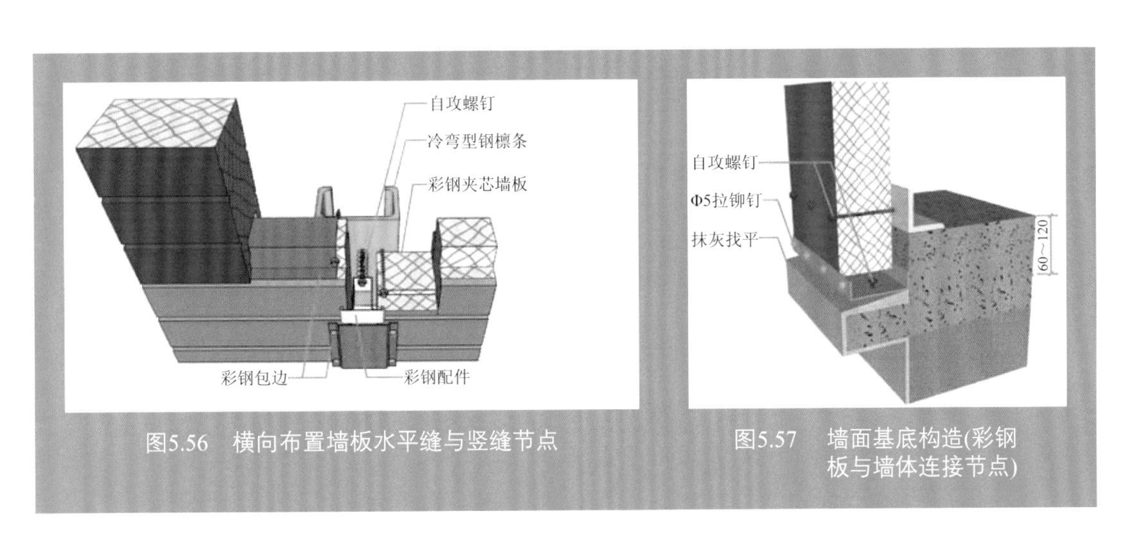

图5.56　横向布置墙板水平缝与竖缝节点

图5.57　墙面基底构造(彩钢板与墙体连接节点)

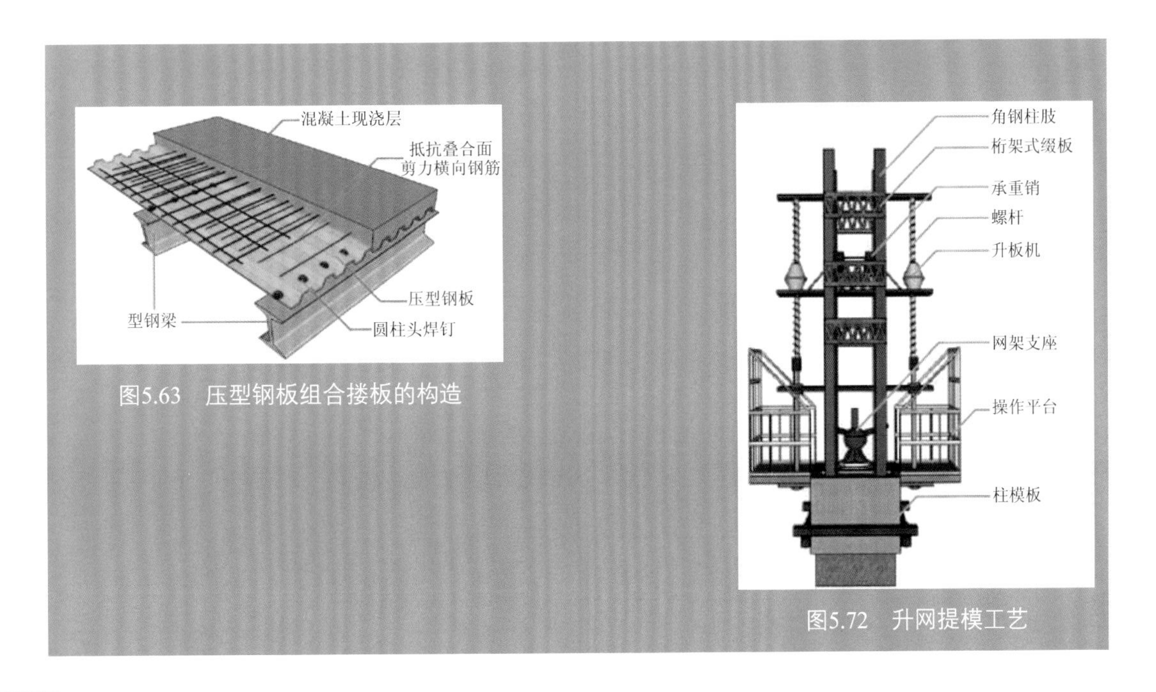

图5.63　压型钢板组合楼板的构造

图5.72　升网提模工艺

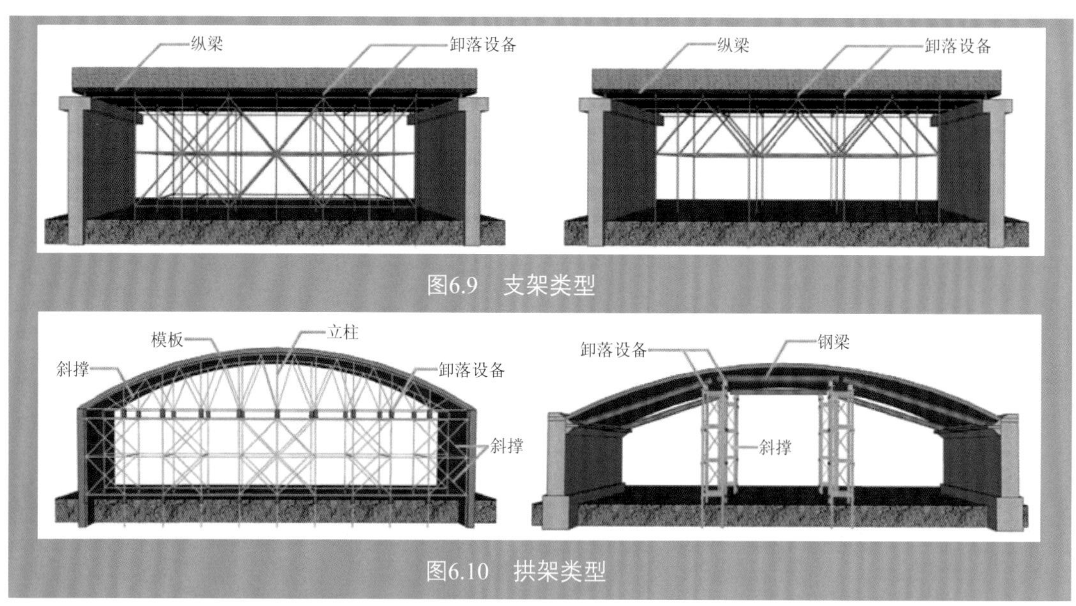

图6.9　支架类型

图6.10　拱架类型

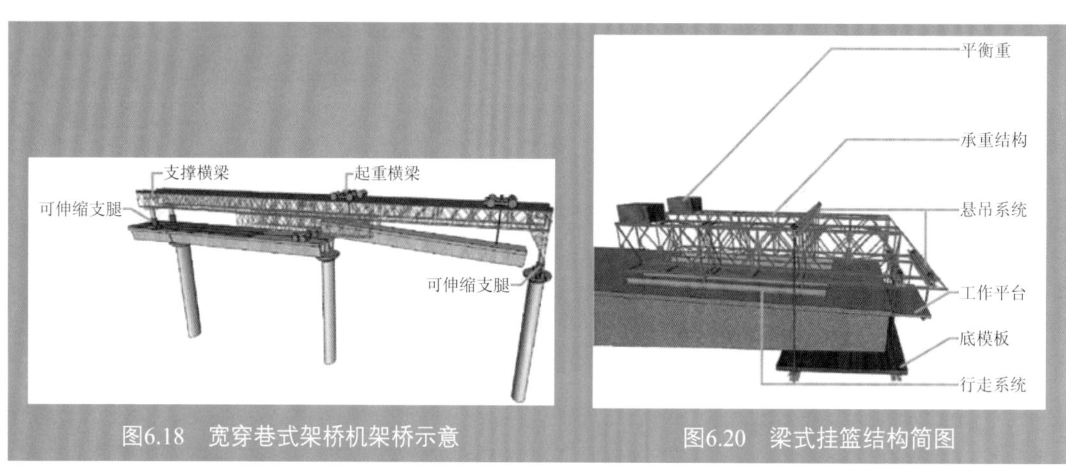

图6.18　宽穿巷式架桥机架桥示意

图6.20　梁式挂篮结构简图

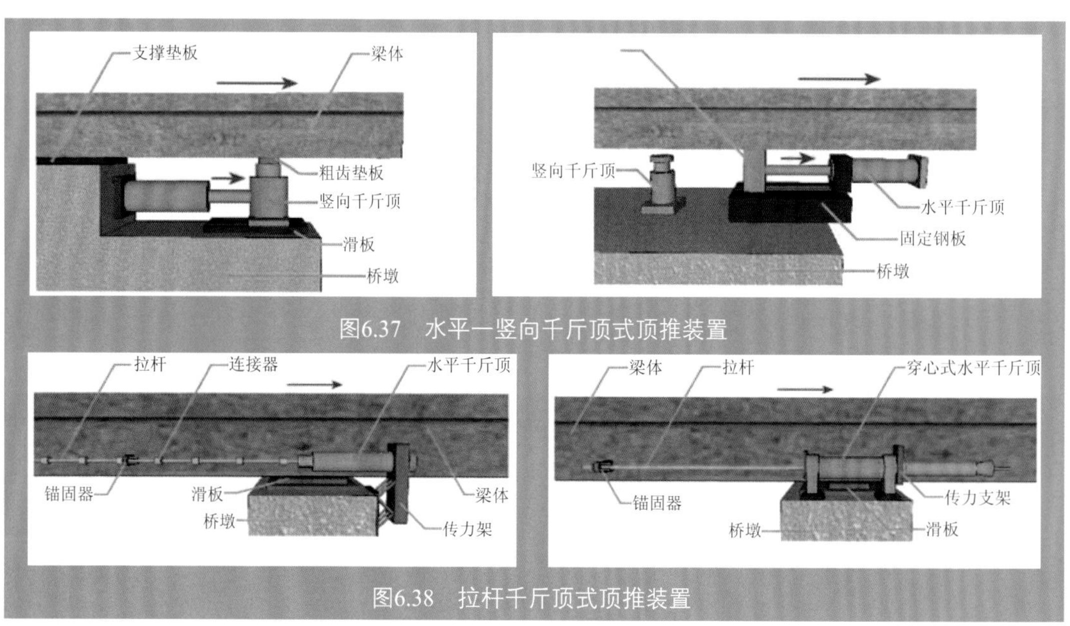

图6.37　水平一竖向千斤顶式顶推装置

图6.38　拉杆千斤顶式顶推装置

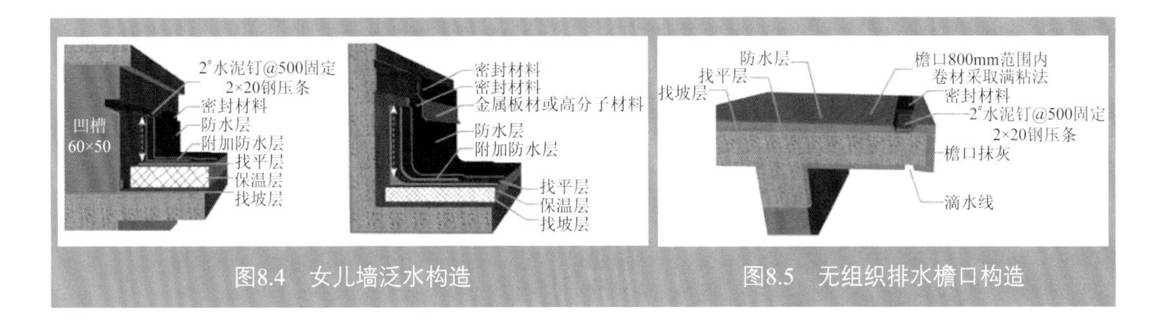

图8.4　女儿墙泛水构造　　图8.5　无组织排水檐口构造

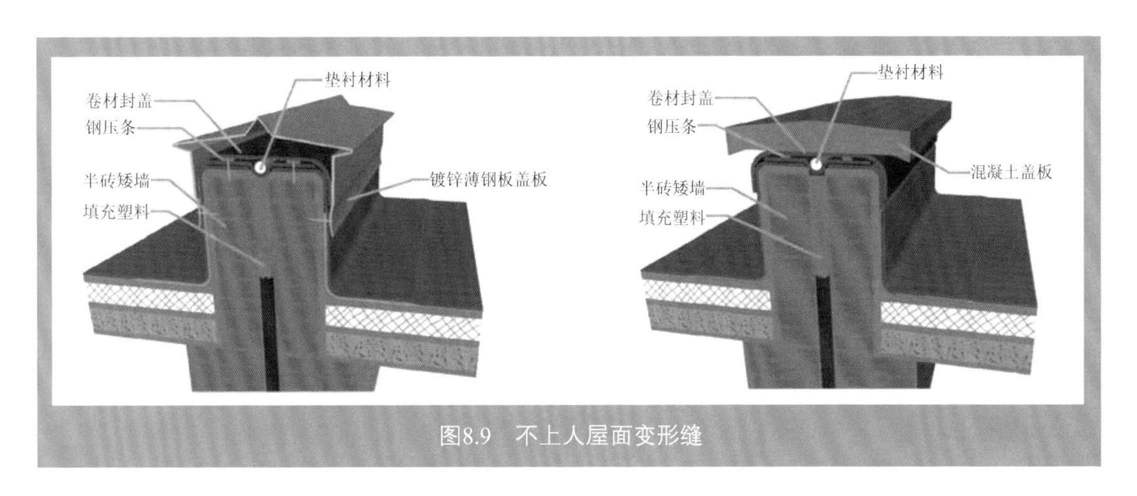

图8.9　不上人屋面变形缝

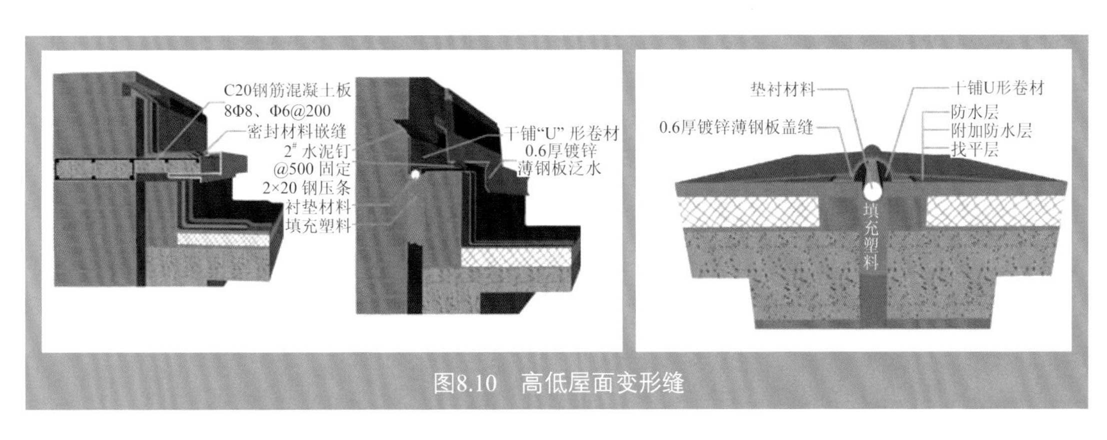

图8.10　高低屋面变形缝

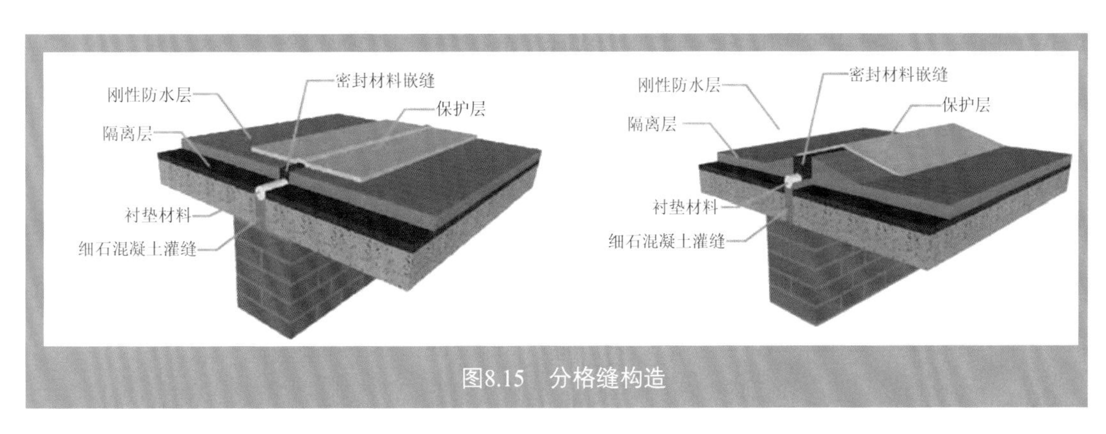

图8.15　分格缝构造

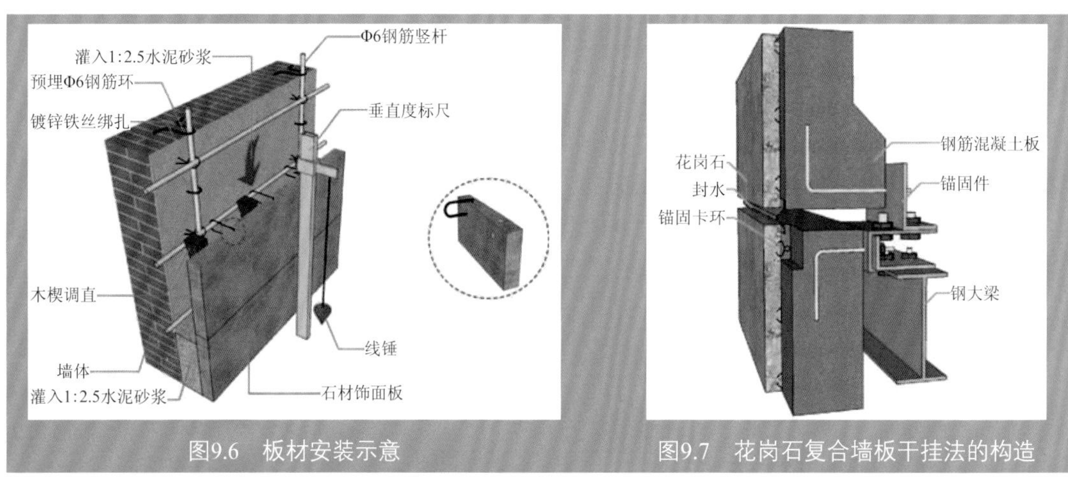

图9.6　板材安装示意

图9.7　花岗石复合墙板干挂法的构造

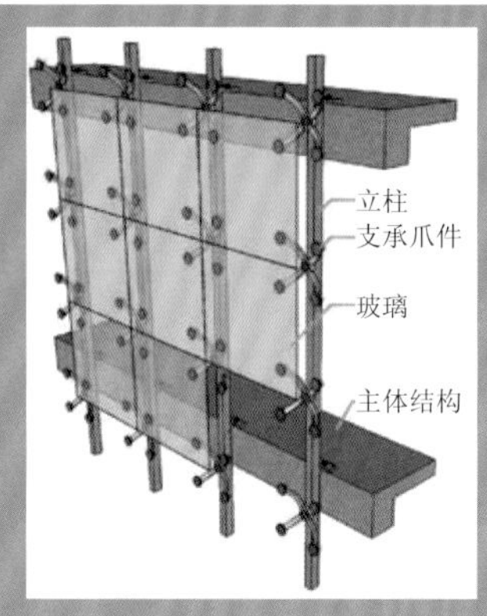

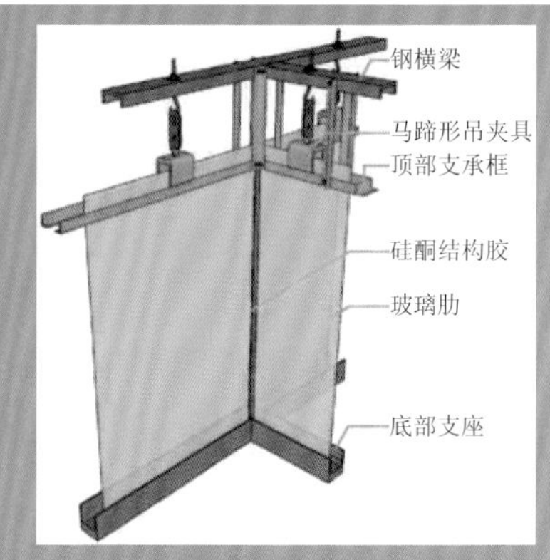

图9.11　玻璃幕墙种类

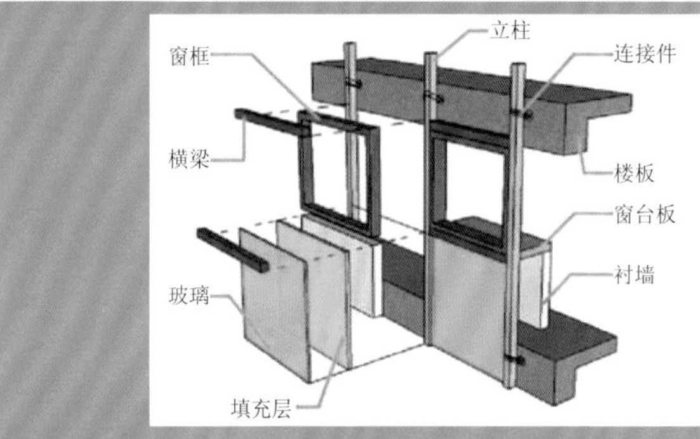

图9.12　玻璃幕墙的组装方式

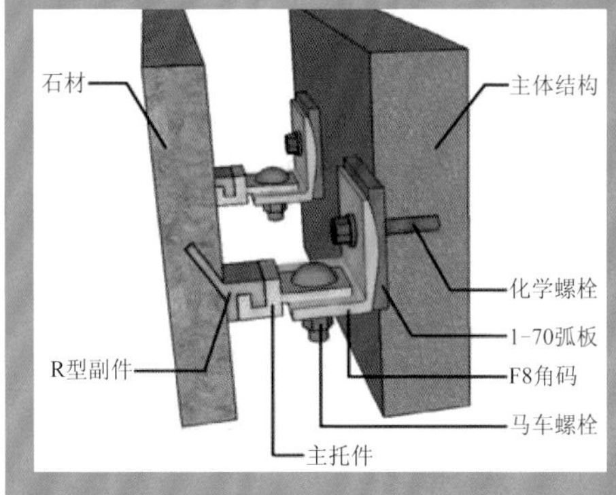

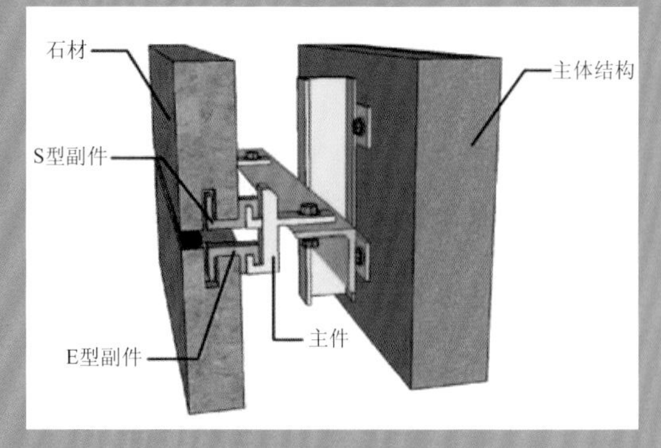

图9.14　短槽式石材幕墙构造

21世纪全国本科院校土木建筑类创新型应用人才培养规划教材

土木工程施工与管理

主　编　李华锋　徐　芸
副主编　樊耀星　胡　洁　陶　亮

内 容 简 介

本书编者结合多年从事理论教学及工程实践的经验，编写上力求内容精练、体系完整、理论与实践紧密结合、规范应用与教学需求紧密结合；取材上力图反映当前土木工程施工的新技术、新工艺、新材料，以拓宽学生专业知识面和提升相关学科的综合应用能力为目标，使之适应社会发展需要。本书是北京大学出版社“21世纪全国本科院校土木建筑类创新型应用人才培养规划教材”之一，是根据高等院校“土木工程施工组织与管理”课程教学大纲和本课程的教学基本要求以及高等院校土建类的人才培养目标，并参照国家现行施工及验收规范编写而成的。

本书共14章，主要内容包括绪论、土方工程、基础工程、砌体工程、混凝土结构工程、房屋结构安装工程、桥梁结构工程、路面工程、防水工程、装饰工程、施工组织概况、流水施工原理、网络计划技术、单位工程施工组织设计、施工组织总设计。本书着重阐述了土木工程施工组织与管理的基本规律，以及当前先进成熟的施工组织与管理方法，培养学生解决土木工程施工技术和施工组织等问题的能力。

本书可作为高等院校土木工程、工程管理及其他相关专业的教材，也可作为土木工程施工技术管理人员及成人教育自学考试的参考用书。

图书在版编目(CIP)数据

土木工程施工与管理/李华锋，徐芸主编．—北京：北京大学出版社，2013.1
(21世纪全国本科院校土木建筑类创新型应用人才培养规划教材)
ISBN 978-7-301-21693-4

Ⅰ. ①土…　Ⅱ. ①李…②徐…　Ⅲ. ①土木工程—工程施工—高等学校—教材　Ⅳ. ①TU7

中国版本图书馆CIP数据核字(2012)第282623号

书　　名：土木工程施工与管理
著作责任者：李华锋　徐　芸　主编
策 划 编 辑：吴　迪　卢　东
责 任 编 辑：卢　东
标 准 书 号：ISBN 978-7-301-21693-4/TU·0298
出 版 发 行：北京大学出版社
地　　址：北京市海淀区成府路205号　100871
网　　址：http://www.pup.cn　新浪官方微博：@北京大学出版社
电 子 信 箱：pup_6@163.com
电　　话：邮购部62752015　发行部62750672　编辑部62750667　出版部62754962
印　刷　者：北京宏伟双华印刷有限公司
经　销　者：新华书店
787毫米×1092毫米　16开本　34.5印张　彩插4　807千字
2013年1月第1版　2019年8月第9次印刷
定　　价：65.00元

前　　言

土木工程施工与管理是研究土木工程施工过程中各主要分部工程的施工技术及组织规律的课程，它在培养学生独立分析和解决土木工程中有关施工技术与组织管理问题的基本能力方面起着重要作用，是学生实现理论知识联系实践运用的桥梁纽带，旨在培养宽口径、厚基础的专门人才。随着我国建设事业的迅速发展，行业中需要大量与之相应的土建类专业人员，这种发展趋势对教学改革提出了比其他专业更为迫切的要求。

目前，土建类专业以培养高级应用型人才为主，针对这一人才市场需求，我们组建了一支由具有丰富教学和工程经验的“双师型”教师组成的教材编写组进行本书的编写。本书突出人才培养特色，注重培养学生的实践能力，贯彻基础理论“实用为主、必需和够用为度”的教学原则，基本知识采用广而不深、点到为止的教学方法，基本技能贯穿始终，文字叙述力求简明扼要、通俗易懂。本书的写作特点如下。

1. 编制依据合理、课程目标明确

（1）内容主体部分是根据《高等学校土木工程本科指导性专业规范》（高等学校土木工程专业指导委员会编制）而编写，且依据我国土木工程专业指导委员会界定的必修模块中的核心内容，构建了必修模块中核心内容的结构体系和非核心教学内容的一般原则、理论，使本书的编制有合理的依据和明确的方向。

（2）本课程所在专业课程体系是通过行业、企业的调研，职业岗位工作任务分析与职业能力分析，依据本专业毕业生职业岗位定向构建的，因此本课程是以土木类专业领域的职业岗位的执业要求作为培养标准，以培养高技能人才为目标。

2. 搭建了数字化教材的APP平台移动端（AR教材）

本书开创性地利用了增强现实技术，实现了平面出版物的革命性升级。在增强现实制作（AR）平台上，真正实现了一步扫描，让纸质教材的内容“活”起来。其丰富的数字资源提供了读者可实时体验的三维呈现、动画演示、实时交互等功能，逐步迈向了“互联网+”教育新时代。

3. 职业素质培养一体化

本书突出专业特色，渗透职业素质的培养，使学生完成理论课后既能训练实践技能，又能拿到相应专业的技能证书，为就业做准备。因此，每章开篇引入该章节的学习提要和主要国家标准，篇尾列出各员（指行业“五大员”，分别是施工员、材料员、质检员、预算员和安全员）在每一章节里面所需要掌握的职业技能，具有针对性和实用性。

4. 表达方式多样化

本书力求做到图文并茂、深入浅出和通俗易懂。

（1）书中大部分图例采用三维模型，并配以简洁明了的文字来进行图解，构件、结构的施工做法也辅以清晰的工艺流程图或表格加以说明。

（2）编写组成员从实际工程中拍摄了大量照片，恰如其分地引入本书中，以增强本书阅读的视觉效果，从而提高学生对课程的学习兴趣。

5. 内容编排多元化、主次分明

在内容的编排上，本书除正文之外还附加有案例导航、知识冲浪、思维拓展、问题讨论、调查与研究、实践演练、资料袋、实例观察、知识链接等板块，这是尝试巩固强化教学内容的新手段，旨在提升本课程的课堂教学设计能力，提高课堂教学的有效性，完善专业课程的教学模式，并尽可能地凸显出作为一本应用性教材的特色。

(1) 每章正文之前引用“案例导航”，以现实的案例作为切入点，简要对一些知识进行介绍，并结合实例引出几个问题，以引导学生发散式思考，通过初始实训使学生对新章节的内容有一个大致的了解。

(2)“实例观察”以详实的案例、通俗的语言，深入浅出地为学生提供真实的施工与管理方面的知识与技能。在选择教学案例时，编者也力求从学生身边出发，从新近发生的工程实例出发。

(3)“问题讨论”紧扣主题、呈现问题，通过思考与讨论，锤炼学生解决问题的能力。

(4) 根据章节的内容安排，在实践性、综合性较强的章节安排有1～2个针对性的“实例观察”，并结合现象给出原因分析与处理措施等。

(5)“实践演练”是通过创设新的问题和情境，搭建将知识转化为技能的平台，引导学生深化所学知识，以培养运用的能力。

(6)“知识冲浪”、“资料袋”旨在以短小简练的文字介绍与章节主题相关的一些工程知识，便于学生更好地理解主题内容。

(7)“知识链接”、“思维拓展”选录了与章节内容相关的、富有知识性和实用性的短文，深化和拓展学生对所学课的知识与技能。

本书由九江学院土木工程与城市建设学院李华锋、徐芸任主编，九江学院土木工程与城市建设学院樊耀星、胡洁、陶亮任副主编。编写工作分工：李华锋编写第1章、第2章、第8章；徐芸编写绪论、第1章、第5章、第7章、第8章；樊耀星编写第2章、第4章、第6章、第8章、第13章；胡洁编写第1章、第3章、第9章、第14章；陶亮编写第2章、第10章、第11章、第12章；本书由李华锋和徐芸负责统稿、审稿。

编写组在前期的准备中，沈辉给予了极大的智力支持，同时还得到了牛璇、罗亮、林庆庆、陈鹏、陈隆星、黄泽、余冬冬、钟英、祝盼盼、徐明超、黄祥、彭超、谢斌浩的大力支持与帮助。编者在本书编写过程中，参阅和引用了一些优秀教材的内容，吸收了国内外众多同行专家的最新研究成果，在此表示感谢。

目前，适逢我国土木工程建设的蓬勃发展时期，相关配套的法律、法规、规章制度也将陆续出台，新施工规范的修订，以及土木工程施工技术的日新月异，有许多工程实际问题在我国仍属于需进一步研究和探索的课题，因此，本书的内容也需要不断更新和完善。

由于编者水平有限，书中难免存在不妥之处，衷心希望广大土木工程施工的专家和读者批评指正。

编者

2012年10月

【资源索引】

目　　录

第3章 砌体工程

第4章 混凝土结构工程

第5章 房屋结构安装工程

绪　论

重点概览

- 我国土木工程施工技术发展概况
- 我国土木工程施工组织的科学管理
- 建筑施工技术发展趋势及展望
- 研究对象、任务、特点和学习方法

0.1 我国土木工程施工技术发展概况

远古时代，人们开始修筑简陋的房舍、道路、桥梁和沟槽等，以满足简单的生活和生产需要。之后，人们为了适应战争、生产和生活以及宗教传播的需要，兴建了城池、运河、宫殿、寺庙和其他各种建筑物。我国的建筑同其他科学一样历史悠久，也曾到达过很高的水平，早在几千年前就形成了独树一帜的木构架体系，宋代的李诫主编的《营造法式》(图 0.1)包括了施工、建材和定额等多方面，相当于现行各规范的总和。

营造法式

编于熙宁年间(1068~1077年)，成书于元符三年(1100年)，刊行于宋崇宁二年(1103年)，是李诫在工匠喻皓的《木经》的基础上编成的，是北宋官方颁布的一部建筑设计、施工的规范书，这是我国古代最完整的建筑技术书籍，标志着中国古代建筑已经发展到了较高阶段。

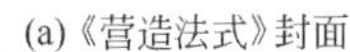

(a)《营造法式》封面

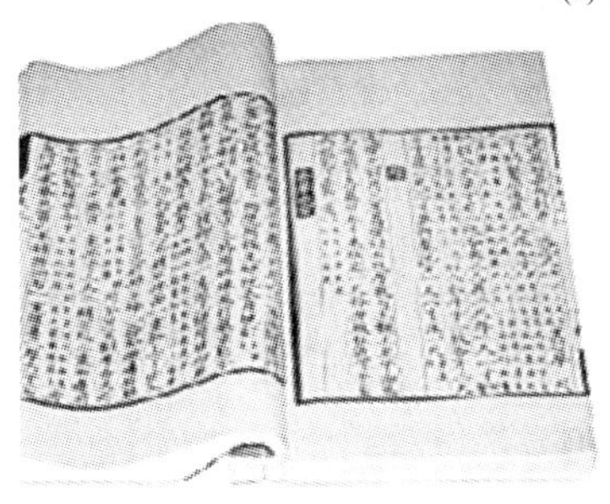

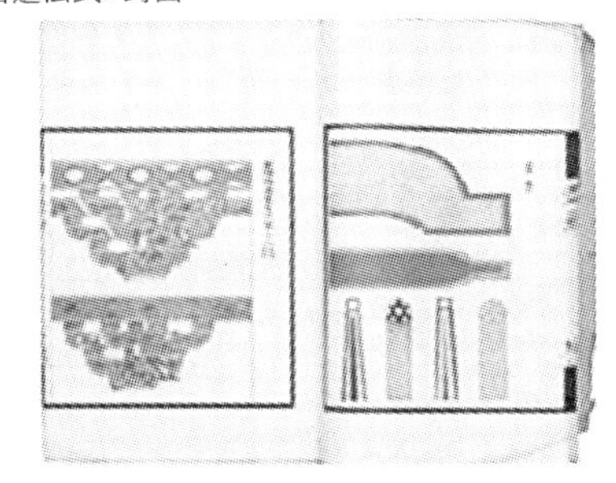

(b)《营造法式》文字部分和图解部分

图 0.1　《营造法式》

许多著名的工程设施显示出人类在各个历史时期的创造力。例如，我国的长城、都江堰、大运河、赵州桥、应县木塔等。尤其是改革开放之后，随着科技水平的不断提高，建筑施工技术与管理水平也得到了很大的提高，施工工程中不断出现的新技术和新工艺给传统的施工技术带来了较大的冲击，这一系列新技术的出现，不但解决了过去传统施工技术无法实现的技术瓶颈，促进了新的施工设备和施工工艺的出现，而且使施工效率得到了空前地提高。新技术的提高，一方面降低了工程的成本，减少了工程的作业时间；另一方面更是增强了工程施工的安全可靠度，为整个施工项目的发展提供了一个更为广阔的舞台。

0.1.1 我国的土木工程施工技术

土木工程施工是将设计者的思想、意图及构思转化为现实的过程，从古代的穴居巢处到现在的摩天大楼，从农村的乡间小道到城市的高架道路都需要通过“施工”的手段来实现。一个工程的施工包括许多工种工程，如土方工程、基础工程、混凝土结构工程、结构吊装工程、防水工程等，各个工种工程都有自己的规律，都需要根据不同的施工对象及施工环境条件采用相应的施工技术。在土建施工的同时，需要与有关的水电、风暖及其他设备组成一个整体，以便各工程之间合理地组织与协调。目前，我国建成了一大批标志性的土木工程，为城市的建设做出了重大的贡献，也使施工企业的核心技术水平实现了跨越式的提升，主要表现见表 0-1。

表 0-1 我国土木工程施工技术

项目		施工技术
施工方法及工艺	深基础施工	降水与回灌、土壁支护、逆作法施工、托换技术、地基加固
施工方法及工艺	现浇钢筋混凝土结构	大模、滑模、爬模；粗钢筋连接、混凝土真空吸水
施工方法及工艺	装配式钢筋混凝土结构	升板、升层、墙板、框架；大板建筑
施工方法及工艺	钢结构	框架整体提升、网架安装
新材料的使用	钢材	高强、冷轧扭
新材料的使用	混凝土	高性能混凝土、防水混凝土、外加剂、轻骨料
新材料的使用	装饰材料	高档金属、薄型石材、复合材料、涂料
新材料的使用	防水材料	高聚物改性沥青卷材、合成高分子卷材、涂膜、堵漏
施工机械化		自动化搅拌站、混凝土输送泵、新型塔式起重机、钢筋连接、装饰装修机具
现代技术		计算机、激光、自动控制、卫星定位
建筑工业化		设计标准化、建筑体系化；构件生产专业化、专门化；现场施工机械化、组织管理科学化

0.1.2　施工新技术的应用

1）新技术、新材料在混凝土施工中的应用

（1）大体积混凝土施工。

在大体积混凝土施工过程中，由于混凝土中水泥的水化作用是放热反应且相当复杂，一旦产生的温度应力超过混凝土所能承受的拉力极限值时，混凝土就会出现裂缝。控制混凝土浇筑块体因水泥水化热引起的温升、混凝土浇筑块体的里外温差及降温速度，防止混凝土出现有害的温度裂缝(包括混凝土收缩裂缝)是施工技术的关键问题。

实际工程中，一般应根据具体情况和温度应力计算，确定是整浇还是分段浇筑，然后根据确定的施工方案计算混凝土运输工具、浇筑设备、捣实机械和劳动力数量。常用的浇筑方法是用混凝土泵浇筑或用塔式起重机浇筑。浇筑混凝土应合理分段分层进行，使混凝土沿高度均匀上升，浇筑应在室外气温较低时进行。

大体积混凝土分段浇筑完毕后，应在混凝土初凝之后终凝之前进行一次振捣或进行表面的抹压，排除上表面的泌水，用木板反复抹压密实，消除最先出现的表面裂缝。在冬期施工时，混凝土抹压密实后应及时覆盖塑料薄膜，再覆盖保温材料(如岩棉被、草帘等)。在非冬期施工条件时，可以覆盖塑料薄膜及保温材料，也可以在混凝土终凝后在其上表面四周筑堤，灌水20～30cm深，进行养护，并定期测定混凝土表面和内部温度。

（2）清水混凝土施工技术。

由于人口的增加，人均可占用空间的减小，为了获得更大更优的居住条件，高层建筑发展成为必然；为了满足高层建筑对工艺的要求，清水混凝土技术越来越多地应用于现浇钢筋混凝土结构的建筑施工中，它是现浇钢筋混凝土技术中的一项新技术，也是将原始浇筑面直接作为装饰性表面的混凝土，质朴自然，体现出人类回归自然的追求理念。清水混凝土又称装饰混凝土，因其极具装饰效果而得名。它属于一次浇筑成型，不做任何外装饰，因此不同于普通混凝土，表面平整光滑，色泽均匀，棱角分明，无碰损和污染，只是在表面涂一层或两层透明的保护剂，显得十分天然、庄重。例如，我国首例现浇清水混凝土风格美术馆--辽河美术馆(图0.2)，便具有朴实无华、自然沉稳的外观韵味。

清水混凝土是混凝土材料最高级的表达形式，与生俱来的厚重与清雅是一些现代建筑材料无法效仿和媲美的。材料本身所拥有的柔软感、刚硬感、温暖感、冷漠感不仅对人的感官及精神产生影响，而且可以表达出建筑情感。因此建筑师们认为，这是一种高贵的朴素，看似简单，其实比金碧辉煌更具艺术效果。

图0.2　辽河美术馆

另外，清水混凝土按装饰效果可以分为普通清水混凝土、饰面清水混凝土、装饰清水混凝土3类。清水混凝土技术作为混凝土技术的一项新技术，其施工简单方便，成本也随之降低，工程进度大大加快，而且缩减了工程使用后的维修工作量，维修费用更低。这一施工技术在工业建筑施工中提高了建筑的牢固程度，也节约了工程成本。

(3) 混凝土施工的新材料——钢纤维混凝土。

随着建筑行业的不断发展，人类对建筑的艺术效果要求越来越高，建筑施工中对混凝土施工技术的要求也随之提高。为了使建筑的艺术感和实用性都能得到体现，我国建筑行业的专家研究出了钢纤维混凝土。

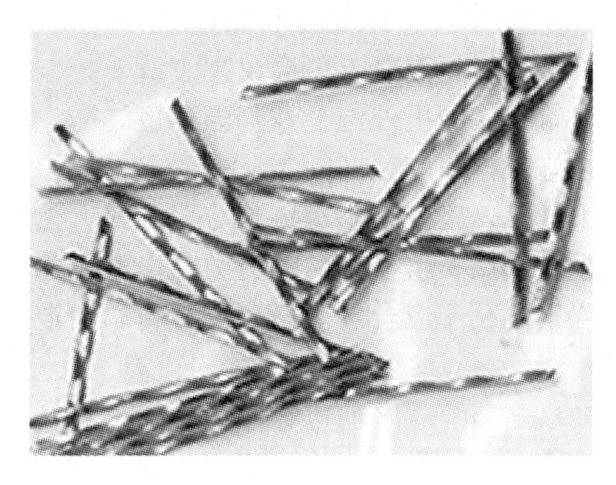

图 0.3　钢纤维

钢纤维混凝土是在普通混凝土中掺入适量钢纤维(图 0.3)经拌和而成的一种复合材料，它不仅能改善混凝土抗拉强度低的缺点，而且能增强混凝土构件的抗剪、抗裂、耐久能力，能使脆性混凝土具有较好的延性特征。另外，钢纤维混凝土具有较好的能量吸收能力，因而它使构件具有优良的抗冲击能力，对于结构抗震性有极大改善。钢纤维混凝土的应用，是混凝土施工技术中的一项突破，弥补了建筑施工中建筑材料抗拉能力不足的缺陷。

(4) 钢筋连接施工。

目前出现了一种新型的钢筋连接方式，即直螺纹接头连接，如图 0.4 所示。

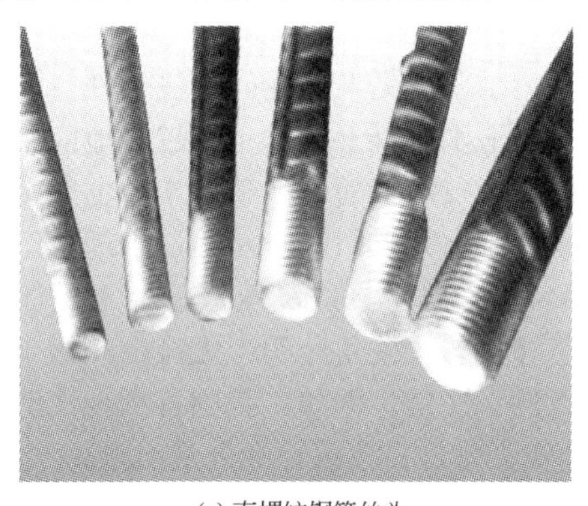

(a) 直螺纹钢筋丝头

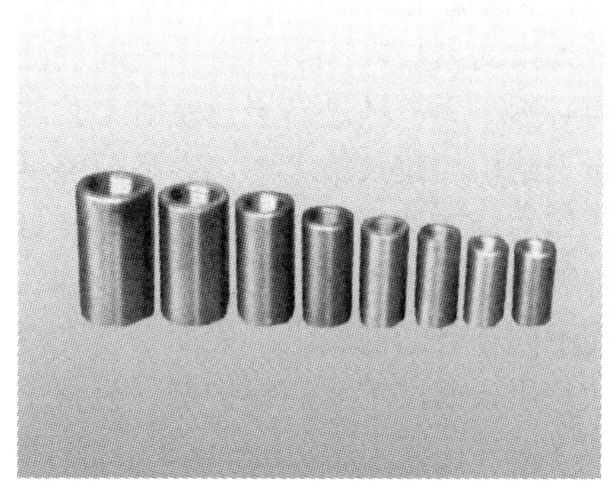

(b) 连接套筒

图 0.4　直螺纹钢筋丝头与连接套筒

对于钢筋直螺纹连接，在具体施工中与标准接头连接时，把装好连接套筒的一端钢筋拧到被连接钢筋，使套筒外露的丝扣不超过一个完整扣，连接即完成。对于加长丝头型接头，则应先锁紧螺母及标准套筒，按顺序全部拧在加长丝头钢筋，将待接钢筋的标准丝头靠紧，再将套筒拧回到标准丝头，并用扳手拧紧，再将销紧螺母与标准套筒拧紧锁定，连接即完成。

2) 新型防水施工技术的应用

防水实际上是在与水接触的部位防渗漏、防有害裂缝的出现。工程中应该遵循正确的设计原则(综合治理、多道设防、刚柔结合、防排并用、复合防水、全面设防、节点密封)，并合理选择防水材料和施工工艺。

(1) 防水混凝土结构。

防水混凝土结构是指因本身的密实性而具有一定防水能力的整体式混凝土或钢筋混凝

土结构，它兼有承重、围护和抗渗的功能，还可满足一定的耐冻融及耐侵蚀要求。与卷材防水层等相比，防水混凝土结构具有材料来源广泛、工艺操作简便、改善劳动条件、缩短施工工期、节约工程造价、检查维修方便等优点，在工业建筑中经常采用。

(2) 防水材料的新发展。

运用防水材料达到防水效果的传统作业方式是沥青防水，现在已经发展出高分子卷材、新型防水涂料、密封膏等高效弹性防水作业。防水施工在向冷作业方向发展，综合机械化水平也在不断提高。新型防水材料的应用，以水泥基渗透非结晶型防水材料为例，它是以高强度水泥为载体，经特有活性物质和微硅粉改性而成。以此为基础，国内已经开发了聚合物改性水泥基渗透非结晶型防水涂料、混凝土外加剂、结构修补砂浆等多种产品。

通过在建筑施工中的应用实践验证，水泥基渗透非结晶型防水材料渗透性强，防水性能持久，具有其他材料无法比拟的自我修复功能。其整体防水性强，能抵御化学物质的侵蚀，并对钢筋起保护作用，而且环保无毒，不产生危害气体，施工简单，对复杂混凝土基面适应性好。在复杂环境，尤其是水位经常波动、变化，以及经常受到机械震动的环境下，如溢洪道、水池、地铁隧道、地下室等结构，水泥基渗透非结晶型防水材料优越性能更加突出，解决了一般防水材料无法解决的难题。

3) 施工机械在超高层建筑施工中的采用

超高层建筑高度不断增加，整体提升式钢平台模块体系、泵送技术等便成为了超高建筑技术的一个发展产物。大型施工机械的使用，如塔式起重机、悬挂式的塔式起重机爬升，也已经被较多地应用，同时，超高结构施工 GPS 测量定位技术也逐步开始运用于实际工程的施工中。

知识冲浪

超高层建筑施工重大技术创举

采用4台巨型动臂塔式起重机集中用于上海中心大厦钢结构施工(图0.5)，是国内首次使用该项技术，也是超高层建筑施工重大技术创举。上海中心大厦位于浦东小陆家嘴地区，设计总高度为632m，建成后将与金茂大厦、环球金融中心呈三足鼎立之势，从而成为上海市又一道亮丽的风景线。上海建工机施公司为了顺利完成主体结构的施工任务，根据工程实际情况，选用了3台澳大利亚进口 M1280D 系列 2450t/m 动臂塔式起重机和1台国产中昇2700系列2700t/m的重型动臂塔式起重机作为主要起重设备进行上部钢结构的安装，并采用外挂核心筒进行施工的方案。

图0.5　上海中心大厦钢结构施工

这是超高层建筑施工领域，首次在有限空间采用多台重型塔式起重机进行群塔施工，并外挂核心筒进行上百次爬升施工。该装置竖向支撑和水平支撑系统均具有较大的强度和刚度，能够适应巨型塔式起重机施工过程中各种不利工况；其次它的“下撑上拉”系统具有比传统装置更大的安全储备，能够把塔式起重机施工过程中产生各种荷载安全可靠地传递到核心筒节点区域，而无须对核心筒进行加固，不但提高了工作效率，而且降低了施工成本。这项新技术的诞生，必将推动我国超高层建设事业的发展。

4) 大跨度的钢结构施工技术

大跨度的钢结构施工技术主要有高强厚钢板工地焊接技术、大型网壳钢结构安装技术、大跨度空间钢结构临时支撑卸载技术、大跨度钢结构计算机控制液压提升安装技术、大跨度柱面网壳折叠展开提升安装技术、钢结构整体平移安装技术(如浦东机场航站楼的施工)、旋转开启式钢屋盖安装技术(如图 0.6 所示的上海旗忠森林网球中心，采用了圆环推移方法来解决钢构件的就位)、拱形多轨道开启式钢屋盖安装技术、桅杆钢结构提升安装技术、爬升塔式起重机悬置布置及使用技术、重型塔式起重机置于永久结构上的使用技术、重型履带起重机置于永久结构上的使用技术、大型旋转式龙门起重机应用技术、大型直行式龙门起重机应用技术、预应力钢结构施工技术、索膜结构施工技术等。

上海旗忠森林网球中心结构由 3 部分组成：先在球场看台上完成直径 123m，宽 24m，高 7m 的 W 形大直径钢管焊接而成的空间环梁；然后在环梁上为 8 片屋顶设置一个固定转轴及旋转轨道；最后采用 600t 吊机，将每片重约 200t 的钢结构屋盖吊装上去，单片钢屋盖径长度达 72m，宽 48m，向圆心悬挑 61.5m。

图 0.6　上海旗忠森林网球中心

目前，钢结构桥梁施工技术也在不断地发展中，如逐跨拼装技术、全悬臂拼装法、半悬臂拼装法、中间合龙法等。例如，长江大桥、闵浦大桥就分别采用了逐跨拼装技术和悬臂拼装技术，如图 0.7 所示。

南京大胜关长江大桥钢梁架设

南京大胜关长江大桥具有体量大、跨度大、荷载大、速度高“三大一高”的特点，创造了四项“世界第一”。它是世界首座六线铁路大桥，钢结构总质量达 36 万 t。建造施工解决了钢围堰在水深流急、涨落潮差中如何精确定位，水上大型浮吊安装主桥墩顶钢梁如何精确对位，六跨连续钢桁拱架设中悬臂长、合龙口多、杆件吊重大、安装精度高，钢梁大悬臂拼装施工、三片主桁超静定合龙、合龙杆件数量多、精度控制高等世界级难题。

图 0.7　钢桥悬臂拼装技术

5) 隧道施工技术与地下空间的开发

我国隧道工程建设历史悠久，新中国建立后，随着各项建设事业的发展，修建了大量的隧道工程，隧道技术获得了突飞猛进的发展。目前我国隧道工程矿山法施工中已经普遍地采用了新奥法；岩石中隧道施工除采用钻爆法掘进外，也已开始采用掘进机施工；城市等浅埋隧道明挖或盖挖法施工中开始使用了地下连续墙，暗挖时采用的盾构法及浅埋暗挖法已具有较高的技术水平。

盾构、TBM施工技术是当今世界最先进的隧道与地下工程施工技术。目前，国内盾构机的直径也越来越大，如上海外滩改造工程的盾构直径达到了14.27m。如今大断面的施工难度越来越高，有时在复杂地段，基于对周围建筑物的保护和对管线的保护，往往进行盾构法施工可以成功穿越保护区段。

经过几十年的努力，我国隧道与地下工程修建技术已比肩欧美，成为世界隧道大国。例如，已建的大陆首条海底隧道——厦门翔安隧道，如图0.8所示，是第一条由国内专家自行设计的海底隧道，相继遇到了全强风化地层、富水砂层、风化深槽等3道世界性难题，但各参建单位因地制宜地采取钻爆法暗挖、地下连续墙井点降水等先进施工方案，创造了世界海底隧道施工史上的奇迹。

2010年4月26日，历时近5年建设，耗资30多亿元的我国内地第一条断面最大、风险最高、技术最复杂的海底隧道——翔安隧道正式通车。隧道全长8.69km(海底隧道长约6.05km)，跨越海域宽约4200m，隧道最深处位于海平面下约70m，采用左右为双向六车的行车隧道，中间为服务隧道的三孔隧道方案。

图0.8　我国大陆首条海底隧道——翔安隧道

在跨越大江大河施工领域，过去是桥梁建设具有传统优势，但是随着世界先进的盾构技术在我国工程建设领域中的逐步成熟，特别是沿江沿海码头城市，城市空间非常有限，地下和水下空间开发将是必然趋势。

6）装饰施工技术的革新

进入21世纪，装饰行业的企业市场意识不断增强，针对国内日益提高的工业建筑的需求标准，企业将目光放在了国外先进的技术上，引进和实践了先进的施工技术。例如，石材干挂技术、组合式单体幕墙技术、点式幕墙技术、金属幕墙技术、微晶玻璃与陶瓷复合技术、木制品部品集成技术、石材毛面铺设整体研磨等。这些推动了高科技元素在装饰行业不断涌现，许多工业产品直接应用在装饰工程中，金属材料装饰、玻璃制品的装饰、复合性材料的装饰、木制品集成装饰等技术的出现，从本质上改变了装饰施工，其时代感强，产品精度高，工程质量好，施工工期短，无污染的优点，使它们在装饰施工中得到更多展示机会。而且，这些先进的装饰材料和施工技术用在工业建筑中，也可以满足的工业生产的要求。

连接和固定是装饰施工过程中必须解决的问题，各种高性能粘结剂的问世彻底改变了传统的钉销连接紧固方式，在保证使用强度的基础上，弹性粘结消除了刚性粘结的弊病。免漆饰面工艺与环保油漆的应用，根本改变了现场油漆作业所带来的化学污染的状况。免漆饰面的出现，现场全部取消油漆工的作业，从生产方式的变革直接反映施工水平的提高与发展；环保油漆的使用，不但使施工人员的健康得到了保障，同时也避免因为油漆产生的有害气体而耽误工程竣工即刻使用，而且材料的耐火性也得到了大幅度的提升，提高了建筑本身的安全性和耐久性。

0.1.3 建筑施工的特点

建筑物建造过程分为施工准备阶段、基础施工阶段、主体结构工程施工阶段和屋面及装饰工程施工阶段4个施工阶段，其建筑施工特点如图0.9所示。

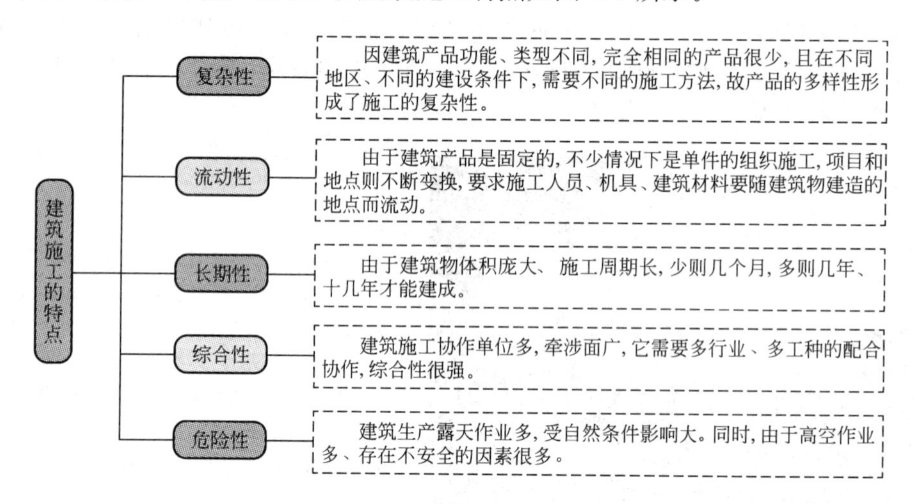

图0.9 建筑施工的特点

0.1.4 房屋建筑的施工程序

房屋建筑的施工程序是指房屋建筑工程在施工过程中各项工作必须遵循的先后顺序，一般可归纳为通过各种方式承接施工任务，签订施工合同；全面统筹安排，做好施工规划设计；认真做好施工准备，提出开工报告；精心组织施工，加强现场管理；做好工程验收，尽早交付生产、投入使用。

1）一般民用建筑的施工程序

一般民用建筑的施工程序，大体可分为施工准备、土方及基础工程、主体结构工程、屋面及装饰工程4个施工阶段。

在施工准备阶段，首先需要熟悉图纸，领会设计意图，因地制宜地制定施工方案，进行"三通一平"，搭建施工临时设施，组织材料供应，安排施工力量和完成房屋的测量定位、放线工作。

土方及基础工程施工，房屋室内地坪以下的工程称为基础工程，设有地下室的房屋，地下室的施工也包含在内，通常包括基槽开挖、基础施工和回填土等工作。

主体结构工程施工是指基础以上房屋承重结构部分的施工。例如，混合结构包括砌筑工程、构件吊装或现浇楼板、楼梯、屋面板成型，同时还需穿插进行水、电、暖气设备工程施工。

屋面及装饰工程施工包括屋面防水、楼地面工程、门窗安装、油漆、刷浆和玻璃工程，以及室内、外抹灰等。

2）单层工业厂房的施工程序

单层工业厂房大多是生产设备和产品的质量都较大，且采用水平工艺流程生产的车间。单层工业厂房的结构常采用装配式结构，单层工业厂房的施工程序大体可分为施工准备、土方及基础工程、构件预制、结构安装工程、屋面及装饰工程等5个阶段。

装配式单层工业厂房的施工特点是，先将组成厂房的主要构件，如柱、吊车梁、屋架、屋面板等在现场或工厂预制，然后在施工现场使用起重机械，将预制的构件安装到设计的位置上，其中房屋安装工程是装配式单层工业厂房的主体工程。

3）高层建筑的施工程序

高层建筑是现代化建筑结构设计和施工的重大成就之一。1974年在美国芝加哥建成的110层、高443m的“西尔斯大厦”（图0.10），揭开了建筑史的新篇章，它是高层建筑框架结构理论的发展以及高强度钢材、混凝土及各种轻质、高强、美观、大方新型建筑材料出现的结晶。

我国的高层建筑，始于1934年建造在上海市中心的“国际饭店”，如图0.11所示，其地上部分22层，地下2层。

图0.10　西尔斯大厦

图0.11　上海国际饭店

进入20世纪80年代，我国各大城市和一些中等城市兴建了一批高层建筑。例如，北京、上海、广州、深圳等地已经开始新建50层左右的大厦，这标志着我国的高层建筑结构设计和施工水平已跨入能建设超高层建筑的时代。

国内的高层建筑结构由框架结构发展为框架-剪力墙体系，以提高抗震和抗风的性能；由混凝土结构向钢结构和钢-混凝土组合结构发展，以减轻结构的自重、减小结构的断面，能够适应超高层建筑的需要。

高层建筑的施工程序是，施工准备、深基础施工（常用的有箱形基础、筏片基础、预制桩基础和现浇大直径扩孔桩基础)、主体结构工程施工(高层建筑主体施工常采用大模板和滑升模板现浇的施工方法。其混凝土搅拌一般采用工厂或现场集中搅拌、搅拌车运输，再用混凝土输送泵直接送到施工、部位)、屋面、与装饰工程施工(包括屋面防水，大量外墙饰面装饰施工，室内、外抹灰，楼、地面和门、窗施工，油漆、裱糊施工，普通玻璃和幕墙玻璃的安装)、设备安装(包括电梯、通风、消防、水暖、电气各种设备的安装)等。

0.2 我国土木工程施工组织的科学管理

现代的施工组织理论与方法，在国际上初步形成于20世纪20年代。随着建筑施工向工业化方向发展，建筑施工组织工作的地位和作用越来越重要和明显；建筑工业化是采用社会化大生产方式与专业协作来施工完成建筑产品的全过程，这与科学的施工组织管理密切相关。

我国通过大规模的经济建设并吸取西方欧洲国家的施工组织理论，创建了比较完整的“施工组织管理”学科，它将伴随着建筑工业化的不断推进而逐步提高，对我国现代化建设产生重要的作用。

我国现代的“施工组织管理”学科基本上形成于20世纪50年代中期，当时对大型工程建筑的施工组织已初步形成管理体系。改革开放以来，我国建设规模空前扩大，各地在重点工程建设中积累了丰富的施工组织管理经验，尤其是在最近几年，这方面的工作经验更加突出。

0.2.1 建设项目施工管理的内容

建设项目的施工管理包括成本控制、进度控制和质量控制，其中进度控制是土木工程施工与管理涉及内容比较多的环节。

成本控制是项目施工成功与否的关键手段之一，利润率是衡量施工好坏的一个重要指标。收入在施工单位竞标后是相对固定的，而成本在施工中则可以通过组织管理进行控制。因此，成本控制是建设项目施工管理的关键工作。成本控制应注意成本最低化原则、全面成本控制原则、动态控制原则、目标管理原则以及责、权、利相结合的原则。

进度控制的基本原则：首先，编制进度计划应在充分掌握工程量及工序的基础上进行。其次，确定计划工期。一般情况下，建设单位在招标时会提供标底工期。施工单位应参照该工期，同时结合自己所能调配的最大且合适的资源，最终确定计划工期。再次，实时监控进度计划的完成情况。编制完进度计划后应按照所编制的进度计划对实际施工进行适时监控。

质量控制主要体现在对人的控制、材料的控制和机械使用的控制。

0.2.2 施工组织管理技术的应用

施工组织的根本目的在于追求工程建设施工阶段的最大经济效益，对于建筑生产力的发展，和其他硬技术和软技术一样，同样可以起到重大的推动作用。

由于电子技术、计算机管理、统筹法和网络技术等现代化管理技术的引入及推广应用，提高了施工组织管理工作的质量和效率，尤其在信息反馈和动态控制方面，计算机管理将起决定性作用；但这些现代管理技术并不能代替人的规划设计思想和综合构思，传统的组织施工的基本原则和巧妙方法仍是长期有作用的。

已初步推进的项目法管理，也将促进“施工组织管理”的普及和应用，因为每个合格的项目管理都要优选施工方案、编制施工组织设计、规划施工平面图等；施工过程中还要根据规划设计进行动态控制。

“施工组织管理”今后还将在继承历史经验的基础上，积极吸取新鲜的施工经验和科技知识，适应新形势和新情况，随着建筑技术和建设规模的发展而不断地发展。

0.2.3 施工组织管理学科的发展

每一个施工组织管理者接受一个新的项目时，都会面对众多因素需要调查分析、优选决策和组织协调的施工组织管理问题。它是制造一个新的、庞大的建筑产品，要重新组织诸多专业力量和配置各种机械、材料等资源到一个新的地点上去施工生产。如何发挥各方面的优势，更好地适应新的环境条件，选择最优施工方案，合理安排施工进度，优化配置各种生产要素，以较少地投入取得较大的经济效益，这都需要应用“施工组织管理”这门学科的理论知识进行综合思考，这不仅对大型重点工程而言，需重视施工规划设计的关键性作用，对一般小型工程也起到重要影响。

20 多年来，工程施工组织与管理课程，在学科体系上发生了巨大的变化，它在保持原有学科体系中符合建筑生产组织规律的基本理论方法的基础上，根据市场经济体制的要求，不断地扩充施工组织与管理的新理论新方法，尤其是不断地学习西方发达国家和国际上通行的工程管理组织和方法。具体表现为它和工程项目管理紧密结合，作为工程项目管理实施规划的核心内容，强化施工技术方案和组织方案的优化理论与方法。例如，规模优化、工艺优化、设施配置优化、程序优化、工期优化、资源安排优化、成本优化等。

因此，从理论上看，施工组织存在工程建设施工实施的全过程，包括管理在内的生产力诸要素的优化配置和系统组织。施工组织是一门应用技术科学，它本身就是通过施工实践把一系列的科学技术组织应用，将它转化为生产力，从这个意义上说“施工组织管理”也是一门研究建筑生产力的学科。

0.3 建筑施工技术发展趋势及展望

随着城市化规模的扩大，对施工技术与管理的要求也越来越高，而技术创新是施工与管理中的重要内容，亦是推进施工技术进步、解决复杂问题必不可少的方法。以最小的代价谋求经济效益与生态环境效益的最大化，是现代建筑技术活动的基本原则。在这一原则下，现代建筑施工技术的发展呈现出规模不断扩大、施工技术难度不断提高的趋势。为此，施工单位应努力提高施工自动化、信息化和绿色化水平，将城镇建设成为资源节约型、环境友好型社会。

0.3.1 现代建筑施工技术的发展趋势

1）高技术化发展趋势

新技术革命成果向建筑领域的全方位、多层次渗透，是技术运动的现代特征，是建筑技术高技术化发展的基本形式。这种渗透推动着建筑技术体系内涵与外延的迅速拓展，出现了施工信息化和施工自动化、结构精密化、功能多元化、布局集约化、驱动电力化、操作机械化、控制智能化、运转长寿化的高新技术化发展趋势。

施工信息化是利用信息化设备和信息管理系统提高承包管理效率，采用施工监测、施工控制等手段实现施工管理现代化；施工自动化是以精细施工技术替代粗放型技术，以机械化自动化替代人工操作，同时对从业者的劳动技能提出更高的要求。

建材技术亦向高技术指标、构件化、多功能建筑材料方向发展，在这种发展趋势中，建筑的施工技术也随之向着高科技方向发展，利用更加先进的施工技术，使整个施工过程合理化、高效化是土木建筑施工的核心理念。

2）绿色化、生态化发展趋势

施工绿色化，即注重节材、节能、节水、节地和环境保护减少施工对环境的影响。生态化促使建材技术向着开发高质量、低消耗、长寿命、高性能、生产与废弃后的降解过程对环境影响最小的建筑材料方向发展；要求建筑设计目标、设计过程以及建筑工程的未来运行，都必须考虑对生态环境的消极影响，尽量选用污染低、耗能少的建筑材料与技术设备，提高建筑物的使用寿命，力求使建筑物与周围生态环境和谐一致。在这一趋势中，建筑的灵活性将成为现代建筑施工技术首先要考虑的问题，在使用高科技材料的同时也要有助于周围生态的和谐发展。

3）工业化发展趋势

工业化是力图把互换性和流水线引入到建筑活动中，以标准化、工厂化的成套技术改造建筑业的传统生产方式。从建筑构件到外部脚手架等都可以由工业生产完成，标准化的实施带来建筑的高效率，为今后建筑施工技术的统一化提供了可能。

0.3.2 未来建筑施工技术的发展重点

(1) 发展地下工程与深基础施工，特别是深基坑的边坡支护和信息化施工，以及发展特种地基(包括软土地基)的加固处理技术。

深基础工程施工技术，除了施工工艺以外还有装备的研究开发、对周围环境的变形控制，要有一个自适应的控制系统来掌握。另外，在盾构方面，未来对其长度的要求将越来越高。

(2) 发展高层建筑施工的成套施工技术，重视超高层钢结构、劲性钢筋混凝土结构和钢管混凝土结构的应用技术。

(3) 提高化学建材在建筑中的应用，且重视高性能外加剂、高性能混凝土的研究、开发与应用，发展预应力混凝土和特种混凝土。

(4) 开发轻钢结构，使其扩大应用于工业厂房、仓库和部分公用建筑工程，并发展大跨度空间钢结构与膜结构，同时金属焊接与检测技术也是未来发展的一个重点。

(5) 改进与提高多高层建筑功能质量，发展小型混凝土砌块建筑和框架—轻质墙建筑体系。

(6) 开发建筑节能产品，发展节能建筑技术。

(7) 开发既有建筑的检测、加固、纠偏及改造技术。

建筑的改造与修缮技术是未来发展的重点技术之一，它是在不改变既有的建筑历史风貌的前提下，改善内部的使用功能。

(8) 开发智能建筑，研究解决施工安装与调试中的问题。

(9) 发展桅杆式起重机的整体吊装技术和计算机控制的集群千斤顶同步提升技术。

(10) 大力发展“大土木”，包括桥梁工程施工技术、道路工程施工技术、水利水电工程施工技术等。

(11) 发展建筑企业的现代管理和计算机应用技术。

0.4 课程研究对象、任务、特点和学习方法

1) 课程研究对象

主要研究一个建筑产品(项目或单位工程)在土木工程施工过程中各主要工种工程的生产工艺、原理、施工方法和技术要求，以及生产过程中各生产要素之间的组织计划和一般规律。

2) 课程任务

本课程的研究内容主要包含施工技术、施工组织。施工技术是研究一个工种工程本身的施工规律，包括施工工艺、方法、机械选择、质量和安全等，图 0.12 示意了混凝土工程的施工技术工艺。施工组织研究一个产品生产过程中，各工种工程之间相互配合、相互协调的施工规律。

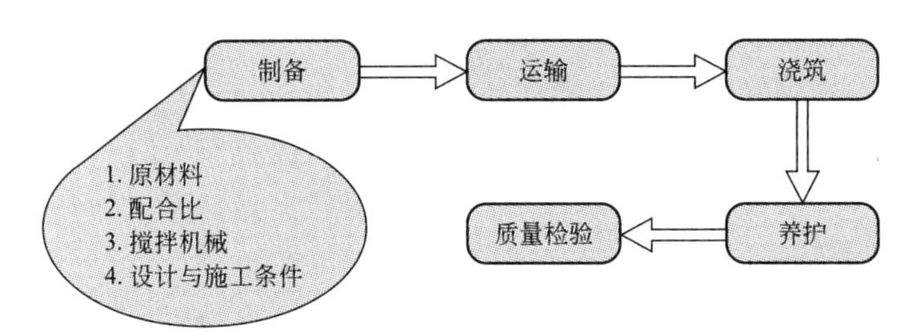

图 0.12　施工技术工艺举例(混凝土工程)

本课程主要是使读者了解国内外的施工新技术和发展动态，掌握主要工种工程的施工方法、施工方案的选择和施工组织设计的编制，具有独立分析和解决施工技术问题和进行组织计划的初步能力。

3) 课程特点

“土木工程施工与管理”是一门综合性很强的技术课，具有内容涉及面广、实践性强、发展迅速的特点。它与工程力学、工程测量、建筑材料、机械、电工等基础课以及房屋建筑学、混凝土结构、钢结构、砌体结构、建筑经济管理、工程概预算等专业课课程有联系。

本课程内容以建筑工程施工为基础，兼顾道路工程、桥梁工程、地下建筑工程的施工基本知识，密切结合现行施工规范，突出了土木工程施工技术与施工组织的基本理论和基

本原理。在课程内容上体现了时代的特征，突显了土木工程施工的实用性、实践性和创新性。

4）学习方法

作为应用性很强的专业主干课，其涉及内容均来源于丰富的工程实践，改革开放以来，我国建设事业与科学技术的不断发展，建筑工程、道路工程、桥梁工程、地下建筑工程的施工新技术、新工艺、新材料、新方法层出不穷；现代化管理方面也硕果累累。因此，为了提高课程的教学质量，扩大学生的知识面，在课程学习过程中，要求学生除应掌握有关土木工程施工的基础知识外，还必须密切联系工程实际，进行课程设计、现场教学、参观实习等，并充分利用现代网络信息技术与多媒体技术，仔细阅读大量用图画、照片反映在网络课件的实际工程或运用动画等方式表达的部分工艺过程及原理，以便获得良好的学习效果。

同时，读者在广泛学习好相关课程的基础上，切实做好理论联系实际的能力培养。

第1章 土方工程

重点概览

- 土方工程的分类及工程技术
- 场地平整
- 基坑工程
- 土方回填与压实
- 爆破技术

土方工程是建筑工程施工中主要的分部工程之一，常见的土方工程有场地平整、基坑(槽)与管沟开挖、路基开挖、人防工程开挖、地坪填土、路基填筑，以及基坑回填等内容。土方工程需合理安排施工计划，尽量不要安排在雨季，同时为了降低土石方工程施工费用，贯彻不占或少占农田和可耕地并有利于改地造田的原则，要做出土方的合理调配方案，以统筹安排。

学习要点

- 了解施工中的工程分类、土的可松性、土方边坡坡度等基本概念；
- 掌握土方工程量计算方法；
- 了解最佳设计平面要求及其设计步骤；
- 熟悉用线性规划进行土方调配的方法和影响土方边坡稳定的因素；
- 掌握护坡的一般方法和土壁支撑计算；
- 了解流沙的成因和防治方法；
- 熟悉常用土方机械的性能和根据工程对象选择机械及配套运输车辆；
- 掌握填土压实的要求和方法；
- 了解爆破工程的基本概念。

主要国家标准

- 《建筑工程施工质量验收统一标准》GB 50300—2011
- 《建筑基坑支护技术规程》JGJ 120—2012
- 《岩土工程勘察规范［2009年版］》GB 50021—2001
- 《堤防工程施工规范》SL 260—1998
- 《碾压式土石坝施工技术规范》DL/T 5129—2001
- 《工程测量规范》GB 50026—2007
- 《爆破安全规程》GB 6722—2011
- 《建筑边坡工程技术规范》GB 50330—2013
- 《锚杆喷射混凝土支护技术规范》GB 50086—2001

案例导航

楼脆脆的故事

2009年6月27日上海闵行区莲花南路、罗阳路口西侧"莲花河畔景苑"小区一栋在建的13层住宅楼全部倒塌，如图1.1所示。

图1.1　倒塌的在建楼房

事故的主要原因是事发楼房附近有过两次堆土施工。第一次堆土施工发生在半年前，堆土高3～4m；距离楼房约20m，离防汛墙10m，第二次堆土施工发生在6月下旬，6月20日，施工方在事发楼盘前方开挖基坑，土方紧贴建筑物堆积在楼房北侧，堆土在6天内高达10m。上海岩土工程勘察设计研究院技术总监顾某说，第二次堆土是造成楼房倒覆的重要原因。因土方在短时间内快速堆积，产生了3000t左右的侧向力，加之楼房前方由于开挖基坑出现凌空面，导致楼房产生10cm左右的位移，对在建13层住宅楼的PHC桩(预应力高强混凝土)产生很大的偏心弯矩，最终破坏了桩基，引起楼房的整体倒覆。

【问题讨论】

1. 土方工程是一个看似简单其实却十分复杂的工作，所涉及的危害后果的严重性比较高，你所知道的土方工程主要危害是什么？

2. 在土方工程施工中，需要防止意外发生并保障工人和公众的安全及健康，其事故预防对策有哪些？

随着经济快速增长，大跨度结构、高层、超高层建筑物越来越多，提高设计标准与增加结构负荷对基础稳定性的要求也越来越高。因此，土方的施工质量与施工工艺也更加得到重视。土方工程的施工工艺过程包括开挖、运输、填筑与压实等，土方工程现场如图1.2所示。

图1.2　土方工程现场

土方工程施工要求的一般规定：土方工程应合理选择施工方案，尽量采用新技术和机械化施工；施工中如发现有文物或古墓等应妥善保护，并应立即报请当地有关部门处理后，方可继续施工；在敷设有地上或地下管道、光缆、电缆、电线的地段施工进行土方施工时，应事先取得管理部门的书面同意，施工时应采取措施；土方工程应在定位放线后，方可施工；土方工程施工应进行土方平衡计算，按照土方运距最短，运程合理和各个工程项目的施工顺序做好调配，减少重复搬运。

1.1 土方工程的分类及工程技术

1.1.1 土的工程分类

土的种类繁多，其分类方法各异。土方工程施工中，按土的开挖难易程度分为八类，见表1-1。其中，一至四类为土，五至八类为岩石。

表1-1 土的工程分类

土的分类		级别	土的名称	密度/(kg/m^3)	开挖方法及工具
一类土	松软土	Ⅰ	砂土；粉土；冲积砂土层；疏松的种植土；淤泥(泥炭)	600～1500	用锹、锄头挖掘，少许用脚蹬
二类土	普通土	Ⅱ	粉质粘土；潮湿的黄土；夹有碎石、卵石的砂；粉土混卵(碎)石；种植土；填土	1100～1600	用锹、锄头挖掘，少许用镐翻松
三类土	坚土	Ⅲ	软及中等密实粘土；重粉质粘土；砾石土；干黄土、含有碎石卵石的黄土；粉质粘土；压实的填土	1750～1900	主要用镐，少许用锹、锄头挖掘，部分用撬棍
四类土	砂砾坚土	Ⅳ	坚硬密实的粘性土或黄土；含碎石、卵石的中等密实的粘性土或黄土；粗卵石；天然级配砂石；软泥灰岩	1900	整个先用镐、撬棍，后用锹挖掘，部分用楔子及大锤
五类土	软石	Ⅴ	硬质粘土；中密的页岩、泥灰岩、白垩土；胶结不紧的砾岩；软石灰岩及贝壳石灰岩	1100～2700	用镐或撬棍、大锤挖掘，部分使用爆破方法
六类土	次坚石	Ⅵ	泥岩；砂岩；砾岩；坚实的页岩、泥灰岩；密实的石灰岩；风化花岗岩；片麻岩及正长岩	2200～2900	用爆破方法开挖，部分用风镐

（续）

土的分类		级别	土的名称	密度/(kg/m³)	开挖方法及工具
七类土	坚石	Ⅶ	大理岩；辉绿岩；玢岩；粗、中粒花岗岩；坚实的白云岩、砂岩、砾岩、片麻岩、石灰岩；微风化安山岩；玄武岩	2500～3100	用爆破方法开挖
八类土	特坚石	Ⅷ	安山岩；玄武岩；花岗片麻岩；坚实的细粒花岗岩、闪长岩、石英岩、辉长岩、角闪岩、玢岩、辉绿岩	2700～3300	用爆破方法开挖

1.1.2 土的工程性质

土的工程性质不仅对土方工程施工有直接影响，也是进行土方施工设计必须掌握的基本资料。土的主要工程性质有土的可松性、渗透性、密实度、抗剪强度和土压力等。

1. 土的天然含水量

土的天然含水量 ω 是土中水的质量与固体颗粒质量之比的百分率，即

$$\omega=\frac{m_w}{m_s}\times 100\% \tag{1-1}$$

式中：m_w——土中水的质量(kg)；

m_s——土中固体颗粒的质量(kg)。

2. 土的天然密度和干密度

土在天然状态下单位体积的质量，称为土的天然密度。土的天然密度用 ρ 表示：

$$\rho=\frac{m}{V} \tag{1-2}$$

式中：m——土的总质量(kg)；

V——土的天然体积(m^3)。

单位体积中土的固体颗粒的质量称为土的干密度，土的干密度用 ρ_d 表示：

$$\rho_d=\frac{m_s}{V} \tag{1-3}$$

式中：m_s——土中固体颗粒的质量(kg)；

V——土的天然体积(m^3)。

土的干密度越大，表示土越密实。工程上常把土的干密度作为评定土体密实程度的标准，以控制填土工程的压实质量。土的干密度 ρ_d 与土的天然密度 ρ 之间有如下关系：

$$\rho=\frac{m}{V}=\frac{m_s+m_w}{V}=\frac{m_s+\omega m_s}{V}=(1+\omega)\frac{m_s}{V}=(1+\omega)\rho_d$$

即

$$\rho_d=\frac{\rho}{1+\omega} \tag{1-4}$$

3. 土的可松性

土具有可松性，即自然状态下的土经开挖后，其体积因松散而增大，以后虽经回填压实，仍不能恢复其原来的体积。土的可松性程度用可松性系数 K_s 或 K'_s 表示，即

$$K_s=\frac{V_{松散}}{V_{原状}} \tag{1-5}$$

$$K'_s=\frac{V_{压实}}{V_{原状}} \tag{1-6}$$

式中：K_s——土的最初可松性系数；

K'_s——土的最后可松性系数；

$V_{原状}$——土在天然状态下的体积(m^3)；

$V_{松散}$——土开挖后在松散状态下的体积(m^3)；

$V_{压实}$——土经回填压(夯)实后的体积(m^3)。

土的可松性对确定场地设计标高、土方量的平衡调配、计算运土机具的数量和弃土坑的容积以及计算填方所需的挖方体积等均有很大影响。各类土可松性系数见表1-2。

表1-2 各种土的可松性参考值

土的类别	可松系数	
	K_s	K'_s
一类土(种植土除外)	1.08～1.17	1.01～1.03
一类土(植物性土、泥炭)	1.20～1.30	1.03～1.04
二类土	1.14～1.28	1.03～1.05
三类土	1.24～1.30	1.04～1.07
四类土(泥灰岩、蛋白石除外)	1.26～1.32	1.06～1.09
四类土(泥灰岩、蛋白石)	1.33～1.37	1.11～1.15
五至七类土	1.30～1.45	1.10～1.20
八类土	1.45～1.50	1.20～1.30

4. 土的渗透性

土的渗透性指水流通过土中孔隙的难易程度，水在单位时间内穿透土层的能力称为渗透系数，用 k 表示，单位为m/d。土的渗透系数 k 应经试验确定。法国学者达西根据试验发现渗流速度(v)与水力坡度(i)成正比。k 值的大小反映土体透水性的强弱，影响施工降水与排水的速度；土的渗透系数可以通过室内渗透试验或现场抽水试验测定，一般土的渗透系数见表1-3。

表 1-3　土的渗透系数 *k* 参考值

土 的 类 别	渗透系数 k/(m/d)	土 的 种 类	渗透系数 k/(m/d)
粘土	<0.005	中砂	5.0～25.0
粉质粘土	0.005～0.1	均质中砂	35～50
粉土	0.1～0.5	粗砂	20～50
黄土	0.25～0.5	圆砾	50～100
粉砂	0.5～5.0	卵石	100～500
细砂	1.0～10.0	无填充物卵石	500～1000

1.1.3　土方工程施工特点

土方工程是建筑工程施工的主要工程之一，具有以下施工特点。

(1) 土方工程的工程量巨大、施工工期长、劳动强度大、施工范围广。

在有些大型建设项目的场地平整和基坑开挖中，土方施工量可达数百万立千米；有些大型填筑工程的土方施工面积可达数万平方千米；有些大型基坑的开挖深度达 20～30m。

因此，为了减轻繁重的劳动强度、提高生产率、加快工程进度、降低工程成本，在组织土方工程施工时，应尽可能采用新技术和机械化施工。

(2) 土方工程施工条件复杂。

土方工程施工多为露天作业，且土是一种成分较为复杂的天然物质，不仅受气候、水文、地形、地质等因素的影响比较大，而且受地上和地下环境的影响，故难以确定的因素比较多。

因此，在组织土方施工前，应详细分析并核查各项技术资料，进行施工现场调查，并根据现有施工条件，制定切实可行的施工方案，选择适宜的施工方法和施工机械，编制科学的施工组织设计。

(3) 土方工程施工有一定的危险性。

应加强对施工过程中安全工作的管理，特别是在进行爆破施工时，飞石、冲击波、烟雾、震动、哑炮、塌方和滑坡等对建筑物和人畜都会造成一定的危害，有时甚至还会出现伤亡事故。

1.2　场 地 平 整

场地平整是将需进行施工范围内的自然地面，通过人工或机械挖填平整改造成为设计要求的平面。场地平整前，要充分考虑场地的地形、地质、水文等条件，对场地进行竖向规划设计，合理确定场地标高，计算挖、填土方量，确定土方调配方案，并选择土方施工机械，拟定施工方案。

1.2.1 场地竖向规划设计

1. 场地设计标高的确定

场地设计标高是进行场地平整和土方量计算的依据，也是总图规划和竖向设计的依据。合理地确定场地的设计标高，对减少土方量和加速工程进度具有重要的经济意义。

场地设计标高的确定必须遵循的原则是，满足生产工艺和运输的要求；充分利用地形，尽量减少挖、填土方量；争取施工场区内的挖填土方量的平衡，以降低土方运输费用；要有一定的泄水坡度，以满足排水要求；考虑历史最高洪水位的影响等。

如果原地形比较平缓，对场地设计标高无特殊要求时，可按填挖土方量平衡的原则确定。首先在地形图上将施工区域划分为若干个方格网，然后根据地形图将每个方格的角点标高标注在图上，角点标高可采用实地测量或利用地形图上等高线用插入法求得，如图1.3所示。

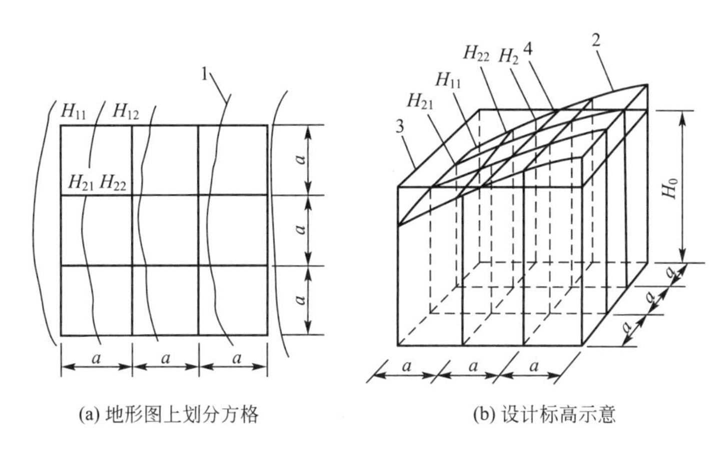

(a) 地形图上划分方格　　(b) 设计标高示意

图1.3　场地设计标高计算简图

1—等高线；2—自然地面；3—设计标高平面；4—自然地面与设计标高平面的交线(零线)

按照挖填方量相等的原则，场地设计标高 H_0 可按式(1-7)和式(1-8)计算：

$$H_0Na^2=\sum\left(a^2\ \frac{H_{11}+H_{12}+H_{21}+H_{22}}{4}\right) \tag{1-7}$$

解得

$$H_0=\frac{\sum(H_{11}+H_{12}+H_{21}+H_{22})}{4N} \tag{1-8}$$

式中：　N——方格网数；

A——方格边长(m)；

H_{11}，…，H_{22}——任一个方格的四个角点的标高(m)。

由图1.3可以看出，H_{11}是一个方格角点的标高，H_{12}和H_{21}均是两个方格公共角点的标高，H_{22}则是四个方格公共角点的标高。如果将所有方格的四个角点标高相加，那么，类似H_{11}的标高仅加一次，类似H_{12}的标高加两次，类似H_{22}的标高加四次。因此，式(1-8)可改写成以下形式：

$$H_0=\frac{\sum H_1+2\sum H_2+3\sum H_3+4\sum H_4}{4N} \tag{1-9}$$

式中：H_1——一个方格独有的角点标高(m)；

H_2——两个方格共有的角点标高(m)；

H_3——三个方格共有的角点标高(m)；

H_4——四个方格共有的角点标高(m)；

N——方格数量。

2. 场地设计标高的调整

式(1-9)所计算的标高纯系理论数值，实际上还需考虑以下因素进行调整。

1) 土的可松性影响

由于土具有可松性，按理论计算出的 H_0 进行施工，一般填土会有多余，需相应地提高设计标高，如图 1.4 所示。

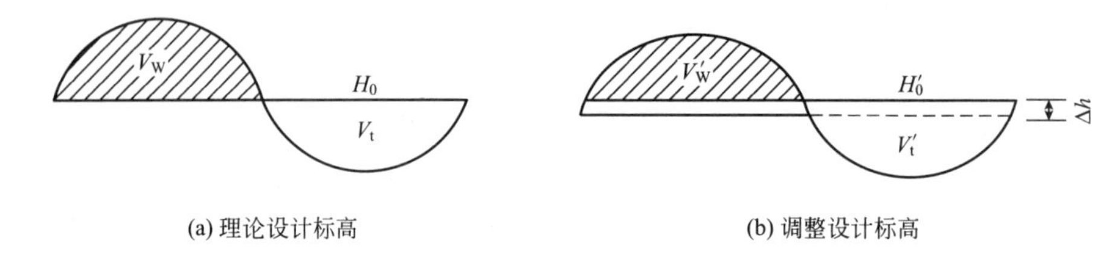

图 1.4 设计标高调整计算

设 Δh 为土的可松性引起设计标高的增加值，则实际标高调整后总挖方体积 V'_W 为

$$V'_w=V_w-A_w\Delta h \tag{1-10}$$

总填方体积为

$$V'_t=V_t+A_t\Delta h \tag{1-11}$$

而

$$V'_t=V'_wK'_s \tag{1-12}$$

因此

$$(V_w-A_w\Delta h)K'_s=V_t+A_t\Delta h \tag{1-13}$$

移向整理得

$$\Delta h=\frac{V_wK'_s-V_t}{A_t+A_wK'_s} \tag{1-14}$$

当 $V_T=V_W$ 时，式(1-14)转化为

$$\Delta h=\frac{V_w(K'_s-1)}{A_t+A_wK'_s} \tag{1-15}$$

所以考虑土的可松性后，场地设计标高调整为

$$H'_0=H_0+\Delta h \tag{1-16}$$

式中：V_w、V_t——按理论设计标高计算的总挖方、总填方体积(m^3)；

A_w、A_t——按理论设计标高计算的挖方区、填方区总面积(m^2)；

K'_s——土的最后可松性系数。

2) 场内挖方和填方的影响

由于场地内大型基坑挖出的土方、修筑路堤填高的土方，以及经过经济比较而将部分挖方土就近弃于场外，或部分填方就近从场外取土，均会导致挖填土方量的变化，因此必要时需重新调整设计标高。场地设计标高的调整值 H'_0 可按下列近似公式确定：

$$H'_0 = H_0 \pm \frac{Q}{Na^2} \tag{1-17}$$

式中：Q——场地根据 H_0 平整后多余或不足的土方量。

3）场地泄水坡度的影响

如果按以上各式计算出的设计标高进行场地平整，那么这个场地将处于同一个水平面，但实际上由于排水的要求，场地表面需要有一定的泄水坡度。因此，还需根据场地泄水坡度的要求(单向泄水或双向泄水)，计算出场地内各方格角点实际施工时所采用的设计标高，如图 1.5 所示。

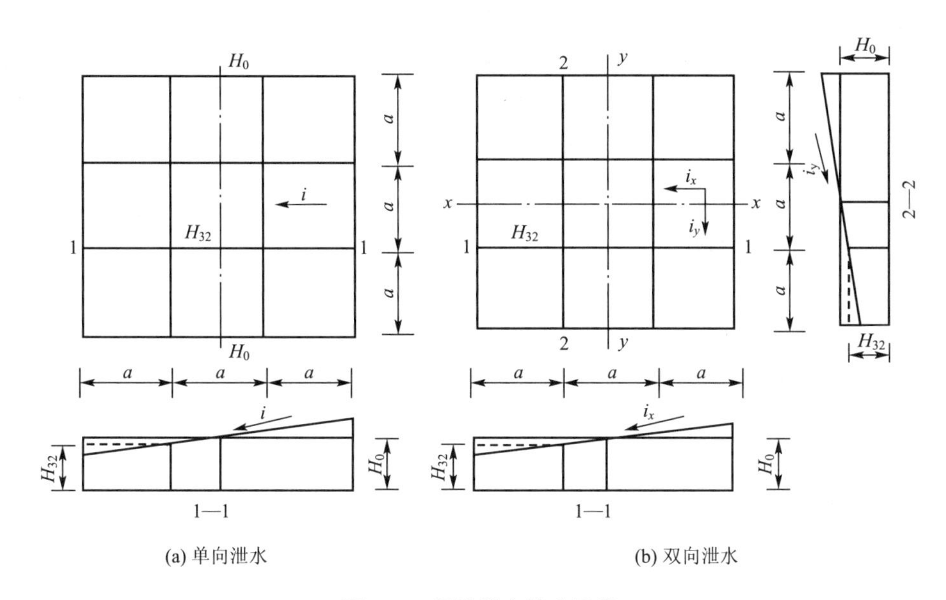

图 1.5 场地泄水坡度示意

单向泄水时，以计算出的实际标高 H_0(或调整后的设计标高 H'_0)作为场地中心线的标高。场地内任意一点的设计标高为

$$H_n = H_0(H'_0) \pm li \tag{1-18}$$

式中：l——该点至场地中心线的距离(m)；

i——场地泄水坡度，设计无要求时，不小于 2‰；

$\pm$——该点比场地中心线高取“+”号，反之取“-”号。

双向泄水时，设计标高的计算原理与单向泄水时相同，场地内任意一点设计标高为

$$H_n = H_0(H'_0) \pm l_x i_x \pm l_y i_y \tag{1-19}$$

式中：l_x、l_y——该点沿 x，y 方向距场地中心线的距离(m)；

i_x、i_y——该点沿 x，y 方向的泄水坡度。

1.2.2 场地平整土方量的计算

场地平整土方量的计算有横断面法和方格网法两种方法。

1. 横断面法

横断面法是将要计算的场地划分为若干个相互平行的横断面，然后依据横断面逐段计算土方量，最后将各段汇总，得出场地总挖、填土方量。此法多用于地形起伏变化较大、自然地面较复杂的地段或地形狭长的地带，计算步骤如下。

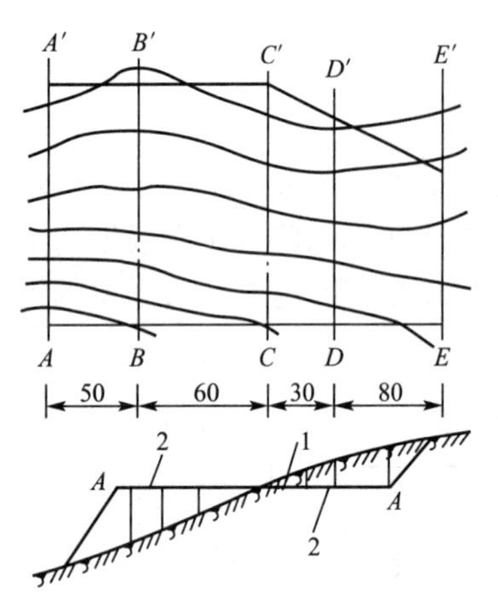

图 1.6　横断面示意图

1—自然地面；2—设计地面

1) 划分横断面、画横断面图形

按垂直等高线或垂直主要建筑物的边长原则，将场地划分为 AA'、BB'、CC'…如图 1.6 所示，各截面的间距可以不等，一般可用 20m 或 40m，在平坦地区可用较大间距，但最大不大于 100m。

按比例绘制每个横断面的自然地面和设计地面的轮廓线。自然地面轮廓线与设计地面轮廓线之间的面积，即为挖方或填方的截面。

2) 计算横断面面积

按表 1-4 横断面面积计算公式，计算每个截面的挖方或填方截面面积。

表 1-4　常用截断面计算公式

横截面图式	截面面积计算公式
	$A=h(b+nb)$
	$A=h\left[b+\frac{h(m+n)}{2}\right]$
	$A=b\frac{h_1+h_2}{2}+nh_1h_2$
	$A=h_1\frac{a_1+a_2}{2}+h_2\frac{a_2+a_3}{2}+h_3\frac{a_3+a_4}{2}+h_4\frac{a_4+a_5}{2}$
	$A=\frac{a}{2}(h_0+2h+h_n)$ $h=h_1+h_2+h_3+h_4+h_5$

3) 计算及汇总土方量

根据横断面面积按式(1-20)计算土方量：

$$V=\frac{A_1+A_2}{2}s \tag{1-20}$$

式中：V——相邻两横断面的土方量(m^3)；

A_1、A_2——相邻两横断面的挖(−)[或填(+)]的截面(m^2)；

s——相邻两横断面的间距(m)。

把计算结果按表汇总即可。

2. 方格网法

方格网法用于地形平缓或台阶跨度较大的地段。计算方法较为复杂，但精度较高。方格网的画法与前面确定场地标高相同，在确定了场地各个角点的设计标高后，就可求得需平整场地各角点的填挖高度(施工高度)，进而根据每个方格角点的施工高度算出填挖土方量，并求得整个场地的总填挖土方量。其具体步骤如下。

1) 计算场地各方格角点的施工高度

各方格角点的施工高度为

$$h_n=H_n-H \tag{1-21}$$

式中：h_n——角点的施工高度，即填挖高度。“+”为填，“−”为挖(m)；

H_n——角点的设计标高(m)；

H——角点的自然地面标高(m)。

2) 确定零线

当一个方格的4个角点的施工高度同号时，该方格内的土方则全部为挖方或填方。

如果同一方格中有的角点的施工高度为“+”，而另一部分为“−”，则此方格中的土方一部分为填方，一部分为挖方。挖、填方的分界线称为零线，零线上的点不填不挖，称之为不开挖点或零点。确定零线时要先确定方格边线上的零点，其位置可利用相似三角形的方法求出，如图1.7所示。

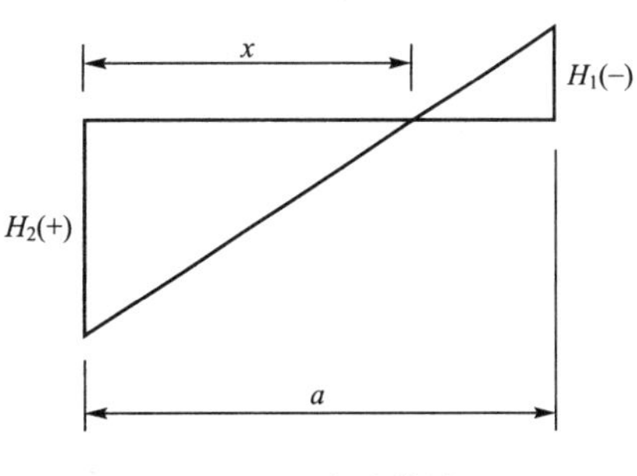

图1.7 零点计算简图

零点的位置可按式(1-22)计算：

$$x=\frac{aH_2}{H_1+H_2} \tag{1-22}$$

3) 计算场地方格挖填土方量

零线确定后，便可进行土方量的计算。方格中土方量的计算一般采用四方棱柱体法。四方棱柱体的体积计算方法见表1-5。

表1-5 场地方格挖填土方量计算

情　　形	图　　例	土方量计算
方格4个角点全部为填方或全部为挖方	h_1, h_2, h_3, h_4, a, a	挖方部分的土方量：$V=\frac{a^2}{4}(h_1+h_2+h_3+h_4)$

（续）

情　　形	图　　例	土方量计算
方格的相邻两角点为挖方，另两角点为填方		挖方部分的土方量： $V_{1,2}=\frac{a^2}{4}\left(\frac{h_1^2}{h_1+h_4}+\frac{h_2^2}{h_2+h_3}\right)$ 填方部分的土方量： $V_{3,4}=\frac{a^2}{4}\left(\frac{h_3^2}{h_2+h_3}+\frac{h_4^2}{h_1+h_4}\right)$
方格的3个角点为挖方（或填方），另一个角点为填方（或挖方）		挖方部分土方量： $V_{1,2,3}=\frac{a^2}{6}(2h_1+h_2+2h_3-h_4)+V_4$ 填方部分的土方量： $V_4=\frac{a^2}{6}\frac{h_4^3}{(h_1+h_4)(h_3+h_4)}$
备注	V——挖方或填方体积（m^3）； h_1、h_2、h_3、h_4—— 方格角点填挖高度，均用绝对值（m）	

4）计算场地边坡土方量

在基坑（基槽）开挖过程中，为了保证基坑土体的稳定，防止塌方，确保施工安全，当挖土超过一定深度时，边沿应放出足够的边坡。土方边坡的坡度 i 以其高度 h 与边坡宽度 b 的比值来表示，如图 1.8 所示，即

$$i=\frac{h}{b}=\frac{1}{\frac{b}{h}}=1:m \tag{1-23}$$

式中：$m=\frac{b}{h}$——坡度系数，即当边坡高度为 h 时，其边坡宽度 $b=mh$。

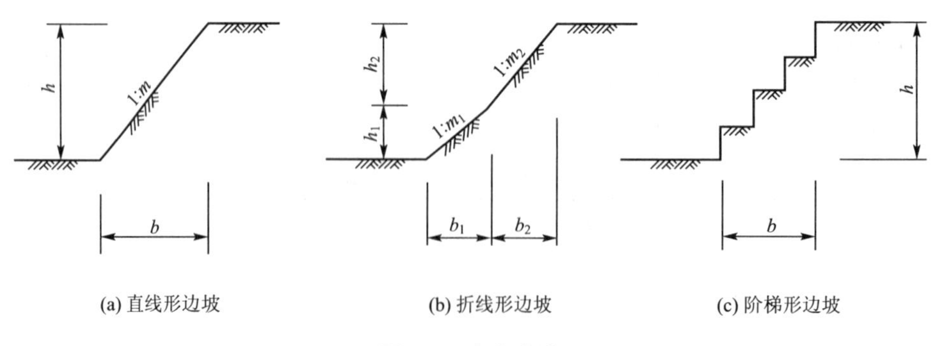

(a) 直线形边坡　　(b) 折线形边坡　　(c) 阶梯形边坡

图 1.8　土方边坡

边坡的土方量可以划分为两种近似的几何形体计算，即三角棱锥体（如体积①～③，⑤～⑪）和三角棱柱体（如体积④），如图 1.9 所示，计算见表 1－6。

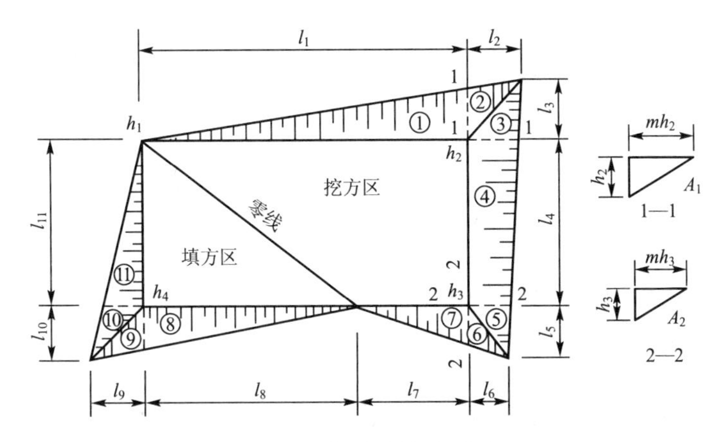

图 1.9　场地边坡平面图

表 1-6　场地边坡土方量计算

体积计算项目	体积表达式	公式中字母意义
三角棱锥体边坡体积(如图1.9中的①)	$V_1=\frac{1}{3}A_1 l_1$ $A_1=\frac{h_2(mh_2)}{2}=\frac{mh_2^2}{2}$	l_1——边坡①的长度(m)； A_1——边坡①的端面积(m^2)； h_2——角点的挖土高度(m)； m——边坡的坡度系数
三角棱柱体边坡体积(如图1.9中的④)	$V_4=\frac{A_1+A_2}{2}l_4$ 当两端横断面面积相差很大的情况下，有 $V_4=\frac{l_4}{6}(A_1+4A_0+A_2)$	l_4——边坡④的长度(m)； A_1、A_2、A_0——边坡④的两端面积及中截面面积(m^2)

1.2.3　土方调配

土方调配是土方规划设计的一项重要内容，其目的是在土方运输量或运输成本最低的条件下，确定填、挖方区土方的调配方向和数量，从而达到缩短工期和提高经济效益的目的。其步骤是，划分调配区；计算土方调配区之间的平均运距；确定土方最优调配方案；绘制土方调配图表。

1. 土方调配区的划分

进行土方调配时，首先要划分调配区，其划分的原则如下。

(1) 调配区的划分应与房屋和构筑物的平面位置相协调，并考虑开工顺序、分期施工顺序，且尽可能与大型建筑物的施工相结合。

(2) 调配区的大小应满足土方及运输机械的技术性能，使其功能得到发挥。调配区范围应与土方工程量计算用的方格网协调，通常可由若干个方格网组成一个调配区。

(3) 当土方运距较大或场地范围内土方调配不平衡时，可根据附近地形，考虑就近取土或就近弃土。这时一个取土区或一个弃土区均可作为一个独立的调配区。

2. 计算平均运距

调配区的大小和位置确定之后，便可计算各填、挖方调配区之间的平均运距，即挖方区土方重心至填方区土方重心的距离。取场地或方格网中的纵横两边为坐标轴，分别求出各区土方的重心位置，即

$$\overline{X}=\frac{\sum V_x}{\sum V} \quad \overline{Y}=\frac{\sum V_y}{\sum V} \tag{1-24}$$

式中：$\overline{X}$、$\overline{Y}$——挖方调配区或填方调配区的重心坐标；

V——每个方格的土方量；

x、y——每个方格的重心坐标。

一般情况下，可用作图法近似地求出调配区的形心位置 O 代替重心坐标。重心求出后，标注在相应的调配区图上，再用比例尺量出每对调配区间的平均运距或按式(1-25)计算：

$$L=\sqrt{(X_{OT}-X_{OW})^2+(Y_{OT}-Y_{OW})^2} \tag{1-25}$$

式中：L——挖、填方之间的平均运距；

X_{OT}、Y_{OT}——填方区的重心坐标；

X_{OW}、Y_{OW}——挖方区的重心坐标。

然后将计算结果列于土方平衡与运距表1-7内。

表1-7　土方平衡与运距表

填方区 挖方区	T_1		T_2		…	T_j		…	T_n		挖方量/m³
W_1	x_{11}	c_{11}	x_{12}	c_{12}	…	x_{1j}	c_{1j}	…	x_{1n}	c_{1n}	a_1
W_2	x_{21}	c_{21}	x_{22}	c_{22}	…	x_{2j}	c_{2j}	…	x_{2n}	c_{2n}	a_2
⋮	⋮		⋮		…	⋮		…	⋮		⋮
W_i	x_{i1}	c_{i1}	x_{i2}	c_{i2}	…	x_{ij}	c_{ij}	…	x_{in}	c_{in}	a_i
⋮	⋮		⋮		…	⋮		…	⋮		⋮
W_m	x_{m1}	c_{m1}	x_{m2}	c_{m2}	…	x_{mj}	c_{mj}	…	x_{mn}	c_{mn}	a_m
填方量/m³	b_1		b_2		…	b_j		…	b_n		$\sum_{i=1}^{m}a_i=\sum_{j=1}^{n}b_j$

注：c_{11}、c_{12}为挖填方区之间的平衡运距；x_{11}、x_{12}为调配土方量。

3. 确定最优调整方案

通常采用“表上作业法”求最优调配方案。现以一例题来说明其步骤和方法。一矩形场地，场地内各调配区的挖填土方量和相互平均运距如图 1.10 和表 1-8 所示。

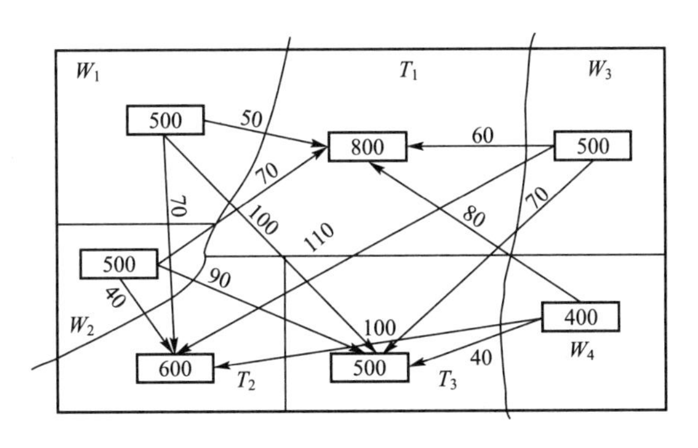

图 1.10 各调配区的土方量和平均运距

表 1-8 土方平衡运距表

填方区 / 挖方区	T_1		T_2		T_3		挖方量/m³
W_1	x_{11}	50	x_{12}	70	x_{13}	100	500
W_2	x_{21}	70	x_{22}	40	x_{23}	90	500
W_3	x_{31}	60	x_{32}	110	x_{33}	70	500
W_4	x_{41}	80	x_{42}	100	x_{43}	40	400
填方量/m³	800		600		500		1900

1）编制初始调整方案

采用“最小元素法”编制初始调整方案，即找出运距最小值，如 $c_{22}=c_{43}=40$m，任取其中之一，确定所对应的调配土方数。例如，取 $c_{43}=40$m，使 x_{43}尽可能大，因为挖方区 W_4 最大挖方量为 400m³，填方区 T_3 最大填方量为 500m³，则 x_{43}最大为 400m³。由于 W_4 挖方区的土方全部调到 T_3 区，所以 x_{41} 和 x_{42} 都为零。将 400 填入表 1-6 中的 x_{43}格内，同时将 x_{41} 和 x_{42} 格内画上一个“×”号。然后在没有填上数字和“×”号的方格内，再选 $c_{22}=40$m 最小，则 $x_{22}=500$m³，同时 $x_{21}=x_{23}=0$m³。将 500 填入表 1-9 的 x_{22}格内，并在 x_{21}、x_{23} 格内画上“×”号。重复上述步骤，一次确定其余 x_{ij} 数值，最后可以得出表1-10。

2）最优方案的判别法

在“最小元素法”编制初始调整方案中，只是优先考虑了就近调配的原则，求得的总运输量并不能保证最小，因此还需要判别是否为最优方案。判别的方法有很多，常用的是“位势法”，它是通过求检验数 λ_{ij} 来判别，若所有检验数 $\lambda_{ij}\geqslant 0$，则该方案为最优方案；否则该方案不是最优方案，需要调整。

首先在表中填入在初始方案中已确定有调配关系的“运距值”，也就是在运距表中有运输量的“运距值”填入相应的位置，见表 1-11。

表 1-9　初始方案确定过程

挖方区＼填方区	T_1		T_2		T_3		挖方量/m³
W_1		50		70		100	500
W_2	×	70	500	40	×	90	500
W_3		60		110		70	500
W_4	×	80	×	100	400	40	400
填方量/m³	800		600		500		1900

表 1-10　初始方案计算结果

挖方区＼填方区	T_1		T_2		T_3		挖方量/m³
W_1	500	50	×	70	×	100	500
W_2	×	70	500	40	×	90	500
W_3	300	60	100	110	100	70	500
W_4	×	80	×	100	400	40	400
填方量/m³	800		600		500		1900

其余空格里的数据用“矩形法”来求得。矩形法就是“构成任意矩形的 4 个角点的数据，其对角线上的两个数据之和必定等于另外一个对角线上两个数据之和”。例如，表 1-11 中右下角的 4 个格中有 3 个数据，另外一个未知数据可用“矩形法”来求得。已知对角线上的数据之和为$(110+40)=150$，则另外一个对角线上的数据之和$(70+x)$也必定等于 150，所以 $x=150-70=80$。同理可填出表 1-11 中的其他数值，见表 1-12。

表 1-11 初始方案运距值

50	—	—
—	40	—
60	110	70
—	—	40

表 1-12 位势表

50	100	60
−10	40	0
60	110	70
30	80	40

求出位势后，再利用运距表的数值(包括没有土方量的运距)减去位势表中对应的数值，得到检验数，如 $\lambda_{11}=50-50=0$，$\lambda_{12}=70-100=-30$，同理可计算出其他的检验数，填入表 1-13 中。表 1-13 中只写出各检验数的正负号，因影响求解结果的是检验数的符号，故不必填入具体的值。

表 1-13 计算检验数

挖方区＼填方区	T_1		T_2		T_3	
W_1		50	—	70	+	100
		50		100		60
W_2	+	70		40	+	90
		−10		40		0
W_3		60		110		70
		60		110		70
W_4	+	80	+	100		40
		30		80		40

3）方案的调整

从表 1-13 中已知检验数有负的，这说明初始方案不是最优方案，需要进一步调整。

(1) 在所有负检验数中选一个(一般可选最小的一个，如 c_{12})，将其对应的变量 x_{12} 作为调整对象。

(2) 找出 x_{12} 的闭回路，即从 x_{12} 出发，沿水平或竖直方向前进，遇到适当的有数字的方向作 90°转弯，再依次继续前进回到出发点，形成一条闭回路，见表 1-14。

表 1-14 求解闭回路

挖方区＼填方区	T_1	T_2	T_3
W_1	500	← x_{12}	
W_2	↓	↑ 500	
W_3	300 →	↑ 100	100
W_4			400

(3) 从空格 x_{12} 出发，沿着闭回路(方向任意)一直前进，在各奇数次转角点的数字中，挑出一个最小的(本例中即为“100”)，将它由 x_{32} 调到 x_{12} 方格中。

(4) 将“100”填入 x_{12} 方格中，被调出的 x_{32} 为 0(变为空格)；同时将闭回路上其他奇数次转角上的数字都减去 100，偶数次转角上的数字都增加 100，使得填挖方区的土方量仍然保持平衡，这样调整后，便可得表 1－15 中的新调配方案。

表 1－15　土方最优调配方案

挖方区 \ 填方区	T_1		T_2		T_3		挖方量/m³
W_1	400	50	100	70	×	100	500
W_2	×	70	500	40	×	90	500
W_3	400	60	×	110	100	70	500
W_4	×	80	×	100	400	40	400
填方量/m³	800		600		500		1900

对新的调配方案，再用“位势法”进行检验，看其是否已是最优方案。如果检验中仍有负数出现，则仍按上述步骤继续调整，直到找出最优方案为止。表 1－13 中的所有检验数均为正号，故该方案即为最优方案，其土方量 Z 为

$$
\begin{aligned}
Z &= 400\times50+100\times70+500\times40 \\
&\quad +400\times60+100\times70+400\times40 \\
&= 94000(\mathrm{m}^3)
\end{aligned}
$$

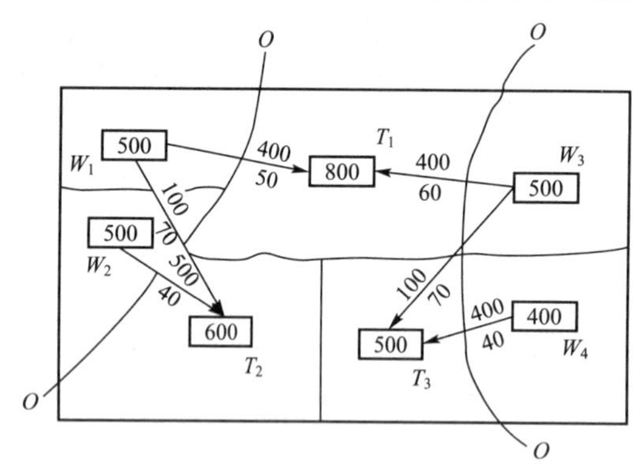

图 1.11　土方调配图

4) 土方调配图

最后将调配方案数值绘成土方调配图，如图 1.11 所示，在土方调配图上应注明挖填调配区、调配方向、土方数量以及每对挖填调配区之间平均运距。

1.2.4　场地平整土方工程机械的施工

由于土方开挖与填筑工程量巨大，因此尽量采用机械化施工，以减轻繁重的体力劳动、提高劳动生产率。以下为几种常用的施工机械。

1. 推土机

推土机是土方工程施工的主要机械之一，是在拖拉机机头上装上推土铲刀等工作装置

而制成的机械。常用推土机的发动机功率有 15kW、75kW、90kW、120kW 等数种。目前工程上常用的是履带式推土机，铲刀多用液压操纵。图 1.12 所示为推土机示意图。

可单独完成铲土、运土和卸土3种工作，操纵灵活，运转方便，所需工作面小，行驶速度快，易于转移，能爬30°左右的缓坡，在土木工程中应用最广。主要适用于一至四类土的浅挖短运，推挖三、四类土前应予以翻松；可用于开挖深度不大于1.5m的基坑及堆筑高度不超过1.5m的路基、堤坝。

图 1.12 推土机

推土机铲土时应根据土质情况，尽量采用最大切土深度在最短距离(6～10m)内完成，以便缩短低速运行时间，然后直接推运到预定距离。推土机的推运距离应控制在 100m 以内，效率最高的运距为 40～60m。回填土和填沟渠时，铲刀不得超出土坡边沿。推土机上下坡坡度不得超过 35°，横坡最大为 10°。几台推土机同时工作时，前后距离应大于 8m。推土机常用施工方法有下坡推土、槽形推土、并列推土等，如图 1.13 所示。

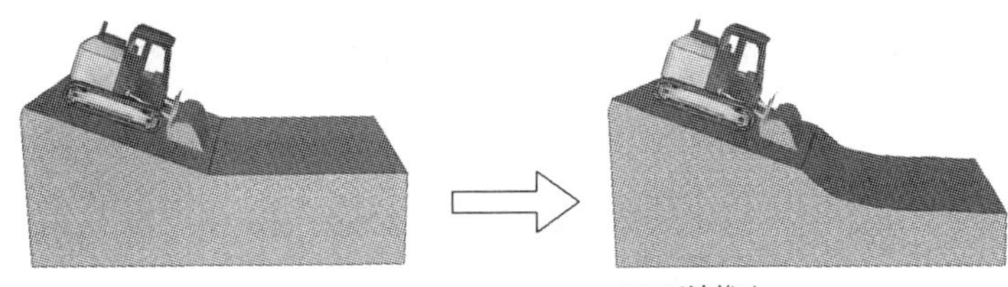

推土机顺着地面坡度沿下坡方向切土与推土，借机械向下的重力作用切土，增大切土深度和运土数量，可提高生产率30%~40%。

(a) 下坡推土

推土机在一固定作业线上多次推运使之形成一条土槽，再反复在沟槽中进行推土，以减少土从铲刀两侧外漏，可增加10%~30%的推土量。

(b) 槽形推土

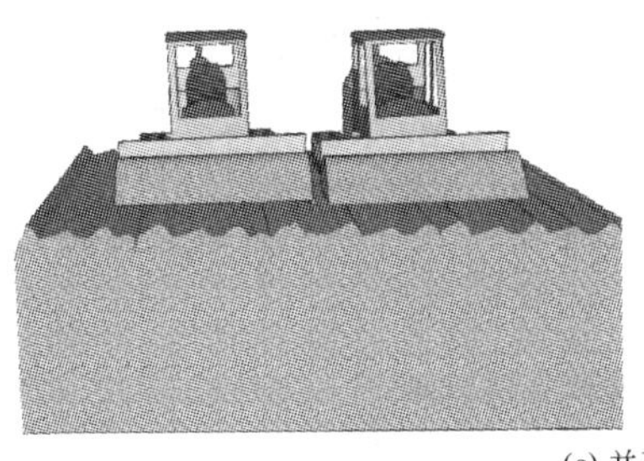

用2~3台推土机并列作业，以减少土体漏失量。铲刀相距15~30cm，可增大推土量15%~30%。适用于大面积场地平整时运送土。

(c) 并列推土

图 1.13 推土机常用施工方法

2. 铲运机

铲运机是一种能独立完成铲土、运土、卸土、填筑、整平的土方机械。按行走装置不同，可分为自行式铲运机[图 1.14(a)]和拖式铲运机[图 1.14(b)]。常用的铲运机斗容量有 $2m^3$、$5m^3$、$6m^3$、$7m^3$ 等。自行式铲运机的经济运距为 800～1500m，拖式铲运机的经济运距为 200～350m。

(a) 自行式铲运机

(b) 拖式铲运机

铲运机操作简单灵活，不受地形限制，对行驶道路要求低，生产效率高，适用于大面积整平、中距离土方转移工程，开挖大型基坑、沟槽及填筑路基、堤坝等工程，主要用于开挖含水率27%以下的一至四类土。当铲运机开挖三、四类土宜用松土机配合松土。

图 1.14　铲运机

铲运机运行路线和施工方法可根据工程大小、运距长短、土的性质和地形条件而定。铲运机的开行路线一般有环形路线、大环形路线和“8”字形路线，如图 1.15 所示。

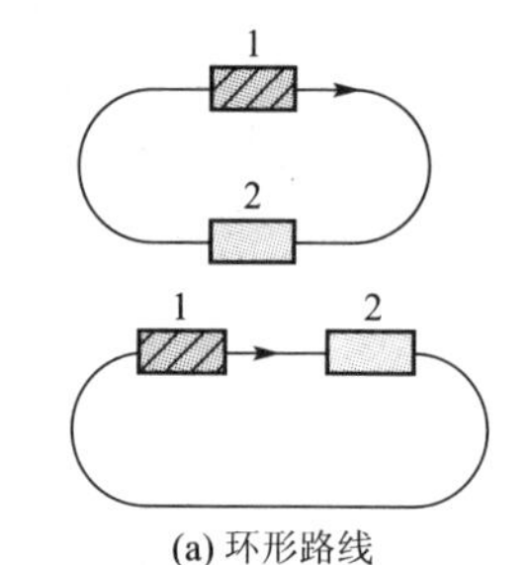

(a) 环形路线

对于地形起伏不大，施工地段比较短(50~100m)和填方高度较小(0.1~1.5m)的路堤，基坑及场地平整工程，作业时应常调换方向行驶，以避免机械行驶部分的单侧磨损。

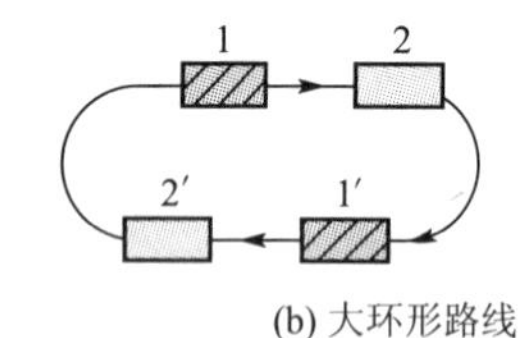

(b) 大环形路线

当挖、填交替，且相互间的间距又不大时，可采用大环形路线。这种大环形路线每一个循环可以完成两次或多次铲卸作业，减少铲运机的转变次数，提高生产效率。本法亦需经常调换方向行驶，以避免机械行驶部分的单侧磨损。

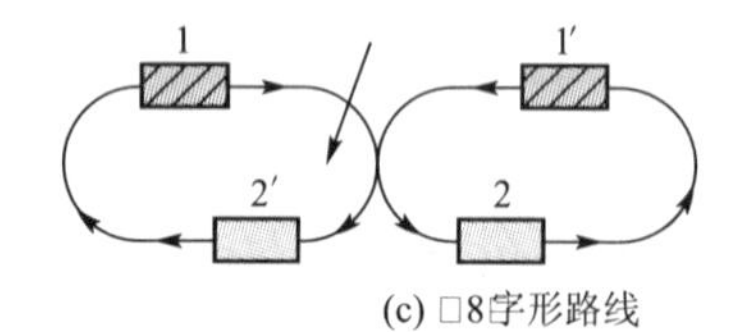

(c) □8字形路线

当地形起伏较大，施工地段狭长时，可采用□8字形线路。铲运机上坡和下坡时斜向行驶，因此坡度比较平缓，一个循环完成两次挖土和卸土作业，减少了转弯次数及空车行驶距离，同时一个循环中两次转变方向不同，可避免行驶部分的单侧磨损。

图 1.15　铲运机开行路线

1—第一次铲土满载；2—第一次卸土空载；

1′—第二次铲土满载；2′—第二次卸土空载

3. 挖掘机

挖掘机按传动方式分为机械传动和液压传动两种；按行走方式有履带式和轮胎式两种；

按工作装置不同分为正铲挖掘机、反铲挖掘机、拉铲挖掘机和抓铲挖掘机，如图 1.16～图 1.21 所示。单斗挖掘机铲斗容量有 0.1m^3、0.2m^3、0.4m^3、0.5m^3、0.8m^3、1.0m^3、1.6m^3 和 2.0m^3 多种。

1）正铲挖掘机

正铲挖掘机的外形如图 1.16 所示。

适用于开挖含水率不大于27%的停机面以上的一至四类土和经爆破后的岩石与冻土碎块，工作面高度一般不应小于1.5m，主要用于大型场地平整，工作面狭小且较深的大型管沟和基槽路堑、独立基坑及边坡开挖。

图 1.16　正铲挖掘机

正铲挖掘机的挖土特点是“前进向上、强制切土”。根据开挖路线与运输汽车相对位置的不同分为正向开挖、后方装土以及正向开挖、侧向装土两种，如图 1.17 所示。

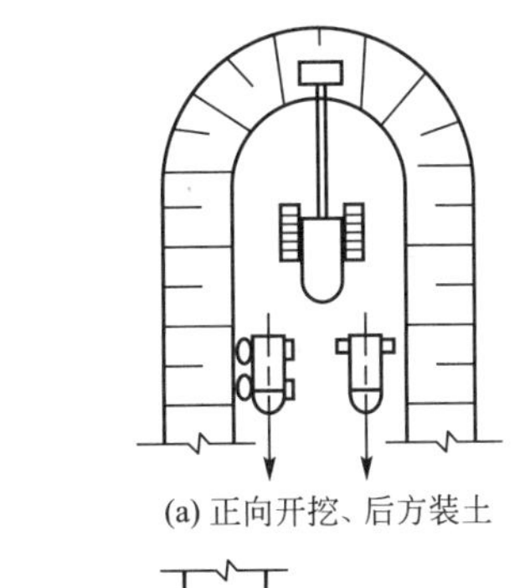

后方装土法铲臂卸土回转角较大(在180°左右)，且汽车要侧向行车，生产效率低，用于开挖工作面较小，且较深的基坑(槽)、管沟和路堑等。

(a) 正向开挖、后方装土

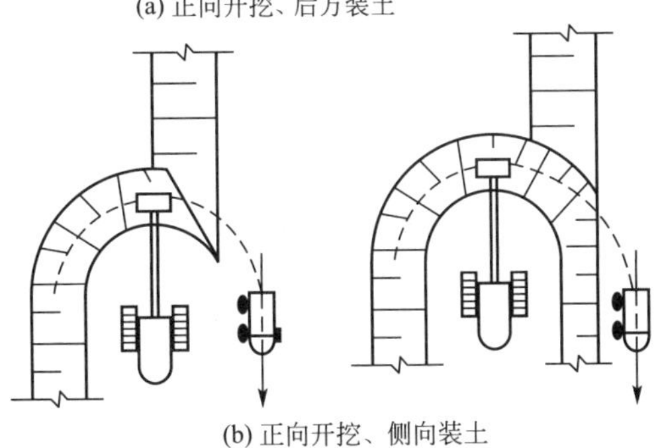

侧向装土法铲臂卸土回转角较小(<90°)，装车方便，循环时间短，生产效率高，用的较多。

(b) 正向开挖、侧向装土

图 1.17　正铲挖掘机开挖方式

2）反铲挖掘机

反铲挖掘机的外形如图 1.18 所示。

反铲挖掘机的挖土特点是“后退向下、强制切土”。根据挖掘机的开挖路线与运输汽车的相对位置不同分为沟端开挖法、沟侧开挖法两种，如图 1.19 所示。

3）拉铲挖掘机

拉铲挖掘机的土斗是用钢丝绳悬挂在挖土机长臂上，挖土时在自重作用下落到地面切入土中，挖土深度和挖土半径较大，但灵活性差，其外形如图 1.20 所示。

适用于停机面以下一至三类土，主要用于开挖深度不大的基坑(槽)或管沟，也可用于含水量大或地下水位高的土坑

图 1.18　反铲挖掘机

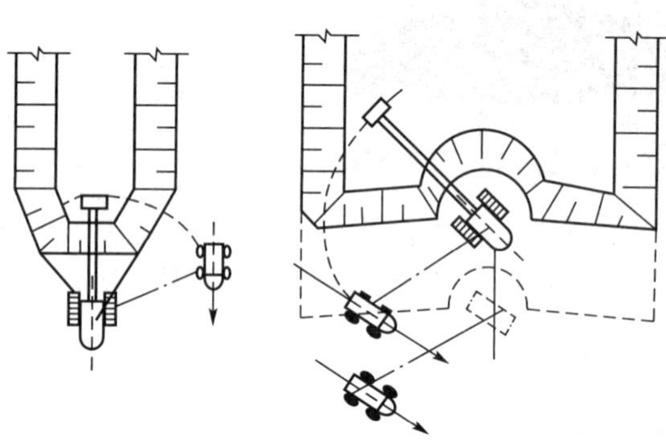

沟端开挖法挖掘宽度不受机械最大挖掘半径的限制，同时可挖到最大深度，适用于一次成沟后退挖土，挖出土随即运走的工程，或就地取土填筑路基或修筑堤坝等。

(a) 沟端开挖法

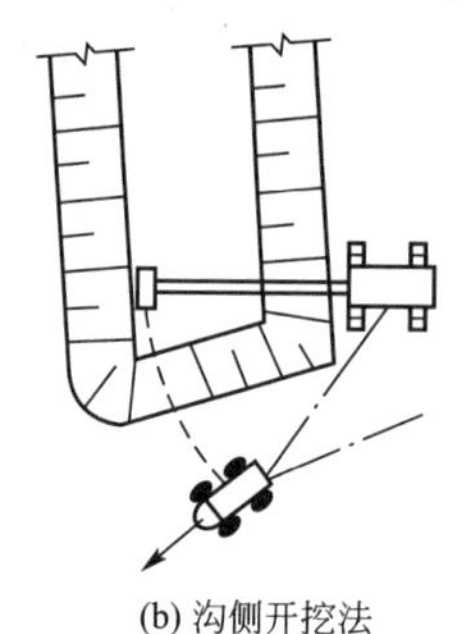

沟侧挖土法挖土宽度比挖掘半径小，边坡不好控制，机身停靠沟边停放，稳定性差，适用于横挖土体和需将土方甩到沟边较远的工程

(b) 沟侧开挖法

图 1.19　反铲沟端及沟侧开挖法

适用于挖掘停机面以下的一至三类土，主要用于开挖较深较大的基坑(槽)、管沟及水下挖土。其工作特点是：后退向下，自重切土。

图 1.20　拉铲挖掘机

4）抓铲挖掘机

抓铲挖掘机是在挖掘机的悬臂端用钢丝绳悬吊一个抓斗而组成，其外形如图 1.21 所示。

直上直下，自重切土。由于挖掘能力小，只能开挖一、二类土，主要用于开挖深基坑的松土，也可用于窄而深的基槽或水中淤泥。

图 1.21 抓铲挖掘机

1.3 基坑工程

场地平整工作完成后，即可进行基坑工程。基坑工程是基坑支护、降水、土方开挖和运输、土方回填等工程的总称。

1.3.1 地下水控制

在基坑开挖过程中，当基底低于地下水位时，土的含水层被切断，地下水会不断地渗入坑内；雨期施工时，雨水也会流入坑内。如果不及时将流入基坑内的水排走或将地下水位降低，则不仅会使施工条件恶化，而且地基土被水泡软后，容易造成边坡塌方及引发特殊地基土的湿陷或膨胀等事故。另外，当基坑下遇有承压含水层时，若不降水减压，则基底可能被冲溃破坏。因此，为了保证工程质量和施工安全，在基坑开挖前或开挖过程中，必须采取措施，控制地下水位，使地基土在开挖及基础施工时保持干燥。

地下水控制包括“降水”和“截水”。“降水”目的在于通过降低水位，消除来自基坑侧壁的地下水、基坑底部向上的涌水和基坑内部的水。“截水”是在基坑四周形成截水帷幕或在基坑底部形成不透水层阻止水涌入基坑。常见截水帷幕有深层搅拌桩截水帷幕、高压喷射桩止水帷幕，而地下连续墙、钻孔咬合桩等地下围护结构，自身就具有较好的防水效果。

基坑降低地下水位的方法，通常有集水井降水法和井点降水法。无论采用何种降水方法，降水工作应持续到基础施工完毕后回填土后才能停止。

1. 集水井降水法

集水井降水法是在基坑开挖过程中，沿坑底四周设置排水沟和集水坑，使水流入集水井中，然后用水泵抽走，可应用于除细砂、淤泥外的各种土质的场合，主要适用于面积较小、降水深度不大的基坑开挖工程，其装置如图 1.22 所示。

2. 流沙现象与防治

1) 流沙现象及危害

采用集水坑降水，如果土质为细沙或粉沙，当基坑挖到地下水位 0.5m 以下时，坑底下的

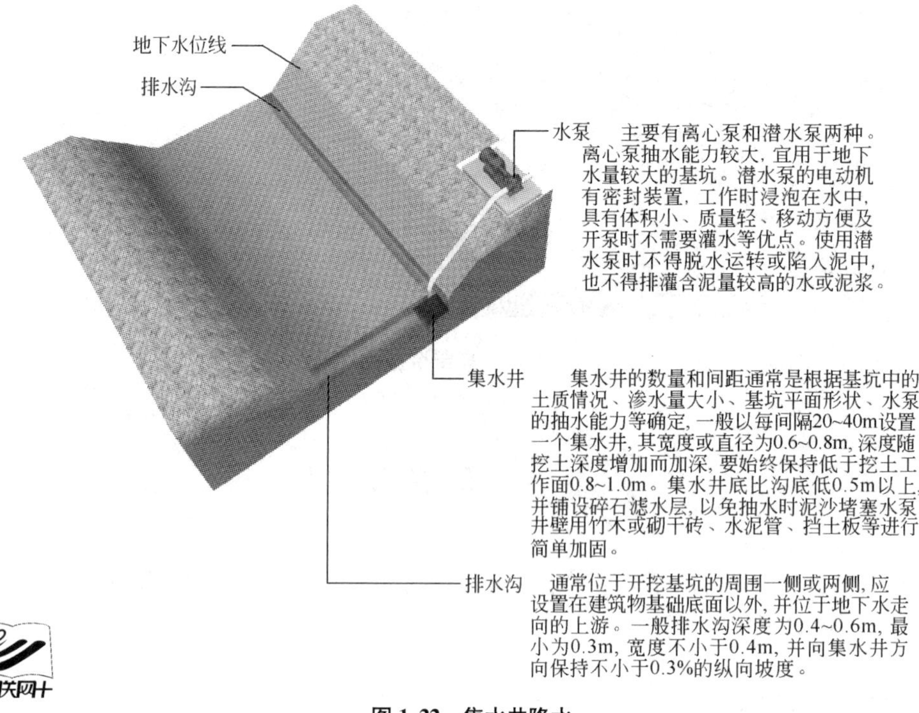

图 1.22　集水井降水

土有时会成流动状态，随地下水一起涌入坑内，这种现象称为流沙。

发生流沙现象时，土壤完全丧失承载力，工人难以立足，施工条件恶化；土边挖边冒，很难达到设计深度；流沙严重时会引起基坑边坡塌方，若附近有建筑物，会因地基被掏空而下沉、倾斜甚至倒塌。因此，流沙现象对土方施工和附近建筑物都有很大危害。

2）产生流沙的原因

流沙现象的产生有其内因和外因。内因取决于土壤的性质，当土的颗粒不均匀系数小于5%，粘粒含量小于10%、粉粒含量大于75%，空隙率大于43%，含水量大于30%时，均容易产生流沙现象，故流沙现象经常发生在粉土、细沙、粉沙和淤泥土中。但是否发生流沙现象，还应取决于一定的外部条件，即地下水及其产生动水压力的大小。

地下水渗流对单位土体中骨架产生的压力称为动水压力，用 G_D 表示，它与单位土体内渗流水受到土骨架的阻力 T 大小相等、方向相反，图 1.23 所示为动水压力的原理。

水在土体内从 A 向 B 流动，两端点 A、B 之间的水头差为 H_A-H_B，经过长度为 L、截面积为 F 的土体。则由渗流土体的静力平衡条件得

$$\gamma_w h_A F-\gamma_w h_B F-TLF+\gamma_w LF\cos\alpha=0 \tag{1-26}$$

式中：γ_w——水的密度(kg/m³)。

式(1-26)简化得

$$T=\gamma_w\frac{H_A-H_B}{L} \tag{1-27}$$

式中：$\frac{H_A-H_B}{L}$——水头差与渗流路径之比，称为水力坡度，用 i 表示。

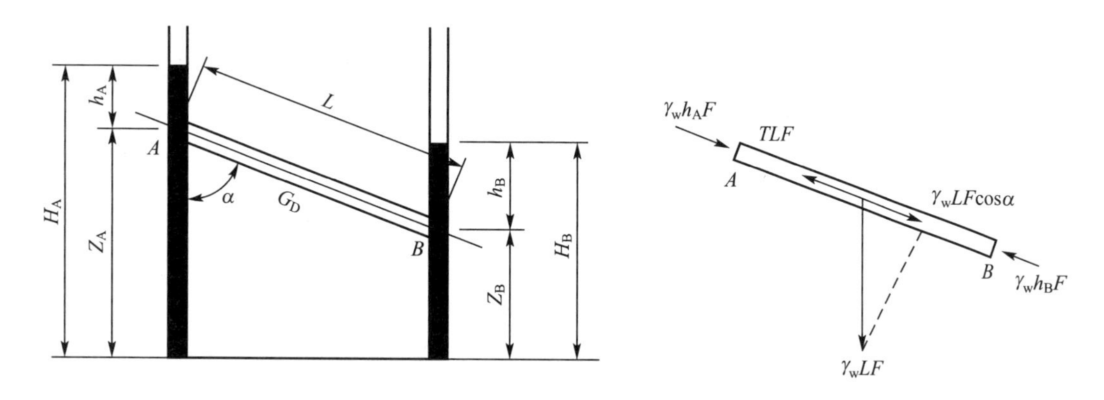

图 1.23 饱和土体中动水压力的计算

则式(1-27)可转化为

$$T = i\gamma_w \tag{1-28}$$

$$G_D = -T = -i\gamma_w \tag{1-29}$$

由式(1-29)可知，动水压力 G_D 的大小与水力坡度成正比，即水位差 $H_A - H_B$ 越大，则 G_D 越大；而渗透路程 L 越长，则 G_D 越小。当水流在水位差的作用下对土颗粒产生向上压力时，动水压力使土粒不但受到了水的浮力，而且受到向上动水压力的作用。如果动水压力大于等于土的浸水密度，则土颗粒失去自重，处于悬浮状态，土的抗剪强度等于零，土粒会随着渗流的水一起流动，“流沙现象”发生。因此，动水压力的大小是出现“流沙现象”的主要原因。

3) 流沙防治

防治流沙的途径主要有3个方面：一是减小或平衡动水压力；二是截住地下水流；三是改变动水压力的方向。具体措施见表1-16。

表 1-16 防治流沙的方法及具体措施

常见流沙防治方法	具体措施
枯水期施工	尽量在全年最低水位季节施工，寒冷地区还应错开冻土期。枯水期施工地下水位低，坑内外水位差小，动水压力减小，可以减轻和预防流沙现象
打板桩法	将板桩沿基坑周围打入不透水层，起到截水的作用；若将板桩打入坑底下面一定深度，增加地下水从坑外流入坑内的渗流长度，而且改变了动水压力方向，从而减小了动水压力
水中挖土法	不排水施工，使坑内外的水压相平衡，不致形成动水压力。沉井施工即是利用此种方法
人工降低地下水位法	采用井点降水等方法，使地下水位降低至基坑底面以下，地下水的渗流向下，则动水压力的方向也向下，从而水不能渗流入基坑内

（续）

常见流沙防治方法	具 体 措 施
设止水帷幕法	将连续的止水支护结构(如连续板桩、深层搅拌桩、密排灌注桩等)打入基坑底面以下一定深度，形成封闭的止水帷幕，从而使地下水只能从支护结构下端向基坑渗流，增加地下水从坑外流入基坑内的渗流路径，减小水力坡度，从而减小动水压力，防止流沙产生
抛大石块， 抢速度施工	如施工过程中发生局部或轻微的流沙现象，可组织人力分段抢挖，挖至标高后，立即铺设芦席并抛入大石块，增加土的压重，以平衡动水压力，并力争在未产生流沙现象之前，将基础分段施工完毕

3. 井点降水法

井点降水是在基坑开挖前，预先在基坑四周埋设一定数量滤水管，利用抽水设备抽水，使地下水位降低到坑底以下，直至基础工程施工完毕。它能防止坑底管涌和流沙现象，稳定基坑边坡，加速土的固结，增加地基土承载能力。按系统的设置、吸水方法和原理不同，井点降水方法有轻型井点、喷射井点、电渗井点、管井井点、深井井点等。

1) 轻型井点

轻型井点是沿基坑四周，将井管埋入地下蓄水层内，井点管上端经弯联管与总管相连接，利用抽水设备将地下水从井点管内抽出，使原有地下水位降至开挖基坑坑底以下，如图 1.24 所示。

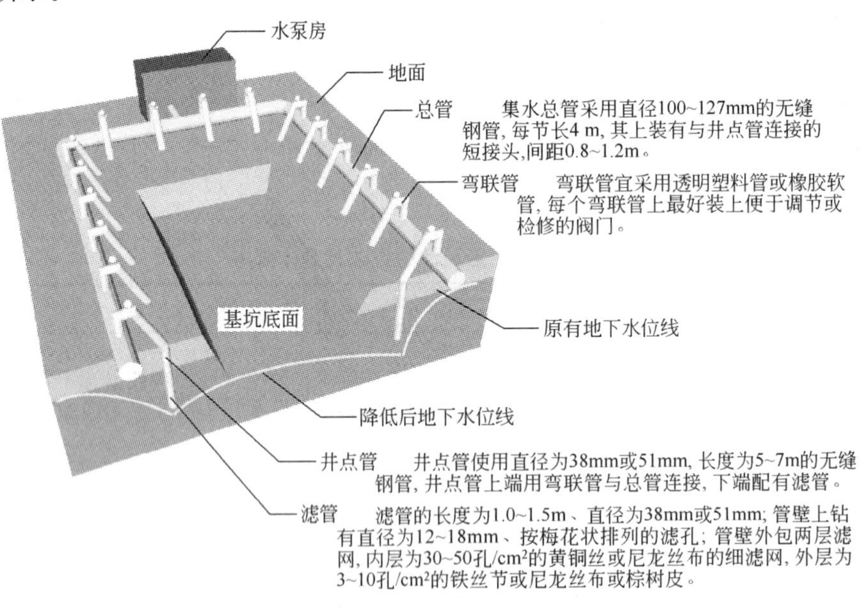

图 1.24　轻型井点示意

(1) 轻型井点设备。轻型井点设备主要由井点管、弯联管、集水总管和抽水设备等组成。其中，抽水设备一般有真空泵、射流泵和隔膜泵，常用的是前两种。真空泵井点设备通常由真空泵、离心泵、水泥分离器组成的；射流泵井点设备由离心水泵、射流泵、水箱等组成。

(2) 轻型井点布置。轻型井点的布置应根据基坑平面形状与尺寸、土质情况、水文情况、降水高度要求等确定。井点布置包括平面布置和高程布置两个方面。

① 井点的平面布置。根据基坑宽度和降水深度的不同，轻型井点的平面布置可分为单排线状井点布置、双排线状井点布置、环状井点布置和 U 形井点布置 4 种形式，如图 1.25 所示。井点管距离基坑壁一般可取 0.7～1.0m，以防止局部漏气。井点管的间距一般为 0.8m、1.2m、1.6m，可由计算或经验确定。

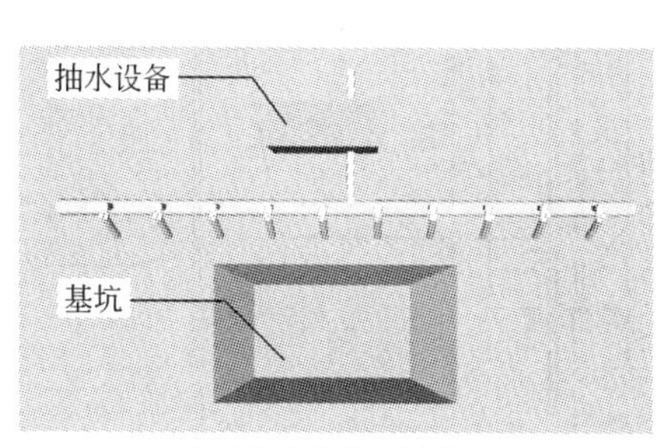

(a) 单排线状井点布置

当基坑的宽度小于6m，且降水深度不超过5m时，宜采用单排线状井点布置，并将井点布置在地下水上游一侧，两端延伸长度不小于基坑宽度。

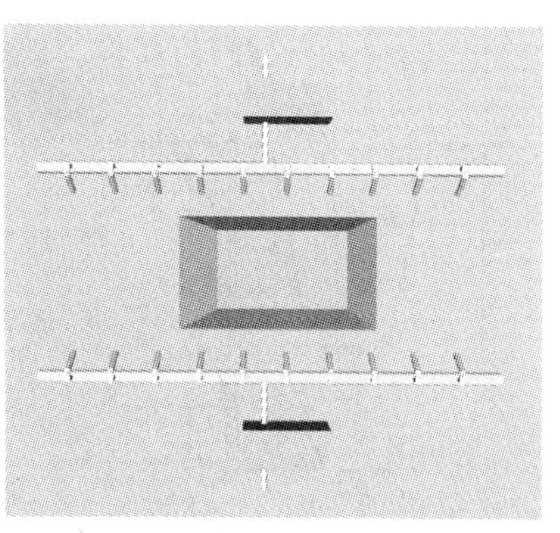

(b) 双排线状井点布置

当基坑的宽度大于6m或土质不良时，宜采用双排线状井点布置，将井点布置在基坑长度方向的两侧。

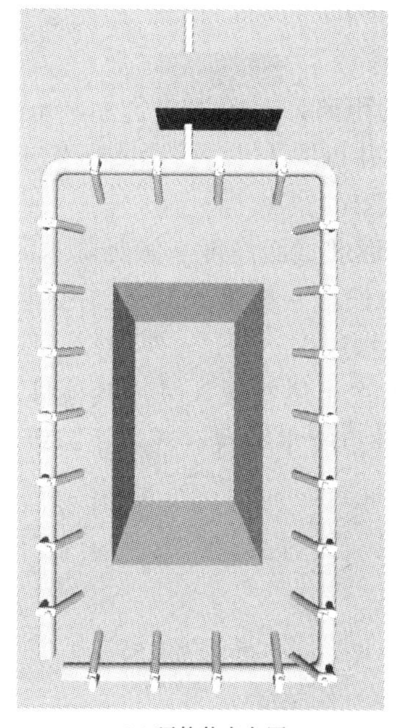

(c) 环状井点布置

当基坑面积较大、地下水位较高时，宜采用环状井点布置。

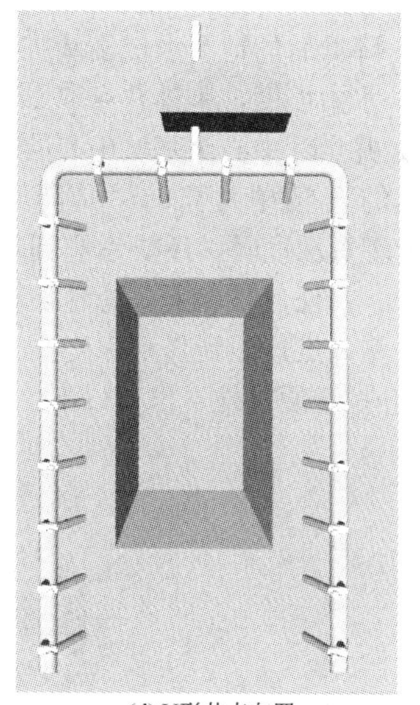

(d) U形井点布置

有时为了挖土机和运输车辆出入基坑，布置成U形。

图 1.25　井点的平面布置

抽水设备宜布置在地下水的上游，并设在总管的中部。一套抽水设备配备总管的长度，应根据降水深度、土质情况及泵的能力确定。当总管过长时，可采用多套抽水设备，井点系统可分段，分段长度应大致相等，且宜在拐弯处分段，以减少弯头数量，提高抽吸能力；同时宜分段设置阀门，以免管内水流紊乱，影响井点降水效果。

② 轻型井点的高程布置。轻型井点的高程布置，应根据天然地下水位高低、降水深度要求及透水层所在位置等确定。从理论上讲，真空井点的降水深度可达 10.3m，但由于井点管与泵的水头损失，其实际降水深度不宜超过 6m。井点管埋置深度 H，依据图 1.26 可按式(1－30)进行计算：

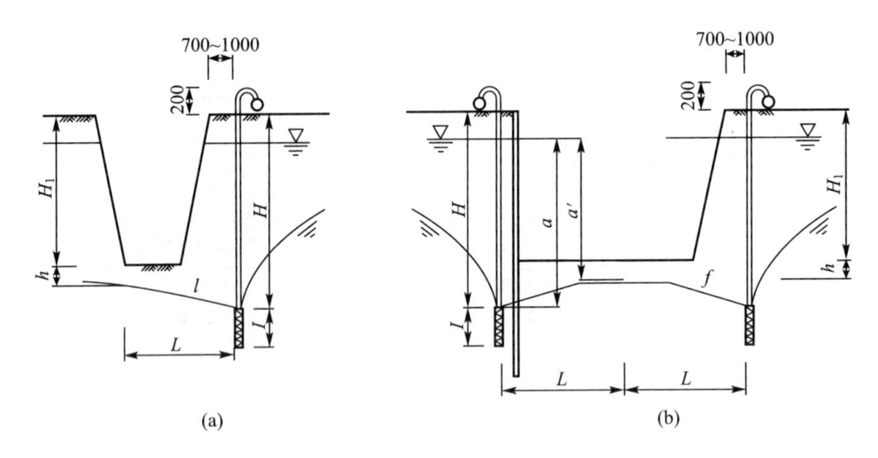

图 1.26　井点高程布置计算

$$H = H_1 + h + iL \tag{1-30}$$

式中：H_1——井点管埋设面至基坑底的距离(m)；

h——降低后的地下水位至基坑中心底的距离，一般为 0.5～1.0m；

i——水力坡度，单排井点取 1/4，双排井点取 1/7，U 形或环状井点取 1/10；

L——井点管中心至基坑中心的水平距离(m)。

若计算出的 H 值稍大于 6m，应降低总管平面埋置面高度来满足降水深度要求。此外在确定井点管埋置深度时，还要考虑到井点管的长度一般为 6m，且井点管通常露出地面为 0.2～0.3m，在任何情况下，滤管必须埋在含水层内。

当一级轻型井点达不到降水深度要求时，可视土质情况先采用其他排水法(如明沟排水)，将基坑开挖至原有地下水线以下，再安装井点降水装置；或采用二级轻型井点降水，如图 1.27 所示。

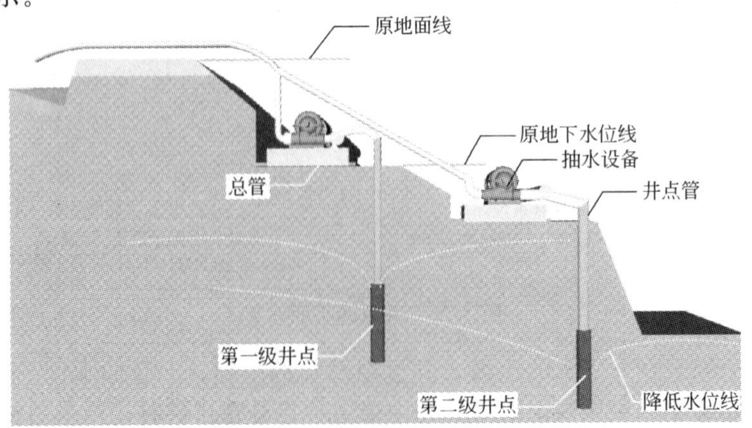

图 1.27　二级轻型井点降水

(3) 轻型井点的计算。轻型井点计算的目的，是求出在规定的水位降低深度下每天排出的地下水流量即用水量，确定井点管数量与间距，并确定抽水设备等。

① 涌水量计算。基坑涌水量计算是按水井理论计算。根据地下水有无压力，水井分为无压井和承压井；根据井底是否达到不透水层，又可分完整井和非完整井，各类水井如图 1.28 所示。各类井的涌水量计算方法都不相同，下面以无压完整井和无压非完整井涌水量计算为例。

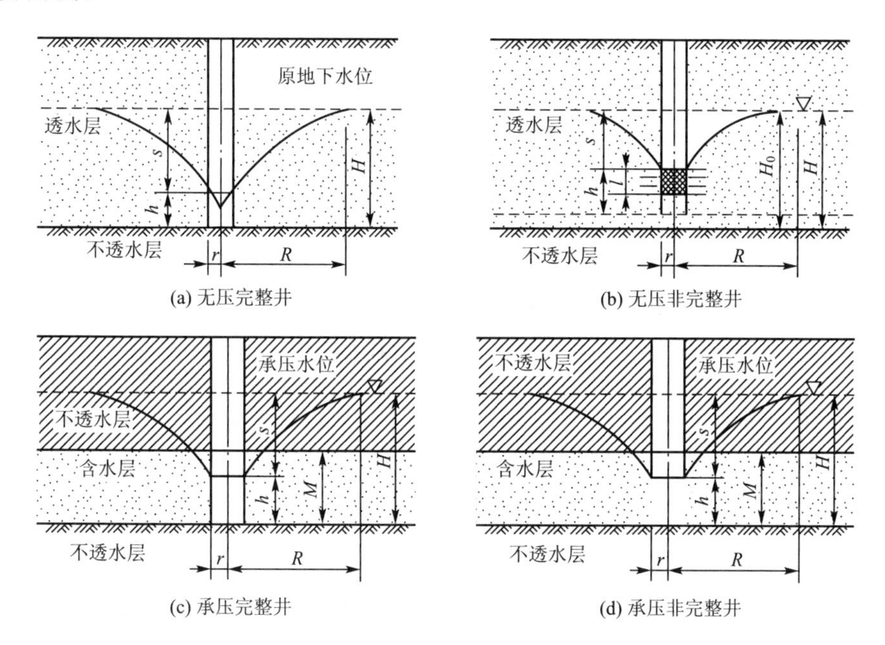

图 1.28　水井的分类

a. 无压完整井涌水量计算。目前采用的计算方法，都是以法国水利学家裘布依(Dupuit)的水井理论为基础的。裘布依理论的基本假定是，在抽水影响半径内，从含水层的顶面到底部任意点的水力坡度是一个恒值，并等于该点水面处的斜率；抽水前，地下水是静止的，即天然水力坡度为零；对于承压水，顶、底板是隔水的；对于潜水，适用于井边水力坡度不大于 1/4，底板是隔水的，含水层是均质水平的；地下水为稳定流(不随时间变化)。

在无压完整井内抽水时，水位变化如图 1.28(a)所示。经过一定时间抽水，井周围的水面最后降落成渐趋稳定的漏斗状曲面，称为降落漏斗。水井中心至漏斗外缘水平距离称为抽水影响半径 R。根据达西定律，无压完整井涌水量 Q(m^3/d)可由式(1-31)计算：

$$Q=Ki\omega \tag{1-31}$$

式中：K——土壤的渗透系数(m/d)；

　　i——水力坡度，距井中心 x 处为 $i=dy/dx$；

　　ω——距井中心 x 处水流的断面面积，可近似地看做是铅直线绕井中心旋转的圆柱面积：$\omega=2\pi xy$(m^2)。

则经推导得到单井涌水量计算公式为

$$Q=1.366K\frac{(2H-s)s}{\lg R-\lg r} \tag{1-32}$$

式中：H——含水层厚度(m)；

s——井点管处水位降落高度(m)；

R——抽水影响半径(m)；

r——水井半径(m)。

裘布依公式的计算与实际有一定误差，这是因为在过水断面处的水力坡度并非恒值，在靠近井的四周误差较大。但对于离井外距离较远处，误差很小。

式(1-32)是无压完整单井的涌水量计算公式。实际上井点系统是由许多单井组成的，各井点管布置在基坑周围同时抽水，即群井共同工作。因此各个单井相互距离都小于两倍的抽水影响半径，各个单井水位降落漏斗彼此干扰，其涌水量比单独抽水时要小，所以群井的总抽水量并不等于各单井涌水量之和。

无压完整井群井的涌水量计算公式：

$$Q=1.366K\frac{(2H-s)s}{\lg R-\lg x_0} \tag{1-33}$$

式中：x_0——由井点管围成的水井的半径(m)；

s——基坑中心水位降落值(m)。

b. 无压非完整井。对于实际工程中经常遇到的无压非完整井井点系统，地下水不仅从井的侧面流入，还从井底深入，所以涌水量要比完整井大。为了简化计算，仍采用无压完整井的环形井点涌水量计算公式[式(1-33)]，但要将式中的 H 替换为有效含水深度 H_0。有效含水深度 H_0 的意义是，假定抽水时只对深度为 H_0 范围内的井水有扰动，而 H_0 以下的水不受抽水影响。因此，无压非完整井群井的计算公式为

$$Q=1.366K\frac{(2H_0-s)s}{\lg R-\lg x_0} \tag{1-34}$$

式中：H_0——有效含水层厚度(m)。

H_0 值是经验值，可查表1-17。当算得的 H_0 大于实际含水层厚度 H 时，仍取 H 值。

表1-17　含水层有效厚度 H_0 计算

$s/(s+l)$	0.2	0.3	0.5	0.8
H_0	$1.2(s+l)$	$1.5(s+l)$	$1.7(s+l)$	$1.85(s+l)$

注：表中 s 值为井点管内水位降低深度，l 为滤管长度。

应用以上公式时，需要先确定 x_0、R、K 的值。

在实际工程中，基坑大多不是圆形，因此不能直接得到 x_0。对于常遇到的矩形基坑平面长宽比不大于5时，环形布置的井点可近似作为圆形井来处理，按面积相等原理确定其假想半径：

$$x_0=\sqrt{\frac{F}{\pi}} \tag{1-35}$$

式中：x_0——环形井点系统的假想半径(m)；

F——环形井点所包围的面积(m^2)。

抽水影响半径 R，与土壤的渗透系数、含水层厚度、水位降低值及抽水时间等因素有关。抽水2～5d后，水位降落漏斗渐趋稳定，此时抽水影响半径可用式(1-36)确定：

$$R=1.95s\sqrt{HK} \tag{1-36}$$

测定土壤的渗透系数 K 的方法，可用现场抽水试验或实验室测定。对于重大工程，

宜选用现场抽水试验以获得较准确的值。

② 井点管数量与井距的确定。单根井点管的最大出水量，可由式(1-37)确定：

$$q=65\pi dl\sqrt[3]{K} \tag{1-37}$$

式中：q——单根井管的最大出水量(m^3/d)；

d——滤管的直径(m)；

l——滤管的长度(m)；

K——土壤的渗透系数(m/d)。

所需井点管的最少数量，可由式(1-38)确定：

$$n=1.1\frac{Q}{q} \tag{1-38}$$

井点管最大间距可按式(1-39)求得：

$$D=\frac{L}{n} \tag{1-39}$$

式中：L——总管长度(m)；

n——井点管最少根数(根)；

D——井点管最大间距(m)。

求出的井点管之间的间距应大于15d，以免由于井管太密影响抽水效果。实际采用的井点管间距应与总管接头尺寸相适应。

③ 抽水设备选用。

真空泵的类型有干式(往复式)真空泵和湿式(旋转式)真空泵两种。干式真空泵，由于其排气量大，在轻型井点中采用较多，但要采取措施，以防水分渗入真空泵。湿式真空泵具有质量轻、振动小、容许水分渗入等优点，但排气量小，宜在粉砂土和粘性土中采用。

干式真空泵的型号常用的有W_5、W_6型泵，可根据所带的总管长度、井点管根数及降水深度选用。采用W_5型泵时，总管长度一般不大于100m，井点数量约80根；采用W_6型泵时，总管长度一般不大于120m，井点管数量约100根。

真空泵的真空度，根据力学性能，最大可达100kPa。真空泵在抽水过程中所需的最低真空度h_k(kPa)，根据降水深度及各项水头损失，可按式(1-40)计算：

$$h_k=(h+\Delta h)\times 10 \tag{1-40}$$

式中：h——降水深度(m)；

Δh——水头损失，包括进入滤管的水头损失、管路阻力损失及漏气损失等。可近似地按1.0～1.5m计算。

真空泵在抽水过程中的实际真空度，应大于所需的最低真空度，但应小于使水气分离器内的浮筒关闭阀门的真空度，以保证水泵连续而又稳定地排水。

一般选用单级离心泵，其型号根据流量、吸水扬程与总扬程确定。水泵的流量应比基坑涌水量增大10%～20%，因为最初的涌水量较稳定的涌水量大。

一般情况下，一台真空泵配一台水泵作业，当土的渗透系数K和涌水量Q较大时，也可配两台水泵。

对于射流泵抽水设备，常用的射流泵为QJD45、QJD60、QJD-90、JS-45，其排水量分别为45m^3/h、60m^3/h，90m^3/h，45m^3/h，降水深度能达到6m，但其所带的井点管一般只有25～40根，总管长度30～50m，若采用两台离心泵和两个射流器联合工作，能带动井点管 70 根，总管 100m。与普通轻型井点相比，具有结构简单、成本低、使用维修方便等优点。

【轻型井点布置算例】

某工程基坑底平面尺寸为 12m×24m，深 4.0m，基坑边坡 1∶0.5。地下水位在地面下 0.6m，不透水层在地面下 9.3m，土的渗透系数 K=5m/d，现采用轻型井点设备进行人工降低地下水位，机械开挖土方，试对该轻型井点系统进行计算。

解：（1）井点系统布置。

平面布置：基坑宽 12m，布置成环形，井点管距离边坡 0.8m。

高程布置：基坑顶部宽 12+2×4.0×0.5=16(m)，长 24+2×4.0×0.5=28(m)。

井点管埋深：$H=H_1+h+iL=4+0.5+(16/2+0.8)/10=5.38$(m)。

井点管长度：$H+0.2=5.58$(m)，选用直径为 38mm、长为 6m 的井点管，滤管长为 1.2m。

（2）涌水量计算。

判断该水井为无压非完整井。

井点管包围面积：

$$F=(16+2\times0.8)\times(28+2\times0.8)=520.96(\text{m}^2)$$

$$x_0=\sqrt{\frac{F}{\pi}}=\sqrt{\frac{520.96}{3.14}}\approx12.88(\text{m})$$

$s=6-0.2-0.6=5.2$(m)，$s/(s+l)=5.2/(5.2+1.2)\approx0.81$(m)。

查表得 $H_0=1.85(s+l)=1.85\times(5.2+1.2)=11.84$(m)>含水层厚度。

所以按实际情况取 9.3 −0.6=8.70(m)。

计算抽水影响半径：

$$R=1.95s\sqrt{H_0K}=1.95\times5.2\times\sqrt{8.7\times5}\approx66.88(\text{m})$$

计算涌水量：

$$Q=1.366K\frac{(2H-s)s}{\lg R-\lg x_0}=1.366\times5\times\frac{(2\times8.7-5.2)\times5.2}{\lg66.88-\lg12.88}\approx605.69(\text{m}^3/\text{d})$$

（3）确定井点管的数量及井距。

单个井点管的出水量：

$$q=65\pi dl\sqrt[3]{K}=65\times3.14\times0.038\times1.2\times\sqrt[3]{5}\approx15.91(\text{m}^3/\text{d})$$

井点管数量：

$$n=1.1\frac{Q}{q}=1.1\times\frac{605.69}{15.91}\approx41.88(\text{根})$$

井距：井点管包围的周长

$$L=(17.6+29.6)\times2=94.40(\text{m})$$

井点管间距 $D=\frac{L}{n}=\frac{94.40}{41.88}\approx2.25$(m)，取 2.0m。

实际井点管数 $n=\frac{L}{D}=\frac{94.40}{2}=47.20$(根)，取48根，满足要求。

(4) 轻型井点的施工。轻型井点的施工包括准备工作、井点系统的安装、使用及拆除等过程。

轻型井点施工前准备工作包括井点设备、动力、水源及必要材料的准备，开挖排水沟，降水影响范围内建筑物、管线等沉降观测点设置以及制订防止附近建筑物、管线沉降的措施等。轻型井点系统安装程序为，排放总管，埋设井点管，用弯联管将井点管和总管连接起来，最后再安装抽水设备。

井点管的埋设一般用水冲法进行，如图1.29所示，分为冲孔与埋管两个施工过程。井点系统安装完毕后，需进行试抽，以检查有无漏气现象。轻型井点使用时，应连续不断地抽水。时抽时停，滤网易堵塞，也容易抽出土粒，使水浑浊，并引起附近建筑物由于土粒流失而沉降开裂。正常的排水是“先大后小，先浑后清”，如果不出水，或出水一直较浑，或清后又浑，应立即检查纠正。如果有较多井点管发生堵塞，明显影响降水效果时，应逐根用高压水反向冲洗或拔出重埋。

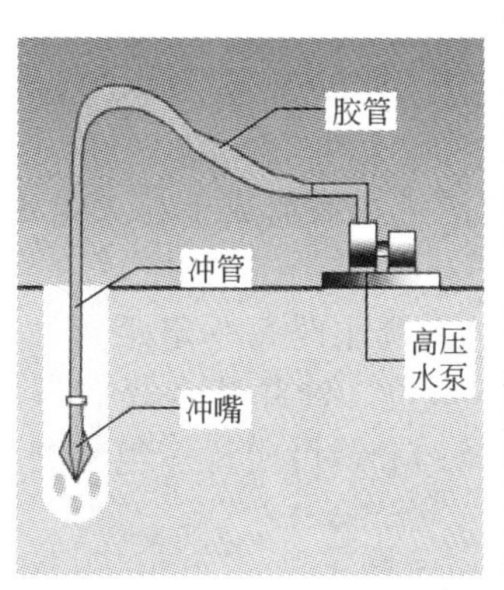

冲孔

先用起重设备将冲管吊起并插在井点的位置上，开动高压水泵，将土层冲成圆孔，冲管则边冲边沉。冲孔直径一般为300mm左右，以保证井管四周有一定厚度的砂滤层，冲孔深度宜比滤管底深0.5m左右，以免冲管拔出时，部分土颗粒沉于底部接触到滤管底部。

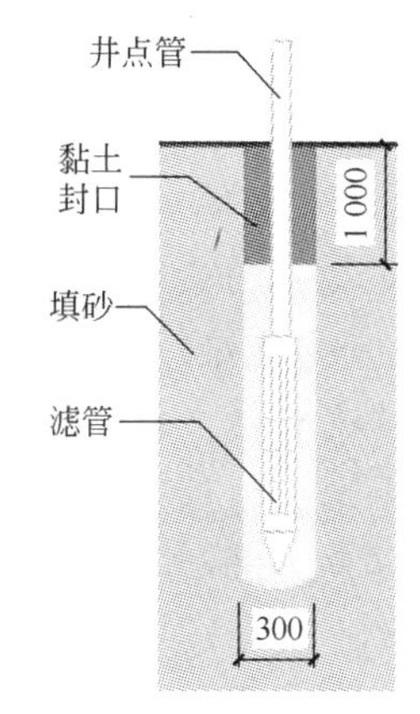

埋管

井孔冲成后，随即拔出冲管，插入井点管，并在井点管与孔壁之间迅速用粗砂灌实，以防孔壁塌土和堵塞滤网，粗砂填至滤管顶上1~1.5m，以保证水流畅通。井点填砂后，应用黏土封口，以防漏气。

图1.29 井点管的埋设

在降水过程中，应有专人负责对附近地面及邻近建筑物进行沉降观测，以便发现问题，及时采取防护措施。

地下室或地下结构竣工后，回填土到地下水位线以上，方可拆除井点系统。拔出井点管可用倒链、杠杆式起重机等。拔管后所留孔洞应用砂或土填塞，对有防水要求的地基，地面以下2m范围可用粘土填塞密实。

2) 喷射井点

喷射井点用于深层降水，其一层井点可把地下水位降低8～20m。喷射井点的主要工作部件是喷射井管内管底端的扬水装置——喷嘴的混合室。当喷射井点工作时，由地面高压离心水泵供应的高压工作水，经过内外管之间的环形空间直达底端。在此处高压工作水由特制内管的两侧进水孔进入至喷嘴喷出，在喷嘴处由于过水断面突然收缩变小，使工作水流具有极高的流速(30～60m/s)，在喷口附近造成负压，因而将地下水经滤管吸入，吸入的地下水在混合室与工作水混合。然后进入扩散室，水流从动能逐渐转变为位能，即水流的流速相对变小，而水流压力相对增大，把地下水连同工作水一起扬升出地面，经排水管道系统排至集水池或水箱，由此再用排水泵排出。

3）电渗井点

在饱和粘土中，特别是淤泥和淤泥质土中，由于土的渗透性差(一般渗透系数小于0.1m/d)，使用以重力或真空作用的一般井点排水，效果很差，此时宜采用电渗排水，利用粘土的电渗现象和电泳作用特性，对透水性差的土起到疏干作用，使软土地基排水得到解决，如图1.30所示。

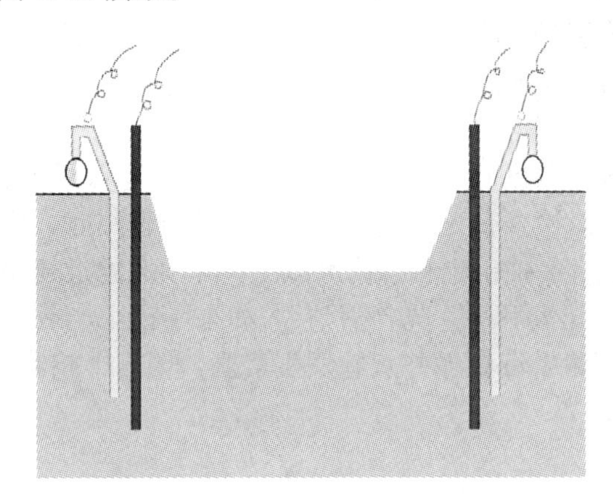

电渗井点

一般与轻型井点或喷射井点结合使用，是利用轻型井点或喷射井点管本身作为阴极，一金属棒(钢筋、铝棒等)作为阳极。通入直流电(采用直流发电机或直流电焊机)后，带有负电荷的土粒即向阳极移动，而带有正电荷的水则向阴极方向集中，产生电渗现象。在电渗与井点管内的真空双重用下，强制粘土中的水由井点管快速排出，井点管连续抽水，从而地下水位渐渐降低。

图1.30　电渗井点布置示意

4）管井井点

对于渗透系数为20～200m/d的土层、砂层，或者用明沟排水易造成土粒大量流失，引起边坡塌方及用轻型井点难以满足要求的情况，较宜采用管井井点。

管井井点是沿基坑每隔一定距离设置一个管井，或在坑内降水时每一定距离设置一个管井，每个管井单独用一台水泵不断地抽水来降低地下水位。管井井点具有排水量大、排水效果好、设备简单、易于维护等特点，降水深度3～5m，可代替多组轻型井点作用。

5）深井井点

对于渗透系数较大(10～250m/d)的砂类土，且地下水丰富，降水深，面积大，时间长的情况，宜采用深井井点降水法。深井井点降水是在深基坑的周围埋置深于基坑的井管，使地下水通过设置在井管内的潜水泵将地下水抽出，使地下水位低于坑底。本法的优缺点是排水量大，降水深(可达50m)，不受吸程限制，排水效果好；井距大，对平面布置的干扰小；可用于各种情况，不受土层限制；成孔(打井)用人工或机械均可，较易于解决；井点制作、降水设备及操作工艺、维护均较简单，施工速度快；如果井点管采用钢管、塑料管，可以整根拔出重复使用；但一次性投资大，成孔质量要求严格且降水完毕后井管拔出较困难。

1.3.2　土方边坡稳定

在土方工程施工中，基坑(槽)的土壁必须保证稳定。否则，土体在外力作用下失去平衡，土壁会产生塌方，不仅影响工程施工，甚至会造成人员伤亡，危及附近建筑物、道路及地下设施的安全，产生严重的后果。因此，在挖方或填方的边缘，需要做成一定坡度的边坡。

当地质条件良好、土质均匀且无地下水影响时，挖方边坡可挖成直立壁，而必不加设支撑，但挖方深度不得超过表1－18规定的数值。

表1－18 基坑、基槽和管沟不加支撑时的容许深度

土的类别	容许深度/m
密实、中密的砂土和碎石类土(充填物为砂土)	1.00
硬塑、可塑的粉质粘土及粉土	1.25
硬塑、可塑的粘土和碎石类土(充填物为粘性土)	1.50
坚硬的粘土	2.00

当地质条件良好、土质均匀且无地下水影响时，深度超过表1－18规定，但在5m以内不加支撑的基坑、基槽和管沟，其边坡最大允许坡度应符合表1－19的规定。但应每天检查管沟或挖方边坡的状态，应根据土质情况做好支撑准备，以防塌方。

表1－19 深度在5m以内的基坑(槽)、管沟的最陡坡度(不加支撑)

土的类别	边坡坡度(高：宽)		
	坡顶无荷载	坡顶有静荷载	坡顶有动荷载
中密的砂土	1：1.00	1：1.25	1：1.50
中密的碎石类土(充填物为砂土)	1：0.75	1：1.00	1：1.25
硬塑的粉土	1：0.67	1：0.75	1：1.00
中密的碎石类土(填充物为粘性土)	1：0.50	1：0.67	1：0.75
硬塑的粉质粘土、粘土	1：0.33	1：0.50	1：0.67
老黄土	1：0.10	1：0.25	1：0.33
软土(经井点降水后)	1：1.00	—	—

注：1. 静荷载指堆土或其他材料等，动荷载指机械挖土或汽车运输作业等。静荷载或动荷载距挖方边缘的距离，应符规范中的有关规定。
2. 当施工单位有成熟的施工经验时，可以不受本表的限制。

土方边坡的稳定，主要是由于土体内土颗粒间存在摩阻力和内聚力，从而使土体具有一定的抗剪强度。因此，为防止边坡塌方，应采取措施保证施工安全。在条件允许情况下放足边坡，及时排除雨水、地面水，并合理安排土方运输车辆行走路线及弃土地点，防止坡顶集中卸载及振动。必要时应根据土质情况和实际条件采取保护措施，常用的保护方法有薄膜覆盖或砂浆覆盖法、挂网或挂网抹面法、喷射混凝土或混凝土护面法或砌石压坡等法。

1.3.3 基坑开挖与支护

1. 基坑土方机械与开挖

1）土方机械选择的依据

(1) 土方工程的类型及规模。不同类型的土方工程，如场地平整、基坑(槽)开挖、大

型地下室土方开挖、构筑物填土等施工各有其特点，应根据开挖或填筑的断面(深度及宽度)、工程范围的大小、工程量多少来选择土方机械。

(2) 地质、水文及气候条件。例如，土的类型、土的含水量、地下水等条件。

(3) 机械设备条件。机械设备条件指现有土方机械的种类、数量及性能。

(4) 工期要求。如果有多种机械可供选择时，应当进行技术经济比较，选择效率高、费用低的机械进行施工。一般可选用土方施工单价最小的机械进行施工，但在大型建设项目中，土方工程量很大，而现有土方机械的类型及数量常受限制，此时必须将所有机械进行最优分配，使施工费用最少，可应用线性规划的方法来确定土方机械的最优分配方案。

2) 挖掘机数量的确定

挖土机械选择好后，可根据计算式算出挖掘机的数量：

$$N=\frac{Q}{P}\cdot\frac{1}{TCK} \tag{1-41}$$

式中：N——机械数量(台)；

Q——土方量(m^3)；

P——挖掘机生产率(m^3/台班)；

T——工期(d)；

C——每天工作班数；

K——时间利用系数，一般为0.8～0.9。

3) 挖掘机生产率的确定

当挖掘机挖出的土方需要运土车辆运走时，挖掘机的生产率不仅受其本身的技术性能的影响，运输工具的选择是否协调也有影响。挖掘机的生产率可按计算式：

$$P=\frac{8\times 3600}{t}q\,\frac{K_c}{K_s}K_B \tag{1-42}$$

式中：P——挖掘机的生产率(m^3/台班)；

t——挖掘机每次作业循环的延续时间(s)；

q——挖掘机斗容量(m^3)；

K_c——挖掘机土斗的充盈系数，可取0.8～1.1；

K_s——土的最初可松性系数，见表1-2；

K_B——挖掘机工作时间利用系数，一般为0.6～0.8。

为了减少车辆的调头、等待和装土时间，装土场地必须考虑调头方法及停车位置。例如，在坑边设置两个通道，使汽车不用调头，可以缩短调头、等待时间。

2. 支护结构的类型、选型及其施工

1) 支护结构的类型

支护结构按其功能和受力状态不同，主要分为围护结构和撑锚结构两部分。若按工作原理和围护结构的形式分类，支护结构的类型如图1.31所示。

2) 支护结构的选型

支护结构的选型参见表1-20。

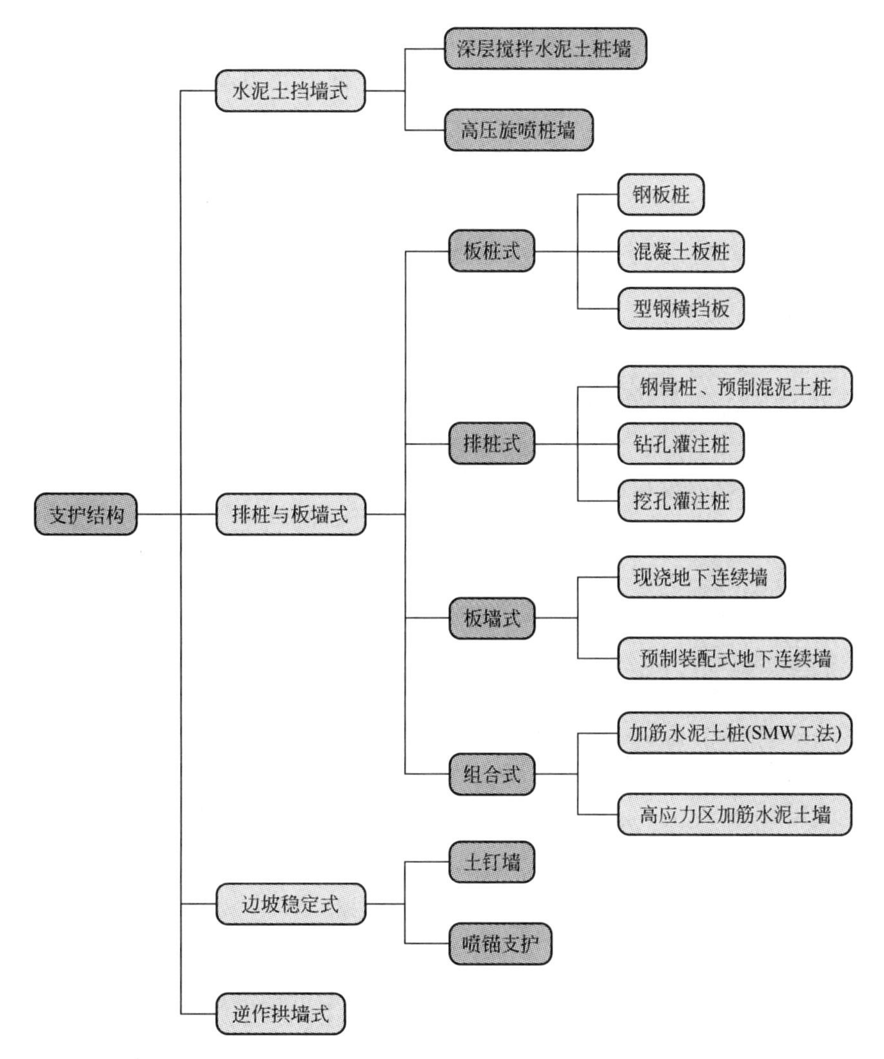

图 1.31 支护结构类型

表 1-20 各种支护结构的适用类型

结构类型	适 用 条 件
排桩或地下连续墙	适于基坑侧壁安全等级一、二、三级；悬臂式结构在软土场地中不宜大于5m；当地下水位高于基坑底面时，宜采用降水、排桩加截水帷幕或地下连续墙
水泥土墙	基坑侧壁安全等级宜为二、三级；水泥土桩施工范围内地基土承载力不宜大于150kPa；基坑深度不宜大于6m
土钉墙	基坑侧壁安全等级宜为二、三级的非软土场地；基坑深度不宜大于12m；当地下水位高于基坑底面时，应采取降水或截水措施
逆作拱墙	基坑侧壁安全等级宜为二、三级；淤泥和淤泥质土场地不宜采用；拱墙轴线的矢跨比不宜小于1/8；基坑深度不宜大于12m；地下水位高于基坑底面时，应采取降水或截水措施
放　　坡	基坑侧壁安全等级宜为三级；施工场地应满足放坡条件；可独立或与上述其他结构结合使用；当地下水位高于坡脚时，应采取降水措施

3）支护结构的施工

（1）横撑式支护。市政工程施工时，常需在地下铺设管沟，因此需开挖沟槽。开挖较窄的沟槽，多用横撑式土壁支撑。横撑式支撑由挡土板、木楞和横撑组成。根据挡土板的不同，分为水平挡土板式以及垂直挡土板式两类，如图 1.32 所示。

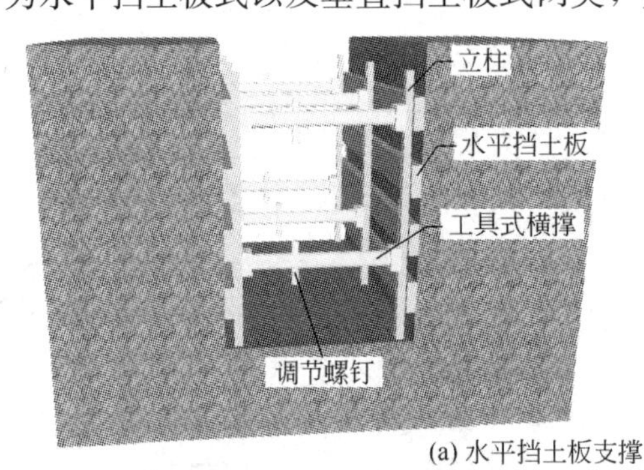

间断式水平挡土板支撑适用于湿度小的粘性土，挖土深度小于3m；连续式水平挡土板支撑适用于松散、湿度大的土，挖土深度可达5m。

(a) 水平挡土板支撑

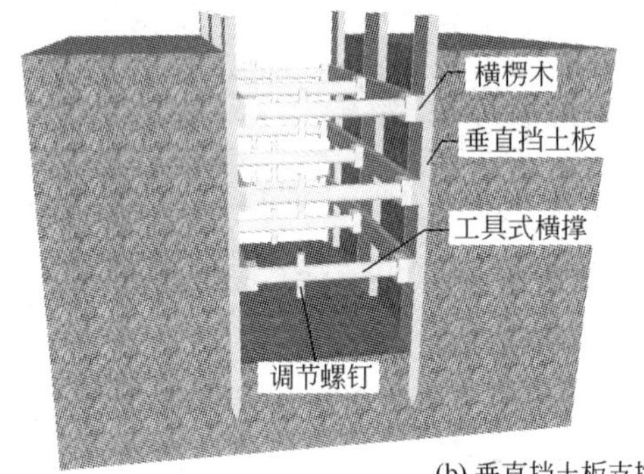

适用于松散和湿度很高的土，其挖土深度不限。

(b) 垂直挡土板支撑

图 1.32　横撑式支撑

（2）水泥土桩墙支护结构。水泥土桩墙支护结构是利用水泥系材料为固化剂，通过特殊的拌和机械(深层搅拌机或高压旋喷机等)在地基土中就地将原状土和固化剂(粉体、浆液)强制拌和(包括机械和高压力切削拌和)，经过土和固化剂或掺合料产生一系列物理化学反应，形成具有一定强度、整体性和水稳定性的加固土圆柱体桩(包括加筋水泥土搅拌桩)。施工时将桩相互搭接，连续成桩，形成水泥土壁式墙、格栅式墙或实体式墙(图 1.33)，用以维持基坑边坡土体的稳定，保证地下室或地下工程施工及周边环境的安全。

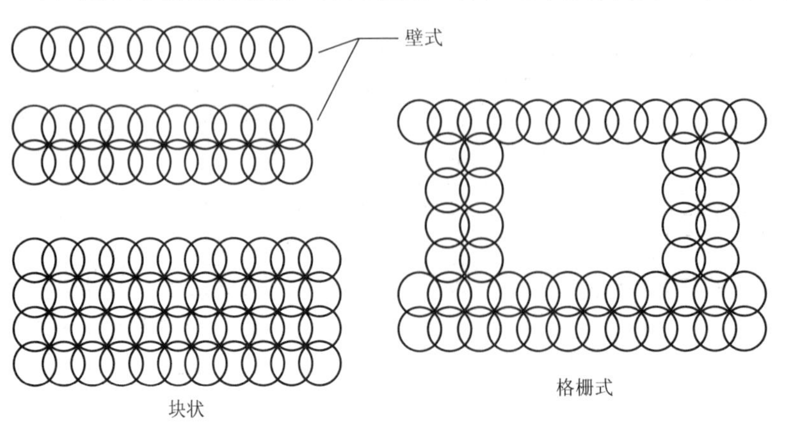

适用于加固淤泥、淤泥质土和含水量高的粘土、粉质粘土、粉土等土层；直接作为基坑开挖重力式围护结构，用于较软土的基坑支护时支护深度不宜大于6m，对于非软土的基坑支护，支护深度不宜大于10m。

图 1.33　水泥土桩墙支护结构

水泥土桩墙按施工工艺不同分为深层水泥土搅拌桩和高压旋喷桩。

① 水泥土搅拌桩的施工机械。深层搅拌桩机由深层搅拌机(主机)、机架及灰浆搅拌机、灰浆泵等配套机械组成，如图 1.34 所示。

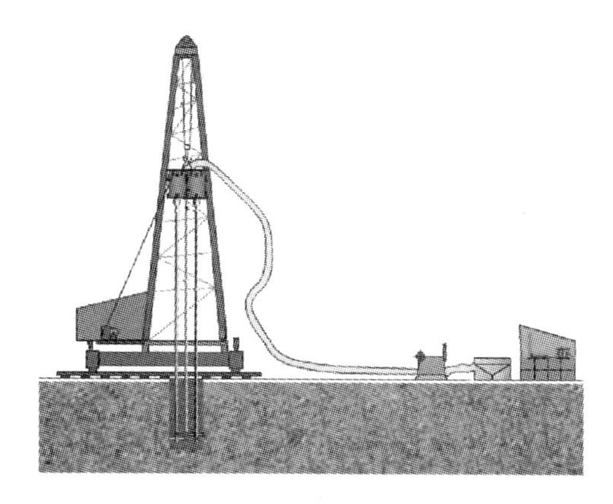

深层搅拌桩机常用的机架有3种形式：塔架式、桅杆式及履带式。前两种构造简便、易于加工，在我国应用较多，但其搭设及行走较困难。桅杆式机架可靠近建筑等附近进行施工，净操作面较小。履带式的机械化程度高，塔架高度大，钻进深度大，但机械费用较高。

图 1.34 深层搅拌桩机机组

② 水泥搅拌桩的施工工艺。搅拌桩成桩工艺可采用“一次喷浆、二次搅拌”或“二次喷浆、三次搅拌”工艺，主要依据水泥掺入比及土质情况而定。水泥掺量较小，土质较松时，可用前者，反之用后者。

“一次喷浆、二次搅拌”的施工流程如图 1.35 所示。如采用“二次喷浆、三次搅拌”工艺时，只需在图 1.35 所示步骤(5)作业时也进行注浆，以后再重复步骤(4)与步骤(5)的过程。

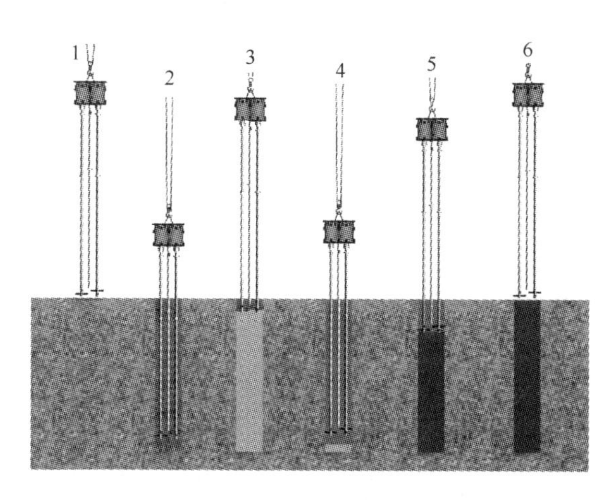

图 1.35 “一次喷浆、二次搅拌”施工流程

1—定位；2—预埋下沉；3—提升喷浆搅拌；4—重复下沉搅拌；
5—重复提升搅拌；6—成桩结束

水泥土搅拌桩施工中应注意水泥浆配合比及搅拌制度、水泥浆喷射速率与提升速度的关系及每根桩的水泥浆喷注量，以保证注浆的均匀性与桩身强度。施工中还应注意控制桩的垂直度以及桩的搭接等，以保证水泥土墙的整体性与抗渗性。

(3) 钢板桩支护结构。钢板桩支护结构施工速度快，可重复使用，但价格昂贵一次投资性高，适用于柔软地基及地下水位较高的深基坑支护。

打设钢板桩的打桩机可以选用自由落锤、汽动锤、柴油锤、振动锤等皆可，使用较多的是振动锤。若选用柴油锤时，为保护桩顶因受冲击而损伤和控制打入方向，在桩锤和钢板桩之间需设置桩帽。

① 钢板桩打设方式选择。

a. 单独打入法：从板桩墙的一端开始，逐块(或两块为一组)打设。此法方法简便、迅速，不需要其他辅助支架，但易使板桩向一侧倾斜，且误差积累后不易纠正。因此，只适用于板桩墙要求不高、且板桩长度较小(如小于 10m)的情况。

b. 围檩插桩法：需用围檩支架作板桩打设导向装置。围檩支架由围檩和围檩桩组成，在平面上分单面围檩和双面围檩，高度方向有单层和双层之分。在打设板桩时起导向作用。双面围檩之间的距离，比两块板桩组合宽度大 8～15mm。围檩插桩法施工中可以采用封闭打入法和分段复打法，其中分段复打法如图 1.36 所示。

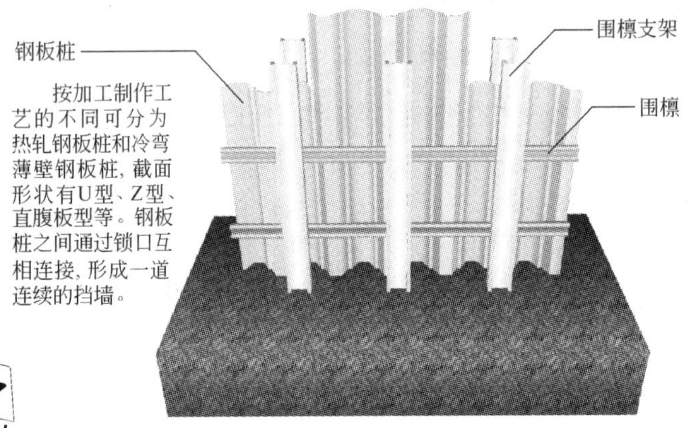

钢板桩
按加工制作工艺的不同可分为热轧钢板桩和冷弯薄壁钢板桩，截面形状有U型、Z型、直腹板型等。钢板桩之间通过锁口互相连接，形成一道连续的挡墙。
围檩支架
围檩
将10~20块钢板桩组成的施工段沿围檩插入土中一定深度形成较短的屏风墙，先将其两端的两块打入，严格控制其垂直度，打好后用电焊固定在围檩上，然后将其他的板桩按顺序以1/2或1/3板桩高度打入。此法可以防止板桩过大的倾斜和扭转，防止误差积累，有利实现封闭合拢，且分段打设，不会影响邻近板桩施工。

图 1.36　分段复打法

封闭打入法是在地面上，离板桩墙轴线一定距离先筑起双层围檩支架，而后将钢板桩依次在双层围檩中全部插好，成为一个高大的钢板桩墙，待四角实现封闭合拢后，再按阶梯形逐渐将板桩一块块打入设计标高。此法的优点是可以保证平面尺寸准确和钢板桩垂直度，缺点是施工速度较慢。

② 钢板桩的打设。先用吊车将钢板桩吊至插桩点处进行插桩，插桩时对准锁口，每插入一块即套上桩帽轻轻锤击。在打桩过程中，为保证钢板桩的垂直度，用两台经纬仪在两个方向加以控制。钢板桩分几次打入，如第一次由 20m 高打至 15m，第二次则打至 10m，第三次打至导梁高度，待导架拆除后第四次才打至设计标高。打桩时，开始打设的第一、二块钢板桩的打入位置和方向要确保精度，它起样板导向作用，一般每打入 1m 应测量一次。

③ 钢板桩的拔除。地下工程施工结束后，为了重复使用，钢板桩一般要拔出。拔桩前要研究桩拔除顺序、拔除时间和桩孔处理方法，宜用振动锤或振动锤与起重机共同拔除。由于板桩拔出时带土，往往会引起土体变形，对周围环境造成危害，必要时还应采取注浆填充等方法。

(4) 钢筋混凝土灌注桩支护结构。在开挖基坑周围现场灌注钢筋混凝土桩，达到规定强度后，在基坑中间用机械或人工挖土，下挖 1m 左右装上横撑，在桩背面装上拉杆与已设锚桩拉紧，然后继续挖土至要求深度，如图 1.37 所示。灌注桩按施工工艺有钻孔灌注桩和人工挖孔灌注桩两种。钻孔灌注桩施工时无振动、不会危害周围建筑物等，造价低，因此应用较广泛。布桩间距应由设计确定，可密排也可以拉开一定距离。由于目前施工工艺较难达到桩柱相切，因此只能挡土不能挡水，故在灌注桩后面还要做防水帷幕，一般采用钢丝网水泥砂浆抹面，也可采用水泥土搅拌桩咬合封闭水泥或旋喷桩封闭。

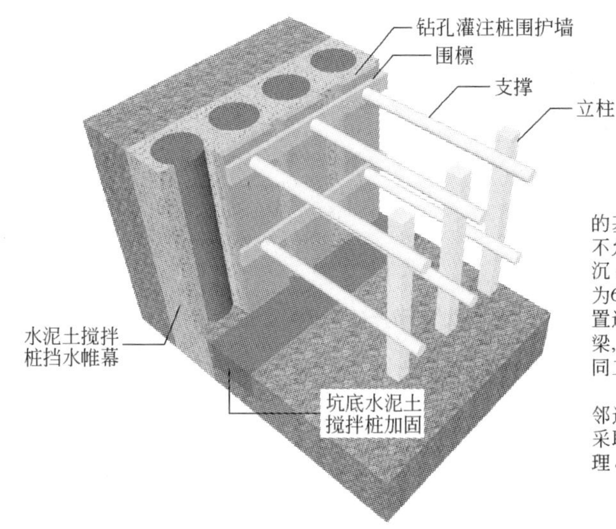

适用于开挖较大、较深的基坑，以及临近有建筑物、不允许支护，背面地基有下沉、位移时使用。常用桩径为600~1000mm，一般桩顶设置连续钢筋混凝土压顶地圈梁，又称为冠梁，使支护桩共同工作，提高整体性。

如基坑深度小于6m，或邻近有建筑物，可不设锚杆，采取加密桩距或加大桩径处理。

图 1.37 钻孔灌注桩排围护墙

(5) 土钉墙支护结构。土钉墙是由被加固土和放置于原位土体中细长金属件(土钉)及附着于坡面的混凝土面板组成，形成类似重力式挡墙来抵抗墙后的土压力，从而保持开挖面的稳定。其构造如图 1.38 所示。

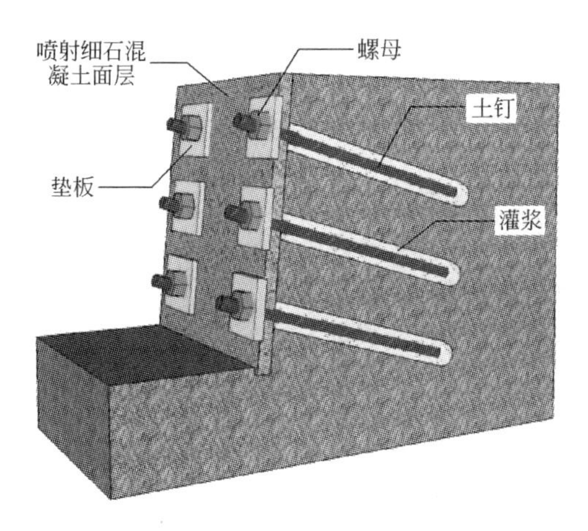

支护坡面不宜大于1:0.1；土钉必须和面层有效连接；钢筋宜用HRB 335、HRB 400钢筋，直径宜为16~32mm；土钉长度宜为开挖深度的0.5~1.2倍，间距宜为1~2m，与水平面夹角宜为5°~20°；钻孔直径宜为70~120mm，注浆材料宜采用水泥浆或水泥砂浆，其强度等级不宜低于M20；喷射混凝土面层的钢筋网直径宜为6~10mm，间距宜为150~300mm，喷射混凝土强度等级不宜低于C20，面层厚度不宜小于80mm。

施工顺序：按设计要求自上而下分段、分层开挖工作面→修整坡面、埋设喷射混凝土厚度控制标志→喷射第一层混凝土面层→钻孔、安设土钉、注浆、安设连接件→绑扎钢筋网、喷射第二层混凝土→设置坡顶、坡面和坡脚的排水系统。

图 1.38 土钉墙

(6) 锚杆支护结构。土层锚杆又称拉锚，一端与支护结构连接，另一端锚固在土体中，将支护结构所受荷载，通过拉杆传递到土层中。拉锚是一种代替内支撑的一种结构形式，比土钉墙优越之处在于拉住了任何形式的围护结构。土层锚杆由锚头、拉杆和锚体 3 个部分组成。以主动滑动面为界分为锚固段和非锚固段，如图 1.39 所示。拉杆与锚体的粘着部分为锚杆的锚固长度，其余部分为自由长度，仅起传递拉力的作用。

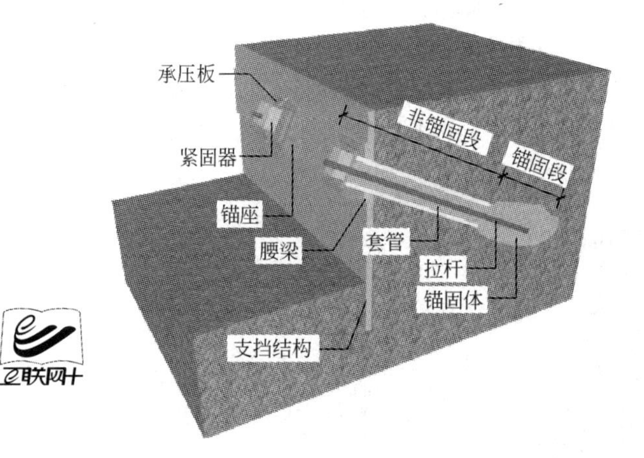

拉杆可用钢筋、钢管、钢丝束和钢绞线等材料，一般多采用钢筋，有单杆和多杆之分。锚固体是由水泥浆压力灌浆而成。

锚杆上下排垂直间距不宜小于2.0 m，水平间距不宜小于1.5 m；锚杆倾角宜为15°~35°，且不大于45°；锚杆埋置深度应保证不使锚杆引起地面隆起和地面不出现地基的剪切破坏，最上层锚杆的上面需有一定的覆土厚度，不宜小于4 m；锚杆通常为15~25 m，单杆锚杆最大长度不超过30 m，锚固体长度一般为5~7 m，有效锚固长度不小于4 m。

锚杆的施工程序：钻孔→安放拉杆→灌浆→安装锚头、张拉锚固。

图 1.39　土层锚杆的构造

(7) 地下连续墙支护结构。地下连续墙是于基坑开挖之前，用特殊挖槽设备，在泥浆护壁之下开挖深槽，然后在槽内设置钢筋笼浇筑混凝土形成的地下土中的混凝土墙。若地下连续墙为封闭状，则基坑开挖后，地下连续墙既可挡土又可防水，为地下工程施工提供条件。地下连续墙也可以作为建筑的外墙承重结构，两墙合一，则大大提高了施工的经济效益。目前连续墙常用的厚度为600mm、800mm、1000mm，多用于－12m以下的深基坑。地下连续墙的优点是，施工时振动小、噪声低，对邻近地基扰动小，能紧邻建(构)筑物等进行施工；刚度大，整体性好、变形小，能用于深基坑；能把墙体组合成任意多边形或圆弧形各种不同转角，使临时挡土结构与永久性承重结构相结合，适合于逆作法施工。

实践演练

北京市中环世贸中心深基坑支护

北京中环世贸中心地上建筑有35～37层，平面呈半椭圆形的高层建筑群组成，地上总高度约150m，地下5层，结构体系为框筒，基础类型为筏基。该工程基坑深度达到24.3m，最深达27.5m，基坑长边约为100m，降水涉及两层潜水和一层承压水。拟建场区地层土质以粘性土、粉土与砂土、卵石交互层为主。基坑场地北侧有一排2～4层砖混建筑部分拆除后由施工方使用，南侧的部分拆除厂房尚在正常生产，东侧有大片新近开挖回填区域，土质松散，西侧为道路。

由于施工场地存在大量废旧基础，经过综合考虑，设计采用了桩锚支护，同时在－9.0m以上采用土钉墙支护方案，如图1.40所示。地面至连梁顶，坡度80°，无预拉土钉6道，地面设拉锚，地锚设在基坑外0.5m处，打入式，与首层土钉拉结。桩间土采用挂网抹灰，含水层布设渗水管或排水板。

降水采用管井抽排方案。管井孔径为ϕ650mm，滤水管内径为ϕ400mm，共计56眼，深度为34.0m，间距为8.7～9.2m，距基坑边缘1.0m，角点处有控制井。基坑中部布设5眼降水井。基地处铺设排水沟和集水坑抽排。

对基坑边坡变形观测表明最大变形发生在基坑北侧中部，最大侧向变形约15mm，与变形计算基本一致，桩顶因采用土钉墙支护方式，相对变形较大，在北侧由于管线渗漏影响，该区域坡顶侧向变形及竖向沉降均达到了25mm，但其下部桩顶变形并不明显。

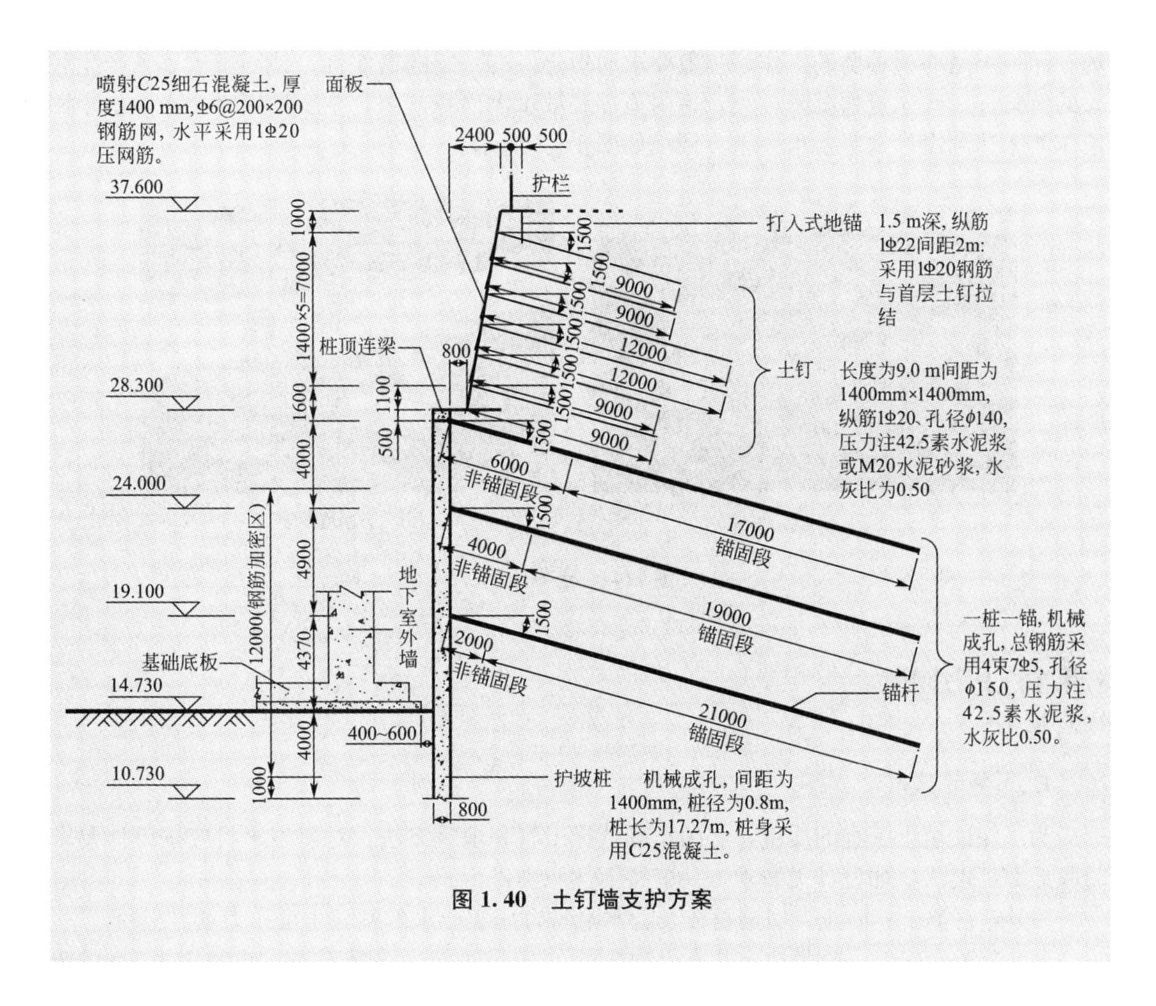

图 1.40 土钉墙支护方案

1.3.4 围堰类型及其施工

在水中开挖基坑时，通常需预先修筑临时性的挡水结构物(称为围堰)，围堰的结构形式和材料要根据水深、流速、地质情况、基础形式以及通航要求等条件确定。

常用的围堰形式包括土石围堰、土袋围堰、木(竹)笼围堰、钢板桩围堰等。土围堰适用于水深在2.0m以内、流速小于0.5m/s，河床土质渗水性较小的情况，当坡面有受冲刷危险时，外坡可以草皮、草袋等防护。土袋围堰适用于水深在3.0m以内、流速在1.5m/s以内、河床土质渗水性较小的情况。堆石土堰适用于河床不透水，多岩石的河谷，水流速在3m/s以内。木(竹)笼围堰适用于水深为4～5m，流速在1.5～2.0m/s以内，或风浪较大时用竹笼粘土填心，竹笼有时用铁丝笼替代。钢板桩围堰适用于水流较深、流速较大的河床，钢板桩可以拔出另行使用，也可成为结构工程的组成部分加以利用。

1.4 土方回填与压实

建筑工程的回填土主要有地基、基坑、室内地坪、室外场地、管沟、散水等土的回填。回填土是一项重要的工作，一般要求回填土应有一定的密实性，使回填土不致产生较大的沉陷。一些建筑物沉降过大，室内地坪和散水大面积开裂，主要原因之一正是由于回填压实未达到设计规范要求。土方回填如图 1.41 所示。

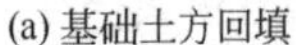

(a) 基础土方回填

(b) 土方回填碾压

图 1.41　土方回填

1.4.1　土方回填

1. 土料的选用

为了保证填土工程的质量，必须正确选择土料和填筑方法。对填方土料应按设计要求验收后方可填入。如设计无要求，一般按下述原则进行。

(1) 碎石类土、砂土、爆破石渣及含水量符合压实要求的粘性土可作为填方土料。

(2) 淤泥、冻土、膨胀性土及有机物含量大于8%的土，以及硫酸盐含量大于5%的土均不能做填土。含水量大的粘土不宜做填土用。

(3) 填方应尽量采用同类土填筑。如果填方中采用两种透水性不同的填料，应分层填筑，上层宜填筑透水性较小的填料，下层宜填筑透水性较大的填料。各种土料不得混杂使用，以免填方内形成水囊。

(4) 填方施工应接近水平地分层填土、分层压实，每层的厚度根据土的种类及选用的压实机械而定。应分层检查填土压实质量，符合设计要求后，才能填筑上层。当填方位于倾斜的地面时，应先将斜坡挖成阶梯状，然后分层填筑，以防填土横向移动。

2. 基底处理与填方边坡

1) 基底处理

(1) 场地回填应先清除基底上垃圾、草皮、树根，排除坑穴中积水、淤泥和杂物，并应采取措施防止地表滞水流入填方区，浸泡地基，造成基土下陷。

(2) 当填方基底为耕植土或松土时，应将基底充分夯实和碾压密实。

(3) 当填方位于水田、沟渠、池塘或含水量很大的松散土地段，应根据情况采取排水疏干或将淤泥全部挖出换土、抛填片石、填砂砾石、翻松、掺石灰等措施进行处理。

(4) 当填土场地地面陡于1/5时，应先将斜坡挖成阶梯形(阶高0.2～0.3m，阶宽大于1m)，然后分层填土，以利结合和防止滑动。

2）填方边坡

（1）填方的边坡坡度应根据填方高度、土的种类和其重要性在设计中加以规定，当设计无规定时，可按表 1－21 和表 1－22 采用。

表 1－21 永久性填方边坡的高度限值

项 次	土 的 类 别	填方高度/m	边 坡 坡 度
1	粘土类土、黄土、类黄土	6	1∶1.50
2	粉质粘土、泥灰岩土	6～7	1∶1.50
3	中砂或粗砂	10	1∶1.50
4	砾石和碎石土	10～12	1∶1.50
5	易风化的岩土	12	1∶1.50
6	轻微风化、尺寸 25cm 内的石料	6 以内	1∶1.33
		6～12	1∶1.50
7	轻微风化、尺寸大于 25cm 的石料，边坡用最大石块、分排整齐铺砌	12 以内	1∶1.50～1∶0.75
8	轻微风化、尺寸大于 40cm 的石料，其边坡分排整齐	5 以内	1∶0.50
		5～10	1∶0.65
		>10	1∶1.00

注：1. 当填方高度超过本表规定限值时，其边坡可做成折线形，填方下部的边坡坡度应为 1∶1.75～1∶2.00。

2. 凡永久性填方，土的种类未列入本表者，其边坡坡度不得大于 $\varphi+45°/2$，φ 为土的自然倾斜角。

表 1－22 压实填土的边坡允许值

填 料 类 别	压实系数 λ_c	边坡允许值(高宽比)			
		填料厚度 H/m			
		H 5	5 H 10	10 H 15	15 H 20
碎石、卵石	0.94～0.97	1∶1.25	1∶1.50	1∶1.75	1∶2.00
砂夹石（其中碎石、卵石占全重 30%～50%）		1∶1.25	1∶1.50	1∶1.75	1∶2.00
土夹石（其中碎石、卵石占全重 30%～50%）	0.94～0.97	1∶1.25	1∶1.50	1∶1.75	1∶2.00
粉质粘土、粘粒含量 ρ_c≥10%的粉土		1∶1.50	1∶1.75	1∶2.00	1∶2.25

注：当压实填土厚度大于 20m 时，可设计成台阶进行压实填土的施工。

（2）对使用时间较长的临时性填方边坡坡度，当填方高度小于 10m 时，可采用 1∶1.5；超过 10m，可做成折线形，上部采用 1∶1.5，下部采用 1∶1.75。

3. 填土的方法

填土可采用人工填土和机械填土。

1）人工填土方法

用手推车送土，一人用铁锹、耙、锄等工具进行回填土。填土应从场地最低部分开始，由一端向另一端自上而下分层铺填。每层虚铺厚度，用人工木夯夯实时不大于20cm，用打夯机械夯实时不大于25cm。

深浅坑(槽)相连时，应先填深坑(槽)，相平后与浅坑全面分层夯实。如采取分段填筑，交接处应填成阶梯形。墙基及管道回填应在两侧用细土同时均回填、夯实，防止墙基及管道中心线位移。

2）机械填土方法

机械填土可用推土机、铲运机或自卸汽车进行。用自卸汽车填土，需用推土机推开推平，采用机械填土时，可利用行驶的机械进行部分压实工作。

（1）推土机填土。

填土应由上而下分层铺填，每层虚铺厚度不宜大于30cm。大坡度堆填土，不得“居高临下，不分层次，一次堆填”。推土机运土回填，可采用“分堆集中，一次运送”方法，分段距离约为10～15m，以减少运土漏失量。土方堆至填方部位时，应提起一次铲刀，成堆卸土，并向前行驶0.5～1.0m，利用推土机后退时将土刮平。用推土机来回行驶进行碾压，履带应重叠宽度的一半。填土程度宜采用纵向铺填顺序，从挖土区段至填土区段，以40～60m距离为宜。

（2）铲运机填土。

铲运机铺土的填土区段，长度不宜小于20m，宽度不宜小于8m。铺土应分层进行，每次铺土厚度不大于30～50cm，每层铺土后，利用空车返回时将地表刮平。填土程序一般尽量采取横向或纵向分层卸土，以利行驶时初步压实。

（3）汽车填土。

每层的铺土厚度不大于30～50cm(随选用压实机具而定)。填土可利用汽车行驶做部分压实工作，行车路线须均匀分布于填土层上。汽车不能在虚土上行驶，卸土推平和压实工作须采取分段交叉进行。自卸汽车为成堆卸土，需配以推土机推土、摊平。

上海市某地铁实验工程土方坍塌

2001年8月20日20时上海市某地铁实验工程基坑施工过程中，发生局部土方坍塌事故。

该工程所处地基软弱，开挖范围内基本上均为淤泥质土，其中淤泥质粘土平均厚度达9.65m，土体抗剪强度低，灵敏度高达5.9。这种饱和软土受扰动后，极易发生触变现象，且施工期间遭遇百年不遇的特大暴雨的影响，造成长达171m的基坑纵向留坡困难。在施工过程中，未严格执行小坡处置方案，造成小坡坡度过陡，是造成此次事故的直接原因，也是此次事故的技术原因。

目前，在狭长形地铁车站深基坑施工中，对纵向挖土和边坡留置的动态控制过程，尚无较成熟的量化控制标准。设计、施工单位对复杂地质地层和类似基坑情况估计不足对地铁施工的施工方案缺少详细的技术措施，尤其对采取纵向开挖、横向支撑的施工方法，纵向留坡与支撑安装到位间合理匹配的重要性认识不足，也是此次事故的技术原因。

此次事故的主要教训，在于淤泥质软土开挖的支撑方案必须要符合有关规范要求，而本工程支撑方案不符合有关规范要求。

根据规范规定，一般性软质粘土的放坡比例应不小于1∶1.5，且深度不应超过4m。在软土层开挖较大、较深或湿度较高的基坑时，宜采用连续式垂直支撑或钢构架支撑方式。因此，由于该工程在确定小坡处置方案时，其支撑方式决定边坡的稳定性，其支撑方式应为连续式垂直支撑或钢构架支撑方式，并根据土质情况，确定支撑间距。

另外，针对淤泥质软土超深开挖，又不能合理放坡的特殊情况，坑内支撑纵向较长的深基坑，施工技术措施必须详细，施工程序应为“边挖方，边支撑”，防止由于土卸荷过快、变形大造成坍塌。应利用土的空间效应，采取盆式开挖。

1.4.2 填土的压实

1. 压实的一般要求和质量控制

填方压实后，应达到一定的密实度和含水量要求。密实度应按设计规定控制干密度ρ_{cd}作为检查标准。土的控制干密度与最大干密度之比称为压实系数λ_c。对于一般场地平整，其压实系数λ_c为0.9左右，对于地基填土，其压实系数(在地基主要受力层范围内)为0.93～0.97。

填方压实后的干密度，应有90%以上符合设计要求，其余10%的最低值与设计值的差，不得大于0.08g/cm^3，且应分散，不宜集中。填方施工结束后，应检查标高、边坡坡度、压实程度等，检验标准应符合表1-23的规定。

表1-23 填土工程质量检验标准/mm

项	序	检查项目	允许偏差或允许值					检查方法
			桩基基坑基槽	场地平整		管沟	地(路)面基础层	
				人工	机械			
主控项目	1	标高	-50	±30	±50	-50	-50	水准仪
	2	分层压实系数	设计要求					按规定方法
一般项目	1	回填土料	设计要求					取样检查或直观鉴别
	2	分层厚度及含水量	设计要求					水准仪及抽样检查
	3	表面平整度	20	20	30	20	20	用靠尺或水准仪

道路工程土质路基的压实度则根据所在地区的气候条件、土基的水温度状况、道路等级及路面类型等因素综合考虑。我国公路和城市道路土质路基的压实度见表1-24和表1-25。

2. 压实的方法

填土压实方法有碾压法、夯实法及振动压实法。

1) 碾压法

碾压法是利用机械滚轮的压力压实土壤，使之达到所需的密实度。碾压机械有平碾、羊足碾及气胎碾等。碾压法主要用于大面积的填土，如场地平整、路基、堤坝等工程。

表 1-24　公路土质路基压实度

填挖类别	路槽底面以下深度/cm	压实度/%	备　注
路堤	0～80	＞93	1. 表列压实度系按中华人民共和国交通运输部《公路土工试验规程》(JTG E40—2007)重型击实试验求得最大干密度的压实度 对于铺筑中级或低级路面的三、四级公路路基，允许采用轻型击实试验求得最大干密度的压实度 2. 对于高速公路，一级公路路堤槽底面以下0～80cm和零填及路堑0～30cm范围内的压实度应大于95% 3. 对于特殊干旱或特殊潮湿地区(系指年降雨量不足100mm或大于2500mm)，表内压实度数值可减少2%～3%
	80以下	＞90	
零填及路堑	0～30	＞93	

表 1-25　城市道路土质路基压实度

填挖深度	深度范围/cm（路槽底算起）	压实度/%			备　注
		快速路及主干路	次干路	支路	
填方	0～80	95/98	93/95	90/92	1. 表中数字，分子为重型击实标准的压实度，分母为轻型击实标准的压实度，两者均以相应击实试验求得的最大干密度为压实度的100% 2. 填方高度小于80cm及不填不挖路段，原地面以下0～30cm范围土的压实度应不低于表列挖方的要求
	80以下	93/95	90/92	87/89	
挖方	0～30	95/98	93/95	90/92	

平碾又称光碾压路机(图1.42)，是一种以内燃机为动力的自行式压路机。

适用土类范围较广，尤其适于压实砂类土和粘性土。轻型平碾压实土层的厚度不大，但土层上部变得较密实，当用轻型平碾初碾后，再用重型平碾碾压松土，将会取得较好的效果。

图 1.42　光碾压路机

羊足碾(如图1.43所示)只能用来压实粘性土，不适于砂性土，因在砂土中碾压时，土的颗粒受到羊足碾较大的单位压力后，会向四面移动而使土的结构破坏。

气胎碾又称轮胎压路机(如图1.44所示)，它的前后轮分别密排着四五个轮胎，既是

根据碾压要求，羊足碾可分为空筒及装砂、注水等3种。

(a) 羊足碾

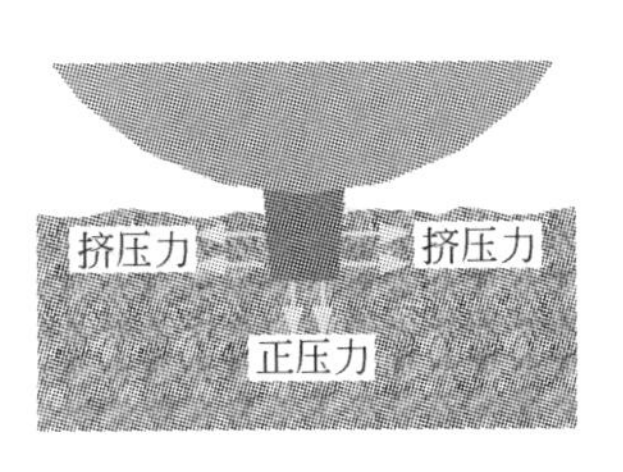

(b) 压实土料的正压力和挤压力

图 1.43　羊足碾以及压实土料的正压力和挤压力

行驶轮，也是碾压轮。由于轮胎弹性大，在压实过程中，土与轮胎都会发生变形，轮胎与土料的接触应力分布。轮胎压路机适用于压实粘性土料，也适用于压实非粘性土料，可以获得较好的压实效果。

几遍碾压后铺土密实度的提高，沉陷量逐渐减少，因而轮胎与土的接触面积逐渐缩小，但接触应力则逐渐增大，最后使土料得到压实。由于在工作时是弹性体，故其压力均匀，填土质量较好。

图 1.44　轮胎压路机

用碾压法压实填土时，铺土应均匀一致，碾压遍数应相同，碾压方向应从填土区的两边逐渐压向中心，每次碾压须有 15～20cm 的重叠。松土碾压宜先用轻碾压实，再用重碾压实，这样会有较好的效果。碾压机械压实填方时，行驶速度不宜过快，一般平碾不应超过 2km/h；羊足碾不应超过 3km/h。如直接用重型平碾碾压松土，则由于强烈的起伏现象，其碾压效果较差。

2）夯实法

夯实法是利用夯锤自由下落的冲击力来夯实土壤，使土体孔隙被压缩，土粒排列更加紧密。主要用于小面积的回填土或作业面受到限制的环境下。夯实法分人工夯实和机械夯实两种。人工夯实所用的工具有木夯、石夯等；机械夯实常用的有夯锤、内燃夯土机(如图 1.45 所示)、蛙式打夯机和利用挖土机或起重机装上夯板后的夯土机等。蛙式打夯机轻巧灵活，构造简单，在小型土方工程中应用最广。

夯锤是借助起重机悬挂一重锤，提升到一定高度，自由下落，重复夯击基土表面。还有一种强夯法是在重锤夯实法的基础上发展起来的，其施工机械如图 1.46 所示。

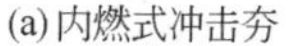

(b)蛙式打夯机

图 1.45　打夯机

夯锤强大的冲击能可使地基深层得到加固。强夯只用于粘性土、湿陷性黄土、碎石类填土地基的深层加固。

图 1.46　强夯地基加固机械

3）振动压实法

振动压实法是将振动压实机置于在土层表面，借助振动机构压实振动土颗粒，最终因土的颗粒发生相对位移而达到紧密状态。该方法使用的是一种震动和碾压同时作用的高效能压实机械，比一般平碾提高功效 1～2 倍，可节省动力 30%。

近年来，又将碾压和振动法结合起来而设计制造了振动平碾、振动凸块碾等新型压实机械。采用的机械主要是振动压路机(图 1.47)、平板振动器(图 1.48)等。

振动平碾适用于填料为爆破碎石碴、碎石类土、杂填土或轻亚粘土的大型填方。当压实爆破石碴或碎石类土时，可选用重8~15t的振动平碾，铺土厚度为0.6~1.5m，先静压，后振动碾压，碾压遍数由现场试验确定，一般为6~8遍。

图 1.47　振动压路机

图 1.48　平板振动器

3. 填土压实的影响因素

影响填土压实的主要因素有压实功、含水量、铺土厚度和土料的土质等的影响。

1）压实功

填土压实后的重度与压实机械在其上所施加的功有一定的关系。压实后的土的重度与所耗的功的关系如图 1.49 所示。当土的含水量一定，在开始压实时，土的重度急剧增加，待接近土的最大重度时，压实功虽然增加许多，而土的重度则无变化。实际施工中，对不同的土应根据选择的压实机械和密实度要求选择合理的压实遍数。

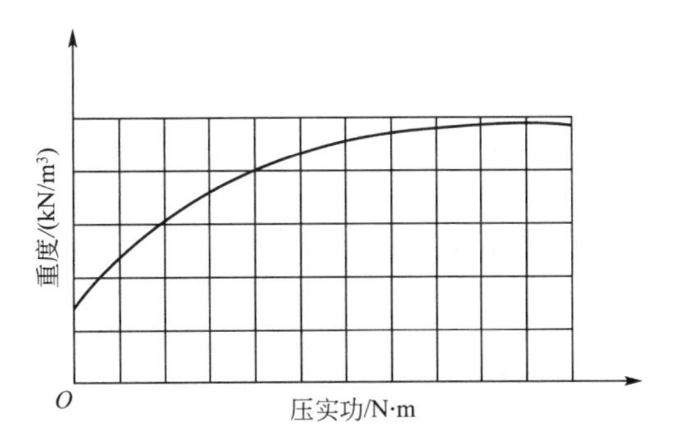

图 1.49 土的重度与压实功的关系

2）含水量

在同一压实功条件下，填土的含水量对压实质量有直接影响。较为干燥的土，由于土颗粒之间的摩阻力较大而不易压实。当土具有适当含水量时，水起了润滑作用，土颗粒之间的摩阻力减小，从而易压实。每种土壤都有其最佳含水量，土在这种含水量的条件下，使用同样的压实功，所得到的干重度最大，如图 1.50 所示。各种土的最佳含水量和所能获得的最大干重度，可由击实试验取得。施工中，土的含水量与最佳含水量之差可控制在－4％～＋2％范围内。

3）铺土厚度

在压实功的作用下，土压应力随深度增加而逐渐减小，如图 1.51 所示，其影响深度与压实机械、土的性质和含水量等有关。铺土厚度应小于压实机械压土时的有效作用深度，而且还应考虑最优土层厚度。铺得过厚，要压很多遍才能达到规定的密实度；铺得过薄，则要增加机械的总压实遍数。最优的铺土厚度应能使土方压实而机械的功耗费最少。填土的铺土厚度和压实遍数可参考表 1－26。

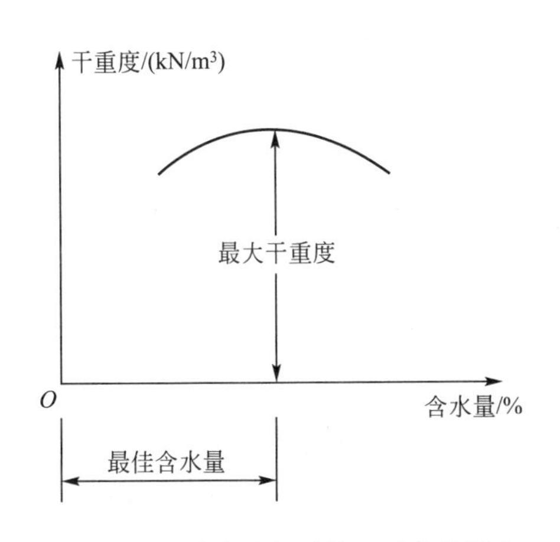

图 1.50 土的含水量对其干重度的影响

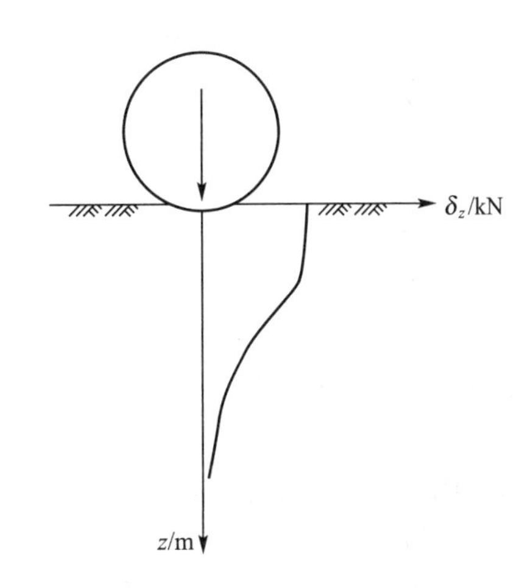

图 1.51 压实作用下土压力沿深度的变化

表 1-26　填土施工分层厚度和压实遍数

压实机具	分层厚度/mm	每层压实遍数
平　碾	250～300	6～8
振动压实机	250～350	3～4
柴油打夯机	200～250	3～4
人工打夯	＜200	3～4

1.4.3　路堤填底与路堑挖底

1. 路堤填底

1）路堤填料的选择

土石材料、巨粒土和工业废渣均可以作为路堤的填料。

（1）巨粒土：级配良好的砾石混合料是较好的路基填料。

① 石质土，如碎（砾）石土、砂土质碎（砾）石及碎（砾）石砂（粉土或粘土）、粗粒土，细粒土中的低液限粘质土都具有较高的强度和足够的水稳定性，属于较好的路基填料。

② 砂土可用作路基填料，在使用时可掺入粘性大的土；轻、重粘土不是理想的路基填料，规范规定：液限大于 50、塑性指数大于 26 的土、含水量超过规定的土，不得直接作为路堤填料，需要应用时，必须采取技术措施，合格后方可使用；粉土必须掺入较好的土体后才能用作路基填料，且在高等级公路中，只能用于路堤下层（距路槽底 0.8m 以下）。

③ 黄土、盐渍土、膨胀土等不得已必须用作路基填料时，应严格按其特殊的施工要求进行施工。淤泥、沼泽土、冻土、有机土、含草皮土、生活垃圾、树根和含有腐殖物质的土不能用作路基填料。

（2）工业废渣：满足最小强度 CBR、最大粒径、有害物质含量等要求或经过处理之后满足要求的煤渣、高炉矿渣、钢渣、电石渣等工业废渣可用作路基填料，但应注意避免造成环境污染。

2）土方路堤填筑方法

土方路堤填筑常用方法有水平分层填筑法、纵向分层填筑法、横向填筑法和联合填筑法，如图 1.52 所示。

3）填石路基施工技术

填筑方法包括竖向填筑法（倾填法）、分层压实法（碾压法）、冲击压实法和强力夯实法等。

竖向填筑法主要用于二级及二级以下且铺设低级路面的公路在陡峻山坡施工特别困难或大量爆破以挖作填路段，以及无法自下而上分层填筑的陡坡、断岩、泥沼地区和水中作业的填石路堤。该方法施工路基压实、稳定问题较多。

分层压实法是普遍采用并能保证填石路堤质量的方法。高速公路、一级公路和铺设高级路面的其他等级公路的填石路堤采用此方法。

填筑时按照横断面全宽分成水平层次，逐层向上填筑，是路基填筑的常用方法。

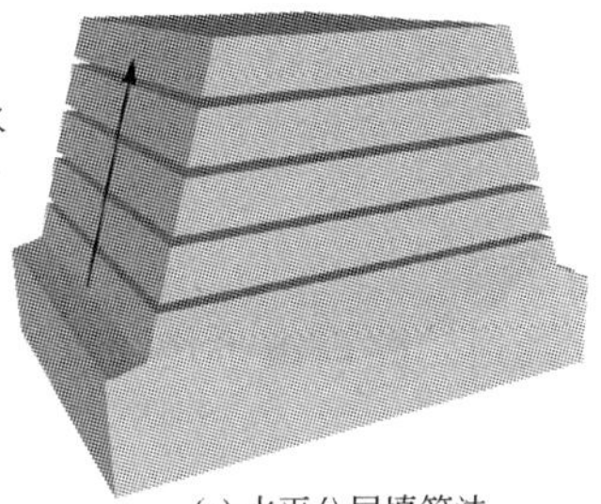

(a) 水平分层填筑法

依路线纵坡方向分层，逐层向上填筑。常用于地面纵坡大于12%的用推土机从路堑取料填筑距离较短的路堤。缺点是不易碾压密实。

(b) 纵向分层填补法

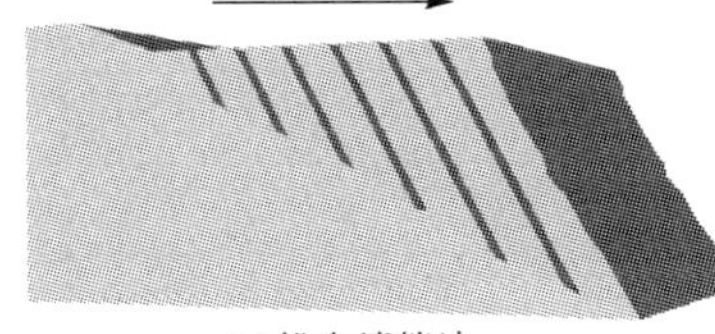

按横断面全高逐步推进填筑。因填土一般过厚，不易压实，故仅用于无法自下而上填筑的深谷、陡坡、断岩、泥沼等机械无法进场的路堤。

(c) 横向填筑法

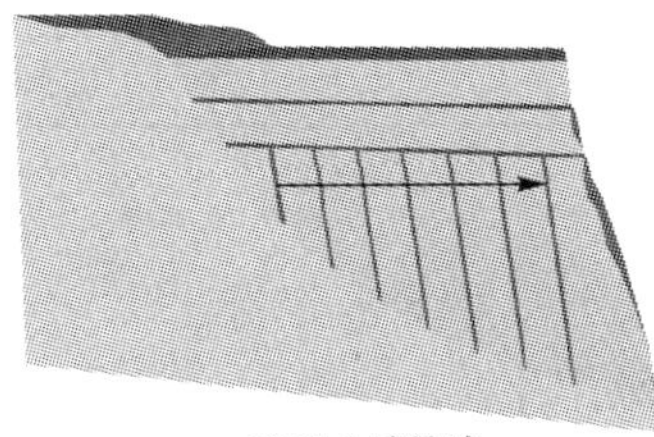

路堤下层用横向填筑而上层用水平分层填筑。适用于因地形限制或填筑堤身较高，不宜采用水平分层法或横向填筑法自始至终进行填筑的情况。一般沿线路分段进行，每段距离以20~40 m为宜，多在地势平坦，或两侧有可利用的、山地土场的场合采用。

(d) 联合填筑法

图 1.52 土方路堤填筑常用方法

冲击压实法是利用冲击压实机对路基填料进行冲击，压密填方。它既具有分层法连续性的优点，又具有强力夯实法压实厚度深的优点。缺点是在周围有建筑物时，使用受到限制。

强力夯实法用起重机吊起夯锤从高处自由落下，利用强大的动力冲击，迫使岩土颗粒位移，提高填筑层的密实度和地基强度。该方法机械设备简单，击实效果显著，施工中不需铺撒细粒料，施工速度快，有效解决了大块石填筑地基厚层施工的夯实难题。对强夯施工后的表层松动层，则可采用振动碾压法进行压实。

4）土石路堤施工技术

土石路堤不得采用倾填方法，只能采用分层填筑，分层压实。当土石混合料中石料含量超过70%时，宜采用人工铺填；当土石混合料中石料含量小于70%时，可用推土机铺填，最大层厚40cm。

5）高填方路堤施工技术

水田或常年积水地带，用细粒土填筑路堤高度在6m以上，其他地带填土或填石路堤高度在20m以上时，称为高填方路堤。高填方路堤应采用分层填筑、分层压实的方法施工。如果填料来源不同，性质相差较大时(即同时填筑不同填料时)，不应分段或纵向分幅填筑。位于浸水路段的高填方路堤应采用水稳定性较高及渗水性好的填料，边坡比不宜小于1∶2，避免边坡失稳。

6）粉煤灰路堤施工技术

粉煤灰路堤可用于高速公路。由于是轻质材料，可减轻土体结构自重，减少软土路堤沉降，提高土体抗剪强度。

粉煤灰路堤一般由路堤主体部分、护坡和封顶层以及隔离层、排水系统等组成，其施工步骤与填土路堤施工方法相类似，仅增加了包边土和设置边坡盲沟等工序。

2. 路堑修筑

在地质条件良好、土质均匀的情况下，路堑边坡坡度及其最大高度可参照表1-27给出的数据。

表1-27　路堑边坡坡度

项　　目	土或岩石种类	边坡最大高度/m	路堑边坡坡度(高∶宽)
1	一般土	18	1∶0.50～1∶1.50
2	黄土及类黄土	18	1∶0.10～1∶1.25
3	砾、碎石土	18	1∶0.50～1∶1.50
4	风化岩石	18	1∶0.50～1∶1.50
5	一般岩石	—	1∶0.10～1∶0.50
6	坚石	—	1∶0.10～直立

1）土质路堑施工技术

土质路堑开挖方法有横向挖掘法、纵向挖掘法、混合式挖掘法。

(1) 横向挖掘法可采用人工作业，也可机械作业。

单层横向全宽挖掘法：从开挖路堑的一端或两端按断面全宽一次性挖到设计标高，逐渐向纵深挖掘，挖出的土方一般是向两侧运送。该方法适用于挖掘浅且短的路堑。

多层横向全宽挖掘法：从开挖路堑的一端或两端按断面分层挖到设计标高，适用于挖掘深且短的路堑。

(2) 纵向挖掘法。

土质路堑纵向挖掘多采用机械作业。

分层纵挖法是沿路堑全宽，以深度不大纵向分层进行挖掘，适用于较长的路堑开挖。

通道纵挖法是先沿路堑纵向挖掘一通道，然后将通道向两侧拓宽以扩大工作面，并利用该通道作为运土路线及场内排水的出路。该层通道拓宽至路堑边坡后，再挖下层通道，如此向纵深开挖至路基标高，该法适用于较长、较深、两端地面纵坡较小路堑开挖。

分段纵挖法是沿路堑纵向选择一个或几个适宜处，将较薄一侧堑壁横向挖穿，使路堑分成两段或数段，各段再纵向开挖。该法适用于过长，弃土运距过远，一侧堑壁较薄的傍山路堑开挖。

(3) 混合式挖掘法。多层横向全宽挖掘法和通道纵挖法混合使用。先沿路线纵向挖通道，然后沿横向坡面挖掘，以增加开挖面。该法适用于路线纵向长度和挖深都很大的路堑开挖。

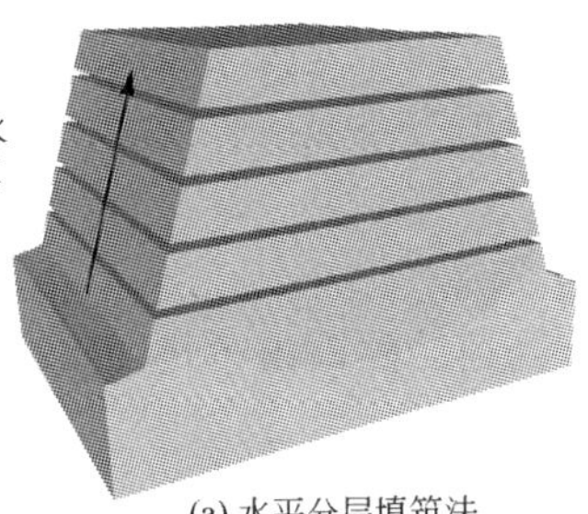
填筑时按照横断面全宽分成水平层次，逐层向上填筑，是路基填筑的常用方法。

(a) 水平分层填筑法

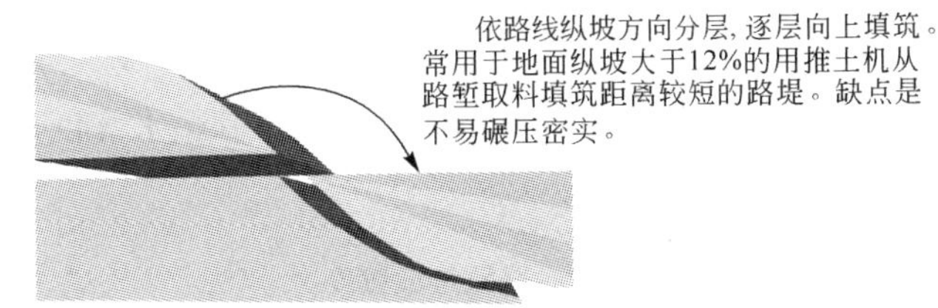
依路线纵坡方向分层，逐层向上填筑。常用于地面纵坡大于12%的用推土机从路堑取料填筑距离较短的路堤。缺点是不易碾压密实。

(b) 纵向分层填补法

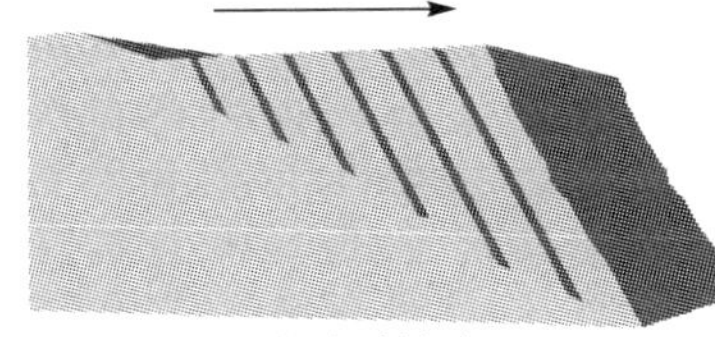
按横断面全高逐步推进填筑。因填土一般过厚，不易压实，故仅用于无法自下而上填筑的深谷、陡坡、断岩、泥沼等机械无法进场的路堤。

(c) 横向填筑法

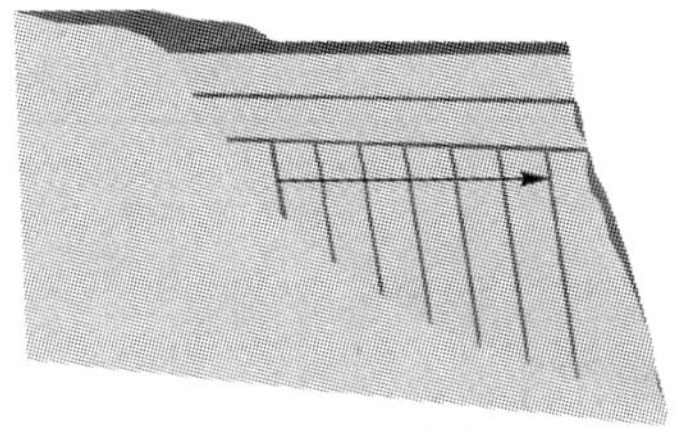
路堤下层用横向填筑而上层用水平分层填筑。适用于因地形限制或填筑堤身较高，不宜采用水平分层法或横向填筑法自始至终进行填筑的情况。一般沿线路分段进行，每段距离以20~40 m为宜，多在地势平坦，或两侧有可利用的、山地土场的场合采用。

(d) 联合填筑法

图 1.52　土方路堤填筑常用方法

冲击压实法是利用冲击压实机对路基填料进行冲击，压密填方。它既具有分层法连续性的优点，又具有强力夯实法压实厚度深的优点。缺点是在周围有建筑物时，使用受到限制。

强力夯实法用起重机吊起夯锤从高处自由落下，利用强大的动力冲击，迫使岩土颗粒位移，提高填筑层的密实度和地基强度。该方法机械设备简单，击实效果显著，施工中不需铺撒细粒料，施工速度快，有效解决了大块石填筑地基厚层施工的夯实难题。对强夯施工后的表层松动层，则可采用振动碾压法进行压实。

4）土石路堤施工技术

土石路堤不得采用倾填方法，只能采用分层填筑，分层压实。当土石混合料中石料含量超过70%时，宜采用人工铺填；当土石混合料中石料含量小于70%时，可用推土机铺填，最大层厚40cm。

5）高填方路堤施工技术

水田或常年积水地带，用细粒土填筑路堤高度在6m以上，其他地带填土或填石路堤高度在20m以上时，称为高填方路堤。高填方路堤应采用分层填筑、分层压实的方法施工。如果填料来源不同，性质相差较大时(即同时填筑不同填料时)，不应分段或纵向分幅填筑。位于浸水路段的高填方路堤应采用水稳定性较高及渗水性好的填料，边坡比不宜小于1∶2，避免边坡失稳。

6）粉煤灰路堤施工技术

粉煤灰路堤可用于高速公路。由于是轻质材料，可减轻土体结构自重，减少软土路堤沉降，提高土体抗剪强度。

粉煤灰路堤一般由路堤主体部分、护坡和封顶层以及隔离层、排水系统等组成，其施工步骤与填土路堤施工方法相类似，仅增加了包边土和设置边坡盲沟等工序。

2. 路堑修筑

在地质条件良好、土质均匀的情况下，路堑边坡坡度及其最大高度可参照表1－27给出的数据。

表1－27　路堑边坡坡度

项　　目	土或岩石种类	边坡最大高度/m	路堑边坡坡度(高∶宽)
1	一般土	18	1∶0.50～1∶1.50
2	黄土及类黄土	18	1∶0.10～1∶1.25
3	砾、碎石土	18	1∶0.50～1∶1.50
4	风化岩石	18	1∶0.50～1∶1.50
5	一般岩石	—	1∶0.10～1∶0.50
6	坚石	—	1∶0.10～直立

1）土质路堑施工技术

土质路堑开挖方法有横向挖掘法、纵向挖掘法、混合式挖掘法。

(1) 横向挖掘法可采用人工作业，也可机械作业。

单层横向全宽挖掘法：从开挖路堑的一端或两端按断面全宽一次性挖到设计标高，逐渐向纵深挖掘，挖出的土方一般是向两侧运送。该方法适用于挖掘浅且短的路堑。

多层横向全宽挖掘法：从开挖路堑的一端或两端按断面分层挖到设计标高，适用于挖掘深且短的路堑。

(2) 纵向挖掘法。

土质路堑纵向挖掘多采用机械作业。

分层纵挖法是沿路堑全宽，以深度不大纵向分层进行挖掘，适用于较长的路堑开挖。

通道纵挖法是先沿路堑纵向挖掘一通道，然后将通道向两侧拓宽以扩大工作面，并利用该通道作为运土路线及场内排水的出路。该层通道拓宽至路堑边坡后，再挖下层通道，如此向纵深开挖至路基标高，该法适用于较长、较深、两端地面纵坡较小路堑开挖。

分段纵挖法是沿路堑纵向选择一个或几个适宜处，将较薄一侧堑壁横向挖穿，使路堑分成两段或数段，各段再纵向开挖。该法适用于过长，弃土运距过远，一侧堑壁较薄的傍山路堑开挖。

(3) 混合式挖掘法。多层横向全宽挖掘法和通道纵挖法混合使用。先沿路线纵向挖通道，然后沿横向坡面挖掘，以增加开挖面。该法适用于路线纵向长度和挖深都很大的路堑开挖。

2）石质路堑施工技术

（1）石质路堑施工的基本要求。

保证开挖质量和施工安全；符合施工工期和开挖强度的要求；有利于维护岩体完整和边坡稳定性；可以充分发挥施工机械的生产能力；辅助工程量少。

（2）开挖方式。

① 钻爆开挖：是当前广泛采用的开挖施工方法。有薄层开挖、分层开挖(梯段开挖)、全断面一次开挖和特高梯段开挖等方式。

② 直接应用机械开挖：使用带有松土器的重型推土机破碎岩石，一次破碎深度约0.6～1.0m。该法适用于施工场地开阔、大方量的软岩石方工。特点是没有钻爆工序作业，不需要风、水、电辅助设施，简化了场地布置，加快了施工进度，提高了生产能力，但不适于破碎坚硬岩石。

③ 静态破碎法：将膨胀剂放入炮孔内，利用产生的膨胀力，缓慢地作用于孔壁，经过数小时至24小时达到300～500MPa的压力，使介质裂开。该法适用于设备附近、高压线下以及开挖与浇筑过渡段等特定条件下的开挖。优点是安全可靠，没有爆破产生的公害。缺点是破碎效率低，开裂时间长。

知识冲浪

基础土方回填常见问题

现象1：场地积水。

由于场地平整面积过大、填土过深、未分层夯实；场地周围没有做排水沟、截水沟等排水设施，或者排水设施设置不合理，排水坡度不满足要求；场地周围没有做排水沟、截水沟等排水设施，或者排水设施设置不合理，排水坡度不满足要求以及测量误差超过规范要求等原因，而导致场地内在平整以后出现局部或大面积积水。

其预防措施为，在施工前结合当地水文地质情况，合理设置场地排水坡(要求坑内不积水、沟内排水畅通)、排水沟等设施，并尽量与永久性排水设施相结合。如果施工期跨雨期的，要做好雨期施工现场排水措施。场地回填土按规定分层回填夯实，要使土的相对密实度不低于85%。

其对应的治理方法：

(1) 明沟排水法。沿场地周围开挖排水沟，再在沟底设集水井与其相连，用水泵直接抽走(排水沟和集水井宜布置在施工场地基础边净距0.4m以外，场地的四角或每隔20～40m应设1个集水井)。

(2) 深沟排水法。如果场地面积大、排水量大，为减少大量设置排水沟的复杂性，可在场地外距基础边6～30m开挖1条排水深沟，使场地内的积水通过深沟自流入集水井，用水泵排到施工场地以外沟道内。

(3) 利用工程设施周围或内部的正式渗排水系统或下水道，将其作为排水设施。在场地一侧或两侧设排水明沟或暗沟，把水流引入渗排水系统或下水道排走，此法较经济。

现象2：填方土出现橡皮土。

由于使用了含水量比较大的腐植土以及泥炭土或者粘土、亚粘土等原状土土料回填。打夯以后，基土发生颤动、受压区四周鼓起形成隆起状态(土体体积未变化)、土体长时间不稳定。

其对应的预防措施：

(1) 现场鉴别，要求回填土料“手握成团、落地开花”。

(2) 回填前，不允许基坑内有垃圾、树根等杂物，清除基坑内积水、淤泥。

其对应的治理方法：

(1) 如果土方量很小，挖掉换土，用2∶8或3∶7的灰土(雨、冬期不宜用灰土，避免造成灰土水泡、冻胀等事故)、砂石进行回填。

(2) 如果面积大，用干土、石灰、碎砖等吸水材料填入橡皮土内。

(3) 如果工期不紧，把橡皮土挖出来，晾晒后回填。

现象3：回填土密实度达不到设计和规范要求。

其原因：

(1) 土料含水量太小，影响了夯实(碾压)的效果，造成夯实(碾压)不密实；含水量太大，则易形成橡皮土。

(2) 土料不符合设计或施工规范要求，有机质超过规范要求(大于5%)。

(3) 填土过厚，未分层夯实。

(4) 机械能力不够。

其对应的预防措施：

(1) 选择回填的土料及其性质必须符合设计要求。

(2) 填土密实度应根据工程性质的要求而定，压实系数等于土的控制干密度除以土的最大干密度。

(3) 设计有要求时，要通过现场土工试验，并且严格进行分层回填夯实，加强对土料含水量的控制。

其对应的治理方法：换土回填；翻出晾晒、风干后回填；填入吸水材料；施打挤密桩。

1.5 爆破技术

在一些特殊情况下，往往需要使用爆破的办法施工，如Ⅵ类以上的土方开挖、石方开挖、施工现场树根和障碍物的清除、冻土开挖、场地平整等，都需要采用爆破，它可以大大加快施工进度。若采用爆破拆除旧的建、构筑物，不仅可以节省人力，缩短工期，而且比人工拆除更为安全。爆破作业一般要由专业队伍施工。

1.5.1 爆破的应用原理

爆破即是在极短的时间内，炸药由固体状态转变为气体状态，体积增加数百倍甚至数千倍，同时产生很高的温度和巨大的冲击力，使周围的介质受到不同程度的破坏。

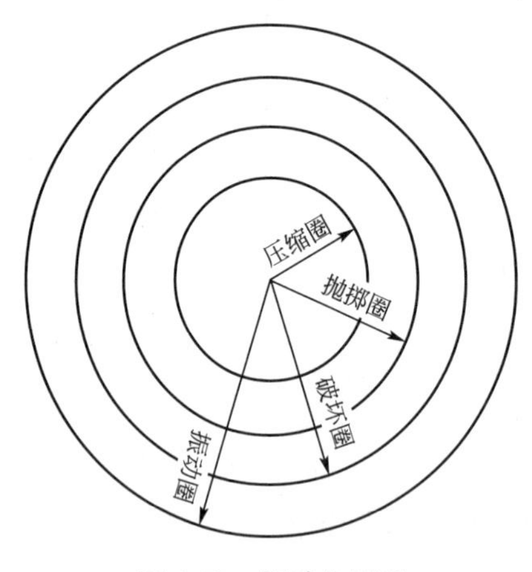

图1.53 爆破作用圈

它是炸药引爆后在极短时间内产生激烈的化学反应。因其速度快、费用低而被广泛应用于四类以上的石质土和冻土的开挖及旧建筑的拆除等。

爆破时距离爆破中心越近，受到的破坏就越大；距离爆破中心越远，受到的破坏就越小。通常将爆破影响的范围分为几个爆破作用圈，爆破作用圈如图1.53所示。

1.5.2 主要爆破方法

爆破工程中，往往根据爆破目的、炸药在

介质内装填方式、形状和大小而采取的不同方法，一般的方法有裸露爆破法(图1.54)、炮孔爆破法(图1.55)、深孔爆破法(图1.56和图1.57)、药壶爆破法(图1.58和图1.59)、硐室爆破法、水下爆破法、水压爆破法、预裂与光面爆破法(图1.60和图1.61)、拆除爆破及特殊爆破法等几种，其基本施工方法见表1-28。

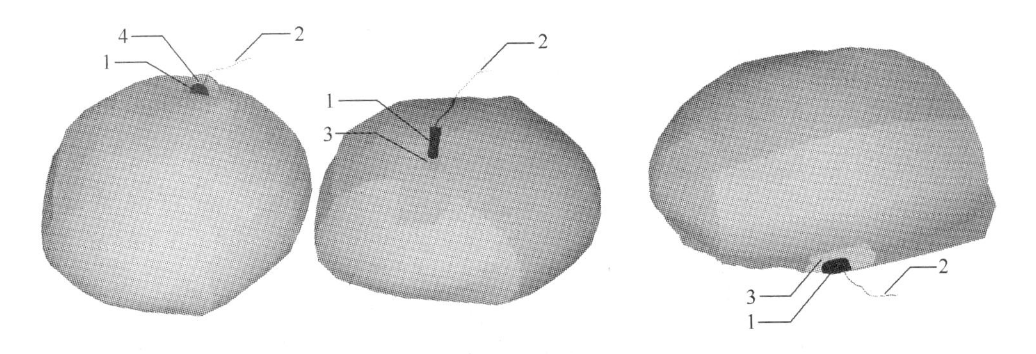

图1.54 裸露爆破法

1—炸药；2—导火索；3—浅孔(穴)；4—覆盖物

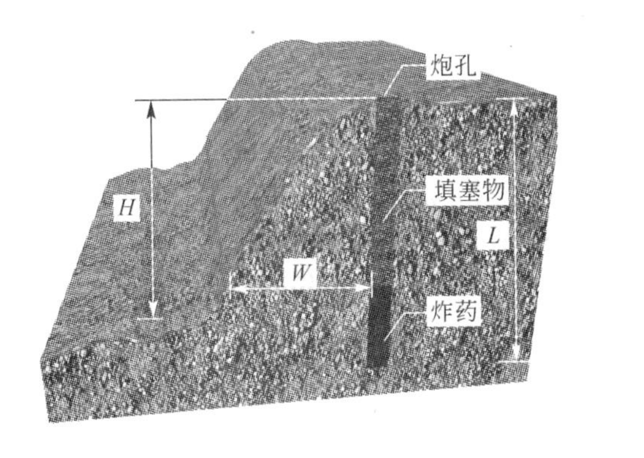

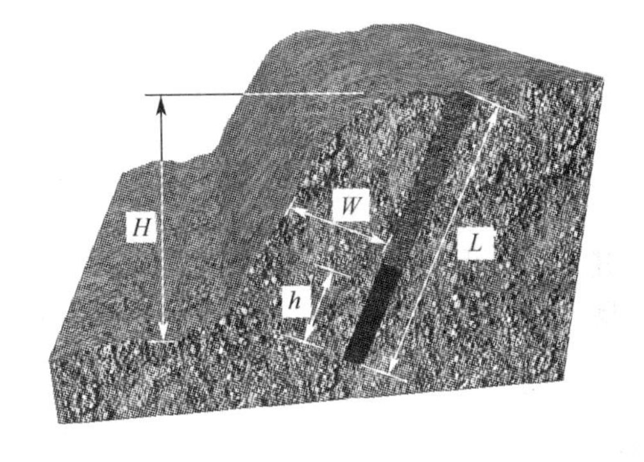

图1.55 炮孔爆破法 **图1.56 深孔爆破法**

H—阶梯高度；L—炮孔深度；W—最小抵抗；h—眼高 $h=(0.1\sim0.15)H$

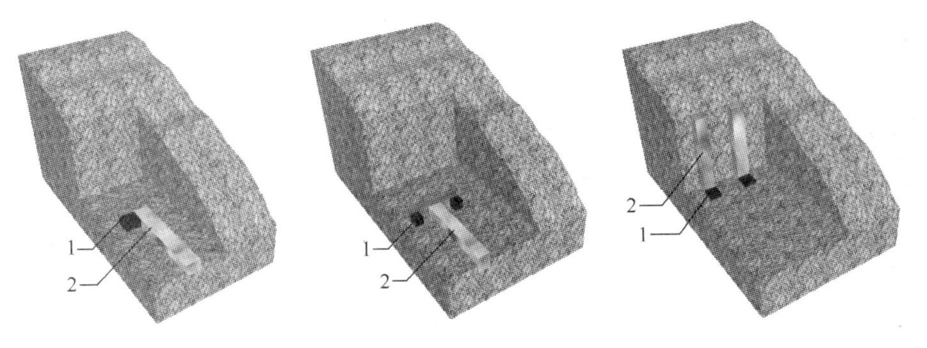

图1.57 炮孔法与深孔法配合使用

1—药室；2—横洞(或竖井)及填塞物

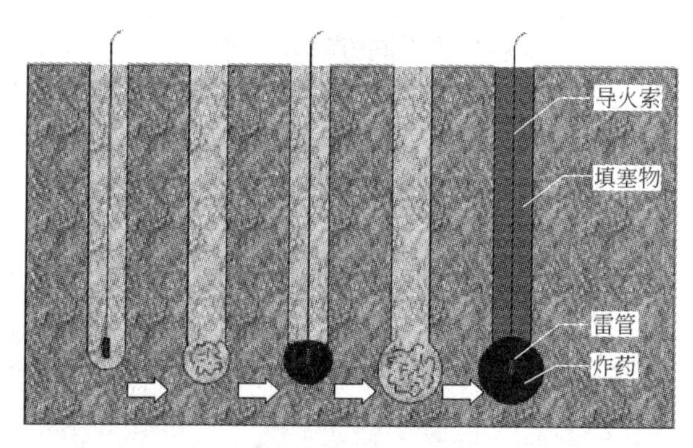

图 1.58　药壶形成过程

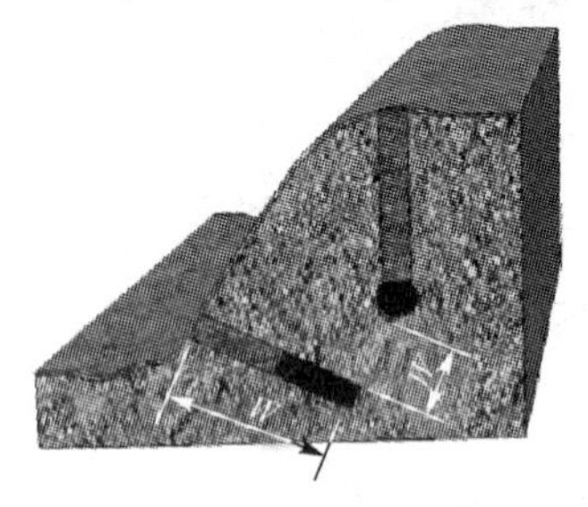

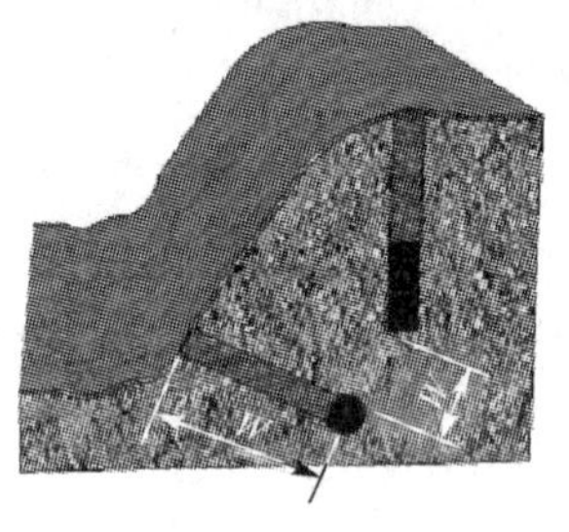

图 1.59　药壶法与药孔法的配合使用

W—最小抵抗；b—炮孔排距

表 1-28　爆破基本施工方法、技术要点及适用范围

名　　称	爆破方法及技术要点	优　缺　点	适 用 范 围
裸露爆破法(表面爆破法)系将药包直接置于岩石的表面进行爆破	药包放在块石或弧石的中部凹槽或裂隙部位。体积大于 $1m^3$ 的块石，药包可分数处放置或在块石上打浅孔或浅穴破碎。为提高爆破效果，表面药包底部宜做成集中爆力穴；药包上护以草皮或湿泥土砂子，其厚度应大于药包高度；或以粉状炸药敷 30～40cm 厚，以电雷管或导爆索起爆	优点：不需钻孔设备，准备工作少，操作简单迅速 缺点：炸药消耗量大(比炮孔法多 3～5 倍)；破碎岩石飞散较远	地面上大块石、大弧石的二次破碎以及树根、水下岩石与改造工程的爆破
炮孔法(浅孔爆破法)系在岩石内钻直径 25～50mm、深度为 0.5～5m 的圆柱形炮孔，装延长药包进行爆破	炮孔直径通常有 35、42、45、50mm 几种。为使有较多临空面，常按阶梯形爆破。炮孔方向尽量与临空面平行或成 30°～45°角，炮孔深度 L，对坚硬岩石 $L=(1.1\sim1.5)H$；对中硬岩石，$L=H$；对松软岩石，$L=(0.85\sim0.95)H$。H 为爆破层厚度 最小抵抗线 $W=(0.6\sim0.8)H$；炮孔间距 $a=(1.4\sim2.0)W$(火雷管起爆时)或 $a=(0.8\sim2.0)W$(电力起爆时)；炮孔布置一般为交错梅花形，依次逐排起爆；炮孔排距 $b=(0.8\sim1.2)W$；同时起爆多个炮孔应采用电力起爆或导爆索起爆	优点：不需复杂钻孔设备；施工操作简单，容易掌握，炸药消耗量少；飞石距离较近，岩石破碎均匀，便于控制开挖面的形状和尺寸，可在各种复杂条件下施工，被广泛采用 缺点：爆破量小，效率低，钻孔工作量大	各种地形和施工现场比较狭窄的工作面上作业，如基坑、隧洞、管沟、渠道爆破或用于平整边坡、开凿导洞和药室，以及冻土松动

介质内装填方式、形状和大小而采取的不同方法，一般的方法有裸露爆破法(图 1.54)、炮孔爆破法(图 1.55)、深孔爆破法(图 1.56 和图 1.57)、药壶爆破法(图 1.58 和图 1.59)、硐室爆破法、水下爆破法、水压爆破法、预裂与光面爆破法(图 1.60 和图 1.61)、拆除爆破及特殊爆破法等几种，其基本施工方法见表 1-28。

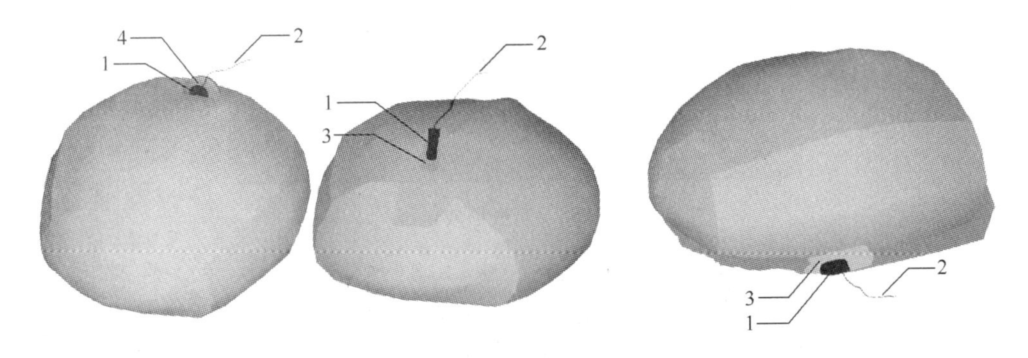

图 1.54 裸露爆破法

1—炸药；2—导火索；3—浅孔(穴)；4—覆盖物

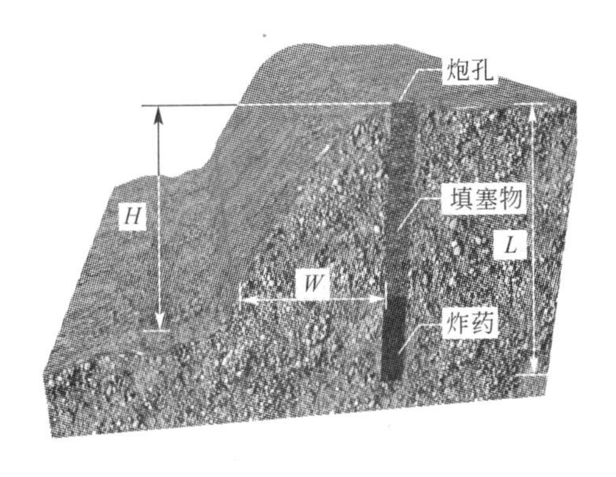

图 1.55 炮孔爆破法

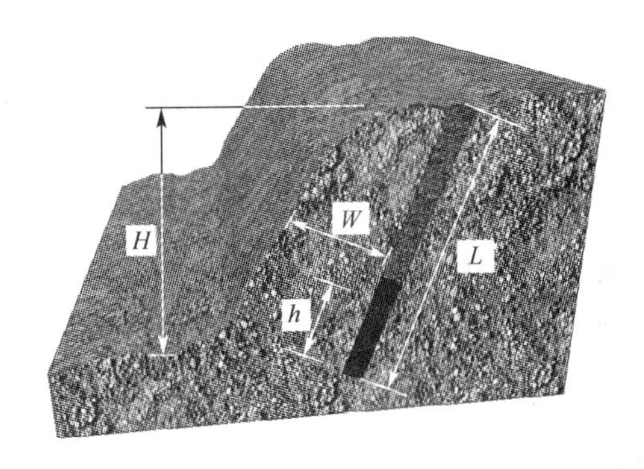

图 1.56 深孔爆破法

H—阶梯高度；L—炮孔深度；W—最小抵抗；h—眼高 h=(0.1～0.15)H

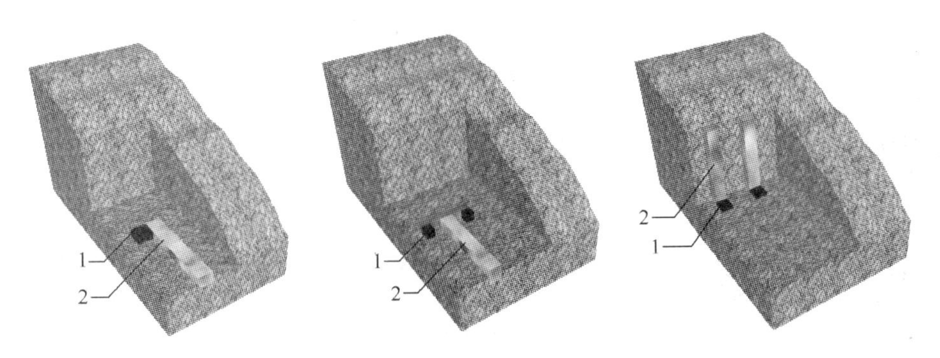

图 1.57 炮孔法与深孔法配合使用

1—药室；2—横洞(或竖井)及填塞物

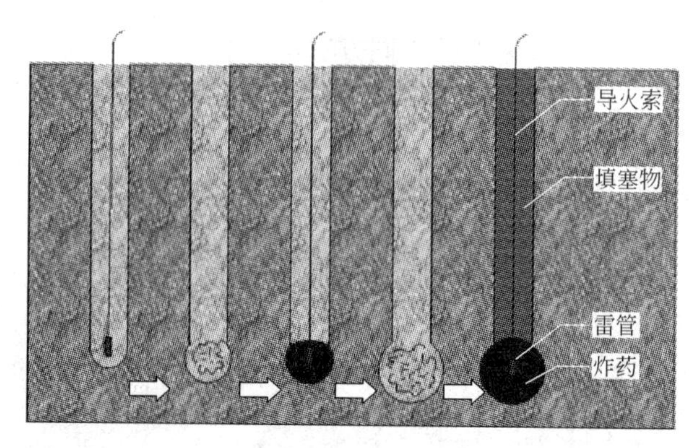

图 1.58　药壶形成过程

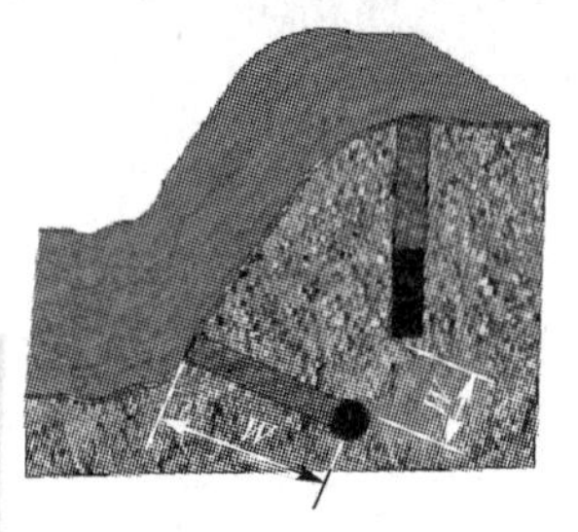
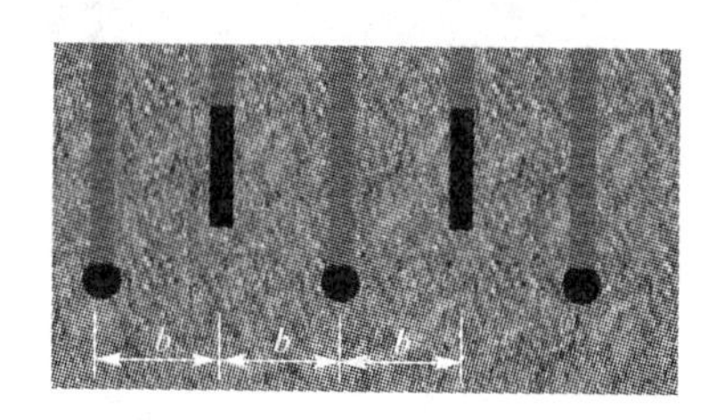

图 1.59　药壶法与药孔法的配合使用

W—最小抵抗；b—炮孔排距

表 1-28　爆破基本施工方法、技术要点及适用范围

名　　称	爆破方法及技术要点	优　缺　点	适 用 范 围
裸露爆破法(表面爆破法)系将药包直接置于岩石的表面进行爆破	药包放在块石或弧石的中部凹槽或裂隙部位。体积大于 $1m^3$ 的块石，药包可分数处放置或在块石上打浅孔或浅穴破碎。为提高爆破效果，表面药包底部宜做成集中爆力穴；药包上护以草皮或湿泥土砂子，其厚度应大于药包高度；或以粉状炸药敷 30～40cm 厚，以电雷管或导爆索起爆	优点：不需钻孔设备，准备工作少，操作简单迅速 缺点：炸药消耗量大(比炮孔法多 3～5 倍)；破碎岩石飞散较远	地面上大块石、大弧石的二次破碎以及树根、水下岩石与改造工程的爆破
炮孔法(浅孔爆破法)系在岩石内钻直径 25～50mm、深度为 0.5～5m 的圆柱形炮孔，装延长药包进行爆破	炮孔直径通常有 35、42、45、50mm 几种。为使有较多临空面，常按阶梯形爆破。炮孔方向尽量与临空面平行或成 30°～45°角，炮孔深度 L，对坚硬岩石 $L=(1.1\sim1.5)H$；对中硬岩石，$L=H$；对松软岩石，$L=(0.85\sim0.95)H$。H 为爆破层厚度 最小抵抗线 $W=(0.6\sim0.8)H$；炮孔间距 $a=(1.4\sim2.0)W$(火雷管起爆时)或 $a=(0.8\sim2.0)W$(电力起爆时)；炮孔布置一般为交错梅花形，依次逐排起爆；炮孔排距 $b=(0.8\sim1.2)W$；同时起爆多个炮孔应采用电力起爆或导爆索起爆	优点：不需复杂钻孔设备；施工操作简单，容易掌握，炸药消耗量少；飞石距离较近，岩石破碎均匀，便于控制开挖面的形状和尺寸，可在各种复杂条件下施工，被广泛采用 缺点：爆破量小，效率低，钻孔工作量大	各种地形和施工现场比较狭窄的工作面上作业，如基坑、隧洞、管沟、渠道爆破或用于平整边坡、开凿导洞和药室，以及冻土松动

（续）

名　称	爆破方法及技术要点	优 缺 点	适用范围
深孔法系将药包放在直径75～270mm、深度为5～30m的圆柱形深孔中爆破	宜先将地面形成倾角大于55°阶梯形，做垂直（水平）的或倾斜的炮孔。钻孔用CZ-400型或YQ-30型凿岩车钻或轻中型露天潜孔钻，钻孔深度 L 等于阶梯高加跟高 h，$h=(0.1\sim0.15)H$ $a=(0.5\sim1.2)W$；$b=(0.7\sim1.0)W$，装药采用分段或连续、爆破时，边排先起爆，后排依次起爆	属延长药包的中型爆破。优点：单位岩石体积的钻孔量少，耗药量较少，生产效率高。一次爆落石方量多，操作机械化，可减轻劳动强度，施工进度快 缺点：爆破的岩石不够均匀，有10%～25%的大块石需二次破碎；钻孔需凿岩机、穿孔机，设备复杂，费用较高	料场、深基坑的松爆、场地整平以及高阶梯爆破各种岩石
药壶法（葫芦炮、坛子炮）系在普通浅孔或深孔炮孔底先放入少量的炸药，经过一次至数次爆破扩大成近似圆球形的药壶，然后装入一定数量的炸药进行爆破	爆破前，地形宜先造成较多的临空面，最好是立崖或台阶。一般取 $W=(0.5\sim0.8)H$；$a=(0.8\sim1.2)W$；$b=(0.8\sim2.0)W$；堵塞长度为炮孔深的0.5～0.9倍 每次爆扩药壶后，间隔时间须20～30min。扩大药壶用小木柄铁勺掏渣或用风管通入压缩空气吹出。当土质为黏土时，可以压缩，不需出渣。药壶法一般宜与炮孔法配合使用，以提高爆破效果 一般宜用电力起爆，并应敷设两套爆破线路：如用火花起爆，当药壶深在2～6m，应设两个火雷管同时点爆	属集中药包的中等爆破。优点：减少钻孔工作量，可多装药，炮孔较深时，将延长药包变为集中药包，大大提高爆破效果 缺点：扩大药壶时间较长，操作较复杂；破碎的岩石块度不够均匀，对坚硬岩石，扩大药壶较困难	露天爆破阶梯高度3～8m的软岩石层和中等坚硬岩层；坚硬或节理发育的岩层不宜采用
小洞室法（竖井法、蛇穴法）系在松岩石内部开挖导洞（横洞或竖井）和药室进行爆破	导洞截面一般为1m×1.5m（横洞）或1m×1.2m或直径1.2m（竖井）。横洞截面小于0.6m×0.6m时称蛇穴药室，应选择在最小抵抗线 W 比较大的地方或整体岩层内，并离边坡1.5m左右，横洞长度一般为5～7m，其间距为洞深的1.2～1.5倍。竖井深度一般为 $(0.9\sim1.0)H$，a 及 $b=(0.6\sim0.8)H$，药室应在离底0.3～0.7m处，再开挖浅横洞装集中药包。蛇穴底部即为药室。导洞及药室用人力或机械打炮孔爆破方法作业，横洞用轻轨小平板车出渣；竖井用卷扬机、绞车或桅杆吊箩筐出渣。横洞堵塞长度不应小于洞高的3倍，堵塞材料用碎石和粘土（或砂）的混合物，靠近药室处宜用粘土或砂土堵塞密实	优点：操作简单，爆破效果比炮孔法高，节约劳力，出渣容易（对横洞而言），凿孔工作量少，技术要求不高，不受炸药品种限制，可用黑火药 缺点：开洞工作量大，较费时，排水、堵洞较困难，速度慢，比药壶法费工稍多，工效稍低	Ⅵ类以上的较大量的坚硬石方爆破。竖井适于场地整平、基坑开挖松动爆破，蛇穴适于阶梯高不超过6m的软质岩石或有夹层的岩石松爆

注：L、H、W、a、b 的符号意义均同炮孔法。

光面爆破是在开挖限界的周边，适当排列一定间隔的炮孔，在有侧向临空面的情况下进行爆破，使之形成一个光滑平整的边坡。预裂爆破是在开挖限界处按适当间隔排列炮孔，在没有侧向临空面的情况下，用控制炸药的方法，预先炸出一条裂缝，使拟爆体与山体分开，作为隔震减震带，起保护和减弱开挖限界以外山体或建筑物的震动破坏作用，如图 1.60 所示。

(a) 光面爆破

(b) 深孔预裂爆破后的风化石岩壁

图 1.60　预裂与光面爆破法

资料袋

中国露天深孔爆破之最

中国露天深孔爆破之最见表 1－29。

表 1－29　中国露天深孔爆破之最

中国露天中深孔爆破之最	完成时间	工程地点	完成单位
最早采用秒差双排孔爆破的工业试验	1958 年 10 月至 1959 年 1 月	鞍钢大孤山铁矿采场	鞍钢大孤山铁矿采矿车间、鞍钢矿山技术处研究室
最早应用多排毫秒爆破降震的试验	1964 年 5 月至 1965 年 10 月	辽宁省大连市大连石灰石矿	长沙矿冶研究所、大连石灰石矿
最早铁路石方深孔爆破机械化施工	1973 年 3 月至 1974 年 10 月	邯长铁路东戌车站	铁道科学研究院、铁道部第三工程局
世界海拔最高的冻土爆破试验工程	1975 年至 1976 年	青藏线风火山和清水河工地	铁道部科学研究院铁建所等
最早的直立深槽开挖控制爆破工程	1996 年 1 月至 1999 年 12 月	湖北省宜昌市长江三峡水利枢纽三峡船闸工程	武警水电三峡工程指挥部
最早应用预装药爆破的大型铜矿	1996 年 3 月至 1997 年 10 月	江西铜业公司德兴铜矿	江西铜业公司德兴铜矿
最大的露天煤矿逐孔毫秒延时降振控制爆破	2003 年 3 月 31 日	山西朔州安太堡露天煤矿	澳瑞凯(威海)爆破器材有限公司、安太堡露天煤矿

1.5.3 爆破施工工艺

爆破作业的施工程序比较复杂，其一般工艺流程如图 1.61 所示。

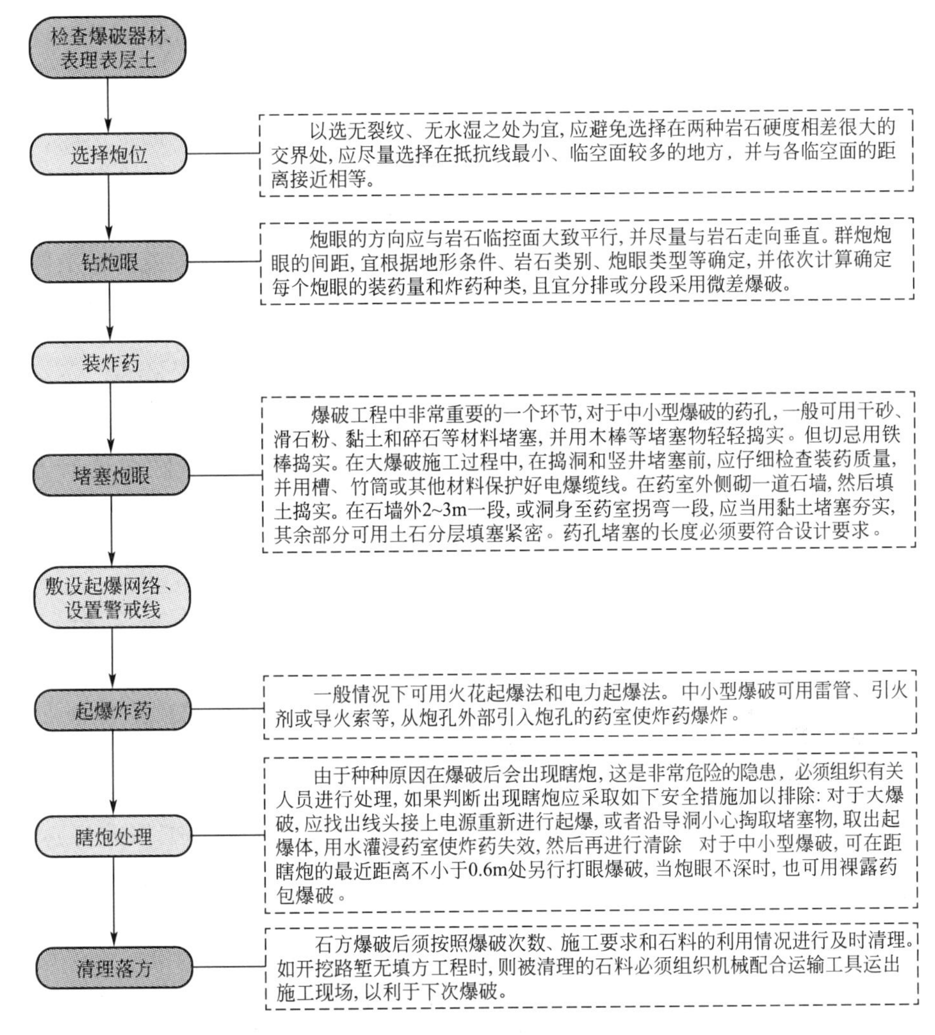

图 1.61 爆破工艺流程

1.5.4 爆破安全技术

1. 爆破安全距离的确定

爆破施工中发生的安全事故，主要是由于爆炸引起的飞石导致的安全事故，因此确定爆破的安全距离就显得特别重要。如在大部分为露天爆破的公路施工中处理不当，则会有些岩块飞散很远，将对人员、牲畜、机具、建筑物和构筑物造成危害。

2. 爆破事故的预防措施

1）严格按照爆破操作规程进行施工

爆破作业人员须由经过爆破专业培训并取得爆破从业资格的人员实施。根据爆破前编制的爆破施工组织设计上确定的具体爆破方法、爆破顺序、装药量、点火或连线方法、警戒安全措施等组织方案实施爆破。在爆破过程中，必须撤离与爆破无关的人员，严格遵守爆破作业安全操作规程和安全操作细则。

2）装药、充填，装药前必须对炮孔进行清理和验收

使用竹、木棍装药，禁止用铁棍装药。在装药时，禁止烟火、禁止明火照明。在扩壶爆破时，每次扩壶装药的时间间隔必须大于15min，预防炮眼温度太高导致早爆。除裸露爆破外，任何爆破都必须进行药室充填，堵塞前应对装药质量进行检查，并用木槽、竹筒或其他材料保护电爆缆线，堵塞要小心，不得破坏起爆网路和线路。隧道内各工种交叉作业时，施工机械较多，故放炮次数宜尽量减少，放炮时间应有明确规定，为减少爆破药包受潮引起"盲炮"，放炮距装药时间不宜过长。

3）设立警戒线

爆破前必须同时发出声响和视觉信号，使危险区内的人员都能清楚地听到和看到；在重要地段爆破时，应在危险区的边界设置岗哨，撤走危险区内所有人、畜；孔桩爆破时，应在爆破孔桩口用竹笆或模板覆盖，并加压沙袋，以防止爆破飞石飞出地面。

4）点火、连线、起爆

(1) 采用导火索起爆，应不少于二人进行，而且必须用导火索或专用点火器材点火，严禁明火点炮。

单个点火时，一个人连续点火的根数不得超过5根，导火索的长度应保证点完导火索后，人员能撤至安全地点，但不得短于1.2m，如一人点炮超过5根或多人点炮时，应先点燃计时导火索，计时导火索的长度不得超过该次被点导火索中最短导火索长度的1/3，当计时导火索燃烧完毕，无论导火索点完与否，所有爆破工作人员必须撤离工作场地。

(2) 为防止点炮时发生照明中断，爆破工应随身携带手电筒，严禁用明火照明。

(3) 用电雷管起爆时，电雷管必须逐个导通，用于同一爆破网络的电雷管应为同厂同型号。爆破主线与爆破电源连接之前必须测全线路的总电阻值，总电阻值与实际计算值的误差必须小于±5%，否则禁止连接。大型爆破必须采用复式起爆线路。

(4) 采用电雷管爆破时，必须按国家现行《爆破安全规程(附条文说明)》(GB 6722—2003)的有关规定进行，并加强洞内电源的管理，防止漏电引爆。装药时可用投光灯、矿灯照明；起爆主导线宜悬空架设，距各种导电体的间距必须大于1m，雷雨天气应停止爆破作业。

5）爆破检查

爆破后必须经过15min通风排烟后，检查人员方可进入工作面，再确认爆破地点安全与否，检查有无"盲炮"及可疑现象；有无残余炸药或雷管；顶板两侧有无松动石块；支护有无损坏与变形。在妥善处理并确认无误后，经爆破指挥班长同意，发出解除警戒信号后，其他工作人员方可进入爆破地点工作。

6）盲炮处理

盲炮包括瞎炮和残炮，盲炮处理时禁止掏出或拉出起爆药包，严禁打残眼。其主要有下列方法。

（1）经检查确认炮孔的起爆线路，漏接、漏点造成的拒爆可重新进行起爆。

（2）打平行眼装药起爆。对于浅眼爆破，平行眼距盲炮炮孔不得小于0.6m，深孔爆破平行眼距盲炮孔不得小于10倍炮孔直径。

（3）用木制、竹制或其他不发火的材料制成的工具，轻轻地将炮孔内大部分填塞物掏出，用聚能药包诱爆。

（4）若所用炸药为非抗水硝铵类炸药，可取出部分填塞物，向孔内灌水使炸药失效。

（5）对于大爆破，应找出线头接上电源重新起爆或者沿导洞小心掏取堵塞物，取出起爆体，用水灌浸药室，使炸药失效，然后清除。

3. 爆破器材的安全运送与储存

雷管和炸药必须分开运送，运输汽车，相距不小于50m，中途停车地点须离开民房、桥梁、铁路200m以上。搬运人员须彼此相距10m以上，严禁把雷管放在口袋内。

爆破器材仓库须远离生产和生活区800m以上，要有专人保卫。库内必须干燥、通风、备有消防设备、温度保持在18～30℃之间。仓库周围清除一切树木和干草。炸药和雷管须分开存放。

1.5.5 拆除爆破

1. 基础爆破

炮眼布置，如图1.62所示，垂直炮眼或水平炮眼均可以，炮眼的直径一般宜在28～40mm。

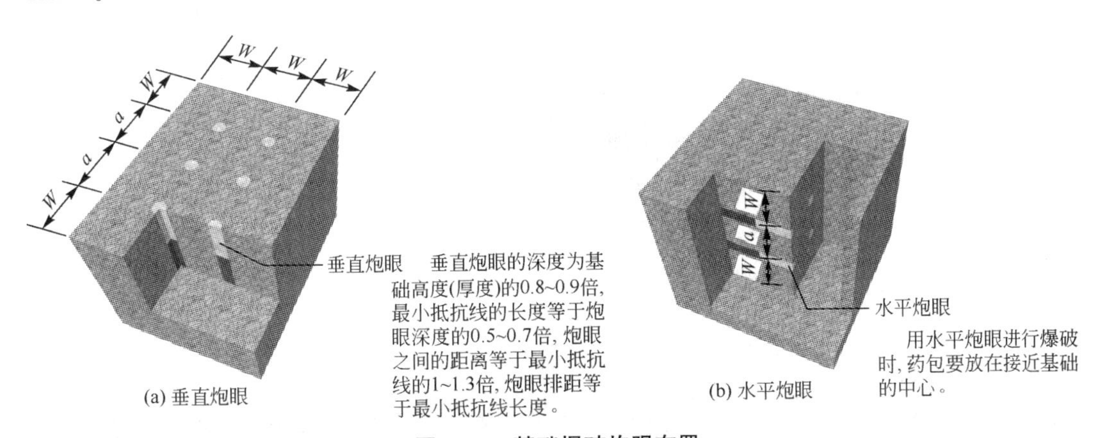

W
W
W
W
a
a
W
垂直炮眼
垂直炮眼的深度为基础高度(厚度)的0.8~0.9倍，最小抵抗线的长度等于炮眼深度的0.5~0.7倍，炮眼之间的距离等于最小抵抗线的1~1.3倍，炮眼排距等于最小抵抗线长度。
(a) 垂直炮眼
W
a
W
水平炮眼
用水平炮眼进行爆破时，药包要放在接近基础的中心。
(b) 水平炮眼

图1.62 基础爆破炮眼布置

为了爆破安全，在起爆之前可在基础顶面及四周用麻袋装土掩盖好，以防砂石飞出伤人或者损坏器材。近年采用的静态破碎剂、燃烧剂破碎等方法比较安全，适于城区基础拆除爆破，已在旧城改造中普遍应用。

2. 墙壁爆破

墙壁拆除爆破一般采用炮孔法，它是布置炮眼于屋内墙壁上，炮眼距地面约为0.5m。炮眼打成两排以上时，上下排炮眼距应列成梅花形状。同一排炮眼的间距确定：采用水泥砂浆砌体时，应等于炮眼深度的0.8～1.2倍；采用石灰砂浆砌体时，应等于炮眼深度的1.0～0.4倍；排与排之间的距离应等于炮眼深度的0.75～1.0倍；炮眼与门窗的距离应等于炮眼深度的0.5～0.7倍。在墙角打炮眼时，应在两墙夹角处进行。

炮眼直径不小于28mm，炮眼深度等于墙厚的2/3。

3. 烟囱爆破

在拆除烟囱或类似的空心柱时，为使拆除物倒向预定的方向，可采用上下排炮眼。右边炮眼布置离地面0.5m，左边炮眼比右边炮眼高0.7～1.0m；较低一排的炮眼布置可在烟囱圆周的2/3或3/4的部位钻眼炮眼深度等于烟囱壁厚的2/3。

实例观察

烟囱拆除爆破

2010年10月29日15时58分，伴随着一声巨响，哈尔滨热电有限责任公司2×100MW机组的标志性建筑，建于20世纪70年代，曾是黑龙江省乃至全国的主力机组，堪称“功臣机组”——4座70m高的冷却水塔轰然倒塌，如图1.63所示。该公司2×100MW机组关停后，每年可减少二氧化硫排放量2478t，减少烟气排放量700t，氮氧化物4520t，节煤70000t，“节能减排”效果显著。

图1.63 烟囱拆除爆破

4. 柱子爆破

砖石砌体柱可在柱上打成 10cm 见方的炮眼或是圆眼；如柱直径或宽度较大时，也可以打成 20cm 左右见方的炮眼或圆形炮眼。钢筋混凝土柱爆破，应先爆破柱侧周边的砖墙，使柱子四面临空，如图 1.64 所示。

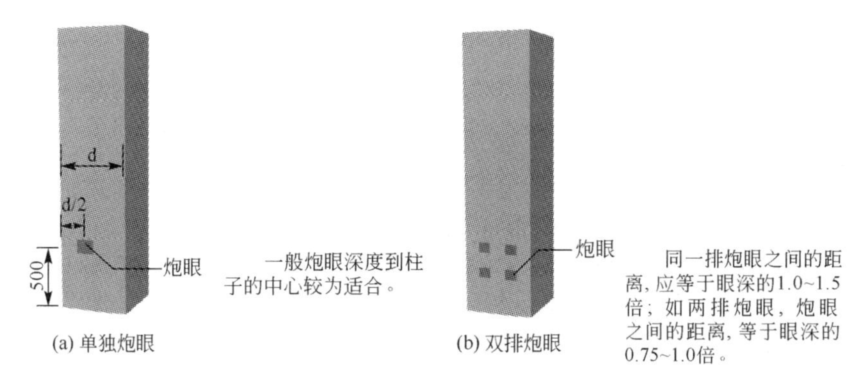

图 1.64　砖砌柱子爆破炮眼布置

5. 梁爆破

一般的钢筋混凝土梁爆破，可在梁顶面沿长度方向打一排或两排炮眼，深度为梁高的 2/3；炮眼间距为炮眼深度的 1.0～1.5 倍。采用两层装药，每层药卷内放一个雷管，以使混凝土全部破碎。

弯起钢筋较多的钢筋混凝土梁的爆破，可采用水平布置一排或两排炮眼，一排则偏于梁底部；二排则一排靠梁底、一排居中，交错布置炮眼。

6. 封闭式构筑物爆破

拆除水池、地下室、碉堡或钢铁容器等封闭式的构筑物，可采用水爆法。其施爆的简要过程是，先将构筑物的孔洞封死，砌砖或焊补原有开口；然后将构筑物的一部分或全部灌水；再将药包悬于水中的设计位置起爆，利用水的不可压缩性传递爆炸荷载，达到均匀破碎的拆除目的。这种方法具有安全、简便、费用低、工效高等优点。

7. 建筑物整体爆破

整体爆破方法常用于拆除旧建筑物。多层混合结构和框架结构一般采用微量装药定向爆破法，将结构的全部或多数支点均衡地充分摧毁，利用结构自重使建筑物原地坐塌，或按预定方向原地倾斜倒塌。坐塌适用于侧向刚度大、有支撑或建筑物密集、场地狭窄的建筑物；倾斜倒塌适用于侧向刚度差、承载能力差或有场地要求倒向一侧的建筑物。

炮眼主要布置在首层结构及地下室的结构支点上，上部结构可以利用房屋塌落时自重产生巨大的冲击功能，使大部分梁、板、柱折断摧毁。外墙只需对一层门、窗间墙施爆，要求有倒塌方向的外墙应设 4～5 排炮眼，使之炸出 1m 以上的爆槽，以保证定向倒塌，如外墙过厚，应在对面的外墙加设两排炮眼，以炸出 0.3m 以上的爆槽，使之易于切断倒塌。炮眼在墙、柱、梁上的布设如前所述。

起爆顺序：为增大落地速度冲击能量，应增加炮眼数量，均布炸药量，采用毫秒延期或秒延期电雷管，一次送电实现分段爆破。根据倒塌方向、施工条件等要求确定起爆顺序，一般为先外墙，后柱、梁，最后地下部分，另房屋四角及门框应先炸毁。

思维拓展

工程爆破在取得正面效果的同时，是否也伴随负面效应？

工程爆破在取得正面效果的同时，也伴随负面效应即爆破公害。爆破公害主要有爆破地震、空气冲击波、个别飞石、毒气等。爆破的负面效应虽不可避免，但只要掌握了公害产生的原因，便可通过爆破设计采用相应的工艺措施尽量降低公害的强度。

爆破公害的控制与防护是工程爆破规划设计中的重要内容。为防止爆破公害带来破坏，应调查周围环境，掌握居民点、建(构)筑物和各种设施的分布状况，定出各种保护对象对公害的承受能力，从而确定爆破允许达到的规模。爆破公害的控制与防护可以从爆源、公害传播途径以及保护对象 3 方面采取措施。

1）在爆源控制公害强度

在爆源控制公害强度是公害防护最积极有效的措施。合理的爆破参数和炸药单耗既可保证预期的爆破效果，又可避免爆炸能量过多地转化为公害能量。

药量在爆区空间分布的分散化，如多个分散的小药包替代单个大药包、条形药包替代集中药包、间隔装药替代连续装药，以及多分段，选择合理的延期间隔时间，扩展起爆总延时对于降低爆源产生公害的强度都很有效。1986 年，葛洲坝工程大江围堰拆除，计有 3546 个深孔药包，一次起爆总药量高达 47.78t，因采用了导爆管接力式孔内外延期起爆网路，总段数高达 324 段，最大段药量仅 300kg，爆破时，振动及冲击波强度均极小，大坝安然无恙。

保证堵塞质量和堵塞长度，采用反向起爆，有利于降低空气冲击波强度和飞石距离。将最小抵抗线方向避开主要保护对象有利于防止飞石破坏。

避免采用导爆索起爆网路，避免裸露爆破也是防止过大空气冲击波强度的措施。

2）在传播途径上削弱公害强度

在爆区周围打设防震孔，进行预裂爆破有利于降低地震强度。

爆区临空面覆盖、架设防波屏可削弱空气冲击波强度，阻挡飞石。临空面覆盖物有两种类型，其一为刚性覆盖物，如钢筋混凝土壳体、厚钢板等，它靠自重阻挡飞石和削减空气冲击波。刚性覆盖物笨重、拆装不便，成本高，很少采用。目前常用第二种类型覆盖物，即柔性覆盖物，为草袋、铁丝网、胶帘、尼龙网等的组合，具有一定的强度、韧性和柔性，能挡石又能透气，拆装轻便，成本也较低。

临空面覆盖、架设防波屏等削弱公害的措施，一般只用于保护对象密集的控制爆破。对于水利水电工程大面积重复性开挖爆破，一般不用这些措施。

3）保护对象的防护

当爆破规模已定，而在传播途径上的防护措施尚不能满足要求时，可对危险区内的建(构)筑物及设施进行直接防护。

对保护对象的直接防护措施有防震沟、防护屏以及表面覆盖等。例如，苏联在 1968 年修建巴依帕兹定向爆破堆石坝时，于左岸泄水建筑物旁用壤粘土堆筑了高 15～17m、长 200m 的土堤，在右岸高速水槽底部堆筑了平均厚度 0.75m 的砂层，使得离爆源很近的这些建筑物没有受到任何损坏。

职业技能

技能要点	掌握程度	应用方向
土方工程的作业内容	了解	土建 施工员
土的工程分类及掌握土方工程的性质	熟悉	
土方放坡及熟悉土壁支撑的形式	掌握	
基坑排水方法及了解轻型井点降水的工作原理	掌握	
基坑开挖的要求及注意事项	了解	
土方填筑与压实的要求及注意事项	熟悉	
基(槽)坑土方工程量计算	掌握	
土方工程质量检验的一般规定	了解	土建 质检员
质量控制及施工要点	熟悉	
主控项目、一般项目及检验方法	掌握	
人工土石方与机械土石方的取定原则	掌握	土建 预算员
挖土方、沟槽、基坑的划分标准，掌握各种类型基础土方的计算	熟悉	
有关附表内容，会计算工作面宽度，放坡土方增量折算厚度等附表数据	了解	
土石方工程项目的适用范围	掌握	
不属于土石方工程定额所包括的内容，发生时可另行计算	了解	
土的形成过程	了解	试验员
土的三相组成	熟悉	
含水量实验；密度试验；相对密度试验	掌握	

习　　题

一、选择题

1. 下列基坑围护结构中，主要结构材料可以回收反复使用的是(　　)。【2010年一级建造师考试《市政公用工程》真题】

A. 地下连续墙　　B. 灌注桩　　C. 水泥挡土墙　　D. 组合式SMW桩

2. 当地质条件和场地条件许可时，开挖深度不大的基坑最可取的开挖方案是(　　)。【2010年二级建造师考试《建筑工程》真题】

A. 放坡挖土　　B. 中心岛式(墩工)挖土

C. 盘式挖土　　D. 逆作法挖土

3. 基坑土方填筑应(　　)进行回填和夯实。【2010年二级建造师考试《建筑工程》真题】

A. 从一侧向另一侧平推　　B. 在相对两侧或周围同时

C. 由近到远　　D. 在基坑卸土方便处

4. 工程基坑开挖常用井点回灌技术的主要目的是(　　)。【2011年一级建造师考试考试《建筑工程》真题】

A. 避免坑底土体回弹

B. 减少排水设施，降低施工成本

C. 避免坑底出现管涌

D. 防止降水井点对井点周围建(构)筑物、地下管线的影响

5. 下列土钉墙基坑支护的设计构造，正确的有(　　)。【2011年一级建造师考试《建筑工程》真题】

A. 土钉墙墙面坡度1∶0.2　　B. 土钉长度为开挖深度的0.8倍

C. 土钉的间距2m　　D. 喷射混凝土强度等级C20

E. 坡面上下段钢筋网搭接长度为250mm

6. 关于基坑支护施工的说法，正确的是(　　)。【2010年一级建造师考试《建筑工程》真题】

A. 锚杆支护工程应遵循分段开挖、分段支护的原则，采取一次挖就再行支护的方式

B. 设计无规定时，二级基坑支护地面最大沉降监控值应为8cm

C. 采用混凝土支撑系统时，当全部支撑安装完成后，仍应维持整个系统正常运转直至支撑面作业完成

D. 采用多道内支撑排桩墙支护的基坑，开挖后应及时支护

7. 造成挖方边坡大面积塌方的原因可能有(　　)。【2010年一级建造师考试《建筑工程》真题】

A. 基坑(槽)开挖坡度不够　　B. 土方施工机械配置不合理

C. 未采取有效的降排水措施　　D. 边坡顶部堆载过大

E. 开挖次序、方法不当

8. 从建筑施工的角度，根据(　　)，可将土石分为八类，以便选择施工方法和确定劳动量，为计算劳动力、机具及工程费用提供依据。【2006年度全国一级建造师考试《专业工程管理与实务(房屋建筑)》真题】

A. 土石坚硬程度　　B. 土石的天然密度

C. 土石的干密度　　D. 施工开挖难易程度

E. 土石的容重

9. 根据施工开挖难易程度不同，可将土石分为八类，其中前四类土由软到硬的排列顺序为(　　)。【2005年一级建造师考试《建筑工程》真题】

A. 松软土、普通土、砂砾坚土、坚土　　B. 松软土、普通土、坚土、砂砾坚土

C. 普通土、松软土、坚土、砂砾坚土　　D. 普通土、松软土、砂砾坚土、坚土

二、计算题

1. 某基坑坑底长 60m，宽 42m，深 5m，四面放坡，边坡系数为 0.4，土的可松性系数 $K_s=1.14$，$K'_s=1.05$，坑深范围内基础的体积为 $10000m^3$。试问应留多少回填土(松散状态土)？弃土量为多少？

2. 某建筑场地方格网如图 1.65 所示。方格边长 30m，要求场地排水坡度 $i_x=0.2‰$，$i_y=0.3‰$。试按挖填平衡的原则计算各角点的施工高度(不考虑土的可松性影响)。

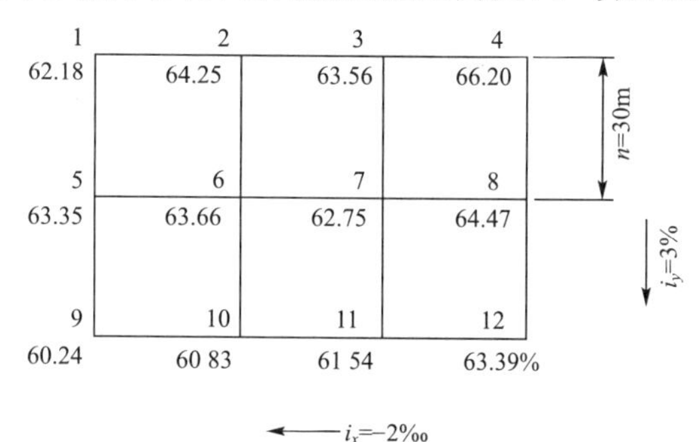

图 1.65　计算题 2

三、案例分析

1. 某办公楼工程，建筑面积 $82000m^2$，地下 3 层，地上 20 层，钢筋混凝土框架—剪力墙结构，距邻近六层住宅楼 7m。地基土层为粉质粘土和粉细砂，地下水为潜水，地下水位－9.5m，自然地面－0.5m。基础为筏板基础，埋深 14.5m，基础底板混凝土厚 1500mm，水泥采用普通硅酸盐水泥，采取整体连续分层浇筑方式施工。基坑支护工程委托有资质的专业单位施工，降排的地下水用于现场机具、设备清洗。主体结构选择有相应资质的 A 劳务公司作为劳务分包，并签订了劳务分包合同。合同履行过程中，基坑支护工程专业施工单位提出了基坑支护降水采用“排桩＋锚杆＋降水井”方案，施工总承包单位要求基坑支护降水方案进行比选后确定。【2011 年一级建造师考试《建筑工程》真题】

【问题】适用于本工程的基坑支护降水方案还有哪些？降排的地下水还可用于施工现场哪些方面？

2. 某大型顶进箱涵工程为三孔箱涵，箱涵总跨度 22m，高 5m，总长度 33.66m，共分三节，需穿越 5 条既有铁路站场线；采用钢板桩后背，箱涵前设钢刃脚，箱涵顶板位于地面经下 0.6m，箱涵穿越处有一条自来水管需保护。地下水位于地面下 3m。箱涵预制工作坑采用放坡开挖，采用轻型井点降水。

按原进度计划，箱涵顶进在雨季施工前完成。开工后，由于工作坑施工缓慢，进度严重拖后。预制箱涵达到设计强度并已完成现场线路加固后，顶进施工已进入雨季。项目部加强了降排水工作后开始顶进施工。为抢进度保工期，采用轮式装载机直接开入箱涵孔内铲挖开挖面土体，控制开挖面坡度为 1∶0.65，钢刃脚进土 50mm；根据土质确定挖土进尺为 0.5m，并且在列车运营过程中连续顶进。箱涵顶进接近正常运营的第一条线路时，遇一场大雨。第二天，正在顶进施工时，开挖面坍塌，造成了安全事故。【2006 年度全国一级建造师考试《实务市政工程》真题】

【问题】依据背景资料分析开挖面坍塌的可能原因有哪些？

第2章

基础工程

重点概览

- 预制桩施工
- 灌注桩施工
- 承台与基础底板施工
- 地下连续墙施工
- 墩基础、沉井基础、管柱基础

基础工程是服务于各种类型建筑物与结构物，包括建筑工程、桥梁工程、水工建筑物、港工建筑物、海上平台等各种陆上、水上、水下和地下的结构物。基础工程的主要内容包括浅基础、深基础、桩基础、地基处理和支挡结构物以及基坑工程等，几乎囊括了所有与土有关的结构工程的设计、计算技术以及实施设计意图的施工技术。

学习要点

- 了解钢筋混凝土桩的预制、起吊、运输及堆放方法；
- 掌握锤击法施工的全过程和施工要点，包括打桩设备、打桩顺序、打桩方法和质量控制；
- 掌握泥浆护壁成孔灌注桩和干作业成孔灌注桩的施工要点；
- 了解套管成孔灌注桩和爆扩桩施工工艺；
- 掌握地下连续墙的施工工艺和施工过程要点；
- 掌握墩基础和沉井基础的施工方法。
- 了解管柱基础的结构形式，掌握管柱基础的施工方法。

主要国家标准

- 《建筑地基基础设计规范》GB 50007—2011
- 《建筑桩基技术规范》JGJ 94—2008
- 《建筑基桩检测技术规范》JGJ 106—2003
- 《建筑工程施工质量验收统一标准》GB 50300—2011
- 《建筑地基基础工程施工质量验收规范》GB 50202—2002

案例导航

消失的新楼

湖北武汉市桥苑新村一幢18层钢筋混凝土剪力墙结构住宅楼，建筑面积为1.46万m^2，总高度56.5m。施工完成后，发现该工程向东北方向倾斜，顶端水平位移470mm。为了控制因不均匀沉降导致的倾斜，采取了在倾斜一侧减载与在对应一侧加载，以及注浆、高压粉喷、增加锚杆静压桩等抢救措施，曾一度使倾斜得到控制。但后来不久，该楼又突然转向西北方向倾斜，虽采取纠偏措施，但无济于事，倾斜速度加快，顶端水平位移达2884mm，整幢楼的重心偏移了1442mm。为确保相邻建筑及住户的安全，建设单位采取上层结构6～18层定向爆破拆除的措施，消除濒临倒塌的危险(图2.1)。

造成这次事故的原因是桩基整体失稳。据查，基坑内共336根桩，其中歪桩172根，占51.2%，歪桩最大偏位达1.70m，其偏斜的主要影响因素：

图2.1　定向爆破

首先，桩基选型不当。在勘察报告中建议选用大口径钻孔灌注桩，桩尖持力层可选用埋深40m的砂卵石层。但为了节约投资，改选用夯扩桩，而这种桩容易产生偏位。

其次，基坑支护方案不合理。为节约投资，建设单位自行决定在基坑南侧和东南段打5排粉喷桩，在基坑西端打2排粉喷桩，其余坑边采用放坡处理，致使基坑未形成完全封闭。专家们分析认为该支护方案存在严重缺陷，会导致大量倾斜，这是桩基整体失稳的重要原因。

最后，将地下室底板抬高2m，致使建筑物埋深达不到规范的规定，削弱了建筑物的整体稳定性。当336根夯扩桩已施工完190根时，设计人员竟然同意建设单位将地下室底板标高提高2m，使已完成的190根桩都要接长2m，接桩处成了桩体最薄弱处，在水平推力作用下，接桩处往往首先破坏。

【问题讨论】

1. 你知道基础选型的根据是什么吗?
2. 在基础工程施工中，开发商为什么总是违背科学规律改变设计要求?

一般多层建筑物当地基较好时多采用天然基础，它造价低、施工简便。若天然地基土较弱，可采用机械压实、强夯、堆载预压、深层搅拌、化学加固或换填等方法进行人工加固处理。若深部土层也软弱，或建筑物上部荷载较大，而且是对沉降有严格要求的高层建筑物、地下建筑或桥梁基础等，则需要采用深基础。

随着高层建筑的发展，深基础被越来越广泛地采用。深基础工程型式主要有桩基础、地下连续墙、沉井基础、墩基础等，其中最常用的是桩基础。

桩基础是由若干个沉入土中的单桩在其顶部用承台联结起来的一种深基础。它具有承载能力大、抗震性能好、沉降量小等特点。桩基础施工不需要护坡、降水，能将上部建筑物的荷载传递到深处承载力较大的持力层上，从而保证建筑物的稳定性和减少地基的沉降。

按承载性状不同，桩可分为摩擦型桩、端承型桩，如图2.2所示。

按成桩方法分类，桩可分为非挤土桩和部分挤土桩。非挤土桩包括干作业法钻(挖)孔灌注桩、泥浆护壁法钻(挖)孔灌注桩、套管护壁法钻(挖)孔灌注桩；部分挤土桩包括长螺

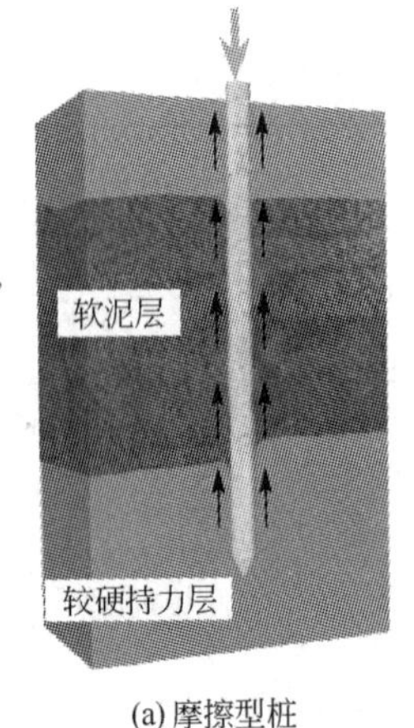

摩擦型桩在承载能力极限状态下，桩顶竖向荷载由桩侧阻力承受，桩端阻力小到可忽略不计，端承摩擦桩在承载能力极限状态下，桩顶竖向荷载主要由桩侧阻力承受。

端承型桩在承载能力极限状态下，桩顶向荷载由桩端阻力承受，桩侧阻力小到可忽略不计；摩擦端承型桩在承载能力极限状态下，桩顶竖向荷载主要由桩端阻力承受。

(a) 摩擦型桩　　(b) 端承型桩

图 2.2　摩擦型桩和端承型桩

旋压灌注桩、冲孔灌注桩、钻孔挤扩灌注桩、搅拌劲芯桩、预钻孔打入(静压)预制桩、打入(静压)式敞口钢管桩、敞口预应力混凝土空心桩和 H 型钢桩；挤土桩包括沉管灌注桩、沉管夯(挤)扩灌注桩、打入(静压)预制桩、闭口预应力混凝土空心桩和闭口钢管桩。

按桩径(设计直径 d)大小，桩可以分为小直径桩($d\leqslant 250$mm)、中等直径桩($250\text{mm}<d<800$mm)和大直径桩($d\geqslant 800$mm)。

按桩身材料不同，桩可分为钢桩、钢筋混凝土桩、钢管混凝土桩和木桩等。

按施工方法不同，桩可分为预制桩和灌注桩。

2.1 预制桩施工

预制桩是在工厂或施工现场制成的各种材料、各种形式的桩，用沉桩设备将桩打入、压入或振入土中。我国施工领域采用较多的预制桩主要是混凝土预制桩和钢桩两大类，其具备易于控制质量、速度快、制作方便、承载力高，并能根据需要制作成不同尺寸、不同形状的截面和长度、且不受地下水位的影响等特点，它是目前建筑工程最常用的一种桩型。随着沉桩噪声、振动、挤土等综合防护技术的发展，尤其是静压设备的发展，预制桩仍将是基础工程中主要桩型之一。预制桩主要有混凝土预制桩和钢桩两大类，其中预制桩常用的类型有混凝土实心方桩和预应力混凝土空心管桩，如图 2.3 所示。

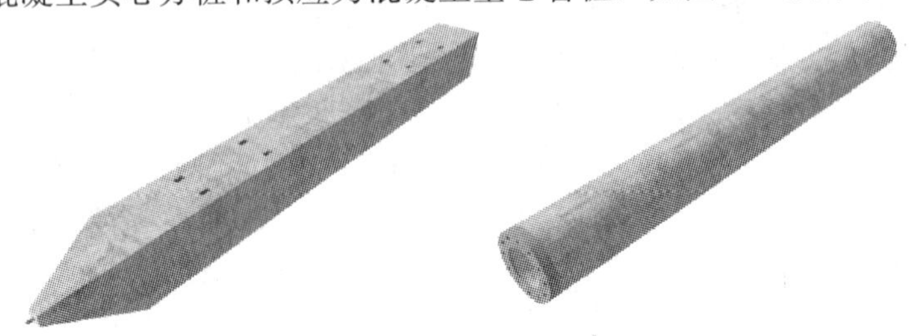

(a) 混凝土实心方桩　　(b) 预应力混凝土空心管桩

图 2.3　预制混凝土桩

2.1.1 预制桩的制作、运输和堆放

1. 混凝土实心方桩的制作、起吊、运输和堆放

混凝土预制桩能够承受较大的荷载，坚固耐久、施工速度快，但其施工对周围环境影响较大。目前常用的钢筋混凝土预制桩有普通钢筋混凝土桩(简称 RC 桩)、预应力混凝土方桩(简称 PRC 桩)、预应力混凝土管桩(简称 PC 桩)和超高强混凝土离心管桩(简称 PHC 桩)。其中普通钢筋混凝土桩制作方便，价格比较便宜，桩长可根据需要确定，且可在现场预制，因此在工程中使用较多。

桩中的钢筋骨架主筋连接宜采用对焊或电弧焊，主筋接头应相互错开，同一截面内的接头数量不得超过 50%，桩顶 1m 范围内不应有接头。桩尖一般用钢板制作，在绑扎钢筋骨架时就把钢板桩尖焊好。桩混凝土强度等级不应低于 C30，混凝土浇筑宜从桩顶开始灌筑，并应防止另一端的砂浆积聚过多。浇筑完毕后，应护盖洒水养护不少于 7d。预制桩钢筋骨架允许偏差应符合表 2-1 的规定。

表 2-1 预制桩钢筋骨架的允许偏差

偏差项目	主筋间距	桩尖中心线	箍筋间距或螺旋筋的螺距	吊环沿纵轴线方向	吊环沿垂直于纵轴线方向	吊环露出桩表面高度	主筋距桩顶距离	桩顶钢筋网片位置	多节桩桩顶预埋件位置
允许偏差/mm	±5	±10	±20	±20	±20	±10	±5	±10	±3

灌注混凝土预制桩时，现场预制宜用钢模板。当采用重叠法生产时，桩与桩之间做好隔离层，使桩与邻桩或底模间的接触面不发生粘贴；上层桩或邻桩的浇筑，必须在下层桩或邻桩的混凝土达到设计强度的 30%以上时，方可进行；桩的重叠层数不应超过 4 层。

混凝土设计强度达到 70%及以上方可起吊，桩起吊时应采取相应措施，保证安全平稳，保护桩身质量。混凝土实心桩吊点应符合设计要求，按吊桩弯矩最小的原则设置吊点，如图 2.4 所示。

当混凝土实心桩强度达到设计强度标准值的 100%时方可运输，水平运输应做到桩身平稳放置，严禁在场地上直接拖拉桩体。

2. 预应力混凝土空心桩的起吊、运输和堆放

预应力混凝土空心桩，在吊运过程中应轻吊轻放，避免剧烈碰撞；单节桩可采用专用吊钩勾住桩两端内壁直接进行水平起吊。

预应力混凝土空心桩的堆放场地应平整坚实，最下层与地面接触的垫木应有足够的宽度和高度。堆放时桩应稳固，不得滚动；应按不同规格、长度及施工流水顺序分别堆放；当场地条件许可时，宜单层堆放；当叠层堆放时，外径为 500～600mm 的桩不宜超过 4 层，外径为 300～400mm 的桩不宜超过 5 层；叠层堆放桩时，应在垂直于桩长度方向的地面上设置 2 道垫木，垫木应分别位于距桩端 0.2 倍桩长处；底层最外缘的桩应在垫木处用木楔塞紧；垫木宜选用耐压的长木枋或枕木，不得使用有棱角的金属构件。

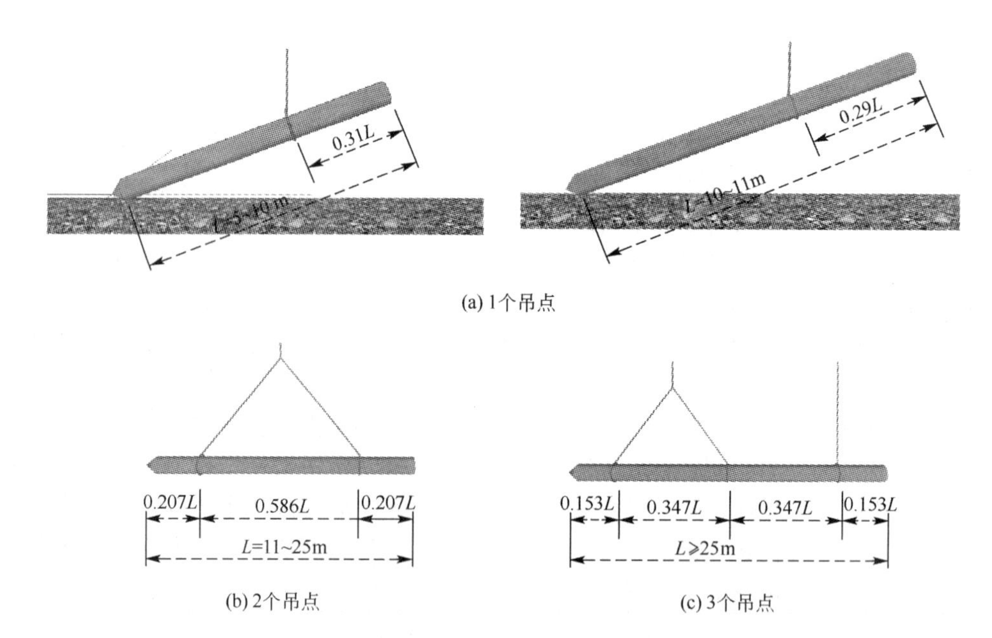

图 2.4　混凝土实心桩吊点的合理位置

3. 钢桩的制作、运输和堆放

钢桩可采用管型、H 型或其他异型钢材，钢桩的分段长度宜为 12～15m。现场制作钢桩应有平整的场地及挡风防雨措施。

钢桩的端部形式应根据桩所穿越的土层、桩端持力层性质、桩的尺寸和挤土效应等因素综合考虑确定。

钢管桩的桩端可采用带加强箍(带内隔板、不带内隔板)或不带加强箍(带内隔板、不带内隔板)的开口型以及平底、锥底的闭口型，如图 2.5 所示；H 型钢桩桩端可采用带端板或不带端板的锥底、平底(带扩大翼、不带扩大翼)形式。

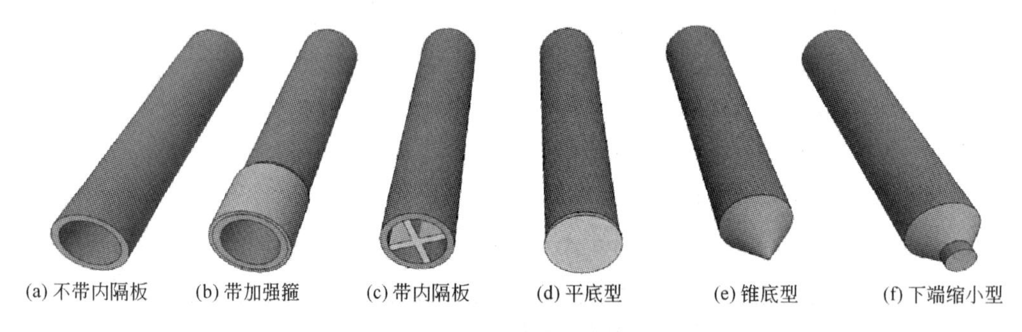

图 2.5　钢桩桩端构造

钢桩一般两点起吊。钢桩的堆放场地应平整、坚实、排水通畅；桩两端应有适当保护措施，钢管桩应设保护圈；搬运时应防止桩体撞击而造成桩端、桩体损坏或弯曲；钢桩应按规格、材质分别堆放，堆放层数不宜过高，防止受压变形。一般 ϕ900mm 的钢桩，不宜大于 3 层；ϕ600mm 的钢桩，不宜大于 4 层；ϕ400mm 的钢桩，不宜大于 5 层；H 型钢桩不宜大于 6 层。支点设置应合理，钢桩的两侧应采用木楔塞住。

资料袋

什么情况下会用到钢管桩

钢管桩的特点是承载力高，无论起吊运输或是沉桩接桩都很方便。但它耗钢量大，成本较高。广泛用于桥梁、码头、房屋等大型建筑物的桩基础中，如超高层建筑领域(如金茂大厦)很多使用钢管桩，杭州湾大桥等大跨度桥梁中也都使用钢管桩。

2.1.2 锤击沉桩

1. 沉桩机械

打桩机具主要包括桩锤、桩架和动力装置3个部分。

1）桩锤

桩锤是对桩施加冲击力，将桩打入土中的机具。施工中常见的桩锤有落锤、单动汽锤、双动汽锤、柴油汽锤和振动桩锤。选择桩锤应根据地质条件、桩的类型、桩身结构强度、桩的长度、桩群密集程度以及施工条件因素来确定，其中尤以地质条件影响最大。土的密实程度不同所需桩锤的冲击能量可能相差很大。实践证明，当桩锤重大于桩重的1.5倍～2倍时，能取得较好的打桩效果。各桩锤的适用范围与特点等见表2-2。

表2-2 桩锤适用范围与特点

种类	工作性能	特点	适用范围
落锤	桩锤用人或机械拉升，然后自由落下，利用自重夯击桩顶	构造简单、使用方便、冲击力大，能随意调整落距，但锤打速度慢，效率较低	适宜打各种桩；粘土、含砾石的土和一般土层均可使用
单动汽锤	利用蒸汽或压缩空气的压力将锤头上举，然后由锤的自重向下冲击沉桩	构造简单、落距短，对设备和桩头不易损坏，打桩速度及冲击力较落锤大，效率较高	适于打各种桩
双动汽锤	利用蒸汽或压缩空气的压力将锤头上举及下冲，增加夯击能量	冲击次数多、冲击力大、工作效率高，可不用桩架打桩，但需锅炉或空压机，设备笨重，移动较困难	适宜打各种桩，便于打斜桩；使用压缩空气时可在水下打桩；可用于拔桩
柴油汽锤	利用燃油爆炸，推动活塞，引起锤头跳动	附有桩架、动力等设备，机架轻、移动便利、打桩快、燃料消耗少，有重量轻和不需要外部能源等优点	最宜用于打木桩、钢板桩；不适于在过硬或过软土中打桩
振动桩锤	利用偏心轮引起激振，通过刚性连接的桩帽传到桩上	沉桩速度快，适应性大，施工操作简易安全，能打各种桩并帮助卷扬机拔桩	适宜于打钢板桩、钢管桩、钢筋混凝土桩；宜用于砂土，塑性粘土及松软砂粘土；在卵石夹砂及紧密粘土中效果较差

2）桩架

桩架的作用是将桩吊到打桩位置，并在打桩过程中引导桩的方向，保证桩锤能沿要求的方向冲击。

桩架高度一般按桩长、桩锤高度、滑轮组高、起锤移位高度、安全工作间隙等共同决定。桩架的形式多样，常用的有步履式桩架及履带式桩架两种，如图 2.6 所示。

以履带式起重机为底盘，并增加由导杆和斜撑组成的导架，性能比多功能桩架灵活，移动方便，适用范围较广。

(a) 履带式

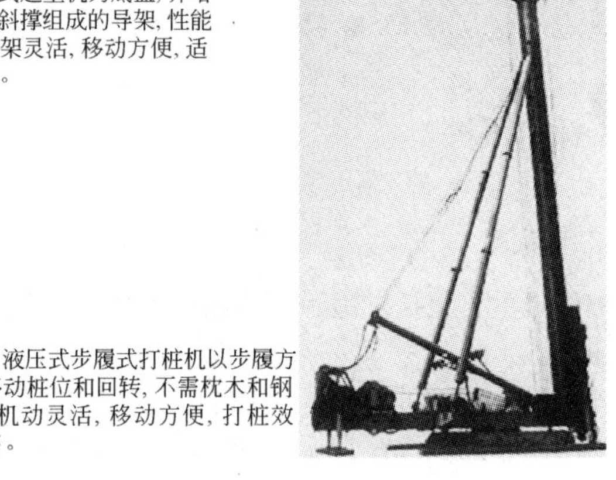

液压式步履式打桩机以步履方式移动桩位和回转，不需枕木和钢轨，机动灵活，移动方便，打桩效率高。

(b) 步履式

图 2.6　锤击沉桩桩架

3）动力装置

动力装置包括驱动桩锤及卷扬机用的动力设备。

在选择打桩机具时，应根据地基土壤的性质、工程的大小、桩的种类、施工期限、动力供应条件和现场情况确定。

2. 施工前的准备工作

1）平整场地

清除桩基范围障碍物，修设桩机进入道路，做好排水措施。

2）测量放线，定桩轴线

先定中心，再引出两侧，同时将准确位置测设在地面，并设置水准点，以便控制桩的入土深度。

3）检查打桩设施

将桩堆放于打桩机附近。检查打桩机设备及起重工具，铺设水电管网，进行设备架立组装和试打桩，检查设备和工艺是否符合要求。

4）确定打桩顺序

由于桩对土体产生挤压，打桩时先打入的桩常被后打入的桩推挤而发生水平位移，尤其是在满堂打桩时，这种现象尤为突出。因此在桩的中心距小于 4 倍桩的直径时，应根据地形、土质和桩布置的密度拟定合理的打桩顺序。

一般打桩顺序的总原则是先深后浅、先中间后周边、先密集区域后稀疏区域、先近已有建筑物后远处已有建筑物(必要时与已有建筑间挖减震沟)，当没有上述条件限制时也可以从一端退打。打桩顺序一般分为逐排打、自边缘向中央打、自中央向边缘打和分段打等 4 种，如图 2.7 所示。

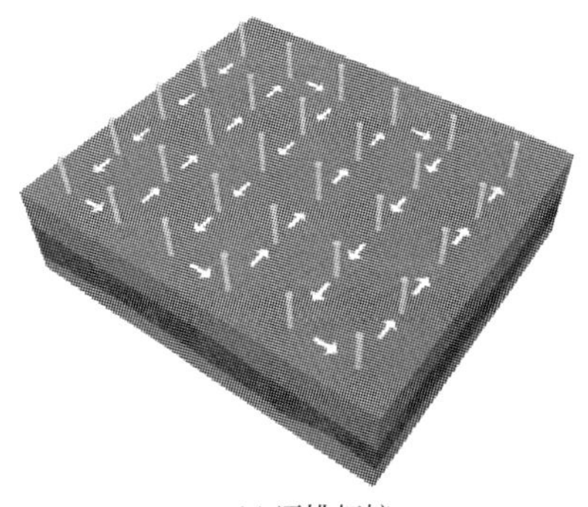

(a) 逐排打桩

逐排打桩，桩架系单向移动，桩的就位与起吊均很方便，故打桩效率较高。但它会使土壤向一个方向挤压，导致土壤挤压不均匀，后面桩的打入深度将因而逐渐减小，最终会引起建筑物的不均匀沉降。故适用于桩距较大(不小于4倍桩距)的施工。

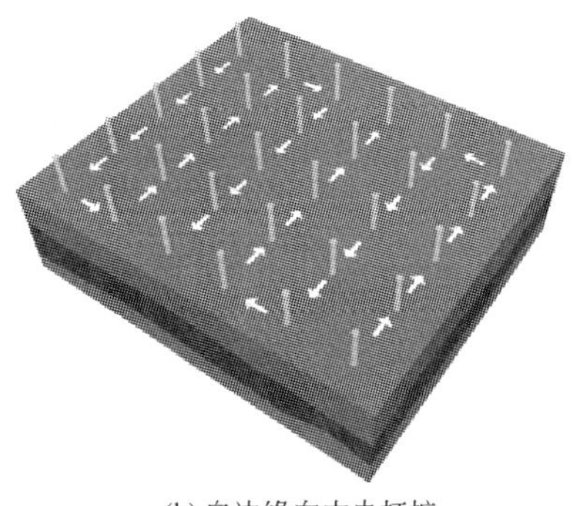

(b) 自边缘向中央打桩

自边缘向中央打，中间部分土壤挤压较密实，不仅使桩难以打入，而且在打中间桩时，还有可能使外侧各桩被挤压而浮起，因此适用于桩不太密集时的施工。

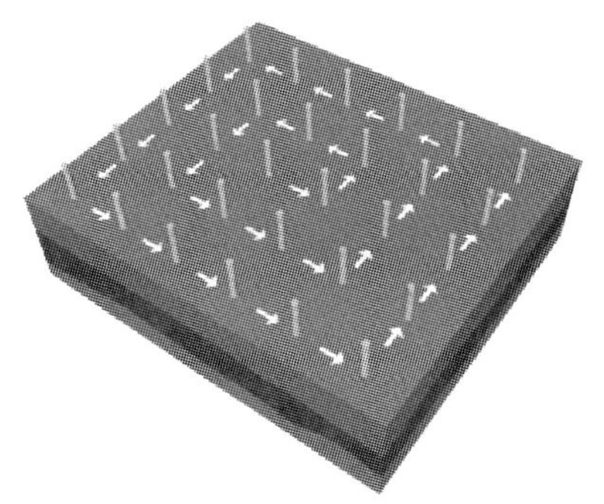

(c) 自中央向边缘打桩

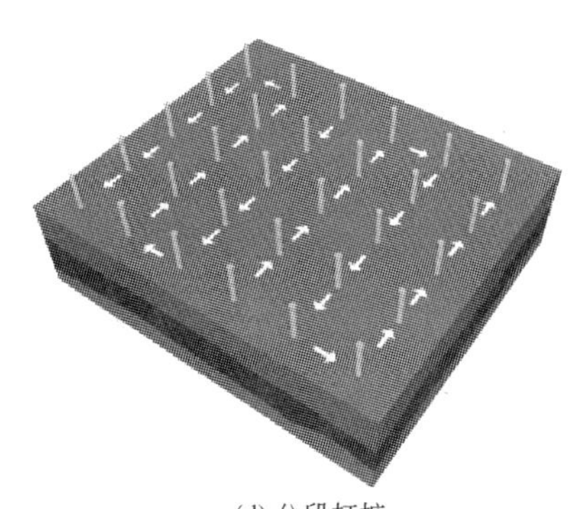

(d) 分段打桩

自中央向边缘打、分段打是比较合理的施工方法，一般情况下均可采用。

图 2.7 打桩顺序

3. 沉桩施工工艺

在做好打桩前的施工准备工作后，可以按确定好的施工顺序在每一个桩位上打桩，具体打桩程序如图 2.8 所示。

4. 接桩

接桩是指按设计要求，按桩的总厂分节预制运至现场，先将第一根桩打入，将第二根桩垂直吊起和第一根桩相连后，再继续打桩，直至打入设计的深度为止。

良好的接头构造形式，不仅应满足足够的强度、刚度及耐腐蚀性要求，而且还应符合制造工艺简单、质量可靠，接头整体性强与桩材其他部分应具有相同断面和强度等，在搬运、打入过程中不易损坏，现场连接操作简便迅速等条件。此外也应做到接触紧密，以减少锤击能量损耗。

混凝土预制桩的接桩采用焊接、浆锚法、法兰连接或机械快速连接(螺纹式、啮合式)等方法，如图 2.9 所示。

钢桩一般采用焊接法接桩，图 2.10 所示为钢管桩焊接法接桩节点构造。

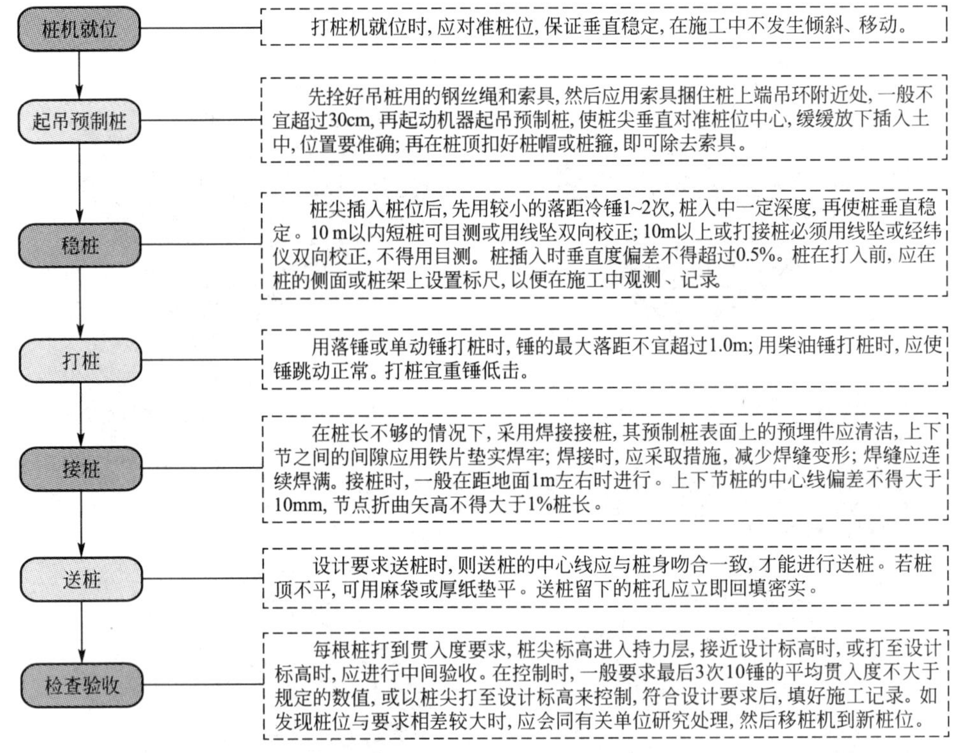

桩机就位
打桩机就位时，应对准桩位，保证垂直稳定，在施工中不发生倾斜、移动。
起吊预制桩
先拴好吊桩用的钢丝绳和索具，然后应用索具捆住桩上端吊环附近处，一般不宜超过30cm，再起动机器起吊预制桩，使桩尖垂直对准桩位中心，缓缓放下插入土中，位置要准确；再在桩顶扣好桩帽或桩箍，即可除去索具。
稳桩
桩尖插入桩位后，先用较小的落距冷锤1~2次，桩入中一定深度，再使桩垂直稳定。10 m以内短桩可目测或用线坠双向校正；10m以上或打接桩必须用线坠或经纬仪双向校正，不得用目测。桩插入时垂直度偏差不得超过0.5%。桩在打入前，应在桩的侧面或桩架上设置标尺，以便在施工中观测、记录
打桩
用落锤或单动锤打桩时，锤的最大落距不宜超过1.0m；用柴油锤打桩时，应使锤跳动正常。打桩宜重锤低击。
接桩
在桩长不够的情况下，采用焊接接桩，其预制桩表面上的预埋件应清洁，上下节之间的间隙应用铁片垫实焊牢；焊接时，应采取措施，减少焊缝变形；焊缝应连续焊满。接桩时，一般在距地面1m左右时进行。上下节桩的中心线偏差不得大于10mm，节点折曲矢高不得大于1%桩长。
送桩
设计要求送桩时，则送桩的中心线应与桩身吻合一致，才能进行送桩。若桩顶不平，可用麻袋或厚纸垫平。送桩留下的桩孔应立即回填密实。
检查验收
每根桩打到贯入度要求，桩尖标高进入持力层，接近设计标高时，或打至设计标高时，应进行中间验收。在控制时，一般要求最后3次10锤的平均贯入度不大于规定的数值，或以桩尖打至设计标高来控制，符合设计要求后，填好施工记录。如发现桩位与要求相差较大时，应会同有关单位研究处理，然后移桩机到新桩位。

图 2.8　打桩施工工艺

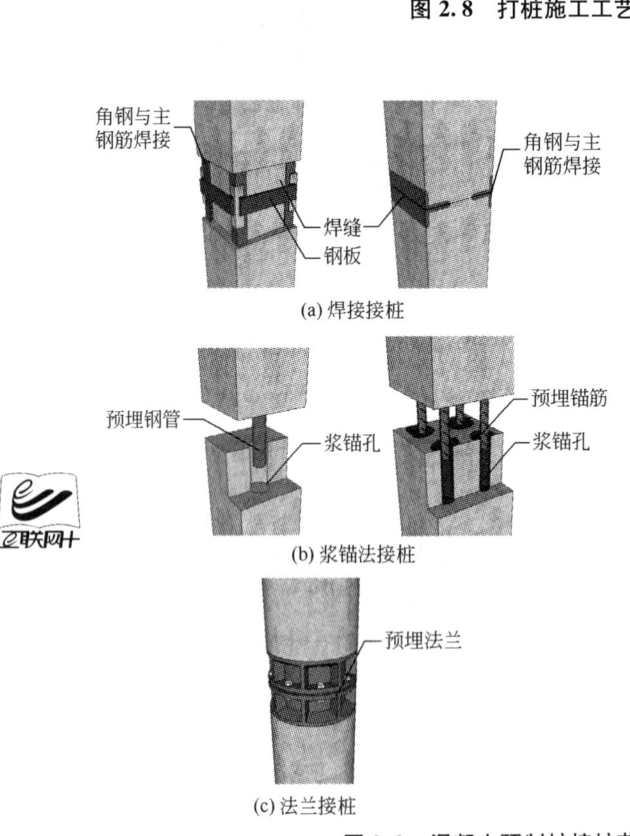

钢板宜采用低碳钢，焊条宜采用E43；下节桩段的桩头宜高出地面0.5m；下节桩段的桩头处宜设导向箍。接桩时上下端板表面应采用铁刷子清刷干净，坡口处应刷至露出金属光泽；焊接宜在桩四周对称地进行，待上下桩节固定后拆除导向箍再分层施焊；焊接层数不得少于两层；焊好后的桩接头应自然冷却后方可继续锤击，自然冷却时间不宜少于8min。此法适用于单桩承载力高、长细比大、桩基密集或须穿过一定厚度较硬土层、沉桩较困难的桩。

可节约钢材，操作简便，接桩时间比焊接法要大为缩短。在理论上，浆锚法与焊接法一样，施工阶段节点能够安全地承受施工荷载和其他外力；使用阶段能同整根桩一样工作，传递垂直压力或拉应力。此法适合软弱土层。

由法兰盘和螺栓组合，接桩速度快，但法兰盘制作工艺较复杂，用钢量大。法兰盘接合处可加垫沥青纸或石棉板。接桩时，将上下节桩螺栓孔对准，然后穿入螺栓，并对称地将螺栓帽逐步拧紧。如有缝隙，应用薄铁片垫实，待全部螺栓帽拧紧，检查上下节桩的纵轴线符合要求后，将锤吊起，关闭油门，让锤自由落下锤击一次，然后复紧一次螺帽，并有电焊点焊固定；法兰盘和螺栓外露部分涂上防锈油漆或防锈沥青胶泥，即可继续沉桩。钢板和螺栓宜采用低碳钢。

图 2.9　混凝土预制桩接桩节点构造

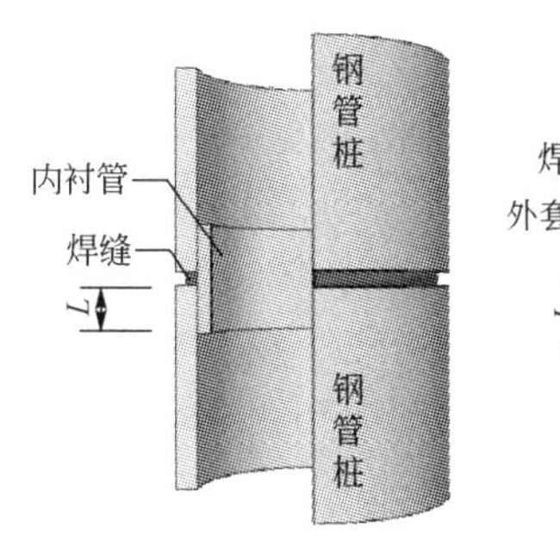

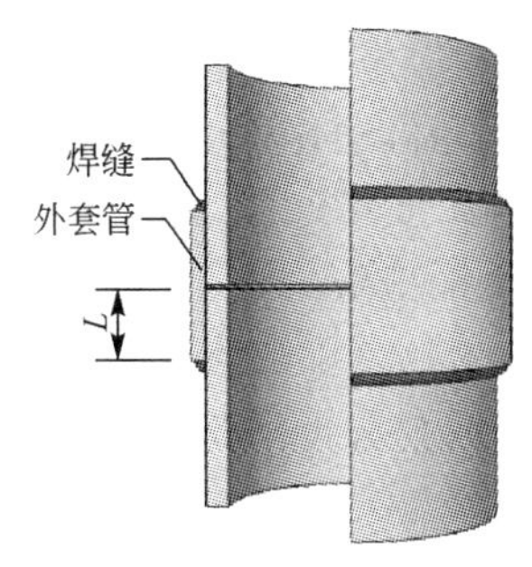

必须清除桩端部的浮锈、油污等脏物，保持干燥；下节桩顶经锤击后变形的部分应割除；上下节桩焊接时应校正垂直度，对口的间隙宜为2~3mm；应采用多层焊，焊接应对称进行，钢管桩各层焊缝的接头应错开，焊渣应清除；每个接头焊接完毕，应冷却1min后方可锤击；H型钢桩或其他异型薄壁钢桩，接头处应加连接板，可按等强度设置。

图 2.10 钢管桩焊接法接桩节点构造

知识冲浪

预应力混凝土管桩机械快速连接接头

预应力混凝土管桩，主要应用在工业与民用建筑、桥梁、港口码头、水利工程等。目前两桩对接多采用人工施焊。由于人工施焊对操作人员技术要求高，质量难以保证，因此，预应力混凝土管桩机械快速连接技术具有广阔的市场前景。

1. 管桩螺纹机械快速接头原理构造

管桩螺纹机械快速接头技术是一项将预埋在管桩两端的连接端盘和螺纹端盘，用螺母快速连接，使两节桩连成整体的新型连接技术。它是通过连接件的螺纹机械咬合作用连接两根管桩，并利用管桩端面的承压作用，将上一节管桩的力传递到另一节管桩上，不仅能可靠地传递压力，还能承受弯矩、剪力和拉力。螺纹机械快速接头由螺纹端盘、螺母、连接端盘和防松嵌块组成，其设计原则是接头受力不少于桩身受力，主要满足各类工业与民用建筑基础中承压、抗弯、抗剪、抗拔的预应力混凝土管桩的连接。

2. 社会经济成本要素分析

管桩螺纹机械快速接头技术与人工焊接相比，在技术经济方面的优越性主要表现在几个方面：

① 从每个接头的施工时间来看，采用人工焊接约需30min，而采用管桩螺纹机械快速连接接头仅需2～3min。以静压ϕ400管桩为例，若为人工焊接，以每根桩长16m、1个接头计，则每台班一天可施压130m；若采用螺纹机械快速接头施工，则每台班一天可达200m以上，工效提高50%左右。接桩次数越多其效果越明显，特别是对工期要求紧的大型工程，还可以减少压桩机械的投入，节省进场费。

② 焊接施工在雨天无法进行，而采用管桩螺纹机械快速接头技术则可在任何环境气候条件下施工，即实现全天候施工，又不受人为因素的影响，施工质量可靠、稳定。

③ 管桩螺纹机械快速连接的综合效益显著。虽然接头的连接构件材料及加工费用略高，但管桩螺纹机械快速接头所需部件只需在工厂进行精密的加工，节省了沉桩施工中现场焊接的工序，且接桩技术简单、易于操作，连接时灵活快捷，功效和机械利用率均大为提高。即使考虑快速接头部件加工增加的费用，再进行总体综合对比分析，管桩快速机械连接施工成本也会有所下降。

2.1.3 静压沉桩

静压沉桩是通过静力压桩机的压桩机构，以压桩机自重和桩机上的配重作反力而将预制钢筋混凝土桩分节压入地基土层中成桩。

1. 静压沉桩特点

桩机全部采用液压装置驱动，压力大，自动化程度高，纵横移动方便，运转灵活；桩定位精确，不易产生偏心，可提高桩基施工质量；施工无噪声、无振动、无污染；沉桩采用全液压夹持桩身向下施加压力，可避免锤击应力，打碎桩头，配筋比锤击法可省 40%；效率高，施工速度快，压桩速度可达 2m/min，正常情况下每台班可完 15 根，比锤击法可缩短工期 1/3；压桩力能自动记录，可预估和验证单桩承载力，施工安全可靠，便于拆装维修，运输等。但存在压桩设备较笨重，要求边桩中心到已有建筑物间距较大，压桩力受一定限制，有一定的挤土效应等问题。

静压沉桩适用于软土、填土及一般粘性土层中应用，特别适合于居民稠密及危房附近环境保护要求严格的地区沉桩；但不宜用于地下有较多孤石、障碍物或有 4m 以上硬隔离层的情况。

2. 静力压桩施工工艺

静力压桩的施工工艺流程如图 2.11 所示。

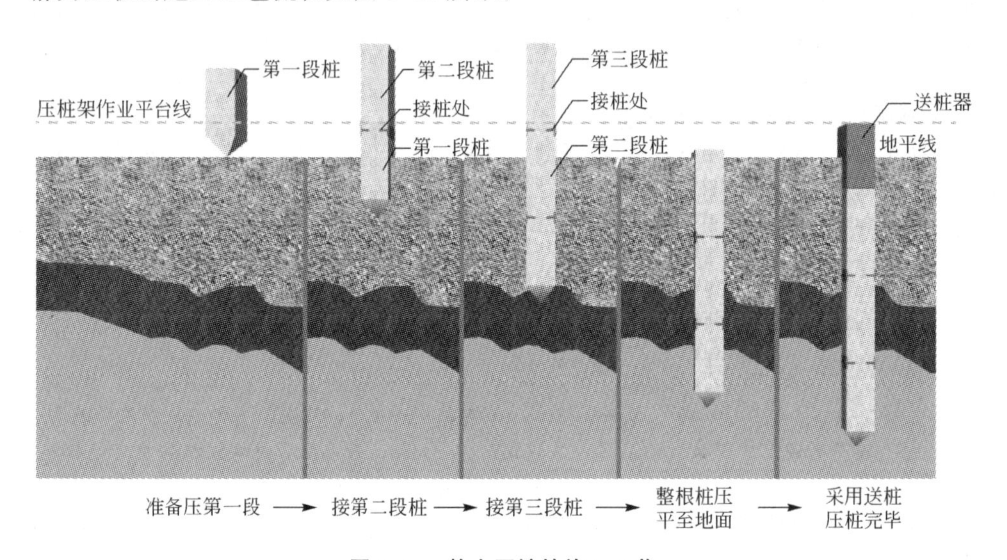

图 2.11　静力压桩的施工工艺

在压桩施工时还应注意，使桩保持轴心受压，接桩时也应保证上下接桩的轴线一致，并使接桩时间尽可能缩短；当桩接近设计标高时，不可过早停压；压桩过程中，当桩尖碰到夹砂层时，压桩阻力可能突然增大，可采取停车再开，忽停忽开的办法，使桩有可能缓慢下沉穿过砂层。

3. 静力压桩压桩顺序、终压条件

(1) 压桩顺序宜根据场地工程地质条件确定，对于场地地层中局部含砂、碎石、卵石时，宜先对该区域进行压桩；当持力层埋深或桩的入土深度差别较大时，宜先施压长桩后施压短桩。

(2) 应根据现场试压桩的试验结果确定终压力标准；终压连续复压次数应根据桩长及地质条件等因素确定；对于入土深度大于或等于 8m 的桩，复压次数可为 2～3 次；对于入土深度小于 8m 的桩，复压次数可为 3～5 次；稳压压桩力不得小于终压力，稳定压桩的时间宜为 5～10s。

2.1.4 振动沉桩

振动沉桩主要是利用利用振动器所产生的激振力，使桩身产生高频振动。这时桩在其自重或很小的附加压力作用下沉入土中，或是在较小的提升力作用下拔出土。

振动器如图 2.12 所示，一般都是采用机械式，由两根装有偏心块的轴组成。这两根相向转动的轴上装有相同的偏心块，借助两根轴上的偏心块所产生的离心力，垂直方向上的外力。

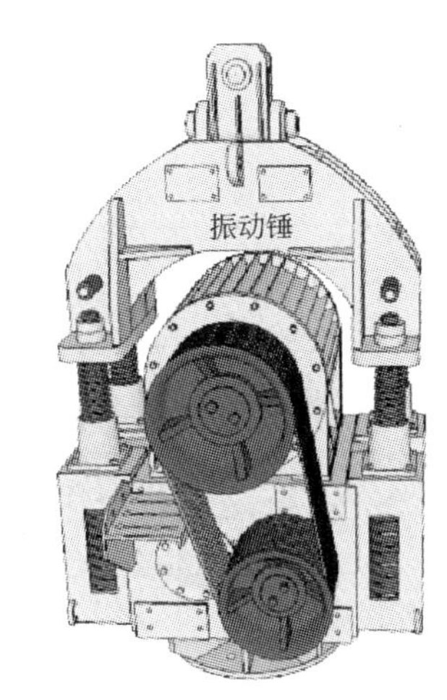

图 2.12 振动器

2.1.5 水冲沉桩

水冲沉桩又称为射水法沉桩，是将射水管附在桩身上，用压水流束将桩尖附近的土体冲松液化，以减少土对桩端的正面阻力，同时水流及土的颗粒沿桩身表面涌出地面，减少了土与桩身的摩擦力，使桩借自身重力沉入土中，其施工装置如图 2.13 所示。

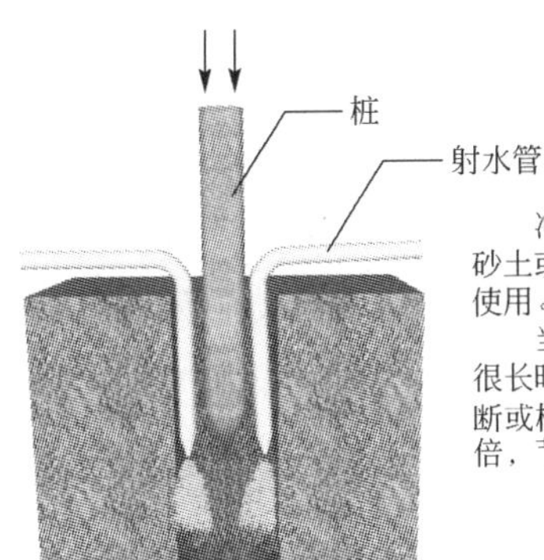

桩
射水管
冲水法作为一种辅助沉桩方法，适用于坚实砂土或沙砾石土层上的支承桩，在粘性土中亦可使用。
当在坚实的砂土中沉桩，桩难以打下或桩需很长时间方能打下时，用冲水沉桩可防止将桩打断或桩头打坏。水冲沉桩比锤击法提高功效2~4倍，节省时间，加快工程进度。

图 2.13 水冲沉桩

2.1.6 预制桩施工常遇问题及预防处理方法

1）打桩常遇问题及原因分析

由于桩要穿过构造复杂的土层，所以在打桩过程中要随时注意观察，凡发生贯入度突变、桩身突然倾斜、移位或有严重回弹、桩顶或桩身出现严重裂缝或破碎等均应暂停施工，及时与有关单位研究处理。在混凝土预制桩和钢桩施工中常出现的问题及原因见表 2-3。

表 2-3 打桩常遇问题及原因

种　类	出现问题	原　因
混凝土预制桩	桩顶、桩身被打坏	桩头钢筋设置不合理、桩顶与桩轴线不垂直、混凝土强度不足、桩尖通过过硬土层、锤的落距过大、桩锤过轻等有关，如图 2.14(a)、(b)所示
	桩位偏斜	当桩顶不平、桩尖偏心、接桩不正、土中有障碍物时都容易发生桩位偏斜，如图 2.14(c)所示
	桩打不下	施工时，桩锤严重回弹，贯入度突然变小，则可能与土层中夹有较厚砂层或其他硬土层以及钢渣，孤石等障碍物有关。当桩顶或桩身已被打坏，锤的冲击能不能有效传给桩时，也会发生桩打不下的现象。有时因特殊原因，停歇一段时间后再打，则由于土的固结作用，桩也往往不能顺利地被打入土中
	一桩打下邻桩上升	桩贯入土中，土体受到急剧挤压和扰动，其靠近地面的部分将在地表隆起和水平移动，当桩较密，打桩顺序又欠合理时，土体被压缩到极限，就会发生一桩打下，周围土体带动邻桩上升的现象
钢桩	桩身失稳	锤击应力过高时，易造成钢管桩局部损坏，引起桩身失稳
	桩身扭转	H 型钢桩因桩本身的形状和受力差异，当桩入土较深而两翼缘间的土存在差异时，易发生朝土体弱的方向扭转
	桩身断裂	焊接质量差，锤击次数过多或第一节桩不垂直

(a) 桩顶爆裂

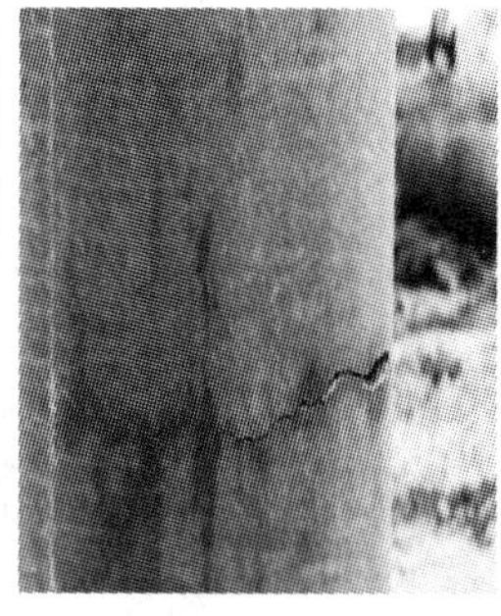
(b) 桩身裂缝

(c) 预制管桩偏移

图 2.14 混凝土预制桩打桩常见问题

2）打桩的质量控制

桩的施打原则是“重锤低击”，这样可使桩锤对桩头的冲击小，回弹也小，桩头不易损坏，大部分能量都能用于沉桩。如果采用“轻锤高击”，则所得的动量较小，而桩锤对桩头的冲击大，因而回弹大，将消耗较多的能量，且易导致桩头易损坏。

对与打桩经常出现的问题可采取对策控制打桩质量。打桩质量包括两个方面的内容：一是能否满足贯入度或标高的设计要求；二是打入后的偏差是否在允许范围以内。打桩的控制原则如下。

(1) 桩尖位于坚硬、硬塑的粘性土、碎石土、中密以上的砂土或风化岩等土层时，以贯入度控制为主，桩尖进入持力层深度或桩尖标高可作参考；桩尖位于其他软土层时，以桩尖设计标高控制为主，贯入度可作参考。

(2) 贯入度已达到，而桩尖标高未达到时，应继续锤击 3 阵，其每阵 10 击的平均贯入度不应大于规定的数值。

(3) 打桩时，如控制指标已符合要求，而其他的指标与要求相差较大时，应会同有关单位研究处理；贯入度应通过试桩确定，或做打桩试验与有关单位确定。按标高控制的预制桩，桩顶允许偏差为－50～＋100mm。

贯入度为最后贯入度，即最后一击时桩的入土深度。实际施工中、一般是采用最后10击桩的平均入土深度作为其最后贯入度。最后贯入度是打桩质量标准的重要指标，但在实际施工中，因为影响贯入度的因素是多方面的，故不要孤立地把贯入度作为唯一不变的指标。

为了控制桩的垂直偏差(小于1%)和平面位置偏差(一般不大于100～150mm)、桩在提升就位时，必须对准桩位，而且桩身要垂直，插入时的垂直度偏差不得超过0.5%。施打前，桩、帽和桩锤必须在同一垂直线上。施打开始时，先用较小的落距，待桩渐渐入土稳住后，再适当增大落距，正常施打。

2.2 灌注桩施工

灌注桩是直接在所设计的桩位上开孔，然后在孔内加放钢筋笼骨架灌注混凝土而成。与预制桩相比，灌注桩能适应各种地层的变化，无需接桩，施工时无振动、无挤土、噪声小，桩长、直径可变化自如，减少了桩制作、吊运，宜在城市建筑物密集地区使用。但其成孔工艺复杂，现场施工操作好坏直接影响成桩质量，施工后需较长的养护期方可承受荷载。

灌注桩的施工方法根据成孔工艺不同，分为钻孔灌注桩、泥浆护壁成孔灌注桩、套管成孔灌注桩、人工挖孔灌注桩、爆扩成孔灌注桩等，其适用范围见表2-4。灌注桩施工技术近年来发展很快，不断出现一些新工艺。

表2-4 灌注桩适用范围

种类	泥浆护壁成孔		干作业成孔			套管成孔	爆扩成孔
成孔方法	冲抓、冲击、回转孔	潜水钻	螺旋钻	钻孔扩底	机动洛阳铲	锤击振动	爆扩成孔
适用土类	碎石土、砂土、粘性土及风化岩	粘性土、淤泥、淤泥质土及砂土	地下水位以上的粘性土、砂土人工填土	地下水位以上的坚硬、硬塑的粘性土及中密以上的砂土	地下水位以上粘性土、黄土及人工填土	可塑、软塑、流塑的粘性土、稍密及松散的砂土	地下水位以上的粘性土、黄土碎石土及风化岩

2.2.1 干作业钻孔灌注桩

干作业钻孔灌注桩是利用钻孔机械(机动或人工)在桩位处进行钻孔，待钻孔深度达到设计要求后，立即进行清孔，然后钢筋笼吊入桩孔中，再浇筑混凝土而成的桩。

可采用螺旋钻机成孔、洛阳铲挖孔和人工挖孔等成孔方式。螺旋钻机是干作业成孔的常用机械，规格有长螺旋钻机和短螺旋钻机两种，如图2.15所示。

干作业成孔灌注桩适用于成孔深度在地下水位以上的粘性土、粉土、填土、中等密实的沙土，成孔时不必采取护壁措施而直接取土成孔。它能适应地层的变化、无需接桩、施

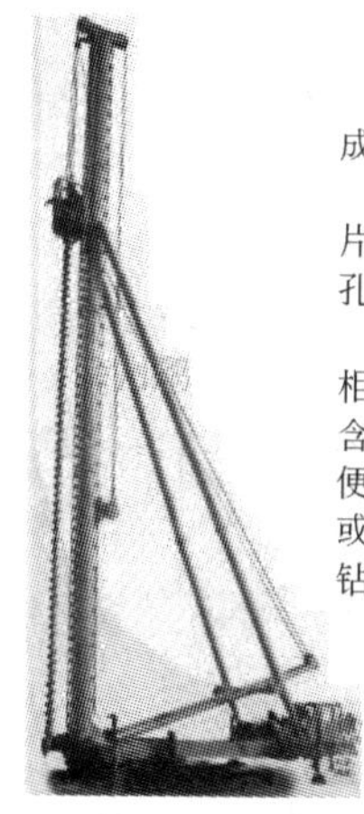

成孔原理

电动机带动钻杆转动、使螺旋叶片旋转削土、土随螺旋叶片上升排出孔外。

施工时，要根据实际情况，确定相应的钻进转速及钻压；在软塑土层，含水量大时，可用疏纹叶片钻杆，以便较快地钻进；在可塑或硬塑黏土中，或含水量较小的砂土中应用密纹叶片钻杆，缓慢地均匀地钻进。

(a) 长螺旋钻机

(b) 短螺旋钻机

图 2.15　螺旋钻机

工时无振动、无挤压、噪声小，尤其适合应用于建筑物密集区。干作业成孔灌注桩的施工程序如图 2.16 所示，其施工工艺图如图 2.17 所示。

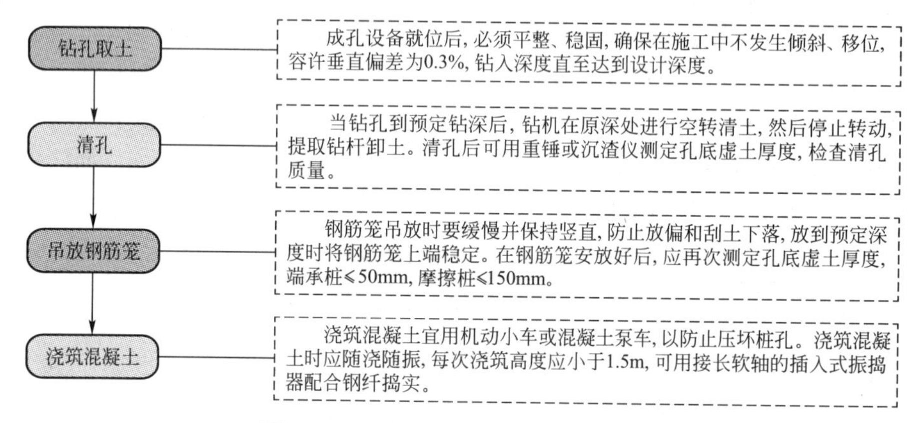

钻孔取土
成孔设备就位后，必须平整、稳固，确保在施工中不发生倾斜、移位，容许垂直偏差为0.3%，钻入深度直至达到设计深度。
清孔
当钻孔到预定钻深后，钻机在原深处进行空转清土，然后停止转动，提取钻杆卸土。清孔后可用重锤或沉渣仪测定孔底虚土厚度，检查清孔质量。
吊放钢筋笼
钢筋笼吊放时要缓慢并保持竖直，防止放偏和刮土下落，放到预定深度时将钢筋笼上端稳定。在钢筋笼安放好后，应再次测定孔底虚土厚度，端承桩≤50mm，摩擦桩≤150mm。
浇筑混凝土
浇筑混凝土宜用机动小车或混凝土泵车，以防止压坏桩孔。浇筑混凝土时应随浇随振，每次浇筑高度应小于1.5m，可用接长软轴的插入式振捣器配合钢纤捣实。

图 2.16　干作业成孔灌注桩的施工程序

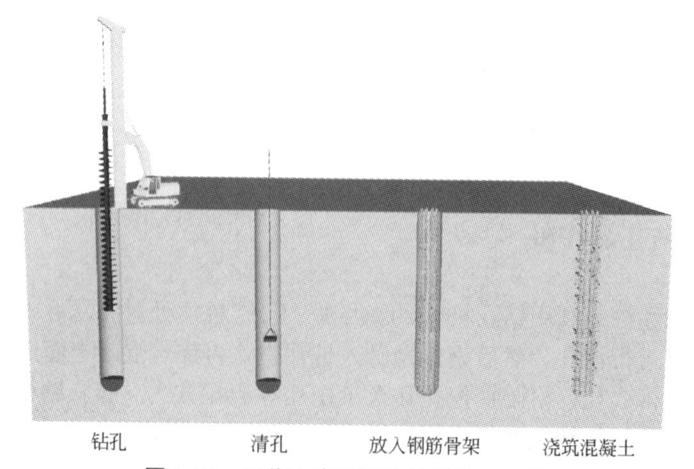

图 2.17　干作业成孔灌注桩的施工工艺

2.2.2 泥浆护壁成孔灌注桩

泥浆护壁成孔是用泥浆保护孔壁并排出土渣而成孔，不仅适用于地下水位以上或以下的土层，还能适用于地质情况复杂、夹层多、风化不均匀、软硬变化大的岩层。

成孔机械有回转钻机、冲击钻机和潜水钻机等，其中以回转钻机应用最多。

1. 施工工序

泥浆护壁成孔灌注桩的施工程序如图 2.18 所示。

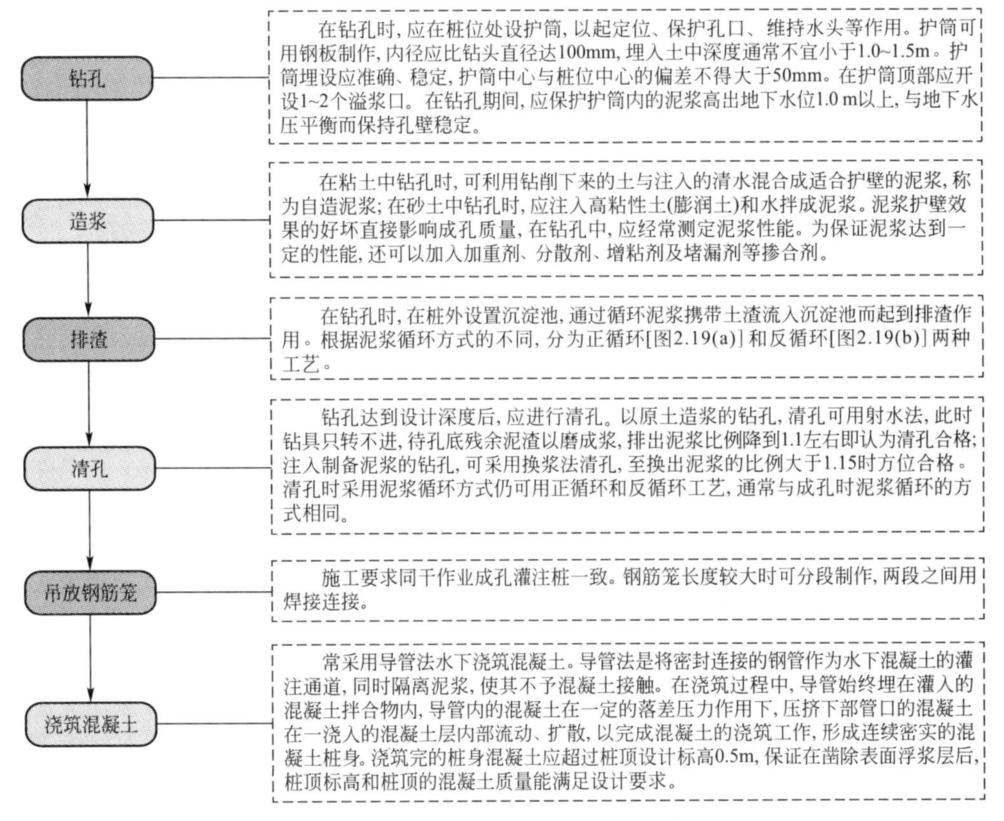

钻孔
造浆
排渣
清孔
吊放钢筋笼
浇筑混凝土
在钻孔时，应在桩位处设护筒，以起定位、保护孔口、维持水头等作用。护筒可用钢板制作，内径应比钻头直径达100mm，埋入土中深度通常不宜小于1.0~1.5m。护筒埋设应准确、稳定，护筒中心与桩位中心的偏差不得大于50mm。在护筒顶部应开设1~2个溢浆口。在钻孔期间，应保护护筒内的泥浆高出地下水位1.0 m以上，与地下水压平衡而保持孔壁稳定。
在粘土中钻孔时，可利用钻削下来的土与注入的清水混合成适合护壁的泥浆，称为自造泥浆；在砂土中钻孔时，应注入高粘性土(膨润土)和水拌成泥浆。泥浆护壁效果的好坏直接影响成孔质量，在钻孔中，应经常测定泥浆性能。为保证泥浆达到一定的性能，还可以加入加重剂、分散剂、增粘剂及堵漏剂等掺合剂。
在钻孔时，在桩外设置沉淀池，通过循环泥浆携带土渣流入沉淀池而起到排渣作用。根据泥浆循环方式的不同，分为正循环[图2.19(a)]和反循环[图2.19(b)]两种工艺。
钻孔达到设计深度后，应进行清孔。以原土造浆的钻孔，清孔可用射水法，此时钻具只转不进，待孔底残余泥渣以磨成浆，排出泥浆比例降到1.1左右即认为清孔合格；注入制备泥浆的钻孔，可采用换浆法清孔，至换出泥浆的比例大于1.15时方位合格。清孔时采用泥浆循环方式仍可用正循环和反循环工艺，通常与成孔时泥浆循环的方式相同。
施工要求同干作业成孔灌注桩一致。钢筋笼长度较大时可分段制作，两段之间用焊接连接。
常采用导管法水下浇筑混凝土。导管法是将密封连接的钢管作为水下混凝土的灌注通道，同时隔离泥浆，使其不予混凝土接触。在浇筑过程中，导管始终埋在灌入的混凝土拌合物内，导管内的混凝土在一定的落差压力作用下，压挤下部管口的混凝土在一浇入的混凝土层内部流动、扩散，以完成混凝土的浇筑工作，形成连续密实的混凝土桩身。浇筑完的桩身混凝土应超过桩顶设计标高0.5m，保证在凿除表面浮浆层后，桩顶标高和桩顶的混凝土质量能满足设计要求。

图 2.18 泥浆护壁成孔灌注桩的施工程序

2. 泥浆循环成孔

泥浆循环成孔工艺如图 2.19 所示。

3. 泥浆制备

泥浆的制备是确保桩工程质量的关键环节。除能自行造浆的粘性土层外，均应制备泥浆。泥浆制备应选用高塑性粘土或膨润土。泥浆应根据施工机械、工艺及穿越土层情况进行配合比设计。泥浆护壁应符合下列规定。

(1) 施工期间护筒内的泥浆面应高出地下水位 1.0m 以上，在受水位涨落影响时，泥浆面应高出最高水位 1.5m 以上。

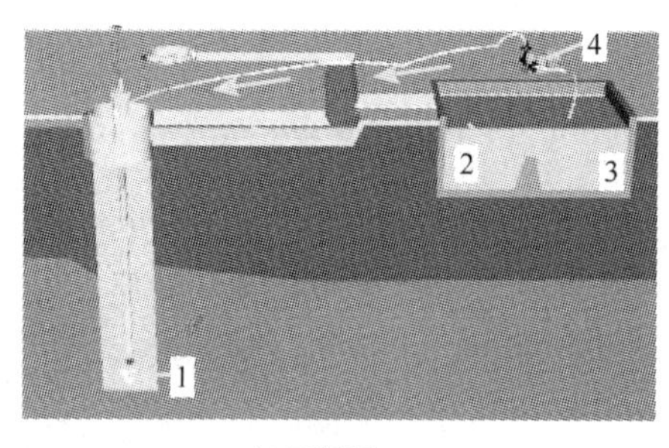

(a) 正循环

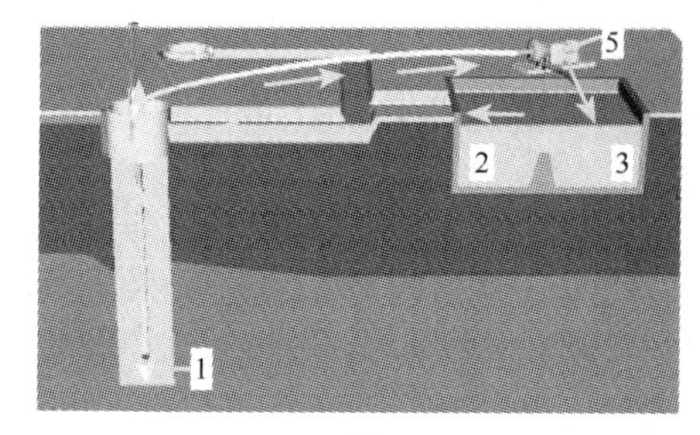

(b) 反循环

图 2.19 泥浆循环成孔工艺

1—钻头；2—沉淀池；3—泥浆地；4—泥浆泵；5—砂石泵

(2) 在清孔过程中，应不断置换泥浆，直至浇筑水下混凝土。

(3) 浇筑混凝土前，孔底 500mm 以内的泥浆比例应小于 1.25；含砂率不得大于 8%；粘度不得大于 28s。

(4) 在容易产生泥浆渗漏的土层中应采取维持孔壁稳定的措施。

2.2.3 套管成孔灌注桩

套管成孔灌注桩也称打拔管灌注桩，是目前采用最为广泛的一种灌注桩。它采用与桩的设计尺寸相适应的钢管(即套管)，在端部套上桩尖(靴)(图 2.20)后沉入土中后，在套管内吊放钢筋骨架，然后边浇筑混凝土边振动或锤击拔管，利用拔管时的振动捣实混凝土而形成所需的灌注桩。这种施工方法适用于在有地下水、流沙、淤泥的情况。

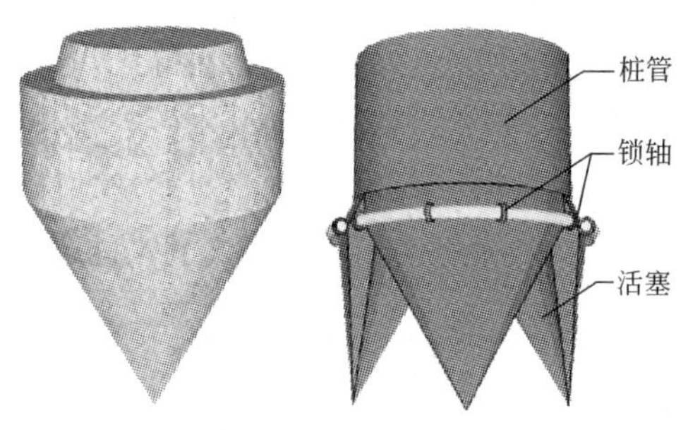

图 2.20 预制桩尖

根据使用桩锤和成桩工艺不同，套管成孔灌注桩可分为锤击沉管灌注桩、振动沉管灌注桩、静压沉管灌注桩、振动冲击沉管灌注桩和沉管夯扩灌注桩等。

1. 锤击沉管灌注桩

锤击沉管灌注程序如图 2.21 所示，施工工艺如图 2.22 所示。锤击沉管桩适用于一般粘性土、淤泥质土、砂土和人工填土地基，但不能在密实的砂砾石、漂石层中使用。锤击沉管灌注桩的施工方法一般是“单打法”，而锤击沉管扩大灌注柱的施工方法则为“复打法”。复打一般在下列情况下应用。

(1) 设计要求扩大桩的直径，增加桩的承载力，减少桩的数量，减少承台面积等。

(2) 施工中处理工程问题和质量事故。例如，怀疑或发现有缩径、吊脚，夹泥等缺陷或持力层起伏不平，个别桩由于桩管长度所限达不到设计规定的进入持力层深度，以致使贯入度不符合要求，作为补救措施而采用复打法。

复打法是在第一次单打将混凝土浇筑到桩顶设计标高后，清除桩管外壁上污泥和孔周

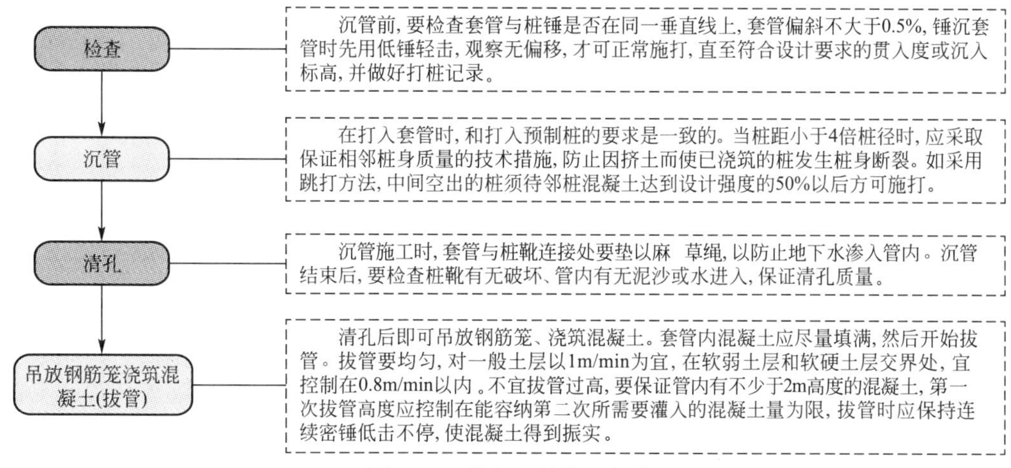

图 2.21　单打法的施工程序

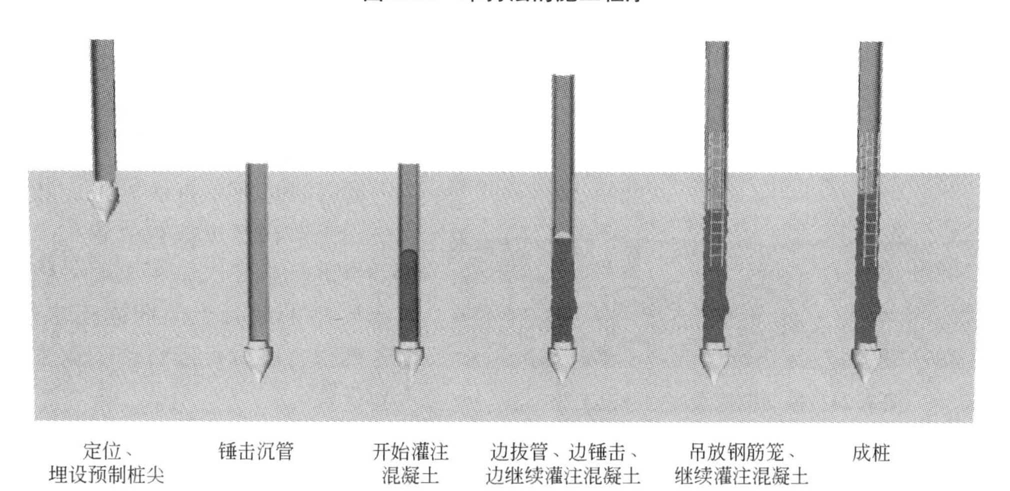

图 2.22　锤击沉管灌注桩施工工艺

围地面上的浮土，立即在原桩位上再次安放桩尖，进行第二次沉管，使第一次未凝固的混凝土向四周挤压密实，将桩径扩大，然后第二次浇筑混凝土成桩。

复打施工时，桩管中心线应与初打(单打)中心线重合；第一次灌注的混凝土应接近自然地面标高；复打前应清除桩管外壁污泥；必须在第一次(单打)灌注混凝土初凝前，完成复打工作；复打以一次复打为宜；钢筋笼在第二次沉管后吊放。

2. 振动沉管灌注桩

振动沉管灌注桩是利用振动桩锤(又称为激振器)、振动冲击锤将桩管沉入土中，然后灌注混凝土而成。与锤击沉管灌注桩相比，振动沉管灌注桩更适合于稍密及中密的砂土地基施工。振动沉管灌注桩施工程序如图 2.23 所示，与之相对应的成桩工艺如图 2.24 所示。

振动灌注桩可采用单打法、反插法或复打法施工。

单打法是一般正常的沉管方法，它是将桩管沉入到设计要求的深度后，边灌混凝土边拔管，最后成桩。该法适用于含水量较小的土层，且宜采用预制桩尖。

反插法是在拔管过程中边振边拔，每次拔管 0.5～1.0m，再进行向下反插 0.3～0.5m，如此反复并保持振动，直至桩管全部拔出。在桩尖处 1.5m 范围内，宜多次反插以

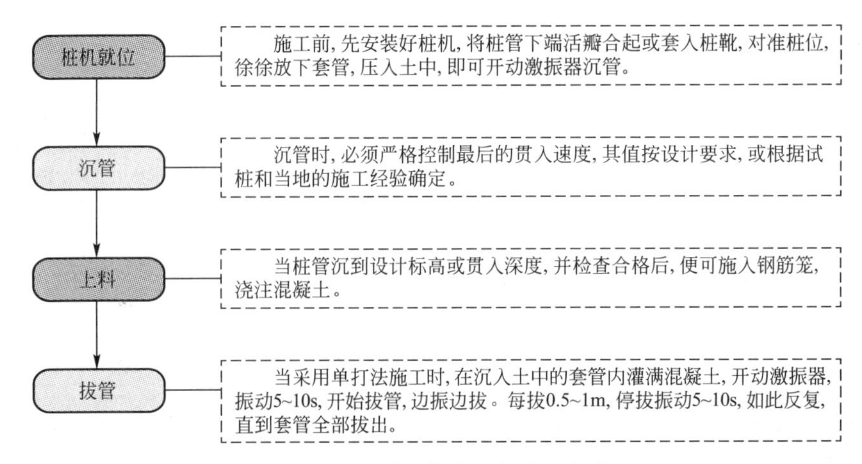

桩机就位
施工前，先安装好桩机，将桩管下端活瓣合起或套入桩靴，对准桩位，徐徐放下套管，压入土中，即可开动激振器沉管。
沉管
沉管时，必须严格控制最后的贯入速度，其值按设计要求，或根据试桩和当地的施工经验确定。
上料
当桩管沉到设计标高或贯入深度，并检查合格后，便可施入钢筋笼，浇注混凝土。
拔管
当采用单打法施工时，在沉入土中的套管内灌满混凝土，开动激振器，振动5~10s，开始拔管，边振边拔。每拔0.5~1m，停拔振动5~10s，如此反复，直到套管全部拔出。

图 2.23　振动沉管灌注桩施工程序

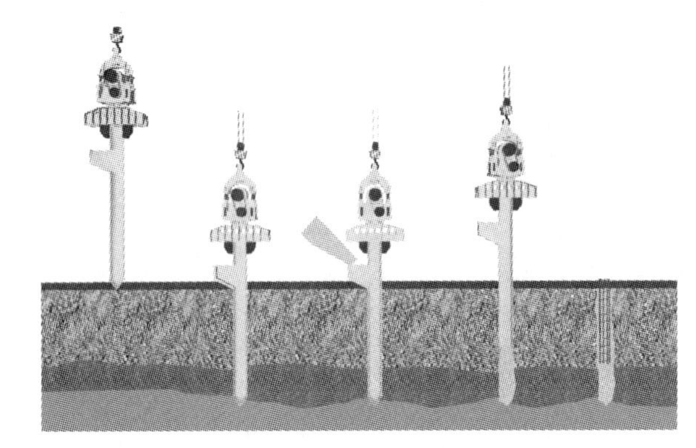

图 2.24　振动沉管灌注桩施工工艺

扩大桩的局部断面。穿过淤泥夹层时，应放慢拔管速度，并减少拔管高度和反插深度。在流动性淤泥中不宜使用反插法。

复打法是在单打法施工完拔出桩管后，立即在原桩位再放置第二个桩尖，再进行第二次下沉桩管，将原桩位未凝结的混凝土向四周土中挤压，扩大桩径，然后再进行第二次灌混凝土和拔管。

2.2.4　人工挖孔灌注桩

人工挖孔灌注桩是指桩孔采用人工挖掘方法进行成孔，然后安放钢筋笼，浇筑混凝土而成的桩。

为了确保人工挖孔桩施工过程中的安全，施工时必须考虑预防孔壁坍塌和流沙现象发生，需制定合理的护壁措施。护壁的方法很多，可以采用现浇混凝土护壁、喷射混凝土护壁、型钢或木板桩工具护壁、沉井护壁、钢套管护壁等，混凝土护壁剖面图如图 2.25 所示。

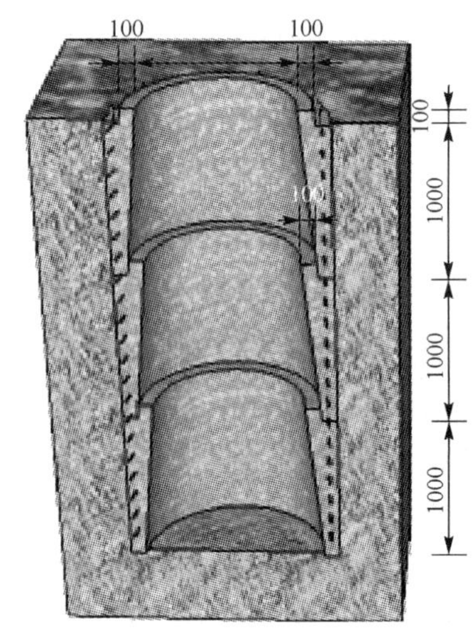

图 2.25　人工挖孔灌注桩浇筑护圈

现浇混凝土分段护壁的人工挖孔灌注桩的施工程序如图 2.26 所示。

挖孔桩在开挖的过程中，须专门制定安全措施。例如，施工人员进入孔内必须戴安全帽；孔内有人时，孔上必须有人监督防护；护壁要高出地面 150～200mm，挖出的土方不

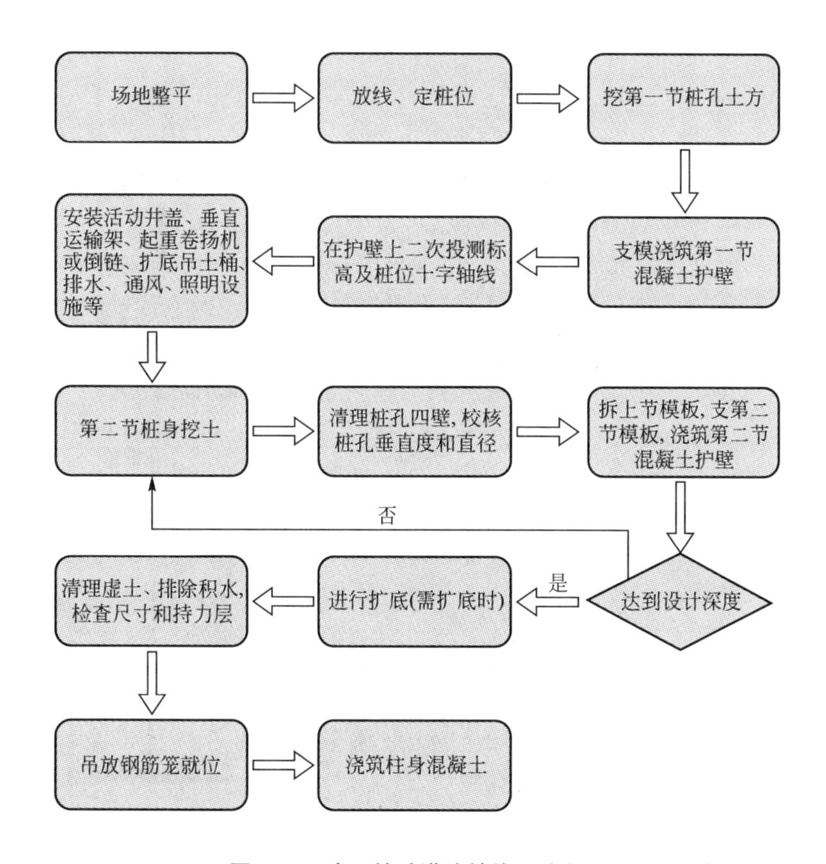

图 2.26　人工挖孔灌注桩施工流程图

得堆在孔四周 1.2m 范围内，以防滚入孔内；孔周围要设置 0.8m 高的安全防护栏杆，每孔要设置安全绳及安全软梯；孔下照明要用安全电压；使用潜水泵，而且必须有防漏电装置；桩孔开挖深度超过 10m 时，应设置鼓风机，专门向井下输送洁净空气，风量不少于 25L/s 等。

2.2.5　爆扩成孔灌注桩

爆扩成孔灌注桩是用钻孔或爆扩法成孔后在孔底放入炸药，再灌入适量的混凝土覆盖后引爆，使桩底端形成扩大头，孔内的混凝土落入孔底空腔内，最后放入钢筋笼，灌注桩身混凝土而制成的灌注短桩。

爆扩桩的成孔方法有人工成孔法、机钻成孔和爆扩成孔法。爆扩成孔方法是先用小直径(如 50mm)洛阳铲或手提麻花钻钻出导孔，然后根据不同直径的炸药条，经爆扩后形成桩孔，其施工工艺流程如图 2.27 所示。

爆扩桩的扩大头爆破，宜采用硝铵炸药和电雷管进行，且同一工程中宜采用同一种类的炸药和雷管。爆破扩大头的工作，包括放入炸药包，灌入压爆混凝土，通电引爆，测量混凝土下落高度(或直接测量扩大头直径)以及捣实扩大头混凝土等几个操作过程，其工艺流程如图 2.28 所示。

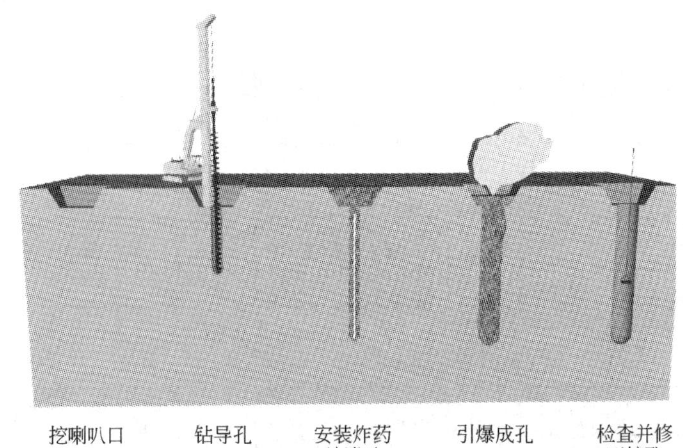

图 2.27　爆扩成孔施工工艺

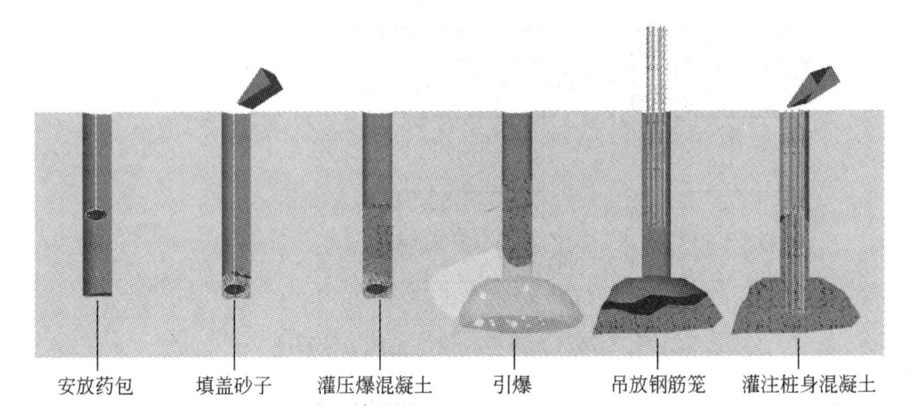

图 2.28　爆破成孔灌注桩施工过程

2.2.6　灌注桩施工常遇问题及预防处理方法

1. 泥浆护壁成孔灌注桩施工中容易发生的质量问题及处理方法

1）塌孔

在成孔过程中或成孔后，有时在排出的泥浆中不断出现气泡，有时护筒内的水位突然下降，这是塌孔的迹象。其形成原因主要是土质松散、泥浆护壁不好、护筒水位不高等所致。如发生塌孔，应探明塌孔位置，将砂和粘土(或砂砾和黄土)混合物回填到塌孔位置1～2m，如塌孔严重，应全部回填，等回填物沉积密实再重新钻孔。

2）缩孔

缩孔是指孔径小于设计孔径的现象，是由于塑性图膨胀造成的，处理时可反复扫孔，以扩大孔径。

3）斜孔

桩孔成孔后发现较大垂直偏差，是由于护筒倾斜和位移、钻杆不垂直、钻头导向部分太短、导向性差、土质软硬不一、或遇上孤石等原因造成。斜孔会影响桩基质量，并会造成施工上的困难。处理时可在偏斜处吊住钻头，上下反复扫孔，直至把空位校正；或在偏斜处回填砂粘土，待沉积密实后再钻。

2. 套管成孔灌注桩施工中容易发生的质量问题及处理方法

1）灌注桩混凝土中部有空隔层或泥水层、桩身不连续

这一现象是由于钢管的管径较小，混凝土骨料粒径过大，和易性差，拔管速度过快造成。预防措施，应严格控制混凝土的坍落度不小于5～7cm，骨料粒径不超过3cm，拔管速度不大于2m/min，拔管时应密振慢拔。

2）缩颈

缩颈是指桩身某处桩径缩减，小于设计断面［图2.29(a)］。产生的原因是在含水率很高的软土层中沉管时，土受挤压产生很高的空隙水压，拔管后挤向新灌的混凝土，造成缩颈。因此施工时应严格控制拔管速度，并使桩管内保持不少于2m高的混凝土，以保证有足够的扩散压力，使混凝土出管压力扩散正常。

3）断桩

断桩主要是桩中心距过近，打邻近桩时受挤压；或因混凝土终凝不久就受振动和外力作用所造成［图2.29(b)］，故施工时为消除临近沉桩的相互影响，避免引起土体竖向或横向位移，最好控制桩的中心距不小于4倍桩的直径。如不能满足时，则应采用跳打法或相隔一定技术间歇时间后再打邻近的桩。

4）吊脚桩

吊脚桩是底部混凝土隔空或混进泥砂而形成松软层［图2.29(c)］，其形成的原因是预制桩尖质量差，沉管时被破坏，泥砂、水挤入桩管。

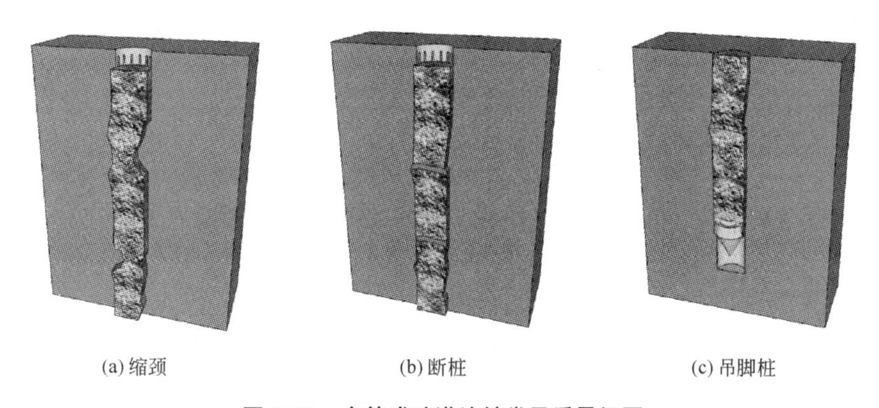

(a) 缩颈　　(b) 断桩　　(c) 吊脚桩

图2.29　套管成孔灌注桩常见质量问题

工程实例分析

某钻孔灌注桩工程桩身缺陷

某工程包括两栋框剪结构高层建筑，基础设计为钻孔灌注桩，共设计80条桩，有效桩长为27～35m，桩端嵌入强风化花岗岩，桩身混凝土设计强度等级为C25。本工程采用回转钻机泥浆护壁钻进成孔，采用预拌商品混凝土水下灌注的施工工艺，成桩后对桩基采用超声波检测。

1. 桩身检测情况

工程选择了39条桩预埋3根超声波检测管(3根管固定在钢筋笼内，成120°均匀分布)，成桩后采用超声波无损动测检测技术对桩身混凝土质量进行检测，检测结果见表2-5。

表2-5 超声波检测结果汇总

桩分类	性状	桩身完整性描述	数量	占检测桩比率
Ⅰ类	完整桩	桩身各测向各测点均无异常	23	58.97%
Ⅱ类	一般缺陷桩	桩身个别测向局部测点异常，但缺陷体积分布相对较小，性质不严重，局部缺陷的存在对整桩承载力影响较小	12	30.77%
Ⅲ类	明显缺陷桩	桩身大多在同深度测点异常，缺陷的分布较大，但缺陷性质不是太严重，缺陷的存在对缺陷断面强度有较大影响	4	10.26%
Ⅳ类	严重缺陷桩	桩身所有测向在同深度测点异常，缺陷的性质又很严重，如破碎及夹泥告等	0	0

2. 桩身混凝土缺陷原因浅析

根据检测反映的桩身混凝土缺陷情况，通过调查和分析原始记录，推断造成钻孔灌注桩桩身混凝土缺陷的原因主要有以下几个方面。

1) 混凝土的质量问题

(1) 混凝土的初凝时间与灌注时间不匹配。

每条桩的实际灌注时间为6～8h，而混凝土的初凝时间设计为5h，这样在灌注后期，最先灌注的混凝土流动性变差，甚至达到初凝状态，易造成桩身混凝土缺陷。

(2) 混凝土运输时间过长。

混凝土搅拌站距离施工现场15km，但因为施工现场位于城市繁华区，因此在交通低谷时混凝土罐车从混凝土搅拌站运输混凝土至施工现场仅需20min，而在交通高峰期却需50～70min左右。而水下混凝土要求的混凝土坍落度为180～220mm，经过长时间的运输后，罐车内的混凝土会出现粗骨料分布不均匀的现象。

2) 商品混凝土供应的连续性较差

灌注过程中，要求进场的混凝土罐车为5～6辆(即混凝土量达到30～36m^3)时才进行首次灌注。这样，在灌注初期每两车混凝土的灌注时间间隔较短，仅为5～8min，在这样短的时间内，对于坍落度较大的混凝土，即使商品混凝土和易性较差，但由于灌注过程连续，也不易产生桩身混凝土缺陷。但灌注至后期，尤其是最后阶段，因为要计算混凝土的灌注标高及最后的需用量，同时两车混凝土供应时间间隔增大。这样对于和易性较差，并已灌注至导管内的混凝土，由于长时间的停置，导管内的混凝土产生泌水现象，待下一车混凝土灌注时在导管内混凝土发生离析，提管后在桩中心位置造成混凝土的缺陷。这是越接近桩头，缺陷越普遍的主要原因。

3) 施工现场没有对混凝土进行严格验收

在施工现场对混凝土进行验收时却仅做坍落度试验，而对混凝土的保水性和骨料的均匀性没有进行评价，这样就难以保证灌注至孔内的混凝土和易性满足要求，为桩身混凝土的缺陷造成了隐患。

4) 灌注工艺问题

(1) 直接从罐车从导管内卸料，造成混凝土在导管内局部离析。

(2) 灌注过程中埋管深度较大，拔管速度太快。

2.3 桩基承台与基础底板施工

2.3.1 桩基承台施工

桩基础由桩基和连接于桩顶的承台共同组成，桩基承台是将群桩顶部连接于一体的台式结构。若桩身全部埋于土中、承台底面与土体接触称为低承台桩基；若桩身上部露出地面、承台底位于地面以上则称为高承台桩基。形状有四桩以上(含四桩)的矩形承台和三桩的三角形承台，构造如图 2.30 所示。桩基承台施工工艺如图 2.31 所示。

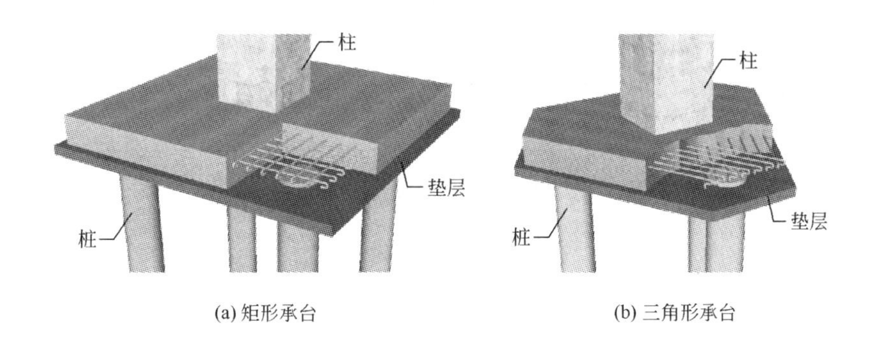

(a) 矩形承台　　(b) 三角形承台

图 2.30　桩基承台构造

问题讨论

桩基承台垫层是否不必做

观点一：垫层是指承受地面或基础的荷载，并均匀地传递给下面土层的一种应力分布扩散层。因此桩基础承台无垫层也可以，因为桩承台就是均匀地传递给地下桩的一个载体。垫层任何时候都不应该考虑受力。

观点二：垫层主要作用是方便施工，如果没有垫层，施工人员布置承台底钢筋时，钢筋容易踩弯并且会粘上大量泥土，浇筑时会造成与混凝土粘结不牢固，影响结构受力。如能保证地基土平整、整洁和保证钢筋网片表面干净、整齐，可以不做垫层。

观点三：如果承台为方形，则在桩外部分需要素混凝土垫层而桩内无需垫层，如承台为圆形，其实就是用桩帽来代替承台，那就无需垫层，上述两种类型都需将桩头凿毛。

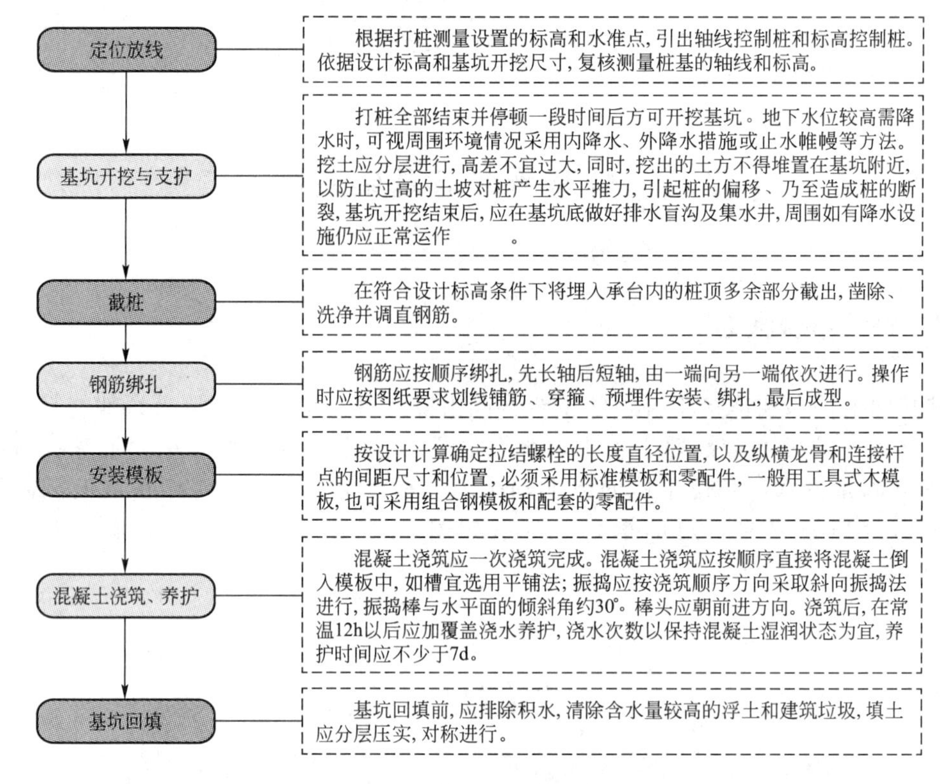

图 2.31　桩基承台施工工艺流程

2.3.2　基础底板施工

深基础工程常设计成桩基础与筏板式基础或箱型基础结合起来的组合基础。这些形式的基础多具有结构厚、体积大、钢筋密集、混凝土量大、工程条件复杂和施工技术要求高等特点。基坑挖到底以后开始做垫层，垫层以上的混凝土板就是基础底板，通常基础底板是指筏板式基础或箱型基础的底板，厚度一般为 1～2m 甚至可达 3～4m。

基础底板主要的施工过程包括垫层施工、桩顶处理、焊接锚固钢筋、定位放线(弹线)、支撑模板、钢筋网架设、后浇带的设置、大体积浇筑混凝土等。

1. 垫层施工

一般情况下，垫层的厚度为 100mm 左右，宽度应沿基础两边各放出 200～300mm，如果侧面地基土的土质较差时，还要适当增加。在浇筑垫层同时，应做好降排水措施，保持坑底干燥。

2. 桩顶处理

埋入底板部分的桩头必须做好处理，处理方法因混凝土桩和钢桩的不同而有差异。

预制混凝土桩，只要桩顶没有破损，一般只要清洗干净，可直接浇入底板内。如桩顶被击碎，则需凿除破碎部分，将钢筋整直后直接埋入混凝土底板内，对 PHC 桩，如桩顶破碎，在凿除破碎部分后，宜重新浇筑桩头(即形成管桩顶部有一段为实心混凝土)，再埋入混凝土底板内。钢管桩桩头处理具体做法有精割钢管桩、盖帽和焊接锚固筋3种。

(1) 钢管桩在基坑挖土前，为便于挖土，先用内切割法将钢管桩大致切除，这种切割是不精确的，因此在挖土完成后，需再进行一次精确的切割。

(2) 为使钢管桩能充分传力，同时防止混凝土灌注时，水泥浆流入桩管内，需将特殊的桩帽焊于桩顶上。

(3) 沿桩帽四周均匀焊上锚固筋(一般为8根)，锚固筋中一部分可作为底板钢筋网片支架。

3. 支撑模板

为了确保模板的整体刚度，在模板外侧布置3道通长横向围撑，并与竖向肋用连接件固定。

4. 钢筋网的架设

钢筋配置较密。钢筋支架，轻的网片用钢筋做支架，重的往往用角钢等型钢做支架。

5. 后浇带的设置

后浇带尽量不设置。一般主楼与裙房之间，因荷载差异较大，为减少沉降差可设后浇带，或基础底板较长、面积较大，为避免裂缝也要设置。后浇带宽度一般不宜小于800mm。

6. 灌注方法

大体积混凝土底板，一般用混凝土泵及固定管道输送混凝土。浇筑方法有平铺法与滚浆法。对于厚度较薄而面积或长度较大的基础底板，需采用“分块分层法”施工，如图2.32所示，这样可减少收缩和温度应力，有利于控制裂缝，一般分块最大尺寸宜为30m左右。用滚浆法施工，操作人员要熟练，防止漏振，滚浆法施工坡度不宜陡于1∶4。

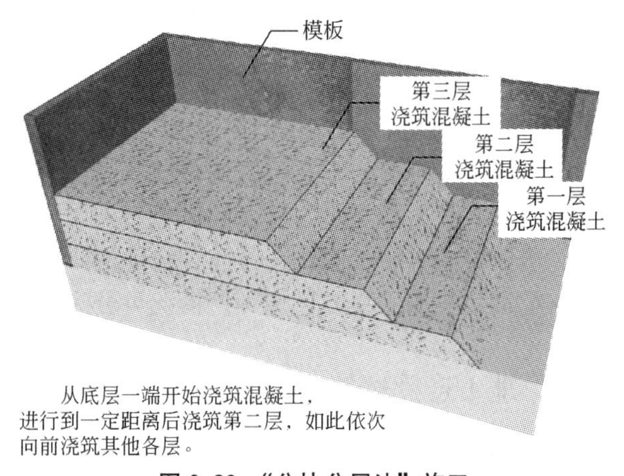
模板
第三层
浇筑混凝土
第二层
浇筑混凝土
第一层
浇筑混凝土
从底层一端开始浇筑混凝土，
进行到一定距离后浇筑第二层，如此依次
向前浇筑其他各层。

图2.32 “分块分层法”施工

思维拓展

CFG桩复合地基

CFG桩(水泥粉煤灰碎石桩)复合地基是近年来发展起来处理软弱地基的一种新型加固方法，具有承载力高、沉降变形小、变形稳定快、工艺性好、灌注方便、易于控制施工质量、工程造价较低等特点，其良好的加固效果，可以满足设计的要求，在软弱地基处理中具有广阔的应用前景。CFG桩复合地基结构示意图如图2.33所示。

CFG桩复合地基突破了桩基础传统设计思想。当基础承受竖向荷载时，桩和桩间土都要发生沉降变形，由于桩身变形模量远比桩周土的变形模量大，桩的变形要小于土的变形，上部传来的荷载大部分集中在桩顶，桩体向褥垫层(复合地基的核心部分)刺入，构成褥垫层的颗粒状散体材料不断补充到桩间土表面上，CFG桩复合地基通过褥垫层技术充分调动了桩间土水平和垂直承载能力，基础通过挤压褥垫层和桩间土接触，使得在任一荷载下桩和桩间土始终参与工作。同时CFG桩复合地基桩间土参与工作，其必然发生竖向和水平方向的变形，压缩桩间土，并产生沉降，直至平衡，水平变形造成桩周围土侧应力的增加而改善了桩的受力性能，二者共同工作，形成了一个复合地基的受力整体，共同承担上部基础传来的荷载，使地基的水平和垂直承载能力大幅度提高。

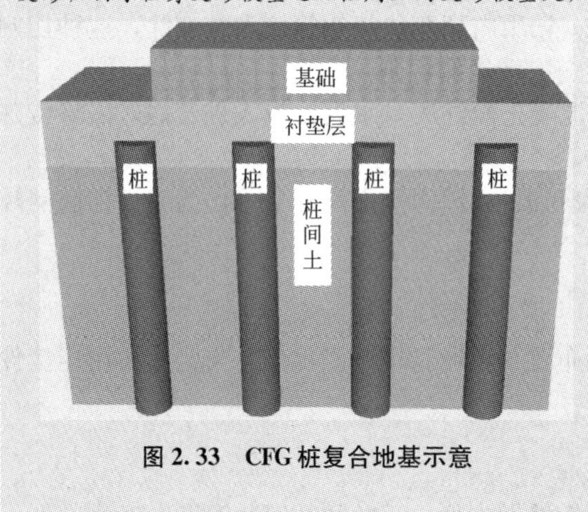

图2.33　CFG桩复合地基示意

2.4 地下连续墙施工

地下连续墙是利用各种挖槽机械，借助于泥浆的护壁作用，在地下挖出窄而深的沟槽，并在其内浇筑适当的材料(如钢筋混凝土)而形成一道具有防渗(水)、挡土和承重功能的连续的地下墙体。目前地下连续墙的最大开挖深度为140m，最薄的地下连续墙厚度为20cm。

地下连续墙按成墙方式可分为桩排式、槽板式和组合式；按墙的用途可分为防渗墙、临时挡土墙、永久挡土(承重)墙和作为基础用的地下连续墙；按墙体材料可分为钢筋混凝土墙、塑性混凝土墙、固化灰浆墙、自硬泥浆墙、预制墙、泥浆槽墙、后张预应力地下连续墙以及钢制地下连续墙；按开挖情况可分为开挖的地下连续墙和不开挖的地下防渗墙。

2.4.1 地下连续墙施工工艺

地下连续墙的施工过程，是在地面上利用专门的挖槽机械在泥浆护壁下开挖一定长度(一个单元槽段)的深槽，挖至设计深度并清除沉渣后，插入接头管，再将在地面上加工好的钢筋笼用起重机吊入充满泥浆的深槽内，最后用导管水下浇筑混凝土，待混凝土初凝后拔出接头管，一个单元槽段即施工结束，如图2.34所示。沿设计路线如此逐段施工，即形成地下连续的钢筋混凝土墙。

1. 地下连续墙特点

(1) 施工时振动小，噪声低，非常适于在城市施工。

(2) 墙体刚度大，用于基坑开挖时，可承受很大的土压力，极少发生地基沉降或塌方事故，已经成为深基坑支护工程中必不可少的挡土结构。可用作刚性基础。目前地下连续墙不再单纯作为防渗防水、深基坑维护墙，而且越来越多地用地下连续墙代替桩基础、沉

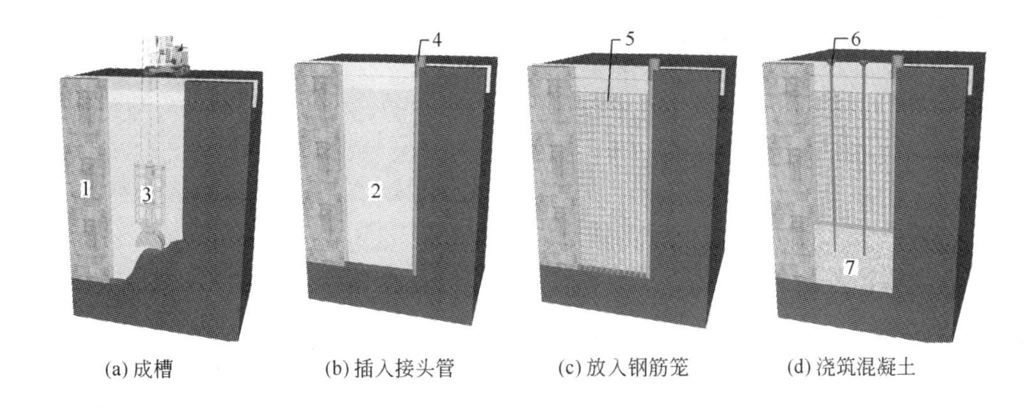

(a) 成槽　(b) 插入接头管　(c) 放入钢筋笼　(d) 浇筑混凝土

图 2.34　地下连续墙施工过程

1—已完成的单元槽段；2—泥浆；3—成槽机；4—接头管；
5—钢筋笼；6—导管；7—浇筑的混凝土

井或沉箱基础，承受更大荷载。

(3) 防渗性能好，由于墙体接头形式和施工方法的改进，使地下连续墙几乎不透水。用它作为土坝、尾矿坝和水闸等水工建筑物的垂直防渗结构是安全、经济的。

(4) 可用于逆做法施工。地下连续墙刚度大，易于设置埋设件，很适合于逆做法施工。

(5) 适用于多种地基条件。地下连续墙对地基适用范围很广，从软弱冲积地层到中硬地层、密实砂砾层，各种软岩和硬岩等所有的地基都可以建造地下连续墙。

(6) 占地少、工效高、工期短、质量可靠、经济效益高。可以充分利用建筑红线以内有限的地面和空间，充分发挥投资效益。

但地下连续墙也存在一些不足，如在一些特殊的地质条件下(如很软的淤泥质土，含漂石的冲积层和超硬岩石等)，施工难度很大；如施工方法不当或施工地质条件特殊，可能出现相邻墙段不能对齐和漏水的问题；地下连续墙如果用做临时的挡土结构，比其他方法所用的费用要高些；在城市施工时，废泥浆处理复杂。

2. 地下连续墙施工程序

地下连续墙的施工程序由施工准备、成槽和浇筑混凝土 3 个阶段组成。

1) 施工准备阶段

该阶段包括施工现场情况调查，施工现场地址、水文、环境调查，编制施工组织设计，现场清理及平整，施工机具准备，泥浆制配，挖导沟、作导墙、注入泥浆，其中导墙和泥浆的作用下十分显著。

导墙是起到地下连续墙挖槽导向、防止槽段上口塌方、存蓄泥浆和作为测量基准作用的墙体。导墙一般为现浇混凝土结构，应具有必要的强度、刚度和精度，要满足挖槽机械的施工要求。其结构形式有板形墙、L 形墙、Γ 形墙、[形墙等，如图 2.35 所示。地下连续墙导墙的施工顺序如图 2.36 所示。

泥浆是保证地下连续墙槽壁稳定最根本的措施之一。其作用首先是护壁，其次是携渣和冷却机具和切土滑润。泥浆储备量宜为挖槽单元段体积的 1.5～2 倍。

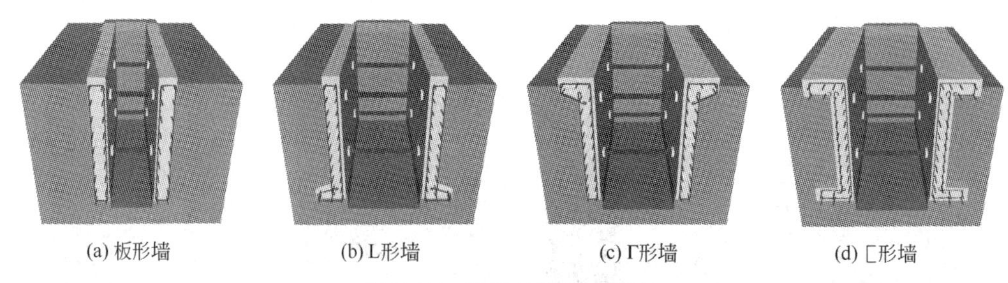
(a) 板形墙　(b) L形墙　(c) Γ形墙　(d) [形墙

图 2.35　导墙结构形式示意

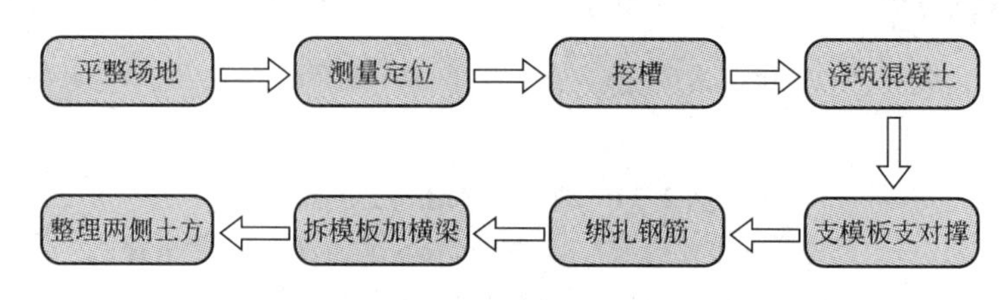

图 2.36　导墙施工顺序

2）成槽阶段

该阶段包括挖槽和清槽

(1) 挖槽。采用专用挖槽机械在充满泥浆的沟槽中逐段开挖施工，它是地下连续墙的主要工序，占整个施工工期的50%，故提高挖槽施工效率是缩短工期的关键。目前我国常用挖槽设备有吊索式或导杆式抓斗(蚌式)成槽机、钻抓斗式挖槽机和多头钻成槽机。

(2) 清槽。挖槽至设计标高并检查合格后，应立即进行清槽换浆。清槽时，在槽段中安放导管并压入清水，将槽底泥浆不断稀释自流或吸出。清槽后尽快下放接头管和钢筋笼，并立即浇筑混凝土，以防止槽段塌方。清槽一般采用吸力泵、空气压缩泵、潜水泥浆泵以及利用混凝土导管压清水或泥浆等排渣方法，清槽方法如图 2.37 所示。

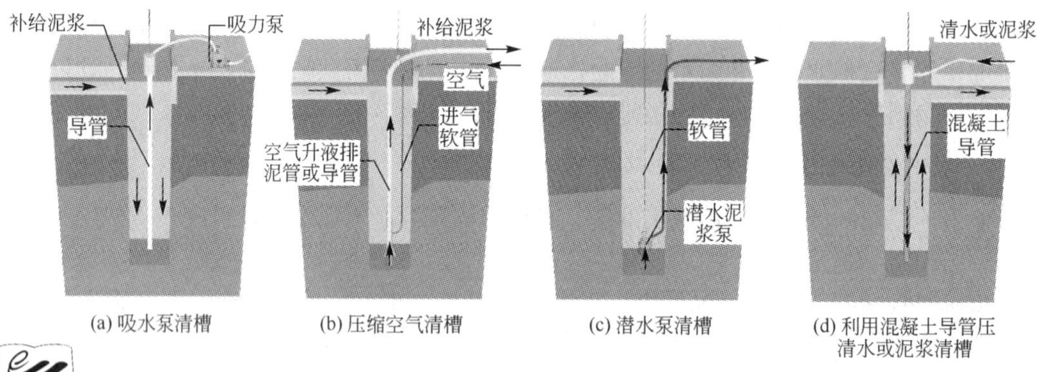

(a) 吸水泵清槽　(b) 压缩空气清槽　(c) 潜水泵清槽　(d) 利用混凝土导管压清水或泥浆清槽

图 2.37　清槽方法示意

3）浇筑混凝土阶段

该阶段包括槽段的连接、钢筋笼制作与吊放以及水下混凝土浇筑。

(1) 槽段的连接。当单元槽段挖好后，在槽段端部放入接头管，然后吊放钢筋笼，浇筑混凝土，带混凝土初凝后，将接头管旋转拔出，使单元槽段端部形成半圆形接头。槽段的长度为 4～8m，槽段之间依靠接头连接。接头形式有接头管、接头箱、隔板和预制构件，其中接头管比较常用，圆形接头管连接的槽段施工顺序如图 2.38 所示。

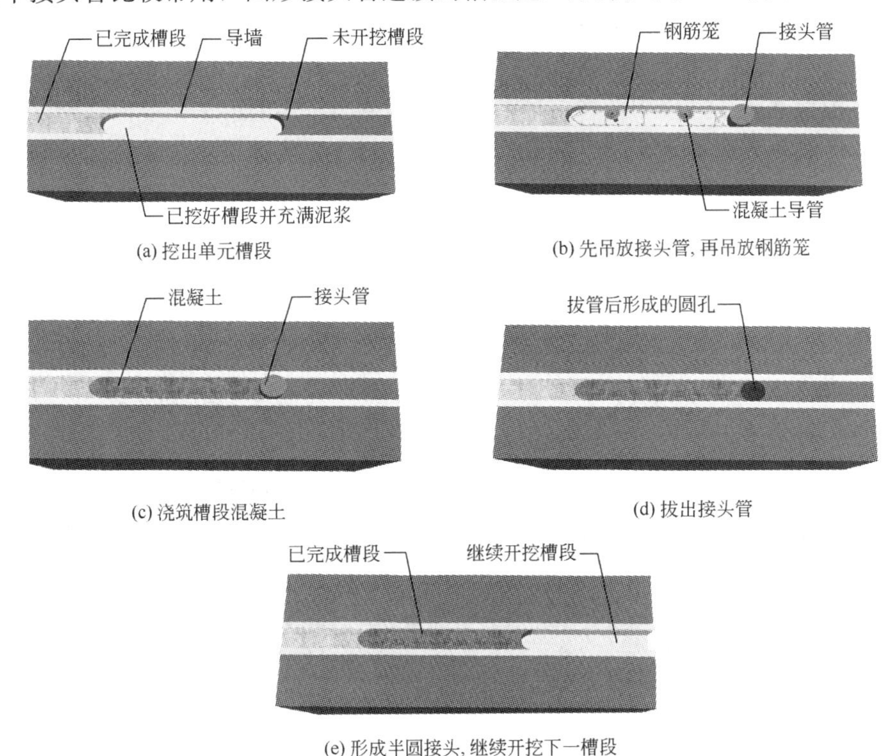

(a) 挖出单元槽段

(b) 先吊放接头管，再吊放钢筋笼

(c) 浇筑槽段混凝土

(d) 拔出接头管

(e) 形成半圆接头，继续开挖下一槽段

图 2.38 圆形接头管连接的槽段施工顺序

(2) 钢筋笼制作与吊放。钢筋笼一般为现场加工，且最好按单元槽段做成一个整体，如图 2.39 所示。为了便于起重机整体起吊，还需加强钢筋笼刚度，应根据钢筋笼的形状、重量，配备好起吊的辅助骨架。钢筋笼吊放应缓慢进行，放到设计标高后，可用横担搁置在导墙上，再进行混凝土的浇筑。

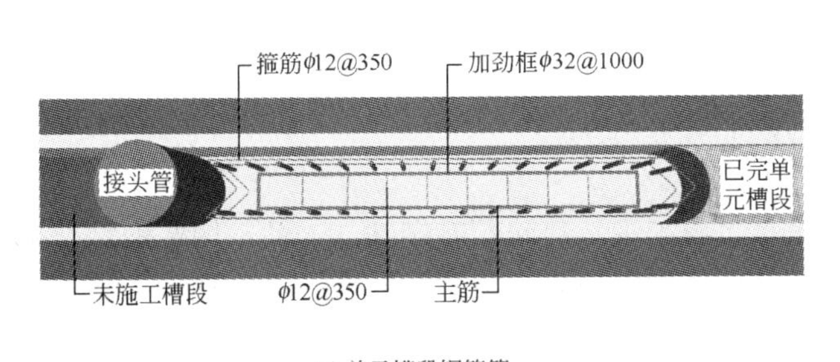

(a) 单元槽段钢筋笼

(b) 拐角部位钢筋笼

图 2.39 钢筋笼构造

(3) 水下混凝土浇筑。混凝土浇筑采用导管法在泥浆中进行，基本方法同泥浆护壁成孔灌注桩。混凝土应尽快浇筑，一般槽内混凝土面上升速度不宜小于 2m/h，混凝土浇筑应超过设计标高 30～50m，使在凿除浮浆后还能保证设计标高处的强度。

2.4.2 地下连续墙施工技术要点

地下连续墙在施工过程中的各个环节是一个离散而有序的整体。要保证地下连续墙的施工质量，必须首先保证各个施工环节的质量。地下连续墙施工质量的控制点和实施措施见表2－6。

表2－6 地下连续墙施工质量控制

序号	工程名称	质量管理点	实施措施
1	导墙工程	防止导墙水平、垂直变位及漏浆	(1) 地基必须良好 (2) 墙背回填密实 (3) 墙内必须加设支撑 (4) 加强沉降观察
2	泥浆工程	循环泥浆再生处理	(1) 严格按配比制浆 (2) 及时清理泥浆池内沉渣 (3) 改善旋流装置功能 (4) 及时检测、调整泥浆质量
3	成槽工程	垂直度控制	(1) 严格按规范、规程规定的垂直度要求操作并及时调整 (2) 出现宽度方向偏差时要提钻重下并减缓下钻速度及时纠偏
4	钢筋工程	桁架制作及安装	(1) 按设计图要求保证桁架质量 (2) 桁架安装正确，起吊吊环焊接牢固
5	成墙工程	减少混凝土中夹入泥渣	(1) 严格按浇灌前泥浆密度<1.15kg/L才能进行浇灌的规定 (2) 浇灌前，槽段内泥浆循环 (3) 控制入槽混凝土性能
		接头缝清刷	严格清壁遍数及实效，确保接头严密

2.4.3 地下连续墙施工常遇问题及预防处理方法

地下连续墙在施工时出现的问题很多，施工中常遇问题有糊钻、卡钻、槽壁坍塌及钢筋笼难以放入和钢筋笼上浮等。地下连续墙施工常遇问题及预防处理方法见表2－7。

表2－7 地下连续墙施工常遇问题及预防处理方法

常见问题	产生原因	预防措施及处理方法
糊钻(在粘性土层成槽，粘土附在多头钻刀片上产生抱钻现象)	(1) 在软塑粘土层钻进，进尺过快，钻渣大，出浆口堵塞，易造成糊钻 (2) 在粘性土层成孔，钻速过慢，未能将切削泥土甩开，附在钻头刀片上将钻头抱住	(1) 施钻时，注意控制钻进速度，不要过快或过慢 (2) 已糊钻，可提出槽孔，清除钻头上的泥渣后继续钻进

（续）

常见问题	产生原因	预防措施及处理方法
卡钻(钻机在成槽过程中被卡在槽内，难以上下或提不出来的现象)	(1) 钻进中泥浆中所悬浮的泥渣沉淀在钻机周围，将钻机与槽壁之间的孔隙堵塞；或中途停止钻进，未及时将钻机提出地面，泥渣沉积在挖槽机具周围，将钻具卡住 (2) 槽壁局部塌方，将钻机埋住；或钻进过程中遇地下障碍物被卡住 (3) 在塑性粘土中钻进，遇水膨胀，槽壁产生缩孔卡钻 (4) 槽孔偏斜弯曲过大，钻机为柔性垂直悬控，被槽壁卡住	钻进中注意不定时的交替紧绳、松绳，将钻头慢慢下降或空转，避免泥渣淤积、堵塞，造成卡钻；中途停止钻进，应将潜水钻机提出槽外；钻进中要适当控制泥浆密度，防止塌方；挖槽前应探明障碍物及时处理，在塑性粘土中钻进或槽孔出现偏斜弯曲时，应经常上下扫孔纠正 挖槽机在槽孔内不能强行提出，以防吊索破断，一般可采用高压水或空气排泥方法排除周圈泥渣及塌方土体，再慢慢提出，必要时，用挖竖井方法取出
架钻(钻进中钻机导板箱被槽壁土体局部托住，不能钻进)	(1) 在钻进中由于钻头磨损严重，钻头直径减小，未及时补焊造成槽孔宽度变小，使导板箱被捆住不能钻进 (2) 钻机切削三角死区的垂直铲刀或侧向拉力袭置失灵，或遇坚硬土石层，功率不足，难以切去	钻头直径应比导板箱宽 2～3cm；钻头磨损严重应及时补焊加大；钻进三角死区土层的垂直铲刀或侧向拉力失效，或遇竖硬土石层功率不足，难以切去时，可辅以冲击钻破碎后再钻进
槽壁坍塌(槽段内局部孔壁坍塌出现水位突然下降，孔口冒细密的水泡，出土量增加而不见进尺，钻机负荷显著增加等现象)	(1) 遇竖向节理发育的软弱土层或流沙土层 (2) 护壁泥浆选择不当，泥浆密度不够，不能形成坚实可靠的护壁。 (3) 地下水位过高，泥浆液面标高不够，或孔内出现承压水，降低了静水压力 (4) 泥浆水质不合要求，含盐和泥沙多，易于沉淀，使泥浆性质发生变化，起不到护壁作用 (5) 泥浆配制不合要求，质量不合要求 (6) 在松软砂层中钻进，进尺过快，或钻机回旋速度过快，空转时间太长，将槽壁扰动 (7) 成槽后搁置时间过长，未及时吊放钢筋笼灌混凝土，泥浆沉淀失去护壁作用。 (8) 由于漏浆或施工操作不慎造成槽内泥浆液面降低，超过了安全范围；或下雨使地下水位急剧上升 (9) 单元槽段过长，或地面附加荷载过大等	在竖向节理发育的软弱土层或流沙层钻进，应采取慢速钻进，适当加大泥浆密度，控制槽段内液面高于地下水位 0.5m 以上；成槽应根据土质情况选用合格泥浆，并通过试验确定泥浆密度，一般应不小于 1.05kg/L；泥浆必须配制，并使其充分溶胀，储存 3h 以上，严禁将膨润土火碱等直接倒入槽中；所用水质应符合要求；在松软砂层中钻进，应控制进尺，不要过快或空转过长；槽段成孔后，紧接着放钢筋笼并浇灌混凝土，尽量不使其搁置时间过长；根据钻进情况，随时调整泥浆密度和液面标高；单元槽段一般不超过两个槽段，注意地面荷载不要过大 严重塌孔，要拨钻填入较好的粘土重新下钻，局部坍塌，可加大泥浆密度，已塌土体可用钻机搅成碎块抽出；如发现大面积坍塌，应将钻机提出地面，用优质粘土(掺入 20%水泥)回填至坍塌处以上 1～2m，待沉积密实后再行钻进

（续）

常见问题	产生原因	预防措施及处理方法
槽孔偏斜或歪曲(槽孔向一个方向偏斜，垂直度超过规定数值)	(1) 钻机柔性悬吊装置偏心，钻头本身倾斜或多头钻底座未安置水平 (2) 钻进中遇较大弧石或探头石 在有倾斜度的软硬地层交界岩面倾斜处钻进。 (3) 扩孔较大处钻头摆动，偏离方向 采取依次下钻，一端为已灌筑混凝土墙，常使槽孔向土一侧倾斜	(4) 钻机使用前调整悬吊装置，防止偏心，机架底座应保持水平，并安设平稳；遇较大孤石、探头石应辅以冲击钻破碎；在软硬岩层交界处及扩孔较大处，采取低速钻进，尽可能采取两槽段成槽，间隔施钻 (5) 查明钻孔偏斜的位置和程度，一般可在偏斜处吊住钻机上、下往复扫孔，使钻孔正直；偏差严重时，应回填砂粘土到偏孔处 1m 以上，待沉积密实后，再重新施钻
钢筋笼难以放入槽孔内或上浮(成槽后，吊放钢筋笼被卡或搁住，难以全部放入槽孔内，混凝土灌筑时钢筋被托出槽孔面，出现上浮现象)	(1) 槽壁凹凸不平或弯曲 (2) 钢筋笼尺寸不准；纵向接头处产生弯曲 (3) 钢筋笼质量太轻；槽底沉渣过多 (4) 钢筋笼刚度不够，吊放时产生变形；钢筋笼的定位块位于槽壁凸出处 (5) 导管埋入深度过大，或混凝土浇灌速度过慢，钢筋笼被托起上浮	成孔要保持槽壁面平整；严格控制钢筋笼外形尺寸，其长宽应比槽孔小 11～12cm；钢筋笼接长时，先将下段放入槽孔内，保持垂直状态，悬挂在槽壁上，再对上节，使垂直对正下段，再进行焊接，要求对称施焊，以免焊接变形，使钢筋笼产生纵向弯曲。 如因槽壁弯曲钢筋笼不能放人，应修整后再放钢筋笼。 钢筋笼上浮，可在导墙上设置锚固点固定钢筋笼，清除槽底沉渣，加快浇灌速度，控制导管的最大埋深不要超过 6m
锁头管拔不出(地下混凝土连续墙接头处锁头管，在混凝土建筑后抽拔不出来)	(1) 锁头管本身弯曲，或安装不直与预升装置、土壁及混凝土之间产生较大摩擦力 (2) 抽拔锁头管千斤顶能力不够，或不同步，不能克服管与土壁、混凝土之间的摩阻力 (3) 拔管时间未掌握好，混凝土已经终凝，摩阻力增大；混凝土浇灌时未经常上下活动锁头管 (4) 锁头管表面的耳槽盖漏盖	锁头管制作精度(垂直度)应在 1/1000 以内，安装时必须垂直插入，偏差不大于 50mm；拔管装置能力应大于 1.5 倍摩阻力；锁头管抽拔要掌握时机，一般混凝土达到自立强度(3.5～4h)，即应开始顶拔，5～8h 内将管子拔出，混凝土初凝后，即应上下活动，每 10～15min 活动一次；吊放锁头管时，要盖好上月牙槽盖
夹层(混凝土灌注后，地下连续墙壁混凝土内存在泥夹层)	(1) 灌注管摊铺面积不够，部分角落灌注不到，被泥渣填充 (2) 灌注管埋置深度不够，泥渣从底口进入混凝土内 (3) 导管接头不严密，泥浆渗入导管内 (4) 首批下混凝土量不足，未能将泥浆与混凝土隔开 (5) 混凝土未连续浇灌造成间断或浇灌时间过长，首批混凝土初凝失去流动性，而继续浇灌的混凝土顶破顶层而上升，与泥渣混合，导致在混凝土中夹有泥渣形成夹层 (6) 导管提升过猛，或测深错误，导管底口超出原混凝土面底口涌人泥浆 (7) 混凝土浇灌时局部塌孔	采用多槽段灌注时，应设 2～3 个灌注管同时灌注；导管埋入混凝土深度应为 1.2～4m，导管接头应采用粗丝扣，设橡胶圈密封；首批灌入混凝土量要足够充分，使其有一定的冲击量，能把泥浆从导管中挤出，同时始终保持快速连续进行，中途停歇时间不超过 15min，槽内混凝土上升速度不应低于 2m/h，导管上升速度不要过猛；采取快速浇灌，防止时间过长塌孔。 遇塌孔可将沉积在混凝土上的泥土吸出，继续灌注，同时应采取加大水头压力等措施；如混凝土凝固，可将导管提出，将混凝土清出，重新下导管，灌注混凝土；混凝土已凝固出现夹层，应在清除后采取压浆补强方法处理

知识冲浪

桩基事故常用处理方法

常用方法有接桩、补桩、补强、扩大承台(梁)，改变施工方法，修改设计方案等。

1. 接桩法

当成桩后桩顶标高不足，常采用接桩法处理，方法有以下两种。

(1) 开挖接桩挖出桩头，凿去混凝土浮浆及松散层，并凿出钢筋，整理与冲洗干净后用钢筋接长，再浇混凝土至设计标高。

(2) 嵌入式接桩当成桩中出现混凝土停浇事故后，清除已浇混凝土有困难时，可采用此法。

2. 补桩法

桩基承台(梁)施工前补桩，如钻孔桩距过大不能承受上部荷载时，可在桩之间补桩。

3. 钻孔补强法

此法适应条件是基身混凝土严重蜂窝，离析，松散，强度不够及校长不足，桩底沉渣过厚等事故，常用高压注浆法来处理，但此法一般不宜采用。

(1) 桩身混凝土局部有离析、蜂窝时，可用钻机钻到质量缺陷下一倍桩径处，进行清洗后高压注浆。

(2) 桩长不足时，采用钻机钻至设计持力层标高；对桩长不足部分注浆加固。

4. 扩大承台梁法

(1) 桩位偏差过大，原设计的承台(梁)断面宽满足不了规范要求，此时采用扩大承台(梁)来处理。

(2) 考虑桩上共同作用，当单桩承载力达不到设计要求，可用扩大承台(梁)并考虑桩与天然地基共同分组上部结构荷载的方法。需要注意的是在扩大承台(梁)断面宽度的同时，适当加大承台(梁)的配筋。

2.5 墩基础、沉井基础和管柱基础施工

2.5.1 墩基础施工

墩基础是在人工或机械成孔的大直径孔中浇筑混凝土(钢筋混凝土)而成，我国多用人工开挖，亦称为大直径人工挖孔桩。

1. 墩基础适用范围

墩身直径在 1～5m 之间，故强度和刚度较大，且多为一柱一墩，一般多穿过深厚的软土层直接支撑在岩石或密实土层上。我国广州、深圳、杭州、北京等地亦有应用。

当埋深大于 3m、直径不小于 800mm、且埋深与墩身直径之比小于 6 或埋深与扩底直径之比小于 4 的独立刚性基础，可按墩基进行设计。墩身有效长度不宜超过 5m，以区别于人工挖孔桩。墩基础多用于多层建筑，由于基底面积按天然地基的设计方法进行计算，免去了单墩载荷试验。因此，在工期紧张的条件下较受欢迎。

2. 墩基础施工

墩基施工应采用挖(钻)孔桩的方式扩壁或不扩壁成孔。在人工开挖时，可直接检查成孔质量，易于清除孔底虚土，施工时无噪声、无振动，且可多人同时进行若干个墩的开挖，底部扩孔易于施工。人工开挖为防止塌方造成事故，需制作护圈，每开挖一段则浇筑一段护圈，护圈多为钢筋混凝土现浇的。否则对每一墩身需事先施工维护，然后才能开挖。人工开挖还需注意通风、照明和排水，墩基础施工如图 2.40 所示。

在地下水位高的软土地区开挖墩身，要注意隔水。否则，在开挖墩身时大量排水，会使地下水位大量下降，有可能造成附近地面的下沉。

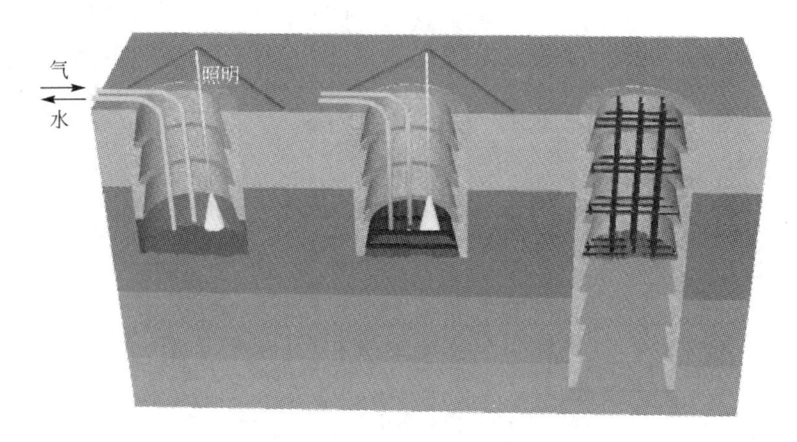

在护圈保护下开挖土方　　支模板浇筑混凝土护圈　　浇筑墩身混凝土

图 2.40　墩身施工

3. 质量标准

中心线的平面偏差不宜大于 5cm，墩的垂直偏差应控制在 0.3%L(L 为墩身的实际长度)以内，墩身直径不得小于设计尺寸。

对于墩端持力层的验收标准应予以极大的重视。局部软弱夹层应予清除，其面积超过墩端截面 10%时，必须继续掘进。当挖到比较完整的岩石后，应确定其是否还有软弱层。可采用小型钻机再向下钻 5m 深，并且取样鉴别，查清确无软弱下卧层后才能终孔。

2.5.2　沉井基础施工

沉井基础是地下深基础的一种。按下沉方式可分为就地建造下沉的沉井和浮运就位下沉的沉井，而按建筑材料可分为混凝土沉井、钢筋混凝土沉井等。

1. 沉井结构

沉井基础主要是由井壁、刃脚、隔墙、凹槽、封底和顶板等部分组成的井筒结构物，如图 2.41 所示。

井壁是沉井的主要部分，施工完毕后也是建筑物的基础分。沉井在下沉过程中，井壁需挡土、挡水，承受各种最不利荷载组合产生的内力，因此应有足够的强度；同时井壁还应有足够的厚度和质量，以便在自重作用下克服侧壁摩阻力下沉至设计标高。

刃脚位于井壁的最下端，其作用是使沉井易于切土下沉，并防止土层中的障碍物损坏井壁。刃脚应具有足够的强度，以免绕曲或破坏。靠刃脚处应设置深约 0.15～0.25m、高 1.0m 的凹槽，使封底混凝土嵌入井壁形成整体结构。

内隔墙的作用是把沉井分成许多小间，减小井壁的净跨距以减小弯矩，施工时亦便于挖土和控制沉降。

当沉井下沉至设计标高后，在井底用混凝土封底，以防止地下水渗入井内。

图 2.41　沉井结构示意

2. 沉井施工

沉井施工时，先在地面上铺设砂垫层，设置承垫木，制作钢板或角钢刃脚后浇筑第一节沉井，待其达到一定重量和强度后抽去承垫木，在井筒内边挖土边下沉，然后加高沉井，分节浇筑、多次下沉，至设计标高后，用混凝土封底。浇钢筋混凝土底板则构成地下结构，如在井筒内填筑素混凝土或砂砾石则构成深基础。沉井施工过程如图 2.42 所示。

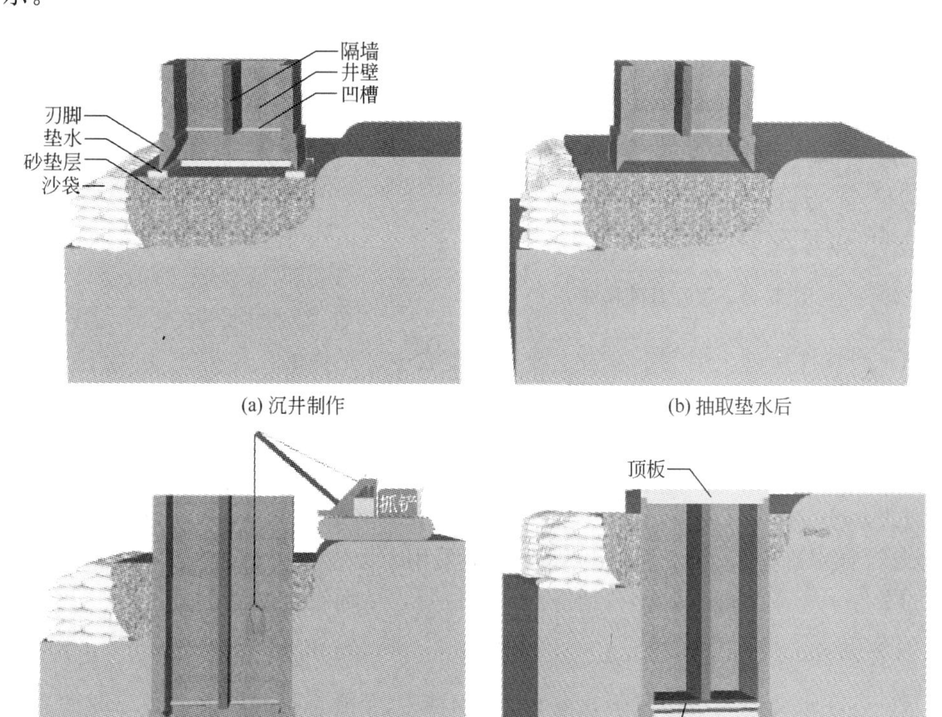

(a) 沉井制作

(b) 抽取垫水后

(c) 挖土下沉

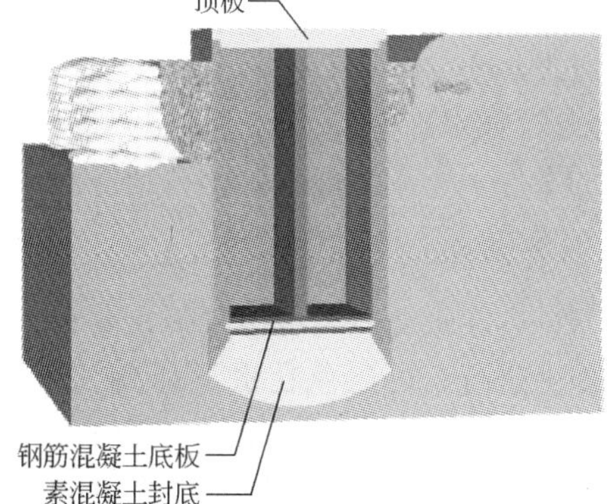

(d) 封底、回填浇筑其他结构部分

图 2.42　沉井施工过程

沉井基础的特点是埋深大、整体性强、稳定性好，能承受较大的竖向作用和水平作用，沉井井壁既是基础的一部分，又是施工时的挡土和挡水结构物，施工工艺也不复杂。因此，这种结构形式在桥梁基础中得到广泛使用，如桥梁墩台基础、地下泵房、水池、油库、矿用竖井以及大型设备基础、高层和超高层建筑物基础等。但沉井基础施工工期较长，对粉砂、细砂类土在井内抽水时易发生流沙现象，造成沉井倾斜；沉井下沉过程中遇到倾斜过大的大孤石、树干或井底岩层表面，也将给施工带来一定的困难。

2.5.3 管柱基础施工

管柱基础是我国于1953年修建武汉长江大桥时所首创的一种新型基础形式，随之在日本、前苏联与欧美等国先后应用。

管柱基础是用直径较大的空心圆形桩的管柱修建的桩基础，由钢筋混凝土、预应力混凝土或钢管柱群和钢筋混凝土承台组成的基础结构，也有由单根大型管柱构成基础的。它是一种多用于桥梁的深基础。

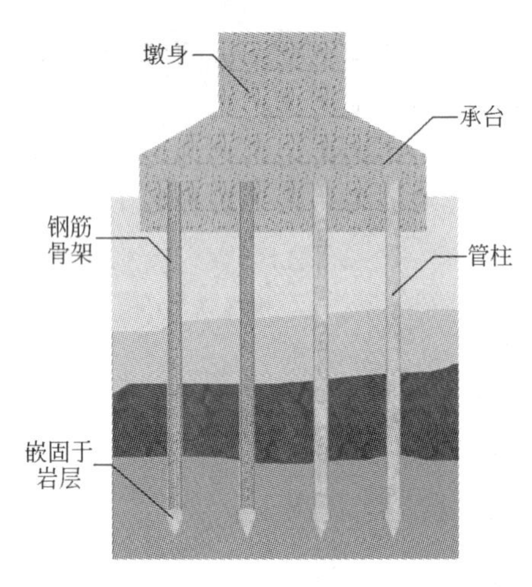

墩身
承台
钢筋
骨架
管柱
嵌固于
岩层
可填充混凝土或钢筋混凝土，甚至作成部分空心体。柱体有钢筋混凝土、预应力混凝土和钢管柱3种类型。
作用在承台的上部荷载通过管柱传递到深层的密实土或岩层上。

图 2.43　管柱基础构成

管柱基础主要由承台、多柱式柱身和嵌岩柱基3部分组成，管柱基础构成如图2.43所示。柱身一般包括管柱体、连接盘和管靴3部分。

1. 管柱基础分类

管柱基础的类型，按地基土的支承情况划分为支承式管柱基础和摩擦式或支承及摩擦式管柱基础。当管柱穿过土层落于基岩上或嵌于基岩中，则柱的支承力主要来自柱端岩层的阻力，称为支承式管柱基础；当管柱下端未达基岩，则柱的支承力将同时来自柱侧土的摩擦力和柱端土的阻力，称为摩擦式或支承及摩擦式管柱基础。

如为多柱式基础，也可以按承台位置的高低分为低承台管柱基础和高承台管柱基础。由于管柱直径甚大(我国习惯上做成1.2m以上)，虽为高承台基础，仍具有足够的刚度，如无特殊要求(如水平力过大)，常在桥梁工程中采用，以省工省料。在地基密实而均匀、桥墩不高的条件下，甚至把承台提高到桥墩墩帽位置，从而省去墩身。

2. 管柱基础施工特点与施工工艺

管柱基础宜在水文地质条件复杂，深水岩面不平、无覆盖层或覆盖层很厚时使用，其施工在水面上进行，可避免在水下和高气压下作业，有利于工人健康，且不受季节性影响，因使用机械操作全过程，故能改善劳动条件、提高工作效率、加快工程进度。

管柱是在工厂或工地预制的钢、钢筋混凝土或预应力混凝土短管节，在工地接长，用振动或扭摆方法使其强迫沉入土中，同时在管内进行钻、挖或吸泥，以减少下沉阻力。

如管柱落于基岩，可利用管壁作套管进行凿岩钻孔，再填筑钢筋混凝土，使管柱锚于基岩，以增加基础稳定性和支承能力。也有先在地层中钻成大直径孔，再将预制管柱插入孔中，并在柱壁与孔壁之间压入水泥沙浆，使管柱与土层紧密连接，以提高承载力。

管柱基础的施工工艺包括检查管柱质量、管柱下沉、钻岩与清孔以及填充水下混凝土等基本工序。

1）检查管柱质量

预制管柱宜采用离心、强振或辊压以及高压釜蒸养等工艺。管节下沉前，应遵循施工规范要求，严格检验管柱成品的质量，根据成品管节检验资料及设计所需每根管柱长度，组合配套，做好标志，使整根管柱的曲折度满足设计要求。

2）管柱下沉

柱下沉应根据覆盖层土质和管柱下沉深度等采用不同的施工方法，如有振动沉桩机振动下沉、振动与管内除土下沉、振动配合吸泥机吸泥下沉、振动配合高压射水下沉、振动配合射水、射风、吸泥下沉等。振动下沉速度的最低限值，也需要依据土质、管柱下沉深度、结构特点、振动力大小及其对周围建筑设施的影响等具体情况确定，每次连续振动时间不宜超过 5min。

3）钻岩与清孔

按 2.2 节所述方法进行钻岩与清孔的施工。

4）填充水下混凝土

为防止孔壁坍塌或流沙淤入孔内，每孔钻岩完成后，应迅速进行清孔和填充水下混凝土；要避免填充水下混凝土时，砂浆流入相邻钻孔内；为使钻孔混凝土和孔底岩体粘结良好，开始填充混凝土前冲去残留渣物，在渣物尚未沉淀时，立即浇筑混凝土；导管埋入混凝土的深度不宜小于 1.0m，但也不宜过大，应尽量促使导管周围混凝土流动，防止混凝土开始硬化时与导管粘结成块。

思维拓展

建筑物整体平移技术

建筑物“整体平移”是将大楼与原地基切离，转换到一个下部有滚轴或滚轮的托架上，使建筑物形成一个可移动体，然后通过牵引设备将其移动并固定到新基础上，如图 2.44 所示。一般旧城改造、道路拓宽、文物保护、节约环保等是建筑物被整体平移的主要原因。

建筑物的整体平移技术最早出现在 20 世纪 20 年代。出于对尚处于健康期的建筑物和具有历史文化价值建筑物的珍爱与保护，以及对减尘、降噪以及减少建筑垃圾等环保的要求，西方发达国家不惜重金率先运用整体平移技术将建筑物转移到合适位置予以重新利用和保护。

我国掌握建筑物移位技术约在 20 世纪 80 年代，比西方发达国家晚了 60 年。但是近年来随着大规模的城市建设和城市改造，中国的建筑物平移技术发展迅速、日臻成熟，并且独创了新技术，已经达到世界领先水平。至目前为止，我国已有上百个成功的迁移实例，超过国外大楼迁移例的总和。

·美国百年老屋的平移实例·

据报道，西蒙夫妇相中一座建于 19 世纪 80 年代的砖房并打算将其买下，但得知这座房子很快就要被拆掉。于是二人立即和开发公司进行联系，得到的答复竟然是：他们可以免费获得这座房子，但前提是必须将它彻底搬走。

这对执着的夫妇请来专业人士重新安置这座480t重、21m长、拥有4间卧室的住宅(图2.45)。工人们首先用推土机在房屋地基下2～3m深的地方进行挖掘。接着，他们在钢梁底下装上多达64个液压千斤顶。当这些千斤顶同时工作时，巨大的力量将房子彻底抬离了地面。这座住宅最终就位于距离原来900多米以外的空地上。

图2.44　建筑物的平移

图2.45　平移的老屋

职业技能

<table>
<tr><th colspan="3">技能要点</th><th>掌握程度</th><th>应用方向</th></tr>
<tr><td colspan="3">各类基础的施工要点及质量要求</td><td>了解</td><td rowspan="5">土建
施工员</td></tr>
<tr><td colspan="3">预制桩的施工要点及质量要求</td><td>掌握</td></tr>
<tr><td colspan="3">灌注桩的施工要点及质量要求</td><td>熟悉</td></tr>
<tr><td colspan="3">打钎验槽及地基处理</td><td>掌握</td></tr>
<tr><td colspan="3">桩基础中桩的分类</td><td>掌握</td></tr>
<tr><td rowspan="3">基本规定</td><td colspan="2">子分部工程的划分</td><td>了解</td><td rowspan="13">土建
质检员</td></tr>
<tr><td colspan="2">施工前应掌握的必要材料</td><td>了解</td></tr>
<tr><td colspan="2">施工过程中出现异常情况的处理</td><td>熟悉</td></tr>
<tr><td rowspan="6">地基</td><td colspan="2">施工应具备的资料</td><td>了解</td></tr>
<tr><td colspan="2">间歇期的确定</td><td>了解</td></tr>
<tr><td colspan="2">材料的质量与检验</td><td>熟悉</td></tr>
<tr><td colspan="2">地基加固</td><td>熟悉</td></tr>
<tr><td colspan="2">地基强度或承载力检验及检验数量</td><td>掌握</td></tr>
<tr><td colspan="2">其他主控项目和一般项目的检验</td><td>掌握</td></tr>
<tr><td rowspan="4">桩基础</td><td colspan="2">桩基础工程一般规定、桩基础工程分项工程的划分</td><td>了解</td></tr>
<tr><td rowspan="3">静力压桩、先张法预应力桩、混凝土预制桩、钢桩、混凝土灌注桩</td><td>质量控制及施工要点</td><td>熟悉</td></tr>
<tr><td>主控项目及检验方法</td><td>掌握</td></tr>
<tr><td>一般项目及检验方法</td><td>掌握</td></tr>
</table>

（续）

技能要点	掌握程度	应用方向
有关桩基及基坑支护的施工工艺	了解	土建预算员
打桩、打加桩、坑底打桩、送桩、截桩、接桩的定义	了解	
基础桩与护坡桩的区别	掌握	
人工挖孔灌注桩、钢板桩、地基强夯、喷射混凝土支护、锚杆、地下连续墙及其他项目的定额应用	掌握	

习　　题

一、选择题

1. 锤击沉桩法施工，不同规格钢筋混凝土预制桩的沉桩顺序是(　　)。【2011年一级建造师考试考试《建筑工程》真题】

A. 先大后小，先短后长　　B. 先小后大，先长后短

C. 先大后小，先长后短　　D. 先小后大，先短后长

2. 预制桩的垂直偏差应控制的范围是(　　)。

A. 1%之内　　B. 3%之内　　C. 2%之内　　D. 1.5%之内

3. 施工时无噪音，无振动，对周围环境干扰小，适合城市中施工的是(　　)。

A. 锤击沉桩　　B. 振动沉桩　　C. 射水沉桩　　D. 静力压桩

4. 摩擦型灌注桩采用锤击沉管法成孔时，桩管入土深度的控制以(　　)为主，以(　　)为辅。

A. 标高，贯入度　　B. 标高，垂直度　　C. 贯入度，标高　　D. 垂直度，标高

5. 在起吊时预制桩混凝土的强度应达到设计强度等级的(　　)。

A. 50%　　B. 100%　　C. 75%　　D. 25%

6. 干作业成孔灌注桩采用的钻孔机具是(　　)。

A. 螺旋钻　　B. 潜水钻　　C. 回转站　　D. 冲击钻

7. 沉桩施工的要求(　　)。【2010年一级建造师考试考试《建筑工程》真题】

A. 重击低垂　　B. 先沉坡脚，后沉坡顶

C. 先沉浅的，后沉深的　　D. 重锤低击

8. 对打幢桩锤重的选择影响最大的因素是(　　)。

A. 地质条件　　B. 桩的类型

C. 桩的密集程度　　D. 单桩极限承载力

9. 在泥浆护壁成孔灌注桩施工中埋设护筒时，护筒中心与桩位中心的偏差不超过(　　)。

A. 10mm　　B. 20mm　　C. 30mm　　D. 50mm

10. 下列关于沉入桩施工的说法中错误的是(　　)。【2009 年一级建造师考试考试《建筑工程》真题】

A. 当桩埋置有深浅之别时，宜先沉深的，后沉浅的桩

B. 在斜坡地带沉桩时，应先沉坡脚，后沉坡顶的桩

C. 当桩数较多时，沉桩顺序宜由中间向两端或向四周施工

D. 在砂土地基中沉桩困难时，可采用水冲锤击法沉桩

二、简答题

1. 简述地基处理的目的及常用方法。

2. 简述钻孔灌注桩的施工工序。

3. 简述确定基础埋置深度需要考虑的因素。

4. 简述沉井基础的适用场合。

三、案例分析

1. 某市迎宾大桥工程采用沉入桩基础，在平面尺寸为 5m×30m 的承台下，布置了 148 根桩，为群众形式；顺桥方向 5 行桩，桩中心距为 0.8m，横桥方向 29 排，桩中心距 1m，桩长 15m，分两节采用法兰盘等强度接头，由专业公司分包负责沉桩作业，合同工期为一个月。项目部编制的施工组织设计拟采取如下技术措施。

(1) 为方便预制，桩节长度分为 4 种，期中 72 根上节长 7m，下节长 8m(带桩靴)，73 根上节长 8m，下节长 7m，81 根上节长 6m，下节长 9m，其余剩下的上节长 9m，下节长 6m。

(2) 为了挤密桩间，增加桩与土体的摩擦力，打桩顺序定位四周向中心打。

(3) 为防止桩顶或桩身出现裂缝、破碎，决定以贯入度为主控制。

【问题】

(1) 项目部预制桩分节和沉桩方法是否符合规定?

(2) 在沉桩过程中，遇到哪些情况应暂停沉桩? 并分析原因，采取有效措施。

(3) 在沉桩过程中，如何妥善掌握控制桩尖标高与贯入度的关系?

第3章

砌体工程

重点概览
体工程准备工作
体施工工艺
体冬期、雨期施工

砌体工程是指砖、石和各种砌块的施工。砖石砌体在我国有悠久的历史，它取材方便、施工简单、造价低廉，目前在中小城市、农村仍是建筑施工中的主要工种之一。但其施工仍以手工操作为主，劳动强度大，生产率低，而且烧制粘土砖占用大量农田，耗费大量能源，因此采用新型墙体材料、改进砌体施工工艺是砌体工程改革的重点。

学习要点

- 了解砌筑材料的性能、脚手架形式、垂直运输机械的选择和砌砖施工的组织方法；
- 掌握砖砌体施工工艺、质量要求及保证质量和安全的技术措施；掌握石砌墩台的施工工艺及质量要求；
- 了解中小型砌块的种类、规格及安装工艺；掌握砌块排列组合及错缝搭接要求；
- 了解砌体常见质量通病及防治措施。

主要国家标准

- 《砌体结构工程施工质量验收规范》GB 50203—2011
- 《砌体结构设计规范》GB 50003—2011
- 《建筑抗震设计规范(附条文说明)》GB 50011—2010
- 《砌筑砂浆配合比设计规程》JGJ/T 98—2010
- 《混凝土小型空心砌块建筑技术规程》JGJ/T 14—2011
- 《建筑施工扣件式钢管脚手架安全技术规范》JGJ 130—2011
- 《建筑施工碗扣式钢管脚手架安全技术规范》JGJ 166—2008
- 《建筑工程冬期施工规程》JGJ/T 104—2011
- 《砌体结构工程施工规范》GB 50924—2014

案例导航

某5层住宅突然倒塌

近年来，砌体结构经常出现由于墙体开裂引发的工程质量问题，并发生多起因承重墙首先破坏而导致建筑物整体倒塌的事故。在这些事故中，有的是因设计错误，有的则是施工质量低劣造成的。

2009年宁波一幢5层居民楼发生倒塌，所幸住户在事发前8h全部撤离，未造成人员伤亡(图3.1)。经专家现场勘查鉴定，认为房屋倒塌的原因是施工质量差。具体情况为，倒塌房屋的砌筑砂浆粉化后强度接近零；砌筑方式不规范，墙体断砖较多；砖强度等级低；钢筋混凝土构件中混凝土离析，蜂窝麻面，导致混凝土强度低；块石基础为干砌，不符原设计要求。

图3.1　楼房倒塌

【问题讨论】

1. 在你生活周围有墙体开裂的建筑吗？一般裂缝出现在哪些部位？
2. 在砌筑施工中，如何确保砌筑砂浆的强度？

3.1 砌体工程准备工作

3.1.1 砌体材料准备与运输

1. 砌筑材料

砌体工程所用的材料包括砖、石、砌块和砂浆。砌体工程所用的材料应有产品的合格证书、产品性能检测报告。块材、水泥、钢筋、外加剂等尚应有材料主要性能的进场复验报告。严禁使用国家明令淘汰的材料。

1）块材

砌筑用砖根据使用材料和制作方法的不同可分为烧结普通砖、烧结多孔砖、蒸压灰砂砖、蒸压粉煤灰砖等。各种块材的组成原料、规格尺寸、强度等级见表3-1。

表 3-1 常用块材的原料、规格尺寸和强度等级

<table>
<tr><th colspan="2">砌筑材料</th><th>原 料</th><th>规格尺寸</th><th>强度等级</th></tr>
<tr><td rowspan="4">砖</td><td>烧结普通砖</td><td rowspan="2">粘土、页岩、煤矸石、粉煤灰</td><td>240mm×115mm×53mm</td><td rowspan="2">MU30、MU25、MU20、MU15、MU10</td></tr>
<tr><td>烧结多孔砖</td><td>190mm×190mm×90mm(M型)
240mm×115mm×90mm(P型)</td></tr>
<tr><td>蒸压灰砂砖</td><td>石灰、砂</td><td rowspan="2">240mm×115mm×53mm</td><td rowspan="2">MU25，MU20，MU15，MU10</td></tr>
<tr><td>蒸压粉煤灰砖</td><td>粉煤灰、石灰或水泥、石膏、骨料</td></tr>
<tr><td rowspan="3">混凝土小型砌块</td><td>普通混凝土小型空心砌块</td><td>水泥、砂、石、水、外加剂</td><td rowspan="3">390mm×190mm×190mm
(主规格)</td><td>MU3.5、MU5.0、MU7.5、MU10.0、MU15.0、MU20.0</td></tr>
<tr><td>粉煤灰小型空心砌块</td><td>粉煤灰、水泥、各种轻重集料、水、外加剂</td><td>MU2.5、MU3.5、MU5.0、MU7.5、MU10.0、MU15.0</td></tr>
<tr><td>轻集料混凝土小型砌块</td><td>轻集料(陶粒、浮石、煤矸石、煤渣等)、水泥、普通砂、外加剂、掺合料(粉煤灰、磨细矿渣粉等)</td><td>MU1.5、MU2.5、MU3.5、MU5、MU7.5、MU10</td></tr>
<tr><td rowspan="2">轻质砌块</td><td>蒸压加气混凝土砌块</td><td>水泥、砂、水、外加剂、掺合料</td><td>长600mm，宽100mm、125mm、150mm、200mm、250mm、300mm或120mm、180mm、240mm，高200mm、250mm、300mm</td><td>A1.0、A2.0、A2.5、A3.5、A5.0、A7.5、A10</td></tr>
<tr><td>石膏砌块</td><td>水、石膏粉、轻集料、外加剂等</td><td>长为666mm，高为500mm，厚度为60mm、80mm、90mm、100mm、110mm和120mm</td><td>不小于3.5MPa</td></tr>
<tr><td rowspan="2">石材</td><td>毛石</td><td rowspan="2">花岗岩、石灰岩、白云岩、砂岩等</td><td>中部厚度不小于150mm，挡土墙用毛石中部厚度不小于200mm</td><td rowspan="2">MU100、MU80、MU60、MU40、MU30 MU20</td></tr>
<tr><td>料石</td><td>宽度、高度不小于200mm，长度不宜大于宽度的4倍</td></tr>
</table>

资料袋

各种块材的适用范围

蒸压灰砂砖不得用于长期受热200℃以上，受骤热骤冷和有酸性介质侵蚀的建筑部位。灰砂砖可用于工业与民用建筑的墙体和基础，但用于基础及其他建筑部位时，其强度必须为MU15和MU15以上，MU10级砖可用于防潮层以上的砌体。

粉煤灰砖可用于工业和民用建筑的墙体和基础，但用于基础或用于易受冻融和干湿交替作用的建筑部位必须使用MU15及以上强度等级的砖。粉煤灰砖不得用于长期受热(200℃以上)、受急冷急热和有酸性介质侵蚀的建筑部位。

毛石在砌筑工程中一般用于基础、挡土墙、护坡、堤坝和墙体，粗料石一般用于基础、房屋勒脚和毛石砌体的转角部位，或单独砌筑墙体。细料石可用于砌筑较高级房屋的台阶、勒脚和墙体等，也可用于高级房屋饰面的镶贴。

蒸压加气混凝土砌块不得用于建筑物±0.000 以下(地下室的室内填充墙除外)部位；长期浸水或经常干湿交替的部位；受化学侵蚀的环境，如强酸、强碱或高浓度二氧化碳等环境。

2）砂浆

砂浆是由胶结材料、细骨料、掺加料、外加剂和水按一定比例配制而成的。常用的砌筑砂浆有水泥砂浆、石灰砂浆和混合砂浆。砌筑砂浆的强度等级分为 M2.5、M5、M7.5、M10、M15 5 个等级(表 3-2)。砂浆种类及等级的选择应根据设计要求确定。

表 3-2　砂浆分类、原材料及施工注意事项

原料选用			施工注意事项		
砂	水	掺合料和外加剂	砂浆替代	施工使用时间	搅拌机搅拌时间
宜选用中砂，毛石砌体宜选用粗砂，最大粒径应为砂浆层厚度的 1/4～1/5。砂中不得含有有害杂质，含泥量过大时会影响砂浆的质量。砌筑砂浆中用砂的含泥量不超过 5%	自来水或天然洁净可供饮用的水	生石灰须经熟化，严禁使用脱水硬化的石灰膏；微沫剂(松香和氢氧化钠)的一般掺量为水泥重的 0.05%，可以取代砂浆中的部分石灰膏	施工中不应采用强度等级小于 M5 水泥砂浆替代同强度等级水泥混合砂浆，如需替代，应将水泥砂浆提高一个强度等级	应随拌随用，拌制的浆应分别在 3h 内使用完毕；当施工期间最高气温超过 30℃时，应在拌成后 2h 内使用完毕	拌和时间自投料完毕算起，水泥砂浆和水泥混合砂浆，不得少于 2min，粉煤灰砂浆及掺用外加剂的砂浆，不得少于 3min；掺用有机塑化剂的砂浆，应为 3～5min

水泥砂浆可用于基础、长期受水浸泡的地下室和强度要求较高的砌体。石灰砂浆一般用于干燥环境及强度要求不高的砌体，不宜用于潮湿环境的砌体。混合砂浆由于和易性好、便于施工被广泛地用于地面以上的砌体。

资料袋

生石灰的熟化

建筑生石灰宜选用烧透的生石灰块，进场后随即淋化成石灰膏。淋化石灰膏时应先将生石灰块轻轻放入化石灰池，及时加水使石灰块吸水溶化，将已吸水溶化的石灰浆，再通过孔径不大于 3mm×3mm 的筛网过滤，沉入贮石灰膏池中充分熟化，熟化的时间不得少于 7d。建筑生石灰粉的熟化时间不得少于 2d。石灰熟化过程中应防止失水而使上部干燥，还要防止冻结和污染，冬期要防止受冻粉化而失效。

2. 垂直运输设施

垂直运输设施是担负垂直输送材料和施工人员上下的机械设备和设施。砌筑施工过程中，各种材料(砖、砂浆)、工具(脚手架、脚手板)及预制构件安装时，垂直运输量较大，需要合理地选择用垂直运输设施。多层砌筑工程中常用的垂直运输设施有塔式起重机、井架、龙门架、独杆提升机、建筑施工电梯等。

1）塔式起重机

机身为塔架式结构的全回转动臂架式起重机，具有提升、回转、水平输送等功能，其垂直和水平吊运长、大、中的物料的能力远远超过其他垂直运输设备。

2）井架

井架的特点是取材方便，结构稳定性好，运输量大，可以搭设较高的高度(50m 以上)，是施工中最常用、最简便的垂直运输设施，如图 3.2 所示。

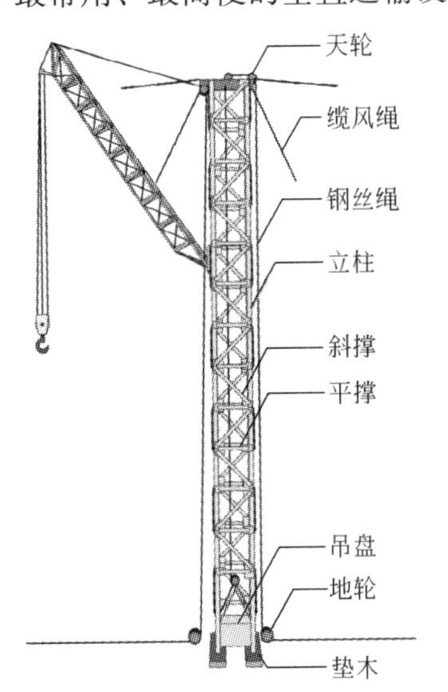

一般用型钢或钢管支设，也可用脚手架材料搭设而成，并配置吊篮、天梁、卷扬机，还可根据需要设置拔杆形成垂直运输系统。井架的起重能力5~10kN，回转半径可达10m。井架多为单孔井架，但也可构成两孔或多孔井架。随着高层和超高层建筑的发展，搭设高度超过100m的附着式高层井架越来越多的应用并取得很好的效果。

图 3.2　普通型钢井架

3）龙门架

龙门架是以地面卷扬机为动力由两根立柱及横梁构成的门式架体的提升机，如图 3.3 所示。近年来为适应高层施工的需要，采用附着方式的龙门架技术得到较快的发展。

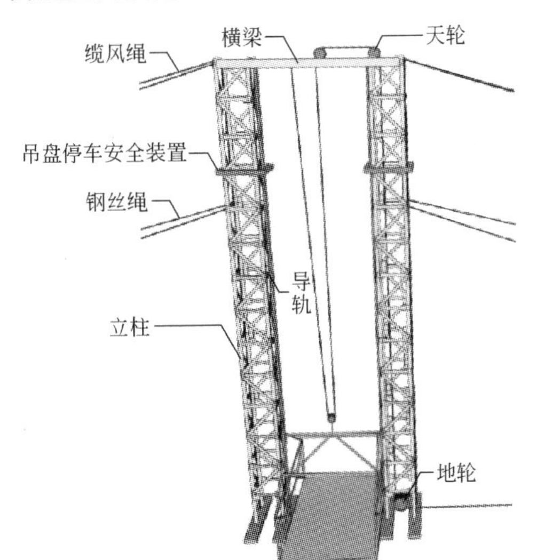

立柱是由若干个格构柱用螺栓拼装而成，而格构柱是用角钢及钢管焊接而成或直接用厚壁钢管构成。在龙门架上设有滑轮、导轨、吊盘、安全装置以及起重索、缆风绳等构成垂直运输体系。根据立柱结构不同，龙门架高度为15~30m，起重量为5~12kN。

图 3.3　龙门架

4）建筑施工电梯

建筑施工电梯(施工升降机)是高层建筑施工中主要的垂直运输设备，由垂直井架和导轨式外用笼式电梯组成，多数为人货两用型，其载重量为10～20kN，每笼可乘人员12～25人。电梯附着在外墙或其他结构部位，随建筑物升高，架设高度可达200m以上。

3.1.2 砌筑用脚手架

脚手架是土木建筑工程施工必需的重要设施，是为保证高处作业安全、顺利进行施工而搭设的工作平台或作业通道。工人砌筑砖墙时，劳动生产率受砌体的砌筑高度影响，在距地面0.6m左右时生产效率最高，砌筑到一定高度后就必须搭设脚手架。考虑到砌墙工作效率及施工组织等因素。在地面或楼面上砌墙时，砌到1.2m左右时应搭设脚手架后再继续砌筑。

1. 脚手架的分类及基本要求

脚手架的种类很多，按其搭设位置分为外脚手架和里脚手架；按其所用材料分为木脚手架、竹脚手架和金属脚手架；按构造形式分为多立杆式、框式、桥式、吊式、挂式、升降式等。

对脚手架的基本要求是，宽度应满足工人操作、材料堆放及运输的要求；有足够的强度、刚度及稳定性；构造简单、搭拆搬运方便、能多次周转使用。

2. 外脚手架

外脚手架是搭设在外墙外面的脚手架，其主要结构形式有钢管扣件式、碗扣式、门式、悬挑脚手架和吊脚手架等。

1）扣件式钢管脚手架

(1)扣件式钢管脚手架的构配件。

扣件式钢管脚手架由立杆、大横杆(纵向水平杆)、小横杆(横向水平杆)、斜撑、脚手板等组成，是我国目前土木建筑工程中应用最为广泛的一种脚手架，如图3.4所示。

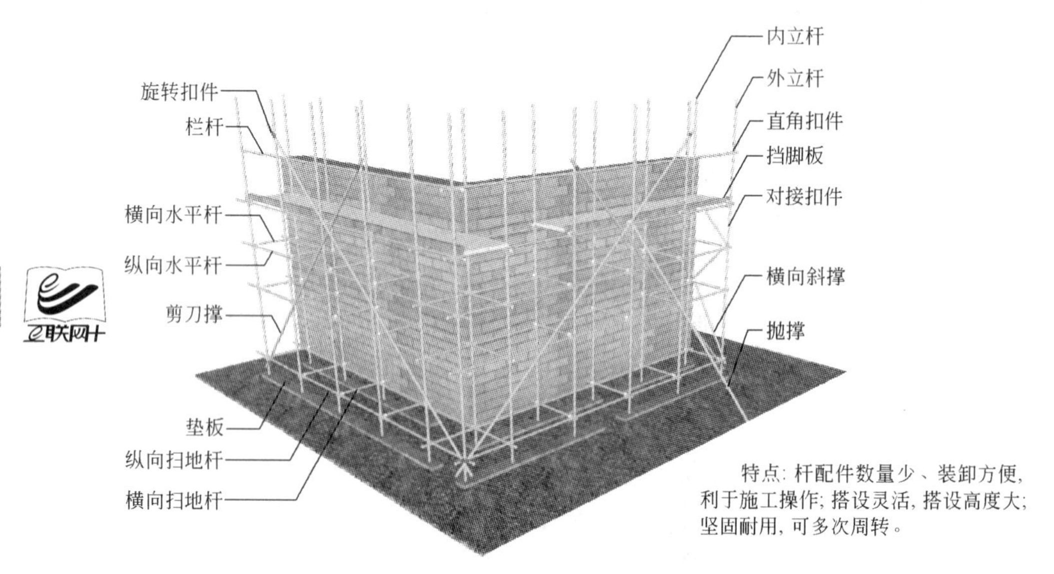

图3.4 扣件式钢管脚手架

扣件式是钢管脚手架按其布置分为单排和双排两种，其杆件一般采用外径 48.3mm、壁厚 3.6mm 的焊接钢管。用于立杆、大横杆和斜撑的钢管长度以 4～6.5m，这样最大重量不超过 25.8kg，适合人工搬运。用于小横杆的钢管长度为 1.8～2.2m，以适应脚手架宽的需要。

扣件式钢管脚手架的扣件有可锻铸铁铸造扣件与钢板压制扣件两种，由于可锻铸铁铸造扣件已有国家产品标准和专业检测单位，质量易于保证，所以宜选用可锻铸铁铸造扣件。扣件的基本形式有直角扣件(用于两根呈垂直交叉钢管的连接)、回转扣件(用于两根呈任意角度相交钢管的连接)和对接扣件(用于两根钢管对接连接)，如图 3.5 所示。

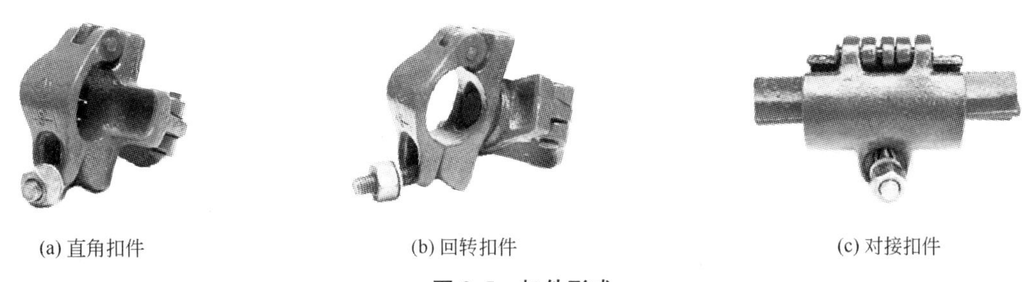

(a) 直角扣件　(b) 回转扣件　(c) 对接扣件

图 3.5　扣件形式

底座是用于承受脚手架立杆传递下来的荷载，有可锻铸铁铸造的标准底座与焊接底座两种。可锻铸铁铸造底座的底板厚 10mm，直径为 150mm，插芯直径为 36mm，高为 150mm。焊接底座如图 3.6 所示。

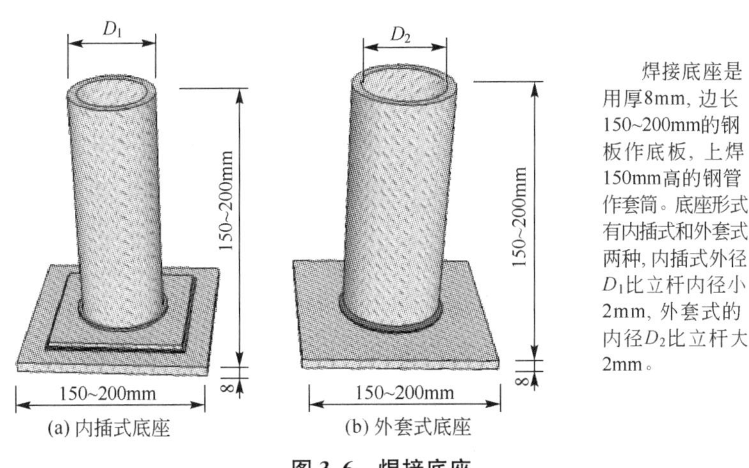

(a) 内插式底座　(b) 外套式底座

图 3.6　焊接底座

连墙件将立杆和主体结构连接在一起，可有效防止脚手架的失稳和倾覆。连墙件构造须采用刚性连接，如图 3.7 所示。

(2) 扣件式钢管脚手架的搭设要求。

① 扣件式钢管脚手架搭设时地基要平整坚实，铺设垫板和底座，并做好排水处理，防止积水浸泡地基。

② 脚手架立杆的横距(单排脚手架为立杆至墙面距离)为 1.05～1.5m(高层架子不大于 1.2m)，双排脚手架里排立杆离墙 0.4～0.5m；纵距为 1.2～2.0m。单排脚手架搭

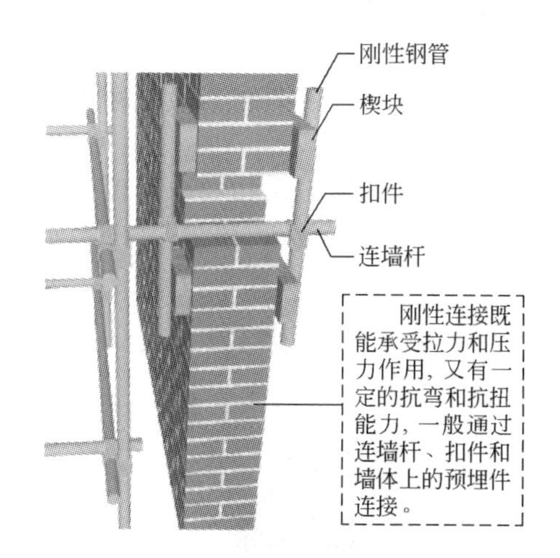

刚性钢管
楔块
扣件
连墙杆
刚性连接既能承受拉力和压力作用，又有一定的抗弯和抗扭能力，一般通过连墙杆、扣件和墙体上的预埋件连接。

图 3.7　连墙件(刚性连接)

设高度不应超过 24m；双排脚手架搭设高度不宜超过 50m，高度超过 50m 的双排脚手架，应采用分段搭设措施。相邻立杆接头位置应错开布置在不同的步距内，与相邻大横杆的距离不宜大于步距的 1/3。立杆垂直偏差应不大于架高 1/300，并同时控制其绝对偏差值。

③ 大横杆的步距为 1.2～1.8m(砌筑脚手架不宜大于 1.5m)。两相邻大横杆的接头不应设置在同步或同跨内，两个相邻接头在水平方向错开的距离不应小于 500mm；各接头中心至最近主节点的距离不应大于纵距的 1/3。同一排大横杆的水平偏差不大于该片脚手架总长度的 1/200，且不大于 50mm。

④ 小横杆应贴近立杆布置，搭于大横杆之上并用直角扣件扣紧，在相邻立杆之间宜根据脚手板需要加设 1 根或 2 根。当为单排设置时，小横杆的一头搁入墙内不少于 180mm，一头搁于大横杆上，至少伸出 100mm；当为双排布置时，小横杆端头距离墙装饰面的距离不应大于 100mm。

⑤ 高度在 24m 及以上的双排脚手架应在外侧全立面连续设置剪刀撑；高度在 24m 以下的单、双排脚手架，均须在外侧两端、转角及中间间隔不超过 15m 的立面上，各设置一道剪刀撑，并应由底至顶连续设置。每道剪刀撑宽度不应小于 4 跨，且不应小于 6m，斜杆与地面夹角为 45°～60°。剪刀撑斜杆用旋转扣件固定在与之相交的横向水平杆的伸出端或立杆上，旋转扣件中心线至主节点的距离不应大于 150mm。

⑥ 连墙件应从底层第一步纵向水平杆开始布置；并应靠近主节点设置，偏离主节点的距离不应大于 300mm。连墙件宜优先选用菱形布置，也可采用方形、矩形布置。一字型、开口型脚手架的两端必须设置连墙件。连墙件的垂直间距不应大于建筑物的层高，并不应大于 4m(两步)。连墙件中的连墙杆应呈水平设置，当不能水平设置时，应向脚手架一端下斜连接。对高度大于 24m 的双排脚手架，必须采用刚性连墙件与建筑物可靠连接。

⑦ 脚手架拆除时应由上而下逐层进行，严禁上下同时作业。连墙件应随脚手架逐层拆除，严禁先拆除连墙件整层或数层后再拆脚手架；分段拆除高差不大于两步。

2）碗扣式钢管脚手架

碗扣式钢管脚手架是我国在吸取国外先进技术的基础上自行研制的一种多功能脚手架，其杆件节点采用碗扣承插连接。因为碗扣是固定在钢管上，构件全部轴向连接，力学性能好，其连接可靠，组成的脚手架安全稳固，而且功效高，扣件不易丢失，它是一种有广泛发展前景的新型脚手架。

碗扣式钢管脚手架由立杆、横杆、斜杆、剪刀撑、底座、碗扣接头等组成，其核心部件是碗扣接头。碗扣接头是由上碗扣、下碗扣、横杆接头和上碗扣限位销组成，如图 3.8所示。碗扣处可同时连接 4 根横杆，可组成直线形、曲线形、直角交叉形等多种形式。

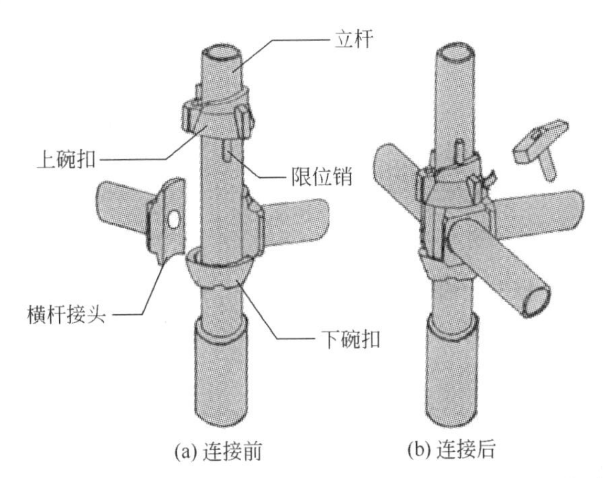

每套碗扣接头在立杆或横杆上的间距为600mm，下碗扣焊在钢管上，上碗扣对应地套在钢管上，其销槽对准焊在钢管上的限位销即能上下滑动。横杆是在钢管两端焊接横杆接头制成。组装时，将横杆和斜杆插入碗扣内，将上碗扣沿限位销扣下，并顺时针旋转，靠上碗扣螺旋面使之与限位销顶紧，从而将横杆和立杆牢固地连在一起。

图 3.8　碗扣接头构造

3）门式钢管脚手架

门式钢管脚手架是 20 世纪 70 年代从国外引进的一种多功能脚手架，是当今国际上应用最普遍的脚手架之一。门式钢管脚手架是由门式框架、交叉支撑、连接器和水平梁架或脚手板构成基本单元，如图 3.9 所示。

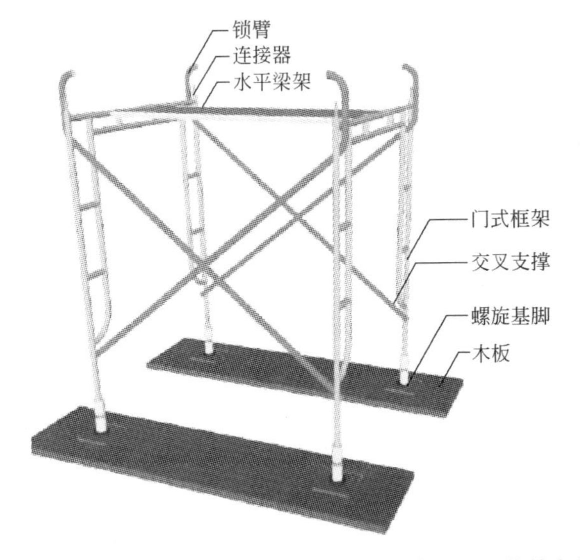

门式脚手架是在工厂生产、现场拼装的，几何尺寸标准化，结构合理，受力性能较好，施工中装拆容易，安全可靠、经济适用。因此，广泛用于建筑、桥梁、隧道、地铁等工程施工，既可用作外脚手架，也可用作移动式里脚手架或满堂脚手架。门架下如果装上轮子，还可作为机电安装、油漆粉刷、设备维修、广告制作的活动工作平台。

图 3.9　门式钢管脚手架的基本单元

将基本单元通过连接棒在竖向叠加，扣上锁臂，组成一个多层框架，用水平加固杆、剪刀撑、扫地板、封口杆、托座和底座使相邻单元再连成整体，并采用连墙件与建筑物主体结构相连构成标准化钢管脚手架，如图 3.10 所示。

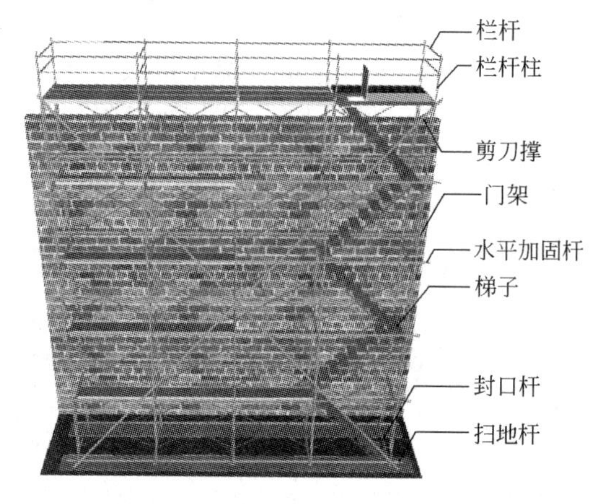

栏杆
栏杆柱
剪刀撑
门架
水平加固杆
梯子
封口杆
扫地杆
门架立杆离墙面净距不宜大于150mm; 大于150mm时应采取内挑架板或其他防护措施。
在脚手架的顶层门架上部、连墙件设置层、防护棚设置处必须设置水平架，当脚手架搭设高度≤45m时，沿脚手架高度，水平架应至少两步一设；当脚手架搭设高度>45m时，应每步设一道水平架。
脚手架高度超过20m时，应在脚手架外侧每隔4步设置一道水平加固杆加强脚手架，并宜在有连墙件的水平层设置；纵向水平加固杆宜连续形成水平闭合圈。
脚手架须采用连墙件与建筑物有可靠连接，通常连墙件的垂直和水平间距为4~6m，在脚手架的转角处及不闭合脚手架的两端需适当加密。

图 3.10　标准化钢管脚手架

3. 里脚手架

里脚手架搭设于建筑物内部，每砌完一层墙后，将其转移到上一层楼面继续砌筑，也可用于室内装修施工。里脚手架装拆频繁，因此要求轻便灵活、装拆方便。施工中，通常做成工具式里脚手架，结构形式有折叠式、支柱式和门架式。

折叠式脚手架按支架材料的不同有角钢折叠式里脚手架、钢管折叠式里脚手架、钢筋折叠式里脚手架。角钢式折叠脚手架如图 3.11 所示。

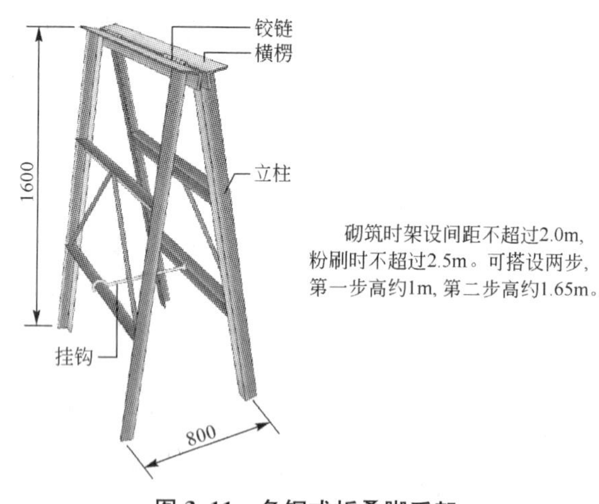

铰链
横楞
立柱
1600
挂钩
800
砌筑时架设间距不超过2.0m，粉刷时不超过2.5m。可搭设两步，第一步高约1m，第二步高约1.65m。

图 3.11　角钢式折叠脚手架

支柱式里脚手架由若干个支柱和横杆组成，上铺脚手板，根据支柱的不同分为套管式支柱里脚手架和承插式支柱里脚手架，如图 3.12(a)、(b)所示。门架式里脚手架由 A 形支架与门架组成，其架设高度为 1.5～2.4m，两片 A 形支架间距 2.2～2.5m，如图 3.12(c)所示。

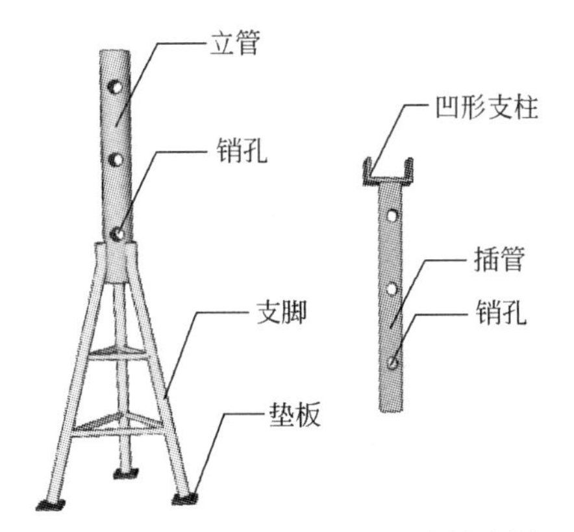

立管
销孔
支脚
垫板
凹形支柱
插管
销孔
搭设时将插管插入立管中，以销孔间距调节脚手架高度，插管顶端的凹形支柱内搁置方木横杆，以便在上面铺设脚手板。这种支柱式脚手架搭的设高度一般在1.57~2.17m范围内。

(a) 套管式支柱

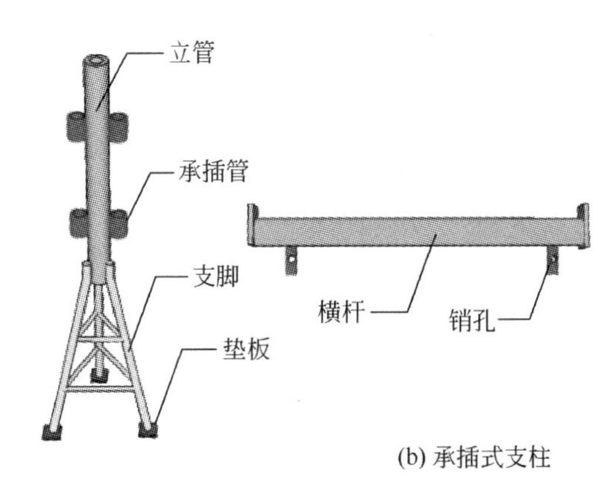

立管
承插管
支脚
垫板
横杆
销孔
在支座的立管上焊有承插管，横杆的销头插入承插管中，可以在横杆上面铺设脚手板。这种支柱式里脚手架的高度有三种，当架设第三步时要加销钉以确保安全。

(b) 承插式支柱

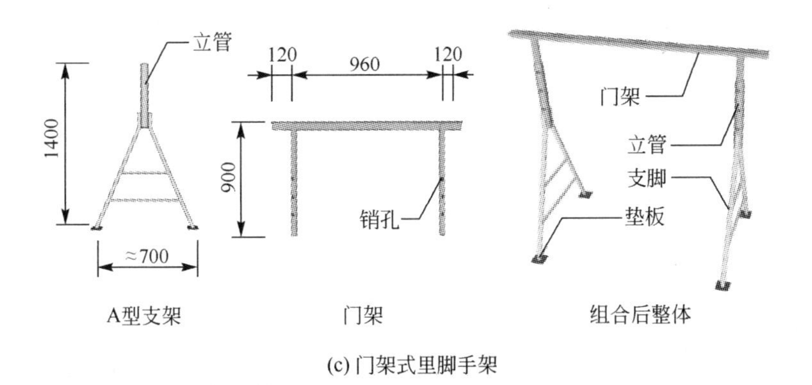

(c) 门架式里脚手架

图 3.12 里脚手架

4. 悬挑脚手架和吊篮

悬挑脚手架是一种利用悬挑在建筑物上支撑结构搭设的脚手架，不需要地面及坚实的基础作脚手架的支承，不占用施工场地，适用于上部有挑出的结构施工和高层建筑脚手架的分段搭设。悬挑脚手架的基本形式有支撑杆式脚手架(图 3.13)和挑梁式脚手架(图 3.14)。吊篮式脚手架如图 3.15 所示。

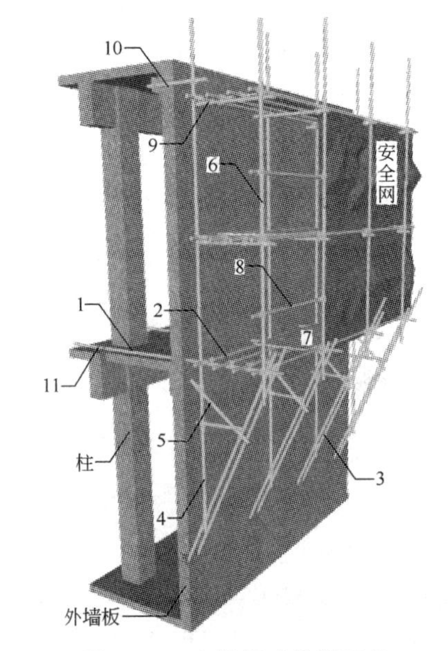

图 3.13 支撑杆式挑脚手架

1—水平横杆；2—大横杆；3—双斜杆；4—内立杆；5—加强短杆；6—外立杆；7—竹笆脚手板；8—栏杆；9—小横杆；10—短钢管与结构拉结；11—与水平杆焊接预埋环

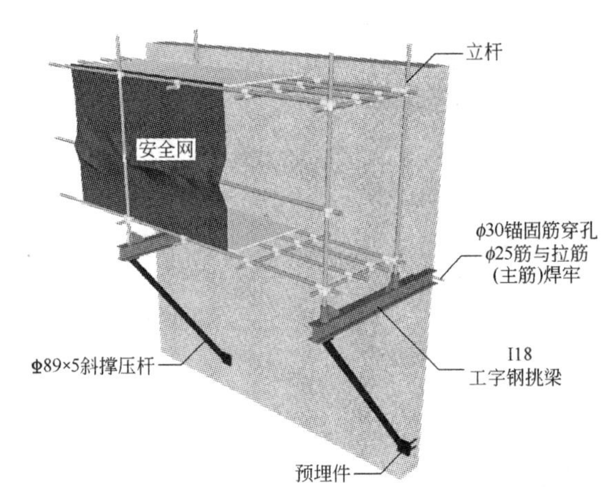

(a) 下撑挑梁式

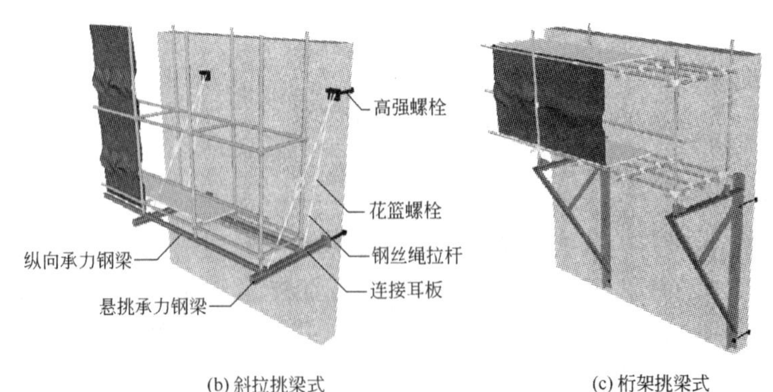

(b) 斜拉挑梁式　　(c) 桁架挑梁式

图 3.14 挑梁式挑脚手架

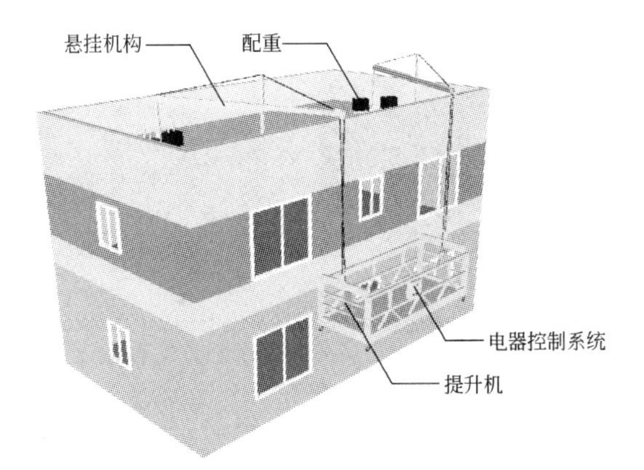

吊篮脚手架主要用于高层建筑施工中的装饰和维修工程，它与外墙壁面满搭脚手架相比，可节省大量钢管材料、节省劳力、缩短工期，且操作灵活方便。吊篮一般有手动和电动两种。

图 3.15　电动吊篮脚手架

3.2 砌体施工

3.2.1　砖砌体施工

1. 砖墙的砌筑工艺

砌砖施工通常包括抄平、放线、摆砖样、立皮数杆、挂准线、铺灰、砌砖等工序。如果是清水墙，还要进行勾缝，具体流程如图 3.16 所示。

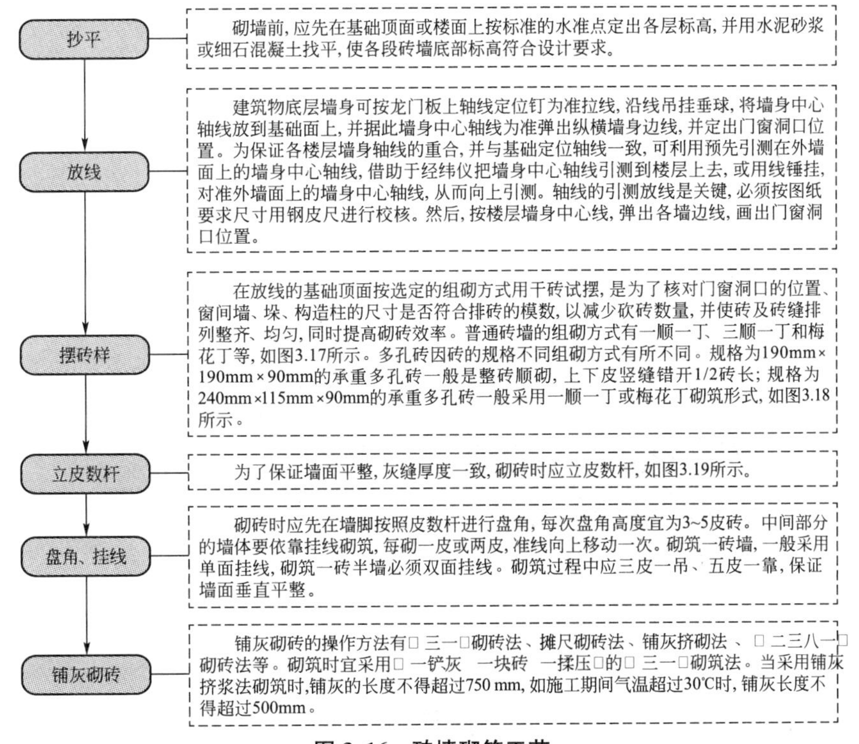

抄平
砌墙前，应先在基础顶面或楼面上按标准的水准点定出各层标高，并用水泥砂浆或细石混凝土找平，使各段砖墙底部标高符合设计要求。
放线
建筑物底层墙身可按龙门板上轴线定位钉为准拉线，沿线吊挂垂球，将墙身中心轴线放到基础面上，并据此墙身中心轴线为准弹出纵横墙身边线，并定出门窗洞口位置。为保证各楼层墙身轴线的重合，并与基础定位轴线一致，可利用预先引测在外墙面上的墙身中心轴线，借助于经纬仪把墙身中心轴线引测到楼层上去，或用线锤挂，对准外墙面上的墙身中心轴线，从而向上引测。轴线的引测放线是关键，必须按图纸要求尺寸用钢皮尺进行校核。然后，按楼层墙身中心线，弹出各墙边线，画出门窗洞口位置。
摆砖样
在放线的基础顶面按选定的组砌方式用干砖试摆，是为了核对门窗洞口的位置、窗间墙、垛、构造柱的尺寸是否符合排砖的模数，以减少砍砖数量，并使砖及砖缝排列整齐、均匀，同时提高砌砖效率。普通砖墙的组砌方式有一顺一丁、三顺一丁和梅花丁等，如图3.17所示。多孔砖因砖的规格不同组砌方式有所不同。规格为190mm×190mm×90mm的承重多孔砖一般是整砖顺砌，上下皮竖缝错开1/2砖长；规格为240mm×115mm×90mm的承重多孔砖一般采用一顺一丁或梅花丁砌筑形式，如图3.18所示。
立皮数杆
为了保证墙面平整，灰缝厚度一致，砌砖时应立皮数杆，如图3.19所示。
盘角、挂线
砌砖时应先在墙脚按照皮数杆进行盘角，每次盘角高度宜为3~5皮砖。中间部分的墙体要依靠挂线砌筑，每砌一皮或两皮，准线向上移动一次。砌筑一砖墙，一般采用单面挂线，砌筑一砖半墙必须双面挂线。砌筑过程中应三皮一吊、五皮一靠，保证墙面垂直平整。
铺灰砌砖
铺灰砌砖的操作方法有□ 三一□砌砖法、摊尺砌砖法、铺灰挤砌法 、□ 二三八一□砌砖法等。砌筑时宜采用□ 一铲灰　一块砖　一揉压□的□ 三一□砌筑法。当采用铺灰挤浆法砌筑时，铺灰的长度不得超过750 mm，如施工期间气温超过30℃时，铺灰长度不得超过500mm。

图 3.16　砖墙砌筑工艺

(a) 一顺一丁

一皮顺砖和一皮丁砖相间，上下皮竖向灰缝相互错开1/4砖长，适用于一砖、一砖半及二砖厚墙的砌筑。

(b) 三顺一丁

三皮顺砖和一皮丁砖相间，上下皮顺砖竖向灰缝相互错开1/2砖长，上下皮顺砖与丁砖间竖向灰缝相互错开1/4砖长。主要适用于一砖、一砖半厚墙的砌筑。

(c) 梅花丁

每皮顺砖与丁砖相间，上皮丁砖位于下皮顺砖中部，上下皮间竖缝相互错开1/4砖长，适合于一砖、一砖半厚墙的砌筑。

图 3.17　砖墙的组砌方式

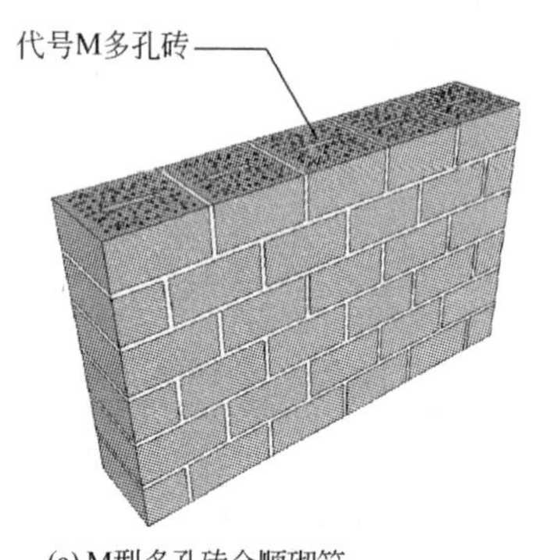

(a) M型多孔砖全顺砌筑

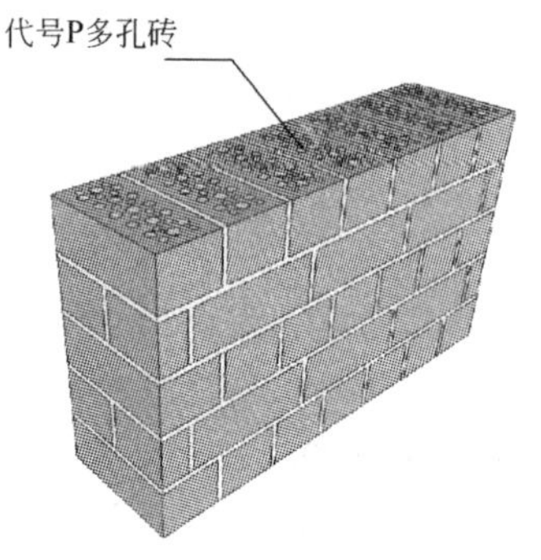

(b) P型多孔砖一顺一丁砌筑

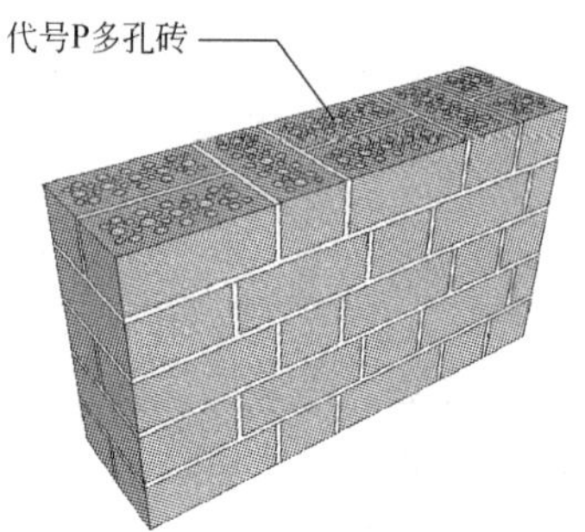

(c) P型多孔砖梅花丁砌筑

图 3.18　多孔砖砌筑形式

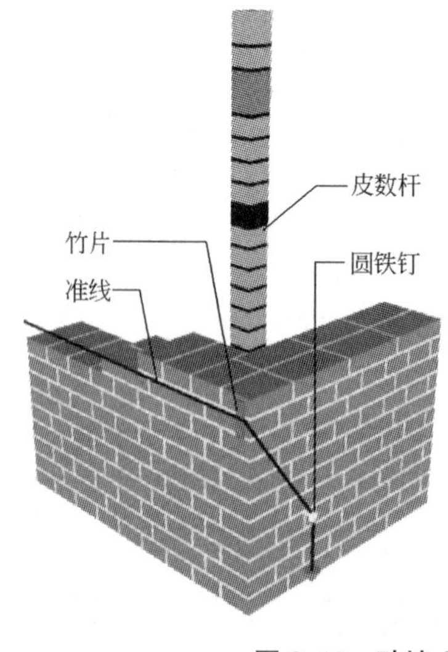

立皮数杆

皮数杆通常是用方木、铝合金杆或角钢制作的，长度一般为一层楼高，其上划有每皮砖和灰缝厚度以及门窗洞口、过梁、楼板等高度位置。皮数杆立于墙的转角处，其基准标高用水准仪校正。如墙的长度很大，可每隔10~20m再立一根。

图 3.19　砖墙立皮数杆工艺

资料袋

墙体转角处的砌法

为了使砖墙的转角处各皮间竖缝相互错开，普通砖墙的转角处应砌七分头砖，多孔砖的转角处应加配砖(半砖或3/4砖)。M型多孔砖，转角处砌法如图3.20(a)所示，P型多孔砖采用一顺一丁或梅花丁组砌形式，转角处砌法如图3.20(b)所示。

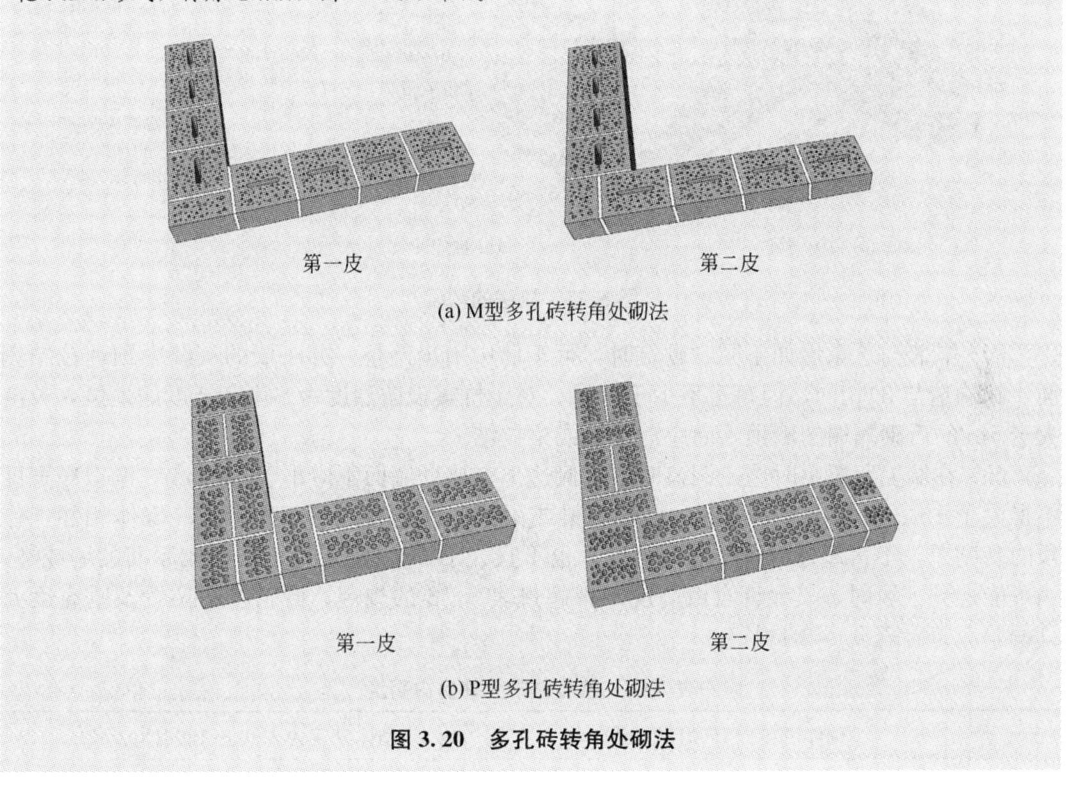

(a) M型多孔砖转角处砌法

(b) P型多孔砖转角处砌法

图3.20　多孔砖转角处砌法

2. 砖墙砌筑的质量要求

砌筑工程质量的基本要求是横平竖直、砂浆饱满、灰缝均匀、上下错缝、内外搭砌、接槎牢固。

(1) 砖的性能是抗压强度高，抗拉、抗剪强度低。为了使砌体均匀受压，减少水平推力的产生，砌筑的砌体应横平竖直。为防止砖块折断，砖砌体的水平灰缝的砂浆饱满度不得低于80％。竖向灰缝的饱满程度，影响砌体的抗透风和抗渗水的性能，不得出现透明缝、瞎缝和假缝。水平灰缝厚度和竖向灰缝宽度宜为10mm，不得小于8mm，也不应大于12mm。水平灰缝若过厚容易使砖块浮滑，墙身侧倾；过薄会影响砖块之间的粘结能力。

(2) 为了使砌体整体承受荷载及提高砌体稳定性，砖砌体上下两皮砖的竖向灰缝应当错开即上下错缝，避免出现连续的竖向通缝。清水墙面上下两皮砖的搭接长度不得小于25mm，否则即认为出现通缝。同时内、外竖向灰缝也应错开即内外搭砌，使同皮的里外

砖块通过相邻上、下皮的砖块搭砌而组砌的牢固。

(3) 砖墙的转角处和交接处应同时砌筑，严禁无可靠措施的内外墙分砌施工。当不能同时砌筑而又必须留置的临时间断处，应砌成斜槎，如图 3.21(a)所示。

非抗震设防及抗震设防烈度为 6 度、7 度地区的临时间断处，当不能留斜槎时，除转角处外，可留直槎，但直槎必须做成凸槎，接槎的留设如图 3.21(b)所示。

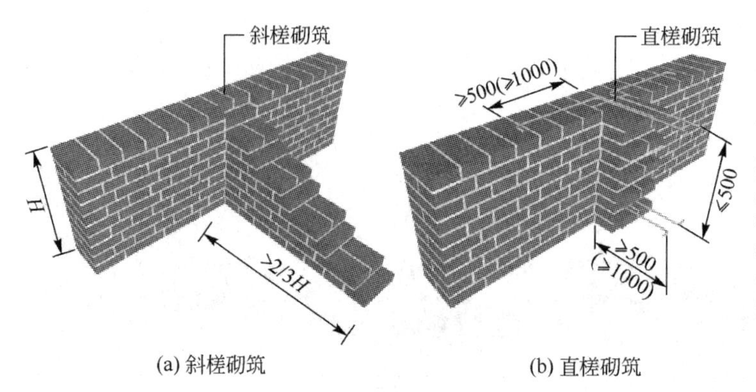
斜槎砌筑
H
≥2/3H
直槎砌筑
≥500(≥1000)
≤500
≥500
(≥1000)
从墙面引出长度不小于120mm的直槎，并沿墙高间距不大于500mm加设拉结筋，每120mm墙厚放置1根φ6拉结钢筋(120mm厚墙放置2φ6拉结钢筋)，埋入长度从留槎处算起每边均不应小于500mm，对于抗震设防烈度为6度、7度的地区，不应小于1000mm，末端应留有90°弯钩。

(a) 斜槎砌筑　　(b) 直槎砌筑

图 3.21　接槎的留设

(4) 隔墙与承重墙如不同时砌筑时，可于墙中引出凸槎，并于墙的灰缝中预埋拉结钢筋，其构造与 3)相同，但每道不少于两根。对于抗震设防烈度为 8 度和 9 度的地区，长度大于 5m 的后砌隔墙的墙顶，尚应与楼板或梁拉结。

(5) 在墙上留置临时施工洞口时，其侧边离交接处墙面不应小于 500mm，洞口净宽度不得大于 1m。每层承重墙最上一皮砖、梁或梁垫下面的砖应用丁砖砌筑。砌体相邻工作段的高度差，不得超过一个楼层的高度，也不宜大于 4m。尚未施工楼板或屋面的墙或柱，当可能遇到大风时，其允许自由高度不得超过表 3-3 的规定，砖砌体的位置及垂直度允许偏差应符合表 3-4 的规定。

表 3-3　墙和柱的允许自由高度　　(单位：m)

墙(柱)厚/mm	砌体密度>1600(kg/m³)			砌体密度为 1300～1600(kg/m³)		
	风载			风载		
	0.3(kN/m²)(约 7 级风)	0.4(kN/m²)(约 8 级风)	0.5(kN/m²)(约 9 级风)	0.3(kN/m²)(约 7 级风)	0.4(kN/m²)(约 8 级风)	0.5(kN/m²)(约 9 级风)
190	—	—	—	1.4	1.1	0.7
240	2.8	2.1	1.4	2.2	1.7	1.1
370	5.2	3.9	2.6	4.2	3.2	2.1
490	8.6	6.5	4.3	7.0	5.2	3.5
620	14.0	10.5	7.0	11.4	8.6	5.7

设有钢筋混凝土构造柱的抗震多层砖房，应先绑扎钢筋，而后砌砖墙，最后浇筑混凝土。构造柱与墙体的连接处应砌成马牙槎，如图 3.22 所示。

构造柱浇灌混凝土前，应先清理其拉结筋、箍筋及马牙槎上残留的砂浆，并彻底清理干净构造柱的底部，且应对留槎部位和模板浇水湿润，振捣混凝土时，还要避免触碰墙体。

表 3-4 砖砌体的位置及垂直度允许偏差

<table>
<tr><th>项次</th><th colspan="3">项目</th><th>允许偏差/mm</th><th>检验方法</th></tr>
<tr><td>1</td><td colspan="3">轴线位置偏移</td><td>10</td><td>用经纬仪和尺检查或用其他测量仪器检查</td></tr>
<tr><td rowspan="3">2</td><td rowspan="3">垂直度</td><td colspan="2">每层</td><td>5</td><td>用 2m 托线板检查</td></tr>
<tr><td rowspan="2">全高</td><td>≤10m</td><td>10</td><td rowspan="2">用经纬仪、吊线和尺检查，或用其他测量仪器检查</td></tr>
<tr><td>>10m</td><td>20</td></tr>
</table>

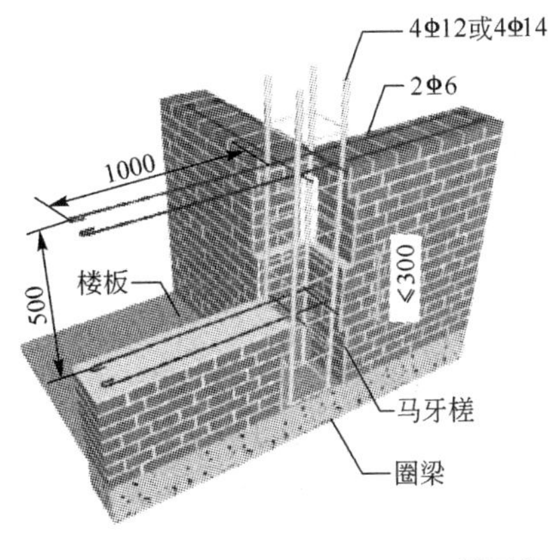
4Φ12或4Φ14
2Φ6
1000
500
楼板
≤300
马牙槎
圈梁
马牙槎应先退后进，每一马马槎高度不宜超过300mm，且应沿墙高每隔500mm设置2φ6水平拉结钢筋，钢筋每边深入不宜小于1m，预留的拉结钢筋应位置正确，施工中不得任意弯折。

e联网+

图 3.22 马牙槎及拉结筋布置

知识冲浪

如何预防窗下墙的竖向裂缝

在房屋建筑工程中的底层窗下墙体的中部常出现两条和多条垂直裂缝，裂缝的上端宽、下端细。出现裂缝的原因有基础的变形、地基不均匀沉降、砌体的温度收缩和干缩的影响及砌体强度不足。

为避免裂缝的产生，在宽大的窗台下部，需加设钢筋混凝土窗下过梁，或在砌体中部配 3ϕ6mm 的钢筋或钢筋网片，两端伸出长度不少于 500mm 的配筋砌体，以提高窗下墙抗弯曲拉应力的作用。加强地基的处理，增加基础的强度和刚度，也可避免多层建筑物的底层窗下墙体出现裂缝。同时，选用高强度的砖和提高砂浆的等级，保证砌砖质量来提高窗下墙砌体的强度也是避免裂缝产生的有效措施。

3.2.2 石砌体施工

石砌体选用的石材应质地坚实、无风化剥落和裂纹，用于清水墙、柱表面的石材，色泽应均匀，石材表面的泥垢、水锈等杂质，砌筑前应清理干净，石材强度等级不应低于 MU20。

1. 毛石砌体

毛石砌体所用的石料应选择块状，其中部厚度不应小于 150mm。

(1) 砌筑毛石砌体一般采用拉线方法，如图 3.23 所示。

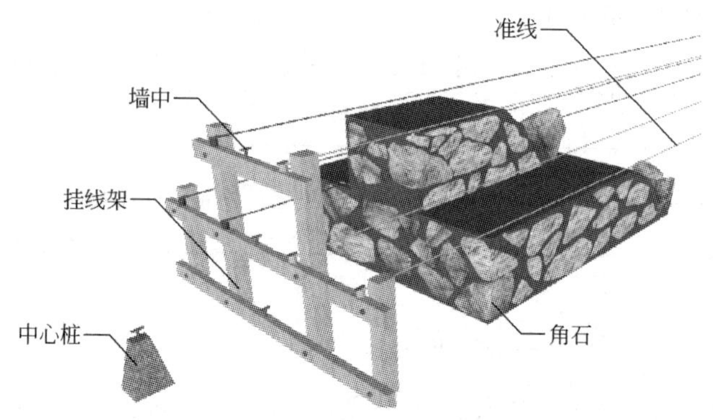

准线
墙中
挂线架
中心桩
角石
砌筑石砌体需双面拉准线，砌第一皮毛石时，按所放基础或墙边线砌筑，以上各皮，均按准线砌筑，可先砌转角处和交接处，后砌中间部分。

图 3.23 砌筑毛石基础的拉线方法

(2) 毛石砌体应分皮卧砌，各皮石块间应利用自然形状经敲打修整能与先砌石块基本吻合，搭砌紧密；应上下错缝，内外搭砌，不得采用外面侧立石块中间填心的砌筑方法。砌体中间不得有铲口石、斧刃石和过桥石，如图 3.24 所示。

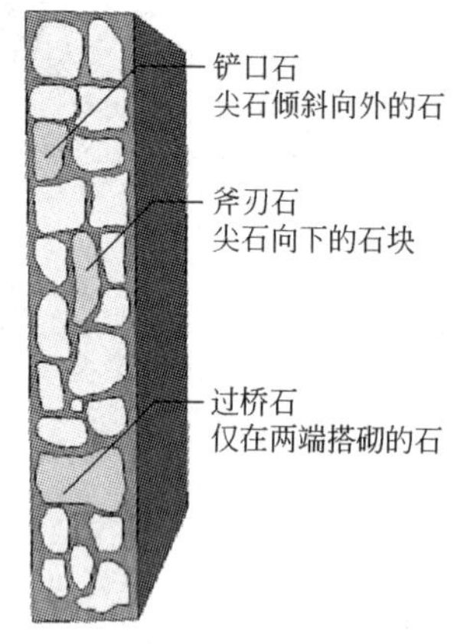

图 3.24 铲口石、斧刃石、过桥石

(3) 砌筑毛石基础的第一皮石块应坐浆，并将石块大面向下，阶梯型毛石基础，其上级阶梯的石块应至少压砌下级阶梯石块 1/2，相邻阶梯的毛石应相互错缝搭砌。毛石砌体的第一皮及转角处、交接处和洞口处，应用较大的平毛石砌筑，最上一皮(包括每个楼层及基础顶面)宜选用较大的毛石砌筑。毛石墙在转角处，应采用有直角边的“角石”砌在墙角一面，并根据长短形状纵横搭接砌入墙体内。

(4) 毛石砌体须设置均匀分布的、相互错开的拉结石。毛石基础同皮内每隔 2m 左右设置一块；毛石墙一般每 0.7m^2 墙面至少设置一块，且同皮内的中距不应大于 2m。

(5) 毛石砌体应采用铺浆法砌筑，其灰缝厚度宜为 20～30mm，石块间不得有相互接触现象。石块间较大的空隙应先填塞砂浆后用碎石块嵌实，不得采用先摆石块后塞砂浆或干填碎石的方法。砂浆的饱满度不得小于 80%。

(6) 砌筑毛石挡土墙时，应每砌 3～4 皮为一个分层高度，每个分层高度应找平一次；外露面的灰缝厚度不得大于 40mm，两个分层高度间分层处的错缝不得小于 80mm。挡土墙的泄水孔当设计无规定时，施工时泄水孔应均匀设置，在每米高度上间隔 2m 左右设置一个泄水孔；泄水孔与土体间铺设长度为 300mm、厚为 200mm 的卵石或碎石作疏水层。

(7) 毛石砌体每日的砌筑高度不应超过 1.2m，毛石墙的转角处及交接处应同时砌筑，对不能同时砌筑的而又必须留置的临时间断处，应砌成踏步槎。

2. 料石砌体

各种砌筑用料石的宽度、厚度均不宜小于200mm，长度不宜大于厚度的4倍。

(1) 砌筑前，应根据灰缝及石料规格，设置皮数杆，拉准线。

(2) 料石砌体应上下错缝搭砌，搭砌长度不应小于料石宽度的1/2。砌体厚度等于或大于两块料石宽度时，如同皮内全部采用顺砌，每砌两皮后，应砌一皮丁砌层；如同皮内采用丁顺组砌，丁砌石应交错设置，其中心距不应大于2m。料石砌体的第一皮和每个楼层的最上一皮应丁砌。

(3) 料石砌体的灰缝厚度，细料石砌体不宜大于5mm，毛料石和粗料石砌体不宜大于20mm。砂浆铺设厚度应略高于规定厚度，细料石宜高出3～5mm，粗料石、毛料石宜高出6～8mm。砂浆的饱满度应大于80%。

(4) 料石砌体的每日砌筑高度不得超过1.2m。料石砌体转角处及交接处也应同时砌筑，必须留设临时间断处应砌成踏步槎。

(5) 在料石和毛石或砖的组合墙中，料石砌体和毛石砌体或砖砌体应同时砌筑，并每隔2～3皮料石层用丁砌层与毛石砌体或砖砌体拉结砌合。丁砌料石的长度宜与组合墙相同。

(6) 砌筑料石挡土墙宜采用梅花丁组砌形式，当中间部分用毛石填砌时，丁砌料石深入毛石部分的长度不应小于200mm。

3.2.3 中小型砌块施工

由于砌块大多采用工业废料制成，节约了大量的粘土和能源，因此中小型砌块是我国目前推广使用的墙体材料。小型砌块的砌筑工艺，与传统的砖混建筑相类似，都是手工砌筑，劳动强度较大，而中型砌块尺寸较大、重量较重，虽不如小型砌块灵活，且需要机械起吊和安装，但可提高劳动生产率。

1. 混凝土小型空心砌块的施工

1) 施工前的准备

施工时所用混凝土小型砌块的产品龄期不应小于28d，严禁使用断裂小砌块砌筑承重墙。由于混凝土小型砌块的吸水率很小，普通混凝土小砌块不宜浇水，当天气异常干燥炎热时，可提前稍喷水湿润小砌块；轻集料混凝土小砌块施工前可洒水，但不宜过多，表面有浮水时，不得施工，以防砌体游动甚至坍塌。

砌块施工前，一般应根据施工图的平面、立面尺寸和小砌块尺寸，先绘出小型砌块排列图。在排列图中要标明过梁与圈梁或连系梁的高度、芯柱或构造柱位置、预留洞大小、管线走向、开关与插座敷设部位，便于墙体砌筑与管线设备安装。排列时应做到对孔、错缝搭砌，并以主规格小砌块为主，其他型号小砌块为辅。

2) 小型砌块的施工工艺

小型砌块的施工工艺如图3.25所示。

3) 注意事项

(1) 小砌块内外墙和纵横墙必须同时砌筑并相互交错搭接，如图3.26所示。如必须设置临时间断，间断处应砌成斜槎，斜槎水平投影长度不应小于斜槎高度，严禁留直槎，如图3.27所示。

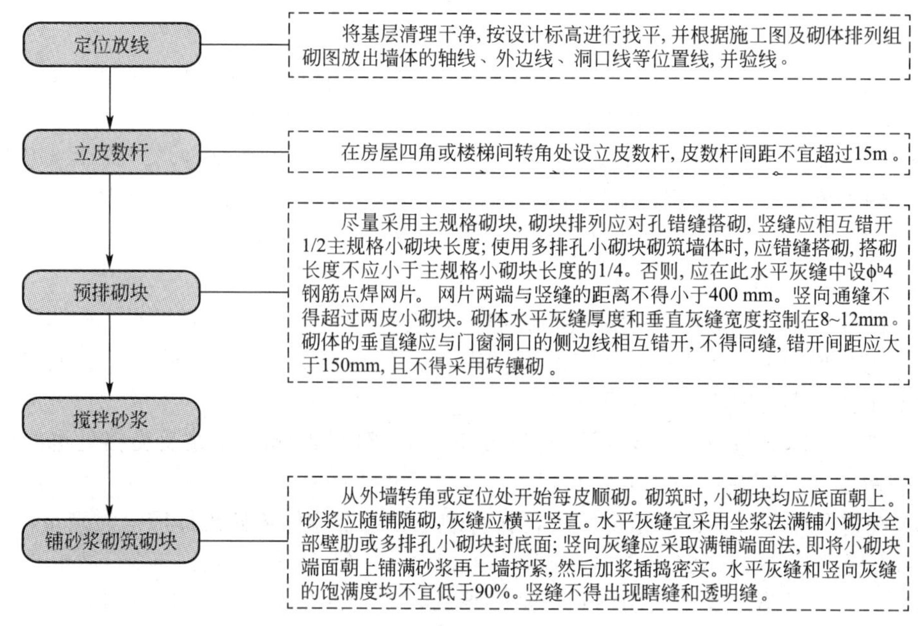

定位放线
将基层清理干净，按设计标高进行找平，并根据施工图及砌体排列组砌图放出墙体的轴线、外边线、洞口线等位置线，并验线。
立皮数杆
在房屋四角或楼梯间转角处设立皮数杆，皮数杆间距不宜超过15m。
预排砌块
尽量采用主规格砌块，砌块排列应对孔错缝搭砌，竖缝应相互错开1/2主规格小砌块长度；使用多排孔小砌块砌筑墙体时，应错缝搭砌，搭砌长度不应小于主规格小砌块长度的1/4。否则，应在此水平灰缝中设ϕb4钢筋点焊网片。网片两端与竖缝的距离不得小于400 mm。竖向通缝不得超过两皮小砌块。砌体水平灰缝厚度和垂直灰缝宽度控制在8~12mm。砌体的垂直缝应与门窗洞口的侧边线相互错开，不得同缝，错开间距应大于150mm，且不得采用砖镶砌。
搅拌砂浆
铺砂浆砌筑砌块
从外墙转角或定位处开始每皮顺砌。砌筑时，小砌块均应底面朝上。砂浆应随铺随砌，灰缝应横平竖直。水平灰缝宜采用坐浆法满铺小砌块全部壁肋或多排孔小砌块封底面；竖向灰缝应采取满铺端面法，即将小砌块端面朝上铺满砂浆再上墙挤紧，然后加浆插捣密实。水平灰缝和竖向灰缝的饱满度均不宜低于90%。竖缝不得出现瞎缝和透明缝。

图 3.25　小型砌块的施工工艺流程

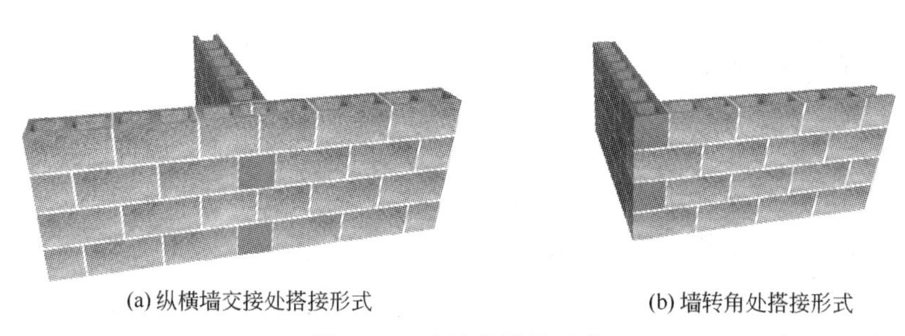

(a) 纵横墙交接处搭接形式　　(b) 墙转角处搭接形式

图 3.26　砌块的搭接形式

(2) 小砌块墙体砌筑应采取双排外脚手架或里脚手架进行施工，严禁在砌筑的墙体上设脚手孔。在常温条件下，小砌块墙体每日砌筑高度宜控制在 1.4m 或一步架高度内。

(3) 隔墙顶接触梁板底的部位应采用实心小砌块斜砌楔紧；房屋顶层的内隔墙应离该处屋面板板底 15mm，缝内采用 1∶3 石灰砂浆或弹性腻子嵌填。

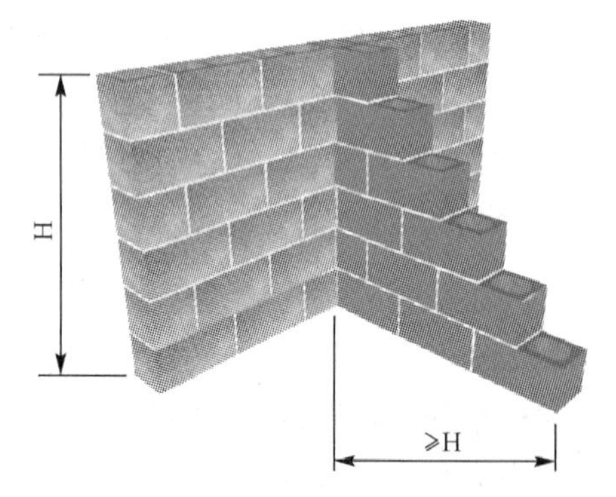

图 3.27　空心砌块墙接槎构造

4) 芯柱的构造及施工

对于空心砌块的砌筑，应注意使其孔洞在转角处和纵、横墙交接处上下对准贯通，在竖孔内插入 12～18mm 的钢筋后再灌筑混凝土成为钢筋混凝土柱，可以提高砌体的抗震性能。

小型空心砌块房屋的芯柱截面不宜小于120mm×120mm，沿墙高每隔 600mm 设 $\phi 4$ 钢筋网片拉结，每边伸入墙体不小于 600mm；在钢筋芯柱应沿房屋全高贯通，并与各层圈梁整体现浇。转角处芯柱构造如图 3.28 所示。

芯柱的插筋不应小于1Φ12mm，底部应深入室内地面下500mm或与基础圈梁锚固，顶部与屋盖圈梁锚固。采用带肋钢筋，并从上向下穿入芯柱孔洞，通过清扫口与圈梁伸出的插筋绑扎搭接，搭接长度为40d。

用强度等级不低于C20的细石混凝土灌注。浇灌芯柱混凝土前，应先浇50mm厚与芯柱混凝土成分相同的水泥砂浆。芯柱混凝土宜采用坍落度70~80mm的细石混凝土，必须待墙体砂浆强度等级达到1MPa时方可浇灌。浇灌时必须按连续浇灌、分层捣实的原则进行操作，直浇至离该芯柱最上一皮砌块顶面50mm止，不得留施工缝。

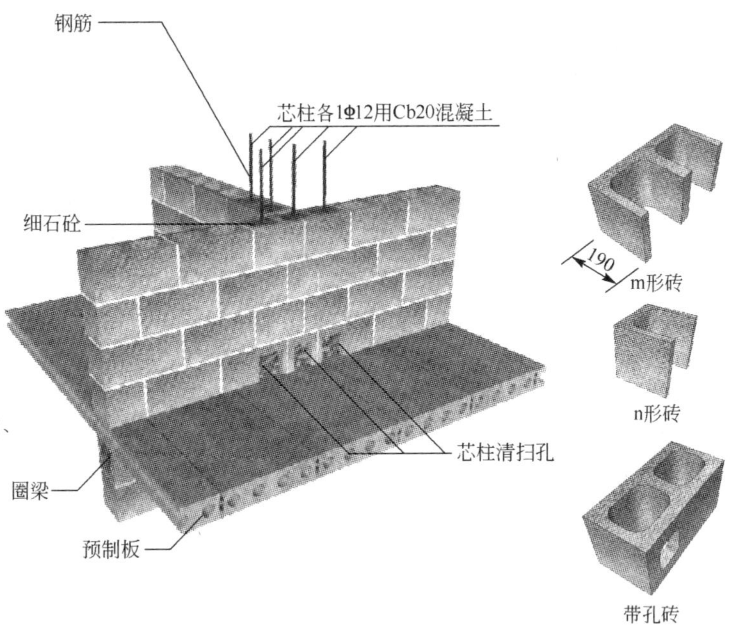

图 3.28 转角处芯柱

2. 中型砌块施工

1）现场布置

砌块堆置场地应平整夯实，有一定泄水坡度，必要时挖排水沟。砌块不宜直接堆放在地面上，应堆在草袋、煤渣垫层及其他垫层上，以免砌块底部被污染。砌块的规格、数量必须配套，不同类型分别堆放，通常采用上下皮交错堆放，堆放高度不宜超过 3m，堆放一皮至二皮后宜堆成踏步形。现场应储存足够数量的砌块，保证施工顺利进行。砌块堆放应使场内运输路线最短。

2）机具准备

砌块的装卸可用桅杆式起重机、汽车式起重机、履带式起重机和塔式起重机。砌块的水平运输可用专用砌块小车、普通平板车等。另外，还有安装砌块的专用夹具。

3）编制砌块排列图

由于砌块的体积较大，质量较重，因此不如砖和小型空心砌块那样可以随意搬动，多用专门的设备进行吊装砌筑，砌筑时必须使用整块，不像普通砖可以随意砍凿。为了指导吊装砌筑施工，在施工前必须绘制砌块排列图，如图 3.29 所示。砌块排列图按每片纵横墙分别绘制，用 1∶50 或 1∶30 的比例绘出每一面墙的立面图，先标出门窗洞口线、过梁、楼板、大梁、楼梯、混凝土梁垫等的位置，然后标出预埋的配电箱、室内消防栓箱及各种管道洞口等的位置边线，最后按砌块规格和灰缝厚度绘出水平和竖向灰缝线。

排列砌块时以主砌块为主、其他各种型号砌块为辅，需要镶砖时，尽量对称分散布置，如图 3.30 所示。

4）选择砌块的吊装方案

砌块的安装通常有两种方案。

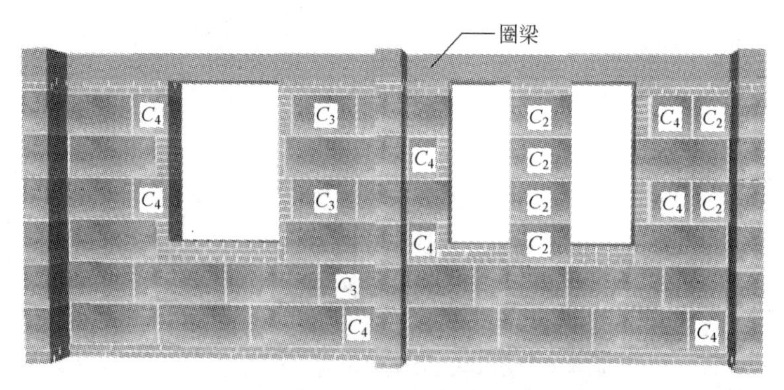

图 3.29 砌块排列

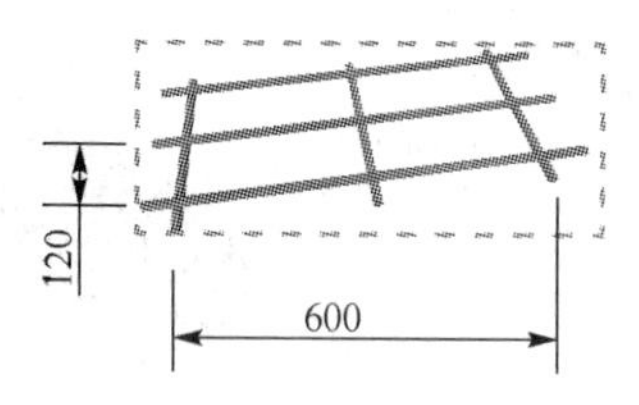

砌块排列应上、下错缝搭砌，搭砌长度一般为砌块的1/2，不得小于砌块高度的1/3，也不应小于150mm。若错缝搭接长度满足不了要求，应采取压砌钢筋网片的措施。若设计无规定时，一般可配ϕ4钢筋网片，钢筋网片两端距该搭接处下层砌块竖缝的距离均不得小于300mm。

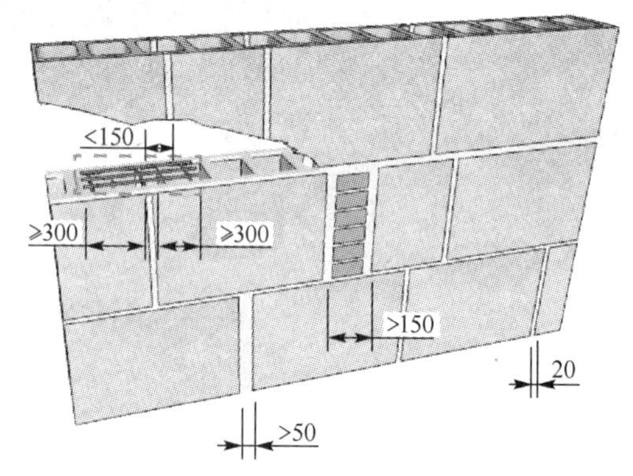

图 3.30 砌块的排列

（1）以轻型起重机进行砌块、砂浆的运输以及楼板等预制构件的吊装，由台灵架吊装砌块。台灵架在楼层上的转移由塔式起重机完成。

（2）以井架进行材料的垂直运输、杠杆车进行楼板吊装，所有预制构件及材料的水平运输则用砌块车和手推车，台灵架负责砌块的吊装，如图 3.31 所示。

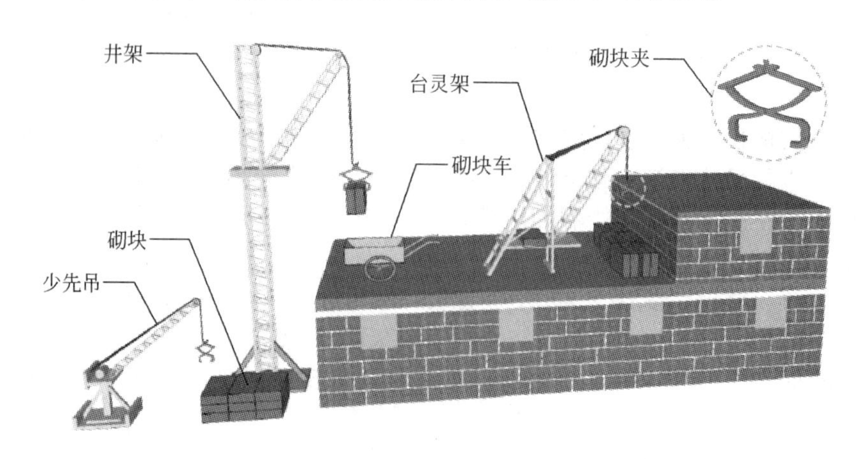

图 3.31 砌块吊装示意

5）中型砌块的施工

中型砌块的施工工艺如图 3.32 所示。

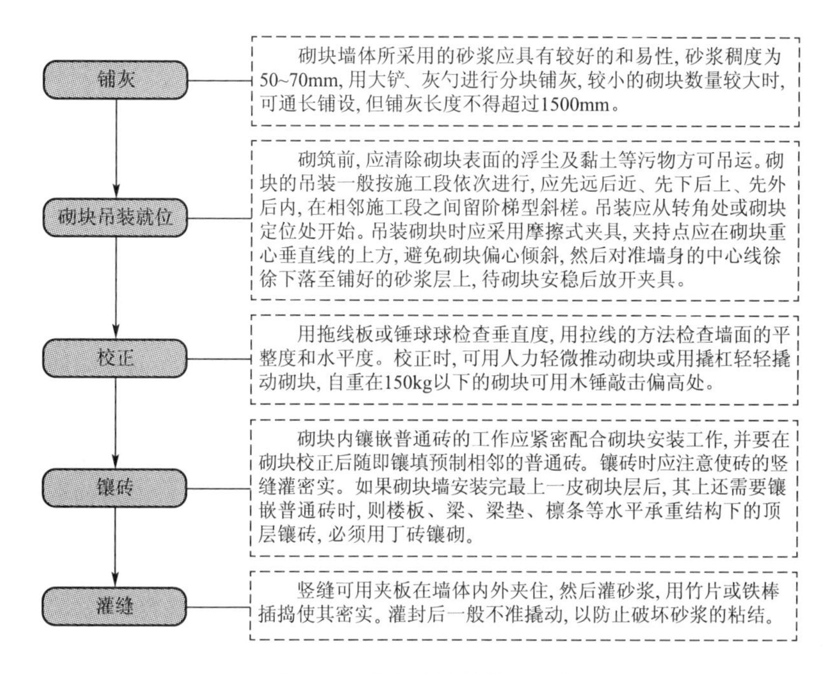

图 3.32 中型砌块的施工工艺

3.2.4 砌体常见质量通病及防治措施

砌体常见质量通病及防治措施见表 3－5。

表 3－5 砌体常见质量通病及防治措施

现象	原因	主要防治措施
砖、砂浆强度不符合设计规定	砌体强度除了和施工因素有关外，主要取决于砖和砂浆的强度，若砖和砂浆的强度降低一级，将会大大降低砌体的强度。有的工程在砖砌体施工前，对砖的强度不进行检验，砂浆不试配、不按配比配制，或者施工时计量不准确，砂浆搅拌不均匀，甚至偷工减料少用水泥	材料进场时应严格按照抽检制度进行检验；建立材料的计量制度和计量工具校验、维修、保管制度；减少计量误差，对塑化材料(石灰膏等)宜调成标准稠度(120mm)进行称量，再折算成标准容积。砂浆尽量采用机械搅拌，分两次投料，保证搅拌均匀，应按需搅拌，宜在当天的施工班次用完
灰缝砂浆不饱满	砌体灰缝砂浆饱满度低于 80%，竖缝脱空、透亮，出现瞎缝、透明缝。水平灰缝不饱满降低砌体强度，竖向灰缝不饱满降低了墙体的隔热保温性能，甚至导致外墙渗漏	砌筑砖应提前 1～2d 浇水，严禁用干砖砌筑；改善砂浆的和易性，低强度水泥砂浆尽量不用高强水泥配制，不用细砂，严格控制塑化材料的质量和掺量，不可使用初凝后的砂浆；砌砖宜采用“三一砌筑法”，若采用铺灰挤浆砌筑法，铺灰长度不得超过 750mm

（续）

现　　象	原　　因	主要防治措施
砌体组砌方法错误	砌墙时集中使用断砖，通缝、重缝多而出现不规则裂缝，导致墙体开裂。砌体墙面出现数皮砖通缝、里外两张皮，砖柱采用包心法砌筑，里外皮砖层互不相咬，形成周围通天缝等	对工人加强技术培训，严格按规范方法组砌，缺损砖应分散使用，少用半砖，禁用碎砖。砖柱禁用包心法砌筑
墙体留槎错误	砌墙时随意留槎，甚至留阴槎，构造柱马牙槎不标准，槎口以砖渣填砌，接槎砂浆填塞不严	严格按规范要求留槎，采用18层退槎砌法；马牙槎高度，标准砖留5皮，多孔砖留3皮；对于施工洞所留槎，应加以保护和遮盖，防止运料车碰撞
游丁走缝墙面凹凸不平	砖墙面上下砖层之间竖缝产生错位，丁砖竖缝歪斜，宽窄不匀，丁不压中。清水墙窗台部位与窗间墙部位的上下竖缝错位，水平灰缝弯曲不平直，灰缝厚度不一致，出现“螺丝”墙	砌前应摆底，并根据砖的实际尺寸对灰缝进行调整；摆底时应将窗口位置引出，使砖的竖缝尽量与窗口边线相齐；砌砖时，要打好七分头，排匀立缝，使每皮七分头都保持在一条垂直线上；采用皮数杆拉准线砌筑，以砖的小面跟线，拉线长度(15～20m)超长时，应加腰线；沿墙面每隔一定距离，在竖缝处弹墨线，墨线用线锤引测，每砌一步架用立线向上引伸，立线、水平线与线锤应“三线归一”
拉结钢筋被遗漏	构造柱及接槎的水平拉结钢筋常被遗漏，或未按规定布置；配筋砖缝砂浆不饱满，露筋年久易锈	加强检查，施工中，对所砌部位需要的配筋应一次备齐，以检查有无遗漏。尽量采用点焊钢筋网片，适当增加灰缝厚度(以钢筋网片厚度上下各有2mm)保护层为宜
砌块墙体裂缝	由于温度变形、地基不均匀沉降、施工行为不当容易造成墙体开裂。裂缝出现在屋盖、圈梁与砌体结合部；底层窗台中部；内外墙连接处；顶层两端角部及砌块周边等	为减少收缩，砌块出池后应有足够的静置时间(30～50d)；清除砌块表面脱模剂及粉尘等；采用粘结力强、和易性好的砂浆砌筑，控制铺灰长度和灰缝厚度；设置芯柱、圈梁、伸缩缝，在温度、收缩较敏感部位局部配制水平钢筋

工程实例分析

某6层砌体工程墙体

某6层砌体结构建筑，建成后使用不足半年发现墙体有裂缝。

墙体的裂缝发展情况是：南北外纵墙端部和北面凸出部位1～6层窗下角有向外倾斜裂缝。外纵墙底层窗台下普遍存在竖直裂缝，楼梯间各层窗台下也存在竖直裂缝。两端内纵墙呈正八字形分布45°斜裂缝。总体看，砖砌体裂缝上重下轻，内重外轻。

经调查发现，此建筑的地基承载能力低于设计值，采用的毛石基础的基础宽度不足。

设计墙体1、2层为MU10红砖，实际从2层取样的砖经检测只有MU7.5。3、5、6层的砂浆饱满度不到40%，其抗压强度都低于0.5MPa，特别是3层的砂浆强度只有0.005MPa，远低于设计砂浆M5的强度要求。

因此分析砌体产生裂缝主要是温度变形，砌体自身变形和地基不均匀沉降综合作用的结果，其根本原因是砌筑砂浆强度严重不足。

3.3 砌体冬期和雨期施工

我国幅员辽阔，气候差异较大，在东北、西北、华北地区冬季低温时间较长，而在华南、江南地区降雨量较大，雨季持续时间较长。由于砌筑工程大部分在室外，受气候影响较大，常规施工将会严重影响工程质量，故须采取一定的措施，方能保证工程质量。

3.3.1 砌体冬期施工

当室外日平均连续5d稳定低于5℃时，或最低气温降至0℃或0℃以下时，就必须采取冬期施工措施。冬期砌体工程突出的问题是砂浆遭受冰冻，不能凝固，砌体强度降低，另外砂浆解冻时强度为零，砌体出现沉降。因此，要采取有效措施，使砂浆达到早期强度，才能保证砌体的质量。

1. 砌体工程冬期施工对材料的要求

砌体用砖和其他块材不得遭水浸冻；普通砖、多孔砖和空心砖在气温等于或低于0℃条件下砌筑时，可不浇水，但必须增大砂浆稠度；石灰膏、电石膏等应防止受冻，如遭冻结，应经融化后使用；砂浆宜用水化热较高的普通硅酸盐水泥拌制，不得使用无水泥拌制的砂浆；拌制砂浆用砂，不得含有冰块和大于10mm的冻结块；拌和砂浆宜采用两步投料法，水温不得超过80℃，砂的温度不得超过40℃。

2. 砌体工程冬期施工的施工方法

冬期砌筑工程的施工方法很多，有外加剂法、暖棚法、蓄热法等。但是，目前常以外加剂法、暖棚法两种方法为主。

1）外加剂法

在砂浆中掺入一定数量的抗冻剂可降低砂浆中水的冰点，在0℃时不结冰，保持其和易性，使砂浆在一定的低温下不冻并能继续缓慢地增长强度。常用的抗冻剂有氯化钠、氯化钙、亚硝酸钠、碳酸钾、硝酸钙等。

当气温高于－15℃时，以单盐(氯化钠)的方式进行掺加；当气温低于－15℃时，以复盐(氯化钠＋氯化钙)的方式掺加复合使用。采用氯盐砂浆时，砌体中配置的钢筋及钢预埋件，应预先做好防腐处理。

砌筑时砂浆温度不应低于5℃。当设计无规定时，如平均气温低于－15℃，应将砂浆强度等级较常温施工时提高一级。

因掺入外加剂后砂浆的吸湿性较大，会降低砌体的保温性能，砌体表面出现盐析现象，故对装饰工程有特殊要求的建筑物、使用环境湿度大于80%的建筑物、接近高压电线的建筑物、处于地下水位变化范围及水下未设防水保护层的结构不得采用外加剂法。

2）暖棚法

暖棚法施工是指冬期施工时将被砌筑的砌体置于暖棚中，内部设置散热器、排管、电热器或火炉等加热棚内空气，使砌体、混凝土构件在正温环境下养护的方法。暖棚法适用于地下工程、基础工程以及立即使用的砌体工程。暖棚法施工时，砌体材料和砂浆在砌筑时的温度不应低于5℃，距离所砌的结构底面0.5m处的棚内温度也不应低于5℃。

砌体在暖棚内的养护时间，根据暖棚内的温度按表3-6确定。

表3-6　暖棚法砌体的养护时间

暖棚内温度/℃	5	10	15	20
养护时间/d	≥6	≥5	≥4	≥3

3.3.2　砌体雨期施工

雨期砖淋雨后吸水过多，表面会形成水膜；同时，砂子含水率大，也会使砂浆稠度值增加，易产生离析。砌筑时会出现砂浆坠落，砌块滑移，水平灰缝和竖向灰缝砂浆流淌，压缩变形增大，引起门、窗、转角不直和墙面不平等情况，重则会引起墙身倒塌。因此，雨期施工要做好防水措施。

砌块应集中堆放在地势高的地点，并覆盖芦席、油布等，以减少雨水的大量进入。砂子也应堆放在地势高处，周围易于排水，拌制砂浆的稠度值要小些，以适应多雨天气的砌筑。运输砂浆时要加盖防雨材料，砂浆要随拌随用，避免大量堆积。砌筑时适当减小水平灰缝的厚度，控制在8mm左右，铺砂浆不宜过长，宜采用“三一”砌筑法。每天砌筑高度限在1.2m。收工时在墙面上盖一层干砖，并用草席覆盖，防止大雨把刚砌好的砌体中的砂浆冲掉。对脚手架、道路等采取防止下沉和防滑措施，确保安全施工。

蒸压灰砂砖、粉煤灰砖及混凝土小型空心砌块砌体，雨天不宜施工。

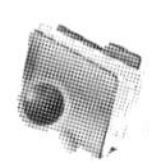
思维拓展

雨期施工的防电、防雷措施

雨期施工应做好防雷、防电等工作。雨天使用电气设备，要有可靠防漏电措施，防止漏电伤人。金属脚手架、高耸设备井架、塔式起重机要有防雷接地设施。

施工现场的防雷装置一般由避雷针、接地线和接地体3部分组成。避雷针起承接雷电作用，施工中应安装在高处建筑物或构筑物的龙门吊、塔式起重机、人货电梯、钢脚手架的顶端。接地线可采用截面面积不小于16mm^{2}的铝芯导线或截面积不小于12mm^{2}的铜芯导线，也可用直径不小于8mm^{2}的圆钢钢筋。接地体有棒形和带形两种形式，棒形接地体一般采用长度为1.5m，壁厚不小于2.5mm的钢管或∠5mm×50mm的角钢，将其一端垂直打入地下，其顶端离地平面不小于50cm。带形接地体可采用截面面积不小于50mm^2，长度不小于3m的扁钢，平卧于地下500mm处。

职业技能

技能要点	掌握程度	应用方向
砌体材料的质量要求	熟悉	土建 施工员
砌砖工程的构造要求	了解	
砌块结构的施工要点	熟悉	
脚手架工程的基本要求	掌握	
脚手架的种类及适用范围	了解	
钢管脚手架的具体要求	掌握	
冬、雨期施工的准备工作	了解	
划分冬期施工阶段有关气温的规定	掌握	
冬期施工常用外加剂的品种、作用及限量	了解	
砌体工程质量控制等级的划分	了解	土建 质检员
材料质量要求	熟悉	
放线要求	掌握	
砌筑顺序、洞口留置的规定、不得留置脚手眼的规定	了解	
砌筑墙体或柱自由高度的规定	了解	
石砌体、填充墙砌体工程的规定、主控项目及检验方法	了解	
砖砌体、砌块砌体主控项目、一般项目及检验方法	掌握	
冬期施工砂浆使用温度的规定	掌握	
冬期施工所用材料的规定、留置试块的要求	熟悉	
各种砌体及砌块的施工方法、材料性质及特点	了解	土建 预算员
基础与墙体的划分界限，各种墙体的形式及应用	掌握	
新型节能保温墙体材料的构成	了解	
砌体中有关砌筑砂浆的规定	掌握	
砌筑砂浆的材料要求	了解	试验员
砌筑砂浆的配合比计算和确定	熟悉	
砂浆的分层度试验；砂浆试块的抗压强度试验	掌握	

习　题

一、选择题

1. 砖基础施工时，砖基础的转角处和交接处应同时砌筑，当不能同时砌筑时，应留

置(　　)【2009 年二级建造师考试《建筑工程管理与实务》真题】

A. 直槎　　B. 凸槎　　C. 凹槎　　D. 斜槎

2. 砌筑砂浆应随拌随用，当施工期间最高气温在 30℃以内时，水泥混合砂浆最长应在(　　)h 内使用完毕。【2009 年二级建造师考试《建筑工程管理与实务》真题】

A. 2　　B. 3　　C. 4　　D. 5

3. 砌砖工程当采用铺浆法砌筑时，施工期间气温超过 30℃时，铺浆长度最大不得超过(　　)mm。【2009 年一级建造师考试《建筑工程管理与实务》真题】

A. 400　　B. 500　　C. 600　　D. 700

4. 关于加气混凝土砌块工程施工，正确的是(　　)。【2010 年一级建造师考试《建筑工程管理与实务》真题】

A. 砌筑时必须设置皮数杆，拉水准线

B. 上下皮砌块的竖向灰缝错开不足 150mm 时，应在水平灰缝设置 500mm2Φ6 拉结

C. 水平灰缝的宽度宜为 20mm，竖向灰缝宽度宜为 15mm

D. 砌块墙的 T 字交接处应使用纵墙砌块隔皮露墙面，并坐中于横墙砌块

5. 关于一般脚手架拆除作业的安全技术措施，正确的有(　　)。【2010 年一级建造师考试《建筑工程管理与实务》真题】

A. 按与搭设相同的顺序上下同时进行　　B. 先拆除上部杆件，最后松开连墙件

C. 分段拆除架体高差达 3 步　　D. 及时取出、放下已松开连接的杆件

E. 遇有六级及六级以上大风时，停止脚手架拆除作业

6. 砌体基础必须采用(　　)砂浆砌筑。【2013 年一级建造师考试《建筑工程管理与实务》真题】

A. 防水　　B. 水泥混合　　C. 水泥　　D. 石灰

二、案例分析

某小区内拟建一座 6 层普通砖混结构住宅楼，外墙厚 370mm，内墙厚 240mm，抗震设防烈度 7 度。某施工单位于 2009 年 5 月与建设单位签订了该工程总承包合同。现场施工工程中为了材料运输方便，在内墙处留置临时施工洞口。内墙上留直槎，并沿墙高每八皮砖(490mm)设置了 2φ6 钢筋，钢筋外露长度为 500mm。【2009 年二级建造师考试《建筑工程管理与实务》真题】

【问题】砖留槎的质量控制是否正确？说明理由。

【答案】不正确。理由：对于抗震设防烈度 7 度的地区，现场砖留槎处，拉结钢筋的埋入长度不符合现行规范规定“埋入长度从留槎处起每边不应小于 500mm，对于抗震设防烈度 6 度、7 度的地区，不应小于 1000mm”的要求。

混凝土结构工程

重点概览
筋工程
板工程
凝土工程
应力混凝土工程

混凝土结构工程包括钢筋工程、模板工程和混凝土工程三大分项工程，有现浇和预制两大施工方法，是建筑施工中的主导工种工程，无论是人力、财力、物力的消耗，还是对工期的影响都占非常重要的地位。

学习要点

- 了解混凝土结构工程的特点及施工过程，掌握为保证钢筋与混凝土共同工作以及在施工工艺上应注意的问题；
- 了解钢筋的种类、性能及加工工艺，掌握钢筋冷拉、冷拔、对焊工艺及钢筋配料、代换的计算方法；
- 了解模板的构造、要求、受力特点及按拆方法，掌握模板的设计方法；
- 了解混凝土原材料、施工设备和机具性能；掌握混凝土施工工艺原理和施工方法、施工配料、质量检验和评定方法；
- 了解混凝土冬期施工工艺要求和常用措施；
- 了解预应力混凝土工程的特点和工作原理；
- 熟悉先张法、后张法的施工工艺及预应力值的建立传递的原理，了解建立张拉程序的依据及放张要求；
- 了解预应力筋张拉的台座，锚(夹)具、张拉机具的构造及使用方法。

主要国家标准

- 《混凝土外加剂》 GB 8076—2008
- 《建筑结构荷载规范》 GB 50009—2012
- 《混凝土结构工程施工质量验收规范(2011版)》GB 50204—2002
- 《混凝土结构设计规范》 GB 50010—2010

案例导航

是“谁”创造了奇迹

截至2010年，世界第一高建筑哈利法塔(又称为迪拜塔)如图4.1所示，有160层，总高828m，堪称建筑史上的一个奇迹。

图4.1 哈利法塔

哈利法塔结构形式为：－30～601m为钢筋混凝土剪力墙结构；601～828m为钢结构。总共使用33万m^3混凝土和10.4万t钢材(高强钢筋为6.5万t，型钢为3.9万t)，并且史无前例地把混凝土单级垂直泵送到601m的高度。为此，其采用了3台世界上最大的混凝土泵(压力可达35MPa)，配套直径为150mm的高压输送管。设想，如果没有这样高强度的建筑材料和先进的机械设备，这座举世瞩目的塔楼能屹立在“沙漠之洲”吗？

哈利法塔的墙体用自升式模板系统施工，端柱则采用钢模施工，无梁楼板用压型钢板作为模板施工。首先浇筑核心筒及其周边楼板，然后浇筑翼墙及相关楼板，最后是端柱和附近楼板。

另外，在哈利法塔混凝土施工中应关注的两点：一是竖向结构混凝土要求10h强度达到10MPa，以保证混凝土施工正常循环；二是迪拜冬天冷，夏天气温则在50℃以上，所以不同季节要调节混凝土强度增长率及和易性损失值。

【问题讨论】

1. 你知道混凝土冬期施工要采取什么措施吗？
2. 模板拆模是否要在混凝土达到28d强度时才能进行？

混凝土结构工程包括现浇混凝土结构施工和预制装配式混凝土构件的工厂化施工两个方面。现浇混凝土结构的整体性好，抗震能力强，钢材消耗少，特别是近些年来一些新型工具式模板和施工机械的出现，使混凝土结构工程现浇施工得到迅速发展。尤其是目前我国的高层建筑大多数为现浇混凝土结构，高层建筑的发展也促进了钢筋混凝土施工技术的提高。根据现有技术条件，现浇施工和预制装配这两个方面各有所长，皆有其发展前途。

混凝土结构主要是由钢筋和混凝土组成，因此混凝土结构工程施工包括钢筋、模板和混凝土等主要分项工程，其施工的一般程序如图4.2所示。

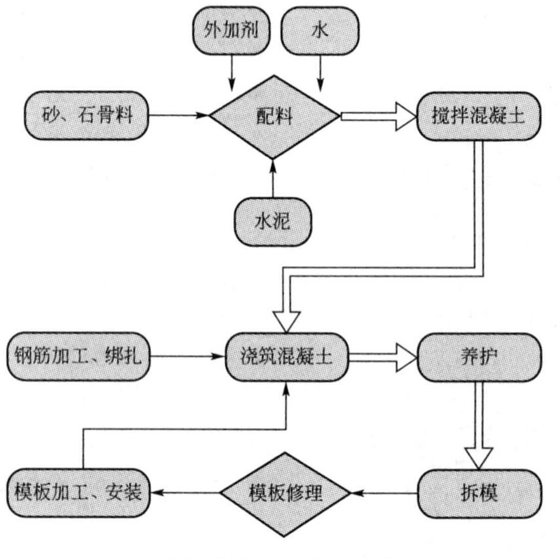

图4.2 混凝土结构工程一般施工程序

由于施工过程多，因而在施工前要做好充分准备，在施工中应加强施工管理，统筹安排，合理组织，在保证施工质量的前提下，以便加快施工进度和降低造价。

4.1 钢筋工程

钢筋工程是混凝土结构施工的重要分项工程之一，是混凝土结构施工的关键工作。

4.1.1 钢筋分类与验收

1. 钢筋的分类

钢筋混凝土结构中常用的钢材有钢筋和钢丝两类。通常将公称直径为 8～40mm 的称为钢筋，公称直径不超过 8mm 的称为钢丝。

混凝土结构所用钢筋的种类较多，根据用途不同，混凝土结构用钢筋分为普通钢筋和预应力钢筋。根据钢筋的生产工艺不同，钢筋分为热轧钢筋、冷拉热轧钢筋、冷轧带肋钢筋、热处理钢筋、冷拔低碳钢丝等。根据钢筋的化学成分不同，可以分为低碳钢钢筋和普通低合金钢钢筋。

钢丝可分为冷拉钢丝(代号为 WCD)和消除应力钢丝(代号为 R)两种。其中，消除应力钢丝按松弛性能又可分为低松弛级钢丝和普通松弛级钢丝(代号分别为 WLR 和 WNR)。若将两根、3 根或 7 根圆形断面的钢丝捻成一束，则可成为预应力混凝土用钢绞线。《混凝土结构设计规范》GB 50010—2010 建议用钢筋见表 4－1。

表 4－1　钢筋种类及规格

钢筋类型	钢筋品种		符号	直径/mm
普通钢筋	HPB235	Ⅰ	ϕ	8～20
	HRB335	Ⅱ	ϕ	6～50
	HRB400	Ⅲ	ϕ	6～50
	HRB500		ϕ	8～40
预应力钢筋	钢绞丝	三股	ϕ^{S}	8.6、10.8、12.9
		七股		9.5、11.1、12.7、15.2
	消除应力钢筋	光面	ϕ^{P}	4、5、6、7、8、9
		螺旋肋	ϕ^{H}	4、5、6、7、8、9
		刻痕	ϕ^{PM}	5、7
	热处理钢筋	Ⅴ	ϕ^{T}	6、8.2、10

2. 钢筋的验收

钢筋验收内容包括查对标牌、外观检查，并按规定抽取试样进行机械性能试验，检查合格后方准使用。

1）钢筋的外观检查

钢筋表面不得有裂纹、结疤和折叠。钢筋表面允许有凸块，但不得超过横肋的高度，钢筋表面上其他缺陷的深度和高度不得大于所在部位尺寸的允许偏差。

2）钢筋的抽样检查

热轧钢筋检验以60t为一批，不足60t也按一批计，每批钢筋中任意抽取两根，每根钢筋各截取一套试件，每套试件为两根。其中一套做拉力试验，测定其屈服点、抗拉强度和伸长率；另一套做冷弯试验。钢丝检验以3t为一批，每批要逐盘检查钢丝的外观和尺寸，钢丝表面不得有裂缝、毛刺、劈裂、损伤和油迹等。每一批中取10%盘(并不少于6盘)，并从每盘钢丝两端截取试件一套，每套两根，分别进行拉力和冷弯试验。

4.1.2 钢筋配料与代换

1. 钢筋的配料

钢筋的配料是根据钢筋混凝土构件的配筋图，先绘出构件中各种形状和规格的单根钢筋简图并加以编号，然后分别计算钢筋的直线下料长度、总根数及总质量，再编制钢筋配料单，制作料牌，作为下料加工的依据。

1）钢筋下料长度的计算

钢筋切断时的直线长度称为下料长度。钢筋下料长度的计算是以钢筋弯折后其中心线长度不变这个假设条件为前提进行的。即钢筋弯折后中心线长度不变，而外边缘变长内边缘变短。因此，钢筋的下料长度就是指相应钢筋的中心线长。

结构施工图中注明的钢筋的尺寸是指加工后的钢筋外轮廓尺寸，称为钢筋的外包尺寸。钢筋的外包尺寸是由构件的外形尺寸减去混凝土的保护层厚度求得。钢筋的保护层是指从混凝土外表面至钢筋外表面的距离，主要起保护钢筋免受大气锈蚀的作用，不同部位的钢筋，保护层厚度也不同。受力钢筋的混凝土保护层厚度，应符合设计要求；当设计无具体要求时，不应小于受力钢筋直径，并应符合表4-2的规定。

表4-2 钢筋的混凝土保护层厚度 单位：mm

环境与条件	构件名称	混凝土强度等级		
		C20	C20～C35	C35
室内正常环境	板、墙、壳	20	15	15
	梁	30	25	25
	柱	30	30	30
露天或室内高湿度环境	板、墙、壳		20	20
	梁		30	30
	柱		30	30
有垫层	基础	40		
无垫层		70		

由于外包尺寸明显大于钢筋的中心线长度，如果按照外包尺寸下料、弯折，将会造成钢筋的浪费，而且也给施工带来不便(由于尺寸偏大，致使保护层厚度不够，甚至不能放进模板)。因而应该根据弯折后钢筋成品的中心线总长度下料才是正确的加工方法。在外包尺寸和中心线长度之间存在的差值，被称为量度差值，故用图纸中钢筋的外包尺寸减去度量差值即为钢筋的中心线长度。

为满足钢筋在混凝土中的锚固需要，钢筋末端一般需加工成弯钩形式。Ⅰ级钢筋末端需要做180°弯钩，Ⅱ、Ⅲ钢筋一般可以不做弯钩，如设计需要时末端只做90°或135°弯折，如图4.3所示。

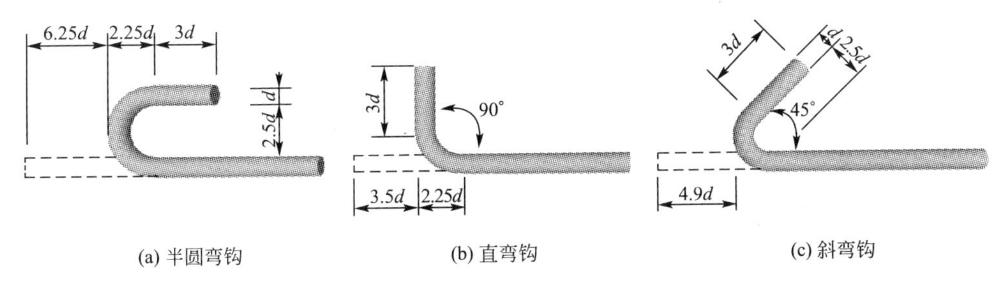

图4.3 钢筋末端弯钩形式

由以上分析可知，钢筋的下料长度根据其形状不同由以下公式确定：

直线钢筋下料长度=构件长度-保护层厚度+弯钩增加长度；

弯起钢筋下料长度=直段长度+斜段长度-量度差值+弯钩增加长度；

箍筋下料长度=直段长度+弯钩增加长度-量度差值。

(1) 端部弯钩增加值。

以Ⅰ级钢筋端部180°弯钩为例来进行计算，弯钩末端平直部分长度取$3d$，圆弧弯曲直径取为$D=2.5d$，如图4.4所示。

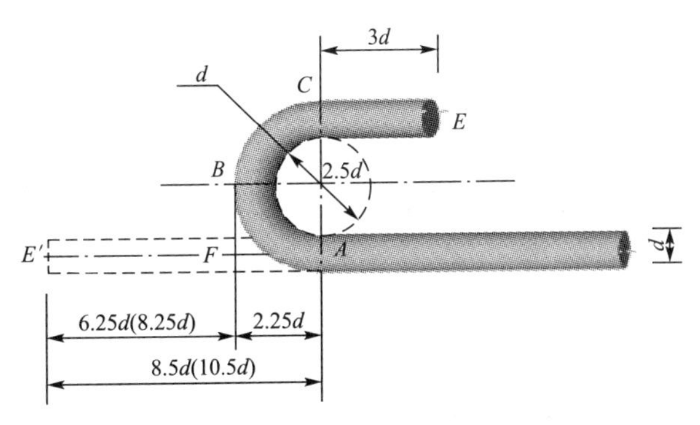

图4.4 钢筋弯曲180°尺寸

弯钩全长：

$$AE'=ABC+CE=\frac{\pi}{2}(D+d)+3d$$

$$=\frac{\pi}{2}(2.5d+d)+3d=8.5d$$

一般钢筋外包尺寸是由A量到F的：

$$AF=\frac{D}{2}+d=\frac{2.5d}{2}+d=2.25d$$

故每一弯钩应增加长度为(已包括量度差值)

$$AE'-AF=8.5d-2.25d=6.25d$$

其余端部弯钩增加值的计算同上，可得90°弯钩为$3.5d$，135°弯钩为$4.9d$。但在实际下料时，弯钩增加长度常根据具体条件，采取经验数据，参见表4-3。

表4-3 半圆钩增加长度参考值(采用机械弯)

钢筋直径/mm	6	8～10	12～18	20～28	32～36
一个弯钩长度/mm	40	$6d$	$5.5d$	$5d$	$4.5d$

(2) 弯曲钢筋斜长。

斜长系数见表 4-4，其斜长的计算如图 4.5 所示。

表 4-4　弯曲钢筋斜长系数

弯曲角度	$\alpha=30°$	$\alpha=45°$	$\alpha=60°$
斜边长度 S	$2h_0$	$1.41h_0$	$1.15h_0$
底边长度 L	$1.732h_0$	h_0	$0.575h_0$
增加长度 $S-L$	$0.268h_0$	$0.41h_0$	$0.575h_0$

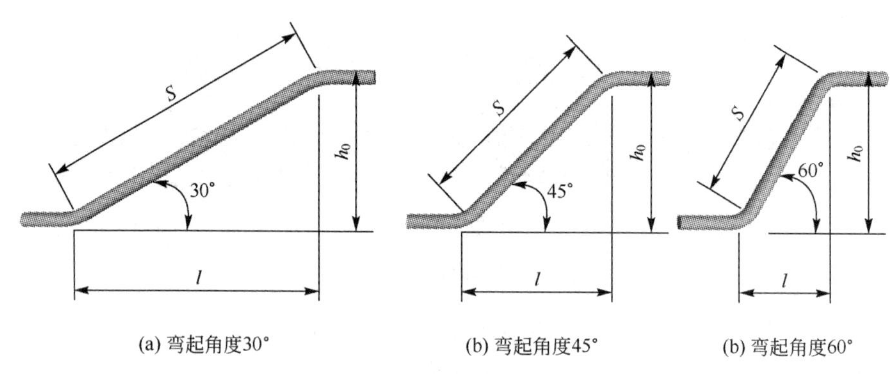

图 4.5　弯起钢筋斜长计算简图

(3) 弯曲量度差值。

以 90°弯折为例，$D=2.5d$，如图 4.6 所示，直弯钩的量度差值计算如下：

外包尺寸：

$$A'C'+C'B'=2A'C'=2\left(\frac{D}{2}+d\right)$$

$$=2\left(\frac{2.5d}{2}+d\right)=2\times2.25d=4.5d$$

中心线弧长：

$$ABC=\frac{\pi}{4}(D+d)=\frac{\pi}{4}(2.5d+d)=2.75d$$

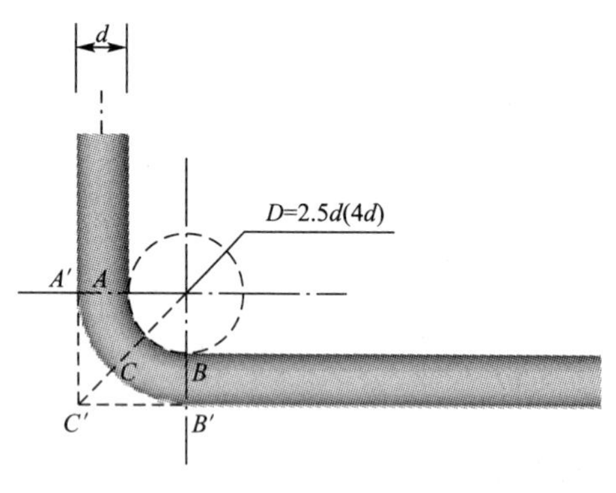

图 4.6　钢筋弯曲 90°尺寸

弯钩量度差值：

$$(A'C'+C'B')-ABC=4.5d-2.75d=1.75d，取 2.0d$$

同理，可计算出其他弯折角度不同量度差值，见表 4-5。

表 4-5　钢筋弯曲量度差值

钢筋弯曲角度	30°	45°	60°	90°	135°
钢筋弯曲量度差值	$0.35d$	$0.5d$	$0.85d$	$2.0d$	$2.5d$

(4) 箍筋调整值。

箍筋的末端需作弯钩，弯钩形式(见图 4.7)应符合设计要求，当设计无具体要求时，用Ⅰ级钢筋或冷拔低碳钢丝制作的箍筋，其弯钩的弯曲直径应大于受力钢筋直径，且不小于箍筋直径的2.5倍；弯钩平直部分的长度，对一般结构，不宜小于箍筋直径的5倍，对有抗震要求的结构，不应小于箍筋的10倍。

箍筋的调整值是指弯钩增加长度和弯曲量度差值两项之和或之差。箍筋周长是量度外包尺寸时则两项相减，是量度内皮尺寸时则两项相加。箍筋调整值见表4-6。

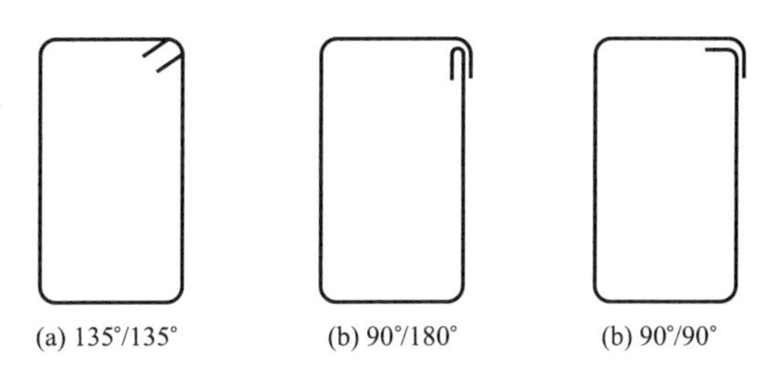

图4.7　箍筋弯钩形式

表4-6　箍筋调整值

箍筋量度方法	箍筋直径/mm			
	4～5	6	8	10～12
量外包尺寸	40	50	60	70
量内皮尺寸	80	100	120	150～170

【例4.1】 现有一根200mm×500mm的预制矩形梁，配筋如图4.8所示，试计算各根钢筋的下料长度。

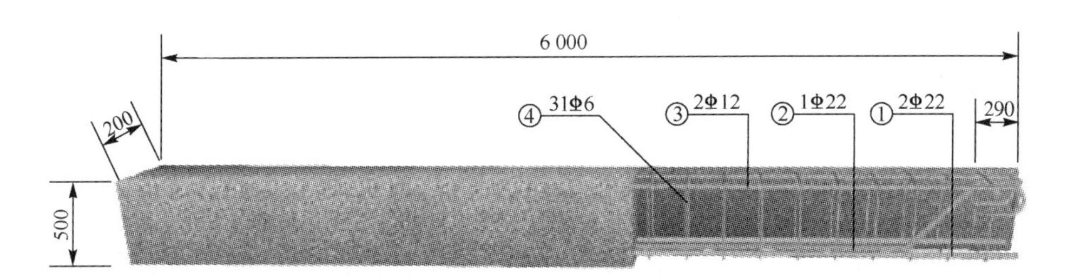

图4.8　预制矩形梁配筋示意

解： 钢筋的下料长度＝构件长度－两端保护层厚度－量度差值之和＋弯钩增长值之和

①号钢筋 2Φ22的直钢筋

$$6000-2\times25=5950(\text{mm})$$

②号钢筋 1Φ22的弯起钢筋，弯起终点外的锚固长度

$$L_{\text{m}}=20d=20\times22=440(\text{mm})$$

因此，弯起钢筋端头需向下弯

$$440-265=175(\text{mm})$$

②号钢筋下料长度：

$$(4520+265\times2+175\times2)+635\times2-(4\times0.5\times22+2\times2\times22)=6538(\text{mm})$$

③号钢筋　2Φ12的架立筋

$$6000-2\times25+2\times6.25\times12=6100(\text{mm})$$

④号钢筋　Φ6的箍筋

箍筋的下料长度＝箍筋周长＋箍筋调整值

$$=(462+162)\times2+50=1298(\text{mm})$$

箍筋的根数=(主筋长度/箍筋的间距)+1

=5950/200+1≈31(个)

可由计算结果绘制钢筋配料单，见表4-7。

表4-7 钢筋配料

构件名称	编号	简图	直径/mm	下料长度/mm	单位根数	合计根数	质量/kg
预制矩形梁(共5根)	①	5 950	22	5950	2	10	89
	②	265 635 175 4 520 635 265 175	22	6538	1	5	98
	③	5 950	12	6100	2	10	57
	④	450 150	6	1298	31	155	47

2. 钢筋的代换

1) 代换方法

当施工中遇到钢筋品种或规格与设计要求不符时，应办理设计变更文件，可以参照以下两种方法进行钢筋代换。

(1) 等强度代换。

当构件配筋受强度控制时，钢筋可按代换前后抗拉强度设计值相等的原则代换，即按

$$A_{s1} \cdot f_{y1} \leqslant A_{s2} \cdot f_{y2} \tag{4-1}$$

则

$$n_1 \cdot \pi \cdot \frac{d_1^2}{4} \cdot f_{y1} \leqslant n_2 \cdot \pi \cdot \frac{d_2^2}{4} \cdot f_{y2} \tag{4-2}$$

故

$$n_2 \geqslant \frac{n_1 d_1^2 f_{y1}}{d_2^2 f_{y2}} \tag{4-3}$$

式中：A_{s1}、A_{s2}——分别为原设计和代换后钢筋的面积(mm^2)；

f_{y1}、f_{y2}——分别为原设计和代换后钢筋的抗拉强度设计值(N/mm^2)；

n_1、n_2——分别为原设计和代换后钢筋的根数；

d_1、d_2——分别为原设计和代换后钢筋的直径(mm)。

(2) 等面积代换。

当构件按最小配筋率配筋时，可按代换前后面积相等的原则代换

$$A_{s1} \leqslant A_{s2} \tag{4-4}$$

故

$$n_2 \geqslant \frac{n_1 d_1^2}{d_2^2} \tag{4-5}$$

式中符号意义同前。

2）代换注意事项

钢筋代换，必须充分了解设计意图和代换材料性能，并严格遵守现行规范的各项规定。凡重要结构中的钢筋代换，应征得设计单位的同意，并应符合下列规定：

(1) 对重要构件，如吊车梁、薄腹梁、桁架下弦等，不宜用光面钢筋代替变形钢筋，以免裂缝开展过大。

(2) 钢筋代换后，应满足混凝土结构设计规范中所规定的钢筋间距、锚固长度、最小钢筋直径、根数等配筋构造要求。

(3) 梁的纵向受力钢筋与弯起钢筋应分别代换，以保证正截面与斜截面强度。

(4) 偏心受压构件(如框架柱、有吊车的车房柱、桁架上弦等)或偏心受拉构件钢筋代换，不取整个截面配筋量计算，应按受力面(受压或受拉)分别代换。

(5) 有抗震要求的梁、柱和框架，不宜以强度等级较高的钢筋代换原设计中的钢筋。如必须代换时，其代换的钢筋检验所得的实际强度，还尚应符合抗震钢筋的要求。

(6) 当构件受裂缝宽度或挠度控制时，钢筋代换后应进行刚度、裂缝验算。

(7) 预制构件吊环须采用未经冷拉的 HPB235 热轧钢筋制作，严禁以其他钢筋代换。

4.1.3　钢筋的加工

1. 钢筋冷加工

1）钢筋冷拉

钢筋的冷拉是在常温下对热轧钢筋进行强力拉伸，直至拉应力超过钢筋的屈服强度，使钢筋产生塑性变形，以达到调直钢筋、除锈和提高强度的目的。

(1) 冷拉原理。

如图 4.9 所示，$Oabcde$ 为热轧钢筋的拉伸特性曲线。冷拉时，拉应力超过屈服极限点 b 达到 c 点，然后卸载。由于钢筋会产生塑性变形，卸荷过程中应力应变曲线沿 cO_1 降至 O_1 点。如再立即重新拉伸，应力应变图将沿 O_1cde 变化，并在高于 c 点的附近出现新的屈服点，该屈服点明显地高于冷拉前的屈服点 b（一般可提高 25%～30%），这种现象称为“变形硬化”现象。变形硬化后的新屈服点并非保持不变，而是随时间有所提高，最后达到稳定的屈服强度，这种现象称为“时效硬化”现象，其原因是钢筋冷拉后有内应力存在，内应力会促进钢筋内的晶体组织调整，经过调整，屈服强度又进一步提高。Ⅰ、Ⅱ级钢筋的时效过程在常温下需 15～28d，称为自然失效处理，但在 100℃温度下只需 2h 即完成，因

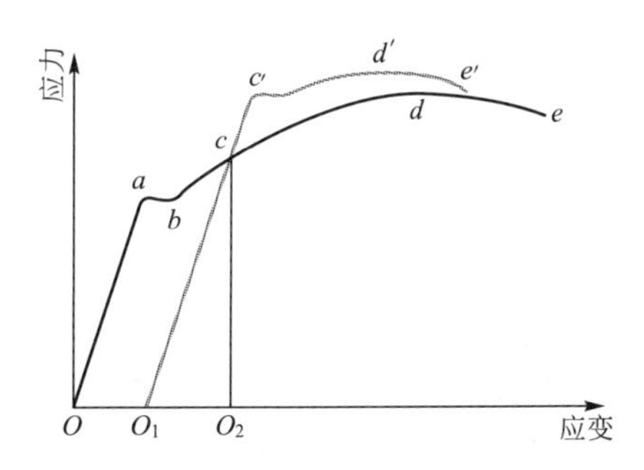

图 4.9　钢筋冷拉曲线

而为加速时效，可利用蒸汽、电热等手段进行人工时效。Ⅲ、Ⅳ级钢筋在自然条件下一般达不到时效的效果，更宜用人工时效。一般通电加热至150～300℃，保持20min左右，即可完成时效过程。

冷拉时效后，钢筋的强度将进一步提高，但塑性将进一步降低。

(2) 钢筋的冷拉参数。

钢筋的冷拉应力和冷拉率是影响钢筋冷拉质量的两个参数。钢筋的冷拉率是钢筋冷拉时的总伸长值与原来长度之比的百分率。

在一定范围内，冷拉应力或冷拉率越大，则屈服点提高越多，而塑性也降低越多。但钢筋冷拉后仍应有一定的塑性，其抗拉强度(强度极限)与屈服点之比不宜太小，使钢筋有一定的强度储备，以防脆断。

(3) 钢筋冷拉控制方法。

钢筋冷拉可用冷拉应力或冷拉率进行控制，但优选控制冷拉应力。冷拉后用做预应力筋的钢筋以及不能分清炉批号的钢筋，宜采用控制应力的方法进行冷拉。

① 控制应力法，即控制冷拉时钢筋应达到的规定的应力值。采用控制应力法冷拉钢筋时，其冷拉控制应力及冷拉率应符合表4-8的规定。

表4-8　冷拉控制应力及最大冷拉率

钢筋级别	钢筋直径 d/mm	冷拉控制应力/MPa	最大冷拉率/%
HPB235(Ⅰ级)	≤12	280	10.0
HRB335(Ⅱ级)	≤25	450	5.5
	28～40	430	5.5
HRB400(Ⅲ级)	8～40	500	5.0
HRB500(Ⅳ级)	10～28	700	4.0

若钢筋达到表4-8中的冷拉控制应力，而冷拉率超过表4-8的规定时，应再进行力学性能试验，直至当其符合表4-9中的规定时，方可使用。

表4-9　冷拉钢筋的力学性能

钢筋级别	直径/mm	屈服点/MPa	抗拉强度/MPa	伸长率/%	冷弯弯曲角度	冷弯弯曲直径
HPB235(Ⅰ级)	≤12	≥280	≥380	≥11	180°	$3d$
HRB335(Ⅱ级)	≤25	≥450	≥520	≥10	90°	$3d$
	28～40	≥430	≥500	≥10	90°	$4d$
HRB400(Ⅲ级)	8～40	≥500	≥580	≥8	90°	$5d$
HRB500(Ⅳ级)	10～28	≥700	≥850	≥6	90°	$5d$

② 控制冷拉率法，采用控制冷拉率法冷拉钢筋时，冷拉率必须由试验确定。测定同炉批钢筋冷拉率，其式样不应少于4个，并取其平均值作为该批钢筋实际采用的冷拉率。测定冷拉率时钢筋的冷拉应力应符合表4-10的规定。

控制冷拉率法的优点是设备简单，并能做到等长或定长要求，但对材质不均匀或混炉批的钢筋，冷拉率波动大，不易保证冷拉应力。

表 4-10 测定冷拉率时钢筋的冷拉应力

钢筋级别	HPB235(Ⅰ级)	HRB335(Ⅱ级)		HRB400(Ⅲ级)	HRB500(Ⅳ级)
钢筋直径 d/mm	≤12	≤25	28～40	8～40	10～28
钢筋冷拉应力/MPa	310	480	460	530	570

(4) 钢筋冷拉设备。

冷拉设备主要由拉力装置、承力结构、钢筋夹具和测力装置等组成。拉力装置由卷扬机、张拉小车及滑轮组等组成，承力结构可采用钢筋混凝土压杆(又称为冷拉槽)或地锚，测力装置可采用电子秤传感器或弹簧测力计等，其布置如图 4.10 所示。

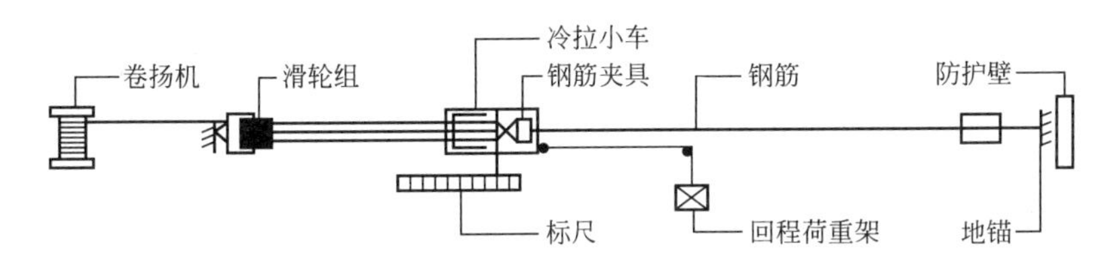

图 4.10 用卷扬机冷拉钢筋设备布置方案

(5) 操作要点。

冷拉速度不宜过快，一般以 0.5～1m/min 为宜，当拉到规定的控制应力或冷拉长度后，须稍停约 1～2min，待钢筋变形充分发展后，再放松钢筋。钢筋冷拉后，表面不应发生裂纹或局部颈缩想象。

2) 钢筋冷拔

钢筋的冷拔是使直径为 6～8m 的 HPB235 级钢筋，在常温下通过特制的钨金拔丝模孔，而拔成比原钢筋直径小的钢丝，称为冷拔低碳钢丝，其呈硬钢特性，塑性降低，强度显著提高(可提高 50%～90%)。钢筋冷拔装置如图 4.11 所示，拔丝模构造如图 4.12 所示。

工艺流程为扎头→剥壳(除锈)→润滑→拔丝。

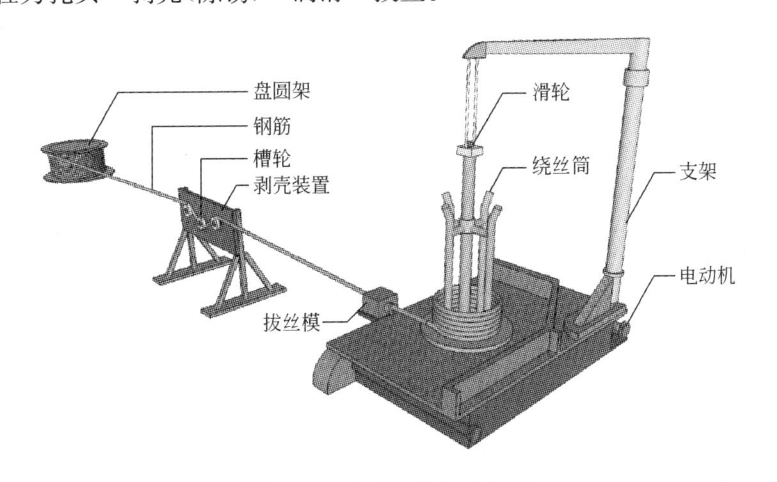

图 4.11 立式单股筒冷拔机

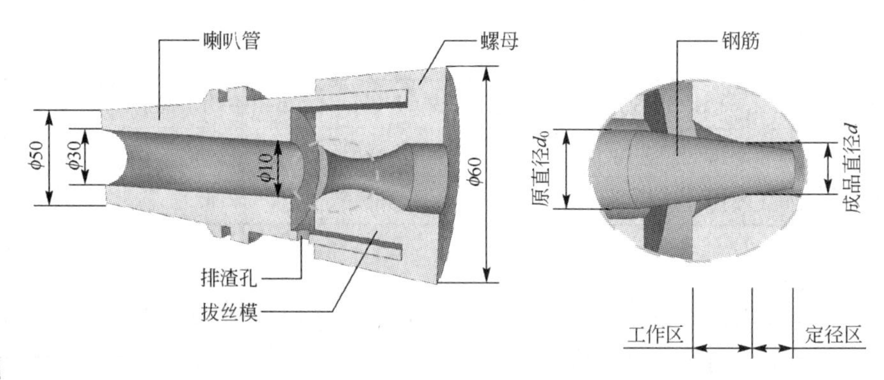

图 4.12　拔丝模构造与做法

冷拔钢筋分为甲、乙两级。甲级冷拔钢丝主要用于中、小型预应力构件的预应力筋；乙级冷拔钢丝可用于焊接网、焊接骨架、架立筋、箍筋和构造钢筋等。

3）影响钢丝冷拔的因素。

① 材料的质量。对甲级冷拔低碳钢丝，宜用符合Ⅰ级钢筋标准的普通低碳钢热轧圆盘条进行拔制。

② 总压缩率。总压缩率是指由盘条拔至成品钢丝的横截面缩减率。若原材料钢筋直径为 d_0，成品钢丝直径为 d，则总压缩率为

$$\beta=\frac{d_0^2-d^2}{d_0^2}\times 100\% \tag{4-6}$$

总压缩率越大，则抗拉强度提高越多，而塑性降低越多，但事实上总压缩率不宜过大。一般地，冷拔低碳钢丝Φ^b5 是用Φ^b8 圆盘条经反复冷拔而成；冷拔低碳钢丝Φ^b3 或Φ^b4 是用$\Phi^b6.5$ 圆盘条经反复冷拔而成。

③ 冷拔次数。冷拔次数不宜过多，否则钢丝易变脆。根据实践经验：如由Φ^b6 拔至Φ^b3 时，冷拔过程为：$\Phi 6\rightarrow\Phi 5.3\rightarrow\Phi 4.6\rightarrow\Phi 4\rightarrow\Phi 3.5\rightarrow\Phi^b3$。

4）冷拔低碳钢丝质量要求。

甲级钢丝应逐盘检验，乙级钢丝可分批抽样检验。外观要求表面不得有裂纹和机械损伤。外观合格后再进行机械性能检验，质量指标要符合表 4-11 规定。

表 4-11　冷拔低碳钢丝的机械性能

钢丝级别	直径/mm	抗拉强度/MPa		伸长率/%	反复弯曲次数/180°
		Ⅰ组	Ⅱ组		
甲级	5	≥650	≥600	≥3	4
	4	≥700	≥650	≥2.5	
乙级	3～5	500		2	4

2. 钢筋加工

钢筋加工包括调直、除锈、切断和弯曲成型工作，见表 4-12。

表 4-12 钢筋加工工艺、设备或方法

加工内容	工艺、设备或方法
调直	钢筋调直可利用冷拉进行。若冷拉只是为了调直，而不是为了提高钢筋强度，冷拉率可采用0.7%～1.0%，或拉到钢筋表面的氧化铁皮开始剥落为止。除利用冷拉调直外，粗钢筋还可以采用锤击的方法；直径为4～14mm的钢筋可采用调直机进行调直
除锈	经冷拉或机械调直的钢筋，一般不必进行除锈。但对产生鳞片状锈蚀的钢筋，使用前应进行除锈。除锈方法有电动除锈机除锈，手工用钢丝刷、砂盘等除锈，喷砂及酸洗除锈
切断	钢筋下料时须按下料长度进行剪切。钢筋剪切可采用钢筋剪切机或手动剪切器，前后可切断直径40mm的钢筋，后者一般只用切断直径小于12mm的钢筋。大于40mm的钢筋需用氧乙炔焰或电弧割切
弯曲	根据弯曲设备的特点及工地习惯进行画线，以便弯曲成所规定的(外包)尺寸。当弯曲形状比较复杂的钢筋时，可先放出实样，再进行弯曲。钢筋弯曲直径宜采用弯曲机，可弯直径6～40mm的钢筋。直径小于25mm的钢筋，当无弯曲机时也可采用板钩弯曲。受力钢筋弯曲后，顺长度方向全长尺寸不超过±10mm，弯起位置偏差不应超过±10mm

4.1.4 钢筋的连接

钢筋的连接有3种常用的连接方法：绑扎连接、焊接连接和机械连接。除个别情况(如不能出现明火位置施工)外应尽量采用焊接连接，以保证钢筋的连接质量、提高连接效率和节约钢材。

1. 绑扎连接

钢筋绑扎一般采用20～22号钢丝，其中22号钢丝只用于绑扎直径12mm以下的钢筋。

1) 钢筋绑扎要求

纵向受拉钢筋连接的最小搭接长度，应符合表4-13的规定。

表 4-13 纵向受拉钢筋的最小搭接长度

钢筋类型	混凝土强度等级			
	C15	C20～C25	C30～C35	C40
HPB235	45*d*	35*d*	30*d*	25*d*
HRB335	55*d*	45*d*	35*d*	30*d*
HRB400	—	55*d*	40*d*	35*d*

受压钢筋绑扎连接的搭接长度，应取受拉钢筋绑扎连接搭接长度的0.7倍。受拉区域

内，HPB235 级钢筋绑扎接头的末端应做弯钩，HRB335、HRB400 级钢筋可不做弯钩。直径不大于 12mm 的受压 HPB235 级钢筋的末端，以及轴心受压构件中任意直径的受力钢筋的末端可不做弯钩，但搭接长度不应小于钢筋直径的 35 倍。搭接长度的末端距离钢筋弯折处，不得小于钢筋直径的 10 倍，接头不宜位于构件最大弯矩处。

2）钢筋绑扎接头

同一构件中相邻纵向受力钢筋的绑扎搭接接头应相互错开，如图 4.13 所示。

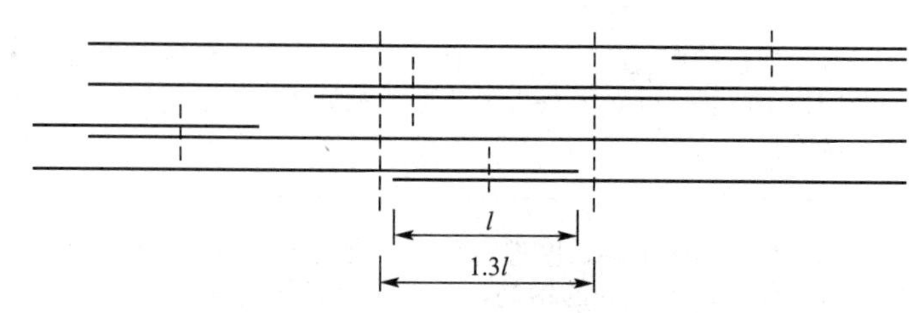

图 4.13 钢筋绑扎搭接接头

从任一绑扎接头中心至搭接长度 l 的 1.3 倍区段内，有绑扎接头的受力钢筋截面面积占受力钢筋总截面面积的百分率，受拉区不得超过 25%，受压区不得超过 50%；对于焊接骨架和焊接网则不得超过 50%。

2. 焊接连接

焊接是通过适当的物理化学过程，使两个分离的固态物体产生原子(分子)间的结合力而连成整体的连接方法。钢筋的焊接方法常用的有电渣压力焊、电阻点焊、电弧焊、埋弧压力焊、气压焊和闪光对焊等。

1）电渣压力焊

电渣压力焊是将钢筋的待焊端部置于焊剂的包围之中，通过引燃电弧加热，最后在断电的同时，迅速将钢筋进行顶压，使上、下钢筋焊接成一体的一种焊接方法，如图 4.14 所示。

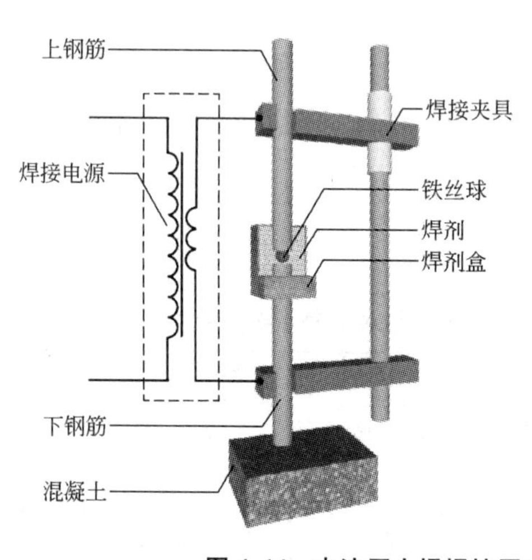

电渣压力焊在建筑施工中多用于现浇钢筋混凝土结构构件内竖向或斜向(倾斜度在4:1的范围内)钢筋的焊接接长。但对焊工水平低、供电条件差(电压不稳定等)、雨季或防火要求高的场合应慎用。

图 4.14 电渣压力焊焊接原理示意

(1) 焊接工艺。

焊接工艺一般分为引弧、电弧、电渣和顶压 4 个过程，如图 4.15 所示。

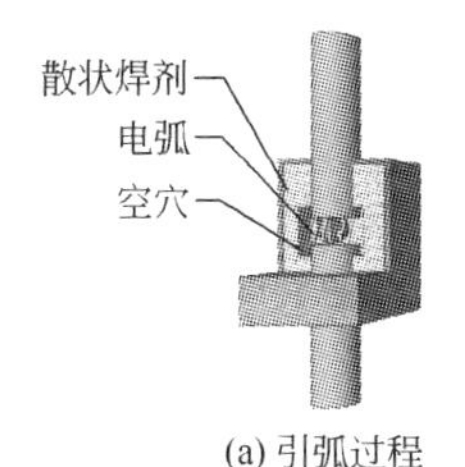

(a) 引弧过程

用焊接机头的夹具将上下钢筋的待焊接端部夹紧，并保持两钢筋的同心度，再在接合处放置直径不小于1cm的铁丝圈，使其与两钢筋端面紧密接触，然后将焊剂灌入熔剂盒内，待封闭后，接通电源，引燃电弧。

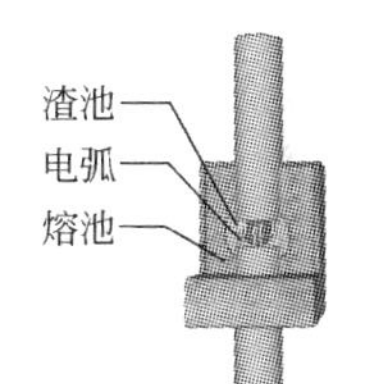

(b) 电弧过程

引燃电弧后，产生的高温将接口周围的焊剂充分熔化，在气体弧腔作用下，使电弧稳定燃烧，将钢筋端部的氧化物烧掉，形成一个渣池。

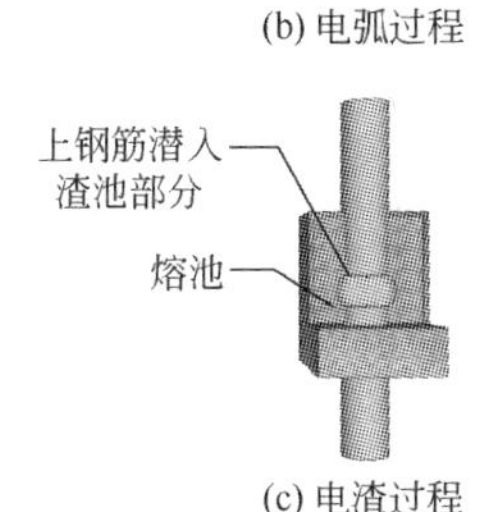

(c) 电渣过程

当渣池在接口周围达到一定深度时，将上部钢筋徐徐插入渣池中(但不可与下部钢筋短路)。此时电弧熄灭，进入电渣过程。此过程中，通过渣池的电流加大，由于渣池电阻很大，因而产生较高的电阻热，渣池温度可升至2000℃以上，将钢筋迅速均匀地熔化。

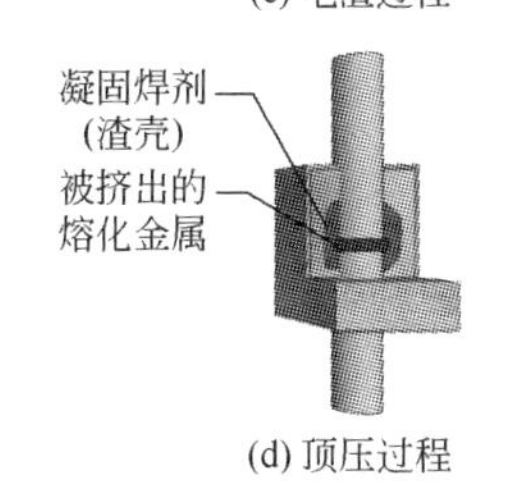

(d) 顶压过程

当钢筋端头均匀熔化达到一定量时，立即进行顶压，将熔化的金属和熔渣从接合面挤出，同时切断电源，顶压力一般为200~300N即可。

图 4.15 竖向钢筋电渣压力焊工艺过程示意

(2) 焊接接头质量检查。

焊接接头的外观质量检查结果应符合的要求是：焊缝四周的焊包应均匀，凸出钢筋表面的高度应不小于 4mm；钢筋与电极接触处，应无烧伤缺陷；接头外的轴线偏移不得大于钢筋直径的 0.1 倍，且不得大于 2mm；接头处的弯折角不得大于 3°。

2) 电阻点焊

钢筋电阻点焊是将两根钢筋安放成交叉叠接形式，压紧于两电极之间，利用电阻热熔熔化母材金属，加压形成焊点的一种压焊方法。常用的电焊机有单点电焊机、多头电焊机、悬挂式电焊机(可焊接钢筋骨架或钢筋网)、手提式电焊机(用于施工现场)。

(1) 工作原理。

工作原理如图 4.16 所示，其过程是，将钢筋的交叉点放在点焊的两个电极之间，电极通过钢筋闭合电路通电，因点接触处电阻较大，所以在接触的瞬间，电流产生的全部热量聚集在一点上，因而使金属受热而熔化，最终在电极加压下使焊点金属得到焊合。

(2) 焊接要点。

不同直径钢筋点焊时，大小钢筋直径之比，当小钢筋直径小于 10mm 时，不宜大于 3；当小钢筋直径为 12～16mm 时，不宜大于 2。焊接网较小钢筋直径不得小于较大钢筋

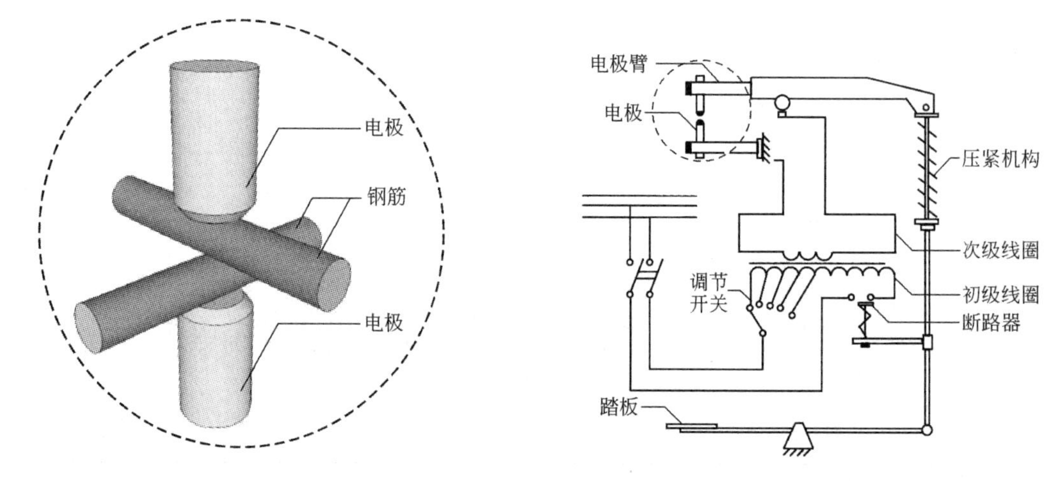

图 4.16　电焊机工作原理

直径的 0.6 倍。热轧钢筋点焊时，焊点压入深度为较小钢筋直径的 25%～45%；冷拔低碳钢丝点焊时，压入深度为较小钢丝直径的 30%～35%。

(3) 质量检验。

焊接骨架和焊接网应按规定进行外观检查和力学性能检验。热轧钢筋的焊点应进行抗剪强度的试验。冷加工钢筋除进行抗剪强度试验外，还应进行拉伸试验。焊接质量应符合《钢筋焊接及验收规程》JGJ 18—2003 中的有关规定。

3) 电弧焊(见图 4.17)

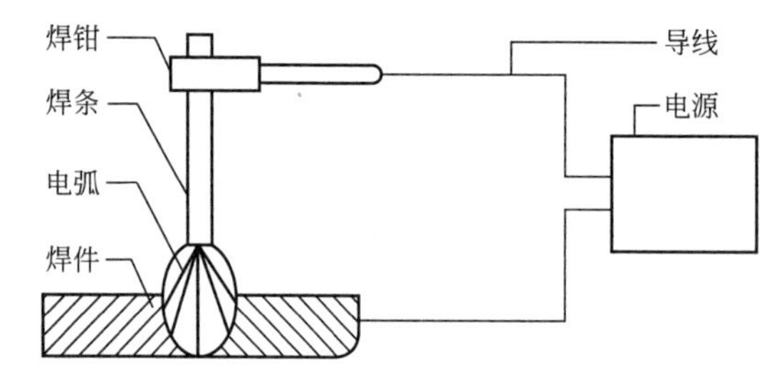

焊接设备简单，价格低廉，维护方便，操作技术要求不高，可用于各种形状、品种钢筋的焊接，是钢筋或预埋件焊接采用较广泛的一种手工焊接方法。

适用于未对焊设备，电源不足或用在由于其他原因不能采用接触对焊时采用，但电弧焊接头不能用于承受动力荷载的构件(如吊车梁等)；搭接帮条电弧焊接头不宜用于预应力钢筋接头。

图 4.17　电弧焊示意

电弧焊是利用两个电极(焊条和焊件)的末端放电产生电弧高温，集中热量熔化钢筋端面和焊条末端，使焊条金属熔化在接头焊缝内，冷凝后形成焊缝，将金属相结合。

(1) 焊接设备和材料。

焊接设备和材料，见表 4-14 和表 4-15。

表 4-14　机具设备和焊条

项　目	说　明
机具设备	主要设备为弧焊机，有交流、直流两类。工地多采用交流弧焊机，常用型号有 BX-300 和 BX-500
电弧焊条	电弧焊采用焊条的性能应符合国家现行标准《碳钢焊条》(GB/T 5117—1995)或《低合金钢焊条》(GB/T 5118—1995)的规定，其型号应根据设计确定；若设计无规定时，可按表 4-15 选用

表 4-15 钢筋电弧焊焊条型号

钢筋级别	电弧焊接头形式		
	帮条焊、搭接焊	坡口焊、熔槽帮条焊、预埋件穿孔塞焊	钢筋与钢板搭接焊、预埋件T型角焊
HPB 235	E4303	E4303	E4303
HRB 335	E4303	E5003	E4303
HRB 400	E5003	E5503	E5003

注：E4303 的意义：E 表示焊条；43 表示熔敷金属抗拉强度的最小值为 430N/mm²；第三、第四位数字表示适用焊接位置、电流及药皮类型。

(2) 连接形式。

电弧焊的连接形式有帮条焊、搭接焊、坡口焊等，如图 4.18 所示。

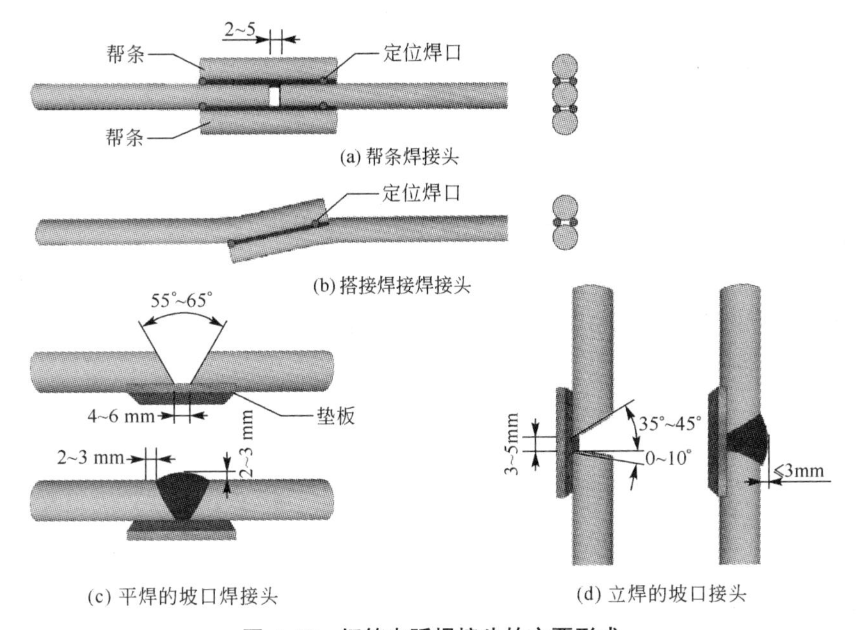

图 4.18 钢筋电弧焊接头的主要形式

其中，帮条焊和搭接焊是常用的焊接形式，其接头长度见表 4-16。

表 4-16 帮条焊和搭接焊的接头长度

钢筋级别	HPB235		HRB335、HRB400	
焊缝形式	单面焊	双面焊	单面焊	双面焊
接头长度	$\geqslant 8d$	$\geqslant 4d$	$\geqslant 10d$	$\geqslant 10d$

(3) 焊接接头质量检验。

电弧焊接接头的质量检验，应分批进行外观检验和力学性能检验。

外观质量检验结果应符合要求：焊缝表面应平整，不得有凹陷或焊瘤；焊接接头区域不得有裂纹；焊接接头尺寸的允许偏差及咬边深度、气孔、夹渣等缺陷允许值，应符合验收规范规定。

力学性能检验结果应符合如下要求：3 个热轧钢筋接头试件的抗拉强度均不得小于该级别钢筋规定的抗拉强度；3 个接头试件均应断于焊缝之外，并应至少有 2 个试件呈延性断裂。

4）气压焊

气压焊焊接设备包括供气装置、加热器、加压器及焊接夹具等，如图 4.19 所示。

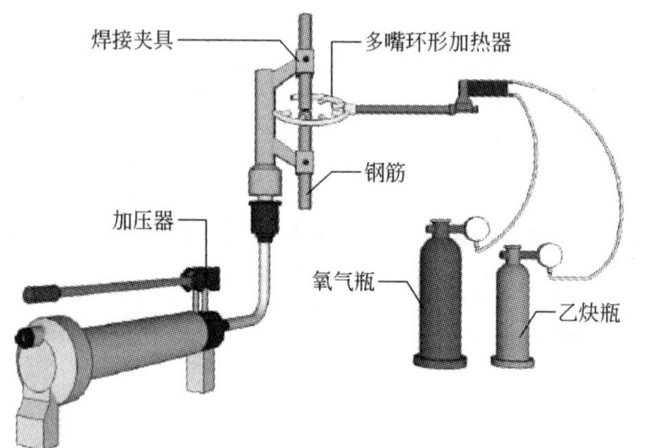

图 4.19 钢筋气压焊设备组成

(1) 焊接工艺。

焊接前，须对钢筋端部进行加工，压接面的形状要求应符合图 4.20 的要求。焊接工艺流程如图 4.21 所示。

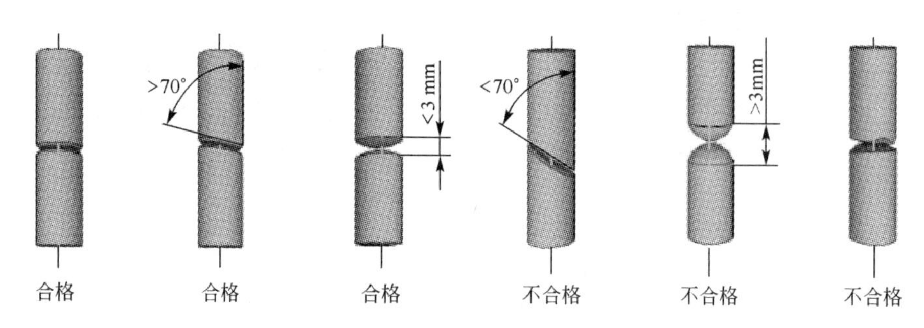

图 4.20 钢筋气压焊接面示意

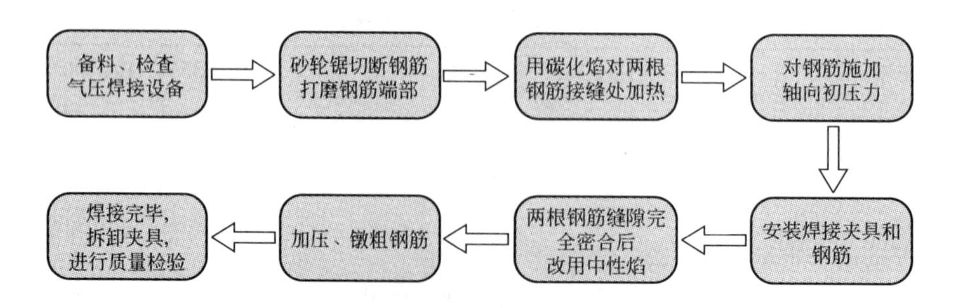

图 4.21 钢筋气压焊接工艺流程

(2) 质量检验。

气压焊接头应按规定进行外观质量检验和力学性能检验。外观质量检查结果应符合图 4.22 对应的要求，另外，两钢筋轴线弯折角不得大于 3°，当大于规定值时，应重新加热矫正。

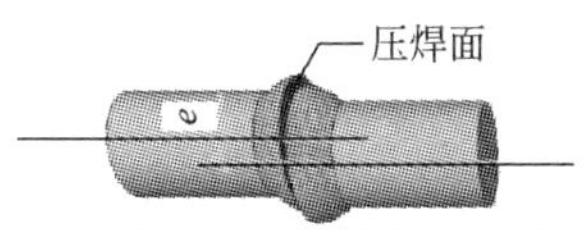

偏心量e不得大于钢筋直径的0.15倍，且不得大于4 mm。不同直径钢筋焊接时，取较小钢筋直径计算。当大于上述规定值，但在钢筋直径的0.3倍以下时，可以矫正，大于0.3倍时应切除重焊。

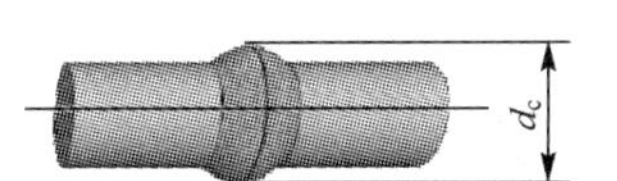

镦粗直径d_c不得小于钢筋直径的1.4倍。

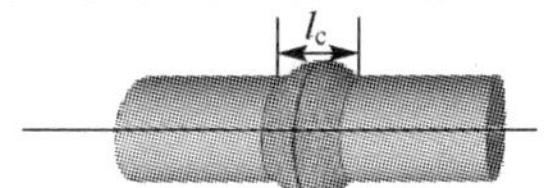

镦粗长度L_c不得小于钢筋直径的1.0倍，且突起部分平缓圆滑。

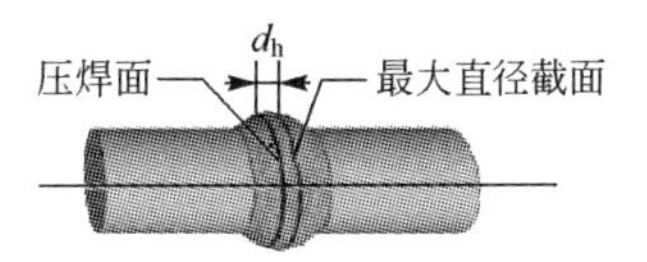

压焊偏移d_h不得大于钢筋直径的0.2倍。

图 4.22 钢筋气压焊接头外观质量示意

5) 闪光对焊(如图 4.23 所示)

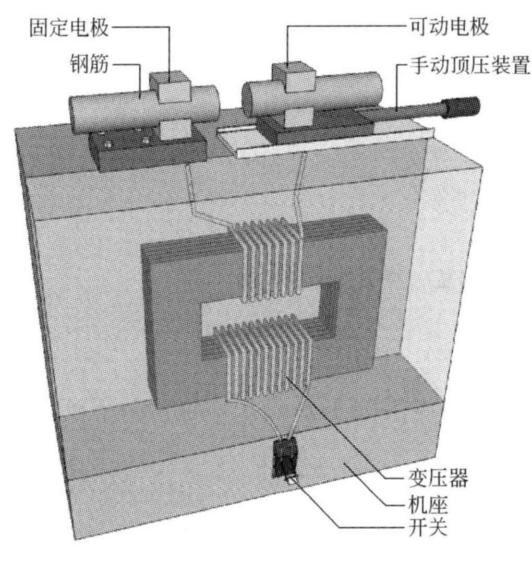

将两根钢筋安放成对接形式，利用强大电流通过钢筋端头而产生的电阻热，使钢筋端部熔化，产生强烈飞溅，形成闪光，迅速施加顶锻力，使两根钢筋焊成一体的施工方法。

图 4.23 钢筋闪光对焊

(1) 焊接工艺。

钢筋闪光对焊工艺常用的有连续闪光焊、预热闪光焊和闪光—预热—闪光焊 3 种形式，其各自对焊工艺过程及适用条件见表 4-17。

(2) 质量检验。

闪光对焊接头应按规定进行外观检查和力学性能检验。外观质量检查结果应符合的要求是，接头处不得有横向裂纹；与电极接触处的钢筋表面，不得有明显的烧伤；接头处的弯折不得大于 3°；接头处的钢筋轴线偏移 a，不得大于钢筋直径的 0.1 倍，且不得大于 2mm；其测量方法如图 4.24 所示。

表 4-17　钢筋闪光对焊工艺过程及适用条件

工艺名称	工艺及适用条件	操作方法
连续闪光焊	连续闪光顶锻；适用于直径18mm以下的HPB235、HRB335、HRB400级钢筋	1. 先闭合一次电路，使两钢筋端面轻微接触，促使钢筋间隙中产生闪光，接着徐徐移动钢筋，使两钢筋端面仍保持轻微接触，形成连续闪光过程。 2. 当闪光达到规定程度后(烧平端面，闪掉杂质，热至熔化)，即以适当压力迅速进行顶锻挤压
预热闪光焊	预热、连续闪光顶锻；适于直径20mm以上HPB235、HRB335、HRB400级钢筋	1. 在连续闪光前增加一次预热过程，以扩大焊接热影响区。 2. 闪光与顶锻过程同连续闪光焊
闪光—预热—闪光焊	一次闪光、预热；二次闪光、预热；适于直径20mm以上的HPB235、HRB335、HRB400级钢筋及HRB500级钢筋	1. 一次闪光：将钢筋端面闪平。 2. 预热：使两钢筋端面交替地轻微接触和分开，使其间隙发生断续闪光来实现预热，或使两钢筋端面一直紧密接触用脉冲电流或交替紧密接触与分开，产生电阻热来实现预热。 3. 二次闪光与顶锻过程同连续闪光焊

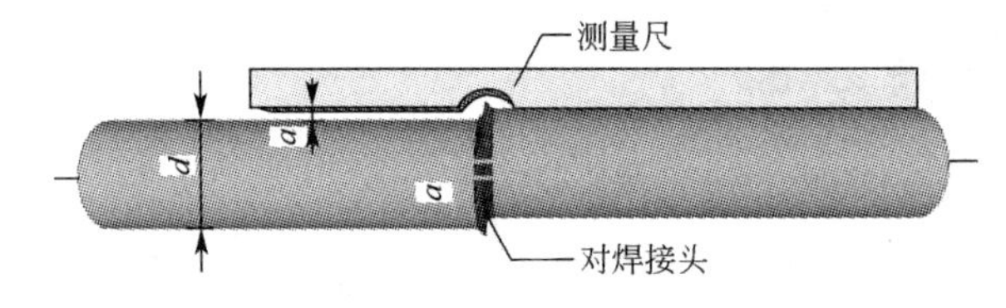

接头工艺简便，能在施工现场连接直径16~40 mm的HRB335、HRB400级同径和异径的竖向或水平钢筋，且不受钢筋是否带肋和含碳量的限制。适用于按一、二级抗震等级设防的钢筋混凝土结权钢筋的连接施工，但不得用于预应力钢筋的连接。

图 4.24　对焊接头轴线偏移测量方法

3. 机械连接

钢筋机械连接是近年来大直径钢筋现场连接的主要方法，包括挤压连接和螺纹套管连接。

1）钢筋挤压连接

钢筋挤压连接亦称钢筋套筒冷压连接。它是将需连接的两根变形钢筋插入特制钢套筒内，利用液压驱动的挤压机沿径向(或轴向)挤压钢套筒，使之产生塑性变形，依靠变形后的钢套筒与被连接钢筋纵、横肋产生的机械咬合作用，使套筒与钢筋成为整体的连接方法。径向挤压连接如图 4.25 所示。

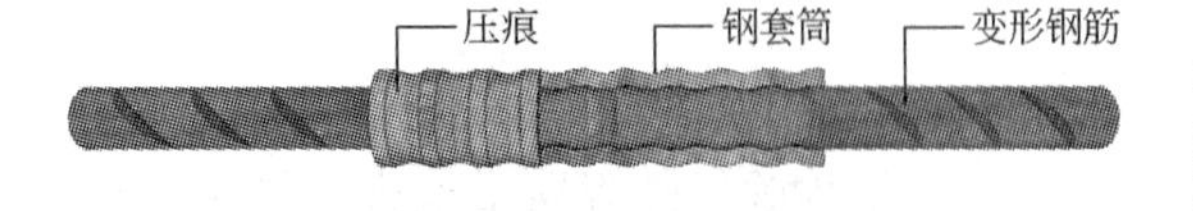

具有接头性能可靠、质量稳定、不受气候及焊接技术水平的影响、连接速度快、安全、无明火、节能等优点。适用于竖向、横向及其他方向的较大直径变形钢筋的连接，并可连接各种规格的同径和异径钢筋(直径相差不大于5mm)，也可连接可焊性差的钢筋，但价格较贵。

图 4.25　钢筋套筒径向挤压连接

钢筋挤压连接的工艺参数，主要是压接顺序、压接力和压接道数。压接顺序应从中间逐道向两端压接。压接力要保证套筒与钢筋紧密咬合，压接力和压接道数取决于钢筋直径、套筒型号和挤压机型号。

2）钢筋锥螺纹套筒连接

锥螺纹连接是将两根钢筋的连接端先加工成锥形外螺纹，然后用加工有锥形内螺纹的钢套筒将钢筋两端按规定的力矩拧紧，连接成一体的连接方法，如图 4.26 所示。

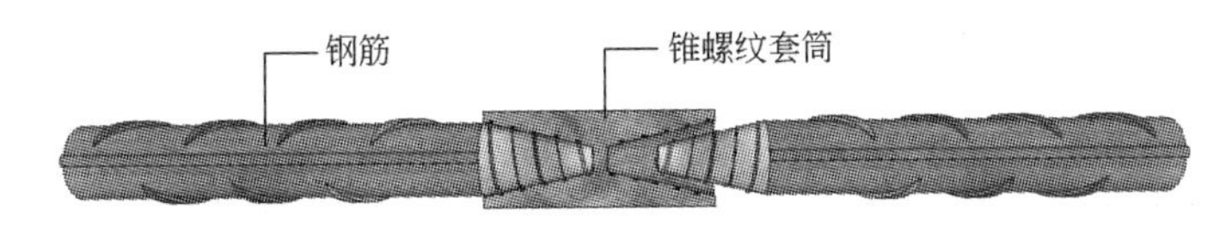

图 4.26　锥螺纹钢筋连接

3）钢筋镦粗直螺纹套筒连接

镦粗直螺纹套筒连接是将两根钢筋的连接端先通过冷镦粗设备冷镦粗，再在镦粗端加工成直螺纹丝头，然后将两根已镦粗套丝的钢筋连接端穿入配套加工的连接钢套筒，拧紧后形成接头的一种连接方法，如图 4.27 所示。

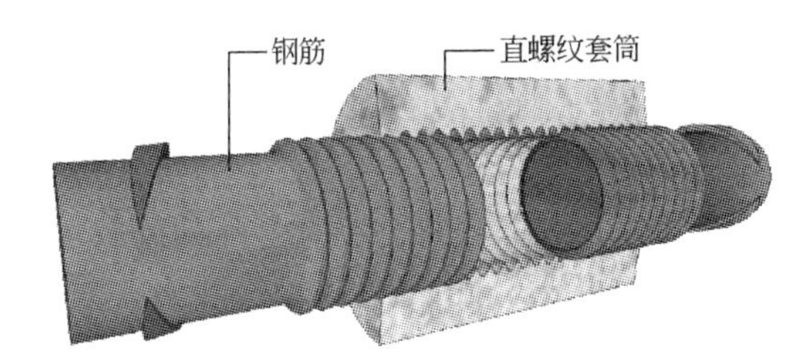

镦粗直螺纹套筒连接是目前推广的新工艺方法，其施工工艺主要是：钢筋端部扩粗→切削直螺纹→用连接套筒对接钢筋。

图 4.27　钢筋镦粗直螺纹套筒连接

4.1.5　钢筋的绑扎与安装

1．钢筋绑扎的程序

钢筋骨架的绑扎一般采用 20～22 号铁丝，其中 22 号铁丝只用于绑扎直径 12mm 以下的钢筋。钢筋绑扎的程序是划线→摆筋→穿箍→绑扎→安放垫块。划线时应注意间距、数量，标明加密箍筋的位置。板类摆筋顺序一般先排主筋后排负筋；梁类一般先摆纵筋。摆放有焊接接头和绑扎接头的钢筋应符合规范规定，有变截面的箍筋，应事先将箍筋排列清楚，然后安装纵向钢筋。

2．钢筋绑扎要求

(1) 柱钢筋的绑扎应在模板安装前进行，先立起竖向受力钢筋，与基础插筋绑牢，沿竖向钢筋按箍筋间距划线，把所用箍筋套入竖向钢筋中，从上到下逐个将箍筋画线并与竖向钢筋扎牢。

(2) 板、次梁与主梁交叉处，板的钢筋在上，次梁的钢筋居中，主梁的钢筋在下，如图 4.28 所示；当有圈梁或垫梁时，主梁的钢筋应放在圈梁上，如图 4.29 所示。

(3) 绑扎墙钢筋网，宜先支设一侧模板，在模板上划出竖向钢筋位置线，依线立起竖向钢筋，再按横向钢筋间距，把横向钢筋绑牢于竖向钢筋上，可先绑两端的扎点，再依次绑中间扎点，靠近外围两行钢筋的交叉点应全部扎牢，中间部分交叉点可间隔扎牢。另外，钢筋网之间应绑扎 ϕ6～10mm 钢筋制成的撑钩，间距约为 1m，相互错开排列，以保持双排钢筋间距正确。

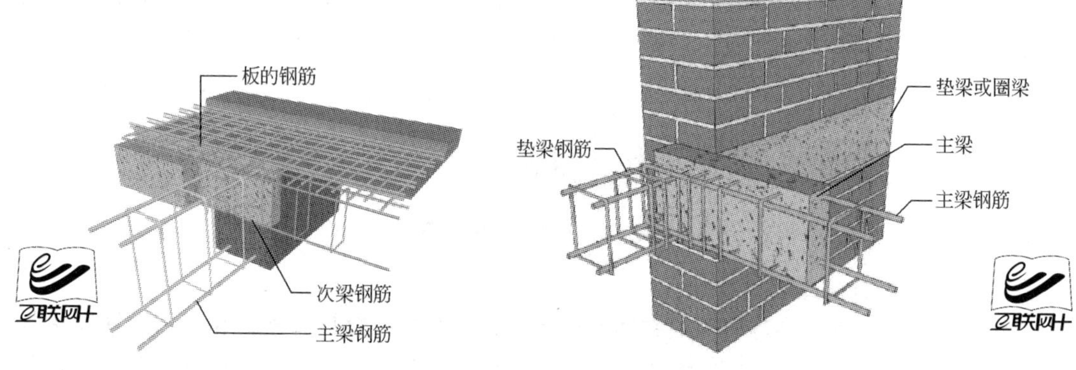

图 4.28　板、次梁与主梁交叉处钢筋

图 4.29　主梁与垫梁交叉处钢筋

3. 钢筋安装质量检验

钢筋工程属于隐蔽工程，在浇筑混凝土之前施工单位应会同建设单位、设计单位对钢筋及预埋件进行检查验收并做隐蔽工程记录。

(1) 验收内容包括：纵向受力钢筋的品种、规格、数量、位置等；钢筋的连接方式、接头位置、接头数量、接头面积百分率等；箍筋、横向钢筋的品种、规格、数量、间距等；预埋件的规格、数量、位置等。

(2) 钢筋隐蔽工程验收前，应具备钢筋出厂合格证与检验报告及现场复检报告，钢筋焊接接头和机械连接接头力学性能试验报告。

检验方法采用观察和钢尺检查。检查数量的要求：在同一检验批内，对梁、柱、和独立基础，应抽查构件数量的 10%，且不少于 3 件；对墙和板，应按有代表性的自然间抽查 10%，且不少于 3 间；对大空间结构，墙可按相邻轴数间高度 5m 左右划分检查面，板可按纵、横轴线划分检查面，抽查 10%，且均不少于 3 面。

案例导航

某百货大楼雨篷坍塌

一、事故概括

某百货大楼一层橱窗上设置有挑出 1200mm 通长现浇钢筋混凝土雨篷，如图 4.30 所示。待达到混凝土设计强度拆模时，突然发生从雨篷根部折断的质量事故。

二、事故原因分析

受力筋放错了位置(离模板只有 20mm，如图 4.31 所示)所致。

原来受力筋按设计布置，钢筋工绑扎好后就离开了。浇筑混凝土前，一些“好心人”看到雨篷钢筋浮搁在过梁箍筋上，受力筋又放在雨篷顶部(传统的概念总以为受力筋就放在构件底面)，就把受力筋临时改放到过梁的箍筋里面，并贴着模板。浇筑混凝土时，现场人员没有对受力筋位置进行检查，于是发生上述事故。

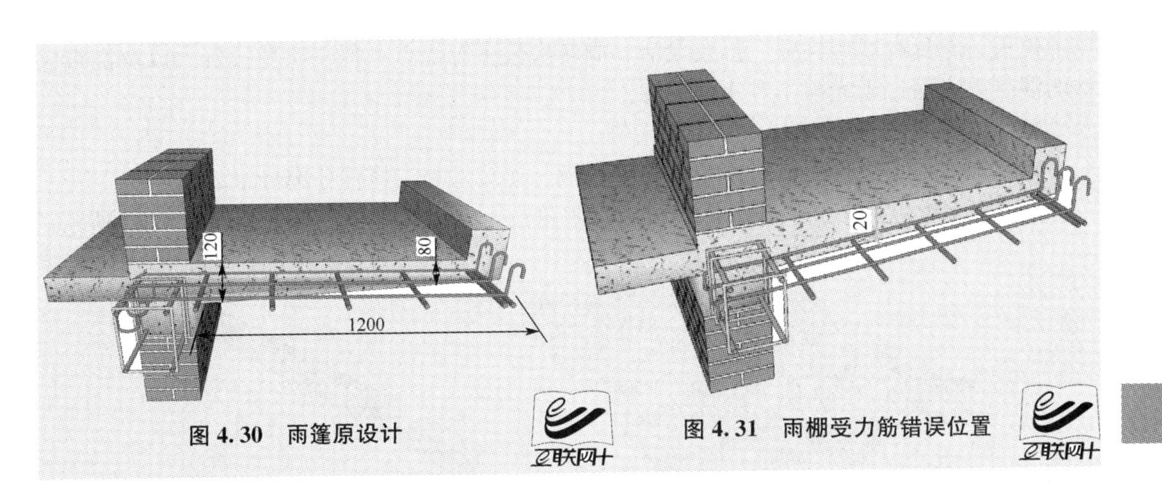

图 4.30 雨篷原设计

图 4.31 雨棚受力筋错误位置

4.2 模板工程

模板工程是为满足各类现浇混凝土结构工程成型要求的模板及其支撑体系的总称，包括方案设计、配模、支模、浇筑和拆模5个步骤。

4.2.1 模板的类型与基本要求

1. 模板的类型

按模板或模板面板划分木模板、覆面木胶合板模板、覆面竹胶合板模板、钢模板、铝合金模板、塑料和玻璃钢模板、预制混凝土薄板模板、压型钢板模板等；按成型对象划分梁模、柱模、板模、梁板模、墙模、楼梯模、电梯井模、隧道和涵洞模、基础模、桥模、渠道模等；按位置和配置作用划分边模、角模、底模、端模、顶模、节点模；按组拼方式划分整体式模板、组拼整体式模板、组拼式模板、现配式模板、整体装拆式模板；按技术体系划分滑模、爬模、提模、台模、飞模、大模板体系、早拆模板体系等。

2. 模板系统的基本要求

(1) 保证工程结构和各构件的形状、尺寸以及相对位置的准确；模板应板面平整，接缝严密；模板应选材合理，用料经济。

(2) 有足够的强度、刚度和稳定性，并能可靠地承受新浇混凝土的自重荷载和侧压力，以及在施工过程中所产生的其他荷载。

(3) 构造简单，拆除方便，能多次循环使用，并便于钢筋的绑扎与安装，有利于混凝土的浇筑与养护。

4.2.2 模板构造与安装

1. 组合式钢模板

组合式钢模板是现浇混凝土结构施工中常用的模板类型之一，是工程施工用得最多的一种模板，它具有通用性强、拆装灵活、周转次数多等优点。但一次性投资大以及浇筑成型的混凝土表面过于光滑不利表面装修。

1）组合式钢模板的组成

组合钢模板是一种工具式模板，由钢模板、连接件和支撑件3部分组成。

（1）钢模板包括平面模板、阳角模板、阴角模板和连接角模，其构造如图4.32所示。

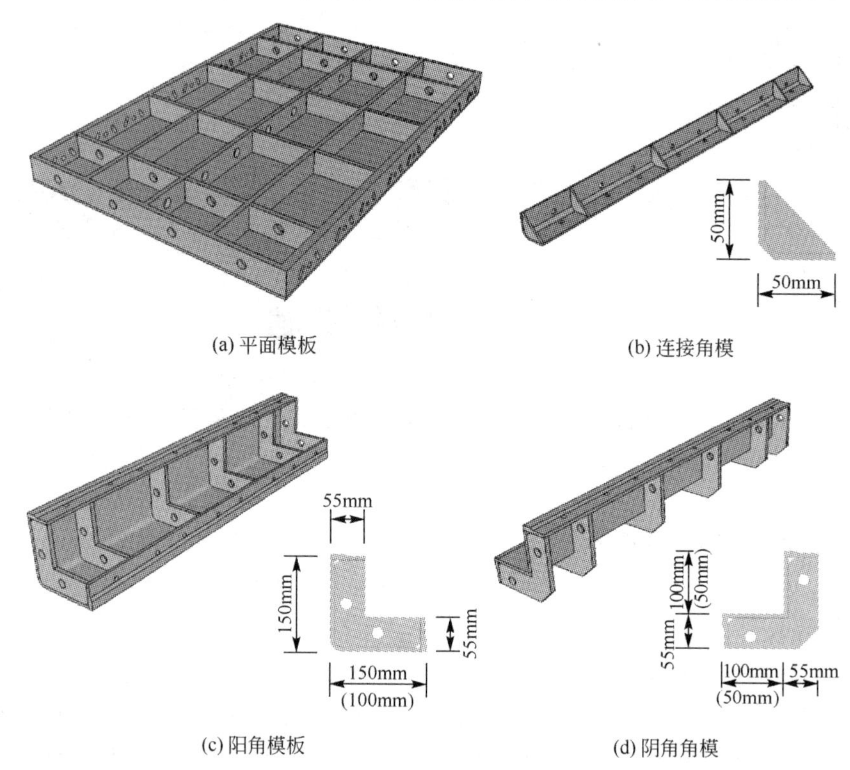

图4.32　钢模板类型

钢模板采用模数制设计，宽度以100mm为基础，按50mm进级，如100mm、150mm、200mm、250mm、300mm；长度以450mm为基础，按150mm进级，如450mm、600mm、750mm、900mm、1050mm、1200mm、1350mm、1500mm。

（2）连接件及支撑体系。

① 连接件包括U型卡、L型插销、钩头螺栓、对拉螺栓、配件等，其构造和规格见图4.33和表4-18。

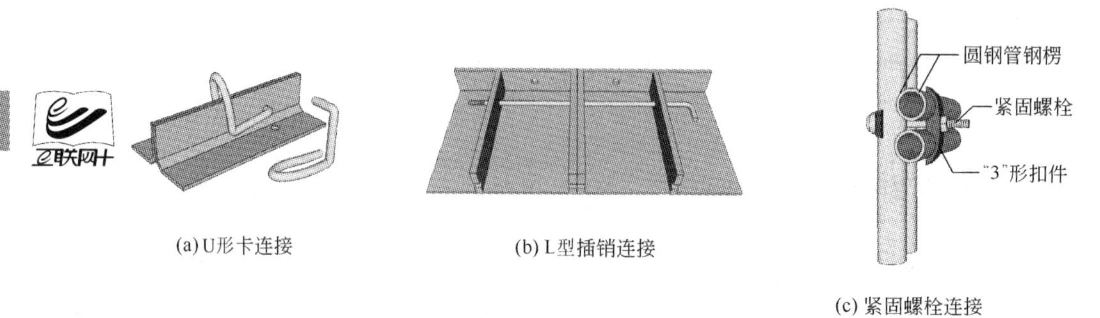

图4.33　钢模板连接件

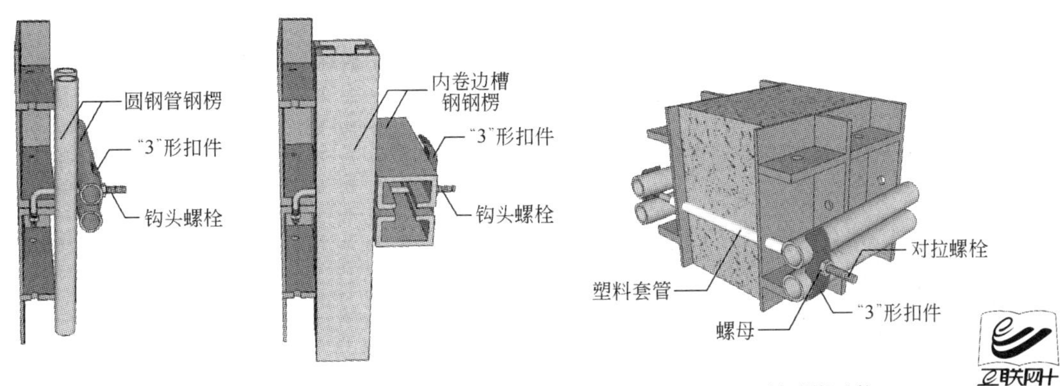

图 4.33 钢模板连接件(续)

表 4-18 连接件规格

名　　称		规　　格
U 型卡		ϕ12
L 型插销		ϕ12、L=345
钩头螺栓		ϕ12、L=205、180
紧固螺栓		ϕ12、L=180
对拉螺栓		M12、M14、M16、T12、T14、T16、T18、T20
扣件	"3" 形扣件	26 型、12 型
	蝶形扣件	26 型、18 型

② 常见支撑件有圆形钢管(或矩形钢管、内卷边槽钢等)、钢楞等，均是用来加固钢模板以保证其稳定性。

2) 组合式钢模板的安装

(1) 基础模板，特点是高度较小而体积较大，一般利用地基或基槽(基坑)进行支撑。

① 条形基础：条形基础模板支模方法和构造如图 4.34 所示。

② 阶梯式基础，安装阶梯式基础模板的顺序是：先安装下层阶梯模板，然后安装上层阶梯模板。各层阶梯模板的相对位置要固定结实，以免浇筑混凝土时模板发生位移。其做法和构造如图 4.35 所示。

(2) 柱模板，一般柱子的断面尺寸不大但高度较大。因此，柱模板的构造和安装主要考虑保证垂直度及抵抗新浇混凝土的侧压力，并且也要便于浇筑混凝土、清理垃圾与钢筋绑扎等。如图 4.36 所示为矩形柱模板，当柱较高，需设置混凝土浇筑孔。

(3) 梁模板，梁的特点是跨度较大而宽度一般不大，梁高可达 1m 以上，工业建筑中有的高达 2m 以上。梁下面一般是架空的，故梁模板既承受竖向压力，又承受混凝土的水平侧压力，这就要求梁模板及其支撑系统具有足够的强度、刚度和稳定性，不致产生超过规范允许的变形。

梁模板由底模板及两侧模板用连接角模连接组成。梁侧模板用支柱(或支架)支撑。两侧模板之间应根据需要设置对拉螺栓，如图 4.37 所示。

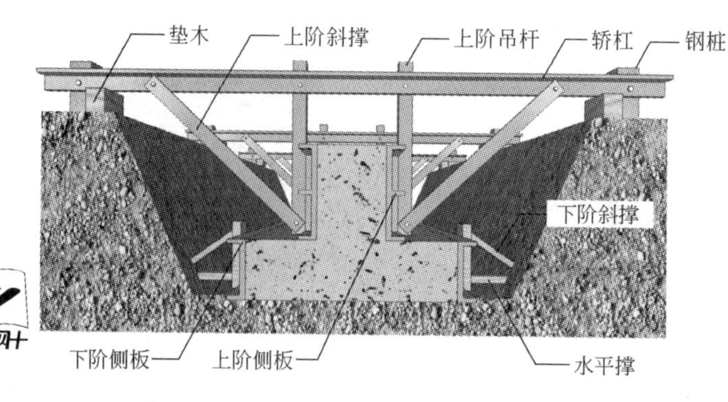

两边侧模一般可横向配置，模板下端外侧用通长横楞连固，并与预先埋设的锚固件楔紧。竖楞ϕ48mm×3.5mm钢管，并用U形卡与模板固定连接。

图 4.34　条形基础模板

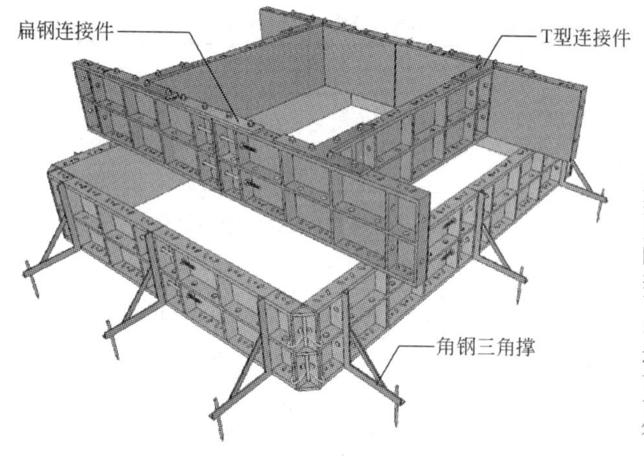

上层阶梯外侧模板需用两块钢模板并接时，侧拼接处可加扁钢连接。上层阶梯内侧模板长度应与阶梯等长，与外侧模板拼接处，加T形扁钢板连接。下层阶梯钢模板长度最好与下层阶梯等长，四角用连接角模拼模，若无合适长度的钢模板，则可选用长度较大的钢模板，转角处用T形扁钢板连接。

图 4.35　阶梯式基础模板

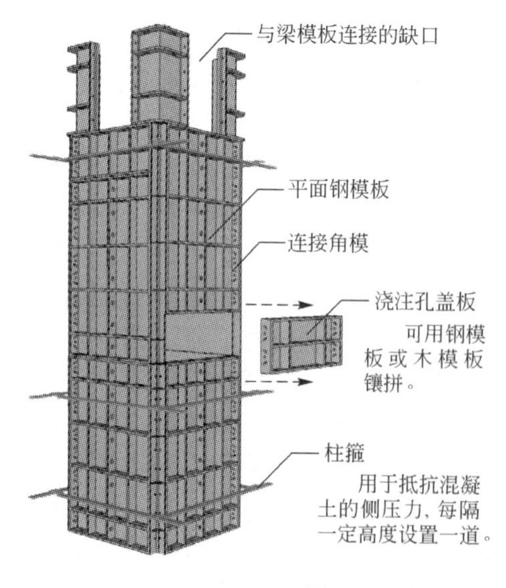

安装前，应沿边线用水泥砂浆找平。边柱的外侧模板需支撑在承垫条带上。柱模板可在现场拼装，也可在场外预拼装好后再现场安装。钢模板安装就位后，须经垂直度校正后，再装设柱箍，并用水平及斜向拉杆拉结。

图 4.36　柱模板

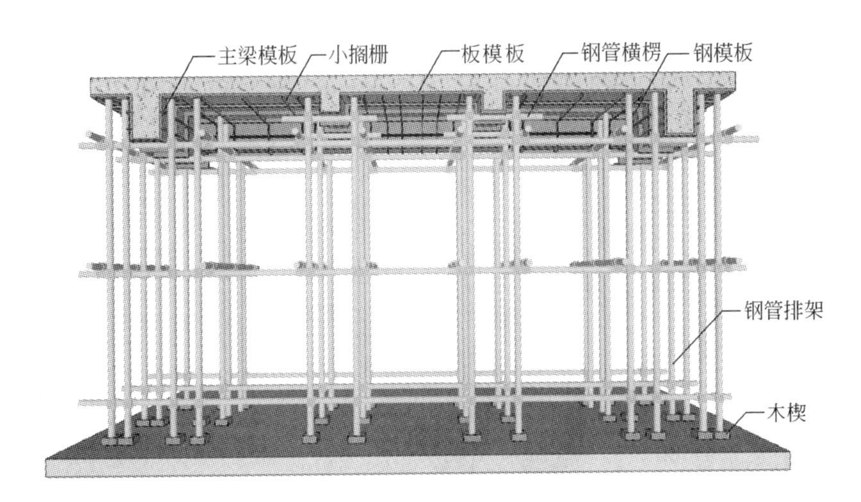

图 4.37 梁、楼板模板

梁模板安装的顺序为搭设模板支架→安装梁底模板→梁底起拱→安装侧模板→检查校正→安装梁口夹具。

(4) 楼板模板，板的特点是面积大而厚度一般不大，因此横向侧压力很小，板模板及其支撑系统主要用于抵抗混凝土的垂直荷载和其他施工荷载，以保证板不变形下垂。

模板安装时，首先复核板底标高，搭设模板支架，然后用阴角模板从四周与墙、梁模板连接再向中央铺设。为方便拆模，钢模板拼缝处采用 U 型卡即可，支柱底部应设长垫板及木楔找平。挑檐模板必须撑牢拉紧，防止向外倾覆，确保安全。

(5) 墙模板，墙体的特点是高度大而厚度小，其模板主要承受混凝土的侧压力。因此需加强墙体模板的刚度，并设置足够的支撑，以确保模板不变形和发生位移。图 4.38 所示即为钢模板墙模。

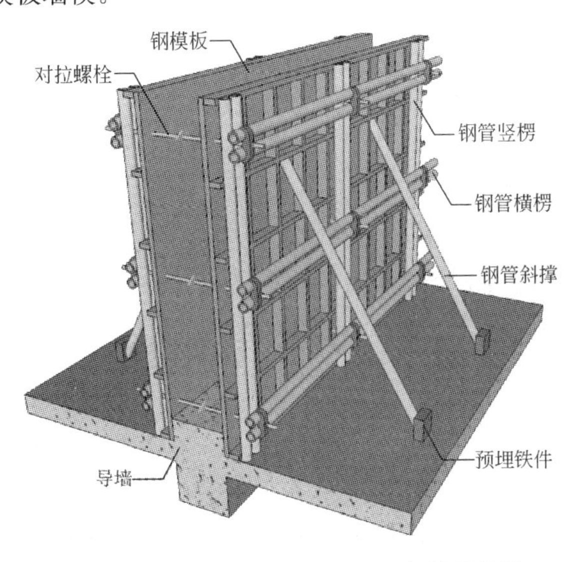

墙体模板安装时，要先弹出中心线和两边线，选择一边先装，设支撑，在顶部用线锤吊直，拉线找平后支撑固定；待钢筋绑扎好后，墙基础清理干净，再竖立另一边模板。为了保证墙体的厚度，墙板内应加撑头或拉螺栓。

图 4.38 钢模板墙模

(6) 楼梯模板，楼梯与楼板相似，但又有其支设倾斜、有踏步的特点。因此，楼梯模板与楼板模板既相似又有区别，如图 4.39 所示。

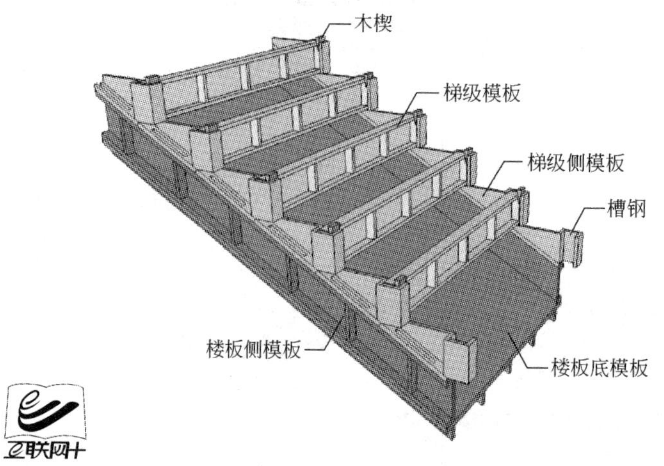

楼梯楼板施工前应根据设计放样，先安装平台梁及基础模板，再装楼梯斜梁或楼梯底模板，然后安装楼梯外侧板。外侧板应先在其内侧弹出楼梯底板厚度线，然后画出踏步侧板位置线，钉好固定踏步侧板的档木，在现场安装侧板。梯步高度要均匀一致，特别要注意每层楼梯最下一步及最上一步的高度，必须考虑到楼地面粉刷厚度，防止由于粉面层厚度不同而形成梯步高度不协调。

图 4.39　板式楼梯模板

2. 大模板

大模板是模板尺寸和面积较大且具有足够承载力、整装整拆的大型模板。大模板是工具式模板中使用较普遍的一种，是大型模板或大块模板的简称。大模板的单块模板面积较大，通常是以一面现浇混凝土墙体为一块模板。施工时配以相应的吊装和运输机械，主要用于现浇钢筋混凝土墙体。目前，我国剪力墙和筒体体系的高层建筑、桥墩、筒仓等施工中大模板用得较多。

1) 大模板构造

大模板由面板、加劲肋、竖楞、支撑、支撑桁架、稳定机构等组成，如图 4.40 所示。

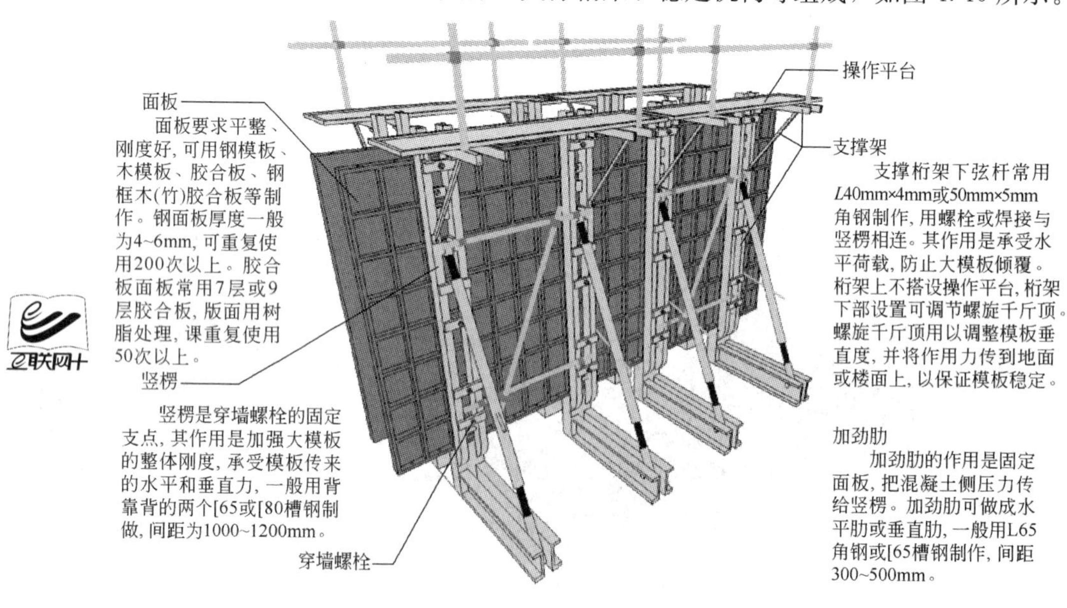

面板
面板要求平整、刚度好，可用钢模板、木模板、胶合板、钢框木(竹)胶合板等制作。钢面板厚度一般为4~6mm，可重复使用200次以上。胶合板面板常用7层或9层胶合板，版面用树脂处理，课重复使用50次以上。
竖楞
竖楞是穿墙螺栓的固定支点，其作用是加强大模板的整体刚度，承受模板传来的水平和垂直力，一般用背靠背的两个[65或[80槽钢制做，间距为1000~1200mm。
穿墙螺栓
操作平台
支撑架
支撑桁架下弦杆常用∠40mm×4mm或50mm×5mm角钢制作，用螺栓或焊接与竖楞相连。其作用是承受水平荷载，防止大模板倾覆。桁架上不搭设操作平台，桁架下部设置可调节螺旋千斤顶。螺旋千斤顶用以调整模板垂直度，并将作用力传到地面或楼面上，以保证模板稳定。
加劲肋
加劲肋的作用是固定面板，把混凝土侧压力传给竖楞。加劲肋可做成水平肋或垂直肋，一般用L65角钢或[65槽钢制作，间距300~500mm。
e联网

图 4.40　大模板构造示意

2）大模板平面组合方案

大模板的组合方案取决于墙体的结构体系，一般有 3 种方案供选择，如图 4.41 所示。

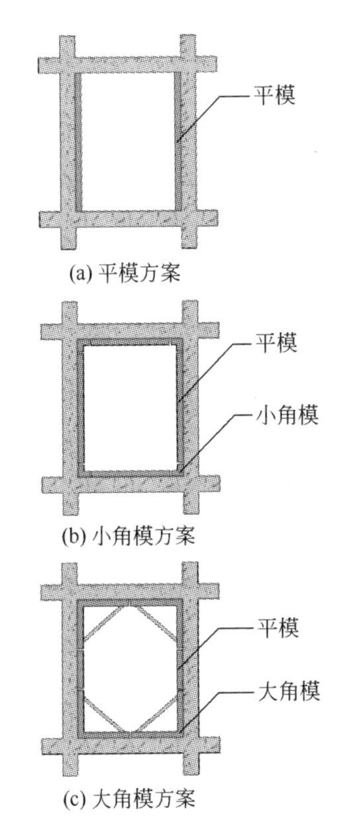

一个房间有4块墙面，每块墙面各用一块平模。适用于内浇外砌(内墙为现浇混凝土，外墙为砌体)或内浇外挂(内墙为现浇混凝土，外墙为预制墙板)。

墙面以平模为主，两块墙面转角处用小角模连接。适用于全现浇结构或内纵模墙同时现浇的结构。

房间的四块墙面用4个大角模组合成一个封闭体系。适用于全现浇结构。由于大角模拼装偏差大，墙面平整度差以及搬运组装困难等原因，大模板方案已逐渐被平模方案以及小角模方案所替代。

图 4.41　大模板平面组合方案

3. 滑升模板

滑升模板施工是在构筑物或建筑物底部，沿其墙、柱梁等构件的周边一次性组装高 1.2m 左右的滑动模板，随着向模板内不断地分层浇筑混凝土，用液压提升设备使模板直至所需浇筑的高度。

1）滑升模板构造

滑升模板装置主要由模板系统、操作平台系统、液压系统以及施工精度控制系统等部分组成，如图 4.42 所示。滑升模板是一种工业化模板，用于现场浇筑高耸立构筑物和建筑物等的竖向结构，如烟囱、筒囱、高桥墩、电视塔、竖井、双曲线冷却塔和高层建筑等。用滑升模板施工，可节约模板和支撑材料，加快施工速度和保证结构的整体性。但模板一次性投资大，耗钢量多，对建筑的立面造型和构件断面变化有一定限制。施工时宜连续作业，施工组织要求较严。

(1) 模板系统包括模板、围檩和提升架等。

(2) 操作平台系统包括操作平台和内外吊脚手假，它是施工操作的场所。其承重构件(平台桁架、钢梁、铺板、吊杆等)根据其受力情况设计。

(3) 液压提升系统，主要由支撑杆、液压千斤顶、液压控制台和油路等组成，是使滑升模板向上滑升的动力装置。

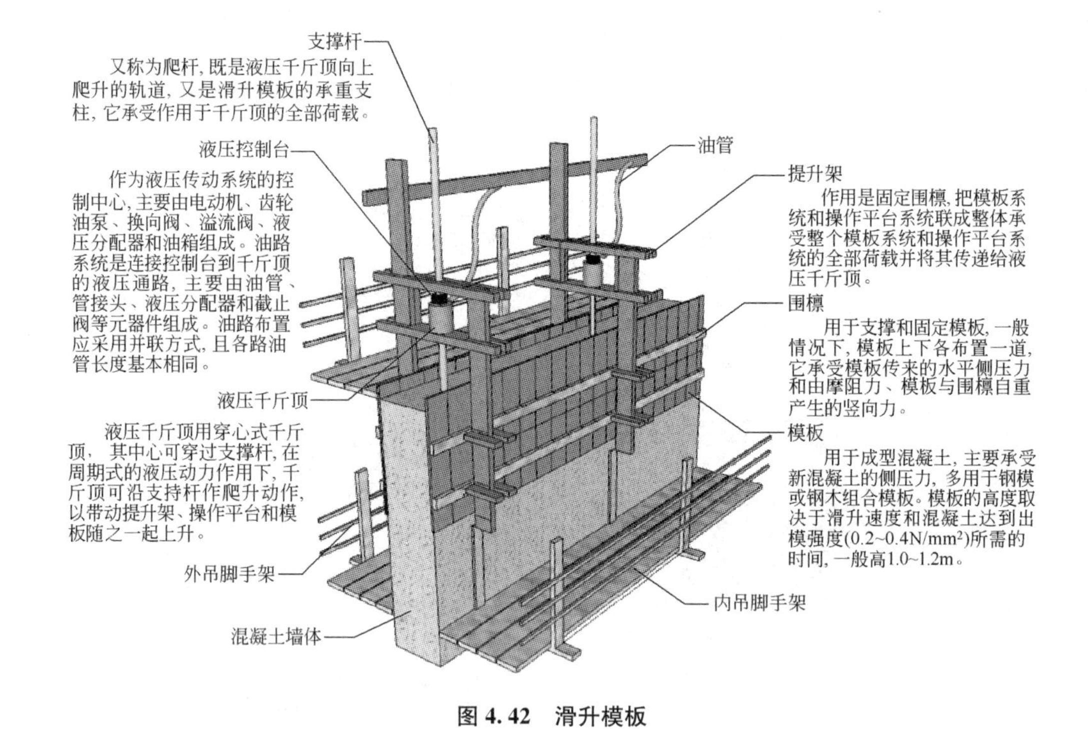

支撑杆
又称为爬杆，既是液压千斤顶向上爬升的轨道，又是滑升模板的承重支柱，它承受作用于千斤顶的全部荷载。
液压控制台
作为液压传动系统的控制中心，主要由电动机、齿轮油泵、换向阀、溢流阀、液压分配器和油箱组成。油路系统是连接控制台到千斤顶的液压通路，主要由油管、管接头、液压分配器和截止阀等元器件组成。油路布置应采用并联方式，且各路油管长度基本相同。
液压千斤顶
液压千斤顶用穿心式千斤顶，其中心可穿过支撑杆，在周期式的液压动力作用下，千斤顶可沿支持杆作爬升动作，以带动提升架、操作平台和模板随之一起上升。
外吊脚手架
混凝土墙体
油管
提升架
作用是固定围檩，把模板系统和操作平台系统联成整体承受整个模板系统和操作平台系统的全部荷载并将其传递给液压千斤顶。
围檩
用于支撑和固定模板，一般情况下，模板上下各布置一道，它承受模板传来的水平侧压力和由摩阻力、模板与围檩自重产生的竖向力。
模板
用于成型混凝土，主要承受新混凝土的侧压力，多用于钢模或钢木组合模板。模板的高度取决于滑升速度和混凝土达到出模强度(0.2~0.4N/mm²)所需的时间，一般高1.0~1.2m。
内吊脚手架

图 4.42　滑升模板

2）滑模施工

滑模施工包括施工准备、滑模组装、混凝土浇筑和模板滑升、楼板施工、质量检验等内容。

混凝土必须分层均匀交替浇筑，每层厚度 200～300mm 为宜，表面在同一水平面上，并有计划变换浇筑的方向，各层浇筑的间隔时间满足前层混凝土还没有初凝。模板滑升分为试滑、正常滑升和末滑 3 个阶段进行。

(1) 试滑阶段：先向模板内浇筑混凝土，浇筑时间控制在 3h 左右，分 2～3 层将混凝土浇筑至 500～700mm 高度，然后试滑升模板。试滑时，应全面检查提升设备和模板系统。

(2) 正常滑升阶段：试滑阶段，模板升至 200～300mm 时暂停，全面检查提升设备和模板系统，然后正常滑升。每次提升高度宜为 30～60mm。

(3) 末滑阶段：当模板滑升至距建筑物顶部标高 1m 时，即进入末滑阶段，应放慢滑升速度。混凝土浇筑完后，应继续滑升，直至模板与混凝土脱离以不致被粘住为止。

滑模施工的高层建筑，楼板施工的方法有逐层空滑楼板并进法、先滑墙体楼板跟进法和先滑墙体楼板降模施工法，见表 4－19。

表 4－19　楼板施工方法

名　　称	施 工 方 法
逐层空滑 楼板 并进法	又称为逐层封闭或滑一浇一法。当混凝土浇筑到楼板下皮标高时停止浇筑，待混凝土达到出模强度后，将模板连续滑升到模板下口高于楼板上皮 50～100mm 处停止。吊升操作平台的活动铺板进行楼板的之模、钢筋绑扎和混凝土浇筑，待楼板混凝土浇筑完毕后，继续正常的滑模施工。逐层重复施工，在每层都有试滑、正常滑行和末滑 3 阶段

（续）

名　　称	施工方法
先滑墙体 楼板 跟进法	墙体滑升若干层后，进行自下而上楼板施工。楼板所需材料可由操作平台所设的活板洞口吊入。最常见的是墙体领先楼板3层，称为“滑三浇一法”。楼板的支撑可利用墙、柱上预留的孔洞，插入钢销，在钢销上支设悬撑式模板。后浇楼板与先浇墙体的连接方法是沿墙每间隔一定距离预留孔洞，其尺寸按设计确定。通常预留孔洞高度为板厚或楼板厚度上下各加大50mm，预留孔洞宽度为200～400mm。相邻两楼板的主筋由孔洞穿过于楼板的钢筋连成一体，然后和楼板一起浇筑混凝土。孔洞即形成钢筋混凝土键
先滑墙体 楼板降模 施工方法	对于10层以下的结构，滑模到顶后，利用顶部结构用钢丝绳悬挂楼板模板，浇筑顶层楼板混凝土。待达到拆模强度后，利用安装在悬吊钢丝绳上的手动葫芦操纵整个楼板模板下降到下一层楼层，继续浇筑楼板混凝土。逐层下降，直到最下一层楼板浇筑完毕。10层以上的建筑可分段降模施工。降模时，楼板混凝土的强度应满足规定，并不低于10MPa

4. 爬升模板

爬升模板(爬模)，是一种适用于现浇钢筋混凝土竖直或倾斜结构施工的模板工艺，如墙体、电梯井、桥梁、塔柱等。它是综合大模板与滑升模板的工艺特点，既保持了大模板工艺墙面平整的优点，又吸取滑模利用自身设备向上移动的优点。

爬模是由悬吊着的大模板、爬升支架和爬升设备3部分组成，如图4.43所示。

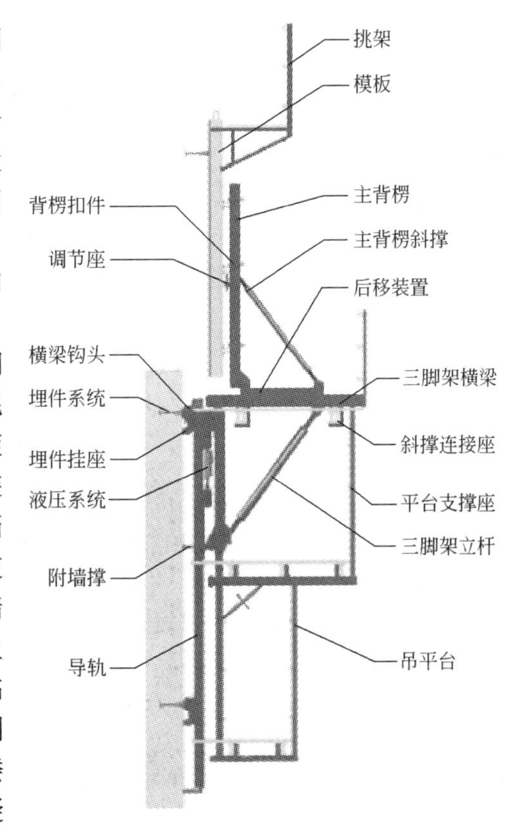

图4.43　爬升模板示意

施工时，先将钢桁架支撑在临时安装的钢牛腿上，钢牛腿利用螺栓固定在已浇筑好的混凝土墙壁上，模板悬吊在可沿钢桁架承重梁滚动的轮子下面，可左右移动，以便于模板安装和拆卸。模板安装好以后即可浇筑混凝土，当混凝土达到一定强度后，即将爬升门架立柱支撑于混凝土墙顶。松开模板，并将模板移离墙面，开动螺旋千斤顶即可带动钢桁架及模板上升一个楼层的高度。将钢桁架支撑在高一层临时安装的钢牛腿上后，再开动螺旋千斤顶倒转，便将爬升门架连同螺旋千斤顶升起一个楼层的高度，然后即可支模浇筑上一层墙体混凝土，逐层升高至顶层。

5. 台模

台模又称桌模、飞模，由面板和支架两部分拼装而成，如图 4.44 所示。

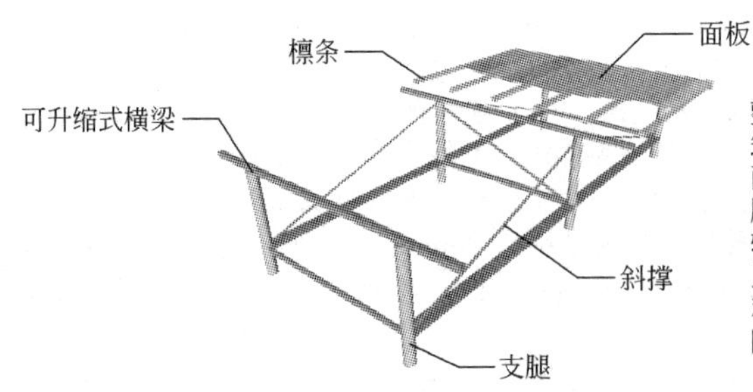

台模适用于浇筑钢筋混凝土楼板，它可以整体安装、脱模和转运，并利用起重机从已浇筑的楼板下移后转移至上层重复使用。台模的面板是直接和混凝土接触的部件，可采用钢板、胶合板、塑料板等，表面应平整、光滑，具有较高的强度和刚度；支腿可采用钢管脚手架以及铝合金桁架等，底部一般带有轮子，以便移动。利用台模施工楼面可省去模板的装拆时间，能降低劳动消耗和加速施工，但一次性投资较大。

图 4.44 台模示意

4.2.3 模板拆除

现浇结构的模板及其支架拆除时混凝土强度应符合设计要求，当设计无要求时，应符合下列规定：侧面模板，一般在混凝土强度能保证其表面及棱角不因拆除模板而受损坏后方可拆除；底面模板及支架，对混凝土的强度要求较严格，应符合设计要求；当设计无具体要求时，混凝土强度应符合表 4-20 规定后方可拆除。

表 4-20 底模拆除时混凝土强度要求

构件类型	构件跨度/m	达到设计的混凝土立方体抗压强度标准值的百分率/%
板	≤2	≥50
	>2，≤8	≥75
	>8	≥100
梁、拱、壳	≤8	≥75
	>8	≥100
悬臂构件	—	≥100

拆模程序一般应是后支先拆，先支后拆；先拆除非承重部分，后拆除承重部分。重大复杂模板的拆除应事先制定拆除方案。拆除跨度较大的梁下支柱时，应先从跨中开始，分别拆向两端。

在拆除模板过程中，如发现混凝土有影响结构安全的质量问题时，应先暂停拆除，经过处理后方可继续拆除。已拆除模板及其支架的结构，应在混凝土强度达到设计强度后才允许承受全部计算荷载。当承受施工荷载时，必须经过核算，加设临时支撑。

拆模时不要过急，不可用力过猛，不应对楼层形成冲击荷载，拆下来的模板和支架宜分类堆放并及时清运。

早拆模板事故分析

提前拆除承重梁、板的底模，常造成构件因强度不足而裂缝和坍塌。分析原因是①施工人员不懂规范、不熟悉操作规程，盲目为了模板周转和降低成本而不顾工程质量。②冬期施工气温较低，混凝土强度增长缓慢，提前拆模会使梁、板变形、裂缝，严重时还会坍塌，造成人员伤亡事故。③悬挑构件的上部尚未抗倾覆荷载，就盲目提前拆除底模和支架。所以拆模时一定要按照设计要求。

4.2.4 模板设计

常用的木拼板模板和组合钢模板在其经验适用范围内一般不需进行设计验算，但对重要结构模模板、特殊形式的模板或超出经验适用范围的模板，应进行设计或验算，以确保工程质量和施工安全，防止浪费。

1. 模板设计内容和原则

1) 模板设计内容

模板设计内容主要包括选型、选材、荷载计算、结构设计和绘制模板施工图等。各项设计内容和详尽程度可根据具体情况和施工条件确定。

2) 模板设计原则

(1) 实用性。应保证混凝土结构的质量，要求接缝严密、不漏浆，保证构件的形状和相互位置正确，且构造简单、支拆方便。

(2) 安全性。保证在施工过程中不变形、不破坏、不倒塌。

(3) 经济性。针对工程结构具体情况，因地制宜，就地取材，在确保工期的前提下尽量减少一次投入，增加模板周转率，减少支拆用工，实现文明施工。

2. 荷载计算

计算模板及其支架的荷载分为荷载标准值和荷载设计值，后者等于荷载标准值乘以相应的荷载分项系数。

1) 荷载标准值

(1) 模板及其支架自重标准值，应根据模板设计图确定．肋形楼板及无梁楼板模板的自重标准值可按表4-21采用。

表4-21 模板及支架自重标准值 (单位：kN/m^3)

模板构件名称	木　模　板	定型组合模板	钢框胶合板模板
平板的模板及小楞	0.30	0.90	0.40
模板楼板(其中包括梁的模板)	0.50	0.75	0.60
模板及其支架(楼层高度4m以下)	0.75	1.10	0.95

(2) 新浇筑混凝土自重标准值。对普通混凝土可采用$24kN/m^2$，对其他混凝土可根据实际重力密度确定。

(3) 钢筋自重标准值。根据设计图纸确定。对一般梁板结构每立方米钢筋混凝土的钢筋自重标准值为，楼板 1.1kN/m^2，框架梁 1.5kN/m^2。

(4) 施工人员及设备荷载标准值。计算模板及直接支撑模板的小楞时，对均布荷载取 2.5kN/m^2，另一集中荷载 2.5kN 进行验算，取两者的较大弯矩值，计算直接支撑小楞结构构件，均布活荷载取 1.5kN/m^2，计算支架立柱及其他支撑结构构件时，均布活荷载取 1.0kN/m^2。

(5) 振捣混凝土时产生的荷载标准值。对水平模板可采用 2.0kN/m^2，对垂直面模板可采用 4.0kN/m^2。

(6) 新浇筑的混凝土对模板侧面压力的计算。

采用内部振捣时，新浇筑混凝土作用于模板的最大侧压力，可按式(4-7)和式(4-8)计算，并取其中的最小值：

$$F=0.22\gamma_c t_0 \beta_1 \beta_2 V^{\frac{1}{2}} \tag{4-7}$$

$$F=\gamma_c H \tag{4-8}$$

式中：F——新浇筑混凝土对模板最大侧压力(kN/m^2)；

γ_c——混凝土的重力密度(kN/m^3)；

t_0——新浇筑混凝土的初凝时间，h 可按实测确定，当缺乏试验资料时，可采用$t_0=200/(t+15)$计算(t 为混凝土的温度,℃)；

V——混凝土的浇筑速度(m^3/h)；

β_1——外加剂影响修正系数，不掺加外加剂时取 1.0，掺具有缓凝作用的外加剂时取 1.2；

β_2——混凝土坍落度影响修正系数，当坍落度小于 30mm 时取 0.85，当坍落度在 110～150mm 时取为 1.15；

H——混凝土侧压力计算位置处至新浇筑混凝土顶面的总高度，m。

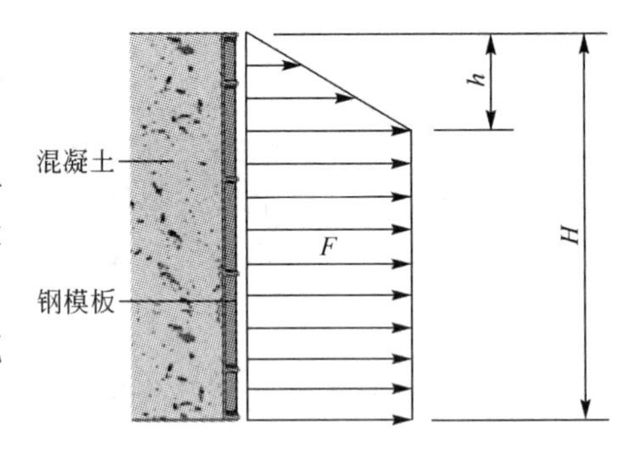

图 4.45　混凝土侧压力计算分布

混凝土侧压力的计算分布图如图 4.45 所示，图中 h 为有效压头高度，$h=F/\gamma_c$(m)。

(7) 倾倒混凝土时对垂直面模板产生水平荷载标准值可按表 4-22 采用。

表 4-22　倾倒混凝土时产生水平荷载标准值　(单位：kN/m^2)

向模板供料方法	溜槽、串筒或导管	容量小于 0.2m^3 的运输器具	容量为 0.2～0.8m^3 的运输器具	容量大于 0.8m^3 的运输器具
水平荷载	2	2	4	6

注：水平荷载作用范围在有效压头高度以内。

2) 荷载设计值、荷载折减(调整)系数

模板及其支架的荷载设计值应由荷载标准值乘以相应的荷载分项系数与调整系数求得，荷载分项系数 γ_i 见表 4-23。

表 4-23 模板及支架荷载分项系数、荷载折减(调整)系数

项 次	荷 载 类 别	γ_i	荷载折减(调整)系数
1	模板及支架自重	1.2	对钢模板及其支架的设计，其荷载设计值可乘以系数 0.85 予以折减，但其截面塑性发展系数取 1.0；采用冷弯薄壁型钢材，系数为 1.0；对木模板及其支架的设计，当木材含水率小于 25%时，其荷载设计值可乘以系数 0.9 予以折减；在风荷载作用下验算模板及其支架的稳定性时，其基本风压值可乘以系数 0.8 予以折减
2	新浇筑混凝土自重		
3	钢筋自重		
4	施工人员及施工设备荷载	1.4	
5	振捣混凝土时产生的荷载		
6	新浇筑混凝土对模板侧面压力	1.2	
7	倾倒混凝土时产生的荷载	1.4	

3. 荷载组合

模板及支架的设计应考虑的荷载是①模板及支架自重；②新浇筑混凝土自重；③钢筋自重；④施工人员及施工设备荷载；⑤振捣混凝土时产生的荷载；⑥新浇筑混凝土对模板侧面压力；⑦倾倒混凝土时产生的荷载。各项荷载应根据不同的结构构件按表 4-24 的规定进行荷载组合。

表 4-24 荷 载 组 合

模板类别	参与组合的荷载项	
	计算承载力	验算刚度
平板和薄壳的模板和支架	1)，2)，3)，4)	1)，2)，3)
梁和拱模板的底边和支架	1)，2)，3)，5)	1)，2)，3)
梁、拱、柱(边长≤300mm)、墙(厚≤100mm)的侧面模板	5)，6)	6)
大体积结构、柱(边长>300mm)、墙(厚>100mm)的侧面模板	6)，7)	6)

4. 模板结构的刚度要求

模板结构除必须保证足够的承载能力外还应保证有足够的刚度，因此，应验算模板及其支架结构的挠度，其最大变形不得超过下列规定。

(1) 对结构表面外露(不做装修)的模板，为模板构件计算跨度的 1/400。

(2) 对结构表面隐蔽(做装修)的模板，为模板构件计算跨度的 1/250。

(3) 支架的压缩变形值或弹性挠度为相应的构件计算跨度的 1/1000。

支架的立柱或桁架应保持稳定，并用撑拉杆件固定，为防止模板及其支架在风荷载作用下倾倒，应从构造上采取有效措施，如在相互垂直的两个方向加水平及斜拉杆、缆风绳、地锚等。

【例 4.2】 一块 1.5m×0.3m 的组合钢模板，其截面形式如图 4.46(a)所示，模板自重为 0.5kN/m²，其截面模量 $W=8.21\times10^3\text{mm}^3$，惯性矩 $I=3.63\times10^5\text{mm}^4$，钢材的容许应力为 210N/mm²，$E=2.1\times10^3\text{N/mm}^2$，拟用于浇筑 150mm 后的楼板，模板支撑形式为简支，楼板底面外露。试验算该模板能否满足施工要求。

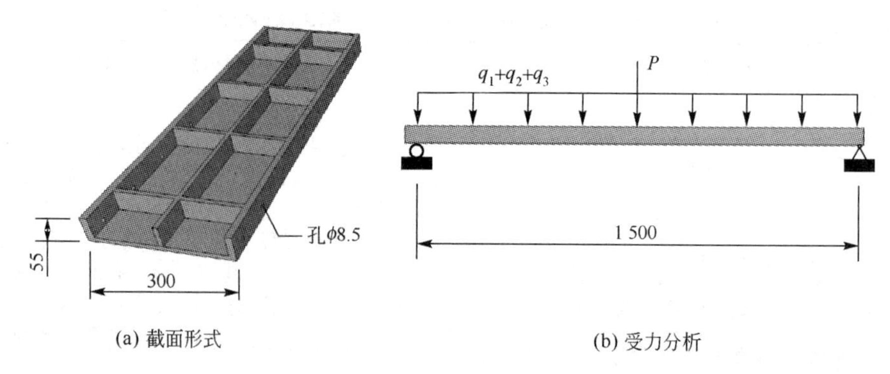

图 4.46　模板受力分析

解：模板及支架自重：$q_1=0.3\times0.5=0.15(\mathrm{kN/m})$。

新浇混凝土自重：$q_2=24\times0.3\times0.15=1.08(\mathrm{kN/m})$。

钢筋自重：$q_3=1.1\times0.3\times0.15\approx0.05(\mathrm{kN/m})$。

施工人员及设备自重：均布荷载 $q_4=2.5(\mathrm{kN/m^2})$。

集中荷载 $P=2.5(\mathrm{kN/m})$。

均布荷载作用下的弯矩：$M_1=1.4\times\frac{1}{8}ql^2=1.4\times\frac{1}{8}\times2.5\times0.3\times1.5^2\approx0.30(\mathrm{kN\cdot m})$。

集中荷载作用下的弯矩：$M_2=1.4\times\frac{1}{4}Pl=1.4\times\frac{1}{4}\times2.5\times1.5\approx1.31(\mathrm{kN\cdot m})$。

集中荷载产生的弯矩较大，故取集中荷载 2.5kN 作为施工人员及设备自重的荷载标准值。根据图 4.46(b)计算模板的弯矩及应力。

$$M=1.2\times\frac{1}{8}ql^2+1.4\times\frac{1}{4}Pl=1.2\times\frac{1}{8}\times(0.15+1.08+0.05)\times1.5^2+1.4\times\frac{1}{4}\times2.5\times1.5$$

$$\approx1.75(\mathrm{kN\cdot m})。$$

$$\sigma=\frac{M}{W}=\frac{1.75\times10^6}{8.21\times10^3}=213.15(\mathrm{N/mm^2})\approx210(\mathrm{N/mm^2})。$$

该模板为结构表面外露模板，最大变形为模板构件计算跨度的 1/400。

$$\frac{\omega_{\max}}{l}=\frac{5}{384}\times\frac{ql^3}{EI}=\frac{5}{384}\times\frac{1.28\times1500^3}{2.1\times10^5\times3.63\times10^5}=\frac{1}{1355.20}<\frac{1}{400}$$

所以，该模板满足施工要求。

【例 4.3】 某高层混凝土剪力墙厚 200mm，应用大模板施工，模板高度为 2.6m，已知混凝土温度为 20℃，混凝土浇筑速度为 1.4m/h，混凝土坍落度为 6cm，不掺加外加剂，向模板倾倒混凝土产生的水平荷载为 6.0kN/m²。试确定该模板设计的荷载及荷载组合。

解：1) 荷载计算

(1) 新浇筑混凝土对模板的侧压力：

$$t_0=200/(t+15)=200/(20+15)=5.71(\mathrm{h})$$

不掺加外加剂，$\beta_1=1.0$；坍落度在 50～90mm 内，$\beta_2=1.0$。

$$F_1=0.22\gamma_c t_0\beta_1\beta_2V^{1/2}=0.22\times24\times5.714\times1.0\times1.0\times1.4^{1/2}=35.70(\mathrm{kN/m^2})$$

$$F_2=\gamma_c H-24\times2.6=62.40(\mathrm{kN/m^2})$$

$$F=\min\{F_1,F_2\}=\min\{35.70,62.40\}=35.7(\mathrm{kN/m^2})$$

(2) 倾倒混凝土时产生的荷载为6.00kN/m^2

2) 荷载组合

计算强度是 $q=1.2\times35.70+1.40\times6.0=51.24(kN/m^2)$，计算刚度是 $q=35.70(kN/m^2)$。

知识冲浪

模板强度不足而炸模

事故特征：因模板施工前没有经过核算，模板的刚度和强度不足，在浇筑混凝土时的承压力和侧压力的作用下变形、炸模。

原因分析：立墙板、立柱、梁的模板，没有根据构件的厚度和高度要求进行设计，有的支架、夹具和对销拉接件的间距过大，则模板的强度不足，尤其是用泵送混凝土的浇筑速度快，侧压力大，更容易产生炸模。

处理方法：检查尚未浇筑混凝土的模板，验算梁模板的支架、柱模板的夹具、墙模板的对销拉接件等是否稳固，验算其强度和刚度，如果有不足之处，必须及时补强达到标准。

4.3 混凝土工程

混凝土工程包括混凝土的配置、搅拌、运输、浇筑捣实和养护等过程，各个施工过程相互联系和相互影响。混凝土结构一般是建(构)筑物的承重部分，因此确保混凝土工程的质量极为重要。近年来，混凝土外加剂发展很快，它们的应用影响了混凝土的性能和施工工艺。此外，自动化、机械化的发展和新的施工机械和工艺的应用，也大大改变了混凝土工程的施工面貌。

4.3.1 混凝土类型及组成材料

1. 混凝土的类型

混凝土根据坍落度的大小，通常被分为硬性、塑性、流动性和大流动性混凝土4类，其中干硬性混凝土，坍落度小于10mm，多用于预制构件；塑性混凝土，坍落度为10～100mm；流动性混凝土，坍落度为100～150mm；大流动性混凝土，坍落度大于160mm，适用于泵送混凝土。

2. 材料

1) 水泥

水泥品种繁多，除特殊工程需用特殊水泥外，工业与民用建筑常用的水泥共有5种。混凝土强度等级对水泥强度等级的选用，见表4-25。

2) 砂子

砂子分天然砂和人工砂两种，人工砂是指开采石矿和块石加工过程中产生的尾矿或石屑，再经过冲洗、筛分等处理后制成的砂，故又称为机制砂。人工砂的粒型比天然砂多棱角，有利于混凝土内部的构造，较受欢迎。

表 4-25 水泥强度等级的选择

混凝土强度等级	C10～C15	C20～C30	C30～40	≥C45
水泥强度等级	32.5	32.5～42.5	42.5～52.5	52.5～62.5

(1) 砂子的类型。

砂子的分类是根据细度模数来划分的，可以分为粗砂、中砂、细砂 3 类。用于普通混凝土的砂，宜选用中、粗砂相混的砂，细度模数以 2.7～3.4 时为最佳。但用于泵送或工作性较好的混凝土，宜用中砂，或掺少许细砂。

(2) 砂子质量要求。

砂的坚固性要求，与混凝土的耐久性有关，当混凝土所处的环境为严寒或干湿交替状态时，应做 5 次循环试验，其重量损失应小于 8%。砂的含泥量，当混凝土强度较高，则含泥量要小，通常是混凝土强度不小于 C30 时，要小于 3%(按质量计)；当混凝土强度＜30%时，则可小于 5%。砂中的有害物质，如云母片、硫化物、碱或有机物，应防止在重要工程或有抗冻、抗渗要求工程中使用，应进行专门的检验。

3) 石子

石子分为碎石及卵石，大卵石经破碎成碎石时，应按碎石考虑。

(1) 石子的级配。

石子的级配分为连续粒级和单粒级两类，其粒级的规格见表 4-26。

表 4-26 砂子粒级的规格

级配类型	规　格
连续粒级	5～10、5～16、5～20、5～25、5～31.5、5～40
单粒级	10～20、16～31.5、20～40、31.5～63、40～80

单粒级不宜单独使用。如果必须单独使用时，应进行技术、经济分析，通过试验确定不影响混凝土质量时，方可使用。

石子的选用，应按照下列规定。

① 用于工业与民用建筑所用碎石或卵石，其最大粒径应不大于 80mm；

② 用于房屋构件的碎石或卵石的粒径，可参照表 4-27 的规定使用。

表 4-27 粗骨料粒径的限制

结构种类	最大粒径尺寸
方形或矩形截面的构件	不得超过最小边长的 1/4
混凝土实心板	不宜超过板厚的 1/3，且不得超过 40mm
钢筋混凝土	除应符合上述要求外，且不得大于两根钢筋间净距的 3/4
泵送混凝土	碎石不得超过泵内径的 1/3，卵石不得超过内径的 1/2.5

(2) 石子的强度。

岩石的强度，应由供货单位提供书面检验凭证，其强度应为混凝土强度等级的 1.5 倍以上。卵石的强度，应符合表 4-28 的要求。

表 4-28 卵石的压碎指标值

混凝土强度等级	C55～C40	C35
压碎指标值/%	≤12	≤16

注：压碎指标值是指用“压碎指标值测定仪”对试验品经 20t 压力试压后被压碎的值。

4）水

凡符合国家标准的饮用水，均可用于拌制混凝土。海水和咸水湖水不能用于拌制混凝土。不明成分的地表水、地下水和工业废水，应经检验，并经处理符合国家标准的，方可用作混凝土拌制用水。

5）外加剂

外加剂在现代混凝土中被称作混凝土的第五种材料。掺用后可以改善混凝土的成型工艺，亦可以提高混凝土硬化后的功能。

外加剂是一种用量小，作用大的化学制剂，掺用量要准确，否则将影响混凝土的性能。通常应先行试配，认可后方可使用。

6）掺合料

掺合料在混凝土中的主要作用是节约水泥和提高混凝土的密实度，从而提高混凝土的其他性能。

(1) 掺合料的分类。

掺合料可分为惰性和活性两种。其中，惰性掺合料在常温下与水泥不起反应，只做水泥的填充料，增加混凝土中的含灰量，以节约水泥和提高新拌混凝土的工作性。通常有磨细的石英砂、石灰岩等。活性掺合料具有一定的水硬性，其在混凝土中的作用主要是：提高混凝土的密实度、抗冻性、抗渗性等；增加混凝土的含灰量，提高混凝土的流动性，可作泵送混凝土；配置高强混凝土、高性能混凝土。

常用的掺合料有粉煤灰、硅灰、火山灰质掺合料、粒化高炉矿渣等。

(2) 掺合料应用要点。

掺合料的细度应与水泥相同，或比水泥更细；掺用量通常为水泥用量的 5%～15%；掺合料的质量应符合相关的标准或规定。

4.3.2 混凝土制备

1. 施工配料

施工配料是保证混凝土质量的重要环节之一，必须加以严格控制。施工配料时影响混凝土质量的主要因素有两个方面：一是称量不准；二是未按砂、石骨料实际含水率的变化进行施工配合比换算。这样必然会改变原理论配合比的水灰比、砂率及浆骨比。因此施工配料要求称量准确，随时按砂、石骨料实际含水率的变化，调整施工配合比。

施工现场的混凝土配料要求计算出每一盘(搅拌机出料容量)的各种材料下料量，为了便于施工计量，对于袋装水泥时，计算出的每盘水泥用量应取半袋的倍数。混凝土土下料一般要用称量工具称取，并保证必要的精度。

2. 混凝土的搅拌

混凝土的搅拌就是将水、水泥和砂、石材料进行均匀拌和及混合的过程。同时，通过搅拌还可以使材料达到强化、塑化的作用。

1）搅拌方法

混凝土搅拌方法主要有人工搅拌和机械搅拌两种。人工搅拌一般用“三干三湿”法，即先将水泥加入砂中干拌两遍，再加入石子翻拌一遍，此后，边缓慢地加水，边反复湿拌3遍。人工搅拌拌和质量差，水泥耗量多，只有在工程量很少时采用。目前工程中一般采用机械搅拌。

2）混凝土搅拌机

（1）混凝土搅拌机的类型、特点。

混凝土搅拌机按搅拌原理分为自落式和强制式两种，它们都是物料由固定在旋转搅拌筒内壁的叶片带至高处，靠自重下落而进行搅拌。

自落式搅拌机可以搅拌流动性和塑性混凝土拌合物。强制式搅拌机可以搅拌各种稠度的混凝土拌合物和轻骨料混凝土拌合物，这种搅拌机拌和时间短、生产率高，以拌和干硬混凝土为主，在混凝土预制构件厂和商品混凝土搅拌楼(站)中占主导地位。

（2）混凝土搅拌机的选用。

混凝土搅拌机类型的选用和使用必须根据工程量的大小、搅拌机的使用年限、施工条件及所施工的混凝土施工特性(如骨料最大粒径、坍落度大小、粘聚性等)来确定。

3）搅拌制度的确定

为了获得质量优良的混凝土拌合物，除正确选择搅拌机外，还必须正确确定搅拌制度，即搅拌时间、投料顺序和进料容量等。

（1）混凝土搅拌时间：搅拌时间应为全部材料投入搅拌筒起，到开始卸料为止所经历的时间。它是影响混凝土质量及搅拌机生产率的一个主要因素。搅拌时间过短，混凝土不均匀；搅拌时间过长，会降低搅拌的生产效率，同时会使不坚硬的骨料破碎、脱角，有时还会发生离析现象，从而影响混凝土的质量。混凝土搅拌的最短时间可参照表4-29。

表4-29 混凝土搅拌的最短时间　　单位：s

混凝土坍落度/mm	搅拌机类型	搅拌机出料量/L		
		250	250～500	500
≤30	强制式	60	90	120
	自落式	90	120	150
>30	强制式	60	60	90
	自落式	90	90	120

（2）投料顺序：投料顺序应从提高搅拌质量，减少机械磨损、水泥飞扬，改善工作环境，提高混凝土强度，节约水泥等方面综合考虑确定。常用的方法有一次投料法、二次投料法和水泥裹砂法等。

① 一次投料法：在料斗中先装石子、再加水泥和砂，然后一次投入搅拌机。对自落式搅拌机要在搅拌筒内先加部分水，投料时砂压住水泥，水泥不致飞扬，且水泥和砂先进

入搅拌筒形成水泥砂浆，可缩短包裹石子的时间。对立轴强制式搅拌机，因出料口在下部，不能先加水，应在投入原料的同时，缓慢均匀分散地加水。

② 二次投料法：分为预拌水泥砂浆法和预拌水泥净浆法。

预拌水泥砂浆法是先将水泥、砂和水加入搅拌筒内进行充分搅拌，成为均匀的水泥砂浆后，再加入石子搅拌成均匀的混凝土。

预拌水泥净浆法是将水泥和水充分搅拌成均匀的水泥净浆后，再加入砂和石子搅拌成混凝土。

国内外的试验表明，二次投料法搅拌的混凝土与一次投料法相比较，混凝土强度可提高约15%，在强度等级相同的情况下，可节约水泥15%～20%。

③ 水泥裹砂法是先将砂子表面进行湿度处理，控制在一定范围内，然后将处理过的砂子、水泥和部分水进行搅拌，使砂子周围形成粘着性很强的水泥糊包裹层。加入第二次水和石子，经搅拌，部分水泥浆便均匀地分散在已经被造壳的砂子及石子周围，最后形成混凝土。

采用该法制备的混凝土与一次投料法相比较，强度可提高20%～30%，混凝土不易产生离析现象，泌水少，工作性好。

(3) 进料容量：进料容量是将搅拌前各种材料的体积累积起来的数量，又称干料容量。进料容量与搅拌机搅拌筒的体积有一定的比例关系，一般情况下进料容量与筒量之比为0.22～0.40。超载(进料容量超过10%以上)，就会使材料在搅拌筒内无充分的空间进行掺和，影响混凝土拌合物均匀性。反之，如装料过少，则又不能充分发挥搅拌机的效能。

4.3.3　混凝土运输

混凝土运输是指将混凝土从搅拌站送到浇筑点的过程，在运输要求中不产生离析现象、不漏浆、保证浇筑时规定的坍落度和在混凝土初凝之前能有充分的时间进行浇筑和捣实。

1. 混凝土运输工具

混凝土运输分为地面运输、垂直运输和楼面运输3种。

1) 地面运输工具

地面运输的工具主要有搅拌运输车、自卸汽车、机动翻斗车和双轮手推车。

混凝土地面运输，如采用预拌(商品)混凝土运输距离较远时，我国多用混凝土搅拌运输车(图4.47)。如果混凝土来自工地搅拌站，则多用小型机动翻斗车或双轮手推车。

2) 垂直运输工具

混凝土垂直运输工具有井架、塔式起重机及混凝土提升机等。

井架装有平台或混凝土自动倾卸料斗(翻斗)。塔式起重机作为混凝土垂直运输的工具，一般均配有料斗。混凝土提升机是高层建筑混凝土垂直运输的最佳提升设备。

3) 楼面运输工具

混凝土楼面运输，我国以双轮手推车为主，也用机动灵活的小型机动翻斗车，如用混凝土泵则用布料机布料。

图 4.47　混凝土搅拌运输车

2. 泵送混凝土

泵送混凝土是利用混凝土泵通过管道将混凝土输送到浇筑地点，一次完成地面水平运输、垂直运输及楼面水平运输。泵送混凝土具有输送能力大、速度快、效率高、节省人力、能连续作业的特点。因此，它已成为施工现场运输混凝土的一种重要的方法。当前，泵送混凝土的最大水平输送距离可达 800m，最大垂直输送高度可达 300m。

1）泵送混凝土主要设备

泵送混凝土主要设备有混凝土泵、输送管和布料装置。

(1) 混凝土泵。

混凝土泵按工作原理分为活塞式、挤压式和水压隔膜式，常用的为双缸液压往复活塞式混凝土泵。双缸液压往复活塞式混凝土泵配制两个混凝土缸，当一个缸为吸料行程时，另一个缸为推料行程，双缸往复运动，交替工作，保证混凝土沿管道输送连续平稳。

(2) 混凝土输送管。

混凝土输送管是泵送混凝土作业中的重要配套部件，有直管、弯管、锥形管和浇筑软管及管接头、截止阀等。除软管外其他 3 种管均为合金钢制成，管径有 80mm、100mm、125mm、150mm、180mm、200mm 等数种，其中常用的是 100mm、125mm 和 150mm 3 种。直管的标准长度有 4.0mm、3.0mm、2.0mm、1.0mm、0.5m 等数种，其中以 4.0m 管为主管，其它为辅助管。弯管的角度有 15°、30°、45°、60°及 90° 5 种，以适应管道改变方向的需要。当两种不同管径的输送管需要连接时，则中间用锥形管过渡，其长度一般为 1m。在管道的出口处大都接有软管，以便在不移动钢干管的情况下，扩大布料范围。为使管道便于装拆，相邻输送管之间的连接，都应采用快速管接头。

(3) 布料装置。

混凝土泵的供料是连续的，且输送量大。因此，在浇筑地点应设置布料装置，以便将输送来的混凝土进行摊铺或直接浇筑入模，以减轻工人的劳动强度，充分提高混凝土泵的使用效率。

布料装置都具有输送混凝土和摊铺布料的双重功能，也被称为布料杆。按支撑结构的不同，布料杆分为立柱式和汽车式两大类。其中汽车式布料杆，如图 4.48 所示，又称为布料杆泵车。

它是把混凝土泵和布料杆都装在一台汽车底盘上组成，将混凝土输送和浇筑工序合二为一，同时完成混凝土的水平运输和垂直运输，不需其它设备和混凝土的中间转运，保证混凝土的质量。

图 4.48　布料杆泵车

2）泵送混凝土对材料的要求

泵送混凝土施工，要求混凝土具有一定的流动性和较好的凝聚性，且混凝土泌水小，不易分离，否则在泵送过程中易产生堵管。因此，对混凝土配合比和材料有较严格的要求。

① 在泵送混凝土中，水泥砂浆起到润滑输送管道和传递压力的作用，所以应在保证混凝土设计强度和顺利进行泵送前提下，尽量减少水泥用量。我国目前规定泵送混凝土最小水泥用量宜为 300kg/m^3。一般情况下水性好、泌水小的水泥都适用于泵送混凝土。

② 泵送混凝土中，粗骨料的最大粒径要控制。碎石的最大粒径与输送管内径之比：当泵送高度小于 50m，碎石不宜大于 1∶3，卵石不宜大于 1∶2.5；当泵送高度为 50～100m，宜为 1∶3～1∶4；当泵送高度为 100m 以上宜为 1∶4～1∶5；粒径在 0.315mm 以下的细骨料所占比重不应少于 15%，最好能达到 20%，这对改善泵送混凝土的可泵性非常重要。

③ 泵送混凝土常掺用木质素磺酸钙减水剂等外加剂和粉煤灰等，以增加混凝土的可泵性，有利于泵送施工。

④ 泵送混凝土的坍落度按《混凝土结构工程施工及验收规范 2011 版》GB 50204—2002 的规定选用。

3）运输时间

混凝土应以最少的转运次数和最短的时间，从搅拌点运至浇筑地点，并在初凝前浇筑完毕。混凝土从搅拌机卸出后到浇筑完毕的延续时间不宜超过表 4-30 的规定。

表 4-30　混凝土从搅拌机中卸出后到浇筑完毕的延续时间

混凝土强度等级	气　温		混凝土强度等级	气　温	
	25℃	25℃		25℃	25℃
≤30	120	90	>30	90	60

注：对掺用外加剂或采用快硬水泥拌制的混凝土，其延续时间应按试验确定；对轻骨料混凝土，其延续时间应适当缩短。

4）泵送混凝土施工注意事项

① 泵送前应用水、水泥浆或水泥砂浆润滑泵和输送管内壁。从混凝土搅拌车卸出的混凝土级配不应改变。如粗骨料过于集中，应重新搅拌后在卸料。

② 混凝土泵送应连续进行，料斗内必须有足够的混凝土，防止吸入空气造成阻塞。如果由于运输配合等原因迫使混凝土泵停车时，应每隔几分钟开泵一次，如果预计间歇时间超过 45min 或者混凝土出现离析现象时，应立即用压力水或其他方法冲洗管道内残留的混凝土。

③ 如果混凝土泵堵塞，可将混凝土泵开关拨到“反转”，使泵反转 2～3 冲程，在拨到“正转”，使泵正转 2～3 各冲程，如此反复几次，一般均能将堵塞排除。一旦采用上述方法不能排除堵塞，则可根据输送管的晃动情况和接头处有无脱开的倾向，迅速查明堵塞部位，拆下管段除掉堵塞的混凝土。

④ 混凝土泵作业完成后，应立即清洗干净。清洗混凝土泵机时把料斗里的混凝土全部送完，排净泵内混凝土，冲洗后切断泵机电源。用压缩空气输入管道业可达到清洗目的，使用的压缩空气压力不超过 0.7MPa。管道前端须装有安全盖，且管道前不准站人。

4.3.4 混凝土浇筑

混凝土浇筑要保证混凝土的均匀性和密实性，要保证结构的整体性、尺寸准确和钢筋、预埋件的位置的正确，拆模后混凝土表面要平整、密实。

混凝土浇筑前应检查模板、支架、钢筋和预埋件的正确性，验收合格后才能浇筑混凝土。由于混凝土工程属于隐蔽工程，因而对混凝土量大的工程、重要工程或重点部位的浇筑，以及其他施工中的重大问题，均应随时填写施工记录。

1. 混凝土浇筑的基本工艺

混凝土浇筑工艺，是将新拌的松散拌合物浇灌到模板内并进行捣实，再经养护硬化后成为混凝土结构物。“浇”就是布料，“筑”就是捣实，是混凝土施工中最关键的工序。

1）布料

(1) 分层厚度。

为保证混凝土的整体性，浇筑工作原则上要求一次完成。但对较大体积的结构、较长的柱、较深的梁，或因钢筋或预埋件的影响，或因振捣工具的性能，或因混凝土内部温度的原因等，则必须分层浇筑，其分层厚度应按表 4-31 的规定。

表 4-31 混凝土浇筑层的厚度

<table>
<tr><th>项 次</th><th colspan="2">捣实混凝土的方法</th><th>浇筑层厚度/mm</th></tr>
<tr><td>1</td><td colspan="2">插入式振动器</td><td>振动器作用部分长度的 1.25 倍①</td></tr>
<tr><td>2</td><td colspan="2">表面振动器</td><td>200</td></tr>
<tr><td rowspan="3">3</td><td rowspan="3">人工捣实</td><td>在基础、无筋混凝土或配筋稀疏的混凝土结构中</td><td>250</td></tr>
<tr><td>墙、板、梁、柱结构</td><td>200</td></tr>
<tr><td>配筋密列的结构</td><td>150</td></tr>
<tr><td rowspan="2">4</td><td rowspan="2">轻骨料混凝土</td><td>插入式振捣器</td><td>300</td></tr>
<tr><td>表面振动，同时加荷</td><td>200</td></tr>
</table>

注：①为了不致损坏振动棒及其连接器，实际使用时振动棒插入深度宜不大于棒长的 3/4。

(2) 布料方法。

混凝土拌合料入模型前是松散体，且粗骨料质量较大，在布料运动时容易向前抛离，引起离析，致使混凝土外表面出现蜂窝、露筋等缺陷，而在内部则易出现内、外分层现象。为此，在操作上应避免斜向抛送，勿高距离散落。方法可以采用手工布料(图 4.49)和斜槽，如图 4.50 所示或皮带机布料，如图 4.51 所示。

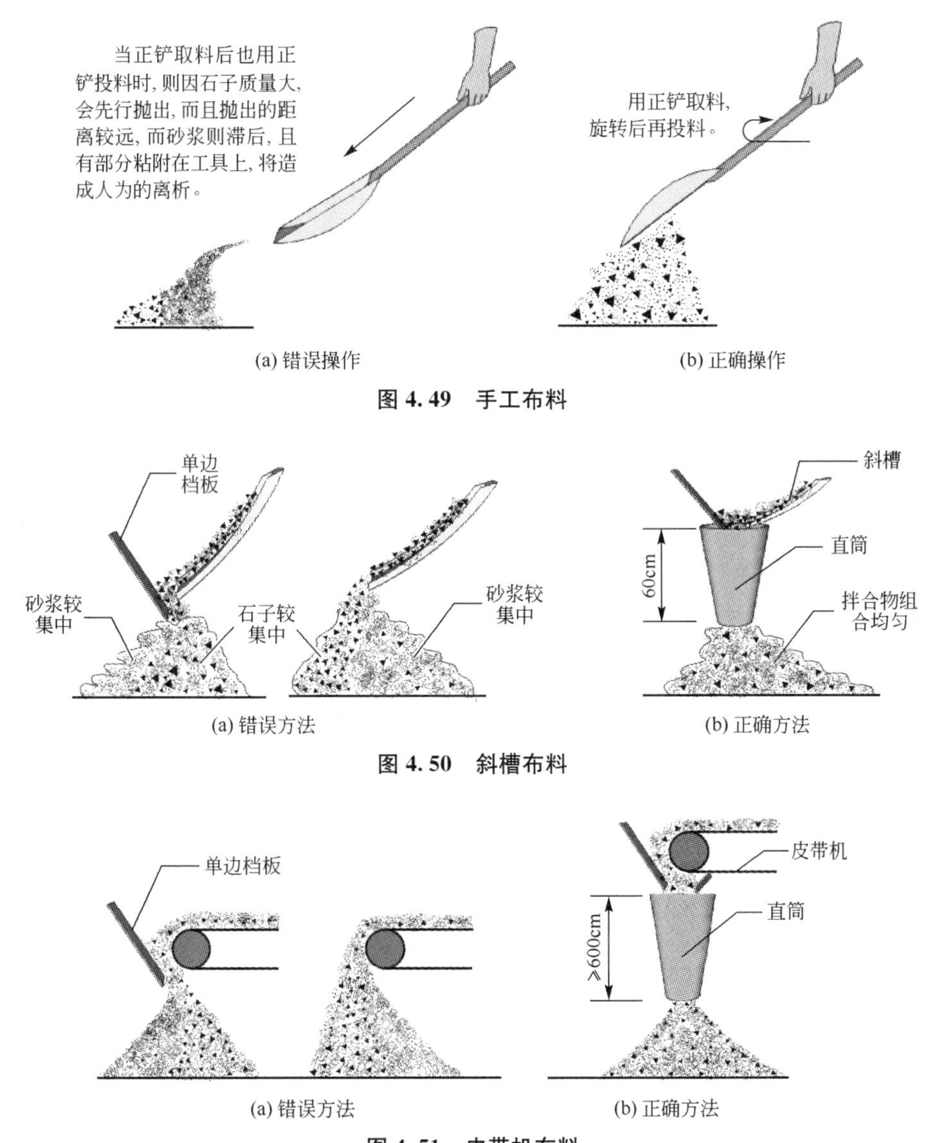

图 4.49　手工布料

图 4.50　斜槽布料

图 4.51　皮带机布料

① 手工布料是混凝土工的最基本的技巧。因拌合物是各种粗细不一、软硬不同的几种材料组合而成，其投放应采用正确的方法。

② 斜槽或皮带机布料是工地常用的布料方法。由于拌合物是从上而下或由皮带机以相当快的速度送来，其惯性比手工操作更大，其离析性也较大。

③ 施工中，经常出现由运料车或吊斗将混凝土临时堆放在模板或地坪上备用。使用时，须将混凝土摊铺。如将振动棒插在堆顶振动，其结果是堆顶上形成砂浆窝，石子则沉

入底部。正确的方法，应是振动棒从底部插入，具体如图 4.52 所示。

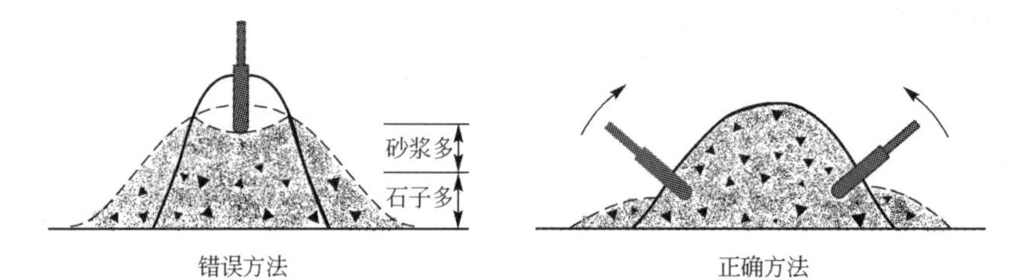

图 4.52　混凝土的摊铺

2) 混凝土振捣

混凝土浇入模板后，由于内部骨料和砂浆之间摩阻力与粘结力的作用，混凝土流动性很低。不能自动充满模板内各角落，其内部是疏松的，空气与气泡含量占混凝土体积约 5%～20%。不能达到要求的密实度，必须进行适当的振捣，促使混凝土混合物克服阻力并逸出气泡消除空隙，使混凝土满足设计要求的强度等级和足够的密实度。

混凝土的振捣设备按其工作方式分为内部振动器(又称为插入式振动器，如图 4.53 所示)、外部振动器(又称为附着式振动器，如图 4.54 所示)、表面振动器和振动台(图 4.55)。

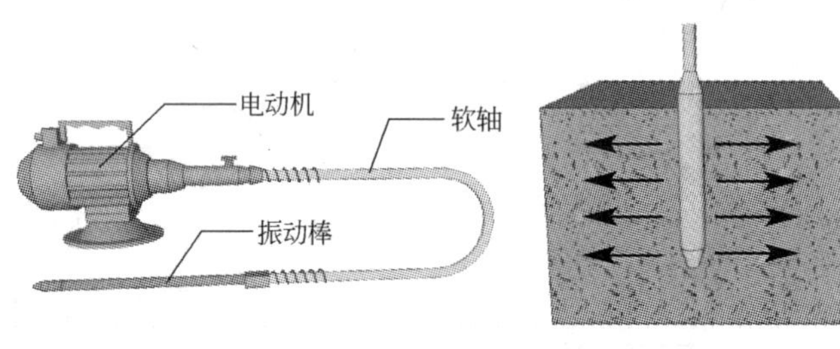

内部振动器

内部振动器是最常用的振动器，又称插入式振捣器，通常用于基础、梁、柱、墙和大体积混凝土。

图 4.53　内部振动器工作示意

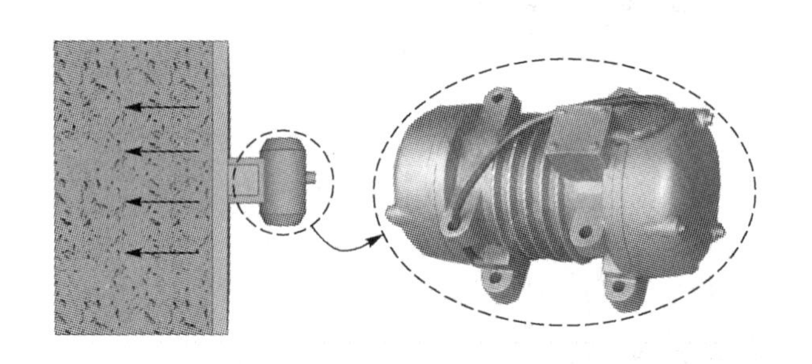

外部振动器

外部振动器是将一个带偏心块的电动振动器利用螺栓或夹具固定在构件模板外侧，振动力通过模板传给混凝土，亦称为附着式振动器。适用于振动钢筋密集，断面尺寸小于250mm构件及不宜使用插入式振动器的构件，如墙体、薄腹梁等。

图 4.54　外部振动器工作示意

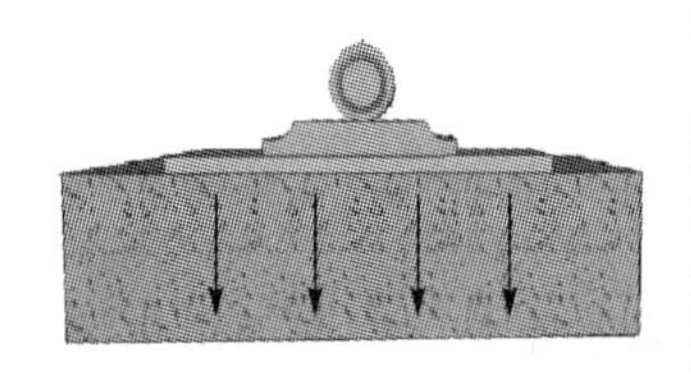

表面振动器

又称为平板振动器，是将附着式振动器固定在一块底板上而成。它适用于捣实楼板、地面、板形构件和薄壳等构件。

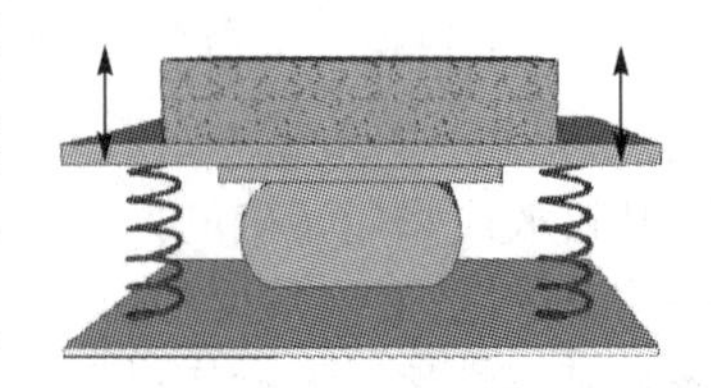

振动台

是将模板和混凝土构件放于平台上一起振动，主要用于预制构件的生产。适用于预制构件厂生产预制构件。

图 4.55　表面振动器和振动台工作示意

3）混凝土浇筑应注意问题

（1）防止混凝土离析。

浇筑混凝土时，混凝土拌合物由料斗、漏斗、混凝土输送管、运输车内卸出时，如自由倾落高度过大，由于粗骨料在重力作用下，克服粘聚力后的下落动能大，下落速度较砂浆快，因而可能形成混凝土离析。为此，混凝土自高处倾落的自由高度不应超过 2m，在钢筋混凝土柱和墙中自由倾落高度不宜超过 3m，否则应设溜槽、串筒、溜管或振动溜管等下料，如图 4.56 所示。

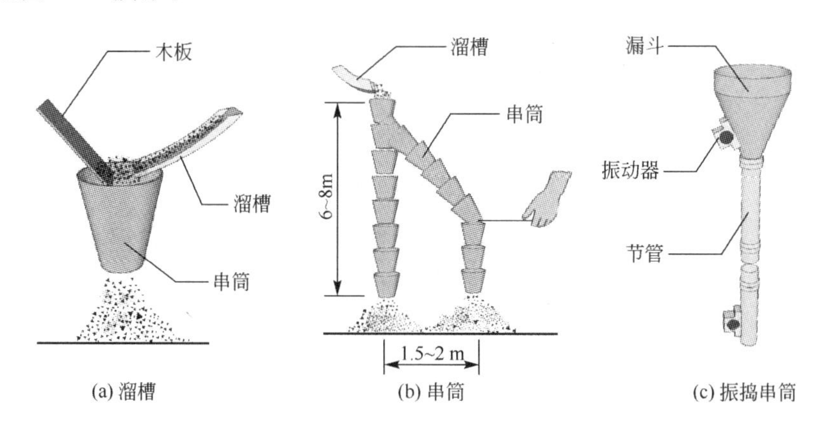

图 4.56　防止混凝土离析的方法

（2）正确留置施工缝。

如果由于技术上的原因或设备、人力的限制，混凝土的浇筑不能连续进行，若中间的间歇时间超过混凝土的初凝时间，则应留置施工缝。施工缝是指先浇的混凝土与后浇的混凝土之间的接触面。因该处新旧混凝土的结合力较差，是构件中薄弱环节，若位置不当或处理不好，就会引起质量事故，轻则开裂、漏水，影响使用寿命；重则危及安全，不能使用，故施工缝宜留在结构受力较小且便于继续施工的部位。

① 施工缝留设位置。

根据施工缝留设的原则，一般柱应留水平缝，梁、板和墙应留垂直缝。

a）柱子的施工缝宜留在基础顶面、梁底下面、无梁板盖柱帽下面和吊车梁顶的上面，如图 4.57 所示。

b）梁和板连成整体的大断面梁(梁截面高≥1m)，梁板分别浇筑时，施工缝应留在板底面以下 20～30mm 处。

c）有主次梁的楼盖宜顺着次梁方向浇筑，施工缝应留在次梁跨度的中间 1/3 范围内，如图 4.58 所示。

d）单向板留在平行于板短边的任何位置。

e）楼梯施工缝应留置在楼梯段 1/3 的部位或休息平台跨中 1/3 范围内。

f）墙施工缝可留在门洞口过梁跨中 1/3 范围内，也可留在纵横墙的交接处。双向受力楼板、大体积混凝土结构、拱、薄壳、多层框架等及其他结构，应按设计要求留置施工缝。

② 施工缝的处理。

在施工缝处浇筑混凝土时，已浇筑的混凝土抗压强度应不小于 1.2MPa，以抵抗继续

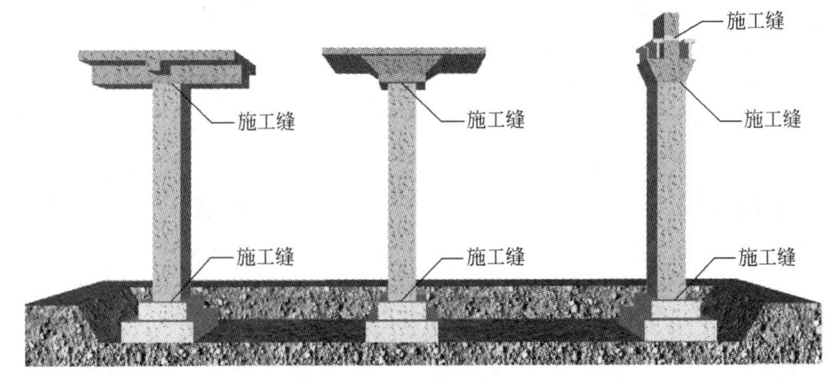

图 4.57　柱子施工缝的位置

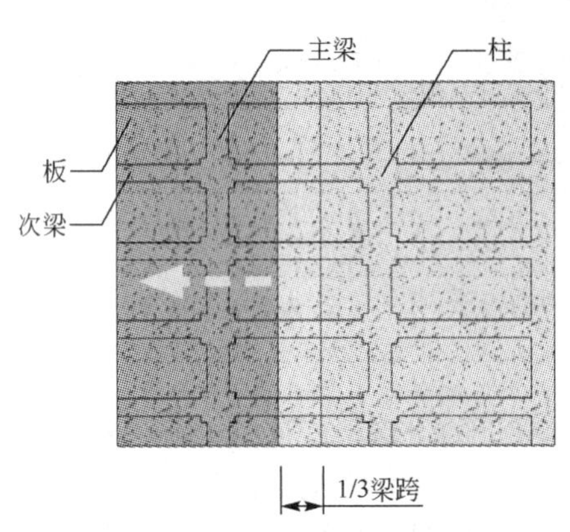

图 4.58　有梁板的施工缝位置

浇筑混凝土时的扰动。浇筑混凝土前，应除去施工缝表面的浮浆、松动的石子和软弱的混凝土层，洒水湿润冲刷干净，然后浇一层 10～15mm 厚的水泥浆或与混凝土成分相同的水泥砂浆，以保证接缝的质量。混凝土浇筑过程中，施工缝处应细致捣实，使其紧密结合。

2. 整体结构项目浇筑

1）框架结构浇筑

浇筑这种结构首先要在竖向上划分施工层，平面尺寸较大时还要在横向上划分施工段。施工层与施工段确定后，方可求出每班(每小时)应完成的工程量，据此选择施工机械和设备并计算其数量。

(1) 梁、板浇筑。

梁和板一般同时浇筑，从一端开始向前推进。只有当梁不小于 1m 时才允许将梁单独浇筑，此时的施工缝留在楼板板面下 20～30mm 处。梁底与梁侧面注意振实，振动器不要直接触及钢筋和预埋件。楼板混凝土的虚铺厚度应略大于板厚，用表面振动器或内部振动器振实，用铁插尺检查混凝土厚度，振捣完后用长的木抹子抹平。

(2) 柱子浇筑。

浇筑柱子时，一个施工段内的每排柱子应由外向内对称地逐根浇筑(首先浇筑角柱，然后浇筑边柱，最后浇筑内柱)，如图 4.59 所示。不要从一端向另一端推进，以防柱子模板逐渐受推倾斜而造成误差积累难以纠正。

2）大体积混凝土浇筑

大体积混凝土是指最小断面尺寸大于 1m，施工时必须采取相应的技术措施妥善处理水化热引起的混凝土内外温度差值，需合理解决温度应力并控制开展的混凝土结构。

大体积混凝土结构在工业建筑中多为设备基础，在高层建筑中多为桩基承台或厚大基础底板等。

大体积混凝土结构的施工特点：一是整体性要求要高，往往不允许留设施工缝，一般

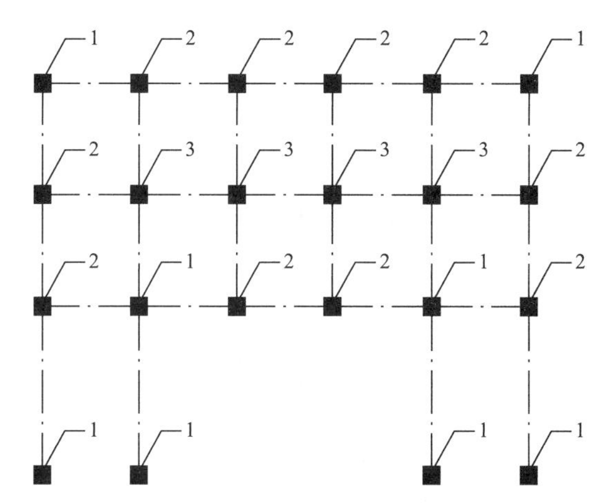

柱子断面在400mm×400mm以内，或有交叉箍筋的柱子，应在柱子模板侧面开孔以斜溜槽分段浇筑，每段高度不超过2m。断面在400mm×40mm以上 、无交叉箍筋的柱子，如柱高不超过4.0m，可从柱顶浇筑；如用轻骨料混凝土从柱顶浇筑，则柱高不得超过3.5m。

柱子开始浇筑时，底部应先浇筑一层厚50~100mm与所浇筑混凝土内砂浆成分相同的水泥砂浆或水泥浆 浇筑完毕，如柱顶处有较大厚度的砂浆层，则应加以处理。

图 4.59 先浇角柱、外柱的规律(数字表示浇筑先后的次序)

都要求连续浇筑；二是结构的体量较大，浇筑后的混凝土产生的水化热量大，并聚积在内部不易散发，从而形成内外较大的温差，引起较大的温差应力。因此，大体积混凝土施工时，为保证结构的整体性应合理确定混凝土浇筑方案，为保证施工质量应采取有效的技术措施降低混凝土内外温差。

防止大体积混凝土产生裂缝一般应采取一定的措施来控制。

① 优先选用低水化热的矿渣水泥拌制混凝土，并适当使用缓凝减水剂。

② 在保证混凝土设计强度等级前提下，选择合宜的砂石级配，适当降低水灰比，减少水泥用量。

③ 降低混凝土的入模温度，控制混凝土内外的温差(当设计无要求时，控制在 25℃以上)。例如，降低拌和水温度、骨料用水冲洗降温、避免暴晒等。

④ 降低浇筑速度和减少浇筑层厚度。

⑤ 及时对混凝土覆盖保温、保湿材料。

⑥ 预埋冷却水管，通入循环水将混凝土内部热量带出，进行人工导热。

3) 水下混凝土浇筑

需在水下或泥浆中浇筑混凝土时，应保证水或泥浆不混入混凝土内，水泥不被水带走，混凝土能借压力挤压密实。水下浇筑混凝土常采用导管法，如图 4.60 所示。

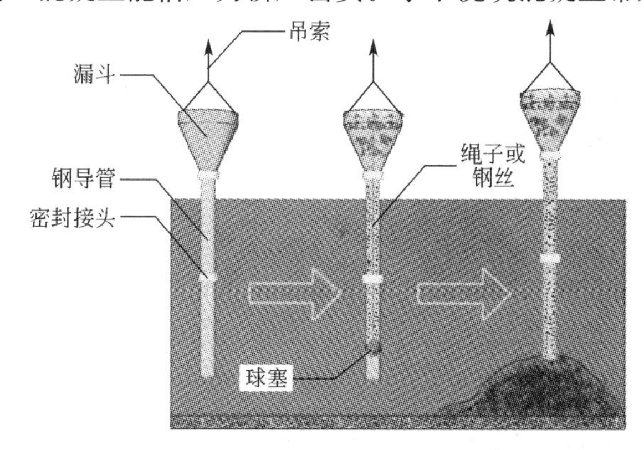

浇筑前，导管下口先用混凝土预制球塞堵塞，球塞用铁丝或钢丝吊住。在导管内灌注一定数量混凝土，将导管插入水下使其下口距地基面的距离约300mm，再切断吊住球塞的铁丝或钢丝，混凝土推出球塞沿导管连续向下流出进行浇筑。导管下口距离基底间距太小易堵管，太大则要求管内混凝土量较多，因为开管前管内的混凝土量要使混凝土冲出后足以埋住导管下口并保证有一定埋深。此后，一面均衡地浇筑混凝土，一面慢慢提起导管，导管下口必须始终保持在混凝土内有一空埋深，一般不得小于0.8m。在泥浆下浇筑混凝土时，不得小于1.0m，但也不可太深，下口埋得越深，则混凝土顶面越平，导管内混凝土下流速度越慢，也越难浇筑。

图 4.60 导管法水下浇筑混凝土

4.3.5 混凝土养护

养护的目的是为混凝土硬化创造必需的湿度、温度条件，防止水分过早蒸发或冻结，防止混凝土强度降低和出现收缩裂缝、剥皮起砂等现象，以确保混凝土质量。

1. 自然养护

自然养护是指在自然气温条件下(大于+5℃)对混凝土采取覆盖、浇水湿润、挡风、保温等养护措施，使混凝土在规定的时间内有适宜的温湿条件进行硬化。自然养护又可分为覆盖浇水养护和薄膜布养护、薄膜养生液养护等。

(1) 覆盖浇水养护是用吸水保温能力较强的材料(如草帘、芦苇、麻袋、锯末等)将混凝土覆盖，经常洒水使其保持湿润。浇水次数以能保持混凝土具有足够的湿润状态为宜。

(2) 薄膜布养护采用不透水、气的薄膜布(塑料薄膜布)养护，它是用薄膜布把混凝土表面散露的部分全部严密地覆盖起来，保证混凝土在不失水的情况下得到充足的养护。这种养护方法的优点是不必浇水，操作方便，能重复使用，能提高混凝土早期强度，加速模具周转等。

(3) 薄膜养生液养护适用于混凝土的表面不便浇水或用塑料薄膜布养护有困难的情况。它是将可成膜的溶液喷洒在混凝土表面上，溶液挥发后在混凝土表面凝结成一层薄膜，使混凝土表面与空气隔绝，封闭混凝土中的水分不再蒸发，从而完成水化作用。

2. 加热养护

加热养护是通过对混凝土加热，来加速其强度的增长。方法有蒸汽养护和热模养护两种。

1) 蒸汽养护

在混凝土构件预制厂内，将蒸汽通入养护室内，使混凝土在较高的温度和湿度条件下，迅速凝结硬化达到要求的强度，一般十几小时左右即可养护完毕。

蒸汽养护过程分为静停、升温、恒温和降温4个阶段。构件成型后要在常温下静置一定时间，然后再进行蒸汽养护，以增强升温阶段混凝土对破坏作用的抵抗力，一般需静停2h以上；升温和降温必须平缓地进行，不能骤然升降，否则在构件表面与内部之间产生过大的温差，引起裂缝，一般升温速度每小时不超过20～25℃，降温速度每小时不超过10℃。恒温时间一般为5～8h；恒温的温度与水泥的品种有关，普通水泥一般为80～85℃，矿渣水泥、火山灰水泥一般为90～95℃。

2) 热模养护

在施工现场可采用热模养护，即利用热拌混凝土浇筑构件，然后向钢模的空腔内通入蒸汽进行养护。蒸汽不与混凝土接触，而是喷射到模板上加热模板，热量由模板传递给构件，使构件内部冷热对流加速，进行热交换。此法养护用汽少、加热均匀，且速度快。

3. 标准养护

混凝土在温度为(20±1)℃和相对湿度为90%以上的潮湿环境中进行的养护称为标准养护。该方法一般在实验室中用于对混凝土试件的养护。

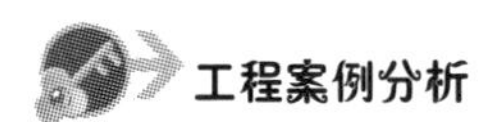
工程案例分析

某办公楼楼板出现裂纹

一、事故概况

某办公楼为现浇钢筋混凝土框架结构。在达到预定混凝土强度拆除楼板模板时，发现板上有无数走向不规则的微细裂纹。裂缝宽0.05～0.15mm，有时上下贯通，但其总体特征是板面裂纹多于板底裂纹。

二、事故原因调查与分析以及事故处理

经调查施工时的气象条件是：上午9时气温13℃，风速7m/s，相对湿度40%；中午温度15℃，风速13m/s(最大瞬时风速达18m/s)，相对湿度29%；下午5时温度11℃，风速11m/s，相对湿度39%。灌注混凝土就是在这种非常干燥的条件下进行的。

根据有关资料记载：当风速为16m/s时，混凝土的蒸发速度为无风时的4倍；当相对湿度10%时，混凝土的蒸发速度为相对湿度90%时的9倍以上。根据这些参数推算，本工程在上述气象条件下的蒸发速度可达通常条件的8～10倍。

因此，可以认为与大气接触的楼板上面受干燥空气和强风的影响成为产生较多失水收缩裂纹的主因，而曾受模板保护的楼板底面这种失水收缩裂纹会比较少一点。

经过对灌注楼板预留的试块和对楼板承载能力进行试验，均能达到设计要求。这说明具有失水收缩的混凝土初期裂纹对楼板的承载力并无影响。但是为了建筑物的耐久性，还应使用树脂注入法进行补强。

4.3.6 混凝土冬期施工

混凝土进行正常的凝结硬化需要适宜的温度和湿度，温度的高低对混凝土强度的增长有很大影响。在一般情况下，在温度合适的条件下，温度越高，水泥水化作用就越迅速、越完全，混凝土硬化速度快，其强度越高。但是，当温度超过一定数值，水泥颗粒表面就会迅速水化，结成比较硬的外壳，阻止水泥内部继续水化，易形成“假凝”现象。

为了确保混凝土结构的工程质量，应根据工程所在地多年气温资料，当室外日平均气温连续5d稳定低于5℃时，必须采用相应的技术措施进行施工，并及时采取气温突然下降的防冻措施，称为混凝土冬期施工。

1. 原材料的选择及要求

(1) 配置冬期施工的混凝土应优先选用硅酸盐水泥或普通硅酸盐水泥，水泥强度等级不应低于42.5MPa，最小水泥用量不宜少于300kg/m^3，水灰比不应大于0.6。使用矿渣硅酸盐水泥宜采用蒸汽养护；使用其他品种的水泥，应注意掺和料对混凝土抗冻、抗渗等性能的影响，掺用防冻剂的混凝土严禁选用高铝水泥。

(2) 骨料必须清洁，不得含有冰、雪、冻块及其他易冻裂物质。在掺用含有钾、钠离子的防冻剂混凝土中，不得采用活性骨料或在骨料中混有这类物质的材料。

(3) 冬期浇筑的混凝土宜使用无氯盐类防冻外加剂；对抗冻性要求高的混凝土，宜使用引气剂或减水剂。在钢筋混凝土中掺用氯盐类防冻剂时，其掺量应严格控制，按无水状态计算不得超过水泥重量的1%。当采用素混凝土时，氯盐掺量不得超过水泥重量的3%。掺用氯盐的混凝土应振捣密实，并且不宜采用蒸汽养护。

2. 原材料的加热

冬期施工的混凝土，在拌制前应优先对水进行加热，当水加热仍不能满足要求时，再对骨料进行加热，但水泥不能直接加热，宜在使用前运入暖棚内存放。水及骨料的加热温度应根据热工计算确定，当水、骨料达到规定温度仍不能满足热工计算要求时，可提高水温到100℃，但水泥不能与80℃以上的水直接接触。

3. 混凝土的搅拌

在混凝土搅拌前先用热水或蒸汽冲洗、预热搅拌机，以保证混凝土的出机温度。投料顺序是当拌合水的温度不高于80℃(或60℃)时，应将水泥和骨料先投入，干拌均匀后，再投入拌合水，直至搅拌合均匀为止；当拌合水的温度高于80℃(或60℃)时，应先投入骨料和热水，搅拌到温度低于80℃(或60℃)时，再投入水泥，直至搅拌均匀为止。混凝土的搅拌时间应为常温搅拌时间的1.5倍，混凝土拌合物的出机温度不宜低于10℃。

4. 混凝土运输和浇筑

冬期施工中运输混凝土所用的容器应有保温措施，运输时间尽量缩短，以保证混凝土的浇筑温度。

混凝土在浇筑前应清除模板和钢筋上的冰雪和污垢；不得在强冻胀性地基上浇筑；当在弱冻胀性地基上浇筑时，基土不得遭冻；当在非冻胀性地基上浇筑时，混凝土在受冻前，其抗压强度不得低于允许受冻临界强度。

混凝土入模温度不得低于5℃；当采用加热养护时，混凝土养护前的温度不得低于2℃；当分层浇筑大体积机构时，已浇筑层的混凝土温度，在被上一层混凝土覆盖前不得低于按热工计算的温度，且不得低于2℃；当加热温度在40℃以上时，应征得设计单位的同意。

5. 混凝土养护的方法

冬期施工的混凝土养护方法有蓄热法、蒸汽法、电热法、暖棚法及外加剂法等，具体见表4-32。

表4-32　混凝土养护方法和工艺

养护方法	养护工艺
蓄热法养护	利用原材料预热的热量及水泥水化热，在混凝土外围用保温材料严密覆盖，使混凝土缓慢冷却，并在冷却过程中逐渐硬化，保证混凝土能在冻结前达到允许受冻临界强度以上
蒸汽法养护	可分为湿热养护和干热养护两类。湿热养护是让蒸汽与混凝土直接接触，利用蒸汽的湿热作用养护混凝土。干热养护是将蒸汽作为加热载体，通过某种形式的散热器，将热量传导给混凝土，使混凝土升温养护
电热法养护	电热法是将电能转换为热能来加热养护混凝土，属于干热高温养护

（续）

养护方法	养护工艺
暖棚法养护	在需养护的建筑结构或构件周围用保温材料搭设暖棚，在棚内以生火炉、热风机供热、蒸汽管供热等形式采暖，使棚内温度保持在5℃以上，并保持混凝土表面湿润，使混凝土在正温条件下养护到一定强度
外加剂法养护	在混凝土拌制时掺加适量的外加剂使混凝土强度迅速增长，在冻结前达到要求临界强度，或者降低水的冰点，使混凝土在负温下能够凝结、硬化

知识冲浪

半透明混凝土

半透明混凝土是玻璃纤维和优质混凝土的结合体，数千根玻璃纤维平行排列在混凝土构件中，能将光线从其一侧引导到另一侧，形成半透明的效果。因为玻璃纤维的体积很小，因此能与混凝土很好地结合在一起，并且提高其结构的稳定性。

半透明混凝土的构件能满足各种建筑结构和审美的需要，充分体现建筑师的设计意图。英国服装专卖店在柏林的连锁店就设置了半透明的混凝土墙的试衣间，墙的厚度不超过两英寸。怕走光的购物者在走进去换衣服的时候恐怕要先深呼吸几下。加入了光纤的混凝土还被用来制造楼梯、家具、甚至是淋浴喷头。

4.4 预应力混凝土

预应力混凝土目前在世界各地都得到广泛的应用，随着预应力混凝土设计理论和施工工艺与设备地不断完善和发展，高强材料性能地不断改进，预应力混凝土得到了进一步的推广应用。

预应力混凝土与普通钢筋混凝土比较，具有构件截面小、自重轻、抗裂度高、刚度大、耐久性好、节省材料等优点，为建造现代化大跨度结构创造了条件。尽管预应力混凝土的施工需要专门的机械设备，施工工艺也较复杂，操作要求较高；预应力混凝土的单方造价虽高于普通钢筋混凝土，但其综合经济效益较好。

预应力混凝土施工，施加预应力的方式分为机械张拉和电热张拉；按施加预应力的时间先后分为先张法、后张法，在后张法中，预应力筋又分为有粘结和无粘结两种。

4.4.1 先张法施工

先张法是在浇筑混凝土前铺设、张拉预应力筋，并将张拉后的预应力筋临时锚固在台座或钢模上，然后浇筑混凝土，待混凝土养护达到不低于75%设计强度，且能保证预应力筋与混凝土有足够的粘结后，放松预应力筋，借助混凝土与预应力筋的粘结对混凝土施加预应力。先张法仅适用于生产中小型预制构件，多在固定的预制厂生产，也可在施工现场生产。先张法在实际生产中常采用机组流水法和台座法。

采用机组流水法时，构件在钢模中生产，预应力张拉力由钢模承受。构件连同钢模以流水的方式，通过张拉、浇筑、养护等机组完成每一生产过程。机组流水法需大量的钢模和较高的机械化程度，且需蒸汽养护，因此只用于预制生产定型构件。

采用台座法时，构件在固定的台座上生产，预应力筋张拉力由台座承受。不需要复杂的机械设备，适用于多种产品生产，可露天生产、自然养护，亦可湿热养护，故应用较广。

1. 台座

台座是先张法生产的主要设备之一，预应力筋锚固在台座横梁上，台座承受着预应力筋的全部张拉力，故台座应有足够的强度、刚度和稳定性，以避免台座变形、倾覆和滑移而引起的预应力损失。

台座按构造形式不同可分为墩式台座和槽式台座两种，选用时应根据构件的种类、张拉吨位和施工条件而定。

1）墩式台座

墩式台座由台墩、台面和横梁等组成，如图 4.61 所示。墩式台座一般用于平卧生产的中小型构件，如屋架、空心板、平板等。台座尺寸由场地大小、构件类型和产量等因素确定。一般长度为 100～150m，这样可利用预应力钢丝长的特点，张拉一次可生产多根构件，减少张拉及临时固定工作，又可减少因钢丝滑动或台座横梁变形引起的预应力损失，故又称长线台座。台座宽度约 2m，主要取决于构件的布筋宽度及张拉和浇筑是否方便。

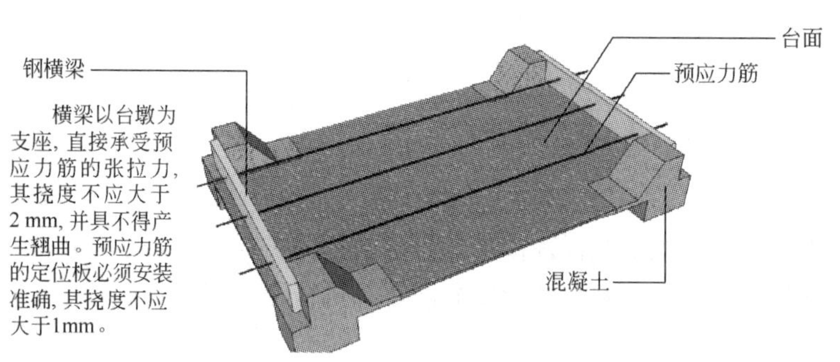

钢横梁
横梁以台墩为支座，直接承受预应力筋的张拉力，其挠度不应大于2 mm，并具不得产生翘曲。预应力筋的定位板必须安装准确，其挠度不应大于1mm。
台面
预应力筋
混凝土
台面一般是在夯实的碎石垫层上浇筑一层厚度为60~100mm的混凝土而成，台面略高于地坪，表面应当平整光滑，以保证构件底面平整。长度较大的台面，应每10m左右设置一条伸缩缝，以适应温度的变化。

图 4.61　墩式台座

2）槽式台座

槽式台座由钢筋混凝土压杆、上下槽梁及台面组成，如图 4.62 所示。在施工现场还可利用已预制好的柱、桩等构件装配成简易槽式台座。

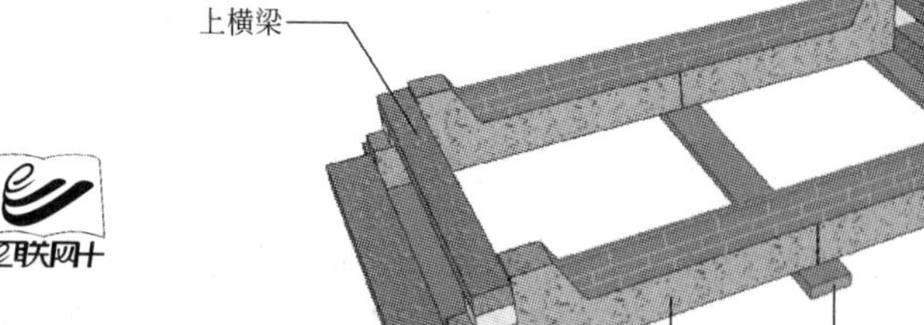

上横梁
垫块
支座底板
压杆(台模)
下横梁
台座长度不大于50m，宽度随构件外形及制作方式而定，一般不小于1m，承载力大于1000kN以上。为便于混凝土浇筑和蒸汽养护，槽式台座多低于地面。

图 4.62　槽式台座

2. 张拉机具与夹具

1) 张拉机具

通常要求张拉设备简易可靠，能准确控制应力，以稳定的速率加大拉力。在先张法中常用卷扬机(图 4.63)、倒链、电动螺杆张拉机、千斤顶等张拉机具来张拉钢筋。

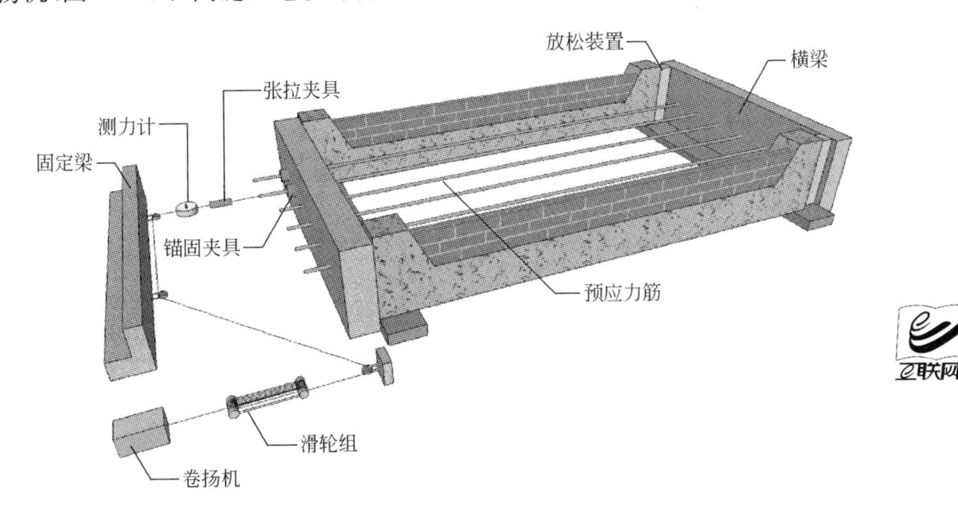

图 4.63 用卷扬机张拉钢筋

由于在长线台座上预应力钢筋的张拉伸长值较大，一般电动螺杆张拉机或千斤顶的行程难以满足要求，故张拉钢丝或较小直径的钢筋可用卷扬机。对张拉直径为 10～20mm 的单根钢筋，可用 YC-20 穿心千斤顶，其最大张拉力为 200kN，宜用于 50～200m 的长台座。对于钢筋，还可采用多根钢筋成组张拉，如图 4.64 所示。

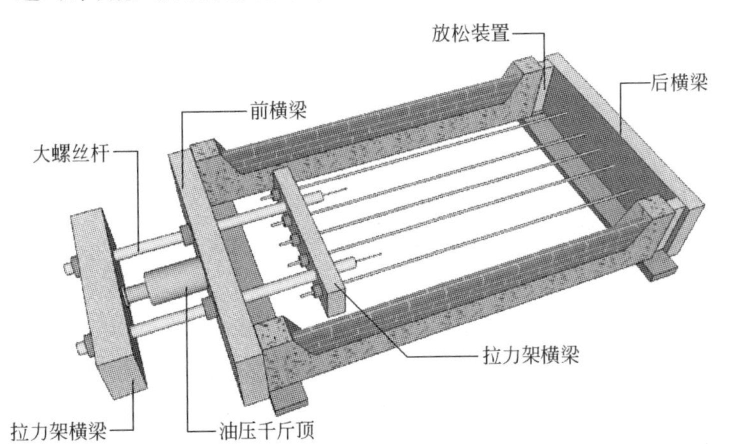

图 4.64 油压千斤顶成组张拉装置

2) 夹具

夹具是先张法中张拉时用于夹持钢筋和张拉完毕后用于临时锚固钢筋的工具。前者称为张拉夹具，后者称为锚固夹具，两种夹具均可重复使用。要求夹具工作可靠，构造简单、加工容易和使用方便。根据预应力筋类型不同，又分钢丝夹具和钢筋夹具两类。

(1) 张拉夹具。张拉夹具种类较多，常用的有用于夹持钢丝的偏心式夹具和钳式夹具；用于夹持钢筋的压销式夹具等，如图 4.65 所示。

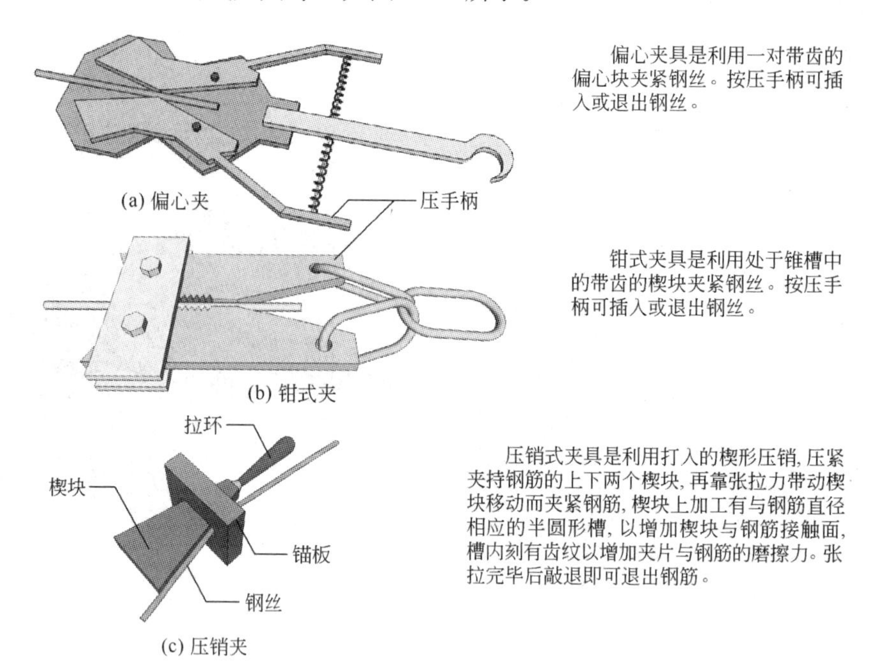

偏心夹具是利用一对带齿的偏心块夹紧钢丝。按压手柄可插入或退出钢丝。
(a) 偏心夹
压手柄
钳式夹具是利用处于锥槽中的带齿的楔块夹紧钢丝。按压手柄可插入或退出钢丝。
(b) 钳式夹
拉环
楔块
锚板
钢丝
压销式夹具是利用打入的楔形压销，压紧夹持钢筋的上下两个楔块，再靠张拉力带动楔块移动而夹紧钢筋，楔块上加工有与钢筋直径相应的半圆形槽，以增加楔块与钢筋接触面，槽内刻有齿纹以增加夹片与钢筋的磨擦力。张拉完毕后敲退即可退出钢筋。
(c) 压销夹

图 4.65　张拉夹具

(2) 锚固夹具。锚固夹具包括锥形夹具、穿心式夹具和帮条锚具。

锥形夹具是用来锚固预应力钢丝的，由中间开有圆锥形孔的套筒和刻有细齿的锥形齿板或锥销组成。通常有楔形、圆锥三槽式和圆锥齿板式 3 种夹具形式，如图 4.66 所示。穿心式夹具由圆套筒和圆锥形销片组成，如图 4.67 所示。帮条锚具由帮条和衬板组成，如图 4.68 所示。

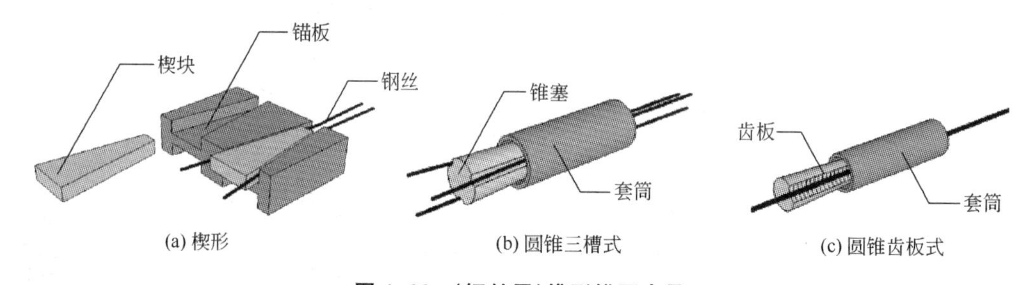

图 4.66　(钢丝用)锥形锚固夹具

3. 先张法施工工艺

先张法施工工艺分为张拉预应力筋、浇筑混凝土(养护)、预应力筋放张 3 个阶段。先张法预应力混凝土构件在台座上生产时，其施工工艺和工艺流程分别如图 4.69 和图 4.70 所示。

1) 预应力筋张拉

预应力筋的张拉是预应力混凝土施工中的关键工序，为确保施工质量，在张拉中应严格控制张拉应力、张拉程序、计算张拉力和进行预应力值校核。

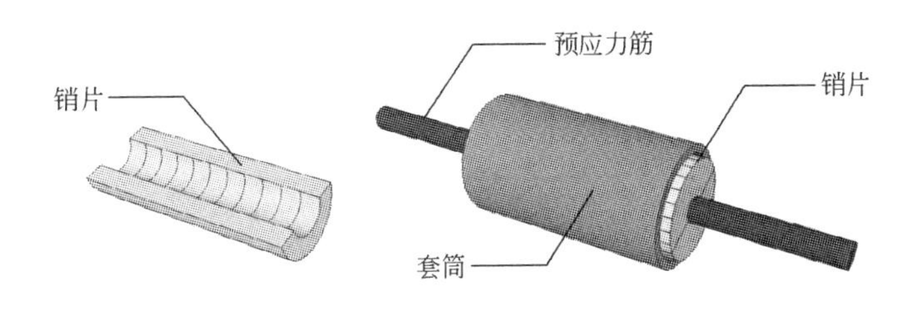

预应力筋
销片
销片
套筒
套筒内壁呈圆锥形，与销片锥度吻合，销片有两片式和三片式，钢筋就夹紧在销片的凹槽内。

图 4.67 (钢筋用)穿心式夹具

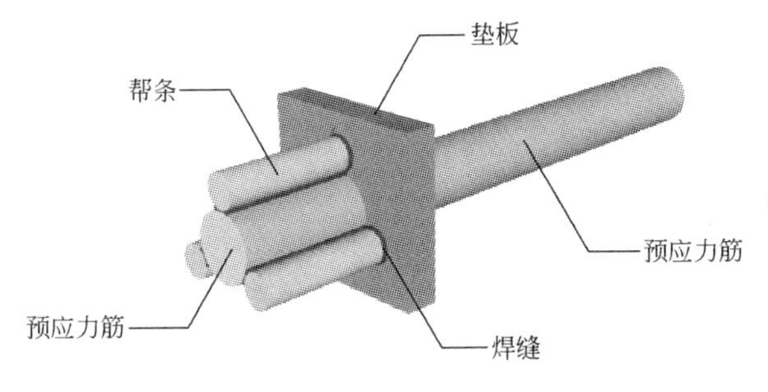

图 4.68 帮条锚具

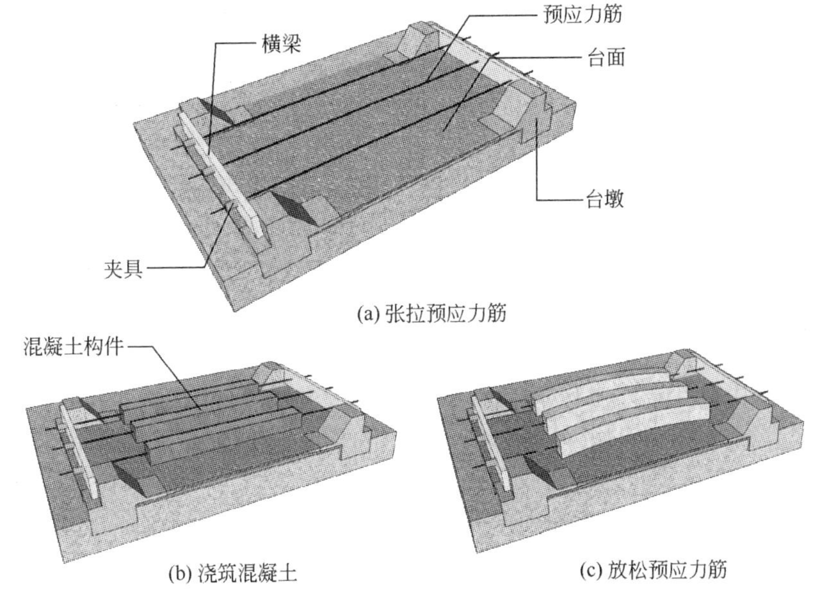

图 4.69 先张法施工工艺示意

(1) 张拉控制应力。

预应力筋张拉时控制应力应符合设计规定。控制应力高，建立的预应力值则大，但控制应力过高，预应力筋处于高应力状态，构件出现裂缝时的荷载与破坏荷载接近，破坏前无明显的预兆。此外，施工中为减少由于松弛等原因造成的预应力损失，一般要进行超张拉。如果原定的控制应力过高，再加上超张拉就可能使预应力筋的应力超过张拉控制应力。因此，预应力筋的张拉控制应力值 σ_{con} 不宜超过表 4 - 33 规定的张拉控制限值，且不

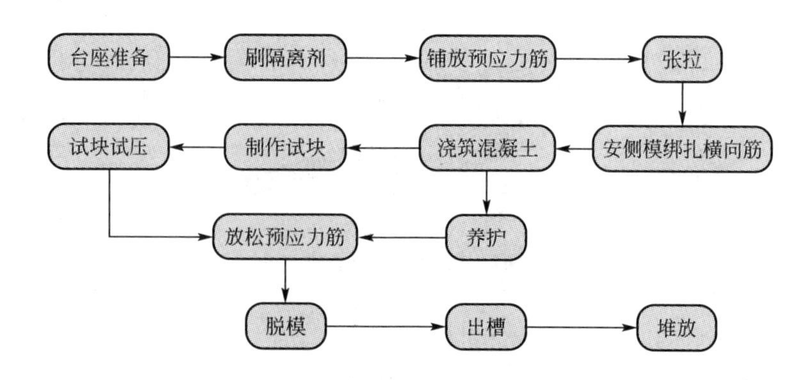

图 4.70　先张法施工工艺流程

应小于 $0.4f_{ptk}$。

表 4-33　先张法预应力混凝土的张拉控制应力与最大张拉应力

预应力筋种类	σ_{con}	σ_{max}
碳素钢丝、刻痕钢丝、钢绞线	$0.75f_{ptk}$	$0.80f_{ptk}$
热处理钢筋、冷拔低碳钢丝	$0.70f_{ptk}$	$0.75f_{ptk}$
冷拉钢筋	$0.9f_{pyk}$	$0.95f_{pyk}$

注：f_{ptk}——极限抗拉强度标准值；f_{pyk}——屈服强度标准值。

当符合下列情况之一时，表 4-33 中张拉控制应力限值可提高 $0.05f_{ptk}$。

① 要求提高构件在施工阶段的抗裂性能而在使用阶段受压区内设置的预应力筋。

② 要求部分抵消由于应力松弛、摩擦、钢筋分批张拉以及预应力钢筋与张拉台座之间的温差等因素产生的预应力损失。

(2) 张拉程序。

施工中可采用 $0 \rightarrow 105\%\sigma_{con}$(持荷 2min)$\rightarrow \sigma_{con}$ 或 $0 \rightarrow 103\%\sigma_{con}$ 两种张拉程序之一进行张拉，这两种张拉程序中，均考虑了超张拉，第一种程序中超张拉 5%并维持荷载 2min，可使钢筋的应力松弛在这段时间内完成总应力松弛的 50%以上，即将来在长期应力状态下，剩余的应力松弛发展造成的预应力损失将减少 50%以上；第二种程序中，超张拉 3%，是为了直接弥补钢筋应力松弛和其他未估计的原因造成的预应力损失。

成组张拉时，应预先调整初应力，以保证张拉时每根钢筋(丝)的应力均匀一致，初应力值一般取 $10\%\sigma_{con}$。

(3) 预应力值校核。

预应力筋的预应力值一般用其伸长率校核。伸长率在 5%～10%之间时，表明张拉后建立的预应力值满足设计要求。

预应力钢丝的预应力应采用钢丝内力测定仪直接检测钢丝的预应力值来对张拉结果进行校核，其检验标准为，对台座法钢丝，预应力值定位 $95\%\sigma_{con}$；对模外张拉钢丝，预应力值应符合表 4-34 的规定。

表 4-34 模外张拉钢丝预应力值检测标准

检测时间	检测标准	
	钢丝长 4m	钢丝长 6m
张拉完毕后 30min	$92\%\sigma_{con}$	$93.5\%\sigma_{con}$
张拉完毕后 1h	$91\%\sigma_{con}$	$92.5\%\sigma_{con}$

2）混凝土浇筑与养护

（1）混凝土浇筑。

对先张法预应力混凝土构件，混凝土的强度等级不得小于 C30。为了减少混凝土的收缩和徐变引起的预应力损失。在确定混凝土的配合比时，应尽量降低水灰比，控制水泥的用量，采用良好级配的骨料。预应力混凝土构件制作时，必须振捣密实，尤其要捣实构件端部，以保证混凝土的强度和粘结力。在混凝土浇筑过程中，还需注意以下几点。

① 台座内每条生产线上的构件，其混凝土必须一次浇筑完毕；振捣时，振动器应避免碰击预应力筋，以免破坏粘结力。

② 采用重叠法生产构件时，应待下层构件的混凝土强度达 5MPa 后，方可浇筑上层构件的混凝土。一般当平均温度高于 20℃时，每 3 天可叠捣一层。气温较低时，可采用早强措施，以缩短养护时间，加速台座周转。

③ 构件预制时，应尽可能避免跨越台座的伸缩缝。当不能避开时，在伸缩缝上可先铺薄钢板或垫油毡，然后浇混凝土。

（2）混凝土养护。

① 自然养护(自然养护同普通混凝土工程)。

② 蒸汽(湿热)养护。

当用台座生产构件，并用蒸汽养护时，温度升高之后，预应力筋膨胀而台座的长度并不改变，因而引起预应力筋应力的减少。如果在这种情况下，混凝土逐渐硬结，则混凝土硬化前，由于温度升高而引起的预应力筋的应力的降低将永远不能回复。因此，应采取二次升温养护制度，即初次升温时，控制温差不超过 20℃，待构件混凝土强度达到 7.5MPa(粗钢筋配筋)或 10MPa(钢丝、钢绞线配筋)后，再按一般升温制度养护。

而当采用机组流水法用钢模制作构件，湿热养护时，钢模与预应力筋同步伸缩，不存在温差而引起的预应力损失，因此采用一般加热养护制度即可。

3）预应力筋放张

在进行预应力筋的放张时，混凝土强度必须符合设计要求；当设计无具体规定时，混凝土强度不得低于设计标准值的 75%。

（1）放张顺序。

预应力筋的放张顺序应符合设计要求，当设计无具体要求时应符合下列规定。

① 对承受轴心预压力的构件(如压杆、桩等)，所有预应力筋应同时放张。

② 对承受偏心预压力的构件，应先同时放张预应力较小区域的预应力筋，再同时放张预应力较大区域的预应力筋。

③ 当不能按上述规定放张时，应分阶段、对称、相互交错地放张，以防止在放张过程中构件产生翘曲、开裂及断筋现象。

（2）放张方法。

① 对预应力钢丝或细钢丝的板类构件，放张时可直接用钢丝钳或氧炔焰切割，并宜从生产线中间处切断，以减少回弹量，且有利于脱模；对每一块板，应从外向内对称放张，以免构件扭转两端开裂。

② 对预应力筋数量较少的粗钢筋构件，可采用氧炔焰在烘烤区轮换加热每根粗钢筋，使其同步升温，钢筋内应力均匀徐徐下降，外形慢慢伸长，待钢筋出现颈缩现象时即可切断。

③ 对预应力筋配置较多的构件，不允许采用剪断或割断等方式突然放张，以避免最后放张的几根预应力筋产生过大的冲击而断裂，致使混凝土构件开裂。为此，应采用千斤顶或台座与横梁间设置砂箱或楔块、或在准备切割的一端预先浇筑混凝土块等方法进行缓慢放张。

4.4.2 后张法施工

后张法施工是先制作混凝土构件，在放置预应力筋的部位预先留设孔道，然后在构件端部用张拉机具对预应力筋予以张拉，当应力达到规定后，借助于锚具将预应力筋锚固在构件端部，最后进行孔道灌浆。钢筋应力通过锚具传给构件混凝土，使混凝土产生预应力。

1. 预应力筋

预应力钢筋通常由单根或成束的钢丝、钢绞线或高强钢筋组成。对预应力钢筋的基本要求是高强度、较好的塑性以及较好的粘结性能。

（1）高强钢丝分为冷拉和矫直回火两种，按外形分为光面、刻痕和螺旋肋 3 种。常用的直径(mm)有 4.0、5.0、6.0、7.0、8.0、9.0 等几种。

（2）钢绞线包括标准型钢绞线、刻痕钢绞线、模拔钢绞线，如图 4.71 所示。钢绞线的直径较大，一般为 9～15mm，比较柔软，施工方便，但价格比钢丝贵。钢绞线强度较高，目前已有标准抗拉强度接近 2000N/mm^2 的高强、低松弛的钢绞线应用于工程中。

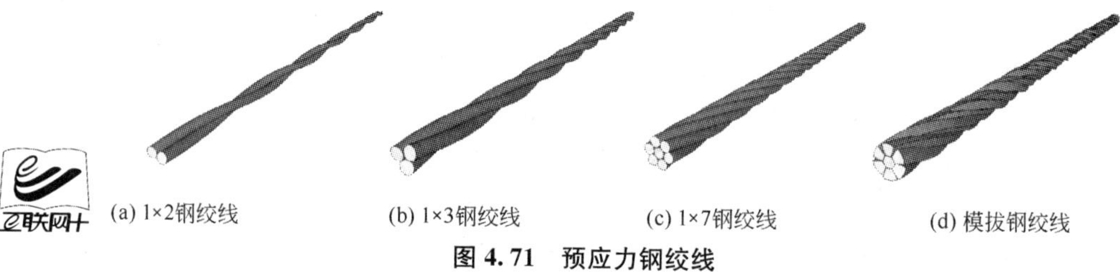

图 4.71 预应力钢绞线

（3）高强钢筋可分为冷拉热轧低合金钢、热处理低合金钢筋和精轧螺纹钢筋等。其中，热处理钢筋的螺纹外形有带纵肋和无纵肋两种，如图 4.72 所示。

（4）非金属预应力筋主要是指用纤维增强塑料(FRP)制成的预应力筋，主要由玻璃纤维增强塑料(GFRP)、芳纶纤维增强塑料(AFRP)及碳纤维增强塑料(CFRP)预应力筋等几种形式。

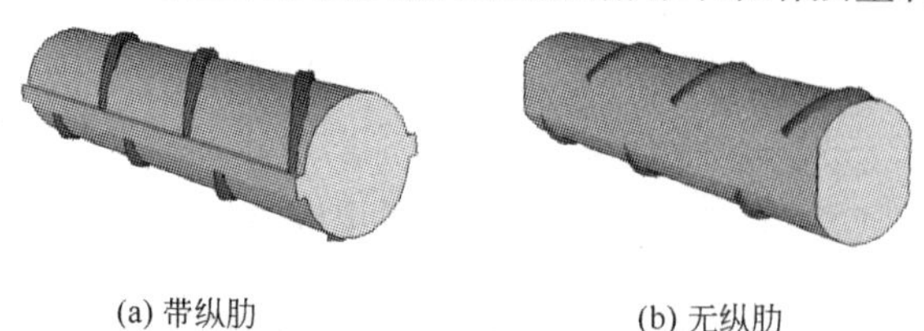

图 4.72 热处理钢筋外形

2. 预应力筋锚固体系

锚具是后张法结构或构件中保持预应力筋的张拉力，并将其传递到混凝土上的永久性锚固装置，它是结构或构件的重要组成部分，是保证预应力值和结构安全的关键，故应尺寸准确、有足够的强度和刚度、工作可靠、构造简单、预应力损失小、成本低廉。锚具按锚固方式不同，可分为夹片式(如图 4.73 中的单孔与图 4.74 中的多孔夹片锚具)、支撑式(如图 4.75 中的螺母锚具、镦头锚具等)、锥塞式(如图 4.76 中的钢质锥形锚具等)和握裹式(如图 4.77 中的挤花锚具、压压锚具等)4 类。

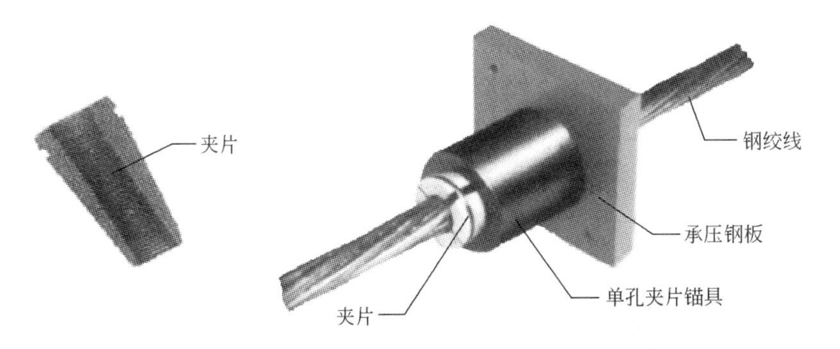

单孔夹片锚固体系主要用于单束钢绞线的锚固端。

图 4.73 单孔夹片锚固体系

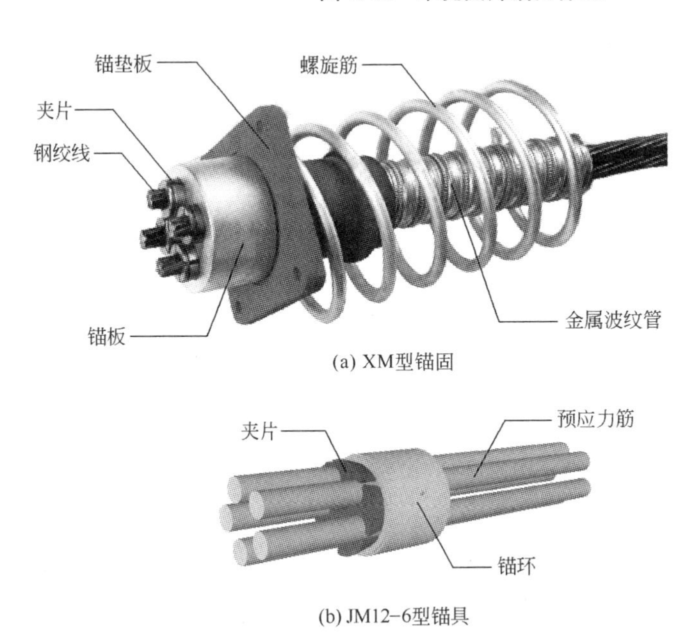

多孔夹片锚具又称为预应力钢筋束锚具，是在一块多孔锚板上利用每个锥形空装一副夹片夹持一根钢筋或钢绞线的一种楔紧式锚具。这种锚具在现代预应力混凝土工程中广泛应用，主要的产品有XM型、QM型、QVM型、JM型等。

图 4.74 多孔夹片锚固体系

3. 张拉机具设备

1) 拉杆式千斤顶(图 4.78)

拉杆式千斤顶张拉预应力筋时，首先使连接器与预应力筋的螺丝端杆相连接，顶杆支撑在构架构件端部的预埋钢板上。高压油由主缸油嘴进入主缸时，则推动主缸活塞向左移动，并带动拉杆和连接器以及螺丝端杆同时向左移动，对预应力筋进行张拉。达到张拉力时，拧紧预应力筋的螺帽，将预应力筋锚固在构件的端部。高压油再由副缸油嘴进入副缸，推动副缸使主缸活塞和拉杆向右移动，使其恢复初始位置。此时主缸的高压油留回高压泵中去，完成一次张拉过程。

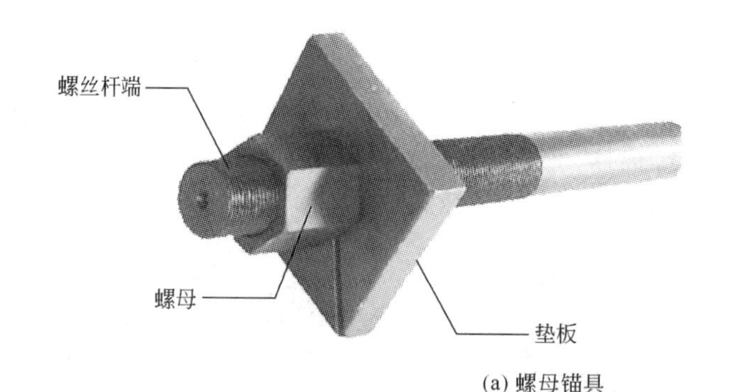

螺母锚具的特点是将螺丝端杆与预应力筋对焊成一个整体，用张拉设备张拉螺丝杆，用螺母锚固预应力钢筋。螺母锚具的强度不得低于预应力钢筋的抗拉强度实测值。可作先张法夹具使用，电热拉时也可采用。

(a) 螺母锚具

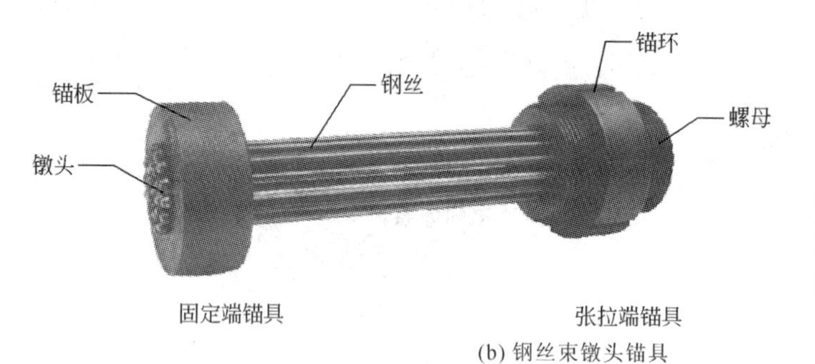

镦头锚具的优点是操作简便迅速，不会出现锥形锚易发生的滑丝"现象"，故不发生相应的预应力损失。这种锚具的缺点是下料长度要求很精确，否则在张拉时会因各钢丝受力不均匀而发生断丝现象。

(b) 钢丝束镦头锚具

图 4.75　支撑式锚固体系

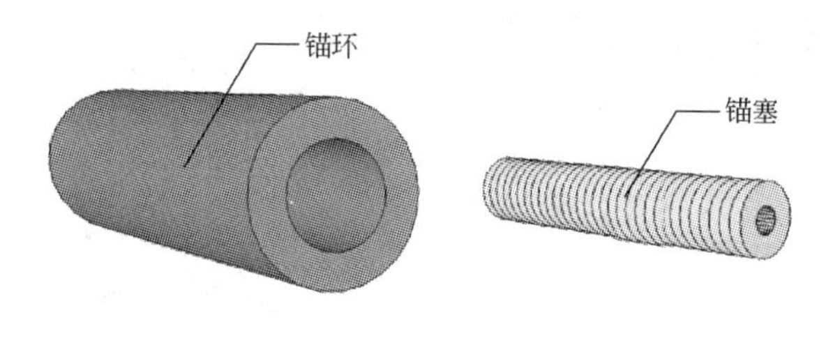

锥形锚具的尺寸较小，便于分散布置。其缺点是易产生单根滑丝现象，钢丝回缩量较大，所引起的应力损失也大，并具滑丝后无法重复张拉和接长，应力损失很难补救。此处，钢丝锚固时呈辐射状态，弯折处受力较大。

(a) 锥形锚具

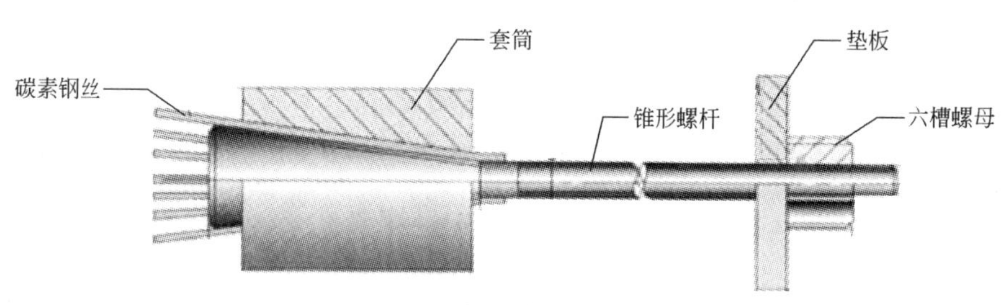

(b) 锥形螺杆锚具

图 4.76　锥塞式锚固体系

2）YC－60 型穿心式千斤顶(图 4.79)

YC－60 型穿心式千斤顶加装撑脚、张拉杆和连接器后，可以张拉以螺丝端杆锚具为张拉锚具的单根粗钢筋，以及以锥型螺杆锚具和 DM5A 型镦头锚具为张拉锚具的钢丝束。YC－60 型穿心式千斤顶增设顶压分束器，就可以张拉以 KT－Z 型锚具为张拉锚具的钢筋束和钢绞线束。

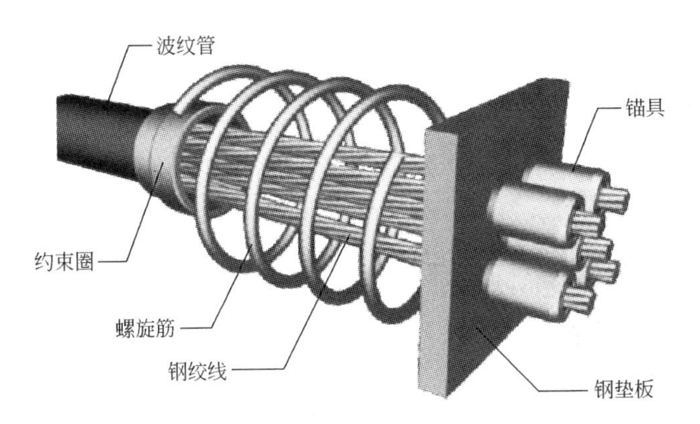

挤压锚具是利用液压压头机将套筒挤紧在钢绞线端头上的一种锚具。套筒内衬有硬钢丝螺旋圈，在挤压后硬钢丝全部脆断，一半嵌入外钢套，一半压入钢绞线，以增加钢套筒与钢绞线之间的摩阻力。锚具下设有钢垫板与螺旋筋。适用于构件端部的设计力大或端部尺寸受限的情况。

(a) 挤压锚具的构造

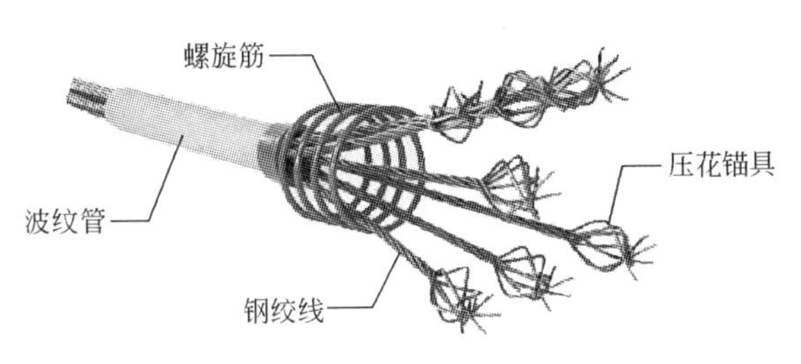

压花锚具是利用液压压花机将钢绞线端头压成梨形散花状的一种锚具。多根钢绞线梨形头应分排埋置在混凝土内。为提高压花锚四周混凝土及散花头根部混凝土的抗裂强度，在散花头的头部配置构造筋，在散花头的根部配置螺旋筋，压花锚距构件截面边缘不应小于30cm。第一排压花锚的锚固长度，对φ15钢绞线不应小于95cm，每排相隔至少30cm。

(b) 多根钢绞线压花锚具

图 4.77　握裹式锚固体系

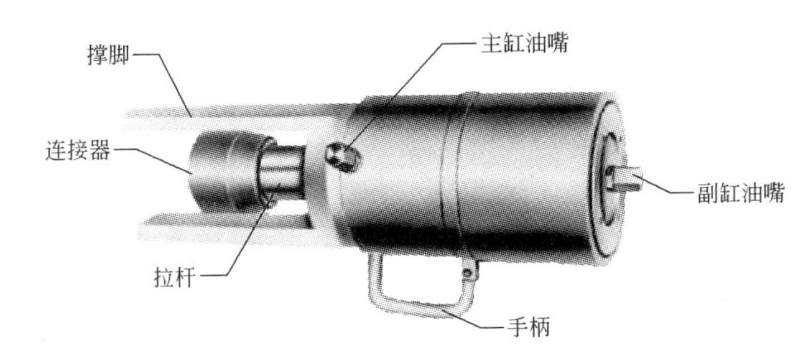

适用于张拉以螺丝端杆锚具为张位锚具的粗钢筋，张拉以锥型螺杆锚具为张拉锚具的钢丝束构造。

图 4.78　拉杆式千斤顶外观构造

(a) YC–60型穿心式千斤顶外观图

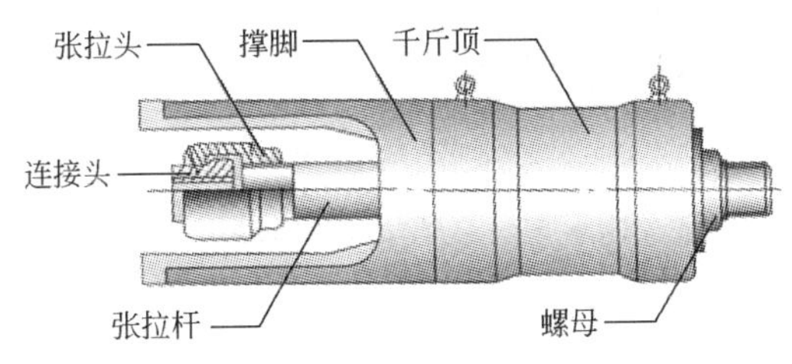

(b) 加撑脚后的外貌

适用于张拉各种形式的预应力筋，是目前我国预应力混凝土构件施工中应用最为广泛的张拉机械。

图 4.79　YC－60 型穿心式千斤顶的构造示意

3）锥锚式双作用千斤顶(图 4.80)

双作用，即千斤顶操作时有两个动作同时进行，其一是夹住钢筋进行张拉，其二是将夹片顶入锚环，将预应力钢筋挤紧，牢牢锚住。

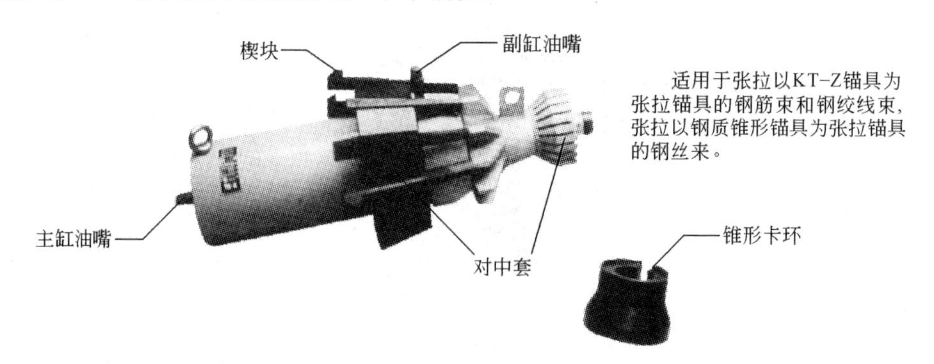

图 4.80　锥锚式双作用千斤顶外观构造

4. *后张法施工工艺*

后张法施工步骤是先制作构件，预留孔道；待构件混凝土达到规定强度后，在孔道内穿放预应力筋，预应力张拉锚固；最后孔道灌浆，封端，有粘结后张法施工顺序简图如图 4.81 所示，后张法制作工艺流程如图 4.82 所示。

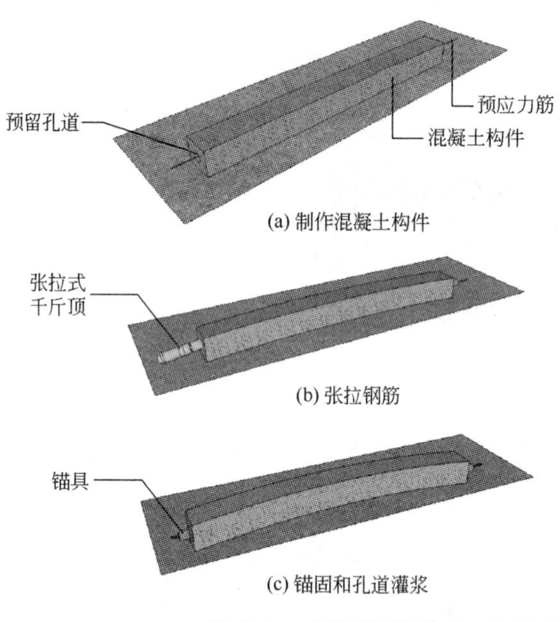

预留孔道
预应力筋
混凝土构件
(a) 制作混凝土构件
张拉式
千斤顶
(b) 张拉钢筋
锚具
(c) 锚固和孔道灌浆
后张法施工不需要台座设备，大型构件可分块制作，运到现场进行拼装，利用预应力筋连成整体。因此，后张法施工灵活性较大，适用于现场预制或工厂预制块体现场拼装的大中型预应力构件、特种结构和构筑物等。但后张法施工工序较多，且锚具不能重复使用，耗钢量比先张法大。

图 4.81　有粘结后张法施工顺序简图

1）预留孔道

预留孔道正确与否是后张法构件生产的关键工作之一。预留孔道方法有钢管抽芯法、胶管抽芯法、预埋管法等，其基本要求是，孔道的尺寸与位置应正确，孔道应平顺，接头不漏浆，端部的预埋钢板应垂直于孔道中心线，灌浆孔及泌水管的孔径应能保证浆液畅通。

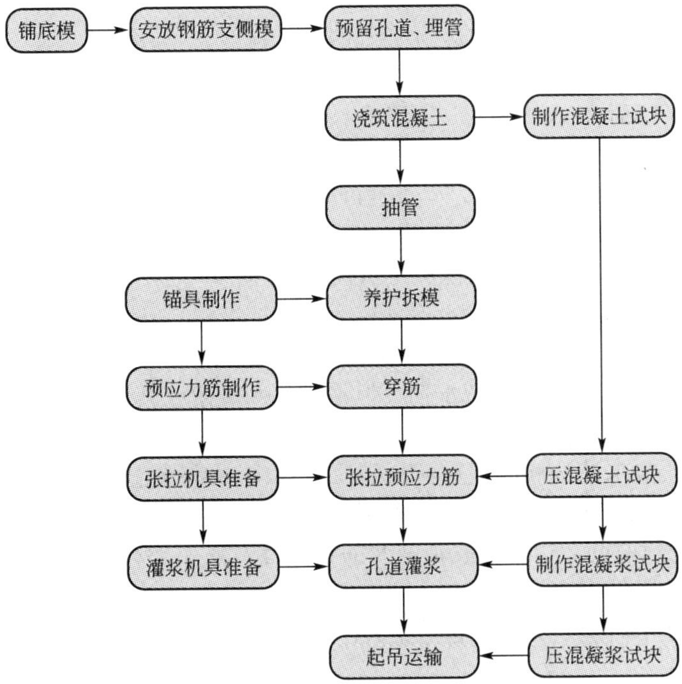

图 4.82　后张法生产工艺流程

(1) 胶管抽芯法。

胶管有布胶管和钢丝网胶管两种。用间距不大于 0.5m 的钢筋井字架固定位置，浇筑混凝土前，胶管内充入压力为 0.6～0.8N/mm^2 的压缩空气或压力水，此时胶管直径增大 3mm 左右，待浇筑的混凝土初凝后，放出压缩空气或压力水，管径缩小而与混凝土脱离，便于抽出。后者质硬、具有一定弹性，留孔方法与钢管一样，只是浇筑混凝土后不需转动，由于其有一定弹性，抽管时在拉力作用下端面缩小易于拔出。采用胶管抽芯留孔，不仅可留直线孔道，而且可留曲线孔道。

(2) 预埋管法。

预埋管法是采用黑铁皮管、薄钢管、镀锌钢管和金属螺旋管(波纹管)等预先埋设在构件中，混凝土浇筑后不再抽出。其中金属螺旋管是由镀锌薄钢带经压波后卷成，具有重量轻、刚度好、弯折方便、连接容易与混凝土粘结良好等优点，可做成各种形状的孔道，并可省去抽管工序，是目前预埋管法的首选管材。

塑料波纹管是近年来国外发展起来的一种新型制孔器。它采用的塑料是聚丙乙烯或高密度聚乙烯。管道外表面的螺旋筋与周围的混凝土具有较高的粘结力，从而能将预应力传到管外的混凝土上。塑料波纹管具有耐腐蚀性能好、孔道摩擦损失小、可提高后张预应力结构的抗疲劳性能等优点。

2) 预应力筋穿入孔道

预应力筋穿入孔道，简称为穿筋。根据穿筋与浇筑混凝土之间的先后关系，可分为先穿筋和后穿筋两种，先穿筋法即在浇筑混凝土之间穿筋，否则是后穿筋。

根据一次穿入数量，可分为整束穿和单根穿。钢丝束应整束穿；钢绞线宜采用整束穿，也可用单根穿。穿筋工作可由人工、卷扬机和穿筋机进行。

3）预应力筋张拉

（1）张拉时混凝土的强度应该达到75%的设计强度。

（2）张拉程序与先张法相同，即

0→105%σ_{con}(持荷2min)→σ_{con}→锚固或0→103%σ_{con}→锚固。

4）孔道灌浆

灌浆宜采用强度等级不低于42.5＃普通硅酸盐水泥或矿渣硅酸盐水泥配置的水泥浆。对空隙大的孔道，水泥浆中可掺适量的细砂，但水泥浆和水泥砂浆的强度不应低于20N/mm^2，且应有较大的流动性和较小的干缩性、泌水性(搅拌后3h的泌水率宜控制在2%以内，最大不超过3%)。水灰比一般为0.40～0.45。

为使孔道灌浆饱满，增加密实性，可在灰浆中掺入水泥用量的0.05%～0.1%的吕粉或0.20%的木质素磺酸钙或其他减水剂，但不得掺入氯盐或其他对预应力筋有腐蚀作用的外加剂。

灌浆前，用压力水冲洗和润湿空洞。灌浆过程中，可用电动或手动灰浆泵进行灌浆，水泥浆应均匀缓慢地注入，不得中断。灌满孔道并封闭气孔后，宜再继续加压至0.5～0.6MPa并稳定一段时间，以确保孔道灌浆的密实性。对不掺外加剂的水泥浆，可采用二次灌浆法来提高灌浆的密实性。

灌浆顺序应先下后上。曲线孔道灌浆宜由最低点注入水泥浆，至最高点排气孔排尽空气并溢出浓浆为止。

5）封锚

预应力筋锚固后，应马上进行封锚。锚具的封闭保护应符合设计要求，当设计无要求时，应采用不低于C30的细石混凝土，内配钢筋网片封锚，并应满足：外露预应力筋的保护层厚度不应小于20mm(处于正常环境)；处于易受腐蚀环境时，不应小于50mm；凸出式锚固端锚具的保护层厚度不应小于50mm。

无粘结预应力混凝土

无粘结预应力是近年发展的一项后张法新工艺，其做法是在预应力筋表面涂刷沥青或油脂后，外面套上塑料管或包上塑料布制成无粘结筋；在浇筑混凝土前将其按设计位置放入模板内，然后浇筑混凝土，待混凝土养护达到一定强度后，对无粘结筋进行张拉并锚固。该方法的特点是不需预留孔道和灌浆，施工工艺简单，预应力筋可按设计要求弯成曲线形状等。但也存在着预应力强度不能充分发挥，对锚具要求较高，无粘结筋制作成本较高等不足之处。

无粘结预应力束由预应力筋、防腐涂料和外包层以及锚具组成，如图4.83所示。

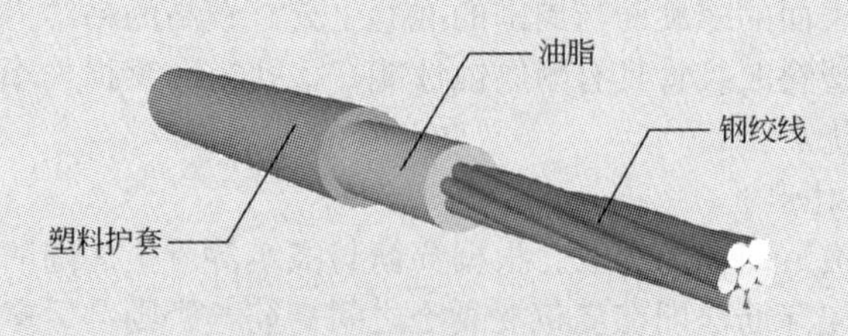

图4.83　无粘结预应力束构造

职 业 技 能

技能要点	掌握程度	应用方向
模板计算内容及方法、预应力钢筋混凝土的优点	了解	土建 施工员
大模板安装的具体要求、钢筋的进场验收及存放	熟悉	
混凝土搅拌、运输的有关规定、现场预应力钢筋混凝土的一般施工要点	熟悉	
模板工程的基本要求，熟悉现浇模板的类型、安装方法及质量要求	掌握	
钢筋焊接及绑扎的具体要求及其质量标准、钢筋冷加工的控制方法法及验收标准	掌握	
普通混凝土施工配合比的调整计算、混凝土浇筑、振捣、养护的有关规定	掌握	
施工缝留置的原则及具体要求	掌握	
预应力钢筋混凝土的施工工艺	掌握	
子分部的分类、分项工程、检验批的划分	了解	土建 质检员
检验批质量验收时实物检查的抽样方案和资料检查的内容	了解	
检验批、分项工程、混凝土结构子分部工程的质量验收程序和组织	了解	
混凝土结构施工现场质量管理要求	熟悉	
结构子分部、分项工程、检验批质量验收的内容	掌握	
检验批的合格质量要求	掌握	
混凝土工程的项目组成、模板工程的项目划分、表现形式及费用组成	了解	土建 预算员
钢筋含量参考表的性质及使用	了解	
钢筋成型加工及运费的有关规定、各类构件模板计算规则	熟悉	
现浇混凝土构件、现场预制混凝土构件制作安装、预制混凝土构件接头灌缝的相互关系	掌握	
混凝土不同强度等级的换算方法	掌握	
钢筋项目的设置和钢筋计算的有关规定	掌握	
钢筋机械连接及有粘结(无粘结)预应力钢丝表、钢绞线的计算及应用	掌握	

(续)

技能要点	掌握程度	应用方向
冷拉钢筋的冷加工硬化原理、时效、冷拉效果	了解	试验员
钢材的主要化学成分及对钢材性能的影响	熟悉	
混凝土的主要技术性质及其影响因素、混凝土配合比设计方法与设计步骤	熟悉	
混凝土原材料及质量要求	掌握	
热轧钢筋的级别划分、牌号表示方法、质量标准	掌握	

习　　题

一、选择题

1. 钢筋接头位置宜设在受力较小处，不宜设在构件的(　　)处。

A. 剪力最大　　B. 剪力最小　　C. 弯矩最大　　D. 弯矩最小

2. 钢筋的链接方法有多种，在钢筋焊接中，对于现浇钢筋混凝土框架结构中竖向钢筋的连接，最宜采用(　　)。

A. 电弧焊　　B. 闪光对焊　　C. 电渣压力焊　　D. 电阻电焊

3. 对普通混凝土机构，浇筑混凝土的自落倾落高度不得超过(　　)，否则应使用串筒、溜槽或溜管等工具。

A. 1.2m　　B. 1.5m　　C. 2.0m　　D. 2.5m

4. 地下室混凝土墙体一般只允许留设水平施工缝，其位置宜留在(　　)处。

A. 底板与侧墙交接处　　B. 高出底板表面水小于300mm墙体

C. 顶板与侧墙交接处　　D. 侧墙中部

5. 先张法使用的构件为(　　)。

A. 小型构件　　B. 中型构件　　C. 中、小型构件　　D. 大型构件

6. 无粘结预应力混凝土构件中，外荷载引起的预应力束的变化全部由(　　)承担。

A. 锚具　　B. 夹具　　C. 千斤顶　　D. 台座

二、简答题

1. 新浇筑混凝土对模板的侧压力是怎么分布的？如何确定侧压力的最大值？

2. 柱、梁、板的施工缝应如何留置，为什么？

3. 大体积混凝土结构浇筑会出现哪些裂缝，为什么？大体积混凝土的三种浇筑方案中，哪种方案的单位时间浇筑量最大？

4. 先张法和后张法的张拉程序有何不同，为什么？

5. 后张法施工时孔道留设方法有哪几种，各适用什么范围？

6. 试述钢筋代换的原则和方法。

三、案例分析

某工程现浇混凝土框架，采用商品混凝土，内部振动器捣密实，混凝土上午 8 时开始浇筑，下午 15 时浇筑结束。混凝土浇筑时在混凝土拌制中心随机取样制作试块，并送实验室标准养护。混凝土结构采用自然养护，第二天上午 8 时开始浇水并覆盖。第 8 天，根据实验室标准养护试块的强度检验结果，已经达到混凝土拆模强度要求，准备当天拆模。

【问题】此施工过程有错误吗？如果有，请指出来，并说明理由。

第5章 房屋结构安装工程

重点概览

- 起重机械与索具
- 单层混凝土结构工业厂房结构安装
- 多层装配式房屋结构安装
- 钢结构安装

房屋结构安装工程是将结构设计成许多单独的构件，分别在施工现场或工厂预制成型，然后在现场用起重机械将各种预制构件吊起并安装到设计位置的全部施工过程。

结构安装工程是装配结构工程施工的主导工种工程，其施工特点是受预制构件的类型和质量影响大、构件所处的应力状态变化多、高空作业多、起重机具的正确选用是完成吊装任务的主导因素。

学习要点

- 了解各种起重机械及索具设备的类型、主要构造和技术性能；
- 了解单层混凝土结构工业厂房结构安装的工艺过程；
- 掌握柱、吊车梁、屋架等主要构件的绑扎、吊升、就位，临时固定、校正、最后固定方法；
- 熟悉结构吊装方案；
- 了解装配式框架和大板建筑结构的安装方法；
- 了解升板法施工原理及工艺过程，熟悉升板法施工对柱子的稳定性验算方法。

主要国家标准

- 《工业安装工程施工质量验收统一标准》 GB 50252—2010
- 《装配式大板居住建筑结构设计与施工规程》 JGJ 1—91
- 《建筑机械使用安全技术规程》 JGJ 33—2012
- 《钢结构工程施工质量验收规范》 GB 50205—2001
- 《高层民用建筑钢结构技术规程》 JGJ 99—1998
- 《空间网格结构技术规程》 JGJ 7—2010
- 《门式刚架轻型房屋钢结构技术规程》 CECS 102：2002

案例导航

塔式起重机，被安全忽视的角落

随着我国城市建设的发展和高层建筑物的增加，建筑业的主要设备——塔式起重机的使用也日益广泛。与此同时，令人担忧的是，建筑工地塔式起重机多次闯下大祸，导致人员财产的重大损失。建筑工地的生产安全正在成为人们关注的热点。图5.1是塔式起重机施工事故现场。

(a) 2010.7.3陕西商洛市塔吊倒塌

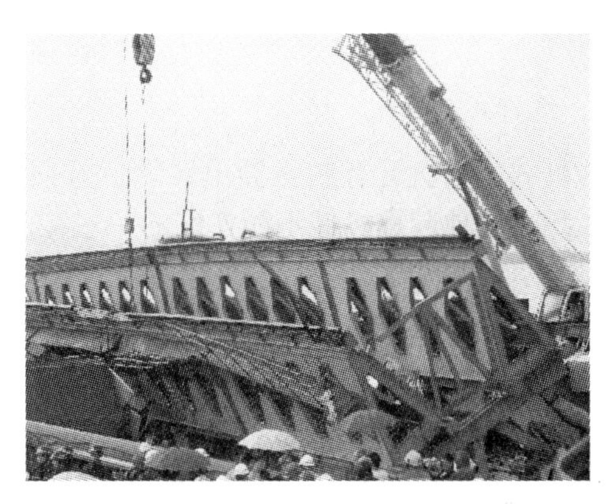

(b) 2010.9.15浙江台州市在建桥梁塔吊下坠

图5.1 塔式起重机施工事故

表5-1是近5年建筑工地塔式起重机特大事故的数据。近年来塔式起重机施工事故频发的常见原因主要是塔式起重机资质管理不到位、塔式起重机违规安装或拆卸、超载超限或误操作、塔式起重机基础无设计方案施工、塔式起重机碰撞事故等。

表5-1 2006—2010年全国重大塔式起重机事故统计

年份	2006	2007	2008	2009	2010
事故数量	4	7	8	6	10
死亡人数	14	30	35	24	40

总体看来，塔式起重机事故频繁发生的原因中，人为因素占据了相当大的比例。因此，需要生产单位严把材料关、质量关，最重要的还是要与安全防范意识，在塔式起重机的安装、施工、拆卸过程中应重视安全工作，将隐患消除在萌芽之中。建筑安全监督管理部门、施工企业设备安全管理部门可以采用一些新的科技手段，对塔式起重机使用生命周期的全过程实施智能化监控，从而达到安全生产之根本目标。

【问题讨论】

1. 塔式起重机是进行大型建筑施工必用的起重机械，对其安装、使用、拆卸要遵循哪些严格的操作规程?

2. 近年来，国内重大塔式起重机事故频频发生，其主要原因是塔式起重机司机违章超载、盲目驾驶以及群塔交叉作业时，由于疏忽大意发生碰撞而引发的事故吗?

5.1 起重机械与索具

5.1.1 起重机械

结构安装工程中常用的起重机械有桅杆式起重机、自行杆式起重机和塔式起重机三大类。

1. 桅杆式起重机

桅杆式起重机具有制作简单，装拆方便，起重量较大，可达 100t 以上，受地形限制小，能用于其他起重机械不能安装的一些特殊结构设备；但其服务半径小，移动困难，需要拉设较多的缆风绳。

桅杆式起重机按其构造不同，可分为独脚拔杆、人字拔杆、悬臂拔杆和牵缆式拔杆起重机等。

1）独脚拔杆

由拔杆、起重滑轮组、卷扬机、缆风绳和锚碇等组成的独脚拔杆，如图 5.2 所示。使用时，拔杆应保持不大于 10°的倾角，以便吊装的构件不致碰撞拔杆，底部要设置以便移动的拖板。缆风绳数量一般为 6～12 根，与地面夹角为 30°～45°，角度过大则对拔杆产生较大的压力。拔杆有木制式、钢管式和格构式等几种。

拔杆起重能力，应按实际情况加以验算，木独脚拔杆常用圆木制作，圆木梢径20~32cm，起重高度为15m以内，起重量10t以下；钢管独脚拔杆，一般起重高度在30m以内，起重量可达30t；格构式独脚拔杆起重高度达70~80m，起重量达100t以上。

图 5.2 独脚拔杆

2）人字拔杆

人字拔杆由两根圆木或钢管或格构式截面的独脚拔杆在顶部相交成 20°～30°夹角，以钢丝绳绑扎或铁件铰接而成，如图 5.3 所示。下悬起重滑轮组，底部设有拉杆或拉绳，以平衡拔杆本身的水平推力。拔杆下端两脚距离约为高度的 1/2～1/3。

3）悬臂拔杆

在独脚拔杆的中部 2/3 高度处装上一根起重臂，即成悬拔杆，如图 5.4 所示。为了使起重臂铰接处的拔杆部分得到加强，可用撑杆和拉条(或钢丝绳)进行加固。

优点是侧向稳定性好，缆风绳较少(一般不少于5根)。

缺点是构件起吊后活动范围小，一般仅用于安装重型构件或作为辅助设备以吊装厂房屋盖体系上的轻型构件。

图 5.3　人字拔杆

有较大的起重高度和相应的起重半径；悬臂起重杆左右摆动角度(120°~170°)，使用方便。但因起重量较小，故多用于轻型构件的吊装。

起重杆可以回转和起伏，可以固定在某一部位，亦可根据需要沿杆升降。

图 5.4　悬臂拔杆

4）牵缆式拔杆起重机

牵缆式拔杆起重机是在独脚拔杆的下端装上一根可以回转和起伏的起重臂而组成，如图 5.5 所示。

整个机身可作360°回转，具有较大的起重半径和起重量，并有较好的灵活性。该起重机的起重量一般为15~60t，起重高度可达80m多用于构件多、重量大且集中的结构安装工程。其缺点是缆风绳用量较多。

图 5.5　牵缆式拔杆起重机

2. 自行式起重机

1）履带式起重机

履带式起重机由行走机构、回转机构、机身及起重臂等部分组成，如图 5.6 所示。

行走机构为两条链式履带，回转机构为装在底盘上的转盘，使机身可回转360°。起重臂下端铰接地机身上，随机身回转，顶端设有两套滑轮组（起重及变幅滑轮组），钢丝绳通过起重臂顶端滑轮组连接到机身内的卷扬机上，起重臂可分节制作并接长。

履带式起重机操作灵活，使用方便，有较大的起重能力，在平坦坚实的道路上还可负载行走，更换工作装置后可成为挖土机或打桩机，是一种多功能机械。但履带式起重机行走速度慢，对路面破坏性大，在进行长距离转移时，应用平板拖车或铁路平板车运输。

图 5.6　履带式起重机

在结构安装工程中，常用的履带式起重机有 W1－50 型、W1－100 型、W1－200 型和西北 78D(D80)型等几种。履带式起重机的技术性能见表 5－2。

表 5－2　带式起重机的技术性能

型号	最大起重量	机身特征	适用范围
W1－50 型	10t	可接长到 18m，机身小，自重轻，运转灵活	较狭窄的场地工作适用于安装跨度 18m 以内，高度 10m 左右的小型车间或做一些辅助工作，如装卸构件等
W1－100 型	15t	机身较大，行驶速度较慢，但它有较大的起重量和可接长的起重臂	安装 15～24m 跨度的厂房
W1－200 型	50t	起重臂可接长至 40m	大型厂房的结构安装工程
西北 78D(80D)型	20t	起重臂接长后可达 37m	大型结构的安装

起重机起重量、起重半径和起重高度的大小，取决于起重臂长度及其仰角大小。即当起重臂长度一定时，随着仰角的增加，起重量和起重高度增加，而起重半径减小。当起重臂仰角不变时，随着起重臂长度增加，则起重半径和起重高度增加，而起重量减小。

通常履带式起重机主要技术性能包括起重量 Q、起重半径 R、起重高度 H 3 个主要参数。起重量不包括吊钩、滑轮组的重量，起重半径 R 指起重机回转中心至吊钩的水平距离，起重高度 H 是指起重吊钩中心至停机面的垂直距离。

为了保证履带式起重机安全工作，在使用上要注意的要求是，在安装时需保证起重吊钩中心与臂架顶部定滑轮之间有一定的最小安全距离，一般为 2.5～3.5m。起重机工作时的地面允许最大坡度不应超地 3°，臂杆的最大仰角一般不得超过 78°。起重机不宜同时进行起重和旋转操作，也不宜边起重边改变臂架的幅度。起重机如必须负载行驶，荷载不得超过允许起重量的 70%，且道路应坚实平整，施工场地应满足履带对地面的压强要求，当空车停置时为 80～100kPa，空车行驶时为 100～190kPa，起重时为 170～300kPa。若起重机在松软土壤上面工作，宜采用枕木或钢板焊成的路基箱垫好道路，以加快施工速度。起重机负载行驶时重物应在行走的正前方向，离地面不得超过 50cm，并拴好拉绳。

2）汽车式起重机

汽车式起重机如图 5.7 所示。我国生产的汽车式起重机有 Q2 系列、QY 系列等。例如 QY－32 型汽车式起重机，臂长 32m，最大起重量 32t，起重臂分 4 节，外面一节固定，里面 3 节可以伸缩，可用于一般工业厂房的结构安装。目前，国产汽车式起重机最大起重量已达 65t。引进的大型汽车式起重机有日本的 NK 系列，如 NK－800 型起重机起重量可达 80t，而德国的 GMT 型汽车起重机最大起重量达 120t，最大起重高度可达 75.6m，均能满足重型构件的安装。

常用于构件运输、装卸和结构吊装，具有转移迅速、对路面损伤小的优点，但吊装时需使用支腿，不能负载行驶，也不适于在松软或泥泞的场地上工作。

图 5.7　汽车式起重机

3）轮胎式起重机

轮胎式起重机，如图 5.8 所示。轮胎式起重机的特点与汽车式起重机相同。我国常用的轮胎式起重机有 QL3 系列及 QYL 系列等，均可用于一般工业厂房结构安装。

在构造上与履带式起重机基本相似，但其行走装置采用轮胎。起重机构及机身装在特制的底盘上，能全回转。随着起重量的大小不同，底盘上装有若干根轮轴，配有4~10个或更多个轮胎，并有可伸缩的支腿；起重时，利用支腿增加机身稳定，并保护轮胎。必要时，支腿下可加垫块，以扩大支承面。

图 5.8　轮胎式起重机

3. 塔式起重机

塔式起重机的塔身直立，起重臂安在塔身顶部可作 360°回转。它具有较高的起重高度、工作幅度和起重能力，工作速度快、生产效率高，机械运转安全可靠，操作和装拆方便等优点，在多层、高层房屋结构安装中应用最广。

塔式起重机按行走机构、变幅方式、回转机构位置及爬升方式的不同而分成若干类型。

1）轨道式塔式起重机

轨道式塔式起重机常用的型号有 QT1－2、QT1－6（图 5.9）、QT60/80、QT20 型等。

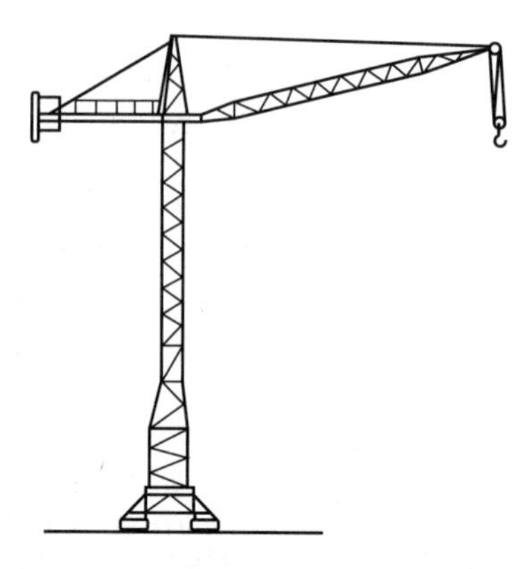

能负荷行走，能同时完成水平运输和垂直运输，且能在直线和曲线轨道上运行、使用安全，生产效率高，起重高度可按需要增减塔身、互换节架、但因需要铺设轨道，装折及转移耗费工时多，台班费较高。

图 5.9　QT1－6 型轨道式塔式起重机

2）爬升式塔式起重机

爬升式塔式起重机是安装在建筑物内部电梯井或特设开间的结构上，它是借助爬升机构随建筑物的升高而向上爬升的起重机械，如图 5.10 所示。爬升式塔式起重机由底座、套架、塔身、塔顶、起重臂和平衡臂等组成。

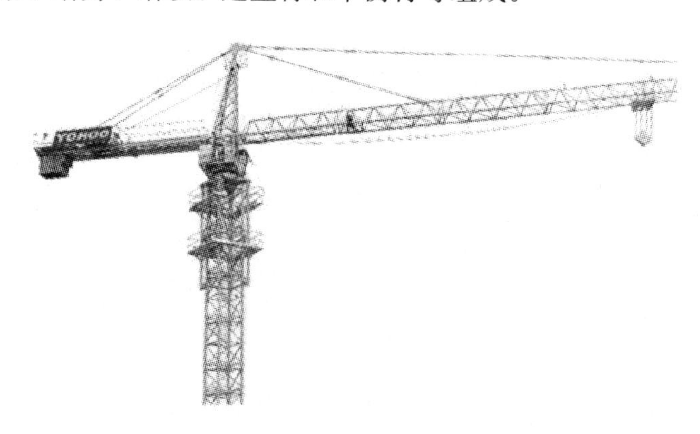

一般每隔1~2层楼便爬升一次。其特点是塔身高，不需轨道和附着装置，不占施工场地，但全部荷载均由建筑物承受，折卸时需在屋面架设辅助起重设备。

图 5.10　爬升式塔式起重机

主要型号有 QT5－4/40 型、QT5－4/60 型和 QT3－4 型，其性能见表 5－3。塔式起重机的爬升过程如图 5.11 所示。

表 5－3　爬升式塔式起重机起重性能

型　　号	起重量/t	幅度/m	起重高度/m	一次爬升高度/m
QT5－40	4	2～11	110	8.6
	4～2	11～20		
QT3－4	4	2.2～15	80	8.87
	3	15～20		

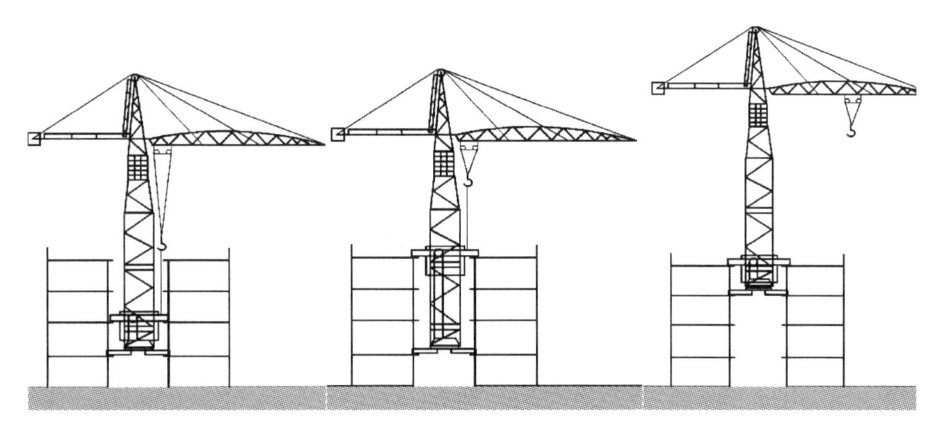

用起重钩将套架提升到一个塔位处予以固定。

松开塔身底座梁与建筑物骨架的连接螺栓，收回支腿，将塔身提至需要位置。

旋出支腿，扭紧连接螺栓，即可再次进行安装作业。

图 5.11 爬升过程示意

3）附着式塔式起重机

附着式塔式起重机是紧靠拟建的建筑物布置，塔身可借助顶升系统自行向上接高。随着建筑物和塔身的升高，每隔 20m 左右采用附着支架装置，将塔身固定在建筑物上，以保持稳定。如图 5.12 所示为 QT4－10 型起重机，其顶升过程如图 5.13 所示。

可附着、可固定、可行走、可爬升。其起重量为5~10t，起重半径3~35m(小车变幅)，起重高度160m，最大起重力矩1600kN·m，每次接高2.5m。

自升系统包括顶升套架、长行程液压千斤顶、承座、顶升横梁及定位销等。液压千斤顶的缸体安装在塔顶部的承座上。

图 5.12 QT4－10 型塔式起重机

近年来，国内外新型塔式起重机不断涌现。国内研制的有 QT60、QT80、QT100 和 QT250 等塔式起重机。QT250 型起重臂长 60m，最大起重量达 16t，附着时最大起重高度 160m，均适用于超高层建筑施工。国外发展的重点已是轻型快速安装塔式起重机，如 311A/A 体系、TK2008 等，其起重量为 0.55～1.4t，起升速度可达 40m/min。

5.1.2 索具

结构安装工程施工中除了起重机外，还需使用卷扬机、钢丝绳、滑轮组、横吊梁等许多辅助工具及设备。

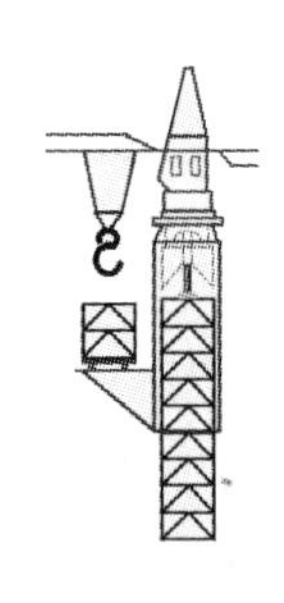

(a) 准备状态

将标准节吊到摆渡小车上，并将过渡节与塔身标准节相连的螺栓松开，准备顶升。

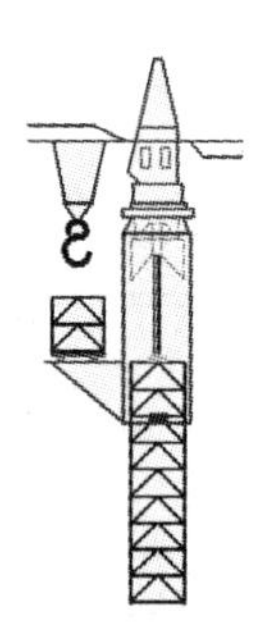

(b) 顶升塔顶

开动液压千斤顶，将塔式起重机上部结构包括顶升套架向上升到超过一个标准节的高度，然后用定位销将套架固定，这时，塔式起重机的重量便通过定位销传给塔身。

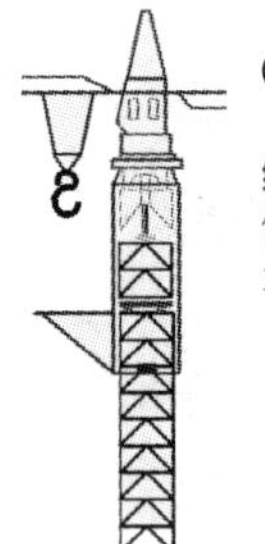

(c) 推入标准节

将液压千斤顶回缩，形成引进空间，此时便将装有标准节的摆渡车推入。

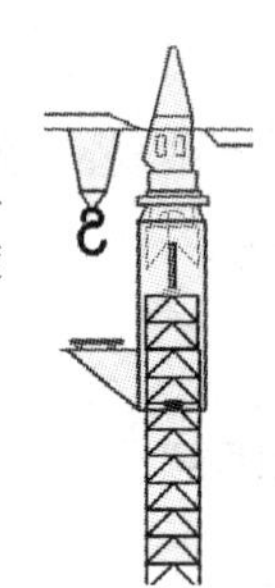

(d) 安装标准节

用千斤顶顶起接高的标准节，退出摆渡小车，将待接的标准节平稳地落到下面的塔身上，用螺栓拧紧。

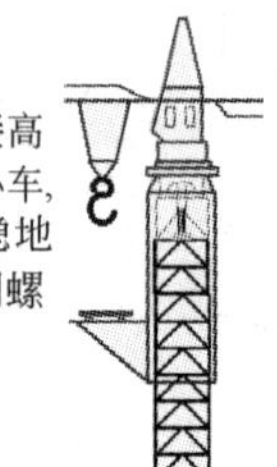

(e) 塔顶与塔身联成整体

拔出定位销，下降过渡节，使之与已接高的塔身完成整体。

图 5.13　附着式塔式起重机的自升过程

1. 卷扬机

在建筑施工中常用的卷扬机分快速、慢速两种。快速卷扬机又分为单筒和双筒两种，其设备能力为 4.0～50kN，主要用于结构吊装、钢筋冷拉和预应力钢筋张拉等作业。

卷扬机在使用时，必须用地锚予以固定，以防滑移和倾覆；电气线路要勤加检查，电磁抱闸要有效，全机接地无漏电现象；传动机要啮合正确，加油润滑，无噪音；钢丝绳应与卷筒卡牢，放松钢丝绳时，卷筒上至少应保留 4 圈。

2. 滑轮组

滑轮组是由一定数量的定滑轮和动滑轮以及穿绕的钢丝绳所组成，具有省力或改变力的方向的功能，它是起重机械的重要组成部分。滑轮组共同负担重物钢丝绳的根数。滑轮组的名称是以组成滑轮组的定滑轮与动滑轮的数目来表示，如由 4 个定滑轮和 4 个动滑轮组成的滑轮组称四四滑轮组。

3. 钢丝绳

结构吊装中常用的钢丝绳是先由若干根钢丝捻成股，再由若干股围绕绳芯捻成的绳，其规格有 6×19 和 6×37 两种(6 股，每股分别由 19、37 根钢丝捻成)。前者钢丝粗，较硬，不易弯曲，多用作缆风绳；后者钢丝细，较柔软，多用作起重吊索。

4. 横吊梁

横吊梁又称为铁扁担，在吊装中可减小起吊高度，以满足吊索水平夹角的要求，使构件保持垂直、平衡，以便于安装。横吊梁的形式有滑轮横吊梁、钢管横吊梁、钢板横吊梁，如图 5.14 所示。

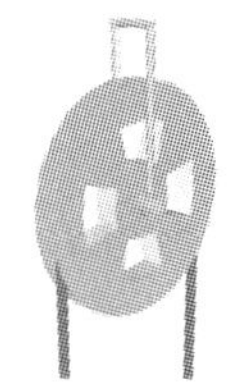

(a) 滑轮横吊梁

一般用于吊小于8t重的柱。

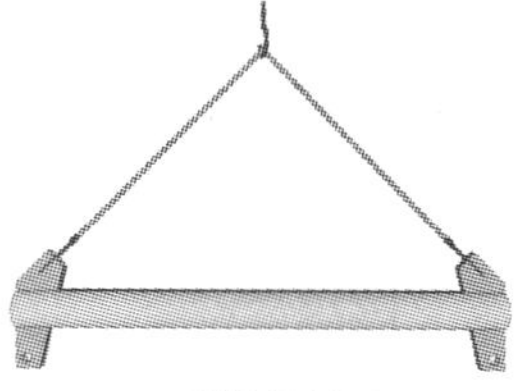

(b) 钢管横吊梁

梁长6~12m, 一般用于起吊屋架。

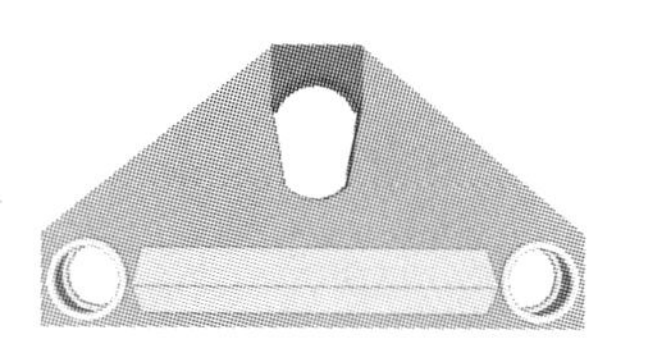

(c) 钢板横吊梁

用于起吊10t以下的柱构件。

图 5.14 横吊梁

5.2 单层混凝土结构工业厂房结构安装

5.2.1 吊装前准备

吊装前准备主要包括技术准备和机具设备准备。其中，技术准备主要是施工组织设计编制和现场技术的准备。现场技术的准备工作包括清理场地和修筑吊机行走道路，对被吊构件进行必要的检查(混凝土强度不低于设计强度的 75%、预应力混凝土构件孔道灌浆强度不低于 $15N/mm^2$)，对构件安装位置进行必要的弹线、编号，基础杯口顶面弹线和杯底找平、构件运输和就位、构件临时加固，对吊点、吊具与索具进行承载力复核和安全性检查等。

5.2.2 构件吊装工艺

装配式钢筋混凝土单层工业厂房的构件有柱、基础梁、吊车梁、连系梁、托架、屋架、天窗架、屋面板、墙板及支撑等。构件的吊装工艺有绑扎、吊升、对位、临时固定、校正、最后固定等工序。在构件吊装之前，必须切实做好各项准备工作，包括场地清理，道路的修筑，基础的准备，构件的运输、就位、堆放、拼装加固，检查清理，弹线编号以及吊装机具的装备等。

1. 柱的吊装

1) 基础的准备

柱基施工时，杯底标高一般比设计标高低，柱在吊装前需对基础杯底标高进行一次调整(或称为找平)。调整方法是测出杯底原有标高(小截面柱测中间一点，大截面柱测四个角点)，再量出柱脚底面至牛腿面的实际长度，计算出杯底标高调整值，并在杯口内标出，然后用 1：2 水泥砂浆或细石混凝土将杯底找平至标志处。

此外，还应在基础杯口面上弹出建筑的纵、横定位轴线和柱的由安装准线，作为柱对位、校正的依据，柱也应在柱身的 3 个面上弹出吊装准线，如图 5.15 所示。

2) 柱的绑扎

柱的绑扎方法、绑扎位置和绑扎点数，应根据柱的形状、长度、截面、配筋、起吊方法和起重机性能等因素确定。因柱起吊时吊离地面的瞬间由自重产生的弯矩最大，故其最

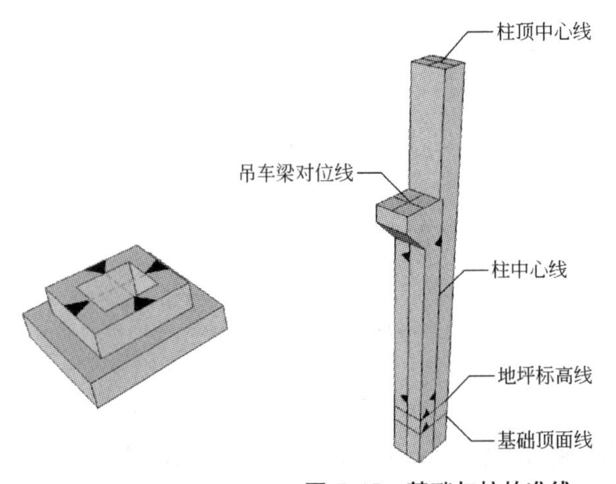

图 5.15　基础与柱的准线

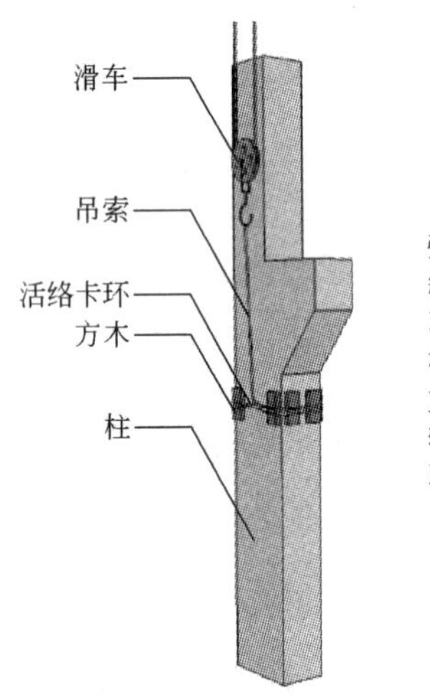

图 5.16　柱的斜吊绑扎法

合理的绑扎点位置应按柱产生的正负弯矩绝对值相等的原则来确定。

一般中小型柱(自重 13t 以下)大多数绑扎一点;重型柱或配筋少而细长的柱(如抗风柱),为防止起吊过程中柱的断裂,常需绑扎两点甚至 3 点。对于有牛腿的柱,其绑扎点应选在牛腿以下 200mm 处;工字形断面和双肢柱,应选在矩形断面处,否则应在绑扎位置用方木加固翼缘,防止翼缘在起吊时损坏。

根据柱起吊后柱身是否垂直,分为斜吊法和直吊法,相应的绑扎方法有斜吊绑扎法(图 5.16)、直吊绑扎法(图 5.17)和两点绑扎法(图 5.18)。

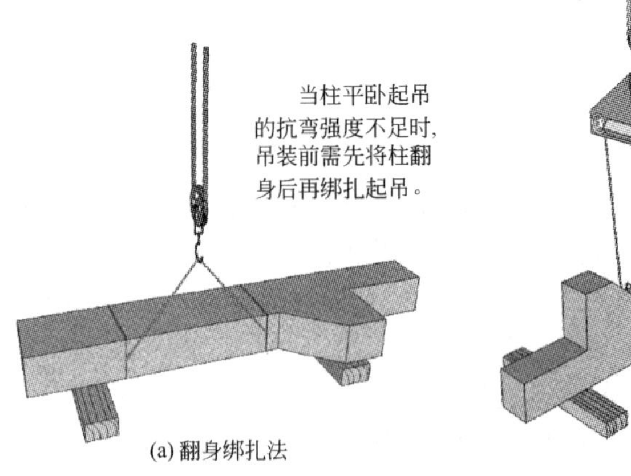

当柱平卧起吊的抗弯强度不足时,吊装前需先将柱翻身后再绑扎起吊。

(a) 翻身绑扎法

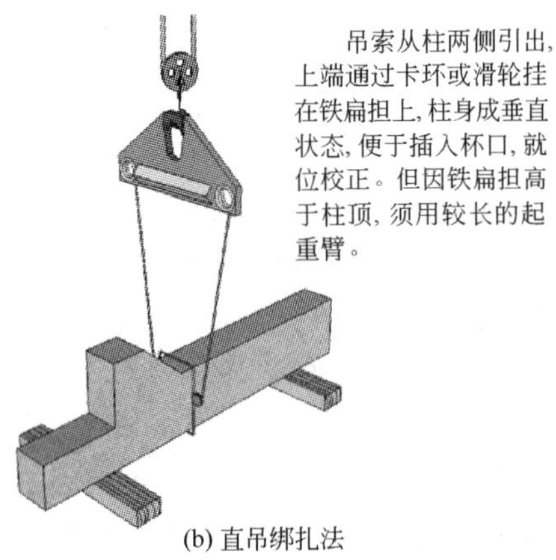

吊索从柱两侧引出,上端通过卡环或滑轮挂在铁扁担上,柱身成垂直状态,便于插入杯口,就位校正。但因铁扁担高于柱顶,须用较长的起重臂。

(b) 直吊绑扎法

图 5.17　柱的翻身绑扎法及直吊绑扎法

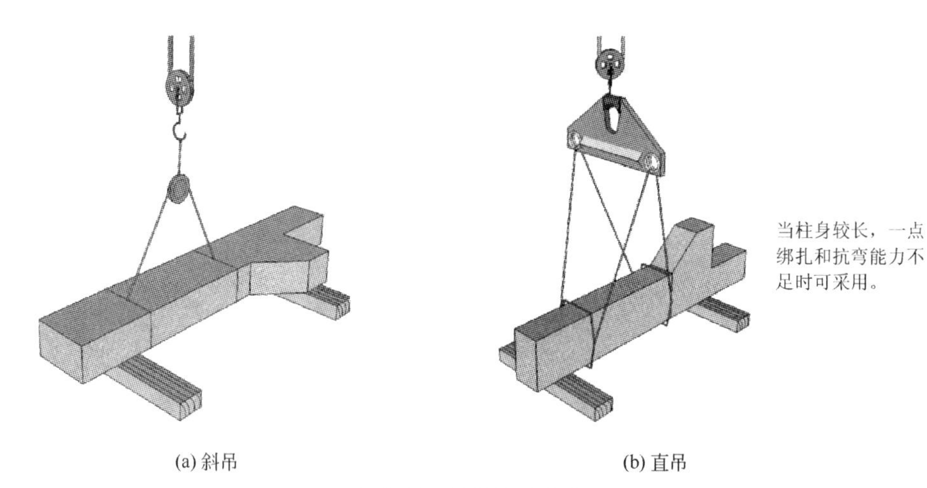

当柱身较长，一点
绑扎和抗弯能力不
足时可采用。

(a) 斜吊　　(b) 直吊

图 5.18　柱的两点绑扎法

3）柱的吊升方法

根据柱在吊升过程中的特点，柱的吊升可分为旋转法和滑行法两种。对于重型柱还可采用双机抬吊的方法。

（1）旋转法，如图 5.19 所示。

必须指出，采用旋转法吊柱，若受施工现场的限制，柱的布置不能做到 3 点共弧时，则可采用绑扎点与基础中心或柱脚与基础中心两点共弧布置，但在吊升过程中需改变回转半径和起重机仰角，工效低，且安全度较差。

（2）滑行法，如图 5.20 所示。

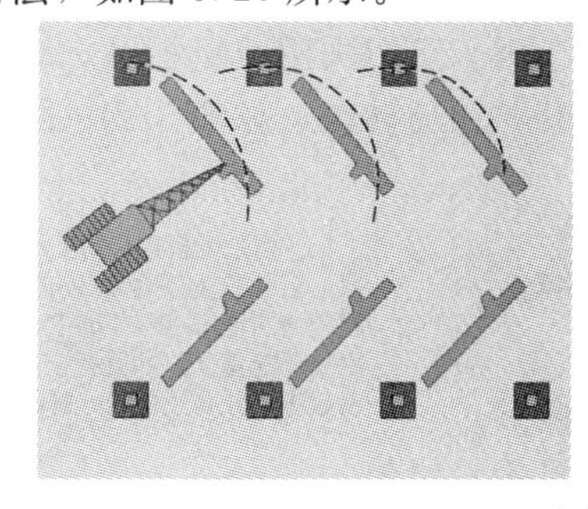

柱脚宜近基础，柱的绑扎点、柱脚与基础中心3者宜位于起重机的同一起重半径的圆弧上。在起吊时，起重机的起重臂边升钩、边回转，使柱绕柱脚旋转而成直立状态，然后将柱吊离地面插入杯口。

(a) 平面布置

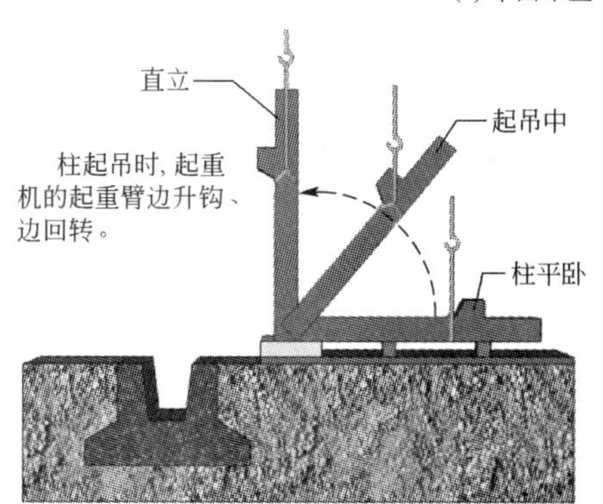

要求起重机应具有一定回转半径和机动性，故一般适用于自行杆式重机吊装。其具有柱在吊装过程中振动小、生产率较高的优点。

(b) 旋转过程

图 5.19　旋转法

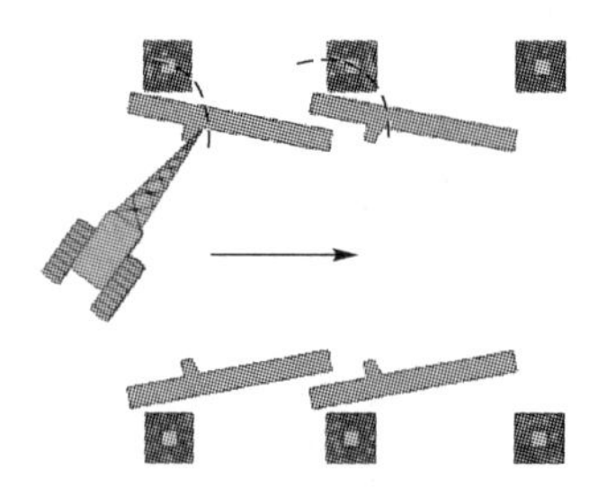

滑行法的特点是柱的布置较灵活；起重半径小，起重杆不转动，操作简单；可以起吊较重、较长的柱；适用于现场狭窄或采用桅杆式起重机吊装。但是柱在滑行过程中阻力较大，易受振动产生冲击力，致使构件、起重机引起附加内力；而且当柱子刚吊离地面时会产生较大的“串动”现象。

(a) 平面布置

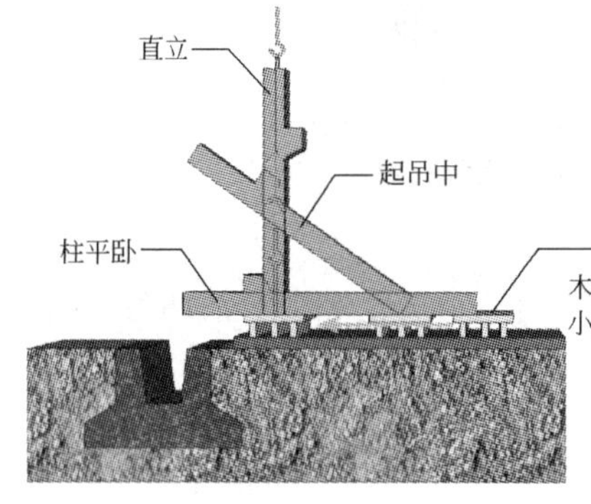

柱吊升时，起重机中升钩，起重臂不转动，使柱脚沿地面滑升逐渐直立，然后吊离地面插入杯口。采用此法吊柱时，柱的绑扎点布置在杯口附近，并与杯口中心位于起重机同一起重半径的圆弧上。

宜在柱的下端垫一枕木或滚筒，拉一溜绳，以减小阻力和避免“串动”。

(b) 旋转过程

图 5.20　滑行法

（3）双机抬吊。

当柱的重量较大，使用一台起重机无法吊装时，可以采用双机抬吊。双机抬吊仍可采用旋转法(两点抬吊)和滑行法(一点抬吊)。双机抬吊旋转法，如图 5.21 所示。

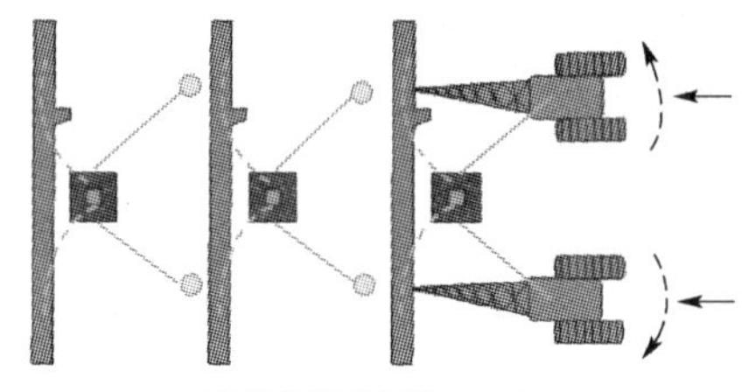

一台起重机抬柱的上吊点，另一台抬柱的下吊点，柱的布置应使两个吊点与基础中心分别处于起重半径的圆弧上，两台起重机并列于柱的一侧。

(a) 柱的平面布置

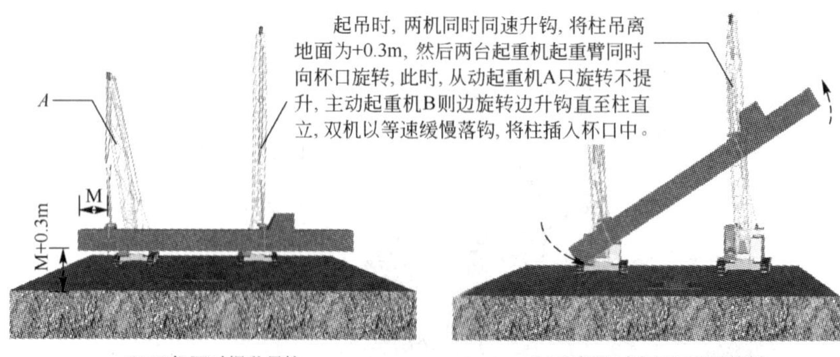

起吊时，两机同时同速升钩，将柱吊离地面为+0.3m，然后两台起重机起重臂同时向杯口旋转，此时，从动起重机A只旋转不提升，主动起重机B则边旋转边升钩直至柱直立，双机以等速缓慢落钩，将柱插入杯口中。
A
M
M+0.3m

(b) 双机同时提升吊钩　　(c) 双机同时向杯口基础旋转

图 5.21　双机抬吊旋转法

双机抬吊滑行法其柱的平面布置与单机起吊滑行法基本相同。两台起重机停放位置相对而放，其吊钩均应位于基础上方，如图 5.22 所示。

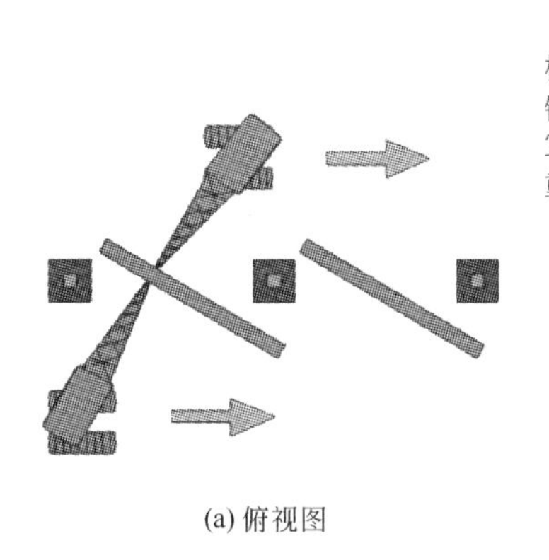

(a) 俯视图

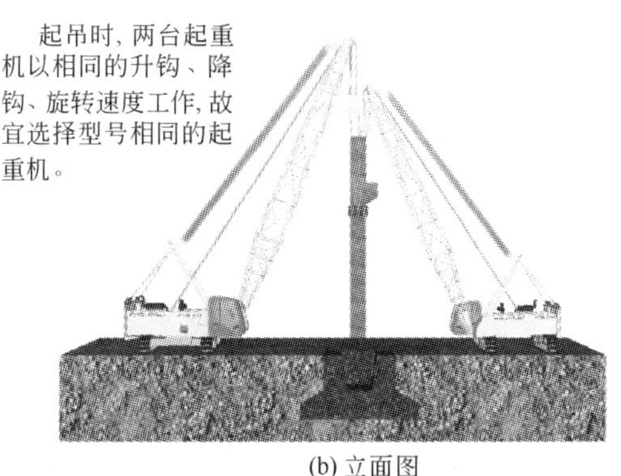

起吊时，两台起重机以相同的升钩、降钩、旋转速度工作，故宜选择型号相同的起重机。

(b) 立面图

图 5.22 双机抬吊滑行法

4）柱的对位与临时固定

用直吊法时，柱脚插入杯口后，应悬离杯底 30～50mm 处进行对位。若用斜吊法时，则需将柱脚基本送到杯底，然后在吊索一侧的杯口中插入两个楔块，再通过起重机回转使其对位，具体如图 5.23 所示。

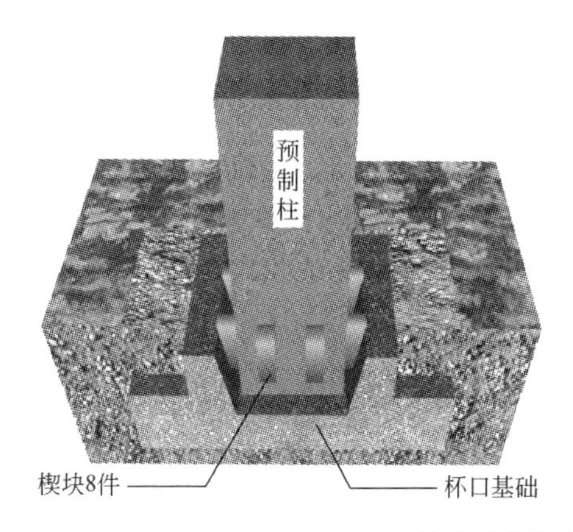

预制柱
楔块8件
杯口基础
对位时，应先从柱子四周向杯口放入8只楔块，并用撬棍拨动柱脚，使柱的吊装准线对准杯口上的吊装准线，并使柱基本保持垂直。
柱子对位后，应先将楔块略为打紧，待松钩后观察柱子沉至杯底后的对中情况，若已符合要求即可将楔块略为打紧，使之临时固定。

图 5.23 柱的对位与临时固定

当柱基杯口深底与柱长之比小于 1/20，或具有较大牛腿的重型柱，还应增设带花兰螺丝的缆风绳或加斜撑措施来加强柱临时固定的稳定性。

5）柱的校正与最后固定

柱校正包括平面位置、垂直度和标高。标高的校正应在与柱基杯底找平时同时进行；平面位置校正，要在对位时进行；垂直度的校正，则应在柱临时固定后进行。

垂直度的校正直接影响吊车梁、屋架等吊装的准确性，因此一般要求垂直偏差的允许值为，柱高不大于 5m 时为 5mm；大于 5m 时为 10mm；当柱高为 10m 及大于 10m 的多节柱时为 1/1000 柱高，但不得大于 20mm。

柱垂直度的校正方法有敲打楔块法，千斤顶校正法，钢管撑杆斜顶法及缆风校正法等，如图 5.24 所示。

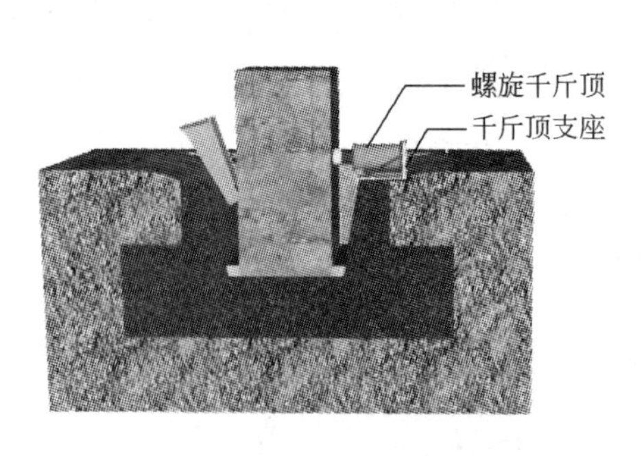

(a) 螺旋千斤顶校正

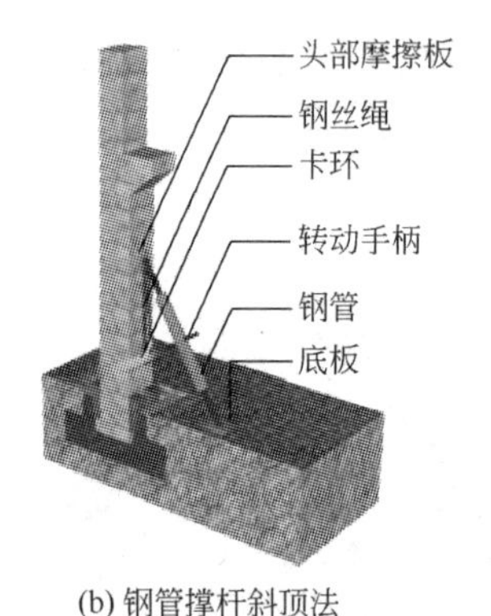

(b) 钢管撑杆斜顶法

图 5.24 柱的校正

对于偏斜值较小或中小型柱时，可用打紧或稍放松楔块进行校正。若偏斜值较大或重型柱，则用撑杆、千斤顶或缆风等校正。

柱校正后，应将楔块以每两个一组对称、均匀、分次地打紧，并立即进行最后固定。其方法是，在柱脚与杯口的空隙中浇筑比柱混凝土标号高一级的细石混凝土。混凝土的浇筑应分两次进行，第一次浇至楔块底面，待混凝土强度达到25%时，即可拔去楔块，再将混凝土浇满杯口，进行养护，待第二次浇筑混凝土强度达到75%后，方能安装上部构件。

2. 吊车梁的吊装

(1) 吊车梁吊装时应两点绑扎，对称起吊，吊钩应对准吊车梁重心，使其起吊后基本保持水平。

(2) 对位时不宜用撬棍顺纵轴线方向撬动吊车梁，吊装后需校正标高、平面位置和垂直度。

吊车梁的标高主要取决于柱牛腿的标高，只要牛腿标高准确，其误差就不大，如存在误差，可待安装轨道时加以调整。

平面位置的校正，主要是检查吊车梁纵轴线以及两列吊车梁之间的跨度 L_K 是否符合要求。规范规定轴线偏差不得大于5mm；在屋盖吊装前校正时，L_K 不得有正偏差，以防屋盖吊装后柱顶向外偏移，使 L_K 的偏差过大。

吊车梁平面位置的校正，常用通线法及平移轴线法。通线法是根据柱轴线用经纬仪和钢尺准确地校正好一跨内两端的四根吊车梁的纵轴线和轨距，再依据校正好的端部吊车梁沿其轴线拉上钢丝通线，逐根拨正。平移轴线法是根据柱和吊车梁的定位轴线间的距离(一般为750mm)，逐根拨正吊车梁的安装中心线。

(3) 吊车梁的检查校正，可在屋盖吊装前校正，亦可在屋盖吊装后校正，较重的吊车梁，宜在屋盖吊装前校正。吊车梁校正后，应随即焊接牢固，并在接头处浇筑细石混凝土最后固定。

3. 屋架的吊装

1) 屋架的扶直与就位

钢筋混凝土屋架一般在施工现场平卧浇筑，吊装前应将屋架扶直就位。因屋架的侧向刚度差，扶直时由于自重影响，改变了杆件受力性质，容易造成屋架损伤。因此，应事先进行吊装验算，以便采取有效措施来保证施工安全。按照起重机与屋架相对位置不同，屋架扶直可分为正向扶直与反向扶直，如图 5.25 所示。

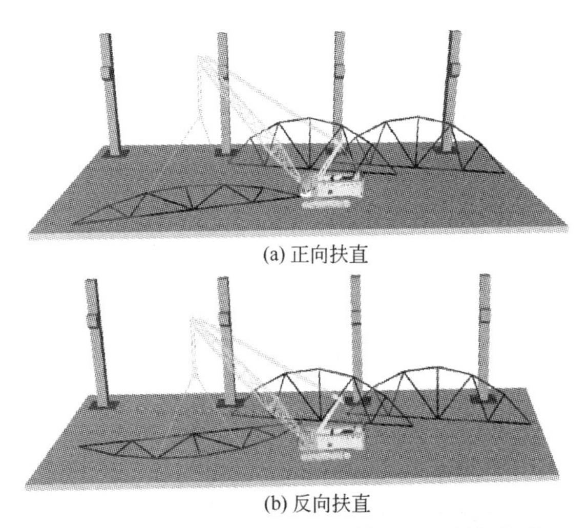

(a) 正向扶直

起重机位于屋架下弦一边，首先以吊钩对准屋架上弦中心，收紧吊钩，然后略略起臂使屋架脱模，随即起重机升钩升臂使屋架以下弦为轴缓缓转为直立状态。

(b) 反向扶直

起重机位于屋架上弦一边，首先以吊钩对准屋架上弦中心，接着升钩并降臂，使屋架以下弦为轴缓缓转为直立状态。

图 5.25　屋架扶直

正向扶直与反向扶直的最大区别在于扶直过程中，一为升臂，一为降臂。升臂比降臂易于操作且较安全，故应考虑到屋架安装顺序、两端朝向等问题。一般靠柱边斜放或以3～5榀为一组平行柱边纵向就位。屋架就位后，应用8号铁丝、支撑等与已安装的柱或已就位的屋架相互拉牢，以保持稳定。

2）屋架的绑扎

屋架的绑扎点应选在上弦节点处，左右对称，并高于屋架重心，使屋架起吊后基本保持水平，不晃动、倾翻。吊索与水平线的夹角不宜小于45°，以免屋架承受过大的横向压力；必要时，为减少绑扎高度和所受的横向压力，可采用横吊梁。吊点的数目及位置与屋架的形式和跨度有关，一般应经吊装验算确定。在屋架两端应加溜索，以控制屋架的转动。图5.26示意的是屋架尺寸不同时对屋架的绑扎措施。

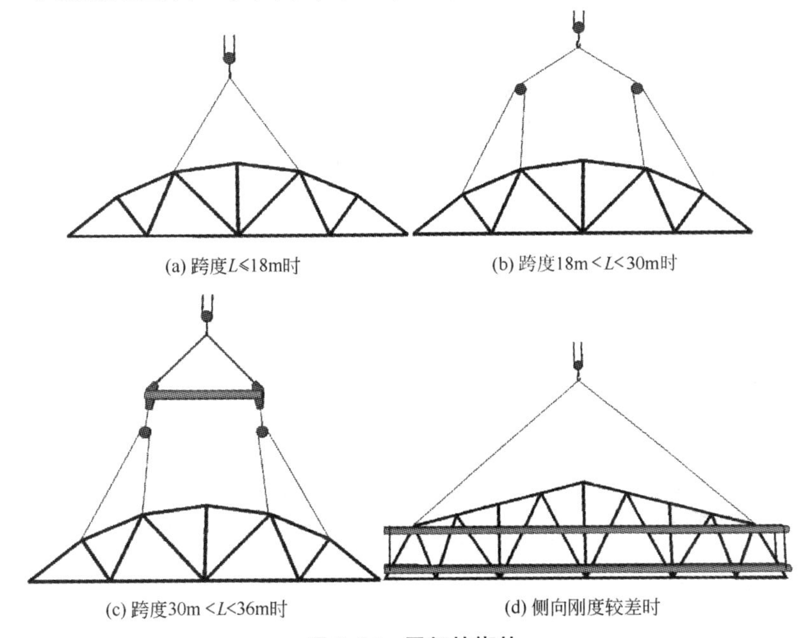

(a) 跨度 $L \leqslant 18$m时　　(b) 跨度 $18\text{m} < L < 30$m时

(c) 跨度 $30\text{m} < L < 36$m时　　(d) 侧向刚度较差时

图 5.26　屋架的绑扎

3）屋架的吊升、对位与临时固定

屋架的吊升是先将屋架吊离地面约 300mm，然后将屋架转至吊装位置下方，再将屋架吊升超过柱顶约 300mm，随即将屋架缓缓放至柱顶，进行对位。

屋架对位应以建筑物的定位轴线为准。柱截面中心线与定位轴线偏差过大时，可逐步调整纠正。屋架对位后，立即进行临时固定，第一榀屋架用四根缆风绳从屋架两边拉牢，或将屋架与抗风柱连接；第二榀以后的屋架均是用两根工具式支撑撑牢在前一榀屋架上，如图 5.27所示。临时固定稳妥后，起重机才能脱钩。当屋架经校正、最后固定，并安装了若干块大型屋面板后，才能将支撑拆除。

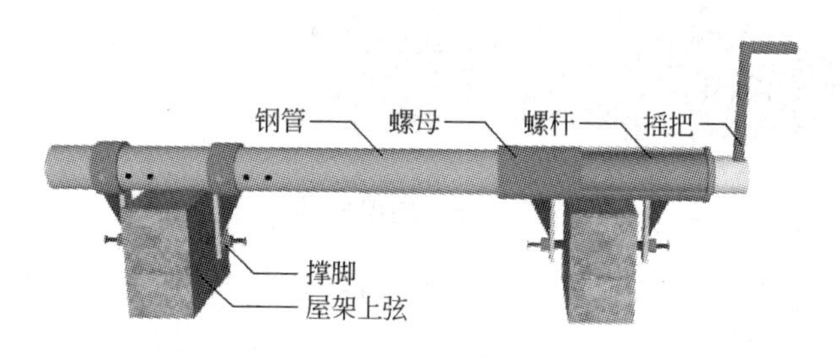

图 5.27　屋架校正器

4）屋架的校正与固定

屋架的竖向偏差可用锤球或经纬仪检查。屋架的竖向偏差用锤球检查方法如图 5.28 所示。用经纬仪检查方法是在屋架上安装 3 个卡尺，一个安在上弦中点附近，另两个分别安在屋架两端。自屋架几何中心向外量出一定距离(一般为 500mm)在卡尺上作出标志，然后在距离屋架中线同样距离(500mm)处安置经纬仪，观察 3 个卡尺上的标志是否在同一垂直面上。

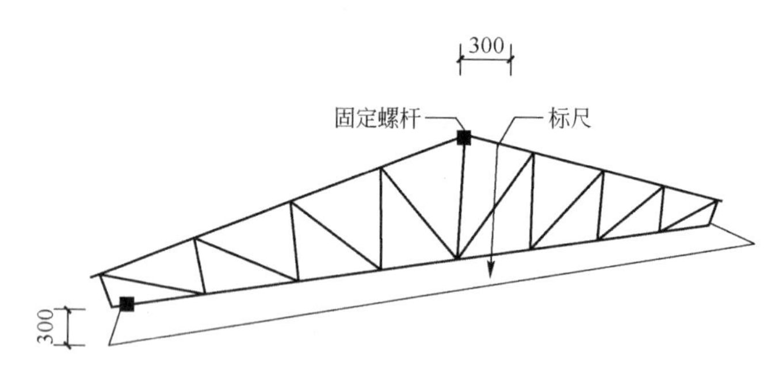

在屋架上安装3个卡尺，一个安在上弦中点附近，另两个分别安在屋架两端。自屋架几何中心向外量出一定距离(一般m=300mm)在卡尺上作出标志，然后在两端卡尺的标志连一通线，自屋架顶卡尺的标志处向下挂锤球，检查3卡尺的标志是否在同一垂直面上。若发现卡尺标志不在同一垂直面上，即表示屋架存在竖向偏差，可通过转动工具式支撑上的螺栓加以纠正，并在屋架两端的柱顶上嵌入斜垫铁。

图 5.28　屋架锤球垂直度校正

屋架校正垂直后，立即用电焊固定。焊接时，应在屋架两端同时对角施焊，避免两端同侧施焊。

5）屋架的双机抬吊

当屋架的重量较大，一台起重机的起重量不能满足要求时，则可采用双机抬吊，其方法有一机回转、一机跑吊和双机跑吊两种，分别如图 5.29(a)、(b)所示。

天窗架常采用单独吊装的方法，也可与屋架拼装成整体同时吊装，以减少高空作业，但对起重机的起重量和起重高度要求较高。天窗架单独吊装时，需待两侧屋面板安装后进

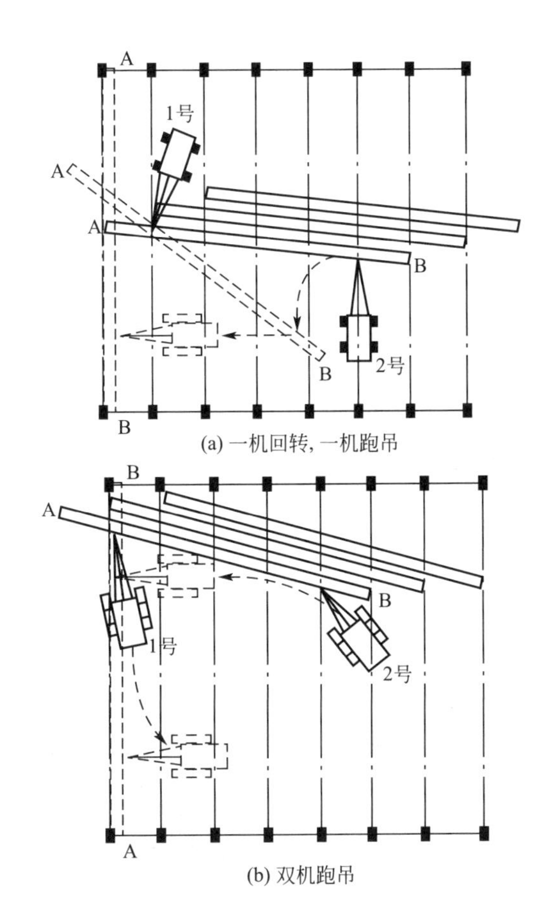

A
1号
A
A
B
B
2号
B
屋架在跨中就位，两台起重机分别位于屋架的两侧。1号机在吊装过程中只回转不移动，因此其停机位置距屋架起吊前的吊点与屋架安装至柱顶后的吊点应相等。2号机在吊装过程中需回转及移动，其行车中心线为屋架安装后各屋架吊点的联线。开始吊装时，两台起重机同时提升屋架至一定高度(超过履带)，2号机将屋架由起重机一侧转至机前，然后两机同时提升屋架至超过柱顶，2号机带屋架前进至屋架安装就位的停机点，1号机则作回转以相配合，最后两机同时缓缓将屋架下降至柱顶就位。
B
A
B
1号
2号
A
屋架在跨内一侧就位，开始两台起重机同时将屋架提升至一定高度，使屋架回转时不至碰及其他屋架或柱。然后1号机带屋架向后退至停机点，2号机带屋架向前进，使屋架达到安装就位的位置。两机同时提升屋架超过柱顶，再缓缓下降至柱顶对位。
由于双机跑吊时两台起重机均要进行长距离的负荷行驶，较不安全，所以屋架双机抬吊宜用一机回转，一起跑吊。

(a) 一机回转，一机跑吊

(b) 双机跑吊

图 5.29　屋架的双机抬吊

行，并应用工具式夹具或绑扎圆木进行临时加固，如图 5.30 所示。

屋面板的吊装，一般多采用一钩多块迭吊或平吊法，如图 5.31 所示，以发挥起重机的效能，提高生产率。屋面板对位后，应立即焊接牢固，并应保证有 3 个角点焊接。

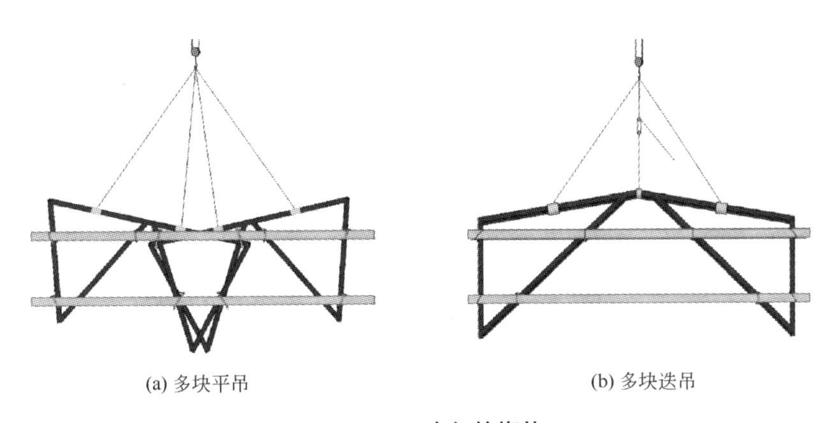

(a) 多块平吊　　(b) 多块迭吊

图 5.30　天窗架的绑扎

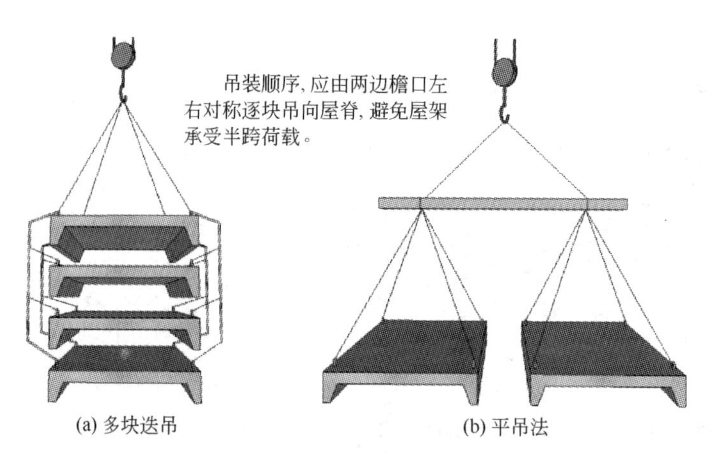

吊装顺序，应由两边檐口左右对称逐块吊向屋脊，避免屋架承受半跨荷载。
(a) 多块迭吊
(b) 平吊法

图 5.31　屋面板的吊装

案例分析

屋架吊装事故分析

2002 年 1 月 20 日下午，上海某建筑安装工程有限公司分包的某汽修车间工程，钢结构屋架地面拼装基本结束。14 时 20 分左右，专业吊装负责人曹某来到车间西北侧东西向并排停放的三榀长 21m、高 0.9m、自重约 1.51t 的钢屋架和南边的一榀屋架下查看拼装质量，发现北边第三榀屋架略向北倾斜，即指挥两名工人用钢管撬平并加固。由于两工人使力不均，使那榀屋架反过来向西南倾斜，导致三榀屋架连锁一起向南倒下。当时，曹某仍蹲在构件下，没来得及反应，整个身子被压在构件下，待现场人员搬开三榀屋架时，曹某已死亡。事故原因分析：

(1) 直接原因：屋架固定不符合要求，南边只用三根直径 4.5cm 短钢管支撑在松软的地面上，而且三榀屋架并排放在一起；曹某指挥站立位置不当；工人撬动时用力不均，导致屋架倾倒，是造成本起事故的直接原因。

(2) 间接原因：①施工场地未经硬化处理，给构件固定支撑带来松动余地。②没有切实有效的安全防范措施。③施工人员自我安全保护意识差。

5.2.3　结构安装方案

在拟定单层工业厂房结构吊装方案时，应着重解决起重机的选择、结构吊装方法、起重机开行路线与构件的平面布置等问题。

1. 起重机的选择

起重机的选择直接影响构件的吊装方法、起重机开行路线与停机点位置、构件平面布置等问题。首先应根据厂房跨度、构件重量、吊装高度以及施工现场条件和当地现有机械设备等确定机械类型。

一般中小型厂房结构吊装多采用自行杆式起重机；当厂房的高度和跨度较大时，可选用塔式起重机吊装屋盖结构。

在缺乏自行杆式起重机或受地形限制自行杆式起重机，当厂房的高度和跨度较大时，可选用塔式起重机吊装屋盖结构。当自行杆式起重机难以到达的地方，可采用拔杆吊装。对于大跨度的重型工业厂房，则可选用自行杆式起重机、牵缆式起重机、重型塔式起重机等共同进行吊装。

对于履带式起重机型号的选择，应使起重量、起重高度、起重半径均能满足结构吊装的要求，如图 5.32 所示。

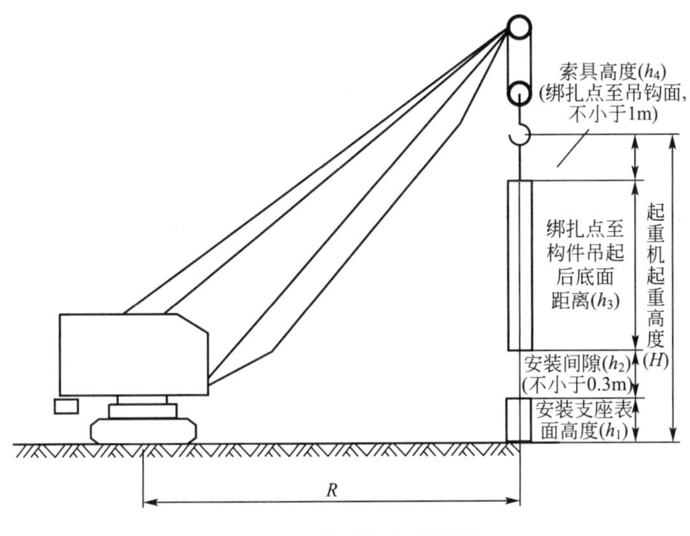

图 5.32　起重机参数选择

1）起重量

起重机起重量 Q 应满足式(5－1)：

$$Q \geqslant Q_1 + Q_2 \tag{5-1}$$

式中：Q_1——构件重量(t)；

Q_2——索具重量(t)。

2）起重高度

起重机的起重高度必须满足所吊构件的高度要求：

$$H \geqslant h_1 + h_2 + h_3 + h_4 \tag{5-2}$$

3）起重半径

在一般情况下，当起重机可以不受限制地开到构件吊装位置附近吊装时，对起重半径没有要求，在计算起重量及起重高度后，便可查阅起重机起重性能表或性能曲线来选择起重机型号及起重臂长度，并可查得在此起重量和起重高度下相应的起重半径，作为确定起重机开行路线及停机位置时参考。

当起重机不能直接开到构件吊装位置附近去吊装构件时，需根据起重量、起重高度和起重半径 3 个参数，查起重性能表或曲线来选择起重机型号及起重臂长。

当起重机的起重臂需要跨过已安装好的结构去吊装构件时(如跨过屋架或天窗架吊屋面板)，为了避免起重臂与已安装结构相碰，使所吊构件不碰起重臂，则需求出起重机的最小臂长及相应的起重半径。

屋面板的吊装，也可不增加起重臂，而采用在起重臂顶端安装一个鸟嘴架来解决，如图 5.33 所示。一般设在鸟嘴架的融吊钩与起重臂顶端中心线的水平距离为 3m。

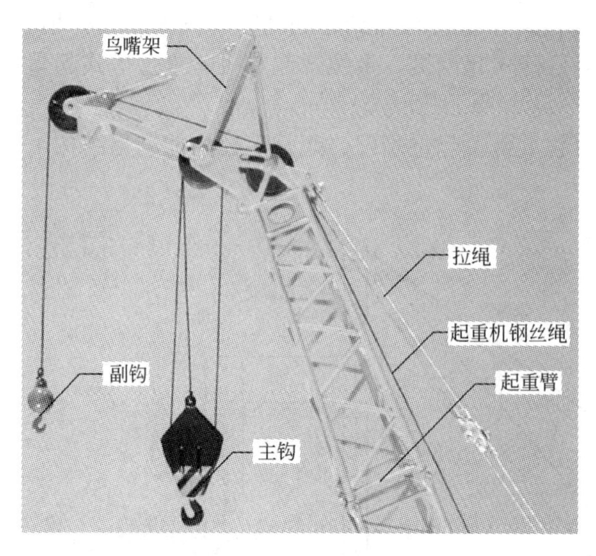

图 5.33　鸟嘴架的构造示意

2. 结构吊装方法

单层工业厂房的结构吊装方法，有分件吊装法和综合吊装法两种。

1）分件吊装法

分件吊装法(亦称为大流水法)是指起重机每开行一次，仅吊装一种或两种构件，如图 5.34 所示。

分件吊装法的优点是构件便于校正；构件可以分批进场，供应亦较单一，吊装现场不致拥挤；吊具不需经常更换，操作程序基本相同，吊装速度快；可根据不同的构件选用不同性能的起重机，能充分发挥机械的效能。其缺点是不能为后续工作及早提供工作面，且起重机的开行路线长。

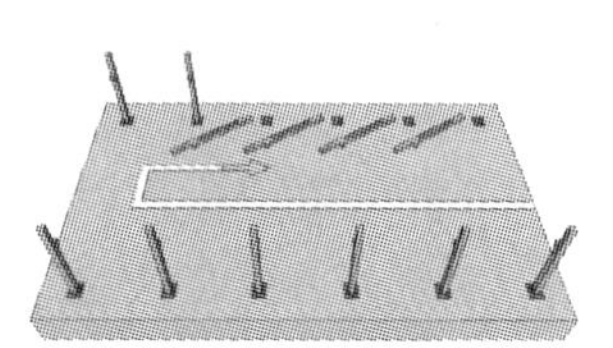

(a) 第一次开行
吊装完全部柱，并对柱进行校正和最后固定。

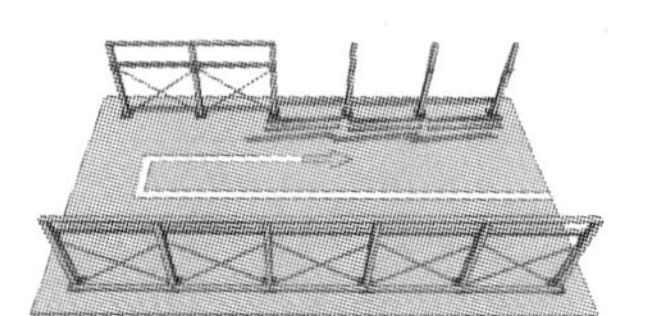

(b) 第二次开行
吊装吊车梁、连系梁及柱间支撑等。

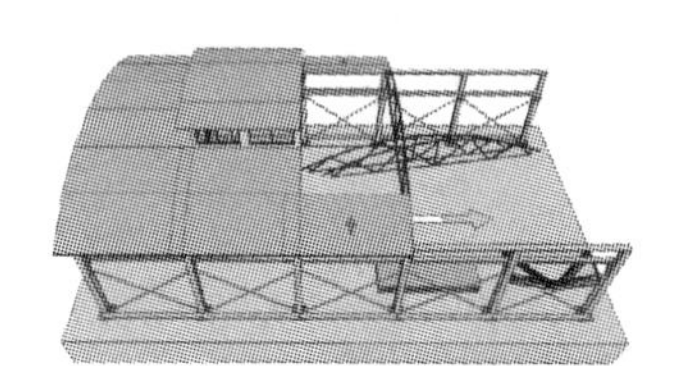

(c) 第三次开行
按节间吊装屋架、天窗架、屋面板及屋面支撑等。

图 5.34　分件吊装法

2）综合吊装法

综合吊装法(又称为节间安装)是指起重机在车间内一次开行中，分节间吊装完所有各种类型构件。即先吊装 4～6 根柱子，校正固定后，随即吊装吊车梁、连系梁、屋面板等构件，待吊装完一个节间的全部构件后，起重机再移至下一节间进行安装，如图 5.35 所示。

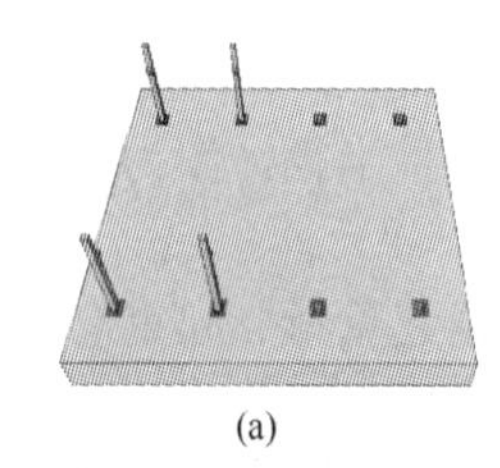

(a)

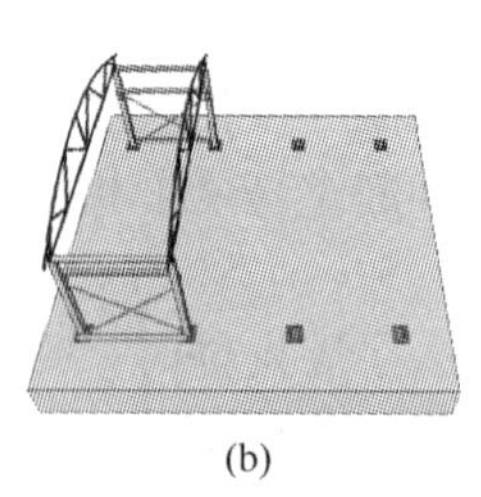

(b)

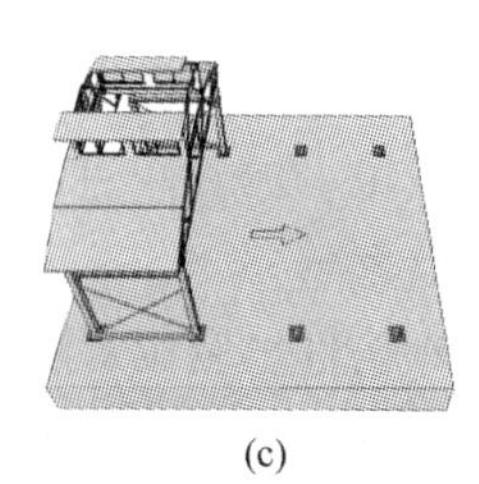

(c)

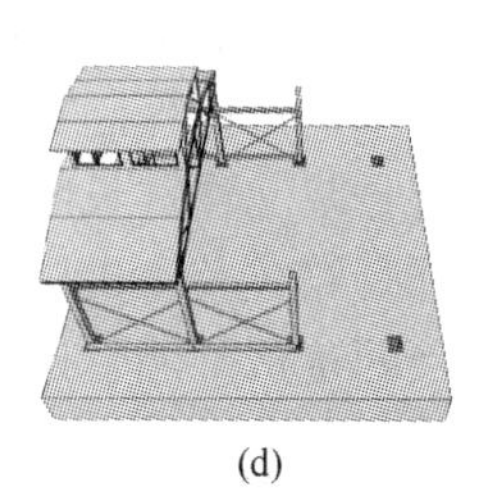

(d)

图 5.35　综合吊装法

综合吊装法的优点是起重机开行路线短，停机点位置少，可为后续工作创造工作面，有利于组织立体交叉平行流水作业，以加快工程进度。其缺点是，要同时吊装各种类型构件，不能充分发挥起重机的效能；且构件供应紧张，平面布置复杂，校正困难；必须要有严密的施工组织，否则会造成施工混乱，故此法很少采用。只有在某些结构(如门式结构)必须采用综合吊装时，或当采用桅杆式起重机进行吊装时，才采用综合吊装法。

3. 起重机的开行路线及停机位置

起重机开行路线与停机位置和起重机的性能、构件尺寸及重量、构件平面布置、构件的供应方式、吊装方法等有关。

当吊装屋架、屋面板等屋面构件时，起重机大多沿跨中开行；当吊装柱时，则视跨度大小、构件尺寸、重量及起重机性能，可沿跨中开行或跨边开行，如图5.36所示。

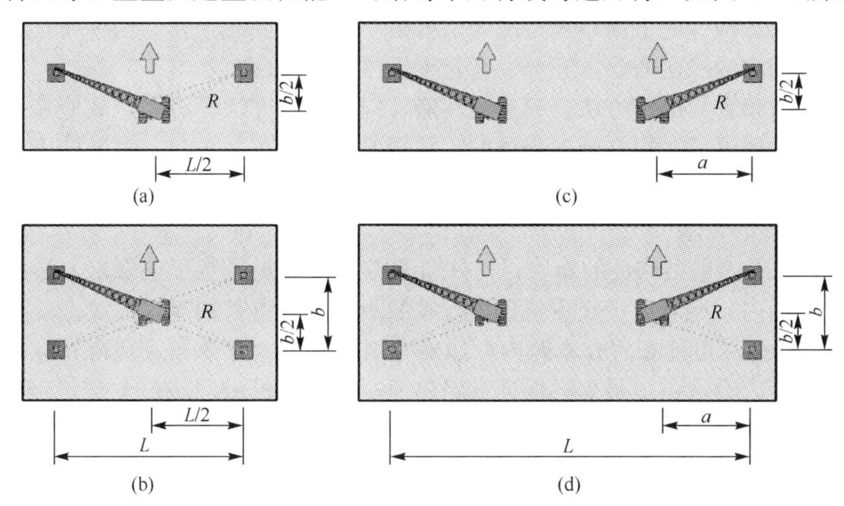

图5.36 起重机吊装柱时的开行路线及停机位置

R—起重机的起重半径，L—厂房跨度(m)，b—柱距，a—起重机开行路线的跨边轴线的距离

当$R \geqslant L/2$时，起重机可沿跨中开行，每个停机位置可吊两根柱[图5.36(a)]。

当$R \geqslant \sqrt{\left(\frac{L}{2}\right)^2+\left(\frac{b}{2}\right)^2}$，可吊装4根柱[图5.36(b)]。

而当$R \geqslant a$时，起重机沿跨边开行，每个停机位置吊装一根柱子[图5.36(c)]。

当$R \geqslant \sqrt{a^2+\left(\frac{b}{2}\right)^2}$，则可吊装两根柱[图5.36(d)]。

当柱布置在跨外时，起重机一般沿跨外开行，停机位置与跨边开行相似。图5.37是一个单跨车间采用分件吊装时，起重机的开行路线及停机位置图。

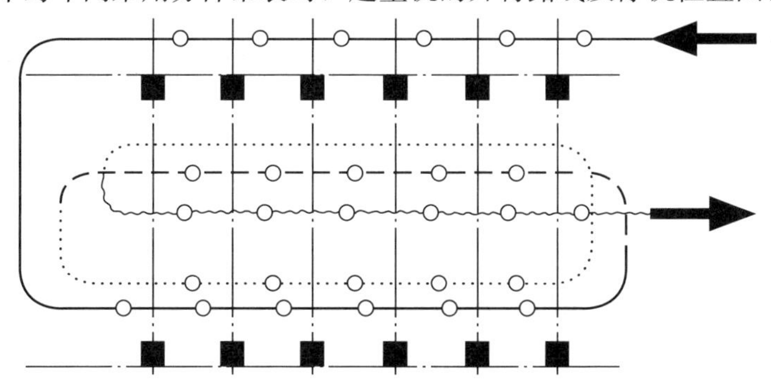

起重机自轴线进场，沿跨外开行吊装列柱(柱跨外布置)；沿轴线跨内开行吊装列柱(柱跨内布置)；转到轴扶直屋架及将屋架就位；转到轴;列吊装连系梁、吊车梁等；转到轴吊列装吊车梁等构件；最后转到跨中吊装屋盖系统。

图5.37 起重机开行路线及停机位置

当单层工业厂房面积大或具有多跨结构时，为加速工程进度，可将建筑物划分为若干段，选用多台起重机同时进行施工。每台起重机可以独立作业，负责完成一个区段的全部吊装工作，也可选用不同性能的起重机协同作业，有的专门吊装柱，有的专门吊装屋盖结构，组织大流水施工。

当厂房具有多跨并列和纵横跨时，可先吊装各纵向跨，以保证吊装各纵向跨时，起重机械、运输车辆畅通。如果各纵向跨有高低跨，则应先吊高跨，然后逐步向两侧吊装。

4. 构件的平面布置与运输堆放

单层工业厂房构件的平面布置是吊装工程中一项很重要的工作。构件布置得合理，可以避免构件在场内的二次搬运，充分发挥起重机械的效率。

构件的平面布置与吊装方法、起重机性能、构件制作方法等有关，故应在确定吊装方法、选择起重机械之后，根据施工现场的实际情况，会同有关土建、吊装施工人员共同研究确定。

1) 构件布置的要求

(1) 应首先考虑重型构件的布置；构件布置方式应满足吊装工艺要求，尽可能布置在起重机起重半径内，尽量减少起重机负重行驶的距离及起重臂的起伏次数。

(2) 每跨构件尽可能布置在本跨内，如确有困难时，才考虑布置在跨外且便于吊装的地方。构件布置应力求占地最少，保证道路畅通，当起重机械回转较大时，应不至于与构件相碰。

(3) 所有构件应布置在坚实的地基上；构件布置的方式应便于支模及混凝土的浇筑工作，预应力构件尚应考虑有足够的抽管、穿筋和张拉的操作场地。

(4) 构件的平面布置分预制阶段构件平面布置和吊装阶段构件就位布置，但两者之间有密切关系，需同时加以考虑，做到相互协调，有利吊装。

2) 柱的预制布置

需在现场预制的构件主要是柱和屋架，吊车梁有时也可以现场预制，其他构件均在构件厂或场外制作，再运到工地就位吊装。柱的预制布置，通常有斜向布置和纵向布置两种方式。

(1) 柱的斜向布置。

柱如旋转起吊，应按绑扎点、柱脚中心、杯口中心共弧斜向布置。布置柱时，尚应注意牛腿的朝向问题，当柱布置在跨内，牛腿应朝向起重机；柱布置在跨外，牛腿则应向起重机。有时由于受场地或柱长的限制，柱的布置很难做到3点共弧，则可按柱脚、基础两点共弧或者吊点、柱基共弧两种方法布置。

(2) 柱的纵向布置。

当柱采用滑行法吊装时，可以纵向布置，如图5.38所示，吊点靠近基础，吊点与柱

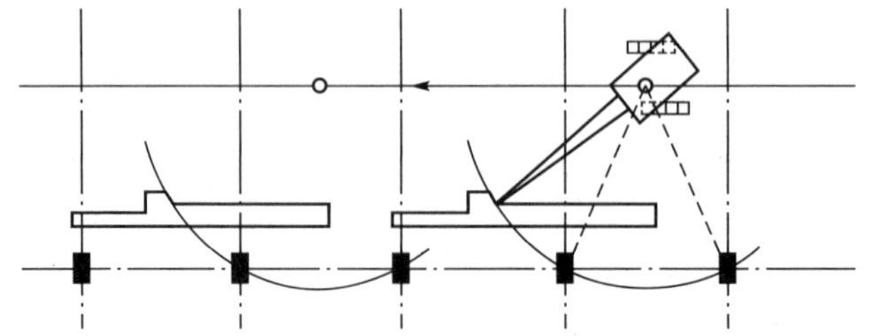

若柱长小于12m，为节约模板和场地，两柱可以迭浇，排成一行；若柱长大于12m，则可排成两行迭浇。起重机宜停在两柱基的中间，每停机一次可吊两根柱。

图5.38 柱的纵向布置

基两点共弧。

3）屋架的预制布置

屋架一般在跨内平卧迭浇预制，每迭 3～4 榀，屋架的布置方式有斜向布置、正反斜向布置及正反纵向布置 3 种，如图 5.39 所示。屋架与水平线的夹角 α，取值为 10°～20°。

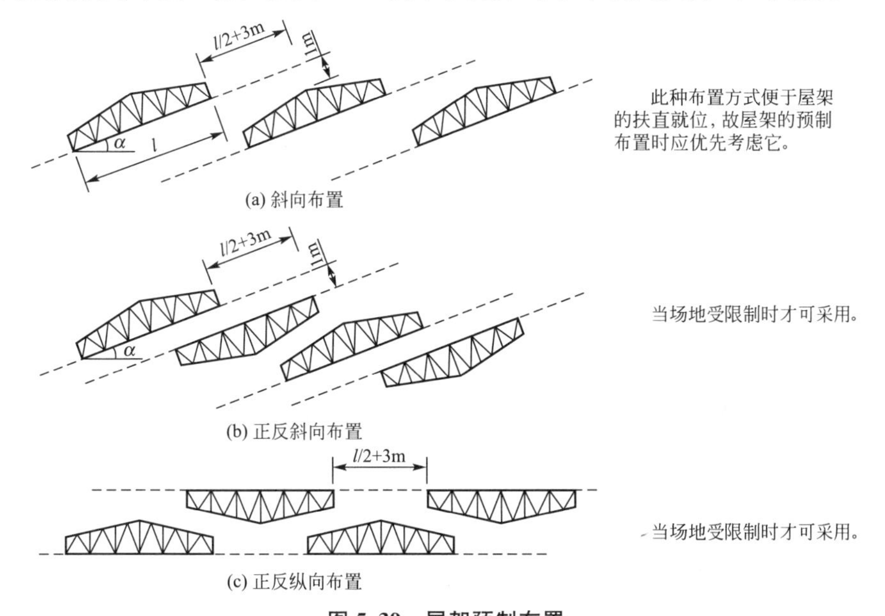

图 5.39 屋架预制布置

在屋架预制布置时，还应考虑屋架扶直就位要求及扶直的先后顺序，应预先扶直放在上层的后吊装的屋架。同时也要考虑屋架两端的朝向，使其符合吊装时对朝向的要求。

4）屋架的扶直就位

屋架扶直后立即进行就位，按就位的位置不同，可分为同侧就位和异侧就位两种，如图 5.40 所示。在预制屋架时，对屋架的就位位置应事先加以考虑，以便确定屋架两端的朝向及预埋件的位置。

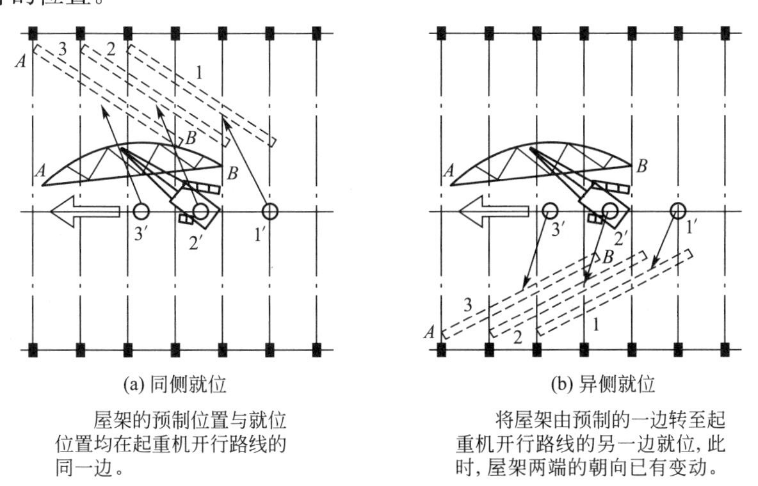

A
B
1
2
3
1′
2′
3′
(a) 同侧就位
屋架的预制位置与就位位置均在起重机开行路线的同一边。
(b) 异侧就位
将屋架由预制的一边转至起重机开行路线的另一边就位，此时，屋架两端的朝向已有变动。

图 5.40 屋架就位示意

5）其他构件的预制布置

单层工业厂房除了柱和屋架一般在施工现场制作外，其他构件如吊车梁、连系梁、屋面板等均在预制厂或附近的预制场制作，然后运至工地吊装。

当吊车梁安排在现场预制时，可靠近柱基顺纵向轴线或略作倾斜布置，也可插在柱的空档中预制。如果具有运输条件，也可在场外预制。

6）构件的就位

构件运至现场后，应按施工组织设计规定位置，依据构件吊装顺序及编号，进行就位或堆放。梁式构件叠放不宜过高，常取 2～3 层；大型屋面板宜少于 6～8 层。

吊车梁、连系梁的就位位置，一般在其吊装位置的柱列附近，跨内跨外均可。屋面板的就位位置，可布置在跨内或跨外，当在跨内就位时，应向后退 3～4 个节间开始堆放；若在跨外就位，应向后退 1～2 个节间开始堆放。此外，也可根据具体条件采取随吊随运的方法。

5.3 多层装配式房屋结构安装

5.3.1 装配式框架结构安装

1. 吊装方案

多层装配式框架结构吊装的特点是房屋高度大而占地面积较小，构件类型多、数量大、接头复杂、技术要求较高等。因此，在考虑结构吊装方案时，应着重解决吊装机械的选择和布置、吊装顺序和吊装方法等问题。其中，吊装机械的选择是主导的环节，所采用的吊装机械不同，施工方案亦各异。一般采用自行式塔式起重机、履带式起重机和自升式塔式起重机的吊装方案。

1）采用自行式塔式起重机安装方案

(1) 起重机的选择。

自行式塔式起重机在低层装配式框架结构吊装中使用较广。其型号选择，主要根据房屋的高度与平面尺寸，构件重量及安装位置，以及现有机械设备而定。选择时，首先应分析结构情况，绘出剖面图，并在图上注明各种主要构件的重量 Q，以及吊装时所需的起重半径 R；然后根据起重机械性能，验算其起重量、起重高度和起重半径是否满足要求。

采用自行式塔式起重机吊装框架结构的优点是，它具有较大的有效安装空间，起重臂不致与已吊装好的构件相碰，且服务范围大，有利于分层分段吊装；塔式起重机吊装效率高，不但能吊装所有的构件，同时还能吊运其他建筑材料；构件的现场布置亦较灵活等。但其缺点是拆装费工，需铺轨道。因此，当房屋高度不大时，则宜采用履带式、轮胎式或汽车式起重机进行吊装。

(2) 起重机的布置。

起重机的布置，一般有以下 3 种方案，如图 5.41 所示。另外，当房屋较宽、构件较重、起重机跨内单行布置不能起吊全部构件，而受场地限制又不可能跨外环形布置时，则宜采用跨内环形布置。

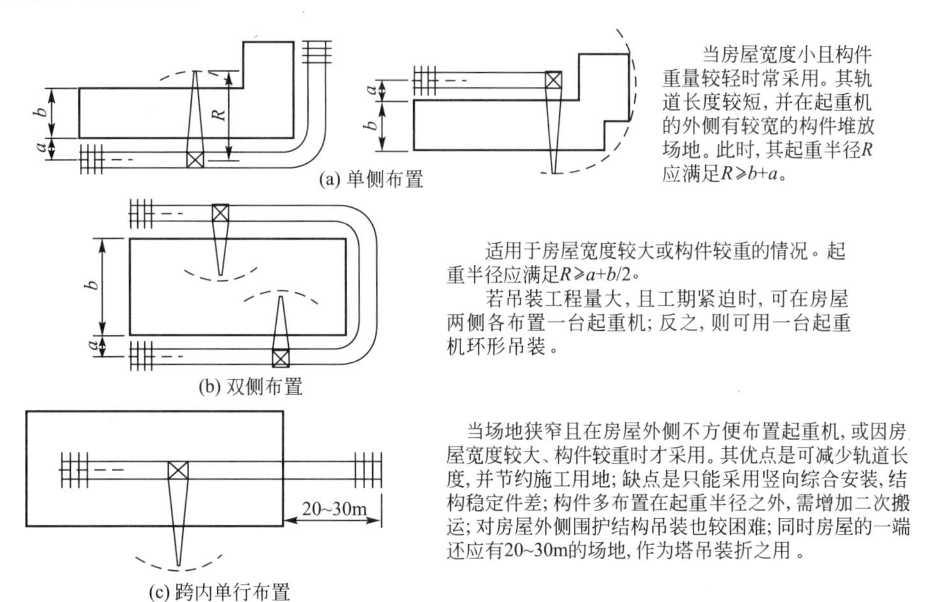

图 5.41　塔式起重机布置方案

a—房屋外侧至塔轨中心线距离（a=3～5m）；b—房屋宽度（m）；R—起重机半径（m）

（3）预制构件现场布置。

构件的现场布置是否合理，对提高吊装效率、保证吊装质量及减少二次搬运都有密切关系。因此，构件的布置也是多层框架吊装的重要环节之一，其原则如下。

① 尽可能布置在起重半径的范围内，以免二次搬运。

② 重型构件靠近起重机布置，中小型则布置在重型构件外侧。构件布置地点应与吊装就位的布置相配合，尽量减少吊装时起重机移动和变幅。

③ 构件迭层预制时，应满足安装顺序要求，先吊装的底层构件在上，后吊装的上层构件在下。

柱为现场预制的主要构件，布置时应先予考虑。其布置方式有与塔式起重机轨道相平行、倾斜及垂直 3 种方案，如图 5.42 所示。

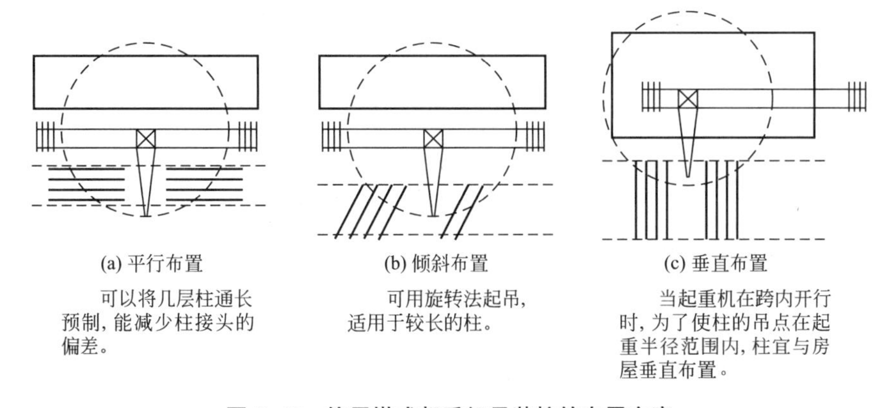

(a) 平行布置
可以将几层柱通长预制，能减少柱接头的偏差。
(b) 倾斜布置
可用旋转法起吊，适用于较长的柱。
(c) 垂直布置
当起重机在跨内开行时，为了使柱的吊点在起重半径范围内，柱宜与房屋垂直布置。

图 5.42　使用塔式起重机吊装柱的布置方案

2）采用履带式起重机吊装方案

履带式起重机重量大、移动灵活，故在装配式框架吊装中亦常采用，尤其是当建筑平面外形不规则时，更能显示其优点。但它的起重高度和起重半径均较小，起重臂易碰到已吊装的构件，只能吊装4层以下的房屋。也可采用履带式起重机吊装底层柱，用塔式起重机吊装梁板及上层柱，这样可充分发挥这两种机械的性能，提高吊装效率。

履带式起重机的开行路线，有跨内开行和跨外开行两种。当构件重量较大时常采用跨内开行，采用竖向综合吊装方案，将各层构件一次吊装到顶，起重机由房屋一端向另一端开行。如采用跨外开行，则将框架分层吊装，起重机沿房屋两侧开行。由于框架的柱距较小，一般起重机在一个停点可吊两根柱，柱的布置则可平行纵轴线或斜向纵轴线。

3）采用自升式塔式起重机吊装方案

对于高层装配式建筑，由于高度较大，只有采用自升式塔式起重机才能满足起重高度的要求。自升式塔式起重机可布置在房屋内，随着房屋的升高往上爬升；也可附着在房屋外侧。布置时，应尽量使建筑平面和构件堆场位于起重半径范围内。

2. *安装方法*

多层框架结构的安装方法，也可分为分件安装法与综合安装法两种。

1）分件安装法

框架结构安装常用的方法。其优点是容易组织吊装、校正、焊接、灌浆等工序的流水作业易于安排构件的供应和现场的布置工作；每次均吊装同类型的构件，可提高安装速度和效率；各工序操作较方便安全。故框架结构的安装段一般以4～8个为宜(图中1、2、3……为安装顺序)。

根据其流水方式不同，又可分为分层分段流水安装法和分层大流水安装法。

分层分段流水安装法是将多层房屋划分为若干施工层，并交每一施工层再划分若干安装段。起重机在每一段内按柱、梁、板的顺序分次进行安装，直至该段的构件全部安装完毕，再转移到另一段去。待一层构件全部安装完毕，并最后固定后，再安装上一层构件。分层分段流水安装法如图5.43所示。

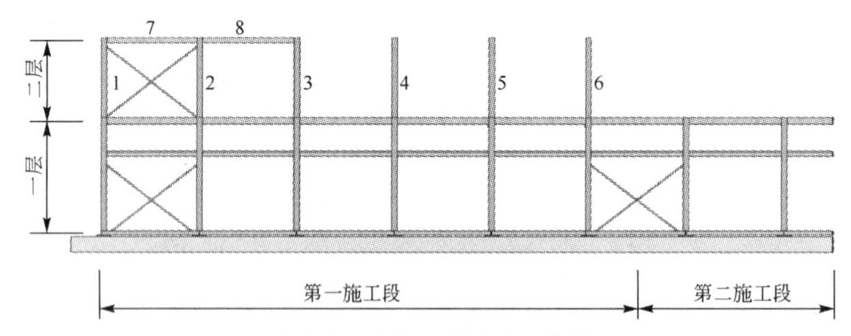

图5.43　分层分段流水安装法

施工层的划分与预制柱的长度有关，当柱长为一个楼层高时，以一个楼层为一施工层；为两个楼层高时，以两个楼层为一施工层。由此可见，施工层的数目越多，则柱接头数量愈多，安装速度就慢，故当起重机能力满足时，再能安装上一层构件。

分段安装法的优点是，构件供应与布置较方便；每次吊同类型的构件，安装效率高；吊装、校正、焊接等工序之间易于配合。其缺点是起重机开行路线较长，临时固定设备较多。分层大流水安装法与之不同之处，主要是在每一施工层上无不用分段。因此，它所需临时固定支撑较多，只适于在面积不大的房屋中采用。

2）综合安装法

根据所采用吊装机械的性能及流水方式不同，又可分为分层综合安装法与竖向综合安装法，如图5.44所示。

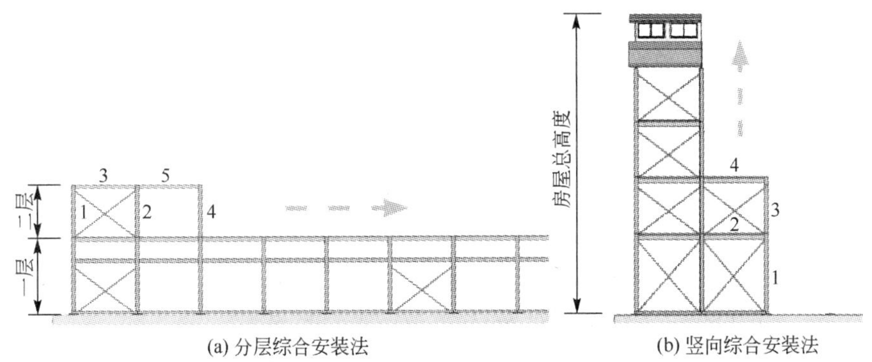

(a) 分层综合安装法

将多层房屋划分为若干施工层，起重机在每一施工层中只进行首先安装一个节间的全部构件，再依次安装第二节间、第三节间等。待一层构件全部安装完毕并最后固定后，再依次按节间安装上一层构件。

(b) 竖向综合安装法

从底层直至顶层把第一节间的构件全部安装完毕后，再依次安装第二节间、第三节间等各层的构件。

图5.44 综合安装法

3. 柱的吊装与校正

各层的柱截面应尽量保持不变，以便于预制和吊装。柱长一般以1～2层楼高为一节，也可3～4层为一节。当采用塔式起重机进行吊装时，柱长以1～2层楼高为宜；对4～5层框架结构，若采用履带式起重机吊装，柱长则采用一节到顶的方案。柱与柱的接头宜设在弯矩较小的地方或梁柱节点处，每层楼的柱接头应设在同一标高上，以便统一构件的规格，减少构件型号。

对于细而长的框架柱，在阳光的照射下，温差对垂直度的影响较大，在校正时，必须考虑温差的影响，其措施有在无阳光影响的时候进行校正；在同一轴线上的柱，可选择第一根柱(称标准柱)在无温差影响下精确校正，其余柱均以此柱作为校正标准；预留偏差，如图5.45所示。

实际的操作方法是在无温差条件下弹出柱的中心线，在有温差条件下校正$L/2$处的中心线，使其与杯口中心线垂直［图5.46(a)］，测得柱顶偏移值为δ；再在同方向将柱顶增加偏移值δ［图5.46(b)］，当温差消失后该柱回到垂直状态［图5.46(c)］。

框架柱由于长细比过大，吊装时须合理选择吊点位置和吊装方法。一般情况下，当柱长在10m以内时，可采用一点绑扎和旋转法起吊；对于14～20m长柱，则应采用两点绑扎起吊，并应进行吊装验算。

4. 构件接头

在多层装配式框架结构中，构件接头的质量直接影响整个结构的稳定和刚度，必须加以重视。柱的接头类型有榫式接头、浆锚接头和插入式接头3种，如图5.47所示。

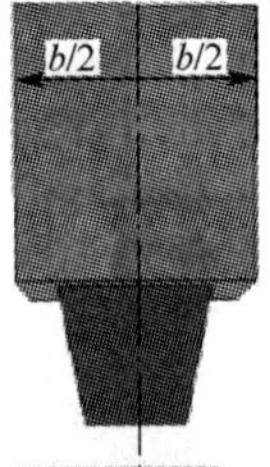

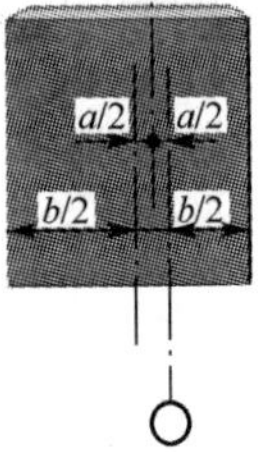

柱的校正应按2~3次进行，首先在脱钩后电焊前进行初校；在柱接头电焊后进行初校；在柱接头电焊后进行第二次校正，观测焊接应力变形所引起的偏差。此外，在梁和楼板安装后还需检查一次，以消除焊接应力和荷载产生的偏差。柱在校正时，力求下节柱准确，以免导致上层柱的积累偏差。但当下节柱经最后校正仍存在偏差，若在允许范围内可以不再进行调整。在这种情况下吊装上节柱时，一般可使上节柱底部中心线对准下节柱顶部中心线和标准中心线的中点，即$a/2$处，而上节柱的顶部，在校正时仍以标准中心线为准，以此类推。在柱的校正过程中，当垂直度和水平位移有偏差时，若垂直度偏差较大，则应先校正垂直度，后校正水平位移，以减少柱顶倾覆的可能性。柱的垂直度允许偏差值$H/1000$（H为柱高），且不大于10mm，水平位移允许在5mm以内。

图 5.45　上下节柱校正时中心线偏差调整

a—下节柱顶部中心线偏差值；b—柱宽

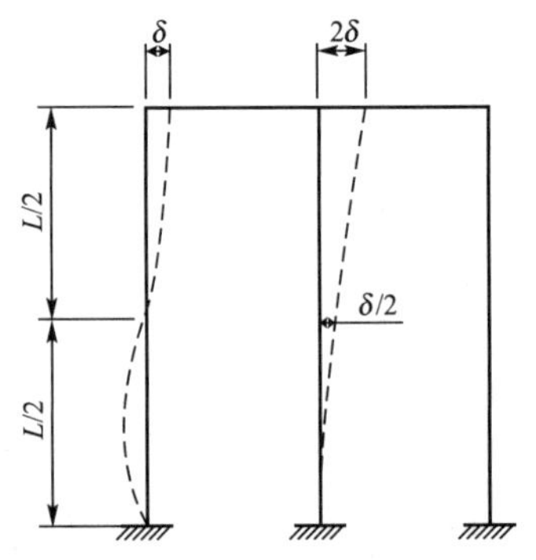

图 5.46　柱校正预留偏差简图

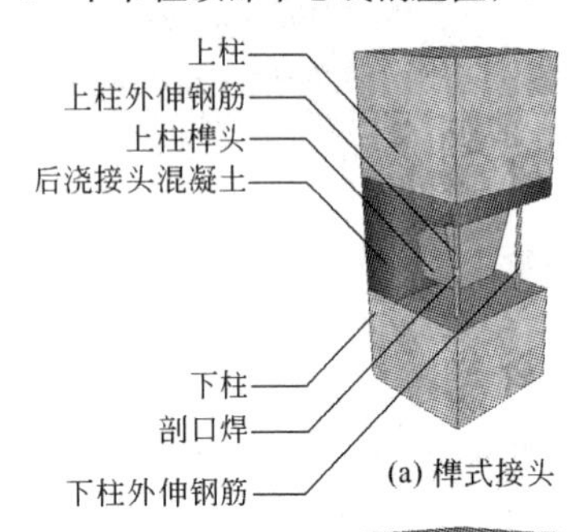

(a) 榫式接头

上下柱预制时各向外伸出一定长度(不小于25d)的钢筋，上柱底部带有突出的榫头，柱安装时使钢筋对准，用剖口焊焊接，然后用比柱混凝土强度等级高25%的细石混凝土域膨胀混凝土浇筑接头。待接头混凝土达到75%强度等级后，再吊装上层构件。当柱预制时，最好采用通长钢筋，以免钢筋错位、难以对接；钢筋焊接时，应注重焊接质量和施焊方法，避免产生过大的焊接应力造成接头偏移和构件裂缝；接头灌浆要求饱满密，不致下沉、收缩而产生空隙或裂纹。

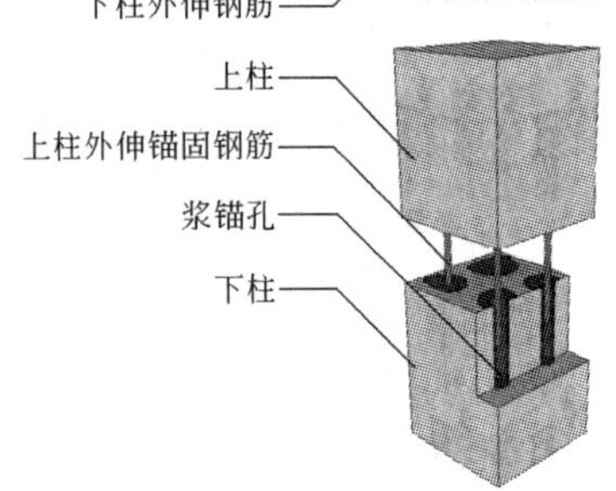

(b) 浆锚接头

在上柱底部外伸4根长300~700mm的锚固钢筋；下柱顶部预留4个深约350~750mm、孔径约(2.5~4)d(d为锚固筋直径)的浆锚孔。接头前，先将浆锚孔清洗干净，并注入快凝砂浆；在下节柱的顶面满铺10mm厚的砂浆；最后把上柱锚固筋插入孔内，使上下柱连成整体。也可采用先插入锚固筋，然后进行灌浆或压浆工艺。

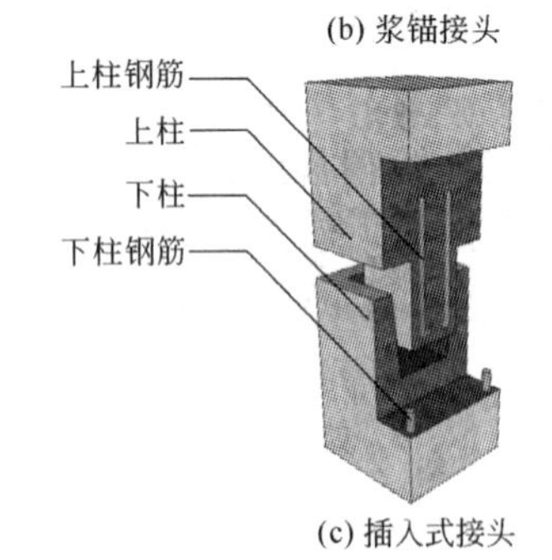

(c) 插入式接头

将上节柱做成榫头，下节柱顶部做成杯口，上节柱插入杯口后，用水泥砂浆灌实成整体。此种接头不用焊接，安装方便，但在偏心受压时，必须采取构造措施，以防受拉边产生裂缝。

图 5.47　柱接头形式

装配式框架中梁与柱的接头则视结构设计要求而定，可做成刚接，也可做成铰接。接头的形式有明牛腿式梁柱接头、暗牛腿式梁柱接头、齿槽式梁柱接头和浇筑整体式梁柱接头。其中明牛腿式的铰接接头和浇筑整体式的刚接接头，构造、制造简单，施工方便，故应用较广。

5.3.2 板柱结构安装

板柱结构是由楼板和柱组成承重体系的房屋结构，一般以钢筋混凝土材料为主，用升板法建造的板柱结构也称升板结构。它的特点是室内楼板下没有梁，空间通畅简洁，平面布置灵活，能降低建筑物层高。适用于多层厂房、仓库，公共建筑的大厅，也可用于办公楼和住宅等。

1. 结构类型与适用范围

升板结构主要由板、柱和节点三大部分组成。板的类型主要有平板、密肋板、格梁板和井字梁式楼板 4 种，其适用范围见表 5－4。

表 5－4　升板类型适用范围

板 类 型	适 用 范 围
平板	制作简单，但刚度较差，一般用于柱网小于 6m 的升板建筑
密肋板	刚度较大、抗弯能力较强，柱网可扩大为 9m，但施工比较复杂
格梁板	只能就地预制各层格梁，提升前铺上预制的楼板，或每灌筑一层格梁即铺上一层预制板，格梁板提升就位固定后，还需再整浇一次面层。适用跨度大于 9m、有集中荷载或有大开孔的升板结构
井字梁式楼板	由长、宽 1～3m 大型塑料模壳一次灌筑成的井字梁式楼板，跨度可达 9m。各种楼板均可采用预应力配筋以加大柱网尺寸，并改善板的结构性能和经济指标。板柱节点分为无柱帽和有柱帽两大类。采用无柱帽板柱节点时，须在板柱孔四周设置型钢提升环以增强板孔抗剪、抗弯能力。此节点用钢量较大；有柱帽节点利用板孔周围受力钢筋扎成井字形骨架代替型钢提升环，这样可减少用钢量

2. 升板法施工工艺

升板法施工是就地预制、提升安装楼板而建造多层钢筋混凝土板柱结构的施工方法。图 5.48 为提升中的升板法施工的板柱结构。

我国目前主要使用的提升设备是电动螺旋千斤顶组成的电动爬升升板机。施工工程中还须注意以下事项。

(1) 楼板、屋面板的提升、临时搁置和锚固的顺序和柱群的接长必须严格执行施工方案的规定。

(2) 尽量压低屋面板每次提升高度，降低结构施工时的重心。条件允许时，应加设有地锚的临时纤绳，增强柱群的稳定性。

(3) 提升时要控制板的提升差异，采取同步措施。因板为超静定结构，如提升差异过大，会导致板上下表面开裂，损坏提升工具。目前，我国主要采用标尺法，也有用光电管、激光、数控等现代技术实现同步提升。

(4) 为便于控制提升差异，对大面积升板建筑可划分为若干提升单元。每个单元的柱

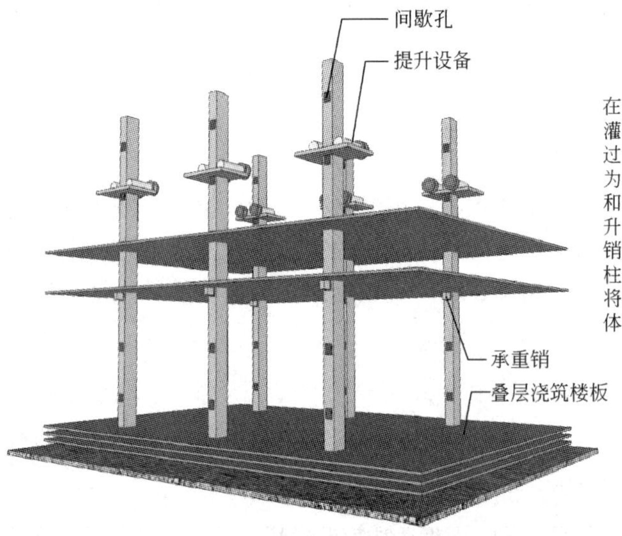
间歇孔
提升设备
先将预制柱安装就位，在已做好的室内地坪上叠层灌筑楼板与屋面板，然后通过安置在柱上的提升机以柱为支承和导杆，将各层楼板和屋面板按提升程序逐层提升到设计位置，用钢筋或钢销插入柱的预留孔内将板和柱连接固定，再灌注混凝土，将柱和楼板或屋面板连成整体做为柱帽，构成板柱结构。
承重销
叠层浇筑楼板

e联网+

图 5.48　升板法施工的板柱结构

数宜控制在 40 根以内。提升完毕，各单元间的拼缝用混凝土灌筑成整体。

(5) 群柱稳定是提升过程中安全的关键，提升前必须进行群柱稳定性的验算。

为了加强群柱的稳定性，通常将各排柱的承重销孔按垂直方向交叉布排，暂时提升的板，可用木(铁)楔在板柱间隙中楔紧。另一种有效的措施是将楼梯间、电梯间先行施工，在提升过程中通过板与其牢固连接，或根据现场条件，加设临时纤绳，以增强群柱整体稳定。

3. 升板法施工发展

升板法施工特别适合于旧城改造和现场狭窄的房屋建筑施工。同传统的混凝土施工相比，可节约模板，减少高空作业，是用小设备吊装大结构的一种较好的现场机械化施工方法。但用钢量比现浇框架结构高出 20%左右，如能合理配置板内钢筋，用预应力钢筋混凝土柱帽或圆形钢提升环代替型钢提升环，或采用盆式提升(搁置)工艺，则还可以降低用钢量。

5.3.3　装配式大板建筑安装

使用大型墙板、楼板和屋面板等建成的建筑被称为大板建筑，其特点是除基础外，地面以上的全部构件均为预制构件，它们均通过装配整体式节点连接而成。大板建筑的构件有内墙板、外墙板、楼板、楼梯、挑檐板和其他构件。采用预制混凝土板建造装配式大板建筑，可提高工厂化、机械化施工程度，减少现场湿作业，节约现场用工，克服季节影响，缩短建筑施工周期。装配式大板建筑的安装是采用升板法施工。

目前在住宅建筑中，一般墙板的宽度与开间或进深相当，高度与层高相当，其墙壁厚度和所采用的材料、当地气候以及构造要求有关。

1. 墙板制作

在已制作好的模具内进行加工预制混凝土墙板，可分为清理模板、涂隔离剂、模内布筋、灌筑混凝土、振动成型、养护、拆模、检验、成品堆放和运输等工序。其方法有平模生产和立模生产两种。按生产工艺分可为台座法、平模机组流水法、平模传送流水法和成组立模或成对立模法 4 种，其生产工艺见表 5-5。

表 5-5 装配式墙板的制作

制作方法	生产工艺
台座法	墙板在一个固定的地点成型和养护。布筋、成型、养护和拆模等工序所需的一切材料和设备都供应到墙板成型处
平模机组流水法	墙板在若干个工位上制造，当在一个工位上完成一道或数道工序之后，利用起重运输设备把墙板运至下一个工位。由于每一个工序没有固定的停留时间，因而也没有固定的生产节拍
平模传送流水法	把生产过程分成若干工序，每个工序顺次地在生产线上的一个固定工位上进行，被加工的墙板按一定的时间节拍在生产线上有序地向前移动
成组立模或成对立模法	墙板在垂直位置成组或成对地进行生产。通过模外设备进行振动成型并采用模腔通热，进行密闭热养护。这种方法所需时间短，占地面积小，生产效率高，但只能生产单一材料的墙板

2. 墙板安装

1) 墙板安装方案

(1) 墙板的安装方法主要有储存安装法和直接安装法(随运随吊)两种。目前采用较多的储存安装法是将构件从生产场地或构件厂运至吊装机械工作半径范围内储存，储存量一般为 1～2 层构件。

(2) 墙板安装前应复核墙板轴线、水平控制线，正确定出各楼层标高、轴线、墙板两侧边线，墙板节点线，门窗洞口位置线，墙板编号及预埋件位置。

(3) 墙板结构房屋的吊装是采用分层分段流水作业。墙板安装顺序一般采用逐间封闭法。当房屋较长时，墙板安装宜由房屋中间开始，先安装两间，构成中间框架，称标准间；然后再分别向房屋两端安装。当房屋长度较小时，可由房屋一端的第二开间开始安装，并使其闭合后形成一个稳定结构，作为其他开间安装时的依靠。

(4) 墙板安装时，应先安内墙，后安外墙，逐间封闭，随即焊接。这样可减少误差累计，施工结构整体性好，临时固定简单方便。

(5) 墙板安装的临时固定设备有操作平台、工具式斜撑、水平拉杆、转角固定器等。在安装标准间时，用操作平台或工具式斜撑固定墙板和调整墙的垂直度。其他开间则可用水平拉杆和转角器进行临时固定，用木靠尺检查墙板垂直度和相邻两块墙板板面的接缝。

2) 墙板安装工艺

墙板的安装工艺主要包括抄平放线、灰饼的设置和铺灰、墙板的安装、板缝施工 4 个基本环节，其中板缝施工主要是做好外墙板板缝防水施工、外墙板板缝保温施工和立缝混凝土的浇筑等工序。

知识冲浪

预制构件安装工程质量通病

1）预制构件搁置长度不足

（1）原因：预制多孔板安装时，两边长短不均，一端搁置长，一端搁置短。预制过梁制作时长度不够，安装完发现两边搁置长度不足。

（2）措施：对于预制多孔板、楼梯段安装时，两边应均匀搁置；保证搁置长度在墙上不小于80mm，在梁上不少于60mm；而预制过梁，搁置长度一般为240mm。

2）预制构件安装“硬找平，软坐灰”不标准

（1）原因：为抢速度，有些施工单位往往省去在圈梁混凝土上表面用水泥砂浆找平这道工序；或用安装前的坐灰砂浆代替“硬找平”，砂浆未结硬无强度不起作用。

（2）措施：圈梁模板拆除后，用水准仪在圈梁上监测。砂浆找平作为一道施工工序不能遗漏；预制构件安装前，在硬找平面上用砂浆进行坐灰，然后再吊装预制构件，如多孔板、楼梯段、楼梯梁、预制过梁都必须在安装前坐灰。

3）预制多孔板安装时三面搁置

（1）原因：预制多孔板安装的位置控制不当，使靠纵墙的第一块板的长边搁进纵墙。

（2）措施：安装沿纵墙第一块楼板时，特别要注意楼板位置，多孔板的长边与纵墙脱开，留下一条板缝。

4）多孔板封头错误

（1）原因：施工速度快、方便，未将多孔板在吊装前的封头作为施工必须工序。

（2）措施：在施工现场预制圆锥形封头块进行多孔板封头，特别是5层建筑的架空板，6层建筑的架空板和一楼楼板的封头。

5）楼板二次灌缝差

（1）原因：板缝过小未很好离缝，缝内混凝土无法灌实；灌缝不用专用模板，或支模马虎不牢固，灌缝混凝土随模板下沉凸出板底；缝内碎砖，木块等垃圾未清理，缝内混凝土夹渣；仅一次灌缝，板缝下口混凝土脱空不实；板缝内混凝土强度来到，上部结构模板、砖堆等施工荷载已压在楼板上。

（2）措施：强调多孔板安装，板底应离缝15～20mm；用竹片、角钢、钢管作为楼板灌缝专用模板，缝内混凝土内凹板底5～10mm，便于平顶粉刷时增加咬合；灌缝前，对缝内木块、碎砖等建筑垃圾进行清理，保证缝内清洁；坚持二次准缝。首先在板缝高度范围内用砂浆打底，然后2/3板缝高度用细石混凝土浇捣密实；待板缝混凝土强度达到10N/mm^{2}时，方可吊装上部结构施工荷载。

6）预制构件吊装时强度不足

（1）原因：违反规定，构件未达到吊装强度强行安装。

（2）措施：按规定预制构件当设计无具体要求时应达到设计强度标准值的75%方可安装。预制阳台板，应达到设计强度的100%方可安装。

7）预制构件焊接不精致

（1）原因：预制楼梯段端部和楼梯梁上的预埋件在浇混凝土时下沉或预埋件漏放，现场吊装完后不能焊接；屋面圈梁漏放预埋铁件，无法与预制沿口板进行焊接。

（2）措施：预制楼梯段吊装前先检查预埋铁件，若预埋铁件下沉，凿去外表面混凝土使埋件外露；若预埋铁位移、漏放，采取补救措施进行焊接加固；屋面圈梁钢筋隐蔽验收时，重点检查与沿口板焊接的预埋铁是否漏放，尽早发现，尽早解决。

5.4 钢结构安装

5.4.1 轻型门式刚架结构安装

门式刚架结构是大跨建筑常用的结构形式之一。轻型门式刚架结构是指主要承重结构采用实腹门式刚架，具有轻型屋盖和轻型外墙的单层房屋钢结构。

1. 门式刚架结构的安装

轻型门式刚架结构的主刚架，一般采用变截面或等截面实腹式 H 型钢。轻型门式刚架结构的安装工艺流程如图 5.49 所示。

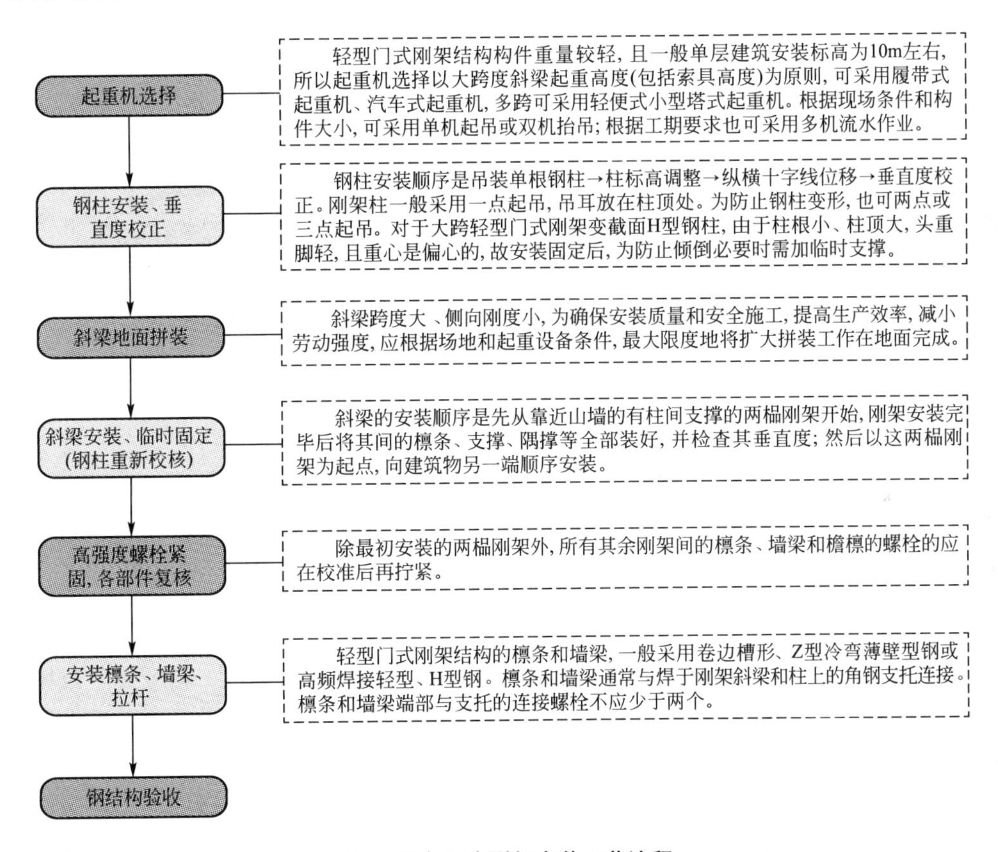

图 5.49 门式刚架安装工艺流程

门式刚架结构的安装宜先立柱，然后将在地面组装好的斜梁起吊就位，并与柱连接。刚架斜梁的拼接构造如图 5.50 所示。

斜梁的安装顺序是，先从靠近山墙的有柱间支撑的两榀刚架开始，刚架安装完毕后将其间的檩条、支撑和隅撑等全部装好，并检查其垂直度；然后以这两榀刚架为起点，向建筑物中部按顺序安装。

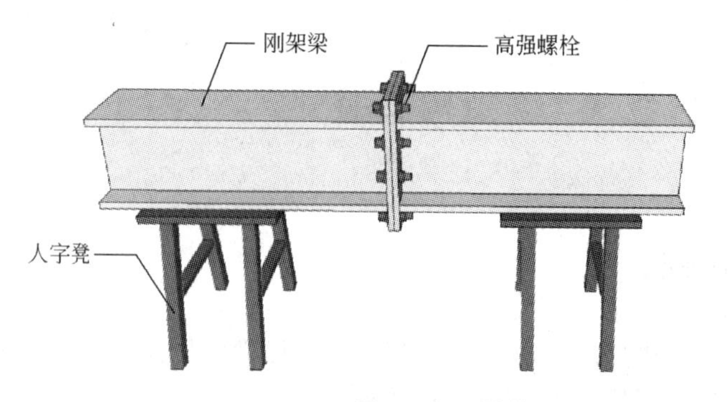

刚架斜梁一般采用立放拼接。拼装程序是拼接单元放于拼装平台上→找平→拉通线→安装普通螺栓定位→安装高强度螺栓→复核尺寸。

图 5.50 刚架斜梁拼接构造

斜梁的起吊应选好吊点，大跨度斜梁的吊点须经计算确定。斜梁可选用单机两点或三点、四点起吊，或用铁扁担以减小索具对斜梁产生的压力。对于侧向刚度小、腹板宽厚比大的斜梁，为防止构件扭曲和损坏，应采取多点起吊及双机抬升。图 5.51 所示为北京西郊机场波音机库 72m 长刚架主梁的吊装示意图。

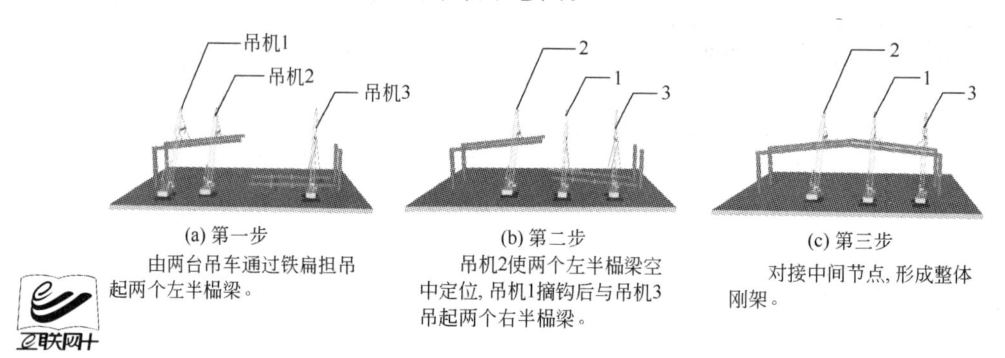

(a) 第一步
由两台吊车通过铁扁担吊起两个左半榀梁。

(b) 第二步
吊机2使两个左半榀梁空中定位，吊机1摘钩后与吊机3吊起两个右半榀梁。

(c) 第三步
对接中间节点，形成整体刚架。

图 5.51 刚架梁吊装示意

轻型门式刚架结构的檩条和墙梁，一般采用卷边槽形、Z 型冷弯薄壁型钢或高频焊接轻型 H 型钢。檩条和墙梁通常与焊于刚架斜梁和柱上的角钢支托连接，檩条和墙梁端部与支托的连接螺栓不应少于两个。

2. 彩板围护结构安装

轻型门式刚架结构中，目前主要采用彩色钢板夹芯板作围护结构。彩板夹芯板按功能不同分为屋面夹芯板和墙面夹芯板。屋面板和墙面板的边缘部位，要设置彩板配件用来防风雨和装饰建筑外形。屋面配件有屋脊件、封檐件、山墙封边件、高低跨泛水件、天窗泛水件、屋面洞口泛水件等；墙面配件有转角件、板底泛水件、板顶封边件、门窗洞口包边件等。彩板连接件常用的有自攻螺丝、拉铆钉和开花螺栓。板材与承重构件的连接，采用自攻螺丝、大开花螺丝等；板与板、板与配件、配件与配件连接，采用铝合金拉铆钉、自攻螺丝和小开花螺丝等。

屋面工程的施工工序如图 5.52 所示，墙面板的施工工序与此相似。

1）施工工具

板材施工安装多为手提工具，常用的有电钻、自攻枪、拉铆枪、手提圆盘锯、螺丝刀等。手提式电动工具应合理配置电源接入线，这对大型工程施工非常必要。

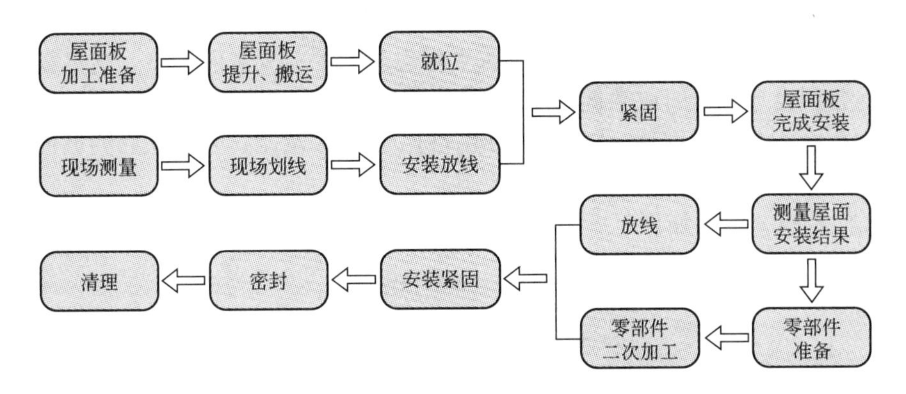

图 5.52 屋面工程的施工工序

2) 放线

由于彩板屋面板和墙面板是预制装配结构，故安装前的放线工作对后期安装质量起到保证作用。

(1) 安装放线前先对安装面上的已有建筑成品进行测量，对达不到安装要求的部分提出修改。根据排板设计确定排板起始线的位置，如图 5.53 所示。

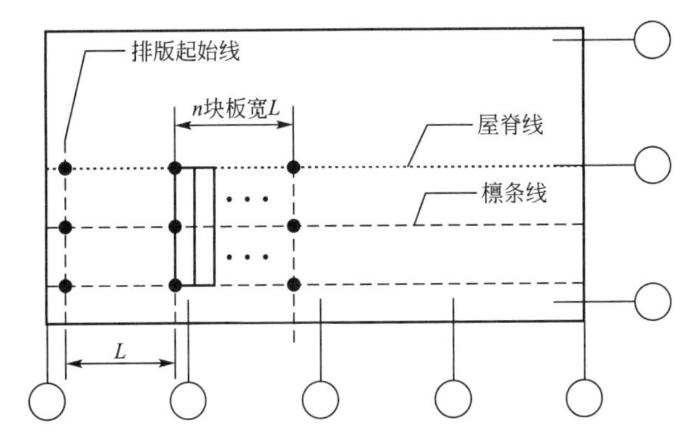

屋面施工中，先在檩条上标定出起点，即沿跨度方向在每个檩条上标出排板起点，各个点的连线应与建筑物的纵轴线相垂直，然后在板的宽度方向每隔几块板继续标注一次，以限制和检查板的宽度安装偏差积累。

图 5.53 安装放线示意

(2) 墙板安装处理除了方法放线外，还应标定其支承面的垂直度，以保证形成墙面的垂直平面。

(3) 屋面板及墙面板安装完毕后，对配件的安装作二次放线，以保证檐口线、屋脊线、门窗口和转角线等的水平度和垂直度。

3) 板材安装

(1) 实测安装板材的长度，按实测长度核对对应板号的板材长度，必要时对该板材进行剪裁。

(2) 将提升到屋面的板材按排板起始线放置，并使板材的宽度标志线对准起始线；在板长方向两端排出设计要求的构造长度，如图 5.54 所示。用紧固件紧固板材两端，然后安装第二

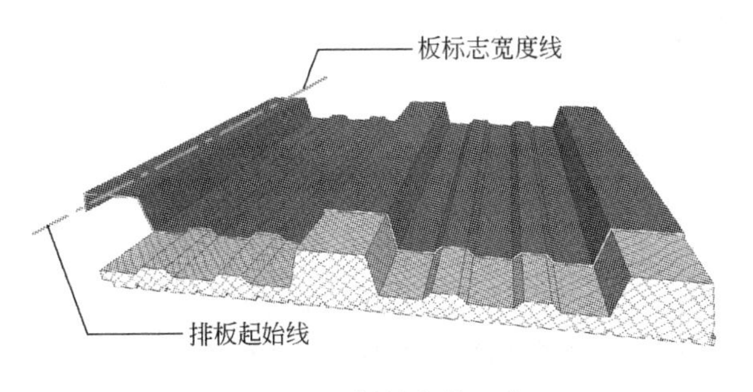

图 5.54 板材安装示意

块板。一般的安装顺序是先从左(右)至右(左)，后自上而下。

(3) 安装到下一放线标志点处时，复查本标志段内板材安装的偏差，满足要求后进行全面紧固。紧固自攻螺丝时应掌握紧固的程度，因为过度会使密封垫圈上翻，甚至将板面压得下凹而积水；若紧固不够，则会使密封不到位而出现漏雨。安装完后的屋面应及时检查有无遗漏紧固点。

(4) 屋面板纵、横向连接节点构造如图 5.55 所示。

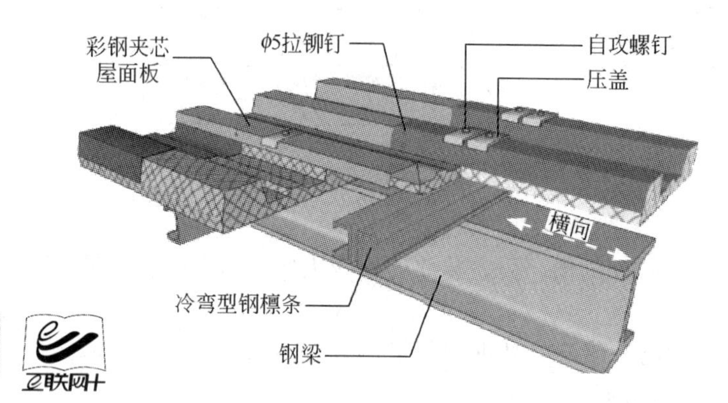

屋面板的横、纵向搭接，应按设计要求铺设密封条和密封胶，并在搭接处用自攻螺丝或带密封胶的拉铆钉连接，紧固件应设在密封条处。纵向搭接(板短边之间的搭接)时，可将夹芯板的底板在搭接处切掉搭接长度，并除去盖部分的芯材。

图 5.55　屋面板搭接接点

(5) 墙面板安装时，夹芯板用于墙面时多为平板，一般采用横向布置，节点构造如图 5.56所示。墙面板底部表面应低于室内地坪 30～50mm，且应在底表面抹灰找平后安装，如图 5.57 所示。

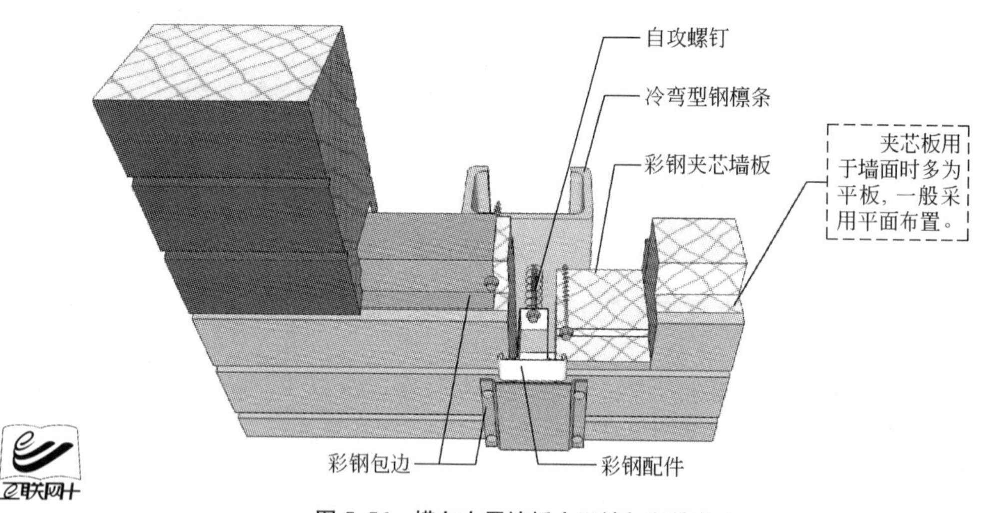

图 5.56　横向布置墙板水平缝与竖缝节点

4) 门窗安装

门窗一般安装在钢墙梁上。安装时，应先安装门窗四角的包边件，并使泛水边压在门窗的外边沿处；然后安装门窗。由于门窗的外廓尺寸与洞口尺寸为紧密配合，一般应控制门窗尺寸比洞口尺寸小 5mm 左右。

门窗就位并做临时固定后，应对门窗的垂直度和水平度进行检查，无误后再做固定。门窗安装完毕后应用密封胶对门窗周边密封。

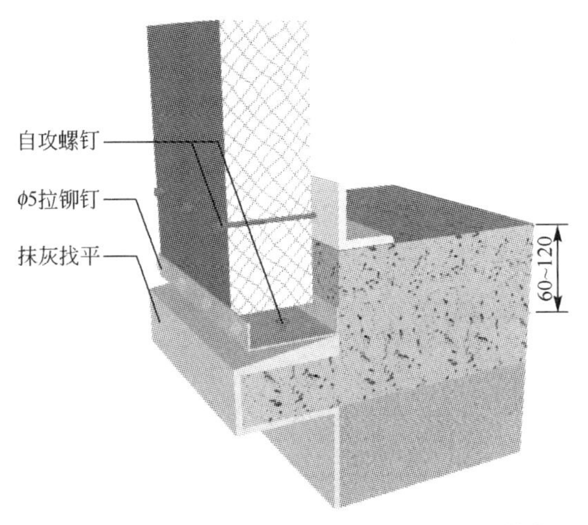

图 5.57　墙面基底构造(彩钢板与墙体连接节点)

资料袋

上海环球金融中心巨型钢结构安装成套技术

上海环球金融中心位于上海市浦东新区陆家嘴金融贸易区 Z4-1 街区，北临世纪大道，西面与金茂大厦相邻，建筑高度 492m，是目前国内最高的超高层建筑。

地下室巨型柱分为两段，由 150t 履带吊和 M440D 塔式起重机进行安装。地上部分巨型柱在标准楼层每 3 层一节，在设备/避难层 2 层一节，主要由 M900D 塔式起重机进行安装。带状桁架主要根据运输及吊车性能的限制进行分段，并考虑尽量减少高空现场焊接作业量，将所有桁架的腹杆和立杆全部分割为散件。在安装时利用原有结构设置临时支撑架，按照先下弦、然后立柱及腹杆、最后安装上弦的顺序进行安装，在带状桁架整体校正合格后开始焊接。

5.4.2　多层及高层钢结构安装

1. 流水段划分原则及安装顺序

多高层建筑钢结构的安装，必须按照建筑物的平面形状、结构形式、安装机械的数量和位置等，合理划分安装施工流水区段，确定安装顺序。

1) 平面流水段的划分应考虑钢结构在安装过程中的对称性和整体稳定性。其安装顺序一般应由中央向四周扩展，以利焊接误差的减少和消除，筒体结构的安装顺序为先内筒后外筒；对称结构采用全方位对称方案安装。

2) 立面流水段的划分以一节钢柱(各节所含层数不一)为单元。每个单元安装顺序以主梁或钢支撑、带状桁架安装成框架为原则；其次是安装次梁、楼板及非结构构件。塔式起重机的提升、顶升与锚固，均应满足组成框架的需要。

多高层建筑钢结构安装前，应根据安装流水段和构件安装顺序，编制构件安装顺序表。表中应注明每一构件的节点型号、连接件的规格数量、高强度螺栓规格数量、栓焊数量及焊接量、焊接形式等。构件从成品检验、运输、现场核对、安装、校正到安装后的质

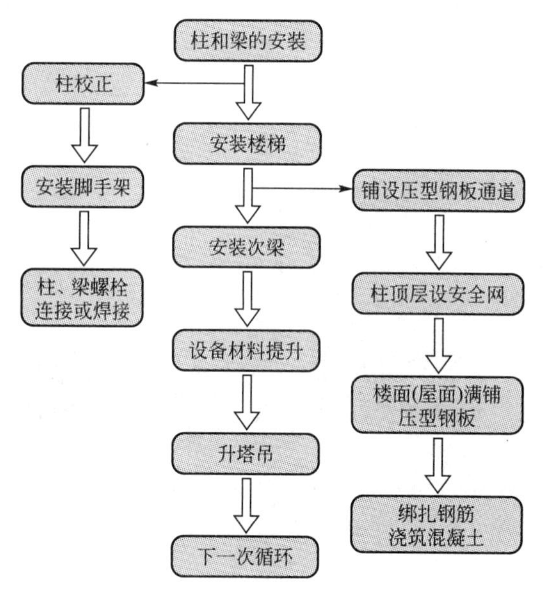

图 5.58　钢结构标准单元施工顺序

量检查，应统一使用该安装顺序表。

一般钢结构标准单元施工顺序如图 5.58 所示。

2. 构件吊点设置与起吊

1）钢柱

钢柱的起吊方法可以分为双机抬吊法和单机抬吊法，它们各自的示意图分别如图 5.59 和图 5.60 所示。

2）钢梁(图 5.61)

3）组合件

因组合件形状、尺寸不同，可计算重心确定吊点，采用两点吊、三点吊或四点吊。凡不易计算者，可加设倒链以协助找到构件的重心，构件平衡后起吊。

4）零件及附件

钢构件的零件及附件应随构件一并起吊。尺寸较大、重量较重的节点板，钢柱上的爬梯、大梁上的轻便走道等，应牢固固定在构件上。

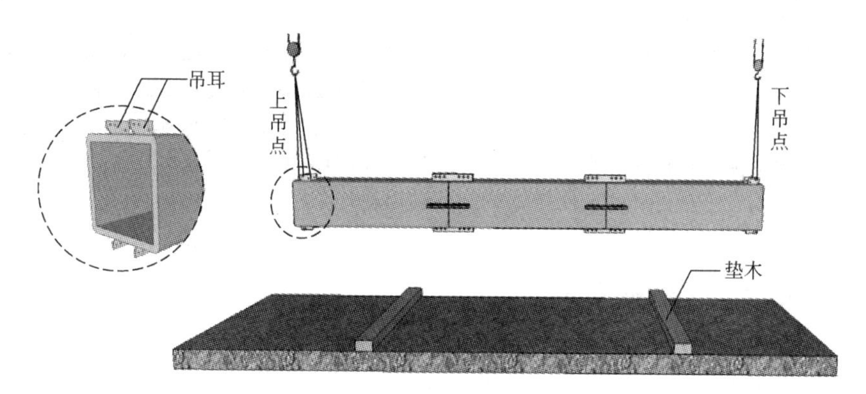

图 5.59　双机抬吊法起吊钢柱

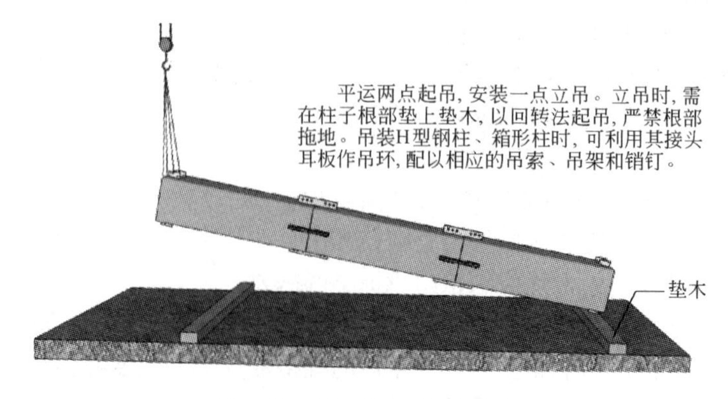

平运两点起吊，安装一点立吊。立吊时，需在柱子根部垫上垫木，以回转法起吊，严禁根部拖地。吊装H型钢柱、箱形柱时，可利用其接头耳板作吊环，配以相应的吊索、吊架和销钉。
垫木

图 5.60　单机抬吊法起吊钢柱

3. 构件安装与校正

(1) 首节钢柱的安装与校正。

安装前，应对建筑物的定位轴线、首节柱的安装位置、基础的标高和基础混凝土强度进行复检，合格后才能进行安装。

① 柱顶标高调整。根据钢柱实际长度、柱底平整度，利用柱子底板下地脚螺栓上的调整螺母调整柱底标高，以精确控制柱顶标高。

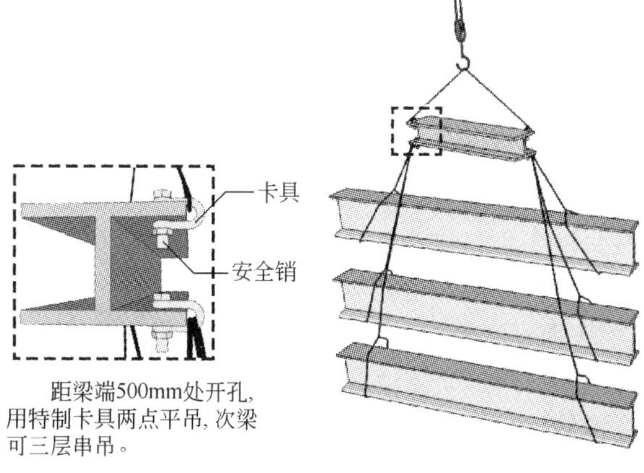

图 5.61　钢梁吊装示意

② 纵横十字线对正。首节钢柱在起重机吊钩不脱钩的情况下，利用制作时在钢柱上划出的中心线与基础顶面十字线对正就位。

③ 垂直度调整。用两台呈 90°的经纬仪投点，采用缆风法校正。在校正过程中不断调整柱底板下螺母，校正完毕后将柱底板上面的两个螺母拧紧，并将缆风松开，使柱身呈自由状态，再用经纬仪复核。如有小偏差，微调下螺母，无误后将上螺母拧紧。柱底板与基础面间预留的空隙，用无收缩砂浆以捻浆法方式垫实。

(2) 上节钢柱安装与校正。

上节钢柱安装时，利用柱身中心线就位，为使上下柱不出现错口，尽量做到上、下柱定位轴线重合。上节钢柱就位后，按照先调整标高，再调整位移，最后调整垂直度的顺序校正。

校正时，可采用缆风校正法或无缆风校正法。目前多采用无缆风校正法，具体如图 5.62所示。

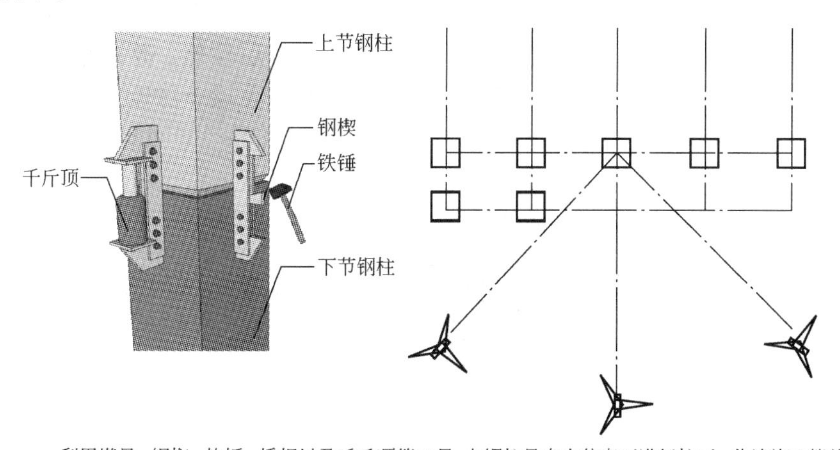

利用塔吊、钢楔、垫板、撬棍以及千斤顶等工具，在钢柱呈自由状态下进行校正。此法施工简单、校正速度快、易于吊装就位和确保安装精度。为适应无缆风校正法，应特别注意钢柱节点临时连接耳板的构造。上下耳板的间隙宜为15~20mm，以便于插入钢楔。

图 5.62　无缆风校正法示意

① 标高调整。钢柱一般采用相对标高安装，设计标高复核的方法。钢柱吊装就位后，合上连接板，穿入大六角高强度螺栓，但并不夹紧，通过吊钩起落与撬棍拨动调节上下柱

之间的间隙。量取上柱柱根的标高线与下柱柱头标高线之间的距离，符合要求后在上下耳板间隙中打入钢楔限制钢柱下落。正常情况下，标高偏差调整至零。若钢柱制造误差超过5mm，则应分次调整。

② 位移调整。钢柱定位轴线应从地面控制轴线直接引上，不得从下层柱的轴线引上。钢柱轴线偏移时，可在上柱和下柱耳板的不同侧面夹入一定厚度的垫板加以调整，然后微微夹紧柱头临时接头的连接板。钢柱的位移每次只能调整3mm，若偏差过大只能分次调整，起重机至此可松吊钩。校正位移时应注意防止钢柱扭转。

③ 垂直度调整。用两台经纬仪在相互垂直的位置投点，进行垂直度观测。调整时，在钢柱偏斜方向的同侧锤击钢楔或微微顶升千斤顶，在保证单节柱垂直度符合要求的前提下，将柱顶偏轴线位移校正至零，然后拧紧上下柱临时接头的大六角高强度螺栓至额定扭矩。

为了达到调整标高和垂直度的目的，钢柱临时接头上的螺栓孔应比螺栓直径大4.0mm。由于钢柱制造允许误差一般为－1～＋5mm，螺栓孔扩大后能有足够的余量将钢柱校正准确。

4. 钢梁的安装与校正

(1) 钢梁安装时，同一列柱，应先从中间跨开始对称地向两端扩展；同一跨钢梁，应先安装上层梁再安装中、下层梁。

(2) 在安装和校正柱与柱之间的主梁时，可先把柱子撑开，跟踪测量、校正，预留接头焊接收缩量，这时柱产生的内力，在焊接完毕焊缝收缩后也就消失了。

(3) 一节柱的各层梁安装好后，应先焊上层主梁后焊下层主梁，以使框架稳固，便于施工。一节柱(3层)的竖向焊接顺序是上层主梁→下层主梁→中层主梁→上柱与下柱焊接。

安装的构件，应形成空间稳定体系，确保安装质量和结构安全。

5. 楼层压型钢板安装

多高层钢结构楼板，一般多采用压型钢板与混凝土叠合层组合而成，如图5.63所示。一节柱的各层梁安装校正后，应立即安装本节柱范围内的各层楼梯，并铺好各层楼面的压型钢板，进行叠合楼板施工。楼层压型钢板安装工艺流程：弹线→清板→吊运→布板→切割→压合→侧焊→端焊→封堵→验收→栓钉焊接。

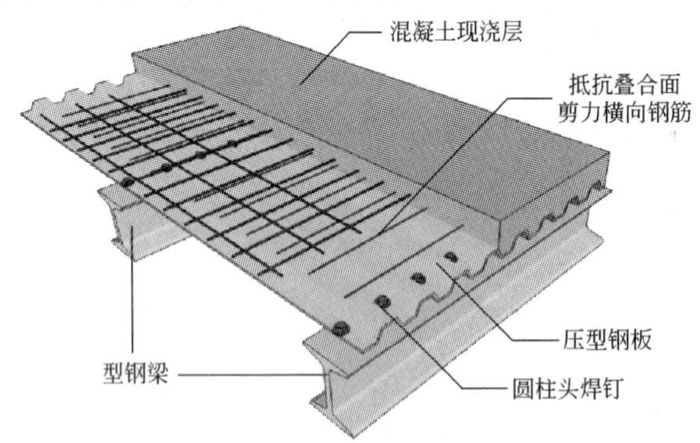

图5.63 压型钢板组合楼板的构造

1) 压型钢板安装铺设

(1) 在铺板区弹出钢梁的中心线。主梁的中心线是铺设压型钢板固定位置的控制线，并决定压型钢板与钢梁熔透焊接的焊点位置；次梁的中心线决定熔透焊栓钉的焊接位置。因压型钢板铺设后难以观察次梁翼缘的具体位置，故将次梁的中心线及次梁翼缘返弹在主梁的中心线上，固定栓钉时再将其返弹在压型钢板上。

(2) 将压型钢板分层分区按料单清理、编号，并运至施工指定部位。

(3) 用专用软吊索吊运。吊运时应保证压型钢板板材整体不变形、局部不卷边。

(4) 按设计要求铺设。压型钢板铺设应平整、顺直、波纹对正，设置位置正确；压型钢板与钢梁的锚固支承长度应符合设计要求，且不应小于 50mm。

(5) 采用切割机或剪板钳裁剪边角。裁减放线时，富余量应控制在 5mm 以内。

(6) 压型钢板固定。压型钢板与压型钢板侧板间连接采用咬口钳压合，使单片压型钢板间连成整板；然后用点焊将整板侧边及两端头与钢梁固定；最后采用栓钉固定。为了浇筑混凝土时不漏浆，端部肋作封端处理。

2) 栓钉焊接

为使组合楼板与钢梁有效地共同工作，抵抗叠合面间的水平剪力作用，通常采用栓钉穿过压型钢板焊于钢梁上。栓钉焊接的材料与设备有栓钉、焊接瓷环和栓钉焊机等。栓钉焊接需要的质量检查如下。

(1) 外观检查。

栓钉根部焊脚应均匀，焊脚立面的局部未熔合或不足 360°的焊脚应进行修补。

(2) 弯曲试验检查。

栓钉焊接后应进行弯曲试验检查，可用锤击使栓钉从原来轴线弯曲 30°或采用特制的导管将栓钉弯成 30°，若焊缝及热影响区没有肉眼可见的裂纹，即为合格。压型钢板及栓钉安装完毕后，方可绑扎钢筋，再浇筑混凝土。

实践演练

钢结构施工

浙江省温州市城雕“世纪之光”位于温州市新的中心广场——“世纪广场”中央，为新温州市的城标建筑。地面以上高 68m(不含地下室 5.00m)，城雕主体外形为圆弧锥状尖顶，内为圆柱形双层玻璃塔，如图 5.64 所示。结构底部为 9.9m 的正三角形，筒内设置观光电梯，可直升到 44m 高度；“世纪之光”上部采用钢桁架预应力拉杆体系作为承重结构，其基座为 1140m² 的圆形钢筋砼结构地下室，地下室基础基底 ϕ800 的钻孔灌注桩平均深度大于 50m。

上部与结构柱基的连接为直径 420mm 的双肢钢管柱，埋入城雕地下室 5.80m，可在不影响建筑外观的情况加强结构的整体刚度，该钢管柱向上一直贯通至 68m 高度；期间每 11m 层间设置刚性交叉拉杆，将外部幕墙的水平荷载可靠传递到中心钢柱上，使结构的整体性能得到了很好的加强。

图 5.64 城雕“世纪之光”

1) 钢结构和玻璃幕墙安装工程主要施工程序

主钢架下料预制→组对与焊接→喷砂除锈→喷底漆放线→吊装→钢架附件安装→二次放线→钢爪座安装调整→玻璃安装→施胶→清洗。

2）施工过程控制

(1) 定位轴线。

分别在建筑物内外设置控制轴线，两个控制桩为架设激光控制仪和经纬仪之用，以保证施工控制精度。对建筑物的定位轴线、基础轴线、地脚螺栓位置等进行检查，并进行基础检测。柱安装时，每节柱的定位轴线从地面控制轴线(内筒轴线)直接引上。同一层柱顶的高度偏差均要控制在5mm以下。为减少误差，在主柱安装过程中采用定位销，即在每节钢柱(外侧立柱)两头焊上一块定位板，定位板与钢柱之间用加强板满焊连接，定位板上开定位孔。安装时，将上钢柱与下钢柱的定位板对齐，留好焊缝，打入定位销，等焊好焊口后，再打出定位销，割下定位板、打磨、刷漆。各拉杆之间，支管与主管之间组对好后，先定位焊，然后进行焊接。

(2) 标高控制。

因为精度要求较高，在制作钢管柱时经过严格的计算，将压缩变形亦计算考虑。每节柱子的接头产生的收缩变形和竖向荷载作用下引起的压缩变形加到每节钢柱中去。每节钢柱的累加尺寸总和符合设计要求的总尺寸。

3）钢结构施工安装

由于受到施工场地的限制，无法采用大吨位长臂的起重机械，经过现场论证计算，采用内爬升式独立桅杆吊装，桅杆基座固定在已完的内筒结构上，随着结构的上升，内爬升式独立桅杆不断提升，直至安装完毕。

主管对接采用全焊透对接焊缝，坡口介于25°～30°之间，先用小焊条打底，然后用常规焊条施焊，角焊缝端部在构件的转角处连续绕角施焊，垫板、节点板的连续角焊缝，其落弧点距焊缝端部至少10mm，焊接厚度不超过设计焊缝厚度的2/3，且不应大于8mm，定位焊位置布置在焊道以内，由持合格证的焊工施焊。

主拉杆长度约13m左右，分段加工现场对接，对接时严格按工艺进行，并焊后进行超声波探伤，焊缝达Ⅰ级。焊接后进行纠直，并对焊缝进行打磨。

拉索结构预应力的控制对安装位置的精确度影响很大，拉索在张拉后所产生的伸长对安装位置的影响是施工的关键，所以在张拉前，通过试验确定拉索材料在张拉力作用下的延伸率，然后计算出拉索的延伸长度。张拉过程中，整体的控制尤为重要，需用应力控制和应变控制两种方法交叉进行，从而保证安装位置的正确。同方向的拉索，张拉应力应保持一致，以确保玻璃安装后的变形一致。张拉时使用扭力扳手按计算值逐级施力。

5.4.3 钢网架结构安装

网架结构安装是将拼装好的网架用合适的施工方法搁置在设计位置上。网架结构的施工安装方法分两类：一类是在地面拼装的整体顶升法、整体提升法和整体吊装法；另一类是高空就位的散装、分条分块就位组装和高空滑移就位组装等方法。

在拟定网架施工方案时，必须根据网架形式、设备条件、现场情况和工期要求等，进行全面地考虑。如点支承的网架，不宜用滑移法施工；三向、两向正交斜放或两向斜交斜放的网架，不适于分条、分块；对大型网架，当施工现场狭窄，起重机能力不足时，则宜采用整体提升法或顶升法。总之，施工方案的选择，既要满足技术上可行，又要做到经济上保障。

1. 分条(块)吊装法

分条或分块吊装法，是将网架分割成条状或块状单元，然后分别吊装就位拼成整体的安装方法，适用于分割后刚度和受力状况改变较小的网架，如两向正交、正放四角锥、正放抽空四角锥等网架。分条或分块的大小应根据起重机械的起重能力而定。

图 5.65 所示是某体育馆斜放四角锥网架采用分块吊装的实例，网架平面尺寸为 45m×36m，从中间十字对开分为 4 块(每块之间留出一节间)，每个单元尺寸为 15.75m×20.25m，重约 12t。图 5.66 则为某体育馆双向正交方形网架采用分条吊装的实例，网架平面尺寸为 45m×45m，重 52t。

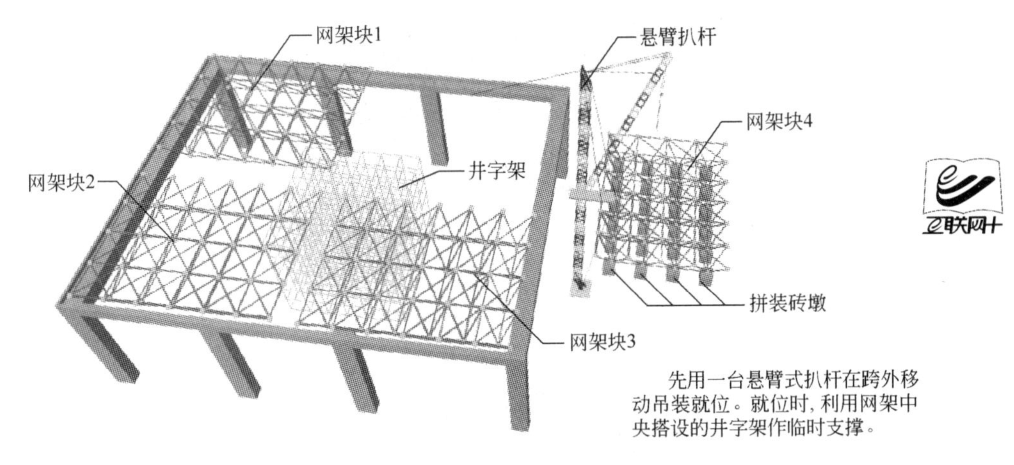
网架块1
悬臂扒杆
网架块4
网架块2
井字架
拼装砖墩
网架块3
先用一台悬臂式扒杆在跨外移动吊装就位。就位时，利用网架中央搭设的井字架作临时支撑。

图 5.65　分块吊装法

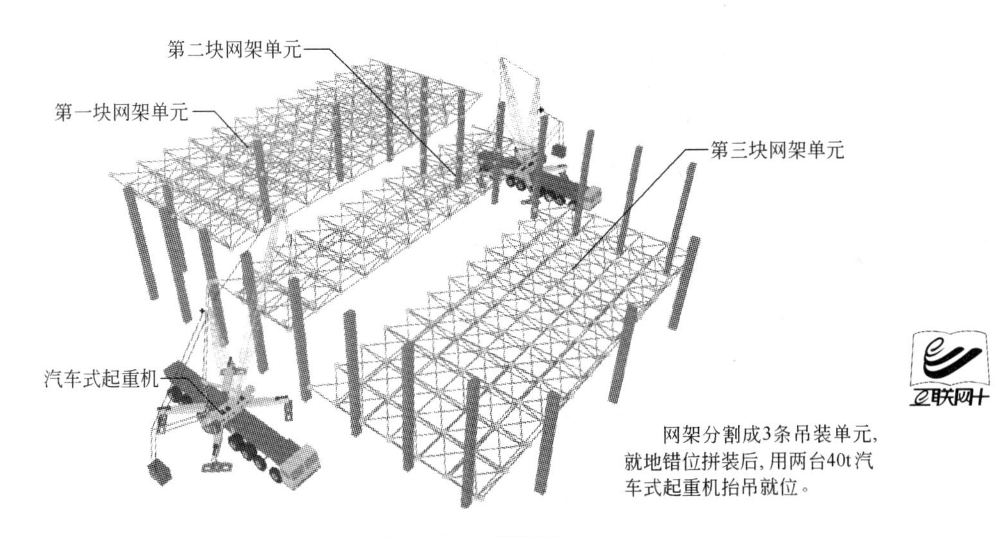
第二块网架单元
第一块网架单元
第三块网架单元
汽车式起重机
网架分割成3条吊装单元，就地错位拼装后，用两台40t汽车式起重机抬吊就位。

图 5.66　分条吊装

2. 整体吊装法

整体吊装法是指将网架就地错位拼装后，直接用起重机吊装就位的方法。适用于各种类型的网架，吊装时可在高空平移或旋转就位。例如，图 5.67 示意了某体育馆八角形三向网架，长 88.67m，宽 76.8m，重 360t，支承在周边 46 根钢筋混凝土柱上，采用 4 根扒杆、32 个吊点整体吊装就位。又如，某俱乐部 40m×40m 的双向正交斜放网架，重 55t，则用 4 根履带式起重机抬吊就位，如图 5.68 所示。

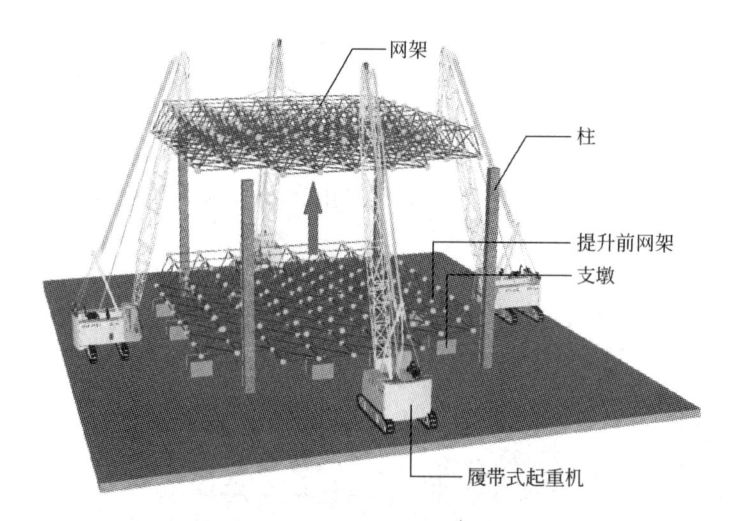

图 5.67　用 4 根扒杆整体吊装

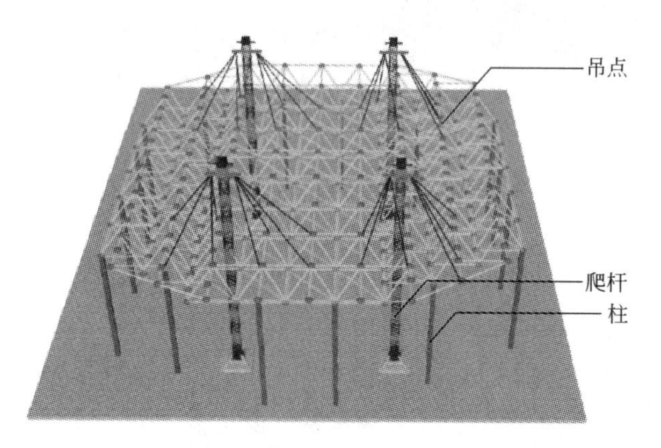

网架支承在周边钢筋混凝土柱上，采用4根扒杆，32个吊点整体吊装就位。

图 5.68　用 4 台起重机整体吊装

3. 高空滑移法

高空滑移法，按滑移方式分为逐条滑移法和逐条积累滑移法两种；按摩擦方式，又可以分为滚动式滑移和滑动式滑移两种。图 5.69 示意的是某剧院舞台屋盖 31.51m×23.16m 的正方四角锥网架，属逐条滚动滑移的实例之一。图 5.70 示意的某体育馆斜放四角锥网架为 45m×45m，采用逐条积累滑移法施工。

高空滑移法一般适用于正放四角锥、正放抽空四角锥、两向正交正放等网架，在实际工程施工中，滑移时滑移单元应保证成为几何不变体系，这样才能维持网架结构的稳定和安全。

4. 整体提升法

整体提升法是将网架在地面上拼装后，利用提升设备将其整体提升到设计标高安装就位。随着我国升板、滑模施工技术的发展，现已广泛采用升板机和液压千斤顶作为网架整体提升设备，并创造了升梁抬网、升网提模、滑模升网等新工艺，开拓了利用小型设备安装大型网架的新途径。

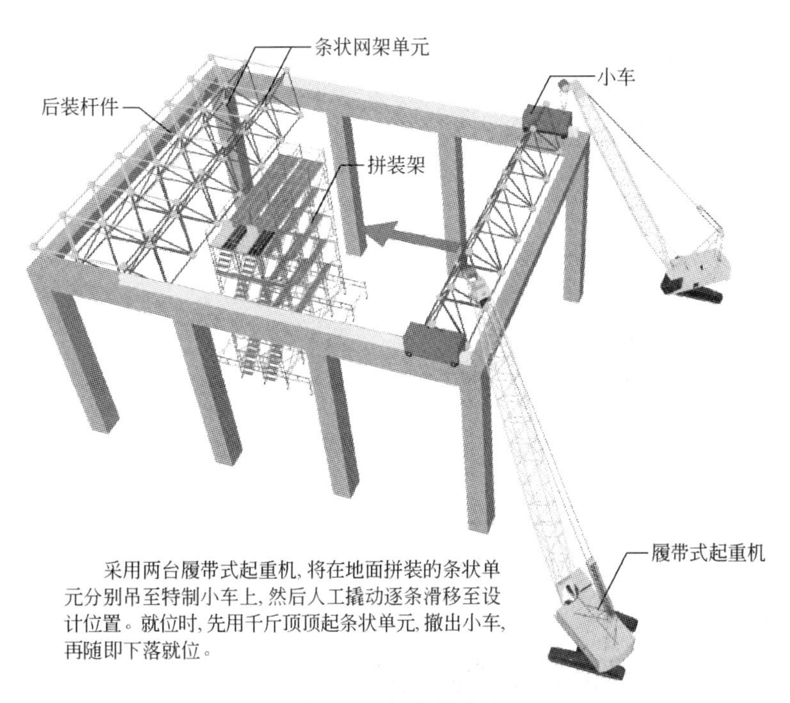
条状网架单元
小车
后装杆件
拼装架
履带式起重机
采用两台履带式起重机,将在地面拼装的条状单元分别吊至特制小车上,然后人工撬动逐条滑移至设计位置。就位时,先用千斤顶顶起条状单元,撤出小车,再随即下落就位。

图 5.69　逐条滑移法

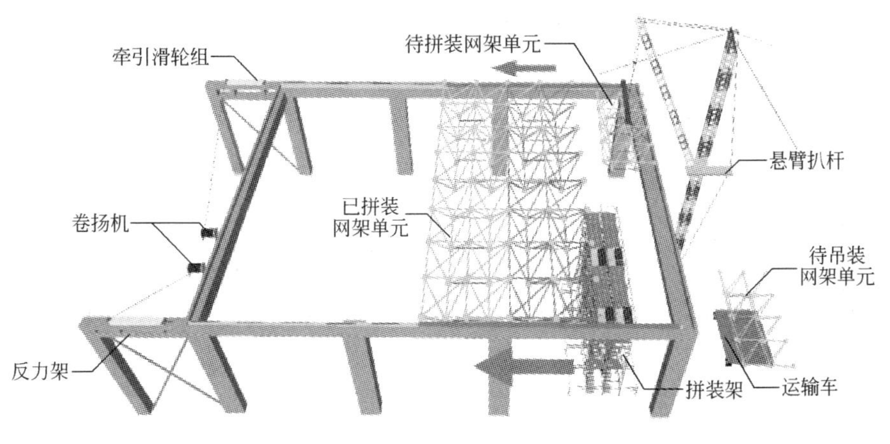
牵引滑轮组
待拼装网架单元
悬臂扒杆
已拼装
网架单元
卷扬机
待吊装
网架单元
反力架
拼装架
运输车

先在地面拼装成半跨的条状单元,然后用悬臂扒杆吊至拼装台上组成整跨的条状单元,再进行滑移。当前一单元滑出组装位置后,随即又拼装另一单元,再一起滑移,如此每拼装一个单元就滑移一次,直至滑移到设计位置为止。此法是逐条积累直接在支承结构的滑轨上的滑移,滑移的动力可用两台同型号的3t卷扬机牵引,亦可用千斤顶。

图 5.70　逐条积累滑移

整体提升法适用于周边支承及多点支承网架，可用升板机、液压千斤顶等小型机具进行施工。

例如，某网架为 44m×60.5m 的斜放四角锥网架，重 116t，采用了升梁抬网的施工方案，如图 5.71 所示。

又如，某风雨球场 40m×60m 斜放四角锥网架，周边支承于劲性钢筋混凝土柱上，采用升网提模的施工方案，如图 5.72 所示。

图 5.73 所示的网架施工则是采用滑模升网的施工方法。

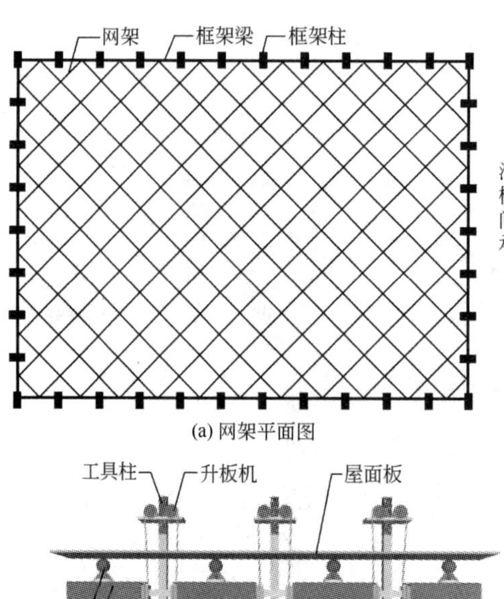

网架支承在38根钢筋混凝土柱的框架上，事先将框架梁按结构平面位置分区间在地面架空预制，网架支承于梁的中央。

(a) 网架平面图

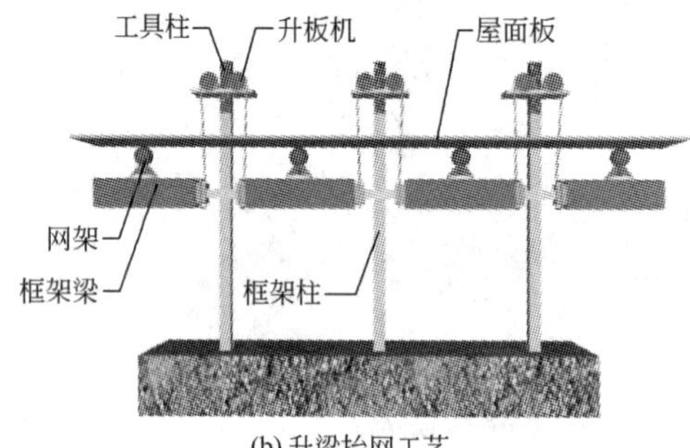

每根梁的两端各设置一个提升吊点，梁与梁之间用[10槽钢横向拉接，升板机安放在柱顶，通常吊杆与梁端吊点连接，在升梁的同时，网架也随之上升。

(b) 升梁抬网工艺

图 5.71　升梁抬网法

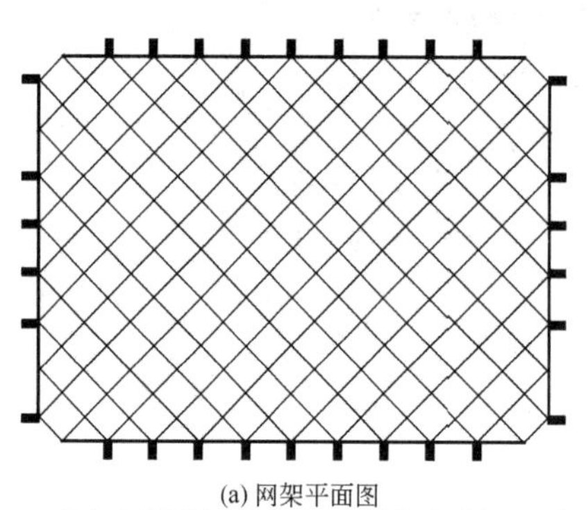

(a) 网架平面图

网架在现场就地拼装后，用升板机整体提升网架，在升网同时提升柱子模板，浇筑柱子混凝土，使升网、提模、浇注同时进行。

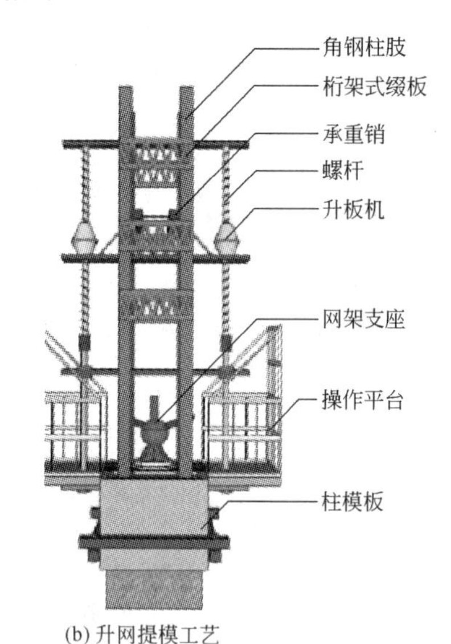

(b) 升网提模工艺

图 5.72　升网提模法

5. 整体顶升法

整体顶升是将网架在地面拼装后，用千斤顶整体提升就位的施工方法。网架在顶升过程中，一般用结构柱作临时支承，但也有另设专门支架或枕木垛的。它适用于支点较少的多点支承网架。图 5.74 所示为用结构柱作临时支承的顶升顺序。

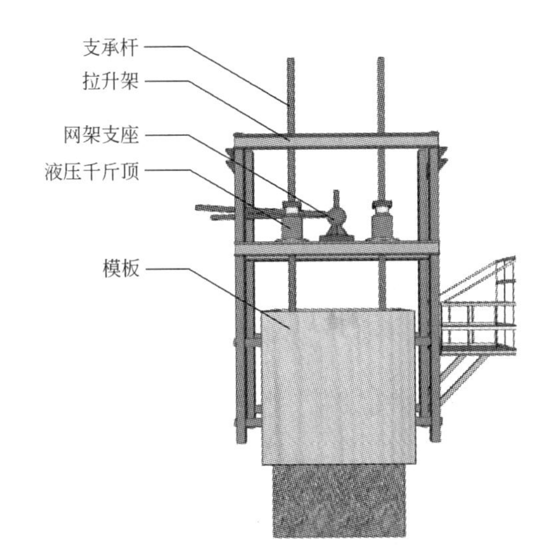
支承杆
拉升架
网架支座
液压千斤顶
模板

网架支承在钢筋混凝土框架柱上，利用框架液压滑模同步、匀速、平稳的特点，作为整体提升网架的功能；利用网架的整体刚度和平面空间，作为框架滑模的操作平台。在完成框架滑模施工的同时，网架也随之提升就位。

e联网+

图 5.73 滑模升网法

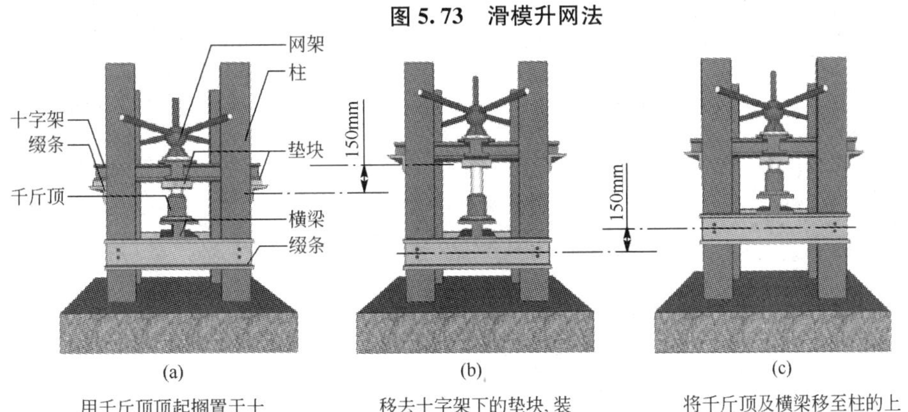
网架
柱
十字架
缀条
垫块
150mm
千斤顶
横梁
缀条
150mm
(a)
(b)
(c)
用千斤顶顶起搁置于十字架的网架。
移去十字架下的垫块，装上柱的缀板。
将千斤顶及横梁移至柱的上层缀板，便可进行下一顶升循环。

e联网+

图 5.74 网架整体顶升顺序

思维拓展

塔式起重机安全监控系统

鉴于长期以来，国内建筑工地塔式起重机重大恶性事故的不断发生这种事实。预防塔式起重机事故的发生，对塔式起重机安全生产必须采取必要的技防措施，已经得到了社会各界广泛的共识。在高楼密度越来越大，施工环境越来越紧凑的城市建筑业，对建筑塔机安全监控系统的需求快速上升的大背景下，塔机配备安全监控系统成为一种大趋势。它是一种安全有效的动态监控及人机管理一体化的智能系统，它能避免塔式起重机司机由于操作失误及麻痹大意而造成的严重甚至致命的事故。

塔机安全监控系统的智能化人机管理功能，从单一的对塔式起重机设备安全监控，上升到对塔式起重机司机的统一管理，增强了塔式起重机司机的安全意识，真正做到了防患于未然。GPRS远程网络监控系统，将塔式起重机的运行情况实时传输给安全管理部门。极大地降低了监管人员的工作强度，提高了管理部门的工作效率。同时系统也防止单台塔式起重机与学校、公路、高速公路、公共场所、铁路、高压线等发生碰撞。在塔式起重机群防碰撞措施方面，欧美等发达国家及国内许多地区已安全立法，所有建筑塔式起重机必须安装此类设备和系统，否则塔机不能投入现场使用。塔机安全监控系统的使用，填补了我国在塔式起重机安全管理方面的一项空白。

塔机安全监控系统由主控制器、无线数据传输电台、彩色工业液晶显示器和各种传感器组成，如图5.75所示。主控制器连接各种传感器，分别将力矩信号、小车位移信号、高度信号和回转角度信号等经过转换后输入主控制器，主控制器将转换后的塔机状态数据通过无线数据传输电台传给其他相关的塔机主控制器，主控制器通过对接收到的数据进行计算，判断相对位置及碰撞关系，如果发生碰撞则将指令传给输出继电器，输出继电器控制塔机各路接触器从而达到防碰撞的功能。彩色液晶显示器可以将本塔机的各种运行状态实时地显示出来，其中包括力矩、小车位移、大臂旋转角度、当前吊钩高度、风速等。同时塔机司机还可以通过显示器看到其他和其相关的塔机的运行状态，做到提前注意、提前防范的作用。数据传输电台可以实现塔式起重机间的信息传递，监视塔机的运行状态。

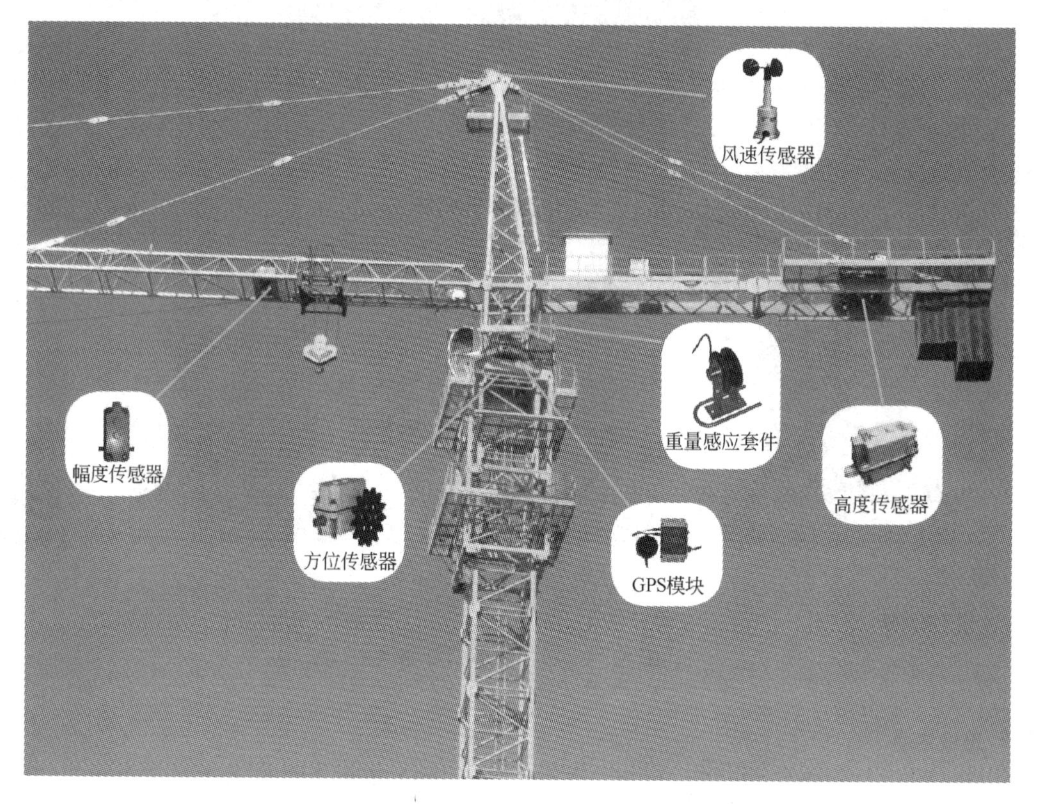

图5.75　塔机安全监控系统组成

职 业 技 能

技能要点	掌握程度	应用方向
吊装前的准备工作	熟悉	土建 施工员
构件吊装工艺、结构吊装方案	熟悉	
结构安装工程施工的质量要求与安全措施	熟悉	
常用的起重机具(机械)、索具和吊具	了解	

（续）

<table>
<tr><th colspan="3">技能要点</th><th>掌握程度</th><th>应用方向</th></tr>
<tr><td rowspan="8">单层工业厂房结构安装、多层装配式房屋结构安装</td><td colspan="2">装配式结构工程的一般内容、预制构件生产和检查验收的要点</td><td>了解</td><td rowspan="12">土建
质检员</td></tr>
<tr><td colspan="2">预制构件结构性能检验的规定以及对预制构件的标志、外观质量缺陷和尺寸允许偏差的规定</td><td>掌握</td></tr>
<tr><td colspan="2">预制构件进行结构性能检验的检验内容，检验批的划分、抽检数量、检验方法和减免结构性能检验项目的条件</td><td>了解</td></tr>
<tr><td colspan="2">结构性能检验的合格要求及复式抽样检验方案、进场预制构件的检验要求</td><td>掌握</td></tr>
<tr><td colspan="2">装配式结构对预制构件连接质量的要求</td><td>了解</td></tr>
<tr><td colspan="2">对接头和拼缝的浇筑和混凝土强度的要求</td><td>掌握</td></tr>
<tr><td colspan="2">装配式结构的施工特点及对运输、吊装、定位等的要求</td><td>掌握</td></tr>
<tr><td colspan="2">对装配式结构的外观质量、纯偏差的验收及缺陷处理的基本规定</td><td>掌握</td></tr>
<tr><td rowspan="4">钢结构安装</td><td rowspan="2">多层及高层钢结构安装工程</td><td>一般规定</td><td>掌握</td></tr>
<tr><td>基础和支承面、安装和校正</td><td>掌握</td></tr>
<tr><td rowspan="2">钢网架结构安装工程</td><td>一般规定</td><td>掌握</td></tr>
<tr><td>支承面顶板和支撑垫块一般项目、主控项目及检验方法</td><td>掌握</td></tr>
</table>

习　题

一、选择题

1. 现有两支吊索绑扎吊车梁，吊索与水平线夹角 a 为 45°，若吊车梁及吊索总重 Q 为 500kN，则起吊时每支吊索的拉力 P 为(　　)。

A. 323.8kN　　B. 331.2kN
C. 353.6kN　　D. 373.5kN

2. 若无设计要求，预制构件在运输时其混凝土强度至少应达到设计强度的(　　)。

A. 30%　　B. 40%　　C. 60%　　D. 75%

3. 单层工业厂房吊装柱时，其校正工作的主要内容是(　　)。

A. 平面位置　　B. 垂直度
C. 柱顶标高　　D. 牛腿标高

4. 单层工业厂房屋架的吊装工艺顺序是(　　)。

A. 绑扎、起吊、对位、临时固定、校正、最后固定
B. 绑扎、扶直就位、起吊、对位与临时固定、校正、最后固定

C. 绑扎、对位、起吊、校正、临时固定、最后固定

D. 绑扎、对位、校正、起吊、临时固定、最后固定

5. 吊装单层工业厂房吊车梁，必须待柱基础杯口二次浇筑的混凝土达到设计强度的(　　)以上时方可进行。

A. 25%　　B. 50%

C. 60%　　D. 75%

6. 单层工业厂房结构吊装中关于分件吊装法的特点，叙述正确的是(　　)。

A. 起重机开行路线长　　B. 索具更换频繁

C. 现场构件平面布置拥挤　　D. 起重机停机次数少

7. 已安装大型设备的单层工业厂房，其结构吊装方法应采用(　　)。

A. 综合吊装法　　B. 分件吊装法

C. 分层分段流水安装法　　D. 分层大流水安装法

8. 单层工业厂房柱子的吊装工艺顺序是(　　)。

A. 绑扎、起吊、就位、临时固定、校正、最后固定

B. 绑扎、就位、起吊、临时固定、校正、最后固定

C. 就位、绑扎、起吊、校正、临时固定、最后固定

D. 就位、绑扎、校正、起吊、临时固定、最后固定

9. 吊装中小型单层工业厂房的结构构件时，宜使用(　　)。

A. 履带式起重机人字拔杆式起重机

B. 附着式塔式起重机

C. 人字拔杆式起重机

D. 轨道式塔式起重机

10. 仅采用简易起重运输设备进行螺栓球节点网架结构施工，宜采用(　　)。

A. 高空散装法　　B. 高空滑移法

C. 整体吊装法　　D. 整体顶升法

11. 下列不能负重行驶的起重机械有(　　)。

A. 人字拔杆　　B. 汽车式起重机

C. 履带式起重机　　D. 轮胎式起重机

E. 牵缆式桅杆起重机

12. 履带式起重机的技术性能参数包括(　　)。

A. 起重力矩　　B. 起重半径　　C. 臂长　　D. 起重量

E. 起重高度

13. 塔式起重机的技术性能参数包括(　　)。

A. 起重力矩　　B. 幅度　　C. 臂长

D. 起重量　　E. 起重高度

14. 屋架吊装时，采用四点绑扎且不需要使用横吊梁的屋架有(　　)。

A. 12m 屋架　　B. 18m 屋架　　C. 24m 屋架　　D. 30m 屋架

E. 36m 屋架

15. 屋架预制时，其平面布置方式有(　　)。

A. 正面斜向　　B. 反面斜向　　C. 正反斜向　　D. 正面纵向

E. 正反纵向

16. 装配式结构采用分件吊装法较综合吊装法的优点在于(　　)。

A. 吊装速度快　　B. 起重机开行路线短

C. 校正时间充裕　　D. 现场布置简单

E. 能提早进行维护和装修施工

二、简答题

1. 多层装配式房屋结构安装如何选择起重机械?

2. 塔式起重机有避雷系统吗? 在下雨打雷的天气，塔式起重机属附近最高建筑物，在这个时候工作是否会有生命危险?

3. 钢结构网架加工是否可以借力机器人来实现技术的再先进?

三、案例分析

1. 某城市环路立交桥工程，长 1.5km，其中跨越主干道部分采用钢-混凝土组合梁结构，跨径 47.6m。鉴于吊装的单节钢梁重量大，又在城市主干道上施工，承建该工程的施工项目部为此制订了专项施工方案，拟采取以下措施。【2006 年度全国一级建造师考试《实务市政工程》真题】

① 为保证吊车的安装作业，占用一侧慢行车道，选择在夜深车稀时段自行封路后进行钢梁吊装作业。

② 请具有相关资质的研究部门对钢梁结构在安装施工过程中不同受力状态下的强度、刚度及稳定性进行验算。

【问题】

(1) 项目部拟采取的措施①不符合哪些规定?

(2) 项目部拟采取的措施②中验算内容和项目齐全吗? 如不齐合请补充。

2. 某小区内拟建一座 6 层普通砖泥结构住宅楼，外墙厚 370mm，内墙厚 240mm，抗震设防烈度 7 度，某施工单位于 2009 年 5 月与建设单位签订了该项工程总承包全同。现场需要安装一台物料提升机解决垂直运输问题，物料提升机运到现场后，项目经理部按照技术人员提供的装配图集组织人员进行安装，安装结束后，现场机务员报请项目经理批准，物料提升机正式投入使用。【2010 年二级建造师考试《建筑工程》真题】

【问题】请问项目经理部的处理否符合要求?

3. 某 18 层办公楼，建筑面积 32000m²，总高度 71m，钢筋混凝土框架—剪力墙结构，脚手架采用悬挑钢管脚手架，外择密目安全网，塔式起重机作为垂直运输工具。2006 年 11 月 9 日在 15 层结构施工时，吊运钢管时钢丝绳滑扣，起吊离地 20m 后，钢管散落，造成下面作业的 4 名人员死亡，2 人重伤。【2007 年一级建造师管理与实务(建筑工程)】

经事故调查发现如下情况。

① 作业人员严重违章，起重机司机因事请假，工长临时指定一名机械工操作塔式起重机，钢管没有捆扎就托底兜着吊起，而且钢丝绳没有在吊钩上挂好，只是挂在吊钩的端头上。

② 专职安全员在事故发生时不在现场。

③ 作业前，施工单位项目技术负责人未详细进行安全技术交底，仅向专职安全员口

头交待了施工方案中的安全管理要求。

【问题】

（1）针对现场伤亡事故，项目经理应采取哪些应急措施？

（2）指出本次事故的直接原因。

（3）对本起事故，专职安全员有哪些过错？

第6章

桥梁结构工程

重点概览

梁的基本组成与
类
地浇筑法施工
梁预制安装法施工
应力混凝土桥梁悬
法施工
体法施工
应力混凝土现浇梁
推法施工
动模架法施工

桥梁工程是跨越障碍物(如河流、沟谷、道路、铁路等)的结构物。桥梁工程是道路工程的重要组成部分，在工程规模上约占道路总造价的10%～20%。随着城市建设的发展，大量的高等级道路及高架道路的修建，桥梁工程不仅在规模上十分巨大，而且技术要求高、施工难度大，往往成为道路能否早日建成的关键所在，也是保证全线通车的咽喉和枢纽。

学习要点

- 了解悬臂施工法的特点及分类，掌握悬臂拼装法和悬臂浇筑法的施工工艺过程，熟悉预应力混凝土斜拉桥的悬臂施工方法；
- 了解转体施工法的特点及应用范围，掌握转体施工中的平面转体和竖向转体方法；
- 掌握预应力混凝土桥梁的顶推法施工工艺，对顶推施工中的常见问题及其对策应熟悉；
- 熟悉连续桥梁的逐孔施工法；
- 了解钢桥的特点及钢构件的制作，掌握钢桥的安装方法；
- 了解吊桥和斜拉桥的施工特点。

主要国家标准

- 《桥梁用结构钢》GB/T 714—2008
- 《城市桥梁工程施工与质量验收规范》CJJ 2—2008
- 《城市桥梁工程施工质量验收规范(附条文说明)》DBJ 08—117—2005
- 《公路桥涵设计通用规范》JTG D 60—2004
- 《公路桥涵施工技术规范》JTG/T F50—2011

案例导航

悲惨的沱江大桥

堤溪沱江大桥工程是湖南省凤凰县至贵州省同仁大兴机场凤大公路工程建设项目中一个重要控制性工程。大桥全长328.45m，桥面宽度13m，设3%纵坡，桥型为4孔65m跨径等截面悬链线空腹无铰拱桥。大桥墩高33m，且为连拱石拱桥，其造型如图6.1所示。

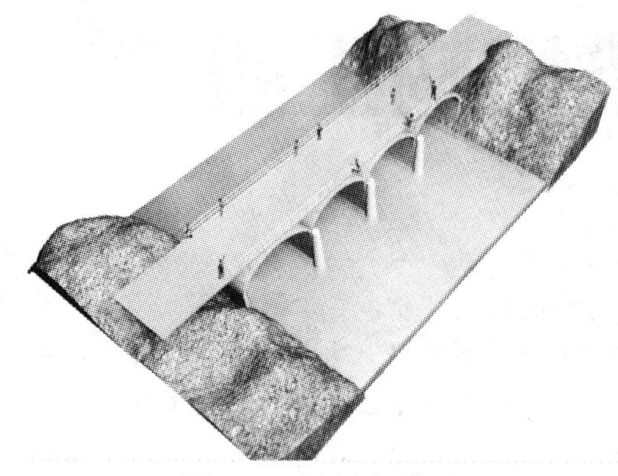

图6.1 沱江大桥造型

2007年8月13日约16：45分，正在施工的堤溪沱江大桥突然发生坍塌，造成64人死亡，4人重伤，18人轻伤，直接经济损失3974.7万元的特别重大坍塌事故。

该事故发生的直接原因是，大桥主拱圈砌筑材料未满足规范和设计要求，拱桥上部构造施工工序不合理，主拱圈砌筑质量差，降低了拱圈砌体的整体性和强度，随着拱上荷载的不断增加，造成一拱脚区段砌体强度达到破坏极限而坍塌，受连拱效应影响，整个大桥迅速坍塌。

该事故发生的主要原因一是施工单位项目经理部擅自变更原主拱圈施工方案，现场管理混乱，违规乱用料石，主拱圈施工不符合规范要求，在主拱圈未达到设计强度的情况下就开始落架施工作业；二是建设单位项目管理混乱，对发现的施工质量问题未认真督促施工单位整改，未经设计单位同意擅自与施工单位变更原主拱圈设计施工方案，盲目倒排工期赶进度，越权指挥，甚至要求监理不要上桥检查；三是工程监理单位未能制止施工单位擅自变更原主拱圈施工方案，对发现的主拱圈施工质量问题督促整改不力，在主拱圈砌筑完成但强度资料尚未测出的情况下即签字验收合格；四是设计和地质勘察单位违规将勘察项目分包给个人，地质勘察设计深度不够，现场服务和设计交底不到位；五是湖南省、湘西州交通质量监督部门对大桥工程的质量监管严重失职；六是湘西自治州、凤凰县两级政府及湖南省有关部门对工程建设立项审批、招投标、质量和安全生产等方面的工作监管不力。

【问题讨论】

被查实该拱桥里面没有埋设钢筋，试问石拱桥里面是否需要埋设钢筋吗？

6.1 桥梁的基本组成与分类

6.1.1 桥梁的基本组成

桥梁一般由上部结构、下部结构和附属结构组成，如图6.2所示。

上部结构，又称为桥跨结构，包括承重结构和桥面系，是路线遇到障碍而中断时跨越障碍的建筑物。它的作用是承受车辆荷载，并通过支座传给墩台。

下部结构由桥墩(单孔桥没有桥墩)、桥台及其基础组成。下部结构的作用是支承桥跨结构，并将结构重力和车辆荷载等作用传至地基。桥台还与路堤相衔接，以抵御路堤土侧

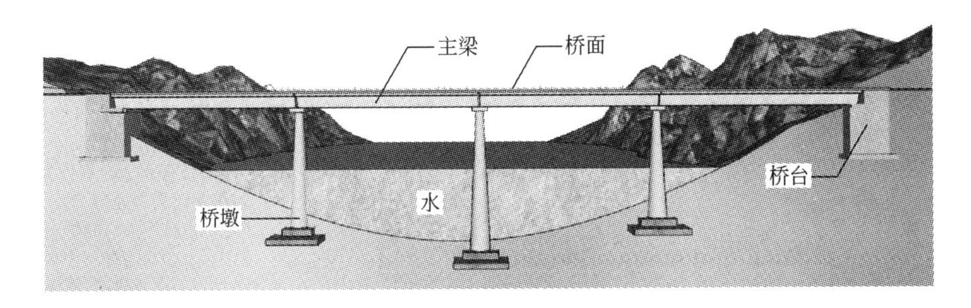

图 6.2 梁桥的基本组成

压力，防止路堤填土的滑坡和坍落。

附属结构包括桥头锥形护坡、护岸以及导流结构物等，其作用是抵御水流的冲刷，以保证路堤迎水部分边坡的稳定。

6.1.2 桥梁的分类

桥梁的形式有很多种，按照结构体系划分，有梁、拱、刚架、悬索和组合体系等5种。

1. 梁式体系(梁桥)

梁桥的承重结构是以自身的抗弯能力来承受荷载的，桥跨结构在竖向荷载作用下，支座只产生竖向反力而无水平推力。按静力特性分为简支梁、连续梁、悬臂梁和固端梁等，如图6.3所示。

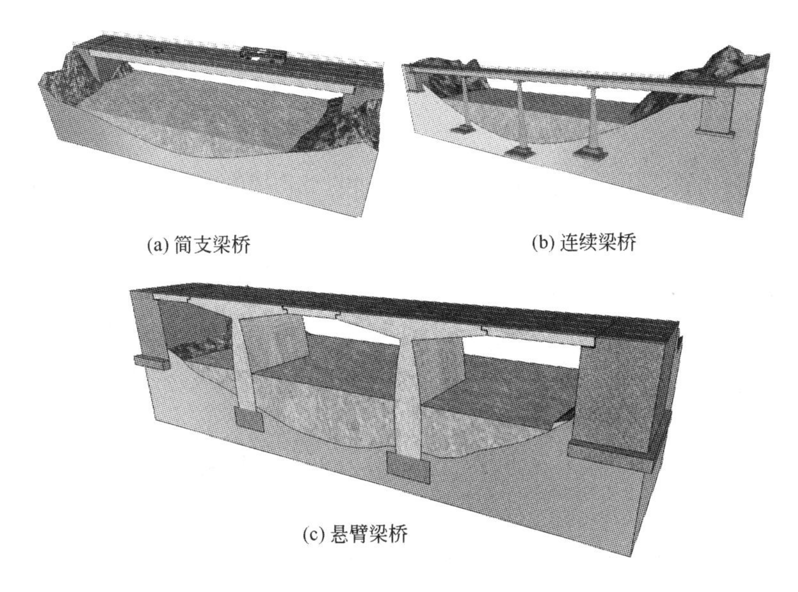

(a) 简支梁桥

(b) 连续梁桥

(c) 悬臂梁桥

图 6.3 梁式桥

2. 拱式体系

拱式体系(拱桥)的主要承重结构是拱圈或拱肋，如图6.4所示。与相同跨径的梁桥相比，拱桥的弯矩、剪力和变形都要小得多。鉴于拱桥的承重结构以受压为主，通常可用抗压能力强的土木材料(如砖、石、混凝土)或钢筋混凝土等来建造。

拱结构在竖向荷载作用下桥墩和桥台将承受水平推力，同时，根据作用力和反作用力原理，墩台向拱圈(或拱肋)提供一对水平反力，这种水平反力将大大抵消拱圈(或拱肋)内作用引起的弯矩。

图 6.4　拱式体系

3．刚架桥

刚架桥是介于梁与拱之间的一种结构体系，形状如图 6.5 所示。刚架桥施工复杂，其桥下净空比拱桥大，一般用于跨径不大的城市公路高架桥和立交桥。

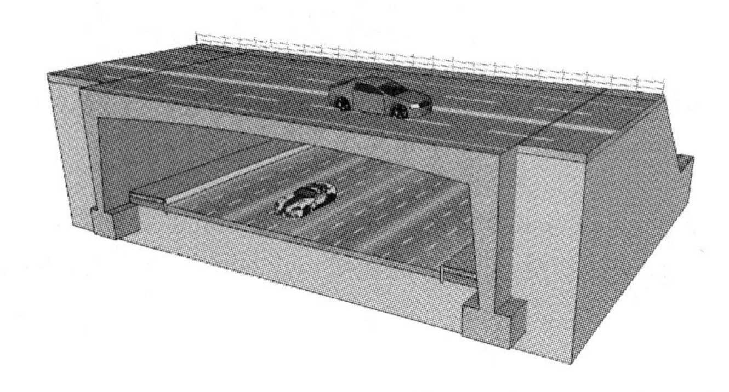

刚架桥是由受弯的上部梁(或板)结构与承压的下部墩(或桩柱)整体结合在一起的刚架结构，梁和柱的连接处具有很大的刚度。

图 6.5　刚架桥

4．悬索桥

悬索桥也称为吊桥，由大缆、塔架、吊杆、加劲梁和锚锭 5 部分组成，如图 6.6 所示。

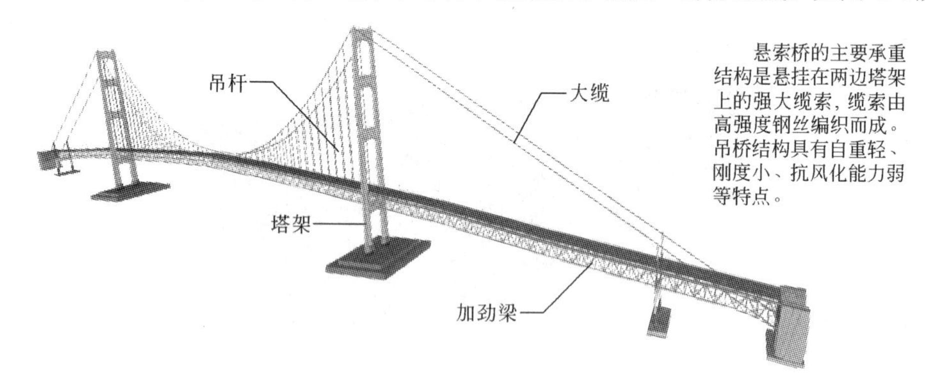

悬索桥的主要承重结构是悬挂在两边塔架上的强大缆索，缆索由高强度钢丝编织而成。吊桥结构具有自重轻、刚度小、抗风化能力弱等特点。

图 6.6　悬索桥

5．组合体系桥梁

根据结构的受力特点可将梁、拱、刚架以不同体系组合而成，主要有以下几种形组合方式。

① 梁拱组合体系，该体系有系杆拱、桁架拱、多跨拱梁结构等，它是利用梁的受弯与拱的承压特点组成的联合结构。这种体系因造型美观，常用于城市跨河桥，如图 6.7 所示。

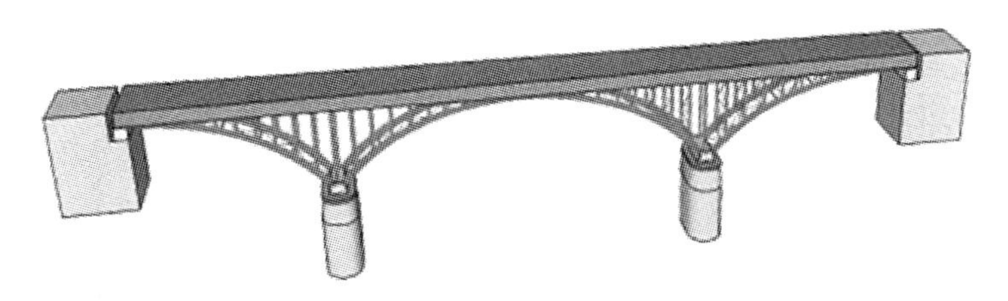

图 6.7 梁拱组合体系桥

② 梁和刚架相结合的体系。

③ 斜拉桥也是一种主梁与斜缆相结合的组合体系，见图 6.8。

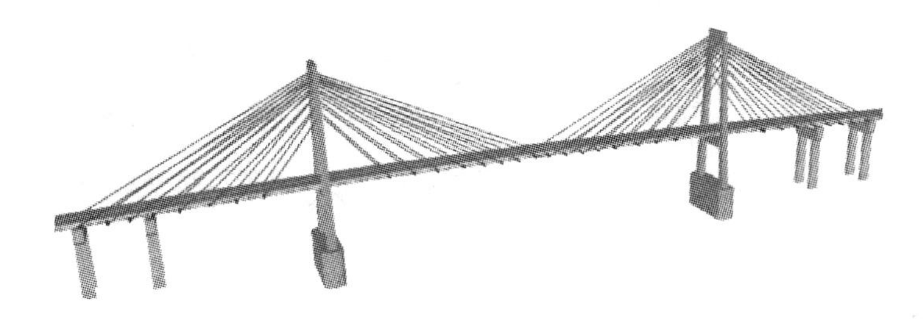

悬挂在塔柱上的被张紧的斜缆将主梁吊住，使主梁像多点弹性支承的连续梁一样工作，这样既发挥了高强材料的作用，又显著减小了主梁截面，使结构减轻而能获很大跨径。

图 6.8 斜拉桥

知识冲浪

复合钢管混凝土桁架梁桥

复合钢管混凝土是指钢管混凝土外包钢筋混凝土的一种组合结构。钢管混凝土起骨架作用，而外包钢筋混凝土则对钢管起防护作用。形式上同采用型钢外包钢筋混凝土的钢骨混凝土结构，实际可看作是钢骨混凝土的一种特殊形式。复合钢管混凝土桁架梁桥能保持箱型钢构件和连续梁桥桥道结构的顶板形式不变，与桁架相组合，作为桁架的上弦，实际形成板桁结构。桁架下弦和腹杆为复合钢管混凝土结构，桁架风构和横撑为钢丝网水泥(或聚酯)砂浆防护的空钢管或钢管混凝土结构，跨中为劲性骨架 T 形梁或复合钢管混凝土桁架。复合钢管混凝土桁架实现了桥梁轻质高强的目标。

6.2 就地浇筑法施工

就地浇筑法是在桥位处搭设支架，在支架上浇筑桥体混凝土，待达到强度后拆除模板、支架的方法。

就地浇铸法无需预制场地，而且不需要大型起吊、运输设备，梁体的主筋可不中断，桥梁整体性好。它的缺点是工期长，施工质量不容易控制，对预应力混凝土梁由于混凝土的收缩、徐变引起的应力损失比较大，施工中的支架、模板耗用量大，施工费用高，搭设支架影响排洪、通航，施工期间可能受到洪水和漂流物的威胁，一般仅在小跨径桥或交通不便的边远地区使用。

就地浇筑法施工工艺的内容包括支架、拱架、模板的架设和钢筋骨架的成型以及混凝土的运送、振捣与浇筑。

6.2.1　支架、拱架及模板

1. 支架

为了完成钢筋混凝土梁桥的就地现浇施工，首先应根据桥孔跨径、桥孔下面覆盖土层的地质条件、水的深浅等因素，合理地选择支架形式。支架按其构造分为立柱式支架、梁式支架和梁—柱式支架，如图 6.9 所示。

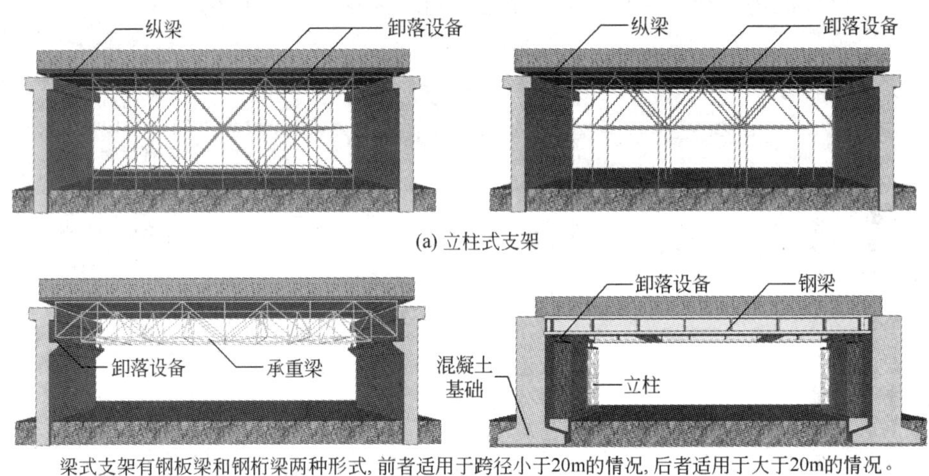

(a) 立柱式支架

梁式支架有钢板梁和钢桁梁两种形式，前者适用于跨径小于20m的情况，后者适用于大于20m的情况。

(b) 梁式支架

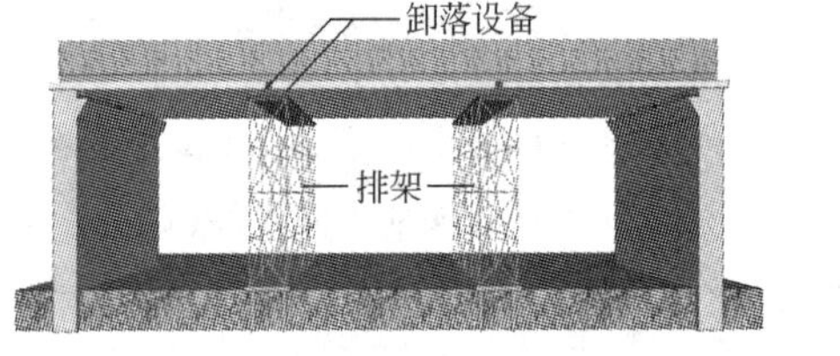

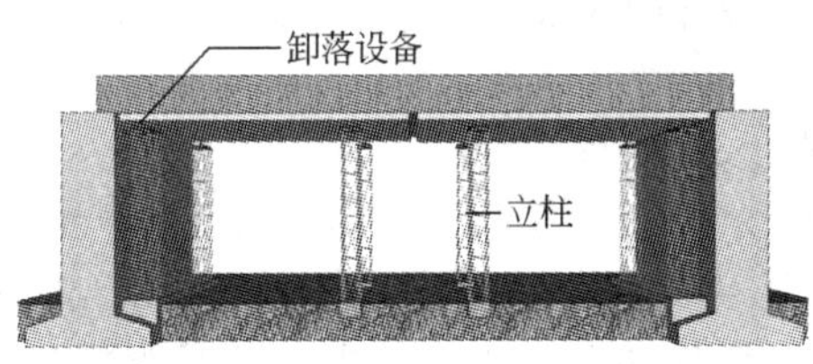

梁—柱式支架适用于桥墩较高、跨径较大且支架下需要排洪的情况。

(c) 梁—柱式支架

图 6.9　支架类型

2. 拱架

拱架是施工期间用来支撑拱圈、保证拱圈符合设计形状的临时构造物。拱架的形式有立柱式、三铰桁式和梁式拱架等，如图 6.10 所示。拱架应具有足够的强度、刚度和稳定性，并符合构造简单、便于制作、拼装、架立和省工省料要求。

3. 模板

模板一般常用木模和钢模，模板类型的选择主要取决于同类桥跨结构的数量和模板材

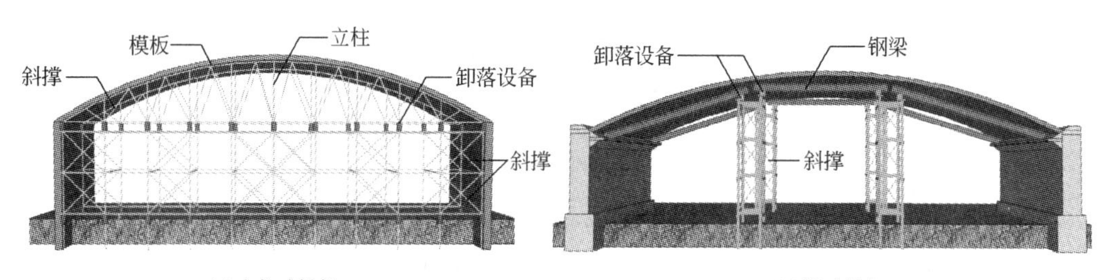

(a) 立柱式拱架　　(b) 梁式拱架

图 6.10　拱架类型

料的供应。当建造单跨或 n 跨不同桥跨结构，一般采用木模，木模板的基本构造由紧贴于混凝土表面的壳板(又称为面板)、支撑壳板的肋木和立柱或横档组成。当有 n 跨同样的桥跨结构时，可采用大型模板快件组装或用钢模则更经济。

6.2.2　钢筋骨架成型

钢筋骨架成型与普通混凝土工程类似。对于就地现浇的结构，焊接或者绑扎的工序多放在现场支架上来完成，其余工序均可在工地附近的钢筋加工车间来完成。骨架要有足够的刚性，以便在搬运、安装和灌注混凝土过程中不致变形、松散。

6.2.3　混凝土运送、浇筑与振捣

1. 混凝土运送

混凝土的运输应以最少的转运次数、最短的运距迅速从搅拌地点运至浇筑位置为原则，其运输方式见表 6-1。

表 6-1　混凝土运输方式

运输方式	使用范围
桥面运输	跨径不大的桥梁可在模板上铺以跳板和马凳，以利用手推车运输
索道吊机运输	索道吊机一般以顺桥方向跨越全部桥跨设置，可设一条或两条索道，在桥横向可用牵引的方法或搭设平台分送混凝土。索道吊机适用于河谷较深或水流湍急的桥梁
水上运输	较大的、可通航的河流，可在浮船上设置水上混凝土工厂和吊机，以便供应混凝土和将混凝土运送至浇筑部位。需另由小船运送时，应尽可能使用同一装载工具
输送泵运输	混凝土数量较大的大型桥梁，宜在岸或船上设置混凝土搅拌站，采用混凝土输送泵运输

2. 混凝土浇筑

为保证混凝土的整体性，防止在浇筑上层混凝土时破坏下层，要求混凝土具有一定的浇筑速度，在下层混凝土初凝前完成上层混凝土的浇筑，其最小浇筑速度由下式计算：

$$h \geqslant \frac{s}{t} \tag{6-1}$$

式中：h——浇筑时混凝土面上升速度的最小值(m/s)；

s——浇筑混凝土的扰动深度，一般为0.25～0.5m；

t——混凝土实际初凝时间(s)。

1）简支梁混凝土的浇筑

对于跨径不大的简支梁，可在一跨全长内水平分层浇筑，在跨中合拢。分层的厚度视振捣能力而定，一般选用15～30cm。为避免支架不均匀沉陷的影响，浇筑速度应尽量快，以便在混凝土失去塑性前完成混凝土的浇筑。

对跨径较大的梁桥应从主梁的两端用斜层法向跨中浇筑，在跨中合拢。图6.11所示为T型梁和箱形梁采用斜层法浇筑顺序(图中①～⑨序号表示浇筑顺序)。

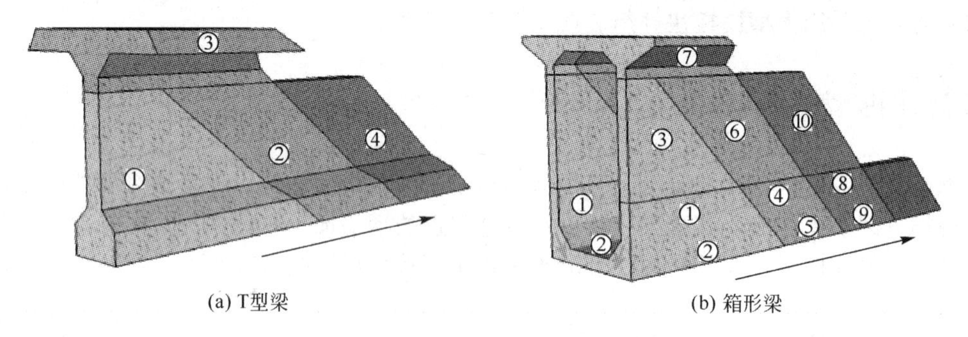

(a) T型梁　　(b) 箱形梁

图6.11　T形梁和箱梁斜层浇筑顺序

2）悬臂梁、连续梁混凝土的浇筑

悬臂梁和连续梁的上部结构在支架上浇筑混凝土时，支架在桥墩处为刚性支点，桥跨支撑于地基上的支架为弹性支点，在浇筑混凝土时支架会产生不均匀的沉降，而造成刚浇筑完毕梁体混凝土开裂。因此，在浇筑混凝土时，应从跨中向两端墩、台进行。同时，其邻跨也从跨中或悬臂向墩、台进行，在桥墩处设置接缝，待支架沉降稳定后，再浇筑墩顶处梁的接缝混凝土。连续梁的浇筑顺序如图6.12所示(图中①、②序号表示浇筑顺序)。

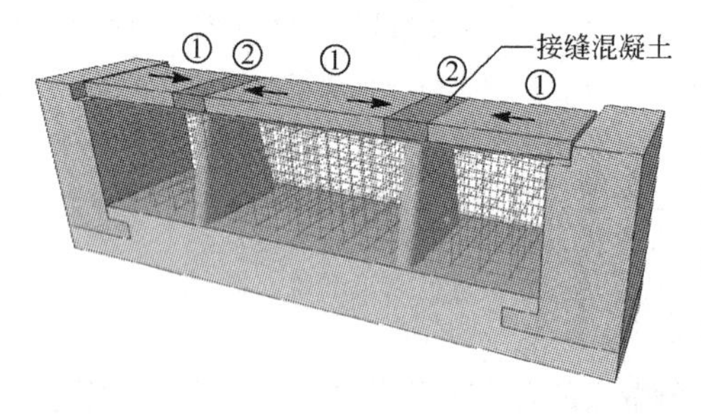

梁段间的接缝一般宽为0.8~1.0 m，两端用模板隔开，并留出预留钢筋的空洞。浇筑时先进行端面的凿毛并清洗干净，绑扎接缝连接钢筋，浇筑接缝混凝土。

图6.12　连续梁的浇筑顺序

当悬臂梁设有挂梁时，须待混凝土的强度达到设计强度的75%后方可进行挂梁的安装或现浇。

3）混凝土、钢筋混凝土拱圈的浇筑

在支架上就地浇筑拱圈可分为3个阶段：第一阶段浇筑拱圈或拱肋混凝土；第二阶段

浇筑拱上立柱、联系梁及横梁等；第三阶段浇筑桥面系。后一阶段混凝土浇筑应在前一阶段混凝土强度达到规定设计强度等级后进行。拱圈或拱肋的拱架，可在混凝土强度达到设计强度等级的70%以上时，在第二或第三阶段开始施工前拆除，但应对拆除后拱圈的稳定性进行验算。主拱圈根据跨径的不同分为连续浇筑、分段浇筑和分环分段浇筑。

(1) 连续浇筑。跨径在16m以下的混凝土拱圈或拱肋，拱圈高度较小，全桥混凝土的数量也较小，一次主拱可以从两拱脚开始连续对称地向拱顶浇筑。当混凝土数量多而不能在限定时间内完成时，则需在两拱脚处留出隔缝，最后浇筑成拱。

(2) 分段浇筑。跨径在16m以上的混凝土拱圈或拱肋，为避免先浇筑的混凝土由于拱架的下沉而开裂，为减小混凝土的收缩力，沿拱跨方向分段浇筑，各段之间留有间隔槽，以便在拱架下沉时，拱圈各阶段有相对活动的余地，从而避免拱圈开裂。图6.13为拱圈分段浇筑次序(图中1～11序号表示浇筑顺序，其中1～5序号表示拱段，6～11序号表示槽宽间隔)。

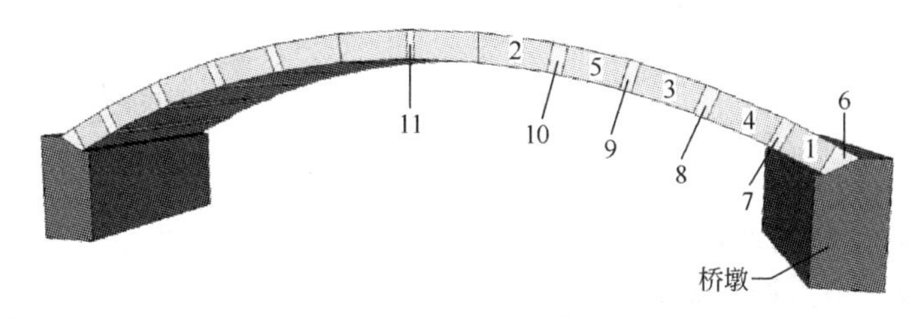

拱圈长度一般取6~15m，划分拱段时应使拱顶两端保持对称、均匀。间隔槽宽为0.5~1.0m，一般宜设在拱架受力的反弯点、拱架节点处、拱顶或拱脚。拱段的浇筑程序应符合设计要求，在拱顶两侧对称进行，以使拱架变形保持均匀和最小。

图6.13 拱圈分段浇筑示意

(3) 分环分段浇筑。大跨径钢筋混凝土拱圈，为减轻拱架负重，通过计算可采用将拱圈高度分成两环或三环来浇筑混凝土。先分段浇筑下环混凝土，分环合拢，再浇筑上环混凝土。下环混凝土达到设计强度后，与拱架共同承担后浇混凝土的重量，节省支架。混凝土振捣与养护见第4章所述。

6.3 桥梁预制安装法施工

在预制厂或在运输方便的桥址附近设置预制厂进行梁预制，然后采用一定的架设方法进行安装。预制安装法施工一般是指钢筋混凝土或预应力混凝土简支梁的预制安装。

6.3.1 预制梁的出坑和运输

1. 出坑

预制构件从预制场的底座上移出来，称为“出坑”。钢筋混凝土构件在混凝土强度达到设计强度75%以上，预应力混凝土构件在进行预应力筋张拉后，即可进行该项工作。

构件出坑时，常采用龙门吊机出坑、三角扒杆偏吊出坑和横向滚移出坑。构件吊运时的吊点位置应按设计规定。如无设计规定时，梁、板构件的吊点应根据计算确定。

2. 运输

预制梁从预制场运至施工现场的运输称为场外运输，常用大型平板车、驳船或火车运至桥位现场。预制梁在施工现场内运输称为场内运输，常用龙门轨道运输、平车轨道运输、平板汽车运输，也可采用纵向滚移法运输。

6.3.2 预制梁的安装

1. 架设方法

简支梁、板构件的架设，主要包括起吊、纵移、横移、落梁等工序。其架设方法有陆地架设法、浮吊架设法、高空架设法等。

1）陆地架设法

陆地架设法包括跨墩门式吊车架梁、自行式吊车架梁、摆动排架架梁和移动支架架梁等，如图 6.14 所示。

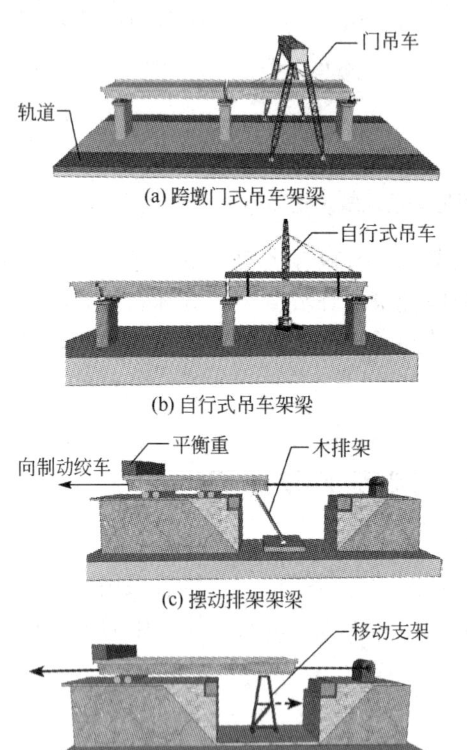

(a) 跨墩门式吊车架梁

适用于桥不太高、架桥孔数多、沿桥墩两侧架设轨道不困难的情况；它需铺设吊车行走轨道、在其内侧铺设运梁轨道或设便道用拖车运梁。可视情况采用一台或两台跨墩门式吊车架梁。梁用门式吊车起吊、横移、并安装在预定位置。架完一孔后，吊车前移，再架设下一孔。当水深不超过5m、水流平缓、不通航的中小河流上，亦可通过搭设便桥并铺轨后用门式吊车架梁。

(b) 自行式吊车架梁

适用于桥不高、场内可设置行车便道的情况，视吊装重量，可采用单吊(一台吊车)或双吊(两台吊车)。此法施工方便简单，机动性好，架梁速度快。

(c) 摆动排架架梁

适用于小跨径桥梁。用木排架或钢排架作为承力的摆动支点，用牵引绞车和制动绞车来控制摆动速度。当预制梁就位后，再用千斤顶落梁就位。

(d) 移动支架架梁

适用于高度不大的中、小跨径桥梁，且桥下地基良好能设置简易轨道的情况。采用木制或钢制的移动支架架梁，梁随着牵引索前拉，移动支架带梁沿轨道前进，到位后再用千斤顶落梁。

图 6.14 陆地架设法示意

2）浮吊架设法

(1) 固定式悬臂浮吊架梁的方法如图 6.15 所示，此法适用于流速不大、桥墩不高的情况，架设 30m 的 T 梁或 T 形钢构的挂梁均很方便。但应关注气象，特别是风向、风力。一般采用钢制万能杆件或贝雷钢架拼装固定式的悬臂浮吊。

架梁前，从存梁场吊运预制梁至下河栈桥，再由固定式悬臂浮吊接运并安装稳妥，然后用拖轮将载重的浮吊拖运至待架桥孔处，并使浮吊初步就位。最后将船上的定位钢丝绳与桥墩锚系，慢慢调整定位，在对准梁位后可落梁就位。

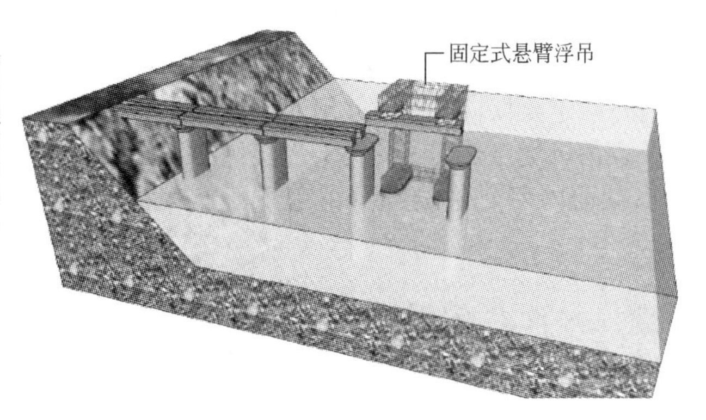

图 6.15 固定式悬臂浮吊架梁示意

(2) 浮吊船架梁的方法如图 6.16 所示，它适用于海上和大的深水河流上修建桥梁。采用可回转的伸臂式浮吊架梁比较方便，其高空作业少，施工比较安全、吊装能力与工效均较高。但需大型浮吊，一般采用装梁船存梁后，成批一起架设才比较经济省时，且需在岸边设置临时码头来移运预制梁。

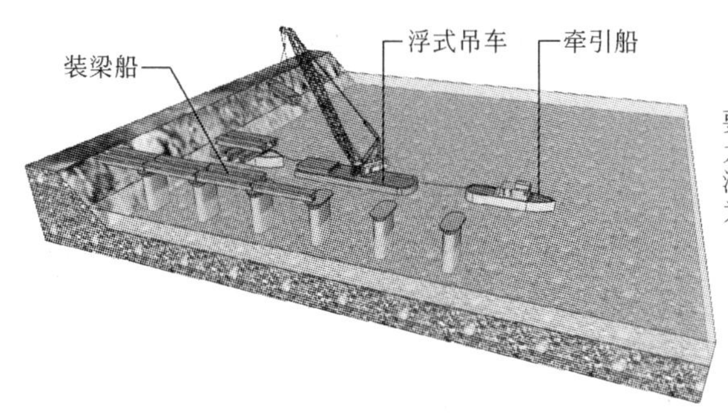

架梁时，浮吊要锚固；如流速不大，可用预先抛入河中的混凝土锚作为锚固点。

图 6.16 浮吊船架梁示意

3) 高空架设法

(1) 联合架桥机架梁。

联合架桥机由一根两跨长的钢导梁、梁套门式吊机和一个托架(又称为蝴蝶架)3 部分组成，如图 6.17 所示。此法施工不受水深和墩高的影响，也不阻塞航道。

架梁时，载着预制梁的平车沿导梁移至跨径上，由龙门架吊起将梁横移降落就位。最后一片梁吊起以后应将导梁纵向拖拉至下一跨径，再将梁下落就位。

当一孔桥孔全部架好后，龙门架就骑在蝴蝶架上沿着导梁和已架好的桥跨移至下一墩台上，进行下一孔的安装。

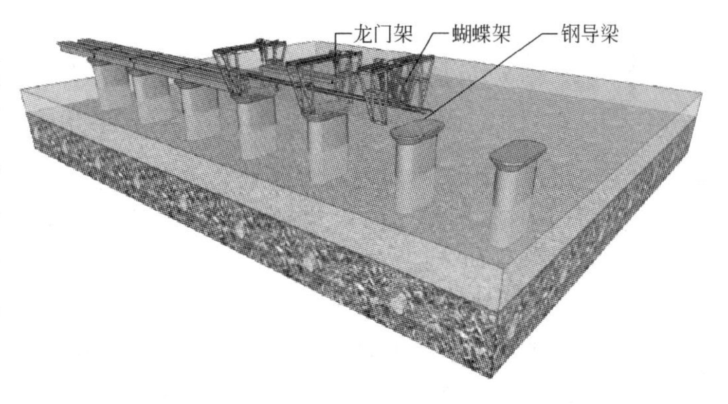

图 6.17 联合架桥机架梁示意

(2) 宽穿巷式架桥机架桥。

图 6.18 是用宽穿巷式架桥机架梁的示意图。宽穿巷架桥机的自重很大，因此当它沿桥面纵向移动时，一定要保持慢速，并须注意观察前支点的下挠度，以保证安全。

结构特点：在吊机支点处用大的倒 U 形支承横梁来支承间距放大布置的两根安装梁。在此情况下，横截面内所有主梁都可由起重小车横移就位，而不需要墩顶横移的费时工序。

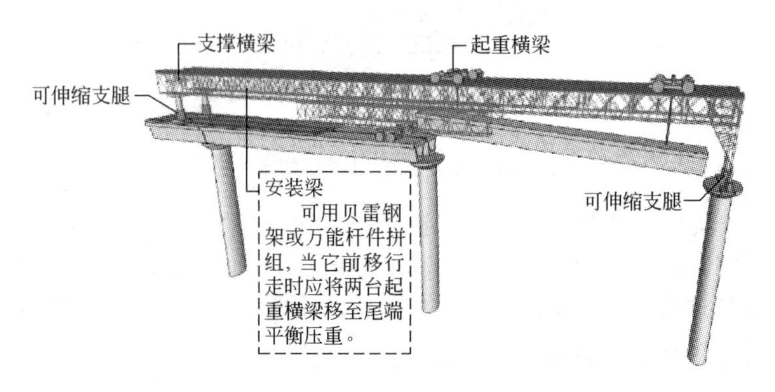

图 6.18　宽穿巷式架桥机架梁示意

2. 安装要点

梁、板安装前应首先对支座的安装进行检查，支座的有关技术性能参数应符合设计要求。支座下设置的支撑垫石、混凝土强度应符合设计要求，顶面标高准确，表面平整，避免支座发生偏歪、不均匀受力和脱空现象。安装前将墩、台支座垫石处清理干净，用干硬性水泥浆抹平，并使其顶面标高符合设计要求。

吊装梁、板前，抹平的水泥砂浆必须干燥并保持清洁和粗糙，支座最好粘结于墩台表面。安放梁、板时应就位准确并与支座密贴。就位不准确时，或支座与梁、板不密贴时，必须吊起，采取垫钢板等措施调整安装偏差，不得用撬棍移动梁、板。

梁、板安装就位后，应及时设置保险垛或支撑，将梁固定并用钢板与先安装好的梁、板预埋横向连续钢板焊接，防止倾倒，待全孔梁、板安装就位后，在按设计规定使整孔梁、板整体化。梁、板就位后按设计要求及时浇筑接缝混凝土。

6.4 预应力混凝土桥梁悬臂法施工

现代的悬臂施工法最早是用来修建预应力混凝土 T 形刚构桥。由于此法具有独特的优越性，后来被广泛地应用于预应力混凝土悬臂梁桥、连续梁桥、斜拉桥和拱桥等。其主要特点是，在跨间不需要搭设支架；能减少施工设备，简化施工程序；多孔结构可同时施工，加快施工速度；充分利用预应力混凝土悬臂结构承受负弯矩能力强的特点，将跨中正弯矩转移为支点负弯矩，加大了桥梁的跨越能力；悬臂施工可节省施工费用，降低工程造价。预应力混凝土梁桥悬臂施工通常分为悬臂浇筑(简称悬浇)和悬臂拼装(简称悬拼)法两种。

6.4.1 悬臂浇筑法

悬臂浇筑法施工不需要在水中搭设支架，直接从已建墩台顶部逐段向跨径方向延伸施工。悬臂浇筑法施工主要工作内容包括，在墩顶浇筑起步梁段(0 号块件)，在起步梁段上拼装悬浇挂篮并依次分段悬浇梁段，最后分段及整体合拢，如图 6.19 所示。

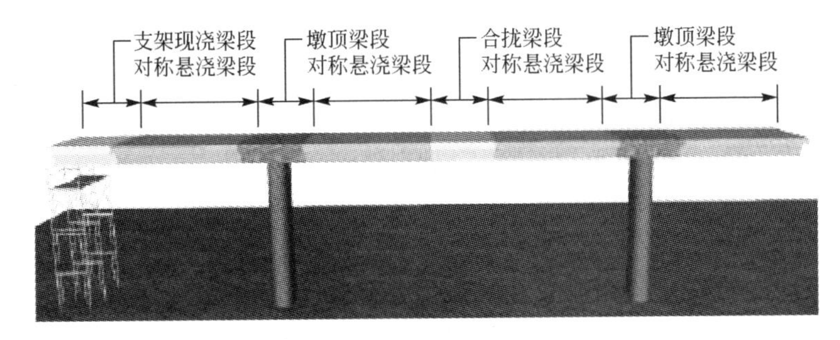

图 6.19 悬浇分段示意

1. 施工挂篮

挂篮是悬臂浇筑施工的主要机具，是一个能沿着轨道行走的活动脚手架。其悬挂在已经张拉锚固的箱梁梁段上，悬臂浇筑时箱梁梁段的模板安装、钢筋绑扎、管道安装、混凝土浇筑、预应力张拉、压浆等工作均在挂篮上进行。当一个梁段的施工程序完成后，再移向下一梁段施工。因此挂篮既是空间的施工设备，又是预应力筋未张拉前梁段的承重结构。

挂篮形式有梁式挂篮(如图 6.20 所示)、斜拉式挂篮及组合斜拉式挂篮 3 种。

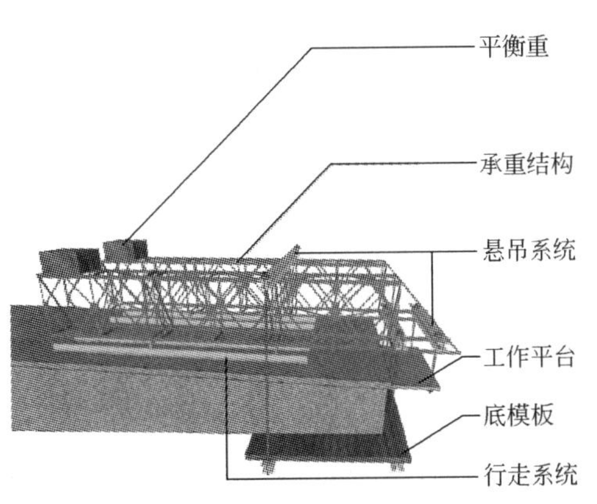

设置锚固系统装置及平衡重目的是防止挂篮在行走状态及浇筑混凝土梁段时倾覆失稳。在挂篮行走状态时解除锚固系统，依靠平衡重作用防止行走时挂篮失稳。在进行验算时，稳定系数不应小于1.5。

它是挂篮的主要受力构件，可以采用万能杆件或贝雷梁拼装的钢桁架，也可采用钢板梁或大号型钢作为承重结构。

作用是将底模板、张拉工作平台的自重及其上面的荷重传递到承重结构上，悬吊系统可采用钻有销孔的扁钢或两端有螺纹的圆钢组成。

设于挂篮承重结构前端，用于张拉预应力束、压浆等操作用的脚手架。

供立模板、绑扎钢筋、浇筑混凝土、养护等工序用。

挂篮整体纵移采用电动卷扬机牵引，挂篮上设上滑道，梁上设下滑道，中间可用滚轴。也可采用聚四氟乙烯做滑道。目前现场常采用上滑道覆一层不锈钢薄板，下滑道采用槽钢，槽钢内放聚四氟乙烯板，行走方便、安全、稳定较好。

图 6.20 梁式挂篮结构简图

梁式挂篮结构的主要特点是，可充分利用施工单位备有的万能杆件或贝雷梁作挂篮的承重结构，因此挂篮本身的投资较少，设计时受力明确，施工时装拆较方便。

用挂篮浇筑墩侧初始几对梁段时，由于墩顶位置有限，往往需要将两侧挂篮的承重结构连结在一起，如图 6.21(a)所示。待梁段浇筑到一定长度后，再将两侧承重结构分开，如图 6.21(b)所示。

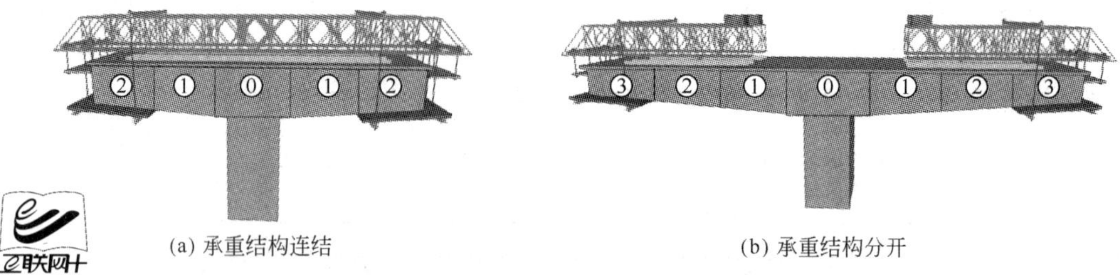

(a) 承重结构连结　　(b) 承重结构分开

图 6.21　墩侧梁段浇筑

2. 分段悬浇施工

箱梁节段的施工工艺流程如图 6.22 所示。

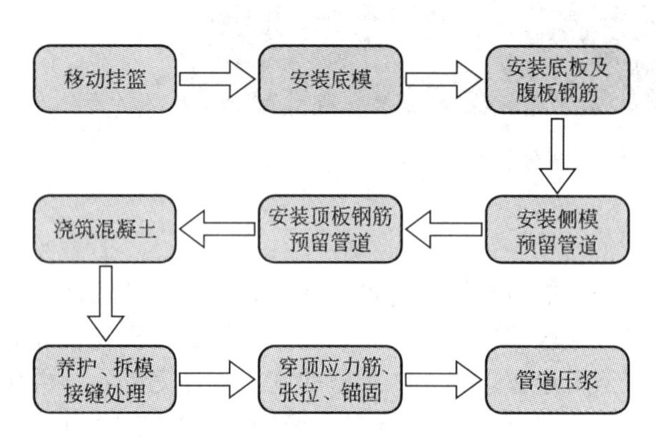

图 6.22　箱梁节段施工工艺流程

浇筑混凝土的过程中，要随时观测挂篮由于受荷而产生的变形。挂篮负荷后，还可能引起新、旧梁段接缝处混凝土开裂。尤其是采用两次浇筑法施工时，当第二次浇筑混凝土时，第一次浇筑的底板混凝土已经凝结，由于挂篮的第二次变形，底板混凝土就会在新、旧梁段接缝处开裂。为了避免这种裂缝，可对挂篮采用预加变形的方法。

悬臂浇筑一般采用由快凝水泥配置的 C40～C60 混凝土，在自然条件下，浇筑后 30～36h，混凝土强度达 30MPa。目前每段施工周期为 7～10d，能否有效提高混凝土的早期强度很大程度上决定了施工周期的长短。另外，施工周期还因节段工程量、结构复杂程度、设备、气温等因素而异。

6.4.2　悬臂拼装法

悬臂拼装是将预制好的梁体节段，用支撑在已完成梁段上的专门悬拼吊机于梁位上逐段拼装。一个节段张拉锚固后，再拼装下一节段。悬臂拼装的梁段长度，主要取决于悬拼吊机的起重能力，一般以 2～5m 为宜。节段过长则块件自重大，给运输和吊装带来困难；节段过短则拼装接缝过多，并使工期延长。一般在悬臂根部，因截面积较大，节段长度较短，以后两端部逐段加长。

1. 混凝土块件的预制

预制块件的长度取决于运输、吊装设备的能力。实践中已采用的块件长度为 1.4～6.0m，重为 14～70t，但从桥跨结构和安装设备综合考虑，块件的最佳尺寸应使重量在 35～60t 范围内。

预制块件要求尺寸准确，特别是拼装接缝要密贴，预留孔道要顺畅。因此，通常采用间隔浇筑法来预制块件，使先浇好的块件的端面成为后续浇筑相邻块件的端模，如图6.23所示(图中数字表示浇筑次序)。

在浇筑相邻试块之前，应在先浇筑块件端面涂刷肥皂水等隔离剂，以便分离出坑。在预制好的块件上应精确量各块件相对标高，在接缝处做出对准标志以便拼装时易于控制块件位置，保证接缝密贴、外形准确。

图6.23 块件预制

2. 分段吊装系统设计与施工

当桥墩施工完成后，先施工0号块件(墩顶梁段)，0号块件为预制块件的安装提供必要的施工作业面，可以根据预制块件的安装设备，确定0号块件的尺寸；安装挂篮式吊机；从桥墩两侧同时、对称地安装预制块件，以保证桥墩平衡受力，减少弯曲力矩。

0号块件常采用在托架上现浇混凝土，待0号块件混凝土达到设计强度等级后，再开始悬拼1号块件。因而分段吊装系统是桥梁悬拼施工的重要机具设备，其性能直接影响着施工进度和施工质量，也直接影响着桥梁的设计和分析计算工作。常用的吊装系统有移动式、悬臂式、桁式、浮式等类型。

1) 移动式吊车悬拼施工

移动式吊车外形相似于悬浇施工的挂篮，是由承重梁、横梁、锚固装置、起吊装置、行走系统和张拉平台等几部分组成，如图6.24所示。施工时，先将预制节段从桥下或水上运至桥位处，然后用吊车吊装就位。

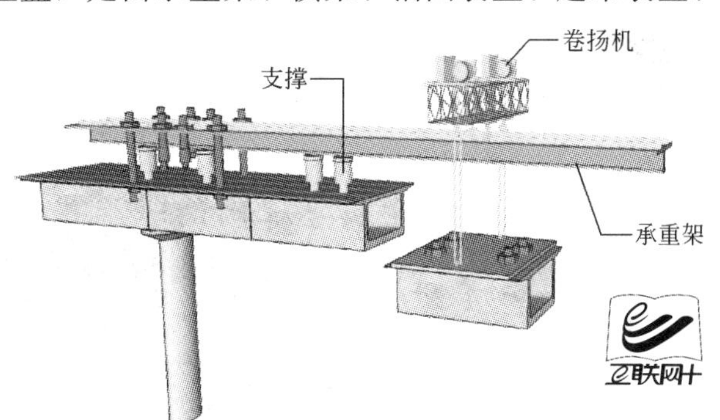

图6.24 移动式吊车悬拼施工

2) 桁式吊车悬拼施工

桁式吊车又分为固定式和移动式桁式吊车两种。固定式桁式吊车的钢桁梁长108m，中间支点支撑在0号块件上，边支点支撑在边墩后的临时墩上。移动式桁式吊车根据钢桁梁长度，可分为第一类桁式吊车［图6.25(a)、(b)］和第二类桁式吊车［图6.25(c)、(d)］。

3) 悬臂吊车悬拼施工

悬臂吊车由纵向主桁梁、横向起重桁架、锚固装置、平衡重、起重索、行走系统和工作吊篮等部分组成。适用于桥下通航，预制节段可浮运至桥跨下的情况。

如图6.26为贝雷桁节拼成的吊重为40t的悬臂吊车。

当吊装墩柱两侧的预制节段时，常采用双悬臂吊车，当节段拼装到一定长度后，可将双悬臂吊车改装成两个独立的单悬臂吊车；当桥跨不大，且孔数不多的情况下，采用不拆开墩顶桁架而在吊车两端不断接长的方法进行悬拼，以避免每悬拼一对梁段而将对此的两个悬臂吊车移动和锚固一次。

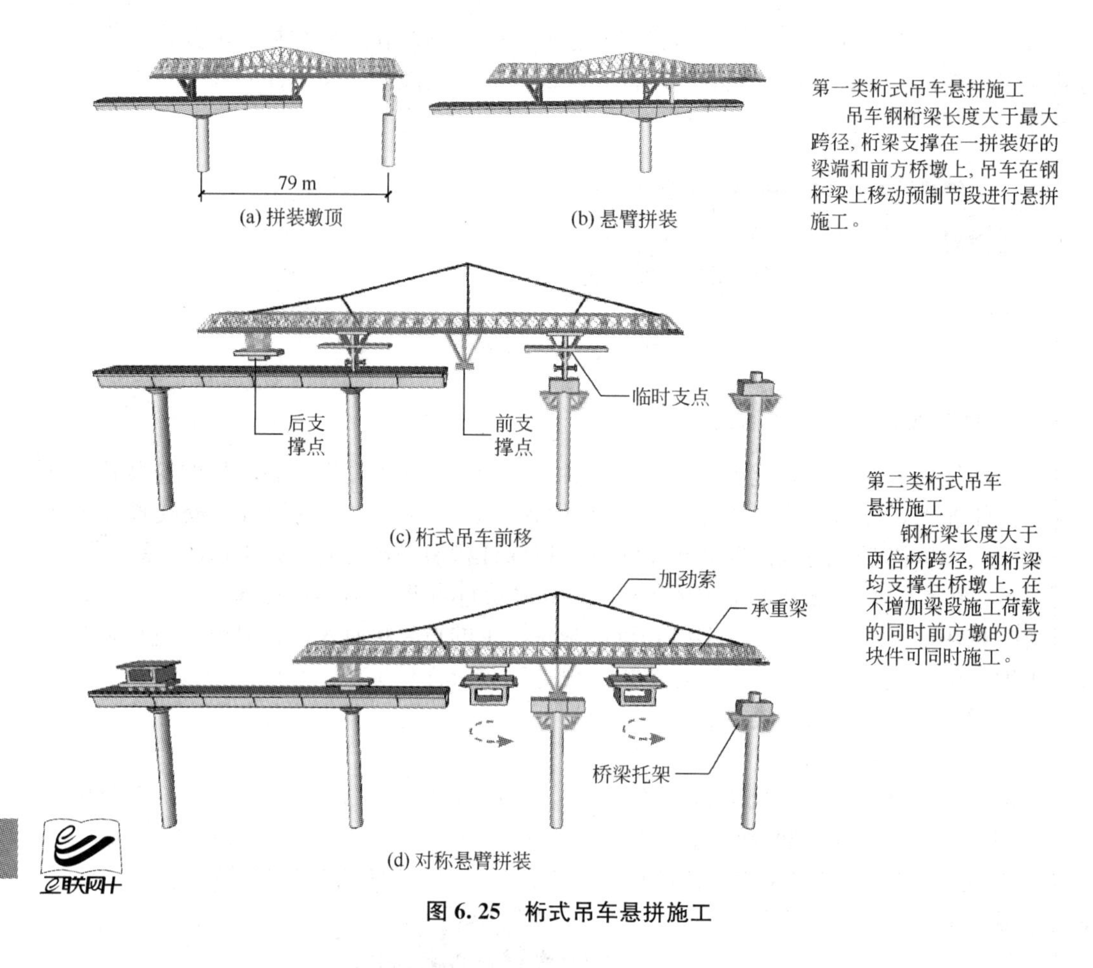
79 m
(a) 拼装墩顶
(b) 悬臂拼装
第一类桁式吊车悬拼施工
吊车钢桁梁长度大于最大跨径，桁梁支撑在一拼装好的梁端和前方桥墩上，吊车在钢桁梁上移动预制节段进行悬拼施工。
后支撑点
前支撑点
临时支点
(c) 桁式吊车前移
第二类桁式吊车悬拼施工
钢桁梁长度大于两倍桥跨径，钢桁梁均支撑在桥墩上，在不增加梁段施工荷载的同时前方墩的0号块件可同时施工。
加劲索
承重梁
桥梁托架
(d) 对称悬臂拼装

图 6.25　桁式吊车悬拼施工

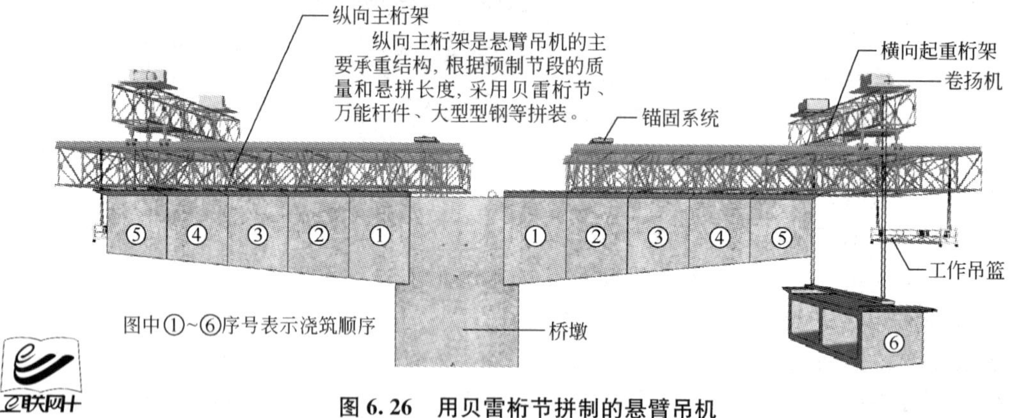
纵向主桁架
纵向主桁架是悬臂吊机的主要承重结构，根据预制节段的质量和悬拼长度，采用贝雷桁节、万能杆件、大型型钢等拼装。
锚固系统
横向起重桁架
卷扬机
工作吊篮
⑤ ④ ③ ② ①
① ② ③ ④ ⑤
⑥
图中①~⑥序号表示浇筑顺序
桥墩

图 6.26　用贝雷桁节拼制的悬臂吊机

3. 悬臂拼装接缝

悬臂拼装时，预制块件接缝的处理分湿接缝和胶接缝两种形式。但对不同的施工阶段和不同的结构部位，可交叉采用不同的接缝形式。

湿接缝系用高强细石混凝土或高强等级水泥砂浆，有利于调整块件之间的位置和增强接头的整体性，其施工程序见图 6.27 所示。由于 1 号块件的施工精度直接影响到以后各节段块件的相对位置以及悬拼过程中的标高控制，因此湿接缝通常用于拼装与 0 块件连接的第一对预制块件(1 号块件)。

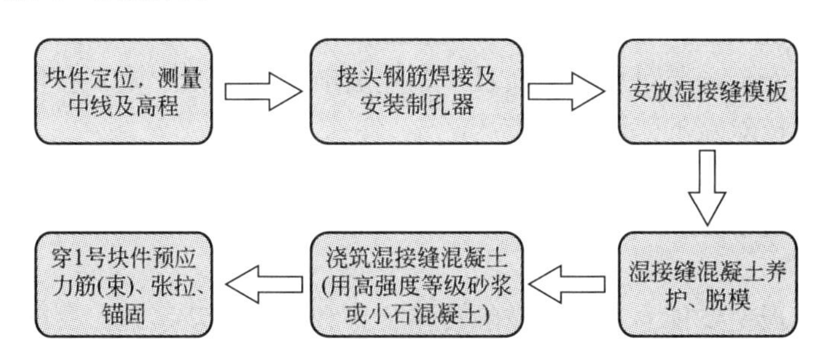

图 6.27　湿接缝施工程序

为了便于进行接缝处管道接头操作、接头钢筋焊接和混凝土浇筑，湿接缝宽度一般为 0.1～0.2m。在块件拼装过程中，如果拼装上翘误差过大，难以用其他方法进行补救时，可增加一道湿接缝来调整，而增设的湿接缝的宽度，必须用凿打块件端面的方法来提供。

胶接缝主要用于 2 号块件以后各节段的拼装，主要有平面型、多齿型、单级型和单齿型等接缝形式，如图 6.28 所示。

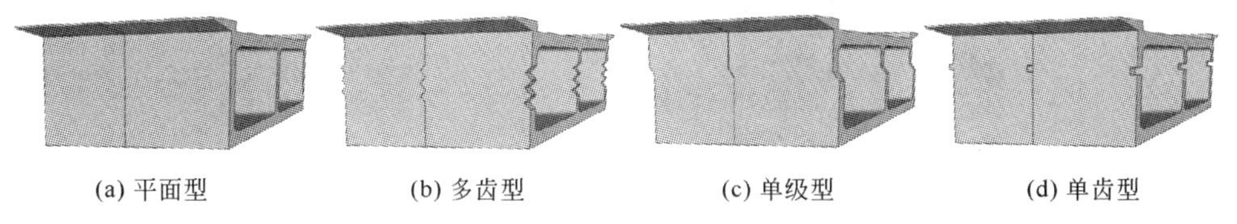

(a) 平面型　(b) 多齿型　(c) 单级型　(d) 单齿型

图 6.28　胶接缝的形式

2 号块件以后各节段的拼装，其接缝采用胶接缝，胶接缝的施工程序如图 6.29 所示。

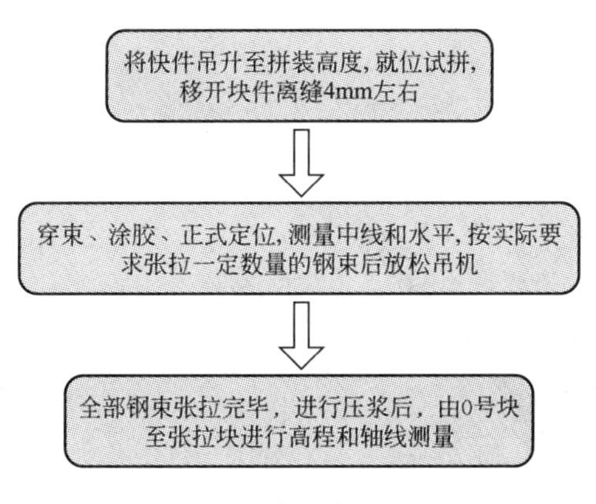

图 6.29　胶接缝施工程序

6.5 转体法施工

转体施工是将桥梁构件先在桥位处(岸边或路边及适当位置)进行预制，待混凝土达到设计强度后旋转构件就位的施工方法。转体施工的支座位置即施工时的旋转支承和旋转轴，桥位完工后，按设计要求改变支撑情况。

转体施工法一般适应各类弹孔拱桥的施工，其特点是结构合理，受力明确，节省施工用材，减少安装架设工序，变复杂的、技术较强的水上高空作业为岸边陆上作业，施工速度快。它不但施工安全，质量可靠，而且不影响通航，又能减少施工费用和机具设备，是具有良好的技术经济效益的拱桥施工方法之一。

6.5.1 转动体系构成

转体施工的实现主要依靠灵活可靠的转体装置和牵引驱动系统。目前常见的转体装置主要有两种，一种是以球面转轴支撑的轴心承重转体，如图 6.30(a)所示，另一种是以聚四氟乙烯滑板组成的环道平面承重转体，如图 6.30(b)所示。

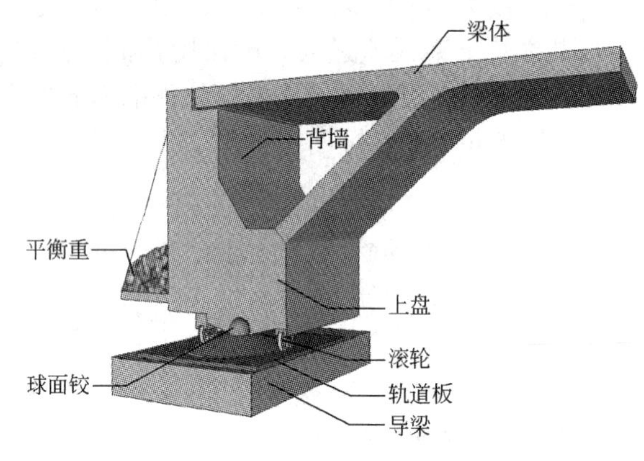

球面转轴辅以轨道板和钢滚轮

这是一种以铰为轴心承重的转动装置。其特点是整个转动体系的重心必须落在轴心铰上，球面铰既起定位作用，又承受全部转体重力，钢滚轮只起稳定保险作用。球面铰可以分为半球形钢筋混凝土铰、球缺形钢筋混凝土铰和球缺形钢铰。前两种直径较大，能承受大的转体重力。

(a) 轴心承重转体系统

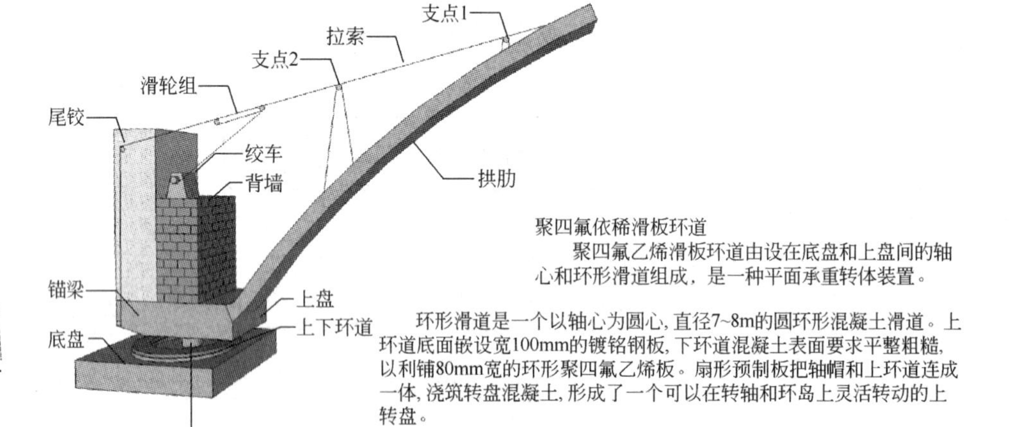

聚四氟依稀滑板环道

聚四氟乙烯滑板环道由设在底盘和上盘间的轴心和环形滑道组成，是一种平面承重转体装置。

环形滑道是一个以轴心为圆心，直径7~8m的圆环形混凝土滑道。上环道底面嵌设宽100mm的镀铬钢板，下环道混凝土表面要求平整粗糙，以利铺80mm宽的环形聚四氟乙烯板。扇形预制板把轴帽和上环道连成一体，浇筑转盘混凝土，形成了一个可以在转轴和环岛上灵活转动的上转盘。

转盘轴心由混凝土轴座、钢轴心和轴帽等组成。轴座是一个直径1.0m左右的钢筋混凝土矮墩，它支撑上转盘部分重量，中心为固定钢轴心。钢轴心直径0.1m，长0.8m，下端固定在混凝土轴座内，上端露出0.2m车光镀铬，外套10mm厚的聚四氟乙烯管，然后在轴座顶面铺聚四氟乙烯板，在聚四氟乙烯板上放置直径0.6m的不锈钢板，在钢轴心上端套上外钢套。钢套顶端封闭，下缘与钢板焊牢，在钢板上浇筑混凝土轴帽即可。

(b) 环道平面承重转体系统

图 6.30 转动体系

转动体系都由地盘、上盘、背墙、桥体上部构造、拉杆(或拉索)组成。地盘和上盘都是桥台基础的一部分，其间设有转体装置。背墙不但是转动体系的平衡重，而且还是转体阶段桥体上部拉杆的锚碇反力墙。拉杆一般就是拱桥的上弦杆，或是临时设置的体外拉杆(或钢丝绳)。牵引驱动系统一般都由卷扬机、倒链、滑轮组、普通千斤顶等机具组成，即通过滑轮组牵引闭合的主索，在转盘上产生一对牵引力偶使桥体转动，如图 6.31所示。

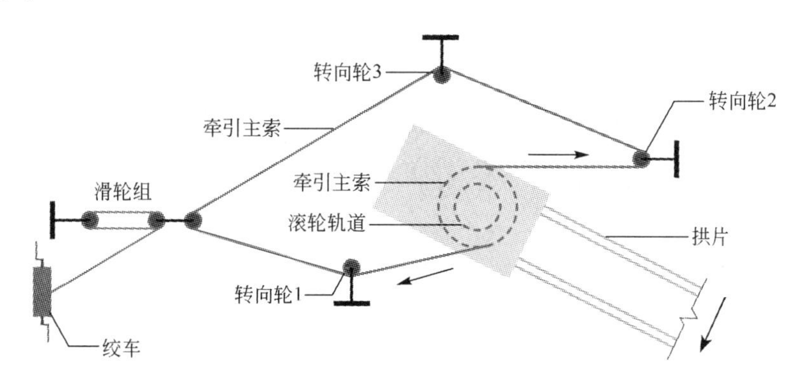

图 6.31 牵引驱动系统

6.5.2 施工步骤

以聚四氟乙烯滑板环道转体装置为例，转体法施工的一般步骤如图 6.32 所示。

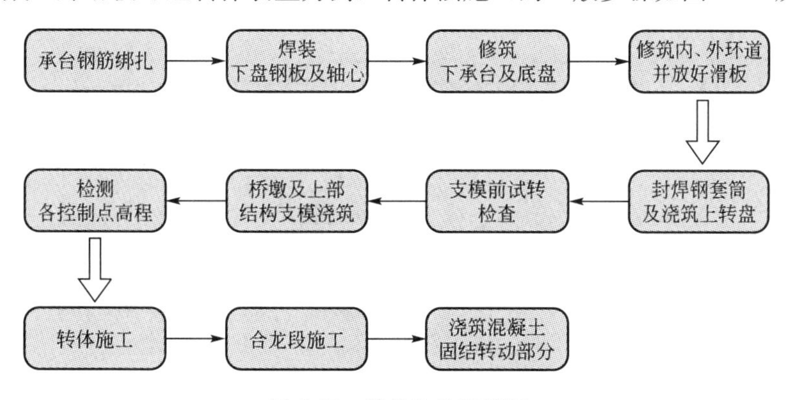

图 6.32 转体法施工流程

案例导航

圣水大桥坍塌——材料及施工

圣水大桥属桁架拱桥，位于韩国首都首尔的汉江上，全长 1160m，最初于 1979 年建成。

1994 年 10 月 21 日早上，在车流量高峰时刻，圣水大桥位于第五与第六根桥柱间的 48m 长混凝土桥板整体塌落入水，6 辆汽车包括一辆载满学生及上班族的巴士和一辆载满准备参加庆祝会的警员的面包车跃进汉江，导致 33 人死亡 17 人受伤，如图 6.33 所示。经过长达 5 个月的调查，得出大桥坍塌的直接原因是承建大桥工程的东亚建设公司没有按设计图纸施工，而且在施工中又偷工减料。

图 6.33　圣水大桥坍塌现场

6.6 预应力混凝土现浇梁顶推法施工

预应力混凝土连续梁采用顶推法施工。首先沿桥梁纵轴在桥台后开辟预制场地，分节段预制梁体并用纵向预应力筋将各节段连成整体；然后通过水平液压千斤顶给力，借助不锈钢板与聚四氟乙烯模板组成的滑动装置，将梁体逐段向对岸推进；最后，待全部顶推就位后，落梁，更换正式支座，完成桥梁施工，如图 6.34 所示。

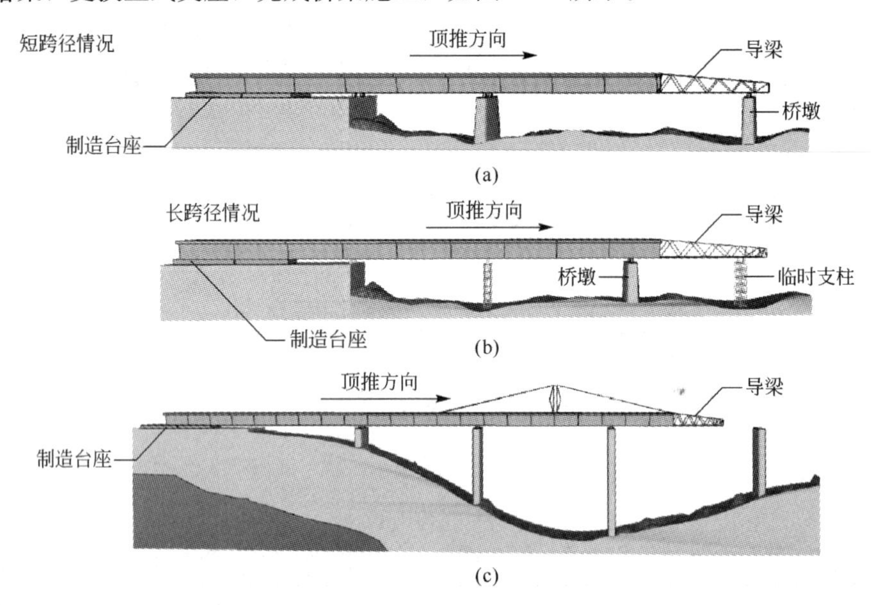

图 6.34　顶推施工概貌

在水深、桥高以及高架道路的情况下，采用顶推法施工，可避免使用大量施工脚手架，同时不中断交通，不影响桥下通航；梁体的支座只需较小的施工场地，施工安全可靠；可以使用简单的设备修建大桥梁。

6.6.1 预制场地与梁段预制

预制场地是预制箱梁和顶推过渡的场地，预制场地包括主梁节段的预制平台和模板、钢筋、预应力筋的加工场地，混凝土拌和站及存料厂。预制场地一般设在桥台后，长度需要达到预制节段长度的3倍以上。顶推过渡场地需要布置千斤顶和滑移装置，因此它又是主梁顶推的过渡孔。主梁预制完成后，将节段向前顶推，空出浇筑平台继续浇筑下段梁体，对于顶出的梁段要求顶推后无高程变化，梁的尾端不产生转角，因此在到达主跨之前要设置过渡孔，并通过计算确定分孔和长度。

梁段预制方案可根据桥头地形、模板结构和混凝土浇筑、养护的机械化程度等制定。有两种方案可供选择，其一是在预制场地内将准备顶推的梁段全断面整段浇筑完毕，再进行顶推；其二是将梁的底板、腹板、顶板在前后邻接的底座上浇筑混凝土并分次顶推，即分为几个连续的预制台座，在第一台座上立模、扎筋、浇底板混凝土，达到设计强度等级后，顶推到第二台座上，进行立模、扎筋、浇筑腹板混凝土，达到设计强度等级后，顶推到第三台座上，进行其余部分的施工，且空余的台座进行第二梁段的施工。

预制用模板宜采用钢模，为了便于底模面标高的严格控制，底模不与外侧模连在一起，而底模是由可升降的底模架(是在预制台座的横梁上，由升降螺旋千斤顶、纵梁、横梁、底钢板组成)和底模平面内不动的滑道支承孔两部分组成。外侧模宜采用旋转式，主要由带铰的旋转骨架、螺旋千斤顶、纵肋、钢板组成。内模板包括折叠、移动式内模和支架升降式内模两种形式。

6.6.2 预应力筋的布置

预应力混凝土连续梁桥的纵向力筋可分3种类型：第一种是兼顾运营和施工要求所需的力筋；第二种是施工阶段要求配置的钢筋；第三种是在施工完成以后，为满足运营状态的需要增加的力筋。第一、二类筋需要在施工时张拉，因此也称为前期力筋。要求构造简单、施工方便，这样对于加快施工速度有利，所以常采用直束，布置在梁体的截面上下缘，使梁体接近轴心受压。顶推阶段所需的力筋数量由截面的上下缘不出现拉应力及不超过正截面的抗弯强度作为控制条件来确定。

6.6.3 顶推施工方法

顶推法施工的主要关键是顶推工作。顶推的施工方法多种多样，主要依据顶推方法分类，同时也可由支承系统和顶推的方向分类。

1. 单点顶推

当桥不太长、孔数不多时，为减少设备，简化工艺，通常采用单点顶推，此时全桥只设一组顶推装置，如图6.35所示，通常设置在预制厂附近的桥台处。

2. 多点顶推

对于多跨多联的长桥，可在每个墩顶布置顶推装置，梁的前后均设导梁，顶推时由控

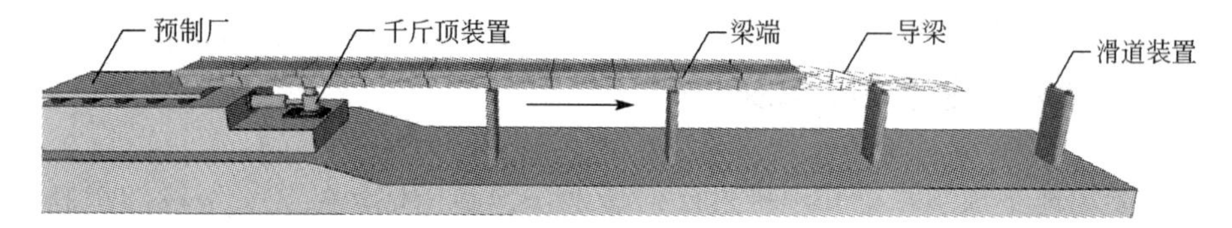

图 6.35　单点顶推

制室控制所有千斤顶出力等级，同步前进，如图 6.36 所示。由于使用小吨位的水平千斤顶，桥墩在顶推过程中承受的水平力大大减小，因此适宜在柔性墩上采用。

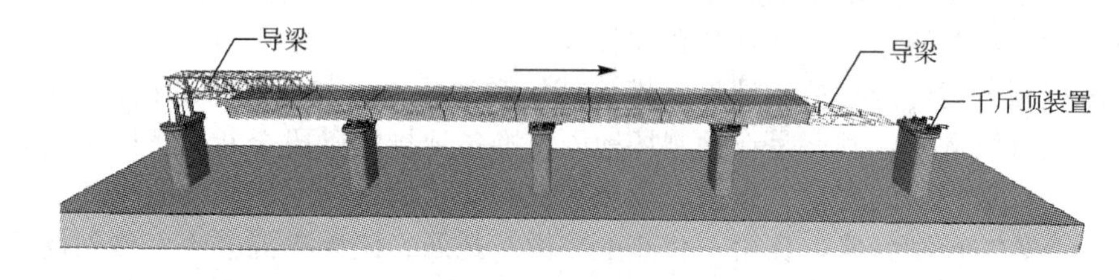

图 6.36　多点顶推

6.6.4　顶推设备与顶推工艺

顶推施工采用的主要设备是千斤顶和滑道。根据不同的传力方式，顶推工艺又有水平—竖向千斤顶式和拉杆千斤顶式两种。

1. 水平—竖向千斤顶式顶推工艺

图 6.37 所示是水平—竖向千斤顶式顶推装置，其顶推工艺的主要特点是在顶推循环中必须有竖向千斤顶顶起和放落的空间。

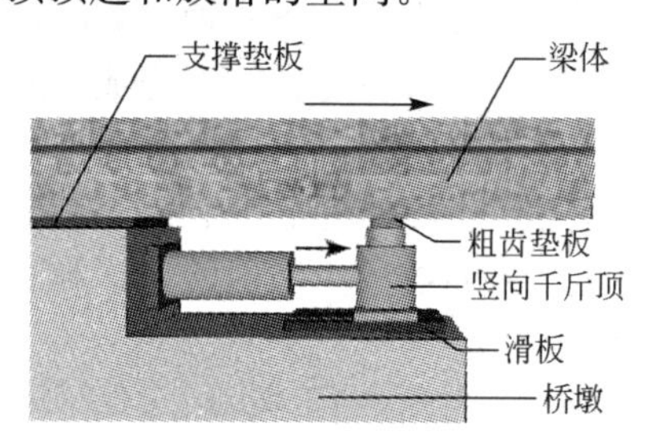

利用竖向千斤顶将梁顶起后，启动水平千斤顶推动竖向千斤顶，由于竖向千斤顶与梁底间粗齿垫板的摩擦力显著大于竖向千斤顶与桥台间的摩擦力，这样就能将梁向前推动。一个行程推完后，降下竖向千斤顶使梁落在文撑垫板上，水平千斤顶退回，然后进行重复循环，将梁不断推进。

(a) 桥台顶推装置布置

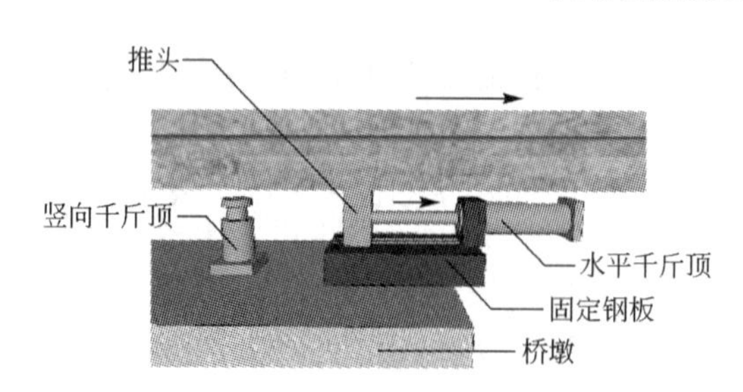

顶推时梁体紧压在退头上，水平千斤顶拉动推头使其沿钢板滑移，这样就将梁推动前进。水平千斤顶走完一个行程后，用竖向千斤顶将梁顶起，水平千斤顶活塞杆带动推头退回原处，在落下梁并重复将梁推进。

(b) 桥墩顶推装置布置

图 6.37　水平—竖向千斤顶式顶推装置

2. 拉杆千斤顶式顶推工艺

图 6.38 所示为拉杆千斤顶式顶推装置的布置。拉杆千斤顶式顶推装置不需要竖向千斤顶反复起落梁，简化了操作工序，加快了推进速度。

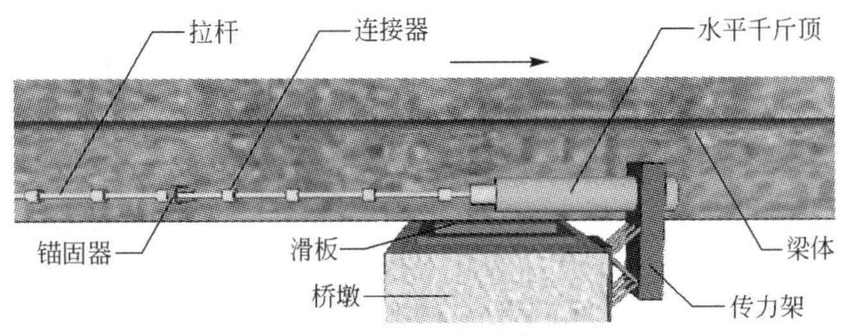

(a) 装配式拉杆千斤顶式顶推装置

位于主梁的外侧的水平千斤顶通过传力架固定在桥墩(台)顶部。装陪式拉杆用连接器接长后与埋固在箱梁腹板上的锚固器连接，水平千斤顶拉动拉杆，使梁借助梁底滑桥装置向前沿移，千斤顶没走完一个行程就卸下一节拉杆，然后回油使活塞杆退回，再连接拉杆并进行下一顶推循环。

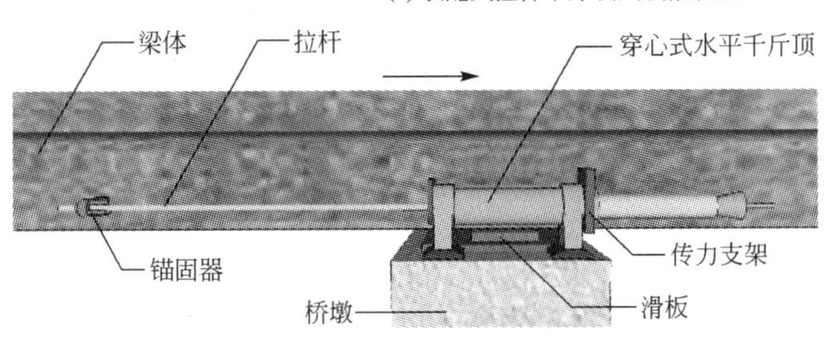

(b) 穿心式千斤顶式顶推装置

在每轮顶推过程中不需要拆装拉杆，只需将夹具松开、拉杆退回、重新锚固后即可开始下一轮顶推。

图 6.38　拉杆千斤顶式顶推装置

6.6.5　顶推施工中的横向导向

为了使顶推能正确就位，施工中的横向导向是不可缺少的。通常在桥墩(台)上主梁的两侧安置一个横向水平千斤顶，千斤顶的高度与主梁的底板平齐，由墩(台)上的支架固定位置。在千斤顶的顶杆与主梁侧面外缘之间放置滑块，顶推时千斤顶的顶杆与滑块的聚四氟乙烯板形成滑动面，顶推时由专人负责不断更换滑块。顶推时的横向导向装置如图 6.39 所示。

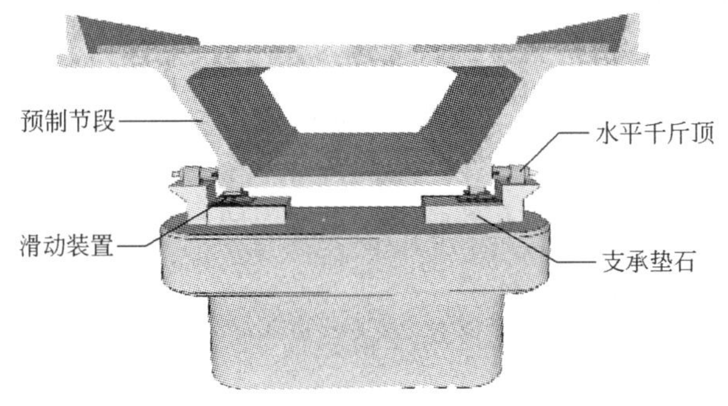

横行导向千斤顶在顶推施工中一般只控制两个位置，一是在预制梁刚离开预制场的部位，另一个设置在顶推施工最前端的桥墩上。故梁前端的导向位置将随着顶推梁的不断前进而更换位置。施工中如发现梁横向位置发生偏移时，须在梁顶推前进过程中进行调整，对于曲线桥，因超高而形成的单面横波，横向导向装置可只在外侧设置。

图 6.39　顶推施工中的横向导向装置

6.6.6　顶推过程中的临时设施

由于施工过程中的弯矩包络图与成桥后运营状态的弯矩包络图相差较大，为了减小施工过程中的施工内力，扩大顶推施工的使用范围，保证安全施工和方便施工，在施工过程中必须采用临时设施。其临时设施有在主梁前设置导梁，在桥跨中间设置临时墩，以及在主梁前端设置临时塔架，并用斜缆系于梁上等。

1. 导梁

导梁设置在主梁的前端，为等截面或变截面的钢桁梁和钢板梁，主梁前端装有预埋件与钢导梁栓接。导梁在外形上，底缘与箱梁底应在同一平面上，前端底缘呈向上圆弧形，以便于顶推时顺利通过桥墩。

导梁结构需要通过计算，从受力状态分析，导梁的控制内力是位于导梁与箱梁连接处的最大正、负弯矩和下弦杆承受的最大支点反力。国内外的实践经验表明：导梁长度一般取用顶推跨径的0.6～0.7倍，较长的导梁可以减小主梁悬臂负弯矩，但过长的导梁也会导致导梁与箱梁接头处负弯矩和支点反力的相应增加；导梁过短，则要增大主梁的施工负弯矩，合理的导梁长度应是主梁悬臂负弯矩与运营状态的支点负弯矩基本相近。

2. 临时墩

临时墩是在施工过程中为减小主梁的顶推跨径而在设计跨径中间设置的临时结构，其结构形式可采用装配式钢筋混凝土薄箱、井筒或钢桁架等，如图6.40所示。

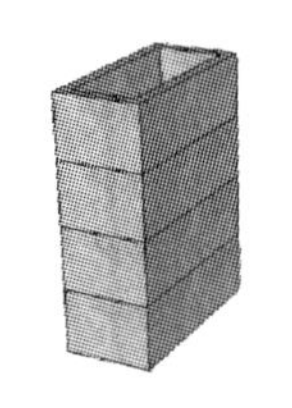
(a) 钢筋混凝土薄箱

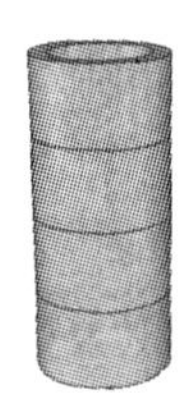
(b) 井筒

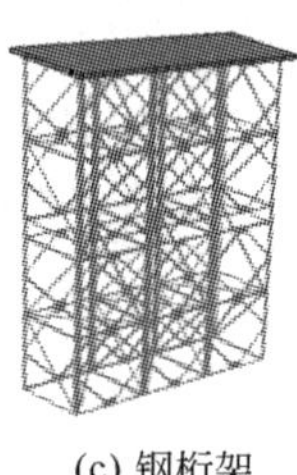
(c) 钢桁架

图6.40 临时墩

通常在临时墩上只设置滑移装置，而不设置顶推装置，但若必须加设顶推装置时，必须通过计算确定。主梁顶推完成后落梁前，应立即取消临时支座，并拆除临时墩。

6.7 移动模架法施工

移动模架逐孔施工法是中等跨径预应力混凝土连续梁中的一种施工方法，它使用一套设备从桥梁的一端逐孔施工，直至对岸。

由于一套设备投资较大，故所建桥桥梁越长，孔数越多，模架周转次数越多，就越能最大限度地减少工费的比例，降低工程造价。

逐孔现浇时，各段之间需设施工缝。施工缝一般设在连续梁弯矩最小处，预应力筋在此张拉锚固并设连接器接长至下一梁端。

6.7.1 移动模架构造

移动模架主要由牛腿(支架)、主梁、横梁、后横梁、外模及内模组成，如图6.41所示。每部分都配有相应的液压或机械系统。

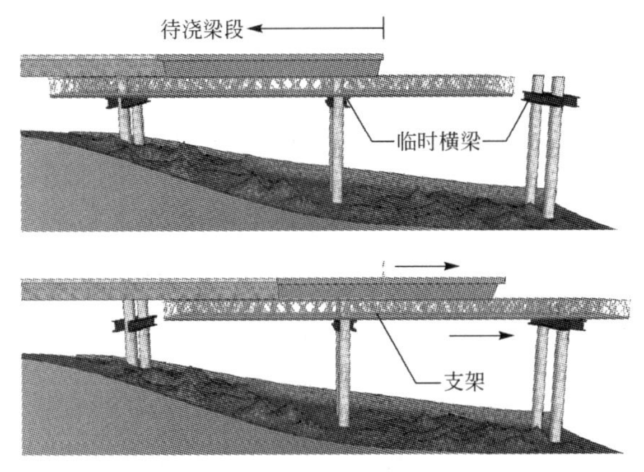

图 6.41 移动模架构造示意

牛腿为三角形结构，通过墩身预留孔附着在墩身上并用精轧螺纹拉紧。牛腿共有 3 对，它的主要作用是支承主梁，将施加在主梁上的荷载通过牛腿传递到墩身上。每个牛腿顶部滑面上安装有推进平车，并配有两对横向自动移动液压千斤顶、两个竖向自动液压千斤顶和一个纵向移动液压千斤顶。主梁支承在推进平车上。推进平车上表面安有聚四氟乙烯滑板，通过三向液压系统使主梁在横桥向、顺桥向及标高上正确就位。

主梁为模板移动支承系统，采用钢桁梁制作，起到支架向下一孔移动时的引导和承重作用。

横梁为 H 型钢，同一断面上每对横梁间为销连接，横梁上设有销孔，以安置外模支架。横梁通过液压系统进行竖向和横向调整。

外模由底板、腹板、肋板及翼缘板组成。底板分块直接铺设在横梁上，并与横梁相对应。每对底板沿横梁销接方向由普通螺拴连接。腹板、肋板及翼缘板也与横梁相对应，并通过在横梁设置的模板支架及支承来安装。

6.7.2 移动模架逐孔施工法施工程序

1）模架安装

模架安装的顺序为牛腿(支架)→导梁→主梁→模板。导梁可先拼装数节，运到现场后再拼接。

2）混凝土的浇筑

模架安装后，依次安装钢筋和预应力筋及内模、浇筑混凝土、张拉预应力筋。冬期施工时，可利用主桁梁及侧模，整孔设置轻型装配式保温棚。

3）模架移动

每孔桥上部箱梁浇筑完混凝土并张拉预应力钢束后，将第三对牛腿预先用吊机、拖车或浮吊倒运输安置在下一孔的桥墩上；然后通过液压缸使纵梁下移并向外横移带动外模脱离桥身，用液压缸顶推纵移模板至下一孔；再向内横移带动外模合拢，连接横梁连接销，调好位置后，用吊杆将主梁悬挂在后横梁的悬管端上；然后安设底板及腹板钢筋、预应力钢束和内模滑移钢轨；随后用专用液压小车拆运前一孔的内模移至下一孔安装就位，顺即安设顶板钢筋及预应力钢束，全部工序验收合格后再浇筑箱梁混凝土。

思维拓展

GTF 高性能弹塑性桥梁伸缩缝

GTF 桥梁伸缩缝是一种结构简单而独特的桥梁无缝伸缩缝装置，该装置是由支承钢板和新加波改性弹性材料与混合骨料混合加固的特种填埋材料替代通常的伸缩结构，它不需任何预埋锚固件就能与桥面联结紧密，具有防水性、柔韧性好、经久耐用、行车平顺振动小、噪声小、施工简单、快速的优点，适用于地区气温在－30～－40℃，水平伸缩位移量为 50mm 以下，垂直位移量为 1.5mm 的桥梁结构，其结构图如图 6.42 所示。

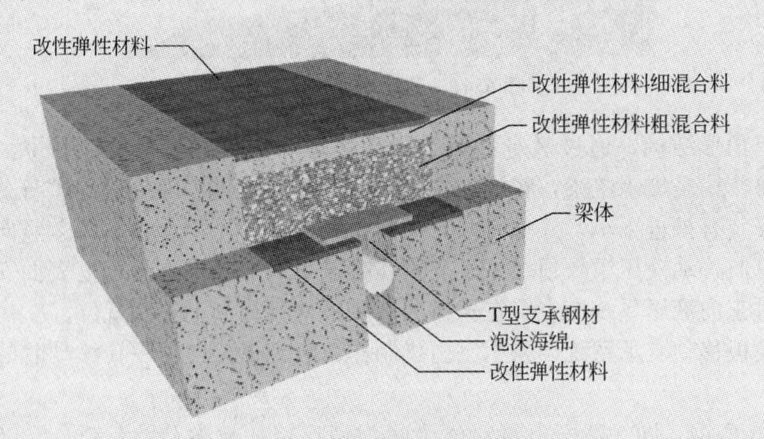

图 6.42　GTF 桥梁伸缩缝结构图

GTF 高性能弹塑性桥梁伸缩缝的操作规程如图 6.43 所示。

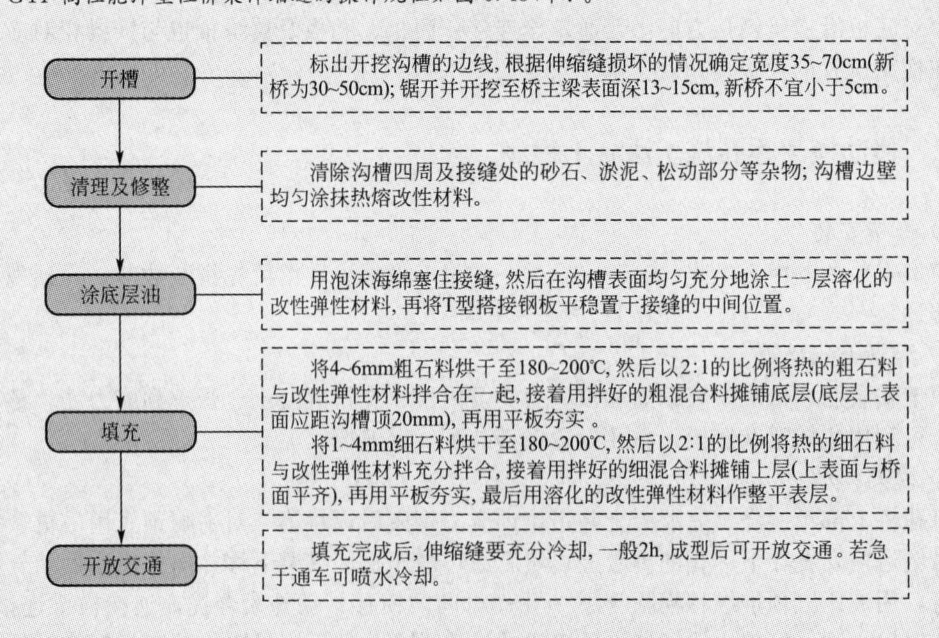

开槽
标出开挖沟槽的边线，根据伸缩缝损坏的情况确定宽度35~70cm(新桥为30~50cm)；锯开并开挖至桥主梁表面深13~15cm，新桥不宜小于5cm。
清理及修整
清除沟槽四周及接缝处的砂石、淤泥、松动部分等杂物；沟槽边壁均匀涂抹热熔改性材料。
涂底层油
用泡沫海绵塞住接缝，然后在沟槽表面均匀充分地涂上一层溶化的改性弹性材料，再将T型搭接钢板平稳置于接缝的中间位置。
填充
将4~6mm粗石料烘干至180~200℃，然后以2:1的比例将热的粗石料与改性弹性材料拌合在一起，接着用拌好的粗混合料摊铺底层(底层上表面应距沟槽顶20mm)，再用平板夯实 。
将1~4mm细石料烘干至180~200℃，然后以2:1的比例将热的细石料与改性弹性材料充分拌合，接着用拌好的细混合料摊铺上层(上表面与桥面平齐)，再用平板夯实，最后用溶化的改性弹性材料作整平表层。
开放交通
填充完成后，伸缩缝要充分冷却，一般2h，成型后可开放交通。若急于通车可喷水冷却。

图 6.43　GTF 桥梁伸缩缝操作规程

职业技能

<table>
<tr><th colspan="2">技能要点</th><th>掌握程度</th><th>应用方向</th></tr>
<tr><td colspan="2">桥梁的类型及其基本组成</td><td>熟悉</td><td rowspan="2">土建
施工员</td></tr>
<tr><td colspan="2">就地浇筑法、预制安装法、悬臂法、转体法、顶推法和移动模架法的施工要点</td><td>掌握</td></tr>
<tr><td colspan="2">设计等级及要求、材料的选用、环境气温条件要求、桥梁工程的划分</td><td>了解</td><td rowspan="6">土建
质检员</td></tr>
<tr><td colspan="2">桥梁企业资质要求、施工前准备工作、原材料质量、构配件质量、设备质量、现场抽样复验、子分部工程验收的程序及规定</td><td>熟悉</td></tr>
<tr><td colspan="2">桥梁工程及子分部工程质量验收主要项目</td><td>掌握</td></tr>
<tr><td rowspan="3">梁桥、拱桥、钢桥、悬索桥、斜拉桥</td><td>质量控制及施工要点</td><td>熟悉</td></tr>
<tr><td>主控项目及检验方法</td><td>掌握</td></tr>
<tr><td>一般项目及检验方法</td><td>掌握</td></tr>
<tr><td colspan="2">桥梁工程的项目划分、定额表现形式</td><td>了解</td><td rowspan="2">土建
预算员</td></tr>
<tr><td colspan="2">桥梁工程计算的有关规定</td><td>掌握</td></tr>
<tr><td colspan="2">水泥、钢材及混凝土主要性质；混凝土的配制</td><td>了解</td><td rowspan="2">材料员</td></tr>
<tr><td colspan="2">水泥及混凝土、构配件进场验收标准</td><td>掌握</td></tr>
<tr><td colspan="2">进场原始材料、构配件、设备的技术要求</td><td>了解</td><td rowspan="2">试验员</td></tr>
<tr><td colspan="2">材料的试验项目及试验结果评定准则</td><td>掌握</td></tr>
</table>

习 题

一、选择题

1. 顶推法施工适用(　　)梁桥。

A. 等截面预应力混凝土连续梁桥　　B. 等截面钢筋混凝土连续梁桥

C. 变截面预应力混凝土连续钢构桥　　D. 变截面预应力混凝土连续梁桥

2. 采用悬臂浇筑法施工时，预应力混凝土连续梁合龙顺序一般是(　　)。

A. 先边跨，后次跨，再中跨　　B. 先边跨，后中跨，再次跨

C. 先中跨，后边跨，再次跨　　D. 先次跨，后中跨，再边跨

3. 斜拉桥主梁施工方法有多种，其中(　　)在塔柱两侧用挂篮对称逐段浇筑主梁混凝土，由于这种方法使用范围较广而成为斜拉桥主梁施工最常用的方法。

A. 顶推法　　B. 平转法　　C. 支架法　　D. 悬臂浇筑法

4. 钢管混凝土拱桥施工中，在拱架上现浇混凝土拱圈，跨径大于或等于(　　)的拱圈或拱肋，应沿拱跨方向分段浇筑，分段应以能使拱架受力对称均匀和变形小为原则。

A. 10m　　B. 16m　　C. 18m　　D. 20m

5. 在移动模架上浇筑预应力混凝土连续梁的注意事项有(　　)。

A. 支架长度必须满足施工要求

B. 支架应利用专业设备组装，在施工时能确保质量和安全

C. 浇筑分段工作缝，必须设在弯矩零点附近

D. 应有简便可行的落架拆模措施

E. 混凝土内预应力管道、钢筋、预埋件设置应符合规定

二、简答题

1. 拱桥的受力特点是什么?

2. 钢筋混凝土简支梁的腹板为何靠近梁端附近增厚?

3. 简述就地浇铸法的主要特点。

三、案例分析

1. 某连续梁桥主跨跨径为80m，主梁混凝土强度等级为C50，采用挂篮悬臂浇筑施工工艺，挂篮结构形式三角斜拉带式，合拢段长度为2m，合拢段劲性骨架采用型钢制作。

【问题】

(1) 悬浇施工工序有哪些?

(2) 请在以下括号(　　)内填入正确答案

中间合拢段混凝土采用吊架最后浇筑，合拢浇筑前应及早调整两端悬浇梁段的(　　)，合拢混凝土浇筑前要安装合拢段的(　　)和(　　)，确保合拢段混凝土强度未达到设计强度前不变形。并在合拢段两侧(　　)，随着合拢段混凝土的浇筑逐步减压，保持合拢段混凝土浇筑过程中荷载平衡。

为减少温度变化对合拢段混凝土产生拉应力，混凝土浇筑时间应选择一天(　　)气温时浇筑，混凝土强度达到(　　)后，按顺序对称进行张拉、压浆。

在张拉压浆完成后及时解除(　　)，将各墩临时支座反力转移到永久支座上，将梁体转换成(　　)。

第7章 路面工程

重点概览
面结构构造、路面
类与路面等级
青混凝土和沥青碎
路面施工
泥混凝土路面施工

路面是指在路基顶面的行车部分用各种混合料铺筑而成的层状结构物。路面工程包括垫层、基层、面层、连接层、路缘石和路肩等分项工程。

行车荷载和自然因素对地面的影响随深度的增加而逐渐减弱，对路面材料的强度、刚度和稳定性的要求也随深度的增加而逐渐减低。为适应这一特点，大部分路面结构是多层次的，按使用要求、受力状况、土基支承条件和自然因素影响程度的不同，在路基顶面采用不同规格和要求的材料分别铺设垫层、基层和面层等结构层。

学习要点

- 了解路面等级与类型；
- 掌握沥青混凝土路面、沥青碎石路面、水泥混凝土路面的构造及施工要求。

主要国家标准

- 《沥青路面施工及验收规范》GB 50092—96
- 《公路沥青路面施工技术规范》JTG 40—2004
- 《沥青及沥清混合料试验》JTJ 52—2000
- 《公路沥青路面再生技术规范》JTGF 41—2008
- 《厂矿道路设计规范》GBJ 22—87
- 《水泥混凝土路面施工及验收规范》GBJ 97—87
- 《公路水泥混凝土路面施工技术规范》JTGF 30—2003
- 《城市道路工程施工与质量验收规范》GJJ 1—2008

案例导航

87亿建甘肃天定高速路——通车半年就大修

甘肃省天定高速公路全长为235.068km，总投资87.51亿元。项目横跨天水市和定西市，是连云港至霍尔果斯公路在甘肃境内的重要组成路段。

天定高速于2007年10月开工建设，路面工程2009年10月进场施工。2010年底，除秦州隧道外，全线试运行通车，2011年5月31日，秦州隧道通车。但通车约半年竟出现坑槽、裂缝、沉降等重大病害，部分路段不得不铲除重铺，损坏路面如图7.1所示。

图7.1　2011年9月21日天定高速裂缝路面

2011年6月中旬，甘肃省交通厅工程处在检查中发现全长52.9km的路面出现严重沥青路面坑槽病害等问题，施工方2011年7月14日开始组织人员开始返工修补坑槽，后来又主动提出全面返工，以彻底解决问题。

到9月26日，路面病害已处治完毕。经专家调查组现场调查和试验分析，初步认定出现路面病害主要有进场原材料把关不严、施工单位施工过程控制不严、在不良环境下施工等三大原因。

针对天定高速公路出现的质量问题，甘肃省交通厅工程处谈处长说，目前出现的问题为公路表面损坏，其主要原因是施工单位在料源选择、拌和物生产过程、现场碾压工艺、试验检测等方面控制不严，而监理方发现问题后也没有及时制止，加之受天水地区6月下旬至7月初连续降雨影响，加剧了路面渗水以致出现坑槽。

有专家对媒体表示，一条如此重要的高速路，通车不久就大修，其负面影响是很大的。尽管可能有这样那样的技术问题，但核心问题恐怕还是监管责任。

【问题讨论】

1. 投巨资建设的高速公路为何通车不久就要返修？路面出现损毁原因是什么？施工、管理等方面是否存在问题？

2. 你知道我国高速公路的路面工程施工后将会成就一条条的生态景观大道吗？

7.1 路面结构构造、路面分类与等级

道路工程由路基工程和路面工程两部分组成，其构成如图7.2所示。

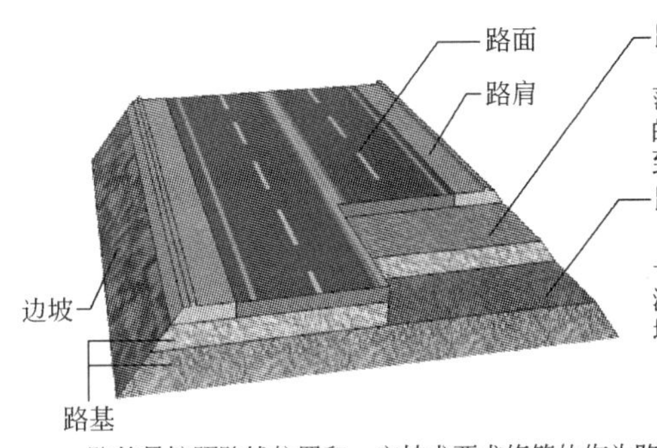

路面
路肩
路床
路床是路面的基础，是指路面底面以下80cm范围内的路基部分。路床将承受从路面传递下来的、较大的荷载应力，因而要求它均匀、密实，达到规定的强度。
路堤
路堤是指在天然地面上用土或石填筑的具有一定密实度的线路建筑物。路面底面以下150cm深度的填方为路堤，70cm为上路堤；70~150cm的填方为下路堤。
边坡
路基
路基是按照路线位置和一定技术要求修筑的作为路面基础的带状构造物，它是用土或石料修筑而成，承受着本身的岩土自重和路面重力及由路面传递而来的行车荷载，是整个公路构造的重要组成部分。

图 7.2　道路工程组成

7.1.1　路面结构构造

路面按其层位和作用，可分为面层、基层和垫层，其构成如图 7.3 所示。

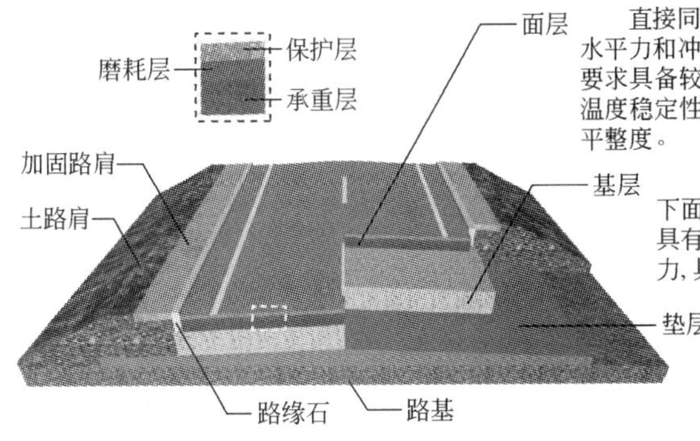

图 7.3　路面构造

面层材料为水泥混凝土、沥青混凝土、沥青碎(砾)石混合料、砂砾或碎石掺土或不掺土的混合料以及块料等，分两层或三层铺筑。

基层材料主要有各种结合料(如石灰、水泥或沥青等)稳定土或稳定碎(砾)石、贫水泥混凝土、天然砂砾、碎石或砾石、片石、块石或圆石，各种工业废渣(如煤渣、矿渣、石灰渣等)和土、砂、石所组成的混合料等，分两层或三层铺筑。

为了保证路面上雨水及时排出，减少雨水对路面的浸润和渗透，路面及路肩应有一定的坡度，用 i_1 及 i_2 表示。它随路面的平整度而异，沥青路面 i_1 为 1.5%～2.5%，水泥混凝土路面 i_1 为 1%～1.5%，路肩横向坡度 i_2 一般较路面横向坡度 i_1 大 1%～2%。六车道、八车道的高速公路宜采用较大的路面横坡。

各级公路，应根据当地降水与路面的具体情况设置必要的排水设施，以便及时将降水排出路面，保证行车安全。高速公路与一级公路的路面排水，一般由路肩排水与中央分隔带排水组成；二级及二级以下公路的路面排水，一般由路拱(路拱基本形式有抛物线、屋顶线、折线或直线)坡度、路肩横坡和边沟排水组成。

7.1.2 路面分类与等级

1. 路面分类

1) 路面基层分类

路面基层分为无机结合料稳定类整体型(也称为半刚性型)、粒料类嵌锁型和级配型，路面基层的类别和各自的特征见表 7-1。

表 7-1 路面基层的类别和特征

类型	分类	特征
半刚性基层	石灰稳定土类	在粉碎的或原来松散的土(包括各种粗、中、细粒土)中。掺入足量的石灰和水，经拌和、压实及养生后得到的混合料，当其抗压强度符合规定的要求时，称为石灰稳定土
	石灰工业废渣稳定土	一定数量的石灰和粉煤灰或石灰和煤渣与其他集料相配合，加入适量的水(通常为最佳含水量)，经拌和、压实及养生后得到的混合料，当其抗压强度符合规定要求时，称为石灰工业废渣稳定灰土 一定数量的石灰、粉煤灰和土及一定数量的石灰、粉煤灰和砂相配合，加入适量的水，经拌和、压实及养生后得到的混合料，当其抗压强度符合要求时，分别简称为二灰、二灰土、二灰砂。用石灰和粉煤灰稳定级配石或级配砾石得到的混合料，当其强度符合要求时，分别简称为二灰级配碎石，二灰级配砾石
	水泥稳定土	用水泥做结合料所得的混合料，既包括用水泥稳定各种细粒土，也包括用水泥稳定各种中粒土和粗粒土。在经过粉碎的或原来松散的土中，掺入足量的水泥和水，经拌和得到的混合料在压实和养生后，当其抗压强度符合规定的要求时，称为水泥稳定土
粒料类级配型基层	级配碎石	粗、中、小碎石集料和石屑各占一定比例的混合料，其粒料组成符合规定的密度及配要求
	级配砾石	粗、中、小砾石集料和石屑各占一定比例的混合料，其颗粒组成符合规定的密度级配要求且塑性指数和承载比均符合规定的要求
粒料嵌锁结构型	填隙碎石	用单一尺寸的粗碎石做主骨料，形成嵌锁结构，起承受和传递车轮荷载作用，用石屑做填隙料，填满碎石间的空隙，增加密实度和稳定性
	泥结碎石	以粗碎石做主骨料形成嵌锁作用，以粉土作填缝结合料，加水压实形成，从而具有一定的强度和稳定性

2) 路面面层分类

路面按其面层材料可以分为黑色路面(指沥青与粒料构成的各种路面)、水泥混凝土路面、砂石路面、稳定土与工业废渣路面以及新材料路面等几类。

在工程设计中，主要从路面结构的力学特性和设计方法的相似性出发，将路面划分为柔性路面、刚性路面和半刚性路面 3 类。

(1) 柔性路面包括各种未经处理的粒料基层和各类沥青面层、碎(砾)石面层或块石面层组成的路面结构，如图 7.4 所示。

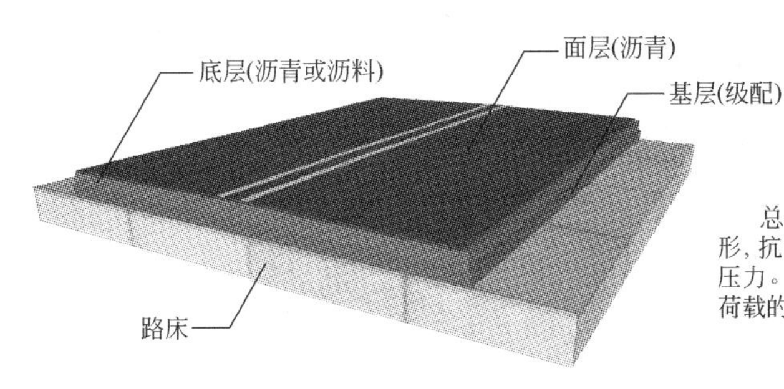

图 7.4 柔性路面构造

(2) 刚性路面主要指用水泥混凝土作面层或基层的路面结构，如图 7.5 所示。

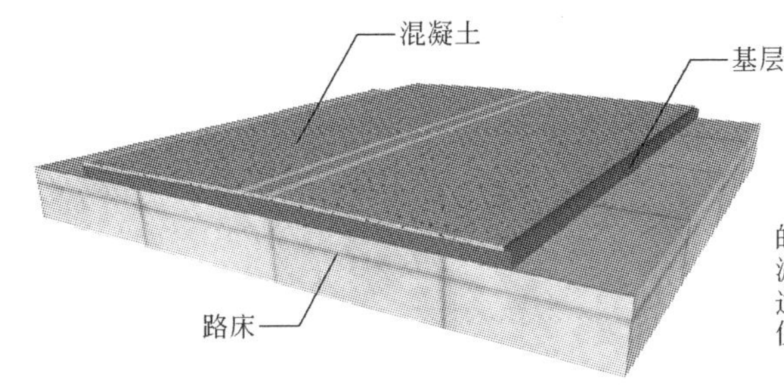

混凝土
基层
路床
抗弯拉强度高，较高的弹性模量，较大的刚性。竖向弯沉较小，路面结构主要靠水泥混凝土板的抗弯拉强度承受车辆荷载，通过板体的扩散分布作用，传递给基础上的单位压力较柔性路面小很多。

图 7.5 刚性路面构造

(3) 半刚性路面是用水泥、石灰等无机结合料处治的土或碎(砾)石及含有水硬性结合料的工业废渣修筑的基层，在前期具有柔性路面的力学性质，后期的强度和刚度均有较大幅度的增长，但是最终的强度和刚度仍远小于水泥混凝土。由于这种材料的刚性处于柔件路面与刚性路面之间，因此把这种基层和铺筑在它上面的沥青面层统称为半刚性路面。我国最近开发的大空隙沥青混凝土注入水泥砂浆的道路路面也是典型的半刚性路面，如图 7.6 所示。

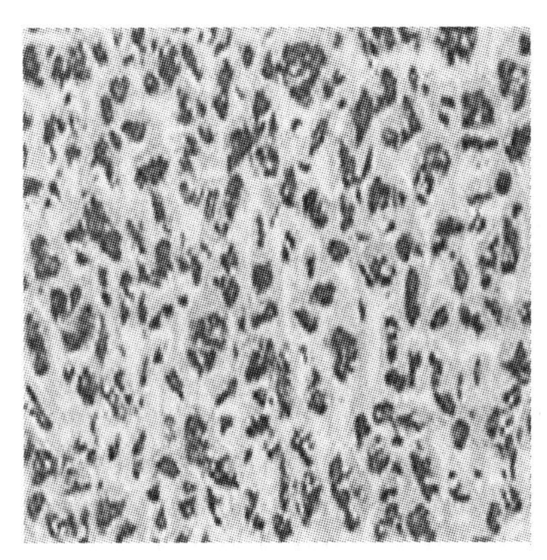

图 7.6 大空隙沥青混凝土注入水泥砂浆的道路路面

2. 路面等级

路面等级按面层材料的组成、结构强度、路面所能承担的交通任务和使用的品质划分为高级路面、次高级路面、中级路面和低级路面等 4 个等级。表 7－2 列出了各级路面所具有的面层类型和所适用的公路等级及各自的特点。

表 7－2　各级路面的面层类型、适用范围和特点

路面等级	面层类型	适用公路等级	特　　点
高级路面	沥青混凝土，水泥混凝土、厂拌沥青碎石路面、整齐石块或条石路面	高速、一、二级公路	结构强度高，使用寿命长，平整无尘，能保证高速行车，养护费用少，运输成本低，但基建投资大，机械设备和技术要求高，需高质量的材料来修筑
次高级路面	沥青贯入式碎(砾)石路面、路拌沥青碎(砾)石路面、沥青表面处治路面、半整齐石块路面	二、三级公路	较高级路面使用品质稍差，使用寿命短，造价也较低
中级路面	碎、砾石，半整齐石块，其他粒料	四级公路	强度低，使用年限短，平整度差，易扬尘，行车速度不高，维修工作量大，运输成本也较高
低级路面	各种粒料或当地材料改善土，如炉渣、砾石和砂砾土路面等	四级公路	强度低，水稳性和平整度均差，易扬尘，适应小交通量，车速低，行车条件差，不能保证晴雨通车，养护工作量大，运输成本高，但造价低，一次投资小

7.2 沥青混凝土和沥青碎石路面施工

7.2.1 沥青路面的特性与分类

沥青路面是用沥青材料作结合料粘结矿料或混合料修筑面层与各类基层和垫层所组成的路面结构。

1. 沥青路面的基本特性

沥青结合料提高了铺路用粒料抵抗行车和自然因素对路面损害的能力，使路面具有平整、无接缝、行车舒适、耐磨、噪音低、施工期短、养护维修简便且适宜于分期修建等优点，因此，沥青路面是道路建设中一种被最广泛采用的高级路面(包括次高级路面)。另外，沥青路面的缺点是抗弯强度较低；低温时抗变形能力很低；沥青面层透水性小。在我国，高等级公路路面面层的最常见类型是沥青混凝土和沥青碎石。

2. 沥青路面的分类

沥青路面的分类见表 7－3。

表 7-3 沥青路面的分类

分类方法		特点	强度和稳定性	类型
强度构成原理	密实类	最大密实原则设计矿料的级配，如图 7.7 所示	主要取决于混合料的粘聚力和内摩阻力	沥青混凝土
	嵌挤类	采用颗粒尺寸较为均一的矿料，如图 7.8 所示	主要依靠内摩阻力，粘聚力较次要	沥青碎石
施工工艺	层铺法	用分层洒布沥青，分层铺撒矿料和碾压的方法修筑。工艺和设备简便、功效较高、施工进度快、造价较低；但路面成型期较长	宜选择在干燥和较热季节施工，并在雨季前及日最高温度低于 15℃到来前 15 天结束，使面层通过开放交通压实，成型稳定	沥青表面处治和沥青贯入式
	路拌法	堆料于路床上，浇洒适量沥青，然后用机械或人工拌匀，并铺平压实。因在路床上的集料无法加热，故需采用稠度较稀的沥青乳液或液体沥青作结合料，拌和时乳化沥青不常加热，液体沥青闪点高者可加热。气候潮湿时，还需要在沥青中加入抗剥落剂或采用阳离子沥青乳液，或在混合料中掺入水泥、石灰等，以增加潮湿集料与沥青的粘着力	路拌沥青混合料因受各种条件限制，其路用性质不如厂拌沥青混合料。 常用于次要的公路或农村道路	—
	厂拌法	将规定级配的矿料和沥青材料在工厂用专用设备加热拌和后到工地摊铺碾压而成的沥青路面。沥青材料较粘稠，混合料质量高，使用寿命长，但修建费用较高	路用性质稳定	按混合料铺筑时温度不同，可分为热拌热铺、热拌冷铺和冷拌冷铺 3 种
沥青路面技术特性	沥青表面处治路面	用沥青和集料按层铺法或拌和法铺筑而成的厚度不超过 3cm 的沥青路面	三级、四级公路的面层、旧沥青面层上加铺罩面或抗滑层、磨耗层等	可分为单层、双层、三层
	沥青贯入式路面	用沥青贯入碎(砾)石作面层的路面。厚度是 4～8cm	二级及二级以下公路的沥青面层	—
	沥青混凝土路面	—	可作高等级公路的面层	—
	沥青碎石路面	沥青碎石可用作联结层	—	—
	乳化沥青碎石	—	三、四级公路沥青面层、二级公路养护罩面及各级公路调平层	—
	沥青玛蹄脂碎石路面	沥青玛蹄脂碎石混合料(简称 SMA)是以间断级配为骨架，用改性沥青、矿粉及木质纤维素组成的沥青玛蹄脂为结合料，经拌和、摊铺、压实而形成的一种构造深度较大的抗滑面层。具有抗滑耐磨、孔隙率小、抗疲劳、高温抗车辙、低温抗开裂的优点	高速公路、一级公路和其他重要公路的表面层	—

沥青路面类型的选择，主要依据任务要求(道路的等级、交通量、使用年限、修建费用等)、工程特点(施工季节、施工期限、基层状况等)、材料供应情况、施工机具、劳动力和施工技术条件等因素来确定。

图 7.7　密实类

热稳定性较好，
但空隙率大，易渗水，
耐久性差

图 7.8　嵌挤类

资料袋

沥青路面历史

据考古资料，印加帝国在15世纪已采用天然沥青修筑沥青碎石路。英国在1832—1838年，用煤沥青在格洛斯特郡修筑了第一段煤沥青碎石路；法国于1858年在巴黎用天然岩沥青修筑了第一条地沥青碎石路；到20世纪，使用量最大的铺路材料为石油沥青。中国上海在20世纪20年代开始铺设沥青路面。1949年以后随着中国自产路用沥青材料工业的发展，沥青路面已广泛应用于城市道路和公路干线，成为目前中国铺筑面积最多的一种高级路面。

7.2.2　沥青混凝土路面施工

沥青混凝土路面是指沥青面层用沥青混凝土混合料铺筑，经压实成型的路面。

1. 施工准备阶段

沥青混凝土路面施工准备阶段包括基层验收和材料、机械设备的检查。

1) 基层验收

基层分新建和利用原路面两种。高等级公路要求除临土基第一层底基层可路拌施工外，均采用集中拌和、机械摊铺的方法进行施工。为提高路面的平整度，从基层开始就严格挂线施工，以确保达到施工技术规范要求的各项指标。目前为提高工程质量和减少路面裂缝，往往多在基层上每隔15～20m切缝铺设土工格栅或土工布，并撒布改性沥青处理。在原有路面上铺筑沥青混凝土也应严格验收，对沥青混凝土路面有坑槽、沉陷、泛油、混凝土路面碎裂等病害需采取措施加以处理。对有较大波浪的地方，应在凹陷处预先铺上一层混合料，并予以压实，不必考虑摊铺厚度的均一性。图7.9是路面施工前的基层补强压实现场。

2) 材料、机械设备的检查

(1) 原材料。沥青混合料拌和前应严格按照设计文件及规范要求选择好各种材料。必

铺筑沥青混合料前，应检查下承层的质量。路基土石方填筑完成后，进行的补强冲击压实，可以加速自然沉降。

图 7.9 路基补强压实现场

须对材料来源、材料质量、数量、供应计划、材料场堆放及储存条件等进行检查，图 7.10 所示为天然岩沥青。

沥青混合料中使用的粗集料，通常是 2～3 种不同规格的石料经掺配组成。在施工过程中要保证有稳定的合格矿料级配，就要求在石料的供料和收料过程中，保证不同规格碎石颗粒要有一致性，保持沥青混合料级配组成的一致性对沥青混合料各项技术指标的稳定性非常重要。

路面施工所用的矿料数量较大，加之施工单位流动性强，施工单位很少有自己组织的石料加工厂，因此需要按照“因地制宜，就地取材”的原则利用当地生产的材料。沥青混凝土对集料砂、石料的质量和规格要求很高，因为它在相当程度上要依靠集料的嵌挤作用形成路面强度并保证结构的稳定性。

图 7.10 天然岩沥青

沥青材料的稳定性

实际工程中，同一个工程从多个厂家购进石料，会出现品种杂、参差不齐的现象。名义上是同一规格粒径的石料，出自不同厂家，甚至是一个厂家由不同型号机器加工的石料，其材料级配也有差异。用这些碎石直接掺配后生产的沥青混凝土混合料，由于不同规格集料级配的不均匀性，常导致混凝土的质量难以保证。因此需在室内实验认定的各厂家生产的石料性质、强度等指标合格的基础上，选取生产量能满足需用的一或两个厂家的石料。如能采用对进场的各家不同规格的集料进行二次筛分的工程措施，使分离出的不同规格的集料配比均匀一致，就更可保证拌制的沥青混凝土混合料矿料级配组成的均匀性，从而保证沥青混凝土质量的稳定性。

(2) 施工机械。施工前应对拌和厂及沥青路面施工机械和设备的配套情况、性能、计量精度等进行检查。拌和前特别要注意沥青拌和站电子秤的准确度，从而保证骨料、粉料、沥青等各种物料配比精度。施工机械如图 7.11、图 7.12 所示，混凝土搅拌站如图 7.13 所示。

用于公路、机场、停车场基层、底层稳定材料在施工现场的就地拌和粉碎，可进行旧路面翻修和铣削整平沥青混凝土旧路面。

图 7.11　稳定土拌和机

它是各种公路、道路建设的主力军，是将沥青混合料均匀摊铺在道路基层上，并进行初步振实和整平的机械。由牵引、摊铺和振实、熨平两部分组成。

图 7.12　摊铺机

主要用在公路建设上的设备，功能是把沥青，石子，水泥按一定的比例混合在一起，高温加热到150℃，再用摊铺机铺到建设的高速路上。

图 7.13　沥青混凝土搅拌站

2．试验段的试铺

高级公路面层在施工之前应铺筑试验段，为后续沥青路面的施工确定施工工艺流程和各项技术参数。试验段的长度应根据实验目的确定，一般宜为 100～200m，且试验段宜在直线上铺筑。分试拌及试铺两个阶段，其实验内容包括以下几项。

（1）依据沥青路面各种施工机械相匹配的原则，确定合理的施工机械、机械数量及组合方式。

(2) 试拌确定拌和机的上料速度、拌和时间、拌和温度等操作工艺。

(3) 通过试铺确定透层沥青的标号与用量、喷洒方式、喷洒温度；摊铺机的摊铺温度、摊铺速度、摊铺宽度、自动找平方式等操作工艺；压路机的压实顺序、碾压温度、碾压速度及遍数等压实工艺；以及确定松铺系数、接缝方法等。

(4) 规范规定的方法验证沥青混合料配合比设计结果，提出生产用的矿料配比和沥青最佳用量；建立用钻孔法及核子密度仪法测定密度的对比关系确定沥青混凝土或沥青碎石面层的压实标准密度。

(5) 确定施工产量及作业段的长度，制订施工进度计划，并全面检查材料及施工质量。

3. 施工阶段

施工阶段包括沥青混凝土混合料的拌和、运输、摊铺、接缝处理及碾压等工序。

1) 安装路缘石

路缘石是设在路面边缘的界石，也是作为设置在路面边缘与其他构造带分界的条石，如图 7.14 所示。沥青路面的路缘石可根据要求和条件选用沥青混凝土或水泥混凝土预制块、条石、砖等，安装路缘石之前的沟槽成型是选用开槽机或开沟机完成，路缘开槽机如图 7.15 所示。

图 7.14　路缘石

图 7.15　路缘开槽机

2) 清扫基层

基层必须坚实、平整、洁净和干燥，对有坑槽、不平整的路段应先修补和整平。整体强度不足时，应给以补强，该道工序如图 7.16 所示。

图 7.16　清扫基层

3) 浇洒粘层或透层沥青

为使沥青面层与基层结合良好，须在基层上浇洒乳化沥青、煤沥青或液体沥青形成透入基层表面的薄层。该工序是由沥青洒布车(图 7.17)来实施的，经浇洒粘层或透层沥青的路面如图 7.18 所示。

用来运输与洒布液态沥青(包括热态沥青，乳化沥青和渣油)，修筑高等级公路沥青路面底层的透层防水层粘结层的沥青洒布，公路养护中的沥青罩面、喷洒，亦可用于实施分层铺路工设备的抗干扰。

图 7.17　沥青洒布车

图 7.18　浇洒粘层或透层沥青

4）沥青混凝土混合料的拌和

沥青混合料的拌和机械、拌和时间、拌和温度、热矿料二次筛分、沥青用量等是影响沥青混凝土路面稳定性和平整度的重要因素。

沥青混合料须在沥青拌和厂采用拌和机械拌制，该工序装备如图 7.19 所示。可采用间歇式拌和机或连续式拌和机拌制。当材料从多处供料、来源或质量不稳定时，不宜采用连续式拌和机。

沥青混合料拌制时，沥青和矿料的加热温度应调节到能使拌和的沥青混合料出厂温度(石油沥青120~165℃；煤沥青80~120℃)。混合料温度过高时，影响沥青与集料的粘结力，从而将会影响到混合料的稳定性。

沥青混合料拌和时间要以混合料拌合均匀、所有矿料颗粒全部裹覆沥青结合料为度，并经试拌确定。

拌合厂拌合的沥青混合料应均匀一致、无花白料、无结团成块或严重的粗细料分离现象。

图 7.19　沥青混凝土混合料的拌和

5）沥青混凝土混合料的运输

混合料的运输采用较大吨位的自卸汽车运输，该工序装备如图7.20所示。从拌和机向运料车上放料时，应每卸一斗混合料挪动一下汽车位置，以减少粗细集料的离析现象。

运输过程中注意加盖篷布，用以保温、防雨、防污染。沥青混合料运输车的用量应较拌和能力或摊铺速度有所富余，保证摊铺机连续不间断摊铺。注意卸料与摊铺机之间的距离，防止碰撞摊铺机或倒在摊铺机外，引起摊铺不均匀，影响路面的平整度。

图7.20　沥青混凝土混合料的运输与卸车装备

6）沥青混凝土混合料的摊铺

沥青混合料可用人工或机械摊铺，热拌沥青混合料应采用机械摊铺，摊铺必须均匀、缓慢、连续不断地进行。图7.21所示为是沥青混合料机械摊铺施工现场。

摊铺机摊铺速度匀速行使不间断，借以减少波浪和施工缝，试验人员随时检测成品料的配比和沥青含量。设专人消除粗细集料离析现象，如发现粗集料窝应予铲除，并用新料填补。

图7.21　机械摊铺施工现场

实践演练

摊铺中的质量缺陷

摊铺中的质量缺陷主要有厚度不均、平整度差(小波浪，台阶)、混合料离析、裂纹和拉沟等，其原因主要如下。

① 粉料过多，温度不当，砂石未完全烘干，机械猛烈起步和紧急刹车，刮料护板安装不当均可引起裂纹。

② 沥青含量过多或过少，矿粉含量不足；骨料尺寸与摊铺厚度不协调；振捣梁与熨平板的相互位置调整不当，振捣梁、熨平板底面磨损；刮料护板安装不当，熨平板接缝处理不当等引起拉沟。

③ 供料速度不匀、机械起步和刹车过猛、摊铺速度不均匀、熨平板工作迎角调整过当、摊铺机发动机或驱动链条松紧度未调好均会引起小波浪。

④ 熨平板底面磨损或严重变形时，铺层容易产生裂纹和拉沟，故应及时变换。有时熨平板的工作迎角太小，也会使铺层的两边形成裂纹或拉沟。当矿料中的大颗粒尺寸大于摊铺厚度时，在摊铺过程中该大颗粒将被熨平板拖着滚动，使铺层产生裂纹、挂沟等，所以应严格控制矿料粒径。

混合料的配比不当，会产生全铺层的裂缝，因为振捣梁在摊铺过程中混合料进行捣实的同时，还要将它向前推移。如果混合料的大颗粒过多，就会出现全铺层的大裂缝。为了消除这种裂缝，有时可将熨平板加热进行热熨，但大多数情况下需要改变混合料的配比。

⑤ 轮胎摊铺机气压超限(一般为0.5～0.55MPa)，摊铺机宜打滑；气压过低，机体会随矿料重量变化而上下变动，使摊铺层出现波浪。履带式摊铺机履带松紧超限将导致摊铺速度发生冲脉，进而使铺面出现搓板。履带或轮胎的行驶线上因卸料而洒落的粒料未清除，该部分摊铺厚度易突变。

⑥ 被顶摊的运料车刹车太紧，使摊铺机负荷增大，或料车倒退撞击摊铺机或单侧轮接触、另侧脱空等会引起速度变化或偏载，使铺面出现凸楞。施工中往往第一、二车料质量较差，注意取舍或调剂使用。

⑦ 自动熨平装置中，挂线不紧，中间出现挠度，会引起铺层波浪。

⑧ 采用冷茬法摊铺时，其纵向接茬由于密实度不够，行车不久往往会出现坑洼和裂缝。因此必须注意接茬的重叠量，并在前一条摊铺带未被弄脏或变型之前就摊铺后一条。

7) 沥青混凝土面层的碾压

沥青混合料的碾压应按初压、复压、终压(包括成型)3个阶段进行。碾压时应将驱动轮面向摊铺机，碾压流程工艺如图7.22所示。

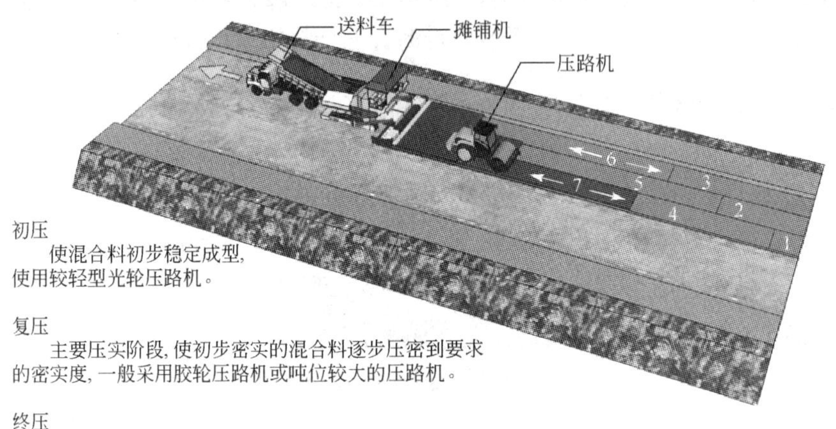

图7.22　碾压流程工艺

(1) 初压，习惯称为稳压阶段。由于沥青混合料在摊铺机的熨平板前已经初步夯击压实，而且刚摊铺成的混合料的温度较高(常在140℃)，因此只要用较小的压实就可以达到较好的稳定压实效果。通常用6～8t的双轮振动压路机(如图7.23所示)以2km/h左右速度进行碾压2～3遍。也可以用组合式钢轮(钢轮接近摊铺机)—轮胎(4个等间距的宽轮胎)压路机进行初压。

(2) 复压。应在较高温度下并紧跟初压后面进行。期间温度不应低于100～1100℃，此阶段至少要达到规定的压实度，通常用双轮振动压路机(用振动压实)或重型静力双轮压路机，如图7.24所示，16t以上的轮胎压路机，如图7.25所示，同时先后碾压，也可用组合式钢轮—轮胎压路机与振动压路机和轮胎压路机一起进行碾压。碾压遍数参照铺筑试验段所得碾压遍数确定，通常不少于8遍，碾压方式与初压相同。图7.26示意的是某复压施工现场。

(3) 终压。终压是为了消除复压过程中表面遗留的不平整，故沥青混合料也需要有较高的温度，终压结束时的温度不应低于70℃，应尽可能在较高温度下结束终压。终压常使用静力双轮压路机并应紧接在复压后进行。边角部分压路机碾压不到的位置，使用小型振动压路机(图7.27)碾压。

碾压机驱动轮在前静压匀速前进，后退时沿前进碾压时的轮迹行驶进行振动碾压。

图7.23 双钢轮振动压路机

可压实砾石、碎石、沙土、砂石混合料、沥青混凝土和煤渣等多种材料，是建设公路、铁路、市政工程、机场、工业场地及停车场等场所的压实设备。

图7.24 重型静力双轮压路机

由于轮胎的弹性所生产的揉压作用，使铺层材料在各方向产生位移，形成均匀、密实、无裂纹的表面，可延长路面使用寿命。

采用前轮摇摆机构，压路机在不平整地面作业时，保证轮压接地均匀，使被压实材料的高低不平部分，都能得到均匀压实。

图7.25 轮胎压路机

碾压过程一般采用雾状喷水法，以保证沥青混合料碾压过程中不粘轮。避免在新铺筑的路面上进行停机(如加水、加油等)活动，以防各种油料、杂质污染路面。压路机不准停留在温度尚未冷却至自然气温以下已完成的路面上。

图 7.26　复压施工现场

图 7.27　小型振动压路机

8）接缝处理

沥青路面的各种施工缝(包括纵缝、横缝、新旧路面的接缝等)处，往往由于压实不足，容易产生台阶、裂缝、松散等病害，影响路面的平整度和耐久性。因此，沥青路面施工中须保证各种施工缝密实、平顺，接缝前其边缘应扫净、刨齐，刨齐后的边缘应保持垂直。纵缝应与路中线平行施工，而横缝应与路中线垂直施工，接缝的处理方法如图 7.28 所示。

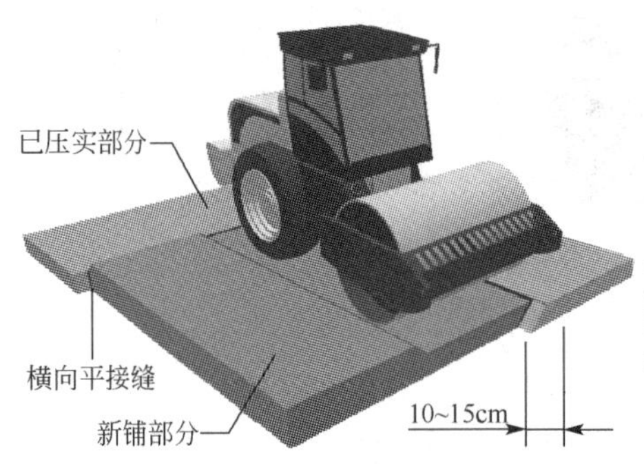

已压实部分
横向平接缝
新铺部分
10~15cm
摊铺时采用梯队作业的纵缝应采用热接缝; 半幅施工不能采用热接缝时, 宜加设挡板或采用切刀切齐, 铺另半幅前必须将缝边缘清扫干净, 并涂洒少量粘层沥青。摊铺时应重叠在已铺层上5~10 cm, 碾压时应按图示方式进行。

(a) 纵向接缝的施工

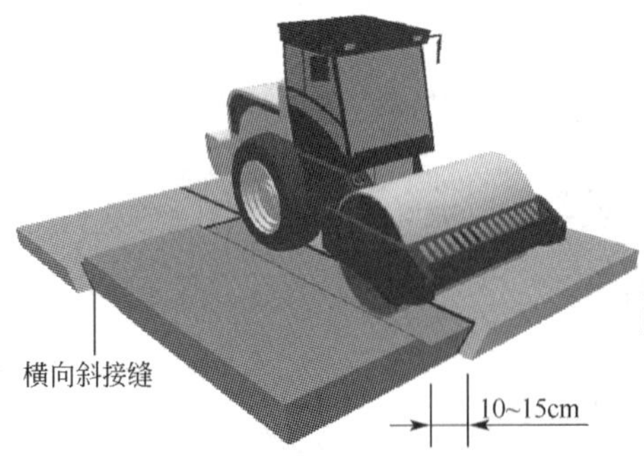

横向斜接缝
10~15cm
对高速公路和一级公路, 中下层的横向接缝时可采用斜接缝, 在上面层应采用垂直的平接缝。其他等级公路的各层均可采用斜接缝。平接缝应做到紧密粘结, 充分压实, 连接平顺。

(b) 横向接缝的施工

图 7.28　接缝处理

9）开放交通

热拌沥青混合料路面应待摊铺层完全自然冷却，混合料表面温度低于50℃(石油沥青)或45℃(煤沥青)后开放交通。需提早开放交通时，可洒水冷却降低混合料温度。

思维拓展

层铺法沥青路面面层施工技术

用层铺法施工的沥青路面面层，包括沥青表面处治和沥青贯入式两种。

1. 沥青表面处治施工

沥青表面处治路面是指用沥青和集料按层铺法或拌和法施工的厚度不大于30mm的一种薄层面层。由于处治层很薄，一般不起提高强度作用，其主要作用是抵抗行车的磨耗，增强防水性，提高平整度，改善路面的行车条件。适用于三级及三级以下公路、城市道路的支路、县镇道路、各级公路的施工便道以及在旧沥青面层上加铺的罩面层或磨耗层。

层铺法表面处治按照洒布沥青及铺撒矿料的层次多少，可分为单层式、双层式和三层式三种。单层式为浇洒一次沥青，撒布一次集料铺筑而成，厚度为10～15mm(乳化沥青表面处治为5mm)；双层式为浇洒两次沥青，撒布两次集料铺筑而成，厚度为15～25mm(乳化沥青表面处治为10mm)；三层式为浇洒三次沥青，撒布三次集料铺筑而成，厚度为25～30mm。

沥青表面处治所用的集料最大粒径应与处治层的厚度相等，其规格和用量按规定选用。当采用乳化沥青时，为减少乳液流失，可在主层集料中掺加20%以上的较小粒径的集料。沥青面层用粗集料规格时，当生产的粗集料规格不符合规定，但确认与其他材料配合后的级配符合各类沥青面层的矿料使用要求时，也可使用。

沥青表面处治可采用道路石油沥青、煤沥青或乳化沥青。层铺法沥青表面处治施工一般采用“先油后料”法，即先洒布一层沥青，后铺撒一层矿料。以层式沥青表面处治为例，其施工工序如图7.29所示。

单层式和三层式沥青表面处治的施工程序与双层式相同，仅需相应地减少或增加一次洒布沥青、一次集料和碾压工序。

2. 沥青贯入式路面施工

在初步压实的碎石(或破碎砾石)上，分层浇洒沥青、撒布嵌缝料，或再在上部铺筑热拌沥青混合料封层，经压实而成的沥青面层称为沥青贯入式沥青路面。其厚度宜为4～8cm，但乳化沥青贯入式路面的厚度不宜超过5cm。当贯入式上部加铺拌和的沥青混合料封层时，总厚度宜为6～10cm，其中拌和层的厚度宜为2～4cm。适用于二级及二级以下的公路。沥青贯入层也可作为沥青混凝土路面的连结层。

沥青贯入式路面具有较高的强度和稳定性，其强度的构成，主要以矿料的嵌挤为主，沥青的粘结力为辅而构成的。由于沥青贯入式路面是一种多空隙结构，为防止路表面水的浸入和增强路面的水稳定性，最上层应撒布封层料或加铺拌和层。乳化沥青贯入式路面铺筑在半刚性基层上时，应铺筑下封层。沥青贯入层作为联结层使用时，可不撒表面封层料。

沥青贯入式路面的集料应选择有棱角、嵌挤性好的坚硬石料。沥青贯入式路面的施工程序是，整修和清扫基层→浇洒透层或粘层沥青(粘层沥青是为了加强在路面的沥青层与沥青层之间，沥青层与水泥混凝土路面之间的粘结而洒布的沥青材料薄层)→撒布主层集料→第一次碾压→浇洒第一层沥青→撒布第一层嵌缝料→第二次碾压→浇洒第二层沥青→撒布第二次嵌缝料→第三次碾压→洒布第三层沥青→撒布封层料→最后碾压→初期养护。

沥青贯入式路面施工要求与沥青表面处治基本相同。

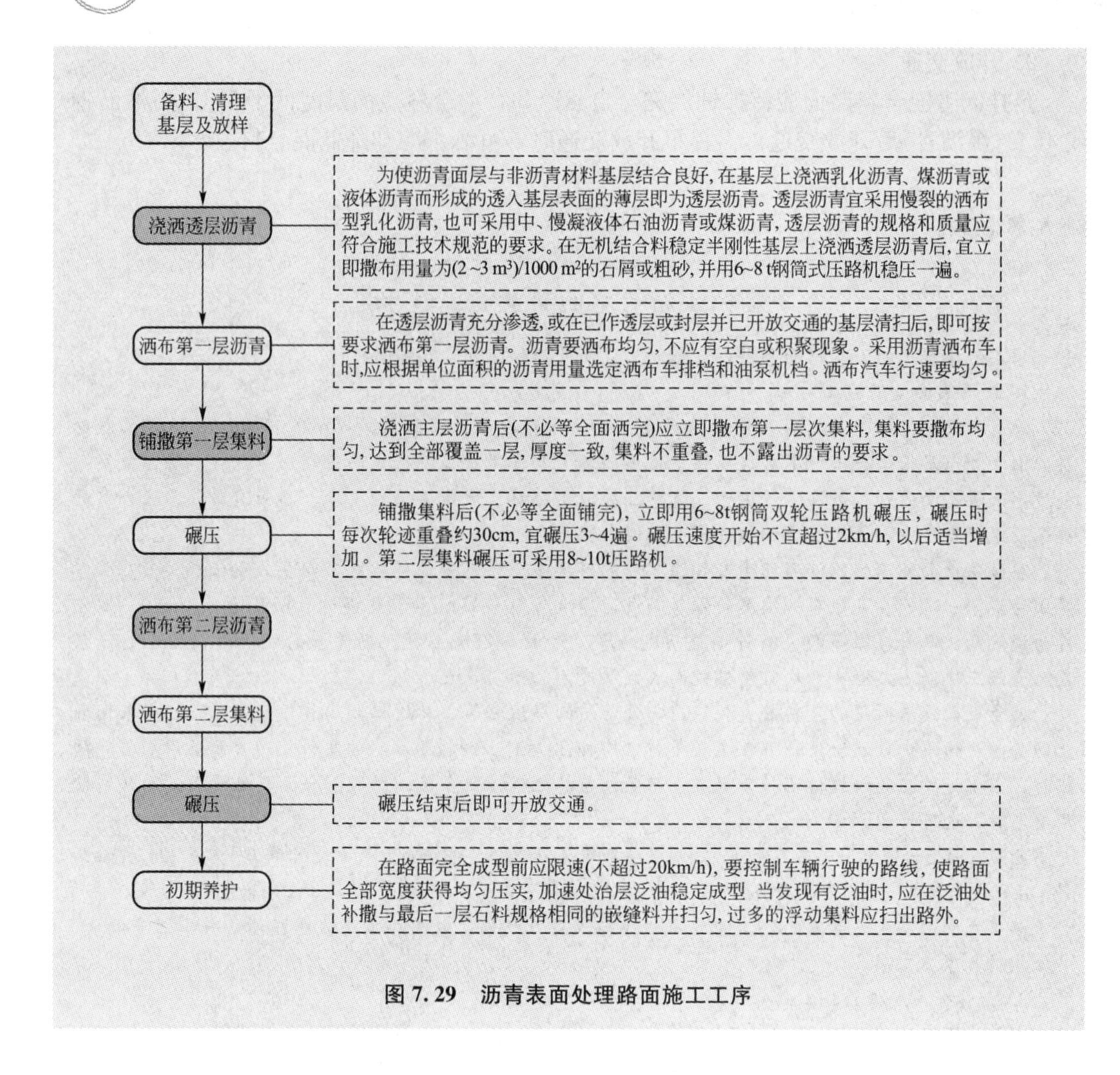

备料、清理基层及放样
浇洒透层沥青
为使沥青面层与非沥青材料基层结合良好，在基层上浇洒乳化沥青、煤沥青或液体沥青而形成的透入基层表面的薄层即为透层沥青。透层沥青宜采用慢裂的洒布型乳化沥青，也可采用中、慢凝液体石油沥青或煤沥青，透层沥青的规格和质量应符合施工技术规范的要求。在无机结合料稳定半刚性基层上浇洒透层沥青后，宜立即撒布用量为(2～3 m³)/1000 m²的石屑或粗砂，并用6～8 t钢筒式压路机稳压一遍。
洒布第一层沥青
在透层沥青充分渗透，或在已作透层或封层并已开放交通的基层清扫后，即可按要求洒布第一层沥青。沥青要洒布均匀，不应有空白或积聚现象。采用沥青洒布车时，应根据单位面积的沥青用量选定洒布车排档和油泵机档。洒布汽车行速要均匀。
铺撒第一层集料
浇洒主层沥青后(不必等全面洒完)应立即撒布第一层次集料，集料要撒布均匀，达到全部覆盖一层，厚度一致，集料不重叠，也不露出沥青的要求。
碾压
铺撒集料后(不必等全面铺完)，立即用6~8t钢筒双轮压路机碾压，碾压时每次轮迹重叠约30cm，宜碾压3~4遍。碾压速度开始不宜超过2km/h，以后适当增加。第二层集料碾压可采用8~10t压路机。
洒布第二层沥青
洒布第二层集料
碾压
碾压结束后即可开放交通。
初期养护
在路面完全成型前应限速(不超过20km/h)，要控制车辆行驶的路线，使路面全部宽度获得均匀压实，加速处治层泛油稳定成型 当发现有泛油时，应在泛油处补撒与最后一层石料规格相同的嵌缝料并扫匀，过多的浮动集料应扫出路外。

图 7.29　沥青表面处理路面施工工序

7.2.3　沥青碎石路面施工

沥青碎石路面是由几种不同粒径大小的级配矿料，掺有少量矿粉或不加矿粉，用沥青作结合料，按一定比例配合，在道路上用机械将热的或冷的沥青材料与冷的矿料均匀拌和，并摊铺、压实成型的路面。

沥青碎石路面的主要优点是沥青用量少，造价低，能充分发挥其颗粒的嵌挤作用，高温稳定性好，在高温季节不易形成波浪、推挤和拥包，路表面较易保持粗糙，有利于高速行车和安全。

沥青碎石路面的主要缺点是孔隙率较大，易透水，而且沥青老化后路面结构容易疏松，故沥青碎石路面的强度和耐久性都不如沥青混凝土。为了增强沥青碎石路面的抗透水性和使其具有良好的平整度，必须在其表面加铺沥青进行表面处治或沥青砂等封层。

沥青碎石路面的施工方法有热拌热铺、热拌冷铺、冷拌冷铺等几种方法。其施工方法与施工要求基本和沥青混凝土相同。

1. 准备阶段

1）原材料要求

(1) 沥青的选用应根据所处的温度区选择，对超载车辆、交通量大的高速公路应选用改性沥青。

(2) 碎石是沥青混合料路面的骨架，是受力的主要支撑材料，碎石的规格以沥青混合料各面层的厚度及配合比确定。粗集料应具有良好的、接近立方体的形状，同时洁净、无风化和杂质，采用两次破碎工艺，用锤式破碎机破碎并符合粗集料的质量技术要求。

(3) 为了保证沥青混合料的基本性能，施工中应严格控制混合料现场的级配，对4.75mm以上的碎石颗粒的含量和2.36mm以上的粗集料的总量的误差，以及为控制沥青混凝土的空隙率，对混合料中小于0.3mm的细砂颗料的小于0.075mm的粉料含量误差，进行严格控制。

2）配合比组成设计

沥青碎石混合料配合比设计是确定沥青碎石施工的材料配合依据，需要完成组成配合比设计、生产配比设计和生产配比验证3个阶段。

沥青碎石混合料配合比设计以马歇尔试验为主，据此确定沥青碎石混合料的矿料级配和最佳沥青用量。

资料袋

马歇尔试验

马歇尔试验是确定沥青混合料油石比的试验。其试验过程是对标准击实的试件在规定的温度和湿度等条件下受压，测定沥青混合料的稳定度和流值等指标，经一系列计算后，分别绘制出油石比与稳定度、流值、密度、空隙率、饱和度的关系曲线，最后确定出沥青混合料的最佳油石比。马歇尔试验仪如图7.30所示。

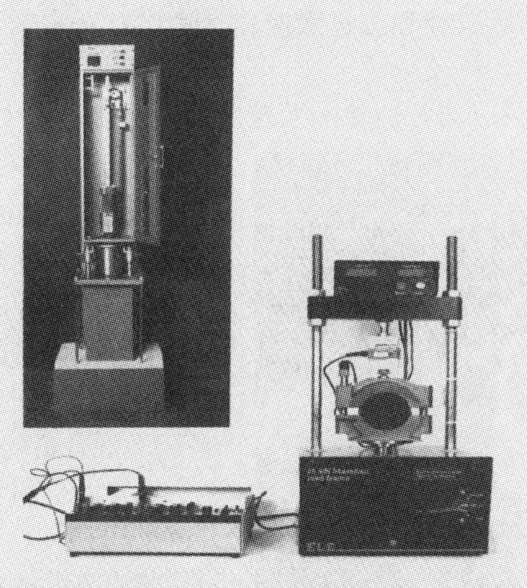

图7.30 马歇尔试验仪

3）准备下承层

沥青碎石面层是铺筑在半刚性(水泥稳定粒料)的基层上，基层的强度、平整度，对沥青碎石面层有至关重要的影响。所以，提供一个整齐、干净、有足够强度的工作面是必需的。为了临时通车，先在水泥稳定粒料基层上做一层下封层，同时在沥青碎石各面层之间洒布粘层油。

4）铺筑试验路段

施工前要首先完成试验段(200m)的铺筑，用以确定的内容是，确定合理的机械种类、机械数量及组合方式；确定拌和机的上料速度、拌和数量、拌和温度等操作工艺；确定摊针温度速度，碾压顺序，温度，遍数等；确定松针系数、接缝方法等；验证沥青混合料配合比；全面检验材料及施工质量。

2. 铺筑阶段

铺筑阶段的工艺流程是清扫基层→沥青混合料拌和→自卸汽车运输→自卸车现场卸料到摊铺机受料斗、摊铺机摊铺→人工局部修补、修整路面边缘线型、横向和纵向接缝整形→压路机碾压→开放交通。

1）混合料的拌和

(1) 粗、细集料应分类堆放和供料，取自不同料源的集料应分开堆放，对每个料源的材料进行抽样试验，并应经监理工程师批准。

(2) 每种规格的集料、矿粉和沥青部分按要求的比例进行配料。

(3) 沥青材料应采用导热油加热，加热温度应在160～170℃范围内，矿料加热温度为170～180℃，沥青与矿料的加热温度应调节到能使拌和的沥青混凝土出厂温度在150～165℃。不允许有花白料、超温料，混合料超过200℃者应放弃，并应保证运到施工现场的温度不低于130～140℃。

(4) 如果热料筛分用量大，应选定合适的筛孔，避免产生超尺寸颗粒。

(5) 轻混合料的拌和时间应以混合料拌和均匀、所有矿料颗粒全部包覆沥青结合料为度，并经试拌确定，间歇式拌和机每锅拌和时间宜为30～50s(其中干拌和时间不得小于5s)。

(6) 拌好的沥青混合料应均匀一致，无花白料、无结团成块或严重的粗料分离现象，不符合要求时不得使用，并应及时调整。

图7.31　沥青混合料输送车——自卸汽车

(7) 拌好的沥青混合料不立即铺筑时，可放成品贮料仓贮存，贮料仓无保温设备时，允许的储存时间应以符合摊铺要求为准，有保温设备的储料仓储料时间不宜超过6小时。

2）混合料的运输

沥青混合料运输时宜用15t以上的自卸汽车(图7.31)，装料前在汽车翻斗内刷一层柴油与水的混和物，以防止粘料。另外，装好料的汽车要用保温布覆盖，然后才可以出场。运输时间一般不得大于0.5h。

3）混合料的摊铺

运料车辆到达摊铺机作业面时，摊铺机要调好初始状态，摊铺厚度、宽度以设计为准。摊铺机熨平板的仰角要准确，行走速度要稳定，找平装置要能正常工作。

现在许多摊铺机都配有无接触式均衡梁(图 7.32)。摊铺机正常时，方向的调整很重要，操作手需精心操作。另外，对履带部及声呐探头下面的基层上的杂物要清除干净。还要指挥好运料车辆，卸料时不能碰撞摊铺机。摊铺机要连续作业，如因故停止时间超过1h，需要设置横缝。

该套装置是利用电脑对声钠探头获取的几个垂直点距离进行处理，及时的对摊铺机熨平板提升装置进行控制，平整度是能够保证的。

图 7.32 摊铺机

4）混合料的压实

摊铺成型后及时进行碾压，碾压前技术人员要认真检查，发现有局部离析及边缘不规则时要进行人工修补。轻型双钢轮压路机先稳压一遍，稳压时尤其注意起步及停车的速度。碾压时力求速度均衡、行走要直、工作面长度不要大于50m。稳压完成后即可进行复压，复压完毕后用轮胎压路机进行终压。碾压过程中技术人员要随时检查，发现有缺陷及时处理。压路机的行走速度控制在4km/h，必须带有碾压轮洒水功能。

5）接缝的处理

沥青路面施工缝处理的好坏对平整度有一定的影响，通常连续摊铺路段平整度较好，而接缝处较差。

因此，接缝水平是制约平整度的重要因素之一。处理好接缝的关键是切除接头，用3m直尺检查端部平整度，以摊铺层面直尺脱离点为界限，用切割机切缝挖除。新铺接缝处采用斜向碾压法，适当结合人工找平，可消除接缝处的不平整，使前后两路段平顺衔接。

思维拓展

彩色防滑路面

彩色防滑路面是指脱色沥青与各种颜色石料、色料和添加剂等材料在特定的温度下混合拌和，即可配制成各种色彩的沥青混合料，再经过摊铺、碾压而形成具有一定强度和路用性能的彩色沥青混凝土路面。

彩色防滑路面是一种崭新的路面美化技术，可让传统的黑色沥青混凝土和灰色水泥混凝土的路面，通过彩化施工达到路面色彩赏心悦目，同时具有防滑效果。高摩擦系数的彩色防滑路面，可有效地提高行车安全。适用于城市干道、城市次干道、城市天桥及人行道、社区道路及停车场等，如图 7.33 所示。

图 7.33 大桥弯道——彩色颗粒防滑路面

彩色防滑路面的特点如下。

1）具有良好的路用性能，在不同的温度和外部环境作用下，其高温稳定性、抗水损坏性及耐久性均非常好，且不出现变形、沥青膜剥落等现象，与基层粘结性良好。

2）具有色泽鲜艳持久、不褪色、能耐 77℃的高温和－23℃的低温的性能，且维护比较方便。

3）具有较强的吸音功能，汽车轮胎在马路上高速滚动时，不会因空气压缩产生强大的噪声，同时还能吸收来自外界的其他噪声。

4）具有良好弹性和柔性，“脚感”好，最适合老年人散步，且冬天还能防滑，再加上色彩主要来自石料自身颜色，也不会对周围环境造成大的危害。

7.2.4 沥青路面的破坏

沥青路面破坏大体上分为两类：一类是结构性破坏，它是路面结构的整体或其某一个或几个组成部分破坏，严重时已不能承受车辆荷载；另一类是功能性破坏，如由于路面的不平整，使其不再具有预定功能。

1）裂缝

沥青路面表观形态有横向裂缝、纵向裂缝、网裂、块裂、不规则裂缝等，如图 7.34 所示。

2）车辙

车辙是指路面结构及路基在行车荷载作用下的补充压实，或结构层及路基中材料的侧向位移产生的累积永久变形。车辙还包括轮胎磨耗引起的材料缺省。

车辙是高级沥青路面的主要破坏形式，对于半刚性基层沥青路面，车辙主要发生在中上面层或沥青表层。车辙产生的主要原因是，沥青混合料高温稳定性不足，塑性变形累积；路面结构及路基材料的变形累积；车辆渠化交通的荷载磨耗等。车辙主要发生在高温季节，根据车辙形成的起因，车辙主要可以分为磨耗型、失稳型、压密型和结构破坏型，在我国最常见的是失稳型和压密型车辙，如图 7.35 所示。

3）松散剥落

松散剥落表现为沥青从矿料表面脱落，在荷载作用下，面层呈现的松散现象，如

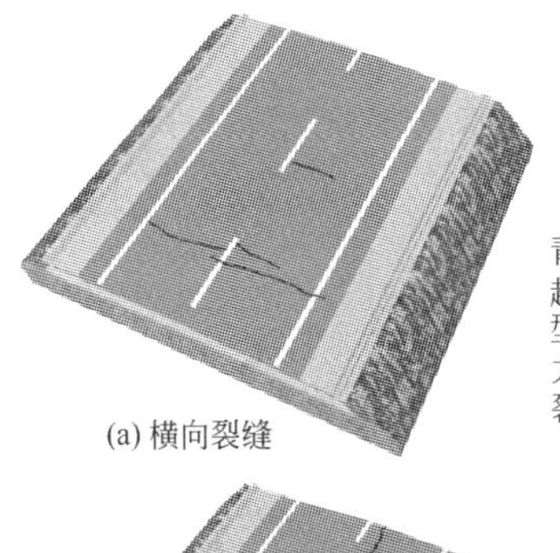

(a) 横向裂缝

分荷载型和非荷载型，非荷载型又分为沥青面层缩裂和基层反射裂缝。荷载型因拉应力超过材料疲劳极限引起，从下向上发展；非荷载型沥青面层缩裂因冬季沥青材料收缩产生的应力大于材料强度引起，反射裂缝因基层收缩开裂向面层延伸引起。

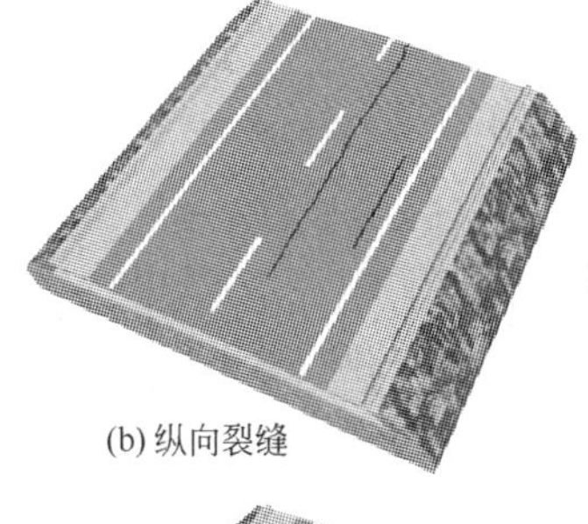

(b) 纵向裂缝

路面分幅摊铺时，接缝未处理好、路基差原因等引起失稳。

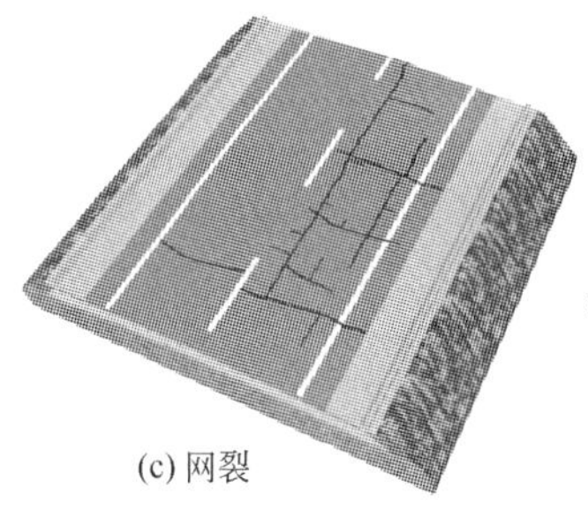

(c) 网裂

横向或纵向裂缝未及时处理，水渗入所致；结构强度不足、沥青老化等。

图 7.34 路面裂缝

图 7.36 所示。一旦沥青层出现松散剥落，路面将会出现坑槽破坏。

4）表面抗滑不足

表面抗滑不足表表现为沥青路面在使用过程中，表面集料被逐渐磨光，或者出现沥青层泛油，使得沥青表层出现光滑的现象，如图 7.37 所示。

5）其他病害

沥青路面的其他病害还包括泛油、啃边、波浪、坑洞、拥包等。

泛油指沥青面层中自由沥青受热膨胀，由于沥青混凝土空隙无法容纳，沥青向上迁移到表面的现象。沥青用量过多、设计空隙率过小、沥青混合料离析使细料过于集中及沥青高温稳定性差是导致泛油的重要原因。泛油一般发生在天气炎热的季节，而天气寒冷的季节又不存在可逆过程，影响路面构造深度和抗滑性能。

啃边是沥青路面边缘不断缺损，参差不齐，路面宽度逐渐减小的现象。路面宽度过窄，行车压到路面边缘而造成缺损；边缘的强度不足；路肩太高或太低，雨水冲刷路面边缘都会造成边缘损坏。

波浪是沿路面纵向形成的一种波长较短、振幅较大的凹凸现象，其波峰、波谷的距离和起落差均大于槎板。

产生的原因是在交通车辆轮胎磨耗和环境条件的综合作用下，路面磨损，面层内集料颗粒逐渐脱落；在冬季路面铺撒防滑料(如砂)时，磨损型车辙会加速发展。

(a) 磨耗型车辙

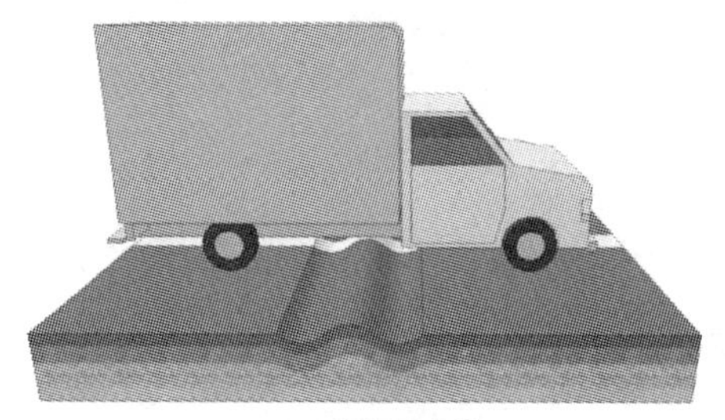

是由于在交通荷载产生的剪切应力的作用下，路面层材料失稳，凹陷和横向位移形成的。此类车辙的外观特点是沿车辙两侧可见混合料失稳横向蠕变位移形成的凸缘。一般出现在车辆轮迹的区域内，当经碾压的路面材料的强度不足以抵抗交通荷载作用于它上面的应力、特别是重载车辆高频率通过，路面反复承受高频重载时，极易产生此类车辙。

(b) 失稳型车辙

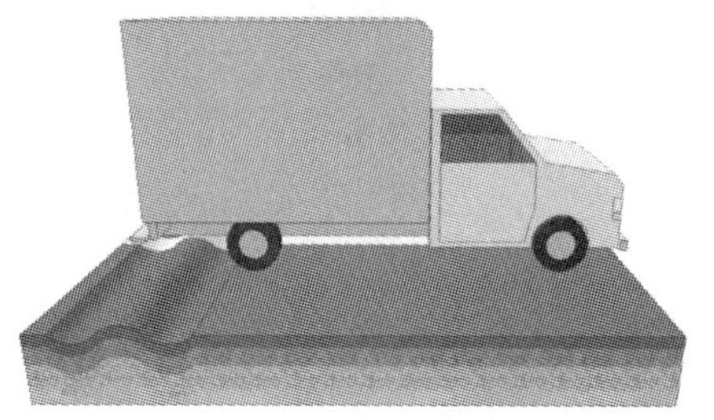

主要是因为基层等路面结构层或路基强度不足，在交通荷载反复作用下产生向下的永久变形，作用或反射于路面。

(c) 结构破坏型车辙

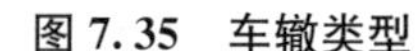

图 7.35　车辙类型

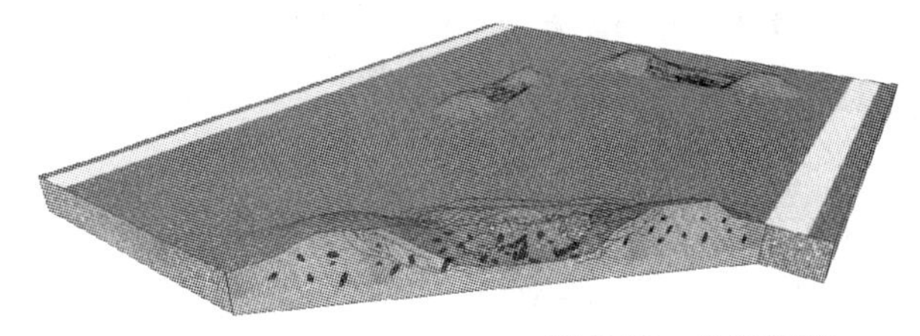

原因：①沥青与矿料粘附性差(沥青粘性差、集料粘附等级低、集料潮湿、沥青老化后性能下降、冻融等)；②水作用；③沥青在施工中的过度加热老化。

图 7.36　松散剥落

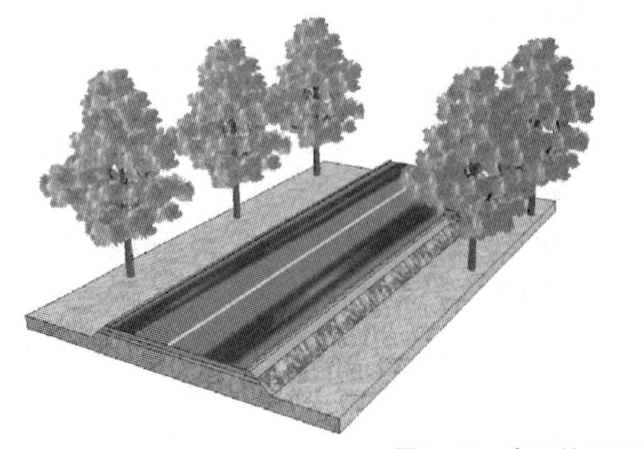

原因：①集料软弱，宏观纹理和微观构造小；②粗集料抵抗磨光的能力差(由磨光值、棱角性、压碎值等表征)；③级配不当，粗料少、细料多；④用油量偏大，或出现水损害；⑤沥青稠度太低；⑥车轮磨耗太严重。

图 7.37　表面抗滑不足

资料袋

沥青路面的再生技术

沥青路面的再生技术，是将旧沥青路面经过翻挖、回收、破碎、筛分后，与再生剂、新沥青材料、新集料等按一定比例重新拌和混合料，使之能够满足一定的路用性能并用其重新铺筑路面的一套工艺技术。

国外对沥青路面再生利用研究，最早从1915年在美国开始的，但由于以后大规模的公路建设而忽视了对该技术的研究。1973年石油危机爆发后美国对这项技术才引起重视，并在全国范围内进行广泛研究，到20世纪80年代末美国再生沥青混合料的用量几乎为全部路用沥青混合料的一半，并且在再生剂开发、再生混合料的设计、施工设备等方面的研究也日趋深入。沥青路面的再生利用在美国已是常规实践，目前其重复利用率高达80%。

西欧国家也十分重视这项技术，联邦德国是最早将再生料应用于高速公路路面养护的国家，1978年就将全部废弃沥青路面材料加以回收利用。芬兰几乎所有的城镇都组织旧路面材料的收集和储存工作。法国现在也已开始在高速公路和一些重365JT交通道路的路面修复工程中推广应用这项技术。

再生沥青路面的施工按温度可分为热法施工和冷法施工。热法施工按施工工艺又可分为现场热再生法和厂拌热再生法。

沥青路面再生技术工程工作前需要了解原路面历史信息、原路面技术状况和交通量，并进行进行经济对比分析评价。

原路面历史信息，即收集旧路面设计资料、施工资料、竣工资料(一般包括旧路面的结构、材料和施工等方面的资料，从资料分析建设期间是否存在设计和施工质量缺陷)，以及收集旧路面通车营运期间的养护资料和路面检测资料，并与施工资料、竣工资料进行对比分析，准确分析路面病害产生的原因。

原路面技术状况包括路面状况指数PCI，国际平整度指数IRI，路面强度系数PSI，车辙深度4项内容。全深式再生时还宜检测再生层下卧层CBR值。

交通量调查内容包括交通量大小，轴载情况，以及设计使用年限内交通量发展的预测。为再生结构设计和材料设计提供依据和参考。为再生施工制定交通组织方案提供依据。就地热再生还应进行施工环境调查提前做好施工防范措施。

工程经济性评价，是分析各种方法路面设计使用年限内的平均成本，包括路面维修成本、养护成本、路面残值等。对于收费公路，还需分析不同维修方法可能带来的施工期间的车辆通行费的损失。

7.3 水泥混凝土路面施工

水泥混凝土路面是由水泥混凝土面板和基层或底基层所组成的路面，也称为刚性路面。水泥混凝土路面具有强度高、水稳定性好、耐久性好、养护费用少、经济效益高、夜间能见度高等优点，近年来在高等级、重交通的道路上有较大的发展。

7.3.1 水泥混凝土路面的分类与构造特点

1. 分类

水泥混凝土路面可以分为普通混凝土路面(JPCP)、钢筋混凝土路面(JRCP)、钢纤维混凝土路面(SFCP)、预应力混凝土路面、连续配筋混凝土路面(CRCP)、装配式混凝土路面、碾压混凝土路面、裸石露石混凝土路面等。目前采用最广泛的是就地浇筑的素混凝土路面，简称混凝土路面。

2. 混凝土路面的构造特点

混凝土既是刚性材料，又属于脆性材料。因此，混凝土路面板的构造是为了最大限度发挥其刚性特点，使路面能承受车轮荷载，保证行车平顺；同时混凝土路面板的构造也为了克服其脆性的弱点，防止在车载和自然因素作用下发生开裂、破坏，最大限度提高其耐久性，以延长服务周期。

1）垫层

在温度和湿度状况不良的环境下，城市水泥混凝土道路应设置垫层，以改善路面结构的使用性能。

(1) 在季节性冰冻地区，道路结构设计总厚度小于最小防冻厚度要求时，根据路基干湿类型和路基填料的特点设置垫层；其差值即是垫层的厚度。水文地质条件不良的土质路堑，路基土湿度较大时，宜设置排水垫层。路基可能产生不均匀沉降或不均匀变形时，宜加设半刚性垫层。

(2) 垫层的宽度应与路基宽度相同，其最小厚度为150mm。

(3) 防冻垫层和排水垫层宜采用砂、砂砾等颗粒材料。半刚性垫层宜采用低剂量水泥、石灰等无机结合稳定粒料或土类材料。

2）基层

水泥混凝土道路基层的作用：防止或减轻由于唧泥产生板底脱空和错台等病害；与垫层共同作用，可控制或减少路基不均匀冻胀或体积变形对混凝土面层产生的不利影响；基层为混凝土面层施工提供稳定而坚实的工作面，并改善接缝的传荷能力。

基层材料的选用需根据道路交通等级和路基抗冲刷能力来选择，选用可参见表7-4。

表7-4 适宜交通等级的基层类型

交通等级	基层类型
特重交通	贫混凝土、碾压混凝土或沥青混凝土
重交通	水泥稳定粒料或沥青稳定碎石
中等或轻交通	水泥稳定粒料、石灰粉煤灰稳定粒料或级配粒料

(1) 基层的宽度应根据混凝土两层施工方式的不同，比混凝土面层每侧至少宽出300mm(小型机具施工时)或500mm(轨模或摊铺机施工时)或650mm(滑模或摊铺机施工时)。各类基层结构性能、施工或排水要求不同，厚度也不同。

(2) 为防止下渗水影响路基，排水基层下应设置由水泥稳定粒料或密级配粒料组成的不透水底基层，底基层顶面宜铺设沥青封层或防水土工织物。

(3) 碾压混凝土基层应设置与混凝土面层相对应的接缝。

3）面层

面层混凝土板通常分为普通(素)混凝土板、钢筋混凝土板、连续配筋混凝土板、预应力混凝土板等。目前我国多采用普通(素)混凝土板。水泥混凝土面层应具有足够的强度、耐久性(抗冻性)、表面抗滑、耐磨、平整。

(1) 板厚。

工程上的理论分析表明，汽车轮载作用于板中部时，板所产生的最大应力约为轮载作用于板边部时的2/3。因此，面层板的横断面应采用中间薄两边厚的形式，以适应荷载应力的变化。

一般边部厚度较中部约厚25%，是从路面最外两侧板的边部，在0.6～1.0m宽度范围内逐渐加厚。但是厚边式路面对于土基和基层的施工整型带来不便，且在厚度变化转折处，易引起板的折裂。因此，目前国内常采用等边厚式路面，或在等中厚式断面板的最外两侧板边部配置边缘钢筋予以加固。

(2) 横缝。

混凝土路面具有热胀冷缩的性质，由于热胀冷缩会在混凝土板内产生温度胀缩应力，同时在板顶与板底之间会因昼夜产生温差，使混凝土板发生翘曲变形。当这种翘曲受阻和在汽车荷载的作用下，会在板内产生过大的温度翘曲应力，造成板的断裂或拱胀等破坏。为避免这些缺陷，混凝土路面必须在纵横两个方向建造许多接缝，把整个路面分成许多板块。

横向接缝是垂直于行车方向的接缝，共有3种：胀缝(构造形式如图7.38所示)、缩缝和施工缝(构造形式如图7.39所示)。

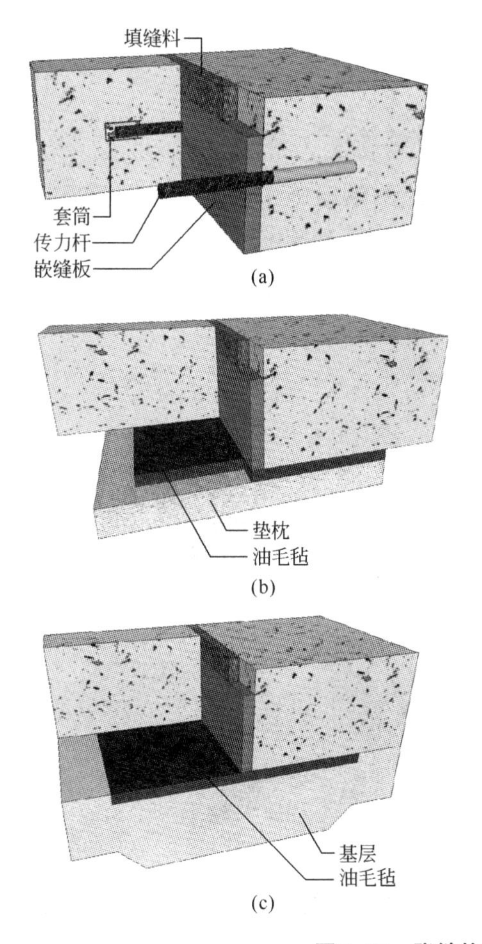

图7.38 胀缝构造形式

胀缝保证板在温度升高时能部分伸张，从而避免产生路面板在热天的拱胀和折断破坏，同时也能起到缩缝的作用。另外，混凝土路面每天完工以及因雨天或其它原因不能继续施工时，应尽量做到胀缝处。如不可能，也应做至缩缝处，并做成施工缝的构造形式。胀缝应少设或不设，但在邻近桥梁或建筑物处，小半径曲线和纵坡变换处，应设置胀缝。胀缝宽18~25mm，上部约为板厚1/4或5cm深度内浇灌填缝料，下部则设置富有弹性的嵌缝板。

(3) 纵缝

纵缝是平行于行车方向的接缝，它是根据路面宽度和施工铺筑宽度设置。一次铺筑宽

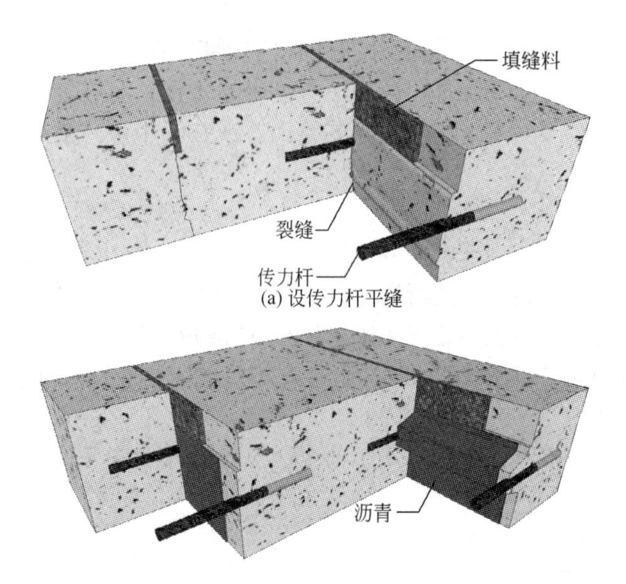

(a) 设传力杆平缝

(b) 设传力杆企口缝

缩缝保证板因温度和湿度的降低而收缩时沿该薄弱断面缩裂，从而避免产生不规则的裂缝。缩缝的间距一般为4~6m(即板长)，缝宽5~10mm，深为4~6cm。

图 7.39　缩缝和施工缝构造形式

度小于路面宽度时，应设置带拉杆的平缝形式的纵向施工缝。一次铺筑宽度大于 4.5m 时，应设置带拉杆的假缝形式的纵向缩缝，构造形式如图 7.40 所示。

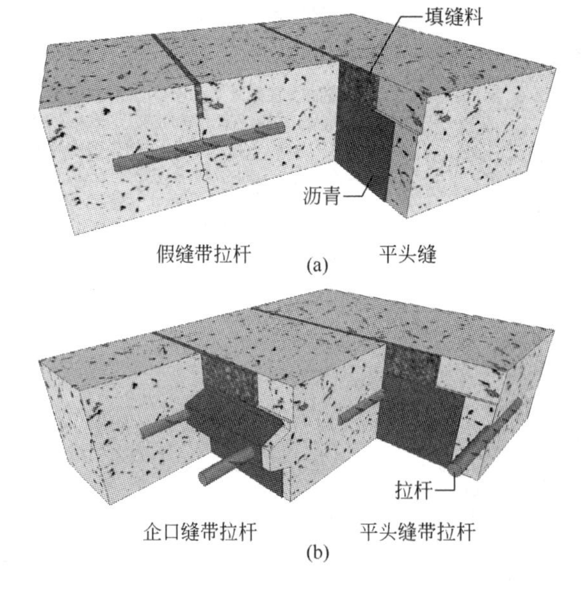

(a)

(b)

施工时应预先在模板上制作拉杆置放孔，拉杆应采用螺纹钢筋，缝壁应涂沥青，缝的上部也应留有宽3~8mm的缝隙，并用填料填满，顶面不切缝时，施工时应及时清除已抹好面板上的粘浆或用塑料纸遮盖，保持纵缝的顺直和美观。

图 7.40　纵向缩缝构造形式

(4) 传力杆、钢筋。

对于特重及重交通等级的混凝土路面，横向胀缝、缩缝均设置传力杆。

当板厚按设传力杆确定的混凝土板的自由边不能设置传力杆时，应增设边缘钢筋，自由板角上部还需增设角隅钢筋。

(5) 抗滑构造。

混凝土面层应具有较大的粗糙度，即应具备较高的抗滑性能，以提高行车的安全性。因此，可采用刻槽、压槽、拉槽或拉毛等方法形成一定的构造深度。

7.3.2 水泥混凝土路面的施工工艺

1. 面层混凝土的材料要求

修筑水泥混凝土面层所用的混合料，比其他结构物所使用的混合料要有更高的要求，因为它受到动荷载的冲击、摩擦和反复弯曲作用，同时还受到温度和湿度反复变化的影响。面层混合料必须具有较高的抗弯拉强度和抗磨性，良好的耐冻性以及尽可能低的膨胀系数和弹性模量。施工时，水泥混凝土配合比设计以抗弯拉强度为依据进行设计。

面层混凝土一般使用硅酸盐水泥和普通硅酸盐水泥，近几年我国研制开发了道路水泥。参照国内外对路用水泥的规定，一般水泥标号为，特重、重交通不小于 525#，其余交通不小于 425#。

2. 施工准备工作

(1) 选择混凝土拌和场地。

(2) 进行材料试验和混凝土配合比设计。

根据技术设计要求与当地材料供应情况，做好混凝土各组成材料的试验，进行混凝土的配合比设计。

(3) 基层的检查与整修。

修筑混凝土面层前，必须待基层检验合格后，方可进行。当在旧砂石路面上铺筑混凝土路面时，所有旧路面的坑洞、松散等破坏，以及路拱横坡或宽度不符合要求之处，均应事先翻修调整压实。

3. 混凝土板的施工程序和施工技术

1) 边模的安装

在摊铺混凝土前，应先安装两侧模板。条件许可时宜优先选用钢模，不仅可节约木材，而且可确保工程质量。钢模可用厚 4～5mm 的钢板冲压而成，或用 3～4mm 厚钢板与边宽 40～50mm 的角钢和槽钢组合构成。(槽)钢模板焊接钢筋或角钢固定示意如图 7.41 所示。

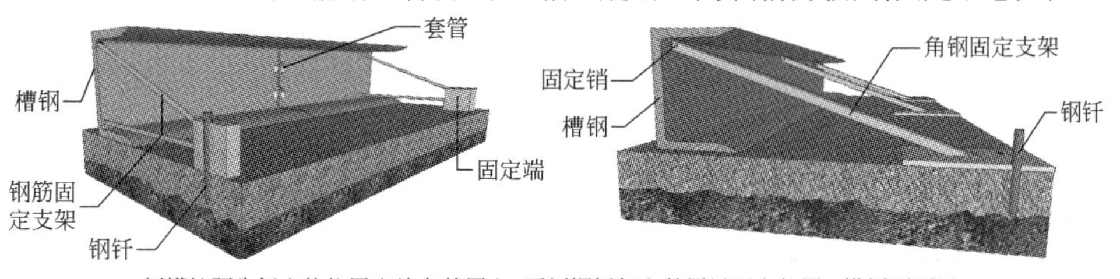

侧模按预先标定的位置安放在基层上，两侧钢钎打入基层以固定位置。模板顶面用水准仪检查其标高，作为路面标高。施工时严格控制模板的平面位置和高程，避免边线不齐、厚度不准和呈波浪形表面的现象。

(a) 焊接钢筋固定支架　　(b) 焊接角钢固定支架

图 7.41　(槽)钢模板焊接钢筋或角钢固定示意

2）传力杆的安设

当两侧模板安装好后，在需要设置传力杆的胀缝或缩缝位置上就可以安设传力杆，胀缝传力杆架设装置如图 7.42 所示。

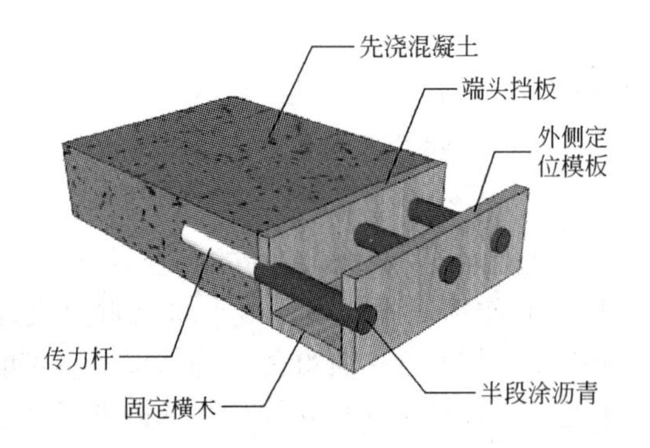

在端模板外侧增设一块定位模板，板上同样按照传力杆间距及杆径钻成孔眼，将传力杆穿过端模板孔眼并直至外侧定位模板孔眼。两模板之间可用按传力杆一半长度的横木固定。继续浇筑邻板时，拆除挡板、横木及定位模板，设置胀缝板、木制压缝板条和传力杆套管。

图 7.42　胀缝传力杆架设装置

混凝土板连续浇筑时设置胀缝传力杆的做法，一般是在嵌缝板上预留圆孔以便传力杆穿过；嵌缝板上面设木制或铁制压缝板条；其旁再放一块胀缝模板，按传力杆位置和间距，在胀缝模板下部挖成倒 U 型槽，使传力杆由此通过，传力杆的两端固定在钢筋支架上，支架脚插入基层内。

对于混凝土板不连续浇筑，浇筑结束时设置的胀缝，宜用顶头木模固定传力杆的安装方法。

3）拌和与运送混凝土混合料

混合料的拌和与其它混凝土工程的拌和相同。

4）摊铺和振捣

混合料运到工地后，一般直接倒向安装好侧模的基层上，并用人工找补均匀，须防止出现离析现象。摊铺时应考虑混凝土振捣后的沉降量，一般虚高可高出设计厚度约 10%左右，使振实后的面层标高同设计标高相符。

混凝土混合料的振捣器具，应由平板振捣器、插入式振捣器和振动梁配套作业。混凝土板厚在 22cm 以内时，一般可一次摊铺，用平板振捣器振实，凡振捣不到之处，如面板的角部、窨井、进水口附近，以及安设钢筋的部位，可用插入式振捣器进行振实；当混凝土板厚较大时，可先用插入式振捣器振捣，然后再用平板振捣器振捣，以免出现蜂窝现象。

平板振捣器在同一位置停留的时间，一般为 10～15s，以达到表面振出浆水，混合料不再沉落为度。平板振捣后，用带有振捣器的，底面符合路拱横坡的振捣梁，两端搁在侧模上，沿摊铺方向振捣拖平。随后，再用直径 75～100mm 的长无缝钢管，两端放在侧模上，沿纵向滚压一遍。

5）真空吸水

真空吸水工艺是混凝土的一种机械脱水方法，目前在混凝土路面施工中也已经推广使用。由于真空吸水工艺利用真空负压的压力作用和脱水作用，提高了混凝土的密实度，降低了水灰比，从而改善了混凝土的物理力学性能，解决了混凝土和易性与强度的矛盾，缩短养护时间，提前开放交通的有效措施。同时，由于真空吸水后的混合料含水量减少，使凝固时的收缩量大大减少，有效防止了混凝土在施工期间的塑性开裂，可延长路面的寿命。

6）筑做接缝

（1）胀缝。

先浇筑胀缝一侧混凝土，取去胀缝模板后，再浇筑另一侧混凝土，钢筋支架浇在混凝土内不取出。在混凝土振捣后，先抽动一下，而后最迟在终凝前将压缝板条抽出。缝隙上部浇灌填缝料，留在缝隙下部的嵌缝板是用沥青浸制的软木板或油毛毡等材料制成的预制板。

（2）横向缩缝。

由于缩缝只在上部 4～6cm 范围内有缝，所以又称假缝。用压缝法和锯缝法筑做成型。

① 压缝法：在混凝土捣实整平后，利用振捣梁将 T 形震动刀准确地按缩缝位置震出一条槽，随后将铁制压缝板放入，并用原浆修平槽边。当混凝土收浆抹面后，再轻轻取出压缝板，立即用专用抹子修整缝缘。

② 锯缝法：在结硬的混凝土中用带有金刚石或金刚砂轮锯片锯缝机(图 7.43)锯割出要求深度的槽口，锯缝时要掌握好锯缝时间，视气候条件而定。为防止混凝土板在锯缝前出现温度胀缩应力而破坏，一般可每隔 25m 左右设一道压缝。

图 7.43　路面锯缝机

（3）纵缝。纵缝一般采用平缝加拉杆型。施工时应预先在模板上制作拉杆置放孔，拉杆应采用螺纹钢筋，顶面的缝槽以锯缝机锯成，深为 3～4cm，并用填料填满，顶面不切缝时，施工时应及时清除已抹好面板上的粘浆或用塑料纸遮盖，保持纵缝的顺直和美观。

7）表面整修与防滑

混凝土终凝前须用人工或机械抹平其表面。为保证行车安全，混凝土表面应具有粗糙抗滑的表面。最普通的做法是用棕刷顺横向在抹平后的表面上轻轻刷毛；也可用金属丝梳子梳理成深 1～2mm 的横槽，或者采用路面刨纹机(图 7.44)刻画出一定的粗糙面。近年来，采用了一种更有效方法是在完全凝固的面层上用锯缝机锯出深 5～6mm、宽 2～3mm、间距为 20mm 的横向防滑槽。

图 7.44　路面刨纹机

8）养护与填缝

可湿治养护，至少需 14d。也可在混凝土表面均匀喷洒塑料薄膜养护剂，而形成不透水的薄膜粘附于表面，从而阻止混凝土中水分的蒸发，保证混凝土的水化作用。

填缝工作宜在混凝土初步结硬后及时进行。填缝前，首先将缝隙内泥砂杂物清除干净，然后浇灌填缝料。填缝料可用聚氯乙烯类填缝料或沥青玛蹄脂等。

9）开放交通

待混凝土强度达到设计强度的 90%以上时，方可开放交通。

案例导航

城市轨道交通凸显隐忧——青岛地铁路面施工发生塌陷

2011年7月17日早晨，山东青岛京口路和重庆中路交口处，地面出现了5～6m^{2}的塌陷，如图7.45所示。事故现场周边各种机械设备在紧张作业，施工人员也在快速向塌陷坑内填水泥沙石。

图7.45 山东青岛地铁路面施工发生塌陷

据悉，7月17日凌晨1：30左右，地铁君峰路—振华路区间隧道施工支撑面突然涌水，及时封堵之后，由于水量过大，水压强劲，封堵沙袋被冲开，造成隧道内掌子面拱顶坍塌。至早晨5：45分，隧道内坍塌已经影响到路面。

当日，各抢险力量正在向坑内灌注混凝土、钢筋网、沙石等物料，封堵了坍塌口，避免坍塌进一步扩大。

据了解，青岛地区7月雨水较多，致地下水量丰沛，而且事发地段属地质条件较差区域，该工点施工时突遇强水流沙层，导致围岩破碎严重，造成局部隧道内掌子面拱顶坍塌。

当前我国城市轨道交通迎来黄金发展期，前景十分广阔，但与此同时一些制约行业健康发展的深层次矛盾也逐渐凸显出来，应慎重对待“地铁热”。就像很多人感受地铁是从施工时地面交通拥堵加剧开始一样，我国各地大兴地铁建设并非一帆风顺，“地铁热”的背后也暴露出一些问题，其中地铁事故屡屡出现。像地铁工地塌陷、地铁停运、挤压事故等，屡屡出现在公众视野中。

【问题讨论】

1. 近年来发生的地铁施工事故，不少与急功近利，违背科学“抢进度”有关，试问不合理地赶工期会影响到地铁建设的结构和寿命吗？也会影响地铁的安全吗？

2. 地铁工程的路面工程施工质量将如何影响地铁的安全？

7.3.3 水泥混凝土路面的病害

水泥混凝土路面在行车荷载和环境因素的作用下可能出现的破坏主要是接缝的破坏和混凝土板本身的破坏。其中，接缝的破坏包括唧泥、错台、拱起和挤碎，混凝土板本身的破坏包括断裂和表面裂缝。

1）唧泥

唧泥是车辆行经接缝时，有水从板缝或边缘外唧出，或者在板接(裂)缝或边缘的临近表面残留有唧出材料的沉淀物，甚至板有明显的颤动，如图7.46所示。

2）错台

错台是指接缝两侧出现的竖向相对位移，如图7.47所示。

3）拱起

混凝土路面在热胀受阻时，横缝两侧的数块板突然出现向上拱起的屈曲失稳现象，并

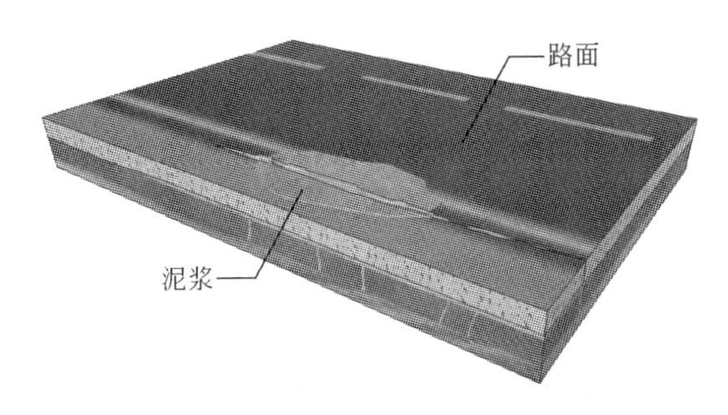

轮载的重复作用下，板边缘或角隅下的基层由于塑性变形累积而同混凝土面板脱离，或者甚层的细颗粒在水的作用下强度降低，当水分沿缝隙下渗而积聚在脱空的间隙内或细颗粒土中，在车辆荷载作用下积水形成水压，使水和细颗粒土形成的泥浆而从缝隙中喷溅山来。唧泥的出现，使路面板边缘部分，逐渐形成脱空区，随荷载重复作用次数的增加，脱空区逐渐增大，最终使板出现断裂。

图 7.46　水泥混凝土路面的唧泥

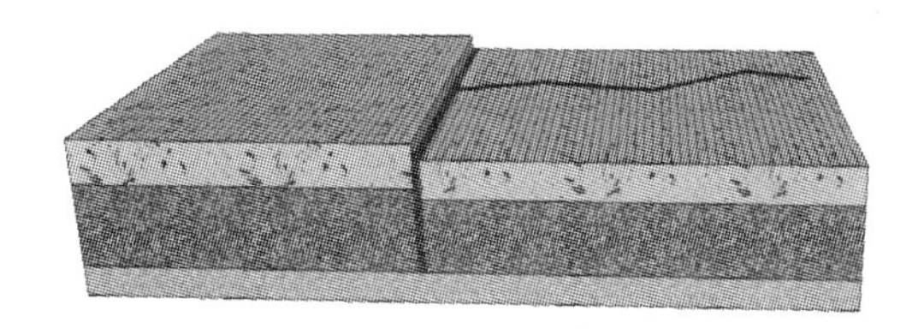

当胀缝下部填缝板与上部缝槽未能对齐，或胀缝两侧混凝土壁面不垂直，在胀缩过程中接缝两侧上下错位而形成错台。

横缝处传荷能力不足，或唧泥发生过程中，使基层材料在高压水的作用下冲积到后方板的板底脱空区内，使该板抬高，形成两板间高度差。

当交通量或地基承载力在横向各块板上分布不均匀，各块板沉陷不一致时，纵缝处也会产生错台现象。错台降低了行车的平稳性和舒适性。

图 7.47　水泥混凝土路面的错台

伴随出现板块的横向断裂，如图 7.48 所示。

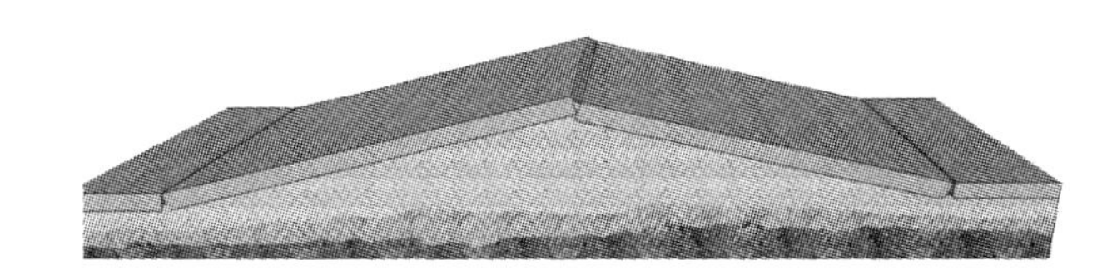

由于板收缩时接缝缝隙张开，填缝料失效，硬物嵌入缝内，致使板受热膨胀时产生较大的热压应力，从而出现这种纵向屈曲失稳现象。

图 7.48　水泥混凝土路面的拱起

4）接缝挤碎

接缝是水泥混凝土路面的薄弱环节，接缝两侧易被倾斜剪切挤碎。接缝挤碎指邻近横向和纵向两侧的数十厘米宽度内，路面板因热胀时受到阻碍，产生较高的热压应力而挤压成碎块，如图 7.49 所示。有时亦出现水泥混凝土路面传力杆锈蚀的现象，如图 7.50 所示。

产生原因

由于施工过程中传力杆位置偏移，导致滑动端与固定端不能自由伸缩，或胀缝传力杆未加套子留足孔隙，或胀缝被砂浆、丝织等杂物堵塞，导致接缝一侧板体被挤碎、拉裂。

图 7.49　接缝挤碎

图 7.50　水泥混凝土路面传力杆锈蚀

随着接缝的碎裂，传力杆也相继失效，相邻混凝土板之间的约束消失，从而增加了板块的自由度。水泥混凝土胀缝因传力杆安装平行度不够、漏装套筒、传力杆沥青涂层过厚或脱落、留缝过宽、缝内填料老化散失等原因而具有相当高的破坏率。

由于接缝的破坏，混凝土板上的沥青罩面层出现反射裂缝的可能性将增加。

5）混凝土板断裂

路面板内应力超过混凝土强度时会出现纵向、横向、斜向或角隅断裂的裂缝，如图 7.51所示。

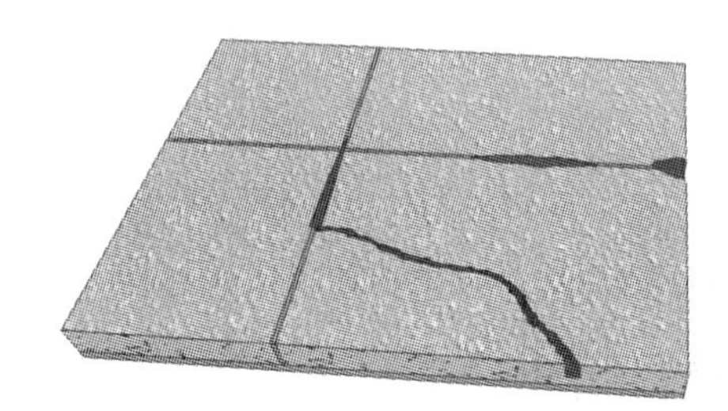

板太薄、轮载过重、板的平间尺寸过大，地基不均匀沉降或过量塑性变形使板底脱空失去支承，施工养生期间收缩应力过大等。断裂破坏了板的整体性，使板承载能力降低。因而，板体断裂为水泥混凝土面层结构破坏的临界状态。

图 7.51　水泥混凝土路面的混凝土板断裂

6）表面剥落

表面剥落如图 7.52 所示。修护的主要方式有，压浆稳固后作为中下基层，加铺基层后再重新铺筑路面；压浆稳固后作为基层，加铺防止反射裂缝的土工材料后再重新铺筑路面；破碎后作为中下基层，加铺基层后再重新铺筑路面；破碎后作为基层，直接加铺路面。

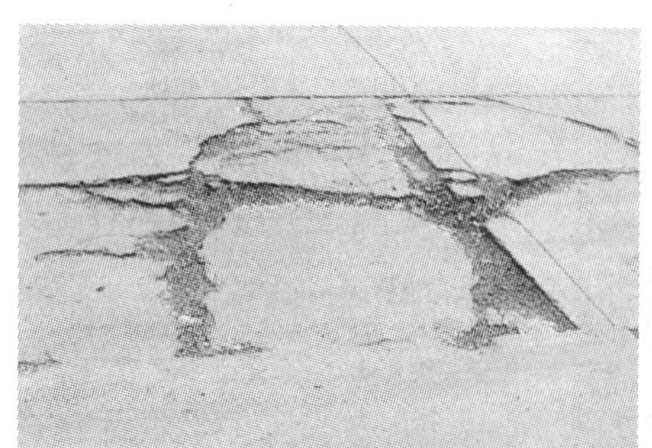

图 7.52　水泥混凝土路面的表面剥落

思维拓展

水泥混凝土路面降噪新技术

道路交通噪声已成为环境噪声污染的重要来源，在道路交通噪声中又以传统水泥混凝土路面产生的噪声最为显著。在我国今后的路面修建中，水泥混凝土路面仍将扮演重要的角色。因此，通过一定技术措施降低水泥混凝土路面噪声，减少水泥混凝土路面噪声对司机和沿线居民的影响，将会推动水泥混凝土路面的推广发展。混凝土路面降噪新技术主要有露石水泥混凝土路面、多孔水泥混凝土路面、嵌屑法、抛丸法和亥姆霍兹共振器法等。

1）露石水泥混凝土路面

露石混凝土路面是一种将面层混凝土中的粗集料外露，形成非光滑表面的路面。目前，在澳大利亚、丹麦、比利时、法国和英国等已经开始使用。露石混凝土路面由于具有随机凸起的集料表面，使声波和压力波在轮胎花纹下的空隙中自行消散，因此降低了噪声。快速道路降噪效果更显著。丹麦公路局的试验研究结果表明，当车速为80km/h，露石混凝土路面平均噪声比旧混凝土路面低7dB，比有纵向构造的新混凝土路面低2.5dB。露石混凝土路面噪声比混凝土路面降低约3dB(A)，甚至比沥青路面更安静。

2）多孔混凝土路面

多孔混凝土由最大粒径为8～10mm的断级配碎石和1mm以下的砂组成，空隙率达20%～25%以上，通常还用在双层式混凝土面层的上层，厚度在4～5mm以上。薄多孔层主要吸收高频率的噪声，厚多孔层主要吸收低频率的噪声。与普通水泥混凝土面层相比，它约可降低轮胎噪声6dB，且空隙率越大、多孔层越厚、集料粒径越小，则噪声水平降低得越多。

3）嵌屑法

嵌屑法与露石技术有点相似，是在新鲜混凝土表面撒布耐磨的小石屑，使石料部分嵌入混凝土路面。美国曾在20世纪70～80年代从英国租赁了设备，应用过该技术，但是这项工艺没有被继续传承下来。随着路面表面特性逐渐受到重视，该技术可被用于增加混凝土路面抗滑性和降低噪声。

4）喷丸法

喷丸处理是利用高速喷射的钢丸，对混凝土路面表面进行强烈的冲击，使其表面发生塑性变形，从而达到强化表面和改变表面状态的一种工艺方法。钢丸打击到路表，除去薄的一层砂浆和细集料，露出粗集料，制造出一种开放多孔表面纹理，从而增加了混凝土路面的抗滑性，降低了路面噪声。

5）亥姆霍兹共振器法

亥姆霍兹共振器法最早由德国哥廷根大学开发。为了控制轮胎和路面的噪声，修筑“安静路面”时将亥姆霍兹共振器用于混凝土路面修筑的一项技术。亥姆霍兹共振器被带孔的铝制容器保护起来放入路面下面，吸收低噪声，尤其是100～250Hz，使用亥姆霍兹共振器法修筑的路面也被称为“悦耳路面”。

职 业 技 能

技能要点	掌握程度	应用方向
沥青路面工程施工技术、水泥混凝土路面工程施工技术	掌握	土建施工员
沥青混合料类型及其特点	掌握	
沥青混合料搅拌、运输和摊铺的有关规定	熟悉	
原材料的准备、混合料配合比设计	熟悉	
路面施工放样、数据处理	熟悉	
路面施工组织设计、填写资料；路面施工图的识读与设计	了解	

（续）

技能要点	掌握程度	应用方向
路面现场施工的质量检测	了解	质检员
检验批质量验收时实物检查的抽样方案和资料检查的内容	了解	
路缘石、路肩的实测项目和外观鉴定	了解	
水泥混凝土面层、沥青混凝土面层的外观鉴定	掌握	
路面工程质量验收的标准	掌握	
水泥混凝土面层、沥青混凝土面层的实测关键项目；压实度、厚度、弯沉、抗滑性能(构造深度、摩擦系数)的常规检查方法	掌握	
沥青的主要技术性能及应用	熟悉	材料员
改性沥青防水制品、高分子防水材料技术性能及应用	熟悉	
沥青防水制品的品种和应用	了解	
水泥混凝土面层、沥青混凝土面层的实测项目	熟悉	试验员
沥青混合料高温稳定性、低温抗裂性、水稳定性的概念；沥青混合料各项技术指标概念	了解	
沥青混合料中沥青用量表示方法，沥青含量和油石比的概念及二者之间的换算方法；马歇尔试件常用密度检测方法；车辙试验的操作步骤；矿料与沥青的粘附性试验方法	熟悉	
水泥混凝土原材料要求；影响水泥混凝土强度和工作性的因素；水泥混凝土凝结时间测试；水泥混凝土配合比设计；水泥混凝土强度试验；水泥混凝土工作性试验。	掌握	

习　题

一、选择题

1. 路面结构中的承重层是(　　)。【2010年一级建造师考试《市政公用工程》真题】

A. 基层　　B. 上面层　　C. 下面层　　D. 垫层

2. 关于沥青碎石(AM)混合料和沥青混凝土(AC)区别的说法，错误的是(　　)。【2010年一级建造师考试《市政公用工程》真题】

A. 沥青混凝土的沥青含量较高　　B. 沥青混凝土掺加矿质填料

C. 沥青混凝土级配比例严格　　D. 形成路面的孔隙率不同

3. 沥青混凝土路面的再生利用中，对采用的再生剂的技术要求有(　　)。【2010年一级建造师考试《市政公用工程》真题】

A. 具有良好的流变性质　　B. 具有适当粘度

C. 具有良好的塑性　　D. 具有溶解分散沥青质的能力

E. 具有较高的表面张力

4. 填隙碎石底基层，拟采用干法施工，为使摊铺好的粗碎石稳定就位，初压时应选用的压路机为(　　)。【2009年度全国二级建造师考试《工程管理与实务(公路工程)》真题】

A. 8t两轮静力压路机　　B. 16t两轮振动压路机

C. 8t羊足碾　　D. 16t胶轮压路机

5. 对于地下水位较高、且有重载交通行驶的路面，为隔绝地下水上升影响路面稳定性，应在路基顶面设置(　　)。

A. 反滤层　　B. 垫层　　C. 稀浆封层　　D. 透层

6. 沥青玛碲脂碎石的简称是(　　)。

A. SAC　　B. SBS　　C. SMA　　D. AC-16

7. 使用振动压路机碾压沥青玛蹄脂碎石SMA混合料时，宜采用的振动方法是(　　)。【2007年一级建造师考试《管理与实务(公路工程)》真题】

A. 低频率、低振幅　　B. 高频率、高振幅

C. 低频率、高振幅　　D. 高频率、低振幅

8. 路面基层在整个路面中的主要作用是(　　)。【2007年一级建造师考试《管理与实务(公路工程)》真题】

A. 隔水　　B. 承重　　C. 防冻　　D. 降噪

9. 马歇尔试验的技术指标包括(　　)。【2007年一级建造师考试《管理与实务(公路工程)》真题】

A. 空隙率　　B. 稳定度　　C. 流值　　D. 沥青饱和度

E. 破碎比

二、简答题

由于沥青是石油副产品，资源有限导致价格昂贵，且对环境产生不利影响。相比而言，水泥混凝土路面具有较好的发展前途，但水泥路面刚度大导致行车舒适性欠佳，且韧性差容易开裂。近年来围绕水泥路面开展的多项工作，如纤维增强增韧、掺合料改性等，但研究工作进展缓慢，似乎都未能达到真正有效的目的。

【问题】请大家对公路路面目前存在的问题及今后的发展谈谈自己的看法。

三、案例分析

1. 某沿海城市道路改建工程4标段，道路正东西走向，全长973.5m，车行道宽度15m，两边人行道各3m，与道路中心线平行且向北，需新建DN800mm雨水管道973m。新建路面结构为150mm厚砾石砂垫层，350mm厚二灰混合料基层，80mm厚中粒式沥青混凝土，40mm厚SMA改性沥青混凝土面层。合同规定的开工日期为5月5日，竣工日期为当年9月30日。合同要求施工期间维持半幅交通，工程施工时正值高温台风季节。某公司中标该工程以后，为保证SMA改性沥青面层施工质量，施工组织设计中规定摊铺温度不低于160℃，初压开始温度不低于150℃，碾压终了的表面温度不低于90℃；采用振动压路机，由低处向高处碾压，不得用轮胎压路机碾压。【2010年一级建造师考试《市政公用工程》真题】

【问题】

(1) 补全本工程基层雨季施工的措施。

(2) 补全本工程 SMA 改性沥青面层碾压施工要求。

2. 某高速公路 M 合同段(K17＋300～K27＋300)，主要为路基土石方工程，本地区岩层构成为泥岩、砂岩互层，抗压强度 20MPa 左毛，地表土覆盖层较薄。在招标文件中，工程量清单列有挖方 2400000m^3(土石比例为 6∶4)，填方 2490000m^3，填力路段填料由挖方路段调运，考虑钊部份工程量无法准确确定，因此采用单价合同，由监理工程师与承包人共同计量，土石开挖练合单价为 16 元/m^3。施工过程部分事件摘要如下。【2007 年一级建造师考试《管理与实务(公路工程)》真题】

事件 1：在填筑路堤时，施工单位采用土石混合分层铺筑，局部路段因地形复杂而采用竖向填筑法施工，并用平地机整平每一层，最大层厚 40cm，填至接近路床底面标高时，改用土方填筑。

事件 2：该路堤施工中，严格质量检验，实测了压实度、弯沉值、纵断高程、中线偏位、宽度、横坡、边坡。

【问题】

(1) 指出事件 1 中施工方法存在的问题，并提出正确的施工方法。

(2) 指出事件 2 中路堤质量检验实测项目哪个不正确？还需补充哪个实测项目？

(3) 针对该路段选择的填料，在填筑时，对石块的最大粒径应有何要求？

防水工程

防水工程是为防止雨水、生产用水或生活用水、地下水、滞水、毛细管水以及人为因素引起的水文地质改变而产生的水渗入建筑物、构筑物内部或防止蓄水工程向外渗漏所采取的系列结构、构造和建筑措施。

重点概览

材防水屋面
膜防水屋面
性防水屋面
下防水工程

学习要点

- 了解卷材防水屋面的构造及各层作用；
- 掌握卷材防水屋面、涂膜防水屋面、刚性防水屋面施工要点及质量标准；
- 了解地下工程防水方案；
- 了解地下工程防水卷材防水层、水泥砂浆防水层、冷胶料防水层的构造、性能和做法；
- 掌握沥青胶、冷底子油、冷胶料的配制。

主要国家标准

- 《建筑工程施工质量验收统一标准》GB 50300—2011
- 《地下防水工程质量验收规范》GB 50208—2011
- 《屋面工程质量验收规范》GB 50207—2012
- 《地下工程防水技术规范》GB 50108—2008
- 《屋面工程技术规范》GB 50345—2012
- 《防水沥青与防水卷材术语》GB/T 18378—2008

劣质防水引纠纷

近年来，随着我国建设事业的高速发展，有关建筑工程质量纠纷的案件呈上升趋势。据了解，在我国新建和现有的建(构)筑物中，屋面漏雨、地下工程漏水，卫浴间、外墙以及道桥等工程的渗漏现象仍然比较普遍。某国际公寓5栋高层住宅楼中，有4栋楼的屋面被发现大小不等的漏水点161个，地下室和外墙的漏水点分别达到35个和32个，使30多万平方米的房屋无法竣工和交付使用。

北京市建筑工程研究院建筑工程质量司法鉴定中心在近5年来所承接的有关屋面、地下室、卫浴间和外墙(含窗户)等防水工程质量(主要表现在渗漏水问题上)的案件，已占到建筑工程质量总案件的25%左右。该中心的某司法鉴定人，中国建筑学会、防水技术专家委员会副主任叶林标，对于近年来因防水工程质量问题而引起的各种矛盾、纠纷感触良多："一个渗漏影响到开发商与总承包商、开发商与设计、开发商与物业、开发商与业主、业主与业主、业主与物业以及总承包商与分包商、分包商与防水材料供应商之间的权益，甚至造成国家物资的损失。防水工程是一个系统工程，设计是前提，材料是基础，施工是关键，维修管理是保证，这几个环节中哪个出现问题，都会影响到整个防水工程的质量，都会发生渗漏，特别是对现在一些正在修建或启动大型的工程而言，一定要高度重视防水工作，防水做不好，损失更大，导致更为恶劣的后果。"

【问题讨论】

1. 在你生活的周围有防水质量不过关的建筑吗?
2. 你认为产生房屋防水质量问题的因素有哪些?

8.1 概　　述

防水工程是建筑工程中一个重要组成部分，防水技术则是保证建筑物和构筑物的结构不受水的侵袭，内部空间不受水危害的专门措施。总的来讲，防水工程包括防止外水向建筑内部渗透、蓄水结构内的水向外渗漏和建筑物、构筑物内部相互止水三大部分。

8.1.1 防水工程的分类

依据工程类别、设防部位和设防方法可进行防水工程的分类，见表8-1。

表8-1　防水工程分类

<table>
<tr><th colspan="2">类　别</th><th colspan="2">主　要　内　容</th></tr>
<tr><td rowspan="2">工程类别</td><td>建筑物防水</td><td colspan="2">工业建筑防水、民用建筑防水、农业建筑防水、园林建筑防水</td></tr>
<tr><td>构造物防水</td><td colspan="2">水塔、烟囱、栈桥、堤坝、蓄水池等处防水</td></tr>
<tr><td rowspan="5">设防部位</td><td rowspan="5">地上工程防水</td><td rowspan="3">屋面防水</td><td>卷材防水屋面、涂膜防水屋面、种植屋面防水</td></tr>
<tr><td>瓦屋面防水、刚性混凝土防水屋面</td></tr>
<tr><td>金属板材屋面防水、蓄水屋面防水</td></tr>
<tr><td>墙体防水</td><td>外墙、坡面、板缝、门窗、柱边等处墙体防水</td></tr>
<tr><td>地面防水</td><td>楼地面、卫浴室、盥洗间、厨房等处地面防水</td></tr>
</table>

（续）

类别			主要内容
设防部位	地下工程防水		地下室、地下管沟、地铁、隧道等处防水
	其他工程防水		特种构筑物防水、路桥防水、市政工程防水、水工建筑物防水等
设防方法	复合防水		整体卷材与局部涂膜或密封防水复合
			多道设防采用不同防水层复合
			同一防水层采用多种材料复合
	结构自防水	混凝土防水层	普通防水混凝土
			外加剂防水混凝土
			膨胀水泥或膨胀防水剂防水混凝土
		水泥砂浆防水层	钢纤维防水混凝土
			刚性多层普通砂浆防水
			聚合物水泥砂浆防水
			掺外加剂水泥砂浆防水

在进行防水工程施工时，所采用的材料必须符合国家和行业的材料标准，且应满足设计要求。不同的防水做法，对材料的性能要求也应有所不同。一般来说，防水材料的共性要求如下。

(1) 具有良好的耐候性，对光、热、臭氧等应具有一定的承受能力。

(2) 具有较高的抗拉强度和较大的断裂伸长率，能适应温度变化和外力作用下引起基层伸缩、开裂的变形。

(3) 具有抗渗透和耐酸碱性能。

(4) 整体性能好，既能保持自身的粘合性，又能与基层牢固粘接，同时在外力作用下，有较高的剥离强度，以形成稳定的不透水整体。

防水工程按照设防材料性能可分为刚性防水和柔性防水。刚性防水是指采用防水混凝土和防水砂浆做防水层。防水砂浆防水层是利用抹压均匀、密实的素灰和水泥砂浆分层交替施工，以构成一个整体防水层。由于是相间抹压的，各层残留的毛细孔道相互弥补，从而阻塞了渗漏水的通道，因此具有较高的抗渗能力。柔性防水则是依据具有防水作用的柔性材料做防水层，如卷材防水层、涂膜防水层、密封材料防水等。

8.1.2 防水工程质量保证体系

防水工程的整体质量要求是不渗不漏，保证排水畅通，使建筑物具有良好的防水和使用功能。防水工程的质量保证与材料、设计、施工、维护及管理诸多方面的因素有关，由于“材料是基础，设计是前提，施工是关键，管理是保证”，故必须实施“综合治理”的原则才能获得防水工程的质量保证。

1) 材料是基础

防水工程的质量很大程度上取决于防水材料的性能和质量，各类防水材料性能见表8-2。

表 8-2　各类防水材料的性能和特点

性能指标 \ 特点 \ 材料类别	合成高分子卷材		高聚物改性沥青卷材	沥青卷材	合成高分子涂料	高聚物改性沥青涂料	沥青基涂料	防水混凝土	防水砂浆
	不加筋	加筋							
抗拉强度	○	○	△	×	△	△	×	×	×
延伸性	○	△	△	×	○	△	×	×	×
匀质性（厚薄）	○	○	○	△	×	×	×	△	△
搭接性	△	△	△	△	○	○	○	—	△
基层粘接性	△	△	△	△	○	○	○	—	—
背衬效应	△	△	○	△	△	△	△	—	—
耐低温性	○	○	△	×	○	△	×	○	○
耐热性	○	○	△	×	○	△	×	○	○
耐穿刺性	△	×	△	×	×	×	△	○	○
耐老化性	○	○	△	×	○	△	×	○	○
施工性	○	○	○	冷△/热×	×	×	×	△	△
施工气候影响程度	△	△	△	×	×	×	×	○	○
基层含水率要求	△	△	△	△	×	×	×	○	○
质量保证率	○	○	○	△	△	×	×	△	△
复杂基层适应性	△	△	△	×	○	○	○	×	△
环境及人身污染	○	○	△	×	△	×	×	○	○
荷载增加程度	○	○	○	△	○	○	△	×	×

注：○—好；△—一般；×—差。

不同部位的防水工程，其防水材料的要求也有其侧重点，防水材料的适用参考见表 8-3。

表 8-3　防水材料适用参考表

材料适用情况	材料类别						
	合成高分子卷材	高聚物改性沥青卷材	沥青卷材	合成高分子涂料	高聚物改性沥青涂料	细石混凝土防水	水泥砂浆防水
特别重要建筑屋面	○	⊙	×	⊙	×	⊙	×
重要及高层建筑屋面	○	○	×	○	×	⊙	×
一般建筑屋面	△	○	△	△	※	○	※
有震动车间屋面	○	△	×	△	×	※	×
恒温恒湿屋面	○	△	×	△	×	△	×
蓄水种植屋面	△	△	×	⊙	⊙	○	△
大跨度结构屋面	○	△	※	※	※	×	×
动水压作用混凝土地下室	○	△	×	△	△	○	△
静水压作用混凝土地下室	△	○	※	○	△	○	△

（续）

材料适用情况	材料类别						
	合成高分子卷材	高聚物改性沥青卷材	沥青卷材	合成高分子涂料	高聚物改性沥青涂料	细石混凝土防水	水泥砂浆防水
静水压砖墙地下室	○	○	×	△	×	○	○
卫生间	※	※	×	○	○	⊙	⊙
水池内防水	※	×	×	×	×	○	○
外墙面防水	×	×	×	○	×	△	○
水池外防水	△	△	△	○	○	⊙	○

注：○—优先采用；⊙—复合采用；※—有条件采用；△—可以采用；×—不宜或不可采用。

2）设计是前提

防水工程设计的任务是科学地制定先进技术与经济合理相结合的防水设计方案，采取可靠的措施来保证工程质量，并保证其具有要求的使用年限。设计人员在进行设计时，应掌握以下几点设计原则。

(1) 防水工程需进行可靠性设计。

防水工程设计必须考虑设计方案的适用性、防水材料的耐久性和合理性以及节点的细部处理，还必须考虑操作工艺和技术的可行性、成品保护和管理等因素。

(2) 防水工程需按照防水等级设防。

国家相关规范根据建筑物的性质、重要程度、使用功能要求和防水层耐用年限，对防水工程进行了等级划分，并按不同等级进行防水设防。屋面防水等级和设防要求见表8-4，地下工程防水等级标准见表8-5。

表8-4 屋面防水等级和设防要求

项 目	屋面防水等级			
	Ⅰ级	Ⅱ级	Ⅲ级	Ⅳ级
建筑物类别	特别重要或对防水有特殊要求的建筑	重要的建筑和高层建筑	一般的建筑	非永久性建筑
防水层合理使用年限	25年	15年	10年	5年
设防要求	三道或三道以上防水设防	二道防水设防	一道防水设防	一道防水设防
防水层选用材料	宜选用合成高分子防水卷材、高聚物改性沥青防水卷材、金属板材、合成高分子防水涂料、细石防水混凝土等材料	宜选用高聚物改性沥青防水卷材、合成高分子防水卷材、金属板材、合成高分子防水涂料、高聚物改性沥青防水、细石防水混凝土、平瓦、油毡瓦等材料	宜选用高聚物改性沥青防水卷材、合成高分子防水卷材、三毡四油沥青防水卷材、金属板材、高聚物改性沥青防水涂料、合成高分子防水涂料、细石防水混凝土、油毡瓦等材料	可选用二毡三油沥青防水卷材、高聚物改性沥青防水涂料等材料

表 8-5 地下工程防水等级标准

防水等级	标　准
一级	不允许漏水，维护结构表面无湿渍
二级	不允许漏水，结构表面可有少量湿渍 工业与民用建筑：总湿渍面积不应大于总防水面积(包括顶板、墙面、地面)的1‰；任意100m^2 防水面积上的湿渍不超过1处，单个湿渍的最大面积不大于0.1m^2 其他地下工程：总湿渍面积不应大于总防水面积的6‰；任意100m^2 防水面积上的湿渍不超过4处，单个湿渍的最大面积不大于0.2m^2
三级	有少量漏水点，不得有线流和漏泥沙；任意100m^2 防水面积上的漏水点数不超过7处，单个漏水点的最大漏水不大于2.5L/d，单个湿渍的最大面积不大于0.3m^2
四级	有漏水点，不得有线流和漏泥沙；整个工程平均漏水量不大于2L/(m^2·d)；任意100m^2 防水面积的平均漏水量不大于4L/(m^2·d)

(3) 遵循“以防为主，防排结合，复合防水，多道防线”的设计原则。

防水应以防为主，还应尽量将水快速排走，以减轻防水层的负担；同时设计时需考虑采用多种材料复合使用，提高整体防水性能；在易出现渗漏的节点部位采用防水卷材、防水涂料、密封材料、刚性防水材料等互补并用的多道防水设防方式。

3) 施工是关键

防水工程最终是通过施工来实现的，稍一疏忽便可能出现渗漏。做好防水工程施工的关键，主要应按照《建筑行业职业技能标准》要求防水工技术素质，严禁非防水专业队伍进行防水施工，还需做好施工技术的监理工作，严格检查原材料、半成品，严格执行分项工程验收制度，同时应重视施工图会审工作，按照设计要求编制施工方案。

4) 管理是保证

防水工程竣工验收、交付使用后，还应加强工程管理，如定期检查、清扫屋面、疏通天沟和修补防水节点等。这些工作均应设有专人管理，形成制度并认真实施。

8.2 卷材防水屋面

卷材防水屋面是目前屋面防水的一种主要方法，尤其是在重要的工业与民用建筑工程中，应用十分广泛。卷材防水屋面通常采用胶结材料将沥青防水卷材、高聚物改性沥青防水卷材、合成高分子防水卷材等柔性防水材料粘成一整片能防水的屋面覆盖层。胶结材料的选择取决于卷材的种类，若采用沥青卷材，则一般以热铺沥青胶结卷材做粘粘层；若采用高聚物改性沥青防水卷材或合成高分子防水卷材，则一般以冷铺特制的胶结剂做粘粘层。

8.2.1 卷材防水屋面构造

1. 防水屋面构造

卷材防水屋面的典型构造层次如图8.1所示，其具体构造层次应根据设计要求而定。

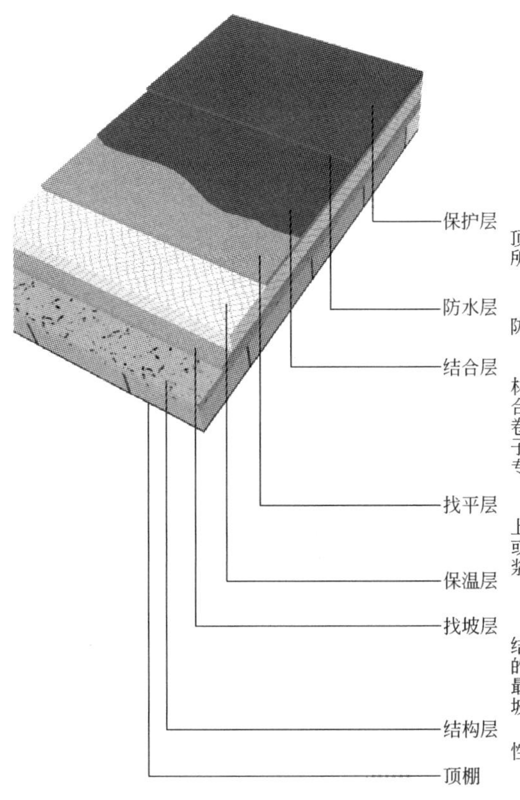

保护层
卷材防水层的材质呈黑色，极易吸热，夏季屋顶的表面温度达60~80℃，高温会加速卷材的老化，所以必须要在卷材防水层上面设置保护层。
防水层
防水卷材包括沥青类卷材、高聚物改性沥青防水卷材和合成高分子防水卷材三类。
结合层
为保证防水层与找平层能很好的粘结，铺贴卷材防水层前，必须在找平层上涂刷基层处理剂作结合层。其材料应与卷材的材质相适应，采用沥青类卷材和高聚物改性沥青防水卷材时，一般采用冷底子油作结合层；采用合成高分子防水卷材时，则用专用的基层处理剂作结合层。
找平层
卷材防水层要求普铺贴在坚固、平整的基层上，以避免卷材凹陷或被穿刺，因此必须在找坡层或结构层上设置找平层，它一般采用1:3的水泥砂浆或细石混凝土、沥青砂浆，厚度为20~30mm。
保温层
找坡层
当采用材料找坡形成坡度时，其一般位于结构层之上，采用轻质、廉价的材料，如1:6~1:8的水泥焦渣或者水泥膨胀蛭石垫置形成坡度，最薄处的厚度不宜小于30mm。当采用结构找坡时，则不需设置找坡层。
结构层
各种类型的钢筋混凝土屋面板均可以作为柔性防水屋面的结构层。
顶棚

图 8.1 卷材防水屋面基本构造

卷材防水层的分类见表 8-6，在选择防水材料和做法时，应根据建筑物对屋面防水等级的要求来确定。沥青类卷材一般只用传统的石油沥青油毡，因其强度低、耐老化性能差、施工时需多层粘贴、施工复杂，所以现在的工程中已较少采用，而采用较多的是高聚物改性沥青防水卷材和合成高分子防水卷材等新型的防水卷材。

表 8-6 卷材防水层的分类

卷材分类	卷材名称举例	卷材粘接剂
沥青类	石油沥青油毡	石油沥青沥青胶
	焦油沥青油毡	焦油沥青沥青胶
高聚能改性沥青防水卷材	SBS 改性沥青防水卷材	热熔、自粘、粘贴均有
	APP 改性沥青防水卷材	
合成高分子防水卷材	三元乙丙丁基橡胶防水卷材	丁基橡胶为主体的双组分 A 与 B 液 1∶1 配比搅拌均匀
	三元乙丙橡胶防水卷材	
	氯磺化聚乙烯防水卷材	CX-401 胶
	再生胶防水卷材	氯丁胶粘结剂
	氯丁橡胶防水卷材	CY-409 液
	氯丁聚乙烯——橡胶共混防水卷材	BX-12 及 BX-12 乙组份

注：高聚能改性沥青防水卷材厚度小于 3mm 时，应采用热熔法施工。

卷材防水屋面的保护层依据是否考虑人在屋顶上活动的情况可分为不上人屋面和上人屋面两种做法。

(1) 不上人屋面保护层：石油沥青油毡防水层的不上人屋面保护层是用沥表胶(俗称玛碲脂)粘结粒径为3～5mm的浅色绿豆砂。高聚物改性沥青防水卷材和合成高分子防水卷材在出厂时，卷材的表面一般已做好铝箔面层、彩砂或涂料等保护层，则不需再专门做保护层。

(2) 上人屋面保护层：是指屋面上要承受人的活动荷载，故应有一定的强度和耐磨度，一般是在防水层上用水泥砂浆或沥青砂浆铺贴缸砖、大阶砖、预制混凝土板等，或在防水层上浇筑40mm厚C20细石混凝土。

2. 防水材料

1) 卷材

防水卷材常用350# 石油沥青纸胎油毡(宜用粉毡)。油毡要储存在阴凉通风的室内，严禁接近火源；运输、堆放时竖直搁置，高度不超过两层；先到先用，避免长期储存而变质。

2) 沥青

石油沥青油毡防水屋面常用60# 道路石油沥青及30#、10# 建筑石油沥青，一般不宜使用普通石油沥青，且不得使用煤沥青。沥青使用时，应注意其来源、品种及牌号等。在贮存时，应按不同品种、牌号分别存放，避免雨水、阳光直接淋洒，并要远离火源。

3) 沥青胶

沥青胶是粘贴油毡的胶结材料，它是一种牌号的沥青或是两种以上牌号的沥青按适当比例混合熬化而成，也可在熬化的沥青中掺入适当的滑石粉(一般为20%～30%)或石棉粉(一般为5%～15%)等填充材料混合均匀，形成沥青胶。填料的掺入量依据其改善沥青胶的耐热度、柔韧性、粘结力3项指标进行全面考虑，尤以耐热度最为重要，耐热度太高、冬季容易脆裂；耐热度太低，则夏季容易流淌。熬制时，必须严格掌握配合比、熬制温度和时间，遵守有关操作规程，沥青胶的熬制温度和使用温度见表8-7。

表8-7 石油沥青胶的熬制温度与使用温度

沥青类别	熬制温度/℃	使用温度/℃	熬制时间
普通石油沥青(高蜡沥青)或掺配建筑石油沥青	不高于280	不宜低于240	以3～4h为宜，熬制时间过长，容易使沥青老化变质，影响质量
建筑石油沥青	不高于240	不宜低于190	

注：沥青胶以当天熬制，当天用完为宜。如有剩余，第二天熬制时，每锅最多掺入锅容积10%的剩余沥青胶。

4) 冷底子油

冷底子油的作用是为了便于沥青胶与水泥砂浆找平层更好地粘结，其配合比(质量比)一般为石油沥青(10# 或30#，加热熔化脱水)40%加煤油或轻柴油60%(称慢挥发冷底子油，涂刷后12～18h可干)；也可采用石油沥青30%加汽油70%(称快挥发冷底子油，涂刷后5～10h可干)。冷底子油可涂可喷，一般要求找平层完全干燥后施工。冷底子油干燥后，必须立即做油毡防水层，否则冷底子油易粘灰尘，影响粘结效果。

知识冲浪

沥青起火时不能用水扑救

沥青是一种易燃物质，熬制时由固体转化为液体，如同汽油、柴油、苯、酒精、动植物油、润滑油等易燃物质一样，一旦着火，火势凶猛，温度极高，而且很易蔓延。更因水油不相容，泼入火中的水还会把燃烧中的液态沥青击溅四方，导致火头扩散。所以沥青起火时用水扑救，达不到灭火的效果。

扑救火灾的办法一般有隔离法、窒熄法和冷却法3种。沥青熔锅着火时，主要采用窒熄法来扑灭。最简便的方法是迅速盖紧锅盖，隔绝空气；也可用泡沫灭火机。使用泡沫灭火机时，不要将泡沫直接喷射到沥青溶液上，而要将它喷在沥青熔锅的内壁，让它往下流覆盖液面。二氧化碳灭火剂有吸热和窒熄作用，也适合扑救沥青火灾，但露天使用时，二氧化碳气体容易被风吹散，起不到应有的效果。砂土用来扑救疏散在地面上的着火沥青最为适合，但不适宜扑救沥青熔锅起火，因为砂子密度大，会沉入油底，起不到窒熄作用。沥青起火时，还应迅速将附近没有被燃烧的油罐、油桶隔开，或用水冷却，防止由于辐射热引起的燃烧或爆炸。

8.2.2 卷材防水屋面施工

卷材防水屋面施工方法有采用胶粘剂进行卷材与基层及卷材与卷材搭接粘结法；利用卷材底面热熔胶热熔粘贴法；利用卷材底面自粘胶粘结法；采用冷胶粘贴或机械固定方法将卷材固定于基层、而卷材间搭接采用焊接的方法。

1. 卷材防水屋面施工工艺

卷材防水屋面施工工艺流程，如图8.2所示。

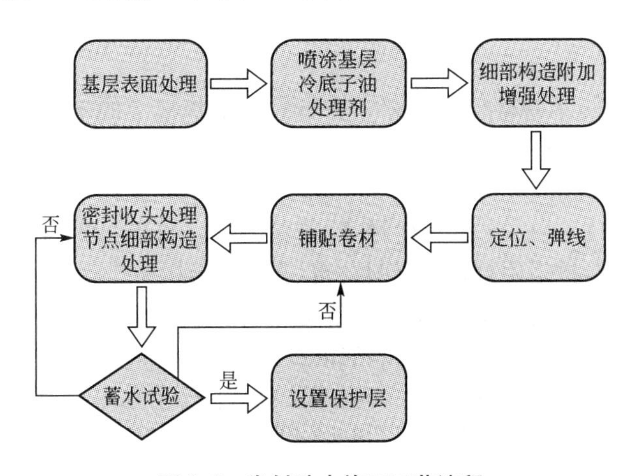

图8.2 卷材防水施工工艺流程

1）基层处理

基层处理的好坏直接影响着屋面防水施工的质量，基层应有足够的强度和刚度，以使其承受荷载时不致产生显著的变形，而且还要有足够的排水坡度，使雨水迅速排走。作为防水层基层的找平层一般有水泥砂浆、细石混凝土和沥青砂浆等做法，其技术要求见表8-8。

表 8-8　找平层的厚度与技术要求

找平层类别	基层种类	厚度/mm	技术要求
水泥砂浆	整体混凝土	15～20	水泥与砂体积比是 1∶2.5～1∶3，水泥强度等级不低于 325#
	整体或板状材料保温层	20～25	
	装配式混凝土板、松散材料保温层	20～30	
细石混凝土	松散材料保温层	30～35	混凝土强度等级不低于 C20
沥青砂浆	整体混凝土	15～20	沥青与砂重量比 1∶8
	装配式混凝土板、整体或板材料保温层	20～25	

2）卷材铺贴的一般方法与要求

(1) 施工顺序、卷材与基层的粘贴方法。

应先准备好粘结剂、熬制好沥青胶和清除卷材表面的散料，然后完成卷材的铺贴。沥青胶中的沥青成分应与卷材中的沥青成分相同。卷材铺贴层数一般为 2～3 层，沥青胶铺贴厚度一般在 1～1.5mm 之间，最厚不得超过 2mm。

对同一坡面，则应先铺好落水口、天沟、女儿墙泛水和沉降缝等地方，然后按顺序铺贴大屋面防水层。当铺贴连续多跨或高低跨屋面卷材时，应按先高跨后低跨，先远后近的顺序进行。

卷材铺贴前，还应先在干燥后的找平层上涂刷一遍冷底子油，待冷底子油挥发干燥后进行铺贴。卷材与基层的粘结方法可分为空铺法、条粘法、点粘法和满粘法等形式。

① 空铺法：铺贴防水卷材时，卷材与基层仅在四周一定宽度内粘结，其余部分不加粘结的施工方法。

② 条粘法：铺贴防水卷材时，卷材与基层只作条状粘结的施工方法。每幅卷材与基层粘结面不应少于两条。每条宽度不宜小于 150mm。

③ 点粘法：铺贴防水卷材时，卷材与基层仅实施点粘结的施工方法，亦称花铺法。粘结总面积一般为 6%，每平方米粘结 5 个点以上，每点涂胶粘剂面积为 100mm×100mm。铺设第一层卷材采用打孔卷材时，也属于点粘法。

④ 满粘法：铺贴防水卷材时，宜将浇热沥青胶法改为刮热沥青胶法，发现气泡及时刮破放气，尽量减少和清除屋面卷材防水层的鼓包。

通常都采用满粘法，而条粘、点粘和空铺法更适合于防水层上有重物覆盖或基层变形较大的场合，是一种克服基层变形拉裂卷材防水层的有效措施，设计中应明确规定选择适用的工艺方法。

(2) 屋面卷材铺贴与搭接。

卷材的铺贴方向应根据屋面坡度以及工作条件选定，屋面卷材铺贴方向见表 8-9，同时为防止卷材接缝处漏水，卷材间应具有一定的搭接，其搭接方法如图 8.3 所示。

表 8-9 屋面卷材铺贴方向

屋面坡度＼防水卷材	石油沥青	高聚物改性沥青
坡度小于 3%	平行于屋脊	平行于屋脊
坡度为 3%～15%	平行或垂直于屋脊	平行或垂直屋脊
坡度大于 15%或屋面受振动	垂直于屋脊铺贴	
坡度大于 25%	宜采取防止卷材下滑的措施	
叠铺贴时	上、下层卷材不得相互垂直铺贴	
铺贴天沟、檐口时	顺天沟、檐沟方向铺贴，减少搭接	

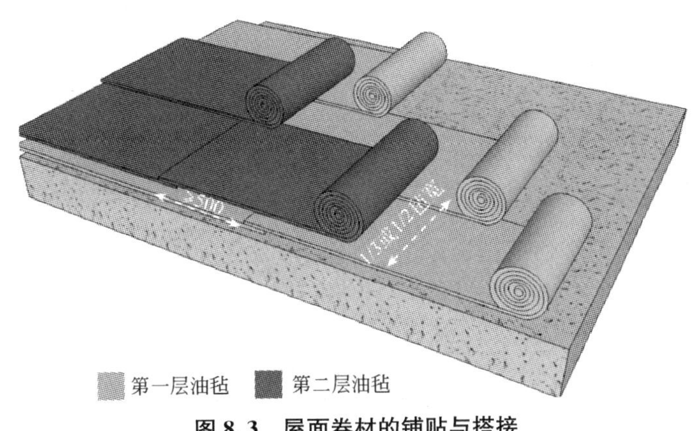

图 8.3 屋面卷材的铺贴与搭接

平行于屋脊铺贴时，由檐口开始。两幅卷材应顺流水方向长边搭接，顺主导方向短边搭接。

垂直于屋脊铺贴时，由屋脊开始向檐口进行。长边搭接应顺主导方向，短边接头应顺流水方向。同时在屋脊处不能留设搭接缝，必须使卷材相互越过屋脊而交错搭接，以增强屋脊的防水性和耐久性。

高聚物改性沥青卷材和合成高分子卷材的搭接宜用与之材性相容的密封材料封严。各种卷材的搭接宽度应符合表 8-10 所示的要求。

表 8-10 各种卷材的搭接宽度

搭接方向		短边搭接/mm		长边搭接/mm	
卷材种类＼铺贴方法		满粘法	空铺、条粘法、点粘	满粘法	空铺、条粘法、点粘
沥青防水材料		100	150	70	100
高聚物改性沥青防水卷材		80	100	80	100
合成高分子防水卷材	胶粘剂	80	100	80	100
	胶粘带	50	60	50	60
	单焊缝	60，有效焊缝接宽不小于 25			
	双焊缝	80，有效焊接宽度 10×2+空腔宽			

2．卷材防水屋面的节点构造

卷材屋面节点部位的施工既要保证质量，又要施工方便。卷材防水屋面通常在屋面与突出构件之间、檐口、变形缝等处特别容易产生渗漏，故应加强这些部位的防水处理。

1）泛水

泛水是指屋面防水层与突出构件之间的防水构造。一般在屋面防水层与女儿墙、上人屋面的楼梯间、突出屋面的电梯机房、水箱间、高低屋面交接处等都需做泛水。泛水的高度一般不小于250mm，女儿墙泛水构造如图8.4所示。

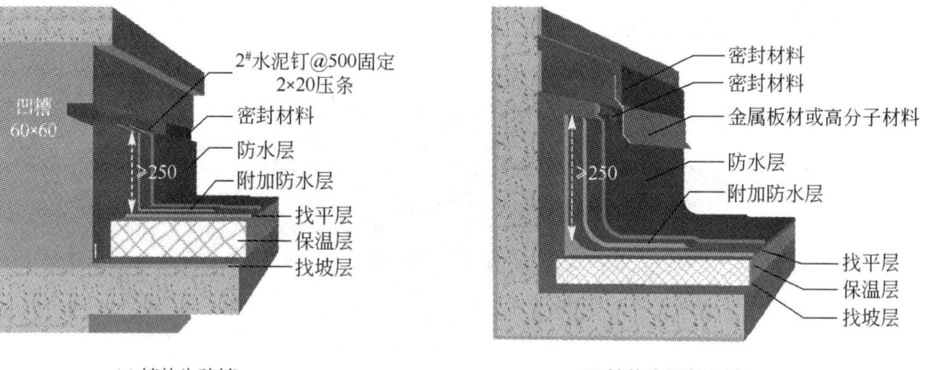

图8.4　女儿墙泛水构造

2）檐口

檐口是屋面防水层的收头处，其构造处理方法与檐口的形式有关。檐口形式由屋面的排水方式和建筑物的立面造型要求来确定。

一般有无组织排水檐口、挑檐沟檐口、女儿墙檐口和斜板挑檐檐口等。

（1）无组织排水檐口。

无组织排水檐口的挑檐板一般与屋顶圈梁整体浇筑，屋面防水层的收头压入距挑檐板前端40mm处的预留凹槽内，先用钢压条固定，然后用密封材料进行密封，具体做法如图8.5所示。

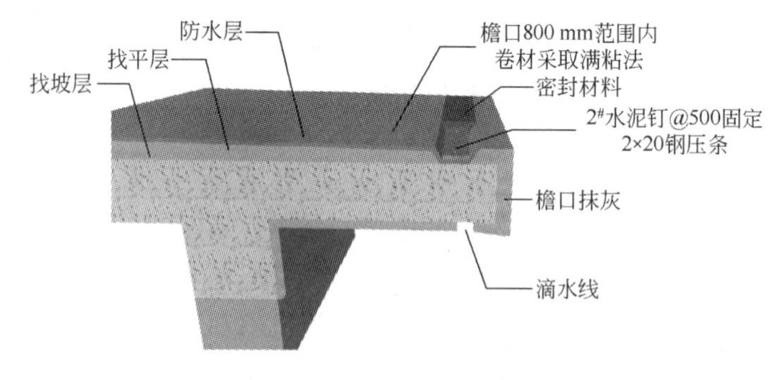

图8.5　无组织排水檐口构造

（2）挑檐沟檐口。

当檐口处采用挑檐沟檐口时，卷材防水层应在檐沟处加铺一层附加卷材，并注意做好卷材的收头，挑檐沟檐口构造如图 8.6 所示。

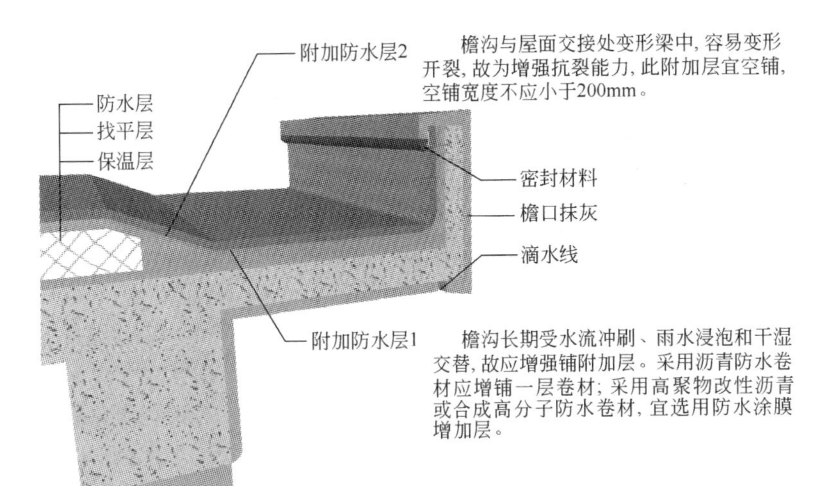
附加防水层2
檐沟与屋面交接处变形梁中，容易变形开裂，故为增强抗裂能力，此附加层宜空铺，空铺宽度不应小于200mm。
防水层
找平层
保温层
密封材料
檐口抹灰
滴水线
附加防水层1
檐沟长期受水流冲刷、雨水浸泡和干湿交替，故应增强铺附加层。采用沥青防水卷材应增铺一层卷材；采用高聚物改性沥青或合成高分子防水卷材，宜选用防水涂膜增加层。

图 8.6 挑檐沟檐口构造

(3) 女儿墙檐口和斜板挑檐檐口。

女儿墙檐口和斜板挑檐檐口的构造要点同泛水，如图 8.7 所示。斜板挑檐檐口是对檐口的一种处理形式，丰富了建筑的立面造型，但应考虑挑檐悬挑构件的倾覆问题，注意处理好构件的拉结锚固。

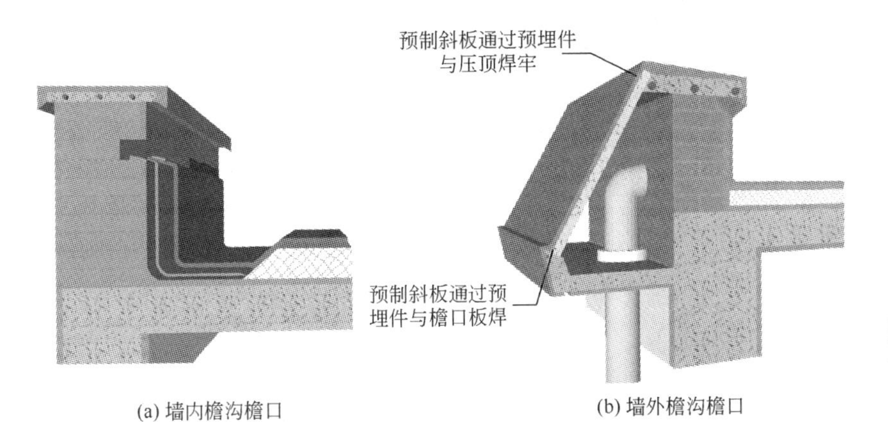
预制斜板通过预埋件
与压顶焊牢
预制斜板通过预
埋件与檐口板焊

(a) 墙内檐沟檐口　　(b) 墙外檐沟檐口

图 8.7 女儿墙内和外檐沟檐口

3) 变形缝

当建筑物设置变形缝时，变形缝在屋顶处破坏了屋面防水层的整体性，留下了雨水渗漏的隐患，所以必须加强屋顶变形缝处的处理。屋顶在变形缝处的构造分为等高屋面变形缝和不等高屋面变形缝两种。

(1) 等高屋面变形缝。等高屋面变形缝的构造又分为不上人屋面和上人屋面两种做法。

① 不上人屋面变形缝。不上人屋面不需要考虑人的活动，从有利于防水方面考虑，变形缝两侧应避免因积水导致渗漏。一般的构造是在缝两侧的屋面板上砌筑半砖矮墙，矮

墙的顶部用镀锌薄钢板或混凝土压顶进行盖缝，构造如图 8.8 所示。

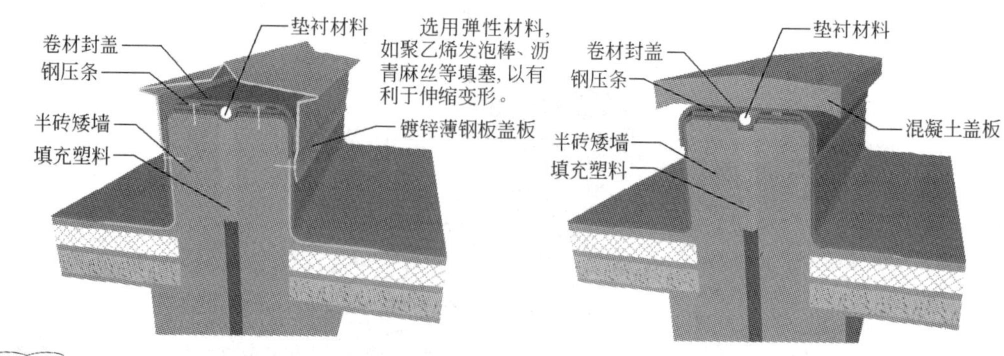

图 8.8　不上人屋面变形缝

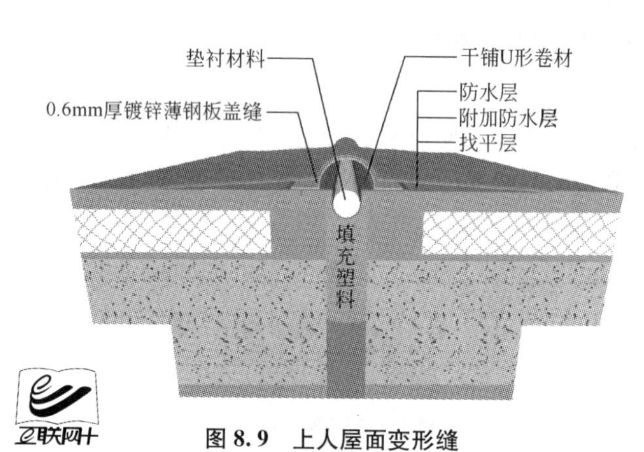

图 8.9　上人屋面变形缝

② 上人屋面变形缝。屋面上需考虑人活动的方便，变形缝处在保证不渗漏、满足变形的需求下，应保证平整以方便行走，上人屋面变形缝的构造如图 8.9 所示。

③ 不等高屋面变形缝。不等高屋面变形缝应在低侧屋面板上砌筑半砖矮墙，与高侧墙体之间留出变形缝。矮墙与低侧屋面之间做好泛水，变形缝上部用由高侧墙体挑出的钢筋混凝土板或在高侧墙体上固定镀锌薄钢板进行盖缝，构造如图 8.10 所示。

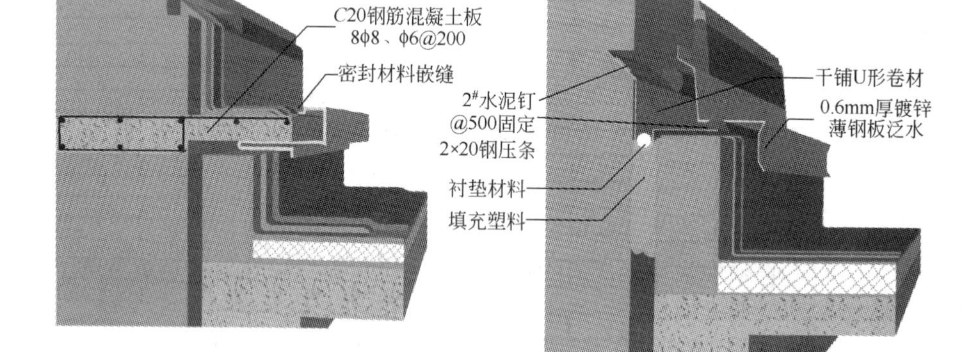

图 8.10　高低屋面变形缝

资料袋

细部构造

细部构造是屋面工程中最容易出现渗漏的薄弱环节。据调查表明，在渗漏的屋面工程中，70%以上是节点渗漏。所以，对于细部构造的每一个地方都不允许渗漏。如水落口一个也不允许渗漏；天沟、檐沟必须保证纵向找坡符合设计要求，才能排水畅通、沟中不积水。鉴于较难用抽检的百分率来确定屋面防水细部构造的整体质量，所以施工规范明确规定细部构造应按全部进行检查，以确保屋面工程的质量。

3. 卷材防水屋面常见质量问题及防治方法

卷材防水屋面最容易产生的质量问题有防水层起鼓、开裂，沥青流淌、老化，屋面漏水等。卷材防水屋面常见质量问题及防治方法如表8－11所示。

表8－11　卷材防水屋面常见质量问题及防治方法

名称	现象	产生原因	防止办法	治理方法
开裂	沿预制板支座、变形缝与挑檐处出现规律性或不规则裂缝	(1) 屋面板板端或桁架变形，找平层开裂 (2) 基层温度收缩变形；卷材质量低劣，老化脆裂 (3) 吊车振动和建筑物不均匀沉陷 (4) 沥青胶韧性差，熬制温度过高等	在预制板接缝处铺一层卷材作缓冲层；做好砂浆找平层；留分隔缝；严格控制原材料和铺设质量，改善沥青胶配合比；采取措施，控制耐热度和提高韧性，防止老化；严格操作程序，采取撒油法粘贴	在开裂处补贴卷材
流淌	沥青胶软化使卷材移动而形成皱褶或拉空，沥青胶在下部堆积或流淌	(1) 沥青胶的耐热度过低，天热软化；沥青胶涂刷过厚，产生蠕动 (2) 未作绿豆砂保护层，或绿豆砂保护层脱落，辐射温度过高，引起软化 (3) 坡度过陡时，平行屋脊铺贴卷材	根据实际最高辐射温度、厂房内热源、屋面坡度合理选择沥青胶型号，控制熬制质量和涂刷厚度(小于2mm)，做好绿豆砂保护层，减低辐射温度，屋面坡度过陡，采用垂直屋脊铺贴卷材	可局部切割，重铺卷材
鼓泡	防水层出现大量鼓泡、气泡，局部卷材与基层或下层卷材脱空	(1) 屋面基层潮湿，未干刷了冷底子油或铺卷材；基层有水分或卷材受潮，在受到太阳照射后，水分蒸发，造成鼓泡；基层不平整，粘贴不实，空气未排净 (2) 卷材铺贴扭歪、皱褶不平，或刮压不紧，雨水、潮气侵入 (3) 室内有蒸汽，而屋面未做隔气层	严格控制基层含水率在6%以内；避免雨、雾天施工；防止卷材受潮；加强操作程序和控制，保证基层平整，涂油均匀，封边严密，各层卷材粘贴平顺严实，把卷材内的空气赶净；潮湿基层上铺设卷材，采取排气屋面做法	将鼓泡处卷材割开，采取打补钉办法，重新加贴小块卷材覆盖

（续）

名称	现象	产生原因	防止办法	治理方法
老化与龟裂	沥青胶出现变质、裂缝等	（1）沥青胶的标号选用过低；沥青胶配制时，熬制温度过高，时间过长，沥青碳化 （2）无绿豆砂保护层或绿豆砂撒铺不匀 （3）沥青胶涂刷过厚 （4）沥青胶使用年限已到	根据屋面坡度、最高温度合理选择沥青胶的型号；逐锅检验软化点；严格控制沥青胶的熬制和使用温度，熬制时间不要过长；做好绿豆砂保护层，免受辐射作用；减缓老化，做好定期维护检修	定期清除脱落绿豆砂，表面加保护层；翻修
变形缝漏水	变形缝处出现脱开、拉裂、反水、渗水等	（1）变形缝没按规定附加干铺卷材或铁皮凸棱，铁皮向中间泛水，造成变形缝漏水 （2）变形缝缝隙塞灰不严；铁皮无泛水 （3）铁皮未顺水流方向搭接或安装不牢 （4）变形缝在屋檐部位未断开，卷材直铺，变形缝变形时，将卷材拉裂、漏水	变形缝严格按设计要求和规范施工，铁皮安装注意顺水流方向搭接，做好泛水并钉装牢固；缝隙填塞严密；变形缝在屋檐部分应断开，卷材在断开处应有弯曲以适应变形伸缩需要	变形缝铁皮高低不平，可将铁皮掀开，基层修理平整后铺好卷材，安好铁皮顶罩或泛水；卷材脱开拉裂按“开裂”处理

实例观察

建于2007年的北京某高层住宅小区，屋面面积约2600m²，防水工程2007年6月完成，经雨后检查及蓄水检验发现，普遍渗漏、保温层大量积水，如图8.11所示。

(a) 滴漏

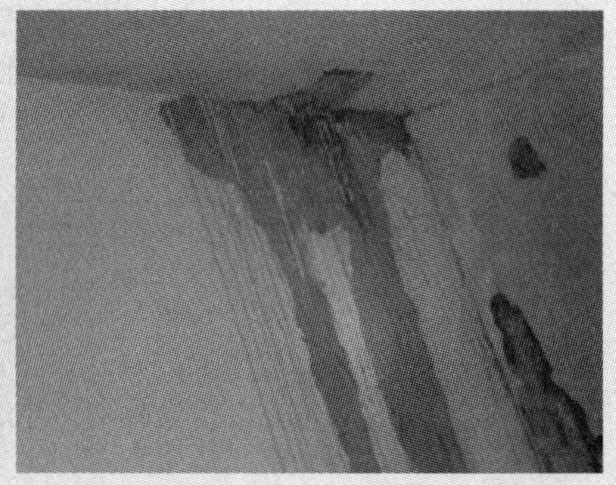

(b) 线漏

图8.11　屋面顶层室内顶板渗漏水现状

这是一个典型的“筛子”工程。反复整修至当年11月底，仍未能解决渗漏问题，引起住户强烈不满，投诉和索赔纠纷不断。

1）原因分析

（1）选材不当。本工程屋面按户型分成十几平方米到几十平方米各个单元，单元块多、量小，上下错层多，突出屋面的转角部位多，原防水选用的改性沥青卷材叠层防水方案加大了质量保证的难度。

（2）屋面泛水部位均有聚苯保温板，防水卷材在保温板上难以粘结、固定、密封。落水口排水坡度不合理，甚至有倒坡现象，致使屋面积水比较严重。

2）处理办法

（1）局部维修已不能彻底解决该屋面的渗漏水问题，应重做防水维修处理；维修施工时，应尽量利用和发挥原防水层的作用。

（2）考虑到屋面单元块较小，转角部位较多，突出屋面构造多，变截面多，不宜选用卷材类防水材料，宜选用与SBS改性沥青卷材相容，且适合于冬季施工的热熔型橡胶改性沥青防水涂料作防水层。

3）效果

2007年12月完成防水施工后，经闭水试验168h以上及多次雨后检查，无渗漏现象。

8.3 涂膜防水屋面

涂膜防水屋面是在屋面基层上涂刷防水材料，经固化后形成一层有一定厚度和弹性的整体涂膜，从而达到防水目的的一种防水屋面形式。它是以高分子合成材料为主体的涂料，涂抹在经嵌缝处理的屋面板或找平层上，形成具有防水效能的坚韧涂膜。涂膜防水屋面主要适用于防水等级为Ⅲ、Ⅳ级的屋面防水，也可作为Ⅰ、Ⅱ级屋面多道设防中的一道防水层。

8.3.1 涂膜防水屋面构造

涂膜防水屋面的典型构造层次如图8.12所示。具体施工的层次，应根据设计要求确定。涂膜防水层的涂料分成高聚物改性沥青防水涂料、合成高分子防水涂料两类。

8.3.2 涂膜防水屋面施工

1. 涂膜防水屋面常用防水涂料

防水涂料按其稠度有薄质涂料和厚质涂料之分，施工时有加胎体增强材料和不加胎体增强材料之别，具体做法视屋面构造和涂料本身性质要求而定。

薄质涂料按其形成液态的方式可分成溶剂型、反应型和水乳型3类。溶剂型涂料是以各种有机溶剂使高分子材料等溶解成液态的涂料，如氯丁橡胶涂料以甲苯为溶剂，溶解挥发后而成膜；反应型涂料是以一个或两个液态组分构成的涂料，涂刷后经化学反应形成固态涂膜，如环氧树脂；水乳型涂料是以水为分散介质，使高分子材料及沥青材料等形成乳状液，水分蒸发后成膜，如橡胶沥青乳液等。溶剂型涂料成膜迅速，但易燃、有毒；反应型涂料成膜时体积不收缩，但配制须精确；水乳型涂料可在较潮湿的基面上施工，但粘结

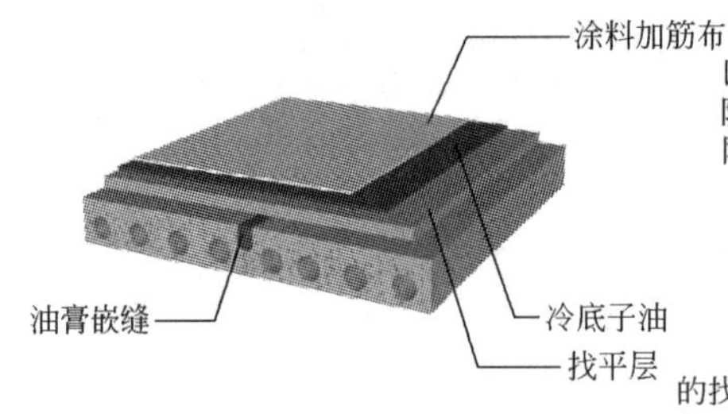
涂料加筋布
在已干的底涂层上干铺玻纤网格布，展开后加以点粘固定，当铺过两个纵向搭接缝以后依次涂刷防水涂料2~3度，待涂层干后按上述做法铺第二层网格布，然后涂刷1~2度。
油膏嵌缝
冷底子油
找平层
在屋面板上用1:2.5~1:3的水泥砂浆做15~20mm厚的找平层并设分格缝，分格缝宽20mm，其间距不大于6m，缝内嵌填密封材料。

(a) 无保温涂料防水屋面

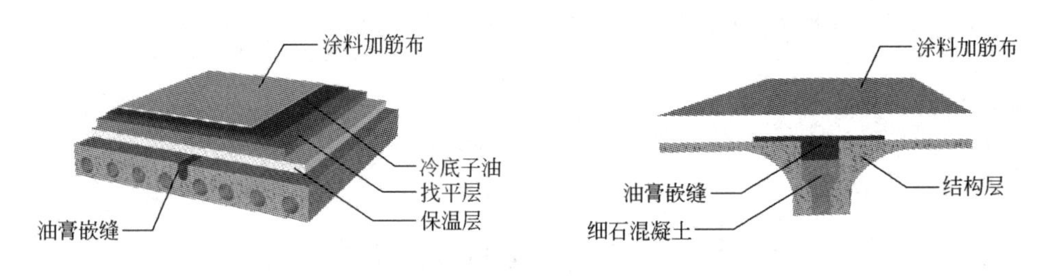
涂料加筋布
冷底子油
找平层
保温层
油膏嵌缝
涂料加筋布
油膏嵌缝
结构层
细石混凝土

(b) 有保温涂料防水屋面　　(c) 槽形板涂料防水屋面

图 8.12　涂料防水屋面构造

力较差，且低温时成膜困难。

厚质涂料主要有石灰乳化沥青防水涂料、膨润土乳化沥青防水涂料、石棉沥青防水涂料等。

2. 涂膜防水屋面施工工艺

涂膜卷材防水屋面施工的过程与卷材防水的工序基本相同，如图 8.13 所示。涂膜防水的施工顺序应按照“先高后低，先远后近”的原则进行。对于高低跨屋面，一般先涂布高跨屋面，后涂布低高跨屋面；相同高度屋面上，要合理安排施工段，先涂布距上料点远的部位，后涂布近处部位；同一屋面上，先涂布排水较集中的水落口、天沟、檐口等节点部位，再进行大面积涂布。

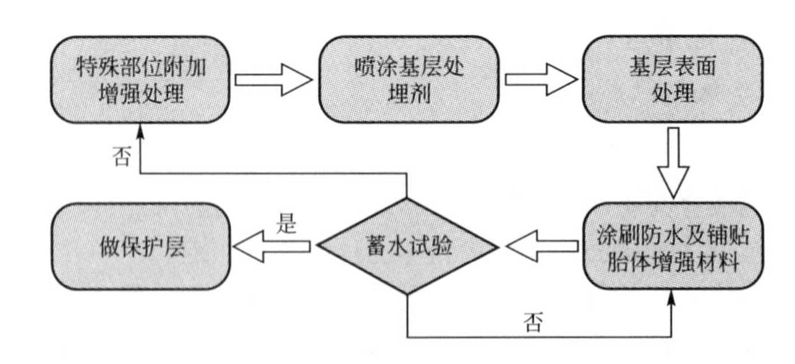
特殊部位附加增强处理
喷涂基层处理剂
基层表面处理
涂刷防水及铺贴胎体增强材料
蓄水试验
是
否
否
做保护层

图 8.13　涂膜防水施工工艺流程

3. 涂膜防水层施工

涂膜防水层的施工方法和适用范围见表 8-12。

表 8-12　涂膜防水层施工方法和适用范围

施工方法	具体做法	适用范围
涂刷法	用棕刷、长柄刷、圆滚刷蘸防水涂料进行涂刷	涂刷防水层和节点部位细部处理
涂刮法	用胶皮刮板涂布防水材料，先将防水涂料倒在基层上，用刮板来回涂刷，使其厚薄均匀	粘度较大的高聚物改性沥青防水涂料和合成高分子防水涂料在大面积上的施工
机械喷涂法	将防水涂料导入设备内，通过喷枪将防水涂料均匀喷出	粘度较小的高聚物改性沥青防水涂料和合成高分子防水涂料在大面积上的施工

涂膜防水施工的要求如下。

(1) 涂膜应根据防水涂料的品种分层分遍涂布，不得一次涂成。应待先涂的涂层干燥成膜后，方可涂后一遍涂料。板面防水涂料层施工，一般采用手工抹压、涂刷或喷涂等方法。厚质涂料涂刷前，应先刷一道冷底子油。涂刷时，上下层应交错涂刷，接槎宜留在板缝处，每层涂刷厚度应均匀一致，一道涂刷完毕，必须待其干燥结膜后，方可进行下道涂层施工；在涂刷最后一道涂层时可掺入 2%的云母粉或铝粉，以防涂层老化。在涂层结膜硬化前，不得在其上行走或堆放物品，以免破坏涂膜。

(2) 为加强涂料对基层开裂、房屋伸缩变形和结构沉陷的抵抗能力，在涂刷防水涂料时，可铺贴加筋材料，如玻璃丝布等。

(3) 需铺设胎体增强材料时，屋面坡度小于 15%可平行屋脊铺设；屋面坡度大于 15%应垂直于屋脊铺设。胎体长边、短边搭接宽度分别不应小于 50mm、70mm。采用二层胎体增强材料时，上下层不得相互垂直铺设，搭接缝应错开，其间距不应少于幅度的 1/3。

8.4 刚性防水屋面

刚性防水屋面是用刚性防水材料做防水层的屋面，主要有普通细石混凝土防水屋面、补偿收缩混凝土防水屋面、纤维混凝土防水屋面、预应力混凝土防水屋面等，前两者应用最为广泛。这种屋面构造简单、施工方便、造价低廉，但对温度变化和结构变形较敏感，容易产生裂缝而渗漏。刚性防水屋面主要适用于防水等级为Ⅲ级的屋面防水，也可用作Ⅰ、Ⅱ级屋面多道防水设防中的一道防水层；不适用于设有松散保温层的屋面、大跨度和轻型屋盖的屋面以及承受振动或冲击的建筑屋面。而且，刚性防水层的节点部位应与柔性材料复合使用，才能保证防水的可靠性。

8.4.1 刚性防水屋面构造

1. 防水屋面构造

刚性防水屋面的一般构造如图 8.14 所示。

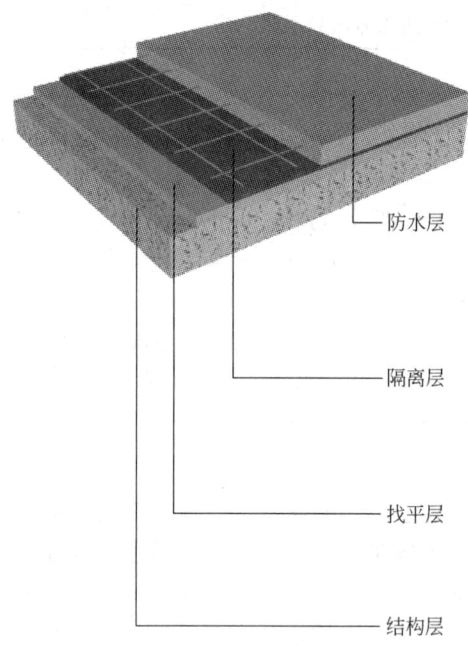

防水层　一般采用配筋的细石混凝土形成。细石混凝土的强度等级不低于C20，厚度不小于40mm，并应配置直径为$\phi 4 \sim \phi 6$的双向钢筋，间距100~200mm。钢筋应位于防水层中间偏上的位置，上面保护层的厚度不小于10mm。

隔离层　为了减小结构层变形对防水层的影响，应在防水层下设置隔离层。隔离层一般采用麻刀灰、纸筋灰、低强度等级水泥砂浆或干铺一层油毡等做法。如果防水层中加有膨胀剂，其抗裂性较好，则不需再设隔离层。

找平层　使刚性防水层便于施工，厚度均匀，应在结构层上用20mm厚1:3的水泥砂浆找平。当采用现浇钢筋混凝土屋面板时，若能够保证基层平整，可不做找平层。

结构层　应具有足够的强度和刚度，以尽量减小结构层变形对防水层的影响。一般采用现浇钢筋混凝土屋面板，当采用预制钢筋混凝土屋面板时，应加强对板缝的处理。刚性防水屋面的排水坡度一般采用结构找坡，所以结构层施工时要考虑倾斜搁置。

图 8.14　刚性防水屋面基本构造

2. 刚性防水屋面节点构造

1）分格缝

分格缝是为了避免刚性防水层因结构变形、温度变化和混凝土干缩等产生裂缝而设置的“变形缝”。分格缝间距应控制在刚性防水层受温度影响产生变形的许可范围内，分格缝应布置于结构变形的敏感部位，如预制板的支承端、不同屋面板的交接处、屋面与女儿墙的交接处等，并与板缝上下对齐。

分格缝的宽度为20～30mm，有平缝和凸缝两种构造形式。平缝适用于纵向分格缝，凸缝适用于横向分格缝和屋脊处的分格缝。分格缝上部用防水密封材料嵌缝，当防水要求较高时，可在分格缝上面再加铺一层卷材进行覆盖，具体做法如图8.15所示。

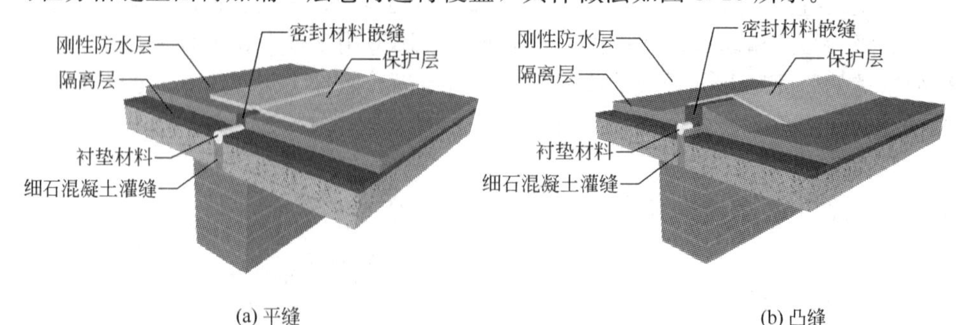

图 8.15　分格缝构造

2）泛水

刚性防水层与山墙、女儿墙处应做泛水，泛水的下部设分格缝，上部加铺卷材或涂膜附加层，其处理方法同卷材防水屋面的相同，其构造如图 8.4 所示。

3）檐口

刚性防水屋面的檐口形式分为无组织排水檐口和有组织排水檐口。

（1）无组织排水檐口通常直接由刚性防水层挑出形成，如图 8.16(a)所示，也可设置挑檐板，使刚性防水层伸到挑檐板之外，如图 8.16(b)所示。

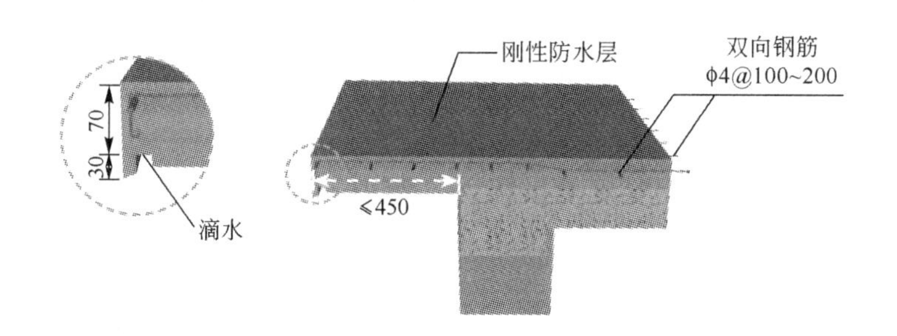

(a) 混凝土防水层悬挑檐口

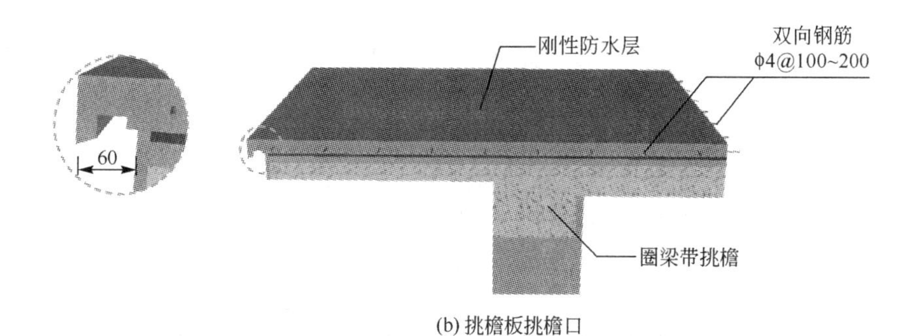

(b) 挑檐板挑檐口

图 8.16　无组织排水挑檐口

（2）有组织排水檐口。有挑檐沟檐口、女儿墙檐口和斜板挑檐檐口等做法。挑檐沟檐口的檐沟底部应用找坡材料垫置形成纵向排水坡度，其构造如图 8.17 所示。若女儿墙檐口和斜板挑檐檐口与刚性防水层之间按泛水处理，其形式与卷材防水屋面的相同。

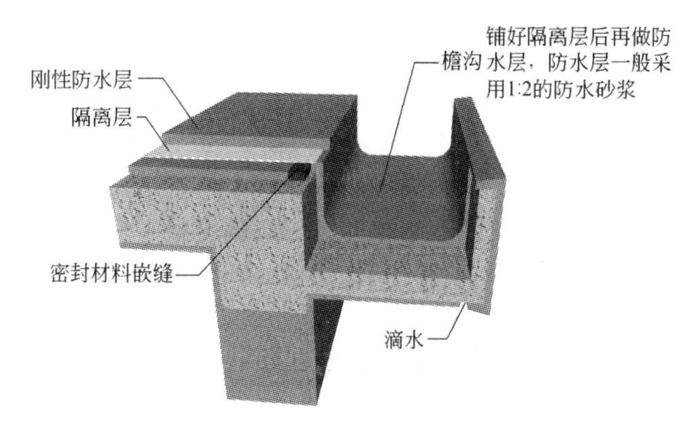

图 8.17　挑檐沟檐口构造

8.4.2 刚性防水屋面施工

1. 一般规定与材料要求

(1) 刚性防水层中细石混凝土中不得使用火山灰水泥；当采用矿渣硅酸盐水泥时，应采用减少泌水性的措施。

(2) 刚性防水层与立墙及突出屋面结构等交接处，均应做柔性密封处理；刚性防水层与基层间宜设置隔离层。

(3) 混凝土中掺加膨胀剂、减水剂、防水剂等外加剂时，应按配合比准确计量，投料顺序得当，并应用机械搅拌，机械振捣。

(4) 刚性防水层应设置分格缝，缝内应嵌填密封材料。密封材料应具有弹塑性、粘结性、耐候性及防水、气密性和耐疲劳性。

2. 施工工艺

刚性防水屋面的工艺流程如图 8.18 所示，其中分格缝、变形缝等细部构造的密封防水处理是一项关键性的工作。

1) 细部构造

(1) 屋面刚性防水层与山墙、女儿墙等所有竖向结构及设备基础、管道等突出屋面结构交接处都应断开，留出 30mm 的间隙，并用密封材料嵌填密封。在交接处和基层转角处应加设防水卷材，为了避免用水泥砂浆找平并抹成圆弧易造成粘结不牢、空鼓、开裂的现象，而在基层与竖向结构的交接处和基层的转角处找平并抹圆弧，竖向卷材收头固定密封于立墙凹槽或女儿墙压顶内，屋面卷材头应用密封材料封闭。

(2) 细石混凝土防水层应伸到挑檐或伸入天沟、檐沟内不小于 60mm，并需做滴水线。

2) 嵌填密封材料

(1) 应先对分格缝、变形缝等防水部位的基层进行修补清理，去除灰尘杂物。铲除砂浆等残留物，使基层牢固、表面平整密实、干净干燥，方可进行密封处理。

(2) 密封材料采用改性沥青密封材料或合成高分子密封材料等。嵌填密封材料时，应先在分格缝侧壁及缝上口两边 150mm 范围内涂刷与密封材料材性相配套的基层处理剂。处理剂应涂刷均匀，不露底。待基层处理剂表面干燥后，应立即嵌填密封材料。密封材料的接缝深度为其宽度的 0.5～0.7 倍，接缝处的底部应填放与基层处理剂不相容的背衬材料，如泡沫棒或油毡条。

(3) 密封材料的嵌填应饱满、无间隙、无气泡，密封材料表面呈凹状，中部比周围低 3～5mm。嵌填完毕的密封材料可采用卷材或木板保护好，不得碰损及污染，固化前不得踩踏。

(4) 女儿墙根部转角做法：首先在女儿墙根部结构层做一道柔性防水，再用细石混凝土做成圆弧形转角，细石混凝土圆弧形转角面层做柔性防水层与屋面大面积柔性防水层相连，最后用聚合物砂浆做保护层。

(5) 变形缝中间应填充泡沫塑料，其上放置衬垫材料，并用卷材封盖，顶部应加混凝土盖板或金属盖板。

细石混凝土刚性防水层质量的关键在于混凝本身土的质量、混凝土的密实性和施工时

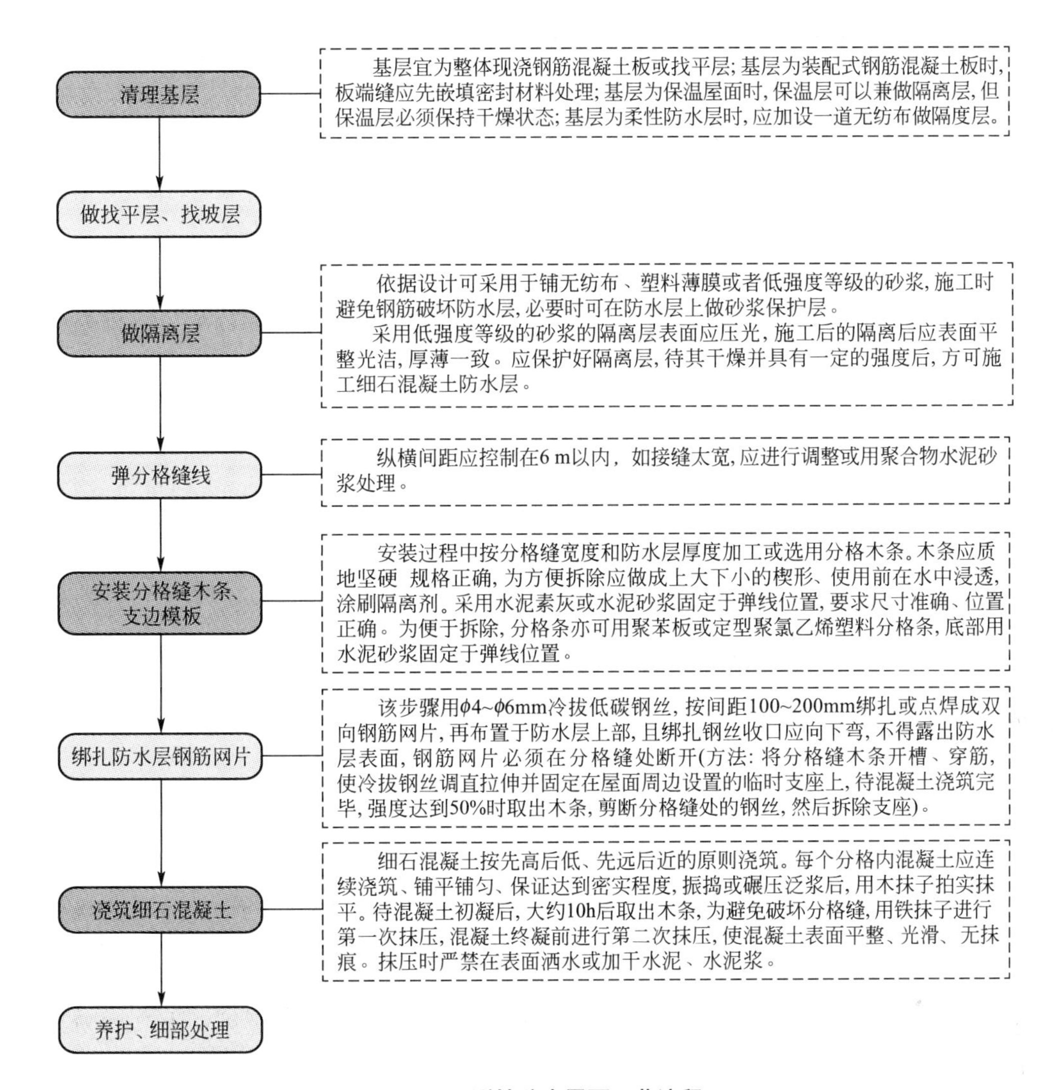

图 8.18 刚性防水屋面工艺流程

的细部处理，因此，实际工程将混凝土材料质量、配合比定为主控项目，对节点处理和施工质量，采取试水办法来检查，同时对不渗漏亦作为主控项目。混凝土的表面处理、厚度、配筋，分格缝和平整度均列为一般质量检查项目来控制整体防水层的质量。细石混凝土刚性防水层质量检验的项目、要求和检验方法见表 8－13。

表 8－13 细石混凝土刚性防水层质量检验的项目、要求和检验方法

检验项目		要 求	检验方法
主控项目	(1) 细石混凝土的原材料	必须符合设计要求	检查出厂合格证、质量检验和现场抽样复验报告
	(2) 细石混凝土的配合比和抗压强度	必须符合设计要求	检查配合比和试块实验报告

（续）

检验项目		要求	检验方法
主控项目	(3) 细石混凝土防水层	不得有渗漏或积水现象	雨后或淋水检验
	(4) 细石混凝土防水层在天沟、檐沟、檐口、水落口、泛水、变形缝和伸出屋面管道的防水构造	必须符合设计要求	观察检查和检查隐蔽工程验收记录
一般项目	(1) 细石混凝土防水层表面	应密实、平整、光滑、不得有裂缝、起壳、起皮、起砂	观察检查
	(2) 细石混凝土防水层厚度和钢筋位置	必须符合设计要求	观察和尺量检查
	(3) 细石混凝土防水层分格缝位置和间距	必须符合设计要求	观察和尺量检查
	(4) 细石混凝土防水层表面平整度	允许偏差 5mm	用 2m 靠尺和楔形塞尺检查

思维拓展

建筑节能屋面

1. 金属板材屋面

金属板材屋面是指采用金属板材作为屋盖材料，将结构层和防水层合二为一的屋盖形式。金属板材的种类很多，有锌板、镀铝锌板、铝合金板、铝镁合金板、钛合金板、铜板、不锈钢板等。厚度一般为0.4～1.5mm，板的表面一般进行涂装处理。由于材质及涂层质量的不同，有的板的寿命可达 50 年以上。板的制作形状有多种多样，有的为复合板，即将保温层复合在两层金属板材间，也有的为单板。施工时，有的板在工厂加工好后现场组装，有的根据屋面工程的需要在现场加工。保温层有的在工厂复合好，也可以在现场制作。所以金属板材屋面形式多样，从大型公共建筑到厂房、库房、住宅等均有使用，故金属板材屋面的适用范围为防水等级Ⅰ～Ⅲ级的屋面，金属板材屋面构造如图 8.19 所示。

2. 倒置式屋面

倒置式屋面是与传统屋面相对而言的，它是将传统屋面构造中的保温层与防水层位置颠倒，把保温层放在防水层的上面。倒置式屋面特别强调“憎水性”保温材料，工程中常用的保温材料如水泥膨胀珍珠岩、水泥蛭石、矿棉岩棉等都是非憎水性的，这类保温材料如果吸湿后，其导热系数将陡增，所以才出现了普通保温屋面中需在保温层上做防水层下做隔气层，从而增加了造价，使构造复杂化。其次，防水材料暴露于最上层，加速其老化，缩短了防水层的使用寿命，故应在防水层上加做保护层，这又增加了投资成本。再次，对于封闭式保温层而言，施工中因受天气、工期等影响，很难做到其含水率相当于自然风干状态下的含水率；如因保温层和找平层干燥困难而采用排气屋面，则由于屋面上伸出大量排气孔，不仅影响屋面使用和观瞻，而且破坏了防水层的整体性，排气孔上防雨盖又常常容易踢、碰脱落，反而会使雨水灌入孔内。

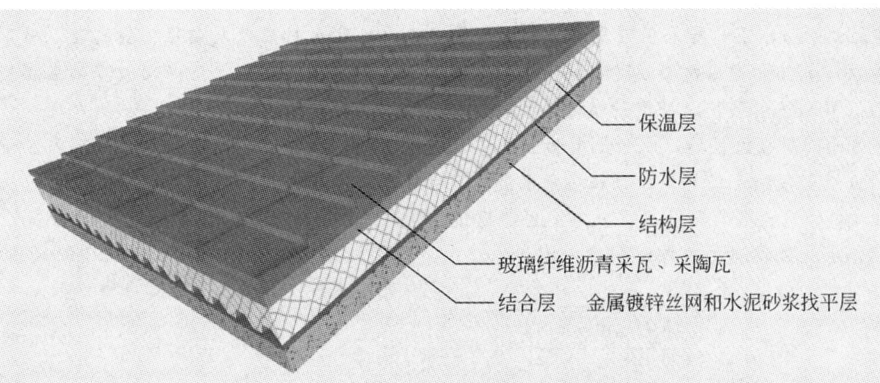

图 8.19 金属板材屋面构造

3. 种植屋面

种植屋面是在屋面防水层上覆土或覆盖锯木屑、膨胀蛭石、膨胀珍珠岩、轻砂等多孔松散材料，并进行种植草皮、花卉、蔬菜、水果或设架种植攀缘植物等作物。覆土的称为有土种植屋面，覆有多孔松散材料的称为无土种植屋面。种植屋面不仅有效地保护了防水层和屋盖结构层，而且对建筑物有很好的保温隔热效果，对城市环境起到绿化和美化作用，有益于人体健康。对于我国城镇建筑稠密，植被绿化不足，种植屋面是一种有发展前途的形式。种植屋面构造如图 8.20、图 8.21 所示。

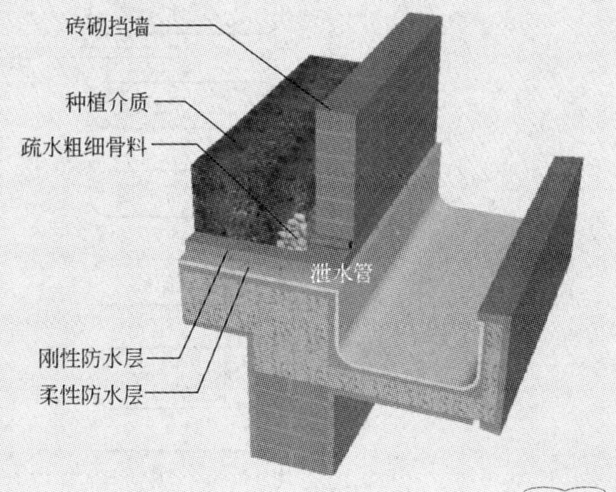

图 8.20 种植屋面构造

种植屋面在施工刚性保护层或刚性防水层前应对柔性防水层进行试水，雨后或淋水、蓄水检验合格后才可继续施工。填放种植介质前，应确认种植介质性能指标，尤其是表观密度要符合设计规定。

(1) 种植屋面的坡度宜为 3%，以利多余水的排除。

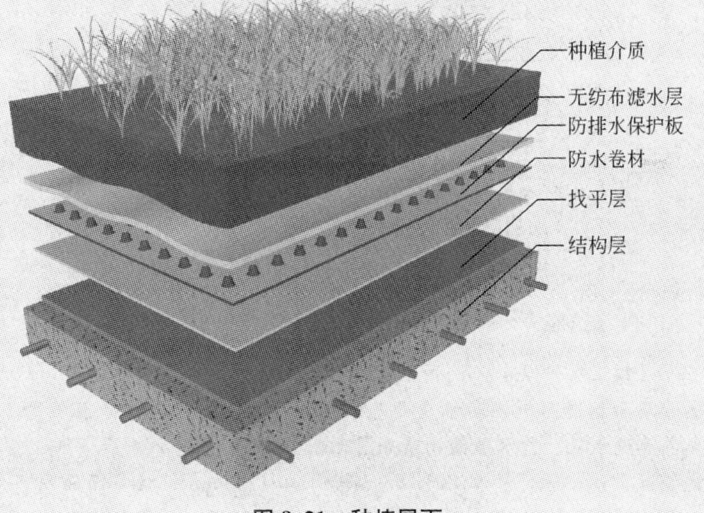

图 8.21 种植屋面

(2) 种植屋面的防水层，宜采用刚柔结合的防水方案，柔性防水层应是耐腐蚀、耐霉烂，耐穿刺好的涂料或卷材，最佳方案应是涂膜防水层和卷材防水层复合，柔性防水层之上必须设置细石混凝土保护层或细石混凝土防水层，以抵抗种植根系的穿刺和种植工具对它的损坏。

(3) 种植屋面四周应设挡墙，以阻止屋面上种植介质的流失，挡墙下部应留泄水孔，孔内侧放置疏水粗细骨料或放置聚酯无纺布，以保证多余水流出而种植介质不会流失。

(4) 按种植要求应设置人行通道，也可采用门形预制槽板，作为挡墙和分区走道板。

花园式屋顶绿化工程施工流程图如图 8.22 所示。

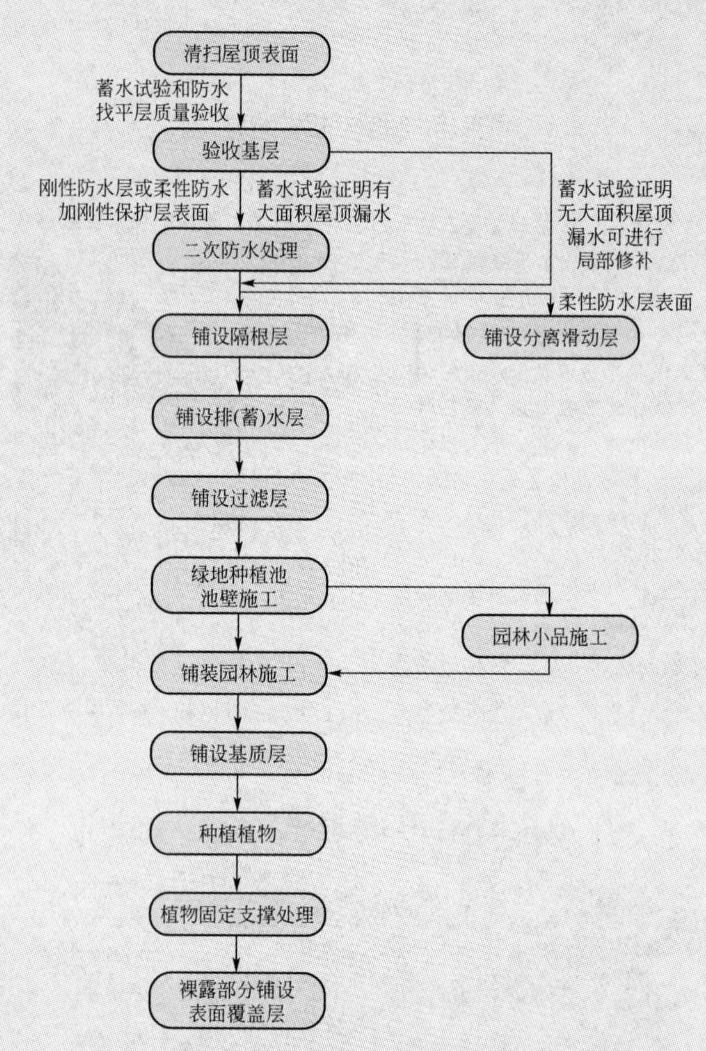

图 8.22　花园式屋顶绿化工程施工流程

4. 蓄水屋面

蓄水屋面是在平屋顶上蓄一层水，利用水蒸发时，大量带走水层中的热量，从而降低屋面温度，起到隔热作用。蓄水屋面构造与刚性防水屋面基本相同，主要区别是增加了一壁三孔，即蓄水分仓壁、溢水孔、泄水孔和过水孔。蓄水屋面构造如图 8.23 所示。

蓄水屋面构造应注意：合适的蓄水深度，一般为 150～200mm ；按屋面面积划分成若干蓄水区，每区的边长一般不大于 10m；足够的泛水高度，至少高出水面 100mm；合理设置溢水孔和泄水孔，并

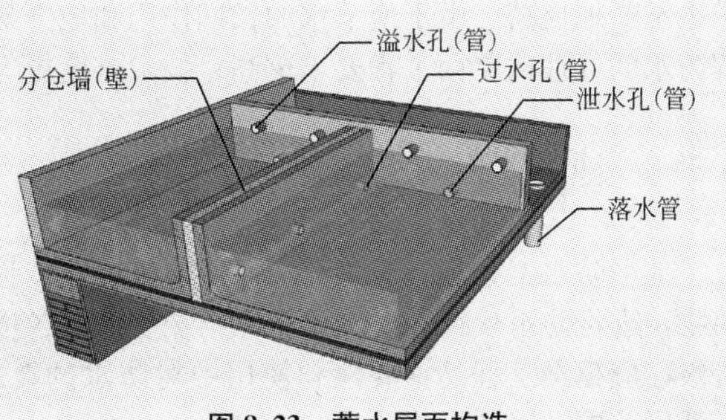

图 8.23 蓄水屋面构造

应与排水檐沟或水落管连通，以保证多雨季节不超过蓄水深度和检修屋面时能将蓄水排除；注意做好管道的防水处理。蓄水屋面的施工要点如下。

(1) 因蓄水屋面的特殊性，屋面孔洞后凿不易保证质量，故所有孔洞应预留。

(2) 为保证每个蓄水区混凝土的整体防水性，防水混凝土应一次浇筑完毕，不得留施工缝，避免因接头处理不好而导致产生裂缝。

(3) 蓄水屋面的刚性防水层完工后，应在混凝土终凝时进行养护。养护好后方可蓄水，并应连续注水，以防止混凝土干涸开裂。

资料袋

为何要采用多道设防，即复合防水的做法

(1) 现代化建筑正在向大跨度、大开间方向发展，不少工业和公共建筑、多层或高层的民用建筑已由传统的单一结构向多种结构发展。

(2) 屋面保温和隔热功能受到重视。相比之下，防水基层结构的刚度却相应减弱，由荷载及温度、湿度变化引起的应力也相对集中。

(3) 蓄水、种植、绿化及上人屋面大量应用，给防水工程增加了新的内容，这类屋顶除了防水以外，尚应考虑防腐蚀、防止环境污染等问题。

实践演练

二级建造师案例：屋面渗漏

1. 背景

某市师范大学新建一座现代化的智能教学楼，框架-剪力墙结构，地下2层，地上18层，建筑面积2.45万m^2，某建筑公司施工总承包，工程于2004年3月开工建设，2005年8月28日竣工验收。工程使用至第三年发现屋面有渗漏，学校要求施工单位进行维修处理。

2. 问题

(1) 学校的要求合理吗？为什么？

(2) 屋面工程隐藏验收记录应包括哪些内容？

8.5 地下防水工程

随着我国基本建设的迅速发展，地下结构防水工程日益增多，特别是近代高层建筑的发展，深基础、地下室的防水对建筑物寿命和使用功能的影响更为重要，对防水技术的要求也不断地提高。由于地下水的长期作用和地下防水质量问题修复的困难，所以对地下工程防水的处理比屋面工程要求更高、技术难度更大，故须在施工中确保防水工程质量。

8.5.1 地下工程防水方案

地下防水工程是指对工业与民用建筑地下工程、防护工程、隧道及地下铁道等建(构)筑物，进行防水设计、防水施工和维护管理等各项技术工作的工程实体。地下工程的防水等级，应根据工程的重要性和使用中对防水的要求及各级的标准应符合表 8－5 的规定，其适用范围见表 8－14。

表 8－14 地下工程防水的适用范围

防水等级	适用范围
一级	人员长期停留的场所；因少量湿渍会使物品变质、失效的储物场所及严重影响设备正常运转和危及工程安全运营的部位；重要的战备工程
二级	人员长期停留的场所；在有少量湿渍情况下不会使物品变质、失效的储物场所及基本不影响设备正常运转和危及工程安全运营的部位；重要的战备工程
三级	人员临时停留的场所；一般战备工程
四级	对渗漏水无严格要求的工程

地下工程的防水包括两个部分内容，一是主体防水，主体采用防水混凝土结构自防水；二是细部构造防水，细部构造(施工缝、变形缝、后浇带、诱导缝)的渗漏水现象最为普遍，有所谓“十缝九漏”之称。

当工程的防水等级为一至三级时，应在防水混凝土的粘结表面增设一至两道其他防水层，即“多道设防”。一道防水设防应是具有单独防水能力的一个防水层次。

地下工程的防水设防要求，明挖法的防水设防要求应按表 8－15 选用，暗挖法的防水设防要求应按表 8－16 选用。地下防水工程施工期间，明挖法的基坑以及暗挖法的竖井、洞口，必须保持地下水稳定在基底 0.5m 以下，必要时应采取降水措施。

表 8－15 明挖法地下工程防水设防

工程部位		主体		施工缝	后浇带		变形缝、诱导缝	
防水措施		防水混凝土	防水砂浆、防水卷材、防水涂料、塑料防水板材、金属板材	遇水膨胀止水带、中埋式止水带、外贴式止水带、外抹防水砂浆、外涂防水涂料	膨胀混凝土	遇水膨胀止水带、外贴式止水带、防水嵌缝材料	中埋式止水带	外贴式止水带、可卸止水带、防水嵌缝材料、外贴式止水带、外涂防水涂料、遇水膨胀止水带
防水等级	一级	应选	应选 1～2 种	应选 2 种	应选	应选 2 种	应选	应选 2 种
	二级	应选	应选 1 种	应选 1～2 种	应选	应选 1～2 种	应选	应选 1～2 种
	三级	应选	宜选 1 种	宜选 1～2 种	应选	宜选 1～2 种	应选	宜选 1～2 种
	四级	宜选	—	宜选 1 种	应选	宜选 1 种	应选	宜选 1 种

表 8-16 暗挖法地下工程防水设防

工程部位		主体		内衬砌施工缝		内衬砌变形缝、诱导缝
防水措施		复合式衬砌、离壁式衬砌或衬套、贴壁式衬砌	喷射混凝土	外贴式止水带、遇水膨胀止水带、防水嵌缝材料、中埋式止水带	外涂防水材料	中埋式止水带、外贴式止水带、可卸式止水带、防水嵌缝材料、遇水膨胀止水带
防水等级	一级	应选 1 种	—	应选 2 种	应选	应选 2 种
	二级	应选 1 种		应选 1～2 种	应选	应选 1～2 种

地下工程防水方案，大致可分为以下 3 类。

1）防水混凝土结构

这一防水方案是利用提高混凝土结构本身的密实度和抗渗性来进行防水。它既是防水层，又是承重、维护结构，具有施工简便、成本较低、工期短、防水可靠等优点，是解决地下工程防水的有效途径，因而应用较广。

2）加防水层

加防水层是在地下结构物的表面另增设防水层，使地下水与结构隔离，以达到防水的目的。常用的防水层有水泥砂浆、卷材、沥青胶结材料和金属防水材料等。

3）防排水措施

这一防水方案是“以防为主，防排结合”。通常利用盲沟、渗排水层等方法引导地下水排走，以达到防水的目的。此法多用于重要的、面积较大的地下防水工程。

8.5.2 卷材防水层施工

目前卷材防水层在国内有一定的应用市场，施工中应充分了解卷材防水层的材料要求、施工工艺、细部构造等特点，改进施工技术，确保施工质量。

(1) 卷材防水的铺贴层数为 1 或 2 层。当采用高聚物改性沥青防水卷材时，卷材厚度不应该小于 3mm，单层使用的厚度不应该小于 4mm，双层使用的总厚度不应该小于 6mm；当采用合成高分子防水卷材时，单层使用的厚度不应该小于 1.5mm，双层使用的总厚度不应该小于 2.4mm。

(2) 卷材防水层应铺设在混凝土结构主体的迎水面上，用于建筑物地下室时应铺设在结构主体底板垫层至墙体顶端的基面上，以使其外围形成封闭的防水层。

卷材的铺贴方案有外防外贴法和外防内贴法两种。

1. 外防外贴法施工

外防外贴法施工大体上是先铺贴底层卷材，四周留出卷材接头，然后浇筑构筑物底板和墙身混凝土，待侧模拆除后，再铺设四周防水层，最后砌筑保护墙。

外防外贴法施工示意图如图 8.24 所示。

2. 外防内贴法施工

外防内贴法大体上是先在主体结构四周砌筑好保护墙，然后在墙面与底层铺贴防水层，再浇筑主体结构的混凝土，其施工示意图如图 8.25 所示。

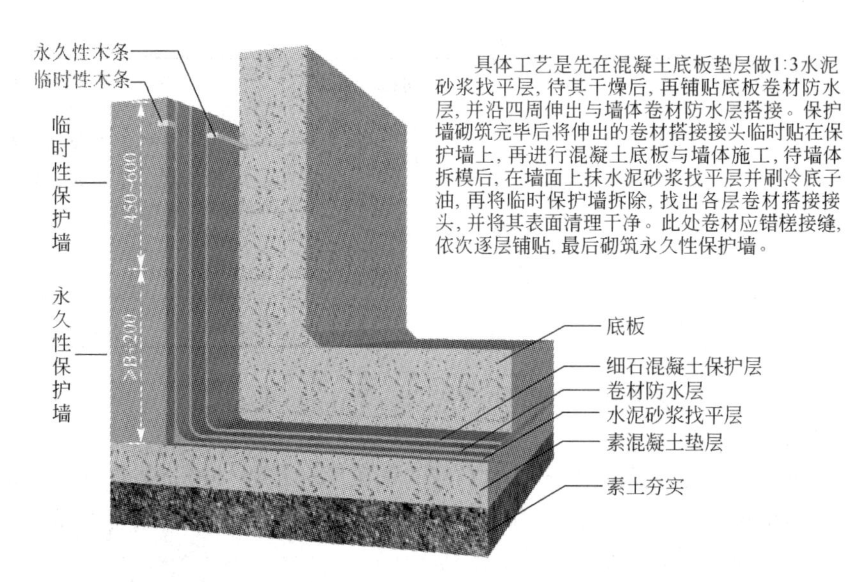

永久性木条
临时性木条
临时性保护墙
永久性保护墙
450~600
≥B+200
具体工艺是先在混凝土底板垫层做1:3水泥砂浆找平层，待其干燥后，再铺贴底板卷材防水层，并沿四周伸出与墙体卷材防水层搭接。保护墙砌筑完毕后将伸出的卷材搭接接头临时贴在保护墙上，再进行混凝土底板与墙体施工，待墙体拆模后，在墙面上抹水泥砂浆找平层并刷冷底子油，再将临时保护墙拆除，找出各层卷材搭接接头，并将其表面清理干净。此处卷材应错槎接缝，依次逐层铺贴，最后砌筑永久性保护墙。
底板
细石混凝土保护层
卷材防水层
水泥砂浆找平层
素混凝土垫层
素土夯实

图 8.24　外防外贴法施工示意

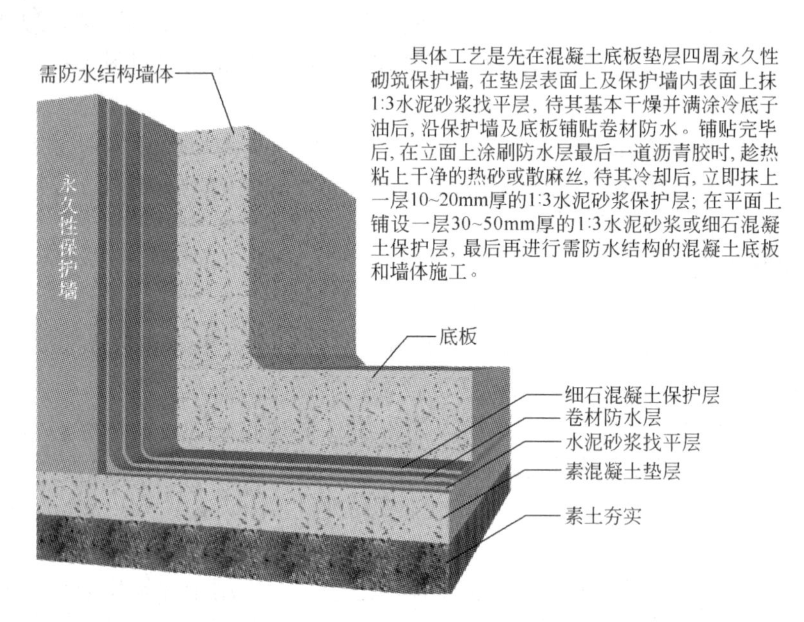

需防水结构墙体
永久性保护墙
具体工艺是先在混凝土底板垫层四周永久性砌筑保护墙，在垫层表面上及保护墙内表面上抹1:3水泥砂浆找平层，待其基本干燥并满涂冷底子油后，沿保护墙及底板铺贴卷材防水。铺贴完毕后，在立面上涂刷防水层最后一道沥青胶时，趁热粘上干净的热砂或散麻丝，待其冷却后，立即抹上一层10~20mm厚的1:3水泥砂浆保护层；在平面上铺设一层30~50mm厚的1:3水泥砂浆或细石混凝土保护层，最后再进行需防水结构的混凝土底板和墙体施工。
底板
细石混凝土保护层
卷材防水层
水泥砂浆找平层
素混凝土垫层
素土夯实

图 8.25　外防内贴法施工示意

外防外贴法与外防内贴法有各自的特点，见表 8－17。所以在实际地下防水工程施工中，对于这两种施工方法的选择，主要视施工现场条件来确定，一般施工现场条件允许时，多采用外防外贴法施工。

表 8－17　外防外贴法和外防内贴法的比较

项目	外防外贴法	外防内贴法
土方量	开挖土方量较大	开挖土方量较小
施工条件	须有一定工作面，四周无相邻建筑物	四周有无建筑物均可施工

（续）

项目	外防外贴法	外防内贴法
混凝土质量	浇筑混凝土时，不易破坏防水层，易检查混凝土质量，但模板耗费量大	浇捣混凝土时，易破坏防水层，混凝土质量不易检查，模板耗费量小
卷材粘贴	预留卷材接头处不易保护，基础与外墙卷材转角处易弄脏受损，操作困难，易漏水	底板和外墙卷材一次铺完，转角卷材质量易保证
工期	工期长	工期短
漏水试验	防水层做完后，可进行漏水试验，有问题可及时处理	防水层做完后不能立即进行漏水试验，要等基础和外墙施工完工后才能试验，有问题修补困难

8.5.3 水泥砂浆防水层施工

1. 普通水泥砂浆防水层

普通水泥砂浆防水层是一种刚性防水层，它是在构筑物的底面和两侧分层涂抹一定厚度的水泥砂浆，利用水泥浆和水泥砂浆分层交替抹压，构成一个多层防水的整体层来达到抗渗防水的目的，是一种相对比较经济的防水做法。但这种防水层抵抗变形的能力差，当结构产生不均匀下沉或承受较强振动荷载时，易产生裂缝或剥落，故对温度、湿度变化大的工程也不宜采用水泥砂浆防水层。

普通水泥砂浆防水层施工前要进行基层处理，清理表面，浇水湿润，补平表面蜂窝孔洞，使基层平整、坚实、粗糙，从而增加防水层与基层的粘结力。

一般背水面采用"四层抹面法"，其具体做法如图 8.26 所示；迎水面采用"五层抹面法"，其做法是在第四层水泥砂浆抹压两遍后，然后用毛刷依次均匀涂刷水灰比为 0.37～0.4 的水泥浆，稍干再将表面压光。

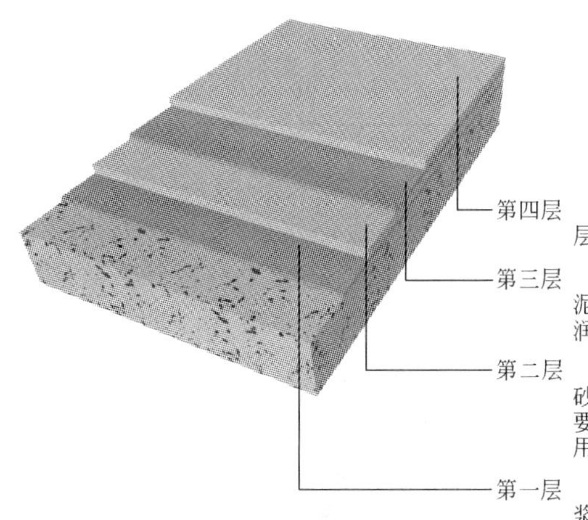

第四层 水泥砂浆层，厚4~5mm，配合比与操作方法同第二层水泥砂浆，抹后不扫条文。
第三层 水泥浆层，厚2mm，水灰比为0.37~0.4，待第二层水泥砂浆凝固并具有一定强度后(一般隔24h)，适当浇水润湿即可进行第三层，操作方法同第一层。
第二层 水泥砂浆层，厚4~5mm，由配合比为1:2~1:2.5(水泥:砂)、水灰比为0.4、稠度为70~80mm的水泥砂浆。抹时要压入水泥浆层深度1/4左右，使一二层牢固结合。末后用扫帚顺序向一个方向扫出横向条纹。
第一层 水泥浆，水灰比为0.55~0.60，稠度为70mm的水泥浆，厚2mm，分两次抹压密实。基层浇水润湿后，先刮抹1mm厚结合层，并用铁抹子往返用力刮抹5~6遍，使水泥浆嵌实基础表面的孔隙，然后再均匀抹1mm厚的水泥浆找平，并用湿毛刷或排笔将表面按顺序拉成毛纹。

图 8.26 四层抹面法

水泥砂浆防水层各层应紧密贴合，每层宜连续施工，如必须留施工缝时，留槎应符合图 8.27 的示意要求。

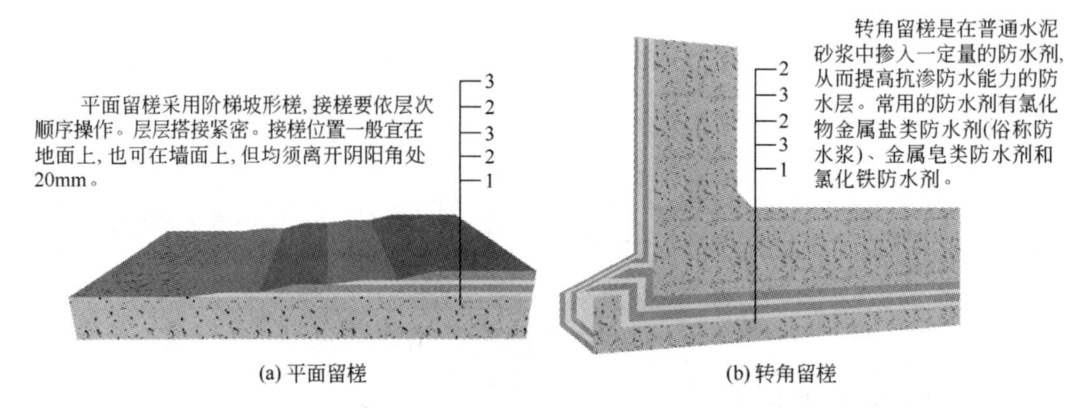

(a) 平面留槎　　(b) 转角留槎

图 8.27　地下防水工程留槎示意

1—结构基层；2—水泥浆 2mm；3—砂浆层 4～5mm

2. 掺外加剂水泥砂浆防水层

以无机铝盐防水砂浆防水层施工为例。

1）无机铝盐防水砂浆材料配比要求

无机铝盐防水剂防水砂浆配合比见表 8－18。

表 8－18　无机铝盐防水剂防水砂浆配合比

材料名称	配合比	混合液	配制方法
结合层	水泥：混合液＝1：0.6	水：防水剂 ＝1：0.02	水泥放入容器中，然后加混合液搅拌均匀
底层砂浆	水泥：中砂：混合液＝1：2：0.55	水：防水剂＝1：0.02～0.35	适宜机械搅拌，将水泥与砂干拌到色泽一致时再加混合液搅拌 1～2min
面层砂浆	水泥：中砂：混合液＝1：2.5：0.6	水：防水剂＝1：0.3～0.4	

2）无机铝盐防水砂浆的施工

基层处理同水泥砂浆防水层施工。先在基层上涂刷一道防水砂浆，然后分两次抹压 12mm 厚底层砂浆，第一次要用力抹压使其与基层结成一体。底层第一遍砂浆凝固前用木抹子均匀搓成面，待阴干后再抹压第二遍砂浆。底层砂浆抹完约 12h 后，即可分两次抹压 13mm 厚的面层砂浆。抹压前，先在底层砂浆上刷一道防水净浆，然后抹第一遍厚度不超过 7mm 面层砂浆，第一遍面层砂浆阴干后再抹第二遍面层砂浆，并在凝固前分次抹压实。防水层施工后 8～12h 应覆盖湿草袋，夏季高温季节宜提前覆盖。24h 后应定期浇水养护至少 14d，最好不采用蒸汽养护，宜用温度不低于 5℃的自然养护。

需要注意的是，施工时温度不应低于 5℃，不高于 35℃。不得在雨天、烈日暴晒下施工。阴阳角应做成圆弧形，阳角半径一般为 10mm，阴角半径一般为 50mm。

8.5.4 冷胶料防水层施工

防水冷胶料是指在常温下进行冷施工，具有很好的防水性能的胶结材料。其品种主要有JG系列防水冷胶料、JQ型防水冷胶料和DM-1型冷胶防水涂料等。

1. JG-2防水冷胶料

JG-2防水冷胶料即水乳型橡胶沥青冷胶料，它是选用废帘子布胶粉作为沥青的改性材料，用高速分散的方法加工成的水乳型冷腔结料。废帘子布胶粉是轮胎里层带线部分，也是橡胶行业不能大量回收利用的废料，价格低廉，来源丰富。这种新材料适用于建筑屋面的防水，也适用于墙体、地面、地下工程，冷库、罐体、管道等的防潮和防水。

水乳型冷胶结料是一种具有较好粘结性、不透水性、耐高低温性、抗裂性和耐老化性的冷施工(0℃以上)防水粘结料。水乳型冷胶结料贴玻璃布做防水层，可以克服沥青热淌冷脆和油毡易折等缺点，便于冷施工，改善工作条件，提高工作效率。同时，价格比二毡三油做法低30%左右。

2. JG-2防水冷胶料施工

在施工方法上，水乳型冷胶结料防水层具有的冷施工特点，使其改变了大锅熬沥青的传统“热作业”，防止了烫伤事故的发生和对环境的污染。

1) JG-2冷胶料的组成

JG-2冷胶料由水乳性A液和B液组成，A液为再生胶乳液，B液为乳化沥青。因此要求使用单位自行配制冷胶料。其配合比要求：若混合料中沥青成分居多时，其粘结性、涂刷性和浸透性良好，此时施工配合比可按A液：B液=0.5：1；若混合液中的橡胶成分增多时，则具有较高的抗裂性和抗老化能力，此时施工配合比可按A液：B液=1：1。配制时必须严格掌握，以免影响质量。

2) JG-2冷胶料的施工要点

配制好的JG-2冷胶料应当天用完，并随时注意密封贮存，以免表面结膜。

冷胶料可单独作为防水涂料，也可以衬贴玻璃丝布，当地下水压不大时做防水层或地下水压较大时做加强层，可采用二布三油一砂做法；当在地下水位以下做防水层或防潮层，可采用一布二油一砂做法。

铺贴顺序为先铺附加层及里面，再铺平面；先铺贴细部，再铺贴大面。

工程实例分析

地下室墙体渗漏事故

1. 背景

某小区别墅建了一层地下室，地下埋深约3m，用于居住、会客等。开挖地基时，开挖土含水量较低，未见明水，开发商据此认为该地下室不会发生渗漏现象。因此，将地下防水设计为底板防水为钢筋混凝土自防水，抗渗等级为P6，结构墙体为粘土砖，外贴一层SBS改性沥青防水卷材。

地下室建成后不久，墙体便出现严重的渗漏。为了杜绝渗漏，开发商用水泥基渗透结晶型防水涂料在室内结构墙体找平层上涂刷，但效果不佳，仍有渗漏，事故现场如图8.28所示。

图 8.28 事故现场

2. 渗漏原因分析

1) 对水源的认识不正确

仅仅在开挖土方时未见明水，就认为地下室不会发生渗漏，这种认识上的错误是造成本工程渗漏的首要原因。

GB 50108—2008《地下工程防水技术规范》(以下简称《规范》)明确规定：地下工程的防水设计，应考虑地表水、地下水、毛细管水等的作用，以及由于人为因素引起的附近水文地质改变的影响；在设计地下防水方案时，要考虑地下水的类型、补给来源、历年最高水位、近几年实际水位以及它们随季节的变化。在该工程的设计中，规范的规定未引起足够的重视。

2) 防水等级不明晰

该地下室供人们居住、会客，是人员长期停留的场所，设防要求应当为不允许任何渗漏，结构表面无湿渍。根据《规范》规定，防水等级应定为一级，而原设计中，防水等级不明晰，严格的说，达不到防水等级为四级的标准要求。

3) 防水设防不合理

该建筑采用明挖法施工，《规范》规定一级设防的要求是：①主体结构应选防水混凝土，主体结构包括结构底板和结构墙体；②应从防水砂浆、防水卷材、防水涂料、塑料防水板、金属防水板中选取一至两种做防水设防。在原设计方案中：①结构底板为防水混凝土，结构墙体用粘土砖取代防水混凝土；②虽然结构墙体外粘贴了一道 SBS 防水层，但结构底板下没有其他的防水层；原设计严重违背了《规范》的规定。

4) 未形成全封闭的防水结构

地下室防水层应形成具有整体性的全封闭的 U 型防水结构，这种防水结构要求：结构底板和结构墙体应形成具有整体性的 U 型防水混凝土结构；结构底板下的防水层和结构墙体外的防水层也要形成具有整体性的 U 型防水结构。

在该工程中，结构底板采用防水混凝土，具备防水能力；结构墙体采用粘土砖，不具备防水能力；结构层未形成具有整体性的 U 型防水结构；结构底板下没有柔性防水层，结构墙体外有一道 SBS 改性沥青卷材防水层，柔性防水层也未形成具有整体性的 U 型防水结构。

5) 维修仍未遵守规范要求

《规范》规定，Ⅰ～Ⅳ级防水的结构层均须采用防水混凝土。在开发商自行组织的维修中，只用一道水泥基渗透结晶型防水涂料，达不到《规范》中规定的Ⅳ级设防要求，治理后墙壁上仍出现流水，未能获得理想效果。

8.5.5 防水混凝土结构施工

防水混凝土，又称抗渗混凝土，是以通过调整混凝土的配合比、掺加外加剂或采用特种水泥等手段，提高混凝土自身的密实性、憎水性和抗渗性，使其满足抗渗等级等于或大于 P6(抗渗压力为 0.6MPa)要求的不透水性混凝土。防水混凝土具有取材容易、施工简便、工期较短、耐久性好、工程造价低等优点，因此，在地下工程中防水混凝土得到了广泛使用。

1. 防水混凝土的性能与配置

防水混凝土主要技术指标之一是混凝土的抗渗等级，用P表示，它是根据工程埋置深度确定的，防水混凝土的设计抗渗等级见表8-19。

表8-19 防水混凝土的设计抗渗等级

埋置深度/m	设计抗渗等级
＜10	P6
10～20	P8
20～30	P10
30～40	P12

注：1. 本表适用于Ⅳ、Ⅴ级围岩(土层及软弱围岩)。
2. 山岭隧道防水混凝土的抗渗等级，可按铁道部门的有关规范执行。

防水混凝土一般有普通的防水混凝土、掺外加剂的防水混凝土、采用特种水泥配制的防水混凝土(如补偿收缩混凝土)3种。

1) 普通防水混凝土

普通防水混凝土是在普通混凝土骨料级配的基础上，通过调整和控制配合比的方法，提高自身密实度和抗渗性的一种混凝土。普通混凝土的组成材料为水泥、粗细骨料和水，材料的配置要求见表8-20。

表8-20 材料的配置要求

材料	要求
水泥	强度等级不应低于32.5MPa。在不受侵蚀性介质和冰冻作用时，宜采用火山灰水泥、矿渣水泥、粉煤灰水泥或普通硅酸盐水泥；在使用矿渣水泥时，必须掺加高效减水剂；在受冻融作用时，应选用普通水泥；在受侵蚀性介质作用时，应按设计要求选用
粗细骨料	基本与普通混凝土相同。当天然砂中小于0.15mm的颗粒不足时，可以加入砂石总重量2%～6%的磨细石英砂、火山灰、粉煤灰，或提高水泥用量。石子最大粒径不宜大于40mm，不得使用碱活性骨料。含泥量不应大于1%
水	饮用水或无侵蚀性的洁净水
水灰比	不得大于0.55
水泥用量	每立方米混凝土水泥用量不少于300kg/m^3，掺有活性掺合料时，水泥用量不得少于280kg/m^3
砂率	以35%～40%为宜，灰砂比保持在1∶2.0～1∶2.5，泵送时砂率可增至45%
坍落度	普通混凝土坍落度以30～50mm为宜，当采用预拌混凝土时，入泵坍落度宜为120±20mm，坍落度总损失值不应大于60mm

配制普通防水混凝土通常以控制水灰比，适当增加砂率和水泥用量的方法，来提高混凝土的密实性和抗渗性。普通混凝土的各种材料的配合比，还要根据设计要求的强度、抗渗等级和现场实际使用的材料进行试配确定。另外，在实验室试配时，考虑实验室条件与

实际施工条件的差别，应将设计的抗渗标号提高 0.2MPa 来选定配合比。

2）掺外加剂的防水混凝土

外加剂防水混凝土是在混凝土拌和物中加入少量改善混凝土抗渗性的有机或无机物，如减水剂、防水剂、加气剂等，以增加混凝土密实性、抗渗性、抗裂性及抗侵蚀性，以达到防水的目的。防水混凝土中外加剂的特点、适用范围及其配比要求见表 8－21。

表 8－21　外加剂的特点、适用范围及其配比要求

种类		特点	适用范围	配比要求	
三乙醇胺防水混凝土		早强、抗渗强度等级高	工程紧迫，要求早强、抗渗要求高的工程	水泥用量以 300kg/m³ 为宜，含砂率 40%左右，三乙醇胺的掺量在 0.05 左右	
加气剂防水混凝土		抗冻性好	有抗冻要求，地水化热要求的工程	水泥掺量不小于 250kg/m³，水灰比以 0.5～0.6 为宜，砂率为 28%～35%，引气剂掺量在 0.03～0.05	
氯化铁防水混凝土		抗渗性最好	水中结构、无筋、少筋结构、砂浆修补抹面	水泥用量不小于 310kg/m³，水灰比不大于 0.55，坍落度为 30～50mm，氯化铁的掺量在 3.0 左右	
减水剂防水混凝土	木钙、糖蜜	混凝土流动性好，抗渗强度等级高	钢筋密集、薄壁结构、泵送混凝土、滑模结构等，或有缓凝与促凝要求的工程	坍落度可不受 50mm 的限制，但也不宜过大，以 50～100mm 为宜	掺量为 0.2～0.3
	NNO、MF				掺量为 0.5～1.0
	JN				掺量为 0.5
	UFN－5				掺量为 0.5

注：外加剂掺量值为外加剂质量占水泥质量的百分比。

3）补偿收缩混凝土

补偿收缩混凝土是使用膨胀水泥或在普通混凝土中掺入适量膨胀剂配制而成的一种微膨胀混凝土。若在混凝土中掺加微膨胀剂后，将使得混凝土产生一定的微膨胀，由此产生的混凝土压应力即可以抵消部分混凝土收缩产生的拉应力，避免或减少混凝土的收缩裂缝，从而增强混凝土的抗渗性能。

常用的膨胀水泥有硫酸铝钙型和氧化钙型，常用的膨胀剂有 UEA 剂、FS 膨胀剂、复合膨胀剂、氯酸钙膨胀剂、明矾石膨胀剂等。

2. 防水混凝土施工

防水混凝土工程质量的优劣，除了取决于设计材料及配合成分等因素外，还主要取决于工程的施工质量。因此，施工的各主要环节，如混凝土的搅拌、浇筑、振捣、养护等，均应严格遵循施工验收规范和操作规程的规定进行，以确保防水混凝土工程质量，其防水构造做法如图 8.29 所示。

1）施工要点

（1）防水混凝土选用的模板应表面平整，拼缝严密不漏浆，吸水性小，并有足够的承载力和刚度。模板固定不宜用穿墙螺栓、钢丝对穿，以免造成引水通路，影响防水效果。如必须采用对拉螺栓固定模板时，应在螺栓或套管上加焊止水环或加焊 100mm×100mm 的止水钢板。止水对拉螺栓施工工艺原理是在对拉螺栓中间加焊止水钢板，内档间距为混

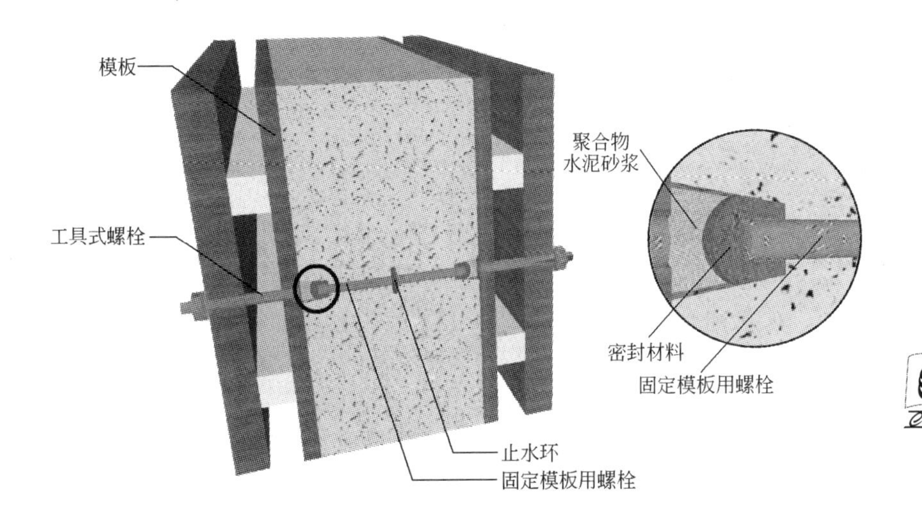

图 8.29 固定模板用螺栓的防水构造

凝土剪力墙厚度减去两块固定木垫块厚度。模板拆除后，首先将对拉螺栓孔两端的木垫片剔除干净，然后用火焊将对拉螺栓齐根割掉；将孔内清理干净后用掺硅质防水剂的干硬性细石混凝土压实抹平。

(2) 绑扎钢筋时，应按设计要求留足保护层，不得有负误差。留设保护层应以相同配合比的细石混凝土或水泥砂浆制成垫块，严禁钢筋垫钢筋或将钢筋用铁钉、铅丝直接固定在模板上，以防止水沿钢筋侵入。

(3) 为增强混凝土的均匀性，必须采用机械搅拌混凝土，搅拌时间不应小于 2min。当掺外加剂时，应根据外加剂的技术要求确定搅拌时间，如加气防水混凝土搅拌时间约为 2～3min。

(4) 防水混凝土在运输、浇筑过程中，应防止漏浆、离析和坍落度损失，一旦坍落度损失后不能满足施工要求时，应加入原水灰比的水泥浆或二次掺加减水剂搅拌，严禁直接加水。浇筑时应严格做到分层进行，须采用高频机械振捣密实，振捣时间宜为 10～30s，以混凝土泛浆和不冒气泡为准，应避免漏振、欠振和超振。

(5) 防水混凝土的养护对其抗渗性能影响极大，故必须加强养护。一般混凝土进入终凝应立即进行覆盖，浇水湿润养护不少于 14d，且不宜采用电热和蒸汽养护。

2) 施工缝

地下室混凝土墙体用传统施工方法进行浇筑，往往因浇筑面积太大，不可避免地会产生收缩裂缝而造成渗漏。如用小流水段施工法浇筑，每天浇筑的混凝土墙体长度只有 15～18m 时，则虽可使混凝土的收缩应力都集中在施工缝处，解决了裂缝问题，但却因此产生了大量施工缝。只有对数条施工缝进行可靠的防水处理，才能在解决防裂的同时解决防渗问题。防水混凝土应连续浇筑，宜少留施工缝。施工缝防水做法如图 8.30 所示。

施工缝的留设部位应符合下列规定：

(1) 墙体水平施工缝不应留在剪力最大处或底板与侧墙的交接处，应该留在高出底板表面不小于 300mm 的墙体上。拱(板)墙结合的水平施工缝，宜留在拱(板)墙接缝线以下 150～300mm 处。墙体有预留孔洞时，施工缝距孔洞边缘不应小于 300mm。

(2) 垂直施工缝应避开地下水和裂隙水较多的地段，并宜与变形缝相结合。

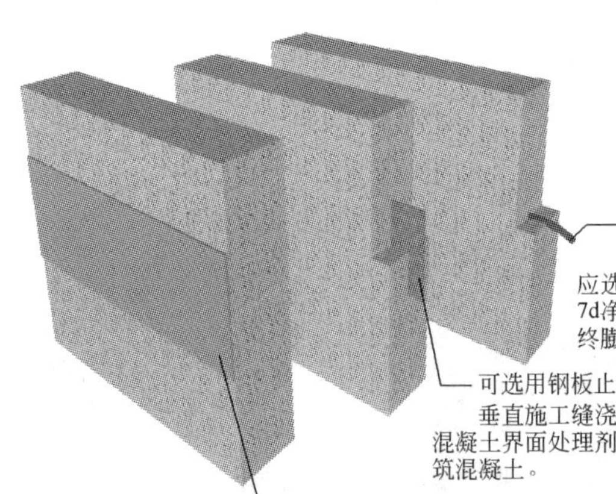

遇水膨胀止水条
遇水膨胀止水条(胶)应与接缝表面密贴;应选用的遇水膨胀止水条(胶)具有缓胀性,7d净膨胀率不宜大于最终膨胀率的60%,最终膨胀率宜大于220%。
可选用钢板止水带、橡胶止水带或钢边橡胶止水
垂直施工缝浇筑混凝土前,应将其表面清理干净。再涂刷混凝土界面处理剂或水泥基渗透结晶型防水涂料,并应及时浇筑混凝土。
可选用外贴止水带、外涂防水涂料或外抹防水砂浆
水平施工缝浇筑混凝土前,应将其表面浮浆和杂物清除。然后铺设净浆或涂刷混凝土界面处理剂、水泥基渗透结晶型防水涂料等材料,再铺30~50mm厚的1:1水泥砂浆,并应及时浇筑混凝土。

图 8.30　施工缝防水处理

思维拓展

地下工程塑料板防水层

塑料板防水材料适用于铺设在初期支护与二次衬砌间的防水层。塑料板防水层一般是在初期支护上铺设，然后实施二次衬砌混凝土，工程上通常称为复合式衬砌防水或夹层防水，塑料板防水层结构示意如图 8.31 所示。复合式衬砌防水构成了两道防水，一道是塑料板防水层，另一道是防水混凝土。塑料板不仅起防水作用，而且对初期支护和二次衬砌还起到隔离和润滑作用，防止二次衬砌混凝土因初期支护表面不平而出现开裂，保护和发挥二次衬砌的防水效能。铺设塑料板防水层之前，应在基层上先铺设缓冲层，其作用一是防止初期支护基面的高低不平或毛刺穿破塑料防水板，二是有的缓冲层具有渗排水性能，可将通过初期支护的地下水排走。

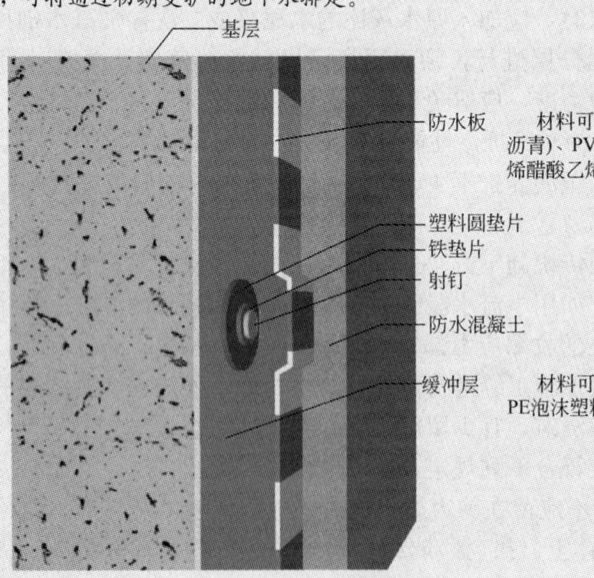

图 8.31　塑料板防水层结构示意

职业技能

<table>
<tr><th colspan="3">技能要点</th><th>掌握程度</th><th>应用方向</th></tr>
<tr><td colspan="3">防水工程的防水原则</td><td>了解</td><td rowspan="3">土建
施工员</td></tr>
<tr><td colspan="3">卫生间、浴室地面渗漏原因及防治措施</td><td>熟悉</td></tr>
<tr><td colspan="3">屋面卷材防水的施工要点及施工缝、伸缩缝、天沟檐口等细部处理、地下卷材防水的方法和施工要点</td><td>掌握</td></tr>
<tr><td rowspan="6">地下防水工程</td><td colspan="2">地下防水工程设防等级、设防要求、防水材料的选用、地下水位的控制、环境气温条件要求、地下防水工程分项工程的划分</td><td>了解</td><td rowspan="12">土建
质检员</td></tr>
<tr><td colspan="2">专业防水资质要求、施工前准备工作、原材料质量、现场抽样复验、子分部工程验收的程序及规定</td><td>熟悉</td></tr>
<tr><td colspan="2">工序控制、地下防水工程及子分部工程质量验收主要项目、渗漏检查</td><td>掌握</td></tr>
<tr><td rowspan="3">防水混凝土、水泥砂浆防水层、卷材防水层、涂料防水层、塑料板防水层、金属板防水层、细部构造、排水工程</td><td>质量控制及施工要点</td><td>熟悉</td></tr>
<tr><td>主控项目及检验方法</td><td>掌握</td></tr>
<tr><td>一般项目及检验方法</td><td>掌握</td></tr>
<tr><td rowspan="6">屋面防水</td><td colspan="2">屋面的防水等级、防水层合理使用年限和设防要求</td><td>了解</td></tr>
<tr><td colspan="2">施工质量控制、防水材料质量要求、保温层和防水层施工自然环境要求</td><td>熟悉</td></tr>
<tr><td colspan="2">检查数量的规定</td><td>掌握</td></tr>
<tr><td rowspan="3">卷材屋面找平层、保温层、卷材防水层；涂膜防水屋面；细石混凝土防水层、密封材料嵌缝；平瓦屋面、油毡瓦屋面、金属板材屋面；隔热屋面；种植屋面；细部构造</td><td>质量控制及施工要点</td><td>熟悉</td></tr>
<tr><td>主控项目及检验方法</td><td>掌握</td></tr>
<tr><td>一般项目及检验方法</td><td>掌握</td></tr>
<tr><td colspan="3">防水工程的项目划分、定额表现形式</td><td>了解</td><td rowspan="2">土建
预算员</td></tr>
<tr><td colspan="3">防水工程计算的有关规定</td><td>掌握</td></tr>
<tr><td colspan="3">水泥及混凝土主要性质煤沥青与石油沥青的区别；沥青胶、冷底子油、乳化沥青的配制</td><td>了解</td><td rowspan="3">材料员</td></tr>
<tr><td colspan="3">沥青、高聚物改性沥青、合成高分子防水卷材的主要品种、特性；石油沥青的主要组成、主要技术性质、主要技术指标</td><td>熟悉</td></tr>
<tr><td colspan="3">水泥及混凝土、防水材料进场验收标准</td><td>掌握</td></tr>
</table>

（续）

技能要点	掌握程度	应用方向
进场防水材料的技术要求	了解	试验员
防水材料的试验项目及试验结果评定准则	掌握	

习　　题

一、选择题

1. 沥青防水卷材是传统的建筑防水材料，成本较低，但存在(　　)等缺点。【2010年一级建造师考试《建筑工程》考试真题】

A. 拉伸强度和延伸率低　　B. 温度稳定性较差

C. 低温易流淌　　D. 高温易脆裂

E. 耐老化性较差

2. 某住宅工程地处市区，东南两侧临城区主干道，为现浇钢筋混凝土剪力墙结构，工程节能设计依据《民用建筑节能设计标准(采暖居住建筑部分)》，屋面及地下防水均采用SBS卷材防水，屋面防水等级为Ⅱ级，室内防水采用聚氨酯涂料防水。底板及地下外墙混凝土强度等级为C35，抗渗等级为P8。【2008年二级建造师《建筑工程》考题】

(1) 按有关规定，本工程屋面防水使用年限为(　　)年。

A. 5　　B. 10　　C. 15　　D. 25

(2) 本工程室内防水施工基底清理后的工艺流程是(　　)。

A. 结合层→细部附加层→防水层→蓄水试验

B. 结合层→蓄水试验→细部附加层→防水层

C. 细部附加层→结合层→防水层→蓄水试验

D. 结合层→细部附加层→蓄水试验 →防水层

3. 某建筑工程采用钢筋混凝土框架剪力墙结构，基础底板厚度为1.1m，属大体积混凝土构件。层高变化大，钢筋型号规格较一般工程多。屋面防水为SBS卷材防水。公司项目管理部门在过程检查中发现：屋面防水层局部起鼓，直径50～250ram，但没有出现成片串连现象。本工程屋面卷材起鼓的质量问题，正确的处理方法有(　　)。【2008年二级建造师《建筑工程》考题】

A. 防水层全部铲除清理后，重新铺设

B. 在现有防水层上铺一层新卷材

C. 直径在100mm以下的鼓泡可用抽气灌胶法处理

D. 直径在100mm以上的鼓泡，可用刀按斜十字形割开，放气，清水：在卷材下新贴一块方形卷材(其边长比开刀范围大100mm)

E. 分片铺贴，处理顺序按屋面流水方向先上再左然后下

4. 室内防水工程施工环境温度应符合防水材料的技术要求，并宜在(　　)以上。【2010年二级建造师考试《建筑工程》真题】

A. −5℃　　B. 5℃　　C. 10℃　　D. 15℃

5. 下列屋面卷材铺贴做法中，正确的是(　　)。【2007年一级建造师管理与实务(建筑工程)】

A. 距屋面周边800mm以内以及叠层铺贴的各层卷材之间应满贴

B. 屋面坡度小于3%时，卷材宜垂直屋脊铺贴

C. 基层的转角处，找平层应做圆弧形

D. 屋面找平层设分格缝时，分格缝宜与板端缝位置错开

E. 卷材防水层上有重物覆盖或基层变形较大的，不应采用空铺法和点粘、条粘法

二、案例分析

1. 某小区内拟建一座6层普通砖泥结构住宅楼，外墙厚370mm，内墙厚240mm，抗震设防烈度7度，某施工单位于2009年5月与建设单位签订了该项工程总承包全同。合同工程量清单报价中写明：瓷砖墙面积为100m^2，综合单位为110元/m^2。由于工期紧，装修从顶层向下施工，给排水明装主管(无套管)从首层向上安装，五层卫生间防水施工结束后进行排水主管安装。【2010年二级建造师《建筑工程》考试真题】

【问题】五层卫生间防水存在什么隐急？说明理由。

2. 某办公大楼由主楼和裙楼两部分组成，平面呈不规则四方形，主楼二十九层，裙楼四层，地下二层，总建筑面积81650m^2。该工程5月份完成主体施工，屋面防水施工安排在8月份。屋面防水层由一层聚氨酯防水涂料和一层自粘SBS高分子防水卷材构成。

裙楼地下室回填土施工时已将裙楼外脚手架拆除，在裙楼屋面防水层施工时，因工期紧没有搭设安全防护栏杆。工人王某在铺贴卷材后退时不慎从屋面掉下，经医院抢救无效死亡。裙楼屋面防水施工完成后，聚氨酯底胶配制时用的二甲苯稀释剂剩余不多，工人张某随手将剩余的二甲苯从屋面向外倒在了回填土上。主楼屋面防水工程检查验收时发现少量卷材起鼓，鼓泡有大有小，直径大的达到90mm，鼓泡割破后发现有冷凝水珠。经查阅相关技术资料后发现：没有基层含水率试验和防水卷材粘贴试验记录；屋面防水工程技术交底要求自粘SBS卷材搭接宽度为50mm，接缝口应用密封材料封严，宽度不小于5mm。【2006年度全国一级建造师考试《专业工程管理与实务(房屋建筑)》真题】

【问题】

(1) 从安全防护措施角度指出发生这一起伤亡事故的直接原因。

(2) 项目经理部负责人在事故发生后应该如何处理此事？

(3) 试分析卷材起鼓的原因，并指出正确的处理方法。

(4) 自粘SBS卷材搭接宽度和接缝口密封材料封严宽度应满足什么要求？

(5) 将剩余二甲苯倒在工地上的危害之处是什么？指出正确的处理方法。

第9章 装饰工程

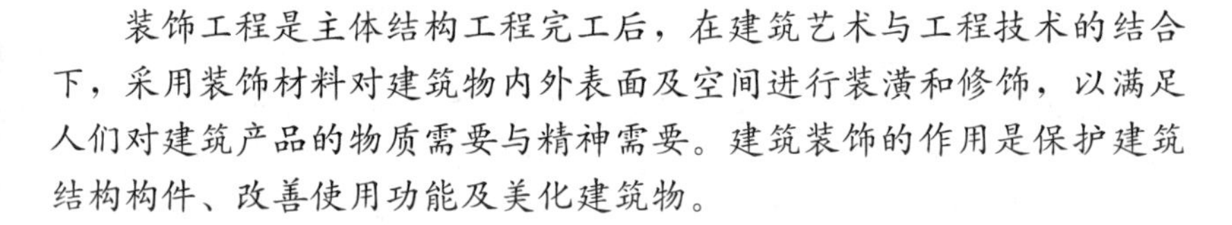

装饰工程是主体结构工程完工后，在建筑艺术与工程技术的结合下，采用装饰材料对建筑物内外表面及空间进行装潢和修饰，以满足人们对建筑产品的物质需要与精神需要。建筑装饰的作用是保护建筑结构构件、改善使用功能及美化建筑物。

重点概览

- 装饰工程的分类与特点
- 抹灰工程
- 饰面工程
- 幕墙工程

学习要点

- 了解抹灰的组成、作用和做法；
- 掌握抹灰质量标准及检验方法；
- 了解喷涂机械的工作原理及操作要求；
- 掌握装饰抹灰面层的常用做法；
- 了解装饰工程的新材料、新技术及发展方向；
- 掌握喷涂、滚涂、弹涂、板块饰面、壁纸裱糊的施工工艺和质量要求；
- 了解油漆和涂料的种类及性能。

主要国家标准

- 《建筑装饰装修工程质量验收规范》GB 50210—2001
- 《建筑工程施工质量验收统一标准》GB 50300—2011
- 《住宅装饰装修工程施工规范》GB 50327—2001
- 《建筑幕墙》GB/T 21086—2007
- 《玻璃幕墙工程技术规范》JGJ 102—2003
- 《机械喷涂抹灰施工规程》JGJ/T 105—2011
- 《金属和石材幕墙工程技术规范》JGJ 133—2001

案例导航

外墙面瓷砖脱落伤人

2009年7月某晚，石家庄市某小区2号楼东侧的外墙面砖突然大面积脱落(见图9.1)，砸中在楼下乘凉的4位老太太，其中2人伤势严重。而这幢楼是2008年5月刚交钥匙的新楼。

近年来，我国各地频繁发生外墙脱落导致伤人的事故，造成外墙面砖空鼓、脱落的原因主要有以下几个方面。

(1) 基层处理不当，致使底层抹灰和基层之间粘结不良。

(2) 使用劣质、安定性不合格或过期的水泥。

(3) 砂浆配合比不当，或搅拌好的砂浆停放超过3h仍使用，或选用专用胶粘剂失效。

(4) 面砖没有按规定浸水。

图9.1 外墙面砖大面积脱落

9.1 装饰工程的分类与特点

9.1.1 装饰工程的分类

按装饰部位的不同，装饰工程可分为室内装饰、室外装饰和环境装饰等。

按装饰等级的不同，装饰工程可分为高级装饰工程、中级装饰工程和普通装饰工程。

按施工工艺和建筑部位的不同，装饰工程可分为抹灰工程、饰面工程、裱糊工程、涂料工程、吊顶工程、隔墙和隔断工程、门窗工程、幕墙工程、地面工程等。

9.1.2 装饰工程的特点

(1) 装饰工程是一门综合性科学。装饰工程不仅涉及建筑科学方面的知识，还涉及民族文化、地域文化和环境艺术方面的知识，而且还与其他各行各业有着密切的关系如建筑装饰材料涉及五金、化工、轻纺等多行业、多学科。

(2) 装饰工程是科学技术与艺术的结合。装饰材料随着科学技术的更新而变得更舒适、环保，质量和档次也不断提高。装饰施工技术和方法也随着材料的改善和科技的进步不断改进，使得现代装饰工程的施工更趋合理，效率更高。还有很多科学技术是隐含在装饰过程中通过合理的艺术手段展现的。

(3) 装饰材料品种繁多、规格多样，施工工艺与处理方法各不一样。

不同的材料，施工方法各不相同。不断有新材料问世，就不断有新的施工方法。所以，装饰施工年年有新花样。

(4) 装饰工程机械化程度高、装配式程度高。近几年由于各种轻便手提式工具普及，不少工种已基本被电动工具所代替，不仅解放了劳动力，减轻了劳动强度，而且使工程质量相应提高。

目前很多装饰材料基本上是装配和半装配的，以致装饰施工的装配化程度高，施工速度较快。另外，将一些比较难做的工序和部件通过工厂机械化生产，产品的质量有保证，施工质量也有保证。

(5) 要求装饰施工人员一工多能。一般的装饰工程工期短，赶工期的工程比较普遍，工作琐碎复杂，难以把工人的工种划分得很细，所以要求施工人员有一工多能的本领。

9.2 抹灰工程

将灰浆涂抹在地面、外墙、内墙、顶棚等的饰面工程称为抹灰工程。抹灰工程按使用材料和装饰效果分为一般抹灰和装饰抹灰。

9.2.1 一般抹灰

1. 一般抹灰的分类与组成

1) 一般抹灰的分类

按质量标准、使用要求和操作工序不同，一般抹灰分为普通抹灰和高级抹灰。

普通抹灰由一层底层、一层中层和一层面层(或一层底层、一层面层)构成，施工时需阳角找方，做标筋，分层赶平、修整，表面压光。

高级抹灰由一层底层、数层中层和一层面层构成，施工需阴阳角找方，做标筋，分层赶平、修整，表面压光。

2) 一般抹灰的组成

为了保证抹灰质量，做到表面平整、避免开裂，粘结牢固，抹灰工程一般是分层施工的。抹灰层的组成如图 9.2 所示。

各抹灰层厚度应根据基层材料、砂浆种类、墙面平整度、抹灰质量要求而定。水泥砂浆每层厚度宜为 5～7mm，石灰砂浆和水泥混合砂浆每层厚度宜为 7～9mm。面层抹灰经过赶平压实后的厚度，麻刀灰不得大于 3mm，纸筋灰和石灰膏不得大于 2mm。抹灰层的总厚度不得大于 35mm。

2. 一般抹灰的材料及其质量要求

抹灰工程常用的材料有水泥、石灰或石灰膏等胶凝材料和砂以及麻刀、纸筋等纤维材料。

1) 胶凝材料

抹灰常用的水泥有硅酸盐水泥、普通硅酸盐水泥和矿渣硅酸盐水泥，强度等级不应低于 32.5MPa。不同品种、不同强度等级的水泥不得混用，不得采用受潮、结块的水泥，出

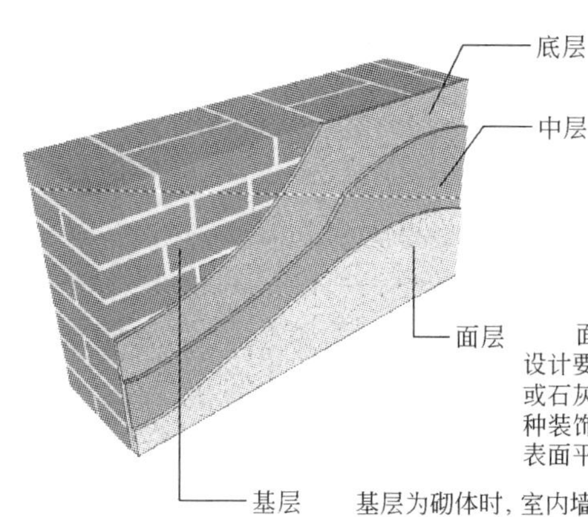

底层　底层主要起粘结和初步找平作用，所用的材料随基层不同而异。
中层　中层主要起找平作用，采用的材料与基层相同，但稠度一般为7~9cm，一次或几次涂抹。
面层　面层亦称罩面，主要起装饰的作用，使用材料种类应按设计要求而定。室内墙面及顶棚抹灰常用麻刀灰、纸筋灰或石灰膏，室外抹灰可采用水泥砂浆、聚合物水泥砂浆或各种装饰砂浆。砂浆稠度约为10cm。面层须仔细操作，确保表面平整、光滑、无裂痕。
基层　基层为砌体时，室内墙面一般用石灰砂浆或水泥混合砂浆打底，室外墙面常采用水泥砂浆或水泥混合砂浆打底；基层为混凝土时，为保证粘结牢固，一般采用水泥混合砂浆或水泥砂浆打底；基层为木板条、苇箔、钢丝网时，由于这些材料与砂浆的粘结力低，特别是木板条容易吸水膨胀，干燥后收缩，导致抹灰层脱落，因此常采用麻刀灰和纸筋灰，并在操作时将砂浆挤入基层缝隙内，使之拉结牢固。基层砂浆的稠度一般为10~12cm，若有防潮防水要求，则应采用水泥砂浆抹底层。

图 9.2　抹灰层的组成

厂已超过 3 个月的水泥应经过试验后，方可使用。

在抹灰工程中采用的石灰为块状生石灰经熟化陈伏后淋制成的石灰膏。为保证过火石灰充分熟化，生石灰的熟化时间应不少于 15d，罩面用则不应少于 30d。抹灰用的石灰膏可用优质块状生石灰磨细的生石灰粉代替，可省去淋灰作业而直接使用。但用于罩面时，生石灰粉仍要熟化，熟化时间不小于 3d，以避免出现干裂和爆灰现象。

抹灰用石膏是在建筑石膏中掺入缓凝剂及掺合料制作而成。在抹灰过程中如需加速凝结，可在其中掺入适量的食盐；如需进一步缓凝，可在其中掺入适量的石灰浆或明胶。

2）砂

抹灰用砂最好用中砂，或粗砂与中砂混合掺用。抹灰用砂要求颗粒坚硬洁净，粘土、淤泥含量不超过 2%，不得含有草根、树叶、碱质及其他有机物等有害杂质，使用前应过筛。

3）纤维材料

麻刀、纸筋、玻璃纤维在抹灰层中可提高抹灰层的抗拉强度，增加抹灰层的弹性和耐久性，使其不易开裂脱落。麻刀应均匀、坚韧、不含杂质，长度以 20～30mm 为宜，用时将其敲打松散。纸筋应洁净、捣烂、用清水浸透，罩面用纸筋宜用机碾磨细。玻璃纤维耐热、耐腐蚀，抹出的墙面洁白光滑且价格便宜，用时将其切成 10mm 左右长，但操作时应注意劳动保护，防止刺激皮肤。

3. 一般抹灰的施工工艺

一般抹灰的施工顺序为基层处理→做标筋→抹护角→抹底层灰→抹中层灰→检查修整→抹面层灰，其施工工艺如图 9.3 所示。

不同材质的基体表面应作相应处理，以增强其与砂浆之间的粘结强度。砖石基体面灰缝应剔成凹缝式，使砂浆能嵌入灰缝内与砖石基体粘结牢固；混凝土表面比较光滑应凿

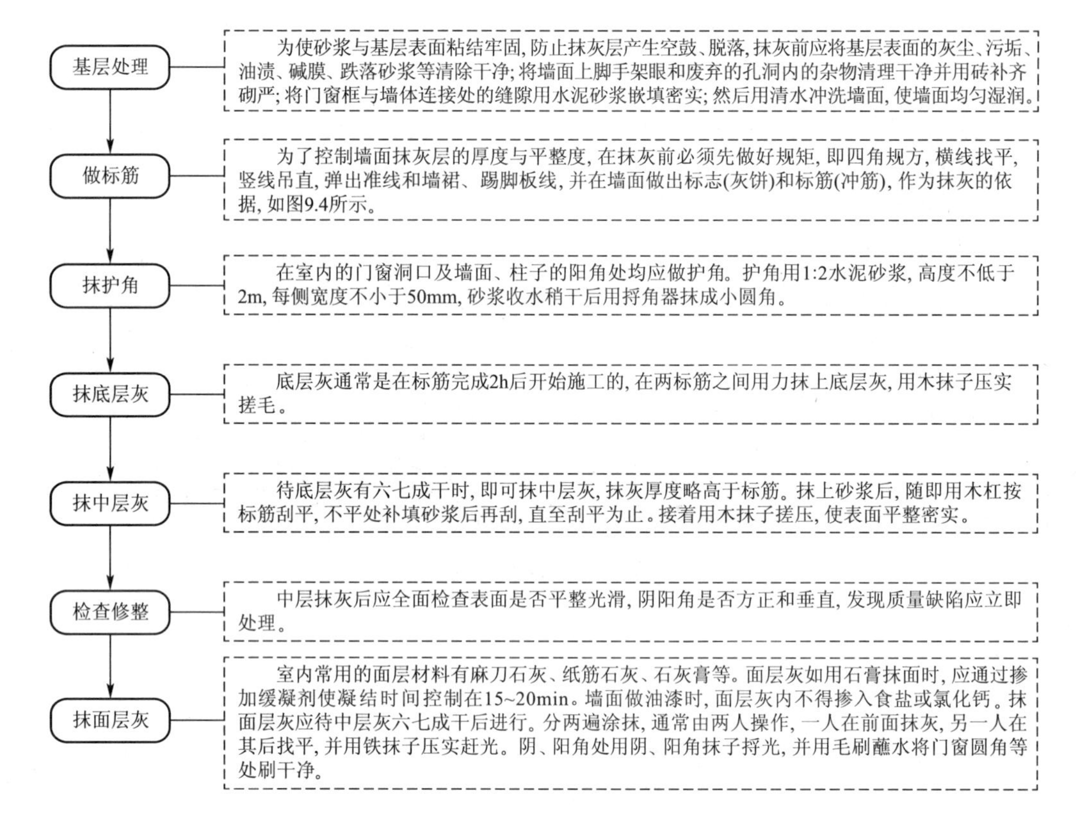

基层处理
为使砂浆与基层表面粘结牢固,防止抹灰层产生空鼓、脱落,抹灰前应将基层表面的灰尘、污垢、油渍、碱膜、跌落砂浆等清除干净;将墙面上脚手架眼和废弃的孔洞内的杂物清理干净并用砖补齐砌严;将门窗框与墙体连接处的缝隙用水泥砂浆嵌填密实;然后用清水冲洗墙面,使墙面均匀湿润。
做标筋
为了控制墙面抹灰层的厚度与平整度,在抹灰前必须先做好规矩,即四角规方,横线找平,竖线吊直,弹出准线和墙裙、踢脚板线,并在墙面做出标志(灰饼)和标筋(冲筋),作为抹灰的依据,如图9.4所示。
抹护角
在室内的门窗洞口及墙面、柱子的阳角处均应做护角。护角用1:2水泥砂浆,高度不低于2m,每侧宽度不小于50mm,砂浆收水稍干后用捋角器抹成小圆角。
抹底层灰
底层灰通常是在标筋完成2h后开始施工的,在两标筋之间用力抹上底层灰,用木抹子压实搓毛。
抹中层灰
待底层灰有六七成干时,即可抹中层灰,抹灰厚度略高于标筋。抹上砂浆后,随即用木杠按标筋刮平,不平处补填砂浆后再刮,直至刮平为止。接着用木抹子搓压,使表面平整密实。
检查修整
中层抹灰后应全面检查表面是否平整光滑,阴阳角是否方正和垂直,发现质量缺陷应立即处理。
抹面层灰
室内常用的面层材料有麻刀石灰、纸筋石灰、石灰膏等。面层灰如用石膏抹面时,应通过掺加缓凝剂使凝结时间控制在15~20min。墙面做油漆时,面层灰内不得掺入食盐或氯化钙。抹面层灰应待中层灰六七成干后进行。分两遍涂抹,通常由两人操作,一人在前面抹灰,另一人在其后找平,并用铁抹子压实赶光。阴、阳角处用阴、阳角抹子捋光,并用毛刷蘸水将门窗圆角等处刷干净。

图 9.3　一般抹灰工程施工工艺

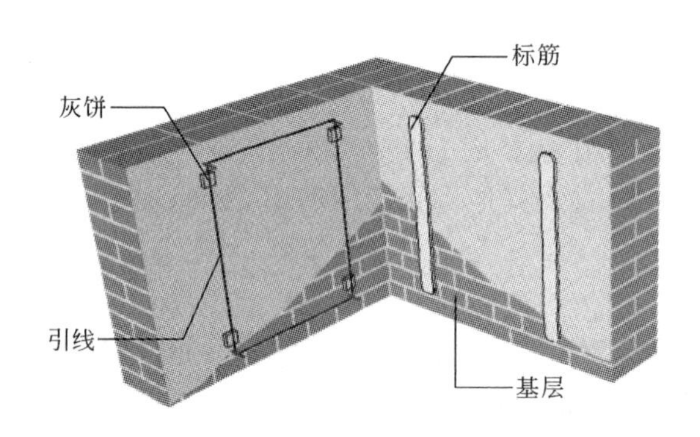

设置标筋前,先用拖线板检查墙面的平整垂直程度,根据检查结果确定灰饼的厚度,一般薄处不应少于7mm,再在距地面约2m、离两边阴角边100~200mm处用1:3水泥砂浆或打底砂浆做50mm×50mm的灰饼。然后用拖线板或线锤在此灰饼面吊挂垂直在墙面下方踢脚线上口做两个灰饼。再将钉子钉在左、右灰饼两外侧墙缝里拉横线,沿线每隔1.2~1.5m补做灰饼。灰饼稍干后,用砂浆在上下灰饼间抹竖向标筋,其宽度、厚度均与灰饼相同。标筋具体做法:用与底层抹灰相同的砂浆在上下两个灰饼间先抹一层,再抹第二层,形成宽度约为100mm,厚度比灰饼高约10mm的灰埂,然后用木杠紧贴灰饼搓动,直至把标筋搓得与灰饼齐平位置。最后要将标筋两边用刮尺修成斜面,以便与抹灰面接槎顺平。

图 9.4　标筋示意

毛,或刷一层素水泥浆;加气混凝土砌体表面应清扫干净,并刷一道107胶的1∶4的水溶液,以形成表面隔离层,缓解抹面砂浆的早期脱水,提高粘结强度;板条墙或板条顶棚,各板条之间应预留8～10mm缝隙,以便底层砂浆能压入板缝内结合牢固;不同材料基体交接处的抹灰处,如砖墙与木隔墙、混凝土墙与轻质隔墙等表面,应采用金属网加强,搭接宽度从缝边起两侧均不小于100mm,并绷紧牢固。

思维拓展

顶棚抹灰和外墙抹灰

顶棚抹灰宜在穿过顶棚的各种管道安装完毕且遗留空隙清理并填堵严实后进行。顶棚抹灰一般不设置标筋，只需按抹灰层的厚度用墨线在四周墙面上弹出水平线作为控制抹灰层厚度的基准线。在已浇水潮湿的混凝土基层上满刷一道掺10%的107胶的水溶液或刷一道水灰比为0.4的素水泥浆作为结合层。抹底层灰的方向应与楼板接缝及木模板木纹方向相垂直，并用力抹压，使砂浆挤入细小缝隙内。抹中层灰应先抹顶棚四周，再抹中部，抹完后用木刮尺刮平，再用木抹子搓平。面层灰宜两遍成活，两道抹灰方向垂直，抹完后按同一方向抹压赶光。顶棚表面应平顺，并压实压光，不应有抹纹、气泡和接槎不平现象，顶棚与墙面相交的阴角应成一条直线。

外墙抹灰的做法与内墙抹灰相似，但是由于外墙面积较大，需要在抹面层灰前按要求弹分格线、嵌入分格条。分格条为梯形截面，浸水湿润后两侧用粘稠的素水泥浆与墙面抹成45°角粘结。分格条粘后待底层7～8成干后可抹面层灰，先将底灰墙面浇水均匀湿润，先刮一层薄薄的素水泥浆，随即抹灰至与分格条平，并用刮杠刮平，木抹子搓平，再用铁抹子溜光压实。待表面无明水后，用刷子蘸水垂直于地面向同一方向刷一遍，以保证面层灰颜色一致，避免出现收缩裂缝，随后起出分格条，待灰层干后，用素水泥浆将缝勾好。

4. 一般抹灰的质量要求

(1) 普通抹灰表面应光滑、洁净、接槎平整，分格缝应清晰；高级抹灰表面应光滑、洁净、颜色均匀、无抹纹，分格缝和灰线应清晰美观。

(2) 护角、孔洞、槽、盒周围的抹灰表面应整齐、光滑，管道后面的抹灰表面应平整。

(3) 底层砂浆与中层砂浆的配合比应基本相同，中层砂浆的强度不能高于底层，底层砂浆的强度不能高于基层，以免砂浆凝结过程中产生较大的收缩应力，破坏强度较低的底层或基层，使抹灰层产生开裂、空鼓或脱落现象。混凝土基层上不能直接抹石灰砂浆，水泥砂浆也不得抹在石灰砂浆上，罩面石灰膏亦不得抹在水泥砂浆上。

(4) 抹灰分格缝的宽度和深度应均匀，表面应光滑，棱角应整齐。

(5) 有排水要求的部位应做滴水线(槽)。滴水线(槽)应整齐顺直，内高外低，其宽度和深度均不应小于10mm。

一般抹灰工程质量的允许偏差和检验方法应符合表9-1的规定。

表9-1　一般抹灰的允许偏差和检验方法

项次	项　目	允许偏差/mm		检验方法
		普通抹灰	高级抹灰	
1	立面垂直度	4	3	用2m垂直检测尺检查
2	表面平整度	4	3	用2m靠尺和塞尺检查
3	阴阳角方正	4	3	用直角检测尺检查
4	分格条(缝)直线度	4	3	拉5m线，不足5m拉通线，用钢直尺检查
5	墙裙、勒脚上口直线度	4	3	拉5m线，不足5m拉通线，用钢直尺检查

注：1. 普通抹灰，本表第3项阴角方正可不检查。
2. 顶棚抹灰，本表第2项表面平整度可不检查，但应平顺。

实例观察

顶棚抹灰脱落事故

某6层商用综合楼，主体是混凝土框架整体式楼盖结构。结构使用的是C25的商品混凝土，用多层胶合木模板成型，脱模剂采用乳化废机油。混凝土楼板顶棚面层为20mm厚1∶3水泥砂浆抹灰，涂料二度刷白。顶棚抹灰层于施工后7d内普遍开裂，且有通长裂缝。施工后不到1个月，出现大面积空鼓、脱落。空鼓区用小锤轻击，抹灰层即可脱落。脱落区边缘用手指便可剥离基层。

事故的原因：抹灰前对基层处理不充分，脱模剂、油污清理不干净；使用胶合板模板，基层较光滑，但毛化处理不充分；抹灰前浇水不充分；抹灰层厚度约为20mm，大于标准要求的15mm，且未待前一层砂浆干燥就进行后一层涂抹，起不到分层作用，造成砂浆收缩率过大而产生空鼓、裂缝；选用的水泥为42.5早强硅酸盐水泥，硬化快，早期强度高，收缩大；顶棚抹灰完成后开始进行楼面水磨石施工，施工过程中的振动促进了板底裂缝或空鼓，并导致脱落。

处理措施：将基层上的隔离剂、油污用10%的氢氧化钠水溶液清理干净，扫净残浆、灰尘；用1∶1水泥净浆扫净，掺10%的107胶薄抹一层；抹灰前1d将基层喷水湿润，抹灰时在洒水一遍；分层抹灰，下一层待上层六七成干后再开始，每层要用力抹实，抹灰层的平均总厚度不大于15mm。

5. 机械喷涂抹灰

机械喷涂抹灰是把搅拌好的砂浆经过振动筛后，倒入灰浆输送泵，通过管道借助空气压缩机的压力把灰浆连续均匀地喷涂于墙面和顶棚上，再用手工找平搓实，完成抹灰饰面。机械喷涂具有提高功效，减轻劳动强度，保证工程质量的优点。

施工时，应根据所喷涂部位、材料确定喷涂顺序和路线，一般可按先顶棚后墙面，先室内后过道、楼梯间进行喷涂。喷涂墙面时，应根据基体平整度，装饰要求，设置标筋。标筋有两种，即横标筋和竖标筋。横标筋的间距为2m左右，当层高在3m及以上时，再增加一道横标筋；竖标筋的间距宜为1.2～1.5m，宽度为3～5cm。喷灰时一般按照“S”形路线巡回喷涂，墙面应从上而下喷涂，顶棚是由内向外喷涂，最后从门口退出。喷涂厚度一次不宜超过8mm，当超过时应分遍进行。喷射时空气压缩机的压力宜设为0.5～0.7MPa，压力过大时，射出速度快，会使砂子弹回；压力过小，冲击力不足，会影响粘结力，造成砂浆流淌。

喷涂抹灰砂浆的稠度宜取80～120mm；当用于混凝土和混凝土砌块基层时，砂浆的稠度宜取90～100mm；用于粘土砖墙面时，稠度宜取100～110mm；用于粉煤灰砖墙时，宜取110～120mm。用于顶棚的水泥石灰混合砂浆的配合比宜为1∶1∶6，用于内墙的混合砂浆宜为1∶1∶4，石灰砂浆配合比宜为1∶3，水泥砂浆的配合比宜为1∶3。

喷涂必须分层连续进行，喷涂前应进行运转、疏通和清洗管道，然后压入石灰膏润滑管道，以保证畅通。每次喷涂完毕，亦应将石灰膏输入管道，把残留的砂浆带出，再压送清水冲洗，最后送入气压为0.4MPa的压缩空气吹刷数分钟，以防砂浆在管路中结块，影响下次使用。

9.2.2 装饰抹灰

装饰抹灰是指利用材料的特点和工艺处理，使抹面具有不同的质感、纹理及色泽效果的抹灰类型和施工方式。

装饰抹灰的种类很多，但底层和中层的做法与一般抹灰基本相同，都是采用1∶3水泥砂浆打底，仅面层的做法不同，装饰抹灰的特点及质量要求见表9-2。

表9-2 装饰抹灰

名称	特点	做法	质量要求
水刷石	自然朴实、外观庄重	基层处理后刷底层灰和中层灰，待找平层七成干后，按设计要求弹线分格，并用素水泥浆固定分格条，然后将底层洒水湿润，刷界面剂或1mm厚的素水泥浆一道，随后抹厚为8～12mm、稠度为50～70mm水泥石粒浆，随抹随搓平，至石粒无突露为止，待其达到一定强度(用手指按无指痕)时，用软毛刷子刷掉面层水泥浆，使石子外露，用喷雾器或手压喷浆机将面层水泥浆冲出，使石粒露出灰浆表面1/2粒径，最后起分格条、勾缝、养护	表面应石粒清晰、分布均匀、紧密平整、色泽一致，应无掉粒和接槎痕迹
干粘石	湿作业少，且操作工艺简单，功效高，造价低	待中层灰七成干后，按设计要求弹线分格，并用素水泥浆固定分格条，然后将底层洒水湿润，刷素水泥浆一道，接着抹粘结层砂浆，边抹边刮平，下部约1/3高度范围内比上面薄些，随即将配有不同颜色的石子(粒径4～6mm)甩粘在粘结层上，甩完后即用钢抹子将石子均匀地拍入粘结层，石粒嵌入砂浆的深度不小于粒径的1/2，最后起出分格条、勾缝、喷水养护。 干粘石也可用喷枪将石子均匀有力地喷射于粘结层上，用铁抹子轻轻压一遍，使表面搓平，如在粘接砂浆中掺入108胶，可使粘结层砂浆抹得更薄，石子粘得更牢	干粘石表面应色泽一致、不露浆、不漏粘，石粒应粘结牢固、分布均匀，阳角处应无明显黑边
斩假石(又称剁斧石)	装饰效果庄重，剁纹顺直、线条清晰、棱角分明	斩假石是在硬化后的水泥石子浆面层上用斩斧等专用工具斩琢而形成设计所要求纹路的仿石墙面。 基层处理并浇水湿润后，刷底层灰和中层灰，底层抹1∶3水泥砂浆，中层抹1∶2水泥砂浆，待中层灰七成干后，浇水湿润，刮素水泥浆一道，硬化后弹线粘分格条，随即抹配比为1∶1.25～1∶1.5的石粒浆(选用粒径2mm的白色石粒，内掺30%的粒径为0.3mm的白云石石屑)罩面，用木抹子拍平，不要压光，厚度宜为10～12mm，然后用软毛刷蘸水轻刷露出石粒，养护2～3d后即可试剁，试剁时以石粒不脱落、较易剁出斧迹为准。斩剁饰面应自上而下，从四周边缘和棱角向大面进行，斩剁深度以石渣剁掉1/3为宜，一般两遍成活，剁纹深浅一致，以达到石材细琢面的质感	斩假石表面剁纹应均匀顺直、深浅一致，应无漏剁处，阳角处应横剁并留出宽窄一致的边条，棱角应无损坏

（续）

名称	特点	做法	质量要求
假面砖	采用彩色砂浆和相应工艺处理，将抹灰面抹制成陶瓷饰面砖分块形式及其表面效果	待中层灰七成干后，弹上、中、下三条水平线，在中层面上，洒水湿润，抹面层灰，待面层收水后，先用专用铁梳子沿木靠尺由上向下画出深度不超过1mm竖向纹，再按假面砖尺寸，弹出水平线，将靠尺固定在水平线上，用铁钩顺着靠尺横向划沟，沟深为3～4mm，以露出底灰为准	假面砖表面应平整、沟纹清晰、留缝整齐、色泽一致，无掉角、脱皮、起砂等缺陷；装饰抹灰分格缝的宽度和深度应均匀，表面应平整光滑、棱角应整齐

装饰抹灰工程质量的允许偏差和检验方法应符合表9-3的规定。

表9-3　装饰抹灰的允许偏差和检验方法

项次	项目	允许偏差/mm				检验方法
		水刷石	斩假石	干粘石	假面砖	
1	立面垂直度	5	4	5	5	用2m垂直检查尺检查
2	表面平整度	3	3	5	4	用2m靠尺和塞尺检查
3	阳角方正	3	3	4	4	用直角检查尺检查
4	分格条(缝)直线度	3	3	3	3	拉5m线，不足5m拉通线，用钢直尺检查
5	墙裙、勒脚上口直线度	3	3	—	—	拉5m线，不足5m拉通线，用钢直尺检查

思维拓展

聚合物水泥砂浆装饰抹灰

聚合物水泥砂浆是在普通水泥砂浆中加入聚合物而形成的，其与普通砂浆相比具有更好的粘结力，饰面层不易出现开裂、粉化和脱落等现象。目前用于聚合物水泥砂浆的有机聚合物，主要有聚乙烯醇缩甲醛胶、聚甲基硅酸钠和木质素磺酸钙等。根据施工工艺的不同，聚合物水泥砂浆装饰抹灰可分为喷涂、辊涂和弹涂3种。

(1) 喷涂是利用空气压缩机或挤压式灰泵将砂浆喷涂于抹灰中层上而形成装饰面层的工艺。喷涂时通过调整砂浆的稠度和喷射压力的大小，可喷成砂浆饱满、波纹起伏的“波面”；或表面布满细碎颗粒的“粒状”；也可在表面涂层上再喷以不同色调的砂浆点，形成“花点套色”。喷涂24h后喷甲基硅醇钠溶液罩面。

(2) 辊涂是将带颜色的聚合物水泥砂浆抹在抹灰中层上，随即用平面或带有拉毛、刻有花纹的橡胶、泡沫塑料滚子，滚出所需的图案和花纹，24h后再喷有机硅溶液罩面。辊涂方法有干滚法和湿滚法。湿滚法滚涂是滚子蘸水上墙，一般不会出现翻砂现象，因此花纹较细。

(3) 弹涂是在底层上刷一道聚合物水泥砂浆后，再用弹涂器分多遍将不同颜色的砂浆弹涂在层面上，形成3～5mm大小的扁圆形花点，干燥后再喷聚乙烯醇缩丁醛或甲基硅树脂溶液罩面。

9.3 饰面工程

饰面工程是指将块料面层镶贴在基层上的装饰方法。块料面层主要有石材饰面板、金属饰面板和饰面砖等。

9.3.1 石材饰面板施工

1. 石材饰面板的材质及质量要求

常用的石材饰面板有天然石板(天然花岗石板、天然大理石板、青石板等)、人造石板(人造大理石板、人造花岗岩板、预制水磨石板、预制水刷石板等)。天然大理石、天然花岗石饰面板、人造石饰面板的材质及质量要求如图9.5所示。

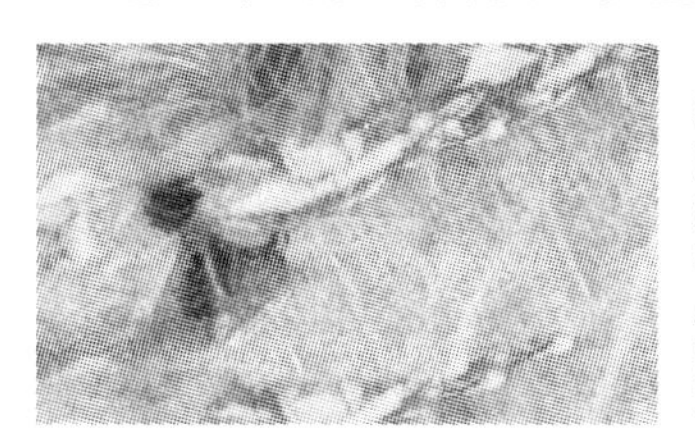

天然大理石饰面板质地均匀，色彩多变，纹理美观，主要用于建筑物的室内地面、墙面、柱面、墙裙、窗台、踢脚以及电梯厅、楼梯间等干燥环境中。由于天然大理石是碳酸盐类变质岩，在大气中易失去表面光泽而风化、崩裂，故不宜用于室外饰面。用于装饰的大理石饰面板要求光洁度高、石质细密、色泽美丽、棱角整齐、表面不得有隐伤、风化、腐蚀等缺陷。

(a) 天然大理石饰面板

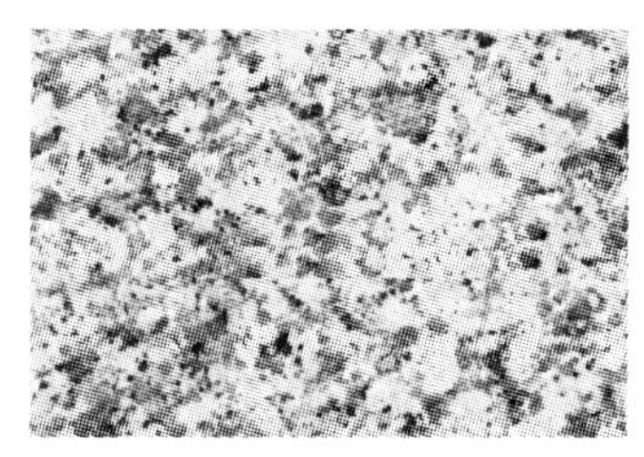

天然花岗石板材材质坚硬、密实、强度高，耐酸性好，其颜色有黑白、青麻、粉红、深青等，纹理呈斑点状，一般用于重要建筑物(如高级宾馆、饭店、办公用房、商业用房以及纪念性建筑、体育场馆等)的基座、墙面、柱面、门头、勒脚、地面等。按其加工方法和表面粗糙程度可分为剁斧板、机刨板、粗磨板和磨光板。用于装饰的花岗石饰面板要求棱角方正，规格尺寸应符合设计要求，颜色一致，不得有裂纹、砂眼、石核子等。

(b) 天然花岗石饰面板

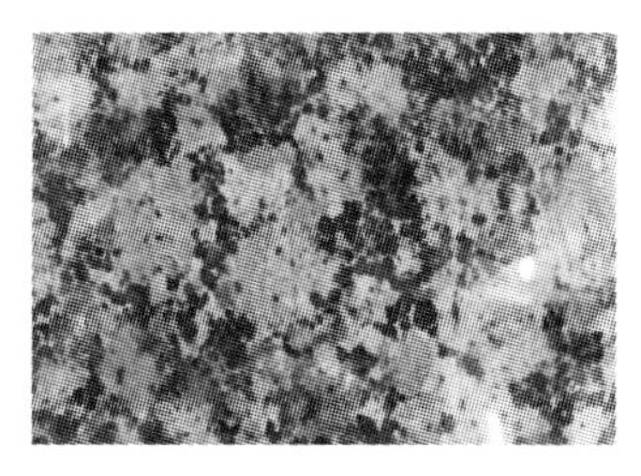

人造石饰面板具有重量轻、强度高、厚度薄、耐腐蚀、抗污染、易加工等优点，目前常用的是聚酯型人造大理石板和水磨石板。人造饰面板要求几何尺寸准确，表面平整、边缘整齐、棱角不得有损坏、面层石粒均匀、色彩协调、无气孔、刻痕和露筋等缺陷。

(c) 人造石饰面板

图9.5 石材饰面板

2. 石材饰面板的施工

石材饰面板的安装方法有“挂贴”和“粘贴”两种。“粘贴”法适用于小规格的饰面石材板材(边长小于400mm，厚度10mm及以下)，且安装高度在1m以下。“挂贴”法适用于规格较大的石材饰面板，主要有湿法安装和干法安装。

1）传统的湿法安装工艺

湿作业法的施工工艺流程是材料准备→基层处理，挂钢筋网→弹线→安装定位→灌水泥砂浆→清理、擦缝。

（1）材料准备。为避免石材在使用中出现锈斑、泛碱、泛盐等现象，在天然石材安装前先应用石材护理剂进行石材防护处理。还需对石材的颜色进行挑选分类试拼，使板材的色调、花纹基本一致，试拼后按部位编号，以便施工时对号安装。然后对石材侧面钻孔打眼，一般是在板块上、下两个面距板材两端 1/4 处各钻两个孔（如板的宽度大于 600mm，中间再钻一孔），孔的形式有直孔和斜孔。

（2）基层处理，挂钢筋网。剔出墙上的预埋筋，也可在墙面钻孔固定金属膨胀螺栓，且应将基层清扫干净，即使光滑的基层也应进行凿毛处理。先绑扎竖向钢筋，再绑扎横向钢筋，钢筋的直径为 ϕ6～ϕ8mm。第一道横筋在地面以上 100mm 处与主筋绑牢，用作绑扎第一层板材的下口固定铜丝或镀锌铁丝，以上各道均应在每层板材的上口以下 100～200mm。

（3）弹线、安装定位。首先要用线锤在墙面、柱面上找出垂直线，考虑到石材厚度、灌注砂浆的空隙和钢筋网所占尺寸，一般距结构面厚度 5～7cm 为宜。然后在地面上顺墙弹出要安装石材的外廓尺寸线。安装定位如图 9.6 所示。

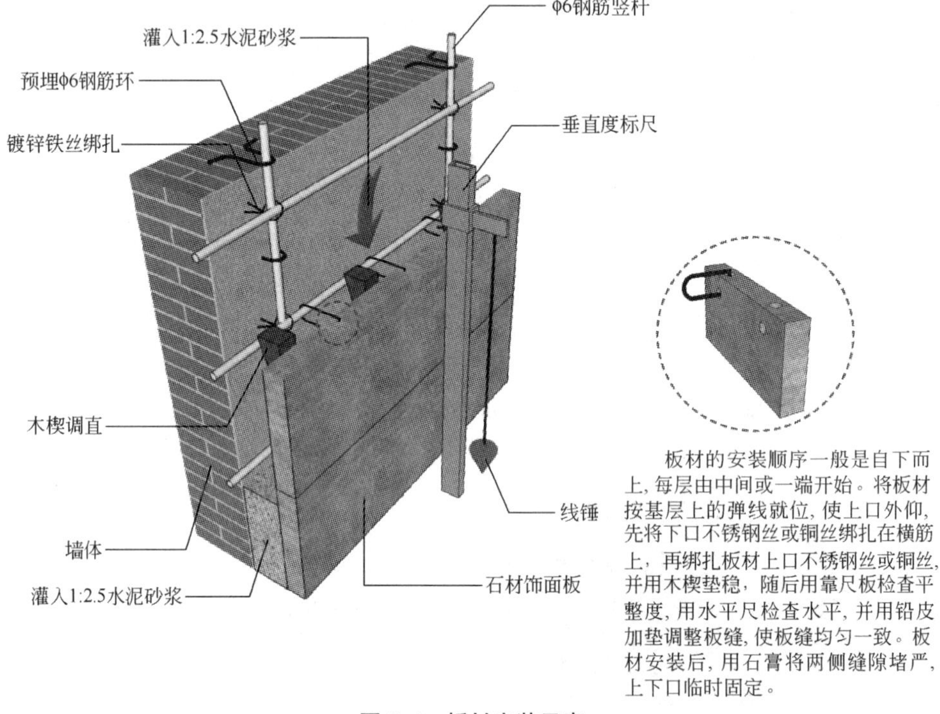
φ6钢筋竖杆
灌入1:2.5水泥砂浆
预埋φ6钢筋环
镀锌铁丝绑扎
垂直度标尺
木楔调直
线锤
墙体
灌入1:2.5水泥砂浆
石材饰面板
板材的安装顺序一般是自下而上，每层由中间或一端开始。将板材按基层上的弹线就位，使上口外仰，先将下口不锈钢丝或铜丝绑扎在横筋上，再绑扎板材上口不锈钢丝或铜丝，并用木楔垫稳，随后用靠尺板检查平整度，用水平尺检查水平，并用铅皮加垫调整板缝，使板缝均匀一致。板材安装后，用石膏将两侧缝隙堵严，上下口临时固定。

图 9.6　板材安装示意

（4）灌水泥砂浆。用 1∶3 的水泥砂浆分层灌注，灌注时不要碰到板材，均匀地从多处灌入，且第一层灌入的高度一般为 150mm，不能超过石板高的 1/3，一般是分三次灌入，每层灌注时间要间隔 1～2h，并检查板材无移动后才能进行下一次灌注。如发生石板外移错动，应拆除重新安装。采用浅色的大理石饰面板时，灌浆应用白水泥和白石屑，以防透底，影响美观。

（5）清理，擦缝。第三次灌浆完毕，砂浆初凝后，即可清理板材上口余浆，并用棉砂擦净。隔一天清除上口的木楔和有碍安装上层板材的石膏，之后用相同方法把板材依次进行安装。全部大理石安装完毕后，将其表面清理干净，并按板材颜色调制水泥色浆嵌缝，边嵌边擦干净，使缝隙密实干净，颜色一致。

2）干法安装工艺

湿作业法工序多，操作复杂，而且易造成粘结不牢以及天然石材“返碱”现象的发生，因此目前国内外多采用干法安装工艺。干挂法一般适用于钢筋混凝土外墙或有钢骨架的外墙饰面，不能用于砖墙或加气混凝土墙的饰面。

（1）普通干挂法。普通干挂法是在饰面板的厚度面和反面开槽，利用高强度螺栓和耐腐蚀、高强度的金属挂件将饰面石板固定在墙面上的工艺。饰面板背面与墙面间形成40～50mm的空气层。板缝间加泡沫塑料阻水条，外用耐候密封胶作嵌缝处理。普通干挂法的关键是金属挂件安装尺寸的准确和板面开槽(孔)位置精确。金属挂件应采用铝矽镁合金材料或奥氏体型不锈钢材料加工制作，因为金属挂件一旦生锈，将严重污染板面，尤其是受潮或漏水后会产生锈流纹，很难清洗。

（2）复合墙板干挂法(GPC法)。复合墙板干挂法是以钢筋混凝土作衬板、磨光花岗石薄板作面板，经浇筑形成一体的饰面复合板，并在浇筑前放入预埋件，安装时用连接器将板材与主体结构的刚架相连接。这种做法的特点是，施工方便，效率高，节约石材，但对连接件质量要求较高。花岗石复合墙板干挂法的构造如图9.7所示。

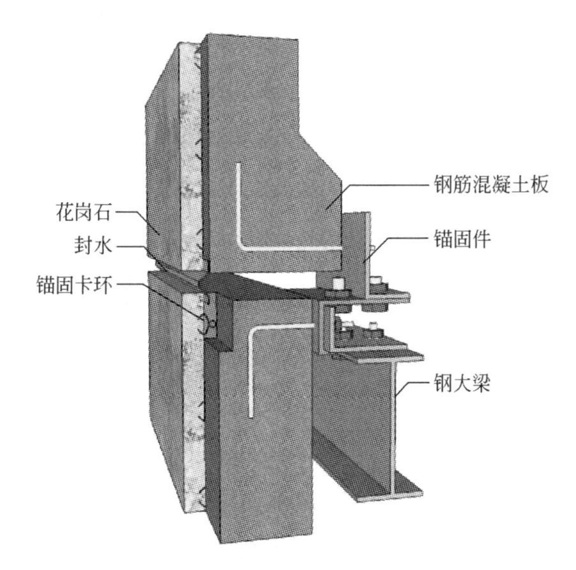

复合板可根据使用要求加工成不同的规格。加工时花岗石面板通过不锈钢连接环与钢筋混凝土衬板连接牢固，形成一个整体，为防止雨水的渗漏，上下板材的接缝处设两道密封防水层，第一道在上、下花岗石面板间，第二道在上、下钢筋混凝土衬板间。复合墙板与主体结构件保持一空腔。

图9.7 花岗石复合墙板干挂法的构造

社会广角

如何预防天然石材的返碱现象

近年来，一些地方的标志性公共建筑、广场建筑湿贴花岗岩有“水斑”和“挂白胡子”现象(返碱)，造成了无可挽回的损失和遗憾。返碱是湿法安装石材墙面过程中，板块会出现水印，随着镶贴砂浆的硬化和干燥，水印会慢慢缩小，甚至消失。但是随着时间的推移，遇上雨雪或潮湿天气，水从板缝、墙根侵入，石材墙面的水印会变大，并在板缝附近连成片，板块颜色局部加深，板面光泽暗淡，板缝并析出白色的结晶体。造成返碱现象的原因一是天然石材结晶相对较粗，不够密实，为水的渗入、盐的析出提供了通道；二是粘结材料、混凝土墙体中存在含碱、盐的成分，主要是 $Ca(OH)_2$。为了预防返碱现象的发生，石板安装前宜在石材背面和侧面背涂专用处理剂，渗入石材堵塞毛细管，致使水、$Ca(OH)_2$ 等其他物质无法侵入，最终阻碍返碱现象的发生。

9.3.2 金属饰面板施工

金属饰面板作为外墙饰面具有典雅庄重、质感丰富、线条挺拔及质轻、坚固、耐久、易拆卸等特点。金属饰面板按材料可分为单一材料板和复合材料板；按板面形状可分为光面平板、纹面平板、波纹板、压型板、立体盒板等。下面主要介绍常用的铝合金饰面板的施工。

1. 铝合金饰面板安装工艺

铝合金饰面板是以铝合金为原料经冷压或冷轧加工成型的金属饰面板材，其表面经阳极氧化着色或涂饰处理。铝合金装饰板的种类按表面处理方法分类，有阳极氧化处理板和喷漆处理板；按几何形状不同，有条形板和方形板；按装饰效果不同，有铝合金花纹板、铝质浅花纹板、铝及铝合金波纹板、铝及铝合金压型板等。铝合金饰面板的安装工艺如图 9.8所示。

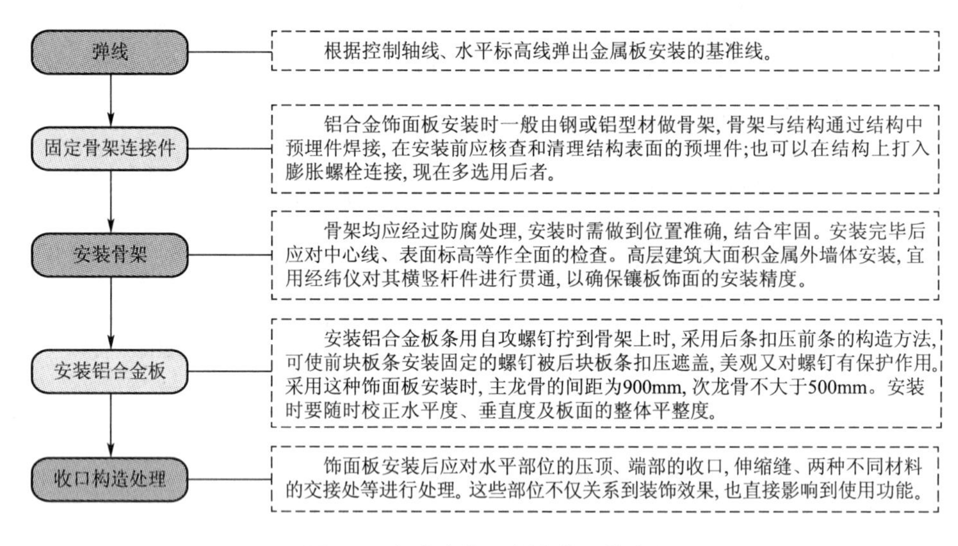

图 9.8　铝合金饰面板安装工艺流程

对于高度不大、风压较小的建筑外墙、室内墙面和顶面的铝合金饰面板的安装可采用嵌卡法。将饰面板的边缘弯折成异型边口，与用镀锌钢板冲压成型的带有嵌插卡口的专用龙骨固定后，将铝合金饰面板压卡在龙骨上，形成平整、顺直的板面。

方形、矩形或异性板安装时，板与板之间一般要留出 10～20mm 的间隙。封缝处理时，多采用氯丁橡胶条及硅酮密封胶。当饰面板安装完毕，要注意在易于被污染的部位用塑料薄膜覆盖保护，易被划、碰的部位，也应设安全栏杆保护。

2. 金属饰面板的安装要求

(1) 当设计无要求时，宜采用抽芯铝铆钉，中间必须垫橡胶垫圈，抽芯铝铆钉间距控制在 100～150mm。安装突出墙面的窗台、窗套凸线等部位的金属饰面时，裁板尺寸应准确，边角整齐光滑，搭接尺寸及方向应正确。严禁采用对接板材，搭接长度应符合设计要求，不得有透缝现象。

(2) 保温材料应填塞饱满，不留空隙。金属饰面应平整、洁净、色泽协调、无变色、泛碱、污痕和显著的光泽受损处。

(3) 饰面板接缝应填嵌密实、平直、宽窄均匀，颜色一致。阴阳角处的板搭接方向正确，非整板使用部位适宜。突出物周围的板应边缘整齐，墙裙、贴脸等上口平顺，突出墙面厚度一致。流水坡向正确，滴水线顺直。

金属饰面板安装允许偏差及检验方法见表 9-4。

表 9-4 金属饰面板安装允许偏差和检验方法

项次	项目		允许偏差/mm			检验方法
			铝合金板	不锈钢板	压型钢板	
1	立面垂直	室内	2	2	2	用 2m 托板检查
		室外	3	2	3	
2	表面平整		3	1	3	用 2m 靠尺和楔形塞尺检查
3	阳角方正		3	3	3	用 200mm 方尺检查
4	接缝平直		0.5	0.5	1	拉 5m 线检查，不足 5m 拉通线检查
5	墙裙上口垂直		2	1	3	拉 5m 线检查，不足 5m 拉通线检查
6	接缝高低		1	0.1	1	用直尺或楔形塞尺检查

9.3.3 饰面砖施工

1. 饰面砖工程的材料及质量要求

常有的饰面砖有釉面砖、外墙面砖、陶瓷锦砖、玻璃锦砖等，各种饰面砖的特点及质量要求如图 9.9 所示。

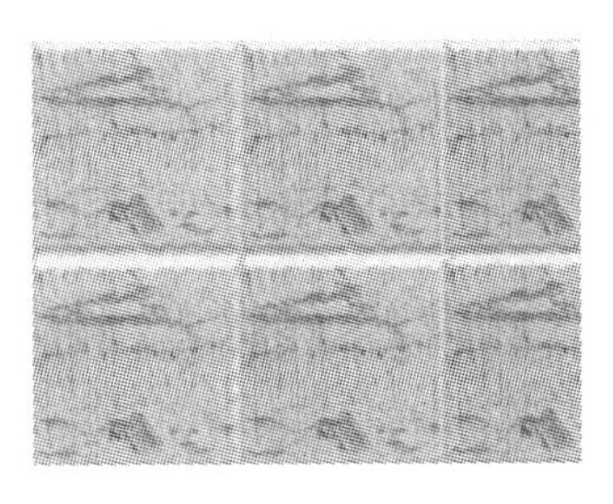

釉面砖是采用瓷土或优质陶土烧制而成的表面上釉薄片状的精陶制品，其平整光滑、表面洁净、耐火防水、易于清洗、美观耐久。按釉面颜色有单色砖、花色砖和图案砖等，按形状有正方形砖、矩形砖和异型配件砖。釉面砖是多孔的精陶胚体，在比较潮湿环境中会吸水膨胀使釉面发生开裂剥落，特别是用于室外经长期日晒风吹后易出现剥落掉皮现象，因此只用于室内装饰。釉面砖的质量要求为表面光洁、色泽一致、边缘整齐，无脱釉、缺釉、凸凹扭曲、暗痕、裂纹等缺陷，吸水率不得大于10%。

(a) 釉面砖

图 9.9 饰面砖

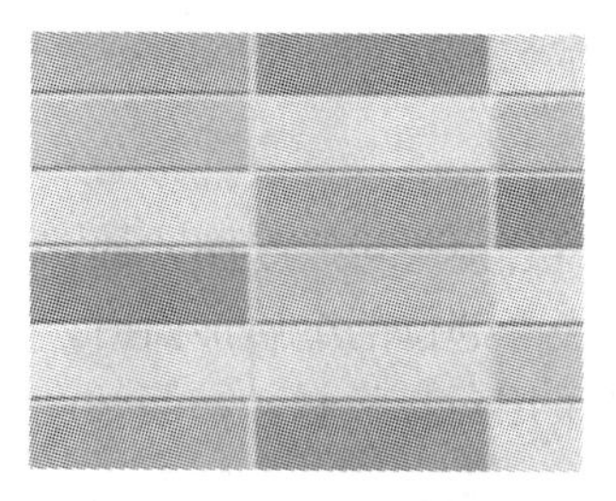

外墙面砖是以陶土为主要原料，经压制成型，在1100℃左右温度下煅烧而成，其坚固耐用，色彩鲜艳，容易清洗，防火耐水，耐腐蚀性强。外墙面砖可施釉或不施釉，表面光滑或粗糙，具有不同的质感，颜色有红、褐、白、黄等。质量要求为表面光洁、方正、平整、质量竖固，尺寸、色泽一致，不得有缺棱掉角，暗痕和裂纹、隐伤现象。

(b) 外墙面砖

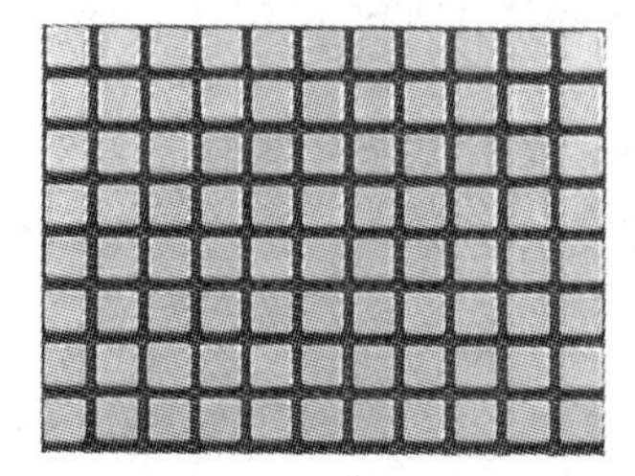

陶瓷锦砖(俗称马赛克)是以优质瓷土烧制成片状小块瓷砖，拼成各种图案反贴在纸上的饰面材料，有挂釉和不挂釉两种。其特点是质地坚硬，色泽多样，经久耐用，耐酸、耐碱、耐磨、不渗水，吸水率小，可用于地面、内、外墙饰面。

(c) 陶瓷锦砖

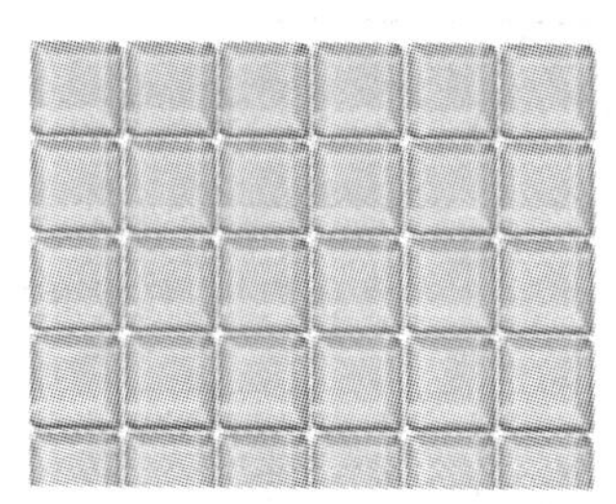

玻璃锦砖是由各种颜色玻璃掺入其他原料经高温熔炼发泡后，压延制成小块，按不同图案反贴于牛皮纸上饰面材料，其有红、黄、蓝、白、金、银色等各种丰富的颜色，有透明、半透明、不透明等品种。其特点是质地坚硬，性能稳定，不龟裂，抗酸碱，零吸水率，色彩鲜艳适合于装饰近水潮湿的场所，同时也是制作艺术拼图的最好材料。

陶瓷锦砖和玻璃锦砖的质量要求为质地坚硬，边楞整齐，尺寸正确，表面无开裂、夹层、斑点、起泡等，脱纸时间不得大于40min。

(d) 玻璃锦砖

图 9.9 饰面砖(续)

2. 饰面砖的施工

饰面砖的施工工艺流程如图 9.10 所示。

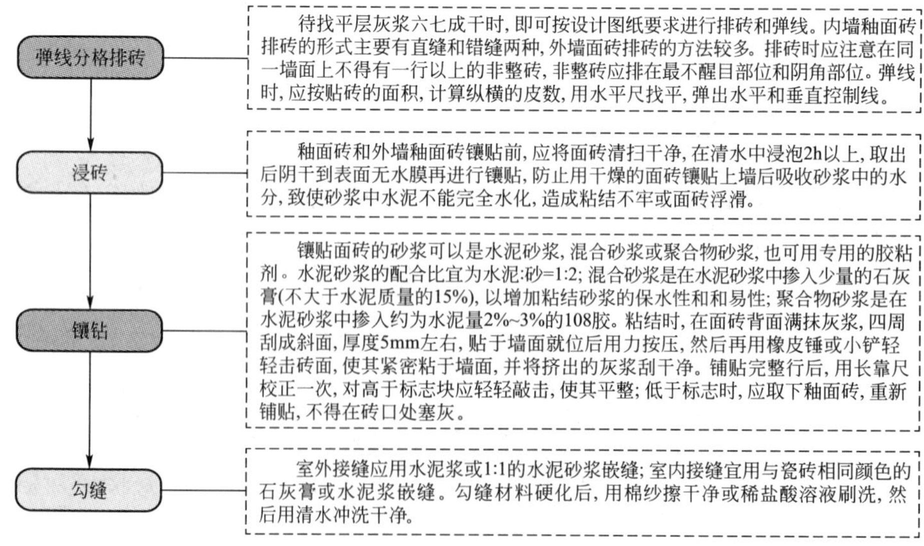

弹线分格排砖
待找平层灰浆六七成干时，即可按设计图纸要求进行排砖和弹线。内墙釉面砖排砖的形式主要有直缝和错缝两种，外墙面砖排砖的方法较多。排砖时应注意在同一墙面上不得有一行以上的非整砖，非整砖应排在最不醒目部位和阴角部位。弹线时，应按贴砖的面积，计算纵横的皮数，用水平尺找平，弹出水平和垂直控制线。
浸砖
釉面砖和外墙釉面砖镶贴前，应将面砖清扫干净，在清水中浸泡2h以上，取出后阴干到表面无水膜再进行镶贴，防止用干燥的面砖镶贴上墙后吸收砂浆中的水分，致使砂浆中水泥不能完全水化，造成粘结不牢或面砖浮滑。
镶贴
镶贴面砖的砂浆可以是水泥砂浆，混合砂浆或聚合物砂浆，也可用专用的胶粘剂。水泥砂浆的配合比宜为水泥:砂=1:2；混合砂浆是在水泥砂浆中掺入少量的石灰膏(不大于水泥质量的15%)，以增加粘结砂浆的保水性和和易性；聚合物砂浆是在水泥砂浆中掺入约为水泥量2%~3%的108胶。粘结时，在面砖背面满抹灰浆，四周刮成斜面，厚度5mm左右，贴于墙面就位后用力按压，然后再用橡皮锤或小铲轻轻击砖面，使其紧密粘于墙面，并将挤出的灰浆刮于净。铺贴完整行后，用长靠尺校正一次，对高于标志块应轻轻敲击，使其平整；低于标志时，应取下釉面砖，重新铺贴，不得在砖口处塞灰。
勾缝
室外接缝应用水泥浆或1:1的水泥砂浆嵌缝；室内接缝宜用与瓷砖相同颜色的石灰膏或水泥浆嵌缝。勾缝材料硬化后，用棉纱擦干净或稀盐酸溶液刷洗，然后用清水冲洗干净。

图 9.10 饰面砖粘贴工艺流程

知识冲浪

陶瓷锦砖的施工

陶瓷锦砖的施工工艺流程和面砖的施工工艺大致相同。不同点是前者镶贴施工时，在已弹好的水平线处安放靠尺，并用水平尺校正垫平。一般两个人协同操作。一人浇水湿润墙面，先刷一道素水泥浆，再刮2～3mm的纸筋灰粘结层，用靠尺刮平，抹子抹平；另一个人将陶瓷锦砖铺在木托板上，缝里灌上1∶1的水泥细砂子灰，用软毛刷子刷净麻面，再抹上薄薄一层灰浆，然后将四边灰刮掉，双手执住陶瓷锦砖上方，在已支好的靠尺上从下往上贴，缝要对齐，并注意使每张之间的距离基本与小块陶瓷锦砖缝隙相同。贴完后，要一手拿木拍板放在已贴好的陶瓷锦砖面上，一手用小木槌敲击木拍板，将所有的陶瓷锦砖敲一遍，使其平整、粘牢，然后将陶瓷锦砖上的纸用刷子刷上水，约等20～30min便可开始揭纸。揭纸时要缓慢有序，检查缝大小是否均匀，如出现歪斜应拨正贴实。

3. 饰面砖施工的质量要求

饰面砖表面应平整、洁净、色泽一致，无裂痕和缺损。阴阳角处搭接方式、非整砖使用部位应符合实际要求。墙面突出物周围的饰面砖应整砖套割吻合，边缘应整齐；墙裙、贴脸凸出墙面的厚度应一致。饰面砖接缝应平直、光滑，填嵌应连续、密实；宽度和深度应符合实际要求。有排水要求的部位应做滴水线，滴水线顺直，流水坡向正确，坡度符合设计要求。饰面砖粘贴的允许偏差和检验方法见表9-5。

表9-5 饰面砖粘贴的允许偏差和检验方法

项次	项目	允许偏差/mm		检验方法
		外墙面砖	内墙面砖	
1	立面垂直度	3	2	用2m垂直检测尺检查
2	表面平整度	2	2	用2m靠尺和塞尺检查
3	阴阳角方正	2	2	用直角检测尺检查
4	接缝直线度	2	2	拉5m线，不足5m拉通线，用钢直尺检查
5	接缝高低差	1	0.5	用钢直尺和塞尺检查
6	接缝宽度	1	1	用钢直尺检查

饰面工程的表面不得有变色、起碱、污点、砂浆流痕和显著的色泽受损处，不得有歪斜、翘曲、空鼓、缺楞、掉角、裂缝等缺陷；接缝应平直、光滑，填嵌应连续、密实；宽度和深度应符合设计要求。

9.4 幕墙工程

建筑幕墙是由各种面板和支撑结构组成，不承担主体结构所受作用的建筑围护结构或装饰性结构。它自重小、装饰效果好、安装速度快，在现代建筑中应用的越来越广泛。幕墙按照面板材料可分为玻璃幕墙、金属幕墙、石材幕墙等。

9.4.1 玻璃幕墙

1. 玻璃幕墙的分类

玻璃幕墙可分为明框玻璃幕墙、隐框玻璃幕墙、半隐框玻璃幕墙和全玻璃幕墙等，如图 9.11 所示。

2. 玻璃幕墙的常用材料及要求

玻璃幕墙所使用的材料，主要有骨架材料、玻璃面板和密封填缝材料等。

1）钢材

对于比较大的幕墙工程，必须以钢结构为主要骨架材料，铝合金幕墙与建筑物的连接构件也大多采用钢材，使用的钢材有不锈钢、碳素钢和低合金钢，型钢的断面形式有槽钢、工字钢、方钢、角钢等。幕墙用钢材表面不得有裂纹、气泡、结疤、泛锈、夹杂和折叠。当钢材表面存在锈蚀、麻点或划痕等缺陷时，其深度不得大于该钢材厚度允许偏差值

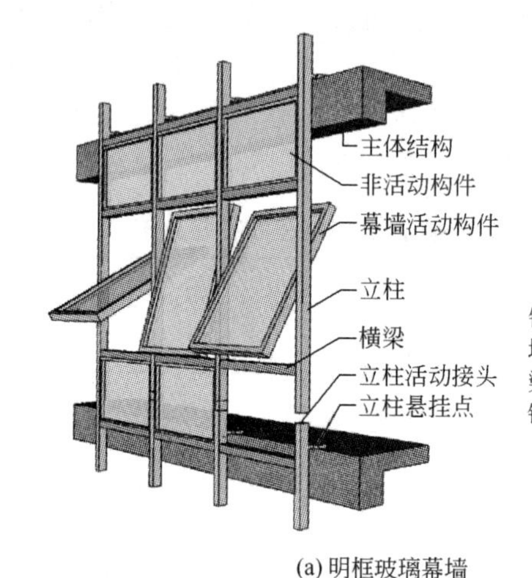

明框玻璃幕墙的玻璃板嵌在铝框内，成为四边有框固定的幕墙构件。而幕墙构件又连接在横梁上，形成横梁、立柱均外露，铝框分格明显的立面。

(a) 明框玻璃幕墙

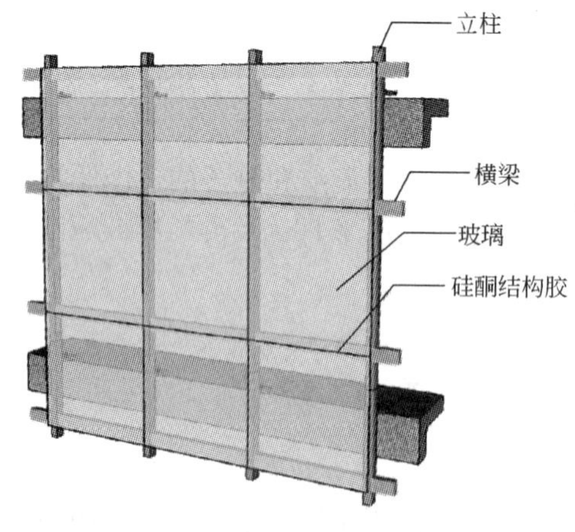

隐框玻璃幕墙是将玻璃用硅酮结构密封胶(简称结构胶)粘结在铝框上，在大多数情况下，不再加金属连接件。因此，铝框全部隐蔽在玻璃后面，形成大面积全玻璃镜面。

(b) 隐框玻璃幕墙

图 9.11 玻璃幕墙的种类

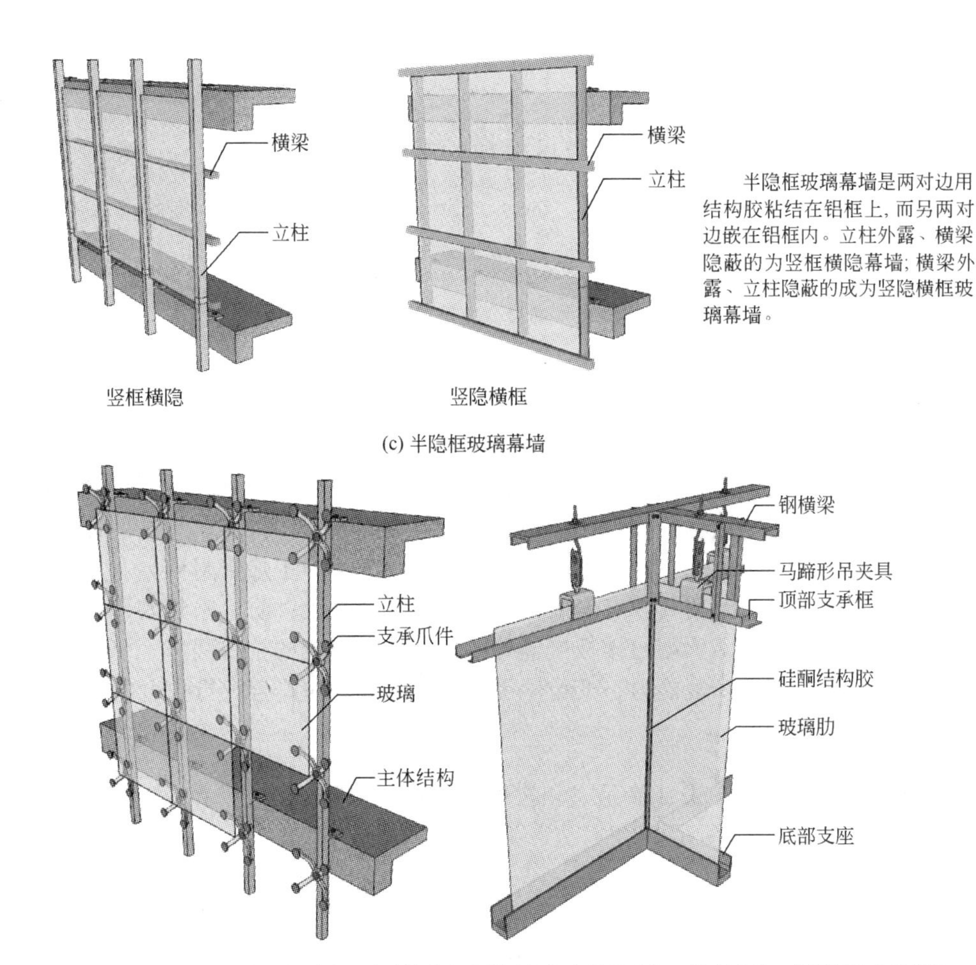
横梁
立柱
横梁
立柱
半隐框玻璃幕墙是两对边用结构胶粘结在铝框上，而另两对边嵌在铝框内。立柱外露、横梁隐蔽的为竖框横隐幕墙；横梁外露、立柱隐蔽的成为竖隐横框玻璃幕墙。
竖框横隐
竖隐横框
(c) 半隐框玻璃幕墙
立柱
支承爪件
玻璃
主体结构
钢横梁
马蹄形吊夹具
顶部支承框
硅酮结构胶
玻璃肋
底部支座
全玻璃幕墙是不采用金属框料，而采用玻璃肋或点式钢爪作为支撑体系的一种全透明、全视野的玻璃幕墙。
(d) 全玻璃幕墙

图 9.11　玻璃幕墙的种类(续)

e联网+

的 1/2。钢材的力学性能和截面尺寸偏差应满足现行规范的有关规定。

2）铝合金型材

铝合金经高温成型、表面处理后是幕墙工程大量使用的材料，是玻璃幕墙的主材。铝合金型材的表面应清洁，色泽应均匀，不允许有裂纹、起皮、腐蚀斑点、气泡、电灼伤、流痕、发粘及膜(涂)层脱落等缺陷存在，否则应予以修补，达到要求后方可使用。型材的尺寸偏差和氧化膜的厚度应符合有关规范的要求。

3）玻璃

玻璃幕墙常用的玻璃有夹层玻璃、钢化玻璃、半钢化玻璃、中空玻璃、吸热玻璃、热反射镀膜玻璃、夹丝玻璃等。有保温隔热性能要求的幕墙宜选用中空玻璃，为减少玻璃幕墙的眩光和辐射热，宜采用低辐射率镀膜玻璃。因镀膜玻璃的金属镀膜层易氧化，不宜单层使用，只能用于中空和夹层玻璃的内侧。玻璃的品种、级别、规格、色彩、花形和物理性能必须符合设计和国家现行标准规定。

资料袋

幕墙用玻璃的厚度

单层玻璃可选用6mm、8mm、10mm、12mm、15mm、19mm，全玻璃幕墙的厚度不应小于12mm。对于8mm以下的钢化玻璃应进行防爆处理。

中空玻璃厚度及空气各层的厚度根据设计及标准要求选用，中空玻璃厚度为(6＋da＋5)mm、(6＋da＋6)mm、(8＋da＋8)mm，da为空气层厚度，可选9mm、12mm。

4）密封胶

玻璃幕墙使用的密封胶分为建筑密封胶(耐候胶)和结构密封胶(结构胶)、中空玻璃二道密封胶、防火密封胶等。耐候胶的耐大气老化、耐紫外线和耐水性能好，主要有硅酮密封胶、丙烯酸酯密封胶、聚氨酯密封胶和聚硫密封胶等；结构胶的强度、延性和粘结性能优越，装配结构玻璃只能用硅酮密封胶，把玻璃固定在铝框上，将玻璃承受的荷载和间接作用，通过胶缝传递到铝框上；中空玻璃第一道密封胶为聚异丁烯密封胶，它不透气、不透水，但没有强度，第二道密封胶有聚硫密封胶和硅酮密封胶；防火密封胶用于穿楼层管道和楼板孔的缝隙及幕墙防火层与楼板接缝处的密封。密封胶的抗拉强度、剥离强度、撕裂强度、弹性模量、弹性恢复能力、变位承受能力及耐候性应符合现行规范的有关规定。

3. 玻璃幕墙的安装工艺

玻璃幕墙的现场安装方式有单元式和构件式两种，如图9.12所示。构件式安装施工是最常用的方法如图9.13所示。

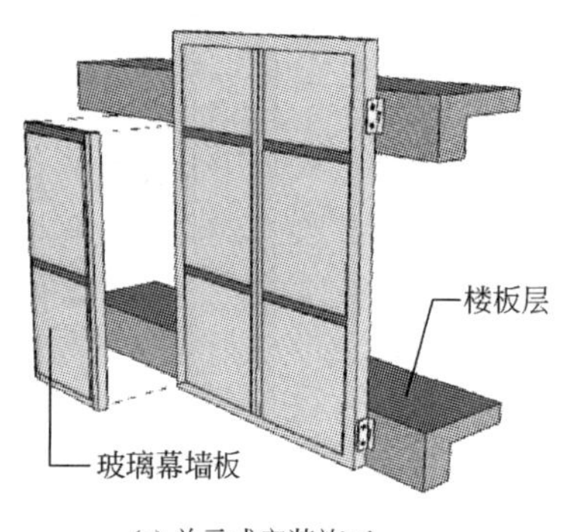

(a) 单元式安装施工

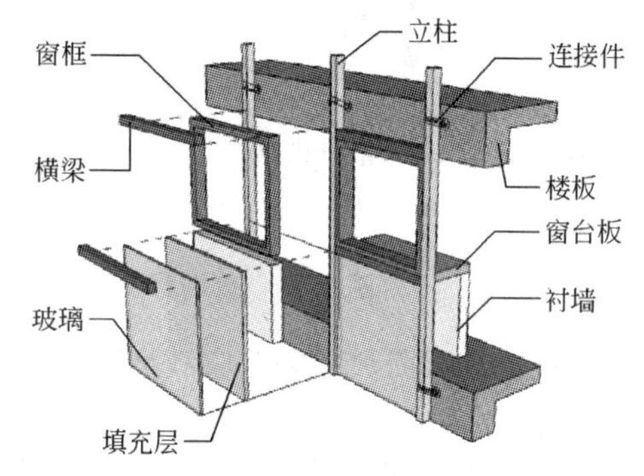

(b) 构件式安装施工

单元式安装施工是将立柱、横梁和玻璃板材在工厂已拼装为一个安装单元，然后在现场整体吊装就位。构件式安装施工是将立柱、横梁、玻璃板材等材料分别运到工地，现场逐件进行安装。

图9.12 玻璃幕墙的组装方式

4. 玻璃幕墙工程的外观质量要求

整幅玻璃幕墙颜色应基本均匀，无明显色差；玻璃不得有析碱、发霉和镀膜脱落等现象；钢化玻璃不得有伤痕。型材表面应清洁，无明显擦伤、划伤；铝合金型材及玻璃表面不应有铝屑、毛刺、油斑、脱膜及其他污垢。明框玻璃幕墙的明框拼缝外露框料或压板应横平竖直，线条通顺；金属装饰压板应符合设计要求，表面应平整，色彩应一致，不得有变形、波纹和凹凸不平，接缝应均匀严密。隐框玻璃幕墙的拼缝外观应横平竖直、缝宽均匀，密封胶填嵌密实、均匀、光滑、无气泡。玻璃幕墙四周与主体结构之间的缝隙，应用防

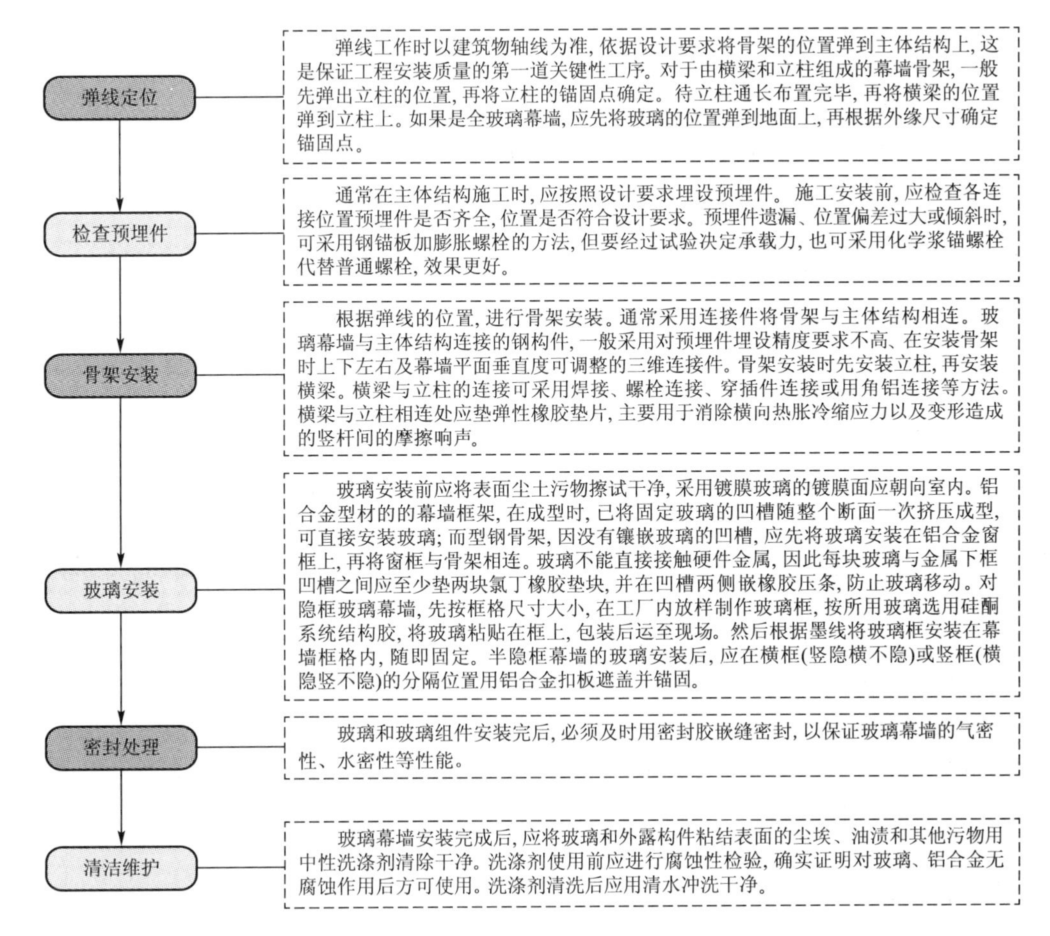

图 9.13 构件式玻璃幕墙的安装工艺流程

火保温材料严密填塞，内外表面应采用密封胶连续封闭，接缝应严密不渗漏；幕墙转角、上下、侧边、封口及周边墙体的连接构造应牢固并满足密封防水要求，外观应整齐美观。

9.4.2 金属幕墙

金属幕墙质量轻、抗震好、易加工、防火防腐性能好、色彩丰富、安装维修方便，是一种高档次的建筑外墙装饰。金属板材能完全适应各种复杂造型的设计，可任意增加凹进或凸出的线条，而且可加工各种形式的曲线线条，因此近些年来备受建筑师的青睐。

1. 金属幕墙的分类

金属幕墙按面板的材质不同可分为铝复合板、单层铝板、蜂窝铝板、夹芯保温铝板、不锈钢板、彩涂钢板、珐琅钢板等。按照表面处理不同，金属幕墙又可分为光面板、亚光板、压型板、波纹板等。

2. 金属幕墙的施工工艺

金属幕墙的施工工艺为测量放线→预埋件检查→金属骨架安装→金属板安装→注密封胶→幕墙表面清理。

测量放线和预埋件检查及金属骨架安装的施工方法同玻璃幕墙，金属骨架安装前应刷防锈漆，两种金属材料接触处应垫好隔离片，防止接触腐蚀，不锈钢材料除外。

金属板通常是通过铆钉、自攻螺钉与横竖骨架连接的，具体的安装固定方法按设计要求决定。金属板安装前，应检查对角线及平整度，并用清洁剂将金属板靠室内一侧及框表面清洁干净。板与板之间的间隙一般为10～20mm，用橡胶条或密封胶等弹性材料封堵。密封胶需注满，不能有空隙或气泡。

金属幕墙水平部位的压顶、端部的收口、伸缩缝的处理、两种不同材料的交接处理等不仅关系到装饰效果，而且对使用功能也影响较大。因此一般应用特制的铝合金成型板进行处理。转角处可用1.5mm或2mm的直角铝合金板与幕墙金属外墙板用螺栓连接固定。窗台、女儿墙的上部处理，都属于水平部位的压顶处理，可用铝合金板盖住，使之能阻挡风雨侵蚀。水平盖板的固定，一般先在基层焊接一个钢骨架，然后用螺栓将盖板固定在骨架上。墙面边缘部位的收口处理是用铝合金成型板将幕墙端部及立柱、横梁部位封闭。伸缩缝、沉降缝的处理，一般使用弹性较好的氯丁胶成型带压入缝边锚固件上，起连接、密封作用。幕墙下端收口处理是用一条特制的披水板，将幕墙下端封闭，同时将幕墙与结构墙体间的缝隙盖住，以免雨水渗入室内。

幕墙安装后撕下金属板表面的保护膜，将整片幕墙用清水清洗干净，个别污染严重的地方可采用有机溶剂清洗，但严禁用尖锐物体刮，以免损坏饰面板表面涂膜。

金属幕墙表面应平整、洁净、色泽一致；压条应平直、洁净、接口严密、安装牢固；密封胶缝应横平竖直、深浅一致、宽窄均匀、光滑顺直；其上滴水线、流水坡向应正确、顺直。

9.4.3 石材幕墙

石材幕墙具有耐久性好、装饰性强、强度高、自重大、造价高的特点，主要用于重要的、有纪念意义或装饰要求特别高的建筑物。

1. 石材幕墙的分类

当主体结构为钢筋混凝土墙体时，可将石材面板用连接件直接固定在结构上，称为直接式干挂幕墙；当主体结构为混凝土框架时，先将金属骨架悬挂于主体结构上，然后再利用连接件将饰面板挂于金属骨架上，称为骨架式干挂幕墙。

按施工方式的不同，石材幕墙主要分为短槽式石材幕墙、通槽式石材幕墙、钢销式石材幕墙和背栓式石材幕墙。

(1) 短槽式石材幕墙是在幕墙石材侧边的中间开短槽，用不锈钢挂件挂接、支承石板的做法，由于其构造简单，技术成熟，目前应用较多，常用的金属挂件有R型组合挂件、SE型组合挂件等，如图9.14所示。

(2) 通槽式石材幕墙是在幕墙石材侧边的中间开通槽，嵌入和安装通槽金属卡条，石板固定在金属卡条上的做法，由于其施工复杂，开槽较困难，目前应用较少。

(3) 钢销式石材幕墙是在幕墙石材侧面的中间打孔，穿入不锈钢销将两块石板连接，钢销与挂件连接，将石材挂起来的做法，目前已被淘汰，如图9.15所示。

(4) 背栓式石材幕墙是在幕墙石材背面钻4个扩底孔，孔中安装柱锥式锚栓，然后再

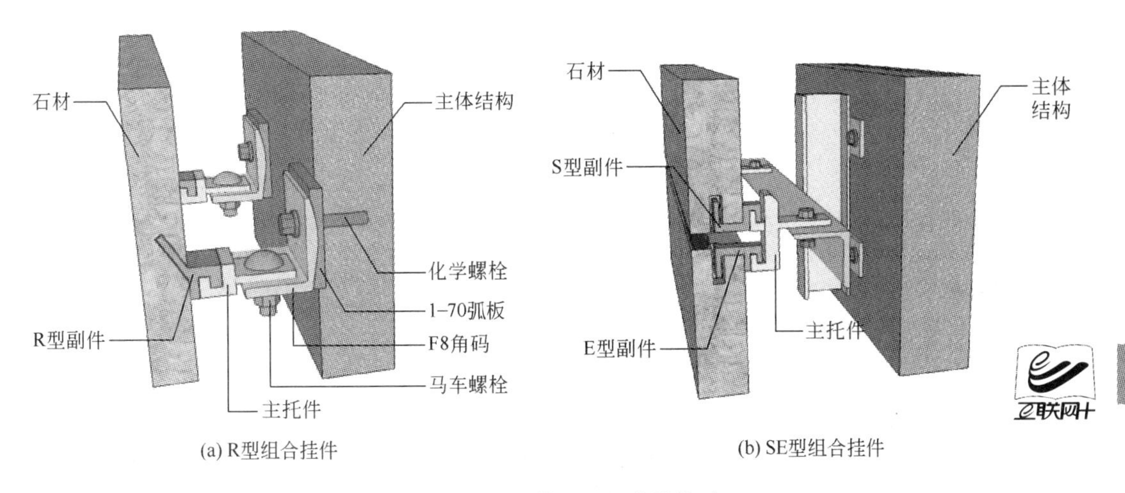

(a) R型组合挂件　　(b) SE型组合挂件

图 9.14　短槽式石材幕墙构造

把锚栓通过连接件与幕墙的横梁连接的做法。背栓式石材幕墙的新型做法受力合理，维修方便，更换简单，目前正在推广使用，如图 9.16 所示。

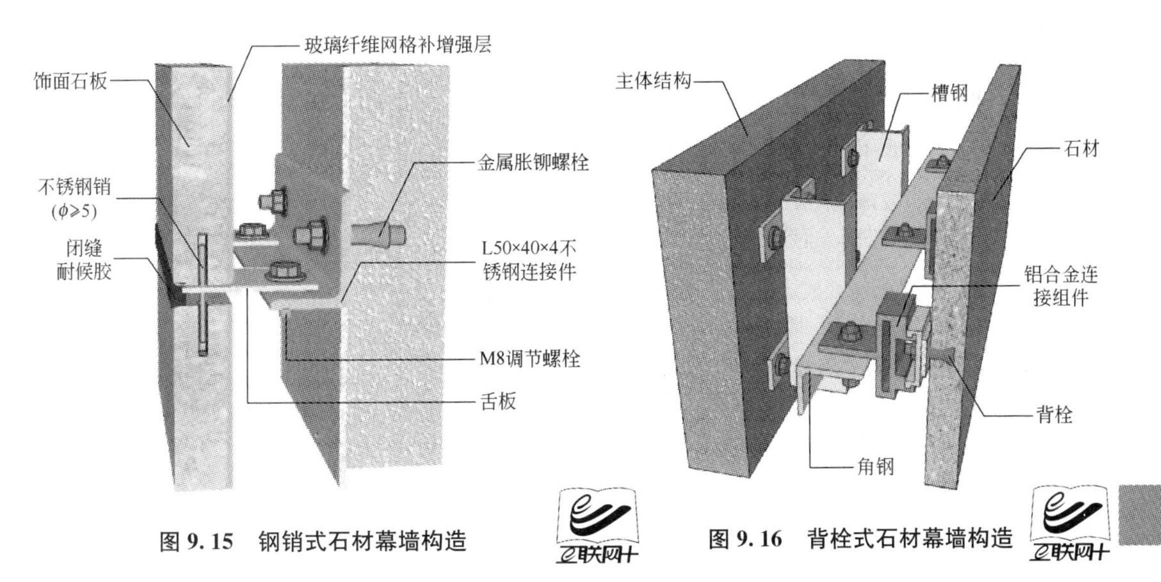

图 9.15　钢销式石材幕墙构造

图 9.16　背栓式石材幕墙构造

2. 干挂石材幕墙施工工艺及质量要求

干挂石材幕墙的施工工艺为测量放线→预埋位置尺寸检查→金属骨架安装→钢结构防锈漆涂刷→防火保温岩棉安装→石材干挂→嵌填密封胶→石材幕墙表面清理。

石材幕墙的安装表面应平整、洁净、无污染、缺损和裂痕。石材颜色应均匀，色泽和花纹应协调一致，无明显修痕。石材幕墙的压条应平直、洁净、接口严密、安装牢固。石材接缝应横平竖直、宽窄均匀；阴阳角石板压向应正确，板边合缝应顺直；凸凹线出墙厚度应一致，上下口应平直；石材表面板上洞口、槽边应套割吻合，边缘应整齐。密封胶缝应横平竖直、深浅一致、宽窄均匀、光滑顺直。石材幕墙上的滴水线、流水坡向应正确、顺直。

思维拓展

玻璃幕墙的防火和防雷

为了满足建筑物的防火能力，玻璃幕墙与楼板、墙、柱之间的缝隙可按要求采用厚度不小于100mm的岩棉或矿棉等不燃材料或难燃材料封堵，并填充密实；对于楼层间水平防烟带宜采用厚度不小于1.5mm的镀锌钢板承托岩棉或矿棉；承托板与主体结构、幕墙结构及承托板之间的缝隙宜填充防火密封材料。

玻璃幕墙需设置防雷装置，还要和整幢建筑物的防雷系统连起来，一般采用均压环做法，即梁的主筋采用焊接连接，再与柱筋焊接连通，幕墙的骨架与均压环连通，形成导电通路。

职 业 技 能

技能要点		掌握程度	应用方向
装饰装修工程的工作内容和对施工的环境要求		掌握	土建施工员
各类饰面砖(板)的安装要求和质量要求		熟悉	
抹灰、饰面工程的施工工艺		掌握	
抹灰工程、饰面板工程、幕墙工程的一般规定		了解	土建质检员
一般抹灰工程、装饰抹灰工程、饰面板安装、饰面砖粘结工程、幕墙工程	主控项目及检验方法	掌握	
	一般项目及检验方法	掌握	
天然石材的主要矿物组成、物理、化学性质、加工方法、使用范围；釉面砖、陶瓷锦砖、墙地砖、陶瓷劈离砖等陶瓷制品；热工玻璃(吸热玻璃、热反射玻璃、中空玻璃)的特点与用途；不锈钢的主要特性及其主要产品；彩色涂层钢板的类型及其用途；铝合金及其制品		了解	材料员
安全玻璃(钢化玻璃、夹丝玻璃、夹层玻璃)的特点与用途		熟悉	

习　　题

选择题

可能造成外墙装修层脱落、表面开裂的原因有(　　)。【2011年一级建造师考试《建筑工程管理与实务》真题】

A. 结构发生变形　　B. 黏结不好

C. 结构材料与装修材料的变形不一致　　D. 装修材料弹性过大

E. 结构材料的强度偏高

第10章

施工组织概况

重点概览

工组织设计原则

工组织设计分类

工准备的内容

工组织设计编制

调整方法

施工组织是在充分理解建设意图和要求的基础上，通过对施工条件，包括合同条件、法规条件和现场条件的深入调查研究，编制施工组织设计文件，用于指导现场施工和项目管理；施工管理，即承建方的施工项目管理，施工组织设计作为施工项目管理实施规划的核心内容，指导施工项目管理全过程的目标控制。

学习要点

- 了解施工组织设计的作用及分类；
- 掌握工程项目施工组织原则；
- 掌握施工准备内容、施工组织设计编制、贯彻、检查和调整方法。

主要国家标准

- 《建设工程项目管理规范》GB/T 50326—2006
- 《建筑施工组织设计规范》GB/T 50502—2009
- 《建设项目工程总承包管理规范》GB/T 50358—2005
- 《质量管理体系——基础和术语》GB/T 19000—2008/ISO 9000:2005

案例导航

杭州地铁坍塌是天灾还是人祸

2008年11月15日下午3点20分，杭州市地铁1号线湘湖站工段施工工地突发地面塌陷，一个长达100m、宽约50m的深坑被瞬间撕开，现场路基下陷6m。路段下正在进行地铁施工的工人瞬间被埋压，事故造成21人死亡，24人受伤，直接经济损失4961万元，酿成了我国地铁建设史上最为严重的伤亡事故(图10.1)。

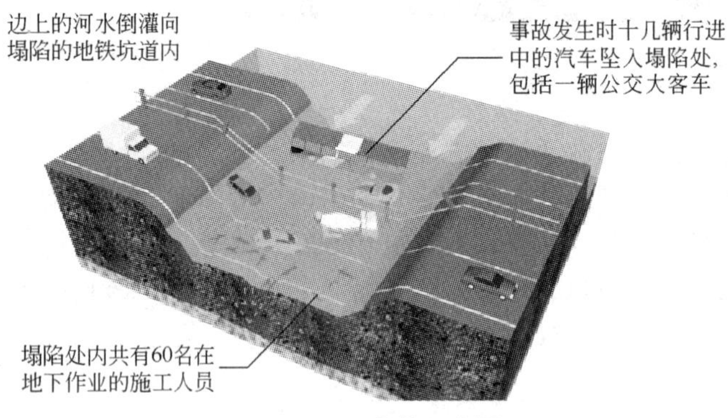
边上的河水倒灌向
塌陷的地铁坑道内
事故发生时十几辆行进
中的汽车坠入塌陷处，
包括一辆公交大客车
塌陷处内共有60名在
地下作业的施工人员

图10.1 事故示意图

湘湖站常务副总经理认为造成此次事故的原因为当年10月份杭州出现的一次罕见的持续性降雨过程，使得地底沙土地流动性进一步加大。

与此对应，浙江省建设厅科技委委员、教授级高工、享受国务院特种津贴专家钱国桢在给新华社浙江分社的信中提到如下观点。

在正确的技术方案指导下，应该抢工期。问题是设计方没有考虑最不利情况，使挡土桩(地下连续墙)埋深不足，被动区和主动区都加固不足，而且施工方没有采用科学的正确的方法来抢工期，而是采用人海战术，一次开挖长度太长，使挡土桩在无支撑状态时，处于不利的单边悬臂受力状态，几个不利因素凑在一起，使挡土桩产生转动，出事故是难免的。据说监测土体位移的基准点是放在挡土桩的底部，挡土桩一旦转动位移，当然就无法测到土体的正确位移。更严重的是，发现了土体异动都没有及时采取措施，这才失去了产生事故的最后一道防线。以上分析可知，这起事故纯粹是技术原因造成的。工期和造价在合同中是双方认可的，因此得到《合同法》保护。再则工程造价基本上是由投标方报价所确定，谈不上什么“为了省钱，把费用压得很低”。

【问题讨论】

1. 你认为杭州地铁坍塌事故到底是天灾还是人祸?
2. 你周围的施工项目都做好了施工准备和施工组织设计吗?

每一个建设项目都必须经过投资决策、计划立项、勘察设计，施工安装和竣工验收等阶段的工作，才能最终形成满足特定使用功能和价值要求的建筑或土木工程产品，也才能投入生产或使用。施工组织与管理是贯穿于工程施工管理的全过程，包括计划、指挥、协调、监督和控制的各项职能。

10.1 工程项目施工组织原则

(1) 认真执行工程建设程序。

工程建设必须遵循的总程序主要是计划、设计和施工3个阶段。施工阶段应该在施工准备完成和设计阶段结束之后方可正式开始进行。

(2) 统筹兼顾，有的放矢。

如何合理调配资源，保证各工程的合同目标的实现，就需建筑施工企业和施工项目经理部通过各种科学管理手段，对各种管理信息进行优化之后，作出决策。通常情况下，根据拟建工程项目是否为重点工程、是否为有工期要求的工程，或是否为续建工程等进行统筹安排和分类排队，把有限的资源优先用于国家或业主最急需的重点工程项目，使其尽快地建成投产。同时照顾一般工程项目，把一般的工程项目和重点的工程项目结合起来。

(3) 遵循施工工艺及其技术规律，合理地安排施工程序和施工顺序。

建筑施工工艺及其技术规律是分部(项)工程固有的客观规律。如钢筋加工工程，其工艺顺序是钢筋调直、除锈、下料、弯曲和成型，其中任何一道工序也不能省略或颠倒，这不仅是施工工艺要求，也是技术规律要求。

建筑施工程序和施工顺序是建筑产品生产过程中的固有规律。建筑产品生产活动是在同一场地和不同空间，同时或前后交错搭接地进行，前面的工作不完成，后面的工作就不能开始。这种前后顺序是客观规律决定的，而交错搭接则是计划决策人员争取时间的主观努力。

(4) 采用流水施工方法和网络计划技术，组织有节奏、均衡、连续的施工。

流水施工方法具有生产专业化强、劳动效率高、操作熟练、工程质量好、生产节奏性强、资源利用均衡、工人连续作业、工期短、成本低等特点。

网络计划技术是当代计划管理的最新方法，它应用网络图形表达计划中各项工作的相互关系，具有逻辑严密、思维层次清晰，主要矛盾突出，有利于计划的优化、控制和调整，有利于电子计算机在计划管理中的应用等特点。

(5) 科学地安排冬季、雨季施工项目，保证全年生产的均衡性和连续性。

随着施工工艺及其技术的发展，已经完全可以在冬季、雨季进行正常施工，但是由于冬季、雨季施工要采取一些特殊的技术组织措施，也必然会增加一些费用。因此，在安排施工进度计划时应当严肃地对待，恰当地安排冬季、雨季施工的项目。

(6) 提高建筑工业化程度，充分利用现有机械设备，扩大机械化施工范围。

建筑工业化主要体现在认真执行工厂预制和现场预制相结合的方针，努力提高建筑机械化程度。

建筑产品的生产需要消耗巨大的社会劳动。在建筑施工过程中，尽量以机械化施工代替手工操作，尤其是大面积的平整场地、大量的土(石)方工程、大批量的装卸和运输、大型钢筋混凝土构件或钢结构构件的制作和安装等，在选择施工机械过程中，要进行技术经济比较，使大型机械和中、小型机械结合，机械化和半机械化结合，尽量扩大机械化施工范围，提高机械化施工程度。同时要充分发挥机械设备的生产率，保持其作业的连续性，提高机械设备的利用率。

要贯彻先进机械、简易机械和改进机械相结合的方针，恰当选择自行装备、租赁机械或机械化分包等施工方式，但不能片面强调提高机械化程度指标。

(7) 尽量采用国内外先进的施工技术和科学管理方法。

先进的施工技术与科学的施工管理手段相结合，是改善建筑施工企业和工程项目经理部的生产经营管理素质，提高劳动生产率，保证工程质量，缩短工期，降低工程成本的重要途径。为此在编制施工项目管理规划时应广泛地采用国内外的先进施工技术和科学的施工管理方法。

(8) 坚持质量第一，安全第一的前提下尽量降低工程成本，提高经济效益。

要贯彻勤俭节约的原则，因地制宜，就地取材；努力提高机械设备的利用率；充分利用已有建筑设施，尽量减少临时设施和暂设工程；制订节约能源和材料措施；尽量减少运输量；合理安排人力、物力，搞好综合平衡调度。

严格执行施工验收规范、操作规程和质量检验评定标准，从各方面制订保证质量的措施，同时要建立健全各项安全管理制度，制订确保安全施工的措施，并在施工过程中经常进行检查和督促。

知识冲浪

古代取土组织安排

祥符年间，宫中失火。丁晋公奉命修缮被烧毁的宫室，但是取土距离远是个困难，丁晋公就命令工匠在大街上挖土。没过几日，大街就成了深沟。丁晋公命令工匠将汴河河水引进沟中，再用很多竹排和船将修缮宫室要用的材料顺着沟中的水运进宫中。宫殿修完后，再将被烧毁的器材和多出来建筑材料填进挖出来的深沟里，重新将街道填出来了。这一措施一举解决了取土、运料和垃圾处理3件事，如图10.2所示，最终工程完工节省下来的钱超过了亿万。

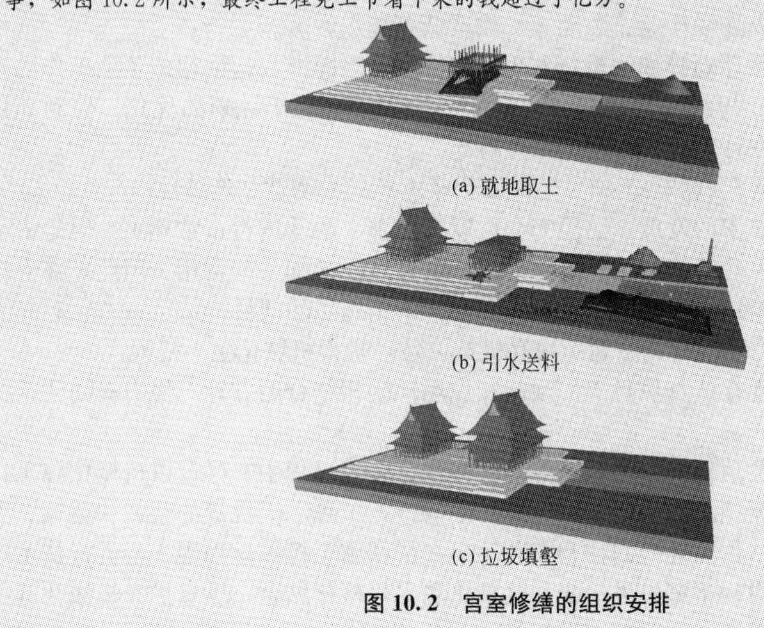

(a) 就地取土

(b) 引水送料

(c) 垃圾填壑

图10.2　宫室修缮的组织安排

10.2 施工准备工作

土木工程施工是一个复杂的组织和实施过程，开工之前，必须认真做好施工准备工作，以提高施工的计划性、预见性和科学性，从而保证工程质量，加快施工进度，降低工程成本，保证施工能够顺利进行。施工准备的根本任务是为正式施工创造良好的条件。实践证明，凡是重视施工准备工作，积极为拟建工程创造一切施工条件，其工程的施工就会顺利进行；凡是不重视施工准备工作，就会给工程带来意想不到的麻烦和损失，施工中材料不足，延误时间，浪费人力，被迫停工，甚至给工程施工造成灾难性的后果。

10.2.1 准备工作分类

施工准备工作按范围和拟建工程所处的施工阶段分类如图10.3所示。

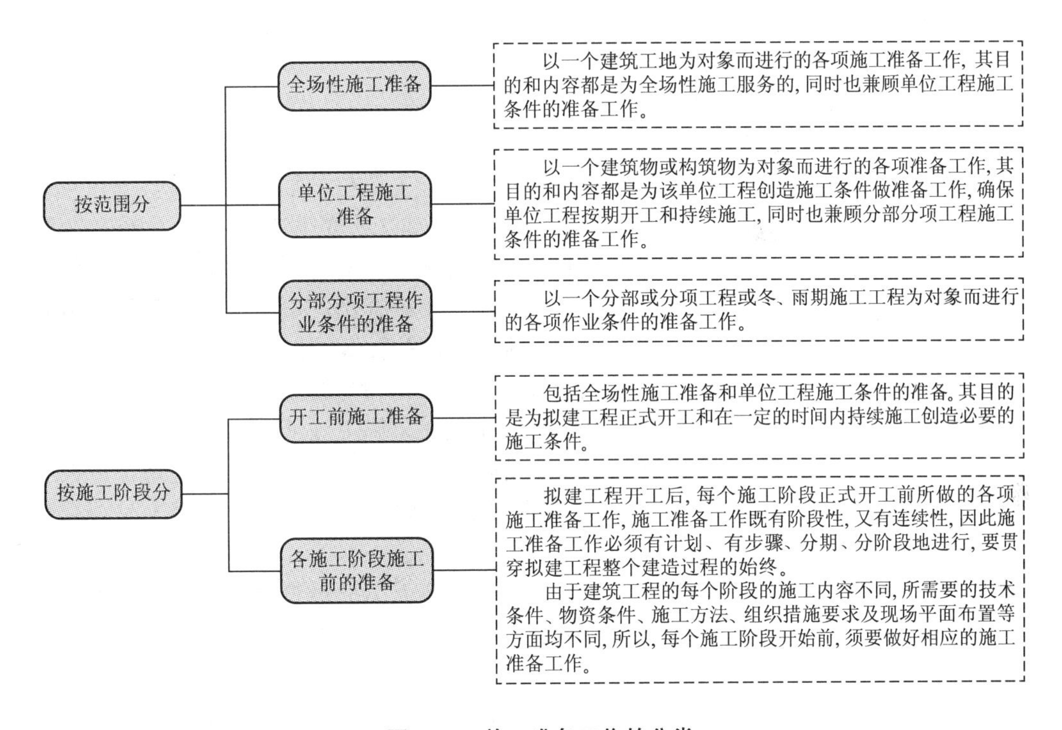

图10.3 施工准备工作的分类

10.2.2 准备工作内容

施工准备工作通常包括技术资料准备、施工现场准备、物资准备、施工组织准备和对外工作准备五个方面。

1. 技术资料准备

技术资料准备即通常所说的“内业”工作，是施工准备工作的核心，是确保工程质量、工期、施工安全和降低工程成本、增加企业经济效益的关键。其主要内容包括：

1）熟悉与会审施工图纸

熟悉与会审施工图纸的目的在于充分了解设计意图、结构构造特点、技术要求、质量标准，以免发生施工指导性错误；及时发现施工图纸中存在的差错或遗漏，以便及时改正，确保工程顺利施工；同时结合具体情况，提出合理化建议和协商有关配合施工等事宜，以便确保工程质量、安全，降低工程成本和缩短工期。

熟悉施工图纸要求先粗后细，先小后大，先建筑后结构，先一般后特殊，图纸与说明结合，土建与安装结合，图纸要求与实际情况结合。熟悉施工图纸需着重注意以下几个方面。

(1) 基础部分，应核对建筑、结构、设备施工图纸中有关基础预留洞的位置尺寸、标高，地下室的排水方向，变形缝及人防出口的做法，防水体系的包圈和收头要求等是否一致和符合规定。

(2) 主体结构部分，主要掌握各层所用砂浆、混凝土的强度等级，墙、柱与轴线的关系，梁、柱配筋及节点做法，悬挑结构的锚固要求，楼梯间的构造做法等，核对设备图和土建图上洞口的尺寸与位置关系是否准确一致。

(3) 屋面及装修部分，主要掌握屋面防水节点做法，内外墙和地面等所用材料及做法，核对结构施工时为装修施工设置的预埋件和预留洞的位置、尺寸、数量是否正确。

施工图纸会审一般由建设单位组织，设计单位、施工单位参加。会审时，首先由设计单位进行图纸交底，主要设计人员应向与会者说明拟建工程的设计依据、意图和功能要求，并对特殊结构、新材料、新工艺和新技术的选用和设计进行说明；然后施工单位根据熟悉审查图纸时的记录和对设计意图的理解，对施工图纸提出问题、疑问和建议；最后在三方统一认识的基础上，对所探讨的问题逐一做好协商记录，形成“图纸会审纪要”，由建设单位正式行文，参加会议的单位共同会签、盖章，作为与施工图纸同时使用的技术文件和指导施工的依据，并列入工程预算和工程技术档案。施工图纸会审的重点内容如下。

(1) 审查拟建工程的地点、建筑总平面图是否符合国家或当地政府的规划，是否与规划部门批准的工程项目规模形式、平面立面图一致，在设计功能和使用要求上是否符合卫生、防火及美化城市等方面的要求。

(2) 审查施工图纸与说明书在内容上是否一致，施工图纸是否完整、齐全，各种施工图纸之间或各组成部分之间是否有矛盾和差错，图纸上的尺寸、标高、坐标是否准确、一致。

(3) 审查地上与地下工程、土建与安装工程、结构与装修工程等施工图之间是否有矛盾或施工中是否会发生干扰，地基处理、基础设计是否与拟建工程所在地点的水文、地质条件等相符合。

(4) 当拟建工程采用特殊的施工方法和特定的技术措施，或工程复杂、施工难度大时，应审查本单位在技术上、装备条件上或特殊材料上、构配件的加工订货上有无困难，能否满足工程质量、施工安全和工期的要求；采取某些方法和措施后，是否能满足设计要求。

(5) 明确建设期限、分期分批投产或交付使用的顺序、时间；明确建设、设计和施工单位之间的协作、配合关系；明确建设单位所能提供的各种施工条件及完成的时间，建设单位提供的材料和设备的种类、规格、数量及到货日朝等。

(6) 对设计和施工提出的合理化建议是否被采纳或部分采纳；施工图纸中不明确或有疑问之处，设计单位是否解释清楚等。

2) 调查研究、收集资料

我国地域辽阔，各地区的自然条件、技术经济条件和社会状况等各不相同，因此必须做好调查研究，其主要内容包括技术经济资料的调查、建设场址的勘察、社会资料调查等。

3) 编制施工组织设计

施工组织设计是规划和指导拟建工程从施工准备到竣工验收的施工全过程中各项活动

的技术、经济和组织的综合性文件。施工总承包单位经过投标、中标承接施工任务后，即开始编制施工组织设计，这是拟建工程开工前最重要的施工准备工作之一。施工准备工作计划则是施工组织设计的重要内容之一。

4）编制施工预算

施工预算是在施工图预算的控制下，按照施工图、拟定的施工方法和建筑工程施工定额，计算出各工种工程的人工、材料和机械台班的使用量及其费用，作为施工单位内部承包施工任务时进行结算的依据，同时也是编制施工作业计划、签发施工任务单、限额领料、基层进行经济核算的依据，也是考核施工企业用工状况、进行施工图预算与施工预算的“两算”对比的依据。

2. 施工现场准备

施工现场是参加建筑施工的全体人员为优质、安全、低成本和高速度完成施工任务而进行工作的活动空间；施工现场准备工作是为拟建工程施工创造有利的施工条件和物资保证的基础。其主要内容如下。

(1) 拆除障碍物。

拆除施工范围内的一切地上、地下妨碍施工的障碍物，通常是由建设单位来完成，但有时也委托施工单位完成。拆除障碍物时，必须事先找全有关资料，摸清底细；资料不全时，应采取相应防范措施，以防发生事故。架空线路、地下自来水管道、污水管道、燃气管道、电力与通信电缆等的拆除，必须与有关部门取得联系，并办好相关手续后方可进行。最好由有关部门自行拆除或承包给专业施工单位拆除。现场内的树木应报园林部门批准后方可砍伐。拆除房屋时必须在水源、电源、气源等截断后方可进行。

(2) 做好施工场地的控制网测量与放线工作。

按照设计单位提供的建筑总平面图和城市规划部门给定的建筑红线桩或控制轴线桩及标准水准点进行测量放线，在施工现场范围内建立平面控制网、标高控制网，并对其桩位进行保护；同时还要测定出建筑物、构筑物的定位轴线、其他轴线及开挖线等，并对其桩位进行保护。

测量放线是确定拟建工程的平面位置和标高的关键环节，为此，施测前应对测量仪器、钢尺等进行检验校正；同时对规划部门给定的红线桩或控制轴线桩和水准点进行校核，如发现问题，应提请建设单位迅速处理。建筑物在施工场地中的平面位置是依据设计图中建筑物的控制轴线与建筑红线间的距离测定的，控制轴线桩测定后应提交有关部门和建设单位进行验线，以便确保定位的准确性。沿建筑红线的建筑物控制轴线测定后，还应由规划部门进行验线，以防建筑物压红线或超出红线。

(3) 搞好“七通一平”。

“七通”包括在工程用地范围内，指接通施工用水、用电、道路、通信(电话 IDD、DDD、传真、电子邮件、宽带网络、光缆等)及燃气(煤气或天然气)，并保证施工现场排水及排污畅通；“一平”是指平整场地。

(4) 搭设临时设施。

施工现场所需的各种生产、办公、生活、福利等临时设施，均应报请规划、市政、消防、交通、环保等有关部门审查批准，并按施工平面图中确定的位置、尺寸搭设，不得乱搭乱建。为了施工方便和行人安全，应采用符合当地市容管理要求的围护结构将施工现场围起来，并在主要出入口处设置标牌，标明工地名称、施工单位、工地负责人等。

(5) 安装调试施工机具，做好建筑材料、构配件等的存放工作。

(6) 季节性施工准备，可分为冬期施工准备、雨期施工准备和夏季施工准备。

① 冬期施工准备。冬期施工条件差，技术要求高，施工质量不容易保证，同时还要增加施工费用。因此要求合理选择冬期施工项目，一般尽量安排冬期施工费用增加不多、又能比较容易保证施工质量的施工项目在冬期施工，如吊装工程、打桩工程和室内装修工程等；尽量不安排冬期施工费用增加较多、又不易保证施工质量的施工项目在冬期施工，如土方工程、基础工程、屋面防水工程和室外装饰工程；对于那些冬期施工费用增加稍多一些，但采用适当的技术、组织措施后能保证施工质量的施工项目，也可以考虑安排在冬期施工，如砌筑工程、现浇钢筋混凝土工程等。

冬期施工准备工作的主要内容包括各种热源设备、保温材料的储存、供应以及司炉工等设备操作管理人员的培训工作；砂浆、混凝土的各项测温准备工作；室内施工项目的保暖防冻、室外给排水管道等设施的保温防冻、每天完工部位的防冻保护等准备工作；冬期到来之前，尽量储存足够的建筑材料、构配件和保温用品等物资，节约冬期施工运输费用；防止施工道路积水成冰，及时清除冰雪，确保道路畅通；加强冬期施工安全教育，落实安全、消防措施。

② 雨期施工准备。合理安排雨期施工项目，尽量把不宜在雨期施工的土方、基础工程安排在雨期到来之前完成，并预留出一定数量的室内装修等雨天也能施工的工程，以备雨天室外无法施工时转入室装修施工；做好施工现场排水、施工道路的维护工作；做好施工物资的储运保管、施工机具设备的保护等防雨措施；加强雨期施工安全教育，落实安全措施。

③ 夏季施工准备。夏季气温高，干燥，应编制夏季施工方案及采取的技术措施，做好防雷、避雷工作，此外必须做好施工人员的防暑降温工作。

(7) 设置消防、保安设施和机构。

3. 物资准备

建筑材料、构配件、工艺机械设备、施工材料、机具等施工用物资是确保拟建工程顺利施工的物质基础，这些物资的准备工作必须在工程开工前完成，并根据工程施工的需要和供应计划，分期分批地运达施工现场，以便满足工程连续施工的要求。

1) 物资进场验收和使用注意事项

为确保工程质量和施工安全，施工物资进场验收和使用时，还应注意以下几个问题。

(1) 无出厂合格证明或没有按规定进行复验的原材料、不合格建筑构配件，一律不得进场和使用。严格执行施工物资进场检查验收制度，杜绝假冒低劣产品进入施工现场。

(2) 施工过程中要注意查验各种材料、构配件的质量和使用情况，对不符合质量要求、与试验检测品种不符或有怀疑的，应提出复检或化学检验的要求。

(3) 现场配制的混凝土、砂浆、防水材料、耐火材料、绝缘材料、保温隔热材料、防腐蚀材料、润滑材料以及各种掺合料、外加剂等，使用前均应由试验室确定原材料的规格和配合比，并定出相应的操作方法和检验标准后方可使用。

(4) 进场的机械设备，必须进行开箱检查验收，产品的规格、型号、生产厂家和地点、出厂期等，必须与设计要求完全一致。

2) 物资准备工作的程序

物资准备工程程序如图 10.4 所示。

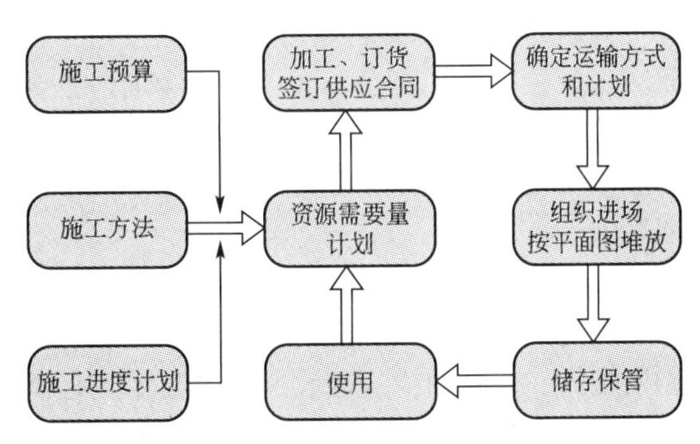

图 10.4 物资准备工程程序

4. 施工组织准备

施工组织准备是确保拟建工程能够优质、安全、低成本、高速度地按期建成的必要条件。其主要内容如下。

(1) 建立拟建项目的领导机构。项目领导机构人员的配置应根据拟建项目的规模、结构特点、施工的难易程度而定。对于一般的单位工程，可配置项目经理、技术员、质量员、材料员、安全员、定额统计员、会计各一人即可；对于大型的单位工程，项目经理可配副职，技术员、质量员、材料员和安全员的人数均应适当增加。

(2) 集结精干的施工队伍。建筑安装工程施工队伍主要有基本、专业和外包施工队伍三种类型。具体特征见表 10-1。

表 10-1 建筑安装工程施工队伍特征对比

施工队类型	主要功能	其他
基本施工队伍	建筑施工企业组织施工生产的主力，应根据工程的特点、施工方法和流水施工的要求恰当地选择劳动组织形式	土建工程施工一般采用混合施工班组较好。其特点是人员配备少，工人以本工种为主，兼做其他工作，施工过程之间搭接比较紧凑、效率高，也便于组织流水施工
专业施工队伍	承担机械化施工的土方工程、吊装工程、钢筋气压焊施工和大型单位工程内部的机电安装、消防、空调、通信系统等设备安装工程	可将这些专业性较强的工程外包给其他专业施工单位来完成
外包施工队伍	外包施工队伍主要用来弥补施工企业劳动力的不足	独立承担单位工程施工、承担分部分项工程施工和参与施工单位施工队组施工，以前两种形式居多

(3) 加强职业培训和技术交底工作。

建筑产品的质量是由工序质量决定的，工序质量是由工作质量决定的，工作质量又是由人的素质决定的。因此，要想提高建筑产品的质量，必须首先提高人的素质。而提高人的素质、更新人的观念和知识的主要方法是加强职业技术培训，不仅要抓好本单位施工队伍的技术培训工作，而且要督促和协助外包施工单位抓好技术培训工作，确保参与建筑施工的全体施工人员均有较好的素质和满足施工要求的专业技术水平。

在单位工程或分部分项工程开始之前向施工队组的有关人员或全体施工人员进行施工组织设计、施工计划交底和技术交底。交底的内容主要有工程施工进度计划、月(旬)作业计划、施工工艺方法、质量标准、安全技术措施、降低成本措施、施工验收规范中的有关要求以及图纸会审纪要中确定的有关内容、施工过程中三方会签的设计变更通知单或洽商记录中核定的有关内容等。交底工作应按施工管理系统自上而下逐级进行，交底的方式以书面交底为主，口头交底、会议交底为辅，必要时应进行现场示范交底或样板交底。交底工作之后，还要组织施工队组有关人员或全体施工人员进行研究、分析，搞清关键内容，掌握操作要领，明确施工任务和分工协作关系，并制定出相应的岗位责任制和安全、质量保证措施。

(4) 建立健全各项规章与管理制度。

主要的规章与管理制度有工程质量检查与验收制度；工程技术档案管理制度；建筑材料、构配件、制品的检查验收制度；技术责任制度；施工图纸学习与会审制度；技术交底制度；职工考勤、考核制度；经济核算制度；定额领料制度；安全操作制度；机具设备使用保养制度。

5. 对外工作准备

施工准备工作除了要做好企业内部和施工现场准备工作外，还要同时做好对外协作的有关准备工作。施工准备工作主要有选定材料、构配件和制品的加工订购地区和单位，签订加工订货合同；确定外包施工任务的内容，选择外包施工单位，签订分包施工合同。当施工准备工作基本满足开工条件要求时，应及时填写开工申请报告，呈报上级批准。

10.3 施工组织设计工作

10.3.1 施工组织设计类型

以项目或建设项目为对象，所进行的施工规划(或计划)，其实质是施工组织设计，它所形成的程序性文件称为施工组织设计文件。施工组织设计制度是施工组织与管理的重要组成内容。

我国在建国初期，实施计划经济体制下的国家基本建设计划管理模式，施工组织设计就是当时基本建设计划管理的主要基本方法之一。但现在其内涵已经发生了深刻的变化，最主要的是通过市场引入竞争机制来实现施工生产要素的配置，施工组织设计是以工程项目为对象而编制的施工组织与管理规划。它是随着工程建设程序各环节工作内容的逐步展开，由战略性到实施性的逐步深化过程，在各个不同的阶段，负责编制的主体内容和深度要求也不尽相同。

施工组织设计按照编制的主体、涉及的工程范围和编制的时间及深度要求，可以分为不同的类型，发挥不同的作用，见表10－2。不论编制哪一类施工组织设计，都必须抓住重点，突出“组织”两字，以提高经济效益。

表10-2 施工组织设计的类型

类 型	作 用
施工组织总设计	以整个建设项目或以群体工程为对象编制的，是整个建设项目或群体工程组织施工的全局性和指导性施工技术文件。一般在有了初步设计(或扩大初步设计)和技术设计、总概算或修正总概算后，由负责该项目的总承包单位为主，由建设单位、设计单位和分包单位参与共同编制，它是整个建设项目总的战略部署，并作为修建全工地性大型暂设工程和编制年度施工计划的依据
单位工程施工组织设计	以一个单位工程，即一幢建筑物或一座构筑物为施工组织对象而编制的，一般应在有施工图设计和施工预算后，由承建该工程的施工单位负责编制，是单位工程组织施工的指导性文件，也是编制月、旬、周施工计划的依据
分部分项工程施工组织设计	分部分项工程施工组织设计又称工程作业设计，主要是针对工程项目中某一比较复杂的或采用新技术、新材料、新工艺、新结构的分部分项工程的施工而编制的具体施工作业计划，如较复杂的基础工程、大体积混凝土工程的施工，大跨度或高吨位结构件的吊装工程等，它是直接领导现场施工作业的技术性文件，内容较具体详尽

从突出“组织”的角度出发，在编制施工组织设计时，需要抓住三个重点：第一，在施工组织总设计中是施工部署和施工方案，在单位工程施工组织设计中是施工方案和施工方法。前者重点是安排，后者重点是选择。这是解决施工中的组织指导思想和技术方法问题。在编制设计中，应努力在安排和选择上优化。第二，在施工组织总设计中是施工总进度计划，在单位工程施工组织设计中是施工进度计划。这是解决时间和顺序问题，应努力做到时间利用合理，顺序安排得当。巨大的经济效益寓于时间和顺序的组织之中，绝不能忽视。第三，在施工组织总设计中是施工总平面图，在单位工程施工组织设计中是施工平面图。这是解决空间和施工投资问题，技术性和经济性都很强，它涉及占地、环保、安全、消防、用电、交通和有关政策法规等问题，应做到科学、合理的布置。

10.3.2 施工组织设计编制原则

施工组织设计编制原则如下。

(1) 严格执行基本建设程序，认真贯彻有关方针、政策和规定。

(2) 严格遵守工程竣工及交付使用期限。

(3) 采用先进的科学技术，努力提高工业化、机械化施工水平。

(4) 科学合理地安排施工计划，组织连续、均衡而紧凑的施工。

(5) 确保工程质量和安全生产使质量安全工作处于动态而有效的管理之中。

(6) 因地制宜，就地取材，努力降低工程成本。

(7) 认真调查研究，坚持群众路线编制施工组织设计，切忌闭门造车，内容应避免概念化、公式化和形式化。

10.3.3 施工组织设计内容

施工组织设计编制的内容，应根据具体工程的施工范围、复杂程度和管理要求进行确定。原则上应使所编成的施工组织设计文件，能起到指导施工部署和各项作业技术活动的作用，对施工过程可能遇到的问题和难点，应有缜密的分析和相应的对策措施，体现出其针对性、可行性、实用性和经济合理性。

施工组织设计主要分为施工组织总设计，单位工程施工组织设计，和分部分项工程组织设计，他们的对比情况见表10－3。

表10－3　施工组织设计的对比

分类 说明	施工组织总设计	单位工程施工组织设计		分部分项工程施工组织设计（工程作业设计）
		单位工程施工组织设计	简明单位工程施工组织设计	
适用范围	大型建设项目或建筑群，有两个以上单位工程同时施工	单个建设项目，或技术较复杂、采用新结构、新技术、新工艺的单位工程	结构较简单的单个建设项目或经常施工的标准设计工程	规模较大、技术较复杂或有特殊要求的分部分项工程
主要内容	（1）工程概况、施工部署及主要的施工方案 （2）施工总进度计划及施工区段的划分 （3）施工准备工作计划。征地、拆迁、大型临时设施工程计划；施工用水、用电、用气等安排；新结构、新工艺、新技术的试制和试验计划；劳力、物资、机具设备需求量计划等 （4）施工总平面图 （5）主要技术、安全措施及冬季、雨季施工措施 （6）技术、经济指标分析	（1）工程概况及特点 （2）施工程序、施工方案和施工方法 （3）施工计划进度 （4）施工资源预案需用量计划 （5）施工平面布置图 （6）施工准备工作 （7）主要技术、组织措施和冬、雨季施工措施	（1）工程特点 （2）施工进度计划 （3）主要施工方法和技术措施 （4）施工平面布置图 （5）施工资源需用量计划	（1）分部分项工程特点 （2）施工方法、技术措施及操作要求 （3）工序搭接顺序及协作配合要求 （4）工期要求 （5）特殊材料及机具需要量计划
编制与审批	以总承包单位为主，会同建设、设计监理和分包单位共同编制，报上级领导单位审批	由承包施工单位（建建筑公司）或工程处组织编制，报上级领导审批	由承包施工单位工程处或施工队组织编制，报单位主管领导或技术部门审批、备案	以单位工程施工负责人为主编制，报工程处或施工队审批，报单位技术部门备案

1. 施工组织总设计

施工组织总设计的内容和深度，视工程的性质、规模、建筑结构和施工复杂程度、工期要求和建设地区的自然经济条件的不同而有所不同，但都应突出“总体规划”和“宏观控制”的特点，一般应包括以下一些主要内容。

(1) 工程概况是简要叙述工程项目的性质、规模、特点、建造地点周围环境、拟建项目单位工程情况(可列一览表)、建设总期限和各单位工程分批交付生产和使用的时间、有关上级部门及建设单位对工程的要求等已定因素的情况和分析。

(2) 施工部署主要有施工任务的组织分工和总进度计划的安排意见，施工区段的划分，网络计划的编制，主要(或重要)单位工程的施工方案，主要工种工程的施工方法等。

(3) 施工准备工作计划主要是做好现场测量控制网、征地、拆迁工作，大型临时设施工程的计划和定点，施工用水、用电、用气、道路及场地平整工作的安排，有关新结构、新材料、新工艺、新技术的试制和试验工作，技术培训计划，劳动力、物资、机具设备等需求量计划及做好申请工作等。

(4) 施工总平面图对整个建设场地的全面和总体规划。如施工机械位置的布置，材料构件的堆放位置，临时设施的搭建地点，各项临时管线通行的路线以及交通道路等。应避免相互交叉、往返重复，以有利于施工的顺利进行和提高工作效率。

(5) 技术经济指标分析用以评价施工组织总设计的技术经济效果，并作为今后总结、交流、考核的依据。

2. 单位工程施工组织设计

单位工程施工组织设计的编制内容和深度，应视工程规模、技术复杂程度和现场施工条件而定，一般有以下两种情况。

(1) 内容比较全面的单位工程施工组织设计，常用于工程规模较大、现场施工条件较差、技术要求较复杂或工期要求较紧以及采用新技术、新材料、新工艺或新结构的项目。其编制内容一般应包括工程概况、施工方案、施工方法、施工进度计划、各项需用量计划、施工平面图、质量安全措施以及有关技术经济指标等。

(2) 内容比较简单的施工组织设计，常用于结构较简单的一般性工业与民用建筑工程项目，施工人员比较熟悉，故其编制内容相对可以简化，一般只需明确主要施工方法、施工进度计划和施工平面图等。

3. 分部分项工程施工组织设计

分部分项工程组织设计见表10-3。

10.4 工程实例分析

1. 工程概况

某住宅楼位于A市C区，施工场地狭小，七通一平基本完成。工程总建筑面积

43868m²，其中地上面积 32954m²，地下面积 8019m²，人防面积 2895m²。地下部分 3 层，地上部分 17 层，局部 19 层，平面布置图如图 10.5 所示。

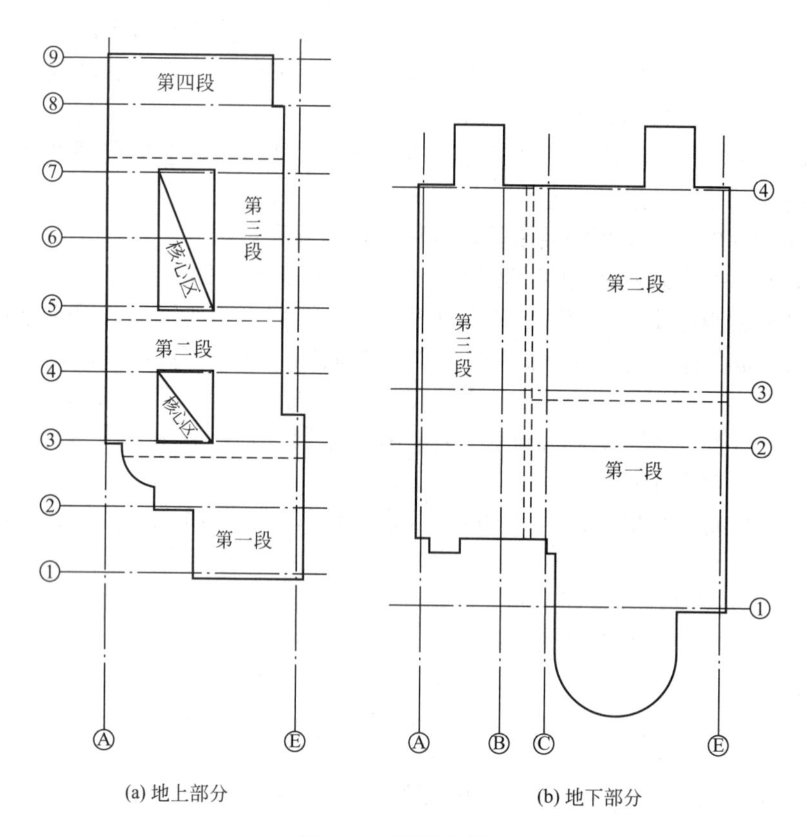

图 10.5　平面布置图

工程地下部分包括地下车库、地下连廊、职工餐厅、厨房、附属用房和设备用房、人防工程，地上部分主要包括大堂、商务、办公用房、值班室、营业厅、展厅、门厅、公寓等。

地上部分：地上部分每层面积为 1800～1900m²，为加快施工进度，采用小流水节拍施工，将地上部分分为四个施工段，每段约 500m²。东西向贯通，南北向分别为①～③轴间为第一段，③～⑤轴间为第二段，⑤～⑦轴间为第三段，⑦～⑨轴间为第四段。

2. 施工区段的划分

(1) 流水段划分原则。

主要专业工种在各个流水段上所消耗的劳动量要大致相等，其相差幅度不宜超过 10%～15%，保证均衡、等节奏流水，避免大抢大窝；在保证专业工作队劳动组合优化的前提下，流水段大小要满足专业工种对作业面的要求；流水段数目要满足合理流水施工组织要求，即流水段数要不少于施工工序数，保证各工种施工的连续性，避免缺少作业面而窝工；流水段分界线应尽可能与结构自然界线相吻合，如伸缩缝、沉降缝等；并满足规范对施工缝留置的相应要求；既要在平面上划分流水段，又要在竖向上划分施工层，组成立体交叉式流水施工。

(2) 流水段划分内容。

地下部分：共三层，每层面积 3604m²，根据后浇带位置划分，东西向为①～④轴以北 5.4m，不贯通；南北向为①～E 轴以西 2.8m，贯通。南北向后浇带以东分一、二段，南北向后浇带以西为第三段。第一段及汽车坡道由 A 队施工，二、三段由 B 队施工。

思维拓展

IT技术在施工组织与管理中的应用

当前，计算机技术与土木工程的结合日益密切，工程施工组织管理信息化程度显著提高，也正是在这种背景下，虚拟现实技术应运而生。IT虚拟现实技术在施工组织与管理中的应用对于施工方案的选择和施工过程控制及管理有着极大的帮助。

土木建筑工程的施工控制和管理是复杂的、动态的、集成的，是贯穿于每一个工程项目的全生命周期。尤其是现代的大型工程项目，工期长，工程量大。它涉及各工种协调，大量资金和材料调度，施工机械、设备的管理。工程的进度、质量、成本以及合同、信息的管理如何有效实现，通常的工程经验和横道图、平面布置图是难以做到的。4D项目管理信息系统有效地整合整个工程项目的信息并加以集成，实现施工管理和控制的信息化、集成化、可视化和智能化。所谓4D模型是在建筑CAD三维(3D)模型的基础上，附加时间/成本因素，这个技术的合成不仅是一种可视的媒介，使用户看到物体变化过程的图形模拟，而且能对整个形象变化过程进行优化和控制。这样就有利于保障现场作业的安全；按时间模拟施工进度，可以对工期进行比较精确的计算和控制，有助于人、材、物的统筹和调度，实现了对建筑施工的交互式可视化和信息化管理。

某景区主体建筑——塔楼工程，建筑物总高147m，宽54m(裙房底盘宽253m)。总用地面积641653m²，传统的施工平面布置图，以图纸形式绘出，无法给人直观立体效果，即使采用3D效果图形式，当需要修改时，也不易及时反映场地布置的动态变化，此时的施工平面布局只能根据施工经验进行，在虚拟现实系统中，首先建立工程所有地上地下已有和拟建建筑物、施工设备、各场地实体、临时设施、库房加工厂、管线道路等实体的3D模型，通过VRML(虚拟现实建模语言)赋予各3D实体动态属性，实现各对象的实时交互及随时间的动态变化，形成4D场地模型。在4D场地模型中，可以随时修改各实体的造型和位置。

在系统中，通过建立统一实体属性数据库，存入各实体的位置坐标、存在时间及设备型号等信息，包括临时设施、材料堆放场地、材料加工区、仓库、生活文化区等设施实体的占地面积，能存放数量及其他各种信息。通过漫游虚拟场地，不仅可以直观地了解场地布置，通过鼠标指针放置可以看到各实体的相关信息，这在按规范布置场地时提供极大的方便，同时还可通过修改数据库的信息来更改不合理之处。系统还可根据存入数据库的规范信息和场地优化方案，协助组织人员确定更合理的场地位置、运输路线规划和运输方案。

对于施工工程的动态管理，虚拟现实技术也发挥着重要作用。在虚拟现实系统中，通过制定已进行多次方案优化、事先已确定的虚拟施工过程，并将其与进度计划同步链接。管理者可以随时观看任意时间应达到的施工进度情况，通过储存在数据库中的信息，能实时了解各施工设备、材料、场地情况的信息，以便提前准备相关材料和设施，及时而准确地控制施工进度。

通过对未来状况的虚拟施工演示，可提前发现未来可能出现的施工问题和安全隐患，及时控制，以保证人员安全和避免不必要的损失。通过演示，还可发现施工方案的不足之处，以便进行修改，保证工程质量。由于强大的交互性，还可参与虚拟施工，可大大增强施工人员的经验，提高工程效率。

职 业 技 能

技能要点	掌握程度	应用方向
施工组织设计的概念及作用	了解	土建 施工员
施工组织设计的分类和编制内容	掌握	
流水施工的原理和流水施工的主要参数	熟悉	
横道计划基本编制方法	掌握	
一般工程的施工进度计划的编制内容和编制原则	掌握	
施工组织设计的编制原理与方法	了解	造价员
建设工程项目进度计划的编制方法	掌握	建造师
横道图进度计划的编制方法	掌握	
有关时间参数的计算	掌握	

习 题

一、选择题

1. 单位工程施工组织设计中最具决策性的核心内容是(　　)。【2006年造价工程师考试真题】

A. 施工方案设计　　B. 施工进度计划编制

C. 资源需求量计划编制　　D. 单位工程施工平面图设计

2. 由总承包单位负责，会同建设、设计、分包等单位共同编制的，用于规划和指导拟建工程项目的技术经济文件是(　　)。【2006年造价工程师考试真题】

A. 分项工程施工组织设计　　B. 施工组织总设计

C. 单项工程施工组织设计　　D. 分部工程施工组织设计

3. 施工组织设计的主要作用是(　　)。【2007年造价工程师考试真题】

A. 确定施工方案　　B. 确定施工进度计划

C. 指导工程施工全过程工作　　D. 指导施工管理

4. 单位工程施工组织设计中的核心内容是。(　　)。【2007年造价工程师考试真题】

A. 制定好施工进度计划　　B. 设计好施工方案

C. 设计好施工平面图　　D. 制定好技术组织措施

5. 单位工程施工组织设计的核心内容是(　　)。【2008年造价工程师考试真题】

A. 资源需要量计划　　B. 施工进度计划

C. 施工方案　　D. 施工平面图设计

6. 施工组织总设计的编制者应为承包人的(　　)。【2009年造价工程师考试真题】

A. 总工程师　　B. 法定代表人

C. 项目经理　　D. 安全负责人

7. 单位工程施工组织设计的编制应在(　　)。【2009年造价工程师考试真题】

A. 初步设计完成后　　B. 施工图设计完成后

C. 招标文件发出后　　D. 技术设计完成后

8. 施工组织总设计的主要内容中点定为关键的是(　　)。【2009年造价工程师考试真题】

A. 施工部署和施工方案　　B. 施工总进度计划

C. 施工准备及资源需要量计划　　D. 主要技术组织措施和主要技术经济指标

二、简答题

试分析单位工程施工组织设计包括哪些内容?

三、案例分析

某办公楼工程，建筑面积153000m^2，地下二层，地上三十层，建筑物总高度136.6m，地下钢筋混凝土结构，地上型钢混凝土组合结构，基础埋深8.4m。施工单位项目经理根据《建设工程项目管理规范》(GB/T 50326—2006)，主持编制了项目管理实施规划，包括工程概况、组织方案、技术方案、风险管理计划、项目沟通管理计划、项目收尾管理计划、项目现场平面布置图、项目目标控制措施、技术经济指标等十六项内容。【2010年一级建造师考试《建筑工程》真题】

【问题】项目管理实施规划还应包括哪些内容(至少列出三项)?

第11章 流水施工原理

重点概览

- 流水施工基本概念
- 流水参数的确定
- 有节奏流水组织方法
- 无节奏流水组织方法
- 工程实例分析

流水施工组织是将拟建工程项目的全部建造过程在工艺上分解为若干个施工过程，在平面上划分为若干个施工段，在竖向上划分为若干个施工层，然后按照施工过程组建专业工作队(或组)，并使其按照规定的顺序依次连续地投入到各施工段，完成各个施工过程。流水施工是实现施工管理科学化的重要组成内容之一，是与建筑设计标准化、施工机械化等现代施工内容紧密联系、相互促进的，亦是实现企业进步的重要手段。

学习要点

- 了解流水施工概念；
- 掌握流水施工的主要参数及其确定方法；
- 了解流水施工的组织方式；
- 掌握有节奏流水组织方法和无节奏流水组织方法。

主要国家标准

- 《工程网络计划技术规程》JGJ/T 121—1999
- 《网络计划技术　第3部分：在项目管理中应用的一般程序》GB/T 13400.3—2009

案例导航

怎样施工效率更高

某项目拟建四幢相同的建筑物，其编号分别为Ⅰ、Ⅱ、Ⅲ、Ⅳ，四幢楼基础工程量都相等，且都是由挖土方、做垫层、砌筑基础和回填土等四个施工过程组成，每个施工过程的施工天数均为5d，其中，挖土方时，工作队由8人组成；做垫层时，工作队由6人组成；砌筑基础时，工作队由14人组成；回填土时，工作队由5人组成。按照依次施工组织方式和平行施工组织方式建造的施工进度计划。如图11.1所示为“依次施工”和平行施工进度图。

工程编号	分项工程编号	工作队人数	施工天数	施工进度/d		
				80	20	35
				5 10 15 20 25 30 35 40 45 50 55 60 65 70 75 80	5 10 15 20	5 10 15 20 25 30 35
Ⅰ	挖土方	8	5			
	垫层	6	5			
	砌基础	14	5			
	回填土	5	5			
Ⅱ	挖土方	8	5			
	垫层	6	5			
	砌基础	14	5			
	回填土	5	5			
Ⅲ	挖土方	8	5			
	垫层	6	5			
	砌基础	14	5			
	回填土	5	5			
Ⅳ	挖土方	8	5			
	垫层	6	5			
	砌基础	14	5			
	回填土	5	5			
劳动力动态图				8 6 14 5 8 6 14 5 8 6 14 5 8 6 14 5	32 24 65 20	8 14 28 33 25 19 5
施工组织方式				依次施工	平行施工	流水施工

图11.1 多种模式施工组织对比

由图11.1可以看出采用依次施工组织方式具有以下特点。

(1) 由于没有充分地利用工作面去争取时间，所以工期长。

(2) 工作队不能实现专业化施工，不利于改进工人的操作方法和施工机具，不利于提高工程质量和劳动生产率。

(3) 工作队及其工人不能连续作业。

(4) 单位时间内投入的资源量比较少，有利于资源供给的组织工作。

(5) 施工现场的组织、管理比较简单。

若采用平行施工组织方式，则可以看出其独特的特点：充分地利用了工作面，争取了时间，可以缩短工期；工作队不能实现专业化生产，不利于改进工人的操作方法和施工机具，不利于提高工程质量和劳动生产率；工作队及其工人不能连续作业；单位时间投入施工的资源量成倍增长，现场临时设施也相应增加；施工现场组织、管理复杂。

【问题讨论】

1. 试讨论本例中哪一种施工组织方法效率更高?

2. 试想如果你是项目负责人，你将如何提高建筑施工现场的生产效率?

11.1 流水作业基本概念

建筑工程的“流水施工”来源于工业生产中的“流水线作业”法，实践证明它是组织产品生产的一种理想方法。建筑工程的流水施工与工业生产中的流水线生产极为相似，不同的是，工业生产中各个工件在流水线上，从前一工序向后一工序流动，生产者是固定的；而在建筑施工中各个施工对象都是固定不动，专业施工队伍则由前一施工段向后一施工段流动，即生产者是移动的。

1. 流水施工的特点

(1) 流水施工在工艺划分、时间排列和空间布置上统筹安排，必然会给相应的项目经理部带来显著的经济效果，因为科学地利用了工作面，争取了时间，工期比较合理。

(2) 工作队及其工人实现了专业化施工，可使工人的操作技术熟练，以更好地保证工程质量和提高劳动生产率。

(3) 专业工作队及其工人能够连续作业，使相邻的专业工作队之间实现了最大限度的合理的搭接。

(4) 单位时间投入施工的资源量较为均衡，有利于资源供应的组织工作。

(5) 为文明施工和进行现场的科学管理创造了有利条件。

2. 流水施工的分类与表达方式

1) 流水施工的分类

根据流水施工组织的范围不同，流水施工通常可分为表 11－1 示意的类别。

表 11－1　流水施工按组织按范围不同的分类

类别	别名	属性	施工进度计划表上的示意方式
分项工程流水施工	细部流水施工	一个专业工种内部组织起来的流水施工	用一条标有施工段或工作队编号的水平进度指示线段或斜向进度指示线段来表示
分部工程流水施工	专业流水施工	一个分部工程内部、各分项工程之间组织起来的流水施工	用一组标有施工段或工作队编号的水平进度指示线段或斜向进度指示线段来表示
单位工程流水施工	综合流水施工	一个单位工程内部、各分部工程之间组织起来的流水施工	由若干组分部工程的进度指示线段，并由此构成一张单位工程施工进度计划
群体工程流水施工	大流水施工	一个单位工程之间组织起来的流水施工	反映在项目施工进度计划上，是一张项目施工总进度计划

流水施工的分级和它们之间的相互关系，如图 11.2 所示。

2) 流水施工的表达方式

流水施工的表达方式，主要有横道图和网络图两种表达方式，如图 11.3 所示。

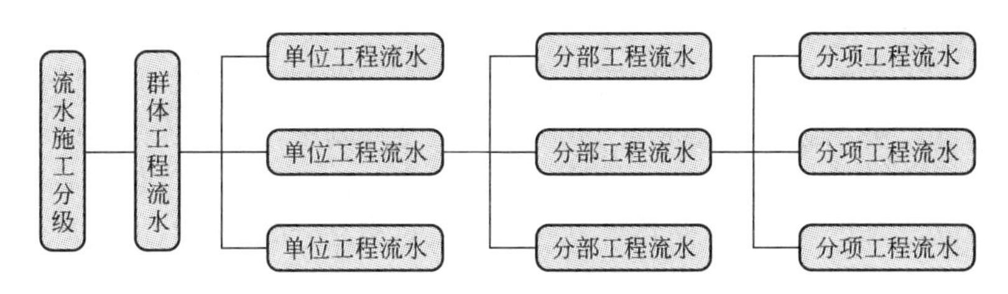

图 11.2 流水施工的分级

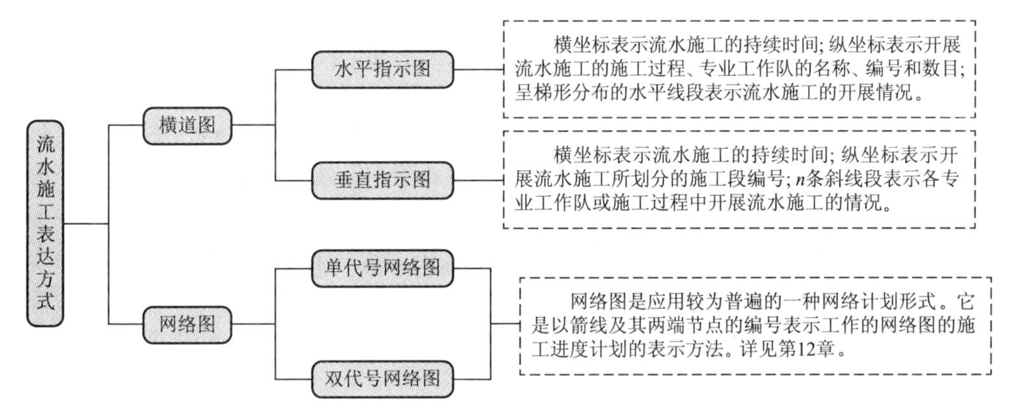

图 11.3 流水施工的表达方式

11.2 流水参数的确定

组织流水施工时，为了能够清晰表述各施工过程在时间安排和空间布置以及工艺流程等方面的情况，引入一些状态参数，称为流水施工参数。流水施工参数一般包括工艺参数、时间参数和空间参数。

11.2.1 工艺参数

1. 施工过程数

在组织流水施工时，施工过程的数目一般用“n”表示，它是流水施工的主要参数之一。施工过程根据其性质和特点的不同一般分为安装砌筑类、制备类和运输类 3 种。

1）安装砌筑类

安装砌筑类施工过程是指直接进行建筑产品的安装、砌筑、加工，在建筑施工中占主导地位的施工过程。如基础工程、主体工程、装饰装修工程等。

2）制备类

制备类施工过程是指为了提高建筑工业化程度，发挥机械设备的生产率，制造建筑制品的施工过程。如钢筋加工、制备砂浆、钢构件的预制过程等。

3）运输类

运输类施工过程是指将施工所需的原材料、构配件和机械设备等运至工地仓库或施工现场使用地点的施工过程。

在组织流水施工时，由于安装砌筑类施工过程直接影响工期的长短，因此必须列入进度计划中。制备类和运输类施工过程一般不计入进度计划中，只有当其影响工程建设进度时，才列入进度计划当中。如装配式结构的建设工程，构件的运输就位和吊装将在施工过程中占主导地位，因此需要列入进度计划中。施工过程划分时应注意以下几点。

(1) 施工过程划分应粗细得当。施工过程数要适量，不宜太多、太细，以免使流水施工组织过于复杂，造成主次不分；但也不能太少、太粗，以免计划过于笼统，失去指导意义。

(2) 施工过程划分与结构特点和施工方案有关。不同的结构体系，如砖混结构、现浇混凝土结构、钢结构等，其施工过程划分和内容各不相同。施工方案用于确定施工程序、施工顺序与施工方法等内容，方案不同，所确定的施工顺序或方法不同，施工过程的划分也就不同。如地下卷材防水，可采用外防外贴法和外防内贴法，方法不同，其施工过程也不同。

(3) 施工过程划分与劳动组织及劳动量大小有关。施工现场的施工班组有的是混合班组，有的是单一工种班组。如安装玻璃和油漆施工可合为一个施工过程，也可分为两个施工过程。因此，施工过程划分与施工班组有关。劳动量较小的施工过程可与其他施工过程合并，从而利于组织流水施工。

2. 流水强度

流水强度是每一个施工过程的施工班组在单位时间内所完成的工程量。流水强度一般用“V_i”表示。

(1) 机械施工过程的流水强度

$$V_i = \sum_{i=1}^{n} R_i S_i \tag{11-1}$$

式中：V_i——某施工过程 i 的机械操作流水强度；

R_i——投入施工过程 i 的某施工机械的台数；

S_i——投入施工过程 i 的某施工机械的台班产量定额；

n——投入施工过程 i 的施工机械的种类。

(2) 人工施工过程的流水强度

$$V_i = R_i S_i \tag{11-2}$$

式中：V_i——投入施工过程 i 的人工操作流水强度；

R_i——投入施工过程 i 的工作队人数；

S_i——投入施工过程 i 的工作队的平均产量定额。

11.2.2 时间参数

时间参数是指在组织流水施工时，用以表达施工过程在时间安排上所处状态的参数。它包括流水节拍、间歇时间、平行搭接时间、流水步距和流水工期等。

1. 流水节拍

流水节拍是指一个施工过程的专业施工班组完成一个施工段上相应的施工任务所需的

作业时间。常用“t”表示，它是流水施工的主要参数之一。

由于划分的施工段大小可能不同，因此，同一施工过程在各施工段上的作业时间也就不同。当施工段确定以后，流水节拍的长短将影响总工期，流水节拍长则工期就长，流水节拍短则工期就短。

1）流水节拍的计算

组织施工时所采用的施工方法、施工机械以及工作面所允许投入的劳动力人数、机械台班数、工作班次，都将影响流水节拍的长短，进而影响施工速度和工期，流水节拍的计算有定额计算法、经验估算法和工期计算法。

(1) 定额计算法。根据施工段的工程量和可投入劳动力人数、机械台班进行计算

$$t_{i,j}=\frac{Q_{i,j}}{S_iR_iN_i}=\frac{Q_{i,j}H_i}{R_iN_i}=\frac{P_{i,j}}{R_iN_i} \tag{11-3}$$

式中：$t_{i,j}$——第 i 个施工过程在第 j 个施工段上的流水节拍；

$Q_{i,j}$——第 i 个施工过程在第 j 个施工段上要完成的工程量；

S_i——第 i 个专业施工班组的产量定额；

R_i——第 i 个施工过程的施工班组人数或机械台班数；

N_i——每天的工作班制；

H_i——第 i 个专业施工班组的时间定额；

$P_{i,j}$——第 i 个专业施工班组在第 j 个施工段上要完成的劳动量。

(2) 经验估算法。对于没有定额可循的施工项目，如新结构、新工艺、新材料等，可根据经验进行估算，亦称为三时间估算法。即对影响施工过程的各项因素进行分析，得出最乐观的流水节拍 a、最悲观的流水节拍 b，以及最可能的流水节拍 c，则流水节拍为

$$t=\frac{a+4c+b}{6} \tag{11-4}$$

(3) 工期计算法。对某些已经确定了工期的工程项目，往往采用倒排进度法来确定流水节拍，其流水节拍的确定步骤如下。

① 根据工期倒排进度，按经验或有关资料确定各施工过程的工作持续时间。

② 根据每一施工过程的工作持续时间及施工段数确定出流水节拍。当该施工过程在各段上的工程量大致相等时，其流水节拍为

$$t=\frac{T}{m} \tag{11-5}$$

式中：t——流水节拍；

T——某施工过程的工作延续时间；

m——某施工过程划分的施工段数。

2）确定流水节拍的要点

(1) 施工班组人数应合理。施工班组人数既要满足合理施工所必需的最少劳动组合人数，同时也不能太多，应满足施工段工作面上正常施工情况下可容纳的最多人数。

最少劳动组合人数是指为保证施工活动能够正常进行的最低限度的班组人数及合理组合。

最多人数的计算公式为

$$最多人数=\frac{最小施工段上的作业面}{每个工人所需最小作业面} \tag{11-6}$$

(2) 合理安排工作班制。工作班制安排需考虑工期要求和施工技术条件的要求。如果工期要求紧，或者施工时需要连续施工的工序，可采用二班制，甚至三班制。

(3) 流水节拍尽量相等。应先确定主导施工过程的流水节拍，再确定其他施工过程的流水节拍，尽可能使同一施工过程的流水节拍相等，以便于组织有节奏的流水施工。

(4) 流水节拍值应尽量取整，必要时最小可取 0.5d。

2. 间歇时间

间歇时间是根据工艺、技术要求或组织安排留出的等待时间。按间歇性质，可分为技术间歇和组织间歇；按间歇的部位，可分为施工过程间歇和层间间歇，如图 11.4 所示。

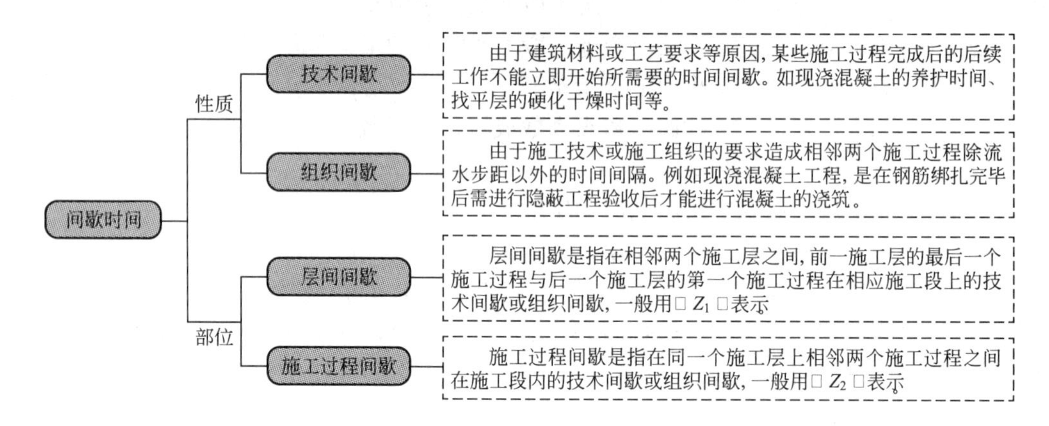

图 11.4　间歇时间分类

3. 平行搭接时间

平行搭接时间是指当工期要求紧迫，在工作面允许的条件下，前一个施工班组完成部分工作，后一个施工班组就提前进入施工，出现同一个施工段上两个施工班组平行搭接施工，后一施工班组提前介入的这段时间称为搭接时间，以“$C_{i,i+1}$”表示。

4. 流水步距

流水步距是指相邻两个专业施工班组先后开始施工的最小间隔时间。常用“$K_{i,i+1}$”表示(i 表示施工过程的编号)，它是流水施工的主要参数之一。

通过确定流水步距，可以使相邻专业施工班组按照施工程序施工，实现最大限度的平行搭接，同时也保证了专业施工班组施工的连续性。流水步距的大小取决于相邻施工过程流水节拍的大小，以及施工技术、工艺和组织要求。一般情况下(成倍节拍流水施工除外，后叙述)，流水步距的数目取决于施工过程数，如果施工过程数为 n 个，则流水步距为 $n-1$ 个。

1) 流水步距的计算

确定流水步距的方法有多种，其中最简单的方法是“最大差法”，即累加数列，错位相减最大差。

案例分析

某工程各道工序流水节拍见表11-2，求流水步距。

表11-2 某工程流水节拍 单位：d

施工过程＼施工段	①	②	③	④
A	2	3	3	2
B	3	4	3	3
C	1	2	2	1

解：(1) 累加数列。将各施工过程在每段上的流水节拍逐步累加。各施工过程的累加数列为

A：2，5(2+3)，8(5+3)，10(8+2)。

B：3，7(3+4)，10(7+3)，13(10+3)。

C：1，3(1+2)，5(3+2)，6(5+2)。

(2) 错位相减取大值。错位相减取大值是指相邻两个施工过程中的后续过程的累加数列向后错一位再相减，并在结果中取最大值，即为相邻两个施工过程的流水步距。例如，

$$
\begin{array}{lrrrrr}
K_{A,B}: & 2 & 5 & 8 & 10 & \\
-) & & 3 & 7 & 10 & 13 \\
\hline
 & 2 & 2 & 1 & 0 & -13
\end{array}
$$

流水步距为2天。

$$
\begin{array}{lrrrrr}
K_{B,C}: & 3 & 7 & 10 & 13 & \\
-) & & 1 & 3 & 5 & 6 \\
\hline
 & 3 & 6 & 7 & 8 & -6
\end{array}
$$

流水步距为8天。

2) 确定流水步距的要点

(1) 流水步距应能满足各施工班组连续作业。

(2) 流水步距应保证各施工段上的正常施工顺序。

(3) 各施工过程之间如果有技术组织间歇或平行搭接的要求时，按“案例分析中求流水步距”计算出的流水步距还应相应加上或减去技术组织间歇或平行搭接时间后，才是最终的流水步距。

当施工过程之间存在施工过程间歇时流水步距为

$$K=K_{计算}+Z_2 \tag{11-7}$$

当施工过程之间存在搭接要求时流水步距为

$$K=K_{计算}-C_{i,\,i+1} \tag{11-8}$$

5. 流水工期

工期是指从第一个施工班组开始施工到最后一个施工班组完成施工任务为止所需的时间。一般采用计算为

$$T = \sum K_{i,\ i+l} + T_n \qquad (11-9)$$

式中：T——流水施工工期；

$\sum K_{i,\ i+1}$——所有流水步距之和；

T_n——最后一个施工过程在各段上的持续时间之和。

11.2.3 空间参数

空间参数是指在组织流水施工时，用以表达施工过程在空间所处状态的参数。空间参数包括工作面、施工段数、施工层数。

1. 工作面

工作面是指供工人或机械进行施工的活动空间。工作面的形成有的是工程一开始就形成的，如基槽开挖，也有一些工作面的形成是随着前一个施工过程结束而形成的。如现浇混凝土框架柱的施工，绑扎钢筋、支模、浇筑混凝土等都是前一施工过程结束后，为后一施工过程提供了工作面。在确定一个施工过程的工作面时，不仅要考虑前一施工过程可能提供的工作面大小，还要遵守安全技术和施工技术规范的规定。

主要工种工作面参考数据见表11-3。

表11-3　主要工种工作面参考数据

工作项目	每个技工的工作面	说　明
砖基础	$7.6m^2$/人	以 $1\frac{1}{2}$ 砖计，2砖乘以0.8，3砖乘以0.55
砌砖墙	$8.5m^2$/人	以1砖计，$1\frac{1}{2}$ 砖乘以0.71，2砖乘以0.55
混凝土柱、墙基础	$8m^2$/人	
现浇钢筋混凝土柱	$2.45m^3$/人	机拌、机捣
现浇钢筋混凝土梁	$3.20m^3$/人	
现浇钢筋混凝土墙	$5.3m^3$/人	
现浇钢筋混凝土楼板	$5m^3$/人	
预制钢筋混凝土柱	$3.6m^3$/人	
预制钢筋混凝土梁	$3.6m^3$/人	
预制钢筋混凝土屋架	$2.7m^3$/人	
混凝土地坪及面层	$40m^2$/人	
外墙抹灰	$16m^2$/人	
内墙抹灰	$18.5m^2$/人	
卷材屋面	$18.5m^2$/人	
门窗安装	$11m^2$/人	

2. 施工段数

段的数目常用 m 表示，它是流水施工主要参数之一。一般情况下每一工段在某一时段内只安排一个施工班组，各施工班组按照工艺顺序依次投入施工，同一施工班组在不同施工段上平行施工，以实现流水施工组织。施工段划分的基本要求如下。

(1) 施工段的数目要合理。施工段的数目过多．会减缓施工进度，延长工期，造成工作面不能充分利用。施工段的数目过少，不利于合理利用工作面，容易造成劳动力、机械设备和材料的集中消耗，给施工现场的组织管理增加难度．有时还会出现窝工现象。

(2) 各施工段的劳动量或工程量应大致相等。一般相差宜在 15%以内，从而保证施工班组能够连续、均衡地施工。

(3) 施工段的分界应尽可能与结构界限相一致，如沉降缝、伸缩缝等。在没有结构缝时，应在允许留置施工缝的位置设置，从而保证施工质量和结构的整体性。

3. 施工层数

施工层数是指多层、高层建筑的竖向空间分隔的数目，用 n 表示。

当组织楼层结构的流水施工时，既要满足分段流水，也要满足分层流水。即施工班组做完第一段后，能立即转入第二段；做完第一层的最后一段，能立即转入第二层的第一段。因此要求一层上的施工段数 m 应满足要求为

$$m \geqslant n \tag{11-10}$$

【举例说明】 某二层工程，有 3 个施工过程分别为 A、B、C，每个施工过程在各施工段上的作业时间均为 2 天，现分析如下。

(1) 当 $m=n$ 时，即每层划分 3 个施工段，其进度计划安排图略，该种施工方法施工班组均连续施工，没有停歇、窝工现象，工作面得到充分利用。

(2) 当 $m>n$ 时，即每层划分 4 个施工段，其进度计划安排如图 11.5 所示。

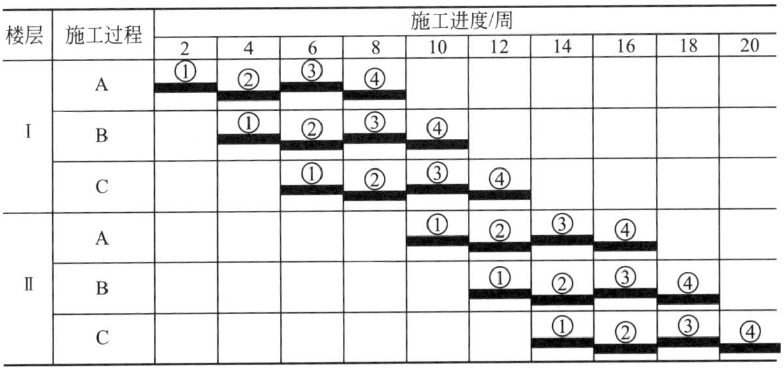

楼层	施工过程	施工进度/周									
		2	4	6	8	10	12	14	16	18	20
Ⅰ	A	①	②	③	④						
	B		①	②	③	④					
	C			①	②	③	④				
Ⅱ	A					①	②	③	④		
	B						①	②	③	④	
	C							①	②	③	④

图 11.5　当 m　n 时的工程横道图

由图 11.5 可知，施工班组仍能连续施工，没有停歇、窝工现象，但工作面空闲。即当 A 过程进入第 4 段施工时，第 1 段已闲置，但并不影响施工班组连续施工。这种施工段的空闲，有时也必要，可利用这一停歇时间进行混凝土养护、弹线定位等工作。

(3) 当 $m<n$ 时，即每层划分 2 个施工段，其进度计划安排如图 11.6 所示。

从图 11.6 中可以看出，施工班组不能连续施工，出现窝工现象。

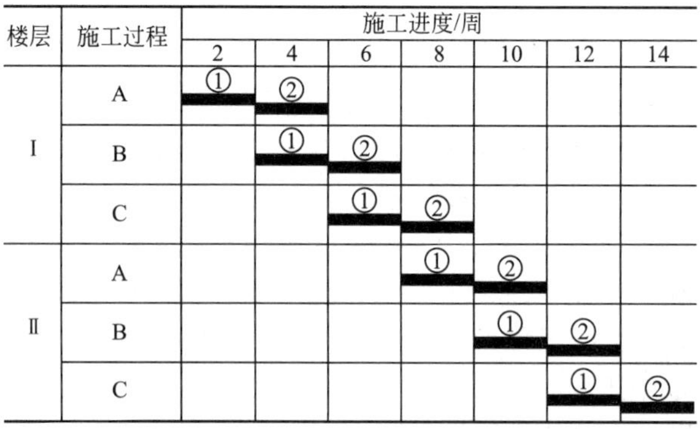

楼层	施工过程	施工进度/周						
		2	4	6	8	10	12	14
Ⅰ	A	①	②					
	B		①	②				
	C			①	②			
Ⅱ	A				①	②		
	B					①	②	
	C						①	②

图 11.6　当 m　n 时的工程横道图

11.3 有节奏流水组织方法

专业流水是指在项目施工中，为生产某一建筑产品或其组成部分的主要专业工种，按照流水施工基本原理组织项目施工的一种组织方式。根据各施工过程时间参数的不同特点，专业流水分为等节拍专业流水、异节拍专业流水等几种形式。

11.3.1　等节拍专业流水

等节拍专业流水是指在组织流水施工时，如果所有的施工过程在各个施工段上的流水节拍彼此相等，这种流水施工组织方式称为等节拍专业流水，也称为固定节拍流水或全等节拍流水。

1. 基本特点

(1) 流水节拍彼此相等。如有 n 个施工过程，流水节拍为 t_i，则

$$t_1=t_2=\cdots=t_{n-1}=t_n=t(\text{常数}) \qquad (11-11)$$

(2) 流水步距彼此相等，而且等于流水节拍，即

$$K_{1,2}=K_{2,3}=\cdots=K_{n-1,n}=K=t(\text{常数}) \qquad (11-12)$$

(3) 每个专业工作队都能够连续施工，施工段没有空闲。

(4) 专业工作队数(n_1)等于施工过程数(n)。

2. 组织步骤

(1) 确定项目施工起点流向，分解施工过程。

(2) 确定施工顺序，划分施工段。划分施工段时，其数目 m 的确定规则如下。

① 无层间关系或无施工层时 $m=n$。

② 有层间关系或有施工层时，施工段数目 m 分下面两种情况确定。

a) 无技术和组织间歇时，取 $m=n$。

b) 有技术和组织间歇时，为保证各专业工作队能连续施工，应取 $m>n$。此时，每层

施工段空闲数为 $m-n$，一个空闲施工段的时间为 t，则每层的空闲时间为

$$(m-n)\cdot t=(m-n)\cdot K$$

若一个楼层内各施工过程间的技术、组织间歇时间之和为 $\sum Z_1$，楼层间技术、组织间歇时间为 Z_2。如果每层的 $\sum Z_1$ 均相等，Z_2 也相等，而且为了保证连续施工，施工段上除 $\sum Z_1$ 和 Z_2 外无空闲，则

$$(m-n)\cdot K=\sum Z_1+Z_2 \tag{11-13}$$

所以，每层的施工段数 m 可确定为

$$m=n+\frac{\sum Z_1}{K}+\frac{Z_2}{K} \tag{11-14}$$

如果每层的 $\sum Z_1$，不完全相等，Z_2 也不完全相等，应取各层中最大的 $\sum Z_1$ 和 Z_2，并确定施工段数为

$$m=n+\frac{\max\sum Z_1}{K}+\frac{\max\sum Z_2}{K} \tag{11-15}$$

③ 根据等节拍专业流水要求，按式(11-9)～式(11-13)或式(11-13)计算流水节拍数值。

④ 确定流水步距，$K=t$。

⑤ 计算流水施工的工期。

a) 不分施工层，进行计算方式为

$$T=(m+n-1)\cdot K+\sum Z_{j,j+1}+\sum G_{j,j+1}-C_{j,j+1} \tag{11-16}$$

式中：T——流水施工总工期；

m——施工段数；

n——施工过程数；

K——流水步距；

j——施工过程编号，$1\leqslant j\leqslant n$；

$Z_{j,j+1}$——j 与 $j+1$ 两施工过程间的技术间歇时间；

$G_{j,j+1}$——j 与 $j+1$ 两施工过程间的组织间歇时间；

$C_{j,j+1}$——j 与 $j+1$ 两施工过程间的平行搭接时间。

b) 分施工层，进行计算方式为

$$T=(m\cdot r+n-1)\cdot K+\sum Z_1-\sum C_{j,j+1} \tag{11-17}$$

式中：r ——施工层数；

$\sum Z_1$——第一个施工层中各施工过程之间的技术与组织间歇时间之和

$$\sum Z_1=\sum Z_{j,j+1}^1+\sum G_{j,j+1}^1$$

$\sum Z_{j,j+1}^1$——第一个施工层的技术间歇时间；

$\sum G_{j,j+1}^1$——第一个施工层的组织间歇时间；

其他符号含义同前。

在式(11-17)中，没有二层及二层以上的 $\sum Z_1$ 和 Z_2，是因为它们均已包括在式中的 $m\cdot r\cdot t$ 项内，如图 11.7 所示。

⑥ 绘制流水施工指示图表。

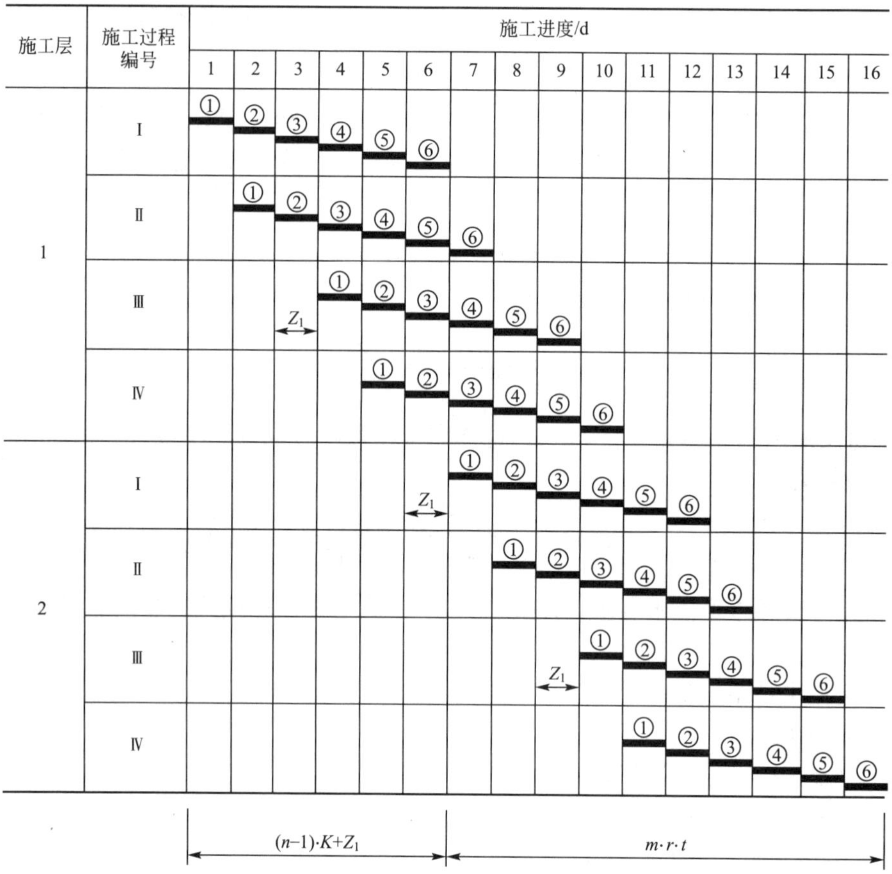

施工层	施工过程编号	施工进度/d															
		1	2	3	4	5	6	7	8	9	10	11	12	13	14	15	16
1	Ⅰ	①	②	③	④	⑤	⑥										
	Ⅱ		①	②	③	④	⑤	⑥									
	Ⅲ			Z_1	①	②	③	④	⑤	⑥							
	Ⅳ					①	②	③	④	⑤	⑥						
2	Ⅰ						Z_1	①	②	③	④	⑤	⑥				
	Ⅱ								①	②	③	④	⑤	⑥			
	Ⅲ									Z_1	①	②	③	④	⑤	⑥	
	Ⅳ											①	②	③	④	⑤	⑥

$(n-1)\cdot K+Z_1$　　$m\cdot r\cdot t$

图 11.7　分施工层的施工横道图

实践演练

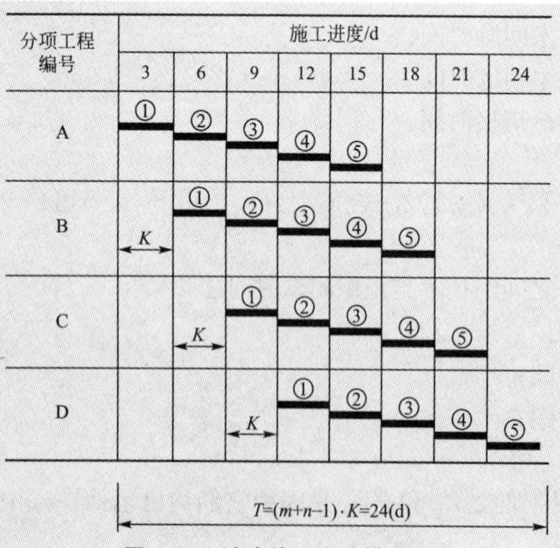

分项工程编号	施工进度/d							
	3	6	9	12	15	18	21	24
A	①	②	③	④	⑤			
B	K	①	②	③	④	⑤		
C		K	①	②	③	④	⑤	
D			K	①	②	③	④	⑤

$T=(m+n-1)\cdot K=24(\text{d})$

图 11.8　流水施工进度横道图

某分部工程由4个分项工程组成，划分成5个施工段，流水节拍均为3d，无技术、组织间歇，试确定流水步距，计算工期，并绘制流水施工进度图。

解：由已知条件 $t_i=t=3$ 可知，本分部工程宜组织等节拍专业流水。

1）确定流水步距

由等节拍专业流水的特点知，$K=t=3$d。

2）计算工期

由式(11-17)得 $T=(m+n-1)\cdot K=(5+4-1)\times 3=24(\text{d})$

3）绘制流水施工进度表

绘制流水施工进度表，如图11.8所示。

实践演练

某项目由Ⅰ、Ⅱ、Ⅲ、Ⅳ，共4个施工过程组成，划分两个施工层组织流水施工，施工过程Ⅱ完成后需养护一天，下一个施工过程才能施工，且层间技术间歇为一天，流水节拍均为一天。为了保证工作队连续作业，试确定施工段数，计算工期，绘制流水施工进度表。

解：1）确定流水步距

因 $t_i=t=1\text{d}$，所以 $K=t=1\text{d}$

2）确定施工段数

因项目施工时分两个施工层，其施工段数可按式(11-15)确定，即

$$m=n+\frac{\sum Z_1}{K}+\frac{Z_2}{K}=4+\frac{1}{1}+\frac{1}{1}=6(\text{段})$$

3）计算工期

由式(11-17)得

$$T=(m\cdot r+n-1)\cdot K+\sum Z_1-\sum C_{j,j+1}=(6\times2+4-1)\times1+1-0=16(\text{d})$$

4）绘制流水施工进度图

绘制流水施工进度图，如图11.9所示。

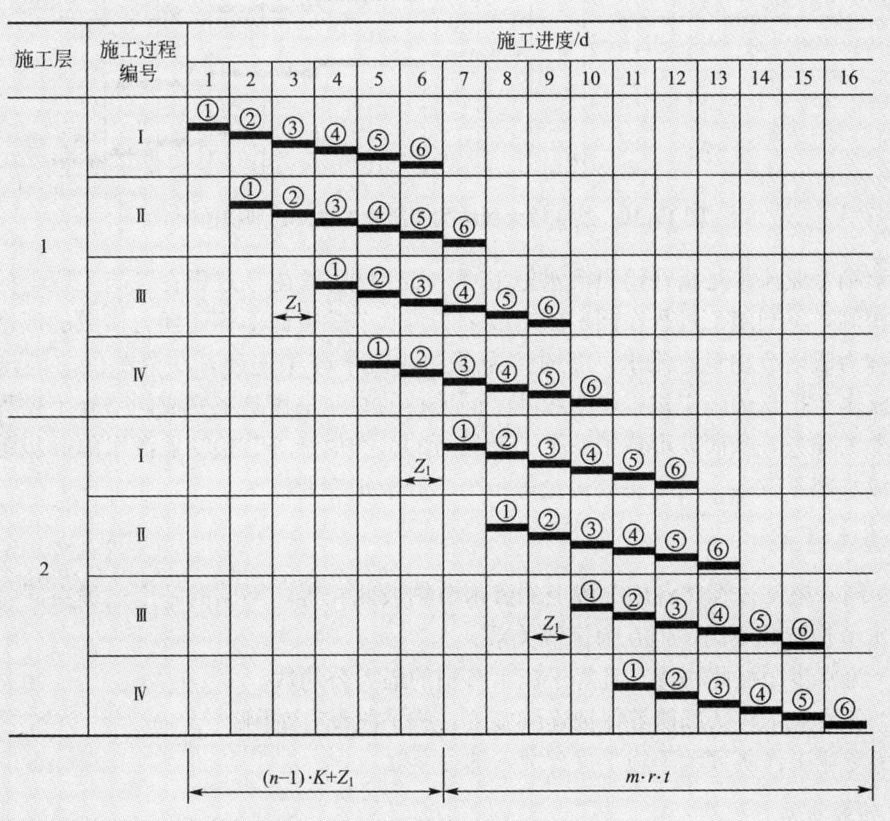

施工层	施工过程编号	施工进度/d															
		1	2	3	4	5	6	7	8	9	10	11	12	13	14	15	16
1	Ⅰ	①	②	③	④	⑤	⑥										
	Ⅱ		①	②	③	④	⑤	⑥									
	Ⅲ			Z_1	①	②	③	④	⑤	⑥							
	Ⅳ					①	②	③	④	⑤	⑥						
2	Ⅰ						Z_1	①	②	③	④	⑤	⑥				
	Ⅱ								①	②	③	④	⑤	⑥			
	Ⅲ									Z_1	①	②	③	④	⑤	⑥	
	Ⅳ											①	②	③	④	⑤	⑥

$(n-1)\cdot K+Z_1$ $m\cdot r\cdot t$

图 11.9 流水施工进度横道图

11.3.2 异节拍专业流水

在进行等节拍专业流水施工时，有时由于各施工过程的性质、复杂程度不同，可能会出现某些施工过程所需人数或机械台数超出施工段上工作面所能容纳数量的情况。此时，只能按施工段所能容纳的人数或机械台数确定这些施工过程的流水节拍，这可能使某些施工过程的流水节拍为其他施工过程流水节拍的倍数，从而形成异节拍专业流水。

例如，拟兴建四幢大板结构房屋，施工过程为基础、结构安装、室内装修和室外工程，每幢为一个施工段，经计算各施工过程的流水节拍分别为 5，10，10，5d。这是一个异节拍专业流水，其进度计划如图 11.10 所示。

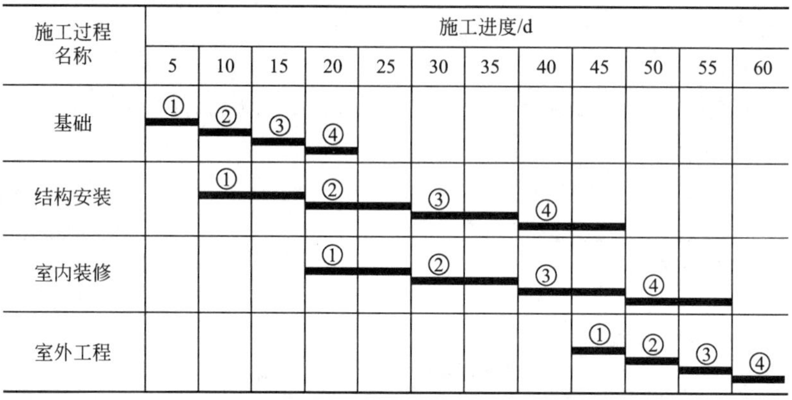

施工过程名称	施工进度/d											
	5	10	15	20	25	30	35	40	45	50	55	60
基础	①	②	③	④								
结构安装		①		②		③		④				
室内装修				①		②		③		④		
室外工程									①	②	③	④

图 11.10 某 4 幢大板结构房屋施工进度计划横道图

异节拍专业流水是指在组织流水施工时，如果同一个施工过程在各施工段上的流水节拍彼此相等，不同施工过程在同一施工段上的流水节拍彼此不等而互为倍数的流水施工方式，也称为成倍节拍专业流水。有时，为了加快流水施工速度，在资源供应满足的前提下，对流水节拍长的施工过程，组织几个同工种的专业工作队来完成同一施工过程在不同施工段上的任务，从而就形成了一个工期最短的、类似于等节拍专业流水的等步距的异节拍专业流水施工方案。这里主要讨论等步距的异节拍专业流水。

1. 基本特点

(1) 同一施工过程在各施工段上的流水节拍彼此相等，不同的施工过程在同一施工段上的流水节拍彼此不同，但互为倍数关系。

(2) 流水步距彼此相等，且等于流水节拍的最大公约数。

(3) 各专业工作队都能够保证连续施工，施工段没有空闲。

(4) 专业工作队数大于施工过程数，即 $n_1 > n$。

2. 组织步骤

(1) 确定施工起点流向，分解施工过程。

(2) 确定施工顺序，划分施工段，当不分施工层时，可按划分施工段的原则确定施工段数；当分施工层时，每层的段数可确定为

$$m=n_1+\frac{\max\sum Z_1}{K_b}+\frac{\max\sum Z_2}{K_b} \tag{11-18}$$

式中：n_1——专业工作队总数；

K_b——等步距的异节拍流水的流水步距；

其他符号含义同前。

(3) 按异节拍专业流水确定流水节拍。

(4) 确定流水步距为

$$K_b=\text{最大公约数}\{t^1, t^2, \cdots, t^n\} \tag{11-19}$$

(5) 确定专业工作队数为

$$b_j=\frac{t^j}{K_b} \tag{11-20}$$

$$n_1=\sum_{j=1}^{n}b_j \tag{11-21}$$

式中：t^j——施工过程 j 在各施工段上的流水节拍；

B^j——施工过程 j 所要组织的专业工作队数；

j——施工过程编号，$1\leqslant j<n$。

(6) 确定计划总工期为

$$T=(r\cdot n_1-1)\cdot K_b+m^{zh}\cdot t^{zh}+\sum Z_{j,j+1}+\sum G_{j,j+1}-\sum C_{j,j+1} \tag{11-22}$$

$$T=(m\cdot r+n_1-1)\cdot K_b+\sum Z_1-\sum C_{j,j+1} \tag{11-23}$$

式中：r——施工层数；不分层时 $r=1$，分层时 $r=$实际施工层数；

m^{zh}——最后一个施工过程的最后一个专业工作队所要通过的施工段数；

t^{zh}——最后一个施工过程的流水节拍；

其他符号含义同前。

(7) 绘制流水施工进度表。

实践演练

某项目由Ⅰ、Ⅱ、Ⅲ等3个施工过程组成，流水节拍分别为 $t^{\text{I}}=2\text{d}$，$t^{\text{II}}=6\text{d}$，$t^{\text{III}}=4\text{d}$，试组织等步距的异节拍流水施工，并绘制流水施工进度表。

解：(1) 按式(11-15)确定流水步距 $K_b=$最大公约数 $\{2, 6, 4\}=2\text{d}$

(2) 由式(11-16)、式(11-17)求专业工作队数

$$b_{\text{I}}=\frac{t^1}{K_b}=\frac{2}{2}=1(\text{个}),\ b_{\text{II}}=\frac{t^2}{K_b}=\frac{6}{2}=3(\text{个}),\ b_{\text{III}}=\frac{t^3}{K_b}=\frac{4}{2}=2(\text{个})$$

$$n_1=\sum_{j=1}^{3}b_j=1+3+2=6(\text{个})$$

(3) 求施工段数。为了使各专业工作队都能连续工作，取 $m=n_1=6$ 段。

(4) 计算工期

$$T=(6+6+1)\times 2=22(\text{d});\ T=(6-1)\times 2+3\times 4=22(\text{d})$$

(5) 绘制流水施工进度表，如图 11.11 所示。

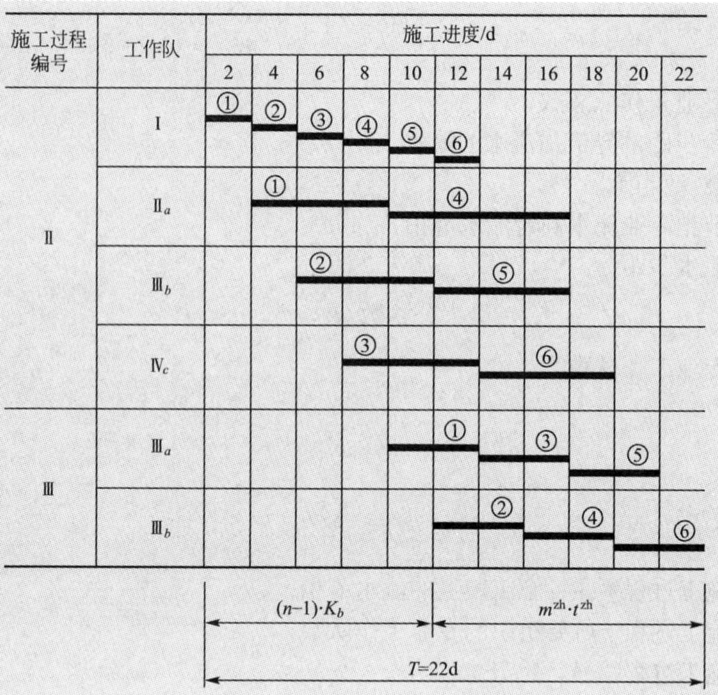

施工过程编号	工作队	施工进度/d										
		2	4	6	8	10	12	14	16	18	20	22
	Ⅰ	①	②	③	④	⑤	⑥					
Ⅱ	$Ⅱ_a$		①				④					
	$Ⅲ_b$			②				⑤				
	$Ⅳ_c$				③				⑥			
Ⅲ	$Ⅲ_a$						①		③		⑤	
	$Ⅲ_b$							②		④		⑥

$(n-1)\cdot K_b$　　$m^{zh}\cdot t^{zh}$

$T=22d$

图 11.11　施工进度横道图

实践演练

某两层现浇钢筋混凝土工程，施工过程分为安装模板、绑扎钢筋和浇筑混凝土。已知每段每层各施工过程的流水节拍分别为 $t_{模}=2d$，$t_{扎}=2d$，$t_{混}=1d$。当安装模板工作队转移到第二结构层的第一段施工时，需待第一层第一段的混凝土养护一天后才能进行。在保证各工作队连续施工的条件下，求该工程每层最少的施工段数，并绘出流水施工进度表。

解：按要求，本工程宜采用等步距异节拍专业流水。

1）确定流水步距

由式(11-19)得

$$K_b=\text{最大公约数}\{2,2,1\}=1d$$

2）确定专业工作队数

由式(11-20)得

$$b_{模}=\frac{t_{模}}{K_b}=\frac{2}{1}=2(\text{个}),\ b_{扎}=\frac{t_{扎}}{K_b}=\frac{2}{1}=2(\text{个}),\ b_{混}=\frac{t_{混}}{K_b}=\frac{1}{1}=1(\text{个})$$

代入公式(11-21)得

$$n_1=\sum_{j=1}^{3}b_j=2+2+1=5(\text{个})$$

3）确定每层的施工段数

为保证专业工作队连续施工，其施工段数可按式(11-14)确定

$$m=n_1+\frac{\max\sum Z_1}{K_b}=5+\frac{1}{1}=6(\text{段})$$

4) 计算工期

由式(11-22)得

$$T=(2\times5-1)\times1+6\times1+1=16(\mathrm{d})$$

或由式(11-23)得

$$T=(6\times2+5-1)\times1=16(\mathrm{d})$$

5) 绘制流水施工进度表

图 11.12 是按式(11-23)绘制的流水(施工)进度图，图 11.13 是按式(11-22)绘制的流水(施工)进度图。

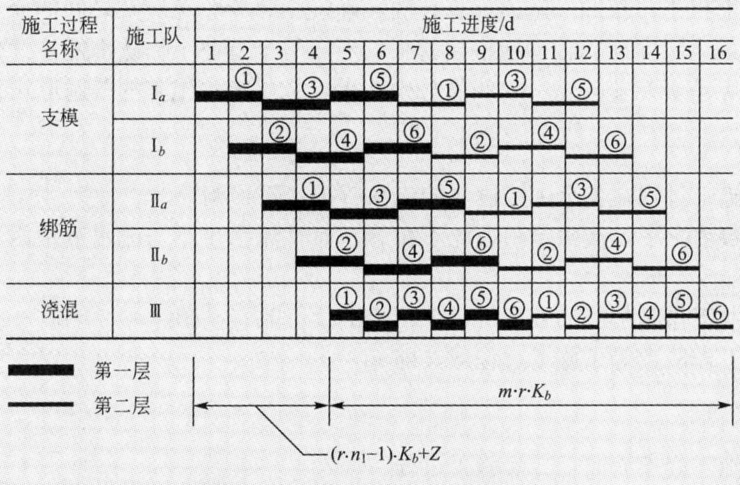

图 11.12 等步距异节拍专业流水

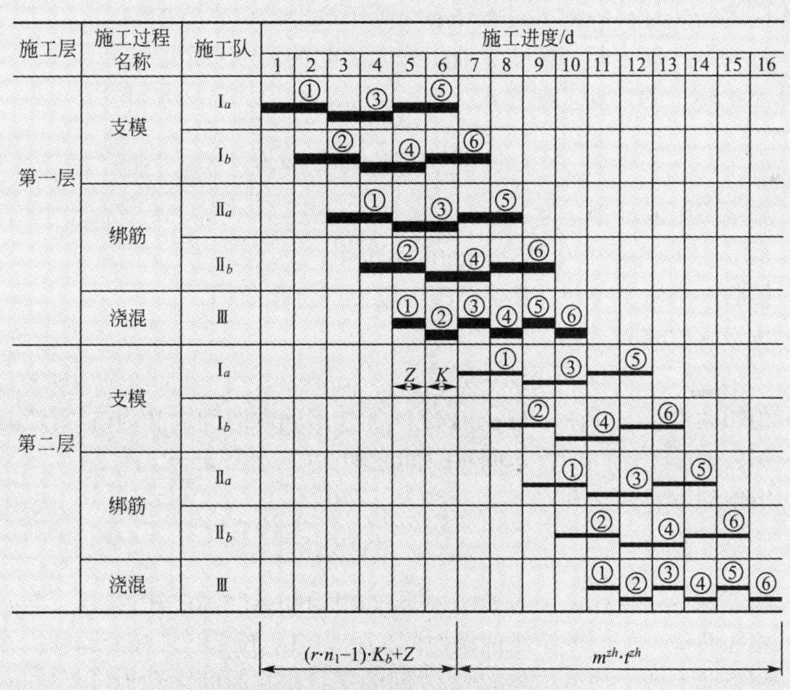

图 11.13 等步距异节拍专业流水

11.4 无节奏流水组织方式

在项目实际施工中，通常每个施工过程在各个施工段上的工程量彼此不等，各专业工作队的生产效率相差较大，导致大多数的流水节拍也彼此不相等，不可能组织成等节拍专业流水或异节拍专业流水。因此，可利用流水施工的基本概念，在保证施工工艺、满足施工顺序要求的前提下，按照一定的计算方法，确定相邻专业工作队之间的流水步距，使其在开工时间上最大限度地、合理地搭接起来，形成每个专业工作队都能连续作业的流水施工方式，称为无节奏专业流水，也叫做分别流水，它是流水施工的普遍形式。

1. 基本特点

(1) 每个施工过程在各个施工段上的流水节拍，不尽相等。

(2) 在多数情况下，流水步距彼此不相等，而且流水步距与流水节拍两者之间存在着某种函数关系。

(3) 各专业工作队都能连续施工，个别施工段可能有空闲。

(4) 专业工作队数等于施工过程数，即 $n_1=n$。

2. 组织步骤

(1) 确定施工起点流向，分解施工过程。

(2) 确定施工顺序，划分施工段。

(3) 按相应的公式计算各施工过程在各个施工段上的流水节拍。

(4) 按一定的方法确定相邻两个专业工作队之间的流水步距。

(5) 计算流水施工的计划工期方式为

$$T=\sum_{j=1}^{n-1}K_{j,j+1}+\sum_{i=1}^{m}t_i^{zh}+\sum Z+\sum G-\sum C_{j,j+1} \tag{11-24}$$

式中：T——流水施工的计划工期；

$K_{j,j+1}$——与 $j+1$ 两专业工作队之间的流水步距；

t_i^{zh}——最后一个施工过程在第 i 个施工段上的流水节拍；

$\sum Z$——技术间歇时间总和

$$\sum Z=\sum Z_{j,j+1}+\sum Z_{K,K+1}$$

$\sum Z_{j,j+1}$——相邻两专业工作队 j 与 $j+1$ 之间的技术间歇时间之和为$(1\leqslant j\leqslant n-1)$；

$\sum Z_{K,K+1}$——相邻两施工层间的技术间歇时间之和为$(1\leqslant K\leqslant r-1)$；

$\sum G$——组织间歇时间之和

$$\sum G=\sum G_{j,j+1}+\sum G_{K,K+1}$$

$\sum G_{j,j+1}$——相邻两专业工作队 j 与 $j+1$ 之间的组织间歇时间之和为$(1\leqslant j\leqslant n-1)$；

$\sum G_{K,K+1}$——相邻两施工层间的组织间歇时间之和为$(1\leqslant K\leqslant r-1)$；

$\sum C_{j,j+1}$——相邻两专业工作队 j 与 $j+1$ 之间的平行搭接时间之和为$(1\leqslant j\leqslant n-1)$。

(6) 绘制流水施工进度表。

【举例说明】 某拟建工程有Ⅰ、Ⅱ、Ⅲ、Ⅳ、Ⅴ等5个施工过程。施工时在平面上划分成4个施工段，每个施工过程在各个施工段上的流水节拍见表11－4。规定施工过程Ⅱ完成后，其相应施工段至少养护2d；施工过程Ⅳ完成后，其相应施工段要留有1d的准备时间。为了尽早完工，允许施工过程Ⅰ与Ⅱ之间搭接施工1d，试编制流水施工方案。

表11－4　各施工段上流水节拍

施工过程 / 流水节拍 / 施工段	Ⅰ	Ⅱ	Ⅲ	Ⅳ	Ⅴ
①	3	1	2	4	3
②	2	3	1	2	4
③	2	5	3	3	2
④	4	3	5	3	1

解：根据题设条件，该工程只能组织无节奏专业流水。

1）求流水节拍的累加数列

$$
\begin{array}{lllll}
\mathrm{I}: & 3, & 5, & 7, & 11 \\
\mathrm{II}: & 1, & 4, & 9, & 12 \\
\mathrm{III}: & 2, & 3, & 6, & 11 \\
\mathrm{IV}: & 4, & 6, & 9, & 12 \\
\mathrm{V}: & 3, & 7, & 9, & 10
\end{array}
$$

2）确定流水步距

① $K_{\mathrm{I,II}}$为

$$
\begin{array}{rrrrrr}
 & 3 & 5 & 7 & 11 & \\
-) & & 1 & 4 & 9 & 12 \\
\hline
 & 3 & 4 & 3 & 2 & -12
\end{array}
$$

所以$K_{\mathrm{I,II}}=\max\{3,4,3,2,-12\}=4\mathrm{d}$。

② $K_{\mathrm{II,III}}$为

$$
\begin{array}{rrrrrr}
 & 1 & 4 & 9 & 12 & \\
-) & & 2 & 3 & 6 & 11 \\
\hline
 & 1 & 2 & 6 & 6 & -11
\end{array}
$$

所以$K_{\mathrm{II,III}}=\max\{1,2,6,6,-11\}=6\mathrm{d}$。

③ $K_{\mathrm{III,IV}}$为

$$
\begin{array}{rrrrrr}
 & 2 & 3 & 6 & 11 & \\
-) & & 4 & 6 & 9 & 12 \\
\hline
 & 2 & -1 & 0 & 2 & -12
\end{array}
$$

所以$K_{\mathrm{III,IV}}=\max\{2,-1,0,2,-12\}=2\mathrm{d}$。

④ $K_{\mathrm{IV,V}}$为

$$
\begin{array}{rrrrrr}
 & 4 & 6 & 9 & 12 & \\
-) & & 3 & 7 & 9 & -10 \\
\hline
 & 4 & 3 & 2 & 3 & -10
\end{array}
$$

所以 $K_{Ⅳ,Ⅴ}=\max\{4,3,2,3,-10\}=4d$。

3）确定计划工期

由题给条件可知：$Z_{Ⅰ,Ⅱ}=2d$，$G_{Ⅳ,Ⅴ}=1d$，代入式(11-22)得

$$T=(4+6+2+4)+(3+4+2+1)+2+1-1=28(d)$$

4）绘制流水施工进度表

绘制流水施工进度表，如图 11.14 所示。

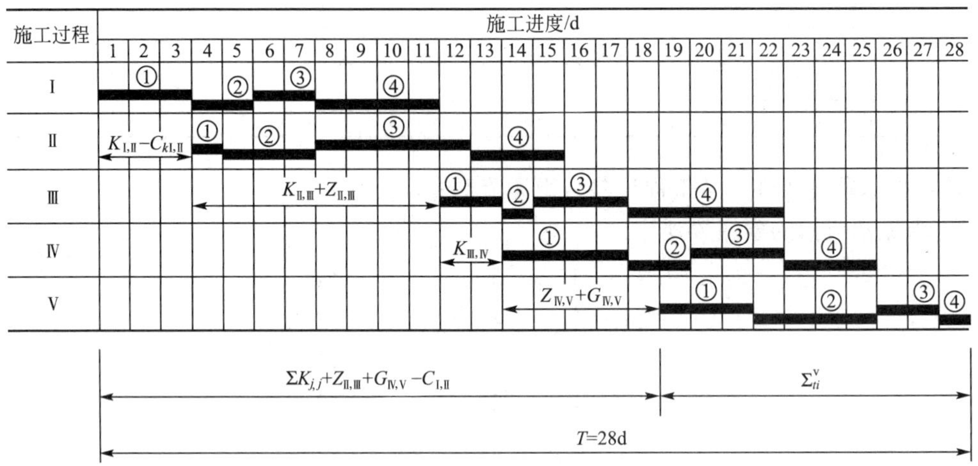

图 11.14　流水施工进度表

案例分析

某工程由 A、B、C、D 等 4 个施工过程组成，施工顺序为 A→B→C→D，各施工顺序的流水节拍为 $t_A=2d$，$t_B=4d$，$t_C=4d$，$t_D=2d$。在劳动力相对固定的条件下，试确定流水施工方案。

解：从流水节拍特点看，可组织异节拍专业流水；但因劳动力不能增加，无法做到等步距。为了保证专业工作队连续施工，按无节奏专业流水方式组织施工。

1）确定施工段数

为使专业工作队连续施工，取施工段数等于施工过程数，即

$$m=n=4$$

2）求累加数列

A：	2，	4，	6，	8
B：	4，	8，	12，	16
C：	4，	8，	12，	16
D：	2，	4，	6，	8

3）确定流水步距

① $K_{A,B}$ 为

所以 $K_{A,B}=\max\{2,0,-2,-4,-16\}=2d$。

② $K_{B,C}$ 为

$$\begin{array}{rrrrrr} & 4 & 8 & 12 & 16 & \\ -) & & 4 & 8 & 12 & 16 \\ \hline & 4 & 4 & 4 & 4 & -16 \end{array}$$

所以 $K_{B,C}=\max\{4,\ 4,\ 4,\ -16\}=4\text{d}$。

③ $K_{C,D}$ 为

$$
\begin{array}{rrrrrr}
 & 4 & 8 & 12 & 16 & \\
-) & & 2 & 4 & 6 & 8 \\
\hline
 & 4 & 6 & 8 & 10 & -8
\end{array}
$$

所以 $K_{C,D}=\max\{4,\ 6,\ 8,\ 10,\ -8\}=10\text{d}$。

4) 计算工期

由式(11-18)得

$$T=(2+4+10)+2\times4=24\text{d}$$

5) 绘制流水施工进度表

绘制流水施工进度表，如图 11.15 所示。

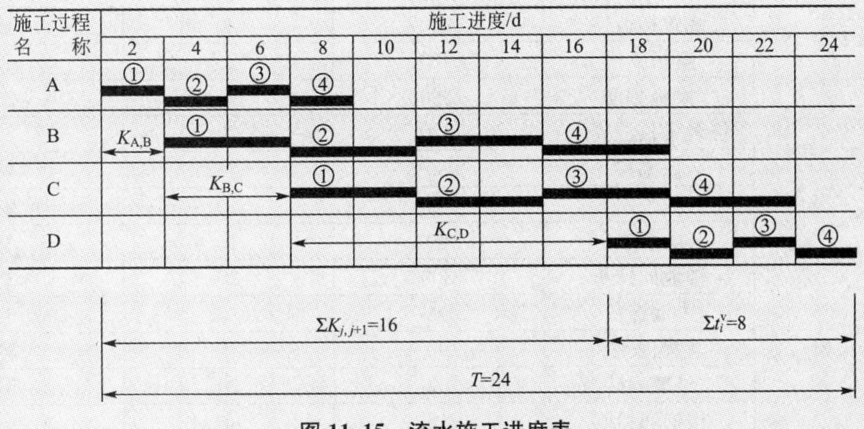

图 11.15　流水施工进度表

从图 11.15 可知，当同一施工段上不同施工过程的流水节拍不相同，而互为整倍数关系时，如果不组织多个同工种专业工作队完成同一施工过程的任务，流水步距必然不等，只能用无节奏专业流水的形式组织施工；如果以缩短流水节拍长的施工过程，达到等步距流水，就要在增加劳动力没有问题的情况下，检查工作面是否满足要求；如果延长流水节拍短的施工过程，工期就要延长。

因此，采取哪一种流水施工的组织形式，除要分析流水节拍的特点外，还要考虑工期要求和项目经理部自身的具体施工条件。

任何一种流水施工的组织形式，仅仅是一种组织管理手段，其最终目的是要实现企业目标，即工程质量好、工期短、成本低、效益高和安全施工。

11.5 工程实例分析

某五层四单元砖混结构的住宅楼工程，建筑面积为 2290m^2，基础形式为钢筋混凝土条形基础；主体工程为砖混结构，楼板、楼梯均为现浇钢筋混凝土；屋面保温层选用珍珠岩保温，SBS 卷材防水层；外墙为灰色墙砖贴面，内墙为中级抹灰，楼地面为普通水泥砂浆面层，中空玻璃塑钢窗，木门。工程中主要施工过程的劳动量及施工班组人数见表 11-5。该工程是以基础工程、主体工程、屋面工程、装饰装修工程为主要分部工程控制整个工程的流水施工。首先组织分部工程流水施工，然后组织各分部工程合理搭接，最后合并成单位工程的流水施工。

表 11-5 某工程主要施工过程劳动量

分部工程名称	分项施工过程名称	劳动量/工日	施工班组人数	流水节拍/d
基础工程	挖土	8(机械台班)	1台挖土机	8
	铺垫层	28	20	2
	基础绑筋	60	15	2
	浇筑基础混凝土	80	20	2
	回填土	80	20	2
主体工程	构造柱钢筋	142	15	1
	砌筑砖墙	2400	20	12
	浇筑构造柱	210	20	1
	梁板支模	920	20	5
	梁板绑筋	360	20	2
	浇筑梁板混凝土	420	20	2
屋面工程	保温层	80	20	4
	找平层	42	20	2
	防水层	60	10	6
装饰工程	楼地面抹灰	300	20	3
	内墙抹灰	580	20	6
	门窗安装	90	6	3
	外墙面砖	480	20	5
	楼梯间粉刷	16	4	4

具体组织如下。

1）基础工程

土方工程采用机械挖土，用一台挖土机 8d 即可完成。混凝土垫层工程量较少，不对其划分施工段。

基础工程的其余 3 个施工过程组织流水施工，根据结构特点以两个单元作为一个施工段，则共划分两个施工段。基础混凝土浇筑后 2d 方可进行土方回填。

2）主体工程

主体工程的主导施工过程为砌筑砖墙过程。在平面上以两个单元作为一个施工段，共划分两个施工段。

该工程由于有层间关系，而施工过程数大于施工段数，施工班组会出现窝工现象。因此只能保证主导施工过程连续施工，其他施工过程的施工班组与其他工地统一调度安排，以解决窝工问题。

3）屋面工程

由于防水工程的技术要求，因此不划分施工段。

4）装饰工程

装修工程采用自上而下的施工顺序，每层视为一个施工段，共 5 个施工段。

具体进度安排如图 11.16 所示。

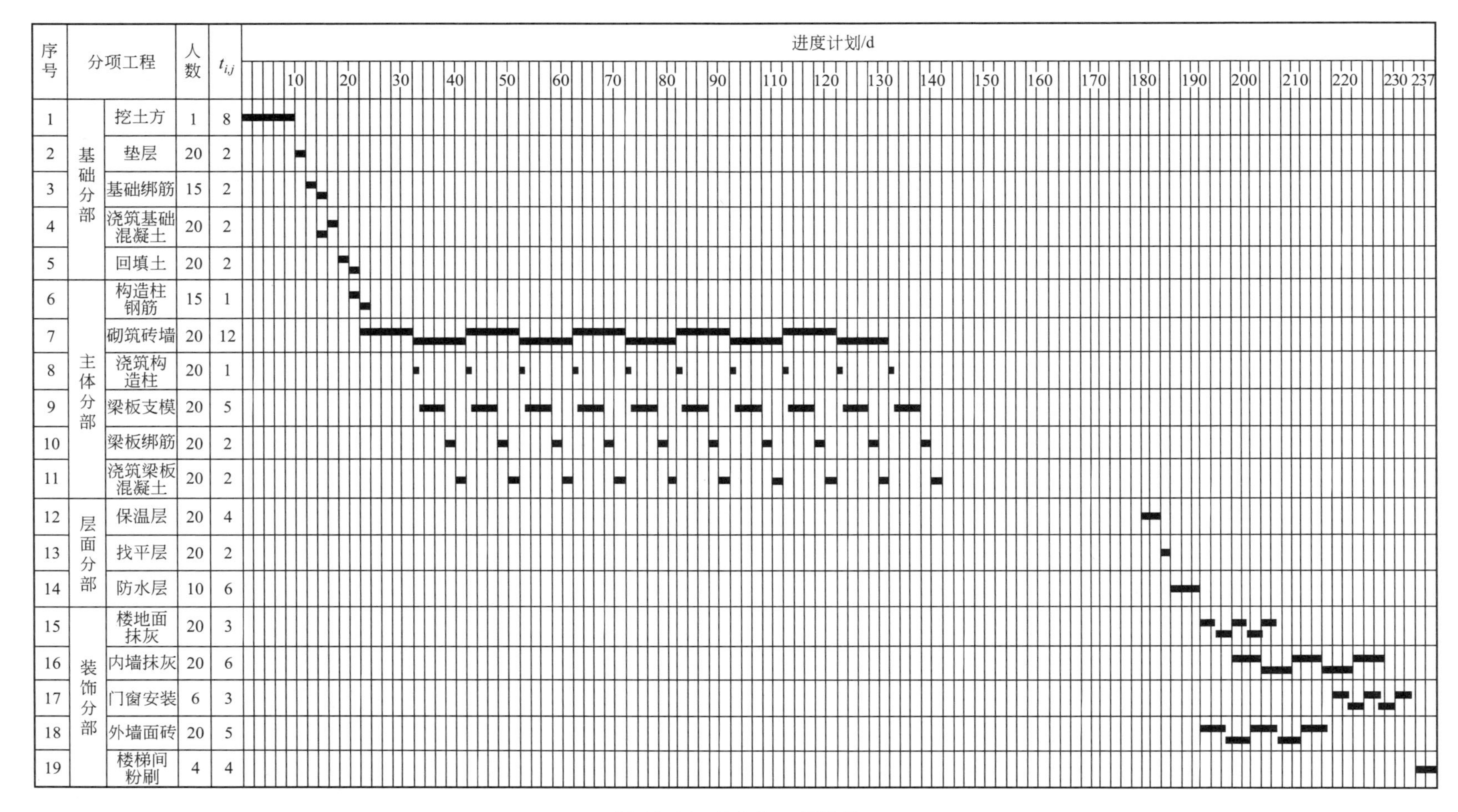

序号	分项工程		人数	$t_{i,j}$
1	基础分部	挖土方	1	8
2		垫层	20	2
3		基础绑筋	15	2
4		浇筑基础混凝土	20	2
5		回填土	20	2
6	主体分部	构造柱钢筋	15	1
7		砌筑砖墙	20	12
8		浇筑构造柱	20	1
9		梁板支模	20	5
10		梁板绑筋	20	2
11		浇筑梁板混凝土	20	2
12	层面分部	保温层	20	4
13		找平层	20	2
14		防水层	10	6
15	装饰分部	楼地面抹灰	20	3
16		内墙抹灰	20	6
17		门窗安装	6	3
18		外墙面砖	20	5
19		楼梯间粉刷	4	4

图11.16 流水施工横道图

职 业 技 能

技能要点	掌握程度	应用方向
有关时间参数的计算	掌握	
施工段的划分	了解	土　建 施工员
流水施工的原理和掌握流水施工的主要参数	了解	
掌握横道计划基本编制方法	了解	
等节奏流水施工方案编制	熟悉	
异节奏流水施工基本特点和工期的计算	掌握	
无节奏流水施工的特点和工期的计算	掌握	
横道图进度计划的编制方法	了解	

习　　题

一、选择题

1. 流水施工的科学性和技术经济效果的实质是(　　)。【2004年造价工程师考试真题】

A. 实现了机械化生产　　B. 合理利用了工作面

C. 合理利用了工期　　D. 实现了连续均衡施工

2. 流水施工的施工过程和施工过程数属于(　　)。【2004年造价工程师考试真题】

A. 技术参数　　B. 时间参数

C. 工艺参数　　D. 空间参数

3. 为有效地组织流水施工，施工段的划分应遵循的原则是(　　)。【2004年造价工程师考试真题】

A. 同一专业工作队在各施工段上的劳动量应大致相等

B. 各施工段上的工作面满足劳动力或机械布置优化组织的要求

C. 施工过程数大于或等于施工段数

D. 流水步距必须相等

E. 流水节拍必须相等

4. 浇筑混凝土后需要保证一定的养护时间，这就可能产生流水施工的(　　)。【2005年造价工程师考试真题】

A. 流水步距　　B. 流水节拍　　C. 技术间歇　　D. 组织间歇

5. 某项目组成了甲、乙、丙、丁共4个专业队进行等节奏流水施工，流水节拍为6周，最后一个专业队(丁队)从进场到完成各施工段的施工共需30周。根据分析，乙与甲、丙与乙之间各需2周技术间歇，而经过合理组织，丁对丙可插入3周进场，该项目总工期

为(   )周。【2005 年造价工程师考试真题】

A. 49　　B. 51　　C. 55　　D. 56

6. 用于表示流水施工在施工工艺上的展开顺序及其特征的参数是(   )。【2005 年造价工程师考试真题】

A. 施工段　　B. 施工层　　C. 施工过程　　D. 流水节拍

7. 某工程划分为 A、B、C、D 4 个施工过程，3 个施工段，流水节拍均为 3 天，其中 A 与 B 之间间歇 1 天，B 与 C 之间搭接 1 天，C 与 D 之间间歇 2 天，则该工程计划工期应为(   )。【2006 年造价工程师考试真题】

A. 19 天　　B. 20 天　　C. 21 天　　D. 23 天

8. 已知某基础工程分为开挖、夯实、垫层和砌筑四个过程。每一过程各划分为四段施工，计划各段持续时间各为 6 天，各段过程之间最短间隔时间依次为 5 天、3 天和 3 天，实际施工中在第二段夯实过程中延误了 2 天，则实际完成该基础工程所需时间为(   )。【2007 年造价工程师考试真题】

A. 37 天　　B. 35 天　　C. 39 天　　D. 88 天

9. 某 3 跨工业厂房安装预制钢筋混凝土屋架，分吊装就位、矫直、焊接加固 3 个工艺流水作业，各工艺作业时间分别为 10 天、4 天、6 天，其中矫直后需稳定观察 3 天才可焊接加固，则按异节奏组织流水施工的工期应为(   )。【2008 年造价工程师考试真题】

A. 20 天　　B. 27 天　　C. 30 天　　D. 44 天

二、计算题

某施工项目有四个工艺过程，每个过程按五段依次进行施工，各过程在各段的持续时间依次为：4 天、3 天、5 天、7 天、4 天；5 天、6 天、7 天，3 天、2 天；3 天、5 天、4 天、8 天、7 天；5 天、6 天、2 天、3 天、4 天，其工期应为多少?

三、案例分析

某办公楼工程，地下一层，地上十层，现浇钢筋混凝土框架结构，预应力管桩基础。建设单位与施工总承包单位签订了施工总承包合同，合同工期为 29 个月。按合同约定，施工总承包单位将预应力管桩工程分包给了符合资质要求的专业分包单位。施工总承包单位提交的施工总进度计划如图 11.17 所示(时间单位：月)，该计划通过了监理工程师的审查和确认。

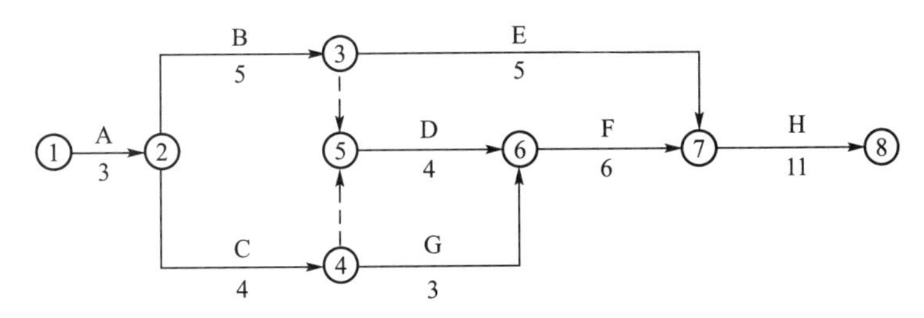

图 11.17　施工总进度计划网络图

合同履行过程中，在 H 工作开始前，为了缩短工期，施工总承包单位将原施工方案中 H 工作的异节奏流水施工调整为成倍节拍流水施工。原施工方案中 H 工作异节奏流水施工横道图如图 11.18 所示(时间单位：月)。【2010 年一级建造师考试《建筑工程》真题】

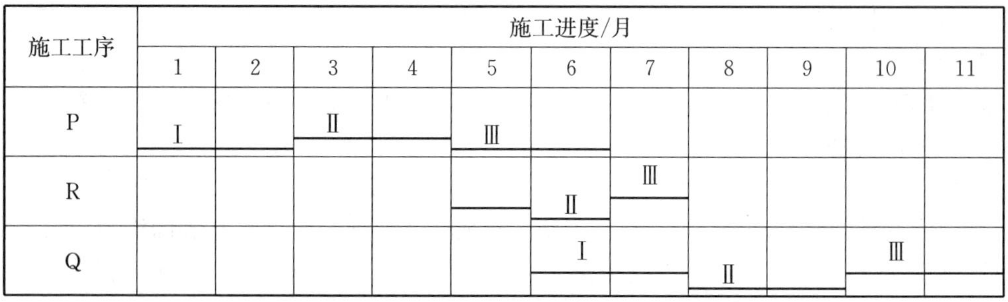

施工工序	施工进度/月										
	1	2	3	4	5	6	7	8	9	10	11
P	Ⅰ		Ⅱ		Ⅲ						
R						Ⅱ	Ⅲ				
Q						Ⅰ		Ⅱ		Ⅲ	

图 11.18　H工作异节奏流水施工横道图

【问题】

(1) 施工总承包单位计划工期能否满足合同工期要求？为保证工程进度目标，施工总承包单位应重点控制哪条施工线路？

(2) 流水施工调整后，H工作相邻工序的流水步距为多少个月？工期可缩短多少个月？按照图11.18格式绘制出调整后H工作的施工横道图。

第 12 章

网络计划技术

重点概览

络计划的概念

络图的绘制和计算

络计划的优化

络计划的电算方法

网络计划技术是用网络图进行计划管理的一种方法。网络计划技术应用网络图表述一项计划中各项工作的先后次序和相互关系、估计每项工作的持续时间和资源需要量、通过计算找出关键工作和关键路线，从而选择出最合理的方案并付诸实施，然后在计划执行过程中、进行控制和监督，保证最合理地使用人力、物力、财力和时间。

学习要点

- 了解网络图的基本概念；
- 掌握网络图的绘制和的主要参数的确定方法；
- 掌握网络计划优化的主要方法；
- 掌握网络计划编制的电算方法。

主要国家标准

- 《工程网络计划技术规程》JGJ/T 121—1999
- 《网络计划技术　第 3 部分：在项目管理中应用的一般程序》GB/T 13400.3—2009

案例导航

网络计划技术的“神奇”

小明是一名大三学生，他的生活起居很有规律。三年来，每天早晨上课前小明都会坚持泡一杯茶，然后看看当天的新闻。今年进入大四了，多门专业课的开设让小明感觉时间越来越紧张。学了网络计划技术后，小明对自己早晨的作息计划做了调整，更改前后的作息计划如图12.1和图12.2所示，两者相差20多分钟。他不由感叹时间真的像海绵，挤挤就有了！

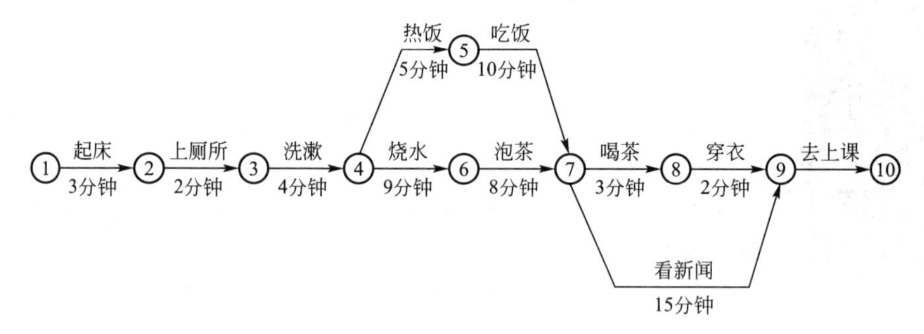

图12.1　小明的作息计划(调整前)

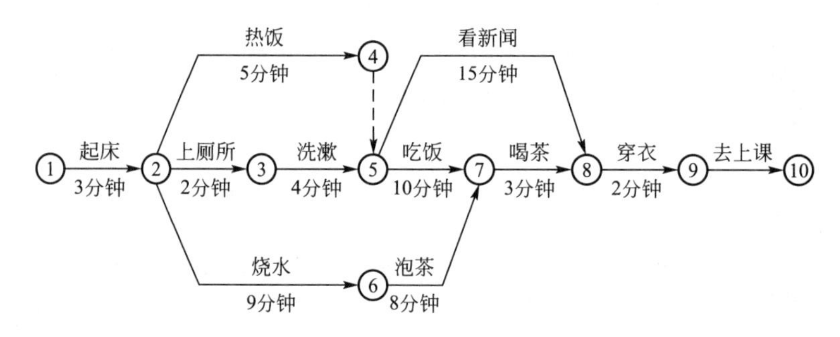

图12.2　小明的作息计划(调整后)

【问题讨论】

(1) 小明通过作息计划的调整，每天早晨节省了多长时间？

(2) 你认为小明的计划调整节省了时间的主要原因是什么？

12.1 网络计划的基本概念

网络图是由箭线和节点组成的用来表示工作流程的有向、有序的网状图，在网络图上加注工作时间参数而编成的进度计划，称为网络计划。网络计划是利用网络图编制进度计划的一种重要方法。

建筑工程计划管理应用网络计划技术的基本流程是，首先将工程的全部建造过程分解为若干工作项目，并按其先后次序和相互制约依存关系，绘制网络图；然后计算时间参数，找出关键工作和关键路线；在此基础上利用优化原理，修改初始方案，取得最优网络计划方案；最终在网络计划执行过程中进行有目的监控，以使用最少的消耗，获得最佳的经济效果。

12.1.1 网络计划的应用与特点

网络计划方法既是一种科学的计划方法，又是一种有效的生产管理方法。对于一项工程的进度安排，可用传统的横道图计划法和网络计划法两种形式表达，两者具有相同的功能。相比而言，网络计划具有的特点如下。

(1) 明确表示整体工程各部分工作之间的先后顺序和相互依赖关系。

(2) 在复杂的计划中找出关键工作和关键路线，抓主要矛盾，确保按期竣工。

(3) 对复杂的计划进行计算、调整和优化，可从若干方案中优化出最佳方案。

(4) 在网络计划执行过程中，采取措施对计划进行有效监控和管理。

(5) 难以清晰、直观地反映流水作业情况及人力资源需求量的变化情况。

12.1.2 网络技术类型

网络计划根据不同特点可分为不同的类型，具体分类如图 12.3 所示。

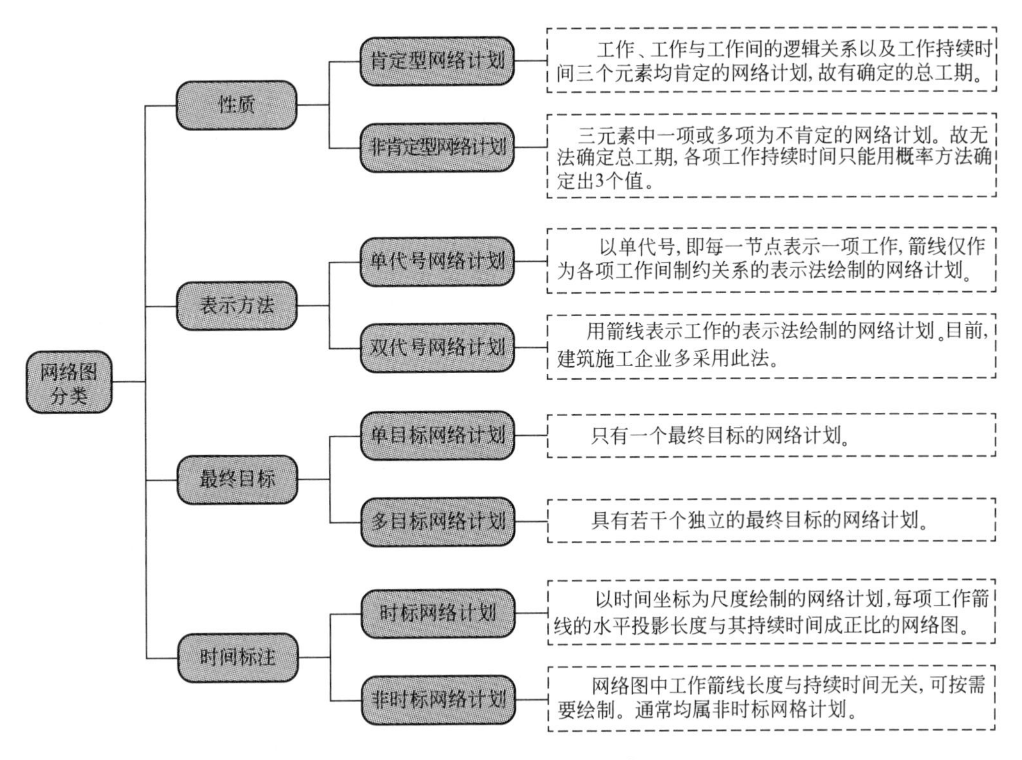

图 12.3 网络计划的分类

12.2 网络图的绘制和计算

12.2.1 双代号网络图

目前在我国工程施工过程中，经常用来表示工程进度的是双代号网络图。它是以箭线及其两端节点的编号表示工作的网络图，如图 12.4 所示。

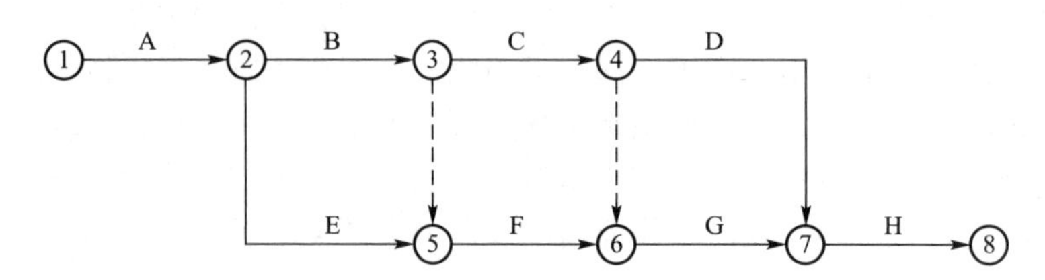

图 12.4 双代号网络图示意

1. 双代号网络图的绘制

1) 基本要素

双代号网络图由箭线、节点、线路 3 个基本要素组成。

(1) 箭线(工作)。在双代号网络图中，每一条箭线表示一项工作。箭线的箭尾节点表示该工作的开始，箭头节点表示该工作的结束。由于一项工作需用一条箭线和其箭尾和箭头处两个圆圈中的号码来表示，故称为双代号表示法，如图 12.5 所示。

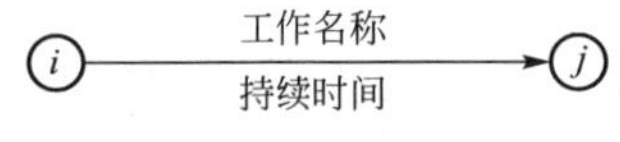

图 12.5 双代号网络图表示法

一般情况下，工作需要消耗时间和资源(如支模板、浇筑混凝土等)，有的则仅是消耗时间，而不消耗资源(如混凝土的养护、抹灰干燥等技术间歇)。一条箭线表示项目中的一个施工过程，它可以是一道工序、一个分项工程、一个分部工程或一个单位工程，其粗细程度、大小范围的划分根据计划任务的需要来确定。

为了正确地表达图中工作之间的逻辑关系，往往需要应用虚箭线，其表示方法如图 12.6(a)或图 12.6(b)所示。虚箭线是实际工作中并不存在的一项虚拟工作，故它们既不占用时间，也不消耗资源。

(a) 虚箭线表示法　　(b) 零持续时间表示法

图 12.6 虚工作的表示方法

如图 12.7 所示，通常将被研究的对象称为本工作，紧排在本工作之前的工作称为紧前工作，紧排在本工作之后的工作称为紧后工作，与之平行进行的工作称为平行工作。

(2) 节点(又称结点、事件)。节点是网络图中箭线之间的连接点。在双代号网络图中，节点是个瞬时值，既不占用时间、也不消耗资源，它只表示工作的开始或结束的瞬间，起承上启下的衔接作用。节点有3种类型：第一个节点称为“起点节点”，它只有外向箭线，一般表示一项任务或一个项目开始，如图12.8(a)所示；网络图的最后一个节点称为“终点节点”，它只有内向箭线，一般表示一项任务或一个项目的完成，如图12.8(b)所示；网络图中既有内向箭线，也有外向箭线的节点称为中间节点，如图12.8(c)所示。

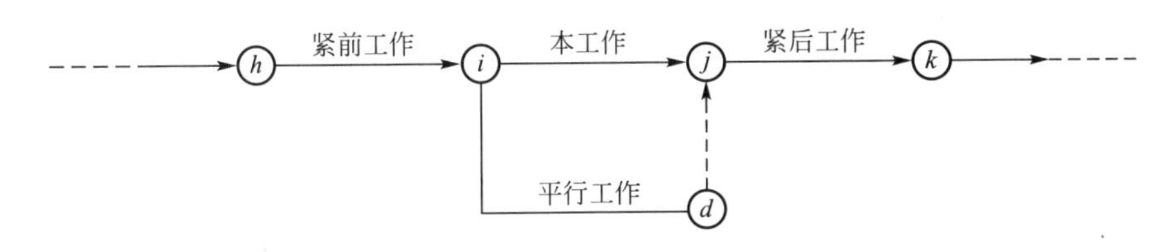

图12.7　工作间的关系

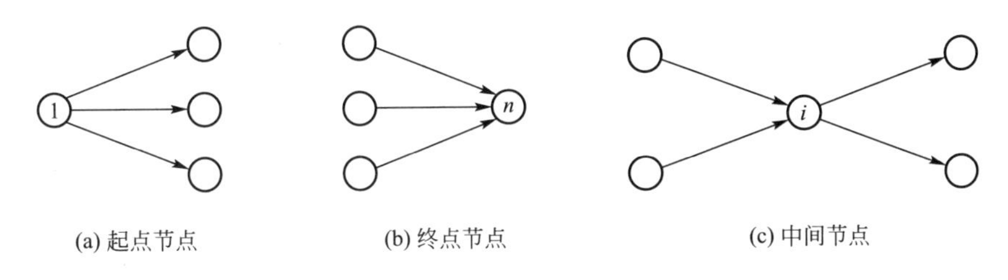

图12.8　节点类型

在双代号网络图中，节点应用圆圈表示，并在圆圈内编号。一项工作应当只有唯一的一条箭线和相应的一对节点，且要求箭尾节点的编号小于其箭头节点的编号，如图12.9所示。网络图节点的编号顺序应从小到大，可不连续，但不允许重复。

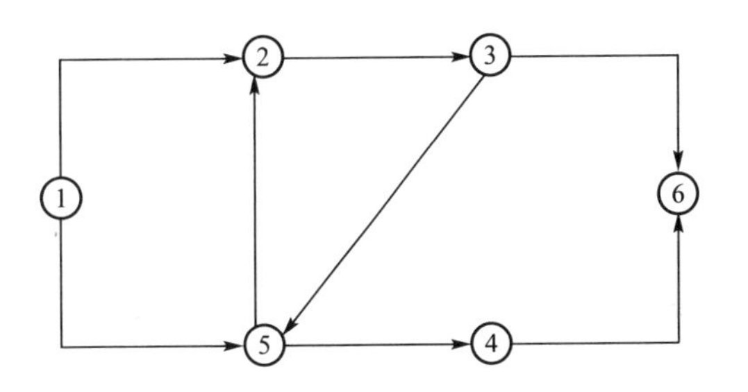

图12.9　箭头节点和箭尾节点

(3) 线路。网络图中从起点节点开始，沿箭头方向顺序通过一系列箭线与节点，最后达到终点节点的通路称为线路。线路上各项工作持续时间的总和称为该线路的计算工期。一般网络图有多条线路，可依次用该线路上的节点代号来描述。

2) 各种逻辑关系的正确表示方法

网络图中工作之间相互制约、相互依赖的关系称为逻辑关系，它是网络图能否反映工程实际情况的关键，一旦逻辑关系出错，则图中各项工作参数的计算及关键线路和工程工期都将随之发生错误。图12.10给出了常见逻辑关系及其表示方法。

逻辑关系包括工艺关系和组织关系，在网络中均应表现为工作之间的先后顺序。

(1) 生产性工作之间由工艺过程决定的、非生产性工作之间由工作程序决定的先后顺序叫工艺关系。如某一现浇钢筋混凝土柱的施工，必须在绑扎完柱钢筋和支完模板以后，才能浇筑混凝土。

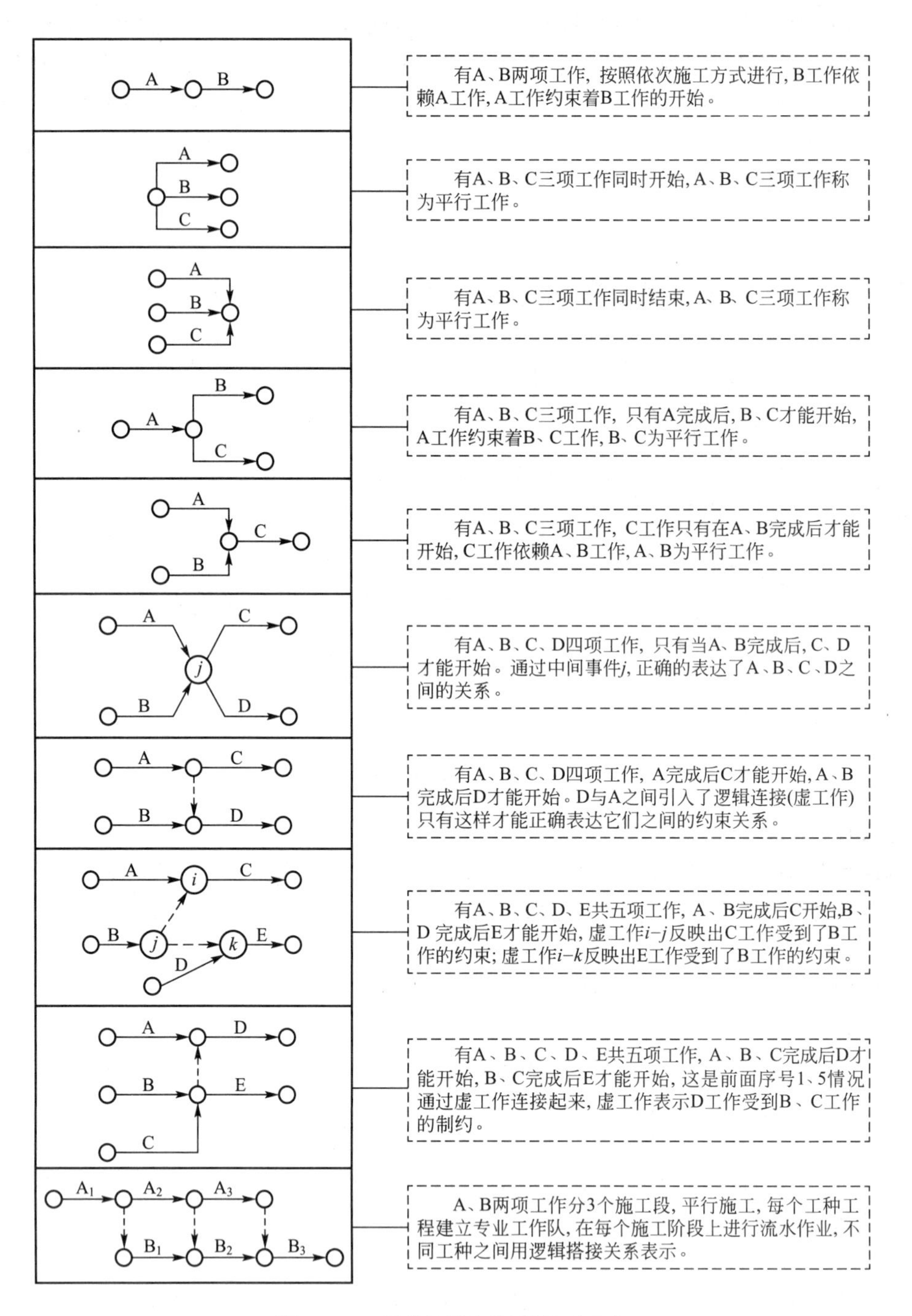

图 12.10　网络图常用逻辑关系示意

(2) 工作之间由于组织安排需要或资源(人力、材料、机械设备和资金等)调配需要而规定的先后顺序关系叫组织关系。如同一工程，有 A、B、C 三个施工过程，是先施工 A 还是先施工 B 或施工 C，或是同时施工其中的两个或三个施工段；某些不存在工艺制约关系的施工过程，如屋面防水与门窗工程，二者之中先施工其中某项，还是同时进行，都要根据施工的具体条件(如工期要求、人力及材料等资源供应条件)来确定。

网络图必须正确地表达整个工程或任务的工艺流程和各工作开展的先后顺序及其相互依赖、相互制约的逻辑关系，因此，绘制网络图时必须遵循一定的基本规则和要素。在绘制网络图时，要特别注意虚箭线的使用。在某些情况下，必须借助虚箭线才能正确表达工作之间的逻辑关系。

3）绘图规则

双代号网络图绘图的基本规则如下。

（1）双代号网络图必须正确表达已定的逻辑关系。

（2）严禁出现循环回路。循环回路是指从网络图中的某一个节点出发，顺着箭线方向又回到了原来出发点的线路，如图 12.11 所示中的节点②。

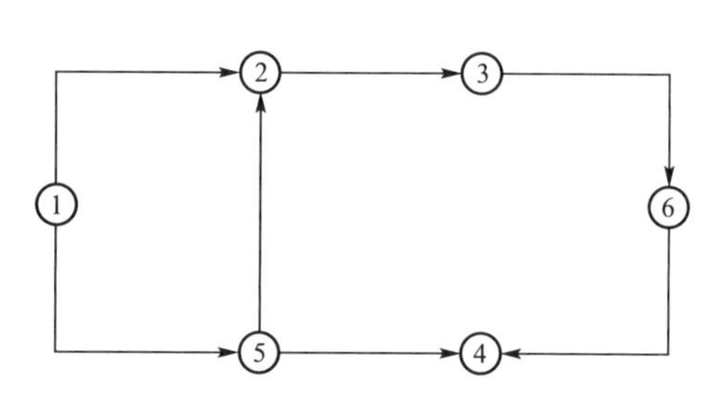

图 12.11　网络图中出现循环回路

（3）严禁出现没有箭头节点或没有箭尾节点的箭线，如图 12.12 所示。

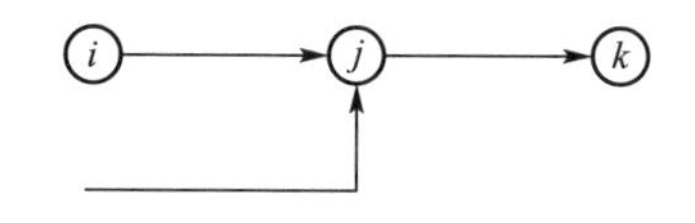

(a) 无箭头节点的箭线

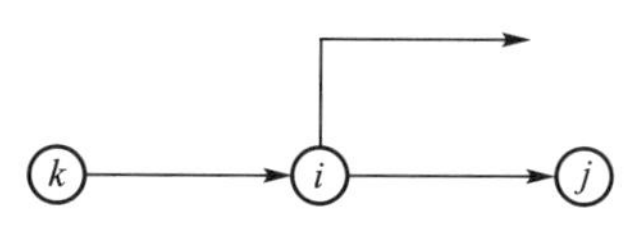

(b) 无箭尾节点的箭线

图 12.12　箭头或箭尾不齐全的箭线节点

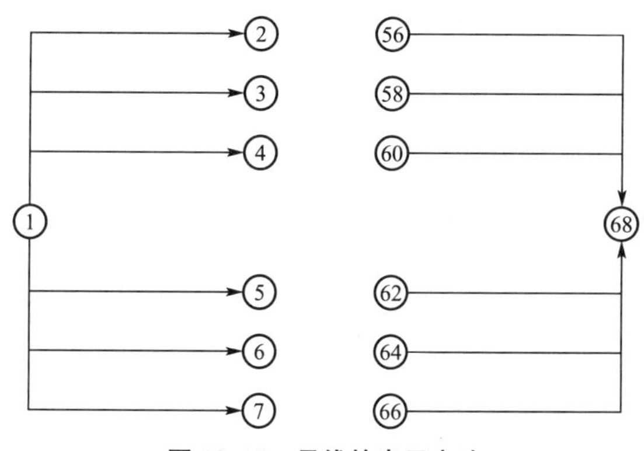

图 12.13　母线的表示方法

（4）在节点之间严禁出现带双向箭头或无箭头的连线。

（5）双代号网络图的某些节点有多条外向箭线或多条内向箭线时，为使图形简洁，可使用母线法绘制。但应满足一项工作用一条箭线和相应的一对节点表示，如图 12.13 所示。

（6）绘制网络图时，箭线不宜交叉；当交叉不可避免时，可用过桥法或指向法，如图 12.14 所示。

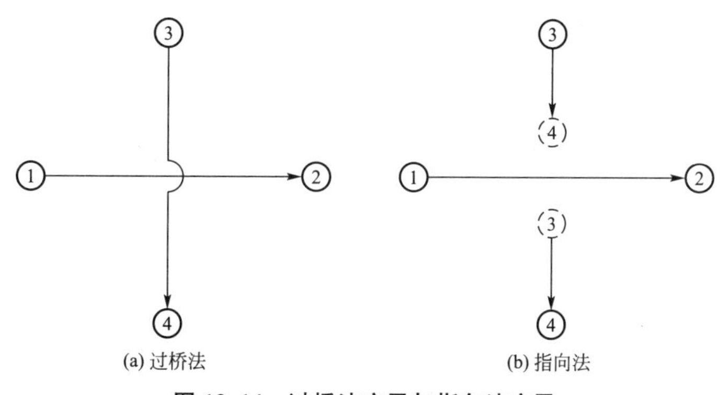

(a) 过桥法　　(b) 指向法

图 12.14　过桥法交叉与指向法交叉

(7) 双代号网络图中应只有一个起点节点和一个终点节点(多目标网络计划除外)；而其他所有节点均应是中间节点，如图 12.15 所示。

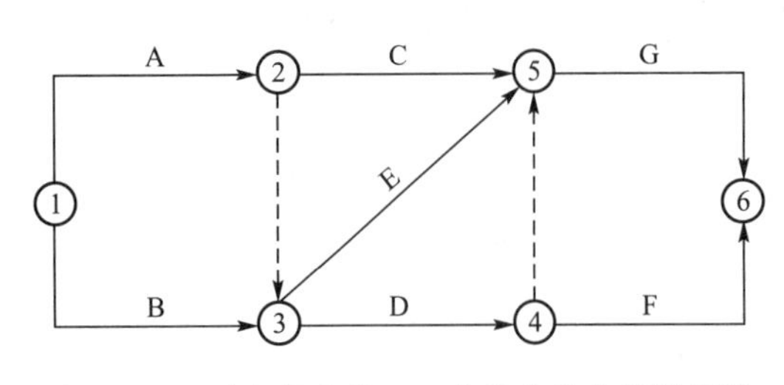

图 12.15　一个起点①、一个终点节点⑥的示意

2. 双代号网络图的时间参数计算

双代号网络计划时间参数计算的目的在于通过计算各项工作的时间参数，确定网络计划的关键工作、关键线路和计算工期，为网络计划的优化、调整和执行提供明确的时间参数。网络图的时间参数的计算有多种方法，常用的有图上计算法、表上计算法和电算法等。

1) 时间参数的概念及其符号

(1) 工作持续时间(D_{i-j})。工作持续时间是对一项工作规定的从开始到完成的时间。在双代号网络计划中，工作 $i-j$ 的持续时间用 D_{i-j} 表示。

(2) 工期(T)。

工期泛指完成任务所需要的时间，其分类见表 12－1。

表 12－1　网络计划的工期

名称	符号	意义	计划工期确定
计算工期	T_c	根据网络计划时间参数计算出来的工期	当已规定了要求工期 T_r 时，$T_p \leqslant T_r$； 当未规定要求工期时，$T_p = T_c$
要求工期	T_r	任务委托人所要求的工期	
计划工期	T_p	在要求工期和计算工期的基础上综合考虑需要和可能而确定的工期	

(3) 网络计划中工作的六个时间参数。网络计划中工作的六个时间参数见表 12－2。

表 12－2　网络计划中工作的六个时间参数

名称	符号	意义	计算结果标注
最早开始时间	ES_{i-j}	在各紧前工作全部完成后，本工作有可能开始的最早时刻	ES_{i-j} | LS_{i-j} | TF_{i-j} EF_{i-j} | LF_{i-j} | FF_{i-j} i —工作名称／持续时间→ j
最早完成时间	EF_{i-j}	在各紧前工作全部完成后，本工作有可能完成的最早时刻	
最迟开始时间	LS_{i-j}	在不影响整个任务按期完成的前提下，工作必须开始的最迟时刻	
最迟完成时间	LF_{i-j}	在不影响整个任务按期完成的前提下，工作必须完成的最迟时刻	
总时差	TF_{i-j}	在不影响总工期的前提下，本工作可以利用的机动时间	
自由时差	FF_{i-j}	在不影响其紧后工作最早开始的前提	

2）图上计算法

按工作计算法在网络图上计算六个工作时间参数，其计算步骤如下：

（1）最早开始时间和最早完成时间的计算。工作最早时间参数受到紧前工作的约束，故其计算顺序应从起点节点开始，顺着箭线方向依次逐项计算。

① 以网络计划的起点节点为开始节点的工作的最早开始时间为零。如网络计划起点节点的编号为1，则

$$ES_{i-j}=0(i=1) \tag{12-1}$$

② 顺着箭线方向依次计算各个工作的最早完成时间和最早开始时间。

a）最早完成时间等于最早开始时间加上其持续时间，即

$$EF_{i-j}=ES_{i-j}+D_{i-j} \tag{12-2}$$

b）最早开始时间等于各紧前工作的最早完成时间 EF_{h-i} 的最大值，即

$$ES_{i-j}=\max[EF_{h-i}] \tag{12-3}$$

或

$$ES_{i-j}=\max[ES_{h-i}+D_{h-i}] \tag{12-4}$$

（2）确定计算工期 T_c。计算工期等于以网络计划的终点节点为箭头节点的各个工作的最早完成时间的最大值。当网络计划终点节点的编号为 n 时

$$T_c=\max[EF_{i-n}] \tag{12-5}$$

当无要求工期的限制时，取计划工期等于计算工期，即取 $T_p=T_c$。

（3）最迟开始时间和最迟完成时间的计算。工作最迟时间参数受到紧后工作的约束，故其计算顺序应从终点节点起，逆着箭线方向依次逐项计算。

① 以网络计划的终点节点（$j=n$）为箭头节点的工作的最迟完成时间等于计划工期 T_p，即

$$LF_{i-n}=T_p \tag{12-6}$$

② 逆着箭线方向依次计算各个工作的最迟开始时间和最迟完成时间。

a）最迟开始时间等于最迟完成时间减去其持续时间，即

$$LS_{i-j}=LF_{i-j}-D_{i-j} \tag{12-7}$$

b）最迟完成时间等于各紧后工作的最迟开始时间 LS_{j-k} 的最小值，即

$$LF_{i-j}=\min[LS_{j-k}] \tag{12-8}$$

或

$$LF_{i-j}=\min[LF_{j-k}-D_{j-k}] \tag{12-9}$$

（4）计算工作总时差。总时差等于其最迟开始时间减去最早开始时间，或等于最迟完成时间减去最早完成时间，即

$$TF_{i-j}=LS_{i-j}-ES_{i-j} \tag{12-10}$$

$$TF_{i-j}=LF_{i-j}-EF_{i-j} \tag{12-11}$$

（5）计算工作自由时差。

当工作 $i-j$ 有紧后工作 $j-k$ 时，其自由时差应为

$$FF_{i-j}=ES_{j-k}-EF_{i-j} \tag{12-12}$$

或

$$FF_{i-j}=ES_{j-k}-ES_{i-j}-D_{i-j} \tag{12-13}$$

以网络计划的终点节点($j-n$)为箭头节点的工作，其自由时差 FF_{i-n} 应按网络计划的计划工期 T 确定，即

$$FF_{i-n}=T_p-EF_{i-n} \tag{12-14}$$

(6) 关键工作与关键线路的确定。关键工作是指总时差最小的工作是关键工作；而关键线路是指自始至终全部由关键工作组成的线路，或线路上总的工作持续时间最长的线路。网络图上的关键线路可用双线或粗线标注。

实践演练

双代号网络计划

已知网络计划的资料见表 12-3 所示，试绘制双代号网络计划；若计划工期等于计算工期，试计算各项工作的六个时间参数并确定关键线路，标注在网络计划上。

表 12-3 网络计划工作逻辑关系及持续时间表

工作名称	A	B	C	D	E	F	G	H
紧前工作	—	—	B	B	A, C	A, C	E, E, F	D, F
持续时间	4	2	3	3	5	6	3	5

解：

1) 计算各项工作的时间参数

(1) 计算各项工作的最早开始时间和最早完成时间。

从起点节点(①节点)开始顺着箭线方向依次逐项计算到终点节点(⑥节点)。

① 以网络计划起点节点为开始节点的各工作的最早开始时间为零，即

$$ES_{1-2}=ES_{1-3}=0$$

② 计算各项工作的最早开始和最早完成时间，即

$$EF_{1-2}=ES_{1-2}+D_{1-2}=0+2=2$$
$$EF_{1-3}=ES_{1-3}+D_{1-3}=0+4=4$$
$$ES_{2-3}=ES_{2-4}=EF_{1-2}=2$$
$$EF_{2-3}=ES_{2-3}+D_{2-3}=2+3=5$$
$$EF_{2-4}=ES_{2-4}+D_{2-4}=2+3=5$$
$$ES_{3-4}=ES_{3-5}=\max[EF_{1-3},\ EF_{2-3}]=\max[4,\ 5]=5$$
$$EF_{3-4}=ES_{3-4}+D_{3-4}=5+6=11$$
$$EF_{3-5}=ES_{3-5}+D_{3-5}=5+5=10$$
$$ES_{4-6}=ES_{4-5}=\max[EF_{3-4},\ EF_{2-4}]=\max[11,\ 5]=11$$
$$EF_{4-6}=ES_{4-6}+D_{4-6}=11+5=16$$
$$EF_{4-5}=11+0=11$$
$$ES_{5-6}=\max[EF_{3-5},\ EF_{4-5}]=\max[10,\ 11]=11$$
$$ES_{5-6}=11+3=14$$

(2) 确定计算工期 T_c 及计划工期 T_p。

计算工期为

$$T_c = \max[EF_{5-6}, EF_{4-6}] = \max[14, 16] = 16$$

已知计划工期等于计算工期，即，计划工期为 $T_p = 16$

(3) 计算各项工作的最迟开始时间和最迟完成时间。

从终点节点(⑥节点)开始逆着箭线方向依次逐项计算到起点节点(①节点)。

① 以网络计划终点节点为箭头节点的工作的最迟完成时间等于计划工期，即

$$LF_{4-6} = LF_{5-6} = 16$$

② 计算各项工作的最迟开始和最迟完成时间，即

$$LS_{4-6} = LF_{4-6} - D_{4-6} = 16 - 5 = 11$$
$$LS_{5-6} = LF_{5-6} - D_{5-6} = 16 - 3 = 13$$
$$LF_{3-5} = LF_{4-5} = LS_{5-6} = 13$$
$$LS_{3-5} = LF_{3-5} - D_{3-5} = 13 - 5 = 8$$
$$LS_{4-5} = LF_{4-5} - D_{4-5} = 13 - 0 = 13$$
$$LF_{2-4} = LF_{3-4} = \min[LS_{4-5}, LS_{4-6}] = \min[13, 11] = 11$$
$$LS_{2-4} = LF_{2-4} - D_{2-4} = 11 - 3 = 8$$
$$LS_{3-4} = LF_{3-4} - D_{3-4} = 11 - 6 = 5$$
$$LF_{1-3} = LF_{2-3} = \min[LS_{3-4}, LS_{3-5}] = \min[5, 8] = 5$$
$$LS_{1-3} = LF_{1-3} - D_{1-3} = 5 - 4 = 1$$
$$LS_{2-3} = LF_{2-3} - D_{2-3} = 5 - 3 = 2$$
$$LF_{1-2} = \min[LS_{2-3}, LS_{2-4}] = \min[2, 8] = 2$$
$$LS_{1-2} = LF_{1-2} - D_{1-2} = 2 - 2 = 0$$

(4) 计算各项工作的总时差 TF_{i-j}。

可用工作的最迟开始时间减去最早开始时间或用工作的最迟完成时间减去最早完成时间，即

$$TF_{1-2} = LS_{1-2} - ES_{1-2} = 0 - 0 = 0$$
$$TF_{1-2} = LF_{1-2} - EF_{1-2} = 2 - 2 = 0$$
$$TF_{1-3} = LS_{1-3} - ES_{1-3} = 1 - 0 = 1$$
$$TF_{2-3} = LS_{2-3} - ES_{2-3} = 2 - 2 = 0$$
$$TF_{2-4} = LS_{2-4} - ES_{2-4} = 8 - 2 = 6$$
$$TF_{3-4} = LS_{3-4} - ES_{3-4} = 5 - 5 = 0$$
$$TF_{3-5} = LS_{3-5} - ES_{3-5} = 8 - 5 = 3$$
$$TF_{4-6} = LS_{4-6} - ES_{4-6} = 11 - 11 = 0$$
$$TF_{5-6} = LS_{5-6} - ES_{5-6} = 13 - 11 = 2$$

(5) 计算各项工作的自由时差 F_{i-j}。

等于紧后工作的最早开始时间减去本工作的最早完成时间，即

$$FF_{1-2} = ES_{2-3} - EF_{1-2} = 2 - 2 = 0$$
$$FF_{1-3} = ES_{3-4} - EF_{1-3} = 5 - 4 = 1$$
$$FF_{2-3} = ES_{3-5} - EF_{2-3} = 5 - 5 = 0$$
$$FF_{2-4} = ES_{4-6} - EF_{2-4} = 11 - 5 = 6$$
$$FF_{3-4} - ES_{4-6} - EF_{3-4} = 11 - 11 = 0$$
$$FF_{3-5} = ES_{5-6} - EF_{3-5} = 11 - 10 = 1$$
$$FF_{4-6} = T_p - EF_{4-6} = 16 - 16 = 0$$
$$FF_{5-6} = T_p - EF_{5-6} = 16 - 14 = 2$$

将以上计算结果标注在图 12.16 中的相应位置。

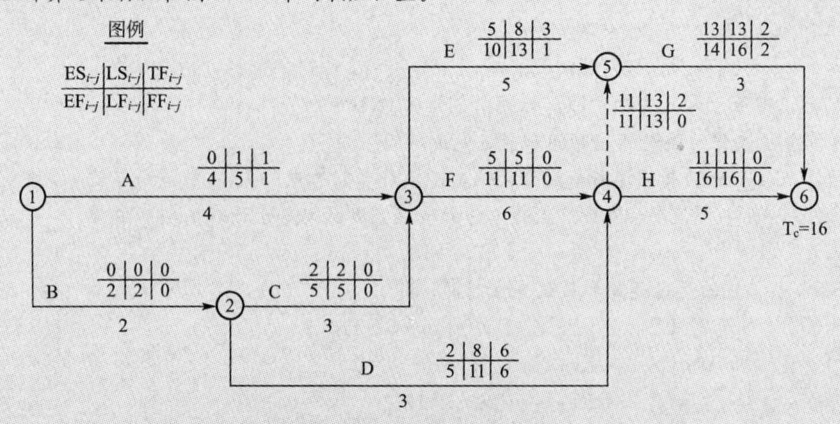

图 12.16 双代号网络计划图及相关参数计算示意

2）确定关键工作及关键线路

在图 12.16 中，最小的总时差是 0，所以，凡是总时差为 0 的工作均为关键工作。该例中的关键工作是 1-2，2-3，3-4，4-6(或关键工作是 B、C、F、H)。自始至终全由关键工作组成的关键线路是①—②—③—④—⑥。

12.2.2 单代号网络图

单代号网络图是以节点及其编号表示工作，以箭线表示工作之间逻辑关系的网络图。在单代号网络图中加注工作的持续时间，以形成单代号网络计划。图 12.17 即为一个单代号网络图的示意图。

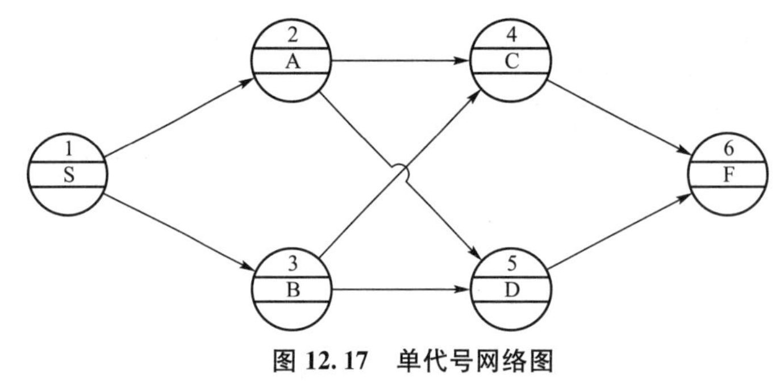

图 12.17 单代号网络图

1. 单代号网络图的基本符号

1）节点

单代号网络图中的每一个节点表示一项工作，节点可采用圆圈，也可采用方框。节点所表示的工作名称、持续时间和工作代号等应标注在节点内，如图 12.18 所示。

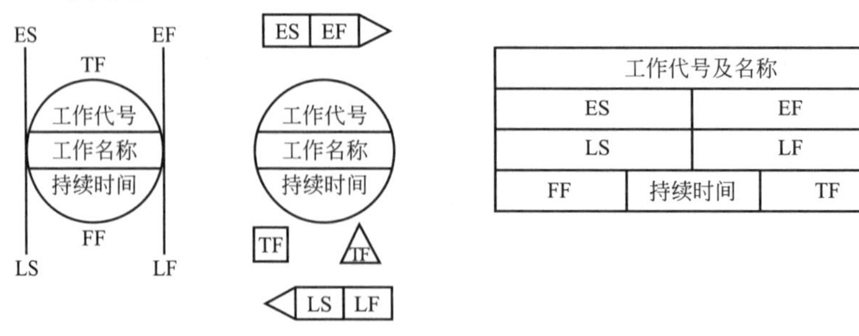

图 12.18 单代号网络图节点的几种表现形式

单代号网络图中的节点必须编号，其编号标注在节点内，其号码可间断，但严禁重复。箭线的箭尾节点编号应小于箭头节点的编号。一项工作必须有唯一的一个节点及相应的编号。

2）箭线

箭线表示紧邻工作之间的逻辑关系，既不占用时间、也不消耗资源，这一点与双代号网络图中的箭线完全不同。箭线应画成水平直线、折线或斜线。箭线水平投影的方向应自左向右，表示工作的行进方向。工作之间的逻辑关系包括工艺关系和组织关系，在网络图中均表现为工作之间的先后顺序。

3）线路

单代号网络图中，各条线路应用该线路上的节点编号从小到大依次表示。

2. 单代号网络图的绘图规则

(1) 因为每个节点只能表示一项工作，所以各节点的代号不能重复。

(2) 用数字代表工作的名称时，宜由小到大按活动先后顺序编号。

(3) 不允许出现循环的线路，不允许出现双向的箭杆。

(4) 除原始节点和结束节点外，其他所有节点都应有指向箭杆和背向箭杆。

(5) 单代号网络图必须正确表达已定的逻辑关系。在一幅网络图中，单代号和双代号的画法不能混用。

单代号网络图只应有一个起点节点和一个终点节点；当网络图中有多项起点节点或多项终点节点时，应在网络图的两端分别设置一项虚工作。

实践演练

单代号网络图

已知网络图的资料见表12-4，试绘出单代号网络图。

表12-4 网络图资料表

工作名称	A	B	C	D	E	F	G	H	I
紧前工作	—	—	—	B	B，C	C	A，D	E	F
紧后工作	G	D，E	E，F	G	H	I	—	—	—

解：先设置一个开始的虚节点，然后按工作的紧前关系或紧后关系，从左向右进行绘制，最后设置一个终点的虚节点。经整理的单代号网络图如图12.19所示。

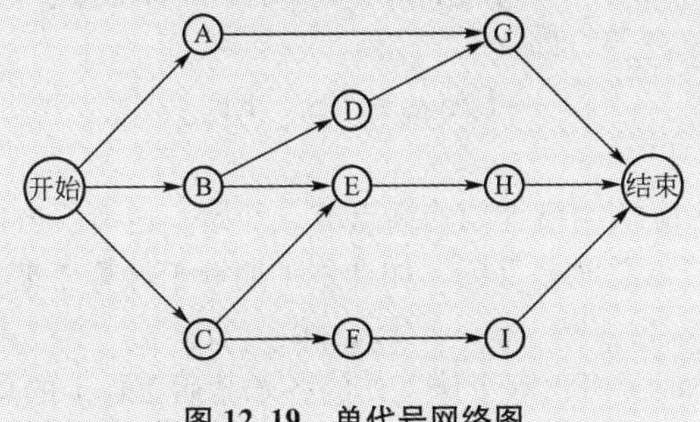

图12.19 单代号网络图

3. 单代号网络计划时间参数的计算

时间参数的计算应在确定各项工作的持续时间之后进行，参数的计算顺序和计算方法基本与双代号网络计划时间参数的计算相同。单代号网络计划时间参数的标注形式如图 12.20所示，其时间参数的计算步骤如下：

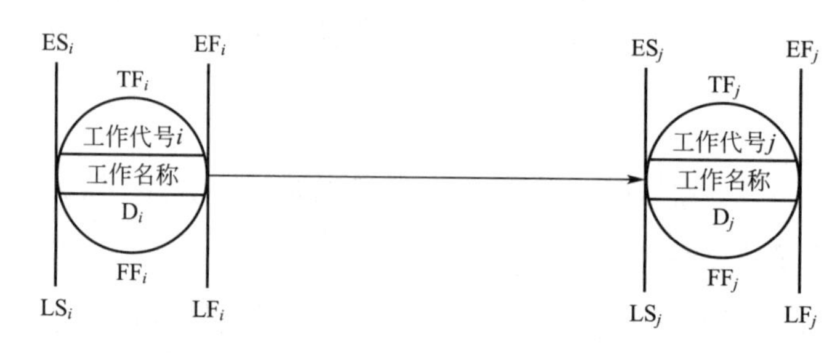

图 12.20　单代号网络计划时间参数表示方法

1）计算最早开始时间和最早完成时间

网络计划中各项工作的最早开始时间和最早完成时间的计算应从网络计划的起点节点开始，顺着箭线方向依次逐项计算。

（1）网络计划的起点节点的最早开始时间为零。如起点节点的编号为 1，则

$$ES_i=0(i=1) \tag{12-15}$$

（2）工作的最早完成时间等于该工作的最早开始时间加上其持续时间，即

$$EF_i=ES_i+D_i \tag{12-16}$$

（3）工作的最早开始时间等于该工作的各个紧前工作的最早完成时间的最大值。如工作 j 的紧前工作的代号为 i，则

$$ES_j=\max[EF_i] \tag{12-17}$$

或

$$ES_j=\max[ES_i+D_i] \tag{12-18}$$

式中：ES_{i-j}——工作的各项紧前工作的最早开始时间。

2）网络计划的计算工期 T_c

T_c 等于网络计划的终点节点 n 的最早完成时间 EF_n，即

$$T_c=EF_n \tag{12-19}$$

3）计算相邻两项工作之间的时间间隔 $LAG_{i,j}$

相邻两项工作 i 和 j 之间的时间间隔 $LAG_{i,j}$ 等于紧后工作 j 的最早开始时间 ES_j 和本工作的最早完成时间 EF_j之差，即

$$LAG_{i,j}=ES_j-EF_i \tag{12-20}$$

4）计算工作总时差 TF

工作 i 的总时差 TF_i应从网络计划的终点节点开始，逆箭线方向依次逐项计算。

（1）网络计划终点节点总时差 TF_n，如计划工期等于计算工期，其值为零，即

$$TF_n=0 \tag{12-21}$$

（2）其他工作 i 的总时差 TF_i等于该工作的各个紧后工作 j 的总时差 TF_j加工作 i 与其紧后工作之间的时间间隔 $LAG_{i,j}$之和的最小值，即

$$TF_i = \min[TF_j + LAG_{i,j}] \tag{12-22}$$

5）计算工作自由时差 FF_i

（1）工作 i 若无紧后工作，其自由时差 FF_j 等于计划工期 T_p 减该工作的最早完成时间 EF_n，即

$$FF_n = T_p - EF_n \tag{12-23}$$

（2）当工作 i 有紧后工作 j 时，其自由时差 FF_i 等于该工作与其紧后工作 j 之间的时间间隔 $LAG_{i,j}$ 最小值，即

$$FF_i = \min[LAG_{i,j}] \tag{12-24}$$

6）计算工作的最迟开始时间和最迟完成时间

（1）工作 i 的最迟开始时间 LS_i 等于该工作的最早开始时间 ES_i 加上其总时差 TF_i 之和，即

$$LS_i = ES_i + TF_i \tag{12-25}$$

（2）工作 i 的最迟完成时间 LF_i 等于该工作的最早完成时间 EF_i 加上其总时差 TF_i 之和，即

$$LF_i = EF_i + TF_i \tag{12-26}$$

7）关键工作和关键线路的确定

（1）总时差最小的工作是关键工作。

（2）从起点节点开始到终点节点均为关键工作，且所有工作的时间间隔为零的线路为关键线路。

实践演练

单代号网络计划

已知单代号网络计划如图 12.21 所示，若计划工期等于计算工期，试计算单代号网络计划的时间参数，将其标注在网络计划上；并用双箭线标示出关键线路。

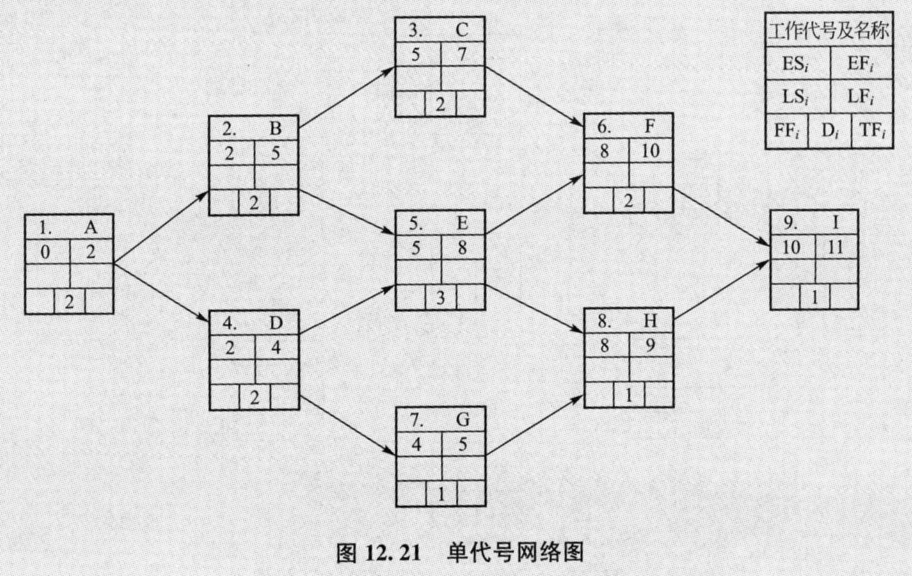

图 12.21　单代号网络图

解：首先计算工作的最早时间，计算由网络图的原始节点向结束节点方向进行。计算过程见表12－5。计算结果标注于图12.22中。

表12－5　时间节点计算

节点	①	②	③	④	⑤	⑥	⑦	⑧	⑨
工作	A	B	C	D	E	F	G	H	I
ES	0	2	5	2	Max[4，5]=5	max[7，8]=8	4	max[5，8]=8	max[10，9]=10
EF	0+2=2	2+3=5	5+2=7	2+2=4	5+3=8	8+2=10	4+1=5	8+1=9	10+1=11

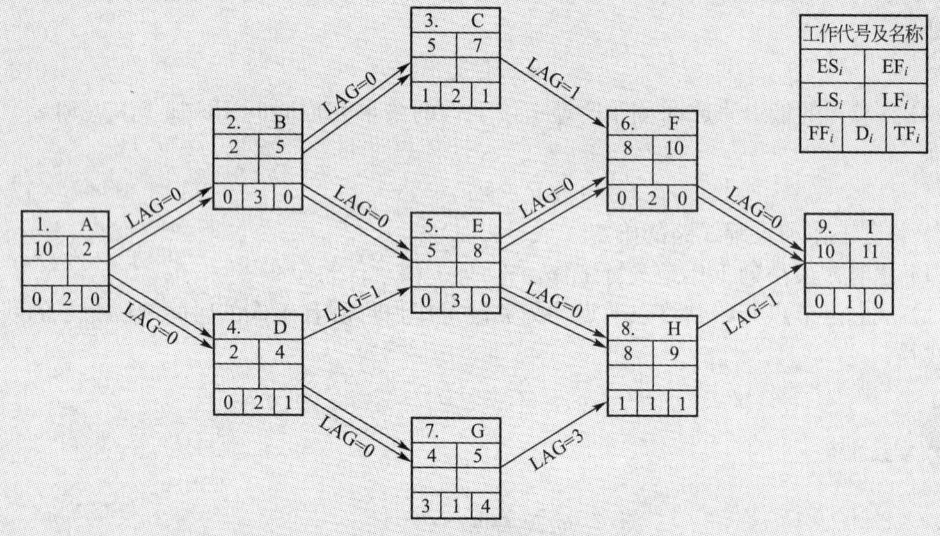

图12.22　标注时间参数的单代号网络图

再计算前后工作时间间隔$LAG_{i,j}$，过程从略，计算结果标注于图12.7中(时间间隔为零的线路标为双线)。

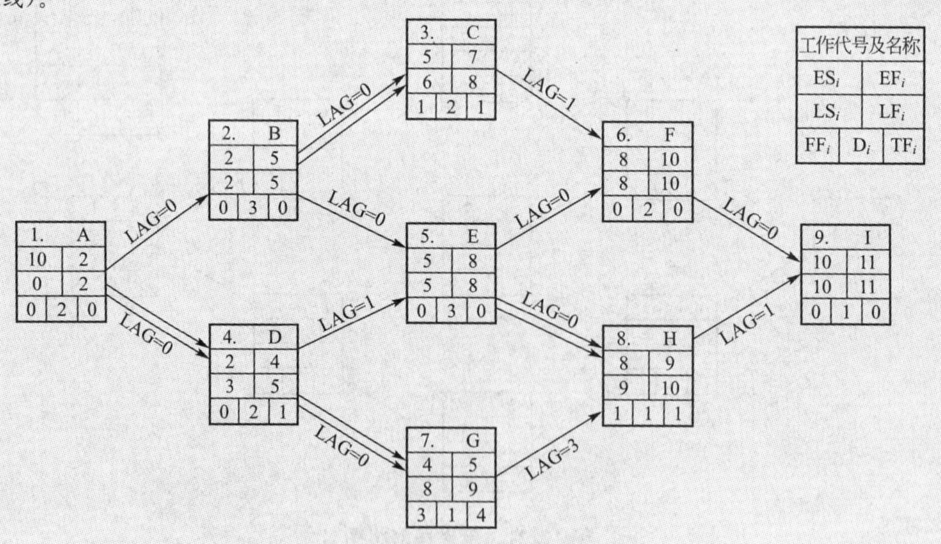

图12.23　单代号网络计划时间参数计算结果

再计算各工作局部时差FF_i，过程从略，结果标注于图12.23中。

计算各工作的总时差TF_i时，自网络图的结束节点向原始节点逆向进行(取结束节点工作的最迟必须结束时间等于其最早可能结束时间，则其总时差为零。计算过程见表12-6，计算结果标注于图12.23中)。

表12-6 节点总时差计算

节点	9	8	7	6	5	4	3	2	1
工作	I	H	G	F	E	D	C	B	A
总时差	0	1+0=1	3+1=4	0+0=0	min[0+0, 0+1]=0	min[1+0, 0+4]=1	1+0=1	min[0+1, 0+0]=0	min[0+0, 0+1]=0

最后，计算各工作的最迟开始和最迟结束时间，计算过程见表12-7。

表12-7 节点最迟时间参数计算

节点	①	②	③	④	⑤	⑥	⑦	⑧	⑨
工作	A	B	C	D	E	F	G	H	I
LS_i	0+0=0	2+0=2	5+1=6	2+1=3	5+0=5	8+0=8	4+4=8	8+1=9	10+0=10
LF_i	2+0=2	5+0=5	7+1=8	4+1=5	8+0=8	10+0=10	5+4=9	9+1=10	11+0=11

计算结果标注于图12.23中，其中的关键线路以双线标出。

由本例题可以看出，单代号网络图时间参数的计算顺序不同于双代号网络图。

12.2.3 双代号时标网络图

时间坐标网络计划简称时标网络，是网络计划的另一种表现形式。在前述网络计划中，箭线长短并不表明时间的长短，而在时间坐标网络计划中，节点位置及箭线的长短即表示工作的时间进程。

1. 双代号时标网络计划的特点

双代号时标网络计划是以水平时间坐标为尺度编制的双代号网络计划，其主要特点如下。

(1) 时标网络计划兼有网络计划与横道计划的优点，它能够清楚地表明计划的时间进程，使用方便。

(2) 时标网络计划能在图上直接显示出各项工作的开始与完成时间、工作的自由时差及关键线路。

(3) 在时标网络计划中可以统计每一个单位时间对资源的需要量，以便进行资源优化和调整。

(4) 由于箭线受到时间坐标的限制，当情况发生变化时，对网络计划的修改比较麻烦，往往要重新绘图。但在使用计算机以后，这一问题已较容易解决。

2. 双代号时标网络计划的一般规定

(1) 时间单位应根据需要在编制网络计划之前确定，可为季、月、周、天等。

(2) 以实箭线表示工作，以垂直方向虚箭线表示虚工作，以波形线表示时差。

(3) 所有符号在时间坐标上的位置及其水平投影，都必须与其所代表的时间值相对应。节点中心必须对准时标的刻度线。

3. 时标网络计划的编制

时标网络计划宜按各个工作的最早开始时间编制。在编制之前，应先按已确定的时间单位绘制出时标计划表。双代号时标网络计划的编制方法有两种：

1) 间接法绘制

先绘制出时标网络计划，计算各工作的最早时间参数，再根据最早时间参数在时标计划表上确定节点位置，连线完成，某些工作箭线长度不足以到达该工作的完成节点时，用波形线补足。

2) 直接法绘制

根据网络计划中工作之间的逻辑关系及各工作的持续时间，直接在时标计划表上绘制时标网络计划。绘制步骤如下：

(1) 将起点节点定位在时标表的起始刻度线上。

(2) 按工作持续时间在时标计划表上绘制起点节点的外向箭线。

(3) 其他工作的开始节点必须在其所有紧前工作都绘出以后，定位在这些紧前工作最早完成时间最大值的时间刻度上，某些工作的箭线长度不足以到达该节点时，用波形线补足，箭头画在波形线与节点连接处。

(4) 用上述方法从左至右依次确定其他节点位置，直至网络计划终点节点定位，绘图完成。

实践演练

双代号时标网络计划

已知网络计划的资料见表12-8，试用直接法绘制双代号时标网络计划。

表12-8 网络计划资料表

工作名称	A	B	C	D	E	F	G	H	J
紧前工作	—	—	—	A	A，B	D	C，E	C	D，G
持续时间	3	4	7	5	2	5	3	5	4

解：

1. 双代号时标网络图绘制

(1) 将网络计划的起点节点定位在时标表的起始刻度线上位置上，起点节点的编号为1，如图12.24所示。

(2) 画节点1的外向箭线，即按各工作的持续时间，画出无紧前工作的工作A、B、C，并确定节点2、3、4的位置。

(3) 依次画出节点②、③、④的外向箭线工作D、E、H，并确定节点⑤、⑥的位置，节点⑥的位置定位在其两条内向箭线的最早完成时间的最大值处，即定位在时标值7的位置，工作E的箭线长度达不到⑥节点，则用波形线补足。

(4) 按上述步骤，直到画出全部工作，确定出终点节点⑧的位置，时标网络计划绘制完毕，如图 12.24所示。

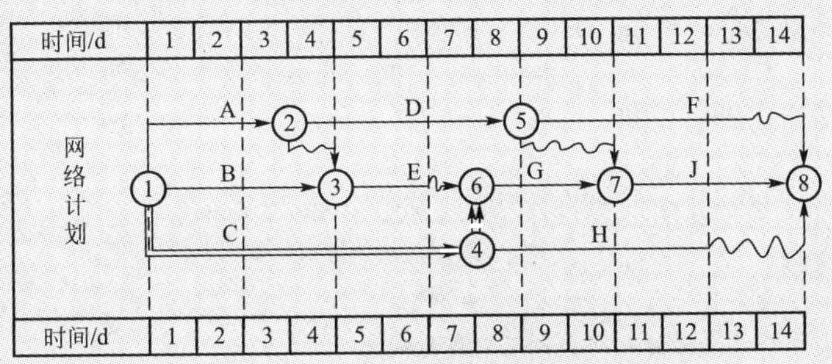

图 12.24　双代号时标网络计划

2. 关键线路和计算工期的确定

(1) 时标网络计划关键线路的确定，应自终点节点逆箭线方向朝起点节点逐次进行判定：从终点到起点不出现波形线的线路即为关键线路。如图 12.24 所示，关键线路是：①—④—⑥—⑦—⑧，用双箭线表示。

(2) 时标网络计划的计算工期，应是终点节点与起点节点所在位置之差。计算工期 $T_c=14-0=14$(d)。

3. 时标网络计划时间参数的确定

在时标网络计划中，六个工作时间参数的确定步骤如下。

1) 最早时间参数的确定

按最早开始时间绘制时标网络计划，最早时间参数可以从图上直接确定。

(1) 最早开始时间 ES_{i-j}。每条实箭线左端箭尾节点(i 节点)中心所对应的时标值，即为该工作的最早开始时间。

(2) 最早完成时间 EF_{i-j}。如箭线右端无波形线，则该箭线右端节点(j 节点)中心所对应的时标值为该工作的最早完成时间；如箭线右端有波形线，则实箭线右端末所对应的时标值即为该工作的最早完成时间。

由图 12.24 中可知：$ES_{1-3}=0$，$EF_{1-3}=4$，$ES_{3-6}=4$，$EF_{3-6}=6$。以此类推确定。

2) 自由时差的确定

时标网络计划中各工作的自由时差值应为表示该工作的箭线中波形线部分在坐标轴上的水平投影长度。由图 12.24 中可知：工作 E、H、F 的自由时差分别为 $FF_{3-6}=1$，$FF_{4-8}=2$，$FF_{5-8}=1$。

3) 总时差的确定

时标网络计划中工作的总时差的计算应自右向左进行，且符合下列规定。

(1) 以终点节点($j=n$)为箭头节点的工作的总时差 TF_{i-n} 应按网络计划的计划工期 T_p 计算确定，即

$$TF_{i-n}=T_p-EF_{i-n} \tag{12-27}$$

从附图 12.8 中可知，工作 F、J、H 的总时差分别为

$$TF_{5-8}=T_p-EF_{5-8}=14-13=1$$

$$TF_{7-8}=T_p-EF_{7-8}=14-14=0$$

$$TF_{4-8}=T_p-EF_{4-8}=14-12=2$$

(2) 其他工作的总时差等于其紧后工作 $j-k$ 总时差的最小值与本工作的自由时差之和，即

$$TF_{i-j}=\min[TF_{i-k}]+FF_{i-j} \tag{12-28}$$

在附图 12.8 中，各项工作的总时差计算如下：

$$TF_{6-7}=TF_{7-8}+FF_{6-7}=0+0=0$$

$$TF_{3-6}=TF_{6-7}+FF_{3-6}=0+1=1$$

$$TF_{2-5}=\min[TF_{5-7},\ TF_{5-8}]+FF_{2-5}=\min[2,\ 1]+0=1$$

$$TF_{1-4}=\min[TF_{4-6},\ TF_{4-8}]+FF_{1-4}=\min[0,\ 2]+0=0$$

$$TF_{1-3}=TF_{3-6}+FF_{1-3}=1+0=1$$

$$TF_{1-2}=\min[TF_{2-3},\ TF_{2-5}]+FF_{1-2}=\min[2,\ 1]+0=1+0=1$$

4）最迟时间参数的确定

时标网络计划中工作的最迟开始时间和最迟完成时间可按下式计算

$$LS_{i-j}=ES_{i-j}+TF_{i-j} \tag{12-29}$$

$$LF_{i-j}=EF_{i-j}+TF_{i-j} \tag{12-30}$$

如附图12.8中，工作的最迟开始时间和最迟完成时间为

$LS_{1-2}=ES_{1-2}+TF_{1-2}=0+1=1$；$LF_{1-2}=EF_{1-2}+TF_{1-2}=3+1=4$；$LS_{1-3}=ES_{1-3}+TF_{1-3}=0+1=1$

$LF_{1-3}=EF_{1-3}+TF_{1-3}=4+1=5$。

由此类推，可计算出各项工作的最迟开始时间和最迟完成时间。由于所有工作的最早开始时间、最早完成时间和总时差均为已知，故计算比较简单。

12.3 网络计划的优化

网络计划的优化，是指在满足既定约束前提条件下，按预期目标，通过不断改进网络计划寻求满意方案。其优化目标应按计划任务的需要和条件选定，包括工期目标、费用目标和资源目标。

12.3.1 工期优化

网络计划编制后，最常遇到的问题是计算工期大于上级规定的要求工期。对此可通过压缩关键工作的持续时间满足工期要求，其途径主要是增加劳动力和机械设备或者缩短工作的持续时间。但如何有目的地去压缩工作的持续时间，其解决的方法有“顺序法”、“加权平均法”、“选择法”等工期优化方法。“顺序法”是关键工作开工时间来确定，先干的工作先压缩；“加权平均法”是按关键工作开工时间来确定。这两种方法均没有考虑作业的关键工作所需的资源是否有保证及相应的费用增加幅度；“选择法”更接近于实际需要。

1.“选择法”工期优化

1）缩短关键工作的持续时间应考虑的因素

缩短持续时间对质量影响不大的工作；有充足备用资源的工作；缩短持续时间所需增加的费用最少的工作。

2）工期优化的步骤

（1）计算并找出初始网络的计算工期、关键工作和关键线路。

（2）按要求工期计算应缩短的持续时间

$$\Delta T=T_c-T_r \tag{12-31}$$

式中：T_c——计算工期；

T_r——要求工期。

(3) 确定每个关键工作能缩短的持续时间。

(4) 按选择关键工作所持续时间，并重新计算网络计划的计算期。

(5) 当计算工期仍超过要求工期时，则重复以上步骤，直到满足要求工期为止。

(6) 当所有关键工作的持续时间都已达到其能缩短的极限而工期仍不能满足要求时应对原组织方案进行调整或对要求工期重新审定。

实践演练

工期优化

某网络计划如图12.25所示，图中括号内数据为工作最短持续时间，假定要求工期为100天，优化的步骤如下。

第一步，用工作正常持续时间计算节点的最早时间和最迟时间，找出网络计划的关键工作及关键线路，如图12.26所示，其中括号内数字为可压缩至时间。其中关键线路用粗箭线表示，为①—③—④—⑥，关键工作为1—3，3—4，4—6。

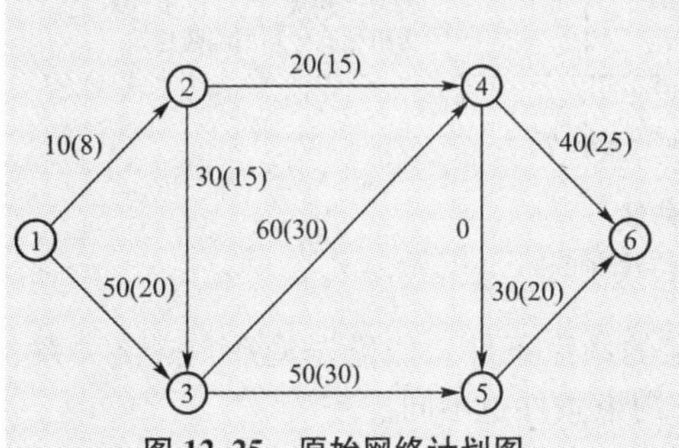

图12.25 原始网络计划图

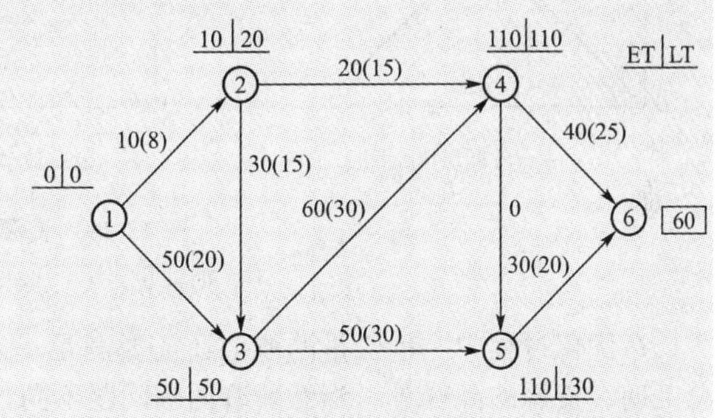

图12.26 正常持续时间计算网络计划时间参数

第二步，计算需缩短时间，根据图12.26所计算的工期需要缩短时间60d。根据图12.26中数据，关键工作1—3可缩短20d，3—4可缩短30d，4—6可缩短25d，共计可缩短75d，但考虑前述原则，因缩短工作4—6增加劳动力较多，故仅缩短10d，重新计算网络计划工期如图12.27所示，可知其关键线路为①—②—③—④—⑥，关键工作为1—2，2—3，3—5，5—6；工期120d。

按上级要求工期尚需要压缩20d。仍根据前述原则，选择工作2—3，3—5较宜，用最短工作持续时间换置工作2—3和3—5的正常持续时间，重新计算网路计划参数，如图12.28所示。经计算，关键线路为①—③—④—⑥，工期100d，满足要求。

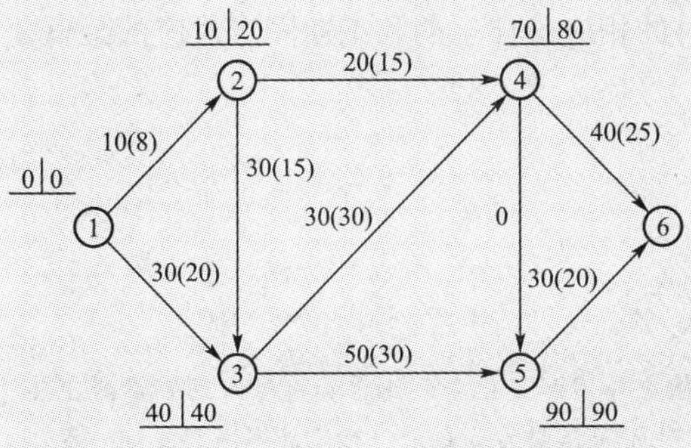

图12.27 首次压缩工期后网络计划图

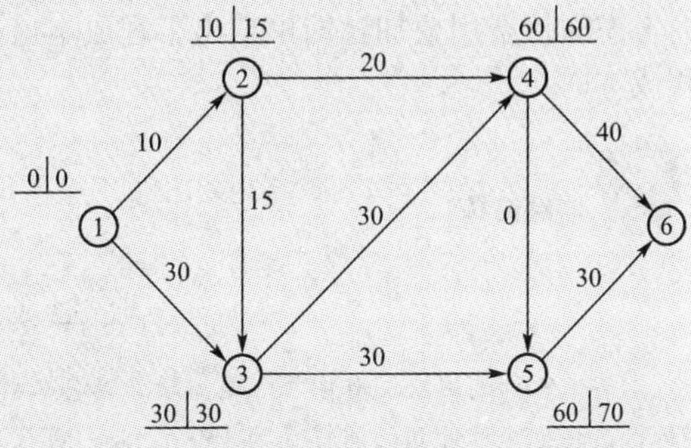

图12.28 再次压缩工期后网络计划图

12.3.2 资源优化

网络计划的资源优化是在有约束条件的最优化过程。网络计划中各个工作的开始时间是我们的决策变量，每一种计划实质上是一个抉择。对计划的优化是在众多的决策中选择一个能使我们的目标函数值最佳的决策。

目标随着情况、资源本身性质的不同而不同，其有可能是指工期最短，也有可能是总成本最低，还有可能是其他目标，其目标函数的形式是多种多样的。例如，对于一些非库存的材料(如施工用的混凝土)，如果每天的消耗量大致均衡，这样能够提高搅拌设备及运输设备的利用率，最理想的资源曲线如图 12.29(a)所示。而对于人力资源的需求除有时希望均衡外，也有可能希望人力的需要曲线如图 12.29(b)所示。

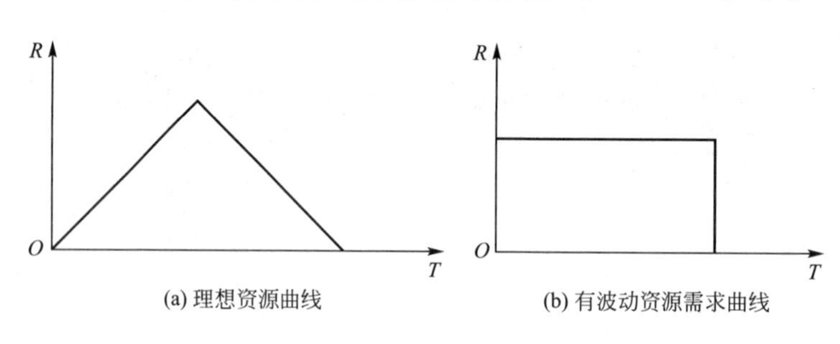

工作在开始阶段因为工作面还没完全打开，需要的人较少，随着工作的进行逐渐增加人力，当工作快结束时又逐渐减少人力。如果增加的人力来源波动较大，就可以节约有关费用和充分利用临时建筑。

图 12.29 资源曲线

R—消耗量；T—施工持续时间)

在优化过程中决策变量的取值还需要满足一定的约束条件，如优先关系、搭接关系、总工期、资源的高峰等。当然随着面临问题不同，约束条件也不同。

对于资源优化的问题目前还没有十分完善的理论，在算法方面一般是以通常的网络图(CPM)参数计算的结果出发，逐步修改工序的开工时间，达到改善目标函数的目的，这即是资源优化的基本原理。

12.3.3 工期—成本

工期—成本优化的基本方法是从网络计划各工作的持续时间和费用的关系中，依次找出既能使计划工期缩短又能使得其直接费用增加最少的工作，不断地缩短其持续时间，同时考虑间接费用叠加，即可求出工程成本最低时的相应最佳工期和工期固定对应的最低工程成本。

实践演练

工 期 优 化

某工程计划网络图如图 12.30 所示，其各工作的相应费用和变化率、正常和极限时间如箭线上下标出。整个工程计划的间接费为 150 元/天，最短工期时间间接费为 500 元。对此计划进行工期—成本优化，确定其工期成本曲线。

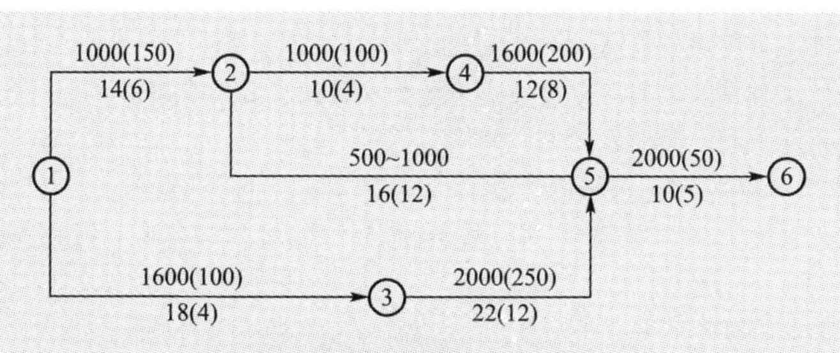

图 12.30 某工程计划网络图

(1) 通过列表确定各个工作的正常持续时间和相应的费用，并分析各工作的持续时间与费用之间的关系，见表 12-9。

表 12-9 时间—成本数据表

工作编号	正常工期条件		最短工期条件		费用变化率(元/d)
	时间/d	成本(元)	时间/d	成本(元)	
1—2	14	1000	6	2200	150
1—3	18	1600	4	3000	100
2—4	10	1000	4	1600	100
2—5	16	600	12	1000	
3—5	22	2000	12	4500	250
4—5	12	1600	8	2400	200
5—6	10	2000	6	2200	50

(2) 计算各工作在正常持续时间下网络计划时间参数，确定其关键线路，如图 12.31 所示，并确定整个网络计划的直接费用。

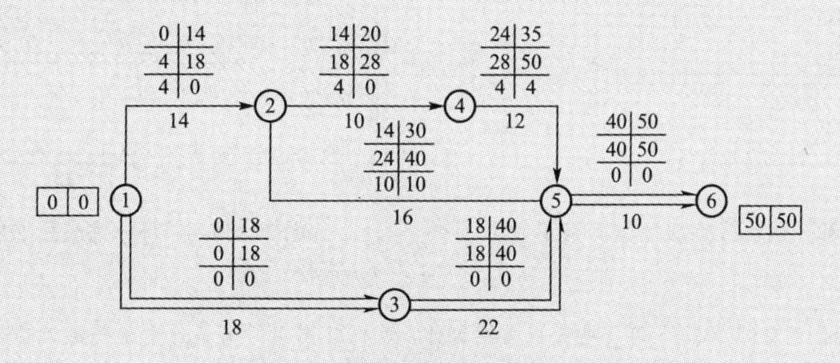

图 12.31 正常持续时间下网络计划

从图 12.31 可看到其关键线路为①—③—⑤—⑥，工期 $T=50\text{d}$，直接费用 $C=9800$ 元。以图 12.31为原始网络：作为工期—成本优化的基础。

(3) 从原始网络出发，逐步压缩工期，直至各工作均合理地缩短了持续时间，不能在继续缩短工期为止。此过程要进行多个循环，而每一循环又分以下几步。

① 通过计算找出上次循环后网络图的关键工作和关键线路。

② 从各关键工作中找出缩短单位时间所增加的费用最少的方案。

③ 通过试算并确定该方案可能压缩的最多天数。

④ 计算由于缩短工作持续时间所引起的费用增加或其循环后的费用。

A 循环一。

在原始网络计划图 12.20 中，关键工作为 1—3，3—5，5—6，在表 12-9 中可以看到：5—6 工作费用变化率最小为 50 元/d，时间可缩短 4d，则工期 $T_1=50-4=46$(d)，费用 $C_1=9800+4\times50=10000$(元)。

结论：关键线路没有改变。

B 循环二。

关键工作仍为 1—3，3—5，5—6，表中费用变化率最低的是 5—6 工作，但在循环已达到了最短时间，不能再缩短，所以考虑 1—3，3—5 工作，经比较 1—3 工作费用变化率较低，1—3 工作可缩短 14d，但缩短 5d 时其他非关键工作也必须缩短。所以在不影响其他工作的情况下，只能压缩 4d，其工期和费用为

$$T_2=46-4=42(\text{d})$$

$$C_2=10000+4\times100=10400(\text{元})$$

循环二完成后的网络图如图 12.32 所示。

C 循环三。

从图 12.32 中看到关键线路变成 2 条：①—②—④—⑤—⑥和①—③—⑤—⑥。

关键工作为 1—2、2—4、4—5、1—3、4—5、5—6。其压缩方案如下。

方案一：缩短 1—3，2—4 工作，每天增加费用 200 元。

方案二：缩短 1—3，1—2 工作，每天增加费用 250 元。

方案三：缩短 3—5，4—5 工作，每天增加费用 450 元。

根据增加费用最少的原则，缩短 1—3，2—4 各 6(d)，其工期和费用为

$$T_3=42-6=36(\text{d})$$

$$C_3=10400+6\times200=11600(\text{元})$$

缩短后的网络图如图 12.33 所示。

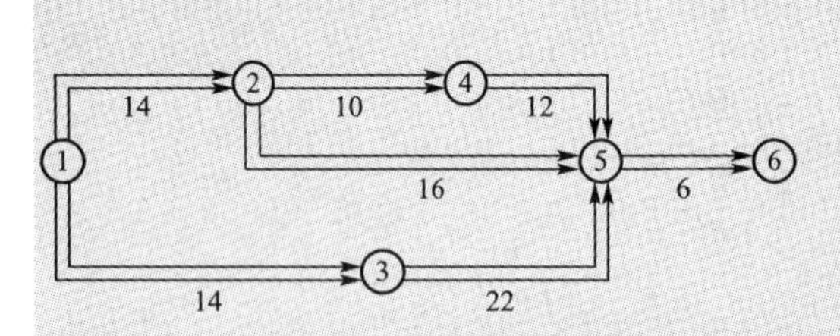

图 12.32 循环二完成后的网络图

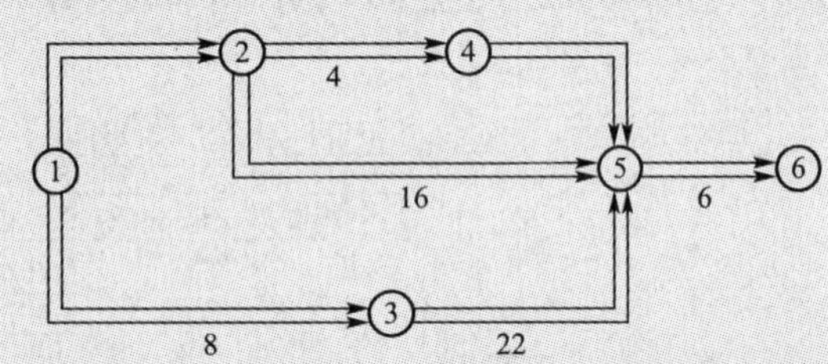

图 12.33 循环三完成后的网络图

D 循环四。

从图 12.33 可看到，2—5 工作也变成关键工作，即网络图上所有工作都是关键工作，共有 3 条关键线路。其压缩方案如下。

方案一：缩短 1—2，1—3 工作，每天增加费用 250 元。

方案二：缩短 1—3，2—5，4—5 工作，必须缩短 4d，费用增加 1400 元，平均每天增加 400 元。

方案三：缩短 1—2，3—5 工作，每天增加费用 400 元。

方案四：缩短 2—5、3—5、4—5 工作，必须缩短 4d，费用增加 2200 元，平均每天增加费用 500 元；通过比较压缩 1—2，1—3 工作各 4d$T_4=36-4=32$，$C_4=11600+4\times250=12600$ 元，其压缩后的网络图如图 12.34 所示。

E 循环五。

从附图 12.34 中找出其压缩方案如下。

方案一：缩短 1—2，3—5 工作，每天增加费用 400 元。

方案二：缩短 2—5，3—5，4—5，计 4d，费用增加 2000 元，平均每天 500 元。

故取方案一，缩短 1—2，3—5 工作各 4d，$T=32-4=28(\text{d})$，$C=12600+4\times400=14200$(元)。缩短后网络图如图 12.35 所示。

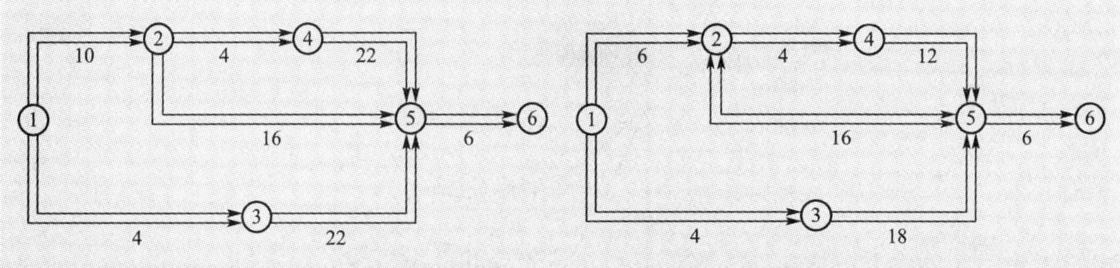

图 12.34　循环四完成后的网络图

图 12.35　循环五完成后网络图

F 循环六。

通过图 12.35 可以看出缩短工期方案只有一个，即压缩 2—5，3—5。4—5 工作各 4d，(由于 2—5 工作室非连续型变化关系)

$$T=28-4=24(\text{d})$$

$$C=14200+200+450\times4=16200(\text{元})$$

网络图如图 12.36 所示。

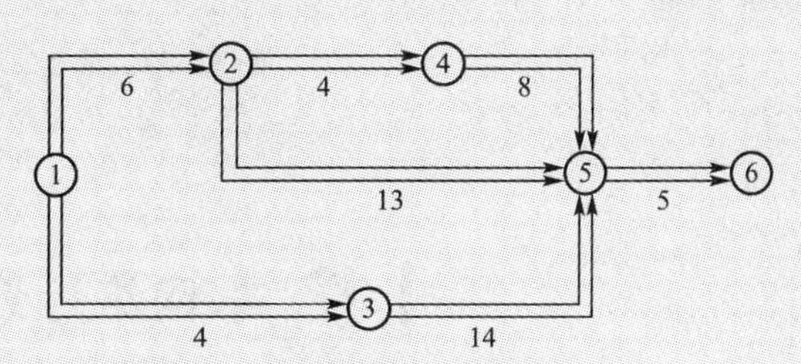

图 12.36　循环六完成后的网络图

至此，可以看出 3—5 工作还可继续缩短，其费用增加 $T=16200+500=16700$(元)，但是与 3—6 工作平行的其他工作不能再缩短了，即已达到了极限时间，所以尽管缩短 3—5 工作时整个工程的直接费用增加了，但工期并没有再缩短，那么缩短 3—6 工作是徒劳的，这就告诉我们，工期—成本优化并不是把整个计划的所有工作都按其最短时间计算，而是有针对性地压缩到那些影响工期的工作。本题的优化循环过程结束。将上面每次循环后的工程，费用列入表中见表 12-10。

表 12-10　网络工期—成本优化表

循环次数	工期/d	直接费/元	间接费/元	总成本/元
原始网络	50	9800	4400	14200
一	46	10000	3800	13800
二	42	10400	3200	13600
三	36	11600	2300	13900
四	32	12600	1700	14300
五	28	24200	1100	15300
六	24	16400	500	16900

(4) 根据优化循环的结果和间接费用率绘制直接费、间接费曲线。并由直接费和间接费曲线叠加确定工程成本曲线，求出最佳工期最优成本。

本题中 i，根据表 12-10 列成的每组数字在坐标上找出对应点连接起来即是直接费曲线，见图 12.37将直接费曲线和间接费曲线对应点相加，可得出工程成本曲线上的对应点。将这些点连接起来就可得到工程成本曲线。从曲线上可以确定最佳工期 $T=42$d，最低成本为 13600 元。

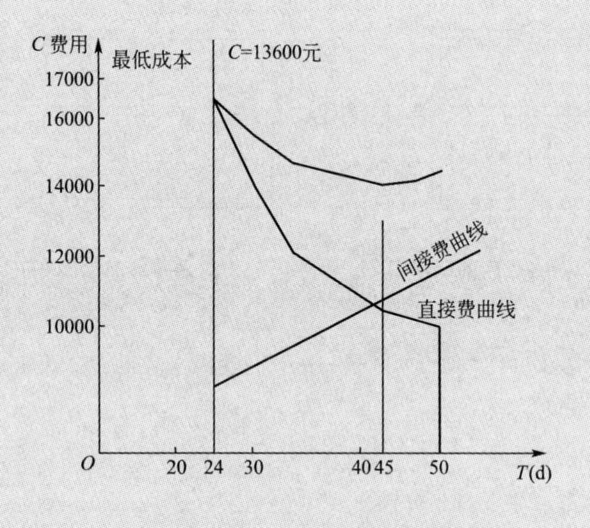

图 12.37 最佳工期最优成本

12.4 网络计划的电算方法

12.4.1 建立数据文件

一个网络计划是由许多工作组成，一个工作又由若干数据来表示，所以网络计划的时间参数计算过程很大程度在处理数据，为了计算上的方便，也为了便于数据的检查，有必要建立数据文件，数据文件是用来存放原始数据的。

为了使用上的方便，建立数据文件的程序时，不但要考虑到学过计算机语言的人使用，也要考虑到没学过计算机语言的人使用，可以利用人机对话的优点，进行一问一答的交换信息。这个过程实现起来并不复杂，其程序框图如 12.38 所示。

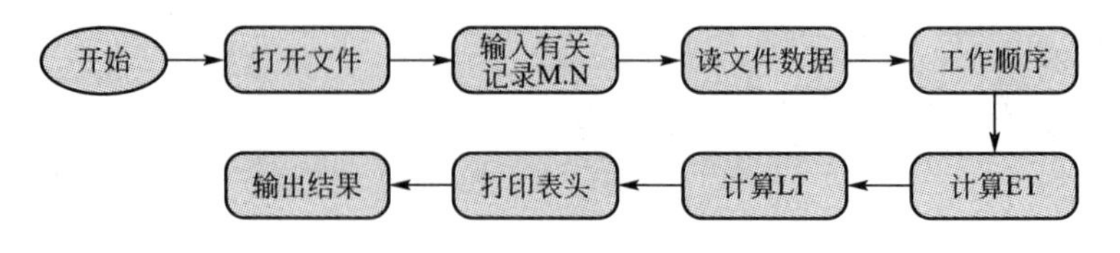

图 12.38 建立数据文件流程

12.4.2 计算程序

网络时间参数计算程序的关键就是确定其计算公式，用迭代公式进行计算。由前面网络计算公式可知。尽管网络时间参数较多。但其关键的两个参数 ET、LT 确定之后，其余参数都可据此算出，所以其计算过程中关键就是 ET、LF 两个参数的计算，即

$$ET_j = \max(ET_i + D_{i,j}) \tag{12-32}$$

式中：$D_{i,j}$——工作 $i-j$ 的持续时间。

由式(12－32)可以推出

$$ET_i + D_{i-j} < ET_j \tag{12-33}$$

如果

$$ET_i + D_{i-j} < ET_j \tag{12-33}$$

则令

$$ET_j = ET_i + D_{i-j} \tag{12-34}$$

式(12－34)即为利用计算机进行计算的叠加公式。由于计算机不能直观的进行比较，必须依节点顺序依次计算比较，故在进行参数计算之前要对所有工作按其前节点后节点的顺序进行自然排序。工作的自然排序就是按工作前节点的编号从小到大，当前节点相同时按后节点的编号从小到大进行排列的全过程。

图 12.39 给出了计算 ET 的框图。同样，由网络的计算公式可以得出节点的最迟时间计算公式。

$$LT_i = \min(LT_j - D_{i-j}) \tag{12-35}$$

由式(12－35)可推出

$$LT_j - D_{i-j} > LT_i \tag{12-36}$$

如果

$$LT_j - D_{i-j} > LT_i \tag{12-37}$$

则令 $LT_j = LT_i - D_i$ 从式(12－36)和式(12－37)可以看出，在迭代过程中，ET 值不断增大，LT 值不断减少。

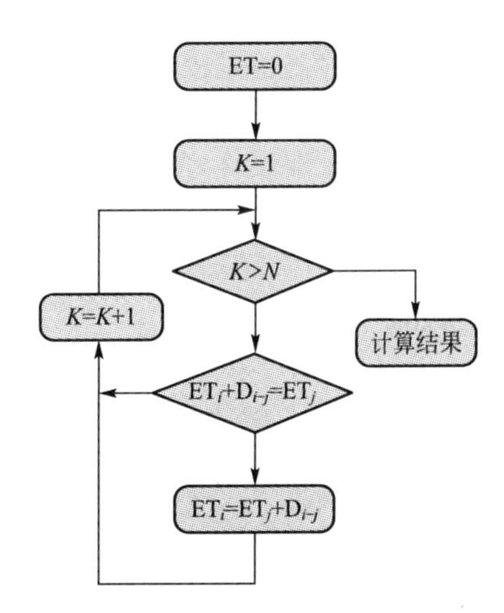

图 12.39　ET 计算框图

值得提出的是，由于 LT 值是从小到大，故开始计算时，对所有节点的 ET 值赋予初值，都令其为零。而 LT 的值是由大到小，故所有节点的 LT 值都赋予一个较大的值，为了计算上的方便，一般将后一个节点的 ET 值赋给它，因在网络中，终结点的 LT 值一般都为最大值。关于 LT 值的计算流程如图 12.40所示。图 12.41 给出了有关网络时间参数计算整个过程的流程图。

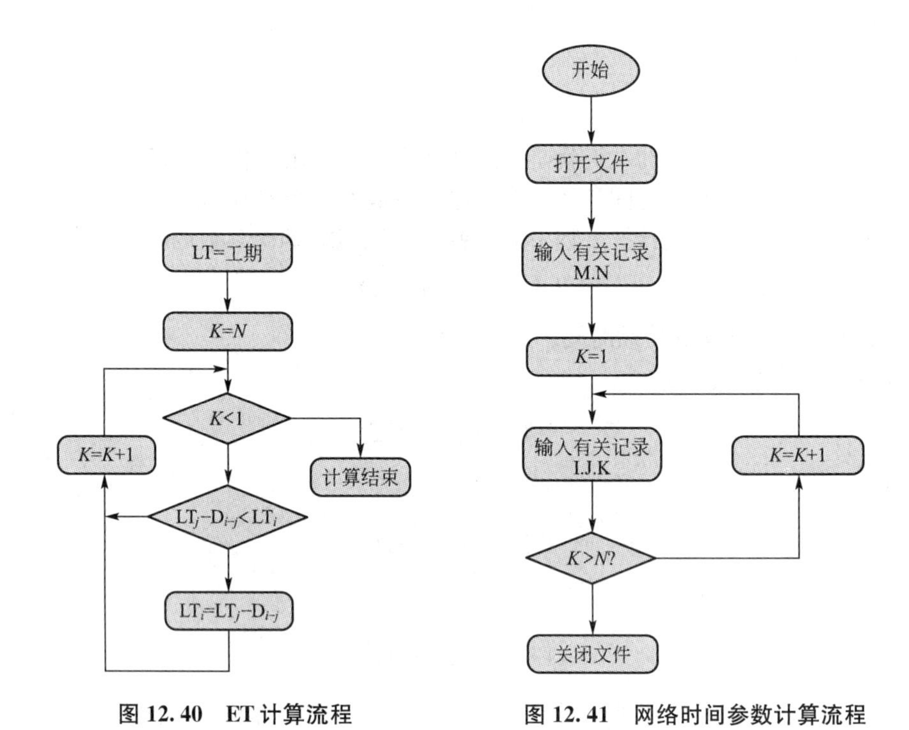

图 12.40　ET 计算流程　　图 12.41　网络时间参数计算流程

12.4.3　输出部分

计算结果的输出也是程序设计的主要部分。首先要解决输出表格形式。目前输出的表格形式一种是采用横道图形式；另一种是直接用表格形式，输出相应的各时间参数值。无论什么形式总是先要设计好格式，用 TAB 语句或 PRINT USING 语句等严格控制好打印位置、换行的位置。

思维拓展

随机网络技术

随机网络技术，也称计划评审技术(PERT)，是一种反映多种随机因素的网络技术。与传统的网络技术不同，随机网络技术模型中的节点、箭线和流量均带有一定程度上的不确定性，不仅反映活动的各种定量参数，如时间、费用、资源消耗、效益、亏损等是随机变量，而且组成网络图的各项活动也可以是随机的，可按一定的概率发生或不发生，并且允许多个原节点或自多个汇节点的网络循环回路存在。

随机网络的箭线可以表示具体的活动，也可表明一项活动的结果，或者两项活动之间的关系。为了表达活动的时间、成本、效率，还必须进一步说明实现各项活动的有关参数，即节点之间通过箭线传递的系数。常用的传递系数有两类：时间或费用系数，反映活动所需的消耗；概率系数，反映活动实现的可能性及质量合格率等。

随机网络的箭线和节点不一定都能实现，实现的可能性取决于节点的类型和箭线的概率系数；其各项活动的时间可以是常数，也可以是服从某种概率分布的密度函数，更具有不确定性；网络中不仅可以有循环回路，表示节点或活动可以重复出现，而且两个中间节点之间可以有一条以上箭线；随机网络中可以有多个目标，每个目标反映一个具体的结果，即可以有多个起点或终点。随机网络所处理的是广义概率型的网络，由于有多种不同性质的参数和各种不同类型节点，需要根据不同情况对随机变量进行分析和计算，计算比较复杂。

职业技能

技能要点	掌握程度	应用方向
网络计划技术的概念	了解	土　建 预算员
网络计划技术分类及特点	了解	
双代号网络图的绘制和计算	掌握	
单代号网络图的绘制和计算	掌握	
网络计划的工期优化	掌握	
网络计划的电算方法	了解	

习　　题

一、选择题

1. 已知E工作有一个紧后工作G。G工作的最迟完成时间为第14天，持续时间为3天，总时差为2天。E工作的最早开始时间为第6天，持续时间为1天，则E工作的自由时差为(　　)天。【2004年造价工程师考试真题】

A. 1　　B. 2　　C. 3　　D. 4

2. 关于双代号时标网络计划，下述说法中错误的是(　　)。【2004年造价工程师考试真题】

A. 自终点至起点不出现波形线的线路是关键线路

B. 双代号时标网络计划中表示虚工作的箭线有可能出现波形线

C. 每条箭线的末端(箭头)所对应的时标就是该工作的最迟完成时间

D. 每条实箭线的箭尾所对应的时标就是该工作的最早开始时间

3. 对于按计算工期绘制的双代号时标网络图，下列说法中错误的是(　　)。【2005年造价工程师考试真题】

A. 除网络起点外，每个节点的时标都是一个工作的最早完工时间

B. 除网络终点外，每个节点的时标都是一个工作的最早开工时间

C. 总时差不为零的工作，箭线在时标轴上的水平投影长度不等于该工作持续时间

D. 波形箭线指向的节点不只是一个箭头的节点

4. 当一个工程项目要求工期 Tγ 大于其网络计划计算工期 Tc 时，该工程网络计划的

关键线路是(　　)。【2005年造价工程师考试真题】

A. 各工作自由时差均为零的线路

B. 各工作总时差均为零的线路

C. 各工作自由时差之和不为零但为最小的线路

D. 各工作最早开工时间与最迟开工时间相同的线路

5. 在双代号时标网络计划图中，用波形线将实线部分与其紧后工作的开始节点连接起来，用以表示工作(　　)。【2006年造价工程师考试真题】

A. 总时差　　B. 自由时差　　C. 虚工作　　D. 时间间隔

6. 双代号时标网络计划中，不能从图上直接识别非关键工作的时间参数是(　　)。【2006年造价工程师考试真题】

A. 最早开始时间　　B. 最早完成时间　　C. 自由时差　　D. 总时差

7. 已知某工作总时差为8天．最迟完成时间为第16天，最早开始时间为第7天，则该工作的持续时间为(　　)【2007年造价工程师考试真题】。

A. 8天　　B. 7天　　C. 4天　　D. 1天

8. 已知A工作的紧后工作为B、C，持续时间分别为8天、7天、4天。A工作的最早开始时间为第9天。B、C工作的最早完成时间分别为第37天、39天，则A工作的自由时差应为(　　)。【2007年造价工程师考试真题】

A. 0　　B. 1天　　C. 13天　　D. 18天

9. A工作的紧后工作为B、C，A、B、C工作持续时间分别为6天、5天、5天，A工作最早开始时间为8天，B、C工作最迟完成时间分别为25天、22天，则A工作的总时差应为(　　)。【2008年造价工程师考试真题】

A. 0天　　B. 3天　　C. 6天　　D. 9天

10. 关于网络图绘制规则，说法错误的是(　　)。【2008年造价工程师考试真题】

A. 双代号网络图中的虚箭线严禁交叉，否则容易引起混乱

B. 双代号网络图中严禁出现循环回路，否则容易造成逻辑关系混乱

C. 双代号时标网络计划中的虚工作可用波形线表示自由时差

D. 单代号搭接网络图中相邻两工作的搭接关系可表示在箭线上方

二、计算题

某单项工程，按如图12.42进度计划网络图组织施工。原计划工期是170天，在第75天进行的进度检查时发现：工作A已全部完成，工作B刚刚开工。

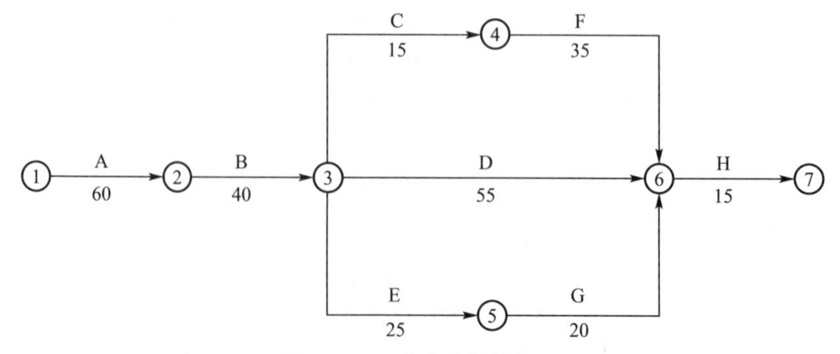

图12.42　进度计划网络图

本工程各工作相关参数见表12-11。

表12-11 工作相关参数

序号	1	2	3	4	5	6	7	8
工作	A	B	C	D	E	F	G	H
最大可压缩时间/天	10	5	3	10	5	10	10	5
赶工费用/(元/天)	200	200	100	300	200	150	120	420

【问题】

(1) 为使本单项工程仍按原工期完成，则必须赶工，调整原计划，问应如何调整原计划，既经济又保证整修工作能在计划的170天内完成，并列出详细调整过程。

(2) 试计算经调整后，所需投入的赶工费用。

(3) 指出调整后的关键线路。

三、案例分析

1. 某办公楼工程，建筑面积18500m²，现浇钢筋混凝土框架结构，筏板基础。该工程位于市中心，场地狭小，开挖土方需运至指定地点，建设单位通过公开招标方式选定了施工总承包单位和监理单位，并按规定签订了施工总承包合同和监理委托合同，施工总承包单位进场后按合同要求提交了总进度计划，如图12.43所示(时间单位：月)，并经过监理工程师审查和确认。

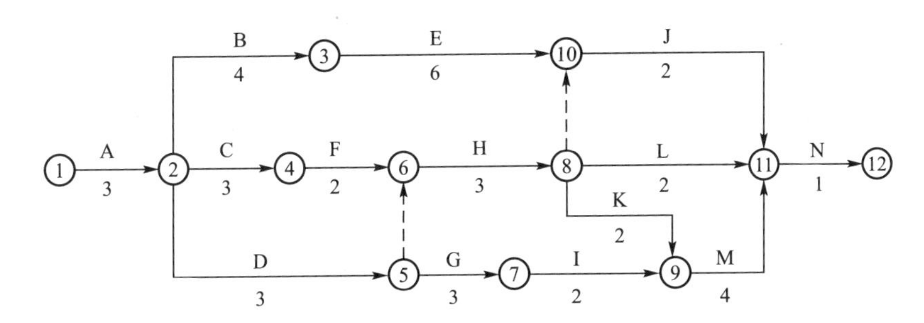

图12.43 总进度计划

合同履行过程中，当施工进行到第5个月时，因建设单位设计变更导致工作B延期2个月，造成施工总承包单位施工机械停工损失费13000元和施工机械操作人员窝工费2000元，施工总承包单位提出一项工期索赔和两项费用索赔。【2011年一级建造师考试《建筑工程》真题】

【问题】

(1) 施工总承包单位提交的施工总进度计划和工期是多少个月？指出该工程总进度计划的关键线路(以节点编号表示)。

(2) 事件中，施工总承包单位的三项索赔是否成立？并分别说明理由。

2. 某综合楼工程，地下1层，地上10层，钢筋混凝土框架结构，建筑面积28500m²，某施工单位与建设单位签订了工程施工合同，合同工期约定为20个月。施工单位根据合同工期编制了该工程项目的施工进度计划，并且绘制出施工进度网络计划如图12.44所示

（单位：月）。【2008 年二级建造师考试《建筑工程》真题】

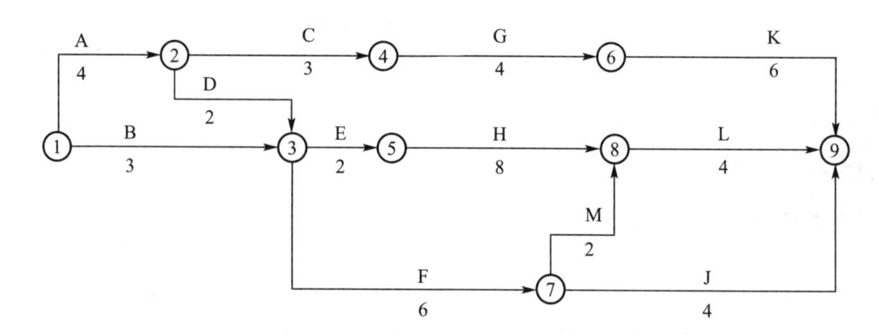

图 12.44　施工进度网络计划

在工程施工中发生了如下事件。

事件一：因建设单位修改设计，致使工作 K 停工 2 个月。

事件二：因建设单位供应的建筑材料未按时进场，致使工作 H 延期 1 个月。

事件三：因不可抗力原因致使工作 F 停工 1 个月。

事件四：因施工单位原因工程发生质量事故返工，致使工作 M 实际进度延迟 1 个月。

【问题】

（1）指出该网络计划的关键线路，并指出由哪些关键工作组成。

（2）针对本案例上述各事件，施工单位是否可以提出工期索赔的要求？并分别说明理由。

（3）上述事件发生后，本工程网络计划的关键线路是否发生改变？如有改变，指出新的关键线路。

（4）对于索赔成立的事件，工期可以顺延几个月？实际工期是多少？

单位工程施工组织设计是以单位工程为主要对象编制的施工组织设计，对单位工程的施工过程起指导和制约作用。单位工程施工组织设计是一个工程宏观定性的战略部署，体现了一定的指导性和原则性，是一个将建筑物的蓝图转化为实物的总文件。它包含了施工全过程的部署、选定技术方案、进度计划及相关资源计划安排、各种组织保障措施等内容，是对项目施工全过程的管理性文件。

学习要点

- 了解单位工程施工组织设计编制的程序和依据，掌握编制的方法、内容和步骤；
- 了解单位工程施工方案设计的主要内容，掌握施工流向、施工顺序、施工方法等的选择依据；
- 了解单位工程施工进度计划及施工平面图的主要内容，并能正确地进行编制，设计和调整。

主要国家标准

- 《建筑施工组织设计规范》GB/T 50502—2009
- 《建设工程安全生产管理条例》中华人民共和国国务院令第 393 号
- 《水利水电工程施工组织设计规范》SL 303—2004
- 《风力发电工程施工组织设计规范》DL/T 5384—2007

案例导航

到底该如何施工

某施工单位由于业务繁多，需要新引进一位施工人员。该企业老总制定了一套招聘程序，并开始实施。通过激烈角逐，层层筛选，最后剩下一男一女两位应聘者。谁能最终获得胜利，成为该企业的一员，还必须经过最后一关的竞争。

最后一关的题目是，给出某一工程的工程概况，要求两人分别编制装饰装修工程的施工方案。施工方案更合理者胜出。

工程概况：××工程位于我国南方××城市市区，是由三个单元组成的一字形住宅；砖混结构；建筑总高度18.6m，共六层，无地下室；楼板采用预制板；施工期限为当年12月10日至第二年7月10日；土质为软土。

根据所提供的材料，两位应聘者积极准备，精心策划，编制出了各自的方案。通过对比分析，发现两位编制出的方案最大差异在施工顺序上，分别如下。

男应聘者：室外装修为自上而下，室内装修也为自上而下。

女应聘者：室外装修为自上而下，而室内装修为自下而上。

企业老总拿着两份装饰装修工程的施工方案，脸上流露出了惬意的表情……。

【问题讨论】

1. 请问哪位应聘者能最终获得胜利而成为该企业的一员呢？
2. 一男一女两位应聘者中，在没有通过最终考核之前，企业老总更中意哪位应聘者，为什么？

单位工程施工组织设计是由施工承包企业依据国家的政策和现行技术法规及工程设计图纸的要求，为使施工活动能有计划地进行，从工程实际出发，结合现场客观的施工条件做出的为实现优质、低耗、快速的施工目标而编制的技术经济文件，亦是规划和指导拟建工程从施工准备到竣工验收全过程施工活动的纲领性技术经济文件。

单位工程是具备独立施工的条件的一个建筑物或构筑物，单位工程施工组织设计应体现施工的特点，简明扼要，便于选择施工方案，有利于组织资源供应和技术配备。单位工程施工组织设计按用途不同可分为两类：一类是施工单位在投标阶段编制的组织设计，也称技术标；另一类是用于指导施工的。这两类施工组织设计的侧重点不同，前一类的主要目的是为了中标获取工程，其施工方案可能较粗略，而在工程质量保证措施、工期和施工的机械化程度、技术水平、劳动生产率等方面较为详细，后一类的重点在施工方案。本章主要介绍后一类施工组织设计。

13.1 单位工程施工组织设计的内容

13.1.1 单位工程施工组织设计的编制依据

单位工程施工组织设计的编制应根据工程规模和复杂程度、工程施工对象的类型和性质、建设地区的自然条件和技术经济条件以及施工企业收集的其他资料等作为编制依据。其具体的主要编制依据如下。

(1) 工程承包合同，特别是施工合同中有关工期、施工技术限制条件、工程质量标准要求，对施工方案的选择和进度计划的安排有重要影响的条款。

(2) 建设单价的意图和要求、设计单位的要求，包括全部施工图纸、会审记录和标准图等有关设计资料。

(3) 施工现场的自然条件(场地条件及工程地质、水文地质、气象情况)和建筑环境、技术经济条件，包括工程地质勘察报告、地形图和工程测量控制网等。

(4) 资源配置情况，例如，业主提供的临时房屋、水压、供水量、电压、供电量能否满足施工的要求；原材料、劳动力、施工设备和机具、预制构件等的市场供应和来源情况。

(5) 建设项目施工组织总设计(或建设单位)对本工程的工期、质量和成本控制的目标要求。

(6) 承包单位年度施工计划对本工程开工、竣工的时间安排；施工企业年度生产计划对该工程规定的有关指标，例如，设备安装对土建的要求及与其他项目穿插施工的要求。

(7) 土地申请、施工许可证、预算或报价文件以及相关现行有关国家方针、政策、法律、法规及规程、规范、定额。预算文件提供了工程量报价清单和预算成本，相关现行规范、规程等资料和相关定额是编制进度计划的主要依据。

(8) 类似工程施工经验总结。

13.1.2 单位工程施工组织设计编制的主要内容

单位工程施工组织设计的主要内容有工程概况、施工方案、施工进度计划和施工平面图。另外，单位工程施工组织设计的内容还包括劳动力、材料、构件、施工机械等需用量计划，主要技术经济指标，确保工程质量和安全的技术组织措施，风险管理、信息管理等。如果工程规模较小，可以编制简单的施工组织设计，其内容是施工方案、施工进度计划、施工平面图，简称“一案一表一图”。

13.1.3 单位工程施工组织设计的编制程序

单位工程施工组织设计是施工企业控制和指导施工的文件，其编制程序如图13.1所示。

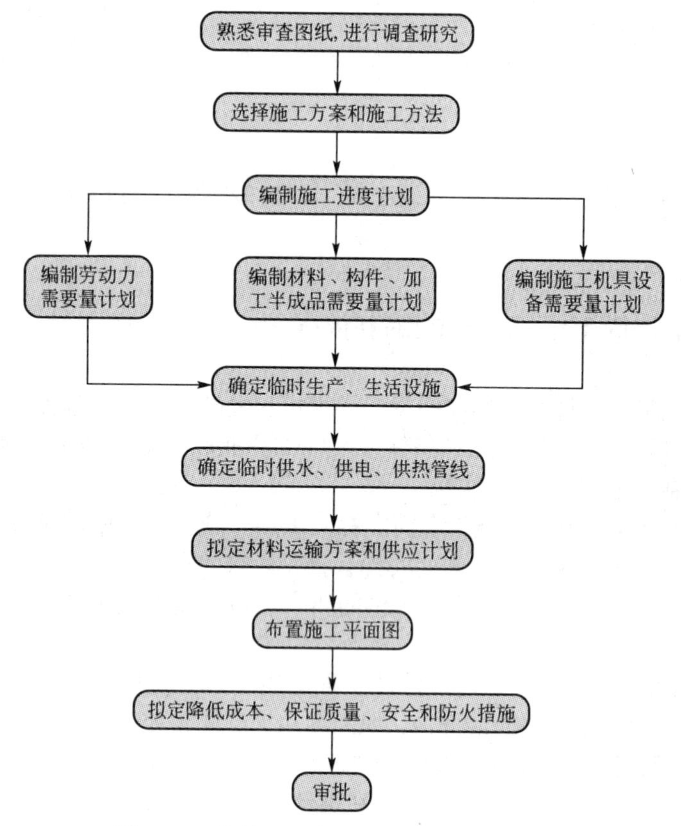

图 13.1　单位工程施工组织设计的编制程序

13.2 单位工程施工方案设计

施工方案是单位工程施工组织设计的核心内容，施工方案合理与否，将直接影响到单位工程的施工效果，应在拟定的多个可行方案中，选用综合效益好的施工方案。在拟定施工方案之前应先决定以下几个主要问题。

(1) 整个房屋的施工开展程序、施工阶段及每个施工阶段中需配备的主要机械。

(2) 哪些构件是现场预制，哪些构件由预制厂供应，工程施工中需配备多少劳动力和设备。

(3) 结构吊装和设备安装需要的协作单位。

(4) 施工总工期及完成各主要施工阶段的控制日期。

然后，将这些主要问题与其他需要解决的有关施工组织与技术问题结合起来，拟定出整个单位工程的施工方案。

13.2.1　施工方案的确定

施工方案的基本内容主要有施工方法和施工机械的选择、施工段的划分、施工流向和施工顺序的确定和施工的流水组织等。

1. 单位工程施工程序

单位工程施工中应该遵循“四先四后”的施工程序。

(1) 先地下后地上。主要是指首先完成管道、管线等地下设施，土方工程的基础工程，然后开始地上工程的施工。

(2) 先主体后围护。

(3) 先结构后装饰装修。

(4) 先土建后设备。

单位工程施工完成后，施工单位应预先验收，严格检查工程质量，整理各项技术经济资料，然后经建设单位、施工单位和质检站交工验收，经检查合格后，双方办理交工验收手续及有关事宜。

2. 单位工程施工起点流向

确定施工起点流向是确定单位工程在平面或竖向上施工开始的部位和进展的方向。对单层建筑物，例如厂房，按其车间、工段或跨间，分区分段地确定出在平面上的施工流向；对于多层建筑物，除了确定每层平面上的流向外，还须确定其他层或单元在竖向上的施工流向。确定单位工程施工起点流向时一般应考虑如下因素。

1) 车间的生产工艺流程

车间的生产工艺流程往往是确定施工流向的关键因素，因此，从生产工艺上考虑，凡将影响其他试车投产的工段应该先施工。例如，B车间生产的产品需受A车间生产的产品影响，A车间划分为3个施工段。因为Ⅱ、Ⅲ段的生产受Ⅰ段的约束，故其施工起点流向应从A车间的Ⅰ段开始，如图13.2所示。

2) 建设单位对生产和使用的需要

(1) 建设单位对生产和使用的需要一般应考虑建设单位对生产或使用急切的工段或部位先施工。

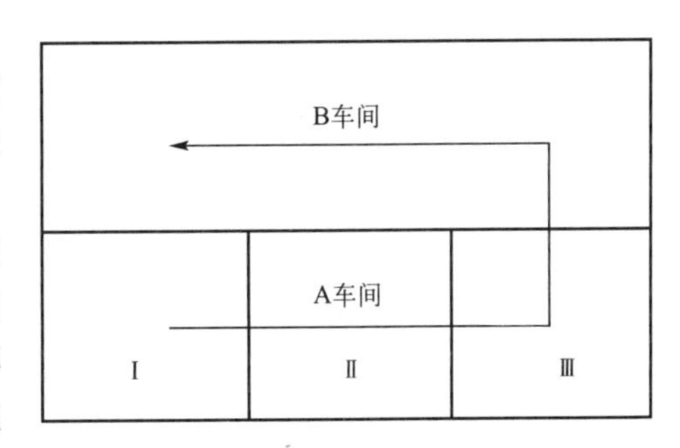

图13.2 施工起点流向示意

(2) 工程的繁简程度和施工过程之间的相互关系。一般技术复杂、施工进度较慢、工期较长的区段和部位应先施工。密切相关的分部分项工程的流水施工，一旦前导施工过程的起点流向确定了，则后续施工过程也随之而定。例如，单层工业厂房的挖土工程的起点流向决定柱基础施工过程和某些预制、吊装施工过程的起点流向。

(3) 房屋高低层和高低跨。柱子的吊装应从高低跨交界处开始；屋面防水层施工应按先高后低的方向施工，同一屋面则由檐口到屋脊方向施工；基础有深浅之分时，应按先深后浅的顺序进行施工。

(4) 工程现场条件和施工方案。施工场地的大小、道路布置和施工方案中采用的施工方法和机械也是确定施工起点和流向的主要因素。例如，土方工程边开挖边余土外运，则施工起点应确定在离道路远的部位和应按由远及近的方向进展。

(5) 分部分项工程的特点及其相互关系。例如，多层建筑的室内装饰工程除平面上的起点和流向外，在竖向上还要决定其流向，而竖向的流向确定更为重要，其施工起点流向一般分为自上而下、自下而上以及自中而下再自上而中 3 种。

① 室内装饰工程自上而下的施工起点流向，通常是指主体结构工程封顶、做好屋面防水层后，从顶层开始，逐层往下进行，如图 13.3 所示，有水平向下和垂直向下两种，通常采用水平向下的流向。

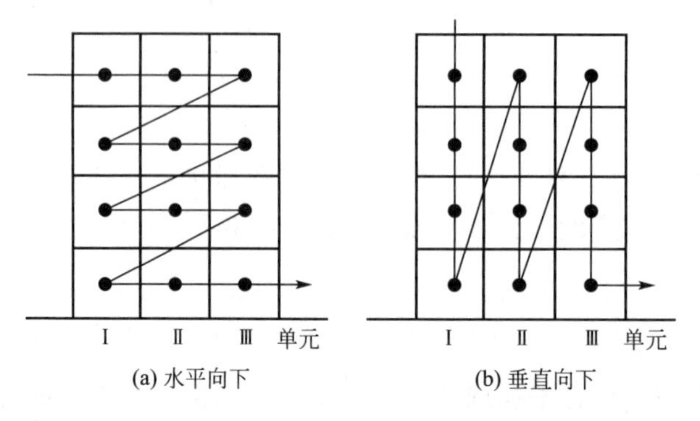

优点：主体结构完成后有一定的沉降时间，能保证装饰工程的质量；做好屋面防水层后，可防止在雨季施工时因雨水渗漏而影响装饰工程的质量；自上而下的流水施工，各工序之间交叉少，便于组织施工，保证施工安全；从上往下清理垃圾方便。

缺点：不能与主体施工搭接，因而工期较长。

图 13.3　室内装饰工程自上而下流水

② 室内装饰工程自下而上的起点流向是指当主体结构工程的砖墙砌到 2～3 层以上时，装饰工程从一层开始，逐层向上进行。其施工流向有水平向上和垂直向上两种，如图 13.4所示。

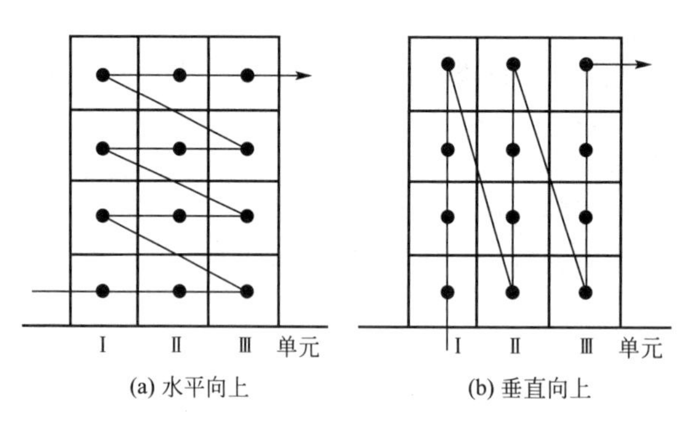

优点：可以和主体砌筑工程进行交叉施工，故工期缩短。

缺点：工序之间交叉多，需要很好地组织施工并采取安全措施。当采用预制楼板时，由于板缝填灌不严密，以及靠墙边处较易渗漏雨水和施工用水，影响装饰工程质量。为此，在上下两相邻楼层中，应首先抹好上层地面，再做下层天棚抹灰。此种流向对于成品保护也不利，室内也有流向，如先卧室后客厅、走廊、楼梯等。

图 13.4　室内装饰工程自下而上流水

③ 自中而下再自上而中的起点流向，综合了上述两者的优点，适用于中、高层建筑的装饰工程。

3. 分部分项工程的施工顺序

施工顺序是指分项工程或工序之间的施工先后次序，确定施工顺序的基本原则：遵循施工程序；符合施工技术、施工工艺的要求；满足施工组织的要求，使施工顺序与选择的施工方法和施工机械相互协调；必须确保工程质量和安全施工要求；必须适应工程建设地点气候变化规律的要求。

1）多层砖混结构的施工顺序

混合结构房屋的常见施工顺序可分为 3 个阶段，即基础工程→主体结构工程→装饰工程，如图 13.5 所示为三层混合结构房屋的常见施工顺序。

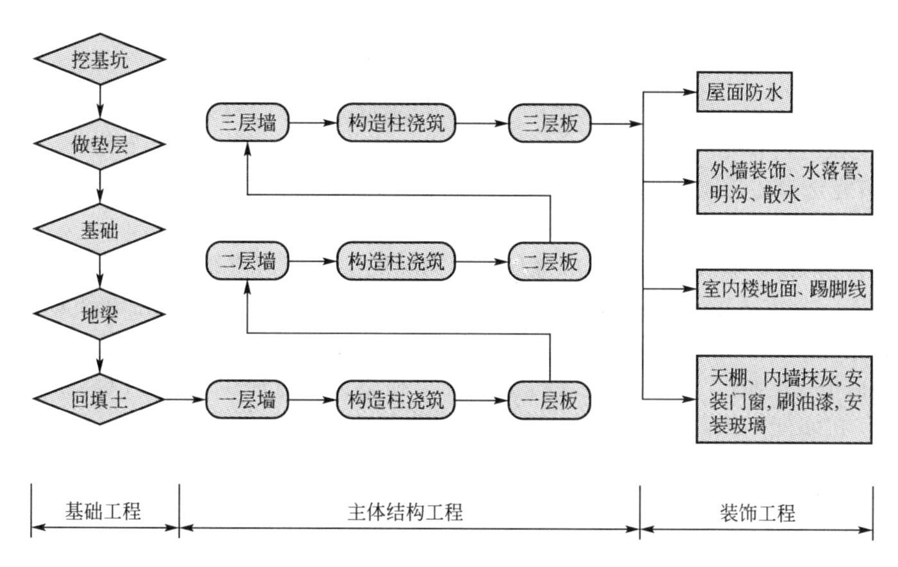

图 13.5　三层混合结构房屋施工顺序示意

2）单层装配式厂房的施工顺序

装配式单层厂有 5 个施工阶段，即基础工程→预制工程→结构安装工程→围护、屋面、装饰工程→设备安装工程。具体见表 13－1。

表 13－1　单层装配式厂房的施工顺序

施工阶段		施工顺序
基础工程	厂房基础	挖土→混凝土垫层→杯基扎筋→支模→浇混凝土→养护→拆模→回填
	设备基础	采用开敞式施工方案时，设备基础与杯基同时施工；采用封闭式施工方案时，设备基础在结构完工后施工
预制工程	柱	地胎模→扎筋→支侧模→浇混凝土(安木心模)→养护→拆模
	屋架	砖底模→扎筋、埋管→支模(安预制腹杆)→浇混凝土→抽心→养护→穿预应力筋、张拉、锚固→灌浆→养护→翻身吊装
吊装工程	单件法吊装	准备→吊装柱子→吊装地梁、吊车梁→吊装屋盖系统
	综合法吊装	准备→吊装第一节间柱子→吊装第一节间地梁、吊车梁→吊装第一节间屋盖系统→吊装第二节间柱子→…→结构安装工程完成
围护、屋面、装饰工程	围护	砌墙(搭脚手架)—浇圈梁、门框、雨篷
	装饰	安门窗→内外墙勾缝→顶、墙喷浆→门窗油漆、玻璃→地面、勒脚、散水

4. 选择施工方法和施工机械

正确地拟定施工方法和选择施工机械是施工组织设计的关键，它也直接影响施工的进度、质量、安全和工程成本。

施工方法的选择，应着重考虑影响整个单位工程的分部分项工程，如工程量大、施工技术复杂或采用新技术、新工艺及对工程质量起关键作用的分部分项工程，对常规做法和工人熟悉的项目，则不必详细拟定，只提具体要求。

选择施工方法必然涉及施工机械的选择，机械化施工是实现建筑工业化的基础，因此，施工机械的选择是施工方法选择的中心环节，在选择时应该注意以下几点。

(1) 首先选择主导工程的施工机械，如地下工程的土方机械，主体结构工程的垂直、水平运输机械、结构吊装工程的起重机械等。

(2) 各种辅助机械或运输工具应该与主导机械的生产能力协调配套，以便充分发挥主导机械效率。如土方工程在采用汽车运土时，汽车的载重量应为挖土机斗容量的整倍数，汽车的数量应保证挖土机连续工作。

(3) 在同一工地上，应力求建筑机械的种类和型号尽可能少一些，以利于机械管理；且应尽量一机多能，提高机械使用效率。机械选择应考虑充分发挥施工单位现有机械的能力。

13.2.2 施工方案的技术经济评价

施工方案的技术经济评价方法主要有定性分析法和定量分析法两种。

1. 定性分析法

定性分析法是结合工程施工实际经验，对多个施工方案的一般优缺点进行分析和比较，如施工操作的难易程度和安全可靠性；方案是否能为后续工序提供有利条件等。

2. 定量分析法

定量分析法是通过对各个方案的工期指标、实物量指标和价值指标等一系列单个技术经济指标进行计算对比，从而得到最优实施方案的方法。定量分析指标见表 13-2。

表 13-2 定量分析指标

指　　标	主要内容
施工工期	从开工到竣工所需要的时间，一般以施工天数计。当要求工程尽快完成以便尽早投入生产和使用时，选择施工方案应在确保工程质量、安全和成本较低的条件下，优先考虑工期较短的方案
单位产品的劳动消耗量	完成单位产品所需消耗的劳动工日数，它反映施工机械化程度和劳动生产率水平。通常，方案中劳动量消耗越少，施工机械化程度和劳动生产率水平越高
主要材料消耗量	反映各施工方案主要材料消耗和节约情况，一般是指钢材、木材、水泥、化学建材等材料
成本	反映施工方案的成本高低情况

13.3 单位工程施工进度计划与资源需要量计划

单位工程施工进度计划是在既定施工方案的基础上，根据规定的工期和各种资源供应条件，对单位工程中的各分部分项工程的施工顺序、施工起止时间及衔接关系进行合理安排的计划。

13.3.1　施工进度计划的形式

施工进度计划一般采用水平图表(横道图)、垂直图表和网络图的形式。本节主要阐述用横道图编制施工进度计划的方法及步骤。

单位工程施工进度计划横道图的形式和组成见表13－3。表左侧列出各分部分项工程的名称及相应工程量、劳动量和机械台班等基本数据。表右侧是由左侧数据算出的指示图线，用横线条形式可形象地反映各施工过程施工进度及各分部分项工程间的配合关系。

表13－3　单位工程施工进度计划表

序号	分部分项工程名称	工程量		××定额	劳动量		需用机械		每日工作班数	每日工作人数	工作天数	进度日程								
		单位	数量		工种	工日	名称	台班				×月					×月			
												5	10	15	20	25	5	10	15	

13.3.2　施工进度计划的一般步骤

1. 确定分部分项工程项目，划分施工过程

施工进度表中所列项目是指直接完成单位工程的各分部分项工程的施工过程。首先按照施工图纸的施工顺序，列出拟建单位工程的各个施工过程，并结合施工方法、施工条件和劳动组织等因素，加以适当调整。在确定分部分项工程项目时，应注意以下问题。

(1) 工程项目划分的粗细程度，应根据进度计划的具体要求而定。对于控制性进度计划，项目的划分可粗一些，一般只列出分部分项工程的名称；而实施性的单位工程进度计划项目应划分得细一些，特别是对工期有影响的项目不能漏项，以使施工进度能切实指导施工。为使进度计划能简明清晰，原则上应在可能条件下尽量减少工程项目的数目，对于劳动量很少、次要的分项工程，可将其合并到相关的主要分项工程中。

(2) 施工过程的划分要结合所选择的施工方案，应在熟悉图纸的基础上按施工方案所确定的合理顺序列出。由于施工方案和施工方法会影响工程项目名称、数量及施工顺序，因此，工程项目划分应与所选施工方法相协调一致。

(3) 对于分包单位施工的专业项目，可安排与土建施工相配合的进度日期，但要明确相关要求。

(4) 划分分部分项工程项目时，还要考虑结构的特点及劳动组织等因素。

(5) 所有分部分项工程项目及施工过程在进度计划表上填写时应基本按施工顺序排列。项目的名称可参考现行定额手册上的项目名称。

2. 计算工程量

工程量的计算应根据施工图和工程量计算规则进行。分部分项工程项目确定后，可分

别计算工程量，计算中应注意以下几个问题。

(1) 各分部分项工程的工程量计算单位应与现行定额手册中所规定的单位相一致。

(2) 计算工程量应与所确定的施工方法相一致，要结合施工方法满足安全技术的要求。例如，土方开挖应根据土壤的类别和是否放坡、是否增加支撑或工作面等进行调整计算。

(3) 当施工组织要求分区、分段、分层施工时，工程量计算应按分区、分段、分层来计算，以利于施工组织及进度计划的编制。

3. 确定劳动量和机械台班数

劳动量是指完成某施工过程所需要的工日数(人工作业时)和台班数(机械作业时)。根据各分部分项工程的工程量(Q)、施工方法和现行的劳动定额，结合施工单位的实际情况计算各施工过程的劳动量和机械台班数(P)。其计算式为

$$P=Q/S \quad 或 \quad P=Q\times H \tag{13-1}$$

式中：Q——某分项工程所需的劳动量(工日)或机械台班量；

S——某分项工程的工程量(m^3、m^2、t 等/工日或台班)；

H——某分项工程的时间定额(m^3、m^2、t 等/工日或台班)。

在使用定额时可能会出现以下两种情况。

(1) 计划中的一个项目包括了定额中的同一性质的不同类型的几个分项工程。这时可采用其所包括的各分项工程的工程量与其各自的时间定额或产量定额算出各自的劳动量，然后再用求和的方法计算计划中项目的劳动量，其计算公式为

$$P=Q_1H_1+Q_2H_2+\cdots+Q_nH_n=\sum_{i=1}^{n}Q_iH_i \tag{13-2}$$

式中：Q_1、Q_2、Q_n——同一性质各个不同类型分项工程的工程量；

H_1、H_2、H_n——同一性质各个不同类型分项工程的时间定额；

n——计划中一个工程项目所包括定额中同一性质不同类型分项工程个数。

也可采用首先计算平均定额，再用平均定额计算劳动量，其计算式为

$$\overline{H}=\frac{Q_1H_1+Q_2H_2+\cdots+Q_nH_n}{Q_1+Q_2+\cdots+Q_n} \tag{13-3}$$

式中：$\overline{H}$——同一性质不同类型分项工程的平均时间定额。

(2) 施工计划中的某个项目采用了尚未列入定额手册的新技术或特殊的施工方法，计算时可参考类似项目的定额或经过实际测算确定临时定额。

4. 确定各施工过程的作业天数

1) 计算各分项工程施工持续天数的方法

(1) 根据配备的人数或机械台数计算天数。其计算式为

$$t=\frac{P}{RN} \tag{13-4}$$

式中：t——完成某分项工程的施工天数；

R——每班配备在该分部分项工程上的施工机械台数或人数；

N——每天的工作班次。

(2) 根据工期的要求倒排进度。首先根据总工期和施工经验，确定各分项工程的施工时间，然后计算出每一分项工程所需要的机械台班或工人数，计算式为

$$R=\frac{P}{tN} \tag{13-5}$$

2）工作班制的确定

工作班制一般宜采用一班制，因其能利用自然光照，适宜于露天和空中交叉作业，有利于保证安全和工程质量。若采用二班或三班制工作，可以加快施工进度，并且能够保证施工机械得到更充分的利用，但是，也会引起技术监督、工人福利以及作业地点照明等方面费用的增加。一般来说，应该尽量把辅助工作和准备工作安排在第二班内，以使主要的施工过程在第二天白班能够顺利地进行。只有那些使用大型机械的主要施工过程(如使用大型挖土机、使用大型的起重机安装构件等)，为了充分发挥机械的能力才有必要采用二班制工作。三班制工作应尽量避免，因在这种情况下，施工机械的检查和维修无法进行，不能保证机械经常处在完好的状态。

3）机械台数或人数的确定

对于机械化施工过程，如计算出的工作持续天数与所要求的时间相比太长或太短，则可增加或减少机械的台数，从而调整工作的持续时间，在安排每班的劳动人数时的注意要点见表13-4。

表13-4 机械台数或人数的确定

依据	主要内容
最小劳动组合	最小劳动组合是指某一施工过程要进行正常施工所必需的最低限度的人数及其合理组合。例如砌墙，除技工外，还必须有辅助工配合
最小工作面	最小工作面是指每一个工人或一个班组施工时必须要有足够的工作面才能发挥效率，保证施工安全。一个分项工程在组织施工时，安排工人数的多少受到工作面的限制，不能为了缩短工期，而无限制地增加作业的人数，否则会因工作面过少，而不能充分发挥工作效率，甚至会引发安全事故
可能安排的人数	根据现场实际情况(如劳动力供应情况、技工技术等级及人数等)，在最少必需人数和最多可能人数的范围之内，安排工人人数。如果在最小工作面的情况下，安排了最多人数仍不能满足工期要求时，可以组织两班制或三班制施工

5. 施工进度计划的编制、检查和调整

编制进度计划时，须考虑各分部分项工程的合理施工顺序，力求同一性质的分项工程连续进行，而非同一性质的分项工程相互搭接进行。在拟定施工方案时，首先应考虑主要分部工程内的各施工过程的施工顺序及其分段流水的问题，而后再把各分部分项工程适当衔接起来，并在此基础上，将其他有关施工过程合理穿插与搭接，才能编制出单位工程施工进度表的初始方案。即先主导分部工程的施工进度，后安排其余分部工程各自的进度，再将各分部工程搭接，使其相互联系。

建设工程施工本身是一个复杂的生产过程，受到周围许多客观条件的影响。因此，在执行中应随时掌握施工动态，并经常不断地检查和调整施工进度计划。

1）施工顺序的检查和调整

施工进度计划安排的顺序应符合建设工程施工的客观规律。应从技术上、工艺上、组织上检查各个施工项目的安排是否正确合理，如有不当之处，应予以修改或调整。

2）施工工期的检查与调整

施工进度计划安排的施工工期首先应满足上级规定或施工合同的要求，其次应具有较好的经济效果，即安排工期要合理，并不是越短越好。当工期不符合要求时，应进行必要的调整。

3）资源消耗均衡性的检查与调整

施工进度计划的劳动力、材料、机械等供应与使用，应避免过分集中，尽量做到均衡。

工程实例

某大学图书馆施工进度计划

图 13.6 所示为某大学图书馆 B 段工程的施工进度计划横道图。该图书馆主体为框剪结构，集图书管理、阅览、借阅、多媒体教学、会议厅、展览厅、演出大礼堂于一体。主体 6 层，局部 8 层，地下 1 层，层高 5m，总高度 39m，建筑面积 23998m^2。B 段工程的施上进度计划是于 2000 年 11 月 3 日定位放线至 2002 年 5 月 30 日竣工，工期 574d。

序号	分布分项工程名称	单位	工程量	施工天数/d	进度计划/d																		
					2000年		2001年												2002年				
					11月	12月	1月	2月	3月	4月	5月	6月	7月	8月	9月	10月	11月	12月	1月	2月	3月	4月	5月
1	放线及桩基施工			28																			
2	挖土方			10																			
3	基础工程			34																			
4	塔吊安装			5																			
5	地下室工程			25			年假 29d																
6	主体工程			190																			
7	回填土			6																			
8	内隔墙砌筑			60																			
9	主体清理验收			3																			
10	内墙抹灰			90																			
11	预制吊顶			41																			
12	屋面工程			100																			
13	外墙贴砖			80																年假 38d				
14	地面工程			67																			
15	室外工程			50																			
16	内墙凿洞			50																			
17	门窗安装			30																			
18	木门油漆			15																			
19	水电配合安装			500																			
20	室内外清理			11																			

图 13.6　某大学图书馆 B 段工程的施工进度计划横道图

13.3.3　资源需要量计划

各项资源需要量计划可用来确定建设工程工地的临时设施，并按计划供应材料、构件、调配劳动力和机械，以保证施工顺利进行。在编制单位工程施工进度计划后，就可以着手编制劳动力、主要材料以及构件和半成品需要量等各项资源需要量计划。

劳动力需要量计划，主要是作为安排劳动力、调配和衡量劳动力消耗指标、安排生活福利设施的依据。其编制方法是根据施工方案、施工进度和施工预算，依次确定专业工种、进场时间、劳动量和工人数，然后汇集成表格形式，作为现场劳动力调配的依据。

主要材料需要量计划，主要是作为备料、供料和确定仓库、堆场面积及组织运输的依据。其编制方法是根据施工预算工料分析和施工进度，依次确定材料名称、规格、数量和进场时间，并汇集成表格，作为备料、确定堆场和仓库面积以及组织运输的依据。某些分项工程是由多种材料组成的，应按各种材料分类计算，如混凝土工程应计算出水泥、砂、石、外加剂和水的数量，列入相关表格。

建筑结构构件、配件和其他加工半成品的需要量计划主要用于落实加工订货单位，并按照所需规格、数量、时间组织加工、运输和确定仓库或堆场。它是根据施工图和施工进度计划编制的。

13.4 单位工程施工平面图设计

13.4.1 施工平面图设计的内容、依据和原则

1. 设计内容

(1) 建设项目施工用地范围内地形和等高线；一切地上、地下已有和拟建的建筑物、构筑物及其他设施的位置和尺寸。

(2) 全部拟建的建筑物、构筑物和其他基础设施的坐标网或标高的标桩位置。

(3) 一切为全工地施工服务的临时设施的位置，包括施工用的运输道路；各种加工厂、半成品制备站及有关机械化装置的位置；各种材料、半成品、构配件的仓库及堆场；取土、弃土位置；办公、宿舍、文化生活和福利用的临时建筑物；水源、电源、变压器位置及临时给水、排水的管线，动力、照明供电线路；施工必备的安全、防火和环境保护设施的位置。

2. 设计依据

布置施工平面图，首先应对现场情况进行深入细致地调查研究，并对原始资料进行详细的分析，以确保施工平面图的设计与现场相一致，尤其是地下设施资料要进行认真了解。单位工程施工平面图设计的主要依据如下。

1) 施工现场的自然资料和技术经济资料

(1) 自然条件资料包括气象、地形、地质、水文等。其主要用于排水、易燃易爆、有毒品的布置以及冬雨季施工安排。

(2) 技术经济条件包括交通运输、水电源、当地材料供应、构配件的生产能力和供应能力、生产生活基地状况等主要用于三通一平的布置。

2) 工程设计施工图

工程设计施工图是设计施工平面图的主要依据，其主要内容如下。

(1) 建筑总平面图中一切地上、地下拟建和已建的建筑物和构筑物，都是确定临时房屋和其他设施位置的依据，也是修建工地内运输道路和解决排水问题的依据。

(2) 管道布置图中已有和拟建的管道位置是施工准备工作的重要依据，例如，已有管线是否影响施工，是否需要利用或拆除，又如临时性建筑应避免建在拟建管道上面等。

(3) 拟建工程的其他施工图资料。

3) 施工方面的资料

施工方面的资料包含施工方案、施工进度计划、资源需求计划、施工预算和建设单位提供的有关设施的利用情况等。

施工方案可确定超重机械和其他施工机具位置及场地规划；施工进度计划可了解各施工过程情况，对分阶段布置施工现场有重要作用；资源需求计划可确定堆场和仓库面积及位置；施工预算可确定现场施工机械的数量以及加工场的规模；建设单位提供的有关设施的利用可减少重复建设。

3. 设计原则

根据工程规模和现场条件，单位工程施工平面图的布置方案一般应遵循以下原则。

(1) 在满足施工的条件下，场地布置要紧凑，施工占用场地要尽量小，以不占或少占农田为原则。

(2) 最大限度地缩小场地内运输量，尽可能避免二次搬运，大宗材料和构件应就近堆放；在满足连续施工的条件下，各种材料应按计划分批进场，充分利用场地。

(3) 最大限度地减少暂设工程的费用，尽可能利用已有或拟建工程。如利用原有水、电管线、道路、原有房屋等为施工服务；亦可利用可拆装式活动房屋，或利用当地市政设施等。

(4) 在保证施工顺利进行的情况下，要满足劳动保护、安全生产和防火要求。对于易燃、易爆、有毒设施，要注意布置在下风向，并保持安全距离；对于电缆等架设要有一定的高度；还应注意布置消防设施。

13.4.2 施工平面图设计的步骤

1. 场外交通的引入

在设计施工平面图时，必须从确定大宗材料、预制品和生产工艺设备运入施工现场的运输方式开始。

(1) 当大宗物资由铁路运入场地时，必须引入铁路的专用线。考虑到施工场地的施工安全，一般将铁路先引入工地一侧或两侧，待整个工程进展到一定程度，才能将铁路引进工地的中心区域，此时铁路应位于每个施工区的侧边。

(2) 当大宗物资由公路运入工地时，必须解决好现场大型仓库、加工厂与公路之间相互关系。一般先将仓库、加工厂等生产性临时设施布置在最经济合理的地方，再布置通向场外的公路线。

(3) 当大宗物资由水路运来时，必须解决好如何利用原有码头和是否需增设新码头，以及大型仓库、加工厂与码头之间的关系，一般卸货码头不应少于两个，且宽度应大于2.5m，宜用石砌或钢筋混凝土结构建造。

2. 确定垂直运输机械的位置

垂直运输机械的位置直接影响搅拌站、材料堆场、仓库的位置及场内运输道路和水电管网的布置，因此必须首先确定。

固定式垂直运输机械(如井架、龙门架、固定式塔式起重机等)的布置，须根据机械的运输能力和性能、建筑物的平面形状和大小、施工段的划分、材料的来向和已有运输道路的情况而定。其目的是充分发挥起重机械的能力，并使地面和楼面的运输距离最小。

通常，当建筑物各部位的高度相同时，布置在施工段的分界处；当建筑物各部位的高度不相同时，布置在高低分界处，这样的布置可使楼面上各施工段水平运输互不干扰。井架、龙门架最好布置在有窗口的地方，以避免墙体留槎，减少井架拆除后的修补工作；井架的卷扬机不应距离起重机太近，以便司机的视线能够看到整个升降过程。点式高层建筑，可选用附着式或自升式塔式起重机，且应布置在建筑物的中间或转角处。

有轨式起重机的轨道布置，主要取决于建筑物的平面形状、尺寸和周围场地的条件。应尽量使起重机的工作幅度能将材料和构件直接运至建筑物各处，并避免出现“死角”。轨道通常在建筑物的一侧或两侧布置，在满足施工的前提下，应争取轨道长度最短。

3. 确定搅拌站、材料、构件、半成品的堆场及仓库的位置

(1) 搅拌站位置主要由垂直运输机械决定，布置搅拌机时，应考虑的两个因素。

① 根据施工任务的大小和特点，选择适用的搅拌机型号及台数，然后根据总体要求，将搅拌机布置在使用地点和起重机械附近；并与混凝土运输设备相匹配，以提高机械的利用率。

② 搅拌机的位置尽可能布置在场地运输道路附近，且与场外运输相连，以保证大量的混凝土材料顺利进场。

(2) 材料、构件的堆场位置应根据施工阶段、施工部位和使用时间的不同，各种材料、构件的堆场或仓库的位置应尽量靠近使用位置或在塔式起重机服务范围之内，并考虑到运输和装卸的方便；砂、石堆场和水泥仓库应设置在厂区下风向，靠近搅拌站分开布置，其中，水泥仓库应尽量置于较偏僻之处，石子堆场的位置应考虑冲洗水源和便于污水排放。石灰仓库、淋灰池的位置应靠近搅拌站，并设在下风方向；沥青堆放场和熬制锅的位置应远离易燃物品，也应设在下风方向。基础施工时使用的各种材料(如标准砖、块石)可堆放在基础四周，但不宜距基坑(槽)边缘太近，以防止压塌土壁。

(3) 成品预制构件的堆放位置要考虑到吊装顺序，先吊装的放在上面，后吊装的放在下面，预制构件的进场时间应与吊装就位密切配合，力求直接卸到其就位位置，避免二次搬运。现场预制件加工厂应布置在人员较少往来的偏僻地区，并要求靠近砂、石堆场和水泥仓库。

(4) 混凝土搅拌站与砂浆搅拌站应靠近布置，加工厂(如木工棚、钢筋加工棚)的位置宜布置在建筑物四周稍远的位置，且应有一定的材料、成品的堆放场地，应远离办公、生活和服务性房屋，远离火种、火源和腐蚀性物质，各种材料的布置要随着不同的施工阶段动态调整，以形成不同阶段在同一位置上先后放置不同的材料。

4. 现场运输道路的布置原则和要求

(1) 现场运输道路应按照材料和构件运输的需要，沿着仓库和堆场进行布置。

(2) 尽可能利用永久性道路或先做好永久性道路的路基，在施工之前铺路辅助面。

(3) 道路宽度要符合规定，通常单行道应不小于3.5m，双行道应不小于6.0m。

(4) 现场运输道路布置时应保证车辆行驶通畅，有回转的可能。因此，最好围绕建筑物布置成一条环形道路，便于运输车辆回转调头。若无条件布置成一条环形道路时，则应在适当的地点布置回车场。

(5) 道路两侧一般应结合地形设置排水沟，沟深不小于1.4m，底宽不小于0.3m。

5. 布置行政、生活、福利用临时设施的位置

单位工程现场临时设施很少，主要有办公室、工人宿舍、加工车间、仓库等，临时设施的位置一般考虑使用方便，并符合消防要求；为了减少临时设施费用，临时设施可以沿工地围墙布置；办公室应靠近现场，出入口设门卫，在条件允许的情况下最好将生活区与施工区分开，以免相互干扰。

6. 布置水电管网

1) 施工用的临时给水管

建筑工地的临时供水管一般由建设单位的干管或自行布置的干管接到用水地点，最好采用生活用水。应环绕建筑物布置，使施工现场不留死角，并力求管网总长度最短。管径的大小和龙头数目的设置需视工程规模大小通过计算而定。管道可埋于地下，也可铺设在地面上，以当时当地的气候条件和使用期限的长短而定。工地内要设置消防栓，消防栓离建筑物不应小于5m，也不应大于25m，距离路边不大于2m 。施工时，为防止停水，可在建筑物附近设置简单蓄水池，若水压不足，还需设置高压水泵。

2) 临时供电

单位工程施工用电，应在整个工地施工总平面图中一并考虑。独立的单位工程施工时，一般计算出施工期间的用电总数，提供给建设单位决定是否另设变压器。变压器的位置应布置在现场边缘高压线接入处，四周用铁丝网围住，不宜布置在交通要道路口。

3) 施工用的下水道

为便于排除地面水和地下水，要及时修通永久性下水道，并结合现场地形在建筑物周围设置排泄地面水和地下水的沟渠。

13.4.3 施工平面图管理与评价

施工平面图是对施工现场科学合理的布局，是保证单位工程工期、质量、安全和降低成本的重要手段。施工平面图不但要设计好，且应管理好，忽视任何一方面，都会造成施工现场混乱，使工期、质量、安全和成本受到严重影响。因此，需要加强施工现场对合理使用场地的管理，以保证现场运输道路、给水、排水、电路的畅通。

一般应严格按施工平面图布置施工道路、水电管网、机具、堆场和临时设施；道路、水电应有专人管理维护；准备施工阶段和施工过程中应做到工完料净、场清；施工平面图还必须随着施工的进展及时调整补充，以适应变化情况。评价施工平面图设计的优劣，可以参考的技术经济指标见表13-5。

表13-5 施工平面图的技术经济评价指标

经济指标	主要内容
施工用地面积	在满足施工的条件下，要紧凑布置，不占和少占场地
场内运输的距离	应最大限度地缩短工地内运输距离，尽可能避免场内的二次搬动
临时设施数量	包括临时生活、生产用房的面积，临时道路及各种管线的长度等。为了降低临时工程费用，应尽量利用已有或拟建的房屋、设施和管线为施工服务
安全、防火的可靠性	包括安全、防火的措施等
文明施工	工地施工的文明化程度

13.5 案例分析

13.5.1 编制依据

编制依据：招标文件；某小区16号住宅楼工程施工图(建施、结施、水施、电施)；国家有关现行建筑工程施工验收规范、规程、条例、标准及省、市基本建设工程的有关规定；其他现行国家有关施工及验收规范；有关标准图集等。

13.5.2 工程概况

工程概况见表13-6。

表13-6 工程概况

项目	工程概况
建筑设计	本工程楼东西向布置，平面形式呈“一”字形，最大长度为44.180m，最大宽度为14.410m。地下1层，地上17.5层，分为两个单元，每单元两户，标准层层高为2.8m，建筑物檐口高为51.6m。建筑面积为12279m^2
结构设计	抗震设防烈度为7度，基础采用800mm厚筏板基础，主体结构为全现浇钢筋混凝土剪力墙结构。混凝土强度等级为基础、地下一层至地上三层墙体为C30；楼板及四层以上墙体为C25。隔墙为M5水泥砂浆砌筑加气混凝土砌块。耐火等级为二级
装饰装修设计	厨房、卫生间防水为2mm厚聚氨酯防水涂料。门窗为塑钢中空玻璃窗；一层储藏室对外门为自控门，户门为防撬门，单元楼宅门为可视对讲防撬门。楼地面为细石混凝土垫层，预留面层。装修为墙面、顶棚披腻子不刷涂料。外墙面均为挤塑聚保温苯板(做结构时与混凝土墙体浇筑成一体，外带钢丝网，便于挂灰)，贴面砖

13.5.3 施工管理机构与组织

根据本工程质量要求，施工现场的特点以及公司长期形成的管理制度，在该工程施工过程中，公司将在人、财、物上合理组织、科学管理。

1. 工程管理机构

(1) 公司对项目施行“项目法”施工，建立以公司经理总体控制工程施工，项目经理全权负责经营、技术、质量、进度和安全等管理工作，由公司总工程师及有关科室组成项目保证机构，直接对项目部进行对口管理，其项目部各职能机构如图 13.7 所示。

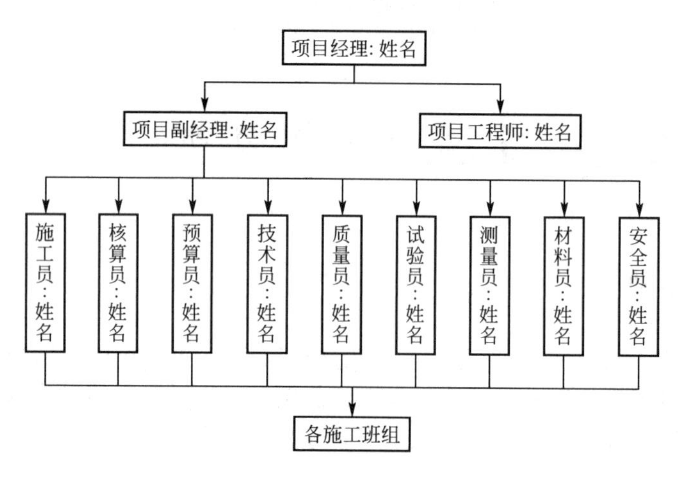

图 13.7 施工组织机构

(2) 公司拟定采用操作能力强、技术高、精干的施工队伍作为项目部的劳务层，

由项目经理具体管理。项目部所有作业班组在持证上岗、优化组合的基础上，实行整建制调动，以增强施工实力。

2. 项目班子组成及岗位责任

项目经理是全面负责工程施工实施的计划决策、组织指挥、协调等经营管理工作，承担经营管理责任，终身负责工程质量管理；项目工程师是专职专责负责该项目的图纸会审、施工方案，并负责施工技术、质检等资料、档案的管理工作；质检员是专职专责负责质量检查、验收、签证，对工程施工质量终身负责；安全员是专职专责负责该项目的现场施工安全及文明生产的管理工作；材料员是专职专责负责各种材料的采购、供应及材料保证管理工作；预算员是负责该工程的预(决)算、及材料、资金计划管理工作。

13.5.4 施工准备

1. 技术准备

组织施工管理人员熟悉图纸，做好图纸会审和设计交底工作，完善施工组织设计和各分部分项工程施工方案。对新技术、新工艺、特殊工种工程做好技术准备和人员培训。

2. 施工现场准备

清理现场障碍物，做好“七通一平”工作，搭设临时设施，布置好临时供水、供电管网和排水、排污管线等。

施工现场全部用C15混凝土覆盖，使施工场地全部硬化，确保文明施工程度，混凝土地面设3‰的坡度并朝向排水沟。

现场设计为有组织排水系统，临时排水沟形式为砖砌暗沟，沟盖采用钢筋混凝土盖板，深度大于300mm，泄水坡度大于2‰，总流向为由西向东排放。所有临时建筑及建筑物周边均设排水沟，施工废水及生活污水经沉淀池(化粪池)处理后排入城市下水道。

3. 劳动力安排、主要施工机具准备

为确保本工程顺利完成，拟派有经验的专业队伍，塑钢窗、防水、钢结构装修等专业人员为分包队伍，本劳动力计划亦一并考虑，专业队伍的人员分布见表13－7。主体施工阶段设1台塔式起重机和1台人货两用电梯，负责物料及人员的垂直运输，设2台JZC350型混凝土搅拌机和1台HB60混凝土泵。主要机具装备详见表13－8。

表13－7 主要劳动力计划

工种级别	施工阶段				
	基础工程	主体工程	屋面工程	装饰工程	收尾阶段
木工	40	40	10	8	2
钢筋工	40	40	2	2	
混凝土工	15	20	5	8	2
架子工	20	25	25	25	2
瓦工	12	25	5	5	2
抹灰工	4	4	20	60	2
油工	1	1	15	40	1
壮工	30	30	20	30	30
小机工	8	8	8	8	4
大机工	2	2	2	2	
维修工	2	2	2	2	1
焊工	2	6	4	6	2
水暖工	2	4	2	30	15
电工	4	8	8	20	8
其他	3	3	3	2	10

表 13-8 主要机具装备

序号	机具名称	型号及规格	机械功率	单位	数量
1	塔式起重机	QTZ40C	40kw	台	1
2	混凝土搅拌机	JZC350	6.6kw	台	1
3	砂浆搅拌机	325L	5kw	台	1
4	混凝土泵	HB60	6kw	台	1
5	电梯	人货两用	4.5kw	台	1
6	电焊机		30kV·A	台	2
7	电锯		3.5kw	台	2
8	振捣机		1.1kw	个	6
9	打夯机		3kw	台	4
10	双轮小车	自制		辆	20
11	平刨	MB504A	3kw	台	1
12	反铲挖掘机	南韩现代 210 型		台	2
13	自卸汽车	15t		辆	10

13.5.5 施工方案

1. 施工段的划分

施工段划分既要考虑现浇混凝土工程的模板配置数量、周转次数及每日混凝土的浇筑量，也要考虑工程量的均衡程度和塔式起重机每台班的效率，具体流水段划分是土方工程及筏板基础施工，不分施工段；主体结构工程划分为 4 个施工段；屋面工程施工，不分施工段；装饰装修工程水平方向不划分施工段，竖向划分施工层，一个结构层为一个施工层。

2. 基础工程施工方案

基础工程施工顺序为土方开挖→验槽→基础垫层浇筑混凝土→筏板基础扎筋、支模、浇筑混凝土→地下防水→土方回填。

1) 土方开挖施工方案

定位放线确定基础开挖尺寸后进行土方开挖。

(1) 基底开挖尺寸：按设计基础混凝土垫层尺寸，周边预留 500mm 工作面。

(2) 基坑开挖放坡：据地勘资料，由于土质情况较稳定，土方开挖按 1∶0.33 放坡。为防止雨水冲刷，在坡面挂铁丝网，抹 20mm 厚 1∶3 水泥砂浆防护。

(3) 采用 2 台反铲挖土机，沿竖向分两层开挖，并设一宽度 4m、坡度 1∶6 的坡道供车辆上下基坑，最后用反铲随挖随将坡道清除。土方外运配10辆自卸汽车，弃土于建设单位指定的堆场。车斗必须覆盖，避免运输中遗撒。土方运输车辆出场前应进行清扫，现场大门处设置洗车装置，洗车污水应经沉淀池沉淀后排出，土方施工期间指派专人负责现场大门外土方开挖影响区的清理。

(4) 土方开挖随挖随运，整个基坑上口0.8m范围内不准堆土防止遇水垮塌；基坑四周应设防护栏杆，人员上下要有专用爬梯。

(5) 土方开挖至距垫层底设计标高20～30cm时复核开挖位置，确定其正确后由人工继续开挖至垫层底标高时及时会同建设、设计、质监部门验槽；签字认定后及时浇筑垫层混凝土，避免雨水、地表水浸泡土质而发生变化。

(6) 基底周边设排水沟，基坑四角设300mm×300mm×300mm的集水坑，集水坑周边采用120mm厚MU10红砖、M5水泥砂浆砌筑护边，基础施工期间每个集水坑设一台水泵排地表水。

2) 基础模板施工方案

筏板基础周边模板采用砖胎模，表面抹20mm厚1∶3水泥砂浆。基础梁模板采用组合钢模板，并尽量使用大规格钢模板施工，为保证模板的刚度及强度，模板背楞采用ϕ548×3.5钢管脚手管支撑，ϕ12钩头螺栓固定；具体支撑详模板支撑体系图(略)；模板与混凝土接触面在支模前均打扫干净、满刷隔离剂；模板安装按《混凝土结构工程施工质量验收规范(2010)》(GB 50204—2002)进行评定，达到优良标准。

3) 基础钢筋施工方案

本工程筏板钢筋均为双层双向，采用人工绑扎的方式安装。基础底板钢筋网四周两行钢筋交叉点每点绑扎，中间部位可间隔交错绑扎，相邻绑扎点铁丝扣成八字形，以免受力滑移。基础梁最大钢筋规格为Φ25，采用剥肋滚压直螺纹连接。为确保底板上下层钢筋间距离，在上下层钢筋之间梅花形布置马凳铁(Φ16钢筋制成)固定，间距1000mm。在浇筑混凝土时，需搭设马道，禁止直接踩踏在钢筋上。

4) 基础混凝土施工方案

本工程基础混凝土全部用商品混凝土，现场设固定泵一台，布设泵送管道，由西向东顺次浇筑，采用斜面分层浇筑方案，即一次从底浇到顶，自然流淌形成斜面的浇筑方法，以减少混凝土输送管道拆除、冲洗和接长的次数，提高泵送效率。

采用插入式振动器振捣，应严格控制振捣时间、振动点间距和插入深度。浇筑时，每隔半小时，对已浇筑的混凝土进行一次重复振捣，以排除混凝土因泌水在粗集料、水平筋下部生成的水分和空隙，提高混凝土与钢筋间的握裹力，增强密实度，提高抗裂性。

浇筑成型后的混凝土表面水泥砂浆较厚，应按设计标高用刮尺刮平，在初凝前用木抹子抹平、压实，以闭合收水裂缝。

筏板基础应按大体积混凝土施工，必须采取各种措施控制内外温差不超过25℃，以避免温度裂缝的出现。

3. 主体工程施工方案

主体工程施工顺序为测量放线→剪力墙钢筋绑扎→剪力墙支模→剪力墙浇筑混凝土→板、楼梯钢筋绑扎→板、楼梯支模→浇筑板、楼梯混凝土。

1）模板工程施工方案

根据工程特点，本工程墙体模板采用大钢模板，楼梯、阳台、现浇板为竹胶合板模板，楞用方木，支撑采用钢管支撑系统。根据施工进度计划，在确保工程质量的前提下，模板和支撑系统全部配置三层进行周转。

墙体大模板采用平模加角模的方式，内外模板间设穿墙螺栓固定，以抵抗混凝土浇筑时的侧压力，避免张模，保证墙体质量。为确保螺栓顺利取出，可加塑料套管。

内墙模板应先跳仓支横墙板，待门洞口及水电预埋件完成后立另一侧模板。门口可在模板上打眼，用双角钢及花篮螺栓固定木门口，最后立内纵墙模板。外墙先支里侧模板，立在下层顶板上。窗洞口模板用专用合页固定在里模板上，待里模板与窗洞模板支完后立外侧模板。外侧模板立在外墙悬挂的三角平台架上。

模板支撑操作过程中，施工管理人员严格按技术规范要求进行检验，达到施工验收规范及设计要求后，签证同意进行下道工序。

模板拆除顺序与安装相反，应注意检查穿墙螺栓是否全部拔掉，以免吊运时起重机将墙拉坏。拆模后及时检测、修复、清除表面混凝土渣，刷隔离剂后按施工总平面布置进行堆码整齐，进行下次周转。

2）钢筋工程施工方案

每批钢筋进场，必须出具钢材质量检验证明和合格证，并随机按规范要求抽样检验，合格后方可使用。

本工程所用钢筋全部在现场集中加工。钢筋配料前由放样员放样，配料工长认真阅读图纸、标准图集、图纸会审、设计变更、施工方案、规范等后核对放样图，认定放样图钢筋尺寸无误后下达配料令，由配料员在现场钢筋车间内完成配料。钢筋加工后的形状尺寸以及规格、搭接、锚固等符合设计及规范要求，钢筋表面洁净无损伤、无油渍和铁锈、漆渍等。

本工程墙体钢筋均为双排双向，水平筋在外，竖筋在内，先立竖筋，后绑水平筋：两层钢筋之间设置 $\phi6$ 拉筋，水平筋锚入邻墙或暗柱、端柱内。门洞口加固筋与墙体钢筋同时绑扎，钢筋位置要符合设计要求。墙筋最大钢筋规格为 Φ20，暗柱和连梁主筋最大钢筋规格为 Φ25。竖向钢筋采用电渣压力焊连接，水平钢筋接长采用绑扎连接，交叉部位钢筋采用十字扣绑扎。为确保墙体厚度，可以绑扎竖向及水平方向的定型梯子筋，同时也能保证墙体两个方向的钢筋间距。墙体钢筋还需绑扎水泥砂浆垫块或环形塑料垫块，以确保钢筋保护层厚度。

每次浇完混凝土、绑扎钢筋前清理干净钢筋上的杂物；检查预埋件的位置、尺寸、大小，并调校；水、电、通风预留、预埋与土建协商，不得随意断筋，要焊接必须增设附加筋，严禁与结构主筋焊接。

3）混凝土工程施工方案

本工程主体结构工程采用商品混凝土泵送浇筑的方式，零散构件及局部采用现场拌制混凝土，塔式起重机吊运浇筑的方式。在混凝土浇筑前做好准备工作，技术人员根据专项施工方案进行技术交底；生产人员检查机具、材料准备，保证水电的供应；检查和控制模板、钢筋、保护层、预埋件、预留洞等的尺寸，规格、数量和位置，其偏差值应符合现行国家标准的规定；检查安全设施、劳动力配备是否妥当，能否满足浇筑速度的要求。在“三检”合格后，请监理人员进行隐蔽验收，填写混凝土搅拌通知单，通知搅拌站所要浇筑混凝土的强度等级、配合比、搅拌量、浇筑时间，严格执行混凝土浇灌令制度。

混凝土拌合物运到浇筑地点后，按规定检查混凝土坍落度，做好记录，并应立即浇筑入模。浇筑过程中，应经常观察模板、支架、钢筋、预埋件和预留洞的稳定情况，当发现有变形、移位时，应立即停止浇筑，并立即采取措施，在已浇筑的混凝土凝结前修整完好。

混凝土浇筑期间，掌握天气季节变化情况，避免雷雨天浇筑混凝土；浇筑过程中准备水泵、塑料布、雨披以防雨；发电机备足柴油及检修好以保证施工用电不间断。浇筑时，先浇墙混凝土，后浇楼板。墙混凝土浇筑为先外墙、后内墙。浇筑墙体混凝土前，底部先剔除软弱层，清理干净后填以 50mm 厚与混凝土成分相同的水泥砂浆。

混凝土的密实度主要在于振捣，其合理的布点、准确的振捣时间是混凝土密实与否的关键。本工程采用插入式振捣棒振捣，每次布料厚度为振捣棒有效振动半径的 1.25 倍，上下层混凝土浇筑间隔时间小于初凝时间，每浇一层混凝土都要振捣至表面翻浆不冒气泡为止；振动棒插点间隔 30～40cm，均匀交错插入，按次序移动，保证不得漏振，欠振且不得过振；不许振模板，不许振钢筋，严格按操作规程作业。墙体洞口处两侧混凝土高度应保持一致，同时下灰，同时振捣，以防止洞口变形，大洞口下部模板应开口补充振捣，以防漏振。

主体混凝土浇筑做到“换人不停机”，采取两班人员轮流连续作业。混凝土浇筑过程中，严格按规定取样，应在混凝土的浇筑地点随机取样制作。混凝土浇筑完毕 12h 内加以养护，内外墙混凝土采用喷洒养护液进行养护，顶板采用浇水覆盖塑料薄膜养护。

为保证工程施工质量，在混凝土结构拆模后，采用在柱角、墙角、楼梯踏步、门窗洞口处钉 50mm×15mm 防护木板条，柱、墙防护高度为 1.5m。

4. 屋面工程施工方案

屋面工程施工顺序为保温层→找平层→防水层→面层。

结构顶板施工完即进行保温层施工，保温层采用 100mm 厚聚苯板，铺设前应先将接触面清扫干净，板块应紧贴基层，铺平垫稳，板缝用保温板碎屑填充，保持相邻板缝高度一致。对已铺设完的保温板，不得在其上面行走、运输小车或堆放重物。随后抹水泥砂浆找平层，要求设分格缝，并做到表面无开裂、疏松、起砂、起皮现象，找平层必须干燥后方可铺设卷材防水层。

屋面防水等级为Ⅱ级，防水层采用 SBS 改性沥青防水卷材与 SBS 改性沥青防水涂料的组合，卷材厚 4mm、涂膜厚 3mm。采用热熔法铺贴卷材，所以烘烤时要使卷材底面和基层同时均匀加热，喷枪要缓缓移动，至热熔胶熔融呈光亮黑色时，即可趁卷材柔软情况下滚铺粘贴。施工时，先做好节点、附加层和排水比较集中部位的处理，然后由屋面最低标高处向上施工。每一道防水层做完后，都要经专业人员检验合格后方准进行下一道防水层的施工。防水层的铺贴方法、搭接宽度应符合规范标准要求，做到粘贴牢固、无滑移、翘边、起泡、褶皱等缺陷。

防水层做完后，应进行蓄水试验，检查屋面有无渗漏。最后施工面层，本工程屋面有上人屋面和不上人屋面两种，上人屋面面层铺贴彩色水泥砖，不上人屋面是面层铺红色屋面瓦的坡屋面。

5. 装饰工程施工方案

为缩短工期，加快进度，合理安排施工顺序，本工程提前插入装饰工程，并与土建同期穿插交叉作业，将墙体和吊顶内的管子提前铺设完毕，为室内装饰创造条件。装饰工程包括室内、外装饰。由于装饰内容较多，装饰工程施工工艺此处略。

6. 水、暖、电安装工程施工方案

土建与水、暖、电、通风之间的交叉施工较多，交叉工作面大，内容复杂，如处理不当将出现相互制约、相互破坏的不利局面，土建与水电的交叉问题必须重点解决。水、暖、电安装工程施工方案略。

7. 脚手架工程

1）混凝土结构施工阶段

本工程室外地上二层以下至地下室坑底采用 $\phi48\times3.5$ 钢管和铸铁扣件搭设双排落地式脚手架；室内采用满堂脚手架；地上部分外墙采用外挂脚手架，利用穿墙螺栓留下的穿墙孔，用 M25 螺栓挂三角架，上面搭设钢管脚手架。每榀外挂架拉一道螺栓，若干榀挂架应按设计要求用脚手架连成整体，组成安装单元，并借助塔式起重机安装。挂架安装时的混凝土强度不得低于 7.5MPa，安装中必须拧紧挂架螺栓。每次搭设一个楼层高度，施工完一层后，用塔式起重机提升到上一层进行安装。挂架安装中，当挂架螺栓未安装时，塔式起重机不允许脱钩；升降时，未挂好吊钩前不允许松动挂架螺栓。

2）装修阶段

采用吊篮进行外装饰，在屋顶预埋锚环，设 I16 挑梁，吊篮导轨用 12.8mm 钢丝绳，保险绳用 9.6mm 钢丝绳，提升吊篮用电动葫芦。内装饰采用支柱式和门式内脚手架。

8. 垂直运输机械布置

根据本工程的实际情况，为满足工程需要，安装 1 台臂长 50m 的附着式塔式起重机和 1 台双笼施工电梯。塔式起重机主要吊运钢筋、模板、脚手架等，施工电梯主要用于人员上下以及运送室内装饰材料。

13.5.6 施工工期及进度计划

按建设单位的要求，该工程的总体施工工期是 2009 年 3 月 15 日至 2010 年 11 月 30 日，经施工单位负责该工程的专家认真研究，结合现有的先进施工技术和项目管理水平，确定工期目标于 2010 年 9 月 30 日前交付使用。施工过程中，按照先基础，后主体，中间穿插电气、暖卫预留、预埋工作的原则，然后是装饰装修，最后是水电、通风以及消防安装调试工作，对工程施工进度计划进行详细地编制，施工进度计划如图 13.8所示。

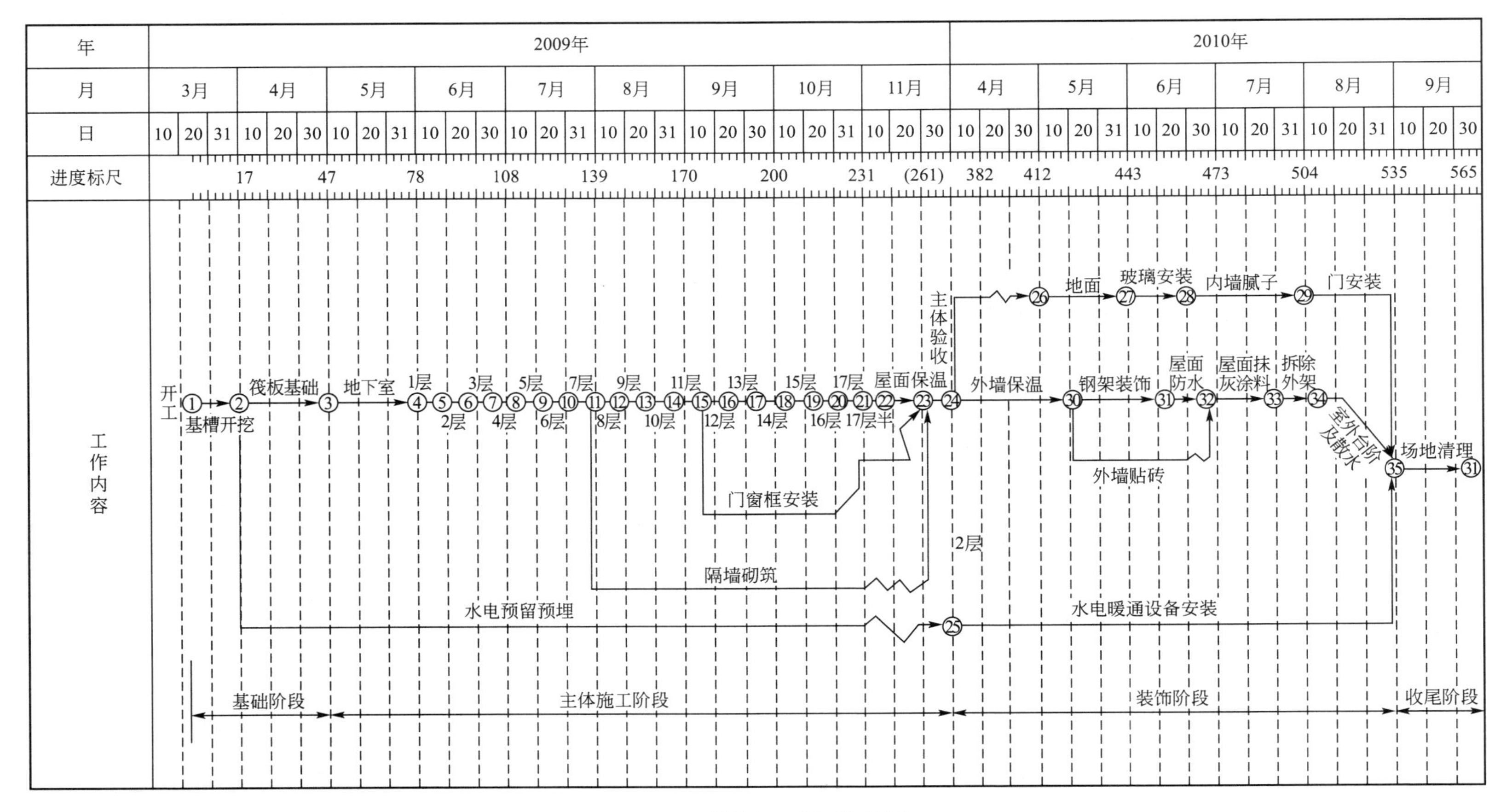

图 13.8 某单位工程网络计划

13.5.7 施工平面布置

施工平面布置如图13.9所示。

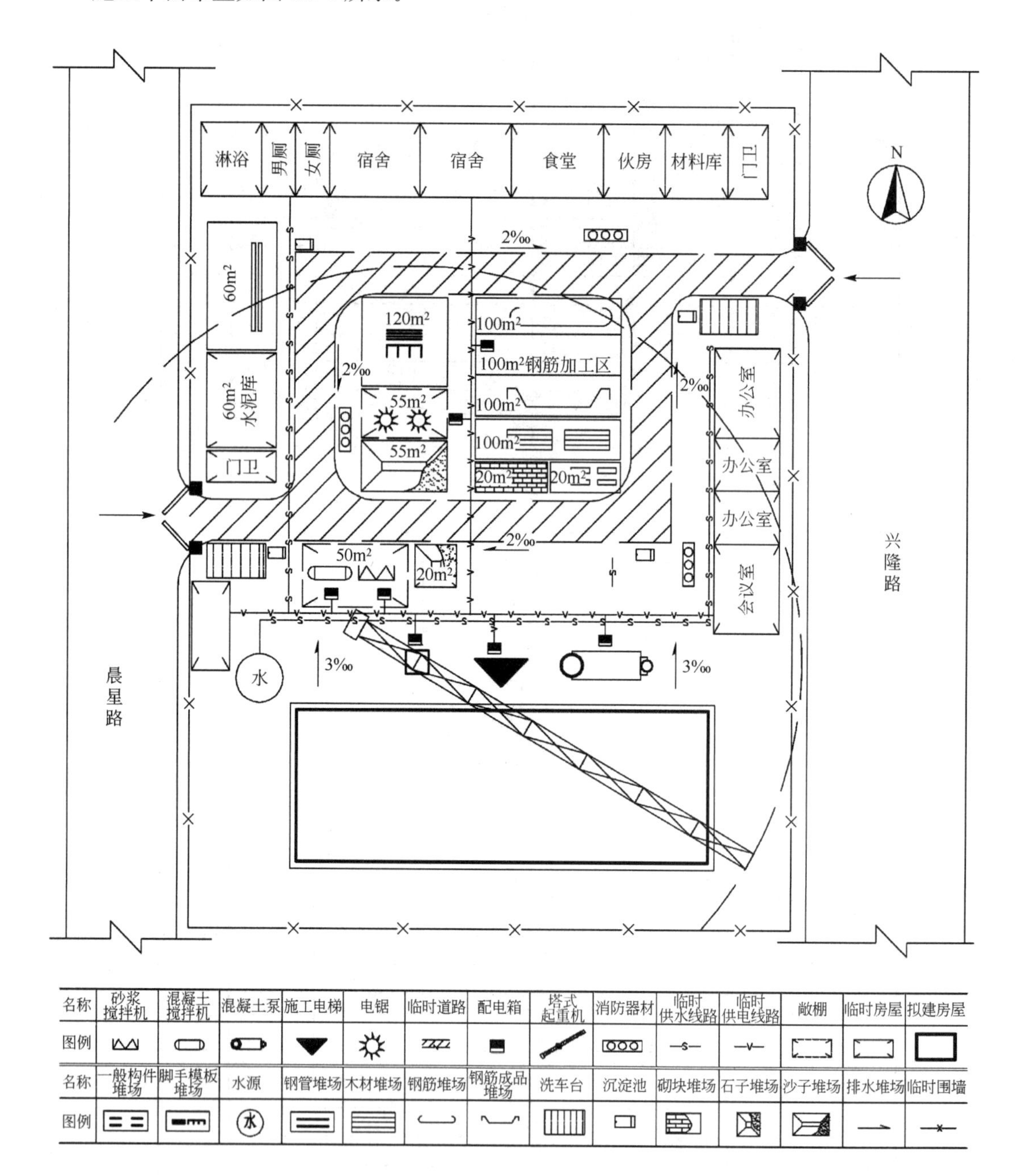

图13.9 某单位工程施工平面布置

职业技能

技能要点	掌握程度	应用方向
单位工程施工组织设计的编制依据	了解	土建 施工员
单位工程施工组织设计的编制内容	熟悉	
施工进度计划的执行和施工平面图的布置	掌握	
分部分项工程的划分	了解	土建 预算员
分部分项工程的工程量计算、定额的套用	掌握	
根据主要材料、构件、半成品的需要量计划表，正确选择其规格、数量等	掌握	材料员

习　　题

一、选择题

1. 施工组织设计是用以指导施工项目进行施工准备和正常施工的基本(　　)文件。

A. 施工技术管理　B. 技术经济　C. 施工生产　D. 生产经营

2. 施工组织总设计是由(　　)主持编制。

A. 分包单位负责人　B. 总包单位总工程师

C. 施工技术人员　D. 总包单位负责人

3. 施工组织设计是(　　)的一项重要内容。

A. 施工准备工作　B. 施工过程

C. 试车阶段　D. 竣工验收

4. 施工组织设计中施工资源需要量计划一般包括(　　)等。

A. 劳动力　B. 主要材料

C. 特殊工种作业人员　D. 施工机具及测量检测设备

5. 在下列给定的工作的先后顺序，属于工艺关系的是(　　)。

A. 先室内装修，再室外装修　B. 先支模，后扎筋

C. 先做基槽，再做垫层　D. 先设计，再施工

6. 施工总平面图中应包括(　　)。

A. 已有和拟建的建筑物与构筑物

B. 为施工服务的生活、生产、办公、料具仓库临时用房与堆场

C. 建设及监理单位的办公场所

D. 施工水、电平面布置图

二、简答题

1. 单位工程进度计划有什么作用？试简述施工进度计划编制的步骤、内容和方法。

2. 什么是施工方案？如何衡量施工方案的优劣？

3. 单位工程施工组织设计的主要作用是什么？

三、案例分析

某施工单位作为总承包商，承接一写字楼工程，该工程为相邻的两栋18层钢筋混凝土框架-剪力墙结构高层建筑，两栋楼地下部分及首层相连，中间设有后浇带。2层以上分为A座、B座两栋独立高层建筑(图13.10)。合同规定该工程的开工日期为2007年7月1日，竣工日期为2008年9月25日。施工单位编制了施工组织设计，其中施工部署中确定的项目目标：质量目标为合格，创优目标为主体结构创该市“结构长城杯”；由于租赁的施工机械可能进场时间推迟，进度目标确定为2007年7月6日开工，2008年9月30日竣工。该工程工期紧迫，拟在主体结构施工时安排两个劳务队在A座和B座同时施工；装修装饰工程安排较多工人从上向下进行内装修的施工，拟先进行A座施工，然后进行B座的施工。

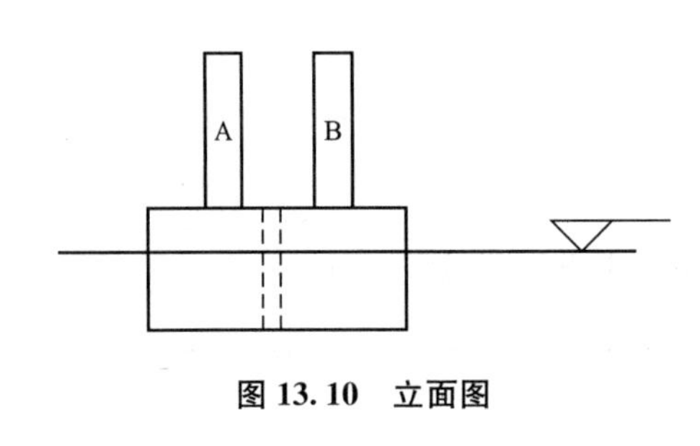

图13.10 立面图

【问题】

(1) 该工程施工项目目标有何不妥之处和需要补充的内容？

(2) 一般工程的施工程序应当如何安排？

(3) 该工程主体结构和装饰装修工程的施工安排是否合理？说出理由。如果工期较紧张，在该施工单位采取管理措施可以保证质量的前提下，应该如何安排较为合理？

第14章 施工组织总设计

施工组织总设计是以整个建设项目或群体工程为对象，根据初步设计图纸或扩大初步设计图纸以及有关资料和现场施工条件编制，用以指导全工地各项施工准备和施工活动的综合性技术经济文件。一般是由建设总承包公司或大型工程项目经理部的总工程师主持，会同建设、设计和分包单位的工程技术人员进行编制的。

重点概览

工部署
工总进度计划
源需要量计划
场性暂设工程
工总平面图

学习要点

- 了解施工组织总设计编制的程序和依据，能够合理地进行施工部署；
- 了解施工总进度计划编制的原则，掌握其编制步骤及方法；
- 了解施工总平面图设计的依据和原则，并且熟悉其设计步骤及方法。

主要国家标准

- 《建筑施工组织设计规范》GB/T 50502—2009
- 《建设工程安全生产管理条例》中华人民共和国国务院令第393号
- 《施工现场临时用电安全技术规范(附条文说明)》JGJ 46—2005
- 《建设工程施工现场供用电安全规范》GB 50194—1993
- 《建设工程项目管理规范》GB/T 50326—2006
- 《建设工程总承包管理规范》GB/T 50358—2005

案例导航

基坑中装位偏移

某工程在基坑开挖时将土方就近堆放在南北两侧，其中一侧堆放较高。桩基验收过程中，发现桩位出现较大的倾斜偏位，土方堆放较高的北向一侧的外边纵轴与内墙横轴相交7个承台群桩共23根桩发现了异常偏位，且中间承台群桩偏位较大，土体坡面上已明显开裂，如图14.1所示。事故的直接原因即是施工组织设计不合理。

图14.1　桩位倾斜偏位效果

【问题讨论】

1. 在你生活的周围有没有发现施工组织总设计严谨的建筑群施工现场?
2. 你认为施工组织总设计的合理性将会带来怎样的工程效果?

14.1 施工部署

施工部署是对整个建设项目进行统筹规划和全面安排，主要解决影响建设项目全局的重大施工问题。施工部署主要包括工程施工程序的确定、主要项目施工方案的拟订、施工任务划分与组织安排、施工准备工作计划的编制等内容。当建设项目的性质、规模和各种客观条件的不同，施工部署的内容和侧重点亦随之不同。

14.1.1　确定工程施工程序

根据建设项目总目标的要求，确定合理的工程建设分批施工的程序。一些大型工业企业项目，如冶金联合企业、化工联合企业等，是由许多工厂或车间组成的，为了能使整个建设项目迅速建成、尽快投产，应在保证工期的前提下，分期分批建设。至于分几期施工，各项工程包含哪些项目，则要根据生产工业特点、工程规模大小和施工难易程度、资金、技术资源等情况，由施工单位和业主共同研究确定。

对于像居民小区类的大中型民用建设项目，一般也分期分批建设。除了考虑住宅以外，还应考虑商店、幼儿园、学校和其他公共设施的建设，以便交付使用后能及早产生经济效益和社会效益。

对于小型工业和民用建筑及大型建设项目的某一系统，由于工期较短或生产工艺要求，可不必分期建设，采取一次性建成投产。

各类项目的施工需统筹安排，须保证重点，兼顾其他。一般情况下，应优先安排的项目包括工程量大，施工难度大、需要工期长的项目；运输系统、动力系统，如厂内外道路、铁路和变电站；供施工使用的工程项目，如各种加工厂、搅拌站等附属企业和其他为施工服务的临时设施；生产上优先使用的机修、车库、办公及家属宿舍等生活设施；须先期投入生产或起主导作用的工程项目。

14.1.2 明确施工任务划分与组织安排

施工组织总设计要拟定一些主要工程项目和特殊的分项工程项目的施工方案。这些项目通常是工程量大、施工难度大、工期长、在整个建设项目中起关键作用的单位工程项目以及全场范围内工程量大、影响全局的特殊分项工程。拟定主要工程项目施工方案的目的是为了进行技术和资源的准备工作，同时也为了施工的顺利进行和现场的合理布置。其内容包括以下几项。

(1) 施工方法，要兼顾技术的先进性和经济的合理性。

(2) 施工工艺流程，要兼顾各工种各施工段的合理搭接。

(3) 施工机械设备，应使主导机械的性能既能满足工程的需要，又能发挥其效能，在各个工程上能够实现综合流水作业，减少装、拆、运的次数；对于辅助配套机械的，其性能应与主导机械相适应。

在明确施工项目管理体制、机构的条件下，划分各参与施工单位的任务，明确各承包单位之间的关系，建立施工现场统一的组织领导机构及职能部门，确定综合的和专业的施工队伍，划分施工阶段，确定各施工单位分期分批的主导项目和穿插项目。

14.1.3 编制施工准备工作计划

根据施工开展程序和主要项目方案，编制好施工项目全场性的施工准备工作计划。其主要内容如下。

(1) 安排好场内外运输、施工用主干道、水、电、气来源及引入方案。

(2) 安排好场地平整方案和全场性排水、防洪。

(3) 安排好生产、生活基地建设。规划好商品混凝土搅拌站，预制构件厂，钢筋、木材加工厂，金属结构制作加工厂，机修厂以及职工生活设施等。

(4) 安排好各种材料的库房、堆场用地和材料货源供应及运输。

(5) 安排好现场区域内的测量工作，设置永久性测量标志，为放线定位做好准备。

(6) 安排好冬、雨期施工的准备工作。

14.2 施工总进度计划

编制施工总进度计划是根据施工部署中的施工方案和施工项目开展的程序，是对整个工地的所有施工项目做出时间和空间上的安排。其作用是确定各个施工项目及其主要工种、工程、准备工作和整个工程的施工期限以及开竣工日期，以及它们之间的搭接关系和时间，从而确定建筑施工现场上劳动力、材料、成品、半成品、施工机具的需要数量和调配情况，以及现场临时设施的数量、水电供应数量、供热、供气数量等等。

14.2.1 施工总进度计划编制的原则

正确地编制施工总进度计划，不仅能保证各工程项目能成套地交付使用，而且直接影响投资的综合经济效益。在编制施工总进度计划时，应考虑以下要点。

(1) 合理安排施工顺序，保证在人力、物力、财力消耗最少的情况下，在规定期限内完工；有次序地将人力和物力集中在投产项目上，使所有必要的辅助工程和正式工程同时投产，首先完成施工生产基地的建造工作，以及整个场地的工程，如地下管线敷设、道路修建和平整场地等工程。

(2) 采用合理的施工组织方法，将土建工程中的主要分部分项工程和设备安装工程分别组织流水作业、连续均衡施工，以达到土方、劳动力、施工机械、材料和构件的五大综合平衡。

(3) 为了保证全年施工的均衡性和连续性，全年的工程尽可能按季度均匀地分配基本建设投资。

14.2.2 施工总进度计划的编制方法

1) 编制工程项目一览表

施工总进度计划主要起控制总工期的作用，因此项目划分不宜过细，一般是按工程分期分批的投产顺序和工程开展程序列出主要工程项目，对于一些附属项目及小型工程、临时设施等，可以合并列出。

计算各工程项目的工程量的目的是为了正确选择施工方案和主要的施工、运输安装机械；初步规划各主要工程的流水施工、估算各项目的完成时间、计算各项资源的需要量。因此工程量计算只需粗略计算，可按初步(或扩大初步)设计图纸并根据各种定额手册进行计算。常用的定额资料见表14-1。

表14-1 常用的定额资料

参考指标	特征	方法
每万元或10万元投资工程量、劳动力及材料消耗扩大指标	规定了某一种结构类型建筑，每万元或10万元投资中劳动力、主要材料消耗数量	根据设计图纸中的结构类型，即可估算出拟建工程各分项需要的劳动力和主要材料的消耗量

（续）

参考指标	特　征	方　法
概算指标或扩大结构定额	均是预算定额的进一步扩大。概算指标以建筑物每 $100m^3$ 体积为单位，扩大结构定额则以每 $100m^3$ 建筑面积为单位	查定额时，先按建筑物的结构类型、跨度、层数、高度等分类，然后查出这种类型建筑物按定额单位所需要的劳动力和各项主要材料的消耗量，从而推算出拟计算项目所需要劳动力和材料的消耗数量
标准设计或已建同类型房屋、构筑物的资料	在缺乏上述几种定额手册的情况下，可采用标准设计或已建成的类似工程实际所消耗的劳动力及材料，进行类比	按比例估算。但是，由于和拟建工程完全相同的已建工程极少，因此利用这些资料时，一般都要进行折算调整

除房屋外，还必须计算主要的全工地性工程的工作量，如场地平整、铁路及地下管线的长度等，这些可以根据建筑总平面图来计算。

将按上述方法计算的工程量填入统一的工程量汇总表中，见表14－2。

表14－2　工程项目工程量汇总表

工程项目分类	工程项目名称	结构类型	建筑面积	幢数	概算投资	主要实物工程量					
						场地平整	土方工程	基础工程	……	装饰工程	……
			$1000m^2$	个	万元	$1000m^2$	$1000m^3$	$1000m^3$		$1000m^2$	
全工地性工程											
主体项目											
辅助项目											
永久住宅											
临时建筑											
合计											

2）确定各单位工程的施工期限

建筑物的施工期限，应根据各施工单位的施工技术和管理水平、机械化程序、劳动力和材料供应情况以及单位工程的建筑结构类型、体积大小和现场地形地质、施工条件环境等因素加以确定。此外，也可参考有关的工期定额来确定各单位工程的施工期限。

3）确定各单位工程的开工竣工时间和相互搭接关系

根据施工部署及单位工程施工期限，就可以安排各单位工程的开工、竣工时间和相互搭接关系。通常应考虑下列因素。

（1）保证重点，兼顾一般。在同一时期进行的项目不宜过多，以免的人力物力分散。

（2）要满足连续、均衡施工要求。组织好大流水作业，尽量保证各施工段能同时进行作业，使劳动力、材料和施工机械的消耗在全工地上达到均衡，减少高峰和低谷的出现，以利于劳动力的调度和材料供应。

(3) 要满足生产工艺要求，合理安排各个建筑物的施工顺序，以缩短建设周期，尽快发挥投资效益。

(4) 认真考虑施工总平面图的空间关系。应在满足有关规范要求的前提下，使各拟建临时设施布置尽量紧凑，节省占地面积。

(5) 全面考虑各种条件限制。在确定各建筑物施工顺序时，应考虑各种客观条件限制，如企业的施工力量，各种原材料、机械设备的供应情况、设计单位提供图纸的时间、投资情况等，同时还要考虑季节、环境的影响。因此，需要考虑各种因素，对各单位工程的开工时间和施工顺序进行合理调整。

4) 安排施工总进度计划，并对其调整和修正

施工总进度计划可以用横道图和网络图表达。由于施工总进度计划只是起控制性作用，而且施工条件复杂多变，因此项目划分不必过细。当用横道图表达施工总进度计划时，项目的排列可按施工总体方案所确定的工程开展程序排列。横道图上应表达出各施工项目开工、竣工时间及施工持续时间，施工总进度计划的表格形式见表 14-3。

表 14-3　施工总进度计划

序号	工程项目名称	结构类型	工程量	建筑面积	总工日	施工进度计划														
						××年					××年					××年				

施工总进度计划绘制完成后，把各项工程的工作量加在一起，用一定的比例画在施工总进度技术的底部，即可得出建设项目工作量的动态曲线。若曲线上存在较大的高峰和低谷，表明在该时间内各种资源的需求量变化较大，则需调整一些单位工程的施工速度和开工、竣工时间，使各个时期的工作量尽可能达到均衡。同时，也要检查是否满足工期要求，各施工项目之间的搭接是否合理，主体工程与辅助工程、配套工程之间是否平衡。

14.3 资源需要量计划

14.3.1　各项资源需要量计划

各项资源需要量计划是做好劳动力及物资的供应、平衡、调度、落实的依据，其内容一般包括劳动力、材料、构件、施工机具需求量计划几个方面。

1. 劳动力需要量计划

劳动力需要量计划是确定暂设工程规模和组织劳动力进场的依据。编制时首先根据施工总进度计划和主要分部(分项)工程进度计划，套用概、预算定额或经验资料，计算出各

施工阶段各工种的用工人数和施工总人数，确定施工人数高峰的总人数和出现时间，力求避免劳动力频繁进退场，尽量达到均衡施工。劳动力需要量计划表见表 14－4。

表 14－4 劳动力需要量一览表

序号	工种名称	劳动量（工日）	全工地性工程						生活用房		工地内部临时性建筑物及机械化装置	用工时间	
			主厂房	辅助车间	道路	铁路	给排水管道	电气工程	永久住宅	临时住宅		××年	××年
1	木工												
2	钢筋工												
3	砖石工												
4	…												

2. 材料、构件需求量计划

根据工程量汇总表所列各建筑物和构筑物的工程量，查定额或概算指标便可得出各建筑物或构筑物所需的建筑材料、构件和半成品的需要量。然后根据施工总进度计划表，大致算出某些建筑材料在某一时间内的需要量，从而编制出建筑材料、构件和半成品的需要量计划，包括全工地性工程(主厂房、辅助车间、道路、铁路、给排水管道、电气工程)、生活用房(永久住宅、临时住宅)、工地内部临时性建筑物及机械化装置等的材料、构件。这是组织货源、签订供应合同、确定运输方式、编制运输计划、组织进场、确定暂设工程规模的依据。

3. 施工机具需求量计划

主要施工机械，如挖土机、起重机等的需要量，可根据施工方案和工程量、施工总进度计划，并套用机械台班定额求得；辅助机械可以根据建筑安装工程每十万元扩大概算指标求得；运输机械的需要量根据运输量计算。施工机具需要量计划除组织机械供应外，还可作为施工用电量计算和确定停放场地面积的依据。主要施工机具备需要量计划表见表 14－5。

表 14－5 施工机具需要量计划

序号	机械名称	型号	电动机功率	数量	需要量计划							
					××年				××年			

14.3.2 施工准备工作计划

施工组织总设计的准备工作一般包括以下几项。

(1) 障碍物的拆除。原有建(构)筑物的拆除，架空电线、埋地电缆、自来水管、污水管道、煤气管道等的拆除工作，经审批后由专业施工队进行处理。

(2)“三通一平”工作。制定场地平整工作及全场性排水、防洪方案，规划场内外施工道路，确定水、电来源及其引入方案。

(3) 测量放线工作。按照建筑总平面图做好现场控制网测量。

(4) 临时建筑的搭设。修建临时工棚，设置保安消防设施。

(5) 材料和机具准备工作。落实施工材料、加工品、构配件的货源和运输储存方式，组织施工机具设备配置和维修保养工作。

(6) 技术准备工作。组织新技术、新工艺、新材料、新结构试制、试验和人员培训。

14.4 全场性暂设工程

在工程正式开工前，应按照工程项目施工准备工作计划及时完成加工厂(站)、仓库堆场、交通运输道路、水、电、动力管网、行政、生活福利设施等各项大型暂设工程，为工程项目的顺利实施创造良好的施工环境。

14.4.1 组织工地加工厂

1. 加工厂的类型和结构

工地的加工厂有混凝土搅拌站、砂浆搅拌站、钢筋加工厂、木材加工厂、金属结构构件加工厂等，对于公路、桥梁路面工程还需有沥青混凝土加工厂等。工厂的结构形式应根据当地条件和使用期限而定，使用期限较短的，可采用简易的竹木结构，使用期限长的宜采用砖木结构或装拆式的活动房屋。

2. 加工厂面积的确定

加工厂的建筑面积，主要取决于设备尺寸、工艺过程及设计、加工量、安全防火等因素，通常可参考有关经验指标等资料确定。

对于钢筋混凝土构件预制厂、锯木车间、模板加工车间、细木加工车间、钢筋加工车间(棚)等，其建筑面积可按计算式：

$$F=\frac{QK}{TS\alpha} \tag{14-1}$$

式中：F——所需建筑面积(m^2)；

K——不均衡系数，取1.3～1.5；

Q——加工总量；

T——加工总时间(月)；

S——每平方米场地月平均加工量定额；

α——场地或建筑面积利用系数，取0.6～0.7。

常用各种临时加工厂的面积参考指标见表14-6和表14-7。

表14-6 临时加工厂所需面积参考指标

序号	加工厂名称	年产量		单位产量所需建筑面积/m²	占地总面积/m²	备注
		单位	数量			
1	混凝土搅拌站	m³	3200	0.022	按砂石堆场考虑	400L搅拌机2台
			4800	0.021		400L搅拌机3台
			6400	0.020		400L搅拌机4台
2	临时性混凝土预制厂	m³	1000	0.25	2000	生产屋面板和中小型梁板柱等，配有蒸养设施
			2000	0.20	3000	
			3000	0.15	4000	
			5000	0.125	<6000	
3	木材加工厂	m³	15000	0.0244	1800～3600	进行原木、大方加工
			24000	0.0199	2200～4800	
			30000	0.0181	3000～5500	
4	综合木工加工厂	m³	200	0.30	100	加工门窗、模板、地板、屋架等
			500	0.25	200	
			1000	0.20	300	
			20000	0.15	400	
5	钢筋加工厂	t	200	0.35	280～530	加工、成型、焊接
			500	0.25	380～750	
			1000	0.20	400～800	
			2000	0.15	450～900	
6	金属结构加工(包括一般铁件)			所需场地(m²/t)		按一批加工数量计算
				10	年产500t	
				8	年产1000t	
				6	年产2000t	
				5	年产3000t	
7	石池消化贮灰池 石灰消化淋灰池 淋石灰消化淋灰槽			5×3=15 (m²) 4×3=12 (m²) 3×2=6 (m²)		每2个贮灰池配一套淋灰池和淋灰槽，每600kg石灰可消化1m³石灰膏
8	沥青锅场地			20～24(m²)		台班产量1～1.5t/台

表 14-7　现场作业棚所需面积参考指标

序号	名称	单位	面积	序号	名称	单位	面积	序号	名称	单位	面积
1	木工作业棚	m^2	2	6	烘炉房	m^2	30～40	11	机、钳工修理房	m^2	20
2	电锯房	m^2	80	7	焊工房	m^2	20～40	12	立式锅炉房	m^2/台	5～10
3	钢筋作业棚	m^2/人	3	8	电工房	m^2	15	13	发电机房	m^2/kW	0.2～0.3
4	搅拌棚	m^2/台	10～18	9	白铁工房	m^2	20	14	水泵房	m^2/台	3～8
5	卷扬机棚	m^2/台	6～12	10	油漆工房	m^2	20	15	空压机房(移动式)	m^2/台	18～30

14.4.2　组织工地仓库

1. 仓库的类型

仓库的类型如图 14.2 所示。

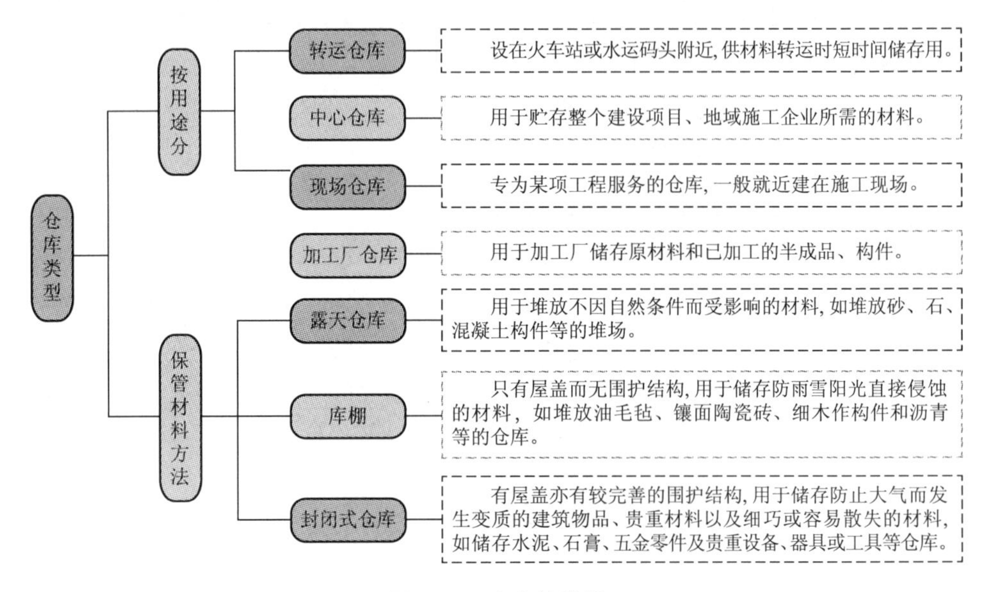

图 14.2　仓库的类型

2. 工地物资储备量的确定

工地材料储备既要保证施工的连续性，又要避免材料的大量积压，造成仓库面积过大而增加投资。储藏量的大小要根据工程的具体情况而定，场地小、运输方便的可少储存，对于运输不便的、受季节影响的材料可多储存。

对经常或连续使用的材料，如砖、瓦、水泥和钢材等，可按储备期计算

$$P=T_c\frac{Q_iK_i}{T} \tag{14-2}$$

式中：P——材料储备量(t 或 m^3 等)；

T_c——储存期定额(d)，见表 14-8；

Q_i——材料、半成品的总需要量（t 或 m^3）；

T——有关项目的施工总工作日（d）；

K_i——材料使用不均衡系数，可参考表 14－8。

表 14－8 计算仓库面积的有关系数

材料及半成品	单位	储备天数 T_c	不均衡系数 K_i	每 m^2 储存定额 q	有效利用系数 K	仓库类型	备注
水泥	t	30～60	1.3～1.5	1.5～1.9	0.65	封闭式	堆高 10～12 袋
生石灰	t	30	1.4	1.7	0.7	棚	堆高 2m
砂子(人工堆放)	m^3	15～30	1.4	1.5	0.7	露天	堆高 1～1.5m
砂子(机械堆放)	m^3	15～30	1.4	2.5～3	0.8	露天	堆高 2.5～3m
石子(人工堆放)	m^3	15～30	1.5	1.5	0.7	露天	堆高 1～1.5m
石子(机械堆放)	m^3	15～30	1.5	2.5～3	0.8	露天	堆高 2.5～3m
块石	m^3	15～30	1.5	10	0.7	露天	堆高 1m
钢筋(直筋)	t	30～60	1.4	2.5	0.6	露天	占全部钢筋的 80%，堆高 0.5m
钢筋(盘筋)	t	30～60	1.4	0.9	0.6	库或棚	占全部钢筋的 20%，堆高 1m
钢筋成品	t	10～20	1.5	0.07～0.1	0.6	露天	
型钢	t	45	1.4	1.5	0.6	露天	堆高 0.5m
金属结构	t	30	1.4	0.2～0.3	0.6	露天	
原木	m^3	30～60	1.4	1.3～1.5	0.6	露天	堆高 2m
成材	m^3	30～45	1.4	0.7～0.8	0.5	露天	堆高 1m
废木材	m^3	15～20	1.2	0.3～0.4	0.5	露天	废木材约占锯木量的 10%～15%
门窗扇	m^3	30	1.2	45	0.6	露天	堆高 2m
门窗框	m^3	30	1.2	20	0.6	露天	堆高 2m
砖	千块	15～30	1.2	0.7～0.8	0.6	露天	堆高 1.5～2m
模板整理	m^2	10～15	1.2	1.5	0.65	露天	
木模板	m^3	10～15	1.4	4～6	0.7	露天	
泡沫混凝土制品	m^3	30	1.2	1	0.7	露天	堆高 1m

3. 确定仓库面积

仓库面积的计算公式为

$$F=\frac{P}{qK} \tag{14-3}$$

式中：F——该材料所需仓库总面积（m^2）；

q——该材料每平方米的储存定额；

K——仓库面积有效利用系数(考虑人行道和车道所占面积)，可见表 14－8。

14.4.3 组织工地运输

工地的运输方式有铁路运输、水路运输和汽车运输等，运输的方式特点如图 14.3 所示。

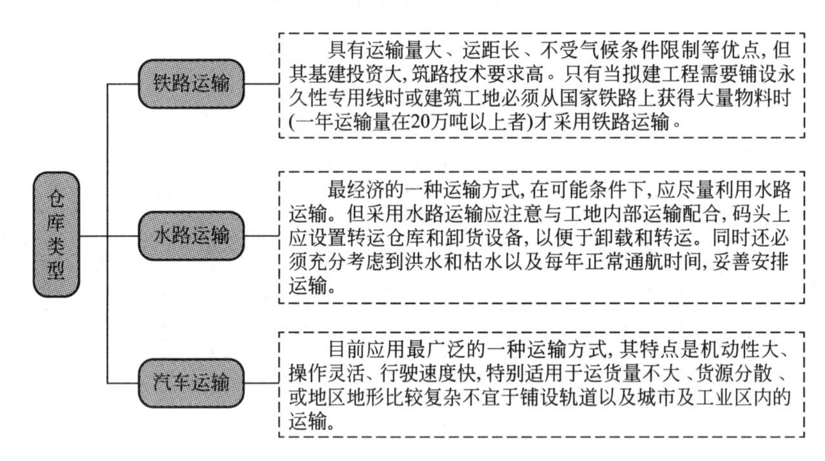

图 14.3 工地运输方式

选择哪种运输方式，需考虑各种影响因素，如运输量的大小、运输距离、货物的性质、路况及现有运输条件、自然条件以及经济条件。

1. 确定运输量

运输总量应按工程的实际需要量来确定，同时还应考虑每日工程项目对物资的需求，确定单日的最大运量。日货运量应按式计算

$$q=\frac{\sum(Q_iL_i)}{T}K \tag{14-4}$$

式中：q——日货运量(t·km)；

Q_i——某种货物的需要总量；

L_i——某种货物从发货地点至储存地点的距离(km)；

K——运输工作不均衡系数，铁路运输取 1.5，汽车运输取 1.2。

2. 确定运输工具数量

运输方式确定后，即可计算运输工具的需要量。每一工作班内所需的运输工具量可按式计算

$$n=\frac{q}{cb}K_1 \tag{14-5}$$

式中：n——每一个工作班所需运输工具数量；

c——运输台班的生产率；

b——每日的工作班次；

K_1——运输工具使用不均衡系数。火车取 1.0，汽车取 1.2～1.6，拖拉机取 1.55。

3. 确定运输道路

工地运输道路应尽可能利用永久性道路或先修永久性道路路基并铺设简易路面。主要道路应布置成环形，次要道路可布置成单行线，但应有回车场，尽量避免与铁路交叉。

14.4.4 组织办公、生活和福利设施

在工程建设期间，必须为施工人员修建一定数量的临时房屋，以供行政管理和生活福利用。这类临时建筑包括行政管理和辅助生产用房(如办公室、警卫室、消防站、汽车库及修理车间等)、居住用房(如职工宿舍、招待所等)、生活福利用房(如文化活动中心、学校、托儿所、图书馆、浴室、理发室、开水房、商店、邮亭、医务所等)。

办公、生活福利设施的建筑面积可由计算式求得

$$S=NP \tag{14-6}$$

式中：S——建筑面积(m^2)；

N——人数；

P——建筑面积指标，见表14-9。

表14-9 行政、生活福利建筑面积参考指标

单位：m^2/人

序号	临时房屋名称	指标使用方法	参考指标
1	办公室	按使用人数	3～4
2	宿舍 单层通铺 双层床 单层床	 按高峰年(季)平均人数 (扣除不在工地住人数) (扣除不在工地住人数)	 2.5～3.0 2.0～2.5 3.5～4.0
3	家属宿舍		16～25m^2/户
4	食堂 食堂兼礼堂	按高峰年平均人数 按高峰年平均人数	0.5～0.8 0.6～0.9
5	其他合计 医务所 浴室 理发室 俱乐部 小卖部 招待所 其他公用	 按高峰年平均人数 按高峰年平均人数 按高峰年平均人数 按高峰年平均人数 按高峰年平均人数 按高峰年平均人数 按高峰年平均人数	 0.05～0.07 0.07～0.1 0.01～0.03 0.1 0.03 0.06 0.05～0.10
6	小型房屋 开水房 厕所 工人休息室	 按工地平均人数 按工地平均人数	10～40m^2 0.02～0.07 0.15

确定施工现场人数时，一般包括以下4类人员：直接参加建筑施工生产的工人，包括施工过程中的装卸运输工人和现场附属工厂的工人；辅助施工的工人，包括施工机械的维护工人，运输及仓库管理工人，动力设施管理工人；行政及技术管理人员；为建筑工地上居民生活服务的人员。以上人员的比例，可按国家有关规定或工程实际情况计算，现场施工企业家属人数可按职工的一定比例计算，通常占职工人数的10%～30%。

14.4.5 组织工地供水和工地供电

建筑工地供水主要有生产用水、生活用水和消防用水3种类型。其中，生产用水包括工程施工用水、施工机械用水；生活用水包括施工现场生活用水和生活区用水。工地临时供水设计内容主要有确定用水量、设计配水管网。

1. 工地供水组织

1）确定用水量

（1）生产用水。工程施工用水量可按式确定

$$q_1=K_1\sum\frac{Q_1N_1}{T_1b}\times\frac{K_2}{8\times3600} \tag{14-7}$$

式中：q_1——施工工程用水量(L/s)；

K_1——未预见的施工用水系数，1.05～1.15；

Q_1——年(季)度工程量(以实物计量单位表示)；

N_1——施工用水定额，见表14-10；

T_1——年(季)度有效工作日(d)；

b——每天工作班次；

K_2——用水不均衡系数，见表14-11。

表14-10 施工用水量(N_1)参考定额

用水对象	耗水数量	用水对象	耗水数量	用水对象	耗水数量
浇筑混凝土全部用水	1700～2400L/m^3	冲洗模板	5L/m^2	砌石工程全部用水	50～80L/m^3
搅拌普通混凝土	250L/m^3	搅拌机清洗	600L/台班	抹灰工程全部用水	30L/m^2
搅拌轻质混凝土	300～350L/m^3	人工冲洗石子	1000L/m^3	耐火砖砌体工程	100～150L/m^3
搅拌泡沫混凝土	300～400L/m^3	机械冲洗石子	600L/m^3	浇砖	200～250L/千块
搅拌热混凝土	300～350L/m^3	洗砂	1000L/m^3	浇硅酸盐砌块	300～350L/m^3
混凝土自然养护	200～400L/m^3	抹面	4～6L/m^2	上水管道工程	98L/m
混凝土蒸汽养护	500～700L/m^3	楼地面	190L/m^2	下水管道工程	1130L/m
搅拌砂浆	300L/m^3	砌砖工程全部用水	150～250L/m^3	工业管道工程	35L/m
石灰消化	3000L/t				

施工机械用水量可按式计算

$$q_2 = K_1 \sum Q_2 N_2 \times \frac{K_3}{8 \times 3600} \quad (14-8)$$

式中：q_2——施工机械用水量(L/s)；

K_1——未预见的施工用水系数，1.05～1.15；

Q_2——同种机械数量；

N_2——施工机械用水定额，见表14－12；

K_3——施工机械用水不均衡系数，见表14－11。

表14－11 不均衡系数(*K*)参考定额

K	K_2		K_3		K_4	K_5
用水名称	施工工程用水	生产企业用水	施工机械、运输机械	动力设备	施工现场生活用水	居民区生活用水
系数	1.5	1.25	2	1.05～1.10	1.30～1.50	2.00～2.50

表14－12 机械用水量(N_2)参考定额

用水机械名称	耗水数量	备注	用水机械名称	耗水数量	备注
内燃挖土机	200～300L/(m^3·台班)	以斗容量m^3计	锅炉	1050L/(t·h)	以小时蒸发量计
内燃起重机	15～18L/(t·台班)	以起重机吨数计	点焊机25型	100L/(台·h)	
蒸汽起重机	300～400L/(t·台班)	以起重机吨数计	点焊机50型	150～200L/(台·h)	
蒸汽打桩机	1000～1200L/(t·台班)	以锤重吨数计	点焊机75型	250～350L/(台·h)	
内燃压路机	12～15L/(t·台班)	以压路机吨数计	对焊机	300L/(台·h)	
蒸汽压路机	100～150L/(t·台班)		冷拔机	300L/(台·h)	
拖拉机	200～300L/(台·昼夜)		凿岩机01－30型(CM－56)	3L/(台·min)	
汽车	400～700L/(台·昼夜)		凿岩机01－45型(TN－4)	5L/(台·min)	
标准轨蒸汽机车	10000～20000L/(台·昼夜)		凿岩机01－38型(KⅡM－4)	8L/(台·min)	
空气压缩机	40～80L/[(m^3/min)·台班]	以空气压缩机单位容量计	木工场	20～25L/台班	
内燃机动力装置(直流水)	120～300L/(kW·台班)		锻工房	40～50L/(炉·台班)	以烘炉数计
内燃机动力装置(循环水)	25～40L/(kW·台班)				

(2) 生活用水。施工现场生活用水量可按式计算

$$q_3=\frac{P_1N_3K_4}{b\times8\times3600} \tag{14-9}$$

式中：q_3——施工现场生活用水量(L/s)；

P_1——施工现场高峰期生活人数；

N_3——施工现场生活用水定额，见表 14－13；

K_4——施工现场生活用水不均衡系数，见表 14－11；

b——每天工作班次。

生活区生活用水量可按式计算

$$q_4=\frac{P_2N_4K_5}{24\times3600} \tag{14-10}$$

式中：q_4——生活区生活用水量(L/s)；

P_2——生活区居民人数(人)；

N_4——生活区昼夜全部用水定额，见表 14－13；

K_5——生活区用水不均衡系数，见表 14－11。

表 14－13　生活用水量(N_3、N_4)参考定额

序号	1	2	3	4	5	6	7	8	9
用水对象	生活用水	食堂	浴室	淋浴带大地	洗衣房	理发室	学校	幼儿园	病房
单位	L / 人·日	L / 人·次	L / 人·次	L / 人·次	L / kg 干衣	L / 人·日	L / 学生·日	L / 儿童·日	L / 病床·日
耗水量	20～40	10～20	40～60	50～60	40～60	10～25	10～30	75～100	100～150

(3) 消防用水量。消防用水量 q_5 分为居民生活区消防用水和施工现场消防用水，应根据工程项目大小和居住人数的多少来确定，见表 14－14。

表 14－14　消防用水量(q_5)

用水对象	居民区消防用水(L/S)			施工现场消防用水(L/S)	
	5000 人	10000 人	25000 人	施工现场在 2.5　$10^5 m^2$ 以内	每增加 2.5　$10^5 m^2$ 递增
火灾同时发生次数	一次	二次	三次	一次	一次
耗水量	10	10～15	15～20	10～15	5

(4) 确定总用水量 Q。

① 当 $q_1+q_2+q_3+q_4\leqslant q_5$ 时，$Q=q_5+(q_1+q_2+q_3+q_4)/2$。

② 当 $q_1+q_2+q_3+q_4>q_5$ 时，$Q=q_1+q_2+q_3+q_4$。

③ 当 $q_1+q_2+q_3+q_4<q_5$，且工地面积小于 50000m² 时，$Q=q_5$。

最后计算出的总用水量，还应增加 10%，以补偿管网的漏水损失。

2) 设计配水管网

配水管网布置的原则，是在保证连续供水和满足施工适用要求的情况下，管道铺设尽可能的短。

(1) 确定供水系统。

临时供水系统可由取水设施、净水设施、储水构筑物、输水管道和配水管线等综合组成。一般工程项目的首建工程应是永久性供水系统，只有在工期紧迫时，才修建临时供水系统，如果已有供水系统，可以直接从供水源接输水管道。

取水设施一般由进水装置、进水管和水泵组成，取水口距河底(或井底)0.25～0.9m。在临时供水时，如水泵房不能连续抽水，则需设置储水构筑物，储水构筑物有水池、水塔或水箱，其容量以每小时消防用水决定，但不得少于10～20m^3。

(2) 确定供水管径。

计算出工地的总用水量后，可根据式计算出干管管径

$$D=\sqrt{\frac{4Q\times1000}{\pi v}} \tag{14-11}$$

式中：D——配水管内径(mm)；

Q——计算总用水量(L/s)；

v——管网中水的流速(m/s)，见表14-15。

表14-15 临时水管经济流速表

管径		支管 D 100mm	生产消防管道 D=100～300mm	生产消防管道 D 300mm	生产用水管道 D 300mm
流速/(m/s)	正常时间	2	1.3	1.5～1.7	1.5～2.5
	消防时间	—	>3.0	2.5	3.0

(3) 选择管材。

临时给水管道，须根据管道尺寸和压力大小进行选择，一般干管为钢管或铸铁管，支管为钢管。

2. 工地临时供电组织

施工现场临时供电组织包括计算工地总用电量、选择电源、确定变压器、确定导线截面面积及布置配电线路。

1) 计算工地总用电量

建筑工地用电量分为动力用电和照明用电两种，在计算总电量时，应考虑全工地使用的电力机械设备、工具和照明的用电功率；施工总进度计划中，施工高峰期同时用电数量；各种电力机械的利用情况。

总用电量可按式计算

$$P=(1.05\sim1.10)\left(K_1\frac{\sum P_1}{\cos\varphi}+K_2\sum P_2+K_3\sum P_3+K_4\sum P_4\right) \tag{14-12}$$

式中：P——供电设备总需要容量(kV·A)；

P_1——电动机额定功率(kW)；

P_2——电焊机额定功率(kV·A)；

P_3——室内照明容量(kW)；

P_4——室外照明容量(kW)；

$\cos\varphi$——电动机的平均功率因数，施工现场最高为0.75～0.78，一般为0.65～0.75。

K_1、K_2、K_3、K_4——需要系数，见表 14－16。

表 14－16　需要系数(K)值

用水对象		电动机			加工厂动力设备	电焊机		室内照明	室外照明
		3～10 台	11～30 台	30 台以上		3～10 台	10 台以上		
需要系数	K	K_1				K_2		K_3	K_4
	数值	0.7	0.6	0.5	0.5	0.6	0.5	0.8	1

注：如施工中需要电热时，应将其用电量计划进去。为使计算结果接近实际，各项动力照明用电，应按照不同工作性质分类计算。

2）选择电源

选择临时供电电源时，应优先选用工地附近的电力系统供电，只在无法利用或电源不足时，才考虑临时电站供电。通常是利用附近的高压电网，向供电部门临时申请加设配电变压器降压后引入工地。

3）确定变压器

变压器的功率可由式计算

$$P=K\left(\frac{\sum P_{max}}{\cos\varphi}\right) \tag{14-13}$$

式中：P——变压器输出功率(kV·A)；

K——功率损失系数，取 1.05；

$\sum P_{max}$——各施工区最大计算负荷(kW)；

$\cos\varphi$——功率因数。

4）确定配电导线截面面积

配电导线要正常工作，必须具有足够的力学强度，防止拉断或折断，还必须受因电流通过所产生的温升，并且使得电压损失在允许范围内。

(1) 按机械强度选择。导线在各种敷设方式下，应按其强度需要，保证必需的最小截面，以防止拉断或折断，可根据有关资料进行选择。

(2) 按允许电流选择。导线必须能够承受负荷电流长时间通过所引起的温升。

① 三相五线制线路上的电流可按式计算

$$I_{线}=\frac{KP}{\sqrt{3}U_{线}\cos\varphi} \tag{14-14}$$

② 二相制线路上的电流可按式计算

$$I_{线}=\frac{P}{U_{线}\cos\varphi} \tag{14-16}$$

式中：$I_{线}$——电流强度(A)；

K——需要系数，见表 14－16；

P——功率(W)；

$U_{线}$——电压(V)；

$\cos\varphi$——功率因数，临时网路取 0.7～0.75。

制造厂家根据导线的容许温升，制定了各类导线在不同的敷设条件下的持续容许电流值(详见有关资料)，选择导线时，导线中的电流不能超过此值。

(3) 按容许电压降选择。导线上引起的电压降必须在一定限度之内。配电导线的截面可用式计算

$$S=\frac{\sum PL}{C\varepsilon}=\frac{\sum M}{C\varepsilon} \tag{14-16}$$

式中：S——导线截面(mm^2)；

M——负荷矩(kW·m)；

P——负载的电功率或线路输送的电功率(kW)；

L——送电线路的距离(m)；

ε——允许的相对电压降(线路电压损失)(%)；照明允许电压降为2.5%～5%，电动机电压不超过±5%。

C——系数，视导线材料、线路电压及配电方式而定。

按照以上3个条件计算的结果，取截面面积最大者作为现场使用的导线。一般道路工地和给排水工地作业线比较长，导线截面由电压降选定；建筑工地配电线路比较短，导线截面可由容许电流选定；小负荷的架空线路中的导线截面往往以机械强度选定。

5) 布置配电线路

配电线路的布置方案有枝状、环状和混合式3种，主要根据用户的位置和要求，永久性供电线路的形状而定。一般3～10V的高压线路宜采用环状，380/220V的低压线路可用枝状。

14.5 施工总平面图

施工总平面图是拟建项目的施工现场的总布置图。它是按照施工方案和施工总进度计划的要求，将施工现场的交通道路、材料仓库、附属生产或加工企业、临时建筑和临时水、电管线等进行合理的规划和布置，并以图纸的形式表达出来，从而正确处理全工地施工期间所需各项设施与永久建筑以及拟建工程之间的空间关系。

14.5.1 施工总平面图设计原则与内容

1. 施工总平面图的设计原则

(1) 在保证顺利施工的前提下，尽量使平面布置紧凑、合理、不占或少占农田，不挤占道路。

(2) 合理布置仓库、附属企业、机械设备等临时设施的位置，在保证运输方便的前提下，减少场内运输距离，尽可能避免二次运输，使运输费用最少。

(3) 施工区域的划分和场地确定，应符合施工流程要求，尽量减少专业工种和各工程之间的干扰。

(4) 充分利用各种永久性建筑物、构筑物和原有设施为施工服务，降低临时设施的费用，临时建筑尽量采用可拆移式结构。凡拟建永久性工程能提前完工为施工服务的，应尽量提前完工，并在施工中代替临时设施。

(5) 各种临时设施的布置应有利于生产和方便生活。

(6) 应满足劳动保护、安全防火及环境保护的要求。

(7) 总平面图规划时应标清楚新开工和二次开工的建筑物，以便按程序进行施工。

2. 施工总平面图的内容

(1) 一切地上、地下已有和拟建的建筑物、构筑物、道路、管线以及其他设施的位置和尺寸。

(2) 一切为全工地施工服务的临时设施的布置，包括工地上各种运输用道路；各种加工厂、制备站及机械化装置的位置；各种建筑材料、半成品、构配件的仓库和主要堆场；行政管理用办公室、施工人员的宿舍以及各种文化生活福利用的临时建筑等；水源、电源、临时给、排水管线、动力线路及设施；机械站、车库位置；一切安全、消防设施等。

(3) 取土及弃土的位置。

(4) 永久性测量及半永久性测量放线桩标桩位置。

(5) 特殊图例、方向标志和比例尺等。

由于许多大型工程的建设工期较长，随着工程的进展，施工现场的面貌将不断改变。在这种情况下，应按不同阶段分别绘制若干张施工总平面图，或根据工地的实际变化情况，及时对施工总平面图进行调整和修正，以便适应不同时期的需要。

14.5.2 施工总平面图的设计

1. 施工总平面图的设计步骤

1) 场外交通的引入

在设计施工总平面图时，应从研究大宗材料、成品、半成品、设备等的供应情况及运输方式开始。当大批材料由铁路运输时，由于铁路的转弯半径大，坡度有限制，因此首先应解决铁路从何处引入及可能引到何处的方案。对拟建永久性铁路的大型企业工地，一般可提前修建永久性铁路专用线。铁路线的布置最好沿着工地周边或各个独立施工区的周边铺设，以免与工地内部运输线交叉，妨碍工地内部运输。

假如大批材料由水路运输时，应考虑在码头附近布置附属企业或转运仓库。如原有码头的吞吐能力不足，需增设码头，卸货码头不应少于 2 个，码头宽度应大于 2.5m。

假如大批材料由公路运输时，由于公路布置较灵活，一般先将仓库、加工厂等生产性临时设施布置在最经济合理的地方，再布置通向场外的公路。

2) 仓库和材料堆场的布置

通常考虑设置在运输方便、位置适中、运距较短且安全防火的地方，并应区别不同材料、设备和运输方式来设置。

当采取铁路运输时，仓库通常沿铁路线布置，并且要留有足够的装卸前线。如果没有足够的装卸前线，必须在附近设置转运仓库。布置铁路沿线仓库时，应将仓库设置在靠近工地一侧，以免内部运输跨越铁路。同时仓库不宜设置在弯道外或坡道上。

当采用水路运输时，一般应在码头附近设置转运仓库，以缩短船只在码头的停留时间。

当采用公路运输时，仓库的布置较灵活。一般中心仓库布置在工地中央或靠近使用地的地方，也可布置在靠近外部交通的连接处，同时也要考虑给单个建筑物施工时留有余地。

砂、石、水泥、石灰、木材等仓库或堆场宜布置在搅拌站、预制构件场和木材加工厂附近；砖、瓦和预制构件等直接使用的材料应该直接布置在施工对象附近，以免二次搬运。工具库应布置在加工区与施工区之间交通方便处，零星、小件、专用工具库可分设于各施工区段。车库、机械站应布置在现场的入口处。油料、氧气、电石、炸药库应布置在边远、人少的安全地点，易燃、有毒材料库要设于拟建工程的下风方向。工业项目建筑工地的笨重设备应尽量放置在车间附近，其他设备仓库可布置在外围或其他空地。

3）加工厂和搅拌站的布置

加工厂的布置，应以方便使用、安全防火、不影响建筑工程施工的正常进行为原则。一般把加工厂布置在工地的边缘地带，既便于管理，又能降低铺射道路、动力管线及给排水管理的费用。

(1）混凝土搅拌站和砂浆搅拌站的布置。

混凝土搅拌站的布置有集中、分散、或集中与分散相结合 3 种方式。当运输条件好，砂、石等材料由铁路或水路运入，可以采用集中布置的方式，或现场不设搅拌站而是用商品混凝土；当运输条件较差时，则应分散布置在使用点或井架等附近为宜。对于一些建筑物和构筑物类型较多的大型工程，混凝土的品种、强度等级较多，需要在同一时间，同时供应几种强度等级不同混凝土，则可以采用集中与分散相结合的布置方式。

砂浆搅拌站以分散布置为宜，随拌随用。

(2）钢筋加工厂的布置。

钢筋加工厂有集中或分散两种布置方式。对需要冷加工、点焊的钢筋骨架和大片钢筋网，宜设置中心加工厂集中加工；对于小型加工件，小批量生产利用简单机具成型的钢筋加工，则可在分散的临时加工棚内进行。

(3）木材加工厂的布置。

木材加工厂的布置亦是有集中和分散两种方式。当锯材、标准门窗、标准模板等加工量较大时，宜设置集中的木材联合加工厂；对于非标准件的加工及模板的修理等工作，则可分散在工地附近临时工棚进行加工。如建设区有河流时，联合加工厂最好靠近码头，因原木多用水运，直接运到工地，可减少二次搬运，节省时间和运输费用。

预制加工厂一般设置在建设单位的空闲地带上，如材料堆场专用线转弯的扇形地带或场外临近处。金属结构、锻工、电焊和机修等车间在生产上联系密切，应尽可能布置在一起。

4）场内运输道路的布置

工地内部运输道路，应根据各加工厂、仓库及各施工对象的位置来布置，并研究货物周转运行图，以明确各段道路上的运输负担，从而分主要道路和次要道路。规划道路时要特别注意满足运输车辆的安全行驶，在任何情况下，不致形成交通断绝或阻塞。规划场内道路时，应考虑以下几点：

(1）合理规划临时道路与地下管网的施工顺序。

规划临时道路时应充分利用拟建永久性道路，提前修建永久性道路或者先修路基和简易路面，作为施工所需的道路，以达到节约投资的目的。若地下管网的图纸尚未出全，必须采取先施工道路、后施工管网的顺序时，临时道路就不能完全建造在永久性道路的位置，而应尽量布置在无管网地区或扩建工程范围地段上，以免开挖管道沟时破坏路面。

(2) 保证运输通畅。

道路应有两个以上进出口，道路末端应设置回车场地，且尽量避免临时道路与铁路交叉。场内道路干线应采用环形布置，主要道路宜采用双车道，宽度不小于 6m，次要道路宜采用单车道，宽度不小于 3.5m。

(3) 选择合理的路面结构。

临时道路的路面结构，应根据运输情况、运输工具和使用条件的不同，采用不同的结构。一般场外与省、市公路相连的干线，因其以后会成为永久性道路，宜建成混凝土路面；场区内的干线和施工机械行驶路线，最好采用碎石级配路面，以利修补；场内支线一般为土路或砂石路。

5) 行政与生活福利临时建筑的布置

对于各种生活与行政管理用房应尽量利用建设单位的生活基地或现场附近的其他永久性建筑，不足部分另行修建临时建筑物。临时建筑物的设计，应遵循经济、使用、装拆方便的原则，并根据当地的气候条件、工期长短确定其建筑与结构形式。

全工地性管理用房一般设在全工地入口处，以便对外联系，也可设在工地中部，便于全工地管理。工人用的福利设施应设置在工人较集中的地方或工人必经之路。生活基地应设在场外，距工地 500～1000m 为宜，并避免设在低洼潮湿、有烟尘和有害健康的地方。食堂宜设在生活区，也可布置在工地与生活区之间。

6) 临时水电管网及其他动力设施的布置

(1) 尽量利用已有的和提前修建的永久线路，若必须设置临时线路时，应取最短线路。

(2) 临时总变电站应设在高压线进入工地处，避免高压线穿过工地。临时自备发电设备应设置在现场中心或靠近主要用电区域。

(3) 临时水池、水塔应设在用水中心和地势较高处。管网一般沿道路布置，供电线路应避免与其他管道设在同一侧，主要供水、供电管线采用环状，孤立点可设枝状。

(4) 管线穿过道路处均要套钢管，一般电线用直径 $\phi51$～$\phi76$ 管，电缆用 $\phi102$ 管，并埋入地下 0.6m 处。

(5) 过冬的临时水管需埋在冰冻线以下或采取保温措施。

(6) 消防站、消火栓的布置要满足消防规定，其位置应在易燃建筑物(木材仓库等)附近，并须有畅通的出口和消防车道(应在布置道路运输时同时考虑)，其宽度不得小于 6m，与拟建房屋的距离不得大于 25m，也不得小于 5m。沿着道路应设置消防栓，其间距不得大于 100m，与邻近道路边的距离不得大于 2m。

(7) 施工场地应有畅通的排水系统，场地排水坡度不应小于 0.3%，并沿道路边设立管(沟)等，其纵坡不小于 0.2%，过路必须设涵管。

2. 施工总平面图的绘制

施工平面图虽然经过以上各设计步骤，但各步骤并不是独立的，而是相互联系、相互制约的，需要全面考虑、统筹安排，反复修改才能确定下来。有时还要设计出多个不同的布置方案，需要通过分析比较后确定出最佳方案。绘制正式施工总平面图的具体步骤如图 14.4 所示。完成施工总平面图要求比例准确，图例规范，线条粗细分明、标准，字迹端正，图面整洁美观。

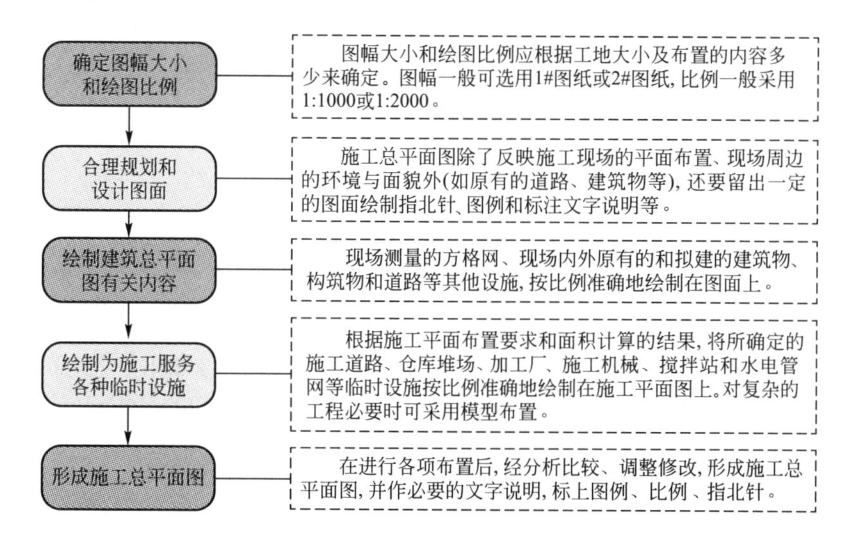

图 14.4 绘制施工总平面图的具体步骤

实战演练

某大型住宅及商业社区施工组织

1. 工程概况

工程项目总建筑面积200750m²，其中地上面积155880.53m²，地下面积44870m²，包含11幢塔式住宅楼、1～4层商业裙楼，1幢4层幼儿园，地下室整体2层，部分1层，具体情况见表14-17。塔楼采用钢筋混凝土框支剪力墙结构，裙楼、幼儿园、地下室为钢筋混凝土框架结构，结构安全等级为二级。

表 14-17 工程概况

栋号	工程类别	层数	高度/m	幢数	地下室层数
1	商住楼	33	99.7	2	2
2	商住楼	33，裙楼1层	99.8	3	1
3	商住楼	33	99.5	1	2
4	幼儿园	4	15.6	1	—
5	商住楼	33，裙楼1层	99.1	1	2
6	商住楼	30，裙楼4层，部分2层	96.8	4	6

2. 施工部署

1) 总体分区及资源配置

工程主要包括地下车库与上部结构两部分。从总体上将地下车库与上部结构划分为两个施工区，按照两条主线组织施工，地下车库与上部结构内部再各自划分施工区段。

(1) 地下室车库分区。

将地下车库在平面上划分为1、2、3共3个施工区段。以本工程地下室平面图中后浇带为界将本工程分成3个区。1、3、5幢楼所在的第一区段最先开始施工，然后6幢楼所在的第二区段开始施工，最后2幢楼所在的第三区段开始施工。同时要求地下室底板下垫层及防水等避开雨天尽快施工完毕。每个区以其内的后浇带为界分段组织各工序进行高效的平面流水作业。

对地下车库竖向施工段进行划分：按照承台、底板、墙体900mm以下为第一段，内墙柱，外墙900以上，顶板结构为第二段。结合分区及进度安排，来确定地下车库劳动力及机械设备。本工程工期要求紧，进场后先进行塔式起重机基础施工及塔式起重机安装。

(2) 上部结构分区。

上部结构在平面上分成5个施工区。其中1幢为A区，2幢为B区，3、4、5幢为C区，6幢AB座为D区，6幢CD座为E区。5个施工区分别配置独立的劳动力和机械设备同时施工。同时各区均根据本区范围内的幢号划分为2～3个流水段，分段组织各工序进行高效的平面流水作业。

(3) 装修阶段分区。

根据本工程的工期安排和结构布置情况，装修阶段以地下室、1幢、2幢、3～5幢、6幢AB座、6幢CD座划分6个施工区，在每个区内安排足够的劳动力同时施工。同时充分利用工作面进行高效的平面流水作业和立体交叉施工。

(4) 安装分区。

按照装饰施工区域的划分，将机电安装施工区段划分为6个施工区段，每个区段组织电气、通风空调、给排水、消防各一个专业施工队，本工程设一个调试队。负责各自施工单元内的机电工程施工，展开平行施工和流水施工。

2) 主要分项工程的穿插搭接安排

(1) 本工程基本施工顺序为先地下后地上，先结构后装修，土建与安装密切配合。

(2) 砌筑工程：主体结构4层施工完毕时插入地下室砌筑工程，并依次向上施工。

(3) 室内装修工程：室内门窗框安装、内抹灰、天棚、楼地面等初装修工程在地下室砌筑完成且预留技术间歇后紧逼跟上，并跟随砌筑工程施工进度由下向上施工；为了避免交叉污染，门窗扇、吊顶、涂料、油漆等精装修工程待顶层粗装修完成后从顶层向下施工。

(4) 外墙面装修工程：在主体封顶、顶层外墙砌筑完成后及时插入，从上向下施工，在确保质量的前提下比内装修提前完成。

(5) 屋面工程：为了确保装修免受雨水影响，屋面防水施工完成时间控制在室内装修插入之前。

(6) 安装工程：在主体结构施工期间作好各配套设施系统工程的预留、预埋工作，在装修施工期间与土建交叉作业，相关工序及时插入，并同时积极为土建创造施工条件，确保与土建工程同步竣工。

(7) 土方回填及室外工程：为了土方回填、室外工程能够提前插入，本工程外架采取在2层进行悬挑，悬挑架施工完毕、防水保护层完工后即可提前进行土方回填。室外管网、道路、绿化工程在外墙及室内精装修大面积完成后插入，在不影响外架拆除和材料进场的前提下可与精装修的收尾工程同步进行，以满足装修完成即可提交使用。

3. 施工进度计划

根据与建设单位签订的工程承包合同，结合本项目工程准备情况，拟定各单位工程施工进度计划，如图14.5所示。

4. 资源需要量计划

(1) 劳动力计划见表14-18。

(2) 机械设备需用计划见表14-19。

(3) 计量、测量设备需用计划见表14-20。

(4) 周转材料计划表，见表14-21。

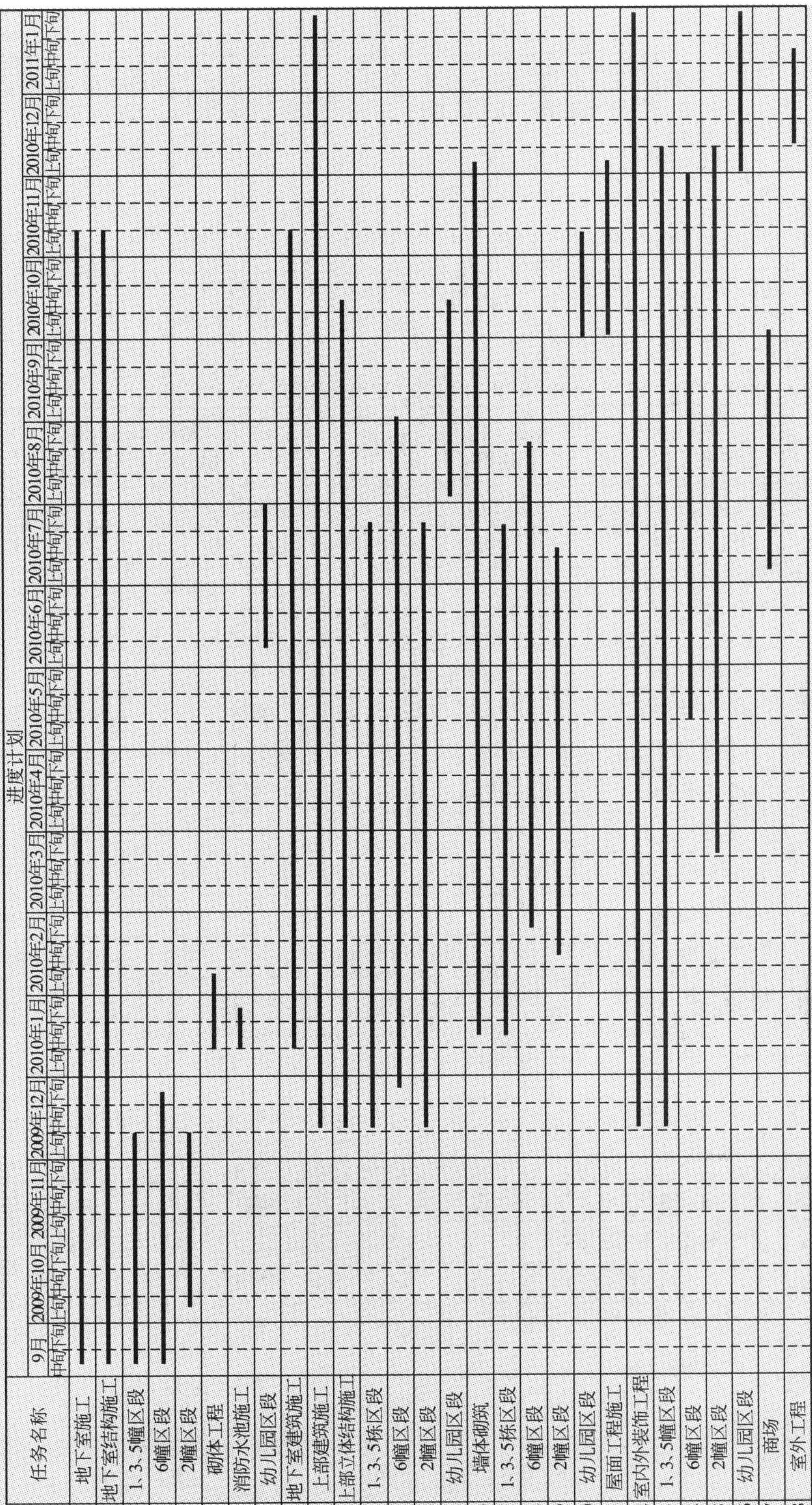

序号	任务名称	进度计划																
		9月	2009年10月	2009年11月	2009年12月	2010年1月	2010年2月	2010年3月	2010年4月	2010年5月	2010年6月	2010年7月	2010年8月	2010年9月	2010年10月	2010年11月	2010年12月	2011年1月
		中旬 下旬	上旬 中旬 下旬	上旬 中旬 下旬	上旬 中旬 下旬	上旬 中旬 下旬	上旬 中旬 下旬	上旬 中旬 下旬	上旬 中旬 下旬	上旬 中旬 下旬	上旬 中旬 下旬	上旬 中旬 下旬	上旬 中旬 下旬	上旬 中旬 下旬	上旬 中旬 下旬	上旬 中旬 下旬	上旬 中旬 下旬	上旬 中旬 下旬
1	地下室施工																	
2	地下室结构施工																	
3	1、3、5幢区段																	
4	6幢区段																	
5	2幢区段																	
6	砌体工程																	
7	消防水池施工																	
8	幼儿园区段																	
9	地下室建筑施工																	
10	上部建筑施工																	
11	上部立体结构施工																	
12	1、3、5栋区段																	
13	6幢区段																	
14	2幢区段																	
15	幼儿园区段																	
16	墙体砌筑																	
17	1、3、5栋区段																	
18	6幢区段																	
19	2幢区段																	
20	幼儿园区段																	
21	屋面工程施工																	
22	室内外装饰工程																	
23	1、3、5幢区段																	
24	6幢区段																	
25	2幢区段																	
26	幼儿园区段																	
27	商场																	
28	室外工程																	

图 14.5 施工进度计划

表 14-18 劳动力计划

工种		钢筋工	木工	混凝土工	砖工	抹灰工	装修工	水工	电工	焊工	机操工	架子工	普工	合计
按工程施工阶段投入劳动力情况	地下室结构	180	240	120	100	100	30	50	100	30	30	60	100	1140
	上部主体	200	400	150	150	120	110	75	60	30	50	120	120	1585
	装饰装修	50	80	40	150	150	200	100	180	30	50	120	120	1270

表 14-19 机械设备需用计划

类别	序号	机械设备名称	型号及规格	数量	国别	额定功率(kW/kV·A)	制造年份	生产能力
电动机类设备(P_1)	1	塔式起重机	C6018	1	中国·四川	82	2006	10t
	2	塔式起重机	FO/23B	4	中国·四川	82	2006	10t
	2	施工电梯	SCD200/200	7	中国·四川	15	2006	
	2	搅拌机	JZ500	5	中国·湖南	7.5	2004	18m³/h
	3	混凝土泵	HBC90	5	中国·湖南		2002	90m³/h
	4	泵车(臂架泵)	51m	2	中国·长沙		2003	80m³/h
	5	布料杆	HG12	5	中国·湖南		2007	
	6	插入振捣棒	ZN50 型	30	中国·广东	1.1	2005	
	7	平板振动器	ZJB	10	中国·广东	2.2	2006	
	8	钢筋调直机	GTJ4/14	5	中国·杭州	9.5	2007	ϕ4～ϕ14
	9	钢筋切断机	GJ-40	5	中国·广东	5.5	2007	ϕ6～ϕ40
	10	钢筋弯曲机	GJBT-40B	10	中国·广东	3	2007	ϕ6～ϕ40
	11	钢筋机械连接机	TQ80-A	5	中国·河南	2.5	2007	ϕ6～ϕ40
	12	圆盘锯	广东 MJ114	5	中国·广东	3	2007	
	13	手提电动锯		20	中国·广东	1	2008	
	14	空气压缩机	CW100/25	5	中国·广东	15	2008	10m³/min
	15	潜水泵	QY40	15	中国·广东	2.2	2008	10m³/h
	16	柴油发电机	150GT	2	中国·天津		2008	150kW
	17	高扬程水泵		5	中国·广东	5.5	2007	
	18	夯土机	HCD70	15	中国·江苏	3	2008	
焊接设备类(P_2)	1	电渣压力焊机	AVTO1000	10	中国·上海	26	2006	ϕ16～ϕ40
	2	闪光对焊机	UN1-100/	5	中国·河北	100	2007	ϕ16～ϕ40
	3	交流电焊机	BX3-300	10	中国·上海	7	2006	
		功率小计				830		
照明类(P3)						80		

表 14－20 计量、测量设备需用计划

仪器名称	型号	数量	制造年份	仪器名称	型号	数量	制造年份
自动安平水准仪	NAL124	5	2005	架盘天平	JYT－5	2	1998
电子经纬仪	DJD2	5	2004	案秤	AGT－10	2	1998
全站仪	BTS－802C	1	2006	台秤	TQT－500A	5	1998
激光垂准仪	DJZ－3	5	2003	玻璃温度计	0－100	4	2007
塔尺	5m	5	2003	干湿温度计	TH101B	4	2007
钢卷尺	50m	5	2001	绝缘电阻表	ZC25－3	3	1999
钢卷尺	5m	40	2007	接地电阻仪	ZC29B－1	3	1999
钢直尺	0－300	5	2001	指针万用表	MF－500	3	1999
游标卡尺	0－150	2	2002	氧气压力表	0－0.25MPa	5	2006
工程质量检测尺	JZC－D	5	2000	乙炔压力表	0－0.25MPa	5	2006

表 14－21 周转材料计划

名称	模板	木枋	可调钢顶托	可调钢支座	钢管（ϕ48×3.5）	跳板	扣件	安全网
数量	100000m^2	2500m^3	20000 个	10000 个	3000t	5000m^2	74 万个	150000m^2
备注	新购	新购	全部自有	全部自有	自有、租用	全部自有	全部自有	新购

5. 施工总平面布置

1）现场平面布置的原则

在总平面布置和设计时，尽可能地使办公区、生活区、生产材料堆放区严格分离，保证整个施工现场简洁、规整和美观。现场平面随着工程施工进度进行布置和安排，阶段平面布置要与该时期的施工重点相适应。在平面布置中应充分考虑好施工机械设备、办公、道路、现场出入口、临时堆放地等的优化合理布置。

根据图纸及现场情况，合理布置生产、生活及办公区域。

2）各阶段现场平面布置图

（1）基础及地下室结构施工阶段。主要施工内容包括施工准备、土方、垫层、基础和地下室施工。生产现场主要布置有钢筋原材堆场和加工场、木工堆场、加工场，结构施工垂直运输采用 1 台臂长 60m 和 4 台臂长 50m 塔式起重机；混凝土浇筑采用 5 台柴油混凝土泵及 2 台臂长 51m 汽车泵。由于工程在地下室周边土方回填前场地极为狭窄，需充分利用 4 幢幼儿园的施工间歇时间，利用该区域作为地下室周边土方回填前的材料加工场地；同时场地西边无施工通道，无法布置混凝土输送泵，输送泵可考虑设置在围墙外，临时占用市政道路，部分区域可考虑利用地下室外墙与基坑上口放坡的距离搭设边坡架，进行材料的暂时堆放；南面由于市政施工园林无法使用该区域作为施工临时场地；北面设置生活区；东面设置部分材料加工区域，同时也可考虑搭设边坡架进行材料堆放。

（2）主体结构施工阶段，主要施工内容是主体结构施工。生产现场主要布置有钢筋原材堆场和加工场、木工堆场和工场。本阶段结构施工垂直运输采用 1 台臂长 60m 和 4 台臂长 50m 塔式起重机；混凝土浇筑采用 5 台柴油混凝土泵及 2 台臂长 51m 汽车泵。主体结构施工阶段的施工平面布置图如图 14.6所示。

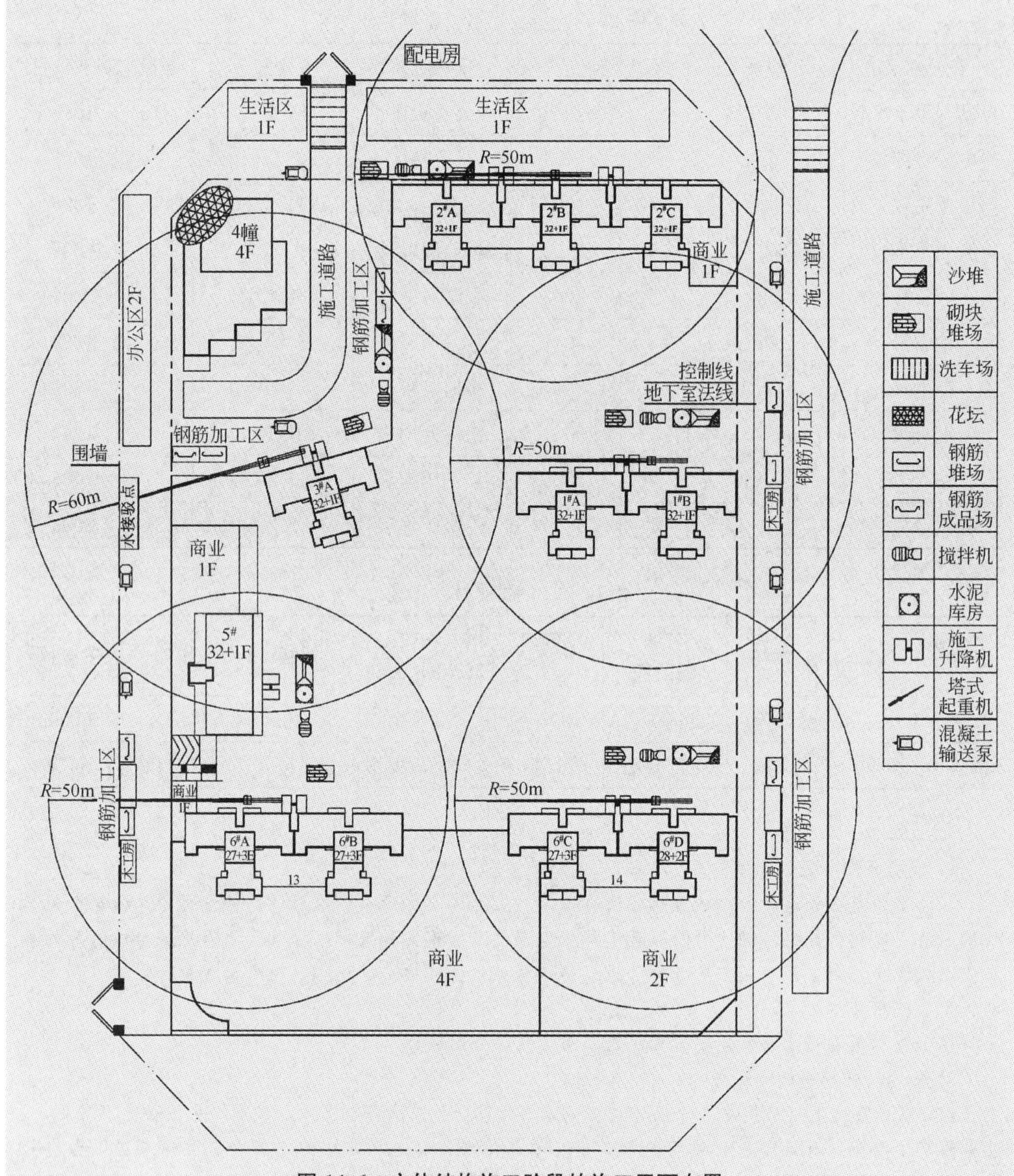

图 14.6　主体结构施工阶段的施工平面布置

(3) 装饰工程施工阶段，主要施工内容包括砌体工程、装饰装修工程、安装工程的施工。此阶段主体结构已全部完成，各加工、堆放场地均予拆除。需布置搅拌场地，本阶段施工垂直运输采用 7 台双笼施工电梯。

3) 生活设施布置

工人生活区总建筑面积 4354m^2，主要设置员工宿舍、管理人员宿舍、食堂、开水间、厕所、浴室、职工活动室等临时设施，统筹安排，合理布局，满足安全、消防、卫生防疫、环境保护、防汛、防洪等要求。食堂、洗手间、浴室采用一层彩钢活动房，员工宿舍采用两层钢架彩钢板结构活动板房。生活区外设围墙，围挡高 2m，设独立大门，大门宽 6m。生活设施用房见表 14 - 22。

表 14－22　生活设施用房一览表

设施名称	搭设面积/m²	搭设规格	备注
员工宿舍	3732	3.6m×7.2m	每间12人，144间
食　堂	160	21.6m×7.2m	1间
开水间	40		1间
男厕所(大)	142	19.8m×7.2m	1间
男浴室(大)	102	14.4m×7.2m	1间
男浴室(小)	25	3.6m×7.2m	1间
女厕所	25	3.6m×7.2m	1间
女浴室	25	3.6m×7.2m	1间
门　卫	8	2.2m×1.8m	2间
合计	4259m²		

4）办公设施布置

办公区与生活区及施工区相互隔开。设置会议室1间，建设、监理单位办公室4间，施工办公室(含分包)15间，库房、医务室、试验室、男、女厕所各一间。办公设施用房见表14－23，合计479m²。

表 14－23　办公设施用房一览表

设施名称	搭设面积/m²	搭设规格	备注
大会议室	78	5.4m×14.4m	1间
材料样板	19	3.6m×5.4m	1间
建设、监理单位办公室	78	3.6m×5.4m	4间
总包办公室	190	3.6m×5.4m	10间
分包办公室	19	3.6m×5.4m	5间
试验室	19	3.6m×5.4m	1间
男厕所	19	3.6m×5.4m	
女厕所	19	3.6m×5.4m	
库房	38	5.4m×5.4m	

5）临时道路

道路具体做法为施工场地及生活区的所有临时道路均用150mm厚的C20混凝土做硬化处理，施工道路路面宽6m。临时设施房屋四周、加工场地和材料堆放场地的四周设置400mm×300mm的排水沟进入主要排水系统。

施工现场场地硬化标准为生产区、办公区、生活场地内的道路、场地进行硬化处理，做法为15cm厚C20混凝土随打随抹光。硬化场地及路面时做好标高控制，确保表面平顺，做到场内排水畅通，无积水现象，并在施工过程中加以维护。场区内合理布置绿化范围。

6）施工用电

本工程施工高峰期所投入的全部动力设备的总功率$\sum P_1=366$kW，全部电焊机的总容量$\sum P_2=332$kV·A，照明用电按动力用电容量的10%左右计，施工用电总容量为993.4kV·A。

工地现场安装了两台变压器，临时供电容量为1260kV·A，位于道路北侧贮备地块。同时，现场预备2台150kV·A的柴油发电机，确保停电情况下保证重要工序或关键工程的不间断施工。

7）施工用水

根据本工程规模、工期和施工现场具体情况，现场施工用水量由消防用水量q=10L/S控制，考虑到不可避免的水管漏水损失，总用水量取Q=1.1×10=11L/S。经计算得知申请供施工用的给水管管径应不小于100，才能满足要求。同时，考虑停水对施工生产造成影响，东西南北各设置一个蓄水池兼消防水池，容量均为10m^3。

供水接驳点至施工现场的给水主管管径取DN100，供水分管及上楼层管管径取D50，其余支管管径取D25。

职业技能

技能要点	掌握程度	应用方向
一般施工方案的编制内容	熟悉	土　建 施工员
一般工程的施工进度计划的编制内容和编制原则	熟悉	
施工平面图的编制内容	掌握	

习　　题

一、选择题

1. 工程项目施工组织设计中，一般将施工顺序写入(　　)。【2013年一级建造师考试《建设工程项目管理》真题】

A. 施工进度计划　　B. 施工总平面图

C. 施工部署和施工方案　　D. 工程概况

2. 建设工程项目进度计划系统分为总进度计划，子系统进度计划和单项工程进度计划，这是根据进度计划的不同(　　)编制的。【2011年一级建造师考试《建设工程项目管理》真题】

A. 功能　　B. 周期　　C. 深度　　D. 编制主体

3. 某施工企业编制某建设项目施工组织总设计，先后进行了相关资料的收集和调研，主要工种工程量的计算，施工总体部署的确定等工作，接下来应进行的工作是(　　)【2012年一级建造师考试《建设工程项目管理》真题】

A. 施工总进度计划的编制　　B. 施工方案的拟定

C. 资源需求量计划的编制　　D. 施工总平面图的设计

参 考 文 献

[1] 建筑施工手册(第四版)编写组. 建筑施工手册(缩印本)[M]. 4版. 北京：中国建筑工业出版社，2003.

[2] 实用建筑施工手册编写组. 实用建筑工程系列手册 [M]. 2版. 北京：中国建筑工业出版社，2005.

[3] 全国高校建筑施工研究会. 土木工程施工手册 [M]. 北京：中国建材工业出版社，2009.

[4] 北京土木建筑学会. 钢筋工程现场施工处理方法 [M]. 北京：机械工业出版社，2009.

[5] 杜运兴. 土木建筑工程绿色施工技术 [M]. 北京：中国建筑工业出版社，2010.

[6] 毛志兵. 土木工程施工常用表格 [M]. 北京：中国建筑工业出版社，2005.

[7] 李国豪. 中国土木建筑百科辞典 [M]. 北京：中国建筑工业出版社，2000.

[8] 应惠清. 建筑施工技术 [M]. 上海：同济大学出版社，2006.

[9] 姜海. 土木工程施工现场技术管理指南丛书——材料员 [M]. 北京：化学工业出版社，2008.

[10] 梁晓静. 土木工程施工现场技术管理指南丛书——试验员 [M]. 北京：化学工业出版社，2008.

[11] 李世华. 大型土木工程设计施工图册系列丛书——桥梁工程 [M]. 北京：中国建筑工业出版社，2007.

[12] 丁克胜. 土木工程施工 [M]. 武汉：华中科技大学出版社，2009.

[13] 中国建筑工业出版社. 现行建筑施工规范大全(修订缩印本)[M]. 北京：中国建筑工业出版社，2005.

[14] 施工员一本通编委会. 施工员一本通 [M]. 北京：中国建材工业出版社，2007.

[15] 建筑施工必备数据一本全编委会. 建筑施工必备数据一本全 [M]. 北京：地震出版社，2007.

[16] 陈海霞. 施工员工作实务手册 [M]. 长沙：湖南大学出版社，2008.

[17] [美] 斯坦纳. 简明施工手册 [M]. 4版. 周年兴，译. 北京：中国建筑工业出版社，2005.

[18] 李坤宅. 建筑施工安全检查标准实施手册 [M]. 2版. 北京：中国建筑工业出版社，2010.

[19] 双全. 施工现场业务管理细节大全丛书——施工员 [M]. 北京：机械工业出版社，2007.

[20] 唐业清. 明地基基础设计施工手册 [M]. 北京：中国建筑工业出版社，2003.

[21] 邱东. 施工现场业务管理细节大全丛书——质量员 [M]. 北京：机械工业出版社，2007.

[22] 鲁辉. 建筑工程施工质量检查与验收 [M]. 北京：人民交通出版社，2007.

[23] 侯永利. 砌筑工 [M]. 北京：化学工业出版社，2008.

[24] 龚晓南. 基坑工程实例1 [M]. 北京：中国建筑工业出版社，2006.

[25] 毛鹤琴. 土木工程施工 [M]. 武汉：武汉理工大学出版社，2007.
[26] 刘津明. 土木工程施工 [M]. 天津：天津大学出版社，2001.
[27] 申琪玉. 土木工程施工 [M]. 北京：科学出版社，2007.
[28] 李延涛. 土木工程施工 [M]. 北京：黄河水利出版社，2006.
[29] 邓寿昌. 土木工程施工 [M]. 北京：北京大学出版社，2006.
[30] 李珠. 土木工程施工 [M]. 武汉：武汉理工大学出版社，2007.
[31] 牛季收. 土木工程施工 [M]. 郑州：郑州大学出版社，2007.
[32] 李国柱. 土木工程施工 [M]. 杭州：浙江大学出版社，2007.
[33] 应惠清. 土木工程施工 [M]. 北京：高等教育出版社，2007.
[34] 张原. 土木工程施工 [M]. 北京：中国建筑工业出版社，2008.
[35] 张长友. 土木工程施工组织与管理 [M]. 北京：中国电力出版社，2009.
[36] 李珠，苏有文. 土木工程施工 [M]. 武汉：武汉理工大学出版社，2007.
[37] 郑少瑛，周东明. 土木工程施工组织 [M]. 北京：中国电力出版社，2007.
[38] 张原. 土木工程施工 [M]. 北京：中国建筑工业出版社，2008.
[39] 重庆大学. 土木工程施工 [M]. 北京：中国建筑工业出版社，2008.

北京大学出版社土木建筑系列教材(已出版)

序号	书名	主编	定价	序号	书名	主编	定价
1	工程项目管理	董良峰　张瑞敏	43.00	50	工程财务管理	张学英	38.00
2	建筑设备(第 2 版)	刘源全　张国军	46.00	51	土木工程施工	石海均　马　哲	40.00
3	土木工程测量(第 2 版)	陈久强　刘文生	40.00	52	土木工程制图(第 2 版)	张会平	45.00
4	土木工程材料(第 2 版)	柯国军	45.00	53	土木工程制图习题集(第 2 版)	张会平	28.00
5	土木工程计算机绘图	袁　果　张渝生	28.00	54	土木工程材料(第 2 版)	王春阳	50.00
6	工程地质(第 2 版)	何培玲　张　婷	26.00	55	结构抗震设计(第 2 版)	祝英杰	37.00
7	建设工程监理概论(第 3 版)	巩天真　张泽平	40.00	56	土木工程专业英语	霍俊芳　姜丽云	35.00
8	工程经济学(第 2 版)	冯为民　付晓灵	42.00	57	混凝土结构设计原理(第 2 版)	邵永健	52.00
9	工程项目管理(第 2 版)	仲景冰　王红兵	45.00	58	土木工程计量与计价	王翠琴　李春燕	35.00
10	工程造价管理	车春鹂　杜春艳	24.00	59	房地产开发与管理	刘　薇	38.00
11	工程招标投标管理(第 2 版)	刘昌明	30.00	60	土力学(第 2 版)	高向阳	45.00
12	工程合同管理	方　俊　胡向真	23.00	61	建筑表现技法	冯　柯	42.00
13	建筑工程施工组织与管理(第 2 版)	余群舟　宋会莲	31.00	62	工程招投标与合同管理(第 2 版)	吴　芳　冯　宁	43.00
14	建设法规(第 3 版)	潘安平　肖　铭	40.00	63	工程施工组织	周国恩	28.00
15	建设项目评估(第 2 版)	王　华	46.00	64	建筑力学	邹建奇	34.00
16	工程量清单的编制与投标报价	刘富勤　陈德方	25.00	65	土力学学习指导与考题精解	高向阳	26.00
17	土木工程概预算与投标报价(第 2 版)	刘　薇　叶　良	37.00	66	建筑概论	钱　坤	28.00
18	室内装饰工程预算	陈祖建	30.00	67	岩石力学	高　玮	35.00
19	力学与结构	徐吉恩　唐小弟	42.00	68	交通工程学	李　杰　王　富	39.00
20	理论力学(第 2 版)	张俊彦　赵荣国	40.00	69	房地产策划	王直民	42.00
21	材料力学	金康宁　谢群丹	27.00	70	中国传统建筑构造	李合群	35.00
22	结构力学简明教程	张系斌	20.00	71	房地产开发	石海均　王　宏	34.00
23	流体力学(第 2 版)	章宝华	25.00	72	室内设计原理	冯　柯	28.00
24	弹性力学	薛　强	22.00	73	建筑结构优化及应用	朱杰江	30.00
25	工程力学(第 2 版)	罗迎社　喻小明	39.00	74	高层与大跨建筑结构施工	王绍君	45.00
26	土力学(第 2 版)	肖仁成　俞　晓	25.00	75	工程造价管理	周国恩	42.00
27	基础工程	王协群　章宝华	32.00	76	土建工程制图(第 2 版)	张黎骅	38.00
28	有限单元法(第 2 版)	丁　科　殷水平	30.00	77	土建工程制图习题集(第 2 版)	张黎骅	34.00
29	土木工程施工	邓寿昌　李晓目	42.00	78	材料力学	章宝华	36.00
30	房屋建筑学(第 3 版)	聂洪达	56.00	79	土力学教程(第 2 版)	孟祥波	34.00
31	混凝土结构设计原理	许成祥　何培玲	28.00	80	土力学	曹卫平	34.00
32	混凝土结构设计	彭　刚　蔡江勇	28.00	81	土木工程项目管理	郑文新	41.00
33	钢结构设计原理	石建军　姜　袁	32.00	82	工程力学	王明斌　庞永平	37.00
34	结构抗震设计	马成松　苏　原	25.00	83	建筑工程造价	郑文新	39.00
35	高层建筑施工	张厚先　陈德方	32.00	84	土力学(中英双语)	郎煜华	38.00
36	高层建筑结构设计	张仲先　王海波	23.00	85	土木建筑 CAD 实用教程	王文达	30.00
37	工程事故分析与工程安全(第 2 版)	谢征勋　罗　章	38.00	86	工程管理概论	郑文新　李献涛	26.00
38	砌体结构(第 2 版)	何培玲　尹维新	26.00	87	景观设计	陈玲玲	49.00
39	荷载与结构设计方法(第 2 版)	许成祥　何培玲	30.00	88	色彩景观基础教程	阮正仪	42.00
40	工程结构检测	周　详　刘益虹	20.00	89	工程力学	杨云芳	42.00
41	土木工程课程设计指南	许　明　孟茁超	25.00	90	工程设计软件应用	孙香红	39.00
42	桥梁工程(第 2 版)	周先雁　王解军	37.00	91	城市轨道交通工程建设风险与保险	吴宏建　刘宽亮	75.00
43	房屋建筑学(上：民用建筑)(第 2 版)	钱　坤　王若竹 吴　歌	40.00	92	混凝土结构设计原理	熊丹安	32.00
44	房屋建筑学(下:工业建筑)(第2版)	钱　坤　吴　歌	36.00	93	城市详细规划原理与设计方法	姜　云	36.00
45	工程管理专业英语	王竹芳	24.00	94	工程经济学	都沁军	42.00
46	建筑结构 CAD 教程	崔钦淑	36.00	95	结构力学	边亚东	42.00
47	建设工程招投标与合同管理实务(第 2 版)	崔东红	49.00	96	房地产估价	沈良峰	45.00
48	工程地质(第 2 版)	倪宏革　周建波	30.00	97	土木工程结构试验	叶成杰	39.00
49	工程经济学	张厚钧	36.00	98	土木工程概论	邓友生	34.00

序号	书名	主编	定价	序号	书名	主编	定价
99	工程项目管理	邓铁军　杨亚频	48.00	139	工程项目管理	王　华	42.00
100	误差理论与测量平差基础	胡圣武　肖本林	37.00	140	园林工程计量与计价	温日琨　舒美英	45.00
101	房地产估价理论与实务	李　龙	36.00	141	城市与区域规划实用模型	郭志恭	45.00
102	混凝土结构设计	熊丹安	37.00	142	特殊土地基处理	刘起霞	50.00
103	钢结构设计原理	胡习兵	30.00	143	建筑节能概论	余晓平	34.00
104	钢结构设计	胡习兵　张再华	42.00	144	中国文物建筑保护及修复工程学	郭志恭	45.00
105	土木工程材料	赵志曼	39.00	145	建筑电气	李　云	45.00
106	工程项目投资控制	曲　娜　陈顺良	32.00	146	建筑美学	邓友生	36.00
107	建设项目评估	黄明知　尚华艳	38.00	147	空调工程	战乃岩　王建辉	45.00
108	结构力学实用教程	常伏德	47.00	148	建筑构造	宿晓萍　隋艳娥	36.00
109	道路勘测设计	刘文生	43.00	149	城市与区域认知实习教程	邹　君	30.00
110	大跨桥梁	王解军　周先雁	30.00	150	幼儿园建筑设计	龚兆先	37.00
111	工程爆破	段宝福	42.00	151	房屋建筑学	董海荣	47.00
112	地基处理	刘起霞	45.00	152	园林与环境景观设计	董　智　曾　伟	46.00
113	水分析化学	宋吉娜	42.00	153	中外建筑史	吴　薇	36.00
114	基础工程	曹　云	43.00	154	建筑构造原理与设计(下册)	梁晓慧　陈玲玲	38.00
115	建筑结构抗震分析与设计	裴星洙	35.00	155	建筑结构	苏明会　赵　亮	50.00
116	建筑工程安全管理与技术	高向阳	40.00	156	工程经济与项目管理	都沁军	45.00
117	土木工程施工与管理	李华锋　徐　芸	65.00	157	土力学试验	孟云梅	32.00
118	土木工程试验	王吉民	34.00	158	土力学	杨雪强	40.00
119	土质学与土力学	刘红军	36.00	159	建筑美术教程	陈希平	45.00
120	建筑工程施工组织与概预算	钟吉湘	52.00	160	市政工程计量与计价	赵志曼　张建平	38.00
121	房地产测量	魏德宏	28.00	161	建设工程合同管理	余群舟	36.00
122	土力学	贾彩虹	38.00	162	土木工程基础英语教程	陈平　王凤池	32.00
123	交通工程基础	王富	24.00	163	土木工程专业毕业设计指导	高向阳	40.00
124	房屋建筑学	宿晓萍　隋艳娥	43.00	164	土木工程 CAD	王玉岚	42.00
125	建筑工程计量与计价	张叶田	50.00	165	外国建筑简史	吴　薇	38.00
126	工程力学	杨民献	50.00	166	工程量清单的编制与投标报价(第 2 版)	刘富勤　陈友华　宋会莲	34.00
127	建筑工程管理专业英语	杨云会	36.00	167	土木工程施工	陈泽世　凌平平	58.00
128	土木工程地质	陈文昭	32.00	168	特种结构	孙　克	30.00
129	暖通空调节能运行	余晓平	30.00	169	结构力学	何春保	45.00
130	土工试验原理与操作	高向阳	25.00	170	建筑抗震与高层结构设计	周锡武　朴福顺	36.00
131	理论力学	欧阳辉	48.00	171	建设法规	刘红霞　柳立生	36.00
132	土木工程材料习题与学习指导	鄢朝勇	35.00	172	道路勘测与设计	凌平平　余婵娟	42.00
133	建筑构造原理与设计(上册)	陈玲玲	34.00	173	工程结构	金恩平	49.00
134	城市生态与城市环境保护	梁彦兰　阎　利	36.00	174	建筑公共安全技术与设计	陈继斌	45.00
135	房地产法规	潘安平		175	地下工程施工	江学良　杨　慧	54.00
136	水泵与水泵站	张　伟　周书葵	35.00	176	土木工程专业英语	宿晓萍　赵庆明	40.00
137	建筑工程施工	叶　良	55.00	177	土木工程系列实验综合教程	周瑞荣	56.00
138	建筑学导论	裘　鞠　常　悦	32.00				

如您需要更多教学资源如电子课件、电子样章、习题答案等，请登录北京大学出版社第六事业部官网 www.pup6.cn 搜索下载。

如您需要浏览更多专业教材，请扫下面的二维码，关注北京大学出版社第六事业部官方微信（微信号：pup6book），随时查询专业教材、浏览教材目录、内容简介等信息，并可在线申请纸质样书用于教学。

感谢您使用我们的教材，欢迎您随时与我们联系，我们将及时做好全方位的服务。联系方式：010-62750667，donglu2004@163.com，pup_6@163.com，lihu80@163.com，欢迎来电来信。客户服务 QQ 号：1292552107，欢迎随时咨询。